ENCYCLOPÉDIE

MÉTHODIQUE,

OU

PAR ORDRE DE MATIÈRES.

PAR UNE SOCIÉTÉ DE GENS DE LETTRES, DE SAVANS ET D'ARTISTES;

Précédée d'un Vocabulaire universel, servant de Table pour tout l'Ouvrage, ornée des Portraits de MM. DIDEROT & D'ALEMBERT, premiers Éditeurs de l'Encyclopédie.

ENCYCLOPÉDIE
MÉTHODIQUE.

GÉOGRAPHIE-PHYSIQUE.

PAR LE CIT. DESMAREST.

TOME PREMIER.

A PARIS,

Chez H. AGASSE, Imprimeur-Libraire, rue des Poitevins.
N°. 18.

L'AN TROISIÈME DE LA RÉPUBLIQUE FRANÇAISE
UNE ET INDIVISIBLE.

NOTICE DES THÉORIES DE LA TERRE,

& des autres ouvrages qui ont trait à la Géographie-Physique, & dont les principes ont pu & peuvent concourir aux progrès de cette science.

JE fais dans cette notice l'histoire des progrès de la *Géographie-Phy-sique*, en préfentant un précis raifonné des découvertes & des travaux des phyficiens & des naturaliftes qui y ont contribué en différens tems depuis Paliffy. Quoique je me fois attaché à écarter toutes les fauffes vues qui ont pu retarder ces progrès tant par une mauvaife méthode d'obferver que par une analyfe erronée des faits ; j'ai cru devoir dans plufieurs circonftances rappeller les ouvrages d'écrivains hypothétiques ou fectateurs du merveilleux, & qui n'ont rien dit que d'après des idées cofmogoniques, ou d'après des généralifations hafardées, parce que je me fuis permis de montrer le danger qu'il y a de fuivre la marche qu'ils nous ont tracée.

J'avois exclu de ce travail les théories de la Terre, parce que je les avois depuis long-tems confidérées comme ayant une marche entièrement oppofée aux principes de la *Géographie-Physique* ; mais ayant penfé depuis qu'il en étoit de ces théories, par rapport à la *Géographie-Physique*, comme des détails de la fable par rapport à l'hiftoire ; il m'a paru convenable d'en préfenter un précis dans cette notice, me conformant en cela au plan de certains écrivains qui ont commencé leur hiftoire par une légère mention des tems héroïques.

La *Géographie-Physique* embraffe deux objets également importans & fortement liés enfemble. La ftructure intérieure du globe & fa forme exté-rieure ; tous objets qui peuvent être repréfentés par des cartes géographi-ques, tous objets qui tiennent aux caufes phyfiques qui ont concouru en différens tems à la conftitution actuelle de la Terre. Il importoit donc beaucoup de faire connoître les travaux des obfervateurs qui fe font attachés à ces grands phénomènes, à leur étendue, à leur liaifon pour en former ces enfembles inftructifs dont la *Géographie-Physique* s'occupe & qu'elle fait rendre encore plus intéreffans fur des cartes.

Dans la plupart des articles de cette notice, j'expofe les faits & les opinions des auteurs fans aucune critique, laiffant au lecteur à juger par lui-même les hommes & les opinions. Cependant je dois dire que je n'ai placé dans ces articles aucune notice qui ne pût devenir inftructive, soit pour démontrer une vérité, soit pour défigner une erreur, soit p une route féconde en découvertes, soit pour détourner de vues fauffes marches illufoires.

J'avois d'abord placé les articles compofant cette hiftoire, fuivant l'ordre des tems, mais je n'ai pas cru devoir m'écarter du fyftême général de la diftribution des matières dans l'Encyclopédie, où les auteurs ainfi que leurs découvertes figurent fuivant l'ordre alphabétique, vu les avantages qui réfultent de cet ordre pour retrouver fur-le-champ l'état de la fcience à telle ou telle époque, & dans le tems où vivoit un obfervateur ou un écrivain dont on defire de connoître les travaux. D'ailleurs la fucceffion des découvertes, l'ordre des efforts & des fuccès de ceux qui ont contribué à leur développement fe retrouvera dans mes articles, tout ifolés qu'ils font, parce que j'ai mis la plus grande attention à indiquer les maîtres en parlant de leurs élèves, & à noter l'étendue de la ligne que chacun d'eux a parcourue, en fixant fes limites le plus exactement qu'il m'a été poffible.

Dans cette notice aucun des auteurs vivans ne fe trouve compris. Je me fuis fait une loi de ne parler que des écrivains morts. Je me fuis feulement permis une exception pour Pallas, vu l'étendue & l'importance de fes obfervations dans une grande partie de la Terre.

A

ARDUINO. (Giovanni)

Constitution physique des montagnes du Padouan, du Vicentin & du Véronois.

Je présente sous le nom de ce minéralogiste, le précis d'un travail qui a été fait sur la constitution physique des montagnes du Padouan, du Vicentin, du Véronois & du Brescian, & sur les effets des volcans dans ces mêmes contrées, & je me suis attaché à faire connoître ces détails, de préférence à beaucoup d'autres, parce qu'ils ont été vérifiés par plusieurs naturalistes, parmi lesquels je puis me citer.

J'ai déjà même donné une idée des volcans qui ont ravagé ces contrées & dont les opérations sont tellement liées à la connoissance de l'état ancien & primitif de ces montagnes qu'on ne peut en avoir une idée nette qu'en circonscrivant chacun de ces objets. Au reste, ce n'est qu'en les saisissant séparément pour les discuter à part comme l'a fait Arduino, qu'on peut mettre de l'ordre dans les observations & parvenir à des résultats précis. C'est à ces titres que j'ai cru devoir le placer parmi ceux qui ont rendu des services à la *Géographie-Physique*. Je dois y joindre aussi l'abbé Fortis, qui s'est occupé de ces mêmes vues avec le même succès.

Arduino a divisé les montagnes du Padouan, du Vicentin & du Véronois, avec lesquelles celles du Brescian ont beaucoup d'analogie, en montagnes *primitives*, *secondaires* & *tertiaires*, relativement à la nature des matériaux qui sont entrés dans leur composition, à leur position inférieure ou supérieure, & aux différentes époques de leur formation ; mais il est bien éloigné, comme les naturalistes judicieux, de comprendre dans cette distinction la forme de ces montagnes.

Il appelle montagnes primitives, celles qui sont composées de schiste, qui s'étendent par dessous les montagnes calcaires auxquelles les premières servent de base, & qui par conséquent doivent avoir existé avant elles.

Il nomme montagnes secondaires, les hautes montagnes qui consistent en couches de pierres calcaires d'un grain ferme & compact, où se trouvent des corps marins pétrifiés, & qui composent une partie de cette grande chaîne des Alpes qui sépare l'Italie de l'Allemagne.

Il entend enfin par montagnes tertiaires ou collines, celles qui sont peu élevées & formées de petites couches de pierres à chaux, qui renferment des pétrifications & de petits lits de sable & d'argille, & dont la formation est postérieure à celle des montagnes secondaires, puisqu'elles sont posées au-dessus d'elles, en partie & à côté, & qu'elles doivent leur origine à des matériaux détachés des deux premiers massifs & réunis ensuite sous les flots de la mer, aux matériaux qu'elle fournissoit elle-même.

Arduino ajoute à toutes ces masses la considération de celles qui ont éprouvé l'action des feux souterrains; qui contiennent les massifs de laves que les volcans ont jettés au-dehors, ainsi que les autres produits du feu mêlés aux matières intaĉes : il paroît que le foyer de ces volcans eſt à une grande profondeur dans ſle ſchifte, & que dans certaines circonſtances leurs éruptions ſe ſont fait jour à travers les couches des montagnes ſecondaires, & peut-être tertiaires ; ce qu'on peut reconnoître facilement par la diſpoſition de tous les matériaux propres à ces différens maſſifs.

Lorſque nous donnons cette diſtinction des montagnes d'après Arduino, nous ne prétendons pas qu'elle lui appartienne comme une ſuite de vues nouvelles ; mais nous la donnons comme ayant été appliquée avec grand ſuccès dans l'examen de pluſieurs ſortes de maſſifs, tels qu'on les rencontre dans les Alpes de ces contrées, & ſur-tout parce qu'il a déterminé leur compoſition d'une manière nette & précise.

Montagnes primitives.

Les matériaux des montagnes primitives, diſtinguées par Arduino, ſont de ſchifte argileux, communément très-micacé & par là même quelquefois argenté; il eſt feuilleté & traverſé par pluſieurs veines de quartz ; enfin, diſpoſé en pluſieurs endroits par couches tortueuſes & ondulées.

L'on n'a jamais pénétré dans le Vicentin ni dans le Veronois, au-deſſous de ce maſſif, & l'on ignore s'il en eſt de même dans ces contrées comme en beaucoup d'autres pays de montagnes, c'eſt-à-d're, s'il y a au-deſſous de ce ſchifte du granit, ce que tous les naturaliſtes préſument avec Arduino. Il faut obſerver que le granit s'élève au-deſſous du ſchifte dans les hautes montagnes du Tirol, & que le granit gris ſe montre à découvert du côté de *Tazzino* & de *Primiero*, où la rivière de *Ciſmonoe*, qui ſe jette dans la *Brenta*, prend ſa ſource. Comme cette maſſe de granit eſt fort voiſine des Alpes du Vicentin, il eſt très-probable qu'elle ſe propage par deſſous, & j'obſerve que dès-lors les montagnes de ſchifte ne pour-

roient pas conſerver la dénomination de primitives que leur donne Arduino, ainſi que d'autres naturaliſtes ; mais ce ſont ici les faits qui nous intéreſſent plutôt que les dénominations.

C'eſt dans le ſchifte que ſe trouvent les veines métalliques & fort près des endroits où la pierre à chaux vient ſe repoſer ſur le ſchifte : en ſuivant cette poſition du ſchifte & des pierres calcaires tout le long de la chaîne des Alpes, on trouve différentes mines & veines métalliques qui ſe montrent à la partie ſupérieure des maſſes ſchifteuſes, où les couches calcaires viennent ſe repoſer.

Montagnes ſecondaires.

Les montagnes ſecondaires que diſtingue Arduino ſont pour la plupart formées d'une pierre calcaire dont le grain eſt ſerré & compact. Cette pierre a rarement la texture ſaline & eſt diſpoſée en couches ſuivies, au milieu deſquelles on trouve des corps marins petrifiés. Ces couches diffèrent par leur dureté, leur fineſſe, leur tiſſu, leur compoſition, leur couleur & la quantité de leurs fentes perpendiculaires, & enfin par les eſpèces de corps marins foſſiles qui varient dans les différentes couches, puiſqu'on n'en trouve qu'une ſeule eſpèce dans la même couche. On compte dans ces Alpes calcaires, depuis la baſe juſqu'au ſommet, cinq lits principaux où l'on peut obſerver tous les détails que je viens d'indiquer d'après mes propres obſervations. Ces lits ſont ſurmontés par la couverture ſupérieure de ces Alpes, qu'on appelle la *Scaglia*. C'eſt une croûte ou couche calcaire remplie de cailloux de différentes couleurs, placés par nids & par petites couches & qui ſont feu au briquet; cette couverture après avoir caché les Alpes, s'enfonce ſous les montagnes tertiaires, & ſe montre d'un côté à l'autre vers les montagnes volcaniques du Padouan, ſur les croupes deſquelles elle s'appuie. La *Scaglia* dans ces terreins ſemble

avoir été foulevée par d'anciennes éruptions de volcans qui fe font enfuite fait
jour à travers.

Au refte, la *Scaglia* n'accompagne pas
par-tout la fuperficie des Alpes calcaires;
les eaux & le tems l'ont détruite, & ce n'eft
que dans les endroits où elle n'a pu être
endommagée qu'elle fubfifte encore &
qu'on peut l'obferve r.

Il fort des parties de la *Scaglia*, qui
repofent fur la pente des montagnes volcaniques, des fources d'eau chaude fulphureufe qui répandent au loin une odeur
de foie de foufre. La nature avoit difpofé
horifontalement les différentes couches de
ces montagnes fecondaires comme celles
des autres; mais cet arrangement primitif a été altéré par diverfes caufes que nous
allons indiquer. D'abord les éruptions des
volcans ont occafionné des bouleverfemens confidérables. Les montagnes fe font
entr'ouvertes, il s'eft formé des cratères,
des fentes, des crevaffes à travers lefquelles
la lave a pénétré. Par toutes ces révolutions
les couches déplacées, affaiffées en quelques
endroits, d'horifontales qu'elles étoient,
font devenues inclinées ou même verticales. Les crues d'eau, les rivières dont
le cours a fans doute fouvent changé, ont
également occafionné dans ces Alpes des
dérangemens plus ou moins étendus; &
ce qui doit être confidéré comme faifant
partie de ces dérangemens, ce font les
grottes & cavernes très-nombreufes intérieurement revêtues de ftalactites, & à travers lefquelles il fort des ruiffeaux d'eau
fouterrains.

On a remarqué de gros morceaux de
granit, de quartz, de talcite, qui viennent
des vraies montagnes primitives du Tirol,
fur les fommets des montagnes fecondaires,
aux environs de *Gallio*, d'*Aftago*, de
Campo-di-Rovere; & ces fragmens de pierres
détachées, étrangers aux endroits où ils
fe trouvent, font épars & fort élevés
au-deffus du niveau de la mer.

Les mêmes pierres détachées fe trouvent
en d'autres endroits différens, comme à
Feltrino, village de l'état de Venife, qui
n'eft féparé des premiers villages cités que
par la *Brenta*. Là, ils font placés au même
degré d'élévation: on en voit auffi fur les
Alpes voifines en fe portant du côté de
l'oueft, depuis *Aftico* jufqu'à l'*Adige*.

Cependant, comme nous l'avons déjà
remarqué, l'on rencontre ces blocs épars
de différente grandeur fur des montagnes
entièrement formées de couches calcaires
qui contiennent des corps marins pétrifiés,
& l'on ne découvre point dans le corps
& dans les parties folides de ces montagnes d'autre forte de matière que de la
pierre à chaux.

On demandera peut-être comment ces
roches détachées peuvent avoir été tranfportées où on les voit; elles font femblables, il eft vrai, à celles qu'entraînent
dans leur cours l'*Adige* & la *Brenta*, en
traverfant les montagnes du Tirol. Mais
ces rivières n'ont pu dépofer ces roches
roulées en des lieux élevés aujourd'hui
de quelques milliers de pieds au-deffus de
leur lit actuel, que dans le cas où elles
auroient eu autrefois leur cours à la
hauteur où l'on voit ces roches, & où il
eft certain que ces rivières ont coulé
avant de couper & d'approfondir des vallons fi fort au-deffous des premières ravines
où elles ont circulé d'abord.

Montagnes tertiaires ou collines.

Les collines ou montagnes tertiaires
font d'une origine moins reculée que les
montagnes fecondaires; elles fe trouvent
auffi pofées fur ces dernières; il y en a
qui rempliffent d'anciens vallons, d'autres
qui font placées à des hauteurs confidérables; elles doivent leur origine à des
matériaux détachés des montagnes fecondaires qui fe trouvent mêlés à des lits de
fable & d'argille; on y trouve même

des couches régulières & diverses pétrifications.

Cet ordre de montagnes a été, comme les montagnes secondaires, en proie aux changemens & aux bouleversemens que les volcans ont occasionnés. De-là vient la singularité de rencontrer de gros morceaux de pierre à chaux, des pétrifications & d'autres corps étrangers dans des laves & dans des produits du feu. Vraisemblablement la lave étant encore dans l'état de mollesse, a enveloppé tous les corps qu'elle a rencontrés & les a retenus en se réfroidissant. Une partie de ces montagnes tertiaires ne s'est formée qu'après les éruptions des volcans sur les produits desquels ces massifs sont assis ; & si l'on y trouve des blocs de lave & des pierres-ponces, c'est que les corps ont été réunis & enveloppés par les dépôts de la mer qui ont formé ces montagnes.

Plusieurs de ces collines du Vicentin & du Véronois sont renommées par le grand nombre & la beauté de leurs pétrifications : les *Monti-Berici* près de Vicence sont de ce nombre ; il en est de même des collines de *Montecchio*.

La couche inférieure de la colline de *Brendola*, à dix milles d'Italie de Vicence, est composée d'un lit d'argille bleue, remplie de corps marins. Au-dessus de cette argille est un nombre infini de couches de pierres calcaires pleines de coquilles pétrifiées d'espèces différentes de celles qui sont dans l'argille. Du côté de l'est ces couches s'enfoncent obliquement sous la terre. Tout le côté occidental de la colline est couvert de lave, dans laquelle il y a quantité de boules ovales assez considérables & feuilletées. Rien n'est plus intéressant que de voir ici le mélange des corps marins & des matières volcaniques ; mais il n'est pas aisé de circonscrire chacun de ces massifs. Les montagnes du Véronois les plus remarquables dans ce genre sont les deux bords de la vallée de Rouca ;

ces collines sont très-abondantes en beaux corps marins très-bien conservés : ils se trouvent non-seulement dans les couches calcaires, mais encore dans les laves & les matières volcaniques, sous forme pulvérulente ; ces matières composent des breches avec des pierres calcaires qui servent de ciment.

Les environs de *Bolca* offrent aussi une infinité de produits volcaniques couverts par des couches calcaires qui ont éprouvé toutes sortes de dérangemens par l'enlèvement des matières volcaniques que les eaux intérieures ont minées. C'est des environs de *Bolca* que viennent ces fameuses impressions de plantes & de poissons dans des pierres calcaires feuilletées.

Montagnes volcaniques.

Il paroît que les anciens volcans du Padouan, du Vicentin & du Véronois ont leur foyer dans les couches schisteuses des montagnes primitives. Il en est résulté que les couches calcaires dont la position étoit horisontale, sont devenues obliques. C'est aussi par une suite de cette disposition des feux souterreins que les fentes des rochers calcaires sont remplies de laves qui occupent l'intervalle des différens lits.

Au reste, tout le désordre causé par les volcans est en partie recouvert par les couches accidentelles des montagnes tertiaires ; de nouvelles éruptions ont eu lieu, & il est facile de reconnoître que ces événemens peuvent s'être réitérés un grand nombre de fois. Ces successions de révolutions, dues alternativement au feu & à l'eau, ont sans contredit occasionné une grande confusion & un mélange surprenant des dépôts sous-marins & des produits volcaniques. Il ne faut donc pas s'étonner si au milieu des matières volcaniques pulvérulentes, on trouve des pétrifications qui sont noircies par ces matières : on peut citer les montagnes des environs de *Ronca*.

L'étude des volcans est assez difficile au milieu de ces dépôts sous-marins, parce qu'ils masquent l'arrangement & la distribution des laves, la position des centres d'éruption, & qu'il est même souvent impossible de découvrir les différens états où peuvent se trouver les produits des feux souterreins. J'avoue qu'en vérifiant ce que Arduino avoit décrit ainsi que l'abbé Fortis, il m'a été impossible de reconnoître ni des cratères, ni des courans modernes, comme ils sembloient les supposer. Il en est de même de la supposition que Arduino a faite, en disant que toutes les argilles & les bols qu'on trouve aux environs des volcans du Vicentin ont été vomis par ces volcans, & sont une dissolution du schiste; il est plus simple d'attribuer ces argilles blanches & ces bols à une décomposition des laves, & les faits parlent en faveur de cet effet. Enfin, je ne puis croire que les différentes sortes de cailloux qui font feu avec l'acier, tels que des pierres à fusils, des jaspes, des agathes rouges, noires, blanches, verdâtres, des calcédoines, des opales, des jaspes, comme ceux qui se trouvent dans la Scaglia, & qui quelquefois sont envoloppées de laves, soient des produits du feu; il est évident que ces cailloux se trouvent réunis aux laves par accident, & qu'ils existoient dans les couches intactes bien avant les éruptions des feux souterreins qui ont détruit ces couches sans en altérer les métériaux, & que c'est à la suite de ces éruptions que ces mélanges de matières intactes & fondues se sont faits. Il paroît même que ce mélange est l'ouvrage des eaux.

B

BOULANGER.

NOTICE des ouvrages que Boulanger a faits relativement à la Géographie-Physique.

Boulanger étant entré dans les ponts & chauffées, fut envoyé en Champagne pour y travailler à différens ouvrages publics. Il y fut d'abord occupé à tracer la route de Langres à Saint-Dizier, laquelle fuit dans toute son étendue la vallée de la Marne; c'est-là que ses premiers goûts pour l'histoire naturelle se dévoloppèrent. La carte à grands points qu'il fut obligé de lever de cette vallée & dont les détails font aussi vrais que frappans, lui donna lieu de réfléchir sur la forme des grandes & des petites vallées, & sur les progrès de leur approfondissement. La vue des côteaux & des collines, des couches & des bancs qui composoient l'intérieur des massifs de la plupart des vallons latéraux qui s'abouchent dans la vallée principale de la Marne, tels font les objets avec lesquels il commençoit à se familiariser lorsqu'il fut obligé de quitter cette province. Il savoit déjà que la plupart des couches de la terre étoient formées des débris des coquillages marins, que tous ces dépôts avoient primitivement composé des bancs continus dans le baffin de la mer, & que ce n'étoit qu'à la suite de sa retraite que ces dépôts avoient été creusés par les eaux courantes.

Il reprit ces mêmes travaux & ces mêmes méditations dans la Touraine, le long de la Loire, du Cher & de l'Indre; & après un certain séjour dans cette dernière contrée, remplie d'objets curieux, il fut rappellé à Paris & attaché au département de Meaux; ce fut alors qu'il revit le canal de la Marne & qu'il en suivit les bords depuis Charenton jusqu'à Meaux, & même au-delà de la Ferté-fous-Jouarre. Il tâcha de lier les nouvelles observations qu'il fut à portée d'y faire avec celles qu'il avoit commencées en Champagne quelques années auparavant. De toutes ces recherches, il composa un ouvrage où il essayoit de montrer le travail de l'eau dans toute l'étendue de la vallée; il y avoit admis une éruption abondante de l'eau souterreine par les fources, comme un moyen qu'il croyoit nécessaire pour creuser la vallée de la Marne. Il avoit fait plus, il avoit cru que cette vallée & les autres latérales n'avoient pu s'approfondir comme elles font, que par une maffe d'eau affez considérable pour combler toutes ces excavations à mesure qu'elles se faisoient. Il finissoit cet ouvrage lorsque-je le connus; c'est alors qu'il me fit part de plusieurs notes sur le fond de ses recherches & de ses méditations. Je les crois affez intéressantes pour les publier ici comme pouvant fervir à donner une idée de cet ouvrage, & en même-tems de l'esprit de recherches qui avoit présidé à la collection des observations & des faits qu'il y avoit rassemblés.

Notes & observations tirées de l'ouvrage de Boulanger fur le cours de la Marne.

I. Dans les pays où les montagnes font moins hautes & les terreins moins durs, les fources fortent de côtes circulaires & escarpées; & souvent d'un entonnoir isolé qui forme le cul-de-fac où commence la vallée. Telle est la fource de la Marne.

On

On reconnoît aisément sur les lieux que ce sont les eaux autrefois plus abondantes de cette source qui ont creusé cet espace, en emportant & détruisant ce qui les gênoit le plus dans leur éruption. On ne peut disconvenir, en considérant la coupe des lits de pierre qui se montrent à découvert, que malgré l'intervalle qui les sépare, ces lits n'aient été autrefois continus, & les vuides d'aujourd'hui pleins de matériaux tout semblables à ceux de ces terreins. Le travail de cette source s'est fait en demi-cercle, qui peut avoir quelques centaines de toises d'ouverture. Mais on peut considérer à la fois les trois principales sources de la Marne; savoir, la Marne proprement dite, la Bonelle & le petit Lié. L'on voit d'abord que chacune en particulier est logée dans un petit golfe, & qu'ensemble elles en forment un autre plus grand d'une lieue de profondeur sur trois lieues de largeur. L'inspection de ces trois vallées fait de même connoître qu'elles ont été creusées par les sources, & que les terreins qui les remplissoient, ainsi que ceux qui les recouvroient, ont été détruits & emportés par leur courant, dont le choc est encore très-reconnoissable sur tous les revers escarpés que l'on y remarque; on voit que ce long promontoire, à l'extrémité duquel la ville de Langres est située, étoit autrefois continu avec les terreins de Brévonne, de Poigney, de Noydan, de Molandon, &c.

On peut juger par cet exemple de l'origine des enfoncemens qui se remarquent dans la direction de la ligne des points de partage des eaux en Europe; chaque source qui en sort s'est creusé un petit entonnoir; les principaux ruisseaux en ont fait de plus sensibles; la tête des rivières a formé par leur réunion des golfes plus grands, & enfin les fleuves en ont fait qui embrassent de grandes contrées. C'est ainsi que la nature a toujours été la même dans ses effets, mais elle les a opérés plus ou moins grands, suivant les circonstances plus ou moins favorables où se sont trouvés

Géographie-Physique. Tome I.

ses agens. L'espace qui occupe l'intervalle qu'on trouve entre les sommets qui côtoient la Saône & ceux du Mont-Jura, a été approfondi par la Saône & le Doubs. Il en est de même de ces grands bassins de la Suisse qui ont été ouverts par l'éruption des sources du Rhin, comme les premiers par l'éruption des sources du Doubs & de la Saône. Les monts isolés, les pics qui se trouvent dans ces vallées, doivent être regardés comme les témoins de tous les terreins qui ont été ébranlés, soulevés & emportés par les torrens anciens.

Les eaux & le torrent produit par l'éruption des sources qui ont rempli toute la vallée de la Marne, descendoient assez directement vers le Nord en sortant du sommet général; en sorte que les revers sont d'une égale qualité & ordinairement presque dépouillés de terres sur les plaines élevées, excepté dans le haut Bassigny; parce que ce pays étant situé sur la naissance des torrens & formant différens points de partage, il y régnoit un calme qui l'a fertilisé & couvert de vases. Le torrent ayant reçu vingt à vingt-deux lieues plus bas une autre impulsion, il est retombé sur le sommet occidental de la Marne où sont aujourd'hui les finages d'Ambrières, de Haute-Fontaine, de Hauteville & des Arzilliers. Le revers de ce sommet qui regarde la Marne est circulaire, sec, peu fertile & couvert de landes: il n'en est pas de même du revers opposé qui descend vers l'Aube, c'est un pays bien plus fertile, rempli de vases, de marais & d'étangs. La plaine du Perthois qui est une contrée extrêmement fertile de la Champagne, se trouve située dans la partie de la vallée de la Marne, qui fait le coude; elle est toute formée des sables qui se déposoient sur le revers que le torrent étoit contraint d'abandonner, & qui s'allongeoit en pointe vers la partie où il s'étoit jetté.

La résistance que les terreins depuis Ambrières jusqu'aux Arzilliers opposoient au torrent, la renvoie à la fin sur les sommets de l'autre contrée oppofée & mitoyenne avec l'Aifne, qui l'a rongée & côtoyée toujours de très-près depuis Notre-Dame de l'Épine auprès de Châlons, jufqu'au rendez-vous commun de plufieurs autres torrens qui préparoient dès-lors, par leur ravage, l'emplacement de la plus belle ville du monde & les reffources que lui procurent aujourd'hui la chaleur des fables & la fertilité des limons de la France & de la Brie, que les torrens charioient & dépofoient fur toute la fuperficie de ces contrées.

C'eft de la forte que les fommités particulières de nos continens ont été altérées & rompues par les torrens qui fe font répandus fur les différentes pentes, & qu'une multitude d'autres irrégularités, que l'on rencontre partout, ont été produites.

Paffons maintenant aux phénomènes intérieurs que la terre nous offre dans fon fein; les opérations de la nature qui nous font indiquées par la maffe & la folidité de la terre, font bien plus anciennes que toutes les opérations dont nous verons de parler, & dont les traces & les veftiges peuvent fe fuivre à la fuperficie: ceci doit être confidéré comme un principe fondamental de l'hiftoire de la terre. Les chaînes de montagnes, les rameaux des vallées & toutes les inégalités des continens, ont été prifes dans une maffe qui avoit dans fon tout & dans chacune de fes parties, une difpofition intérieure bien plus ancienne que tous les événemens qui ont produit ces grandes & larges excavations, ces vallées dont nous venons de parler. Pour avoir une idée jufte des montagnes, il faut les regarder comme des parties d'une ancienne maffe laiffées en relief, & les vallées comme des fillons creufés dans la maffe; & c'eft l'eau feule qui a produit ces effets.

II. Pour connoître autant que nous pouvons cette maffe antique dont les torrens ont déchiré & fillonné différentes parties; ce feroit dans le fein de nos montagnes qui en font les reftes qu'il faudroit les chercher, fi les flancs efcarpés de nos grandes vallées ne nous offroient la coupe de ces tranchées.

Nous y appercevons des bancs & des lits remarquables par leur pofition générale & par leur nature particulière. Ils font régulièrement conftruits les uns fur les autres dans une étendue fi confidérable, que ces bancs règnent fous des provinces entières, malgré les grandes vallées qui les féparent & les montagnes ou collines qui les couvrent. Ces bancs varient entre eux dans leur épaiffeur; fouvent elle eft de plufieurs pieds, fouvent auffi ce font moins des bancs que des lames très-minces dont le nombre eft confidérable; mais pour chaque banc l'épaiffeur eft prefque toujours la même, dans telle étendue qu'il puiffe régner: ces bancs font quelquefois défunis, brifés, culbutés & hors de leur pofition naturelle, dans les montagnes furtout. Autant cependant la pofition des bancs & des couches eft uniforme & régulière, autant la nature des matériaux qui font entrés dans leur compofition varie-t-elle; tantôt c'eft un amas confus de pierrailles & de cailloux brifés; plus bas, ce font des fables & des fablons, enfin des grès; enfuite on trouve des lits d'une matière douce & terreufe, des pierres tendres & des craies, des glaifes, &c. Ce qui étonne le plus, c'eft que dans un grand nombre de ces différentes matières molles ou folides, fe trouve compris ou renfermé tout ce que le règne animal & végétal ont produit naturellement fur la terre & fur-tout dans les mers. Des parties d'animaux terreftres, fouvent des animaux entiers, des poiffons & des coquillages fans nombre s'y trouvent enfevelis. Rien, fur-tout, n'y domine avec plus de profufion que les productions marines, & nos continens, plus riches en cela que la mer même, nous ont fait connoître un plus grand nombre de ces êtres que nous n'en ayons connu jufqu'à préfent dans l'Océan tout entier. Phénomène admirable ! dont l'antiquité n'a pas tiré grand parti, mais qui a été fuivi par les modernes, fur-tout depuis que l'hiftoire de la terre occupe les phyficiens.

Toutes ces recherches ont prouvé que la mer a occupé la plus grande partie de nos continens, dont elle a formé des matériaux par fes productions ou leurs débris; elles prouvent auffi que l'Océan y a féjourné pendant tout le tems néceffaire à cette longue opération. Ces coquilles trouvées dans la maffe des montagnes ont prouvé que le féjour des eaux avoit été fixe & conftant fur nos terres, comme il l'eft préfentement dans les baffins que la mer occupe; que c'eft pendant ce féjour que les couches de la terre ont été conftruites avec les productions marines qu'elles renferment, & qu'elles ont été formées fucceffivement les unes après les autres, & pofées régulièrement les unes fur les autres, comme nous les voyons. Rien ne repréfente dans la maffe de la terre & dans la difpofition de fes bancs, la confufion & le défordre d'un accident paffager, momentané & local; tout y eft général & uniforme. Les efpèces marines font cantonnées, les unes dans un lieu, les autres dans un autre : ici c'eft un banc de viffes & de buccins, ailleurs ce font des huitres; dans une contrée ce font des cornes d'ammon, des bélemnites; dans une autre, des forêts de madrépores, de coraux & autres ouvrages femblables de polipiers.

La feconde chaîne de montagnes que décrit l'abbé Sauvage, n'eft prefque compofée que de tellines; & fa principale remarque, c'eft que dans prefque toutes, les valves font deux à deux, les unes ouvertes & les autres fermées; de façon que les unes & les autres fe joignent toujours à l'endroit de la charnière; d'où il conclut que ces coquillages foffiles n'ont pas paffé par degrés de la mer dans les continens, & qu'ils n'y ont pas été dépofés

peu à-peu, mais qu'ils font le réfultat d'un dépôt immédiat de la mer, fait dans fon baffin calme & tranquille.

III. Deux obfervations nouvelles ont conftaté cette vérité & ajoutent un grand poids au fentiment des naturaliftes qui avoient reconnu que prefque toutes les pierres des bancs horifontaux devoient leur fubftance & leur matière aux coquillages produits & détruits fous les eaux des mers. Je citerai le détail de ces obfervations que j'ai faites moi-même & que j'ai publiées dans le mercure (1753 juin). La nature de tous les terreins que la Marne a tranchés & traverfés depuis Joinville jufqu'à Saint-Dizier, & dont la coupe fe préfente en une infinité d'endroits, eft d'une pierre blanche & coquillière, dont les plus belles carrières font à Chevillon & à Savonnières. En examinant les pierres de ces carrières, on trouve que le boufin où la partie la plus tendre de leurs bancs, n'étoit qu'une fine femence de coquilles qui affecte différentes formes; mais qui généralement eft un peu ovale & creufe, & qui laiffe une multitude de petits vuides qui rendent cette pierre infiniment fufceptible de la gelée; un feul pouce cube de ce boufin peut contenir 125 mille femences, le pied cube par conféquent 216 millions, & la toife cube 46 milliards 656 millions; le tout eft entremêlé d'autres coquilles déja formées, & plus ou moins avancées les unes que les autres. Quelle prodigieufe fécondité en fi peu d'efpace ! mais que fera-ce, fi on regarde non pas un feul pouce cube, mais toute la maffe des bancs coquilliers qui règnent dans ce pays ? ne fera-ce pas un argument invincible pour prouver combien la multiplication des coquilles a contribué à la conftruction des lits & des bancs du fond des mers, que de calculer ce qu'un pouce cube de cette femence pétrifiée eût formé en volume, en fuppofant qu'elle eût eu le tems de parvenir à une moyenne grandeur, ainfi que toutes les autres ? Si chacune de ces graines eût acquis, par exemple, par la croiffance le volume d'$\frac{1}{54}$ de pouce cube, toutes celles contenues dans ce pouce euſſent formé un ſolide de 2 mille 314 toiſes cubes, & par conſéquent ce pouce auroit pu couvrir d'un banc de deux pieds d'épaiſ-ſeur & ſans aucun vuide une ſuperficie de 6942 toiſes carrées. Quand on examine tous les autres bancs du pays, on recon-noît qu'ils ne ſont pas formés d'autres matières; que ceux dont le grain eſt le plus fin ne ſont compoſés que de cette même ſemence écraſée & des autres coquilles, les unes briſées & les autres comminuées en poudre fine: ainſi en ne conſidérant l'eſpace d'où cette pierre ſe tire que ſur trois lieues carrées & une quarantaine de toiſes de hauteur, on voit qu'il a dû y avoir un tems où cette maſſe énorme qui contient 623 millions 755 mille toiſes cubes n'a été qu'un ſolide de 156 pieds cubes environ. Nous n'avons pas pris ici les termes qui auroient rendu cette croiſſance encore plus merveilleuſe; car 1°. la groſſeur de ces ſemences n'eſt pas ſa première groſſeur, puiſqu'elle n'a pu parvenir à ce terme que par une infinité de degrés inféri-urs par leſquels doivent paſſer tous les êtres qui ſe développent organiquement; 2°. les pierres dans leſquelles cette ſemence eſt conſumée & broyée, ſont bien plus com pactes & en contiennent par conſéquent bien plus de 46 millions par toiſes cubes; & 3°. il eſt certain que cette ſemence étoit, pour la plus grande partie de nature à acquérir un plus grand volume que celui d'$\frac{1}{54}$e de pouce cube, choſe ſenſible par les coquilles plus entières & plus avan-cées, & par les fragmens épais que l'on trouve dans les autres pierres de la con-trée. Si les deux extrêmes de ces volumes & grandeurs étoient connus, ces ſeules carrières nous feroient preſque juger, à coup ſûr, que la maſſe des collines & même de pluſieurs montagnes & la plus grande partie des continens, ont eu pour commencement ſous les eaux des maſſes peu conſidérables.

J'ai trouvé les mêmes embrions dans un grand nombre d'autres carrières; le bouſin, par exemple, de la pierre de Saint-Maur & des autres pierres dont on ſe ſert à Paris eſt de même nature. Toutes les carrières des côteaux de Choignes, près Chaumont en Báſſigny, ſont rem-plies de ces embrions de coquilles; mais ce n'eſt pas le bouſin ſeul, c'eſt la pierre entière de toute la carrière qui en eſt formée. J'ai fait les mêmes remarques en pluſieurs contrées de la France; ainſi les pierres qui ſont entrées dans la conſtruc-tion des parties hors des eaux du pont d'Orléans, ont auſſi un bouſin de cette nature, & ces embrions qui ne ſe voient ordinairement que pétrifiés dans les pierres dont je viens de parler, ainſi que dans beaucoup d'autres de la vallée de la Marne & de la Loire, que j'omets ici, ſe re-trouvent en nature & ſemés dans les ſa-blons de Courtagnon, de Grignon, de Pont-le-Vire, de Mary & Liſy, de Da-mery & de tous les autres lieux connus par leurs beaux coquillages foſſiles.

IV. La ſeconde obſervation ſe trouve dans la même lettre dont j'ai tiré la pre-mière; elle ne prouve pas avec moins d'évidence combien la ſubſtance de nos pierres doit aux animaux marins. Ce même bouſin de la pierre de Savonnières en Champagne, de Saint-Maur, de Saint-Leu près Paris, les pierres mêmes où ces embrions trop comminués ne ſe diſ-tinguent plus, & où l'on ne diſtingue pas plus le moindre veſtige de coquilles; toutes ces pierres échauffées ſous le mar-teau ont une odeur déſagréable & fétide qui ne peut provenir que de la ſubſtance toute animale dont elles ſont formées. Cette obſervation que j'ai faite en plu-ſieurs contrées de la France l'a été de même en Allemagne. Les bancs d'ardoiſes chargés de poiſſons pétrifiés & qui ſe trouvent dans le comté de Mansfeld; ſont ſurmontés d'un banc de pierre appellée puante; c'eſt une eſpèce d'ardoiſe griſe qui a tiré ſon origine d'une eau croupiſ-ſante, dans laquelle les poiſſons ont pourri avant de se pétrifier ; elle répand une très-mauvaise odeur lorsque les ouvriers la travaillent, & qu'on la brise ou qu'on la frotte avec violence ; & ces mêmes phénomènes se sont présentés de la même manière en plusieurs autres provinces d'Allemagne, où se trouvent des schistes & des ardoises chargées de poissons ; ensorte que non-seulement les poissons qui ont été ensevelis dans ces ardoises ont contribué à cette odeur, mais les autres couches d'ardoises qui ont recueilli tous les débris & toutes les dépouilles des poissons qui ont pourri, ont conservé la même odeur de créatures vivantes putréfiées.

Ce qu'on ne sauroit trop admirer à la suite de ces observations, c'est le concert des naturalistes étrangers, les uns à l'égard des autres, qui, en divers temps & en divers lieux, en Allemagne, en Angleterre, comme ceux de France, déduisent des mêmes phénomènes les mêmes conséquences & les rendent presque tous dans les mêmes termes. Cette odeur infecte, qui est plus générale dans les pierres qu'on ne pense, surtout quand elles sont tirées des carrières, a occasionné un soupçon nouveau sur la cause des mauvaises qualités de certaines eaux.

Ces dépôts infects dont l'intérieur de la terre est rempli & dont un grand nombre de ses couches sont formées, peuvent être considérés comme les causes de la mauvaise qualité des eaux qui les traversent. Entr'autres observations qui peuvent confirmer cette réflexion, on peut citer celles faites dans les contrées de la Touraine, où se trouvent les *faluns*, dont les eaux ont un goût extrêmement insipide, que l'on ne peut guère attribuer qu'aux amas de corps marins dont la quantité innombrable en fait un des dépôts sous-marins, le plus singulier, le plus remarquable qu'il y ait en France. J'ajouterai ici un fait que M. de Reaumur n'a pas vu parce qu'il n'a pas été à portée de le voir. J'ai trouvé dans quelques-uns

des trous de *falun*, des lits horisontaux d'une pierre grise fort dure ; cette pierre étoit remplie d'une infinité de dails ovales & gros comme des noix moyennes. Ce coquillage quoique logé dans la pierre n'étoit pas adhérent à la loge qui le renfermoit : en agitant la pierre on sentoit son mouvement, & il sortoit lorsqu'on l'avoit cassée ; mais il étoit d'une si grande délicatesse qu'à peine pouvoit-on le toucher sans le rompre. Les loges contiguës & placées les unes très-près des autres n'en contenoient jamais plus d'un.

Je ne crois pas qu'il puisse y avoir une démonstration plus évidente de la tranquillité dont jouissoit le bassin de la mer, quand elle travailloit à la multiplication & à la disposition de tous les corps marins que renferment les bancs de cette contrée ; le séjour calme & paisible de la mer y est empreint de manière à frapper les moins clairvoyans.

V. De tous les corps étrangers que nous trouvons dans les différentes parties de nos continens, il y a encore une conclusion à tirer non moins importante & non moins générale que celles dont nous nous sommes occupés jusqu'à présent. Nous avons dit que dans presque toutes les matières molles des couches de la terre, se trouvent compris & renfermés des échantillons de tout ce que les règnes animal & végétal produisent naturellement sur les continens ; on y voit des parties d'animaux terrestres, des arbres, des arbrisseaux & même les herbes de nos landes, de nos marais, comme de nos plaines élevées ; ainsi, indépendamment de toutes les productions marines, on voit des corps qui sont les dépouilles des animaux terrestres & des végétaux de la même classe. Ce n'est pas seulement dans les bancs superficiels que ces corps étrangers se rencontrent ; c'est aussi dans les carrières profondes & souvent au-dessous de ces autres lits réguliers où les coquillages se trouvent avec tant d'abondance ; ce n'est pas non plus dans les dépôts des derniers torrens, c'eſt dans la maſſe même des terreins qu'ils ont tranchés; ainſi ces ſubſtances étrangères ne peuvent être que beaucoup plus anciennes dans leur poſition, que le paſſage des torrens au travers des terreins où on les découvre. Il eſt donc néceſſaire que les eaux qui ont apporté & élevé les matériaux des différens lits où ils ſont contenus, aient été des eaux tranquilles, quoique courantes; tranquilles, parce que la conſtruction générale des lits eſt régulière & parfaite; courantes, parce qu'on y trouve des corps étrangers qui ont dû être tranſportés des continens dans les baſſins des mers. 2°. Il eſt néceſſaire que ces lieux aient été des endroits bas, & que toutes les parties & les différens êtres dont ces dépôts ſont formés, ſoient deſcendus de lieux plus hauts & plus élevés, ou, ce qui eſt la même choſe, on doit penſer qu'il y avoit dans ce même tems des continens élevés au-deſſus des eaux qui produiſoient les plantes dont nous trouvons les eſpèces, & ſur leſquels vivoient les animaux terreſtres dont nous trouvons les dépouilles.

Pour nous en convaincre, nous pouvons aiſément nous former l'idée de ce qui s'opère préſentement au fond de l'Océan, par le tranſport des vaſes & des autres matières terreſtres qu'y font perpétuellement les fleuves & les rivières ſans nombre qui s'y déchargent, & nous repréſenter enſuite ce qui doit réſulter du mélange de toutes les matières animales & végétales qui s'uniſſent & s'allient avec les productions de la mer qu'elles rencontrent.

Toutes ces reliques terreſtres trouvées dans les dépôts des anciennes mers, nous apprennent auſſi que les continens étoient couverts des mêmes ſubſtances végétales, des mêmes arbres, des mêmes plantes; & que ſur ces continens vivoient auſſi toutes les eſpèces d'animaux que nous connoiſſons; que les mers & les eaux

douces nourriſſoient les mêmes poiſſons, les mêmes coquillages qu'elles contiennent & nourriſſent encore aujourd'hui, ſoit dans les baſſins qui nous environnent, ſoit dans d'autres, & qu'enfin la nature, toujours la même, végétoit alors & fleuriſſoit comme elle végète & fleurit aujourd'hui, mais avec quelques circonſtances différentes en d'autres lieux & ſous d'autres aſpects.

VI. Le torrent de la Marne, s'eſt trouvé groſſi au-deſſous de Langres, de tous les autres torrens qui deſcendoient de Noydan, de Saint-Jeomes, de Molandon, & des Orbigny. On peut juger de leur force réunie par les dégradations que l'on remarque autour des revers de Langres & ſur la côte de la Marne où monte le nouveau chemin de Lorraine. Cette côte étoit expoſée à leur choc, & c'eſt de-là qu'elle ſe montre aujourd'hui ſi roide & ſi eſcarpée. La force de ces eaux ſe fait ſur-tout reconnoître en ce que, ne pouvant avoir plus d'une petite lieue de cours, cette côte eſcarpée a cependant plus de 60 toiſes de hauteur, & que le fond de la vallée de la Marne au même endroit eſt d'environ 100 toiſes plus bas que ce long promontoire ſur lequel eſt le rez-de-chauſſée de la ville de Langres. Toutes ces côtes du plus haut au plus bas portent les impreſſions les plus marquées de la chûte de ces torrens.

Le terrein ſur lequel la ville de Langres eſt ſitué, ſe trouve au confluent de pluſieurs torrens. Ce ne ſont point ces torrens qui l'ont formé comme il eſt arrivé dans tous les pays inférieurs; car, 1°. les pierres & les rochers détachés autrefois par leurs efforts, & que l'on voit aujourd'hui ſur ces côtes, étoient dès-lors par lits de deux & trois pieds d'épaiſſeur, leur qualité déja très-dure, puiſqu'ils ont conſervé leurs arreſtes, leurs angles & leurs formes; ce qui fait connoître que l'âge de la conſtruction de ces blocs de pierres eſt bien différent de celui de leur démolition ; 2°. les eaux de la Bonelle & de la Marne ne venoient point d'assez loin pour être chargées de matières étrangères, de sables & de vases suffisans pour en construire une montagne de cent toises de hauteur ; 3°. les dépôts dont les derniers torrens ont fait de nouvelles constructions, sont tous en pentes douces & ordinairement de sables & de terres; au lieu que toute la masse de Langres est escarpée de tous côtés & ne forme qu'un rocher. Sa figure provient de ce que les terreins contigus ont été détruits de part & d'autre par *l'éruption des sources* & emportés par le torrent, au moins sur toute la hauteur qui en fait aujourd'hui la profondeur. Sans doute qu'à la longue ce promontoire eût été détruit aussi ; il a dû même être beaucoup plus allongé vers le village d'Humes, car il paroît que la montagne des Fourches qui est sous la ville, en a fait autrefois une partie continue.

Cette petite montagne est fort capable d'attirer l'attention d'un physicien curieux à cause de sa position & de sa nature ; tout le plateau de Langres est composé de pierres plus ou moins dures, posées lit par lit de différentes épaisseurs, & cette montagne qui est ronde par sa base est entièrement isolée du plateau. Son sommet qui n'a qu'une plate-forme de quelques toises est à environ vingt-cinq toises plus bas que le niveau de la ville. Ce qu'il y a de singulier, c'est que sur la pointe on découvre plusieurs blocs de roches culbultées qui portent huit à dix pieds de longueur, cinq à six de largeur & deux à trois pieds d'épaisseur. Ces roches sont de la même nature que celles du terrein de Langres. Le reste de la montagne est un fond de vase très-épais, ce que l'on reconnoît par l'excavation de la ravine qui côtoie le grand chemin de Langres à Chaumont.

Il est naturel de penser qu'ainsi qu'il y a eu des sources qui ont miné les faces latérales du plateau de Langres ; il y en a eu aussi dans cette partie une grande quantité qui attaquant par dessous tous les terreins par lesquels cette butte étoit auparavant unie à ce plateau, les ont détruits & entraînés peu à peu. La vallée profonde par laquelle elle en est aujourd'hui séparée est le vuide & la place de ces terreins qui ne sont plus; mais ce qui devoit former le noyau de cette montagne sont ces restes.

Les vases dont ensuite tout le noyau a été recouvert sont aussi visiblement un produit des grandes eaux. On peut remarquer que le revers qui regarde la ville est pierreux & roide, & que celui qui lui est opposé ne l'est pas parce qu'il étoit à l'abri du torrent.

La forme régulière & ronde de cette montagne, & sa position précise à l'abri du promontoire, placée plus vers le couchant que vers le levant, s'explique aussi par une autre opération des grandes eaux. Le plateau de Langres situé entre les deux vallées de la Marne & de la Bonelle devoit produire dans ces deux torrens le même effet que produit dans le courant d'une rivière la pile d'un pont. Ces torrens venant à se réunir au-dessous du promontoire, devoient y former des tournoiemens & des tourbillons considérables, & les eaux auparavant resserrées trouvant subitement un emplacement plus grand devoient aussi se réunir, mais avec une chûte & avec des vitesses inégales, parce que le torrent de la Marne étant plus considérable que celui de la Bonelle, le plus fort devoit repousser le plus faible. Par-là il est arrivé que le tourbillon se formoit, non au milieu juste des deux vallées réunies, mais plus près du cours de la Bonelle que du cours de la Marne, sans doute dans la proportion de leurs forces. Les vases & les matières légères que les eaux des torrens entraînoient dans ce tourbillon, après avoir pirouetté avec les lames & les colonnes d'eau qui les poussoient, gagnoient à la fin le centre du tourbillon & s'y précipitoient. Il y en a une plus grande quantité au Nord qu'au Midi, parce que c'étoit le côté de l'abri, enforte que le pied de cette montagne de vases s'eft prolongé jufqu'à une lieue plus loin, vers Hufmes, où fe fait aujourd'hui la jonction de la Marne & de la Bonelle.

Le revers de Langres qui regarde la montagne des Fourches, préfente cette fingularité, qu'il eft recouvert de prairies qui montent prefque fur les dernières roches, lefquelles fervent de bafes à fes remparts. Le fonds de terre en eft bon & profond ; la raifon eft la même. Ce front n'a jamais été expofé au choc direct des eaux & a recueilli une partie des vafes que les torrens charioient. Ces vafes, aujourd'hui rafraîchies par les fources dont ces revers abondent, font des terreins affez humides pour former des prairies.

On voit tous les jours dans ces contrées, fans être étonné, une grande quantité de terre, c'eft-à-dire, de vafe qui couvre les revers & les plaines les plus hautes comme les plus baffes. Cette abondance cependant a bien lieu de furprendre, furtout vers les fources de la Marne & de la Meufe, aux environs de Montigny-le-Roi, de Bouilly & autres lieux femblables du Baffigny. Il n'y a rien d'étonnant d'en trouver à vingt & trente lieues des fommets & de la tête des fleuves & des rivières, parce qu'il eft cenfé que les terreins d'en haut les ont produits. Mais fur cette montagne des Fourches, & fur le revers de Langres, par exemple, & furtout dans cette partie qui s'allonge vers Hufmes, il eft difficile de trouver d'où ces vafes pouvoient venir, le courant n'ayant encore eu là qu'à peine une lieue de cours, & les fommets fupérieurs étant fort étroits. Je crois avoir lieu de penfer que ces vafes fortoient, ainfi que l'eau des fources, des entrailles de la terre.

Ces vafes, hors des fources, étoient portées enfuite cà & là par les torrens qui defcendoient de part & d'autre du fommet de Langres ; & comme il n'y avoit aucun courant, elles ont dû fe dépofer en plus grande partie dans le pays même & y refter.

Avant d'abandonner le fommet de Langres & d'obferver les ravages que les torrens qui en fortoient y ont caufés en courant vers le nord, il convient de defcendre fur le revers oppofé, & de faire envifager auffi les ravages que ces mêmes eaux ont produits en defcendant vers le midi. Il ne faut pas pour cela s'engager beaucoup dans les vallées du Saulon, de Rivière-les-Bois, de Chaffigny, de Cohon, de Bourg, de la Vingeanne & d'une infinité d'autres ruiffeaux qui vont fe rendre dans la Saône. On reconnoît à l'afpect des premières dégradations qui fe préfentent, que tout ce qu'il y a de côtes efcarpées & de revers ne le font que parce qu'alors tous ces maffifs étoient expofés au cours direct des torrens, comme ils y font tous conftamment tournés.

La conftitution du terrein fur ce côté méridional eft compofée en grande partie de mauvais grès tendres, & d'autres qualités de pierres qui en approchent ; ce qui a permis aux torrens d'y faire de plus grands ravages, les terreins fe détruifant bien plus aifément ; les rives des vallées ont été écartées & reculées de façon qu'on trouve au pied de ces fommets de plus grandes plaines très-fertiles.

VII. Autant l'infpection de la vallée amufe aux environs de Chaumont, autant le pays fupérieur vers Bieffe & au-delà eft il ennuyeux ; c'eft un pays défert, aride, uni : on y voit des maffes de pierres formées lit par lit comme partout ailleurs. Il y a aux environs de Chaumont des carrières de très-belles pierres, qui ne font compofées que de grains ronds, blancs & tendres, gros comme des têtes d'épingles, &

& collés fortement les uns contre les autres.

On y trouve auſſi fort communément d'autres pierres d'une nature ſingulière, dont les morceaux détachés reſſemblent parfaitement, par la forme & la multiplicité de leurs fibres, à du bois pétrifié : on les trouve cependant lit par lit comme les autres pierres. Ces lits ont depuis un & deux juſqu'à cinq & ſix pouces d'épaiſſeur, & ils régnent généralement dans toute l'étendue de ces contrées. Lorſqu'on fend un lit de cette pierre horiſontalement, elle ne ſe fend point nettement comme ſe fend la pierre ordinaire, mais comme un bâton que l'on caſſe. Les deux parties déſunies préſentent des bouts de fibres inégalement arrachés dont quelques-unes ſont auſſi déliées que les fibres du bois. Cette pierre eſt cependant pleine, peſante, unie & ſans grains. On ſe ſert dans cette contrée de la pierre pour couvrir les maiſons, au lieu de tuiles & d'ardoiſes; mais ces premiers lits ſupérieurs ſont fort minces, n'ont point de fibres comme tous ceux qui ont cinq ou ſix pouces d'épaiſſeur & qui ſont plus profondément en terre. L'explication d'une telle pierre n'eſt pas facile. D'un côté la ſituation horiſontale des lits, leur poſition couche par couche & leur grande étendue dénotent qu'elles ont été formées comme toutes les autres pierres par des dépôts ſucceſſifs d'une ſubſtance pierreuſe très-fine ; mais on ne peut expliquer les fibres verticales & régulieres qu'en admettant une infiltration de l'eau dans le ſens des fibres.

VIII. La ville de Chaumont eſt ſituée ſur une langue de terre, reſte des anciens terreins contre leſquels les torrens de la Marne & de la Suize ſe ſont briſés pendant long-tems. Il ſemble qu'à l'envi ces deux torrens aient voulu travailler à détruire le terrein & à l'eſcarper de tous côtés. Le torrent de la Marne battoit du côté du Levant, & celui de la Suize du côté du Couchant. Entre la porte de Paris

& celle de Joinville, régne un eſcarpement circulaire infiniment roide, contre lequel le torrent de la Suize rouloit autrefois ſes eaux. Ses effets ſont très-étendus & ils nous font voir aujourd'hui la coupe du ſol de Chaumont, lequel dès-lors dur & ſolide a renvoyé le choc des eaux ſur la côte oppoſée de Buxeveuil. De l'autre partie vers le Levant, le torrent de la Marne jetté de Chamarande dans la gorge de Choignes eſt de-là retombé avec furie ſur l'autre revers de cette ville à l'oppoſite de l'attaque de la Suize, & a eſcarpé la rude deſcente de la Maladière. A peine eſt-il reſté deux cents toiſes de terrein entre ces furieux torrens, & encore quelque tems de plus cette partie ſur laquelle la ville de Chaumont eſt ſituée aujourd'hui ne nous auroit pas été connue. Mais ce qui a manqué de s'opérer là entièrement nous doit faire connoître ce qui a dû s'opérer ailleurs ſur mille terreins qui ne ſont plus. Le ſol de la ville & des environs eſt ſi ſec que c'eſt de-là ſans doute que lui eſt venu le nom de *Mont-Chauve* (Calvus-Mons) Chaumont.

La ſéchereſſe, l'aridité, le peu de terre qui couvre les plaines ſupérieures aux vallées de la Suize & de la Marne, font voir que les lieux les plus élevés de ces contrées ont été long-tems ſous des courans d'eau qui les ont lavés après avoir emporté les lits ſupérieurs dont toutes les pierres & les roches errantes que l'on rencontre ſur ces hauteurs ſont les reſtes & les débris. Alors les eaux de la Marne & de la Suize ne formoient qu'un ſeul torrent dont les rivages étoient très-écartés. D'un côté, c'étoient les ſommets entre la Marne & Laujon ; de l'autre les ſommets deſcendant de Voiſines près de Langres, traverſent les forêts de Château-Villain, & comprennent les côtes d'Alun & de Sexfontaines. Il paroît que la force de ces courans réunis étoit portée ſur ces ſommets beaucoup plus abondamment que ſur ceux de la Marne & du Rognon. La naiſſance de ceux-ci eſt dans le Baſſigny, près de Montigny ; ils paffent à côté des nouveaux dans les plaines arides entre Andelot & Chaumont, & defcendent jufqu'à Donjeux où ils fe perdent dans le confluent de la Marne. Ce courant avoit environ quatre lieues de largeur, & les principaux effets de fon cours fe font remarquer dans les côtes d'Atun & fur les hauteurs au-delà de Briancourt. Les eaux ont été toutes deftructives pour ces pays élevés ; leur rapidité dans ces plaines où aucun abri ne fe préfentoit aux matières chariées, entraînoit tout. Ce n'a pu être qu'après une diminution confidérable & lorfque les eaux ont été réduites à ne remplir plus que les limites des vallées de la Marne & de la Suize, qu'à la faveur d'une infinité de détours, les vafes, les fables, & mille autres matières ont pu fe dépofer derrière certains abris & former des terreins modernes dans le fond de ces vallées.

Le torrent de la Marne accru de celui de la Suize, au-deffous de Chaumont, a, par-là, vu augmenter confidérablement fes forces. La grande côte qui couvre Condé à l'égard de Chaumont, en a beaucoup fouffert, & a reculé fous leurs efforts réunis ainfi que la côte de la Miffion qui eft au-deffous, & à l'autre rive ; par-là, s'eft creufé enfuite ce grand entonnoir de côtes efcarpées & de rochers qui règnent autour de Condé, & dans le milieu duquel le village eft fitué, ayant au-devant de lui les terreins dégradés, par la chûte du torrent fur la côte de la Miffion, & derrière lui vers Bretenay, les bonnes vafes qui font reftées à l'abri de cette côte.

IX. C'eft au-deffus de Villiers qu'on peut remarquer que la Marne commence, en quelques endroits, à rouler fes eaux fur le fable, & que la bafe de la terre des prairies eft compofée de lits continus & généraux de fables. Depuis Langres, le fond de la vallée n'eft que roc fur lequel la rivière coule ; les prés, lorfqu'il y en a, font immédiatement pofés deffus, & ils font affez bons & productifs, ayant

immédiatement un lit de groffes pierrailles ou graviers à peine dégroffis, de la nature des pierres du pays, & qui reffemblent aux débris des démolitions. Il faut attribuer le tout à la grande pente du terrein & à ce que la vallée eft généralement étroite ; en conféquence de ces deux circonftances, les eaux avoient une grande rapidité & entraînoient tout ce qu'elles démoliffoient & ne le dépofoient que lorfque la pente étoit devenue moins grande, la vallée plus large & le cours moins rapide.

Dans les pays hauts, les démolitions qui ne pouvoient venir d'affez loin pour être réduites en gravier, y font reftées fur les derniers tems, parce que les eaux affoiblies dans leur courfe, les y ont laiffées. Mais voici une objection affez naturelle que ceux qui ont vu le terrein peuvent nous faire. Si c'eft la rapidité de ces torrens qui a empêché les fables de fe fixer depuis Langres jufqu'à Villiers, pourquoi les vafes qui font bien plus légères que les fables font-elles fi abondantes, fur-tout dans les prairies du côté de Langres, de Vefaignes, de Foulain, &c. où ces prairies ont un grand fond de terres.

Pour lever cette objection, il faut faire réflexion que les torrens ont dû avoir une diminution de force fucceffive ; qu'ainfi dans les tems où ces torrens étoient dans leur plus grande force, il n'y avoit dans toutes ces vallées, ni amas de pierrailles, ni de greves, ni de vafes, tout étoit porté & entraîné au plus loin ; que lorfque les eaux diminuées n'ont plus eu la force ni de démolir ces terreins, ni de pouffer au loin les anciennes démolitions, elles ont cependant eu la force longtems de charrier les vafes que les fources produifoient, & celles que les pluies, toujours confidérables de ces tems, amenoient auffi de deffus les abris des lieux élevés, où les grandes eaux les avoient dépofées auparavant, & qu'enfin il y a eu un tems où elles n'ont plus eu la force d'emmener ces vafes & où elles les ont abandonnées peu à peu, comme elles avoient peu à peu abandonné les fables, devenus aussi trop abondans. C'est une chose certaine que les prairies se relèvent encore ; mais on a là-dessus des idées trop vagues & trop générales ; on s'imagine que c'est l'ouvrage journalier des pluies & des orages qui ramènent sur le fond de la prairie les terres labourables qui sont sur les côtes & sur les plaines supérieures de droite & de gauche. Cette raison y entre pour quelque chose , en certains lieux , mais presque pour rien en général. Ce ne sont point les terres labourables des côtes & des contrées latérales qui fournissent aux prairies la matière dont elles se relèvent ; car, par cette raison, dans toute la longueur d'une grande vallée, on verroit que, lorsque les parties supérieures abondent en terre, les prairies d'en bas devroient avoir un grand fond de la même nature de terre, & que lorsque les parties supérieures sont sèches & pierreuses , les prairies d'en bas devroient y avoir rapport & être aussi sèches & pierreuses. C'est ce qui ne se remarque pas dans le cours de la vallée de la Marne , & ce qui ne se peut voir dans aucune autre vallée. Les dépôts qui y sont ne sont pas l'ouvrage de nos pluies journalières, mais originairement celui des anciens torrens.

La quantité de la terre des prairies a toujours rapport à la pente de la vallée & à sa largeur, ce qui justifie que leur véritable origine doit dater des tems mêmes de la force & de la décadence des grandes eaux dont elles ont été les derniers dépôts. Quant aux accroissemens qu'elles reçoivent aujourd'hui , ce sont les prairies de la tête de la vallée qui les fournissent aux prairies inférieures ; c'est une prairie même qui se détruit en un endroit pour fournir à une autre prairie plus basse. Le courant actuel de nos rivières dans les crues d'hiver, mange les rivages, en fait fondre des quartiers entiers ; ces parties de terres délayées, troublent les eaux qui les emportent & qui les déposent dans leur débordement sur les prairies inférieures, & même sur les terres labourables les plus basses qui sont dans le cas d'être submergées. Il suit de ceci que ce sont les prairies supérieures qui fournissent toujours aux inférieures : il faut donc, & cela se prépare tous les jours, que les prairies hautes diminuent & disparoissent peu à peu, parce qu'elles n'ont aujourd'hui d'autres moyens pour réparer leurs pertes, que les vases de leurs propres sources, qui sont à présent très-peu de chose, & le rapport des pluies qui ne peut être considérable. D'après ce changement futur, il faut juger du passé. Tant de grandes vallées & la multitude innombrable de vallons, que nous savons maintenant être sans sources & sans prairies, ont néanmoins été après les torrens qui les ont creusés, des lieux humides , revêtus de vases & formant des prairies semblables aux nôtres. La vie pastorale devoit donc être alors nécessairement & plus aisée & plus commune ; la moitié de la terre ne devoit former qu'une prairie, & devoit par-là offrir , avec une abondance extrême & facile , la subsistance à tous ses habitans ; mais peu à peu ces heureux dépôts ont disparu & leur qualité a diminué. Les hommes, au contraire, se sont multipliés ; les lieux bas n'ayant plus suffi à leur subsistance, ils sont devenus laboureurs par nécessité, en s'établissant dans les lieux hauts où les terres étoient devenues sèches & pierreuses par la cessation des sources, & par l'enlèvement des meilleures vases. Ce sont-là de ces variations auxquelles la terre a été sujette dans ses différentes parties, & par lesquelles , suivant les progrès des âges , elle a montré différens spectacles & fait changer la manière de vivre des habitans.

X. Si quelque chose parle en faveur du déluge d'Ogyges, à tort réputé fabuleux par bien des auteurs, c'est ce que l'on dit en avoir été la suite. Ceux qui en parlent, nous apprennent en même-tems, que la Béotie inondée a été plus de deux cents ans sans être habitée & cul-

On reconnoît aisément sur les lieux que ce sont les eaux autrefois plus abondantes de cette source qui ont creusé cet espace, en emportant & détruisant ce qui les gênoit le plus dans leur éruption. On ne peut disconvenir, en considérant la coupe des lits de pierre qui se montrent à découvert, que malgré l'intervalle qui les sépare, ces lits n'aient été autrefois continus, & les vuides d'aujourd'hui pleins de matériaux tout semblables à ceux de ces terreins. Le travail de cette source s'est fait en demi-cercle, qui peut avoir quelques centaines de toises d'ouverture. Mais on peut considérer à la fois les trois principales sources de la Marne; savoir, la Marne proprement dite, la Bonelle & le petit Lié. L'on voit d'abord que chacune en particulier est logée dans un petit golfe, & qu'ensemble elles en forment un autre plus grand d'une lieüe de profondeur sur trois lieues de largeur. L'inspection de ces trois vallées fait de même connoître qu'elles ont été creusées par les sources, & que les terreins qui les remplissoient, ainsi que ceux qui les recouvroient, ont été détruits & emportés par leur courant, dont le choc est encore très-reconnoissable sur tous les revers escarpés que l'on y remarque; on voit que ce long promontoire, à l'extrémité duquel la ville de Langres est située, étoit autrefois continu avec les terreins de Brévonne, de Poigney, de Noydan, de Molandon, &c.

On peut juger par cet exemple de l'origine des enfoncemens qui se remarquent dans la direction de la ligne des points de partage des eaux en Europe; chaque source qui en sort s'est creusé un petit entonnoir; les principaux ruisseaux en ont fait de plus sensibles; la tête des rivières a formé par leur réunion des golfes plus grands, & enfin les fleuves en ont fait qui embrassent de grandes contrées. C'est ainsi que la nature a toujours été la même dans ses effets, mais elle les a opérés plus ou moins grands, suivant les circonstances plus ou moins favorables où se sont trouvés

ses agens. L'espace qui occupe l'intervalle qu'on trouve entre les sommets qui côtoient la Saône & ceux du Mont-Jura, a été approfondi par la Saône & le Doubs. Il en est de même de ces grands bassins de la Suisse qui ont été ouverts par l'éruption des sources du Rhin, comme les premiers par l'éruption des sources du Doubs & de la Saône. Les monts isolés, les pics qui se trouvent dans ces vallées, doivent être regardés comme les témoins de tous les terreins qui ont été ébranlés, soulevés & emportés par les torrens anciens.

Les eaux & le torrent produit par l'éruption des sources qui ont rempli toute la vallée de la Marne, descendoient assez directement vers le Nord en sortant du sommet général; en sorte que les revers sont d'une égale qualité & ordinairement presque dépouillés de terres sur les plaines élevées, excepté dans le haut Bassigny; parce que ce pays étant situé sur la naissance des torrens & formant différens points de partage, il y régnoit un calme qui l'a fertilisé & couvert de vases. Le torrent ayant reçu vingt à vingt-deux lieues plus bas une autre impulsion, il est retombé sur le sommet occidental de la Marne où sont aujourd'hui les finages d'Ambrières, de Haute-Fontaine, de Hauteville & des Arzilliers. Le revers de ce sommet qui regarde la Marne est circulaire, sec, peu fertile & couvert de landes : il n'en est pas de même du revers opposé qui descend vers l'Aube, c'est un pays bien plus fertile, rempli de vases, de marais & d'étangs. La plaine du Perthois qui est une contrée extrêmement fertile de la Champagne, se trouve située dans la partie de la vallée de la Marne, qui fait le coude; elle est toute formée des sables qui se déposoient sur le revers que le torrent étoit contraint d'abandonner, & qui s'allongeoit en pointe vers la partie où il s'étoit jetté.

La résistance que les terreins depuis Ambrières jusqu'aux Arzilliers opposoient

foit pour démontrer une vérité, foit pour défigner une erreur, foit pour ouvrir une route féconde en découvertes, foit pour détourner de vues fauffes & de marches illufoires.

J'avois d'abord placé les articles compofant cette hiftoire, fuivant l'ordre des tems, mais je n'ai pas cru devoir m'écarter du fyftême général de la diftribution des matières dans l'Encyclopédie, où les auteurs ainfi que leurs découvertes figurent fuivant l'ordre alphabétique, vu les avantages qui réfultent de cet ordre pour retrouver fur-le-champ l'état de la fcience à telle ou telle époque, & dans le tems où vivoit un obfervateur ou un écrivain dont on defire de connoître les travaux. D'ailleurs la fucceffion des découvertes, l'ordre des efforts & des fuccès de ceux qui ont contribué à leur développement fe retrouvera dans mes articles, tout ifolés qu'ils font, parce que j'ai mis la plus grande attention à indiquer les maîtres en parlant de leurs élèves, & à noter l'étendue de la ligne que chacun d'eux a parcourue, en fixant fes limites le plus exactement qu'il m'a été poffible.

Dans cette notice aucun des auteurs vivans ne fe trouve compris. Je me fuis fait une loi de ne parler que des écrivains morts. Je me fuis feulement permis une exception pour Pallas, vu l'étendue & l'importance de fes obfervations dans une grande partie de la Terre.

A

ARDUINO. (Giovanni)

Conftitution phyfique des montagnes du Padouan, du Vicentin & du Véronois.

Je préfente fous le nom de ce minéralogifte, le précis d'un travail qui a été fait fur la conftitution phyfique des montagnes du Padouan, du Vicentin, du Véronois & du Brefcian, & fur les effets des volcans dans ces mêmes contrées, & je me fuis attaché à faire connoître ces détails, de préférence à beaucoup d'autres, parce qu'ils ont été vérifiés par plufieurs naturaliftes, parmi lefquels je puis me citer.

J'ai déjà même donné une idée des volcans qui ont ravagé ces contrées & dont les opérations font tellement liées à la connoiffance de l'état ancien & primitif de ces montagnes qu'on ne peut en avoir une idée nette qu'en circonfcrivant chacun de ces objets. Au refte, ce n'eft qu'en les faififfant féparément pour les difcuter à part comme l'a fait Arduino, qu'on peut mettre de l'ordre dans les obfervations & parvenir à des réfultats précis. C'eft à ces titres que j'ai cru devoir le placer parmi ceux qui ont rendu des fervices à la *Géographie-Phyfique.* Je dois y joindre auffi l'abbé Fortis, qui s'eft occupé de ces mêmes vues avec le même fuccès.

Arduino a divifé les montagnes du Padouan, du Vicentin & du Véronois, avec lefquelles celles du Brefcian ont beaucoup d'analogie, en montagnes *primitives, fecondaires & tertiaires,* relativement à la nature des matériaux qui font entrés dans leur compofition, à leur pofition inférieure ou fupérieure, & aux différentes époques de leur formation ; mais il eft bien éloigné, comme les naturaliftes judicieux, de comprendre dans cette diftinction la forme de ces montagnes.

Il appelle montagnes primitives, celles qui font compofées de fchifte, qui s'étendent par deffous les montagnes calcaires auxquelles les premières fervent de bafe, & qui par conféquent doivent avoir exifté avant elles.

Il nomme montagnes fecondaires, les hautes montagnes qui confiftent en couches de pierres calcaires d'un grain ferme & compact, où fe trouvent des corps marins pétrifiés, & qui compofent une partie de cette grande chaîne des Alpes qui fépare l'Italie de l'Allemagne.

Il entend enfin par montagnes tertiaires ou collines, celles qui font peu élevées & formées de petites couches de pierres à chaux, qui renferment des pétrifications & de petits lits de fable & d'argille, & dont la formation eft poftérieure à celle des montagnes fecondaires, puifqu'elles font pofées au-deffus d'elles, en partie & à côté, & qu'elles doivent leur origine à des matériaux détachés des deux premiers maffifs & réunis enfuite fous les flots de la mer, aux matériaux qu'elle fourniffoit elle-même.

Arduino ajoute à toutes ces maffes la confidération de celles qui ont éprouvé l'action des feux fouterrains ; qui contiennent les maffifs de laves que les volcans ont jettés au-dehors, ainfi que les autres produits du feu mêlés aux matières

intacles : il paroît que le foyer de ces volcans est à une grande profondeur dan s le
schiste, & que dans certaines circonstances
leurs éruptions se sont fait jour à travers
les couches des montagnes secondaires,
& peut-être tertiaires ; ce qu'on peut
reconnoître facilement par la disposition
de tous les matériaux propres à ces différens massifs.

Lorsque nous donnons cette distinction
des montagnes d'après Arduino , nous
ne prétendons pas qu'elle lui appartienne comme une suite de vues nouvelles ; mais nous la donnons comme
ayant été appliquée avec grand succès dans
l'examen de plusieurs sortes de massifs,
tels qu'on les rencontre dans les Alpes
de ces contrées, & sur-tout parce qu'il
a déterminé leur composition d'une manière
nette & précise.

Montagnes primitives.

Les matériaux des montagnes primitives , distinguées par Arduino , sont
de schiste argileux, communément très-
micacé & par là même quelquefois argenté ;
il est feuilleté & traversé par plusieurs veines
de quartz ; enfin , disposé en plusieurs
endroits par couches tortueuses & ondulées.

L'on n'a jamais pénétré dans le Vicentin
ni dans le Veronois, au-dessous de ce
massif , & l'on ignore s'il en est de
même dans ces contrées comme en beaucoup d'autres pays de montagnes, c'est-
à-dire, s'il y a au-dessous de ce schiste
du granit , ce que tous les naturalistes
présument avec Arduino. Il faut observer que le granit s'élève au-dessus du
schiste dans les hautes montagnes du Tirol,
& que le granit gris se montre à découvert du côté de *Tazzino* & de *Primiero*,
où la rivière de *Cismonoe*, qui se jette dans
la *Brenta*, prend sa source. Comme cette
masse de granit est fort voisine des Alpes
du Vicentin, il est très-probable qu'elle
se propage par dessous , & j'observe que
dès-lors les montagnes de schiste ne pour-

roient pas conserver la dénomination de
primitives que leur donne Arduino ,
ainsi que d'autres naturalistes ; mais ce
sont ici les faits qui nous intéressent plutôt
que les dénominations.

C'est dans le schiste que se trouvent les
veines métalliques & fort près des endroits
où la pierre à chaux vient se reposer sur
le schiste : en suivant cette position du
schiste & des pierres calcaires tout le
long de la chaîne des Alpes, on trouve
différentes mines & veines métalliques qui
se montrent à la partie supérieure des
masses schisteuses, où les couches calcaires viennent se reposer.

Montagnes secondaires.

Les montagnes secondaires que distingue
Arduino sont pour la plupart formées
d'une pierre calcaire dont le grain est
serré & compact. Cette pierre a rarement
la texture saline & est disposée en couches
suivies, au milieu desquelles on trouve des
corps marins petrifiés. Ces couches diffèrent par leur dureté , leur finesse , leur
tissu, leur composition, leur couleur &
la quantité de leurs fentes perpendiculaires,
& enfin par les espèces de corps marins
fossiles qui varient dans les différentes
couches, puisqu'on n'en trouve qu'une seule
espèce dans la même couche. On compte
dans ces Alpes calcaires, depuis la base
jusqu'au sommet, cinq lits principaux où
l'on peut observer tous les détails que je
viens d'indiquer d'après mes propres observations. Ces lits sont surmontés par la
couverture supérieure de ces Alpes, qu'on
appelle la *Scaglia*. C'est une croûte ou
couche calcaire remplie de cailloux de
différentes couleurs, placés par nids & par
petites couches & qui font feu au briquet ;
cette couverture après avoir caché les
Alpes, s'enfonce sous les montagnes tertiaires , & se montre d'un côté à l'autre
vers les montagnes volcaniques du Padouan,
sur les croupes desquelles elle s'appuie.
La *Scaglia* dans ces terreins semble

avoir été foulevée par d'anciennes éruptions de volcans qui fe font enfuite fait jour à travers.

Au refte, la *Scaglia* n'accompagne pas par-tout la fuperficie des Alpes calcaires; les eaux & le tems l'ont détruite, & ce n'eft que dans les endroits où elle n'a pu être endommagée qu'elle fubfifte encore & qu'on peut l'obferver.

Il fort des parties de la *Scaglia*, qui repofent fur la pente des montagnes volcaniques, des fources d'eau chaude fulphureufe qui répandent au loin une odeur de foie de foufre. La nature avoit difpofé horifontalement les différentes couches de ces montagnes fecondaires comme celles des autres; mais cet arrangement primitif a été altéré par diverfes caufes que nous allons indiquer. D'abord les éruptions des volcans ont occafionné des bouleverfemens confidérables. Les montagnes fe font entr'ouvertes, il s'eft formé des cratères, des fentes, des crevaffes à travers lefquelles la lave a pénétré. Par toutes ces révolutions les couches déplacées, affaiffées en quelques endroits, d'horifontales qu'elles étoient, font devenues inclinées ou même verticales. Les crues d'eau, les rivières dont le cours a fans doute fouvent changé, ont également occafionné dans ces Alpes des dérangemens plus ou moins étendus; & ce qui doit être confidéré comme faifant partie de ces dérangemens, ce font les grottes & cavernes très-nombreufes intérieurement revêtues de ftalactites, & à travers lefquelles il fort des ruiffeaux d'eau fouterrains.

On a remarqué de gros morceaux de granit, de quartz, de talcite, qui viennent des vraies montagnes primitives du Tirol, fur les fommets des montagnes fecondaires, aux environs de *Gallio*, d'*Aftago*, de *Campo-di-Rovere*; & ces fragmens de pierres détachées, étrangers aux endroits où ils fe trouvent, font épars & fort élevés au-deffus du niveau de la mer.

Les mêmes pierres détachées fe trouvent en d'autres endroits différens, comme à *Feltrino*, village de l'état de Venife, qui n'eft féparé des premiers villages cités que par la *Brenta*. Là, ils font placés au même degré d'élévation : on en voit auffi fur les Alpes voifines en fe portant du côté de l'oueft, depuis *Aftico* jufqu'à l'*Adige*.

Cependant, comme nous l'avons déja remarqué, l'on rencontre ces blocs épars de différente grandeur fur des montagnes entièrement formées de couches calcaires qui contiennent des corps marins pétrifiés, & l'on ne découvre point dans le corps & dans les parties folides de ces montagnes d'autre forte de matière que de la pierre à chaux.

On demandera peut-être comment ces roches détachées peuvent avoir été tranfportées où on les voit; elles font femblables, il eft vrai, à celles qu'entraînent dans leur cours l'*Adige* & la *Brenta*, en traverfant les montagnes du Tirol. Mais ces rivières n'ont pu dépofer ces roches roulées en des lieux élevés aujourd'hui de quelques milliers de pieds au-deffus de leur lit actuel, que dans le cas où elles auroient eu autrefois leur cours à la hauteur où l'on voit ces roches, & où il eft certain que ces rivières ont coulé avant de couper & d'approfondir des vallons fi fort au-deffous des premières ravines où elles ont circulé d'abord.

Montagnes tertiaires ou collines.

Les collines ou montagnes tertiaires font d'une origine moins reculée que les montagnes fecondaires; elles fe trouvent auffi pofées fur ces dernières; il y en a qui rempliffent d'anciens vallons, d'autres qui font placées à des hauteurs confidérables; elles doivent leur origine à des matériaux détachés des montagnes fecondaires qui fe trouvent mêlés à des lits de fable & d'argille; on y trouve même

des couches régulières & diverfes pétrifications.

Cet ordre de montagnes a été, comme
les montagnes fecondaires, en proie aux
changemens & aux bouleverfemens que
les volcans ont occafionnés. De-là vient
la fingularité de rencontrer de gros morceaux de pierre à chaux, des pétrifications & d'autres corps étrangers dans des
laves & dans des produits du feu. Vraifemblablement la lave étant encore dans
l'état de molleffe, a enveloppé tous les
corps qu'elle a rencontrés & les a retenus en fe refroidiffant. Une partie de ces
montagnes tertiaires ne s'eft formée qu'après
les éruptions des volcans fur les produits
defquels ces maffifs font affis ; & fi l'on
y trouve des blocs de lave & des pierres-
ponces, c'eft que les corps ont été réunis
& enveloppés par les dépôts de la mer
qui ont formé ces montagnes.

Plufieurs de ces collines du Vicentin
& du Véronois font renommées par le
grand nombre & la beauté de leurs pétrifications : les *Monti-Berici* près de Vicence
font de ce nombre ; il en eft de même
des collines de *Montecchio*.

La couche inférieure de la colline de
Brendola, à dix milles d'Italie de Vicence,
eft compofée d'un lit d'argille bleue, remplie de corps marins. Au-deffus de cette
argille eft un nombre infini de couches
de pierres calcaires pleines de coquilles
pétrifiées d'efpèces différentes de celles qui
font dans l'argille. Du côté de l'eft ces
couches s'enfoncent obliquement fous la
terre. Tout le côté occidental de la colline
eft couvert de lave, dans laquelle il y a
quantité de boules ovales affez confidérables & feuilletées. Rien n'eft plus intéreffant que de voir ici le mélange des corps
marins & des matières volcaniques ; mais
il n'eft pas aifé de circonfcrire chacun de
ces maffifs. Les montagnes du Véronois
les plus remarquables dans ce genre font
les deux bords de la vallée de Ronca ;

ces collines font très-abondantes en beaux
corps marins très-bien confervés : ils fe
trouvent non-feulement dans les couches
calcaires, mais encore dans les laves &
les matières volcaniques, fous forme pulvérulente ; ces matières compofent des
breches avec des pierres calcaires qui fervent de ciment.

Les environs de *Bolca* offrent auffi une
infinité de produits volcaniques couverts
par des couches calcaires qui ont éprouvé
toutes fortes de dérangemens par l'enlé-
vement des matières volcaniques que les
eaux intérieures ont minées. C'eft des
environs de *Bolca* que viennent ces fameufes
impreffions de plantes & de poiffons dans
des pierres calcaires feuilletées.

Montagnes volcaniques.

Il paroît que les anciens volcans du
Padouan, du Vicentin & du Véronois
ont leur foyer dans les couches fchifteufes
des montagnes primitives. Il en eft réfulté
que les couches calcaires dont la pofition
étoit horifontale, font devenues obliques.
C'eft auffi par une fuite de cette difpofition des feux fouterreins que les fentes
des rochers calcaires font remplies de laves
qui occupent l'intervalle des différens lits.

Au refte, tout le défordre caufé par les
volcans eft en partie recouvert par les
couches accidentelles des montagnes tertiaires ; de nouvelles éruptions ont eu
lieu, & il eft facile de reconnoître que
ces événemens peuvent s'être réitérés un
grand nombre de fois. Ces fucceffions
de révolutions, dues alternativement au feu
& à l'eau, ont fans contredit occafionné
une grande confufion & un mélange furprenant des dépôts fous-marins & des
produits volcaniques. Il ne faut donc
pas s'étonner fi au milieu des matières
volcaniques pulvérulentes, on trouve des
pétrifications qui font noircies par ces
matières : on peut citer les montagnes des
environs de *Ronca*.

L'étude des volcans est assez difficile au milieu de ces dépôts sous-marins, parce qu'ils masquent l'arrangement & la distribution des laves, la position des centres d'éruption, & qu'il est même souvent impossible de découvrir les différens états où peuvent se trouver les produits des feux souterreins. J'avoue qu'en vérifiant ce que Arduino avoit décrit ainsi que l'abbé Fortis, il m'a été impossible de reconnoître ni des cratères, ni des courans modernes, comme ils sembloient les supposer. Il en est de même de la supposition que Arduino a faite, en disant que toutes les argilles & les bols qu'on trouve aux environs des volcans du Vicentin ont été vomis par ces volcans, & sont une dissolution du schiste; il est plus simple d'attribuer ces argilles blanches & ces bols à une décomposition des laves, & les faits parlent en faveur de cet effet. Enfin, je ne puis croire que les différentes sortes de cailloux qui font feu avec l'acier, tels que des pierres à fusils, des jaspes, des agathes rouges, noires, blanches, verdâtres, des calcédoines, des opales, des jaspes, comme ceux qui se trouvent dans la Scaglia, & qui quelquefois sont enveloppées de laves, soient des produits du feu; il est évident que ces cailloux se trouvent réunis aux laves par accident, & qu'ils existoient dans les couches intactes bien avant les éruptions des feux souterreins qui ont détruit ces couches sans en altérer les métériaux, & que c'est à la suite de ces éruptions que ces mélanges de matières intactes & fondues se sont faits. Il paroît même que ce mélange est l'ouvrage des eaux.

au torrent, la renvoie à la fin fur les sommets de l'autre contrée oppofée & mitoyenne avec l'Aifne, qui l'a rongée & côtoyée toujours de très-près depuis Notre Dame de l'Épine auprès de Châlons, jufqu'au rendez-vous commun de plufieurs autres torrens qui préparoient dès-lors, par leur ravage, l'emplacement de la plus belle ville du monde & les reffources que lui procurent aujourd'hui la chaleur des fables & la fertilité des limons de la France & de la Brie, que les torrens charioient & dépofoient fur toute la fuperficie de ces contrées.

C'eft de la forte que les fommités particulières de nos continens ont été altérées & rompues par les torrens qui fe font répandus fur les différentes pentes, & qu'une multitude d'autres irrégularités, que l'on rencontre partout, ont été produites.

Paffons maintenant aux phénomènes intérieurs que la terre nous offre dans fon fein; les opérations de la nature qui nous font indiquées par la maffe & la folidité de la terre, font bien plus anciennes que toutes les opérations dont nous venons de parler, & dont les traces & les véftiges peuvent fe fuivre à la fuperficie: ceci doit être confidéré comme un principe fondamental de l'hiftoire de la terre. Les chaînes de montagnes, les rameaux des vallées & toutes les inégalités des continens, ont été prifes dans une maffe qui avoit dans fon tout & dans chacune de fes parties, une difpofition intérieure bien plus ancienne que tous les événemens qui ont produit ces grandes & larges excavations, ces vallées dont nous venons de parler. Pour avoir une idée jufte des montagnes, il faut les regarder comme des parties d'une ancienne maffe laiffée en relief, & les vallées comme des fillons creufés dans la maffe; & c'eft l'eau feule qui a produit ces effets.

II. Pour connoître autant que nous pouvons cette maffe antique dont les tor-

rens ont déchiré & fillonné différentes parties; ce feroit dans le fein de nos montagnes qui en font les reftes, qu'il faudroit les chercher, fi les flancs efcarpés de nos grandes vallées ne nous offroient la coupe de ces tranchées.

Nous y appercevons des bancs & des lits remarquables par leur pofition générale & par leur nature particulière. Ils font régulièrement conftruits les uns fur les autres dans une étendue fi confidérable, que ces bancs règnent fous des provinces entières, malgré les grandes vallées qui les féparent & les montagnes ou collines qui les couvrent. Ces bancs varient entre eux dans leur épaiffeur; fouvent elle eft de plufieurs pieds, fouvent auffi ce font moins des bancs que des lames très-minces dont le nombre eft confidérable; mais pour chaque banc l'épaiffeur eft prefque toujours la même, dans telle étendue qu'il puiffe régner: ces bancs font quelquefois défunis, brifés, culbutés & hors de leur pofition naturelle, dans les montagnes furtout. Autant cependant la pofition des bancs & des couches eft uniforme & régulière, autant la nature des matériaux qui font entrés dans leur compofition varie-t elle; tantôt c'eft un amas confus de pierrailles & de cailloux brifés; plus bas, ce font des fables & des fablons, enfin des grès; enfuite on trouve des lits d'une matière douce & terreufe, des pierres tendres & des craies, des glaifes, &c. Ce qui étonne le plus, c'eft que daus un grand nombre de ces différentes matières molles ou folides, fe trouve compris ou renfermé tout ce que le règne animal & végétal ont produit naturellement fur la terre & fur-tout dans les mers. Des parties d'animaux terreftres, fouvent des animaux entiers, des poiffons & des coquillages fans nombre s'y trouvent enfevelis. Rien, fur-tout, n'y domine avec plus de profufion que les productions marines, & nos continens, plus riches en cela que la mer même, nous ont fait connoître un plus grand nombre de ces êtres que nous n'en ayons

connu jufqu'à préfent dans l'Océan tout entier. Phénomène admirable ! dont l'antiquité n'a pas tiré grand parti, mais qui a été fuivi par les modernes, fur-tout depuis que l'hiftoire de la terre occupe les phyficiens.

Toutes ces recherches ont prouvé que la mer a occupé la plus grande partie de nos continens, dont elle a formé des matériaux par fes productions ou leurs débris; elles prouvent auffi que l'Océan y a féjourné pendant tout le tems néceffaire à cette longue opération. Ces coquilles trouvées dans la maffe des montagnes ont prouvé que le féjour des eaux avoit été fixe & conftant fur nos terres, comme il l'eft préfentement dans les baffins que la mer occupe; que c'eft pendant ce féjour que les couches de la terre ont été conftruites avec les productions marines qu'elles renferment, & qu'elles ont été formées fucceffivement les unes après les autres, & pofées régulièrement les unes fur les autres, comme nous les voyons. Rien ne repréfente dans la maffe de la terre & dans la difpofition de fes bancs, la confufion & le défordre d'un accident paffager, momentané & local; tout y eft général & uniforme. Les efpèces marines font cantonnées, les unes dans un lieu, les autres dans un autre : ici c'eft un banc de villes & de buccins, ailleurs ce font des huîtres; dans une contrée ce font des cornes d'ammon, des bélemnites; dans une autre, des forêts de madrépores, de coraux & autres ouvrages femblables de polipiers.

La feconde chaîne de montagnes que décrit l'abbé Sauvage, n'eft prefque compofée que de tellines; & fa principale remarque, c'eft que dans prefque toutes, les valves font deux à deux, les unes ouvertes & les autres fermées; de façon que les unes & les autres fe joignent toujours à l'endroit de la charnière; d'où il conclut que ces coquillages foffiles n'ont pas paffé par degrés de la mer dans les continens, & qu'ils n'y ont pas été dépofés

peu à-peu, mais qu'ils font le réfultat d'un dépôt immédiat de la mer, fait dans fon baffin calme & tranquille.

III. Deux obfervations nouvelles ont conftàté cette vérité & ajoutent un grand poids au fentiment des naturaliftes qui avoient reconnu que prefque toutes les pierres des bancs horifontaux devoient leur fubftance & leur matière aux coquillages produits & détruits fous les eaux des mers. Je citerai le détail de ces obfervations que j'ai faites moi-même & que j'ai publiées dans le mercure (1753 juin). La nature de tous les terreins que la Marne a tranchés & traverfés depuis Joinville jufqu'à Saint-Dizier, & dont la coupe fe préfente en une infinité d'endroits, eft d'une pierre blanche & coquillière, dont les plus belles carrières font à Chevillon & à Savonnières. En examinant les pierres de ces carrières, on trouve que le boufin ou la partie la plus tendre de leurs bancs, n'étoit qu'une fine femence de coquilles qui affecte différentes formes; mais qui généralement eft un peu ovale & creufe, & qui laiffe une multitude de petits vuides qui rendent cette pierre infiniment fufceptible de la gelée; un feul pouce cube de ce boufin peut contenir 125 mille femences, le pied cube par conféquent 216 millions, & la toife cube 46 milliards 656 millions; le tout eft entremêlé d'autres coquilles déja formées & plus ou moins avancées les unes que les autres. Quelle prodigieufe fécondité en fi peu d'efpace ! mais que fera-ce, fi on regarde non pas un feul pouce cube, mais toute la maffe des bancs coquilliers qui règnent dans ce pays ? ne fera-ce pas un argument invincible pour prouver combien la multiplication des coquilles a contribué à la conftruction des lits & des bancs du fond des mers, que de calculer ce qu'un pouce cube de cette femence pétrifiée eût formé en volume, en fuppofant qu'elle eût eu le tems de parvenir à une moyenne grandeur, ainfi que toutes les autres ? Si chacune de ces graines eût acquis, par exemple, par la croiffance le

volume d'$\frac{1}{54}$ de pouce cube, toutes celles contenues dans ce pouce euffent formé un folide de 2 mille 314 toifes cubes, & par conféquent ce pouce auroit pu couvrir d'un banc de deux piéds d'épaiffeur & fans aucun vuide une fuperficie de 6942 toifes carrées. Quand on examine tous les autres bancs du pays, on reconnoît qu'ils ne font pas formés d'autres matières; que ceux dont le grain eft le plus fin ne font compofés que de cette même femence écrafée & des autres coquilles, les unes brifées & les autres comminuées en poudre fine: ainfi en ne confidérant l'efpace d'où cette pierre fe tire que fur trois lieues carrées & une quarantaine de toifes de hauteur, on voit qu'il a dû y avoir un tems où cette maffe énorme qui contient 623 millions 755 mille toifes cubes n'a été qu'un folide de 156 piéds cubes environ. Nous n'avons pas pris ici les termes qui auroient rendu cette croiffance encore plus merveilleufe; car 1°. la groffeur de ces femences n'eft pas fa première groffeur, puifqu'elle n'a pu parvenir à ce terme que par une infinité de degrés inférieurs par lefquels doivent paffer tous les êtres qui fe developpent organiquement; 2°. les pierres dans lefquelles cette femence eft confumée & broyée, font bien plus compactes & en contiennent par conféquent bien plus de 46 millions par toifes cubes; & 3°. il eft certain que cette femence étoit, pour la plus grande partie de nature à acquérir un plus grand volume que celui d'$\frac{1}{54}$e de pouce cube, chofe fenfible par les coquilles plus entières & plus avancées, & par les fragmens épais que l'on trouve dans les autres pierres de la contrée. Si les deux extrêmes de ces volumes & grandeurs étoient connus, ces feules carrières nous feroient prefque juger, à coup fûr, que la maffe des collines & même de plufieurs montagnes & la plus grande partie des continens, ont eu pour commencement fous les eaux des maffes peu confidérables.

J'ai trouvé les mêmes embrions dans un grand nombre d'autres carrières; le boufin, par exemple, de la pierre de Saint-Maur & des autres pierres dont on fe fert à Paris eft de même nature. Toutes les carrières des côteaux de Choignes, près Chaumont en Báffigny, font remplies de ces embrions de coquilles; mais ce n'eft pas le boufin feul, c'eft la pierre entière de toute la carrière qui en eft formée. J'ai fait les mêmes remarques en plufieurs contrées de la France; ainfi les pierres qui font entrées dans la conftruction des parties hors des eaux du pont d'Orléans, ont auffi un boufin de cette nature, & ces embrions qui ne fe voient ordinairement que pétrifiés dans les pierres dont je viens de parler, ainfi que dans beaucoup d'autres de la vallée de la Marne & de la Loire, que j'omets ici, fe retrouvent en nature & femés dans les fablons de Courtagnon, de Grignon, de Pont-le-Vire, de Mary & Lify, de Damery & de tous les autres lieux connus par leurs beaux coquillages foffiles.

IV. La feconde obfervation fe trouve dans la même lettre dont j'ai tiré la première; elle ne prouve pas avec moins d'évidence combien la fubftance de nos pierres doit aux animaux marins. Ce même boufin de la pierre de Savonnières en Champagne, de Saint-Maur, de Saint-Leu près Paris, les pierres mêmes où ces embrions trop comminués ne fe diftinguent plus, & où l'on ne diftingue pas plus le moindre veftige de coquilles; toutes ces pierres échauffées fous le marteau ont une odeur défagréable & fétide qui ne peut provenir que de la fubftance toute animale dont elles font formées. Cette obfervation que j'ai faite en plufieurs contrées de la France l'a été de même en Allemagne. Les bancs d'ardoifes chargés de poiffons pétrifiés & qui fe trouvent dans le comté de Mansfeld, font furmontés d'un banc de pierre appellée puante; c'eft une efpèce d'ardoife grife qui a tiré fon origine d'une eau croupiffante, dans laquelle les poiffons ont pourri

avant de fe pétrifier ; elle répand une très-mauvaife odeur lorfque les ouvriers la travaillent, & qu'on la brife ou qu'on la frotte avec violence ; & ces mêmes phénomènes fe font préfentés de la même manière en plufieurs autres provinces d'Allemagne, où fe trouvent des fchiftes & des ardoifes chargées de poiffons ; enforte que non-feulement les poiffons qui ont été enfevelis dans ces ardoifes ont contribué à cette odeur, mais les autres couches d'ardoifes qui ont recueilli tous les débris & toutes les dépouilles des poiffons qui ont pourri, ont confervé la même odeur de créatures vivantes putréfiées.

Ce qu'on ne fauroit trop admirer à la fuite de ces obfervations, c'eft le concert des naturaliftes étrangers, les uns à l'égard des autres, qui, en divers temps & en divers lieux, en Allemagne, en Angleterre, comme ceux de France, déduifent des mêmes phénomènes les mêmes confé-quences & les rendent prefque tous dans les mêmes termes. Cette odeur infecte, qui eft plus générale dans les pierres qu'on ne penfe, furtout quand elles font tirées des carrières ; a occafionné un foupçon nouveau fur la caufe des mauvaifes qualités de certaines eaux.

Ces dépôts infects dont l'intérieur de la terre eft rempli & dont un grand nombre de fes couches font formées, peuvent être confidérés comme les caufes de la mauvaife qualité des eaux qui les traverfent. Entr'autres obfervations qui peuvent confirmer cette réflexion, on peut citer celles faites dans les contrées de la Touraine, où fe trouvent les faluns, dont les eaux ont un goût extrêmement infipide, que l'on ne peut guère attribuer qu'aux amas de corps marins dont la quantité innombrable en fait un des dépôts fous-marins, le plus fingulier, le plus remarquable qu'il y ait en France. J'ajouterai ici un fait que M. de Reaumur n'a pas vu parce qu'il n'a pas été à portée de le voir. J'ai trouvé dans quelques-uns

des trous de falun, des lits horifontaux d'une pierre grife fort dure ; cette pierre étoit remplie d'une infinité de dails ovales & gros comme des noix moyennes. Ce coquillage quoique logé dans la pierre n'étoit pas adhérent à la loge qui le renfermoit : en agitant la pierre on fentoit fon mouvement, & il fortoit lorfqu'on l'avoit caffée ; mais il étoit d'une fi grande délicateffe qu'à peine pouvoit-on le toucher fans le rompre. Les loges contiguës & placées les unes très-près des autres n'en contenoient jamais plus d'un.

Je ne crois pas qu'il puiffe y avoir une démonftration plus évidente de la tranquillité dont jouiffoit le baffin de la mer, quand elle travailloit à la multiplication & à la difpofition de tous les corps marins que renferment les bancs de cette contrée ; le féjour calme & paifible de la mer y eft empreint de manière à frapper les moins clairvoyans.

V. De tous les corps étrangers que nous trouvons dans les différentes parties de nos continens, il y a encore une conclufion à tirer non moins importante & non moins générale que celles dont nous nous fommes occupés jufqu'à préfent. Nous avons dit que dans prefque toutes les matières molles des couches de la terre, fe trouvent compris & renfermés des échantillons de tout ce que les règnes animal & végétal produifent naturellement fur les continens ; on y voit des parties d'animaux terreftres, des arbres, des arbriffeaux & même les herbes de nos landes, de nos marais, comme de nos plaines élevées ; ainfi, indépendamment de toutes les productions marines, on voit des corps qui font les dépouilles des animaux terreftres & des végétaux de la même claffe. Ce n'eft pas feulement dans les bancs fuperficiels que ces corps étrangers fe rencontrent ; c'eft auffi dans les carrières profondes & fouvent au-deffous de ces autres lits réguliers où les coquillages fe trouvent avec tant d'abondance ; ce n'eft pas non

plus dans les dépôts des derniers torrens, c'est dans la maffe même des terreins qu'ils onttranchés; ainfi ces fubftances étrangères ne peuvent être que beaucoup plus anciennes dans leur pofition, que le paffage des torrens au travers des terreins où on les découvre. Il eft donc néceffaire que les eaux qui ont apporté & élevé les matériaux des différens lits où ils font contenus, aient été des eaux tranquilles, quoique courantes ; tranquilles , parce que la conftruction générale des lits eft régulière & parfaite ; courantes , parce qu'on y trouve des corps étrangers qui ont dû être transportés des continens dans les baffins des mers. 2°. Il eft néceffaire que ces lieux aient été des endroits bas, & que toutes les parties & les différens êtres dont ces dépôts font formés, foient defcendus de lieux plus hauts & plus élevés, ou, ce qui eft la même chofe, on doit penfer qu'il y avoit dans ce même tems des continens élevés au-deffus des eaux qui produifoient les plantes dont nous trouvons les efpèces, & fur lefquels vivoient les animaux terreftres dont nous trouvons les dépouilles.

Pour nous en convaincre, nous pouvons aifément nous former l'idée de ce qui s'opère préfentement au fond de l'Océan, par le tranfport des vafes & des autres matières terreftres qu'y font perpétuellement les fleuves & les rivières fans nombre qui s'y déchargent, & nous repréfenter enfuite ce qui doit réfulter du mélange de toutes les matières animales & végétales qui s'uniffent & s'allient avec les productions de la mer qu'elles rencontrent.

Toutes ces reliques terreftres trouvées dans les dépôts des anciennes mers, nous apprennent auffi que les continens étoient couverts des mêmes fubftances végétales, des mêmes arbres, des mêmes plantes ; & que fur ces continens vivoient auffi toutes les efpèces d'animaux que nous connoiffons; que les mers & les eaux

douces nourriffoient les mêmes poiffons, les mêmes coquillages qu'elles contiennent & nourriffent encore aujourd'hui, foit dans les baffins qui nous environnent, foit dans d'autres, & qu'enfin la nature, toujours la même, végétoit alors & fleuriffoit comme elle végète & fleurit aujourd'hui, mais avec quelques circonftances différentes en d'autres lieux & fous d'autres afpects.

VI. Le torrent de la Marne, s'eft trouvé groffi au-deffous de Langres, de tous les autres torrens qui defcendoient de Noydan, de Saint-Jeomes, de Molandon, & des Orbigny. On peut juger de leur force réunie par les dégradations que l'on remarque autour des revers de Langres & fur la côte de la Marne où monte le nouveau chemin de Lorraine. Cette côte étoit expofée à leur choc, & c'eft de-là qu'elle fe montre aujourd'hui fi roide & fi efcarpée. La force de ces eaux fe fait fur-tout reconnoître en ce que, ne pouvant avoir plus d'une petite lieue de cours, cette côte efcarpée a cependant plus de 60 toifes de hauteur, & que le fond de la vallée de la Marne au même endroit eft d'environ 100 toifes plus bas que ce long promontoire fur lequel eft le rez-de-chauffée de la ville de Langres. Toutes ces côtes du plus haut au plus bas portent les impreffions les plus marquées de la chûte de ces torrens.

Le terrein fur lequel la ville de Langres eft fitué, fe trouve au confluent de plufieurs torrens. Ce ne font point ces torrens qui l'ont formé comme il eft arrivé dans tous les pays inférieurs; car, 1°. les pierres & les rochers détachés autrefois par leurs efforts, & que l'on voit aujourd'hui fur ces côtes, étoient dès-lors par lits de deux & trois pieds d'épaiffeur, leur qualité déja très-dure, puifqu'ils ont confervé leurs arreftes, leurs angles & leurs formes; ce qui fait connoître que l'âge de la conftruction de ces blocs de pierres eft bien différent de celui de leur

BOU

15

démolition ; 2°. les eaux de la Bonelle
& de la Marne ne venoient point d'affez
loin pour être chargées de matières étrangères, de fables & de vafes fuffifans pour
en conftruire une montagne de cent toifes
de hauteur ; 3°. les dépôts dont les derniers torrens ont fait de nouvelles conftructions, font tôus en pentes douces & ordinairement de fables & de terres; au lieu
que toute la maffe de Langres eft efcarpée
de tous côtés & ne forme qu'un rocher.
Sa figure provient de ce que les terreins
contigus ont été détruits de part & d'autre par l'é-uption des fources & emportés
par le torrent, au moins fur toute la
hauteur qui en fait aujourd'hui la profondeur. Sans doute qu'à la longue ce
promontoire eût été détruit auffi ; il a dû
même être beaucoup plus allongé vers
le village d'Humes, car il paroît que la
montagne des Fourches qui eft fous la
ville, en a fait autrefois une partie continue.

Cette petite montagne eft fort capable
d'attirer l'attention d'un phyficien curieux
à caufe de fa pofition & de fa nature ;
tout le plateau de Langres eft compofé
de pierres plus ou moins dures, pofées
lit par lit de différentes épaiffeurs, & cette
montagne qui eft ronde par fa bafe eft entièrement ifolée du plateau. Son fommet
qui n'a qu'une plate-forme de quelques
toifes eft à environ vingt-cinq toifes plus
bas que le niveau de la ville. Ce qu'il y a
de fingulier, c'eft que fur la pointe on
découvre plufieurs blocs de roches culbultées qui portent huit à dix pieds de
longueur, cinq à fix de largeur & deux à
trois pieds d'épaiffeur. Ces roches font
de la même nature que celles du terrein
de Langres. Le refte de la montagne eft un
fond de vafe très-épais, ce que l'on reconnoît par l'excavation de la ravine
qui côtoie le grand chemin de Langres à
Chaumont.

Il eft naturel de penfer qu'ainfi qu'il
y a eu des fources qui ont miné les faces
latérales du plateau de Langres ; il y en
a eu auffi dans cette partie une grande
quantité qui attaquant par deffous tous les
terreins par lefquels cette butte étoit auparavant unie à ce plateau, les ont détruits
& entrainés peu à peu. La vallée profonde
par laquelle elle en eft aujourd'hui féparée
eft le vuide & la place de ces terreins qui
ne font plus ; mais ce qui devoit former
le noyau de cette montagne font ces
reftes.

Les vafes dont enfuite tout le noyau a
été recouvert font auffi vifiblement un
produit des grandes eaux. On peut remarquer que le revers qui regarde la ville eft
pierreux & roide, & que celui qui lui eft
oppofé ne l'eft pas parce qu'il étoit à l'abri
du torrent.

La forme régulière & ronde de cette
montagne, & fa pofition précife à l'abri
du promontoire, placée plus vers le couchant que vers le levant, s'explique auffi
par une autre opération des grandes eaux.
Le plateau de Langres fitué entre les deux
vallées de la Marne & de la Bonelle devoit
produire dans ces deux torrens le même
effet que produit dans le courant d'une
rivière la pile d'un pont. Ces torrens venant à fe réunir au-deffous du promontoire,
devoient y former des tournoiemens &
des tourbillons confidérables, & les eaux
auparavant refferrées trouvant fubitement
un emplacement plus grand devoient auffi
fe réunir, mais avec une chûte & avec des
viteffes inégales, parce que le torrent de
la Marne étant plus confidérable que celui
de la Bonelle, le plus fort devoit repouffer
le plus faible. Par-là il eft arrivé que le
tourbillon fe formoit, non au milieu
jufte des deux vallées réunies, mais plus
près du cours de la Bonelle que du cours
de la Marne, fans doute dans la proportion de leurs forces. Les vafes & les matières légères que les eaux des torrens
entraînoient dans ce tourbillon, après avoir
pirouetté avec les lames & les colomnes
d'eau qui les pouffoient ; gagnoient à

la fin le centre du tourbillon & s'y précipitoient. Il y en a une plus grande quantité au Nord qu'au Midi, parce que
c'étoit le côté de l'abri, enforte que le
pied de cette montagne de vafes s'eft prolongé jufqu'à une lieue plus loin, vers
Hufmes, où fe fait aujourd'hui la jonction
de la Marne & de la Bonelle.

Le revers de Langres qui regarde la
montagne des Fourches, préfente cette
fingularité, qu'il eft recouvert de prairies
qui montent prefque fur les dernières
roches, lefquelles fervent de bafes à fes
remparts. Le fonds de terre en eft bon &
profond ; la raifon eft la même. Ce front
n'a j'amais été expofé au choc direct des
eaux & a recuilli une partie des vafes que
les torrens charioient. Ces vafes, aujour-
d'hui rafraîchies par les fources dont ces
revers abondent, font des terreins affez
humides pour former des prairies.

On voit tous les jours dans ces contrées, fans être étonné, une grande
quantité de terre, c'eft-à-dire, de vafe
qui couvre les revers & les plaines les plus
hautes comme les plus baffes. Cette abondance cependant a bien lieu de furprendre, furtout vers les fources de la Marne
& de la Meufe, aux environs de Montigny-le-Roi, de Bouilly & autres lieux
femblables du Baffigny. Il n'y a rien d'é-
tonnant d'en trouver à vingt & trente
lieues des fommets & de la tête des fleuves
& des rivières, parce qu'il eft cenfé que
les terreins d'en haut les ont produits. Mais
fur cette montagne des Fourches, & fur
le revers de Langres, par exemple, &
furtout dans cette partie qui s'allonge vers
Hufmes, il eft difficile de trouver d'où
ces vafes pouvoient venir, le courant
n'ayant encore eu là qu'à peine une lieue
de cours, & les fommets fupérieurs étant
fort étroits. Je crois avoir lieu de penfer
que ces vafes fortoient, ainfi que l'eau des
fources, des entrailles de la terre.

Ces vafes, hors des fources, étoient portées enfuite cà & là par les torrens qui defcendoient de part & d'autre du fommet de
Langres ; & comme il n'y avoit aucun
courant, elles ont dû fe dépofer en
plus grande partie dans le pays même &
y refter.

Avant d'abandonner le fommet de Langres & d'obferver les ravages que les torrens qui en fortoient y ont caufés en courant vers le nord, il convient de defcendre
fur le revers oppofé, & de faire envifager
auffi les ravages que ces mêmes eaux ont
produits en defcendant vers le midi. Il ne
faut pas pour cela s'engager beaucoup
dans les vallées du Saulon, de Rivière-les-
Bois, de Chaffigny, de Cohon, de Bourg,
de la Vingeanne & d'une infinité d'autres
ruiffeaux qui vont fe rendre dans la Saône.
On reconnoît à l'afpect des premières dégradations qui fe préfentent, que tout ce
qu'il y a de côtes efcarpées & de revers ne
le font que parce qu'alors tous ces maffifs
étoient expofés au cours direct des torrens,
comme ils y font tous conftamment
tournés.

La conftitution du terrein fur ce côté
méridional eft compofée en grande partie
de mauvais grès tendres, & d'autres qualités de pierres qui en approchent ; ce qui
a permis aux torrens d'y faire de plus
grands ravages, les terreins fe détruifant
bien plus aifément ; les rives des vallées
ont été écartées & reculées de façon qu'on
trouve au pied de ces fommets de plus
grandes plaines très-fertiles.

VII. Autant l'infpection de la vallée
amufe aux environs de Chaumont, autant
le pays fupérieur vers Bieffe & au-dela
eft il ennuyeux ; c'eft un pays défert,
aride, uni : on y voit des maffes de pierres
formées lit par lit comme partout ailleurs.
Il y a aux environs de Chaumont des carrières de très-belles pierres, qui ne font
compofées que de grains ronds, blancs &
tendres, gros comme des têtes d'épingles,
&

& collés fortement les uns contre les autres.

On y trouve auſſi fort communément d'autres pierres d'une nature ſingulière, dont les morceaux détachés reſſemblent parfaitement, par la forme & la multiplicité de leurs fibres, à du bois pétrifié : on les trouve cependant lit par lit comme les autres pierres. Ces lits ont depuis un & deux juſqu'à cinq & ſix pouces d'épaiſſeur, & ils règnent généralement dans toute l'étendue de ces contrées. Lorſqu'on fend un lit de cette pierre horiſontalement, elle ne ſe fend point nettement comme ſe fend la pierre ordinaire, mais comme un bâton que l'on caſſe. Les deux parties déſunies préſentent des bouts de fibres inégalement arrachés dont quelques-unes ſont auſſi déliées que les fibres du bois. Cette pierre eſt cependant pleine, peſante, unie & ſans grains. On ſe ſert dans cette contrée de la pierre pour couvrir les maiſons, au lieu de tuiles & d'ardoiſes; mais ces premiers lits ſupérieurs ſont fort minces, n'ont point de fibres comme tous ceux qui ont cinq ou ſix pouces d'épaiſſeur & qui ſont plus profondément en terre. L'explication d'une telle pierre n'eſt pas facile. D'un côté la ſituation horiſontale des lits, leur poſition couche par couche & leur grande étendue dénotent qu'elles ont été formées comme toutes les autres pierres par des dépôts ſucceſſifs d'une ſubſtance pierreuſe très-fine ; mais on ne peut expliquer les fibres verticales & régulieres qu'en admettant une infiltration de l'eau dans le ſens des fibres.

VIII. La ville de Chaumont eſt ſituée ſur une langue de terre, reſte des anciens terreins contre leſquels les torrens de la Marne & de la Suize ſe ſont briſés pendant long-tems. Il ſemble qu'à l'envi ces deux torrens aient voulu travailler à détruire le terrein & à l'eſcarper de tous côtés. Le torrent de la Marne bâtoit du côté du Levant, & celui de la Suize du côté du Couchant. Entre la porte de Paris & celle de Joinville, règne un eſcarpement circulaire infiniment roide, contre lequel le torrent de la Suize rouloit autrefois ſes eaux. Ses effets ſont très-étendus & ils nous font voir aujourd'hui la coupe du ſol de Chaumont, lequel dès-lors dur & ſolide a renvoyé le choc des eaux ſur la côte oppoſée de Buxeveuil. De l'autre partie vers le Levant, le torrent de la Marne jetté de Chamarande dans la gorge de Choignes eſt de-là retombé avec furie ſur l'autre revers de cette ville à l'oppoſite de l'attaque de la Suize, & a eſcarpé la rude deſcente de la Maladière. A peine eſt-il reſté deux cents toiſes de terrein entre ces furieux torrens, & encore quelque tems de plus cette partie ſur laquelle la ville de Chaumont eſt ſituée aujourd'hui ne nous auroit pas été connue. Mais ce qui a manqué de s'opérer là entièrement nous doit faire connoître ce qui a dû s'opérer ailleurs ſur mille terreins qui ne ſont plus. Le ſol de la ville & des environs eſt ſi ſec que c'eſt de-là ſans doute que lui eſt venu le nom de *Mont-Chauve* (Calvus-Mons) Chaumont.

La ſéchereſſe, l'aridité, le peu de terre qui couvre les plaines ſupérieures aux vallées de la Suize & de la Marne, font voir que les lieux les plus élevés de ces contrées ont été long-tems ſous des courans d'eau qui les ont lavés après avoir emporté les lits ſupérieurs dont toutes les pierres & les roches errantes que l'on rencontre ſur ces hauteurs ſont les reſtes & les débris. Alors les eaux de la Marne & de la Suize ne formoient qu'un ſeul torrent dont les rivages étoient très-écartés. D'un côté, c'étoient les ſommets entre la Marne & Laujon ; de l'autre les ſommets deſcendant de Voiſines près de Langres, traverſent les forêts de Château-Villain, & comprennent les côtes d'Alun & de Sexfontaines. Il paroît que la force de ces courans réunis étoit portée ſur ces ſommets beaucoup plus abondamment que ſur ceux de la Marne & du Rognon. La naiſſance de ceux-ci eſt dans le Baſſigny,

près de Montigny ; ils paſſent à côté des nouveaux dans les plaines arides entre Andelot & Chaumont , & deſcendent juſqu'à Donjeux où ils ſe perdent dans le confluent de la Marne. Ce courant avoit environ quatre lieues de largeur , & les principaux effets de ſon cours ſe font remarquer dans les côtes d'Alun & ſur les hauteurs au-delà de Briancourt. Les eaux ont été toutes deſtructives pour ces pays élevés ; leur rapidité dans ces plaines où aucun abri ne ſe préſentoit aux matières chariées, entraînoit tout. Ce n'a pu être qu'après une diminution conſidérable & lorſque les eaux ont été réduites à ne remplir plus que les limites des vallées de la Marne & de la Suize, qu'à la faveur d'une infinité de détours, les vaſes, les ſables, & mille autres matières ont pu ſe dépoſer derrière certains abris & former des terreins modernes dans le fond de ces vallées.

Le torrent de la Marne accru de celui de la Suize, au-deſſous de Chaumont, a, par-là, vu augmenter conſidérablement ſes forces. La grande côte qui couvre Condé à l'égard de Chaumont, en a beaucoup ſouffert , & a reculé ſous leurs efforts réunis ainſi que la côte de la Miſſion qui eſt au-deſſous, & à l'autre rive ; par-là , s'eſt creuſé enſuite ce grand entonnoir de côtes eſcarpées & de rochers qui règnent autour de Condé, & dans le milieu duquel le village eſt ſitué , ayant au-devant de lui les terreins dégradés , par la chûte du torrent ſur la côte de la Miſſion, & derrière lui vers Bretenay , les bonnes vaſes qui ſont reſtées à l'abri de cette côte.

IX. C'eſt au-deſſus de Villiers qu'on peut remarquer que la Marne commence, en quelques endroits , à rouler ſes eaux ſur le ſable, & que la baſe de la terre des prairies eſt compoſée de lits continus & généraux de ſables. Depuis Langres, le fond de la vallée n'eſt que roc ſur lequel la rivière coule ; les prés, lorſqu'il y en a, ſont immédiatement poſés deſſus, & ils ſont aſſez bons & productifs, ayant

immédiatement un lit de groſſes pierrailles ou graviers à peine dégroſſis, de la nature des pierres du pays, & qui reſſemblent aux débris des démolitions. Il faut attribuer le tout à la grande pente du terrein & à ce que la vallée eſt généralement étroite ; en conſéquence de ces deux circonſtances, les eaux avoient une grande rapidité & entrainoient tout ce qu'elles démoliſſoient & ne le dépoſoient que lorſque la pente étoit devenue moins grande , la vallée plus large & le cours moins rapide.

Dans les pays hauts , les démolitions qui ne pouvoient venir d'aſſez loin pour être réduites en gravier, y ſont reſtées ſur les derniers tems, parce que les eaux affoiblies dans leur courſe, les y ont laiſſées. Mais voici une objection aſſez naturelle que ceux qui ont vu le terrein peuvent nous faire. Si c'eſt la rapidité de ces torrens qui a empêché les ſables de ſe fixer depuis Langres juſqu'à Villiers , pourquoi les vaſes qui ſont bien plus légères que les ſables ſont-elles ſi abondantes , ſur-tout dans les prairies du côté de Langres, de Veſaignes, de Foulain , &c. où ces prairies ont un grand fond de terres.

Pour lever cette objection , il faut faire réflexion que les torrens ont dû avoir une diminution de force ſucceſſive ; qu'ainſi dans les tems où ces torrens étoient dans leur plus grande force , il n'y avoit dans toutes ces vallées, ni amas de pierrailles , ni de greves, ni de vaſes, tout étoit porté & entraîné au plus loin ; que lorſque les eaux diminuées n'ont plus eu la force ni de démolir ces terreins, ni de pouſſer au loin les anciennes démolitions, elles ont cependant eu la force longtems de charrier les vaſes que les ſources produiſoient , & celles que les pluies, toujours conſidérables de ces tems , amenoient auſſi de deſſus les abris des lieux élevés, où les grandes eaux les avoient dépoſées auparavant, & qu'enfin il y a eu un tems où elles n'ont plus eu la force d'emmener ces vaſes & où elles les ont

abandonnées peu à peu, comme elles avoient peu à peu abandonné les sables, devenus aussi trop abondans. C'est une chose certaine que les prairies se relèvent encore ; mais on a là-dessus des idées trop vagues & trop générales ; on s'imagine que c'est l'ouvrage journalier des pluies & des orages qui ramènent sur le fond de la prairie les terres labourables qui sont sur les côtes & sur les plaines supérieures de droite & de gauche. Cette raison y entre pour quelque chose , en certains lieux , mais presque pour rien en général. Ce ne sont point les terres labourables des côtes & des contrées latérales qui fournissent aux prairies la matière dont elles se relèvent ; car, par cette raison, dans toute la longueur d'une grande vallée, on verroit que, lorsque les parties supérieures abondent en terre , les prairies d'en bas devroient avoir un grand fond de la même nature de terre , & que lorsque les parties supérieures sont sèches & pierreuses, les prairies d'en bas devroient y avoir rapport & être aussi sèches & pierreuses. C'est ce qui ne se remarque pas dans le cours de la vallée de la Marne , & ce qui ne se peut voir dans aucune autre vallée. Les dépôts qui y sont ne sont pas l'ouvrage de nos pluies journalières, mais originairement celui des anciens torrens.

La quantité de la terre des prairies a toujours rapport à la pente de la vallée & à sa largeur , ce qui justifie que leur véritable origine doit dater des tems mêmes de la force & de la décadence des grandes eaux dont elles ont été les derniers dépôts. Quant aux accroissemens qu'elles reçoivent aujourd'hui , ce sont les prairies de la tête de la vallée qui les fournissent aux prairies inférieures ; c'est une prairie même qui se détruit en un endroit pour fournir à une autre prairie plus basse. Le courant actuel de nos rivières dans les crues d'hiver , mange les rivages , en fait fondre des quartiers entiers ; ces parties de terres délayées, troublent les eaux qui les emportent & qui les déposent dans leur débordement sur les prairies inférieures, & même sur les terres labourables les plus basses qui sont dans le cas d'être submergées. Il suit de ceci que ce sont les prairies supérieures qui fournissent toujours aux inférieures : il faut donc, & cela se prépare tous les jours, que les prairies hautes diminuent & disparoissent peu à peu, parce qu'elles n'ont aujourd'hui d'autres moyens pour réparer leurs pertes, que les vases de leurs propres sources, qui sont à présent très-peu de chose, & le rapport des pluies qui ne peut être considérable. D'après ce changement futur, il faut juger du passé. Tant de grandes vallées & la multitude innombrable de vallons, que nous savons maintenant être sans sources & sans prairies, ont néanmoins été après les torrens qui les ont creusés, des lieux humides , revêtus de vases & formant des prairies semblables aux nôtres. La vie pastorale devoit donc être alors nécessairement & plus aisée & plus commune ; la moitié de la terre ne devoit former qu'une prairie, & devoit par-là offrir, avec une abondance extrême & facile , la subsistance à tous ses habitans ; mais peu à peu ces heureux dépôts ont disparu & leur qualité a diminué. Les hommes, au contraire, se sont multipliés ; les lieux bas n'ayant plus suffi à leur subsistance, ils sont devenus laboureurs par nécessité , en s'établissant dans les lieux hauts où les terres étoient devenues sèches & pierreuses par la cessation des sources, & par l'enlèvement des meilleures vases. Ce sont-là de ces variations auxquelles la terre a été sujette dans ses différentes parties, & par lesquelles , suivant les progrès des âges, elle a montré différens spectacles & fait changer la manière de vivre des habitans.

X. Si quelque chose parle en faveur du déluge d'Ogygès, à tort réputé fabuleux par bien des auteurs, c'est ce que l'on dit en avoir été la suite. Ceux qui en parlent, nous apprennent en même-tems , que la Béotie inondée a été plus de deux cents ans sans être habitée & cul-

B

BOULANGER.

NOTICE des ouvrages que Boulanger a faits relativement à la Géographie-Physique.

Boulanger étant entré dans les ponts & chaussées, fut envoyé en Champagne pour y travailler à différens ouvrages publics. Il y fut d'abord occupé à tracer la route de Langres à Saint-Dizier, laquelle suit dans toute son étendue la vallée de la Marne; c'est-là que ses premiers goûts pour l'histoire naturelle se développèrent. La carte à grands points qu'il fut obligé de lever de cette vallée & dont les détails sont aussi vrais que frappans, lui donna lieu de réfléchir sur la forme des grandes & des petites vallées, & sur les progrès de leur approfondissement. La vue des côteaux & des collines, des couches & des bancs qui composoient l'intérieur des massifs de la plupart des vallons latéraux qui s'abouchent dans la vallée principale de la Marne, tels sont les objets avec lesquels il commençoit à se familiariser lorsqu'il fut obligé de quitter cette province. Il savoit déjà que la plupart des couches de la terre étoient formées des débris des coquillages marins, que tous ces dépôts avoient primitivement composé des bancs continus dans le bassin de la mer, & que ce n'étoit qu'à la suite de sa retraite que ces dépôts avoient été creusés par les eaux courantes.

Il reprit ces mêmes travaux & ces mêmes méditations dans la Touraine, le long de la Loire, du Cher & de l'Indre; & après un certain séjour dans cette dernière contrée, remplie d'objets curieux, il fut rappellé à Paris & attaché au département de Meaux; ce fut alors qu'il revit le canal de la Marne & qu'il en suivit les bords depuis Charenton jusqu'à Meaux, & même au-delà de la Ferté-sous-Jouarre. Il tâcha de lier les nouvelles observations qu'il fut à portée d'y faire avec celles qu'il avoit commencées en Champagne quelques années auparavant. De toutes ces recherches, il composa un ouvrage où il essayoit de montrer le travail de l'eau dans toute l'étendue de la vallée; il y avoit admis une éruption abondante de l'eau souterreine par les sources, comme un moyen qu'il croyoit nécessaire pour creuser la vallée de la Marne. Il avoit fait plus, il avoit cru que cette vallée & les autres latérales n'avoient pu s'approfondir comme elles sont, que par une masse d'eau assez considérable pour combler toutes ces excavations à mesure qu'elles se faisoient. Il finissoit cet ouvrage lorsque je le connus; c'est alors qu'il me fit part de plusieurs notes sur le fond de ses recherches & de ses méditations. Je les crois assez intéressantes pour les publier ici comme pouvant servir à donner une idée de cet ouvrage, & en même-tems de l'esprit de recherches qui avoit présidé à la collection des observations & des faits qu'il y avoit rassemblés.

Notes & observations tirées de l'ouvrage de Boulanger sur le cours de la Marne.

I. Dans les pays où les montagnes sont moins hautes & les terreins moins durs, les sources sortent de côtes circulaires & escarpées, & souvent d'un entonnoir isolé qui forme le cul-de-sac où commence la vallée. Telle est la source de la Marne.

On

tivée. La bible ne dit rien de pareil de son déluge ; au contraire, quelle énorme multiplication d'habitans ne nous annonce-t-elle pas ? Les hommes auroient-ils inventé cette conséquence si cela n'étoit pas arrivé, soit là, soit ailleurs. Le prétendu déluge d'Ogyges peut bien n'être autre que celui de Noé ; mais la suite en a toujours été nécessaire & naturelle. La mémoire des hommes peut manquer & se confondre, mais le sens général des nations ne peut se méprendre sur les suites d'un accident si terrible. Ce que nous savons, & ce que nous pouvons connoître des opinions des anciens sur le déluge, & sur ses suites, nous apprend qu'ils en avoient des idées fort saines. Homère, par exemple, lorsqu'il nous parle de ses héros & de leurs armées, & qu'il les compare à un déluge qui descend des montagnes, qui ravage & qui détruit tout dans les lieux où il passe & en entraîne les débris dans les mers, avoit des idées fort nettes de ces désordres. Quoiqu'il fût certainement homme d'imagination, il ne lui est pas venu dans l'idée de faire remonter la mer & les fleuves dans les montagnes, comme il a dû arriver au déluge de Noé, suivant ceux qui ont prétendu que l'on y trouve l'origine des coquillages que l'on y trouve quelquefois à cinq ou six cents lieues des bords de la mer. Homère étoit en tout le peintre de la nature. A la suite donc de ces inondations générales, les terres ont été extrêmement marécageuses. D'abord, les vases des prairies élevées, se sont séchées d'elles-mêmes par un écoulement plus facile des eaux ; ainsi, il est très-probable & très-raisonnable de croire que ces lieux hauts ont dû être habitables long-tems avant les lieux bas. Ces derniers paroissent tout devoir à l'industrie des premiers hommes, & le cours de nos rivières sillonné, au milieu de nos prairies, est vraisemblablement l'ouvrage de nos premiers pères. Il ne faut pas croire pour cela qu'il ait fallu entreprendre de grands travaux, peu d'abord ont suffi ; les pentes en avoient été préparées par les

opérations précédentes de la nature ; & l'abondance des eaux étant bien plus grande qu'aujourd'hui, au moyen de quelque écoulement dirigé vers les lieux les plus bas, & de la réunion de l'eau de plusieurs sources, dégagée des vases qui l'embarassoient, une partie de cette eau a eu la force de continuer sa marche, favorisée ainsi par les travaux des hommes en une infinité d'endroits. Généralement parlant, la terre, sur-tout, dans les vallées, a dû offrir ce spectacle, & exiger ces travaux : elle l'offre encore dans les lieux peu habités de l'Amérique, où l'homme remplit plus ou moins ces vues d'industrie ; c'est pourquoi nos belles, & vastes prairies de la Loire, de la Meuse, du Rhin, de Normandie & de la Hollande, &c. n'ont pu être pendant long-tems que des marais prodigieux, la plupart impraticables où sous les eaux croupies, les vases ont reçu une préparation qui en a fait la fertilité. Ceci n'est qu'une conséquence des effets connus, qui d'ailleurs se trouvent confirmés par toutes les histoires anciennes. Dessécher des marais, ouvrir des canaux, faciliter le cours des eaux dans les lits des rivieres, ont été dans le monde ancien & moderne, les ouvrages des plus grands états & des plus puissantes républiques.

XI. La grande quantité de terreins culbutés & de rochers brisés par le torrent de la Marne, a produit toutes les plaines de sablon qui se rencontrent dans la vallée depuis Sauvigny où les eaux ont commencé a être engorgées dans des terreins de grès. Toutes les pointes & presqu'isles qui se sont formées à l'extrémité & à l'abri des montagnes ne sont que de sablon ; on ne commence cependant à le remarquer communément que derrière Chézy ; parce qu'au-dessus, les terreins détruits n'étoient pas assez brisés & moulus, & que ceux qui y sont à l'abri sont composés d'une terre assez grasse mêlée cà & là de gros quartiers de roches. Mais au-dessous de Chézy, les terreins deviennent généralement sabloneux ; vous les remarquez derrière ce village, dans la plaine oppofée à Charly dans les finages de Citry, Méry, Lufancy & enfin jufqu'à Paris & au-delà, même dans les lieux qui ont reçu des dépôts. Ce qui s'eft pafié dans cette vallée s'eft opéré de même fur les plus hauts fommets de ces contrées. L'on remarque fur la route de Paris à Soiffons par Dammartin, Nanteuil & Villers-Coterets qui font les fommets connus de l'Aifne & de la Marne, que des maffes de grès plus ou moins découvertes & bizarrement pofées fur leurs angles, forment des plaines confidérables de fablon. Ces contrées repréfentent encore les reftes de leurs anciens lits fupérieurs dans une grande confufion; tout y a été miné, tout y a été brifé. Le peuple de ces contrées n'habite que des ruines; mais il doit s'en confoler & s'en raffurer en ce qu'il n'y a guères de peuple fur la terre qui ne foit dans le même cas.

Certains endroits de la Beauce par exemple repréfentent encore parfaitement les veftiges de ces défordres : au-deffous des lits fuperficiels de cette contrée règne communément un lit de grès qui porte quinze, dix-huit & vingt pieds d'épaiffeur; ce lit de grès ne pofe lui-même que fur d'autres lits de fablon dont l'épaiffeur eft très-confidérable & qui n'ont aucune liaifon ni ténacité. La fituation unie de toutes les plaines de la Beauce témoigne que généralement il s'eft fait peu d'affouillemens dans cette contrée : mais le long des vallées, où ces terreins ont été éventés par les coupes profondes que les anciens torrens y ont faites, ces fortes d'effouillemens s'y font beaucoup remarquer. L'on voit fur-tout un endroit vis-à-vis le château de Gillevoifin auprès de Chamarande, vallée de la rivière d'Etampes, où la multitude de roches entaffées les unes fur les autres préfentent les marques inconteftables de la deftruction des torrens. Les dépendances & tout le voifinage de ce dernier château contiennent une infinité de dépouilles des animaux marins : il y a

une marnière qui fert comme la falunière de Touraine à engraiffer les terres & qui eft une vraie mine de coquillages de mer. Ces corps marins réfident au milieu des fablons.

XII. La Rivière d'Ourque qui fe décharge dans la Marne entre Mary & Lify, renferme dans fes côteaux une collection furprenante de coquillages foffiles, de gloffepêtres, de coraux, de madrepores, de tubulites, aftroites, œillets, champignons, fungites, vis, buccins, rouleaux, &c. Ces côteaux font formés de lits de marne & de fablon : ce qu'il y a de remarquable, c'eft que la plupart de ces productions marines ne paroiffent point être là dans leur pofition première, mais y avoir été, ainfi que les fablons amenés par des torrens qui feroient partis de la fource même de l'Ourque. Comme la fource de cette rivière eft fur les fommets mitoyens de la Marne & de l'Aifne, fur lefquels font fituées les contrées de Courtagnon fi renommées par la beauté & l'abondance de leurs foffiles, & que ceux de Mary font des mêmes efpèces, il y a tout lieu de croire que tous ces dépôts font provenus de cette contrée fupérieure qui eft au centre de la montagne de Rheims. Ce fommet étant le vrai lieu de leur naiffance & de leur origine, & n'ayant pas été recouvert de dépôt de fablons venus de plus loin, on les y trouve très-beaux & entiers; au lieu qu'à Mary, Lify, la Trouffe, Affi & autres lieux voifins de l'Ourque, les coquillages entiers y font plus rares & moins confervés. Il y a même des bancs entiers qui ne forment qu'une poudre fèche de coquilles dans laquelle à peine le fablon domine : généralement l'abondance des coquilles eft fi grande que les pluies & les orages en tranfportent par-tout. La rivière d'Ourque en entraîne beaucoup dans la Marne, enforte qu'au deffous de fon embouchure dans la Marne, jufqu'à Paris, on trouve une grande quantité de coquillages de mer mêlés au fable de rivière, & où l'on reconnoît les efpèces de Mary, de Lify, &c. ; au-deſſous de tous ces lits de ſablon, ſont des bancs de pierres à bâtir, contenant auſſi des coquillages.

La ſuperficie de ces ſablons, ſert de baſe à d'autres qui ont été pétrifiés ; on en voit des parties conſidérables & des blocs qui ont été précipités ſur les revers. Ce grès eſt très-dur, ne contient point de coquilles, & ſert au pavé des grandes routes ; il paroît que ſa pétrification eſt l'ouvrage des premiers tems, ſoit pendant que la mer couvroit encore ce pays, ſoit peu après ſa retraite : il y a une autre ſorte de grès plus imparfaite, qui paroît ſe pétrifier tous les jours. Ces bancs étant pénétrés juſqu'à une certaine profondeur par les eaux des pluies, les grains de ſable ſe lient & s'uniſſent peu à peu, & acquièrent une certaine dureté : mais elle n'eſt pas aſſez conſidérable pour que ces grés ſoient employés en pavés. Ce grès moderne diffère en cela de l'ancien qu'il a ſon lit de deſſous & ſon lit de deſſus ordinairement uni ; outre cela le moderne renferme dans ſes parties inférieures un grand nombre de coquilles.

Lorſque j'ai dit que les coquillages de Mary & de Lify avoient été apportés des ſommets de Courtagnon, j'ai dû diſtinguer ceux que les couches mêmes de cette contrée renferment, & qui ſont auſſi beaux & auſſi bien conſervés que ceux de Courtagnon ; car la région des coquilles occupe une grande ſuperficie de la terre dans ce canton. La ſemence de coquilles dont le ſablon eſt auſſi rémpli à Mary & Lify, eſt un objet auſſi curieux que tout ce que nous avons décrit ci-deſſus.

Reſteroit à conſidérer ſi ces productions marines ſont de l'âge des torrens ou d'une époque plus ancienne ; mais il paroît que lorſque ces eaux courantes ont été en activité, tous ces lits de Marne, de ſablon, de coquillages, de grès, exiſtoient déjà avec tout ce qu'ils contiennent. D'ail-

leurs, au-deſſous d'un lit de ſablon très-net, il y a un banc de pierre très-dure, épais de pluſieurs pieds, qui dans toutes ſes veines, dont quelques-unes ſont d'un grès parfait, contient en très-grande quantité les mêmes coquillages qu'on trouve diſperſés à Mary & à Lify. Or, il eſt ſenſible par la poſition de ces bancs, que ce n'eſt pas le torrent de la Marne qui les a formés ; mais au contraire que c'eſt lui qui en a démoli une partie, en détruiſant tout ce qui s'avançoit vers Rezel.

XIII. Tant de ſinuoſités de Meaux à Lagny, ont extrêmement multiplié les veſtiges de tous les ravages des anciennes eaux. Le Morin, (grand) qui étoit un torrent des plus conſidérables, contient auſſi dans ſa vallée pluſieurs monumens de la deſtruction des eaux courantes. Le confluent du Morin & de la Marne eſt d'une très-grande fertilité & ſurpaſſe par cette qualité autant la Brie que la Brie l'emporte ſur d'autres pays.

La Brie eſt un terrein humide couvert de vaſes & terres glaiſes amenées autrefois par les torrens de la Marne & de la Seine, & dépoſées vers leur confluent. Les environs de Lagny & de Crécy, contiennent une infinité de pétrifications qui ne ſont point marines ; il y a des pierres formées de plantes marécageuſes & de roſeaux qui ſont pétrifiés par couches. Ces plantes ſont toutes ſur leur plat, les tiges en ſont écraſées ; on remarque les nœuds des roſeaux, les fibres des feuilles & leurs côtes. Leur longueur eſt dirigée dans le même ſens comme ayant été verſées par une eau courante & pétrifiées ſur pied. Il s'en trouve auſſi des amas comme de pailles hachées, poſées dans toutes ſortes de directions, mais néanmoins tout étendues & diſpoſées à plat. On diſtingue parmi, des graines & de petits coquillages d'eau douce. Ces pierres & ces rochers ſe trouvent errants à la ſurface de la terre, dans les fonds, ſur les hauteurs, & on les découvre à trente & quarante pieds ſous terre, dans les flancs des ravines & des fouilles des ouvrages publics. Ils font quelquefois contigus les uns aux autres, mais brifés & culbutés en défordre. Tout juftifie ce que j'ai dit il y a long-tems, que les confluents de toutes les rivières avoient dû être pendant long-tems le féjour des coquillages d'eau douce & des plantes marécageufes, à quoi a fuccédé l'état favorable à la pétrification ; car ces pétrifications font fi répandues, fi générales, d'un grain fi uniforme & fi femblable, qu'il paroît que ce pays après avoir été mer, puis marais, a été enfuite pétrifié en entier.

XIV. C'eft à la fuite de tout ceci que je puis dire quelque chofe fur la croiffance des pierres. Un grand nombre de gens d'efprit, voyant la quantité de pierres qui s'emploient tous les jours dans les bâtimens de Paris, étonnés de ce que les carrières y fuffifent, s'imaginent que la nature y fournit & y fupplée continuellement. Rien n'eft plus éloigné du vrai que cette idée. Le vuide que l'on forme dans une carrière en en tirant de la pierre, eft un vuide irréparable. Jamais à la place d'une pierre de Saint-Leu ou d'Arceuil, que l'on a tirée, il ne paroîtra une autre pierre de Saint-Leu ou d'Arceuil. Les pierres ont été formées par la mer elle-même, avec les dépouilles de toutes fortes de coquillages, liées par les vafes qu'elles contient. Par conféquent, comme rien ne peut plus ramener des vis, des buccins, &c. dans les carrières des environs de Paris, pour en remplir les vuides ; que rien ne peut plus y joindre les principes de la pétrification, il eft évident qu'il ne fe forme plus de bancs de pierre. Ce ne font point l'égoût des eaux & l'infiltration goute à goute des pluies qui forment des pierres dans nos carrières ; au contraire, ces eaux ne font capables que de détruire celles qu'elles percent ; car par-tout où elles pénètrent, elles entraînent les principes qui font le lien & la folidité des pierres, & elles n'y laiffent qu'un mauvais tuf dont les parties n'ont plus de liaifon, & le fuc lapi-

difique diffous & entraîné va former fur les endroits où il s'épanche & fe fixe des concrétions pierreufes & cryftallines de fpath, de ftalagmites, de ftalactites, mais jamais une pierre de Saint-Leu. C'eft donc-là vifiblement une chofe qui n'eft plus dans l'ordre préfent de la nature, auffi jamais le vuide ne fera réparé ; & c'eft une chofe conftante, que les carrières s'épuiferont à la fin, & que lorfqu'on aura miné tous les environs de Paris, on fera forcé de chercher des pierres plus loin avec plus de dépenfes. Mais il ne faut pas s'en effrayer, la quantité de pierre à bâtir qu'il y a fous terre aux environs de Paris, fuffira pour le reconftruire tout à neuf encore bien des fois.

XV. Etant arrivé à Paris, je ne puis fuivre le torrent de la Marne réunie à celui de la Seine, & continuer d'en décrire les effets fur les terreins qu'il a traverfé au-delà jufqu'à la mer. Je le laiffe fur Paris y faire la difpofition de fes plaines & de fes côteaux. Nous jouiffons aujourd'hui de ces lieux enchantés, où nous avons établi le centre de nos grandeurs, de nos richeffes & le théâtre de nos plaifirs fur les vafes que ces torrens affreux y ont dépofés. Ces réflexions phyfiques fe changent ici, malgré nous, en réflexions morales, lorfque l'on voit que des boues & des vafes forment le fiége de la grandeur humaine. Quand on ne confidère que l'efcarpement de la Marne, depuis Langres jufqu'à Paris, & même ceux de la Seine, il femble très-poffible & très-naturel qu'ils aient été produits par les eaux du déluge de Noé. Cependant il feroit affez difficile d'admettre que de fi grandes démolitions aient pu être l'ouvrage d'une pluie de quarante jours & du dérangement d'une feule faifon, fans qu'il fut refté dans les plaines inférieures des traces des défordres qu'auroit dû caufer une démolition fi étendue & fi précipitée. Je croirois, dans ce cas, que tous les fleuves de la terre auroient été pendant des fiècles, tels que font aujourd'hui les fleuves, fujets à des débordemens de Mary, de Lify, &c. ; au-deffous de tous ces lits de fablon, font des bancs de pierres à bâtir, contenant auffi des coquillages.

La fuperficie de ces fablons, fert de bafe à d'autres qui ont été pétrifiés ; on en voit des parties confidérables & des blocs qui ont été précipités fur les revers. Ce grès eft très-dur, ne contient point de coquilles, & fert au pavé des grandes routes ; il paroît que fa pétrification eft l'ouvrage des premiers tems, foit pendant que la mer couvroit encore ce pays, foit peu après fa retraite : il y a une autre forte de grès plus imparfaite, qui paroît fe pétrifier tous les jours. Ces bancs étant pénétrés jufqu'à une certaine profondeur par les eaux des pluies, les grains de fable fe lient & s'uniffent peu à peu, & acquièrent une certaine dureté : mais elle n'eft pas affez confidérable pour que ces grés foient employés en pavés. Ce grès moderne diffère en cela de l'ancien qu'il a fon lit de deffous & fon lit de deffus ordinairement uni ; outre cela le moderne renferme dans fes parties inférieures un grand nombre de coquilles.

Lorfque j'ai dit que les coquillages de Mary & de Lify avoient été apportés des fommets de Courtagnon, j'ai dû diftinguer ceux que les couches mêmes de cette contrée renferment, & qui font auffi beaux & auffi bien confervés que ceux de Courtagnon ; car la région des coquilles occupe une grande fuperficie de la terre dans ce canton. La femence de coquilles dont le fablon eft auffi rémpli à Mary & Lify, eft un objet auffi curieux que tout ce que nous avons décrit ci-deffus.

Refteroit à confidérer fi ces productions marines font de l'âge des torrens ou d'une époque plus ancienne ; mais il paroît que lorfque ces eaux courantes ont été en activité, tous ces lits de Marne, de fablon, de coquillages, de grès, exiftoient déjà avec tout ce qu'ils contiennent. D'ail-

leurs, au-deffous d'un lit de fablon très-net, il y a un banc de pierre très-dure, épais de plufieurs pieds, qui dans toutes fes veines, dont quelques-unes font d'un grès parfait, contient en très-grande quantité les mêmes coquillages qu'on trouve difperfés à Mary & à Lify. Or, il eft fenfible par la pofition de ces bancs, que ce n'eft pas le torrent de la Marne qui les a formés ; mais au contraire que c'eft lui qui en a démoli une partie, en détruifant tout ce qui s'avançoit vers Rezel.

XIII. Tant de finuofités de Meaux à Lagny, ont extrêmement multiplié les veftiges de tous les ravages des anciennes eaux. Le Morin, (grand) qui étoit un torrent des plus confidérables, contient auffi dans fa vallée plufieurs monumens de la deftruction des eaux courantes. Le confluent du Morin & de la Marne eft d'une très-grande fertilité & furpaffe par cette qualité autant la Brie que la Brie l'emporte fur d'autres pays.

La Brie eft un terrein humide couvert de vafes & terres glaifes amenées autrefois par les torrens de la Marne & de la Seine, & dépofées vers leur confluent. Les environs de Lagny & de Crécy, contiennent une infinité de pétrifications qui ne font point marines ; il y a des pierres formées de plantes marécageufes & de rofeaux qui font pétrifiés par couches. Ces plantes font toutes fur leur plat, les tiges en font écrafées ; on remarque les nœuds des rofeaux, les fibres des feuilles & leurs côtes. Leur longueur eft dirigée dans le même fens comme ayant été verfées par une eau courante & pétrifiées fur pied. Il s'en trouve auffi des amas comme de pailles hachées, pofées dans toutes fortes de directions, mais néanmoins tout étendues & difpofées à plat. On diftingue parmi, des graines & de petits coquillages d'eau douce. Ces pierres & ces rochers fe trouvent errants à la furface de la terre, dans les fonds, fur les hauteurs, & on les découvre à trente & quarante pieds fous terre, dans les flancs des ravines & des fouilles des ouvrages publics. Ils font quelquefois contigus les uns aux autres, mais brifés & culbutés en défordre. Tout juftifie ce que j'ai dit il y a long-tems, que les confluents de toutes les rivières avoient dû être pendant long-tems le féjour des coquillages d'eau douce & des plantes marécageufes, à quoi a fuccédé l'état favorable à la pétrification ; car ces pétrifications font fi répandues, fi générales, d'un grain fi uniforme & fi femblable, qu'il paroît que ce pays après avoir été mer, puis marais, a été enfuite pétrifié en entier.

XIV. C'eft à la fuite de tout ceci que je puis dire quelque chofe fur la croiffance des pierres. Un grand nombre de gens d'efprit, voyant la quantité de pierres qui s'emploient tous les jours dans les bâtimens de Paris, étonnés de ce que les carrières y fuffifent, s'imaginent que la nature y fournit & y fupplée continuellement. Rien n'eft plus éloigné du vrai que cette idée. Le vuide que l'on forme dans une carrière en en tirant de la pierre, eft un vuide irréparable. Jamais à la place d'une pierre de Saint-Leu ou d'Arceuil, que l'on a tirée, il ne paroîtra une autre pierre de Saint-Leu ou d'Arceuil. Les pierres ont été formées par la mer elle-même, avec les dépouilles de toutes fortes de coquillages, liées par les vafes qu'elles contient. Par conféquent, comme rien ne peut plus ramener des vis, des buccins, &c. dans les carrières des environs de Paris, pour en remplir les vuides ; que rien ne peut plus y joindre les principes de la pétrification, il eft évident qu'il ne fe forme plus de bancs de pierre. Ce ne font point l'égoût des eaux & l'infiltration goute à goute des pluies qui forment des pierres dans nos carrières ; au contraire, ces eaux ne font capables que de détruire celles qu'elles percent ; car par-tout où elles pénètrent, elles entraînent les principes qui font le lien & la folidité des pierres, & elles n'y laiffent qu'un mauvais tuf dont les parties n'ont plus de liaifon, & le fuc lapi-

difique diffous & entraîné va former fur les endroits où il s'épanche & fe fixe des concrétions pierreufes, & cryftallines de fpath, de ftalagmites, de ftalactites, mais jamais une pierre de Saint-Leu. C'eft donc-là vifiblement une chofe qui n'eft plus dans l'ordre préfent de la nature, auffi jamais le vuide ne fera réparé ; & c'eft une chofe conftante, que les carrières s'épuiferont à la fin, & que lorfqu'on aura miné tous les environs de Paris, on fera forcé de chercher des pierres plus loin avec plus de dépenfes. Mais il ne faut pas s'en effrayer, la quantité de pierre à bâtir qu'il y a fous terre aux environs de Paris, fuffira pour le reconftruire tout à neuf encore bien des fois.

XV. Etant arrivé à Paris, je ne puis fuivre le torrent de la Marne réunie à celui de la Seine, & continuer d'en décrire les effets fur les terreins qu'il a traverfé au-delà jufqu'à la mer. Je le laiffe fur Paris y faire la difpofition de fes plaines & de fes côteaux. Nous jouiffons aujourd'hui de ces lieux enchantés, où nous avons établi le centre de nos grandeurs, de nos richeffes & le théâtre de nos plaifirs fur les vafes que ces torrens affreux y ont dépofés. Ces réflexions phyfiques fe changent ici, malgré nous, en réflexions morales, lorfque l'on voit que des boues & des vafes forment le fiége de la grandeur humaine. Quand on ne confidère que l'efcarpement de la Marne, depuis Langres jufqu'à Paris, & même ceux de la Seine, il femble très-poffible & très-naturel qu'ils aient été produits par les eaux du déluge de Noé. Cependant il feroit affez difficile d'admettre que de fi grandes démolitions aient pu être l'ouvrage d'une pluie de quarante jours & du dérangement d'une feule faifon, fans qu'il fût refté dans les plaines inférieures des traces des défordres qu'auroit dû caufer une démolition fi étendue & fi précipitée. Je croirois, dans ce cas, que tous les fleuves de la terre auroient été pendant des fiècles, tels que font aujourd'hui les fleuves, fujets à des débordemens périodiques, sujets à des inondations extra-ordinaires, mais cependant réglées & constantes, & qu'il y auroit eu des siècles où les pluies & les crues de chaque hiver auroient été autant de déluges. Si malgré ces considérations, on ne voit dans toutes ces destructions que l'ouvrage seul du déluge de Noé, il faudra qu'on reconnoisse que la construction intérieure de nos montagnes a été l'effet d'une révolution plus ancienne; ce sont-là les échantillons de tous les spectacles & en même-temps les plus grands qui sont présentés par tous les fleuves de la terre. Je les ai considérés avec attention & sans d'autre prévention que pour les torrens & leur abondance. Si je me suis mépris dans quelques vues, dans quelques conséquences, il ne faut pas que cette considération fasse tort au plan général des faits. Je n'ai ni tout vu ni tout pensé ; j'ai seulement ouvert la porte d'une carrière que l'on doit suivre pour atteindre aux connoissances qui serviront utilement à la théorie de la terre.

———————

J'ai présenté dans les notes & les observations qui précèdent la substance du traité sur le cours de la Marne telle que j'ai pu l'extraire dans le tems qu'il me fut confié par l'auteur. Quoique je n'approuvasse pas pour lors les principes hypothétiques qui ont dirigé les détails de cet ouvrage, je les ai rendus fidellement. En publiant cet extrait, j'ai rempli deux vues que je crois également utiles ; la première a pour objet de faire connoître les travaux de Boulanger & les produits de ses recherches & méditations ; la seconde est de conserver un écrit dont les écarts mêmes peuvent servir au progrès de l'histoire naturelle de la Terre, en indiquant les erreurs & les fausses routes ; mais ici ce défaut est bien racheté par plusieurs vues fécondes & lumineuses.

Boulanger ayant, comme je l'ai déjà dit, adopté l'hypothèse de l'éruption des eaux souterraines par les sources, ainsi que des

torrens qui sont venus à la suite, n'a plus vu les faits & les phénomènes qu'il a été à portée d'observer avec soin, dans la simplicité de la nature ; mais toujours d'après ses agens hypothétiques, & quoique souvent il ne s'écarte pas des effets simples dont nous sommes témoins tous les jours, & qu'il les rapelle avec les causes qui sont aussi en activité sous nos yeux, cependant il en revient toujours à ses torrens qu'il modifie de toutes manières ; c'est au lecteur à juger de tout ce travail. J'ai transcrit exactement les expressions de Boulanger, d'après les principes d'impartialité que je me suis prescrit & sans lesquels je n'aurois pu, sans de longues discussions, rédiger l'histoire des ouvrages publiés par les écrivains qui se sont occupés de la théorie de la Terre & de la *Geographie-Physique.*

Je me suis d'autant plus volontiers déterminé à publier ces notes & extraits, qu'ayant eu occasion de vérifier les faits qui en forment le fond & d'en étendre les détails, je publiois en même-tems le précis raisonné d'un travail que j'ai fait & rédigé sur la Marne & sa vallée ; mais où j'écarte soigneusement tout ce qui a trait aux agens que Boulanger met en œuvre, & aux torrens sur-tout avec lesquels il comble les vallées pour les creuser.

Toujours occupé des mêmes objets, & voulant appuyer sur de nouveaux moyens son hypothèse de l'éruption abondante des eaux souterraines par les sources, Boulanger adopta une autre hypothèse, qui consiste dans le jeu & l'élasticité des couches de la terre. C'est-là l'objet d'une carte & d'un mémoire par où il se proposoit de terminer ses travaux en ce genre, & particulièrement sur la forme extérieure des continens & des vallées où coulent les rivières de différens ordres. Un extrait du mémoire prouvera combien de faits il avoit sçu recueillir pour établir une hypothèse, dont il sentoit peut-être lui-même le peu de solidité, & combien il a fallu d'intelligence pour les combiner aussi avantageusement qu'il le fait.

On

On y voit une connoiffance de l'hiftoire de la Terre, beaucoup plus réfléchie & beaucoup plus étendue qu'il n'en montre dans les ouvrages qu'on a publiés fous fon nom, & qui ne font la plupart, quant à la partie de l'hiftoire naturelle, qu'un tiffu d'imaginations auffi bifarres que peu philofophiques. C'eft pour cela que je n'en ferai ici aucune mention particulière, comme étant étrangeres à mon objet.

II. *Précis d'un mémoire fur une nouvelle mappemonde & fur les effets de l'élafticité des couches du globe.*

Boulanger commence par obferver qu'à la fimple infpection de la fuperficie de la terre & des contours bizarres des mers & des continens, la feule idée qu'on puiffe s'en former eft celle d'un globe dont une partie eft inondée & l'autre fortie de deffous les eaux. Il voit fur toutes les mappemondes & les cartes maritimes réduites, les reftes d'une maffe échappée à une grande fubmerfion & dont les finuofités expriment les arrachemens, pendant que d'un autre côté une terre naiffante fe dégage chaque jour de deffous les eaux, de telle manière que ces mêmes finuofités préfentent des pièces d'attente.

Un examen plus étendu lui fait croire qu'à la fuite des inondations dont parlent les traditions, de grandes parties de continens font devenues des mers où il croit voir des vallées, des montagnes, des couches & des bancs, & dont les ifles & les écueils font les fommets les plus élevés, pendant qu'il découvre les traces & les empreintes des anciennes mers au fommet de nos montagnes, dans leur maffe & jufqu'aux fonds des vallées. En conféquence il s'eft perfuadé que les mers ont pris la place de nos continens & que nos continens ont fuccédé à nos mers anciennes par la *flexibilité* des couches de la terre qu'il a cru devoir admettre.

Il fe confirme dans ces idées en remarquant d'ailleurs qu'à mefure qu'on approche des mers, les continens baiffent vers elles & s'y plongent, de manière cependant que les chaînes de leurs fommets s'y diftinguent au loin fous les eaux, & que réciproquement, à mefure que les navigateurs approchent des continens, la profondeur des mers diminue, le fond de leur baffin s'éleve & gagne par une rampe infenfible les terres découvertes. C'eft à la fuite de cette conformation du fond des mers que fouvent les eaux s'infinuant dans de grandes vallées elles y forment des golfes, comme les continens forment à côté d'elles des caps & des promontoires, enforte que la profondeur des mers répond toujours à la hauteur efcarpée des continens, & qu'où les terres font hautes, les mers font profondes, & qu'où les mers font baffes & peu profondes, les terres ne leur préfentent que des rivages unis & des plages d'une pente infenfible.

Il conclut de tous ces faits correfpondans, que la difpofition des terres & des mers dépend d'un mouvement commun & général dans toutes les parties du globe, par lequel, lorfque les continens fe font élevés, les baffins des mers ont fléchi à proportion; ou bien refpectivement ceux-ci s'étant enfoncés, les autres au contraire fe font élevés d'autant & ont lancé leurs promontoires, formé des ifthmes, des ifles, des prefqu'ifles, hors des baffins des mers, comme ces baffins avoient diftribué fur les continens des golfes, confervé ou formé les détroits, quelques mers méditerranées & de grands lacs.

Une fi étonnante révolution & tous les phénomènes qui ont dû en être la fuite, font, fuivant Boulanger, produits par la *flexibilité des couches de la terre* & des bancs, dont une moitié en fléchiffant a contribué à l'élévation de l'autre. A la fuite de ces accidens fuppofés, il a trouvé la fuperficie du globe partagée en deux portions, dont l'une eft élevée au-deffus du niveau des mers & l'autre au contraire se trouve toute couverte de leurs eaux.

C'eſt ce que Boulanger a cru devoir préſenter dans une mappemonde où le globe eſt diviſé en deux *Hémiſphères*, dont l'un qu'il appelle *terreſtre* renferme la plus grande partie de nos continens, & l'autre qu'il nomme *maritime* offre preſque la totalité des mers. Il eſt vrai qu'il y a quelques mers dans l'hémiſphère terreſtre, comme des terres dans l'hémiſphère maritime ; mais il conſidère les mers qui ſont dans l'hémiſphère maritime comme naturelles & comme accidentelles dans l'hémiſphère terreſtre. Réciproquement les terres ſont naturelles dans le terreſtre, & accidentelles dans le maritime.

Sous le terme *d'accidentelles*, il comprend les mers & les terres qui ſont poſtérieures à la première diviſion de l'un & de l'autre hémiſphere. Cependant il préſume auſſi que les terres accidentelles qui ſe trouvent diſperſées dans l'hémiſphère maritime peuvent être la ſuite des plus hauts ſommets des anciens continens qui ont été conſervés dans l'affaiſſement général de cette partie, & ont formé cette multitude d'iſles qui ſont comme noyées dans ces mers immenſes ; d'ailleurs Boulanger fonde cette diſtinction des mers en accidentelles & en naturelles ſur d'autres caractères aſſez frappans. Les premières ſont bizarres dans leurs fonds & dans leur contour, & ſujettes à des variations perpétuelles, au lieu que les mers naturelles ſont régulièrement bornées par des cercles qui ont pour diamètre celui de la terre, ſont vaſtes & extrêmement profondes. Ainſi l'on ne trouve point de mers continues dans l'hémiſphère terreſtre, & ce n'eſt que par la perte de l'Atlantide, de la Trapobane & autres terreins contigus, que l'on voit dans cet hémiſphère une mer Atlantide & une mer des Indes.

Il cite en conſéquence l'affectation avec laquelle les côtes orientales de l'Aſie & les côtes occidentales de l'Amérique ſont aſſujetties au cercle qui partage le globe en deux hémiſphères, comme la ſuite d'une loi conſtante de la nature qui a eu pour objet de placer tous les continens du même côté du globe.

Il faut l'avouer, la pointe de l'Amérique méridionale fait une forte exception à la diviſion exacte des deux hémiſphères ; mais la grande élévation de ce continent a pu le préſerver de la ſubmerſion générale.

Boulanger finit par remarquer que ſa mappemonde doit d'ailleurs l'emporter ſur les autres ſyſtêmes de diſtribution des hémiſphères, parce que les continens y ſont mieux réunis pour l'unité du coup-d'œil, ainſi que le baſſin de toutes les mers commençantes. On a toujours fait d'un ancien & d'un nouveau monde une diſtinction qui n'eſt nullement favorable à l'idée que l'on doit ſe former de l'enſemble des parties ſeches du globe ; cette diſtinction a plutôt rapport à nos anciennes erreurs qu'au plan véritable de la nature. On ne devroit plus les regarder que comme un monument du progrès tardif de nos découvertes & des connoiſſances bornées de nos pères ſur leur ſéjour.

Après cette expoſition générale du fond de l'hypothèſe de Boulanger, il convient de le ſuivre dans la diſcuſſion des monumens naturels ſur leſquels il croit devoir l'appuier. Il commence par obſerver que les phyſiciens & les naturaliſtes ſont perſuadés que la terre depuis ſa formation a été ſujette à bien des accidens & à bien des révolutions. L'examen de ſa ſurface prouve que la terre ne doit pas la forme de ſes continens, de ſes montagnes, du cours de ſes fleuves, aux premières opérations de la nature ; mais à des changemens ſucceſſifs, & qu'ainſi les empreintes de ces révolutions qui ſubſiſtent de toutes parts ſont viſiblement les ſuites de ces accidens qui ne ſont arrivés que dans des temps bien postérieurs à l'ancienne & primitive formation de l'univers.

Ainsi au lieu d'assurer que la terre, de fluide qu'elle étoit dans les commencemens, a pris une consistance & une forme dont les traces se sont conservées jusqu'à présent, Boulanger pense qu'il seroit plus juste de conjecturer seulement qu'elle a été & qu'elle est d'une consistance à se prêter dans tous les temps aux accidens auxquels elle est de nature à être exposée, & qu'elle peut prendre, dans quelque circonstance que ce soit, une forme toujours convenable aux loix générales du mouvement & de l'équilibre; en conséquence, il la regarde non comme ayant été réellement fluide, mais comme ayant été, dès son origine, & étant pour jamais une masse souple & flexible dans son tout; soit parce que son noyau, si elle en a un, ne seroit revêtu que de couches élastiques capables de céder & résister tantôt constamment, tantôt alternativement à l'action des forces intérieures & extérieures qui se déploient sur elles.

Boulanger attribue en conséquence le flux & reflux, non aux mers, comme on a fait jusqu'à présent, mais aux seules courbes de la terre, pressées ou attirées par la lune & autres corps planétaires.

Dans la plupart des éruptions de volcans, & dans les tremblemens de terre qui en sont les suites, lorsqu'on a vu les mers abandonner pour un tems les rivages & laisser les ports à sec, les terres, selon Boulanger, dans leurs convulsions se soustrayoient aux mers, en s'affaissant, ou les faisoient reculer en se soulevant contre elles.

Lorsque le long de certaines côtes, des parties de rivages ont été abandonnées par la mer, & que sur d'autres, ces rivages ont gagné & gagnent tous les jours, on a cru que ces différens changemens étoient dûs à la mer qui haussoit dans des endroits, pendant qu'elle baissoit dans d'autres. Mais comme ces apparitions & disparitions de rivages ne peuvent être les suites de quelque mouvement local de la mer, Boulanger est tenté d'y voir les effets du travail intestin des continens mêmes à qui leur souplesse permet de céder quelquefois en s'affaissant dans un endroit, & en se levant conséquemment dans un autre.

On a vu par dessus certaines éminences des clochers & des châteaux, qu'on ne voyoit point autrefois : d'autres objets semblables visibles autrefois ont cessé de l'être. On a cru devoir attribuer à l'action des eaux les changemens dans la forme du terrein qui en avoient produit dans l'apparence des objets; mais l'auteur de l'hypothèse que nous exposons, prétend qu'il est plus naturel de croire que ce qui arrivoit sur le rivage des mers pouvoit avoir lieu au milieu des continens, & que le fond des plaines, comme les sommets des collines fléchissoient ou se soulevoient suivant la disposition naturelle & la souplesse des couches élastiques des différens lieux.

On remarque dans plusieurs contrées des sources périodiques : l'auteur croit que ce sont des eaux dont les réservoirs sont foulés sous les lits des continens, lorsque ces lits ressentent l'impulsion ou l'attraction réglée auquel le mouvement diurne & annuel les expose, & écarte toutes les explications qu'on a tenté d'en faire au moyen des syphons & du jeu de leur écoulement.

Pour donner encore de plus grands développemens au jeu de l'élasticité des couches de la terre & en faire des applications plus étendues, Boulanger passe à l'examen des phénomènes qui résulteroient de cette élasticité, s'il arrivoit quelque changement dans la direction & dans la position de l'axe du globe. Il voit; 1°. que les contrées où les poles nouveaux se fixeroient, s'approcheroient du centre de la terre pendant que celles sur lesquelles le cercle du nouvel équateur passeroit, s'en écarteroient & se leveroient beaucoup au-dessus de toutes les autres régions ; 2°. que les suites de cette révolution seroient de confondre nos mers & nos continens, & d'en faire paroître d'autres. 3°. outre cela, on suppose que les nouveaux terreins qui succéderoient aux anciens offriroient certaines correspondances entre les chaînes de montagnes, & les directions des fleuves & des rivières, que tous les lits de cette terre récente seroient susceptibles de toutes les vibrations qu'on éprouve dans les tremblemens de terre & dans le flux & reflux de la mer, ainsi que nous l'avons exposé ci-dessus.

Ces différens déplacemens des couches de la terre à la suite de leur mouvement de soulevement & d'abaissement, ont paru à Boulanger des moyens de résoudre le problême si intéressant de l'élévation des bancs de coquilles fossiles, au-dessus du niveau des mers. Il se croit dispensé de recourir à une plus grande quantité & à une plus grande élévation des eaux de la mer, & d'admettre ensuite une diminution de ces eaux proportionnée à la hauteur des montagnes qui sont maintenant à sec. Enfin il se croit de même dispensé d'imaginer que dans un certain temps, que l'on veut être celui du déluge, les eaux de la mer se soient portées sur les continens & y aient jetté & abandonné des vases, les limons, les grèves & toutes les dépouilles des animaux marins que nos continens élevés renferment aujourd'hui. Les bancs coquilliers qui se trouvent sur le sommet des montagnes d'une hauteur considérable, ne pouvant s'être formés que dans le bassin de la mer, il est nécessaire, ou que les mers les aient laissés à sec par leur retraite, ou qu'ils aient été soulevés par une force quelconque. Or comme nous l'avons dit, Boulanger la trouve dans la souplesse des couches de la

terre ; il trouve dans cette force hypothétique une manière de faire sortir brusquement du fond des mers des contrées entieres, & d'y replonger alternativement d'autres contrées. La terre nouvelle qui en résulteroit offriroit selon lui toutes les apparences extraordinaires que nous remarquons à la nôtre, & il y voit enfin l'origine & la cause de tous les phénomènes.

Enfin, il voit dans le jeu de cette cause, l'origine des déluges, qui ont été produits par une éruption violente des sources, & par l'action des torrens qui creusèrent les vallées, & les remplirent par des masses d'eau courantes bord à bord ; cette éruption violente des sources fut produite à la suite de pluies infiniment abondantes, & par l'effet de la compression de couches de la terre voisines de la superficie, lesquelles se trouverent pénétrées par les eaux des pluies soutenues pendant un long tems, & à toutes les époques des déluges, dont les traditions des peuples nous ont conservé la mémoire. Tels sont les détails renfermés dans le mémoire sur une nouvelle mappemonde par Boulanger, en 1753. On n'exigera pas sans doute de moi que je discute les différens points d'une hypothèse que l'auteur donne pour telle.

BOURGUET.

Résultats des recherches & des meditations de Bourguet, relatives à la Géographie Physique.

Dans les divers ouvrages que Bourguet a publiés sur l'histoire naturelle & la Physique, & particulièrement dans un mémoire qui traite de la théorie de la Terre, & qui parut en 1729, je trouve plusieurs considérations qui peuvent nous éclairer, soit sur les formes extérieures du globe, soit sur sa constitution intérieure. En conséquence, j'ai cru devoir les rapprocher ici fous un même point de vue. On y verra combien ce naturalifte obfervateur avoit médité fur les faits qu'il avoit recueillis, & avec quelle intelligence il avoit fçu en faire l'analyfe.

Il convient cependant, avant tout, d'expofer ici les détails d'un phénomène que Bourguet s'eft plu à décrire & à faire connoître aux phyficiens depuis plufieurs années; c'eft celui de la correfpondance des angles faillans & rentrans dans les bords oppofés des vallées. Après avoir traverfé plufieurs fois les Alpes dans quatorze endroits différens, deux fois l'Apennin, & fait plufieurs courfes dans le Jura, il a trouvé que dans toutes ces montagnes, les bords des vallées préfentoient dans leurs contours les formes des ouvrages de fortification. Cette régularité eft même fi fenfible, felon lui, dans les vallons, qu'il femble qu'on y marche dans un chemin couvert; car fi, par exemple, on voyage dans un vallon dont la direction foit du Nord au Sud, on remarquera dans la montagne qui eft à droite, des avances d'angles faillants qui regardent l'orient, pendant que les avances de la montagne qui eft à gauche, regardent l'occident. De forte que les angles faillants de chaque côté répondent réciproquement aux angles rentrants qui leur font alternativement oppofés.

Les angles que les montagnes forment dans les grandes vallées font moins aigus, parce que la pente eft moins rapide, & qu'ils font plus éloignés les uns des autres. Dans les plaines, ils ne font fenfibles qu'aux lits des rivières qui en occupent le milieu; leurs coudes naturels répondent aux avances les plus marquées, ou aux angles les plus faillans des montagnes auxquelles le terrein où les rivières coulent tend à aboutir. Cette conformation que Bourguet croit être commune au lit de la mer, à celui des lacs, des fleuves comme aux vallons, eft, fuivant lui, tellement facile à reconnoître que cet auteur ofe en appeler aux

yeux de tous les hommes. Telle eft l'expofition que Bourguet a faite lui-même de ce qu'il regarde comme une découverte importante, puifqu'il finit par dire que cette conformation des terreins, eft la clef principale de la théorie de la Terre. Nous avons vu qu'en cela l'illuftre hiftorien de la nature, Buffon, non-feulement approuva fes idées, mais encore fe les rendit propres; nous ne difcuterons pas ici ces prétentions, nous en renvoyons l'examen à l'article du dictionnaire, *Angles correfpondans des montagnes*, angles faillans & rentrants.

Nous paffons maintenant à l'expofition des propofitions que nous devons placer dans cette notice.

Formes extérieures du globe.

I. « La terre s'élève ordinairement » depuis les bords de la mer jufqu'à des » hauteurs fort confidérables, qui en géné-» ral occupent le milieu des continens » fous le nom de montagnes; quoiqu'il » y en ait plufieurs fituées en d'autres en-» droits qu'au centre & même fur les » bords de la mer.

II. » Cette élévation des montagnes » depuis les bords de la mer & des lacs, » ainfi que depuis le lit des fleuves, le fond » des vallées & des plaines, eft ordinaire-» ment graduelle, quoiqu'elle fouffre quel-» quefois des exceptions; d'ailleurs on » remarque que les côtes efcarpées des » montagnes ont diverfes expofitions, » tantôt au nord ou à l'oueft, & tantôt » vers les points oppofés de l'horifon; » ainfi la nature n'a rien de régulier ni de » conftant à ce fujet.

III. » Les montagnes forment à la fur-» face de la terre diverfes chaînes plus » ou moins liées les unes aux autres; les » plus hautes font entre les tropiques ou » dans les zônes tempérées, & les plus » baffes vers les cercles polaires.

IV. » Les chaînes les plus confidérables
» giflent les unes d'Occident à l'Orient,
» les autres du Nord au Sud. Celles-ci
» occupent les terres entre les tropiques,
» & quelques contrées feptentrionales ;
» celles-là s'étendent dans les zônes tem-
» pérées, & font plus multipliées que les
» autres. Il n'y a que quelques-unes de leurs
» branches qui tournent Nord & Sud ou
» entre l'un & l'autre afpect.

V. » Les montagnes dont la mafle va
» d'Occident en Orient, forment des
» deux côtés des avancés dont les unes
» regardent le Nord & les autres le Midi,
» & celles dont la mafle gît Nord & Sud,
» forment des avancés qui répondent à
» l'Eft ou à l'Oueft, c'eft-à-dire que les
» montagnes décrivent deux lignes qui fe
» coupent à angles droits & qui font
» paralleles le plus fouvent à l'équateur
» & au méridien.

VI. » Lorfque deux montagnes giflent
» à côté l'une de l'autre, elles forment
» des vallons de différente largeur, &
» les avancés de ces montagnes répondent
» alternativement les unes aux autres,
» c'eft-à-dire, que l'angle faillant de l'une
» répond à l'angle rentrant de l'autre,
» & ainfi de fuite ».

Bourguet regarde cette correfpondance
alternative des angles faillans & rentrans
qui font vifibles fur les bords des vallées,
comme la clef principale de la théorie
de la Terre ; il prétend même qu'elle renverfe toutes les hypothèfes qu'on a formées
fur les montagnes. Nous verrons par la
fuite à quel point cette affertion eft fondée.

VII. » Les avancés des montagnes font
» plus fréquentes dans les vallons, &
» leurs angles font plus aïgus : mais elles
» ne font fenfibles dans les plaines qu'au-
» près du lit des fleuves qui coulent ordi-
» nairement au milieu ; & par rapport
» aux bords de la mer, ces avancés ne

font remarquables que fur des falaifes
» efcarpées.

VIII. » Le fommet des hautes mon-
» tagnes eft compofé de rochers plus ou
» moins élevés, qui reffemblent fur-tout,
» vus de loin, aux ondes de la mer. Leur
» direction s'accorde cependant avec celle
» de la mafle de la montagne. Le haut
» des montagnes, fur-tout d'ardoifes, vu
» de près, repréfente encore mieux les
» ondes de la mer, quoique moins élevé
» que les rochers qui forment le fommet
» ou la pointe.

IX. » Les montagnes ont diverfes ou-
» vertures à leurs fommets qui ont diffé-
» rens afpects & qui donnent paffage aux
» eaux des rivières & aux vents. C'eft
» auffi par ces ouvertures que les hommes
» paffent d'un pays à un autre.

X. » Dans ces ouvertures il y a des
» digues naturelles de pur roc, fur lef-
» quelles l'eau coule, on les nomme *cata-
» rades*, parce que l'eau fe précipite du
» haut de ces rochers, & y forme des cafca-
» des. Les *cataractes* font fort fréquentes
» dans les hautes montagnes ; elles font
» au contraire fort rares dans les endroits
» éloignés de la fource des fleuves.

XI. » Diverfes parties des montagnes
» font coupées à plomb, quelquefois d'un
» feul côté & fouvent des deux. Ces cou-
» pes de rochers de dix, vingt, trente,
» quarante, & même de fept cents pieds
» de haut font toujours au bord des
» fleuves, des lacs, de la mer & des
» vallées.

XII. » Quoique le haut des montagnes
» foit ordinairement formé en dos d'âne,
» il y a néanmoins quelques petites plai-
» nes au-deffus des plus hautes ; d'autres
» même offrent des plateaux d'une affez
» grande étendue, où l'on trouve des
» prairies, des lacs, des ruiffeaux, des
» rivières, des villages. Ce font des pays

» fort élevés au-deſſus d'autres pays qui
» les environnent.

XIII. » En général, les montagnes dif-
» fèrent beaucoup en hauteur, les collines
» ſont les plus baſſes ; puis viennent celles
» qui ſont médiocrement élevées, qui ſont
» ſuivies d'un troiſième rang de plus éle-
» vées, ordinairement chargées d'arbres &
» de plantes. Enfin, les montagnes d'un
» rang ſupérieur ſur leſquelles on ne voit
» que des pierres, du ſable & des maſſes
» de rochers dont les pointes s'élèvent
» ſouvent au-deſſus des nues. C'eſt pré-
» ciſément au pied de ces rochers que
» l'eau de pluie & ſur-tout la neige tombe,
» s'accumule & ſéjourne ou une partie
» de l'année ou toute l'année ; mais la
» fonte des neiges y produit ou des gla-
» ciers ou des ſources abondantes d'où
» les fleuves tirent leur origine.

XIV. » Sur le haut des montagnes, ſur
» les collines, & même à la ſuperficie des
» plaines, ſe trouvent de grands blocs de
» granits d'une forme irrégulière ou d'une
» autre nature de pierre dure, leſquels
» ne ſont point attachés à la maſſe de la mon-
» tagne, ni détachés de hauteurs ſupérieures,
» vu qu'il n'y en a aucune qui domine. Ces
» blocs ſont d'un volume plus ou moins
» conſidérable, d'une nature de pierre
» étrangère au canton, & paroiſſent avoir
» été roulés par les eaux.

XV. » Tous les fleuves ont leurs ſources
» dans les chaînes principales des monta-
» gnes qui traverſent les continens en dif-
» férens ſens. Souvent les ſources de
» fleuves qui ſe rendent par des directions
» oppoſées dans des mers différentes, ne
» ſont pas fort éloignées les unes des
» autres ; & d'autres fleuves, au contraire,
» qui tombent dans les mêmes mers ont
» leurs ſources dans des chaînes des mon-
» tagnes différentes. Par exemple, le
» Rhône, le Rhin, le Danube & le Teſ-
» ſin ont leurs ſources aſſez voiſines, quoi-
» que ces fleuves ſe jettent dans des mers

» différentes. Le Rhône va dans la Mé-
» diterranée, le Rhin dans l'Océan, le
» Danube dans la mer noire, & le Pô dans
» l'Adriatique. D'un autre côté on peut
» conſidérer l'éloignement des ſources du
» Danube qui ſont dans les Alpes des
» Griſons, d'avec celles du Boryſthène,
» du Don, de l'Oxus, dont les unes ſont
» en Moſcovie, & les autres dans le Cau-
» caſe. Ces fleuves ſe jettent pourtant
» tous dans la mer Noire ; ces con-
» ſidérations peuvent s'appliquer également
» ment aux fleuves de l'Aſie, comme à
» ceux de l'Amérique.

XVI. » Lorſque dans une vallée la pente
» de l'une des montagnes qui la bordent
» eſt moins rapide que celle de l'autre,
» la rivière prend ſon cours beaucoup
» plus près de la dernière que de la pre-
» mière & ne garde pas le milieu ».

Phénomènes concernant la conſtitution inté-
rieure du globe de la terre.

I. « Toute la maſſe ſolide connue de
» notre globe, quoique d'une ſeule
» pièce par rapport à ſa continuité, ne
» doit pas être conſidérée comme homo-
» gène, par rapport à la diverſité des
» matériaux dont elle eſt compoſée. Cette
» maſſe dont la profondeur n'eſt pas bien
» connue, eſt formée de marbres diffé-
» rens, de pierre calcaire, de roc vif, plus
» dur que le marbre, de pierres de ſable,
» du talcite, d'ardoiſe, de tuf, de cail-
» loux, de marnes, de craie, de gypſe,
» de glaiſe, d'argille dure & molle, de
» toutes ſortes de pierres, de différens
» métaux, de différens ſels, de charbon
» de terre, d'aſphalte, de tourbe & de
» terreau. »

II. » En général, ces matières ſont
» rangées par lits, par bancs & par
» couches d'une épaiſſeur tellement va-
» riée qu'elle va depuis une ligne juſqu'à
» un, quatre, dix, & cent pieds : quelques
» carrières, les coupes à-plomb de plu-

» fieurs montagnes qui bordent les ri-
» vieres & les vallées, prouvent que ces
» bancs & ces couches ont beaucoup
» d'étendue en tous fens. »

III. » Ces couches préfentent diverfes
» fortes de difpofitions qu'on peut ré-
» duire à dix principales : 1° paralleles à
» l'horifon, 2°. perpendiculaires, 3°.
» diverfement inclinées, 4°. courbées en
» arc en dedans, 5°. courbées en arc en
» dehors, 6°. courbées en haut, 7°.
» courbées en bas, 8°. circulaires ou à-
» peu-près, 9°. ondoyantes, 10°. for-
» mées en points de hongrie. Cependant
» l'épaiffeur de la couche eft couftam-
» ment la même dans toute l'étendue
» de la maffe malgré fes diverfes infle-
» xions. »

IV. » Les couches des collines, des
» vallées & des plaines, fe raccordent
» aux inflexions des rochers, qui leur
» fervent de bafe & qui les accompa-
» gnent jufqu'au bord des rivieres, des lacs
» & de la mer. Les fondes, les rochers
» à fleur d'eau, les îles difperfées dans
» l'Océan, montrent clairement que la
» ftructure du fond du baffin de la mer
» eft femblable à celle du refte de la
» terre. »

V. » Tous les différens matériaux qui
» entrent dans la compofition des cou-
» ches, ne gardent pas dans leur arran-
» gement les loix de leur pefanteur fpé-
» cifique »

VI. » Les couches des montagnes font
» fouvent interrompues, non-feulement
» par des fentes perpendiculaires ou in-
» clinées à l'horifon, mais par des fentes
» en tout fens. »

VII. » Prefque toutes les montagnes
» font caverneufes, principalement celles
» qui font compofées de pierre à chaux
» ou de marbres; ces cavernes petites &
» grandes ont ordinairement une figure
» irréguliere quoiqu'elle dépende d'une

» certaine maniere de la direction des
» couches; c'eft dans ces grottes que fe
» forment les ftalactites. Il y en a que les
» rochers environnent de tous côtés.
» C'eft dans ces grottes qu'on trouve le
» cryftal de roche attaché fur les diffé-
» rens parois de la grotte. »

VIII. » Les bancs des rochers & les
» couches de la terre renferment fouvent
» des matieres hétérogenes dans leur
» maffe ; par exemple, on voit dans les
» bancs de pierres calcaires, des pierres
» à fufil de différentes formes, & des
» marcaffites cubiques, couleur d'or,
» dans des rochers gris, couleur de fer.
» Dans d'autres, on rencontre des gre-
» nats, des œtites, des geodes & diverfes
» autres maffes métalliques ou minérales.»

IX. » La longue chaîne de montagnes
» qui s'étend d'occident en orient, de-
» puis le fond du Portugal jufqu'aux
» parties les plus orientales de la Chine,
» fournit fur les fommets, & en plufieurs
» couches, des coquilles & des arbres en-
» foncés dans des marais & dans l'entre-
» deux des rochers ; mais les montagnes
» latérales, tant celles qui répondent du
» côté du nord que celles qui s'étendent
» vers le midi, femblent n'être formées
» que de coquillages, de poiffons, d'offe-
» mens d'animaux, tant de mer, que de
» terre, de plantes, d'infectes ; en un
» mot, de dépouilles du regne végétal
» & animal : cela s'étend jufqu'aux chaînes
» de l'Afrique & de l'Amérique. Ce phé-
» nomene a auffi lieu dans les lits des val-
» lées & des plaines de toute l'Europe,
» & nous en pouvons conclure que cette
» difpofition a lieu dans les autres parties
» du monde.

X. » Les ifles de l'Europe, celles de
» l'Afie & de l'Amérique, où les Euro-
» péens ont occafion de creufer, foit dans
» les parties montueufes, foit dans les
» pays plats, fourniffent auffi de ces corps
» tirés des plantes & des animaux, ce qui

fait

» voir que leur conftitution phyfique eft
» partout femblable à celle des continens
» qui les avoifinent. »

XI. » Tous les coquillages qui fe trou-
» vent dans une infinité des couches de
» la terre & de bancs de rochers, fur
» des montagnes fort élevées & dans des
» carrières profondes, font remplies de
» la matière même qui forme les bancs
» ou les couches, ou enfin les maffes qui
» les renferment, & jamais d'aucune autre
» matiere.

XII. » Les coquillages & les réliques
» des plantes & des animaux de terre &
» de mer, fe trouvent: 1°. ou bien con-
» fervés & fans avoir fouffert de chan-
» gement notable; 2°. comprimés, caffés
» & fouvent brifés; 3°. changés en pierre,
» en tout ou en partie; 4°. calcinés;
» 5°. tout-à-fait détruits; mais les maffes
» de terre, de pierres ou de minéral,
» qui ont été moulées par ces corps lorf-
» qu'ils exiftoient, en montrent les impref-
» fions & les creux ».

*Phénomènes concernant la deftruction de la
terre.*

I. » Les pluies, les fontes des neiges,
» les changemens de température minent
» les bancs de rochers, les font éclater,
» les détachent les uns des autres, de forte
» que fouvent ils éprouvent de grands
» déplacemens.

II. » Les ravines, les lavanges, les oura-
» gans & les tremblemens de terre, entraî-
» nent de tems en tems la terre, les pierres
» & les rochers du haut des montagnes
» dans les vallées.

III. » Les torrens, les rivières & les
» fleuves emportent une grande quantité
» de terre, de fables, de cailloux, non-
» feulement du haut des montagnes, mais
» encore de toutes les couches qui bor-
» dent les rivages & les vallées.

IV. » Ces matieres entraînées hauffent le

» lit des fleuves & des rivières, y forment
» des coudes & des iffes, & encombrent
» le fond des vallées. Pendant ces dégra-
» dations les matières les plus légères
» emportées dans la mer y forment des
» bancs de fables, des barres à l'embou-
» chure des fleuves, & enfin des atté-
» riffemens très-longs & très-étendus.

V. » Il y a généralement dans le fein
» des montagnes même les moins éle-
» vées, des lits de bitumes, d'afphalte,
» de fouffre, de fel, de fer, dont les
» mélanges font la caufe des volcans. »

VI. » Un grand nombre de ces mon-
» tagnes font actuellement ouvertes par
» les volcans, principalement entre les
» tropiques; ils les confument depuis
» plufieurs fiècles. D'autres portent des
» marques indubitables qu'elles ont bru-
» lé; & d'autres enfin nourriffent de pe-
» tits feux continuels qui brûlent fans ces
» mouvemens violens lefquels accom-
» pagnent les éruptions du Véfuve & de
» l'Ethna. »

VII. » Plufieurs iffes ont été foule-
» vées du fond des mers par des incendies
» foumarins; pendant que d'autres ont
» été abymées par les mêmes convul-
» fions des feux fouterreins. »

VIII. » Quelques montagnes ont été
» élevées par les éruptions des volcans
» au milieu des continens, ou bien ont
» éprouvé des affaiffemens confidérables
» à la fuite de grands courans de laves. »

RÉFLEXIONS.

Nous avons cru devoir préfenter ici
cette fuite de propofitions, la plupart
vraies & intéreffantes pour rendre juftice
à Bourguet; perfonne n'a mieux raffemblé
les phénomènes & les réfultats; il nous
offre ici tout ce qui peut avoir rapport à
la ftructure intérieure du globe & à fa
forme extérieure dans un grand ordre;

mais il nous a paru convenable de fupprimer l'efquiffe de fa théorie de la terre ; car
a en juger par ce qu'il annonce, il
femble que dans l'exécution il n'auroit
pas réuffi à rédiger une hiftoire phyfique,
intéreffante, des changemens arrivés à
notre globe, & qu'il étoit fort éloigné
de connoître les vraies caufes des effets
qu'il expofe dans les propofitions précédentes. Pour s'en convaincre, il ne faut
que jetter les yeux fur les principales
conféquences qu'il déduit des phénomènes, & qui devoient fervir de fondement à tout fon travail. Il dit, par exemple,
que le globe de la terre a pris fa forme
dans un même temps & non pas fucceffivement ; que cette forme ainfi que la difpofition intérieure de fes parties annoncent
qu'il a été dans un état de fluidité ; que la
matière du globe a été dans le commencement moins denfe qu'elle ne l'a été depuis
qu'il a changé de face ; que cependant la
condenfation des parties folides diminua
fenfiblement avec le mouvement & la
vélocité du globe même ; de forte qu'a-
près avoir fait un certain nombre de révolutions fur fon axe & dans le cercle de
fon orbite autour du foleil, il fe trouva
dans un état de diffolution qui détruifit
fa première ftructure ; que dans le tems
de cette diffolution les coquilles s'intro-
duifirent dans les matières diffoutes ; qu'à
cette époque, la terre a pris la forme
qu'elle a préfentement, & qu'auffitôt le
feu s'y eft mis, la confume peu-à-peu,
de forte qu'elle eft menacée d'une deftruction générale par une explofion terrible du feu qui finira par un incendie
général. Cet incendie augmentera l'atmofphere du globe, & en diminuera le
diamètre ; alors la terre, au lieu de couches de fables & de terres, n'aura que
des couches de métaux & de minéraux
calcinés. Comment un obfervateur raifonnable, qui a recueilli & analyfé un grand
nombre de faits, finit-il fes méditations
par des confidérations auffi vagues, & des
hypothefes auffi abfurdes ? C'eft qu'il s'eft
avanturé au-delà des faits & des obfervations, & qu'il a méconnu l'ufage qu'on
pouvoit en faire raifonnablement d'après
les principes de la *géographie-phyfique*.

BOWLES.

Ce minéralogifte obfervateur eft celui
qui a le mieux écrit fur l'hiftoire naturelle
du globe ; c'eft auffi celui qui avoit le
plus pris, dans l'école de Rouelle, le véritable efprit fuivant lequel on doit recueillir
& combiner les faits. Il eft vrai qu'il
n'a pas mis autant de méthode dans l'expofition de ces faits & de leurs réfultats que
l'importance des matières fembloit l'exiger.
Cependant fon *Introduction à l'hiftoire
naturelle & à la* Géographie-Phyfique *de
l'Efpagne*, eft l'ouvrage d'où l'on peut
tirer plus de conféquences lumineufes pour
hâter les progrès de cette fcience, fi on
l'étudie avec foin. C'eft pour profiter de
ce qu'il nous a tranfmis dans cet ouvrage,
fuivant ces vues, que j'ai cru devoir préfenter ici fes remarques & fes réflexions
fur quatre objets différens. Le premier
nous offre des confidérations raifonnées
fur l'état de la terre en général, fur les
principales fubftances qui la compofent,
fur leur manière d'exifter fuivant les différentes fituations où elles fe trouvent, fur
les analogies de leur exiftence dans deux
pays femblables, &c.

Le fecond objet a pour but la découverte des volcans éteints de l'Efpagne. Bowles mêle à ces faits plufieurs
difcuffions fur la caufe de leurs inflammations & fur les différens produits du
feu & particulièrement fur les bafaltes
confidérés comme pierres-de-touche &
comme ayant une forme prifmatique.

Le troifième objet concerne l'examen des
terres & des pierres qu'on trouve aux
environs de Ségovie ; on y trouve des
réflexions générales & la plupart intéreffantes fur la compofition & les ufages
des granits, du grès, de la pierre calcaire

& de la pierre à chaux, du marbre, du sable, de l'argille & des poteries; toutes ces vues méritent l'attention des physiciens & des naturalistes, même de ceux qui ne les adopteroient pas.

Le quatrième objet concerne les pierres roulées & arrondies. Bowles s'attache à faire voir que les rivières ne roulent point avec leurs eaux les pierres qui se trouvent dans leurs lits & que ce n'est pas par conséquent à cet agent, qu'on peut attribuer la forme arrondie, & le poli des pierres roulées. Mais après avoir détruit ce qu'il regarde comme une fausse opinion, il n'a pas cru devoir hasarder de substituer une autre cause à celle dont il a montré le peu de fondement. Il a cru plus prudent de laisser décider la question par des gens plus habiles ou plus hardis que lui. En me bornant à ces quatre objets, parce que j'y ai trouvé une méthode de discussion plus généralisée que sur d'autres, je n'ai pas perdu de vue beaucoup d'observations dont nous sommes redevables à Bowles. On en trouvera la substance dans le dictionnaire à l'article *Espagne*.

Considérations raisonnées sur l'état de la Terre & sur la situation des principales substances qui la composent en Espagne.

La *Géographie-Physique* consiste dans la connoissance des terreins de notre globe depuis la superficie jusqu'à la plus grande profondeur où les hommes aient pu pénétrer. Par-tout j'ai reconnu que le sol de la superficie ressembloit parfaitement à celui de la plus grande profondeur, sur-tout dans les gîtes des mines. Si l'on continuoit ces observations avec de bons principes, on pourroit parvenir à quelques découvertes importantes. Par exemple, si l'on pouvoit creuser un puits très-profond, au bord de la mer, peut-être trouveroit-on moyen de nous détromper de l'idée où sont quelques physiciens, qu'il existe un feu actif au centre de la terre,

& peut être trouverions-nous la cause de la permanence merveilleuse de la chaleur des eaux thermales, de leur goût, de leur couleur, de leur odeur & de leurs autres qualités qui se soutiennent depuis tant de siècles au même dégré d'activité. (*Voyez* ce qu'on en a dit à l'article *Seneque*.)

Il en seroit de même si l'on creusoit un autre puits au haut d'une montagne à côté d'une source salée. Il est probable que nous saurions si cette fontaine vient de la mer, ou si Dieu l'a créée salée; car tout ce que l'on a écrit jusqu'à présent à ce sujet, ne contient que des conjectures ou de simples hypothèses peu probables. Les voyageurs devroient aider à faire connoître les terres & les pierres, sans qu'il fût besoin d'analyser leur nature; mais ensuite il est essentiel qu'on indique en même-tems l'arrangement primitif & général de toutes ces substances.

Plusieurs physiciens considèrent notre planete comme un amas de décombres & de débris qui sont la suite de quelques révolutions plus ou moins étendues. Cette hypothèse a quelques probabilités lorsqu'on observe dans certaines contrées les effets résultants des volcans, des tremblemens de terre, des séparations & des affaissemens de montagnes; mais il y a lieu de croire que la terre est intacte dans plusieurs endroits, & qu'elle y a été conservée dans son état primitif depuis qu'elle existe, à l'exception des combinaisons nouvelles que forment les eaux chargées de différens principes, soit métalliques, soit terreux, qu'elles dissolvent et entraînent chaque jour.

L'Espagne est le terrein le plus riche que je connoisse en productions aussi curieuses qu'utiles. Quant aux pierres & aux terres seulement, je crois que cette grande contrée en contient de toutes les sortes qui se trouvent éparses dans le reste du monde.

Dans la Sierra-Névada, dans la Sierra-Moréna & dans les environs des mines de Guadalcanal, on voit des roches qui paroissent être de la même nature & de la même couleur que les pierres à fusils. Dans les Pyrénées d'Aragon, il y a une quantité innombrable de rochers qui ne sont ni argilleux ni calcaires, & qui réduits en poudre ne se durcissent point au feu, ne se calcinent point, & se dissolvent encore moins dans les acides. Dans les petites montagnes de la Manche, il y a des carrières de pierres à aiguiser, d'un grain fort fin.

La pierre de taille dure & cendrée, ou le granit gris des montagnes de Guadarrama, est connue par l'usage qu'on en a fait dans la bâtisse de l'Escurial. A Mérida, il y en a de rousse. Les environs de Madrid sont pleins de carrières de pierre à fusil disposées par couches.

Les rochers du cap de Gâte sont composés d'argille & de sable ; ils donnent du feu au briquet. Dans des parties de la Sierra-Moréna, on trouve quantité de roches argilleuses, qui ne font point effervescence avec les acides, & qui ne donnent point de feu avec le briquet, à moins qu'on ne les expose quelque temps auparavant à l'action du feu.

Les collines d'Alcaraz sont de grès roux, dont le sable se dissout & se convertit en terres argilleuses. D'autres semblables, qu'on trouve entre Murcie & Mula, se décomposent en terres grainées. Dans un grand nombre de parties de l'Espagne, & spécialement dans la vieille Castille, il y a des collines de pierres toutes remplies de trous de pholades : dans presque toutes les montagnes de l'Espagne, il y a une grande quantité de cailloux dont les plus gros se nomment cailloux, & les petits, graviers.

Dans quelques contrées, comme dans le royaume de Jaen, le gros caillou est dé-

taché ; dans beaucoup d'autres, il forme une espèce de *brèche*, qui est un composé de plusieurs cailloux unis & conglutinés, comme s'ils l'étoient avec du mortier ; on en rencontre sur les bords de la mer, & particulièrement aux environs du Cap-de-Gate. On y trouve aussi une grande quantité de graviers & de gros cailloux détachés, de deux ou trois couleurs, dont on pourroit faire des cachets. Les antiquaires les nomment *nicolos* ; la couleur noire y domine.

Au bord de l'eau, on voit beaucoup de rochers de sable noir & ferrugineux, qui se résolvent en pur sable, que l'on vend aux sabliers.

Quand on trouve des cailloux détachés dans les montagnes, ou dans l'intérieur des terres, il paroît évident qu'elles ont été couvertes d'eau.

Vers Reinosa, il y a quelques montagnes d'ardoises, fendues obliquement, qui ne donnent point de feu au briquet, qui ne font point effervescence avec les acides, & qui, cependant, se fondent au feu.

Il y a en Espagne des montagnes entières composées de pierres calcaires ; telle est la montagne de Gibraltar. La montagne de Moron, qui fournit la meilleure chaux, est dans ce cas. Il y a aussi des montagnes entières de marbre, qui ne sont que des pierres calcaires, assez dures à calciner ; telle est la montagne de Filabre, aux environs de Macaël en Grenade, qui est un mole énorme de marbre blanc, depuis le sommet jusqu'à la base, avec très-peu de fentes.

Si l'on examinoit bien les différens terreins de l'Espagne, on trouveroit beaucoup d'autres sortes de pierres. On devroit aussi observer la manière & la situation où on les trouve, puisqu'on voit fréquemment dans les hauteurs, & encore plus dans le milieu, au pied & aux environs des montagnes & des collines, une variété infinie de pierres & de terres qui ne paroissent avoir aucune connexité avec les matières des rochers qui composent ces mêmes montagnes. Il faudroit examiner de même les terres un peu sabloneuses, remplies de terres calcaires, des plaines de Campos, qui sont fertiles en bled, & les terres rouges de la grande plaine de Carthagène, qui donnent soixante & quelquefois cent pour un.

Nous sommes très-éloignés de connoitre la situation des sables, des pierres à fusil, des quartz, des spaths, des serpentines, des marbres, des albâtres, des ardoises, des plâtres, des jayets, des charbons de terre, des craies, des terres sabloneuses & profondes dans notre pays; à plus forte raison, nous ne pouvons assurer si elles existent ailleurs, & comment elles y existent. Si par analogie nous nous persuadons que ces substances existent dans les pays voisins ou qui sont à la même latitude, nous courons risque de nous tromper. En France, en Allemagne & en Angleterre, il y a des collines entières de craie; en Espagne, je n'en ai point vu, & nous ne savons pas s'il y en a en Amérique ou en Asie.

Dans le Pérou, par exemple, il y a quantité d'émeraudes, & j'en ai vu beaucoup dans leurs matrices. J'ai vu aussi différentes agates, jades & pierres du Pérou; mais j'ignore la nature des terreins & des masses de pierres dans lesquelles on les trouve. La nature sur cet objet ne suit pas toujours les mêmes règles & la seule chose que j'aie observée, c'est que les matrices des pierres précieuses & des mineraux sont d'une formation postérieure aux terres ou aux rochers où on les trouve; mais de les voir dans une matière n'est point une règle fixe pour inférer qu'on les trouvera dans d'autres matières semblables, attendu qu'il est fort ordinaire de les rencontrer dans un endroit où l'on s'y attend le moins. En

Espagne, il y a des jacintes qui naissent dans des pierres calcaires, & j'en ai vu dans des carrières à plâtre.

Si nous connoissions bien la nature & l'aspect de chaque pays, nous pourrions trouver cependant par des probabilités raisonnées ce qu'on ne doit maintenant qu'au hasard. L'analogie qui existeroit entre deux pays quelconques, quoique très-éloignés l'un de l'autre, celle qui existeroit entre les mêmes pierres & les mêmes plantes, pourroient nous faire concevoir une juste espérance de trouver des matières semblables dans les deux endroits. Antoine de Ulloa a observé que la nature suit dans la formation des mines du Pérou un certain ordre, hors duquel il ne faut pas songer à rencontrer des métaux.

Considérations sur les volcans d'Espagne.

Je n'ignore pas que les éruptions épouvantables des volcans procèdent plus de la grande dilatation de l'eau & de la position de leur cratère & cheminée au sommet des montagnes que de l'intensité du feu; mais ce feu dure pendant plusieurs siècles, & sa permanence unie au choc des différens corps produit la diversité des laves dans les éruptions. C'est en conséquence de ces circonstances qu'on trouve des pierres ponces & d'autres produits volcaniques. Les trois volcans qui brulent aujourd'hui en Europe, doivent leur inflammation au feu du globe de la terre; c'est une des causes de leur longue durée, qui me persuade que tous les autres volcans ont la même communication.

Je conçois que le feu peut exister tranquillement dans tous les corps, & que le mouvement soudain ou le frottement le fait paroître; qu'une grande masse une fois enflammée peut conserver sa chaleur pendant plusieurs siècles; que la composition intérieure des montagnes n'est pas constamment la même; que l'eau peut enflammer quelquefois des matières combustibles, que fa prodigieufe raréfaction peut caufer des éruptions fi terribles qu'elles chaffent des corps très-pefans à des diftances très-éloignées ; que les volcans peuvent avoir des communications latérales les uns avec les autres, à quoi on peut ajouter une communication perpendiculaire avec le feu intérieur du globe : que le contact de l'eau peut caufer l'ébullition furieufe des laves, les éruptions, les chocs, les défaftres ; que des fources très-chaudes, pendant tant de fiècles peuvent produire de nouvelles fubftances comme la platine, &c. Je conçois que tous ces effets peuvent avoir lieu ; mais ce qui excède mon intelligence, c'eft la raifon pour laquelle le fer, les corps combuftibles & l'eau, portent fans cefle la matière vers le fommet d'une montagne pour l'ordinaire la plus élevée du pays, & que ce phénomène doive toujours arriver ainfi puifqu'on ne connoît pas encore de volcans dans une plaine ou fur une fimple colline ; car on doit regarder comme fans conféquence, les ouvertures acceffoires ou fecondaires qui pourroient s'être rencontrées dans de pareilles pofitions. Je ne fuis point fatisfait, quand on veut expliquer un pareil phénomène par la nature & par la légèreté même du feu.

Les naturaliftes de profeffion & les voyageurs inftruits & curieux, ont ramaffé une grande quantité de morceaux de roches de pierres & de terres qui donnent de véritables indices d'avoir été fondues & calcinées. Ils en ont trouvé dans toutes les parties du monde & dans les endroits où il n'y a point de volcan en activité. On ne peut donc point douter qu'il n'y en ait eu en plufieurs endroits, lefquels depuis très-long-tems font éteints, & qui peut-être l'ont été par un déluge ; car fi un peu d'eau fuffit pour enflammer, fi un peu plus caufe une éruption, il eft poffible qu'une plus grande quantité éteigne abfolument.

J'ai trouvé des marques évidentes de l'ancienne combuftion de plufieurs montagnes d'Efpagne, quoique les hiftoires ne faffent point mention de leurs incendies, & que la tradition ne fupplée point à l'hiftoire. Entre Almagro & Corral, dans la Manche, auprès de la rivière Javalon, & fur le chemin d'Almaden, on trouve des morceaux de roches qui confervent des marques de feu, & dans les champs une quantité de pierres un peu pefantes, colorées comme la fuie de cheminée, au-dedans comme au-dehors.

Entre Carthagene & Murcie pres de la mer, on remarque dans une vafte campagne un volcan dont l'ouverture exifte. Les gens du pays croient que c'eft une caverne enchantée. Dans le territoire de Murcie, on trouve cinq cavernes femblables & tres-profondes. Auprès de Carthagene enfin, on en trouve une feptieme, où l'on remarque les veftiges d'une mine d'alun, avec quatre fources d'eau chaude qui dénotent les volcans plus particulierement encore.

La terre rouge d'Almazarron, qui à St. Illedephonfe, remplace le Colcothar pour donner le poli aux plus grandes glaces de l'Europe, l'ochre rouge de Grenade & la majeure partie des terres rouges des différentes provinces d'Efpagne avec lefquelles on marque les brebis, & avec lefquelles on polit les jafpes, les agates, les ferpentines, les marbres, &c. font des produits d'autant de volcans.

A l'entrée du Cap-de-Gâte, il y a une montagne fur le bord de la mer, du côté d'Alméria, qui eft compofée en partie fpécialement de pierres plus groffes & plus longues que le bras, cryftallifées en plufieurs feuilles égales, encaiffées délicatement jufqu'à une certaine hauteur, de couleur de cendres, parce que le fer pour colorer les quilles leur a manqué dans la fufion, leur configuration même manifefte l'effet d'un réfroidiffement régulier fuivant les loix de la cryftallifation.

Il est vrai cependant qu'il y a des mines de fer blanchâtres & des corps crystallisés d'un blanc parfait qui reçoivent cette couleur du fer, & qui sont de la classe des vitrifiables. Je n'en ai point vu ; mais Godin m'a assuré en avoir vu qui n'étoient pas entièrement crystallisés dans la prodigieuse montagne de Quito, dont le sommet est toujours couvert de neiges, & dont l'intérieur est continuellement embrasé par le feu d'un volcan épouvantable.

On remarque en Catalogne, entre Géronne & Figueras assez près de la mer, deux montagnes pyramidales d'égale hauteur, qui se touchent par leurs bases & qui prouvent par les indices les moins équivoques avoir été anciennement des volcans. Les trous remplis de coquillages pétrifiés qu'on rencontre au bas de ces montagnes, sont des effets postérieurs aux volcans ; car quand on trouve de ces pétrifications auprès des volcans, elles en démontrent l'antiquité, mais en cinq ou six mille ans, il y a plus de tems qu'il n'en faut pour de pareils phénomènes, & même pour beaucoup d'autres plus considérables.

Rien ne démontre les révolutions que notre globe a éprouvées & éprouve comme la montagne de Monserrate ; car les petites pierres-de-touche s'y trouvent sur une montagne entièrement calcaire, & parmi des pyramides élevées, composées de pierres arrondies & conglutinées. Les pierres-de-touche noires & du même grain que celles qu'on trouve en Catalogne, sont toutes l'ouvrage du feu, & elles sont de la même nature ferrugineuse que les hautes & singulières colonnes de la montagne d'Usson en Auvergne. Ces colonnes de basalte se trouverent sans doute en état de fusion avec le fer quand elles se mêlèrent avec lui : si elles sont de figure irrégulière c'est pour avoir éprouvé un refroidissement graduel comme le basalte blanc du Cap-de-Gâte, s'il m'est permis de l'appeler ainsi. Les petits grains ronds, blancs, & verts des terres cultivées au pied de cette montagne d'Usson ont toutes été de fer, puisque j'en ai vu plusieurs qui contenoient encore le métal au centre, & qu'on reconnoissoit pour avoir été de la cendrée ou grenaille de fer. On peut expliquer leur formation par le procédé des fondeurs qui font de la grenaille de fer, & qui prenent en conséquence de grandes cuillerées de métal fondu, qu'ils jettent avec force par terre. Les mines de fer composées de grains ronds sont toutes produites par des éruptions de volcans, comme le sont certainement les mines des environs de Ronda & celles de Befort ; les unes & les autres comme celles d'Allemagne sont disposées en couches superficielles peu épaisses, & donnent un fer très-doux.

On pourroit faire des pierres-de-touche avec les colonnes d'Usson, comme les allemands en font avec les basaltes de Hesse & de Saxe, qui sont des portions de pierres qui sortent hors de terre comme de grosses bornes, ou limites, mais d'une figure plus irrégulière que les colonnes d'Usson. Ces morceaux de basalte isolés portent des marques d'une crystallisation faite précipitamment. Le pavé des geants du comté d'Antrim, les orgues qui en font partie & d'autres masses pareilles qu'on trouve dans le nord de l'Irlande sont des colonnades d'un nombre infini de piliers plus ou moins réguliers de basalte, semblables par la couleur & par la forme à ceux d'Usson, & dont on fait aussi en Irlande des pierres-de-touche.

Les pierres ardoisières noires & tendres qu'on trouve en si grande abondance dans les Pyrénées de Catalogne, & qu'on appelle communément *lapis*, sont aussi un produit de volcans éteints.

Je crois avoir reconnu un volcan dans la montagne de Sérante, située au bord de la mer, à l'embouchure de la rivière de Bilbao ; cette montagne ressemble à un pain de sucre, vue à quelque distance ;

céux qui ont cru qu'elle renfermoit la mine de Somoraftro fe font trompés. Cette mine fc trouve dans une colline baffe & ondée abfolument féparée de ce pic. Pline tomba dans cette erreur vraifemblablement parce qu'il ne vit jamais cette mine, & qu'il s'en rapporta à quelques mariniers commercans en Andaloufie où il écrivoit fon hiftoire.

Enfin, je n'aurois peut-être jamais connu que le quartz de plufieurs montagnes d'Efpagne a été calciné, fi je n'euffe vu auparavant à Gingembach dans la forêt noire en Allemagne comme on calcine le *Kieffelftein* pour l'adoucir, pour le mêler avec le cobalt, & pour faire le fafre qui produit la précieufe couleur bleue de la porcelaine. Le *Kieffelftein* eft un vrai quartz qui donne du feu après avoir été calciné comme les quartz des anciens volcans; mais pour connoître ces objets, les defcriptions font infuffifantes; il faut les voir.

Des différentes terres & pierres qu'on trouve aux environs de Ségovie, avec des réflexions générales fur les compofitions & les ufages du granit, du grès, de la chaux, du marbre, du fable, de l'argille & des poteries.

Tous les matériaux répandus fur la furface de la terre, fe trouvent réunis aux environs de Ségovie, qui a l'avantage de les poffèder d'une qualité fupérieure: tels font les granits de différentes fortes, le grès, la pierre non-calcaire, l'ardoife, le marbre, la pierre calcaire, la pierre à chaux, le gypfe, l'argile propre à toutes fortes d'ouvrages en terre cuite, & trois fortes de fables. Je ne faurois me difpenfer de rendre compte de tous ces objets; je le ferai cependant le plus fuccinctement qu'il me fera poffible, & dans l'intention feulement d'inftruire les artiftes. Je ferai connoître fur-tout la qualité des matériaux, & je

parlerai de leur choix, ce qui intéreffera bien également les naturaliftes. Bien des gens croyent que toutes fortes de chaux & de fables font également bonnes, & que des pierres quelconques doivent durer éternellement; c'eft une erreur, il y a bien de la différence dans les fables, dans les chaux, & encore plus dans les pierres: il y a plus, la même nature de pierres diffère confidérablement pour la durée, par la manière dont on la taille, & par l'attention de la pofer dans fon fens naturel. Je ferai à ce fujet une remarque que je n'ai lue nulle part, c'eft que les pierres les plus dures fe décompofent & fe détruifent par le laps du temps dans les carrières, ainfi que je l'ai obfervé dans mille occafions; tandis que les mêmes pierres taillées, travaillées, employées dans un édifice s'y confervent folides & faines comme au premier jour. J'ai conclu de cette obfervation, & de celles que j'ai déjà rapportées, que la force & l'action interne des matières opèrent leur décompofition, tant que ces matières reftent dans leurs matrices entières & unies à la maffe générale de notre globe; mais qu'en féparant ces mêmes matières de la fphère d'activité des agens qui les ont raffemblées ou qui les féparent, elles ceffent d'en reffentir les effets; au furplus, il y a une autre raifon pour que les marbres & les pierres dures fe confervent mieux, étant travaillées, que dans les carrières; c'eft que le poli qu'on leur donne en ferme les pores & les rend plus impénétrables à l'humidité; & comme lorfque ces matières font employées, elles font couvertes aux trois quarts, & pour ainfi dire verniffées par le mortier, elles en font plus à l'abri des injures du tems. Cette dernière raifon peut s'adapter plus particulièrement aux grès & aux pierres molles.

Des Granits.

I.

La première pierre à bâtir que l'on trouve

trouve aux environs de Ségovie, est de granit. C'est un mélange conglutiné par une matière visqueuse, de petites pierres minces de quartz ou de gravier, de spath, de mica, ordinairement un peu obscurs. Quelquefois ce granit contient du sable, & alors il devient susceptible d'un beau poli : le granit mis en œuvre, est indestructible, car il résiste aux météores, & même au feu. Il résulte de cette expérience que les petites paillettes que l'on voit briller dans ce granit ne sont point du talc, parce que si elles étoient talqueuses, elles fondroient au feu, & peut-être communiqueroient-elles leur fusibilité au quartz, au spath & aux autres matières contenues dans le granit ; enfin, il est bon qu'on sache qu'il n'est point de meilleure pierre pour bâtir que le granit.

Des grès.

I I.

Le grès est un assemblage de sables ordinaires, pétris & endurcis au point de former une roche plus ou moins dure ; indépendamment de sa dureté & de son infusibilité, car il n'y a pas de feu capable de fondre le sable, cette pierre a de commun avec le granit, qu'on peut la fendre avec des coins, comme du bois, & la tirer à sec de la carrière ; je dis à sec, parce qu'il y a une sorte de pierre dont on fait les meules de moulin, qu'on fend également avec des coins, mais sur laquelle les coins ne font effet qu'en les mouillant. Ces grès sont d'une très-grande utilité pour la bâtisse, ils sont encore meilleurs pour paver. Le pavé de Paris en est composé. Si l'on eût pu trouver ce grès aux environs de Madrid, il auroit été préférable au silex dont on s'est servi pour paver les rues en dernier lieu ; le pavé de Madrid n'auroit pas l'inconvénient de durer peu par rapport au volume & à la forme des pierres ; on n'y trouveroit pas ces pointes qui coupent les souliers et les fers des chevaux & jusqu'aux bandes de fer des roues ; enfin, ce pavé ne seroit pas le supplice de ceux qui sont obligés d'aller à pied.

Il y a dans les provinces d'Espagne trois sortes de grès, qu'on appelle aussi pierre à aiguiser, sans compter les pierres qui n'en diffèrent que par de purs accidents, comme par la couleur ou par la finesse des grains de sable dont elles sont composées. Quand on trouve ces pierres en morceaux, c'est une preuve qu'elles tendent à se décomposer, ou pour mieux dire, à se réduire en sable, ainsi que toutes les roches qui sont en morceaux. Les pierres qui se trouvent en couches, résistent beaucoup plus. J'ai vu plusieurs montagnes d'Espagne, au bord de la mer, composées de grès sur leur sommet, comme au milieu & à leur pied ; la couche supérieure me parut la plus ancienne par sa situation ; celle du milieu d'une formation postérieure, & celle du pied de la formation la plus nouvelle. Ces trois couches contenoient un peu de terre très-fine, mêlée de sables, à l'exception de certains nœuds, qui sont des morceaux de pierres encaissées au milieu du grès même, & dans lesquels on ne trouve absolument que du sable pur. Je ne puis définir comment se forment ces nœuds ; quelques-uns prétendent qu'il y a dans ces nœuds un bitume qui y fixe le sable. Mais cette raison n'explique point pourquoi il y a du bitume dans quelques endroits de la pierre & non dans d'autres. Au surplus, en faisant bouillir dans l'eau le sable de ces nœuds, ce sable produit quelquefois de l'écume & fait un dépôt ; d'autres fois il ne fait ni l'un ni l'autre, & d'après ces observations on peut conclure que la pierre ne contient ni terre ni bitume. Quant à moi, je crois qu'un grain de sable se crystallise avec un peu de terre, dans sa formation primitive, parce que j'ai examiné que les couches sableuses de plusieurs montagnes d'Espagne, & particulièrement des montagnes d'Alcaraz & de Molina d'Aragon, se résolvent en une véritable terre argilleufe, sans qu'il y reste le moindre vestige de sable. Quelle que soit mon observation, il est certain que le grès en couches est d'une grande utilité, puisqu'on s'en sert également pour bâtir, pour paver, & pour couvrir les maisons des pauvres gens dans les endroits où il n'y a ni tuile, ni ardoises. Le grès sert encore par-tout à faire des pierres à aiguiser, qui pour l'ordinaire sont mauvaises, parce qu'on ne sait pas les choisir. On prend des pierres qui ont des nœuds, & comme ces nœuds sont plus durs que le reste de la pierre, elle raie le fer & s'usent inégalement.

Le grès salin est une troisième forte de pierre qui mérite attention; je le crois propre & particulier à l'Espagne: je ne crois pas du moins qu'il y en ait ailleurs. J'ai trouvé cette pierre en diverses provinces, tantôt par blocs, tantôt par couches; mais c'est dans les montagnes de Molina d'Aragon qu'elle se trouve en plus grande abondance. J'ai vu dans ces montagnes plusieurs maisons bâties avec cette pierre que les chevaux & les mules lèchent avec beaucoup de plaisir, & dont ils parviennent à percer quelques-unes à force de récidiver. C'est pour cela que j'appelle *saline* cette pierre dont je crois qu'on ne connoît point, faute d'un examen particulier, les propriétés extraordinaires. Nous ignorons les usages qu'on pourroit en faire & l'utilité qu'on pourroit en tirer.

On sait qu'il y a des efflorescences salines & des particules salines imperceptibles à la superficie & dans le centre de plusieurs pierres, de plusieurs terres calcaires, tant en Espagne qu'ailleurs; les troupeaux se plaisent à les lécher, & ils préferent les pâturages qui se trouvent aux environs de ces matières; les pluies effacent ces efflorescences, mais le soleil les fait reparoître. Il est également certain que dans ces contrées la terre qui couvre immédiatement les terres calcaires, est ordinairement très fertile; elle l'est même au point que terre calcaire & terre à bled sont synonymes dans les provinces septentrionales d'Espagne.

J'infère de tous ces faits, qu'il y a certaines terres & certaines pierres du globe qui ont la propriété de prendre quelqu'acide de l'air, de changer la nature de cet acide & de lui fournir une base avec laquelle il puisse produire de nouveaux sels neutres. Si ce principe de la formation des sels, est fondé, comme je le crois, nous avons deux classes de substances capables d'en produire par ce travail; ces substances sont les plantes, les terres & les pierres.

Je conçois que ce que j'ai dit est peu de chose pour examiner à fond la nature singulière de cette forte de grès *salin*; mais ce peu suffira pour qu'un autre achève ce que je n'ai fait qu'ébaucher. Quant au grès, je n'ai plus qu'un mot à en dire; en lui supposant un sable plus ou moins riche, ou dénué d'argille. En admettant encore que cette pierre donne plus ou moins de feu au briquet; tous ces effets du hasard qui forment des variétés dans les grès ne sauroient changer son essence. Cette pierre comme les terres, qui sont extrêmement dures, & la pierre à fusil, sont les seules qui donnent du feu avec le briquet. Le grès est la seule pierre qui serve à aiguiser les outils tranchans; elle prend plus ou moins d'huile selon qu'elle renferme plus ou moins d'argille. Il y a beaucoup d'endroits où l'on ne se sert que de pierre de Turquie pour affiler les burins des orfévres & les outils trempés des artisans: on tire cette pierre de Turquie, du Levant, où elle est chère. On en trouve d'aussi bonne en Espagne, dans les intervalles des rochers qui bordent la rivière de Bilbao; on en apporte encore de Catalogne à Madrid, où l'on s'en sert au lieu de celle de Turquie.

Des pierres à chaux, & des pierres cal-
caires.

I I I.

J'ai déjà dit que parmi les autres matieres propres à la bâtiſſe, le territoire
de Ségovie abondoit en pierres à chaux.
Avant d'aller plus loin, & pour éviter
toute équivoque, je parlerai de la chaux
en général: j'ai déjà remarqué ailleurs qu'il
y a une grande différence entre la pierre calcaire, la terre calcaire, & la pierre à chaux,
quoique l'une & l'autre ſe diſſolvent avec
efferveſcence par les acides. La ſeconde
eſt mélangée d'une grande partie de terre
qui empêche que le feu ne la réduiſe parfaitement en bonne chaux, c'eſt une obſervation que les ouvriers qui l'emploient
ont faite; auſſi l'uſage leur a-t-il appris à
très-bien diſtinguer une pierre d'une
autre pierre; & on ne met au four que la
pierre qui ſe convertit en pure chaux.

La pierre dont on s'eſt ſervi à Ségovie
pour bâtir la cathédrale, eſt une pierre à
chaux; mais elle eſt ſi intimement mêlée avec une terre étrangère qu'il n'y a
ni acide, ni feu capable de les ſéparer.
Au reſte, c'eſt une très-bonne pierre pour
la bâtiſſe, & elle dure très-long-tems;
cette pierre eſt d'un blanc-roux qui devient jaune-clair avec le tems. Selon
moi, cette pierre a été formée par la mer;
car on voit encore dans les carrières des
trous de phalodes, que tout le monde
ſçait ſe loger dans les pierres des bords
de la mer. Ce que j'y trouve de ſingu-
lier, c'eſt qu'ayant vu une infinité de
nids de pholades dans diverſes roches
d'Eſpagne, je les ai tous trouvés dans
ce que j'appelle des pierres à chaux; je
n'en ai vu aucuns dans des pierres purement calcaires; ce qui prouve, ſelon
moi, que les premieres pierres s'endur-
ciſſent dans la terre. (I).

Indépendamment de la pierre à chaux,
dont la cathédrale de Ségovie eſt bâtie,
il y a dans les environs de cette ville
d'autres carrières de la même ſorte, &
que l'on emploie dans la bâtiſſe, mais
ils n'en font pas de la chaux. On trouve
entre autres dans ces mêmes environs,
une carrière de pierre couleur de chair,
très-belle: il y en a une autre de pierre
grenue couleur de paille; celle-ci eſt
toute parſemée de paillettes brillantes,
qui ne ſont pas plus groſſes que des pointes
d'épingles, & elle eſt ſuſceptible d'un
poli auſſi fini que le marbre.

La véritable pierre calcaire de Ségovie,
ſe diſſout totalement dans quelque acide
que ce ſoit; mais quoiqu'elle ſe réduiſe
en poudre ou en pâte, elle ne prend
jamais aſſez de conſiſtance pour qu'on
puiſſe l'employer comme l'argille à faire
des taſſes, des pots, ou tout autre ouvrage de poterie. On calcine cette pierre,
c'eſt-à-dire, qu'on la convertit totalement en chaux. Si elle laiſſoit le moindre
ſédiment de terre & de ſable, elle ne
ſeroit plus ce que j'appelle *pierre calcaire*,
mais bien une *pierre à chaux* comme je
l'ai dit ci-deſſus.

De cette circonſtance & de ce que dans
les provinces mêmes d'Eſpagne les plus
abondantes en chaux, telles que Ségovie,
les montagnes d'Oca, Valence, Moron
& Gador, il y a peut-être trente fois
plus de pierre à chaux qu'il n'y a de pierre
calcaire parfaite. Je conclus que cette
derniere nature de pierre doit être très-rare
en Eſpagne.

Je n'ai ici conſidéré la chaux que dans

---

(1) Cette différence vient de ce que les premieres pierres étoient formées & occupoient les
bords de la mer, de manière à fournir une facilité aux pholades de s'y loger, & de ce que les
autres ſe formoient dans le baſſin de la mer &
ne pouvoient ſervir aux nids de pholades. (*Voyez*
l'article *Pholade*, dans le dictionnaire où j'explique ce fait.)

les pierres qui la contiennent, & comme
un ingrédient propre à faire le mortier.
Je le répéte ici, celui qui veut bâtir avec
folidité ne doit employer d'autre chaux
que celle qui eft faite avec la véritable
pierre calcaire, c'eft-à-dire, avec une
pierre qui ne contienne aucun mélange
de terre ni de fable, & qui lorfqu'on la
calcine fe convertiffe entièrement en bonne
chaux.

Les architectes habiles, doivent s'appliquer à analyfer toutes les pierres des environs des lieux où ils doivent bâtir, afin
de choifir la plus propre à donner la chaux
de la meilleure qualité; fans cette précaution, les propriétaires peuvent être af-
furés que les bâtimens qu'ils feront faire
dureront très-peu. On voit dans Vitruve
que de fon tems même & antérieurement
plufieurs édifices tomboient en ruine,
foit par la faute des architectes, foit par
leur fupercherie.

Parmi les matériaux propres à la bâtiffe,
que j'ai dit avoir vus dans les environs de
Ségovie, le marbre noirâtre que l'on
trouve auprès de la chartreufe de Paular
n'eft pas le moins précieux. Toute efpece
de marbre de quelque couleur qu'il foit,
fimple ou variée, fe calcine & fe réduit
en bonne ou mauvaife chaux. Il fe diffout
encore avec effervefcence; l'air s'échappe
par le contact de quelque liqueur acide.
Le noir du marbre provient de quelque
terre étrangere qui s'y trouve avec la matiere calcaire, ou de la pofition, & de la
configuration de fes parties qui abforbent
tous les rayons de lumiere, & alors la
couleur difparoît en la broyant, ou enfin
cette couleur provient de quelque bitume
noir que l'on fent en frottant le marbre.
Après avoir fait ces trois expériences,
je trouvai que la couleur noire du
marbre de Paular provenoit du mélange
d'un peu de terre argilleufe qui s'oppofoit
à ce qu'il fût propre à faire de la chaux;
mais en revanche, il eft excellent pour
bâtir, pour faire des tables &c., parce

qu'il reçoit un beau poli par l'union
& par l'égalité des parties qui le compofent.

Des fables.

I V.

Il y a trois fortes de fables aux environs
de Ségovie: la premiere eft un fable à
gros grain, qu'on mélange avec la chaux
pour en faire du mortier; la feconde eft
un fable moyen qu'on fond avec le fel
de foude pour en faire le cryftal de Saint-
Ildefonfe, & la troifieme eft un fable
plus fin encore dont on fe fert pour
donner le premier poli aux grands cryftaux, qu'on répolit enfuite avec l'émeri,
& auxquels on donne la dernière main
avec de l'almazarron qui les rend parfaitement unis. On feroit mieux de fe fervir
pour les cryftaux de cette fabrique du
fable qu'on trouve auprès de Madrid,
parce que ce fable eft plus propre pour
les cryftaux que ne l'eft celui de Ségovie.

Le fable angulaire ou pointu abonde
dans toutes les terres & dans toutes les
pierres du monde, parce que le frottement
perpétuel des flots de la mer ne l'arrondit
ni ne brife fes pointes. Comme il eft
exceffivement rare de trouver du fable
rond, je préfume que ce fable ne provient
point des fragmens de pierres décompofées; mais que par fa nature il eft ainfi
angulaire. En effet nous voyons les autres
corps s'arrondir avec le tems & par le
frottement; fi nous confidérons les plaines
entieres de fables, les montagnes fablonneufes, les fables qui font fur le bord &
au fond des mers, l'abondance des grès
qui exiftent dans le monde, le fable qui
entre dans la compofition d'une fi grande
quantité de roches, de tant de pierres &
d'une fi grande quantité de matieres, nous
en conclurons que les deux tiers du globe
font de fable.

Des argilles.

V.

Il y a encore à Ségovie différentes veines d'argille ; mais elles se réduisent à deux principales ; l'une de ces veines est d'une couleur obscure & uniforme, on s'en sert à Saint-Ildefonse pour jetter en moule les tables énormes de bronze sur lesquelles on coule les plus grandes glaces de l'Univers. L'autre veine est composée de couches de différentes couleurs : ni l'une ni l'autre de ces argilles ne sont fusibles au feu quelque violent qu'il soit, & elles ne se dissolvent avec aucune sorte d'acide ; quant à leurs couleurs, je les crois peu solides ou dépendantes absolument de la configuration des parties & de la réflexion de la lumière, ainsi que le gypse de Molina d'Aragon, qui perd ses couleurs au feu, & qui devient blanc. Ce seroit une pure fiction que d'attribuer ces couleurs de l'argille aux métaux. J'appuie cette assertion sur plus de cinq cents échantillons d'argille que j'ai observés & ramassés en Espagne ; dont quelques-uns rougissoient au feu sans contenir certainement le moindre atôme de fer, tandis que d'autres argilles qui se coloroient également au feu montroient du fer à la présentation de l'aimant. Avant de cuire ces terres, personne n'auroit cru qu'elles contenoient du fer, puisqu'elles étoient blanchâtres & claires. Je n'ai point vu d'argille qui étant essayée à l'eau-forte donnât des indices de cuivre ; j'en excepte celles qu'on trouve dans les veines de ce métal. Ceci posé, à quel métal prétendroit-on attribuer la couleur des argilles de Ségovie ? Je ne crois pas que ce puisse être à d'autres métaux qu'au fer & au cuivre, & cependant mes expériences prouvent qu'ils n'y existent pas ; non que je nie que les particules de l'argille puissent se combiner avec les particules métalliques au point de réfléchir la lumière d'une façon ou d'une autre. Je soutiens seulement que les métaux ne sont pas toujours les principes de la couleur des terres ou des pierres, puisque j'en trouve qui sont colorées sans contenir aucun métal.

Au reste, sans reconnoître ces principes colorans, les artistes peuvent travailler avec intelligence ces argilles, lorsqu'ils auront bien étudié le caractère & la nature de ces terres, pour en faire des applications pratiques aux procédés de certains arts. Il leur importe particulièrement de savoir qu'avec l'argille & la chaux ils peuvent faire un mortier aussi bon que celui qu'ils feroient avec le sable, & qui plus est avec la fameuse pozzolane d'Italie.

Personne n'ignore que l'argille se consolide au feu & se convertit en une espèce de pierre grenue, & d'une certaine dureté, comme on le voit à Saint-Ildefonse dans les fours de cristaux, où elle résiste des mois entiers au feu le plus violent. Il en est de même dans les pots de Zamora, dans les tuiles, dans les briques & dans les bons creusets, dont se servent les chimistes & qui sont composés d'argille cuite & broyée, mêlée avec l'argille crue & naturelle. En pilant donc l'argille cuite jusqu'à ce qu'elle soit réduite à une sorte de gros sable ; en la mêlant ensuite avec de la chaux, on fera un excellent mortier dont on pourra se servir avec la certitude que l'édifice durera autant que si on se fût servi du meilleur sable & de la meilleure chaux. Cet expédient pourra être utile dans les cas où l'on n'auroit pas de bon sable sous la main, & où l'on pourroit disposer aisément d'une argille ; car si l'on mêle de mauvais sable avec de la chaux, quelque bonne qu'elle soit d'ailleurs, la construction ne vaudra rien.

J'ai supposé jusqu'ici que le lecteur connoissoit l'argille. Pour ne rien lui laisser à désirer à cet égard, j'en donnerai une définition pratique de préférence à une définition scientifique. Toutes terres tenaces qu'on peut travailler au tour, qu'on peut façonner dans un moule ou qui se consolident au feu, sont des argilles quelle que soit leur couleur.

Toute espèce de fayence se fait avec de la terre argilleuse qu'on vernit au moyen du plomb vitrifié pour empêcher que la terre dont les pièces sont composées ne s'imbibe des liquides qu'on y dépose. Ce vernis peut se faire de plusieurs manières : le fayencier doit étudier la nature de l'argille pour pouvoir la travailler; il doit encore choisir les meilleures formes pour ses pièces : cette théorie facile s'acquiert avec un peu d'expérience; mais ce qui est extrêmement difficile, c'est l'art de donner au feu le dégré convenable pour cuire la fayence, parce qu'il n'y a point de thermomètre qui puisse indiquer le degré de chaleur nécessaire à donner au four. Cependant le plus ou le moins d'activité du feu procure une fayence bien ou mal cuite, des pièces cuites également ou inégalement qui se déforment, ou qui conservent leurs formes primitives. Comme la connoissance exacte de ce degré de chaleur ne peut s'acquérir que par la pratique, il seroit superflu de donner des règles à ce sujet; les livres n'apprennent qu'à préparer la pâte & à en connoître les différentes qualités.

Ce que je dis du feu au sujet de la fayence doit s'entendre également pour la porcelaine qui n'est qu'une poterie plus fine, plus blanche, & à demi-transparente parce qu'elle contient quelque matière vitrifiable. Les chimistes qui dans ces derniers temps ont découvert les ingrédiens qui entrent dans la porcelaine, savent en faire la pâte aussi belle, aussi résistible que celle de la Chine & du Japon; mais ils ne sont point encore parvenus à perfectionner leurs fourneaux au point que par un feu égal & proportionné, on ne soit plus exposé à perdre une quantité de pièces qui sont hors d'état de servir. C'est la raison pour laquelle nous ne pouvons pas encore établir notre porcelaine au même prix que celle de l'Orient. Le temps & l'experience nous indiqueront quelque moyen pour en faire la cuite aussi invarible que celle des Chinois; c'est alors que la porcelaine sera très-utile en Europe, parce que son usage sera universellement répandu. A présent, la porcelaine ne sert qu'au faste des rois, au luxe des grands, & à la vanité des riches; & en attendant la révolution, la modeste fayence sert généralement à une infinité d'usages indispensables, & donne de l'importance à des fayenceries telles que celles de Ségovie.

De l'origine des argilles & de plusieurs autres substances pierreuses.

VI.

Il seroit peut-être à propos de parler ici de l'origine des argilles afin de faire mieux comprendre leur nature; mais cette partie m'éloigneroit trop de mon objet. Cependant comme j'ai parlé dans différens endroits de mon ouvrage, de la décomposition & de la récomposition des matières qui sont les seuls moyens par lesquels les anciens corps se détruisent, & les nouveaux corps se forment, je profiterai de cette occasion pour répandre un peu plus de clarté sur mes idées.

Par décomposition, on entend communément, & j'entends moi-même, la désunion simple des parties qui composent un tout. Par exemple, lorsque je dis que le granit de Saint-Ildefonse se décompose en terre, en sable & en cailloux, cette idée d'après la définition est si claire, qu'elle n'a pas besoin d'une plus ample explication. En général, lorsque je parle de décomposition, j'entends l'altération des parties qui constituent un tout, à l'effet de former une substance différente de la première; c'est dans ce sens que j'entends que les anciens corps disparoissent pour en former de nouveaux par la récomposition. Quelques personnes

auront de la peine à ad'hérer à mon opinion, parce qu'elles sont intimement per-
suadées que les pierres & les autres corps
qui existent dans l'univers sont & seront
toujours ce qu'ils furent dans leur origine;
d'après ces principes ces personnes ajou-
teront peu de foi à ce que je dis des transformations des matières à Saint-Ildefonse,
à Alcaraz & ailleurs; car si par exemple,
ces personnes voient un grès mêlé d'un
peu d'argile, elles croient aisément que
l'une & l'autre de ces matières ont toujours
existé dans le même état. Des expériences
sans replique prouveront cependant à ceux
qui voudront se désabuser, que dans les
seules roches de Molina d'Aragon, le
marbre dissoluble dans les acides, se convertit en sable vitrifiable; que le gypse se
convertit en terre calcaire, & que le grès
se convertit en véritable argile réfractaire. J'appelle décomposition la destruction de la matière première: j'appelle
récomposition la formation de la seconde
matière.

Je n'ai pu observer ni déterminer si
tout le sable & la pierre qui entrent dans la
composition d'une montagne non-calcaire,
se convertissent avec le tems en argile.
Je ne parle point ici des montagnes calcaires, dont j'ignore l'origine. Je sais seulement qu'il y a en Espagne trois sortes
d'argile, qui sont l'argile minérale, l'argile végétale & l'argile animale. La première sorte est toujours essentiellement
mêlée avec le sable & ne varie que dans
la quantité & dans la qualité des grains
de sable. La seconde sorte est mêlée des
parties de sables que les pluies & les vents
y ont transportées; la seconde sorte ne
contient du sable qu'accidentellement,
c'est pourquoi toutes les argiles ne sont
pas également propres à fouler les draps,
les unes ayant plus de sable que les autres
& les grains de sable étant plus ou moins
fins. L'argile de Ségovie n'est pas aussi
propre à fouler que l'argile de Guada-
laxara; celle qui est au fond du lac de

Valence, seroit la meilleure de toutes
pour cet usage, si l'on pouvoit l'en extraire
avec facilité, parce qu'étant purement animale, elle ne doit point contenir la moindre
particule de sable. Ces trois sortes d'argille ne different point entr'elles, quant
à leurs propriétés générales, & ce sont
les seuls corps de la nature qui possèdent
le plus visiblement cette ténacité qui est
due certainement à une substance répandue dans les trois règnes & que l'on découvre lorsqu'on les désunit parfaitement.

Enfin, je dois prévenir que quand j'ai
parlé des pierres de Saint-Ildefonse, de
ses argiles, de ses briques, de ses tuiles &c., que j'ai dit que ces différens
corps ne contenoient point de fer, j'ai
parlé d'après des expériences évidentes
& actuelles, c'est-à-dire, d'après celles
qui font voir l'existence de ces matières
avec le plus de clarté & le plus de certitude.
C'est d'après ces expériences que je soutiens qu'il n'y a point de sable ni de fer
dans le règne animal, à moins que le vent
ne transporte le premier dans ces argiles,
& que le fer ne s'y forme par quelque
nouvelle combinaison, comme l'ocre &
le sel se forment dans les plantes.

En supposant qu'on prétende que cette
combinaison existe aussi peu que le travail
interne de la matière; que l'argile qui
provient du sable n'est point une recom-
position, que les matières calcaires ainsi
que les autres matières de différente nature
qui sont mélangées dans une roche non
calcaire ont toujours été dans le même
état, il en résulteroit que la matière seroit
toujours la même, & cette assertion est
détruite évidemment par tout ce qui se
passe évidemment sous nos yeux; alors
il faudroit dire que les mineraux, les
quartz, les spaths, les cristaux, les pierres
précieuses &c., ne se forment point de
nouveau, & qu'en un mot, il n'y a dans
la nature, ni décomposition, ni récompo-

fition; or c'eft une propofition qu'on ne fauroit foutenir.

Qu'on fe rappelle feulement ce que
j'ai dit au fujet des huitres prodigieufes
qu'on trouve à la fuperficie de la terre,
entre Murcie & Mula; c'eft qu'on voit
évidemment que tout ce terrein a été
formé par la réduction des roches calcaires
en terres calcaires. Il faut donc abfolument que ces coquilles fe foient introduites
dans la roche, lorfque ces roches étoient
dans un état de diffolution ou de pâte;
que ces roches fe foient enfuite décompofées & converties en terre calcaire
comme on le voit aujourd'hui, puifqu'il
eft évident qu'elles n'ont pas toujours été
dans l'état où elles font. Suppofons à
préfent, comme je le crois, que cette
terre calcaire fe durciffe une autre fois,
& forme des roches; perfonne ne con-
teftera pour lors qu'il n'y ait eu décompofition & récompofition. Il manque feulement à l'évidence de cette vérité que des
hommes puiffent être les témoins de
cette opération; mais c'eft ce que la brié-
veté de la vie ne permet point. Ceux qui
nous ont précédés ne nous ont tranfmis
aucunes obfervations qui foient relatives à cet objet, & la lenteur inconcevable de la nature dans fes opérations eft
au-deffus de la portée du vulgaire. Les
montagnes, les vallées, & toute la matière
font dans un mouvement de rotation continuelle, & dans une circulation imperceptible qui ont commencé il y a très-long-
tems & qui finiront à la fuite des fiècles.

Des pierres roulées & arrondies.

J'ai fait très-fouvent mention des pierres
roulées & des pierres arrondies, fans
avoir donné une idée de leur nature, ni
du motif qui m'a engagé à leur donner ces
noms nouveaux. Il eft impoffible de tout
dire à la fois. Je vais m'expliquer à préfent
en peu de mots, parce que je veux que
le lecteur puiffe donner carrière à fon ima-

gination fur cette matière; s'il aime à
refléchir, il aura matière à former des
hypothèfes.

J'appelle *pierres roulées & arrondies*
celles qu'on trouve ordinairement prefque
par-tout fans angles & fans pointes; quoique ces pierres ne foient pas parfaitement
arrondies, elles ont leurs fuperficies plus
ou moins unies. Les matières dont elles
font compofées font de différente nature,
comme de quartz, de matière calcaire,
vitrifiable, comme de filex &c.; en caf-
tillan on les appelle ordinairement de
petits cailloux. La première idée qui fe
préfente pour expliquer comment ces
pierres ont pu perdre leurs angles, s'arrondir & fe polir, c'eft de croire qu'elles fe
font frottées les unes contre les autres,
ou contre quelqu'autre matière plus dure,
parce que c'eft le moyen dont nous nous
fervons pour polir quelque matière que
ce foit; & comme ces pierres arrondies
fe trouvent en très-grande quantité dans
des lits de prefque toutes les rivieres, il
eft tout naturel de s'imaginer que les eaux
de ces rivieres les entrainent, & que ce
mouvement les polit en les faifant rouler,
c'eft pour cela qu'on les appelle *pierres
roulées.*

J'ai vécu toute ma vie dans cette idée,
jufqu'à ce qu'étant à Aranjuez, peu après
mon arrivée en Efpagne, je m'apperçus
que je partois d'un principe faux, parce
que les pierres arrondies du lit du Tage
ne rouloient pas. Cette obfervation me
fit redoubler d'attention & j'en ai réuni
beaucoup d'autres qui m'ont démontré
mon erreur; mais pour n'être pas ennuyeux, je n'en rapporterai que quelques-
unes qui font décifives. Il n'y a pas de
pierres plus remarquables ni plus fingulieres que les cailloux cryftallins qu'on
trouve dans le lit de l'Hénarès près de S.-
Fernand: fi ces pierres rouloient ou che-
minoient même par le mouvement le plus
lent & le plus imperceptible, elles devroient

dep uistant de siecles être déjà arrivées au Tagé qui n'en est pas eloigné, néanmoins, on ne voit pas une seule de ces pierres dans le Tage.

Le Tage en passant par Sacédon, est rempli de pierres calcaires, & plus bas, à Aranjuès, on n'y en voit pas une seule.

Dans le royaume de Jaen, près de Linarés, il y a un côteau, presque tout composé de pierres lisses assez belles, de la forme & de la grosseur d'un œuf. Leur poli ni leur arrondissement ne peuvent s'attribuer aux pluies parce que ces pierres n'y sont pas exposées, & qu'elles ne sont pas répandues sur la surface de la terre, mais amoncelées & entassées dans le corps du côteau. On peut encore moins en attribuer la cause à quelque riviere ; car je ne vois pas par quelle hypothèse ou par quelle chronologie on pourroit imaginer qu'une riviere ait passé sur le sommet de ce côteau.

Dans le village de Maria, à trois lieues au-dessus de Saragosse, il y a un ravin très-large, rempli de quartz, de grès, de pierres calcaires, & de gypse très-blanc ; & l'Ebre à Saragosse ne contient pas une seule de ces matieres.

Personne, je crois, ne pourra dire qu'il ait vu dans le lit de l'Ebre des pierres de granit arrondies, grandes ou petites, ni des pierres bleuâtres avec des veines blanches ; & la Cinca avant de se jetter dans l'Ebre, est remplie de ces pierres, au point qu'elle ne roule d'autre sable que ces mêmes pierres tres-petites près de Saint-Jean, dans la vallée de Gistau.

La riviere de Naxera est pleine de petits grès & de petits quartz blancs en forme d'amandes, mêlés avec d'autres petits quartz roux. Cette riviere se décharge dans l'Ebre, & au passage de l'Ebre à

Saragosse on n'y voit aucune de ces pierres.

La Guadiana roule dans divers endroits des pierres de la qualité de celles des collines supérieures & de celles qui sont sur ses bords, sans que les pierres qui sont, par exemple, une demi-lieue plus haut, soient mêlées avec celles qui sont une demi-lieue plus bas & à Badajos où le terrein n'a point de pierres, la riviere n'en à pas non plus.

Ce n'est pas seulement en Espagne que j'ai observé que les rivieres ne roulent pas les pierres. J'ai fait la même remarque dans plusieurs autres contrées d'Europe ; mais pour ne pas multiplier les preuves, je citerai seulement ce que j'ai vu dans quelques rivieres de France. L'Allier renferme près de sa source, à une demi-lieue de Varenne, une quantité de différens cailloux de quartz roux & jaune, qui sont de la nature de ceux qui sont dans les champs qui le bordent ; & au passage de l'Allier à Moulins, je n'ai pu y découvrir aucun de ces cailloux, parce que tout le terrein y est de gravier. Vers la source de la Loire, on trouve une immensité de cailloux ; plus bas à son passage par Nevers, on n'en voit aucun, & le fond de la riviere dans cet endroit est de sable pur & de caillou, comme les campagnes voisines.

Il y a une grande quantité de pierres à fusil dans la riviere d'Yonne, avant son passage à Sens, parce que les terres de ses bords sont pleines de ces cailloux depuis Joigny. L'Yonne se perd dans la Seine, au-dessus de Paris ; néanmoins je ne crois pas que personne ait vu sous le Pont-Neuf un seul de ces cailloux : qui plus est, personne n'aura vu que la Seine roule en passant par Paris aucune sorte de caillou calcaire arrondi ou non arrondi.

Ce qu'on voit dans le Rhône est encore plus décisif ; & comme divers auteurs ont

parlé de ce fleuve ainſi que du lac de Genève d'une manière à ne pouvoir être
entendus, je vais rapporter brievement ce
que j'en ai vu moi-même, & qui ſera peut-
être plus certain comme étant plus dans
l'ordre naturel.

Une vallée bordée d'un côté par les
hautes montagnes des Alpes, & de l'autre
par le Mont-Jura, forme le fond du lac
de Genève qui a dix-huit lieues de France
de longueur. Une petite rivière & un
grand nombre de ruiſſeaux qui deſcendent
des montagnes & des côtes, rempliſſent
la cavité du vallon. L'eau qui déborde
forme le Rhône près de la ville, & comme
dans cette partie le lac a moins de profondeur que dans ſon centre, l'eau y eſt très-
limpide & très tranſparente; les cailloux
du fond y ſont couverts de mouſſe, parce
que même dans les plus grandes tempêtes
les eaux ne les déplacent pas de l'endroit
où ils ſont tombés la première fois. Le
Rhône après être ſorti du lac, roule ſes
eaux ſur un lit de cailloux pendant l'eſpace
de quelques lieues; il entre enſuite dans
une gorge étroite formée par deux rochers
coupés perpendiculairement; il traverſe
enſuite la haute montagne du Crédo, au
pied de laquelle le Rhône diſparoît & ſe
perd par une cauſe bien différente de celle
qui fait diſparoître la Guadiana.

La montagne du Crédo eſt un compoſé
de terre ſablonneuſe, remplie de pierres
arrondies depuis le ſommet juſqu'à une
grande profondeur. En face de cette montagne il y en a une autre en Savoie, d'égale
hauteur, qui eſt également remplie de
petits cailloux ſabloneux, calcaires, de
granit & de pierres à fuſil, & c'eſt entre
ces deux montagnes que paſſe le fleuve.
Comme le pied du Crédo eſt de couches
de roches calcaires qui différent entr'elles
par la dureté, les eaux, avec le temps, ont
miné & détruit une couche de la pierre
la plus tendre qui ſe trouvoit entre deux
couches de pierre plus dure, & la rivière
s'eſt jettée au milieu. Je paſſai par-deſſus

la roche ſupérieure qui pénètre dans
les baſes des deux montagnes; je traver-
ſai la rivière & je paſſai de France en
Savoie en moins d'une minute, n'y ayant
pas quarante pas d'un bord à l'autre. Cette
voûte ſingulière eſt percée dans quelques
endroits; & l'eau qui ſort par les trous paroit bouillonner au milieu de ces énormes
maſſes de rochers qui ſe ſont briſés. C'eſt
là comme s'opère la fameuſe diſparution
du Rhône, ſi connue ſous le nom de perte
du Rhône qui peut avoir environ ſoixante
pas de large dans cet endroit. On trouve
à une portée de fuſil une diſparution ſemblable, mais celle-ci eſt plus petite; elle
provient également de la deſtruction d'une
autre roche tendre par la cavité de laquelle le Rhône entre avec la plus grande
rapidité après avoir formé une caſcade.

Après avoir expliqué de cette manière
la nature du Rhône & de ſes diſparutions,
voici comme je raiſonne. Si les pierres
rouloient avec les eaux des rivières, les
vuides qu'il y a dans le Rhône devroient
en être remplis; car lorſque le courant
entraine ces pierres dont une infinité eſt
pouſſée en avant, il faudroit néceſſairement qu'il s'y en arrêtât quelques-unes
dans les trous. Or comme je n'en décou-
vris pas la moindre trace, quoique le lit
de la rivière depuis Genève juſqu'à là, ſoit
pour ainſi dire hériſſé de ces pierres, j'en
conclus que ces cailloux ne roulent pas;
mais ce qu'il y a encore de plus concluant
que tout le reſte, c'eſt qu'au fond des paſſages couverts dont nous venons de parler, il n'y a pas un ſeul caillou juſqu'aux
endroits où le fleuve paſſe dans des terreins qui en contiennent; & quoique dans
les terreins que le Rhône parcourt dans
la grande étendue de ſon cours, il y en ait
beaucoup qui ſont pleins de pierres arrondies de différentes natures & de différentes formes, du moins juſqu'à Lyon,
je ne crois pas cependant que perſonne
ait vu une ſeule de ces pierres à l'embouchure du Rhône dans la mer, ni dans le
Golfe de Lyon où le Rhône va ſe perdre.

Enfin, j'ajouterai encore une autre preuve, quoiqu'il me semble en avoir déjà trop donné. A quelques pas de l'endroit où le Rhône se perd, on traverse la rivière de la Valserine, qui prend sa source près de Nantua dans le Haut-Bugey ; le lit de cette rivière est plein de cailloux, parce que les montagnes & les terres par où elle passe en sont également remplies. Il y a un endroit où cette rivière se précipite avec une impétuosité bruyante dans une espèce de caverne. Si ces cailloux, dis-je, rouloient avec la rivière, cette caverne du moins en devroit être remplie, & ce qu'il y a de certain, c'est qu'on n'y en voit pas un seul. En allant à Genève, je jettai dans la rivière par-dessus ce trou quelques pierres que j'avois marquées, & à mon retour je les retrouvai dans un même endroit sans qu'elles eussent bougé d'une ligne.

Je ne finirois pas, si je voulois rapporter le grand nombre d'observations que j'ai recueillies, & qui me persuadent que les pierres ne roulent point dans les rivières, comme on le croit ordinairement ; mais il est tems de finir cette dissertation. J'avoue franchement que je suis persuadé que les pierres ne remuent pas, & c'est ce qui m'a fait dire ailleurs que les eaux de la mer, quelqu'agitées qu'elles soient, ne peuvent remuer au fond ni les huitres ni les autres matières plus pesantes qu'un volume d'eau d'une même grandeur.

Si quelqu'un me demande comment on pourra expliquer l'arrondissement de ces cailloux sans supposer qu'ils roulent par l'impulsion des eaux des rivières, & qu'en se frottant les uns contre les autres, ils perdent leurs angles ; je leur répondrai que je n'en sais rien, que je me suis fait un système à cet égard, mais que je n'ose rien assurer. Je dirai encore que quelque hypothèse qu'on puisse adopter, elle aura pour moi moins d'inconvéniens que l'opinion générale dans laquelle on est que les rivières roulent les pierres. En effet,

qui ne craindra pas d'embrasser un système qui lui fasse avouer que le Rhône, par exemple, a roulé ses eaux sur le sommet de la montagne du Crédo, fort élevée ; car comme je l'ai dit, cette montagne est composée de pierres arrondies, & il en faudra dire autant d'une infinité de montagnes qui se trouvent dans le même cas que le Crédo.

On voit quelquefois rouler des cailloux & même de très-grands morceaux de roches entraînés du sommet des montagnes, par les eaux des ruisseaux dans les grandes tempêtes & dans les crues d'eau, ainsi qu'il arrive dans les rues des grandes villes par la grande quantité d'eau qui vient se réunir dans les goutières ; cela ne me surprend pas, parce que ces pierres se trouvant dans un terrein très-incliné, leur propre poids les dispose à rouler, & l'eau augmentant ce poids, & entraînant la terre qui les tient réunies au sol, les fait nécessairement changer de place, jusqu'à les transporter sur un terrein où leur poids naturel & leur position les arrêtent. C'est aussi pour cette raison qu'on trouve autant de pierres arrondies dans les rivières ; mais comme nous l'avons vu, on ne trouve ces pierres que dans les endroits où les rivières passent à travers des collines ou des plaines qui contiennent ces pierres. Les tremblemens des terres, les inondations, les tempêtes & d'autres causes passagères précipitent les pierres dans les rivières ; mais plus que tout encore, l'eau qui mine & qui emporte la terre qui les tient unies à ses bords, les force par leur propre poids à tomber dans le lit de la rivière, comme dans le lieu le plus profond.

Après avoir détruit la fausse opinion de ceux qui disent que les pierres roulent dans les rivières, il ne reste plus à vaincre que la difficulté d'expliquer comment ces pierres s'arrondissent ; mais je le répéte, c'est une entreprise des plus difficiles ; & elle renferme en elle tant d'obstacles, tant d'inconvéniens & tant de conféquences que je crois plus prudent de la laisser réfoudre par des gens plus habiles ou plus hardis que moi. Je me contente de dire que l'eau & le temps font des agens assez puissans pour opérer des phénomènes très-singuliers.

La terre offre par-tout des pierres arrondies de toutes fortes de formes & de différentes natures; on en trouve dans des vallées à une grande profondeur, au milieu des terres, fur les côteaux & fur les montagnes les plus élevées. J'ai vu des diamans arrondis couverts d'une légere croûte; j'ai vu des faphirs & des topazes orientales arrondis, ainfi que des cornalines du Levant arrondies & groffes comme un œuf avec fa coquille. Les cryftaux du Rhin n'ont pu s'arrondir, parce que de leur nature ils ne font pas angulaires & qu'ils forment une maffe déjà très-arrondie par leur compofition naturelle; en quoi ces cryftaux différent des cryftaux de roches ordinaires qui font compofés de lames de figure réguliere. Plufieurs favans ont été trompés à ces cryftaux du Rhin, parce que comme ils en voyoient également à deux lieues de Strasbourg au milieu des terres, ils fe font figurés que la riviere avoit changé de lit, préoccupés de l'opinion que la riviere les emportoit dans fon cours; mais ils ne faifoient pas réflexion qu'on ne trouve pas un feul de ces cryftaux à quelques lieues au-deffus du Vieux-Brifach, ni au-deffous de Strasbourg.

Enfin, fi les rivieres rouloient avec elles les pierres arrondies, elles en raffembleroient la totalité à leur embouchure dans la mer; parce que les pierres devroient remplir tous les vuides des endroits où la riviere eft tranquille, & franchir les digues élevées; ce qui n'arrive certainement pas. Le fond même de la mer devroit changer en admettant qu'elle reçût une auffi grande quantité de pierres qu'on doit fuppofer qu'elle en doit recevoir par

toutes les rivieres du monde; & pour lors les obfervations des marins ferviroient à peu de chofe; mais ceux-ci favent bien qu'on trouve toujours avec la fonde les mêmes matieres dans les fonds, & ils ont bien raifon de fe conduire d'après des expériences & non d'après une hypothèfe.

BUACHE.

NOTICE fur les travaux de Buache, relatifs à la Géographie-Phyfique.

Dans la notice que je me propofe de tracer ici des travaux de Buache, fur la *Géographie-Phyfique*, je dois placer d'abord quelques confidérations générales fur le fond de fon fyftême; c'eft là qu'on verra le précis de fes vues, et de fes moyens; je mets à la fuite l'analyfe des deux recueils de cartes qu'il a publiés en différens tems, & dans lefquels fe trouvent joints des tableaux qui contiennent l'explication méthodique de ces cartes & le dépouillement des objets qui s'y trouvent figurés. C'eft en fuivant l'auteur lui-même dans tous ces détails, en le faifant parler, que je montrerai d'une manière plus nette & plus précife les différentes vues qu'il avoit fur le globe terraqué & les moyens variés dont il a fait ufage pour en offrir, foit aux géographes, foit aux naturaliftes, les réfultats. Je diviferai donc cette notice en quatre parties: dans la première je donnerai les confidérations générales fur les vues fyftématiques qui ont préfidé aux travaux de Buache.

Dans la feconde fera comprife l'analyfe raifonnée du premier recueil de cartes & de leur explication méthodique.

Dans la troifième enfin, on trouvera l'analyfe du fecond recueil de cartes. On rencontrera dans ces extraits quelques redites & des répétitions affez fréquentes, mais elles m'ont paru néceffaires pour indiquer la marche des nouveaux développemens que Buache a donnés à ses vues diverses à mesure qu'il les a traduites sur ses cartes & qu'il les a mises en action. Il faut considérer que c'est l'exposition d'un système ébauché en 1745 & qui n'a reçu son complément qu'en 1761, après avoir été présenté sous différentes faces dans cet intervalle, c'est-à-dire, pendant une vingtaine d'années.

Dans la quatrième enfin, j'exposerai ce qui concerne *l'ossature* ou la *charpente du globe*, telle que Buache croyoit pouvoir la déduire de son système de *Géographie-Physique.*

I.

Considérations générales sur le système de Buache, relatif à la Géographie-Physique.

Buache considère la *Géographie* sous trois faces différentes, la naturelle ou physique, l'historique & la mathématique. La *Géographie-Physique*, peut être considérée encore sous deux points de vue différens, ou comme occupée des objets extérieurs à la constitution intérieure du globe, ou comme bornée à cette constitution. Sous le premier point de vue, elle donne la connoissance des vallées, des montagnes, des rivières, des lacs, des mers, des détroits, des baies, des isthmes, des isles. La partie de la *Géographie-Physique* intérieure a pour objet ce qui est au-dedans de la terre & de la mer comme ce qui concerne les minéraux, l'origine des fontaines, les différentes couches qui se découvrent dans les montagnes, la direction des courans dans la mer, la forme du fond de son bassin.

Un des objets de la *Géographie-Physique*, auquel Buache s'est le plus attaché, ce sont les chaînes des montagnes de différens ordres qu'il regarde comme la *charpente du globe*, comme le soutien de ses parties. Il les considère comme formant

une ceinture continue qui le traverse en tout sens.

Buache a été dirigé dans cette recherche; 1°. par les sources des fleuves, ou des grandes rivières qui indiquent naturellement les terreins les plus élevés, parce que les eaux courantes à la surface du globe se portent toujours depuis les sommets les plus hauts jusqu'aux profondeurs des vallées; 2°. par les isles & vigies que l'on connoît dans la mer & d'après lesquels Buache croit qu'on peut se former une idée de la suite de ces chaînes qu'il appelle *marines*, ainsi que d'une partie considérable du fond de la mer dont il considère le niveau ou la surface comme un terme moyen ou commun, qui peut servir de comparaison pour y rapporter les hauteurs d'un côté & les profondeurs de l'autre.

Tous ces objets offrent ce qu'il y a de plus frappant sur notre globe puisqu'ils embrassent non-seulement la connoissance des continens par les hautes montagnes & les terreins élevés, par la distribution des eaux courantes à leur surface, mais encore la connoissance méthodique des mers & de leurs bassins, par les isles, les vigies, les recifs.

Buache a commencé son travail par l'examen des continens secs pour établir ce qu'il considère comme la *charpente du globe*. Il a cru qu'il y parviendroit en s'attachant aux terreins élevés, & comme ce que l'on a connu jusqu'à présent des chaînes de montagnes ne lui a pas paru suffisant pour déterminer la suite des lieux les plus élevés de la Terre, il a pensé qu'il y suppléeroit en se servant des indices que lui fournissoient toutes les rivières & tous les fleuves.

On ne peut disconvenir effectivement que l'origine des fleuves & des rivières n'indique naturellement l'élévation des terreins, dont les canaux de ces fleuves raſſemblent les eaux pour les verſer par des pentes plus ou moins rapides juſqu'à la mer où elles vont ſe rendre comme à l'égoût général. En conſéquence on ne peut douter du rapport qu'ont les montagnes avec les rivières.

Pour développer davantage ſa doctrine, Buache diſtingue trois ordres de montagnes. Le premier comprend les plus hautes montagnes terreſtres qui forment avec les chaînes marines ces grandes ceintures, dont les unes, ſelon lui, traverſent notre globe d'Occident en Orient, pendant que les autres le ſoutiennent d'un pôle à l'autre. La ſeconde claſſe de montagnes que ce ſavant géographe nomme montagnes de *revers*, comprend celles qui ſont de moyenne grandeur, partant des grandes chaînes & dirigeant leurs cours vers la mer entre l'embouchure des fleuves. Enfin, la troiſième claſſe de montagnes comprend les petites chaînes ou les terreins un peu élevés qui ſe détachent comme en patte d'oye, des moyennes montagnes & que Buache nomme montagnes *cotières*. Les rivières des côtes ſortent de ces hauteurs.

Il tire de cette diſtinction de montagnes une diſtribution correſpondante des fleuves & des rivieres en trois claſſes. Ainſi, 1°. Il appelle fleuves les grandes rivières qui prenant leurs ſources dans de grandes chaînes, parcourent un grand terrein, reçoivent un nombre conſidérable de rivières & conſervent leur nom depuis leurs ſources juſqu'à la mer où elles ſe jettent; 2°. de même les moyennes rivières qui ſortent la plûpart des chaînes de montagnes de *revers*, perdent leur nom en joignant leurs eaux à celles des fleuves; enfin, il nomme *rivières de côtes* ou *côtières*, celles qui n'ont leur origine ni dans les grandes chaînes, ni dans les montagnes de revers, mais dans les hauteurs voiſines des côtes.

Voilà quels ſont les principes d'après

leſquels Buache a cru pouvoir établir la continuité des chaînes de montagnes à la ſurface des continens; mais avant d'en faire l'application, il parcourt les mers.

D'abord il détermine la direction des chaînes marines dont nous avons parlé, ſur le fond de la mer, & il les trace en ſuivant les iſles, les rochers à fleur d'eau, les bas-fonds. Ce ſont ces chaînes qui traverſent les mers & qui uniſſent les continens entre eux.

Il fait plus, il prétend avoir reconnu par le dépouillement des ſondes des navigateurs, par les obſervations ſur les courans de la mer & ſur leur direction, que le fond de la mer ne diffère de la ſurface de la terre, que parce qu'il ſe trouve au-deſſous du terme auquel les eaux ſe ſont abaiſſées, & qu'il a, comme les continens, ſes montagnes, ſes plaines, ſes vallées. Buache conclut d'un grand nombre de recherches qu'il a faites à ce ſujet; 1°. que le globe de la terre eſt ſoutenu par pluſieurs chaînes de montagnes qui traverſent les mers comme les terres, & qui, ſelon lui, augmentent la ſolidité du globe; 2°. que ces montagnes partagent la mer en différens baſſins qui ne paroiſſent confondus enſemble que parce que les montagnes qui en forment l'enceinte ſont couvertes par les eaux, mais qui cependant n'en ſont pas moins diſtincts aux yeux du géographe. Elles ont encore un grand avantage, c'eſt qu'elles préſentent un obſtacle au trop grand mouvement que les eaux de la mer pourroient prendre ſi elles ne rencontroient pas ces barrières dans un vaſte baſſin.

Les vallées *marines* ou baſſins ne ſont pas toutes de la même profondeur; il s'en faut bien, par exemple, que le bras de mer qui ſépare la France de l'Angleterre ne ſoit auſſi profond que l'Océan qui eſt à la tête du canal; car ſi la mer baiſſoit de vingt-cinq braſſes, elle laiſſeroit à découvert un ſommet qui joint Calais à

Douvres, & qui ne cesse de former un isthme que parce qu'il est toujours submergé. (*Voyez* ce que j'ai dit sur la *Manche*, dans le dictionnaire.

Ce détail peut faire comprendre que les isles voisines des continens, sont, non comme le dit Buache, les sommets des plus hautes montagnes, mais des portions de continens séparées par des vallées que la mer & les eaux courantes des continens se sont creusées. S'il y a des parties plus élevées que d'autres dans ces vallées, ce sont visiblement des restes des anciens terreins qui n'ont pas été enlevés par l'action des eaux; ce sont des parties réservées par les flots & qui n'ont rien de commun avec les inégalités de la surface des continens.

J'en dirois autant des autres bassins des mers que Buache prétend avoir été séparés par des chaînes de montagnes soumarines, & qu'il regarde comme la continuation de celles qu'on trouve sur la terre ferme; mais nous laissons au lecteur intelligent à discuter toutes ces formes délicates, & nous supprimons les détails des différens bassins des mers, nous réservant de les reprendre dans l'analyse du premier recueil de cartes dont nous rendrons compte par la suite.

Nous supprimons de même les détails des chaînes de montagnes terrestres que Buache a tracées sur les différentes parties des continens qui environnent les mers, parce qu'on en trouvera par la suite une exposition méthodique & raisonnée dans l'analyse des deux recueils.

Il nous reste maintenant à parler d'une considération dont s'est occupé Buache dans ses travaux géographiques, relatifs à la géographie-physique. C'est celle des divers bassins des mers, dont il détermine l'étendue par la portion des continens que parcourent les rivieres qui s'y jettent; cette considération est sur-tout tres-importante, lorsqu'il est question des grands golfes & des méditerranées, parce que la connoissance de leurs bassins terrestres conduit à celle de tout ce qui a pu concourir à leur formation ou bien à leurs accroissemens.

Ainsi, quoiqu'il soit difficile decroireà aux limites précises que Buache assigne à chacun des bassins qu'il distingue, soit dans l'Océan atlantique, soit dans la mer des Indes ou dans la mer Pacifique, cependant j'ai cru devoir malgré cette incertitude partir de ces suppositions pour donner dans mon atlas les détails de tous les bassins des mers, en y joignant les bassins terrestres qui leur correspondent, parce que d'après cette premiere ébauche, on pourra déterminer les raisons des formes actuelles de ces doubles bassins réunis.

I I.

Analyse raisonnée du premier recueil de cartes publié par Buache, sur la geographie-physique, avec la notice de leurs explications.

Dans ce recueil, Philippe Buache a offert sous différens points de vue & dans plusieurs cartes intéressantes un rapprochement que je regarde comme très-instructif, c'est celui des montagnes, des fleuves & des golfes ou des mers, où ils se jettent. Quoique sa doctrine sur les grandes chaînes de montagnes qu'il suppose traverser sans interruption les continens & les bassins des mers, & qu'il considere comme la *charpente du globe*, ne soit appuyée d'aucune preuve solide, cependant en réduisant ces trois objets à ce qu'ils sont dans la nature, on ne peut disconvenir que la correspondance des fleuves avec les montagnes d'où ils sortent, & avec les mers où ils se rendent ne soit très-utile à l'étude de la géographie & particulièrement à celle de la *géographie-physique*, sur-tout lorsque ces objets sont dans un rapprochement convenable & point forcé.

D'après cette considération on peut

donc dire qu'il y a fur la terre des fuites de montagnès & de terreins élevés qui la partagent en plufieurs pentes, que fuivent conftamment les fleuves qui vont fe rendre dans chaque mer après avoir reçu dans leurs cours plufieurs rivières fecondaires, qui raffemblent également les eaux des pentes intermédiaires.

Buache croyoit, en conféquence de la continuité non interrompue qu'il admettoit dans les chaînes de montagnes, qu'il n'y avoit que quatre pentes fur la terre; mais il eft vifible qu'on doit les multiplier davantage, ainfi que la direction des eaux courantes nous donne lieu de le penfer; auffi nous fournit il lui-même des exceptions à fa propofition trop générale en nous parlant des rivières, qui, la plupart prennent fuivant lui, leurs fources dans des montagnes d'un fecond ordre, & qu'il nomme montagnes de *revers*, parce qu'elles partent des plus hautes montagnes & vont aboutir à la mer entre les baffins terreftres de chaque fleuve.

Quelques-unes de ces chaînes & furtout les principales, fe continuent fuivant Philippe Buache, à travers les eaux de la mer par certaines fuites d'ifles, de rochers, de vigies, de manière que c'eft par ces fuites que s'opère la liaifon d'un continent à l'autre, d'une ifle au continent. Ces dernieres font confidérées par Philippe Buache, comme des *montagnes marines*.

Buache penfe que les montagnes de revers, fituées à quelque diftance des bords de la mer, forment des efpeces de ramifications, d'où part un troifieme ordre de montagnes qu'il nomme *côtières*, parce qu'elles bordent les côtes. Il en fort quelques rivieres qui fans avoir un long cours, fe jettent immédiatement dans la mer comme les fleuves; & il cite pour exemple la Charente, l'Orne & la Somme. J'obferverai à cette occafion que la Charente prend fa fource dans des montagnes

d'une conftitution tres-ancienne, & qui ne peuvent être confidérées comme *côtières*; mais du fecond ordre pour la hauteur & du premier quant à leur compofition. Voyez *Charente* dans le dictionnaire.

C'eft d'après ces différentes circonftances dépendantes de la pofition que Philippe Buache divife non-feulement les fleuves & les rivières, mais encore les terreins, foit élevés foit inclinés diverfement, & de plus les parties des mers féparées par les chaînes marines qui correfpondent aux chaînes terreftres.

Ce font donc ces dernieres chaînes de montagnes dont la continuité n'eft point interrompue felon notre auteur qui divifent ce que nous connoiffons de terres en quatre parties relativement aux pentes des terreins inclinés. 1°. vers l'Océan en y comprenant les baffins de la Méditerranée & de la Baltique qui en font les golfes. 2°. vers la mer des Indes: 3°. vers la mer du Sud ou Pacifique: 4°. vers la mer Glaciale Arctique. Le développement de toutes ces difpofitions fe trouve non-feulement fur des cartes, mais encore fur des tables où l'on voit ce que le favant géographe nous détaille du phyfique de notre globe, confidéré relativement aux montagnes, aux fleuves & aux mers.

Dans trois cartes il préfente la divifion des quatre grandes mers connues, c'eft-à-dire de l'Océan, de la mer des Indes, de la mer du Sud, de la mer Glaciale, de la Méditerranée avec les parties des continens qui les environnent & les chaînes de montagnes qui circonfcrivent les baffins terreftres des fleuves, lefquels fe jettent dans ces mers en fuivant les pentes dont nous venons de parler.

Dans trois tables géographiques on voit le dépouillement de tous les objets qui figurent dans ces cartes, préfentés
avec

avec une certaine méthode dont nous allons donner une idée aussi détaillée qu'il sera possible. D'abord on trouve au milieu des tables les dénominations des mers & leurs divisions par bassins que circonscrivent les chaines marines. Aux deux côtés de cette colonne du milieu sont les montagnes terrestres & les fleuves qui y ont leurs sources, & enfin plus loin, les bassins, golfes ou autres parties des mers où ces fleuves se jettent; ces objets sont comme on voit présentés de manière qu'on peut remonter ou descendre à son gré en envisageant les parties correspondantes du globe terraqué dans certaines contrées. On peut faire plus en consultant les cartes générales où ces mêmes objets sont tracés & figurés de manière à éclairer & à instruire encore davantage.

La quatrième table est disposée sur un plan totalement différent; comme elle est relative à la carte physique de la France & qu'il est question par le dépouillement qu'elle offre, de donner une idée générale d'un pays particulier d'une moyenne étendue, comme la France par exemple, la suite des grandes montagnes qui la traversent se trouve indiquée dans la colonne du milieu, & les parties des mers qui baignent ses côtes sont placées aux extrémités, pendant que les fleuves & les rivières sont rangés par ordre dans les colonnes intermédiaires. On voit dans ce tableau les trois classes de montagnes que Philippe-Buache a cru devoir distinguer sur le globe, qui sont comme nous l'avons déjà dit, les hautes montagnes, les montagnes de *revers* & les montagnes côtières,

La cinquième table est aussi relative à une carte au bassin de la Seine; on y voit le développement de ce que peut offrir le cours de ce fleuve, ainsi que les autres rivières comprises dans le bassin général avec les terreins inclinés jusqu'à son lit, c'est-à-dire, tous les objets qui figurent

dans ce bassin général. On considère dans cette table la Seine comme une mer, & les rivières qui s'y rendent à droite & à gauche, comme des canaux qui y ont leurs embouchures. Les montagnes qui forment l'enceinte du bassin total sont aux deux extrémités de la table dans les colonnes des bordures.

Après cet exposé général de toutes les principales cartes & tables que renferme ce recueil, je vais parcourir ces différens travaux géographiques pour en présenter les développemens les plus propres à donner une idée des vues & du système de *géographie-physique* de Philippe Buache. Dans une première carte physique de l'Océan, il a tracé les grandes chaines de montagnes qui traversent les continens d'Europe, d'Afrique & d'Amérique, & indique tous les terreins inclinés vers cette mer, terminés & circonscrits par ces chaines; on y voit les principaux fleuves & rivières qui parcourent ces terreins en pentes & qui portent dans ce vaste bassin le tribut de leurs eaux.

J'y trouve d'abord l'Océan renfermé entre les côtes orientales de l'Amérique, & occidentales de l'Europe & de l'Afrique. Buache le considère comme pouvant être divisé en trois parties par ses chaines de montagnes marines. La première partie qu'il y distingue est celle qui, sous le nom d'Océan septentrional ou de mer du Nord, est renfermée entre la chaine marine qui va de la Norvége par l'Islande au Groënland, & celle terrestre & marine qui va des montagnes de Bourgogne par le pas-de-Calais & l'Angleterre, au Cap-de-Raz à Terre-Neuve. C'est dans cette partie de l'Océan que du côté de l'Europe les montagnes de Norvège, le plateau de Russie, les hautes terres de la Lithuanie versent par la Neva, la Duna, le Niemen, la Vistule, l'Oder & les rivières de Suéde, des eaux à la Baltique, qui elle-même en verse par les détroits du Sund dans la mer d'Allemagne; ensuite les montagnes de Moravie, de Siléfie, de Bohème, de Saxe, de Suiffe, de Bourgogne & du Brabant en verfent de même par l'Elbe, le Wefer, le Rhin, la Meufe & l'Efcaut dans la mer d'Allemagne ; pendant que du côté d'Amérique, les montagnes du milieu de l'Amérique feptentrionale, fituées à l'Oueft & au Sud des lacs du Canada, verfent par les rivières de Bourbon & autres dans la mer du Nord-Oueft, qui fe décharge par le détroit de Davis dans les golfes voifins de l'embouchure du fleuve St-Laurent.

2°. La feconde partie de l'Océan diftinguée par Philippe-Buache, eft celle qui fous le nom d'Océan Atlantique eft comprife depuis la chaîne de montagnes marines, qui paffe par l'Angleterre & l'ifle de Terre-Neuve, jufqu'à celle qui part du Cap-Tagrin de Guinée, & aboutit au Cap-de-Saint-Auguftin du Bréfil par l'ifle de Noronha ; c'eft dans cette partie de mer, que du côté de l'Europe les montagnes de Bourgogne & de la Thierache par la Somme & la Seine verfent leurs eaux au détroit de la Manche, & que de même les montagnes des Cevennes, d'Auvergne, du Limoufin, celles des Pyrennées & d'Efpagne verfent à l'Océan par la Loire, la Dordogne, la Gatonne, l'Adour, le Douro, le Tage, la Guadiana & la Guadalquivir une quantité d'eau très-abondante. Je ne parle plus ici de la Méditerranée, parce que je préfenterai tous ces détails à fon article. J'ajouterai feulement ici l'Atlas qui par les rivières de Maroc & le Sénégal fournit des eaux à la même partie de l'Océan. D'un autre côté la chaîne de montagnes du milieu de l'Amérique qui s'étend vers le Sud, jette quelques branches dans les Etats-unis, traverfe les deux Méxiques pour fe joindre aux Cordilières, tant de Popayan que du Pérou ; toutes ces hauteurs, dis-je, fourniffent des eaux abondantes à cette même partie de l'Océan par les rivières des Etats-unis, le Miffiffipi, la rivière de la Madelaine, l'Orénoque &

celle des Amazones ; c'eft là que de la plus haute chaîne fort le plus grand fleuve.

3°. La troifième partie que diftingue Buache fous le nom d'Océan méridional eft comprife depuis la chaîne marine de Noronha, jufqu'aux terres antarctiques s'il y en a. C'eft là que le grand plateau d'Afrique, dont une branche s'étend jufqu'au Cap-de-Bonne-efpérance, verfe fes eaux par le Zaire, le Coango, la Coanza & le Cunemi, pendant que d'un autre côté les rivières de Saint-François & de la Plata après avoir raffemblé les eaux des montagnes qui lient les Cordilières du Pérou avec celles du Bréfil fe déchargent dans cette zône fort large de l'Océan. D'après cet apperçu, on peut s'affurer, en jettant les yeux fur les cartes ordinaires, que les parties des deux continens qui fourniffent des eaux à ce vafte baffin font d'une étendue très confidérable.

Une feconde carte phyfique comprend la mer des Indes, & offre en même temps la fuite des chaînes de montagnes qui traverfent l'Afrique orientale & l'Afie méridionale, d'où fortent tous les fleuves qui fe jettent dans cette mer ; on y voit auffi le baffin intérieur de la mer Cafpienne & les terreins inclinés vers la mer Glaciale, avec le cours des fleuves qui verfent dans cette mer les eaux de cette vafte contrée.

La mer des Indes eft féparée de l'Océan par la chaîne de montagnes qu'on a fuppofée fe prolonger du Cap-de-Bonne-Efpérance en Afrique, jufqu'au Cap-de-la-Circoncifion dans les terres antarctiques ; & de la grande mer du Sud, par la chaîne des montagnes marines qui fe trouve tracée entre une fuite d'ifles de l'Archipel des Indes ; c'eft dans cet efpace que du côté de l'Afrique orientale, les monts Lupata, ou de l'Épine du Monde, joints aux montagnes d'Abiffinie, envoient les eaux des terreins inclinés qu'elles circonfcrivent par les rivières de Manica, de

Cuama, & de Zébée; que le mont Tau-rus dans l'Afie verfe celles d'un vafte pays par le Tigre & l'Euphrate. Plus loin on voit l'Ima ou Mus-Tag, partie méridio-nale du grand plateau d'Afie, verfer fes eaux dans le golfe des Arabes par le Sinde, & les mêmes chaînes réunies aux mon-tagnes du Thibet, verfer également leurs eaux, par le Gange, le Nukian & le Lu-kian dans le golfe du Bengale, & par la rivière de Camboya, dans l'archipel des Indes, & enfin dans la mer de la Chine, par la rivière Jaune & le Hoanho ou la rivière Bleue. On trouve enfin au Nord de cette carte phyfique, dont nous indi-quons les objets, les terreins qui font inclinés vers la mer Glaciale arctique comme nous l'avons déjà remarqué. Cette mer Glaciale eft ici féparée de l'Océan feptentrional, par des débouquemens, & de l'autre côté de la mer du Sud par le détroit du Nord ou d'Anïan. C'eft du milieu de cette contrée que la chaîne de montagnes de la Ruffie feptentrionale, la chaîne feptentrionale du grand plateau d'Afie, qu'enfin les montagnes du Nord-Eft de l'Afie, verfent leurs eaux dans la mer Blanche par la Duina & la rivière de Petzora, & dans les autres parties de la mer Glaciale, par l'Oby, le Jénifea, la Léna & la Kovyma; enfin on y voit au milieu des terres, entre l'Europe & l'A-fie, les baffins de la mer Cafpienne & de l'Aral, qui comme de grands égouts raf-femblent les eaux de ces terreins par des fleuves & des rivières confidérables.

Une troifième carte phyfique, contient la grande mer du Sud ou Pacifique avec les grandes chaînes de montagnes qui traverfent les parties les plus orientales de l'Afie & les occidentales de l'Amé-rique. On voit auffi dans le baffin de la même mer, la continuation de ces chaînes que Buache regarde comme étant indi-quées par les ifles, les rochers, les vigies, les bas-fonds; on appelle vulgairement cette grande mer, *mer du Sud* ou Paci-fique; mais ces dénominations ne peuvent

lui convenir dans fon entier, car d'abord elle s'étend vers le Nord, où elle eft très-orageufe, ainfi que dans les parties voi-fines du pole antarctique; elle eft bordée à l'Occident par l'Afie orientale, les ifles Marianes & les parties du continent auf-tral, & par toutes les côtes occidentales de l'Amérique à l'Orient; elle eft féparée de la mer des Indes par le maffif des ifles de fon archipel, & de l'Océan, par les ifles qui font à l'extrémité de l'Amérique mé-ridionale, mais qui offrent entr'elles plu-fieurs débouquemens; enfin elle commu-nique avec la mer Glaciale par le détroit du Nord ou de Beéring. Philippe Buache divife cette mer en trois parties, au moyen de deux grandes chaînes de montagnes marines qui les circonfcrivent d'Occident en Orient. La première partie comprend la mer Septentrionale, limitée par le dé-troit du Nord, par la chaîne qui, partant des ifles Marianes, va fe rendre & aboutir au Cap-Corientés du Mexique. La feconde partie eft la mer du Sud, proprement dite, qui eft renfermée entre cette der-nière chaîne, & celle qui paffe par les ifles Salomon, de Mendoce & de Juan-Fernandés; la troifième partie enfin, eft la mer méridionale, laquelle s'étend juf-qu'aux terres ou aux glaces antarc-tiques.

Si nous parcourons maintenant les terres des continens qui verfent dans ces diffé-rentes portions ou zônes de mers leurs eaux par les fleuves, nous trouverons pour un fi grande mer des terreins inclinés très-peu étendus, & des fleuves bien peu confidérables: on voit d'abord les mon-tagnes du Nord-eft de l'Afie, & la partie orientale du grand plateau verfer par l'A-nadir & l'Amur des eaux fort abondantes, dans le canal du Nord, & la mer de Kamf-chatka auxquels on pourroit ajouter les deux grands fleuves de la Chine, qui s'y jettent beaucoup plus bas; quant à ce qui fe voit de terreins inclinés & d'eaux courantes le long des côtes de l'Amérique qui bordent les différentes parties de la mer du Sud que nous venons de diftinguer, je ne vois que des lifières de terres d'une très-petite largeur, & par-tout quelques rivières qui tombent dans la mer du Nord, & d'autres affez foibles qui, fortant des Andes & des Cordilières du Pérou & du Chili, fe jettent dans la partie que nous avons dénommée particulièrement *mer du fud.*

Détails fur la Méditerranée.

Nous avons remis à un article particulier ce que nous nous propofions de dire fur la Méditerranée, d'après le travail géographique de Buache, relatif à cette mer, & nous allons remplir nos promeffes à ce fujet.

La Méditerranée eft divifée par Buache en fept parties que circonfcrivent fuivant fon fyftême différentes chaînes de montagnes : 1°. la première eft la partie occidentale ou la mer du Ponant, comprife depuis le détroit de Gibraltar, par lequel cette mer communique avec l'Océan jufqu'au Cap-Bon de Barbarie, vis-à-vis lequel commence une chaîne de montagnes qui traverfe la Sicile, & de-là fe joint à l'Apennin. D'un côté on voit la chaîne des montagnes d'Efpagne, celles des Pyrennées & des Cévennes, enfin les Hautes-Alpes, les Vôges & le Jura, & enfin l'Apennin verfer leurs eaux dans ce baffin par la Ségura, l'Xucar, la Guadalaviar, l'Ebre, le Tet, l'Aude, l'Héraut, le Rhône, l'Arno & le Tibre ; pendant que de l'autre, l'Atlas qui traverfe la Barbarie d'Occident en Orient, verfe fes eaux dans la même mer par les rivières de Malluya, de Skellif & de Mejerda ; 2°. la feconde partie de la Méditerranée que diftingue Buache eft celle du milieu, comprife depuis la chaîne indiquée précédemment, jufqu'à une ligne qui joindroit le Cap-Matapan de Morée à celui de Rofat en Barbarie, en paffant par l'ifle de Candie.

Dans cette partie qui comprend le golfe de Venife, la première chaîne de l'Apen-

nin, les Alpes Meridionales & les montagnes de Servie & de Bulgarie, verfent d'un côté leurs eaux par le Po & les rivières latérales qui s'y rendent, foit des Alpes ou de l'Appenin, enfin par le Drim qui fort des montagnes de Bulgarie, pendant que de petites rivières du côté de l'Atlas fe jettent dans le golfe de la Sidre.

3°. La troifième partie eft la mer Orientale ou du Levant, qui reçoit des montagnes d'Abiffinie & du mont Liban, les eaux que charient le Nil & la rivière d'Affi.

4°. La quatrième partie eft celle qui comprend l'Archipel, appellé par les turcs mer *Blanche* ; les iffes qui y font en grand nombre, forment un maffif qui joint la Grèce à la Natolie. Dans cette partie, la fuite de la feconde branche des Alpes & les montagnes de Carinthie, verfent leurs eaux par le Vardar & le Mariza. Buache prolonge cette branche des Alpes par la Turquie, pour joindre le Taurus, pendant qu'un de fes rameaux s'étend jufqu'au Cap-Matapan ; d'un autre côté le plateau du milieu de la Natolie verfe fes eaux dans l'Archipel, par la Madre & le Sarrabat.

5°. La cinquième partie de la Méditerranée comprend la mer de Marmara & le détroit des Dardanelles.

6°. La fixième partie renferme la mer Noire & le détroit de Conftantinople. Dans cette mer, le plateau de la Suiffe & celui de Souabe, verfent par l'Inn & le Danube leurs eaux avec celles d'une grande partie de l'Allemagne, de la Hongrie & de la Turquie d'Europe, pendant que le Niefter & le Niéper y portent le tribut des eaux des Carpacs & du plateau de Ruffie ; d'un autre côté la même mer reçoit les eaux du Caucafe & du Taurus par les rivières de Zacarat, du Kefil, de la Riône & du Cuban.

7°. Enfin la feptième partie de la Mediterranée comprend le détroit de Caffa & la mer d'Azof, qui, au moyen des eaux du Don ou Tanaïs, peut-être confidérée comme l'origine & la fource de la Méditerranée.

Détails fur la mer Cafpienne.

Cette mer reçoit les eaux d'un affez grand baffin terreftre, & n'a aucune communication fenfible avec les autres mers. Divers auteurs ont dit qu'elle fe déchargeoit par des canaux fouterreins dans la mer Noire & dans le golfe Perfique. Le Plateau de Ruffie, le Caucafe & le Taurus, fourniffent à ce grand lac des eaux abondantes par le Volga, le Kuma ou Kiffar, le Buffre, le Kour & l'Aras. Voyez *Cafpienne* dans le dictionnaire.

La *mer d'Aral* reçoit dans une partie de ce même baffin terreftre par le Jaïk, le Sirr & le Gihon, les eaux du Lural & du Belur, branches du plateau de l'Afie. (Voyez *Aral*.)

La *mer Morte* eft un troifième lac dont s'eft occupé Buache; elle reçoit par le Jourdain les eaux du mont Liban, celles des montagnes de Jérufalem par le torrent de Cédron & celles des montagnes de l'Arabie par le Saphia & l'Arnon.

Carte phyfique de la France.

La fuite de notre analyfe du premier recueil de Philippe Buache, nous conduit à parler de la carte phyfique ou de géographie naturelle de la France; cette carte eft divifée par chaînes de montagnes qui fervent à circonfcrire les baffins des fleuves & des rivières qui portent le tribut de leurs eaux dans les mers environnantes. Cette manière de confidérer la *Géographie-phyfique* de la France, contient deux vues générales, relatives à la furface de la terre & aux formes du terrein dépendantes des montagnes & des fleuves; la troifième concerne les mers qui reçoivent les eaux courantes.

La première vue a pour objet, les fleuves & les rivières qui s'y jettent, y compris les lacs & les étangs, ce qui préfente un enfemble hydrographique des eaux courantes & ftationnaires que l'on trouve à la furface du globe.

La feconde vue a pour objet, les trois ordres de montagnes où fuites de terreins élevés, qui partagent la furface du globe & forment les baffins des fleuves. On y voit 1°. les grandes chaînes qui ceignent le globe dans le fyftême de Philippe Buache, & dont plufieurs traverfent les mers; ce font les fommets des ifles, des rochers, des vigies, qui en tracent la direction & l'allure. C'eft de ces hautes chaînes que fortent les fources des fleuves; Buache en a placé une au Sud-eft de la France, dont nous fuivrons la marche par la fuite.

2°. Les chaînes moyennes de *revers* où les eaux courantes des rivières qui fe jettent dans les fleuves ont leur origine.

3°. Les chaînes *cotières* fituées près des côtes de la mer & qui ont une très-petite étendue; on y trouve les fources des rivières, dont le cours eft très-borné, & qui vont fe rendre à la mer, dans les parties de côtes comprifes entre les embouchures des fleuves principaux.

La troifième confidération eft la jonction des continens entr'eux, ou des ifles & des continens qui fe fait par des chaînes marines qui font au-deffous du niveau de la mer, & qui fe montrent fenfiblement par les rochers, les vigies & fur-tout les ifles. On en donne plufieurs exemples dans cette carte, & entr'autres, celui des jonctions de la France avec l'Angleterre, dans le canal de la Manche.

Buache a joint à fa carte une table qui préfente un développement analytique des différens objets qui y figurent. On y trouve d'abord les Pyrennées d'où fort l'Adour ainfi que les terreins inclinés qui forment fon baffin; on y voit à la fuite les terreins des rivières *cotières* entre l'Adour & la Garonne, dont la principale est Leyre qui coule dans les landes de Bordeaux.

De même c'est aux Pyrennées que la Garonne prend son origine ainsi que les terreins inclinés qui forment les parties supérieures de son bassin; c'est là que se rassemblent les rivières de Gascogne, ainsi que le Tarn, le Lot & la Dordogne; ces trois dernières rivières prennent leurs sources dans les montagnes d'Auvergne; on voit ensuite les petits bassins des rivières *côtières* qui se déchargent dans la mer, entre la Garonne & la Loire, & dont les principales sont la Charente & les deux Sèvres.

Les Cévennes nous offrent de même la source de la Loire & l'origine des terreins inclinés de ce vaste bassin réuni à celui de l'Allier, qui coule parallèlement à la Loire; ensuite viennent les principales rivières qui s'y jettent, le Cher, l'Indre, la Vienne & la Creuse, qui ont leurs sources dans les montagnes du Limousin, pendant que la Mayenne & la Sarthe, qui suivent des pentes opposées en sens contraire y portent des eaux fort abondantes. Les terreins des rivières *côtières* compris depuis la Loire jusqu'à la Seine, sont ceux de la Vilaine, de la Vire, de l'Orne & de la Rille.

Les montagnes de Bourgogne nous offrent ensuite l'origine du bassin de la Seine qui comprend ceux de l'Yonne, de l'Aube & de la Marne, qui coulent des mêmes hauteurs, pendant que l'Oise & ses confluentes viennent de terreins peu élevés de la Champagne & de la Picardie, & l'Eure des environs de Chartres.

Buache donne pour exemple de ces grandes chaînes de montagnes, celle qui va de Langres en limitant le bassin de la Meuse, par la Picardie & l'Artois, jusqu'au Pas-de-Calais; cette même chaîne

circonscrit aussi les bassins de la Somme, & de la Canche.

Je trouve de même l'Escaut, la Meuse, la Moselle, qui prennent leurs sources dans différens terreins élevés, que Buache considère comme des montagnes de revers; ce sont cependant les montagnes de Bourgogne & des Vôges.

Il ne nous reste plus qu'à parler du bassin du Rhône & des terreins des rivières *côtières* compris entre les Pyrennées & le Rhône : d'abord le terrein du Rhône s'étend jusqu'au plateau de la Suisse, comme celui de la Saône qui s'y joint, s'étend jusqu'aux Vôges, & celui du Doubs jusqu'au Jura, puis viennent les rivières du Dauphiné, l'Isère & la Durance, qui prennent leur origine dans les terreins inclinés des Alpes.

Les terreins des rivieres *côtières* compris entre les Pyrennées & le Rhône, dont les principales sont, le Tet, l'Aude, l'Orbe & l'Héraut, appartiennent d'abord à la chaîne des Pyrennées, ensuite ceux des deux autres à celle des Cévennes.

Enfin les terreins des rivières *côtières* entre le Rhône & les Alpes, qui sont, l'Arc, l'Argent & le Var, appartiennent aux moyennes & aux grandes Alpes, & s'étendent jusqu'à la Méditerranée.

Ces détails renferment une première vue sur la carte physique de la France, où l'on ne considère que les terreins des fleuves & quelques chaînes de montagnes. Dans la quatrième table de ce recueil, Buache donne de tous les objets que renferme cette carte un développement plus raisonné & plus étendu, que nous croyons devoir suivre avec d'autant plus d'attention qu'il fait mieux connoître les idées de ce savant géographe.

On voit d'abord au milieu de cette table les différentes chaînes de montagnes distribuées en trois colonnes ; elles forment proprement l'enceinte de plusieurs bassins terrestres ou terreins inclinés, arrosés par les fleuves & les rivières qui s'y jettent. Ces fleuves & ces rivières sont distribués de même en quatre colonnes, dont deux de chaque côté des premières ; enfin, on trouve sur les deux extrémités & en bordures, les différentes parties de mer où se rendent les fleuves. La colonne des grandes chaînes offre d'abord les Alpes & le Jura, puis les Vôges qui sont entre les bassins des eaux du Rhin, du Rhône par la Saône, de la Meuse & de la Seine ; ensuite les montagnes de Bourgogne, situées entre les bassins des eaux de la Seine, du Rhône & de la Loire ; puis les Cévennes situées entre les bassins des eaux du Rhône, de la Loire & de la Garonne ; enfin les Pyrennées qui séparent les eaux du bassin de l'Ebre, de ceux de l'Adour & de la Garonne. Buache n'a placé dans les colonnes voisines comme chaînes de revers au Sud & à l'Est, que les moyennes Alpes qui occupent l'intervalle entre le bassin du Rhône & celui du Pô ; elles forment aussi la tête de l'Apennin. Dans la colonne à gauche, sont les chaînes de revers qui s'étendent au Nord & à l'Occident. On y trouve les hauteurs de Picardie en Thiérache, que Buache regarde en même temps comme la branche occidentale des Vôges, qui sepàre le bassin des eaux de la Seine, de ceux de l'Escaut & de la Meuse, & comme la tête des montagnes côtières de Picardie & de la Haute-Normandie, & enfin comme la chaîne de liaison de l'Angleterre avec la France par l'Isthme marin du Pas-de-Calais au Nord-Est de la Manche.

2°. Les hauteurs du Nivernois dans la Puysaie.

3°. Les hauteurs du Maine & du Perche, qu'on considère. 1°. Comme une branche des montagnes de Bourgogne, prolongées par le Nivernois, entre les bassins de la Seine & de la Loire ; 2°. comme la

tête des montagnes côtières de la Normandie & de la Bretagne.

4°. Les montagnes d'Auvergne & du Limousin qui sont : 1°. une branche des Cévennes, entre le bassin de la Loire & celui de la Garonne : 2°. la tête des montagnes côtières de la Saintonge & du Poitou.

5°. Les hauteurs de l'Armagnac, que Buache considère : 1°. comme une branche des Pyrennées : 2°. comme la tête des montagnes côtières de Guyenne & de Gascogne, & comme séparant les bassins de la Garonne & de l'Adour.

Si nous passons maintenant aux colonnes des bassins terrestres, nous trouvons d'abord à droite, le Rhône qui vient des Alpes, & qui se décharge dans la Méditerranée, après avoir reçu six rivières principales, 1°. La rivière d'Ain, qui sort du Jura, 2°. la Saône qui sort des Vôges & qui est grossie par le Doubs, dont la source est dans le Jura. 3°. l'Isère qui prend sa source dans les moyennes Alpes ainsi que la Durance. 4°. enfin l'Ardèche & le Gardon, qui ont leur origine dans les Cévennes ; enfin le long des côtes de la Méditerranée, & venant des mêmes hauteurs & des Pyrennées ; sont l'Héraut, l'Orbe, l'Aude, le Tet & le Tech.

Dans les colonnes des bassins terrestres à gauche, on trouve : 1°. le Rhin qui vient de la Suisse & qui reçoit la Moselle grossie de la Saare, dont les sources sont dans les Vôges ; ensuite la Meuse qui prend sa source dans les montagnes de Bourgogne, puis l'Escaut ; ces trois fleuves se jettent dans la mer d'Allemagne. 2°. la Seine qui prend sa source dans les montagnes de Bourgogne, & qui reçoit la Marne, l'Aube, l'Yonne, venant des mêmes hauteurs & de celles du Nivernois, puis l'Oise qui vient de la Thierache, le Loin des hauteurs de l'Orleanois, l'Eure & la Rille qu'abreuvent les hauteurs du Perche

& du Maine. 3°. Nous trouvons la Loire grand fleuve qui prend sa source dans les Cévennes & qui va se jetter dans l'Océan, il reçoit l'Arroux venant des hauteurs de Bourgogne & l'Allier, dont la source est aussi dans les Cévennes, puis le Cher, l'Indre & la Vienne, qui ont leur origine dans les montagnes de la Marche & du Limousin.

4°. La Garonne dont la source est dans les Pyrennées, & qui reçoit l'Arriège, venant des mêmes montagnes, le Lot, le Tarn & la Dordogne, dont l'origine est dans les montagnes d'Auvergne.

5°. L'Adour que Buache regarde comme fleuve de côte, quoiqu'il prenne sa source dans les Pyrennées; après avoir reçu le Douze, qui sort des hauteurs de l'Armagnac, les Gaves qui ont leur origine dans les Pyrennées, il se jette dans l'Océan Atlantique au golfe de Gascogne.

6°. La Charente fleuve de côte suivant Buache, prend sa source dans les montagnes moyennes du Limousin & se jette dans l'Océan.

7°. Enfin la Bidassoa, aussi fleuve de côte, quoiqu'elle prenne sa source dans les Pyrennées : elle se jette dans la même mer.

Il ne nous reste plus qu'à indiquer maintenant la grande chaîne de montagnes qui traverse la France; cette grande chaîne la partage en deux parties inégales. Elle part des monts Pyrennées, suit les Cévennes, passe entre la Loire & le Rhône, gagne les montagnes de Bourgogne, les sources de la Meuse au plateau de Langres, celles de la Saône & de la Moselle, dans les Vôges, revient par le Jura aux hautes-Alpes, où sont les sources du Rhône & du Rhin. Telle est la marche que Buache lui a tracée ; il est vrai qu'il s'en détache plusieurs chaînes de revers, dont nous

avons indiqué ci-dessus la direction, ainsi que celle des montagnes *côtiéres*.

Philippe Buache affectionne beaucoup la chaîne qu'il suppose aller des Vôges au Pas-de-Calais, & qui sert suivant son système à la communication de l'Angleterre à la France par l'Isthme-marin.

Dans la même carte physique de France, on a tracé le plan du canal entier de la Manche. On voit dans ce plan, par la réunion des sondes, que les cartes marines ont fournies, & par les lignes des points qui les distinguent de dix en dix, le partage des terreins du fond de la Manche, en différens lits ou bancs plus ou moins élevés; ainsi l'espace compris depuis la côte, jusqu'à la première ligne, représente les profondeurs prises depuis o jusqu'à 10 brasses; de cette première ligne, jusqu'à la seconde, sont les profondeurs de dix brasses de plus. Le lit qui contient les fonds depuis o jusqu'à 10 brasses, suit à-peu-près le contour des côtes & renferme la base ou le massif de l'isle de Vight; le second de 10 à 20 brasses, contient les isles de Jersey, de Grenesey & d'Aurigny; le troisième de 20 à 30 brasses, se trouve au niveau de l'endroit le plus bas du détroit de Calais. Le quatrième lit ne se continue plus sous le Pas-de-Calais, mais se termine en forme de golfe huit lieues au midi de ce détroit. On conçoit que les autres lits forment de même des espèces de golfes, qui s'avancent moins dans la Manche. On voit par ces observations que si la mer baissoit seulement de vingt-cinq brasses, la Manche ne formeroit plus qu'un golfe; le terrein qui sous les eaux unit Calais à Douvres, seroit à découvert sous forme d'Isthme. L'isle de Vight deviendroit une montagne séparée de l'Angleterre par une vallée qui seroit alors à sec. Les isles de Jersey, de Grenesey & d'Aurigny, seroient aussi des montagnes séparées du Cotentin, par de semblables vallées. Il y auroit un lac près le Pas-

Pas-de-Calais, dans un fond de trente-cinq brasses, & deux nouvelles isles au contraire dans la mer d'Allemagne; enfin si la mer baissoit de soixante & dix brasses, l'Angleterre seroit elle-même une vaste montagne séparée de la Normandie & des Pays-Bas par deux vallées & tiendroit à la Flandres par un Isthme; & le dernier lit qui est entre les Sorlingues & l'isle d'Ouessant, deviendroit le rivage de la mer. J'insiste d'autant plus sur ces détails, que je les avois exposés déjà dans ma dissertation sur l'ancienne jonction de l'Angleterre à la France, & que la carte, qui accompagnoit cette dissertation & qui paroît dans ce receuil, a été rédigée sur ces vues & d'après ces principes.

Carte physique du bassin terrestre de la Seine.

Cette carte physique offre non-seulement les limites des autres bassins circonvoisins, mais encore des subdivisions par des suites de hauteurs en plus petits bassins; ce sont ceux des principales rivières qui se réunissent à la Seine; tels sont les bassins de l'Oise, de la Marne, de l'Aube, de l'Yonne, du Loin, de l'Eure &c. On a joint à cette carte une table contenant l'explication de tous les objets qui y sont figurés & du système des subdivisions qu'elle offre. Nous en allons donner le dépouillement, comme des autres tables relatives aux autres cartes physiques.

On voit d'abord au milieu la Seine avec une note des principales villes qu'elle arrose, jusqu'à son embouchure dans la Manche, & de suite dans l'Océan; ensuite on trouve à droite & à gauche six colonnes, dont deux de chaque côté, offrent les terreins élevés où les rivières prennent leurs sources; les hauteurs principales sont indiquées dans une troisième colonne la plus éloignée du centre & formant la bordure; les trois autres représentent les hauteurs inférieures dégradées.

Géographie-Physique. Tome I.

Nous trouvons d'abord à droite, la grande chaîne des montagnes de Bourgogne, où la Seine prend sa source, avec les ruisseaux, le Revison, le Brenon ou la Chouette; puis viennent l'Ourse qui sort des mêmes montagnes, l'Arce & la Barse, qui prennent leur origine dans les hauteurs entre la Seine & l'Aube : enfin l'Aube qui a sa source sur le plateau de Langres. A mesure qu'on descend la Seine, on rencontre la Villenoce, la Voulsse, l'Emont, la Breviande, la Haude & la rivière d'Yères, lesquelles sortent des hauteurs ou collines entre la Seine & la Marne. La Marne vient ensuite; elle prend sa source dans le plateau de Langres & non dans les Hautes-Vôges, & reçoit le Rognon & l'Orney, qui, avec l'Oise, viennent des hauteurs entre le bassin de la Marne & celui de la Meuse, & qui suivant Buache forment la chaîne de montagnes de revers des Vôges, qui sert à faire la liaison de l'Angleterre avec la France, par le Pas-de-Calais. Les dernières rivières de ce côté que reçoive la Seine, sont l'Epte & l'Andelle qui sortent des hauteurs de Bray, d'où partent aussi les deux chaînes de montagnes *côtières* du pays de Caux & de Picardie.

Si nous passons à la gauche de la Seine, nous trouverons de même les montagnes de Bourgogne & celles du Morvan; ensuite les hauteurs de la Puysaie, près Clamecy; enfin celles de la Beauce & du Perche, d'où partent les deux chaînes de montagnes *côtières* de la Basse-Normandie. Les rivières que reçoit la Seine de ce côté, sont la Leigne & le Lozain, venant des hauteurs entre la Seine & l'Armançon; puis l'Yonne dont l'origine est dans le Morvan, & qui est grossie par la Cure, le Serain, & l'Armançon, venant des mêmes montagnes. La Seine, après sa jonction avec l'Yonne, reçoit le Loin qui recueille les eaux des hauteurs entre la Loire & la Seine, aux environs de Montargis; puis la rivière d'Essonne, qui vient des mêmes hauteurs & sur-tout de la

Beauce, l'Orge & la rivière des Gobelins. Enfin les hauteurs de la Beauce & du Perche versent leurs eaux dans la Seine par l'Eure & la Rille.

Carte physique relative à la chaîne marine de Noronha.

Buache pour établir & justifier son système sur la continuité des chaînes de montagnes marines qui se fait au-dessous du niveau de la mer, par le moyen du massif de quelques isles & vigies, a dressé en 1745 une carte qui fait partie de ce recueil, & où l'on a présenté la coupe du terrein qui environne l'isle de Noronha. Cette carte renferme, outre cela, une partie des côtes de Guinée, & celles du Brésil correspondantes; on y voit la grande chaîne marine, que Buache suppose en cet endroit entre les deux continens, quoiqu'elle se prolonge depuis le Cap-Tagrin de Guinée, jusqu'au Cap-St-Augustin, dans le Brésil. On remarque que cette chaîne forme à une certaine profondeur des ouvertures & des débouquemens assez considérables par où les navigateurs trouvent les passages qu'ils cherchent. La seule difficulté qui subsiste encore malgré tous les détails de cette carte, c'est le peu de connoissance que l'on a encore, depuis qu'elle a été publiée, du fond de la mer entre les côtes de Guinée & l'isle de Noronha. Cette continuité des chaînes sous-marines, peut bien avoir lieu entre la côte du Brésil & l'isle de Noronha, avec ses bas-fonds indiqués par les sondes, vû d'ailleurs le peu de distance de cette isle au continent d'Amérique. Mais on ne voit dans la forme de la côte de Guinée, rien qui annonce une communication avec une chaîne marine, & rien qui lie l'isle de Noronha avec les côtes de Guinée. Que de doutes ne pourroit-on pas former également sur la continuité & le prolongement de beaucoup d'autres chaînes marines admises & tracées par Buache avec aussi peu de preuves & peut-être encore sur les environs de l'isle de No-

ronha? Voyez *Noronha*, dans le diction-naire où toutes ces raisons seront déve-loppées.

I I I.

Analyse du second recueil de cartes relatives au système de Buache sur la Géographie-Physique.

En 1761 on a publié sous le nom des élèves de Buache, un second recueil de cartes, dont la plupart ont pour objet le développement de son système de *Géographie-Physique*. On y donne d'a-bord quatre tables rédigées de même que celles du premier recueil; il n'est pas cependant question dans ces deux espèces de tableaux méthodiques des seuls objets dont s'occupe la *Géographie-Physique*: ceux qui s'y trouvent présentés & liés les uns aux autres, appartiennent aussi à d'autres parties de la *Géographie*.

Dans la première de ces tables, on distingue ce qui peut appartenir à la *Géographie-Physique*, de ce qui doit occu-per la Géographie politique & mathéma-tique; on dit que la *Géographie-Physique* & naturelle nous fait connoître la nature du globe; c'est-à-dire, les terres & les eaux, ses productions en végétaux & en minéraux, & enfin, les êtres qui l'habitent, les hommes & les animaux. De tous ces différens objets Buache ne traite que des terres & des eaux, encore se borne-t-il pour les terres à la seule iné-galité des terreins qu'il distingue en par-ties élevées & distribuées par chaînes de montagnes, & en parties inclinées vers les mers dont l'ensemble présente les bassins terrestres, ensuite viennent les lacs, les fleuves & les rivières.

La seconde table que la *Géographie-Na-turelle* ou *Physique* occupe seule, offre le développement de ces premiers apperçus, & toutes les divisions & subdivisions de chaque objet : ainfi la nature du globe qu'on a confidéré comme compofé de terres ou continens, de terreins élevés ou inclinés vers les mers, préfente d'abord, dans le fyftême de Buache, trois ordres de chaînes de montagnes. Ce font, comme nous l'avons dit, les grandes chaînes, les montagnes des revers & les montagnes côtières. Buache prétend que les premières chaînes entourent le globe pendant que celles de la feconde claffe ne font que des ramifications des premières ; enfin, que celles de la troifième claffe font des extenfions des unes & des autres rangées le long des côtes de la mer. Toutes ces montagnes peuvent être terreftres ou marines. Les terreftres partagent les continens par les inégalités que rend fenfibles la fuite des fources des fleuves & des rivières.

Les montagnes marines font, fuivant le même fyftême, tracées dans les baffins des mers par les iffes qui en font les fommets plus ou moins élevés, & les bas-fonds qui en font les prolongemens.

Quant à ce qui concerne les terreins inclinés du globe, qui offrent des baffins terreftres dont les pentes font dirigées vers les mers, Buache en diftingue de généraux & de particuliers ; les généraux font formés par les grandes chaînes de montagnes & dont toutes les eaux tombent dans une même mer : les baffins particuliers font entourés de montagnes d'un ordre inférieur & qui ne fourniffent des eaux qu'à des rivières d'un cours fort borné & peu nombreufes.

Si nous paffons maintenant au développement de tout ce qui concerne les eaux courantes fur le globe terraqué, nous y trouverons, 1°, les mers que l'on doit diftinguer en mers grandes & extérieures, lefquelles baignent, circonfcrivent & entourent les diverfes parties des continens, & font divifées par les chaînes

marines en plufieurs baffins plus ou moins étendus ;

2°. Les mers intérieures, lefquelles occupent des baffins prolongés au milieu des continens dont elles raffemblent les eaux ;

3°. Les lacs ou amas d'eaux douces ou falées qui ne tariffent point, & dont les plus grands font voifins des terreins les plus élevés ;

4°. Les fleuves qui fortent des principales chaînes de montagnes, & fe rendent directement dans la mer après un affez long cours ;

5°. Les rivières qui fe jettent dans les fleuves & qui prennent la plupart leurs fources dans les montagnes du fecond & du troifième ordre.

Je ne parle pas ici des végétaux ni des minéraux, ni des hommes, ni des animaux, Buache n'ayant fait aucun travail fur tous ces objets intéreffans, on trouvera dans le corps de mon dictionnaire des articles où les vues indiquées par le géographe font entièrement remplies par les naturaliftes.

A la fuite de ces tables on voit une mappemonde où fe trouvent tracées les principales chaînes de montagnes, foit terreftres, foit marines, par le moyen defquelles le géographe diftingue les différens baffins des mers & les terreins qui font inclinés vers ces mers. Nous en avons déjà parlé & nous ne répéterons pas ici ce que nous en avons dit.

Nous paffons à une carte phyfique de l'Europe qui eft exécutée dans les mêmes vues : elle offre les principales chaînes non-feulement de cette partie du monde, mais encore de plufieurs pays voifins ; on y a diftingué par les couleurs les divers terreins inclinés vers l'Océan & les autres mers qui baignent les différentes parties de l'Europe. Cette carte eft partagée en deux parties par une arrête tracée depuis le détroit de Gibraltar jufqu'à la rivière de Petzora, en Ruffie. C'eft une principale chaîne de laquelle fortent les fleuves; elle a fes branches qui divifent & circonfcrivent les baffins de l'Europe ou terreins inclinés vers les mers, qui font, l'Océan Atlantique, la mer du Nord, la mer Baltique, la mer Glaciale & la mer Méditerranée, avec fes prolongemens jufqu'à la mer Noire.

La première de ces branches à l'Occident, paffe en France & en Angleterre, par le Pas-de-Calais, & fépare ainfi le baffin maritime de l'Océan d'avec celui de la mer du Nord; celle qui commence en Allemagne paffe en Danemarck & en Norwege, fépare le baffin terreftre de la mer Baltique de celui de la mer Glaciale, & va rejoindre la branche qui fe détache des frontières de Pologne & de Ruffie. Une autre qui part du même endroit fe porte vers le Midi, paffe entre le Volga & le Don, & fépare les eaux de la mer Cafpienne de celles de la mer Noire. Enfin, il en part deux du plateau de la Suiffe, dont l'une va au détroit de Conftantinople & entoure l'Archipel. L'autre traverfant l'Italie va par la Sicile joindre le mont Atlas, en Afrique. Telle eft la marche des chaînes montueufes que Buache a tracées en Europe. Comme on connoît le fyftême d'après lequel il en a réglé la diftribution, je n'en difcuterai pas les détails dans cette notice : on en trouve au refte les développemens dans dix cartes particulières où nous les fuivrons avec foin pour en donner encore une idée plus précife. Ces dix cartes font : celles de l'Efpagne, de la France, de l'Italie, de l'empire d'Allemagne, avec les royaumes de Bohême & de Hongrie, les Provinces-Unies & la Suiffe, de la Turquie d'Europe, des royaumes de Pologne & de Pruffe avec la Moldavie, la petite Tartarie & partie de la Ruffie, de l'empire de Ruffie en Europe, partie méridionale, & partie feptentrionale, des royaumes de Suède & de Danemarck, enfin des ifles britanniques.

Dans la Carte d'Efpagne, on trouve la chaîne qui fepare ce royaume en deux parties par une ligne qui part du détroit de Gibraltar & va fe rendre dans la Bifcaie par la fource de l'Ebre, puis fuit le fommet des Pyrennées; c'eft dè-là que dans la carte de France Buache lui fait parcourir les Cévennes, la Bourgogne, la Lorraine, pour fe rendre par la Picardie, la Flandre & l'Artois, au Pas-de-Calais, & de-là paffer en Angleterre. Reprenant enfuite au plateau de Langres, la chaîne va par les Vôges & le Jura en Suiffe; c'eft là qu'une branche gagne par les Alpes l'Apennin, pendant que deux autres fe détachent des Alpes des Grifons, pour aller l'une entre le Tirol & la Carinthie dans la Turquie d'Europe, & fe rendre dans la Grèce jufqu'au Cap-Matapan, & l'autre par la Souabe & la Franconie, entre la Bohème & l'Autriche, joindre les Crapacs & les montagnes des frontières de Pologne & de Ruffie. De la Moravie, il fe détache auffi une branche qui par la Silefie & la Baffe-Saxe, pénétre en Danemarck, & après avoir franchi les détroits, fuit les montagnes entre la Norvège & la Suède, & revient entre la mer Blanche & les golfes de Bothnie & de Finlande, les lacs Onéga & l'Adoga, s'étendre jufqu'à la rivière de Petzora, féparant les terreins inclinés vers la mer Cafpienne, de ceux qui verfent leurs eaux dans la mer Blanche & la Baltique. Un de ces embranchemens fépare, comme nous l'avons déjà dit, le baffin du Don de celui du Volga, & va joindre le Caucafe. Enfin la chaîne que nous avons laiffée au Pas-de-Calais, traverfe l'Angleterre & l'Ecoffe, & fe divife aux ifles de Schetland pour joindre d'un côté la Norvège au Cap-Stade, & de l'autre, les ifles Féroë, Iflande & le Groënland. Un embranchement de la chaîne d'Angleterre après s'être étendu en Irlande, s'en détache pour joindre l'ifle de Terre-Neuve en Amérique.

Tels font les détails des chaînes tracées fur les dix petites cartes que renferme ce fecond recueil, dont je donne avec d'autant plus de foin l'analyfe qu'elle fera plus connoître les travaux géographiques & les vues fyftématiques de Philippe Buache.

I V.

Difcuffion fur l'offature & la charpente *du* globe, *telle que Buache croyoit pouvoir la déduire de fon fyftême de* Géographie-Phyfique.

En 1752, Buache publia des vues générales fur une efpèce de charpente du globe, compofée de plufieurs chaînes de montagnes, qui non-feulement traverfoient fous plufieurs directions les continens, mais même les mers. Il y joignit auffi quelques confidérations particulières fur les différens baffins de l'Océan qui font fermés & circonfcrits par quelques parties de ces chaînes.

Il détermina la marche & l'allure de toutes ces chaînes de montagnes, par la diftribution de toutes les fources des fleuves, des grandes & des petites rivières, qui indiquent inconteftablement les parties les plus élevées de la terre; il crut même en trouver les prolongemens dans les baffins des mers par la fuite des ifles, vigies, rochers à fleur d'eau, bas-fonds qui s'y montrent difperfés fuivant certaines directions.

Il s'occupa même a tracer tous les détails de ces confidérations générales, & a les préfenter fur des cartes où font figurés les terreins élevés & leur direction. Il embraffa fous ces deux points de vue toute l'étendue du globe terraquée, en comprenant la diftribution naturelle des hautes montagnes, des fleuves & des rivières qui y ont leur origine, avec la détermination de tous les baffins des mers.

Il avoua cependant qu'avant de décider que les parties les plus élevées du globe

indiquées par les fources des grandes rivières en formoient la charpente, il étoit indifpenfable de reconnoître la nature du fol de ces parties, qu'en un mot, il falloit joindre des obfervations d'hiftoire naturelle à ce que la première configuration du terrein fembloit annoncer à tous ceux qui jettoient les yeux fur des cartes chargées d'arrêtes fuivies. Il défiroit même qu'on fixât par les mêmes obfervations la fuite non interrompue des terreins élevés qu'il avoit harfadée fur ces cartes.

Cet aveu de Buache devoit engager les naturaliftes obfervateurs, à n'adopter fon hypothèfe fur la charpente du globe, qu'après l'examen auffi fcrupuleux qu'étendu des parties de la furface de la terre, où fes cartes nous traçoient la marche & la direction des chaînes de montagnes.

En faifant toutes ces reflexions, je conviens avec Buache, que les fources des fleuves & des rivières indiquent les terreins les plus élevés des différentes contrées de la terre, que de ces points les eaux courantes defcendent par des pentes plus ou moins rapides & continuent jufqu'à la mer; mais il ne s'enfuit pas de là que l'origine des fleuves & des rivières foit affujettie à des terreins élevés qui fe prolongent par-tout fans aucune interruption, fans intervalles confidérables.

C'eft cependant cette fuite non interrompue des chaînes de montagnes & d'arrêtes tracées fur fes cartes, que Buache confidère comme la charpente du globe; fuite qui non-feulement traverfe fuivant ce géographe les continens, mais encore fe prolongeant dans les baffins de la mer par les ifles, les vigies, les bas-fonds, forme une liaifon folide entre tous les continens.

Pour peu qu'on ait obfervé avec foin, on a pu reconnoître que l'enchaînement prétendu de ces arrêtes n'exifte pas comme Buache le reprefente fur fes cartes. Ce-

pendant, avant d'annoncer ces chaînes ra-
mifiées comme les veftiges apparens de
la charpente du globe, il femble qu'un
favant jaloux de ne rien publier au hafard
auroit dû en conftater l'exiftence & fur-
tout la continuité par l'obfervation fuivie
& raifonnée qui lui auroit fait reconnoître
dans ces arrêtes un maffif toujours de même
nature & femblablement organifé ; mais
aucune de ces recherches préliminaires n'a
été faite, & les naturaliftes obfervateurs
qui ont entrepris & continué pendant long-
tems l'examen des maffifs correfpondans
aux arrêtes tracées fur la mappemonde de
Buache & fur les autres cartes de détail,
n'ont rien rencontré qui pût autorifer en
aucune forte la moindre fuppofition à cet
égard.

Où trouver par exemple une chaîne
continue, comme Buache l'a tracée, depuis
les fources du Rhin, du Rhône & du Po,
jufqu'aux fources de la Loire & de l'Allier ? Quelles vaftes & grandes vallées ne
voit-on pas dans ce trajet ? De même fur
quels fondemens établit-on la réunion des
deux maffifs d'où fortent les fources de
la Loire & de l'Allier avec la branche des
arrêtes qu'on fuppofe prolongées depuis
le Velay & l'Auvergne, jufqu'au Pas-de-
Calais par les Vôges ? En fuivant auffi
la trace de la chaîne prétendue, qui des
Vôges va fe rendre au même Pas-de-Calais,
où trouve-t-on une arrête marquée & élevée
au-deffus des terreins circonvoifins au milieu
des plaines & des collines de la Lorraine,
de la Champagne & de la Picardie, & une
même nature de pierres anciennes & primitives au milieu de toutes ces couches
horizontales de pierres, de fables, de
pierres coquillières, de marne & de craie,
qui règnent dans tout le trajet que parcourent ces arrêtes ?

En fuppofant que quelques parties des
hauteurs figurées fur les cartes de Buache,
comme exiftantes dans les Cévennes &
dans les Vôges & compofées de maffifs
graniteux, aient pu être confidérées comme

appartenant à la charpente du globe, à fa
conftitution primitive, leurs prolongemens à travers les contrées qui n'offrent
à leur furface que des matériaux d'une
nature différente, des bancs de pierres calcaires & de craie, comme je viens de le
dire, ne peuvent être confidérés comme
une fuite de cette même conftitution
ancienne & primitive.

Si le globe de la terre avoit une charpente, une offature, ce ne pourroit être
que ce que nous avons fait connoître à
l'article de Rouelle, fous le nom de l'ancienne terre ; mais à raifonner de cette
ancienne terre d'après les caractères que
lui donne celui qui nous l'a fait connoître,
& d'après ce que nous en connoiffons,
nous voyons d'abord que ne fe préfentant
pas fous la forme des arrêtes & des chaînes
continues que donne Buache à fa charpente du globe, elle ne peut remplir les
idées hypothétiques de ce favant géographe.
Je dois dire ici que l'ancienne terre occupe
de grands & larges tractus qui forment des
hauteurs confidérables ; mais auffi elle ne fe
préfente pas à beaucoup près ni dans toutes
les hauteurs, ni fur les fommets les plus
élevés ; elle fe trouve même à tous les
niveaux poffibles & dans toutes les
montagnes que Buache a diftinguées ;
elle ne fe montre donc pas conftamment
à toutes les arrêtes défignées dans fes cartes
& affujetties aux fources des fleuves & des
rivières ? Ce n'eft pas elle qui forme toujours l'enceinte des baffins des rivières.
En un mot, la plupart des maffes montueufes les plus confidérables du globe
qui renferment dans leur bafe cette ancienne
terre, offrent à leurs fommets des maffifs
de couches de pierres calcaires ou argilleufes qui, étant d'une formation poftérieure, ne peuvent être confidérés comme
appartenant à la charpente du globe. D'ailleurs, les couches que préfentent de
toutes parts ces parties élevées des grandes
montagnes ne paroiffent pas dans l'affiette
la plus folide, puifqu'elles ont éprouvé des
déplacemens qui fe continuent tous les jours.

Enfin, je dois ajouter ici ce que j'ai déjà dit, c'est que cette ancienne terre est enveloppée par de grands & larges *tractus* de la nouvelle qui en interrompent la continuité & les raccordemens & qui, par conséquent, s'opposent à la continuité des ceintures hypothétiques de Buache, non-seulement quant à la nature des massifs, mais encore quant à leur forme élevée & prolongée en chaînes.

Si nous suivons maintenant les isles, les vigies, les rochers à fleur d'eau, nous trouvons que le massif de l'ancienne terre ne se trouve point dans la ligne du prolongement des montagnes du continent aux isles. Je n'en veux pour preuve que ce qu'on observe au Pas-de-Calais; non-seulement l'isthme marin n'est pas de l'ancienne terre, mais même les deux bords de la mer des deux côtes n'offrent point la forme de hauteurs élevées; & si l'on entre dans les isles, on ne trouve pas plus régulièrement l'ancienne terre sur leurs côtes, ni sur la ligne tracée par les points de partage des eaux: en un mot par les sources.

J'avoue que si cette ancienne terre, d'après l'examen qu'on en auroit fait, eût formé les terreins élevés & toutes les arrêtes des hauteurs que Buache a tracées sur ses cartes, les naturalistes observateurs n'auroient jamais balancé à regarder son système de *Géographie-Physique* comme une très-belle découverte; mais l'observation n'ayant pas constaté ces suppositions, il s'ensuit que toutes les inégalités du globe manifestées par la distribution des eaux courantes à sa surface, ne peuvent rien déterminer quant à sa charpente; ainsi la charpente du globe telle qu'elle a été indiquée & figurée sur les cartes de Buache, ne peut être considérée comme un grand fait qui appartienne à la *Géographie-Physique*.

Je regrette beaucoup que cet habile géographe se soit attaché ainsi à cet hypo-

thèse, & ait perdu de vue des détails précieux; qu'il étoit plus en état que tout autre géographe de mettre en ordre & à la portée des observateurs. Tels sont ceux qui ont pour objet les bassins des rivières, sur lesquels il n'a donné que de premiers apperçus. (Voyez *Bassins des rivières.*)

Il faut donc continuer à suivre les points de partage des eaux courantes à la surface du globe: étudier & décrire les bassins des fleuves & des rivières sans y joindre les idées hypothétiques de Buache. Les plans de ce géographe serviront à nous montrer la marche des eaux courantes, & les grands systêmes de leur distribution à la surface de toutes les parties de nos continens; on pourra même ajouter par la suite l'examen des terreins, de leur nature, de leur disposition relative, & nous saurons gré à Buache d'avoir tourné les vues des naturalistes vers ces objets, de nous les avoir présentés dans des cartes d'ailleurs très-instructives pour la forme des terreins, aux *arrêtes* près.

Buache n'est pas le premier qui ait écrit sur la charpente du globe, Marsigly s'en étoit occupé aussi, mais sans aucune vue plus précise que celle du géographe; nous trouvons même cette idée d'ossature dans les anciens écrivains qui ont traité de la physique générale: ils ont comparé à grands frais le grand monde avec le petit, c'est-à-dire; le globe de la Terre, avec le corps humain, & c'est de-là qu'ils ont imaginé que les montagnes & les hauteurs devoient former, tant dans l'intérieur de la terre qu'au dehors une charpente de matières plus solides, & qui fît les fonctions de la charpente osseuse dans le corps humain; mais cette comparaison n'a jamais roulé que sur des considérations vagues d'objets très-peu semblables; & l'observation nous force, aujourd'hui que les fondemens de cette comparaison ont été plus discutés & plus approfondis, à rejetter entièrement une hypothèse qui ne peut jetter aucun jour sur la constitution du

globe, comme tout ce qui a été dit sur
les autres plans de comparaison du ma-
crocosme & du microcosme.

BUFFON.

*Notice des principaux articles des ou-
vrages de Buffon, relatifs plus particulièrement à la Géographie-Physique.*

Quoique Buffon ait traité de plusieurs
objets d'histoire naturelle relativement
à l'histoire de la terre & à la *Géographie-
Physique*, cependant il m'a paru devoir
me borner à présenter dans cette notice le
précis de trois articles principaux, qui ont
trait plus particulièrement à cette partie
de nos connoissances, & qui peuvent concourir à la perfectionner.

Dans la première je donne un extrait
de la théorie de Buffon, où toutes les
parties de son système sont présentées rapidement & sans discussion, mais où je
m'attache particulièrement aux faits.

Dans la seconde je donne un précis des
recherches de Buffon sur les animaux qua-
dupèdes naturels & propres à chacun
des deux continens & sur ceux qui leur
sont communs. On y montre les conséquences qui en résultent relativement
au passage de certains animaux de l'ancien
continent dans le nouveau.

Enfin dans le troisième article, je donne
un extrait raisonné du grand travail de
Buffon sur les époques de la nature. Je me
suis borné à présenter ici les faits qui
servent de base à cette espèce de cosmogonie & à les rapprocher de manière à en
former un tout solide & instructif dans
toute sorte d'hypothèse, sans pourtant dissimuler l'usage que Buffon a cru devoir
en faire pour établir son système. J'ai cru
que ce précis d'une grande masse de faits
pouvoit être très-utile aux progrès de la
Géographie-Physique. Les autres objets

moins importans, dont traite Buffon dans
ses nombreux ouvrages, reparoîtront dans
les articles du dictionnaire & y seront
discutés avec l'étendue & les vues qui
m'ont paru convenables à leur importance.

*Précis raisonné du traité de Buffon sur la
théorie de la terre.*

Buffon ne s'occupe pas dans son discours sur la théorie de la terre, & dans les
preuves qu'il y a jointes, de sa figure, de
son mouvement, ni des rapports qu'elle
peut avoir avec les autres parties de l'Univers; mais il examine sa constitution intérieure, sa forme & sa matière. Il a cru
que l'histoire générale de la terre, l'exposition des résultats généraux des observations qu'on a faites sur les différentes matières qui composent le globe terrestre, sur
les éminences, les profondeurs & les inégalités de sa forme, sur le mouvement des
mers, sur la direction des montagnes, sur
la disposition des couches, devoient précéder l'histoire particulière de ses productions. La théorie de ces effets est, suivant
lui, une première étude de laquelle dépend l'intelligence des phénomènes particuliers, aussi bien que la connoissance
exacte des substances terrestres; tel est le
plan vaste & étendu qu'embrasse Buffon
dans l'exécution de ce travail. Il s'oblige
de n'admettre aucune supposition & de
ne faire usage de son imagination que pour
combiner les observations, généraliser les
faits & en former un ensemble qui présente
à l'esprit un ordre méthodique d'idées
claires & de rapports suivis & vraisem-
blables.

Le globe de la terre offre à sa surface
des hauteurs, des profondeurs, des plaines,
des mers, des marais, des fleuves, des
cavernes, des gouffres, des volcans; &
à la première inspection on ne découvre
en tout cela aucune régularité, aucun
ordre. Si l'on pénètre dans son intérieur,
on y trouve des métaux, des minéraux,
des

des pierres, des bitumes, des sables, des terres, des eaux & des matières de toutes espèces, placées comme au hasard & sans aucune règle apparente. Si l'on examine avec un peu plus d'attention, on voit des montagnes affaissées, des rochers fendus & brisés, des contrées englouties, des isles nouvelles, des terreins submergés, des cavernes comblées, des matières pesantes posées sur de plus légères, des substances molles, solides, friables, toutes mêlées & dans une espèce de confusion qui ne nous présente d'autre image que celle d'un amas de débris & d'un monde en ruines.

C'est sur ce désordre apparent qui se montre à la surface & dans l'intérieur de la terre, que Buffon prétend jetter une grande lumière en nous y faisant découvrir un ordre & des rapports généraux que nous ne soupçonnions pas, autant que la connoissance que nous avons de la croûte extérieure & presque superficielle du globe, & de sa masse intérieure lui permettra; il se borne donc à l'examen & à la description de la surface de la terre & de la petite épaisseur dans laquelle nous avons pénétré.

Le premier objet qui se présente, c'est l'immense quantité d'eau qui couvre la plus grande partie du globe, & qui occupe toujours les parties les plus basses, de manière que leur surface est toujours de niveau, & que leur masse tend continuellement à l'équilibre & au repos. Cependant ces eaux sont agitées par une forte puissance qui s'opposant à la tranquillité de cet élément, lui imprime un mouvement périodique & réglé, souleve les flots qui s'abaissent ensuite, & fait un balancement de la masse totale des mers en les remuant jusqu'à la plus grande profondeur.

Dans l'examen du bassin qui contient toutes ces eaux, Buffon nous y fait remarquer autant d'inégalités que sur la surface de la terre. Il voit dans ces hauteurs, & ces profondeurs des vallées, & des

plaines; il voit dans les isles les sommets des vastes montagnes, dont le pied & la base sont couverts par les eaux; il voit les courans rapides qui semblent se soustraire au mouvement général, se porter constamment dans la même direction & assujettis à des limites aussi invariables que celles qui bornent les eaux courantes des fleuves de la terre. Il nous fait envisager d'abord ces mouvemens intestins qui ont lieu dans le fond de la mer, ces agitations extraordinaires produites par des volcans soumarins, comme la cause des bouillonnemens & des trombes. Plus loin ces gouffres, ces tournans d'eau, qui semblent vouloir attirer les vaisseaux pour les engloutir; & enfin ces plaines calmes & tranquilles, où faute de vents, les navigateurs sont forcés de rester & de périr.

Mais ce que Buffon nous indique de plus important dans le vaste empire de la mer, ce sont ces milliers d'habitans de différentes espèces qui en peuplent toute l'étendue. Les uns couverts d'écailles légéres, se jouent dans les différens parages, d'autres chargés d'épaisses coquilles, où se trainent pesamment ou restent attachés aux rochers. Il nous parle également des plantes, des mousses, & des végétations encore plus singulières que produit abondamment le fond de la mer; il finit enfin par nous indiquer le terrein du fond de la mer comme formé de sables, de graviers, de vase, de terre ferme, de coquillages, de durs rochers & comme ressemblant partout à la terre que nous habitons. Voyez *Bassin de la mer.* Voyez *Coquilles.*

En nous faisant voyager ensuite sur la partie sèche du globe, voici ce que nous offre Buffon. D'abord il nous fait parcourir la différence prodigieuse des climats, la variété des terreins, l'inégalité de leurs niveaux, les grandes montagnes plus voisines de l'Equateur que des Pôles, qui dans l'ancien continent s'étendent d'Orient en Occident beaucoup plus que du Nord au Midi, & qui dans le nouveau monde.

s'étendent au contraire du Nord au Sud, beaucoup plus que d'Orient en Occident. Il nous fait remarquer comme une obfervation importante que ces montagnes & leurs contours, qui paroiffent abfolument irréguliers, ont cependant des directions fuivies & des correfpondances entr'elles, enforte que les angles faillants d'une montagne fe trouvent toujours oppofés aux angles rentrans de la montagne voifine qui en eft féparée par un vallon. Il nous indique de même dans les collines voifines les mêmes matières qui fe préfentent au même niveau, quoique ces collines foient féparées par des intervalles profonds & confidérables; dans tous les lits de terre, comme dans les couches les plus folides, renfermant des marbres ou des pierres de taille, des fentes perpendiculaires à l'horifon; enfin dans l'intérieur de la terre & dans les lieux les plus éloignés de la mer, des coquilles, des dépouilles d'animaux marins, des plantes marines entièrement femblables aux coquilles, aux poiffons, aux plantes actuellement vivantes dans la mer actuelle, & qui en effet font les mêmes. Il infifte fur la prodigieufe quantité de ces coquilles foffiles, fur leur difpofition au milieu des bancs de pierre plus ou moins dure comme dans les terres argilleufes & les fables: fur la circonftance vraiment remarquable qui nous les offre toujours remplies de la même fubftance qui les enveloppe, enfin fur le grand nombre de lieux & de matières terreftres, où fe rencontrent ces coquilles & les autres productions de la mer.

Tels font les faits, telle eft la maffe des obfervations fur lefquelles Buffon a raifonné pour établir fa théorie du globe de la terre dont le développement va nous occuper dans cet expofé.

Buffon remarque d'abord que les changemens arrivés au globe terreftre depuis deux ou même trois mille ans font peu confidérables en comparaifon des révolutions qui ont dû fe faire dans les tems

reculés; car toutes les matières terreftres n'ayant acquis de la folidité que par l'action continuée de la gravité & des autres forces qui réuniffent les particules de la matière, la furface de la terre devoit être au commencement beaucoup moins folide qu'elle ne l'eft devenue par la fuite, & il en conclut que les mêmes caufes qui ne produifent aujourd'hui que des changemens prefqu'infenfibles dans l'efpace de plufieurs fiècles devoient caufer alors de très-grands effets dans un petit nombre d'années. En effet il penfe que la terre actuellement fèche & habitée a été autrefois fous les eaux de la mer, & que ces eaux étoient fupérieures aux fommets des plus hautes montagnes, puifqu'on trouve fur ces montagnes & jufque fur leurs fommets des productions marines & des coquilles qui comparées avec les coquillages vivans font les mêmes, & qu'on ne peut douter de l'identité de leurs efpèces. Il lui paroît en même tems que les eaux de la mer ont féjourné quelque tems fur cette terre, puifqu'on trouve en plufieurs endroits des bancs de coquilles fi prodigieux & fi étendus qu'il n'eft pas poffible qu'une auffi grande multitude d'animaux ait été tout-à-la-fois vivante en même tems; qu'il a fallu un grand nombre d'années pour les produire, pour les dépofer au milieu des couches ainfi que les autres matieres qui entrent dans leur compofition. Il ne peut fe réfoudre à admettre pour l'explication de ces phénomènes la fuppofition de ceux qui prétendent que dans le déluge univerfel tous les coquillages ont été enlevés du fond des mers & tranfportés fur toutes les parties de la terre, par la raifon qu'on ne peut croire que tous les bancs où l'on trouve les coquilles incorporées & pétrifiées, ayant été tous formés en même tems & précifément dans l'inftant du déluge, & que d'ailleurs la furface de la terre devant avoir acquis au tems du déluge une grande folidité, les eaux n'ont pu bouleverfer les terres jufqu'aux profondeurs où gifent les coquilles, pendant le peu de tems que dura l'inondation univerfelle.

Delà il conclut que les eaux de la mer ayant féjourné fur la furface des parties de la terre que nous habitons, cette même furface a été pendant quelque tems un fond de mer dans laquelle tout fe paffoit comme il fe paffe actuellement dans la mer d'aujourd'hui. D'ailleurs les couches des différentes matieres qui compofent la terre, étant pofées parellelement entr'elles & à l'horifon, il regarde comme démontré que cette organifation eft l'ouvrage des eaux qui ont amaffé & accumulé peu à peu ces matières, & leur ont donné la même fituation que l'eau prend toujours elle-même, c'eft-à-dire, cette fituation horifontale que l'on obferve prefque par-tout. Il eft vrai qu'il admet quelque exception dans les montagnes où les couches font inclinées, & qu'il les confidère comme ayant été formées par des fédimens dépofés fur une bâfe inclinée, c'eft-à dire fur un terrein en pente.

Toutes ces couches lui paroiffent d'ailleurs avoir été formées fucceffivement & peu à peu & nullement par une révolution rapide; car on voit des couches de matières pefantes, pofées fur des couches de matieres légeres; ce qui ne pourroit pas être, fi toutes ces matieres diffoutes & mêlées en même tems dans l'eau fe fuffent enfuite précipitées au fond du baffin de la mer; car les matieres les plus pefantes feroient defcendues les premieres & au plus bas, & chacune fe feroit arrangée fuivant fa gravité fpécifique & dans un ordre relatif à leur pefanteur particuliere.

D'ailleurs les montagnes les plus éle- vées étant compofées de couches paralléles comme les collines & les plaines les plus baffes, Buffon en conclut auffi que l'on ne peut attribuer l'origine & la formation des montagnes à des fecouffes, à des trem- blemens de terre, non plus qu'à des vol- cans qui auroient troublé cette organifa- tion, cette fituation horifontale & paral- lèle des couches, & n'auroient laiffé à fa

place que le défordre d'un tas de matériaux rejettés confufément.

Si notre terre compofée de couches ho- rifontales & paralleles a été un fond de mer, en confidérant ce qui fe paffe aujourd'hui dans le baffin de la mer actuelle, Buffon en a tiré des inductions fur la forme exté- rieure, & la compofition intérieure des continens abandonnés par la mer.

D'abord il obferve que de tout tems la mer éprouve un mouvement de flux & de reflux qui fait deux fois élever & baiffer les eaux en vingt-quatre heures, & qu'il s'exerce avec plus de force fous l'Equateur, que fous les dégres de latitude éloignés de l'Equateur; que la terre a un mouvement rapide fur fon axe, & par con- féquent une force centrifuge plus grande à l'Equateur que dans toutes les autres parties du globe; qu'enfin ces deux mouvemens, l'un diurne, l'autre de flux & reflux, ont élevé peu à peu les parties voifines de l'E- quateur en y menant fucceffivement les li- mons, les terres, les coquillages, & qu'ainfi les plus grandes inégalités du globe doi- vent fe trouver & fe trouvent en effet dans le voifinage de l'Equateur : & comme ce mouvement de flux & de reflux fe fait par des alternatives journalières & répetées fans interruption, à chaque fois les eaux emportent d'un endroit à l'autre une petite quantité de matière, laquelle tombe en- fuite en fédiment au fond de l'eau, & for- me les couches parallèles & horifontales qu'on trouve par-tout.

Si l'on objecte à Buffon, contre cette caufe organifatrice du globe de la terre, que le mouvement du flux & du re- flux eft un balancement égal des eaux, une efpèce d'ofcillation régulière en confé- quence de laquelle les matières apportées par le flux doivent être remportées par le reflux, & que le fond de la mer doit toujours refter le même, parce qu'un mou- vement détruit les effets de l'autre, Buffon répond que le balancement des eaux n'eft pas égal, puifqu'il produit un mouvement continuel de la mer de l'Orient vers l'Occident; que de plus, l'agitation caufée par les vents s'oppofe à l'égalité du flux & du reflux, & que de la combinaifon de toutes ces circonftances il en réfulte toujours des tranfports de terre & des dépôts de matières dans certains endroits qui feront compofés de couches parallèles & horifontales, parce que ces mouvemens tendent à mettre de niveau les terres les unes fur les autres dans les lieux où les terres tombent en forme de fédiment. Enfin il détruit cette objection, en citant le fait qui nous prouve que dans toutes les contrées où l'on obferve le flux & le reflux & fur toutes les côtes, le flux amène beaucoup de chofes que le reflux ne remporte pas, & que d'un autre côté la mer couvre & envahit des terreins dont elle détruit la fuperficie; & que certains terreins qu'elle a formés reftent pour toujours dans l'état de terre fèche & font partie des continens terreftres.

Pour ne laiffer aucun doute fur ce point important de fa théorie, Buffon a pris le parti d'expliquer en détail la formation d'une montagne dans le fond de la mer, par le mouvement & les fédimens des eaux. Il nous fait envifager ce qui arrive fur une côte contre laquelle la mer agit avec violence dans le tems qu'elle eft agitée par le flux, & d'où les eaux emportent à chaque fois une petite portion de la terre qui compofe la côte; ces particules de pierre ou de terres font néceffairement tranfportées par les eaux jufqu'à une certaine diftance & dans de certains parages où le mouvement de l'eau ralenti abandonne ces particules à leur propre pefanteur, & alors elles fe précipitent au fond de l'eau en forme de fédiment, & là, elles forment une première couche horifontale ou inclinée fuivant la pofition de la furface du terrein fur laquelle tombent ces fédimens. Cette première couche eft bientôt couverte & furmontée d'une autre couche femblable, produite de la même manière, & infenfiblement il fe

forme dans cet endroit un dépôt confidérable de matière, dont les couches font pofées parallèlement les unes fur les autres. L'on conçoit que cet amas eft dans le cas d'augmenter toujours par les nouvelles matières que les eaux y tranfporteront. C'eft ainfi que Buffon penfe qu'il fe formera une élévation & une montagne dans le fond de la mer, qui fera parfaitement femblable aux éminences & aux montagnes que nous voyons fur la terre, tant pour la compofition intérieure que pour la forme extérieure.

S'il fe trouve des coquilles dans cet endroit du fond de la mer où fe fait le dépôt, les fédimens couvriront ces coquilles & les rempliront : elles feront incorporées par la fuite de ce travail dans les couches des matières dépofées, elles feront partie des maffes formées par ces dépôts, on les y trouvera dans l'état où elles auront été faifies.

Buffon nous fait remarquer enfuite que lorfque le fond de la mer eft remué par l'agitation des eaux, il fe fait néceffairement des tranfports de terre, de vafes, de coquilles & d'autres matières dans de certains endroits où elles fe dépofent en forme de fédimens. Et comme les obfervations des plongeurs prouvent, felon lui, que ces mouvemens ont lieu aux plus grandes profondeurs, il ne doute pas que le fond de la mer, étant ainfi remué, il ne s'y faffe des tranfports de terres & de coquilles qui vont tomber quelque part, & former en fe dépofant des couches parallèles & des éminences compofées comme nos montagnes le font. C'eft ainfi qu'il conçoit que le flux & reflux, les vents, les courans & tous les mouvemens des eaux ont produit ou produifent encore des inégalités dans le fond de la mer, parce qu'il eft perfuadé que toutes ces caufes peuvent détacher du fond & des côtes de la mer, des matières qui fe précipitent enfuite en forme de fédimens.

C'eft d'après toutes ces confidérations

qu'il suppose que le flux & reflux, les vents & tous les autres agens qui peuvent agiter la mer, doivent produire par le mouvement des eaux, des éminences & des inégalités sur le fond de la mer qui seront toujours composées de couches horisontales ou inclinées. Ces éminences pourront avec le tems augmenter considérablement & devenir des collines qui, dans une longue étendue de terrein, se trouveront comme les ondes qui les auront produites, dirigées de même sens, & formeront peu à peu une chaîne de montagnes ; ces hauteurs une fois formées seront un obstacle à l'uniformité du mouvement des eaux ; entre deux hauteurs voisines, il s'établira nécessairement un courant qui suivra leur direction commune, & qui coulera comme coulent les fleuves de la terre, en suivant un canal dont les angles seront alternativement opposés dans toute l'étendue de son cours.

Buffon ne se borne pas là, il suppose encore que ces hauteurs formées au-dessus de la surface du fond peuvent augmenter encore de plus en plus. Il suppose aussi que les eaux qui n'auront eu que le mouvement du flux auront déposé sur la cîme des hauteurs le sédiment ordinaire, & que celles qui auront obéi au courant, auront pu entraîner au loin les parties qui se seroient déposées entre deux, & qu'en même tems elles auront creusé au pied de ces montagnes un vallon dont tous les angles auront dû se trouver correspondans. Par l'effet de ces deux mouvemens, Buffon ne doute point que le fond de la mer n'ait été bientôt sillonné, traversé de collines & de chaînes de montagnes, enfin, semé d'inégalités telles que nous les trouvons aujourd'hui à la surface des continens. Peu à peu les matières molles dont les éminences se sont trouvées composées, ont été durcies par leur propre poids ; les autres formées de parties purement argileuses, auront produit les collines de glaises qu'on trouve en tant d'endroits. D'autres composées de parties sablonneuses &

cristallines, ont fait ces énormes amas de rochers d'où l'on tire le cristal de roche & d'autres cristallisations ; d'autres, faites de parties propres à se pétrifier, mêlées de coquilles, ont formé ces bancs de pierres & de marbre où nous retrouvons ces coquilles aujourd'hui. D'autres enfin, composées d'une *matière encore plus coquilleuse* ont produit les marnes, les craies & les terres.

Toutes ces matières sont posées par lits qui contiennent des substances hétérogènes ; les débris des productions marines s'y trouvent en abondance. Les coquilles les plus légères sont dans les craies, les plus pesantes dans les argilles & dans les pierres, & elles sont remplies des matières mêmes des pierres & des terres, au milieu desquelles on les trouve, preuve incontestable qu'elles ont été transportées avec la matière qui les environne, & qui les remplit, & que cette matière étoit réduite en particules impalpables dans le tems du transport. Enfin, une dernière observation est que toutes ces matières dont la situation s'est établie par le niveau des eaux de la mer, conservent encore aujourd'hui cette première position.

Buffon après cette exposition détaillée de l'arrangement des substances terrestres, se proposa d'expliquer encore pourquoi la plupart des collines & des montagnes dont le sommet est de rocher de pierre de taille ou de marbre, ont pour base des matières plus légères, qui sont ou des monticules de glaise ferme & solide ou des couches de sable qu'on retrouve voisines jusqu'à une distance assez grande.

L'eau d'abord aura transporté la glaise ou le sable qui faisoit la première couche des côtes ou du fond de la mer, ce qui aura produit la base de ces montagnes, composée de tout ce sable, de toute cette glaise rassemblée ; après cela les matières les plus fermes & les plus pesantes qui se seront trouvées au-dessous, auront été attaquées & transportées par les eaux, en poussière impalpable, au-dessus de ces montagnes de sable ou de glaise, & cette poussière de pierre aura formé les rochers que l'on trouve au sommet des collines & des montagnes. Buffon présume que dans la première formation ces matières plus pesantes étoient au-dessous des autres & qu'elles se trouvent aujourdhui au-dessus par le nouveau travail des eaux de la mer.

Pour confirmer ce que nous venons d'exposer, il examine plus en détail la situation des matières qui conposent la première épaisseur du globe terrestre que nous connoissons par les fouilles qu'on y fait. Ainsi les carrières nous offrent différens lits ou couches presque toutes horisontales ou inclinées sur la même pente. Celles qui posent sur des lits de glaise sont sensiblement de niveau sur-tout dans les pays de plaine. La position horisontale, ou toujours également penchante des couches, se trouve dans les carrières de roc vif & dans celles des grès en grande masse. Elle n'est altérée ou interrompue que dans les carrières de grès en petite masse dont Buffon croit que la formation est postérieure à celle des autres matières. Ce qu'il appelle le roc vif, le sable vitrifiable, les argilles, les marbres, les pierres calcaires, les craies, les marnes, toutes ces matières sont disposées par couches parallèles toujours horisontales ou également inclinées; outre cela les épaisseurs de ces couches sont les mêmes dans toute leur étendue qui, souvent occupe un espace de plusieurs lieues & que l'on pourroit suivre très-loin avec quelque attention.

Il faut cependant excepter de cette disposition régulière, les couches de sable & de gravier entraînés du sommet des montagnes par la pente des eaux. Ces veines de sable se trouvent quelquefois dans les plaines où elles s'étendent considérablement; elles sont ordinairement posées sous la première couche de la terre labourable; alors dans les lieux plats elles sont de niveau comme les couches plus anciennes & plus profondes: mais au pied & sur la croupe des montagnes ces couches de sable sont fort inclinées, & elles suivent le penchant de la hauteur sur laquelle elles ont coulé. Les rivières & les ruisseaux ont formé ces couches, & en changeant souvent de lits dans les plaines, ils ont entraîné & déposé par-tout ces sables & ces graviers. Ces couches produites par les rivières & par les autres eaux courantes ne sont pas de l'ancienne formation, elles se reconnoissent aisément à la différence de leur épaisseur qui varie & n'est pas la même par-tout comme celle des couches anciennes; on les reconnoît aussi à leurs interruptions fréquentes; enfin, aux matières mêmes qu'on juge aisément avoir été lavées par les eaux, roulées & un peu arrondies.

Buffon place dans le même ordre les couches de tourbes & de végétaux pourris qui se trouvent au-dessous de la première couche de terre dans les terreins marécageux. Ces couches ne sont pas anciennes & elles ont été produites par l'entassement des arbres & des plantes qui peu à peu ont comblé ces marais. Il en est de même aussi de ces couches limoneuses que l'inondation des fleuves a produites en différens pays.

Ces différens terreins ont été nouvellement formés par les eaux courantes ou stagnantes, & ils ne sont pas assujettis à un niveau ou à une pente égale comme les couches anciennement produites par le mouvement régulier des eaux de la mer. Dans les couches que les rivières ont formées on trouve des coquillages fluviatiles. Il y en a peu de marines, & encore sont-elles brisées, déplacées, isolées; au lieu que dans les couches anciennes les coquilles marines se trouvent en grande quantité disposées de la même manière, comme ayant été tranſportées & placées par une cauſe conſtante & régulière.

Effectivement pourquoi ne trouve-t-on pas, obſerve Buffon, les matières terreſtres entaſſées irrégulièrement au lieu de les trouver par couches? Pourquoi les marbres, les pierres dures, les craies, les argilles, les plâtres, les marnes ne ſont-ils pas diſperſés ou joints par couches irrégulières ou verticales? Pourquoi les choſes peſantes ne ſont elles pas toujours au-deſſous des plus légères ? Cette uniformité de la nature, cette eſpèce d'organiſation de la terre, cet aſſemblage des différentes matières par couches parallèles & par lits, ſans égard à leur peſanteur, ne lui paroiſſent avoir été produites que par une cauſe auſſi puiſſante & auſſi conſtante que celle de l'agitation des eaux de la mer, ſoit par le mouvement réglé du flux & reflux, ſoit par celui des vents, &c.

Buffon trouve que ces cauſes agiſſent avec plus de force ſous l'Equateur que dans les autres climats, puiſque les vents y ſont plus conſtants & les marées plus violentes que par-tout ailleurs. C'eſt pour cela qu'il croit que les plus grandes chaînes de montagnes ſont voiſines de l'Equateur, que les montagnes de l'Afrique & du Pérou ſont les plus hautes qu'on connoiſſe, & que les montagnes de l'Europe & de l'Aſie qui s'étendent depuis l'Eſpagne juſqu'à la Chine, ne ſont pas auſſi élevées que celles de l'Amérique méridionale & de l'Afrique; c'eſt encore par la même cauſe que les montagnes du Nord ne ſont que des collines, en comparaiſon de celles des pays méridionaux. Outre cela Buffon remarque que le nombre des iſles eſt fort peu conſidérable dans les mers ſeptentrionales, tandis qu'il y en a une quantité prodigieuſe dans la zône torride, & comme une iſle eſt un ſommet de montagne, il s'enſuit que la ſurface de la terre a beaucoup plus d'inégalités vers l'Equateur que vers le Nord.

C'eſt donc le mouvement général du flux & du reflux qui, ſuivant Buffon, a produit les plus grandes montagnes dirigées d'Orient en Occident, dans l'ancien continent, & du Nord au Sud dans le nouveau dont les chaînes ſont ſi étendues. Mais il attribue aux mouvemens particuliers des courants, des vents & des autres agitations irrégulières de la mer, l'origine de toutes les autres montagnes. Il ne doute pas qu'elles n'aient été produites par la combinaiſon de ces mouvemens, dont les effets ont été variés à l'infini; mais il ne peut y reconnoître les effets des tremblemens de terre ni des autres cauſes accidentelles telles que les volcans.

Maintenant ſi cette terre qui eſt un continent ſec, ferme, & éloigné des mers a été un fond de mer, comment ſe trouve-t-il maintenant ſupérieur au niveau de la mer & ſéparé de ſon baſſin? Pourquoi les eaux de la mer n'ont pas elles reſté ſur cette terre, puiſqu'elles y ont ſéjourné ſi long-tems? Quelle cauſe, quel accident à pu produire un tel changement ſur le globe? Eſt-il poſſible d'en trouver une aſſez puiſſante pour opérer une telle révolution?

Buffon en ſe propoſant ces queſtions, avoue qu'elles ſont très-difficiles à réſoudre; mais il obſerve en même tems que les faits étant certains, la manière dont ils ſont arrivés ne doit préjudicier en rien au jugement que nous devons en porter. Cependant il n'abandonne pas entièrement la ſolution de ces difficultés, & il penſe qu'on peut trouver par induction des raiſons très-plauſibles de ces changemens. Nous voyons tous les jours, dit-il, la mer gagner du terrein ſur certaines côtes, & en perdre ſur d'autres.

Nous ſavons que l'Océan a un mouvement général & continuel d'Orient en Occident; tous ces effets paroiſſent à Buffon ſuffiſans pour croire qu'il eſt arrivé de grandes révolutions à la ſurface de la terre, & qu'en conſéquence la mer a pu quitter

& laisser à découvert la plus grande partie des terres qu'elle occupoit autrefois. Buffon fait plus, il a recours à des causes accidentelles; il suppose que l'ancien & le nouveau monde ne faisoient autrefois qu'un seul continent, & que par un violent tremblement de terre le terrein de l'ancienne Atlantide de Platon s'étant affaissé, la mer aura coulé de tous côtés pour remplir l'Océan atlantique, & parconséquent aura laissé à découvert de vastes parties des deux continens qui sont peut-être celles que nous habitons. Ce changement a pu se faire tout-à-coup par l'affaissement de quelque vaste caverne de l'intérieur du globe, ou bien il s'est fait par des progrès lents & insensibles.

De ce que l'Océan a un mouvement constant d'Orient en Occident & de ce que ce mouvement se fait sentir non-seulement entre les tropiques comme celui du vent d'Est, mais encore dans toute l'étendue des zônes tempérées & froides où l'on a navigé, Buffon en conclut d'abord que la mer Pacifique fait un effort continuel contre les côtes de la Tartarie, de la Chine & de l'Inde; que l'Océan indien fait effort contre la côte orientale de l'Afrique, & que l'Océan Atlantique agit de même contre toutes les côtes orientales de l'Amérique, & qu'ainsi la mer a dû & doit toujours gagner du terrein sur les côtes orientales, & en perdre sur les côtes occidentales. Il en résulte aussi, suivant Buffon, que le pays le plus ancien du monde est l'Asie & le continent oriental; que l'Europe au contraire & une partie de l'Afrique & sur-tout les côtes occidentales de ces continens, comme l'Angleterre, la France, l'Espagne, la Mauritanie, sont des terres plus nouvelles.

Mais Buffon invoque bien d'autres causes qui concourent avec le mouvement continuel de la mer d'Orient en Occident, pour produire l'effet qui nous occupe; d'abord les montagnes s'abaissent continuellement par des pluies qui en détachent les terres, les entraînent dans les vallées, & delà dans la mer; ainsi peu à peu le fond des mers se remplit, la surface des continens se met de niveau, & il ne faut que du tems pour que la mer prenne successivement la place de la terre. A ce principe, Buffon ajoute des exemples en combinant la cause générale avec les causes particulières, & il veut nous rendre sensibles les différens changemens qui sont arrivés sur le globe, soit par l'irruption de l'Océan dans les terres, soit par l'abandon de ces mêmes terres, lorsqu'elles se sont trouvées trop élevées.

La plus grande irruption de l'Océan dans les terres est celle qui a produit la Méditerranée. Entre deux promontoires avancés, l'Océan coule avec une très-grande rapidité par un passage étroit, & forme ensuite une vaste mer qui couvre un espace, lequel, sans y comprendre la mer Noire, est environ sept fois grand comme la France. Ce mouvement par le détroit de Gibraltar est contraire à tous les mouvemens de la mer dans tous les détroits qui joignent l'Océan à l'Océan; car le mouvement général de la mer est d'Orient en Occident, & celui-ci est d'Occident en Orient, ce qui prouve, suivant Buffon, que la Méditerranée n'est pas un golfe de l'Océan, mais qu'elle a été formée par une irruption des eaux à la suite ou d'un tremblement de terre, lequel auroit produit l'affaissement des terres à l'endroit du détroit, ou d'un violent effort de l'Océan. Cette opinion paroît confirmée par les observations qu'on a faites sur la nature des terres à la côte de l'Afrique & à celle d'Espagne, où l'on trouve les mêmes lits de pierre, les mêmes couches de terre, en-deçà & au-delà du détroit.

L'Océan s'étant ouvert cette porte, a d'abord coulé par le détroit avec une rapidité beaucoup plus grande qu'il ne coule aujourd'hui, & a couvert la partie du continent qui joignoit l'Europe à l'Afrique, les terres basses dont nous n'appercevons

percevons aujourd'hui que les éminences & les sommets dans l'Italie, dans les isles de Sicile, de Malte, de Sardaigne; de Corse, de Chypre, de Rhodes & de l'Archipel.

Buffon n'a pas compris dans cette irruption la mer Noire, parce qu'il paroît que la quantité d'eau qu'elle reçoit du Danube, du Niéper, du Don & de plusieurs autres fleuves qui s'y déchargent est plus que suffisante pour la former, & que d'ailleurs elle coule avec une très-grande rapidité dans la mer Méditerranée par le Bosphore. Ainsi l'on peut regarder la mer Noire comme un lac, comme la mer Caspienne.

Buffon pense qu'il arriveroit de même une irruption considérable de l'Océan dans les terres, si l'on coupoit l'Isthme qui sépare la mer Rouge de la Méditerranée, parce que la mer Rouge doit-être plus élevée que la Méditerranée.

Mais il n'insiste pas beaucoup sur des conjectures qui pourroient paroître trop hasardées, & il préfère de donner des exemples récens & des faits certains sur les changemens de mer en terre & de terre en mer. Voici les faits qu'il cite: A Venise le fond de la mer Adriatique s'élève tous les jours, & il y a déjà long-tems que les lagunes & la ville feroient partie du continent, si l'on n'avoit pas un très-grand soin de nettoyer les canaux; il en est de même de la plupart des ports, des petites baies & des embouchures de toutes les rivières.

En Hollande le fond de la mer s'élève aussi en plusieurs endroits; car le petit golfe de Zuyderzée & le détroit du Texel, ne peuvent plus recevoir des vaisseaux aussi grands qu'autrefois. On trouve à l'embouchure de presque tous les fleuves, des isles, des sables, des vases amoncelés & voiturés par les eaux, & en conséquence la mer se remplit dans tous les endroits où elle reçoit de grandes rivières. Le Rhin se perd dans les sables qu'il a lui-même accu-

mulés; le Danube, le Nil & tous les grands fleuves n'arrivent plus à la mer par un seul canal; mais ils ont plusieurs bouches, dont les intervalles ne sont remplis que des sables ou du limon, qu'ils ont charriés; tous les jours on voit sous ses yeux d'assez grands changemens de terres en mers, & de mers en terres, pour être assuré que ces changemens se sont faits, se font & se feront, ensorte qu'avec le tems les golfes deviendront des continens, les isthmes seront un jour des détroits, les marais des terres arides & les sommets de nos montagnes des écueils de la mer.

Si donc les eaux ont couvert & peuvent encore couvrir successivement toutes les parties des continens terrestres, on ne doit pas être étonné de trouver des productions marines à leur surface, et, dans l'intérieur une composition qui ne peut être que l'ouvrage des eaux. Après avoir montré comment se sont formées les couches horisontales de la Terre, il passe aux fentes perpendiculaires qu'on remarque dans les rochers, dans les bancs de pierres calcaires, comme dans les argilles, & en général dans toutes les matières qui composent le globe & sur-tout dans les couches horisontales. Plus les matières sont molles, plus ces fentes sont éloignées les unes des autres. Dans les carrières de marbre & de pierres dures, les fentes perpendiculaires sont seulement éloignées de quelques pieds, au lieu que si la masse des rochers est fort grande, on les trouve éloignées de quelques toises. Quelquefois elles descendent depuis le sommet des rochers jusqu'à leur base; elles sont toujours perpendiculaires aux couches horisontales dans toutes les matières calcinables, au lieu qu'elles sont plus obliques & plus irrégulièrement posées dans les matières vitrifiables, où elles sont intérieurement garnies de pointes de cristaux & de minéraux de toutes espèces; & dans les carrières de marbre ou d'autres pierres calcaires, elles sont remplies de fpaths ou de graviers & de fables terreux. Dans les argilles, dans les marnes, on trouve ces fentes ou vuides la plupart du temps, ou remplies de matières étrangères que les eaux y ont conduites.

Buffon attribue ces fentes à la deffication des matières dont ont été formées les couches de la terre, qui d'abord contenoient une grande quantité d'eau, qui peu à peu fe font reffuyées, à mefure qu'elles fe font durcies, & qui en fe deffechant ont diminué de volume, & fe font fendues de diftance en diftance. Les fentes ont dû fe faire dans une direction perpendiculaire à l'horifon, parce que la diminution de volume s'eft opérée dans ce fens. Il n'eft pas étonnant que les deux parois de ces fentes fe répondent dans toute leur hauteur très-exactement, vû qu'elles fe font faites peu à peu par le deffechement, comme les gerçures dans les bois.

L'ouverture des fentes perpendiculaires varie beaucoup pour la grandeur; quelques-unes n'ont qu'un demi pouce, un pouce, enfin d'autres ont jufqu'à deux pieds. Il y en a même qui ont plufieurs toifes, & ces dernières forment, entre les deux parties des rochers, ces précipices qu'on rencontre fi fouvent dans les Alpes & dans toutes les hautes montagnes.

On voit bien que celles dont l'ouverture eft petite ont été produites par le feul deffechement; mais celles qui préfentent une ouverture de quelques pieds de largeur, ne fe font pas augmentées par cette feule caufe; c'eft auffi vifiblement, parce que la bâfe qui porte les rochers a cédé un peu plus d'un côté que de l'autre. On conçoit effectivement qu'un petit affaiffement dans la bâfe, par exemple, d'une ligne ou de deux, a fuffi pour produire dans une hauteur confidérable des ouvertures de plufieurs pieds. Quelquefois auffi les rochers coulent fur leur bâfe, qui eft de glaife, fur-tout lorfqu'elle eft humectée par les

eaux, & les fentes perpendiculaires deviennent très-grandes par ce mouvement.

Buffon diftingue des fentes perpendiculaires ces ouvertures fort larges, ces énormes coupures qu'on trouve dans les rochers & dans les montagnes, & qui font produites, ainfi qu'il le penfe, par de grands affaiffemens, comme feroit celui d'une caverne intérieure, qui ne pouvant plus foutenir le poids dont elle eft chargée, s'affaiffe & laiffe un intervalle confidérable entre les terres fupérieures qui reftent en place. Buffon appelle ces intervalles des portes ouvertes par les mains de la nature pour la communication des nations. C'eft de cette façon qu'il envifage les ouvertures des détroits de la mer, les Thermopiles, les portes du Caucafe, des Cordilières, la porte du détroit de Gibraltar, la porte de l'Hellefpont, &c. Buffon confidère ces grands affaiffemens, quoique produits par des caufes accidentelles & fecondaires, comme tenant une des premières places entre les principaux faits de l'hiftoire de la terre. La plupart font caufés par des feux intérieurs, dont l'explofion fait les tremblemens de terre & les volcans; rien n'eft comparable à la force des matières enflammées; on a vû des villes entières englouties, des provinces boulverfées, des montagnes renverfées par leurs efforts; mais quelque grande que foit cette violence, Buffon eft bien éloigné de penfer que ces feux viennent d'un feu central, ni même qu'ils viennent d'une grande profondeur; il s'attache à montrer par plufieurs confidérations fur la nature des matériaux rejettés par les volcans, fur la difficulté de concevoir comment ils peuvent être lancés de foyers profonds, que le feu des volcans n'eft pas éloigné du fommet de la montagne, & qu'il s'en faut bien qu'il defcende au niveau des plaines.

Cependant Buffon n'en eft pas moins porté à croire, que l'action des feux fouterrains peut fe faire fentir dans les plaines par des fecouffes & des tremblemens de terre, qu'il ne puisse y avoir des voies souterraines par où la flamme & la fumée se communiquent d'un volcan à un autre.

Il pense qu'il n'est pas nécessaire pour produire un tremblement dans la plaine que le foyer soit au-dessous de son niveau. Ce qui paroit confirmer cette opinion, c'est qu'il est rare de trouver des volcans dans les plaines ; ils sont au contraire dans les hautes montagnes, & ils ont tous leur bouche ou leur cratère au sommet. D'après cette considération, Buffon pense que si le feu intérieur qui les consume s'étendoit jusque dessous les plaines, on le verroit dans le tems de ses violentes éruptions s'échapper & s'ouvrir un passage à travers le terrein de ces plaines.

Ce qui fait que les volcans sont toujours dans les montagnes, c'est que les minéraux, les pyrites & les soufres que Buffon regarde comme les alimens du feu des volcans, se trouvent en plus grande quantité & plus à découvert dans les montagnes que dans les plaines, & que ces lieux élevés recevant plus aisément & en plus grande abondance les pluies & les autres impressions de l'air, les matières minérales qui y sont exposées se mettent en fermentation & s'échauffent jusqu'au point de s'enflammer.

Les volcans ont formé des cavernes & des excavations souterraines que Buffon distingue de celles qui ont été formées par les eaux qui s'y précipitent du sommet & des environs ; qui s'y ramassent comme dans des réservoirs d'où elles coulent ensuite à la surface de la terre lorsqu'elles trouvent l'issue de la caverne ; c'est à ces causes qu'il attribue l'origine des fontaines abondantes & des grosses sources, & lorsqu'une de ces cavernes s'affaisse & se comble, il s'ensuit ordinairement une inondation.

Des changemens que les feux souterrains ont produit à la surface & dans l'intérieur du globe, Buffon passe à ceux qu'y causent les vents. Ce n'est pas seulement dans le bassin de la mer & contre les côtes que les vents produisent des altérations ; on ne peut se dissimuler qu'ils ne produisent aussi de grands changemens à la surface des continens. Les vents élevent des montagnes de sables dans l'Arabie, & dans l'Afrique, ils en couvrent les plaines par des progrès insensibles, ils transportent ces sables à de grandes distances, & ils les amoncelent en si grande quantité qu'ils y forment des bancs, des dunes & des îles. Les ouragans sont le fléau des Antilles & de beaucoup d'autres pays où ils agissent avec tant de fureur qu'ils font remonter & tarir les rivières, qu'ils en produisent de nouvelles, & changent la surface des malheureuses contrées qui y sont exposées.

Mais ce qui produit les changemens les plus grands, les plus généraux sur la surface de la terre, ce sont les eaux pluviales, les fleuves, les rivières, les torrens ; voici comment Buffon nous expose l'origine & la suite de tous ces effets. Les vapeurs que le soleil élève au-dessus de la surface des mers, soutenues & poussées au gré des vents, s'attachent au sommet des montagnes qu'elles rencontrent, y forment continuellement des nuages qui retombent ensuite en forme de pluie, de rosée, de brouillard ou de neige. Toutes ces eaux sont d'abord descendues dans les plaines, sans tenir de route fixe, mais peu à peu elles ont creusé leur lit, elles ont formé des ravines profondes en coulant avec rapidité, & elles se sont ouvertes des chemins jusqu'à la mer, qui, par là, reçoit autant d'eau par ses fleuves qu'elle en perd par l'évaporation. Et de même que les ravines creusées par les torrens & les canaux approfondis par les fleuves, ont des sinuosités & des contours dont les angles sont correspondans entre eux, enforte que l'un des bords formant un angle saillant dans les terres, le bord opposé fait toujours un angle rentrant : les montagnes & les collines qu'on doit regarder comme les bords de vallées qui les féparent, ont auffi des finuofités correfpondantes de la même façon, ce qui paroît toujours démontrer à Buffon, que les vallées ont été les canaux des courants de la mer qui les ont creufées peu à peu & de la même manièreque les fleuves ont creufé leurs lits dans les terres.

Les eaux courantes à la furface de la terre ne font qu'une partie de celles que les vapeurs produifent, car il y a des veines d'eau qui circulent & qui fe filtrent à de grandes profondeurs à l'intérieur de la terre. Dans plufieurs endroits, on eft fûr; en fouillant, de faire un puits : dans d'autres, on ne trouve point d'eau. Dans prefque tous les vallons & les plaines baffes, on ne manque guere de trouver de l'eau à des profondeurs peu confidérables : au contraire dans tous les lieux élevés & dans toutes les plaines en montagnes, Buffon penfe qu'on ne peut en tirer. Il y a des cantons d'une vafte étendue où l'on n'a jamais pu faire un puits qui donne de l'eau : toutes les eaux qui fervent à abreuver les hommes & les animaux font contenues & confervées dans des mares ou dans des citernes. En Orient, fur-tout dans l'Arabie, dans l'Egypte, dans la Perfe, &c., les puits font extrêmement rares, auffi bien que les fources d'eau douce. Dans d'autres pays au contraire, comme dans les plaines où coulent les grands fleuves, on ne peut fouiller un peu profondément fans trouver de l'eau, & dans un camp fitué aux environs d'une rivière, fouvent chaque tente a fon puits, au moyen de quelques coups de pioche.

Cette quantité d'eau qu'on trouve partout dans les lieux bas, vient des terres fupérieures & des côteaux voifins, au moins pour la plus grande partie ; car dans les temps de pluie ou de la fonte des neiges, une partie des eaux coule à la furface de la terre, & le refte pénètre dans l'intérieur à travers les pe-

tites fentes des terres & des rochers, & lorfqu'elle trouve des iffues, elle fourcille en différents endroits, ou bien elle fe filtre dans les fables ; & fi elle vient à trouver un fond de glaife ou de terre ferme & folide, elle forme des lacs, des ruiffeaux, & peut-être des fleuves fouterrains. On connoît fur la terre quelques lacs dans lefquels il n'entre, & defquels il ne fort aucune rivière : il y en a un nombre beaucoup plus grand, qui, ne recevant aucune rivière confidérable, font les fources des plus grands fleuves de la terre. Ces lacs ne peuvent être alimentés que par les eaux des terres fupérieures qui coulent par de petits canaux fouterrains, en fe filtrant à travers les graviers & les fables ; & viennent toutes fe raffembler dans les lieux les plus bas où l'on trouve ces grands amas d'eau. Les lacs qu'on voit au fommet des plus hautes montagnes dans les Alpes & dans les autres lieux hauts, font tous furmontés par des maffes de terres & de pierres beaucoup plus élevées & qui leur fourniffent des eaux de la même manière que les eaux des vallons & des plaines tirent leur fource des collines voifines ou des terres plus éloignées qui les furmontent.

Il doit donc fe trouver & il fe trouve en effet dans l'intérieur de la terre des eaux répandues, fur-tout au-deffous des plaines & des grandes vallées : car les montagnes, les collines & toutes les hauteurs qui furmontent les terres baffes, font découvertes tout au tour & préfentent fur leurs faces une coupe ou perpendiculaire ou inclinée, dans l'étendue de laquelle les eaux qui tombent fur le fommet de la montagne & fur les plaines élevées, après avoir pénétré dans les terres, ne peuvent manquer de trouver des iffues & de fortir en forme de fources & de fontaines, & par conféquent cette eau étant évacuée, peut s'épuifer dans certains temps.

Dans les plaines, au contraire, comme

l'eau qui fe filtre ne peut trouver d'iffue, il y aura une grande quantité d'eau dif perfée & divifée dans les graviers & dans les fables. C'eft cette eau qu'on trouve par-tout dans les lieux bas, & qu'on retrouve dans la fouille des puits. Car le fond d'un puits n'eft autre chofe qu'un petit baffin, dans lequel les eaux qui s'arrêtent au milieu des terres voifines fe raffemblent en tombant d'abord goutte à goutte & enfuite en filets d'eau continus, lorfque les routes font ouvertes aux eaux les plus éloignées, enforte que celle, qui fe rend dans les puits, eft proportionnée à la quantité d'eau difperfée au milieu des terres plus élevées qui les fourniffent.

Dans la plupart des plaines, il n'eft pas néceffaire de creufer jufqu'au niveau de la rivière pour avoir de l'eau; on la trouve ordinairement à une moindre profondeur. Buffon penfe que l'eau des fleuves & des rivières ne doit pas s'étendre loin, en fe filtrant à travers les terres. Il croit de même qu'on ne doit pas attribuer aux eaux courantes des rivières, l'origine de toutes celles qu'on trouve au-deffous de leur niveau, & il en donne pour preuve, qu'on ne trouve pas en fouillant dans le lit des rivières qui tariffent, ou dont on détourne le cours, plus d'eau qu'on n'en trouve dans les terres voifines. De même fi l'on examine les ravines qui fe forment dans les terres & même dans les fables, on reconnoîtra que l'eau courante paffe toute entière dans le petit efpace qu'elle fe creufe elle-même, & qu'à peine les bords font mouillés à quelques pouces dans ces fables. Dans les terres végétales même on ne s'apperçoit pas que la filtration de l'eau s'étende fort loin. Ainfi l'eau ne fe communique & ne s'étend pas auffi loin qu'on le croit par la feule imbibition, cette voie n'en fournit dans l'intérieur de la terre que la plus petite partie. Mais, depuis la furface jufqu'aux plus grandes profondeurs, l'eau pénètre par des conduits naturels, par de petites routes qu'elle s'eft ouvertes elle-même, elle fuit les fentes

des rochers, des terres, fe divife & s'étend de tous côtés en une infinité de petits rameaux & de filets, toujours en defcendant, jufqu'à ce qu'elle trouve une iffue, après avoir rencontré la glaife ou un autre terrein folide fur laquelle elle fe raffemble.

Bien des gens ont prétendu que la quantité des eaux fouterraines qui n'ont pas d'iffue, furpaffoit de beaucoup celle des eaux qui font à la furface de la terre, mais cette opinion ne paroît pas fondée à Buffon. La principale raifon qu'il en donne, c'eft que comme les eaux courantes produifent à la furface de la terre des changemens confidérables, & qu'elles déplacent tout ce qui s'oppofe à leur paffage, il en feroit de même des fleuves fouterrains. Ils produiroient des altérations fenfibles dans l'intérieur du globe; mais on n'obferve rien de pareil, les couches parallèles & horifontales fubfiftent par-tout. Ainfi l'eau fouterraine ne travaille pas en grand dans l'intérieur de la terre; elle y fait de l'ouvrage en petit. Comme elle eft difperfée prefque partout, elle concourt à la formation de plufieurs fubftances terreftres qu'il faut diftinguer avec foin des matières anciennes.

D'après ces détails, Buffon tire ces conféquences qui contiennent la fubftance de fa théorie : « Ce font donc les eaux raffem-
» blées dans la vafte étendue des mers qui,
» par le mouvement continuel du flux
» & du reflux ont produit les montagnes,
» les vallées & les autres inégalités de la
» terre. Ce font les courans de la mer qui
» ont creufé les vallons & élevé les collines
» en leur donnant des directions corref-
» pondantes ». Ce font ces mêmes eaux de la mer, qui en tranfportant les terres, les ont difpofées les unes fur les autres en lits horifontaux. Ce font les eaux du ciel qui détruifent peu-à-peu l'ouvrage de la mer, qui rabaiffent continuellement les montagnes, qui comblent les vallées, & qui

ramenant tout au niveau, rendront un jour cette terre à la mer, qui s'en emparera fucceffivement, en laiffant à découvert de nouveaux continens entrecoupés de vallons & de montagnes, & tout femblables à ceux que nous habitons aujourd'hui.

I I.

Recherches fur les animaux naturels & propres à chacun des deux continens, & fur les animaux qui leur font communs.

Une des confidérations les plus belles dont fe foit occupé Buffon, celle qui intéreffe le plus l'hiftoire de la Terre & la *Géographie-Phyfique*, eft cette énumération comparée des animaux quadrupèdes dans laquelle il diftingue, 1°. ceux qui font naturels & propres à l'ancien continent, c'eft-à-dire, à l'Europe, l'Afrique & l'Afie, & qui ne fe font pas trouvés en Amérique, lorfqu'on en a fait la découverte; 2°. Ceux qui font naturels & propres au nouveau continent & qui n'étoient pas connus dans l'ancien; 3°. Ceux qui fe trouvant également dans les deux continens, fans avoir été tranfportés par les hommes, doivent être regardés comme communs & à l'un & à l'autre; c'eft le précis de ce que Buffon a écrit fur cet objet important que nous avons cru devoir préfenter ici.

Animaux de l'ancien continent.

L'Eléphant appartient à l'ancien continent & ne fe trouve pas dans le nouveau; les plus grands font en Afie; les plus petits en Afrique, tous font originaires des climats les plus chauds. Non-feulement l'efpèce n'eft pas en Amérique; mais il ne fe trouve dans tout ce continent aucun animal qu'on puiffe lui comparer ni pour la grandeur ni pour la figure.

On peut dire la même chofe du Rhinocéros; il ne fe trouve que dans les déferts de l'Afrique & dans les forêts de l'Afie méridionale, & il n'y a aucun animal qui lui reffemble en Amérique.

L'Hippopotame habite les rivages des grands fleuves de l'Inde & de l'Afrique; il ne fe trouve point en Amérique, ni même dans les climats tempérés de l'ancien continent.

Le Chameau & le Dromadaire dont les efpèces, quoique très-voifines, diffèrent, & qui fe trouvent fi communément en Afie, en Arabie, & dans toutes les parties orientales de l'ancien continent, étoient auffi inconnus aux Indes occidentales que les animaux précédens.

Le Lion n'exiftoit point en Amérique, & le Puma du Pérou eft un animal d'une efpèce fenfiblement différente. Il en eft de même du Tigre & de la Panthère. Tous ces animaux font plus grands, plus forts que les animaux de proie des parties méridionales de l'Amérique. Toutes ces efpèces ayant befoin d'un climat chaud pour fe propager, & n'ayant jamais habité dans les terres du Nord, n'ont pu communiquer ni parvenir en Amérique. Ce fait général dont on doit la connoiffance à Buffon, eft trop important pour ne le pas appuyer par la fuite de l'énumération des autres animaux.

Perfonne n'ignore que les Chevaux, non-feulement cauférent de la furprife, mais même donnèrent de la frayeur aux Américains, lorfqu'ils les virent pour la première fois; ils ont bien réuffi dans tous les climats de l'Amérique.

Il en eft de même des Anes qui étoient également inconnus; ils ont même produit des mulets.

Le Zèbre eft encore un animal de l'ancien continent. Il ne fe trouve guère que dans cette partie de l'Afrique, qui s'étend depuis l'Equateur jufqu'au Cap-de-Bonne-Efpérance.

Le Bœuf ne s'est trouvé ni dans les isles, ni dans les terres fermes de l'Amérique méridionale; & quoiqu'on pût peut être le comparer au Bison d'Amérique, ce rapport est fort incertain.

Il y avoit encore moins de Brebis que de Bœufs en Amérique; il en est de même des Chèvres qui n'y existoient point; l'un & l'autre animal s'y est fort multiplié depuis qu'on l'a transporté de l'Europe.

Le Sanglier, le Cochon domestique, le Cochon de Siam ou de la Chine, qui tous trois ne sont qu'une seule & même espèce ne se font point trouvés en Amérique. Les Cochons transportés d'Europe y ont encore mieux réussi que les brebis & les chèvres.

On doit remarquer que toutes ces espèces d'animaux, les chevaux, les bœufs, les chèvres, les moutons, les cochons, qui ont fort multiplié en Amérique, y sont beaucoup plus petits qu'en Europe; & ce qui en est une suite, tous les animaux d'Amérique, même ceux qui sont naturels au climat, sont beaucoup plus petits en général que ceux de l'ancien continent.

Les Chiens dont les races sont si variées & si nombreusement répandues, ne se font, pour ainsi dire, trouvés en Amérique, que par échantillons difficiles à comparer & à rapporter au total de l'espèce; mais on peut assurer qu'il n'y avoit point de chiens semblables à ceux d'Europe; les chiens transportés d'Europe ont à-peu près également réussi dans les contrées les plus chaudes & les plus froides de l'Amérique, au Bresil comme au Canada. On peut considérer les chiens comme appartenant uniquement à l'ancien continent.

L'Hyene qui est à-peu près de la grandeur du Loup, cet animal vorace, ne se trouve qu'en Arabie, en Afrique ou dans les autres provinces méridionales de l'Asie, il n'existe point en Europe & ne s'est pas trouvé dans le Nouveau-Monde.

Le Chacal qui de tous les animaux est celui dont l'espèce paroît approcher le plus du chien, est très-commun en Arménie, en Turquie, & il se trouve aussi en plusieurs autres contrées de l'Asie & de l'Afrique; il est totalement étranger au nouveau continent. Quoique l'espèce en soit très-nombreuse, elle ne s'est pas étendue jusqu'en Europe, ni sur-tout jusqu'au Nord de l'Asie.

La Genette, animal bien connu des espagnols, puisqu'elle habite en Espagne, n'a pas été retrouvée en Amérique; il est évident que c'est un animal particulier à l'ancien continent, dans lequel il habite les parties méridionales de l'Europe & celles de l'Asie à-peu près sous la même latitude.

Quoiqu'on ait prétendu que la Civette se trouvoit à la nouvelle Espagne; on pense que ce n'est pas-là la Civette d'Afrique & des Indes dont on tire le musc. Ainsi cette vraie Civette est un animal des parties méridionales de l'ancien continent, qui ne s'est pas répandu vers le Nord, & qui n'a pu pénétrer dans le nouveau.

Les Chats étoient comme les Chiens, tout-à-fait étrangers au nouveau monde, il en est de même des lièvres, des lapins & des rats; toutes les espèces qui leur ont été comparées, en diffèrent beaucoup & suffisamment pour les considérer comme propres à l'ancien continent.

On voit par ce détail que toutes les espèces de nos animaux domestiques d'Europe & les plus grands animaux sauvages de l'Afrique & de l'Asie, ne se font pas trouvés au nouveau continent, & il en est de même de plusieurs autres espèces moins considérables, dont nous allons faire mention le plus succintement qu'il sera possible.

Les Gazelles dont il y a plusieurs espèces différentes, dont les unes sont en Arabie, les autres dans les Indes orientales &

les autres en Afrique, ont toutes également befoin d'un climat chaud pour fubfifter & fe multiplier, elles ne fe font donc jamais étendue dans les pays du Nord de l'ancien continent, pour paffer dans le nouveau; aufli ces efpèces d'Afrique & d'Afie ne fe font pas trouvées en Amérique.

On feroit porté à croire que le Chamois qui fe plaît dans les fommets neigeux des Alpes, n'auroit pas craint les glaces du Nord, & que delà il auroit pu paffer en Amérique; cependant il ne s'y eft pas trouvé. Il paroît que cet animal affecte non-feulement un climat, mais une fituation particulière. Il eft tellement attaché aux fommets des hautes Alpes, des Pyrénées, qu'il n'eft jamais defcendu dans les plaines. La Marmotte, le Bouquetin, l'Ours, le Lynx ou Loup-Cervier, font aufli des animaux montagnards que l'on trouve très-rarement dans les plaines.

Le Buffle qui eft un animal des pays chauds, & qu'on a rendu domeftique en Italie, reffemble encore moins que le bœuf, au Bifon d'Amérique, & ne s'eft pas trouvé dans ce nouveau continent.

Le Bouquetin fe trouve au-deffus des plus hautes montagnes d'Europe & de l'Afie; mais on ne l'a pas vu fur les Cordilières.

Le Chevrotin paroît confiné dans certaines provinces de l'Afrique & des Indes orientales.

Le Lapin qui vient originairement d'Efpagne, & qui fe trouve ré andu dans tous les pays tempérés de l'Europe, n'étoit point en Amérique. Les animaux auxquels on a donné fon nom font d'efpèces différentes.

Les Furets qui ont été apportés d'Afrique en Europe, où ils ne peuvent fubfifter fans les foins de l'homme, ne fe font point trouvés en Amérique; il n'y a pas jufqu'à nos rats & nos fouris qui n'y fuffent incon-

nus; ils y ont paffé avec nos vaiffeaux, & ils ont prodigieufement multiplié dans tous les lieux habités de ce nouveau continent.

Voilà donc à-peu-près les animaux de l'ancien continent, l'Eléphant, le Rhinocéros, l'Hippopotame, la Giraffe, le Chameau, le Dromadaire, le Lion, le Tigre, la Panthère, le Cheval, l'Ane, le Zèbre, le Bœuf, le Buffle, la Brebis, la Chèvre, le Cochon, le Chien, l'Hyene, le Chacal, la Genette, la Civette, le Chat, la Gazelle, le Chamois, le Bouquetin, le Chevrotin, le Lapin, le Furet, les Rats, les Souris. Aucune de ces efpèces n'exiftoit en Amérique, lorfqu'on en fit la découverte. Il en eft de même des Loirs, des Lerots, des Marmottes, des Mangouftes, des Blaireaux, des Zibelines, des Hermines, de la Gerboife, des Makis & de plufieurs autres efpèces de Singes, &c. dont aucune n'exiftoit en Amérique à l'arrivée des Européens, & qui, par conféquent, font toutes propres & particulières à notre ancien continent.

Animaux du nouveau continent.

Le plus gros de tous les animaux de l'Amérique méridionale eft le Tapir du Brefil; cet animal eft de la groffeur d'un veau de fix mois, ou d'une très-petite mule.

Le Cabiai qui eft après le Tapir, le plus gros animal de l'Amérique méridionale, ne l'eft cependant pas plus qu'un Cochon de grandeur médiocre; il diffère autant qu'aucun des précédens de tous les animaux de l'ancien continent. Quoiqu'on l'ait appelé Cochon de marais, il diffère du Cochon par des caractères effentiels, il eft fiffipède ayant, comme le Tapir, quatre doigts aux pieds de devant & trois à ceux de derrière.

Le Tajacou qui eft encore plus petit que le Cabiai & qui reffemble plus au Cochon, fur-tout par l'extérieur, en diffère

diffère beaucoup par la conformation des parties intérieures ; ainsi ni le Tajacou, ni le Cabiai, ni le Tapir, ne se trouvent nulle part dans l'ancien continent. Il en est de même des animaux fourmilliers ou mangeurs de fourmis dont les plus gros sont d'une taille au-dessus de la médiocre ; ils paroissent être particuliers aux terres de l'Amérique méridionale. Ils sont très-singuliers en ce qu'ils n'ont point de dents, qu'ils ont la langue cylindrique comme celle des oiseaux appellés Pics ; ils tirent seulement leur langue qui est très-longue pour saisir les fourmis & la retirent lorsqu'elle en est chargée.

Le Paresseux que les naturels du Brésil appellent *Ai*, à cause du cri plaintif qu'il ne cesse de faire entendre, paroît être un animal qui n'appartient qu'au nouveau continent. Il est beaucoup plus petit que les précédens, n'ayant qu'environ deux pieds de longueur ; c'est avec le Tatou, le seul animal qui, n'ayant ni dents incisives, ni dents canines, a seulement des dents molaires arrondies à l'extrémité.

Le Cariacou de la Guiane, est un animal de la nature, & de la grandeur de nos plus grands Chevreuils ; mais il est cependant assez différent de nos Chevreuils, pour qu'on doive le regarder comme faisant une espèce différente.

Le Lama & le Pacos, formoient le bétail des péruviens, avec l'Alco qui étoit domestique dans la maison comme nos chiens ; ils ne se trouvent que dans les montagnes du Pérou, du Chili & de la nouvelle Espagne ; quoiqu'ils fussent devenus domestiques chez les péruviens, ils ne se sont propagés nulle part ; ils ont même diminué dans leur pays natal depuis qu'on a transporté le bétail d'Europe qui a très-bien réussi dans toutes les contrées méridionales de ce continent.

Les animaux de l'Amérique auxquels on a donné le nom de Tigre, ressemblent

plus à la Panthère qu'au Tigre, mais ils en diffèrent assez pour qu'on puisse reconnoître clairement qu'aucun d'eux n'est précisément de l'espèce de la Panthère. Le premier est le Jaguar, qui se trouve à la Guiane, au Brésil & dans les autres parties méridionales de l'Amérique ; il diffère du Tigre & de la Panthère par la grandeur du corps, par la position & la grandeur des taches, par la couleur & la longueur du poil.

Le second est celui que l'on appelle *Couguar* ; il diffère du Tigre & de la Panthère, ayant le poil d'une couleur rousse, uniforme & sans taches, la tête d'une forme différente & le museau plus allongé que le Tigre & la Panthère.

Le Jaguarete qui est à-peu près de la taille du Jaguar, & qui lui ressemble aussi par les habitudes naturelles, mais qui en diffère par quelques caractères extérieurs, est la troisième espèce à laquelle on a donné le nom de Tigre ; mais il en diffère par le poil qui est noir par tout le corps avec des taches encore plus noires, qui sont séparées & parsemées comme celles du Jaguar.

Outre ces trois espèces, & peut-être une quatrième qui est plus petite que les autres & auxquelles on a donné le nom de Tigre, quoiqu'il ne leur convienne pas comme nous l'avons fait voir, il se trouve encore un animal qu'on peut leur comparer & qui paroît avoir été mieux dénommé, c'est le Chat-pard, qui tient du Chat & de la Panthère ; il est plus petit que le Jaguar, le Couguar & le Jaguarete ; mais en même-tems il est plus grand qu'un Chat sauvage, il a la queue beaucoup plus courte & la robe semée de taches noires, longues sur le dos, & arrondies sur le ventre.

Le Jaguar, le Jaguarete, le Couguar & le Chat-pard, sont des animaux d'Amérique auxquels on a mal-à-propos donné

le nom de Tigre ; tous ces animaux différent du Tigre & de la Panthère ; à l'é-
gard du Puma & du Jaguar, il est certain
que le premier n'est point un Lion ni le
second un Tigre.

Le Tapir, le Cabiai, le Tajacou, le
Fourmillier, le Paresseux, le Cariacou,
le Lama, le Pacos, le Bison, le Puma,
le Jaguar, le Couguar, le Jaguarete, le
Chat-pard sont donc les plus grands animaux
du nouveau continent : les médiocres &
les petits sont : les Cuandus, les Agou-
tis, les Coatis, les Pacas, les Philandres,
les Cochons-d'Inde, les Aperea & les
Tatous qui sont tous originaires & propres au nouveau continent.

Jusqu'ici on n'a pas parlé des Singes ;
mais il est aisé de distinguer les espèces
qui appartiennent à l'ancien continent,
de celles qui sont propres au nouveau.

Le Satyre, ou l'homme des bois, ne
se trouve qu'en Afrique ou dans l'Asie
méridionale, & n'existe point en Amérique.

Le Gibbon, dont les jambes de devant
sont aussi longues que tout le corps, y compris les jambes de derrière, se trouve aux
grandes Indes, & point en Amérique.

Le Singe, proprement dit, dont le
poil est d'une couleur verdâtre, & qui
n'a point de queue, se trouve en Afrique & dans quelques contrées de l'ancien
continent, mais point dans le nouveau.
Il en est de même des Singes Cynocé-
phales, dont on connoît deux ou trois
espèces. Tous ces Singes qui n'ont point
de queue, ceux sur-tout dont le museau
est court & dont la face approche par
conséquent beaucoup de celle de l'homme,
sont les vrais Singes, & les cinq ou six
espèces dont nous venons de parler sont
toutes naturelles & particulières aux climats chauds de l'ancien continent, & ne
se trouvent nulle part dans le nouveau. On

peut donc déjà dire qu'il n'y a pas de
vrais Singes en Amérique.

Le Babouin qui est un animal plus
gros qu'un Dogue, est fort différent des
Singes dont on vient de parler ; il a la
queue très-courte & toujours droite, le
museau allongé & large à l'extrémité. Cet
animal ne se trouve que dans les déserts des
parties méridionales de l'ancien continent,
& point du tout dans ceux de l'Amérique.

Toutes les espèces de Singes qui n'ont
point de queue ou qui n'ont qu'une queue
très-courte, ne se trouvent donc que dans
l'ancien continent ; & parmi les espèces
qui ont de longues queues, presque tous
les grands se trouvent en Afrique ; il y
en a peu qui soient même d'une taille
médiocre en Amérique ; mais les animaux
qu'on peut désigner sous le nom générique de petits Singes à longue queue, y
sont en grand nombre, ce sont les Sapa-
jous, les Sagouins, les Tamarins, &c.

Les Makis, dont nous connoissons trois
ou quatre espèces ou variétés, & qui
approchent assez des Singes à longue queue
qui, comme eux, ont des mains, mais
dont le museau est plus allongé & plus
pointu, sont encore des animaux particuliers à l'ancien continent & qui ne se
sont pas trouvés dans le nouveau. Ainsi
tous les animaux de l'Afrique & de l'Asie
méridionale, que l'on a désignés par le
nom de Singes, ne se trouvent pas plus
en Amérique que les Éléphans, les Rhinocéros & les Tigres.

Plus on fera de recherches & de com-
paraisons exactes à ce sujet, plus on fera
convaincu que les animaux des parties
méridionales de chacun des continens n'é-
xistoient pas dans l'autre, & que le petit
nombre de ceux qu'on y trouve aujour-
d'hui ont été transportés par les hommes,
comme la brebis de Guinée qui a été transportée au Brésil : le cochon d'Inde, qui
au contraire a été transporté du Brésil en

Guinée, & peut-être encore quelques autres espèces de petits animaux desquels le voisinage & le commerce de ces deux parties du monde ont favorisé le transport. Il y a environ cinq cents lieues de mer entre les côtes du Bresil & celles de Guinée; il y en a plus de deux mille des côtes du Pérou à celles des Indes orientales. Tous ces animaux qui par leur nature ne peuvent supporter le climat du Nord, ceux même qui pouvant le supporter ne peuvent produire dans ce même climat, sont donc confinés de deux ou trois côtés par des mers qu'ils ne peuvent traverser, & d'autre côté par des terres trop froides qu'ils ne peuvent habiter sans périr. Ainsi l'on doit cesser d'être étonné de ce fait général, qui d'abord étonne, savoir qu'aucun des animaux de la zône torride dans l'un des continens ne s'est trouvé dans l'autre, lors de la découverte de l'Amérique.

Nous ajouterons encore une considération relativement aux animaux propres à l'Amérique. Il paroîtra sans doute singulier que dans un continent presque tout composé de naturels sauvages dont les mœurs approchoient beaucoup plus que les nôtres de celles des bêtes; il n'y eût aucune société, ni même aucune habitude entre ces hommes sauvages & les animaux qui les environnoient; puisqu'on n'a trouvé des animaux domestiques que chez les peuples déjà civilisés. Cela ne prouveroit-il pas que l'homme dans l'état de sauvage n'est qu'une espèce d'animal, incapable de commander aux autres; car en jettant un coup-d'œil sur les peuples policés, nous trouverons par-tout des animaux domestiques; au lieu que le sauvage n'a ni volonté ni force pour s'attacher les animaux. Ces terres immenses de l'Amérique n'étoient que parsemées de quelques poignées d'hommes; cette disette dans l'espèce humaine a fait l'abondance des individus dans chaque espèce des animaux naturels au pays; car ils avoient beaucoup moins d'ennemis & beaucoup plus d'es-

pace; tout favorisoit donc leur multiplication, & chaque espèce étoit relativement très-nombreuse en individus; mais il n'en étoit pas de même du nombre absolu des espèces; elles étoient en petit nombre, & si on les compare avec celui des espèces de l'ancien continent, on trouvera qu'il ne va peut-être pas au quart. Si nous comptons deux cents espèces d'animaux quadrupèdes dans toute la terre habitable ou connue, nous en trouverons plus de cent trente espèces dans l'ancien continent & moins de soixante-dix dans le nouveau, & si l'on ôtoit encore les espèces communes aux deux continens, c'est-à-dire celles qui par leur nature peuvent supporter le froid & qui ont pu communiquer par les terres du Nord de ce continent dans l'autre, on ne trouvera guère que quarante espèces d'animaux naturels & propres aux terres du nouveau monde. On a vu d'ailleurs par l'énumération des animaux de l'Amérique que nous venons de faire, que non-seulement les espèces sont en petit nombre; mais qu'en général tous les animaux y sont incomparablement plus petits que ceux de l'ancien continent.

Animaux communs aux deux continens.

Nous avons vu par l'énumération précédente que non-seulement les animaux des climats les plus chauds de l'Afrique & de l'Asie, manquoient à l'Amérique; mais même que la plupart de ceux des climats tempérés de l'Europe, y manquoient aussi. Il nous reste à faire voir qu'il n'en est pas ainsi des animaux qui peuvent supporter le froid & se multiplier dans les climats du Nord; on en trouve plusieurs dans l'Amérique septentrionale, & quoique ce ne soit jamais sans quelque différence assez marquée, on ne peut cependant se refuser à les regarder comme les mêmes, & à croire qu'ils ont passé de l'un à l'autre continent par des terres du Nord. Cette preuve tirée de l'histoire naturelle démontre mieux la contiguité assez étendue des deux continens vers le Nord, que toutes les conjectures historiques ou simplement géographiques.

Les Ours des Illinois, de la Louisiane, &c. paroissent-être les mêmes que nos Ours; ceux-là sont seulement plus petits & plus noirs.

Le Cerf du Canada, quoique plus petit que notre Cerf, n'en diffère au reste que par la plus grande hauteur du bois, du plus grand nombre d'andouillers & par la queue qu'il a plus longue.

Il en est de même du Chevreuil, qui se trouve au Midi du Canada & de la Louisiane, qui est aussi plus petit & qui a la queue plus longue que le Chevreuil d'Europe : j'en dis de même de l'Orignal qui est le même animal que l'Elan, mais qui n'est pas si grand.

Le Renne de Laponie, le Daim de Groenland & le Karibou de Canada, ne sont qu'un seul & même animal, à en juger d'après les descriptions des auteurs dignes de foi.

Les Lièvres, les Ecureuils, les Hérissons, les Rats musqués, les Loutres, les Rats, les Musaraignes, les Chauve-Souris, les Taupes, sont aussi des espèces qu'on peut regarder comme communes aux deux continens, quoique dans tous ces genres il n'y en ait aucune qui soit parfaitement semblable en Amérique à celles de l'Europe.

Les Castors de l'Europe paroissent être les mêmes que ceux du Canada; ces animaux préfèrent les pays froids; ils peuvent aussi subsister & se multiplier dans les pays tempérés; mais ils n'établissent leurs habitations que dans les déserts.

Les Loups & les Renards sont aussi des animaux communs aux deux continens; on les trouve dans toutes les parties de l'Amérique septentrionale. Quoique la Belette

& l'Hermine fréquentent les pays froids en Europe, elles sont au moins fort rares en Amérique : il n'en est pas absolument de même des Martes, des Fouines & des Putois.

La Marte du Nord de l'Amérique paroît être la même que celle de notre Nord : le Visou du Canada, ressemble beaucoup à la Fouine, & le Putois rayé de l'Amérique septentrionale est probablement une variété de l'espèce du Putois d'Europe.

Le Lynx ou Loup Cervier qu'on trouve en Amérique, comme en Europe, paroit être le même animal. Il habite les pays froids de préférence; il se tient ordinairement dans les forêts ou sur les montagnes.

Le Phoque ou Veau-Marin qui paroit confiné dans les pays du Nord, se trouve également sur les côtes de l'Europe comme sur celles de l'Amérique septentrionale.

Voilà tous les animaux à-peu-près qu'on peut regarder comme étant communs aux deux continens : & de ce nombre qui comme l'on voit n'est pas considérable, on doit retrancher peut-être encore plus d'un tiers, dont les espèces, quoiqu'assez semblables en apparence, peuvent être cependant très-réellement différentes; mais en admettant même dans tous ces animaux l'identité d'espèces avec ceux d'Europe, on voit que le nombre de celles qui sont communes aux deux continens est assez petit en comparaison de celui des espèces qui sont propres à chacun des deux. On voit de plus, que de tous ces animaux, il n'y en a que ceux qui habitent ou fréquentent les terres du Nord qui soient communs aux deux continens; & qu'aucuns de ceux qui ne peuvent se multiplier que dans les pays chauds ou tempérés ne se trouvent à la fois dans tous les deux.

Il ne paroît donc plus douteux que les deux continens n'aient été contigus vers le Nord, & que les animaux qui leur sont communs n'aient paffé de l'un à l'autre par des trajets de terres favorables à la tranf-migration. On feroit fondé à croire fur-tout, d'après les nouvelles découvertes des ruffes au Nord, & à l'eft du Kamtchatka, que c'eft avec l'Afie que l'Amérique a com muniqué, & il femble au contraire que le Nord de l'Europe en ait été plus ancien nement féparé par des mers affez confidé-rables, pour qu'aucun animal quadrupède n'ait pu les franchir. Cependant les ani-maux du Nord de l'Amérique ne font pas précifément ceux du Nord de l'Afie, ce font plutôt ceux du Nord de l'Europe; il en eft de même des animaux des contrées tempérées. L'Argali, la Zibeline, la Taupe dorée de Siberie, le Mufc de la Chine, ne fe trouvent point à la baye d'Hudfon, ni dans aucune autre partie du Nord-Oueft de l'Amérique. On trouve au contraire dans les terres du Nord-Eft de ce nouveau continent, non-feulement les animaux communs aux contrées du Nord en Eu-rope & en Afie, comme le Renne, l'E-lan, &c.

On a remarqué comme un phénomène général, que dans le nouveau continent les animaux des provinces méridionales étoient très-petits en comparaifon des animaux des pays chauds de l'ancien con-tinent; il n'y a en effet nulle comparaifon pour la grandeur entre l'Eléphant, le Rhino-céros, le Chameau, le Lion, le Tigre, tous animaux naturels & propres à l'ancien continent, & le Tapir, le Cabiai, le Lama, le Jaguar, &c. qui font les plus grands animaux du nouveau. Une autre obfervation qui vient à l'appui de ce fait gé-néral, c'eft que tous les animaux qui ont été tranfportés d'Europe en Amérique, comme les Chevaux, les Anes, les Brebis, les Chèvres, les Cochons y font devenus plus petits; & que ceux qui n'y ont pas été tranfportés & qui y font allés d'eux-mêmes, ceux qui en un mot font com-muns aux deux continens, tels que les Loups, les Renards, les Cerfs, font auffi fenfiblement plus petits en Amérique

qu'en Europe, & cela fans aucune excep-tion.

Cet effet paroît tenir à la qualité de la terre, à la condition du ciel, au dégré de chaleur, à celui d'humidité, à la fituation, à l'élévation des montagnes, à la quantité des eaux courantes ou ftagnantes, à l'éten-due des forêts & fur-tout à l'état brut dans lequel on voit la nature; la chaleur en général eft beaucoup moindre dans cette partie du monde, & l'humidité beaucoup plus grande. Si l'on compare le froid & le chaud dans tous les dégrés de latitude, on trouvera qu'à Quebec, c'eft-à-dire fous celle de Paris, l'eau des fleuves gele tous les ans de quelques pieds d'épaif-feur, qu'une maffe encore plus épaiffe de neige y couvre la terre pendant plufieurs mois, que l'air y eft fi froid, que tous les oifeaux fuient & difparoiffent pour tout l'hiver.

Cette différence de température fous la même latitude dans la zône tempérée, quoique très-grande, l'eft peut-être en-core moins que celle de la chaleur fous la zone-torride. On brûle au Sénégal, & fous la même ligne on jouit d'une température plus douce au Pérou; il en eft de même fous toutes les latitudes qu'on voudra comparer.

Le continent de l'Amérique eft fitué & formé de façon, que tout y concourt à diminuer l'action de la chaleur; on y trouve les plus hautes montagnes, & par la même raifon, les plus grands fleuves du monde. Ces hautes montagnes forment une chaîne qui femble borner vers l'Oueft le continent dans toute fa longueur. Le vent d'Eft, qui règne entre les tropiques, n'arrive en Amérique qu'après avoir tra-verfé une grande étendue de mer fur la-quelle il fe rafraîchit. Lorfqu'après être arrivé frais fur les côtes orientales de l'A-mérique, il commence à reprendre un dégré plus vif de chaleur en traverfant les plaines, il eft tout-à-coup réfroidi par cette chaîne de montagnes énormes, dont est composée la partie occidentale du nouveau continent, enforte qu'il fait moins chaud au Bréfil & à Cayenne qu'au Sénégal & en Guinée, & moins chaud au Pérou fous la ligne, qu'au Bréfil & à Cayenne, à caufe de l'élévation prodigieufe des terres; auffi les naturels du Pérou, du Chili, ne font que d'un brun rouge & tanné, moins foncé que celui des brafiliens : ainfi par la feule difpofition des terres du nouveau continent, la chaleur y eft beaucoup moindre que dans l'autre, & le froid plus confidérable. Il eft aifé de voir que l'humidité y doit être auffi plus grande, & que par conféquent les climats y font affortis aux faits généraux que nous avons préfentés fur les animaux. (Voyez) l'article *Amérique.*

I I I.

Extrait raifonné du difcours de Buffon, fur les époques de la nature.

Dans les recherches que Buffon a faites fur les époques de la nature, ce grand écrivain a fait ufage de trois grands moyens : 1°. Des faits qui peuvent nous rapprocher de l'origine des chofes ; 2°. des monumens qu'on doit regarder comme les témoins de ces premiers âges ; 3°. des traditions qui peuvent nous donner une idée des âges fubféquens. C'eft ainfi que Buffon forme une chaîne des événemens.

Le premier fait que cite Buffon eft que, la terre eft élevée fur l'équateur & abaiffée fous les pôles, dans la proportion qu'éxigent la force, les loix de la pefanteur & de la force centrifuge.

Le fecond fait eft, que le globe terreftre a une chaleur intérieure, qui lui eft propre, & qui eft indépendante de celle que les rayons du foleil peuvent lui communiquer.

Le troifième fait eft, que la chaleur que

le foleil envoie à la terre eft affez petite en comparaifon de la chaleur propre du globe terreftre ; enforte que la chaleur envoyée par le foleil ne feroit pas feule fuffifante pour maintenir la nature vivante.

Le quatrième fait eft, que les matières qui compofent le globe de la terre font en général de la nature du verre, & peuvent être toutes réduites en verre.

Enfin le cinquième fait eft, qu'on trouve fur la furface de la terre & même fur les montagnes jufqu'à 1500 & 2000 toifes de hauteur, une immenfe quantité de coquilles & d'autres débris des productions de la mer.

Le premier fait du renflement de la terre à l'Équateur & de fon applatiffement aux pôles, prouve que le globe terreftre a précifément la figure que prendroit un globe fluide qui tourneroit fur lui-même avec la vîteffe que nous connoiffons au globe de la terre ; ainfi la première conféquence qui fort de ce fait inconteftable, c'eft que la matière dont la terre a été compofée, étoit dans un état de fluidité, au moment qu'elle a pris fa forme, & commencé à tourner fur elle-même.

Nous avons deux manières différentes de concevoir la poffibilité de cet état primitif de fluidité dans le globe terreftre. La première eft la diffolution ou le délayement des matières terreftres dans l'eau ; la feconde leur liquefaction par le feu. Pour déterminer en faveur de la feconde manière, Buffon obferve que le plus grand nombre des matières folides qui compofent le globe, ne font pas diffolubles dans l'eau ; en fecond lieu que la quantité d'eau eft fi petite en comparaifon de la matière qui n'eft pas eau, qu'il n'eft pas poffible que l'une ait jamais été délayée dans l'autre ; il en conclut donc que cette fluidité a été une liquefaction caufée par le feu.

Cette conséquence paroît appuyée par le second fait & par le troisième ; car la chaleur intérieure du globe encore actuellement subsistante, étant supposée beaucoup plus grande que celle qui nous vient du soleil, il en résulte que cet ancien feu n'est pas entièrement dissipé, quoique la surface de la terre soit plus réfroidie que son intérieur. Buffon persuadé que dès qu'on pénétre au-dedans de la terre, cette chaleur intérieure étoit constante en tous lieux pour chaque profondeur, & qu'elle augmentoit à mesure qu'on descendoit dans les puits & dans les galeries des mines, croit que les parties voisines du centre de la terre, sont plus chaudes que celles qui en sont éloignées, & il en conclut qu'il y a au-dessous du bassin de la mer, comme dans les premières couches de la terre, une émanation continuelle de chaleur qui entretient la liquidité des eaux & produit la température de la terre.

Buffon croit de même qu'on ne peut pas douter du quatrième fait, c'est-à-dire que les matières dont le globe est composé ne soient de la nature du verre ; les preuves particulières qu'il en donne ici, sont que le fond des minéraux, des végétaux & des animaux, n'est qu'une matière vitrescible, puisque tous leurs résidus, tous leurs détrimens, peuvent se réduire en verre. En vain lui objecteroit-on les matières appellées *réfractaires* par les chimistes ; elles ne sont infusibles que parce que le feu de leurs fourneaux n'est pas assez violent.

D'après toutes ces preuves, Buffon établit donc comme un principe, que la liquéfaction primitive de la masse entière de la terre par le feu, est prouvée dans toute la rigueur qu'exige la plus stricte logique. D'abord *à priori*, par le premier fait de son élévation sur l'Equateur, & de son abaissement sous les pôles ; 2°. *ab actu* ; par le second & le troisième fait de la chaleur intérieure de la terre encore subsistante ; 3°. *à posteriori*, par le

quatrième fait qui nous montre le produit de cette action du feu, c'est-à-dire, le verre dans toutes les substances terrestres.

Quoique toutes les matières qui composent le globe de la terre aient été primitivement de la nature du verre, Buffon croit devoir les distinguer & les séparer, relativement aux différens états où elles se trouvent avant ce retour à leur premier état, & il les divise comme tous les autres naturalistes en matières vitrescibles & en matières calcinables. Les premières n'éprouvant aucune action de la part du feu, à moins qu'il ne soit porté à un dégré de force capable de les convertir en verre. Les autres au contraire, éprouvant à un dégré bien inférieur, une action qui les réduit en chaux. Buffon observe, que la quantité des substances calcaires quoique fort considérable sur la terre, est néanmoins très-petite en comparaison de la quantité des matières vitrifiables. Ceci conduit Buffon au cinquième fait d'où il déduit la formation des matières calcinables, comme appartenant à un autre tems & à un autre élément que les matières vitrescibles, parce que les premières matières sont toutes composées de coquilles & d'autres dépouilles des animaux marins.

Il place dans la classe des matières vitrescibles, le roc vif, les quartz, les sables, les grès & les granits, les ardoises, les schistes, les argilles, les métaux & minéraux métalliques. Ces matières prises ensemble, forment le vrai fond du globe, & en composent la principale & très-grande partie ; toutes ont été originairement produites par le feu primitif : le sable, selon lui, n'est que du verre en poudre ; les argilles, sont des sables pourris dans l'eau ; les ardoises & les schistes, des argilles desséchées & durcies ; le roc vif, les grès, le granit, ne sont que des masses vitreuses ou des masses vitrescibles sous une forme concrète ; les cailloux, les cristaux, les métaux, ne font que les ftillations, les exudations ou les fublimations de ces premières matières.

Mais les fables & les graviers calcaires, les craies, les pierres de taille calcaires, les marbres, les albâtres, les fpaths calcaires opaques & tranfparens, toutes les matières en un mot qui fe convertiffent en chaux, ne préfentent pas d'abord leur première nature; & quoiqu'originairement de verre comme toutes les autres, Buffon les confidere comme ayant paffé par des filieres qui les ont dénaturées; il regarde ces filieres comme propres à convertir le liquide en folide & à transformer l'eau de la mer en pierre.

Buffon croit que ces affertions peuvent s'établir par la fimple infpection de ces matières & par l'examen attentif des *monumens* de la nature.

Le premier *monument* de la nature confifte dans les coquilles & autres productions de la mer qu'on trouve à la furface & dans l'intérieur de la terre : Toutes les *matières calcaires* font compofées de leurs détrimens.

En-examinant ces coquilles & les autres productions marines que l'on tire de la terre en France, en Angleterre, en Allemagne & dans le refte de l'Europe, on reconnoît qu'une grande partie des efpèces d'animaux auxquels ces dépouilles ont appartenu ne fe trouvent pas dans les mers adjacentes, & que ces efpèces ne fubfiftent plus ou ne fe rencontrent que dans les mers méridionales. De même on voit dans les ardoifes & dans d'autres matières, à des grandes profondeurs, des fquelettes de poiffons, des impreffions de plantes, dont aucune efpèce n'appartient à notre climat. Buffon cite ces faits comme un fecond *monument*, dont il fe propofe de faire ufage.

Le troifième *monument* font les fque-

lettes, les défenfes, les offemens d'Eléphans, d'Hyppopotames & de Rhinocéros, qui fe trouvent en Sibérie & dans les autres contrées feptentrionales de l'Europe & de l'Afie, en affez grande quantité, pour être affuré que les efpèces de ces animaux qui ne peuvent fe propager aujourd'hui que dans les climats chauds, fe propageoient autrefois dans les contrées du Nord; outre cela, ces dépouilles d'Eléphans & d'autres animaux terreftres fe tirent à une très-petite profondeur, au lieu que les coquilles & les autres débris des productions marines fe trouvent enfevelies à une très-grande profondeur dans l'intérieur de la terre.

Le quatrième *monument* auquel s'attache Buffon, font de femblables défenfes & offemens d'Eléphans, ainfi que des dents d'Hippopotames, qu'on trouve non feulement dans les contrées du Nord, mais auffi dans celles du Nord de l'Amérique, quoique les efpèces de l'Eléphant & de l'Hippopotame n'exiftent point dans ce continent du nouveau monde.

Enfin le cinquième *monument* intéreffant que cite Buffon, confifte dans ce nombre infini de coquilles, dont plufieurs analogues, vivans foit dans nos mers, foit dans les mers méridionales, n'exiftent plus, enforte que les efpèces en paroiffent perdues & détruites par des caufes jufqu'à préfent inconnues.

En comparant ces *monumens* avec les faits que nous avons difcutés, Buffon montre d'abord que le tems de la formation des matières vitrefcibles eft bien plus reculé que celui de la production des matières calcaires, & diftingue quatre & même cinq époques dans les tems qui ont préfidé à ces formations. La première comprend le tems, où la matière du globe étant en fufion par le feu, la terre a pris fa forme en s'élevant fur l'Equateur, & s'abaiffant fous les pôles par fon mouvement de rotation; la feconde comprend le tems, où cette

cette matière du globe s'étant confolidée, a formé les grandes maffes de matières vitrefcibles; la troifième où la mer couvrant la terre actuellement habitée, a nourri les animaux à coquilles, dont les dépouilles ont formé les fubftances calcaires; la quatrième peut être fixée au tems où s'eft faite la retraite de ces mêmes mers qui couvroient nos continens; une cinquième époque toute auffi clairement indiquée que les quatre premières, eft celle du tems où les Eléphans, les Hippopotames & les autres animaux du Midi ont habité les terres du Nord. Buffon place cette époque dans des tems poftérieurs à la quatrième, perce que les dépouilles des animaux terreftres fe trouvent prefque à la furface de la terre, au lieu que celles des animaux marins font pour la plupart & dans les mêmes lieux enfouies à de grandes profondeurs.

On trouve ces offemens & ces défenfes d'Eléphans en tant de lieux différens & en fi grand nombre, qu'on ne peut plus fe borner à dire, que ce font les dépouilles de quelques Eléphans amenés par les hommes dans ces climats froids. Buffon croit qu'il en réfulte que ces animaux étoient autrefois habitans naturels des contrées du Nord, comme ils le font aujourd'hui des contrées du Midi, & ce qui rend encore ce fait plus difficile à expliquer, c'eft qu'on trouve ces dépouilles des animaux du Midi de notre continent, non-feulement dans les provinces de notre Nord, mais auffi dans les terres du Canada & des autres parties de l'Amérique feptentrionale, d'où ce favant conclut que cette zône froide fut alors auffi chaude que l'eft aujourd'hui notre zône torride. Il ne croit pas que l'habitude réelle du corps des animaux, qui eft ce qu'il y a de plus fixe dans la nature, ait pu changer au point de donner le tempérament du Renne à l'Eléphant. Gmelin qui a parcouru la Sibérie, & ramaffé lui-même plufieurs offemens d'Eléphans dans ces terres feptentrionales, cherche à rendre raifon du

fait, en fuppofant que de grandes inondations dans les terres méridionales ont chaffé les Eléphants vers les contrées du Nord, où ils ont tous péri à la fois par la rigueur du froid; mais Buffon ne peut fe perfuader qu'une inondation des mers méridionales ait chaffé à mille lieues dans notre continent, & à plus de trois mille lieues dans l'autre les Eléphans en auffi grand nombre que l'indiquent leurs dépouilles. Il ne trouve pas plus de reffource dans le changement de l'obliquité de l'Ecliptique, pour expliquer comment la température des différentes parties du globe a pu changer au point que les terres du Nord aujourd'hui très-froides, aient autrefois éprouvé le dégré de chaleur des terres de la zône-torride. A la première vue, on pourroit croire que l'inclinaifon de l'axe du globe n'étant pas conftante, a pu varier au point que la terre a tourné fur un axe affez éloigné de celui fur lequel elle tourne aujourd'hui, pour que la Sibérie fe fût alors trouvée fous l'Equateur. Les aftronomes ont obfervé que le changement de l'obliquité de l'Ecliptique eft d'environ quarante-cinq fecondes par fiècle. En fuppofant cette augmentation fucceffive & conftante, il faut trois mille fix cents fiècles pour produire une différence de quarante-cinq dégrès, ce qui rameneroit le foixantième dégré de latitude au quinzième, c'eft-à-dire, les terres de Siberie où les Eléphans ont autrefois exifté, aux terres de l'Inde où ils vivent aujourd'hui.

Buffon répond à cela que le moyen d'explication qui réfulte de cette hypothèfe ne peut pas fe foutenir; car le changement de l'obliquité de l'Ecliptique, n'eft pas une diminution fucceffive & conftante; ce n'eft, au contraire, qu'une variation qui fe fait tantôt dans un fens, tantôt dans un autre, laquelle par conféquent n'a jamais pu produire en aucun fens, ni pour aucun climat, cette différence de quarante-cinq dégrès d'inclinaifon; ainfi cette caufe eft tout-à-fait infuffifante, & l'explication

qu'on voudroit en tirer doit être rejettée selon lui.

Buffon ne doute pas qu'il ne puisse donner cette explication si difficile; on a vu ci-devant que le globe terrestre, lorsqu'il a pris sa forme, étoit dans une liquéfaction causée par le feu; ensuite il a passé de cet état d'embrâsement à celui d'une chaleur douce; c'est alors que le climat du pôle a éprouvé comme tous les autres climats des degrés successifs de réfroidissement; il y a donc eu un tems où les terres du Nord ont joui de la même chaleur dont jouissent aujourd'hui les terres de la Zône-Torride, & par conséquent ces terres ont pu & dû être habitées par les animaux qui se trouvent actuellement dans les contrées méridionales; ainsi ce fait, au lieu de s'opposer à la théorie de la terre que Buffon a établie, en est au contraire une preuve accessoire, qui ne peut que la confirmer dans le point le plus obscur. Une sixième époque postérieure aux cinq autres est celle de la séparation des deux continens; il est sûr que l'Amérique n'étoit pas séparée de l'Europe & de l'Afrique, dans le tems que les Eléphans vivoient également dans les terres du Nord de l'Amérique, comme dans les contrées septentrionales de l'Europe & de l'Asie. La séparation des continens ne s'est donc faite que dans des tems postérieurs à ceux du séjour de ces animaux dans les terres septentrionales; mais comme on trouve aussi des défenses d'Eléphant en Pologne, en Allemagne, en France & en Italie; Buffon en conclut qu'à mesure que les terres septentrionales se réfroidissoient, ces animaux se retiroient vers les contrées des zônes tempérées, où la chaleur du soleil & la plus grande épaisseur du globe compensoient la perte de la chaleur intérieure, & qu'enfin ces zônes s'étant aussi réfroidies avec le tems, les animaux dont il est question ont successivement gagné les climats de la Zône-Torride.

Comme on trouve en France & dans toutes les autres parties de l'Europe des coquilles, des squelettes & des vertebres d'animaux marins qui ne peuvent subsister que dans les mers les plus méridionales, Buffon pense qu'il est arrivé pour les climats de la mer le même changement de température que pour ceux de la terre, & ce second fait doit naturellement s'expliquer de la même manière que le premier; voilà donc l'ordre des tems indiqués par les faits que Buffon invoque, & par les monumens qu'il cite. Voilà sept époques dans les premiers âges de la nature; sept espaces de durée, dont les limites, quoiqu'indéterminées n'en sont pas moins réelles; car ces époques ne sont pas comme celles de l'histoire civile marquées par des point fixes, ou limitées par des siècles; c'est seulement par de grands événemens qu'elles sont caractérisées & séparées, sans qu'on puisse ni prescrire, ni reculer la distance d'un de ces événemens à l'autre. Nous allons maintenant présenter les faits qui appartiennent à chacune de ces époques.

Première époque.

Dans cette première époque, Buffon considère la terre en fusion, prenant sa forme; c'est dans ce temps qu'elle s'est élevée à l'Équateur & s'est abaissée sous les pôles par le mouvement de rotation. Nous ne nous occuperons pas de tous les détails qui concernent la lumiere & la chaleur du soleil, la manière dont la terre & les planètes ont été détachées de la masse de cet astre de la formation des comètes: cette partie tient plus à la cosmogonie qu'à la théorie de la terre. Nous passons au premier âge où la terre & les planètes ayant reçu leur forme, ont pris de la consistance, & de liquides sont devenues solides. Il est évident que ce changement d'état s'est fait naturellement & par le seul effet de la diminution de la chaleur. La matière qui compose le globe terrestre & les autres globes planétaires étoit en fusion, lorsqu'ils ont commencé à tourner fur eux-mêmes : & elle a obéi comme toute autre matière fluide aux loix de la force centrifuge. Les parties voifines de l'Équateur qui fubiffent le plus grand mouvement dans la rotation, fe font le plus élevées. Celles qui font voifines des pôles où ce mouvement eft moindre, fe font abaiffées dans la proportion jufte et précife qu'exigent les loix de la pefanteur combinées avec celle de la force centrifuge : & cette forme de la terre & des planètes s'eft confervée jufqu'à ce jour.

Or, le réfroidiffement de la terre & des planètes, comme celui de tous les corps chauds, a commencé par la furface. Buffon penfe que les matières en fufion s'y font confolidées dans un temps affez court : dès que le grand feu dont elles étoient pénétrées s'eft échappé, les parties de la matière qu'il tenait divifées fe font rapprochées & réunies de plus près : celles qui avoient affez de fixité pour foutenir la violence du feu, ont formé des maffes folides ; mais celles qui, comme l'air & l'eau, fe raréfient ou fe volatilifent par le feu, & ne pouvoient faire corps avec les autres, fe font féparées dans les premiers temps du réfroidiffement. Suivant Buffon, tous les élémens pouvant fe tranfmuer & fe convertir, l'inftant de la confolidation des matières fixes fut auffi celui de la plus grande converfion des élémens & de la production des matières volatiles : elles étoient réduites en vapeurs & difperfées au loin, & formoient autour de la terre une efpèce d'atmofphère femblable à celle du foleil, que Buffon confidère comme une fphère de matières aqueufes, aériennes & volatiles, que fa violente chaleur tient fufpendues & reléguées à des diftances immenfes. Toutes les planètes & la terre n'étoient donc alors que des maffes de verre liquides, environnées d'une fphère de vapeurs. Dans ce premier temps où les planètes brilloient de leurs propres feux, elles devoient lancer des rayons, jetter des étincelles, faire des explofions & enfuite

fouffrir en fe réfroidiffant différentes ébullitions, à mefure que l'eau, l'air & les autres matieres qui ne peuvent fupporter le feu retomboient à leur furface. C'eft alors que Buffon voit que la production des élémens & enfuite leur combat n'ont pu manquer de produire des inégalités, des afpérités, des profondeurs, des hauteurs, des cavernes à la furface & dans les premieres couches de l'intérieur de la terre & des planètes ; & c'eft à ce tems qu'il rapporte la formation des plus hautes montagnes de la terre & des inégalités des planètes.

Buffon va plus loin encore ; il nous donne les temps que toute cette fucceffion d'effets a pu durer ; ainfi le tems de l'incandefcence pour le globe terreftre a duré, felon lui, deux mille fix cents trente-fix ans ; celui de fa chaleur au point de ne pouvoir le toucher a été de trente-quatre mille deux cents foixante et dix ans ; ce qui fait en tout trente-fept mille deux cents fix ans. C'eft là le premier moment poffible de la nature vivante. Jufqu'alors les élémens de l'eau & de l'air étoient encore confondus & ne pouvoient fe féparer ni s'appuyer fur la furface brulante de la terre ; mais dès que cette ardeur fe fut attiédie, une chaleur bénigne & féconde fuccéda par degrés au feu dévorant qui s'oppofoit à toute production & même à l'établiffement des élémens. Mais fans infifter plus long-tems fur ces objets, paffons à la feconde époque, c'eft-à dire au temps où la matière qui compofe la terre a formé les grandes maffes des fubftances vitrefcibles.

Seconde époque.

Buffon dans cette époque examine les differens effets qui ont accompagné & fuivi la confolidation du globe terreftre, à mefure qu'il s'eft réfroidi. Pour donner une idée de ces effets, il compare le globe de la terre en fufion à ce que l'on voit arriver à une maffe de métal ou de verre fondu qui fe réfroidit. Il fe forme à la surface de ces masses des trous, des ondes, des aspérités, & au-dessous de la surface, il se fait des vuides, des cavités, des boursoufflures, lesquelles peuvent représenter les premieres inégalités qui se sont trouvées à la surface de la terre, & les cavités de son intérieur. Buffon voit se former ainsi le grand nombre de montagnes, de vallées, de cavernes, & d'anfractuosités, qui dès ce premier temps ont été produites dans les couches extérieures du globe.

C'est alors aussi que se sont formés les élémens par le réfroidissement; & pendant ces progrès, l'eau, l'air, & les autres sub-stances, que la grande chaleur chassoit au-dehors, s'étendoient autour du globe, en forme d'atmosphère à une très-grande distance où la chaleur était moins forte. Tandis que les matières fixes fondues & vitrifiées, s'étant consolidées, formerent la roche intérieure du globe & le noyau des grandes montagnes dont les sommets, les masses intérieures & les bâses sont en effet composés de matieres vitrescibles. Ainsi le premier établissement des grandes chaînes de montagnes appartient à cette seconde époque: elle a précédé de plu-sieurs siecles celle des montagnes calcaires, lesquelles n'ont existé qu'après l'établisse-ment des eaux; puisque leur composition suppose la production des coquillages & des autres substances que la mer fomente & nourrit. Tant que la surface du globe n'a pas été réfroidie, au point de permettre à l'eau d'y séjourner, toutes nos mers étoient dans l'atmosphère.

C'est aussi dans ces premiers tems que se sont formées par la sublimation toutes les grandes veines & les gros filons de mines où se trouvent les métaux. Les substances métalliques ont été séparées des autres matières vitrescibles par la chaleur longue & constante qui les a sublimées & poussées dans l'intérieur de la masse où il se trouvoit des fentes & des cavités qui ont été incrustées & quel-

quefois remplies par des substances métalli-ques qu'on y trouve aujourd'hui. A l'égard de l'origine des mines, Buffon fait la même distinction qu'il a faite pour l'origine des matières vitrescibles & des matières calcaires dont les premieres ont été produites par l'action du feu & les autres par l'intermède de l'eau; de même dans les mines métalliques, les principaux filons ou les masses primordiales ont été produites par la fusion & par la sublima-tion. Les autres mines, qu'on doit regarder comme des filons secondaires, n'ont été produites que postérieurement, par le moyen de l'eau: Buffon donne pour preuve de ces assertions, que les filons principaux formés par le feu se trouvent aujourd'hui dans les fentes perpendiculaires des hautes montagnes, tandis que c'est au pied de ces mêmes montagnes que gissent les petits filons qui sont formés par l'eau des débris des anciens.

La terre, immédiatement après que sa surface eut pris de la consistance, & avant que la grande chaleur permît à l'eau d'y séjourner, offroit un globe dépouillé de toutes ses mers, de toutes ses montagnes cal-caires, de toutes ses couches horisontales; où ne se montroient que la roche vitrescible qui en constitue la masse intérieure, les fentes perpendiculaires produites dans le temps de la consolidations, les métaux & les minéraux fixes qui s'étoient subli-més dans une partie des fentes perpendicu-laires; enfin les trous, les anfractuosités & toutes les cavités intérieures de la roche vitrescible qui sert maintenant de soutien à toutes les matieres terrestres amenées par les eaux.

Les métaux & la plupart des minéraux métalliques, qui sont l'ouvrage du feu, ne se trouvent que dans les fentes de la roche vitrescible; c'est aussi pour cette raison que dans les mines primordiales, l'on ne voit jamais ni coquilles ni aucun autre débris des productions marines. Les mines secondaires au contraire se trouvent dans les pierres calcaires, dans les schistes, dans les argilles, parce qu'elles ont été formées postérieurement aux dépens des premieres & par l'intermede de l'eau.

Buffon pense que la nature semble avoir assigné aux différens climats du globe les différents métaux ; l'or & l'argent aux régions les plus chaudes ; le fer & le cuivre aux pays les plus froids : le plomb & l'étain, aux contrées tempérées. De même l'or & l'argent paroissent avoir été établis dans les grandes montagnes : le fer & le cuivre dans les montagnes médiocres ; le plomb & l'étain dans les plus basses.

Buffon revient ensuite à la topographie antérieure à la chûte des eaux. Comme les plus hautes montagnes composées de matieres vitrifiables, sont les seuls témoins de cet ancien état du globe, il a cru devoir faire une énumération de ces éminences primitives.

Il décrit d'abord la chaîne des Cordillieres ou des montagnes de l'Amérique, qui s'étend depuis la pointe de la terre de feu jusqu'au Nord du nouveau Méxique, & aboutit enfin à des régions septentrionales que l'on n'a pas encore reconnues. Cette chaine occupe sans interruption une longueur d'environ trois mille lieues : ses plus hauts sommets sont dans la contrée du Pérou sous l'Équateur même, & de-là ils se prolongent en se rabaissant à peu-près également vers le Nord & vers le Midi. Cette chaîne éprouve quelques courbures, d'abord vers l'Est depuis Baldivia jusqu'à Lima ; ensuite elle avance vers l'Ouest, retourne à l'Est vers Popayan, & de-là se courbe fortement vers l'Ouest depuis Panama jusqu'à Mexico ; après quoi elle retourne vers l'Est depuis México jusqu'à son extrémité. En considérant cette suite de montagnes, on observe qu'elles sont toutes bien plus voisines des mers de l'Occident que de celles de l'Orient.

Buffon passe ensuite aux montagnes de l'Afrique, dont la chaîne principale, appellée par quelques auteurs l'*épine du monde*, est aussi fort élevée, & s'étend du Sud au Nord comme celle des Cordillieres. Elle commence au Cap de Bonne-Espérance & court presque sous le même méridien jusqu'à la mer Méditerranée. Le milieu de cette grande chaîne, longue d'environ quinze cents lieues, se trouve précisément sous l'Équateur, comme le point-milieu des Cordillieres. On voit que, dans l'Amérique comme en Afrique dont l'Équateur traverse exactement les continens, les principales montagnes sont dirigées du Nord au Sud ; mais elles jettent des branches très-considérables vers l'Orient & vers l'Occident. Ainsi l'Afrique est traversée de l'Est à l'Ouest par une longue suite de montagnes, depuis le Cap-Gardafu jusqu'aux isles du Cap-Verd. Le mont Atlas la coupe aussi d'Orient en Occident. En Amérique, un premier rameau des Cordillieres traverse les terres magellaniques de l'Est à l'Ouest : un autre s'étend à peu-près dans la même direction au Paraguay & dans toute la largeur du Brésil : quelques autres branches se prolongent depuis Popayan dans la terre ferme jusque dans la Guyane, & depuis la pointe de la Floride jusqu'aux lacs du Canada.

Enfin dans le grand continent de l'Europe & de l'Asie, qui n'est pas traversé par l'Équateur, les chaînes des grandes montagnes, au lieu d'être dirigées du Sud au Nord, le sont d'Orient en Occident. Buffon a indiqué leur direction en les faisant partir du fond de l'Espagne, gagner les Pyrénées, traverser la France par l'Auvergne & le Vivarais, se prolonger par les Alpes en Allemagne, en Grèce, en Crimée, joindre le Caucase, le Taurus, l'Imaus qui environnent la Perse, Cachemire & le Mogol au Nord, jusqu'au Thibet, d'où elles courent dans la Tartarie Chinoise, & arrivent vis-à-vis la terre d'Ieço. Les branches que jette la chaîne principale & qu'indique Buffon, sont dirigées du Nord au Sud; d'abord celle qui va en Arabie jusqu'au détroit de la mer Rouge : celle qui s'étend dans l'Indostan jusqu'au Cap-Comorin ; celle qui part du Thibet pour se rendre à la pointe de Malaca : d'un autre côté les branches qui sont dirigées du Sud au Nord, sont celles qui s'étendent depuis les alpes du Tirol, jusqu'en Pologne ; ensuite depuis le mont Caucase jusqu'en Moscovie ; & depuis Cachemire, jusqu'en Sibérie.

Buffon considère, comme nous avons dit, toutes ces montagnes que nous venons de désigner d'après lui, comme les aspérités produites à la surface du globe, au moment qu'il a pris sa consistance. Ainsi elles doivent leur origine à l'effet du feu, & Buffon nous assure qu'elles sont par cette raison composées, dans leur intérieur & jusqu'à leurs sommets, de matières vitrifiables, & que toutes tiennent à la roche intérieure du globe qui est de la même nature. Il ajoute même que dans tous les lieux où l'on trouve des montagnes de roc vif ou de toute autre matière solide & vitrifiable, leur origine & leur établissement ne peuvent être attribués qu'à l'action du feu & aux effets de la consolidation.

En même-tems que cette même cause a produit des éminences & des profondeurs à la surface de la terre, elle a aussi formé des boursoufflures & des cavités à l'intérieur, sur-tout dans les couches les plus élevées. Mais les causes subséquentes & postérieures à cette époque ont concouru à combler toutes les profondeurs extérieures, & même les cavités intérieures ; & les inégalités qui ne s'élevoient qu'à une hauteur médiocre, ont été pour la plupart recouvertes dans la suite par les sédimens des eaux ; mais nous verrons tous ces effets dans les époques suivantes. En tranchant le globe par l'Équateur & comparant les deux hémisphères, on voit que l'hémisphère boréal contient à proportion beaucoup plus de

terre que l'autre. Buffon en conclut qu'il y avoit beaucoup moins d'éminences & d'aspérités sur l'hémisphère austral que sur le boréal, dès le tems même de la consolidation de la terre ; & si l'on considère le gisement général des terres & des mers, on verra que toutes les parties des continens vont en se rétrécissant du côté du Midi, & qu'au contraire les mers vont en s'élargissant. Cela semble indiquer que, dans cette époque, la surface du globe a eu de plus profondes vallées dans l'hémisphère austral, & des éminences en plus grand nombre dans l'hémisphère boréal.

Quoique la matière en fusion ait dû arriver également des deux pôles pour renfler l'Équateur, il paroit, en comparant les deux hémisphères, que le pôle boréal en a beaucoup moins fourni que l'autre, puisqu'il y a beaucoup plus de terres & moins de mers, depuis le tropique du cancer au pôle boréal, & qu'au contraire il y a beaucoup plus de mers & moins de terre, du tropique du capricorne à l'autre pôle : les plus profondes vallées se sont donc formées dans les zônes froides & tempérées de l'hémisphère austral, & les terres les plus solides & les plus élevées se sont trouvées dans les zônes de l'hémisphère boréal.

En résumant, nous dirons, en suivant toujours Buffon, que le globe étoit alors renflé sur l'Équateur ; que ces couches superficielles y étoient à l'intérieur semées de cavités & coupées à l'extérieur d'éminences & de profondeurs plus grandes que par-tout ailleurs, que le reste du globe étoit sillonné & traversé en différens sens par des aspérités toujours moins élevées à mesure qu'elles approchoient des pôles, que toutes n'étoient composées que de la même matiere fondue, dont est aussi composée la roche intérieure du globe ; qu'enfin toutes doivent leur origine à l'action du feu primitif & à la vitrification générale. Ainsi la surface de la terre avant l'arrivée des eaux ne préfentoit que ces premieres afpérités, qui forment encore aujourd'hui les noyaux de nos plus hautes montagnes , celles qui étoient moins élevées ayant été dans la fuite recouvertes par les fédimens des eaux & par les débris des productions de la mer. C'eft ainfi qu'on trouve fouvent des bancs calcaires au-deffus des rochers de granit & des autres matieres vitrefcibles , que l'on ne voit pas de maffes de matieres vitrefcibles au deffus des bancs calcaires : mais ces difpofitions relatives appartiennent aux époques fuivantes.

Troifieme époque.

Lorfque la terre fe trouva fuffifamment attiédie pour recevoir les eaux fans les rejetter en vapeurs , alors le cahos de l'atmofphère fe débrouilla, les eaux & les matieres volatiles tomberent fucceffivement : elles remplirent toutes les profondeurs & même elles furmonterent toutes les éminences, & fur-tout celles qui n'étaient pas beaucoup élevées. Il eft aifé de fentir que les eaux étant continuellement agitées par la rapidité de leur chûte , par l'action de la lune fur l'atmofphère , par la violence des vents , auront obéi à toutes ces impulfions, & que dans leurs mouvements elles auront commencé par fillonner plus à fond les vallées de la terre, par renverfer les éminences les moins folides , rabaiffer les crêtes des montagnes , percer leurs chaînes dans les points les plus foibles , & qu'après leur établiffement , ces eaux fe feront ouvert des routes fouterraines , qu'elles ont miné les voûtes des cavernes, les ont fait écrouler, & que par conféquent ces mêmes eaux fe font abaiffées fucceffivement pour remplir les nouvelles profondeurs qu'elles venaient de former.

L'eau a produit d'autres effets par fa qualité ; elle a faifi toutes les matieres qu'elle pouvait délayer & diffoudre ; elle s'eft combinée avec l'air, la terre & le

feu pour former les acides , les fels ; elle a converti les fcories & les poudres du verre primitif en argilles.

La mer univerfelle, d'abord très-élevée, s'eft peu-à-peu abaiffée pour remplir les profondeurs occafionnées par l'affaiffement des cavernes, à mefure qu'il fe faifoit quelque grand affaiffement par la rupture d'une ou de plufieurs cavernes. La furface de la terre fe déprimant en ces endroits , l'eau arrivoit de toutes parts pour remplir cette nouvelle profondeur ; enforte que la hauteur générale des mers qui était à deux mille toifes d'élévation, a baiffé jufqu'au niveau où nous la voyons encore aujourd'hui.

Buffon préfume que les coquilles & les autres productions marines , que l'on trouve à de grandes hauteurs au deffus du niveau actuel des mers, font les premiers habitans du globe & les efpeces les plus anciennes. Si jamais on fait un recueil de ces pétrifications prifes à la plus grande élévation dans les montagnes, on fera peut-être en état de prononcer fur l'ancienneté plus ou moins grande de ces efpeces, relativement aux autres. Buffon ajoute même comme une obfervation conftante, que certains animaux terreftres & marins , dont les analogues vivans ne fubfiftent plus, étoient beaucoup plus grands qu'aucune autre efpece du même genre actuellement fubfiftante, & il cite entre-autres les cornes d'Ammon d'un grand volume. La nature étoit alors dans fa premiere force , & travailloit la matiere organique & vivante avec une puiffance plus active, dans une température plus chaude : cette caufe paroît à Buffon fuffifante pour rendre raifon de toutes les productions gigantefques qui ont été fréquentes dans ces premiers âges du monde.

En fécondant les mers, la nature répandoit auffi les principes de vie fur toutes les terres que l'eau n'avoit pû furmonter, ou qu'elle avoit promptement abandonnées ; & ces terres comme les mers ne pouvoient être peuplées que d'animaux & de végétaux capables de supporter une chaleur plus grande que celle qui convient aujourd'hui à la nature vivante. Buffon trouve les monumens de ce temps là, dans les mines de charbon & dans les carrières d'ardoises, où sont des débris de végétaux & d'animaux dont les espèces n'existent pas actuellement, & il en conclut que la population de la mer en animaux n'est pas plus ancienne que celle de la terre en végétaux.

Les coquillages & les végétaux de ces premiers temps s'étant prodigieusement multipliés, & la durée de leur vie n'étant que de peu d'années, il n'est pas étonnant que leurs dépouilles & leurs détriments aient été assez abondants pour former toutes les couches de pierres calcaires, des marbres, des craies qui composent nos collines & qui occupent de grandes contrées dans toutes les parties de la terre. C'est dans ce même temps que les courans ont donné à toutes les collines & à toutes les montagnes de médiocre hauteur des directions corespondantes, ensorte que leurs angles saillants soient toujours opposés à des angles rentrants. Il n'y a eu que les crêtes & pics des plus hautes montagnes qui peut-être se sont trouvés hors d'atteinte aux eaux & sur lesquelles par conséquent la mer n'a laissé ni sédimens ni empreintes : seulement, ne pouvant les attaquer par le sommet, elle les a prises par la base qu'elle a environnée de nouvelles matières.

Buffon croit que la production des argilles a précédé celle des coquillages : la première opération de l'eau ayant été suivant lui de transformer les scories & les poudres de verre en terres argilleuses ; aussi les lits d'argilles se sont-ils formés quelques tems avant les bancs de pierres calcaires. Car, presque tous les rochers calcaires sont posés sur des glaises qui

leur servent de base : on sait que Buffon pose pour principes dans sa théorie de la terre que les argilles n'étoient que des sables vitrescibles, décomposés & pourris. Il ajoute ici que c'est probablement à cette décomposition du sable vitrescible dans l'eau qu'on doit attribuer l'origine de l'acide, qui est selon lui une combinaison de la terre vitrescible avec le feu, l'air & l'eau.

Les mouvemens de la mer ont outre cela contribué très-promtement à la formation, des argilles en remuant & transportant les scories & la poussière de verre ; & peu de temps après, ces argilles ont successivement été transportées & déposées sur la roche primitive, c'est-à-dire sur la masse solide de matières vitrescibles qui en fait le fond.

Quoique les argilles se présentent presque par-tout comme enveloppant le globe, on trouve quelquefois au-dessous de ces mêmes couches des sables vitrescibles qui n'ont pas été convertis, & qui conservent le caractère de leur première origine : quant aux sables vitrescibles qui se trouvent à la superficie de la terre, & au fond du bassin des mers, Buffon pense que la formation de ces sables vitrescibles qui se présentent à l'extérieur est d'un temps bien postérieur à la formation des autres sables de même nature, qui se trouvent à de grandes profondeurs sous les argilles. Car il nous assure que, ces sables qui se présentent à la superficie, ne sont que les détrimens des granits, des grès & de la roche vitreuse, dont les masses forment les noyaux & les sommets des montagnes : & il regarde comme très-récente, en comparaison de l'autre, cette formation des sables vitrescibles.

On doit être porté à croire, que les argilles ont été produites très-peu de temps après l'établissement des eaux, & très-peu de temps avant la naissance des coquillages : car, on trouve dans ces mêmes argilles une

une infinité de bélemnites, de pierres lenticulaires, de cornes d'Ammon, & d'autres échantillons de ces espèces perdues dont on ne retrouve nulle part les analogues vivants.

Le temps de la formation des argilles a donc immédiatement suivi celui de l'établissement des eaux : le temps de la formation des coquillages, doit être placé quelques siecles après, & le temps du transport de leurs dépouilles a suivi presque immédiatement. Il n'y a eu d'intervalle, qu'autant que la nature en a mis entre la naissance & la mort des animaux à coquilles ; c'est en conséquence de la proximité de la formation des deux substances, que la mer a formé des couches d'argille où l'on trouve des coquilles de la plus ancienne date : les couches d'argilles qui renferment des coquilles dont l'origine est moins ancienne, ou quelques espèces que l'on peut comparer avec celles de nos mers, ou mieux encore avec celles des mers méridionales, peuvent être d'une date postérieure. Car Buffon croit que la mer n'a pas cessé de convertir en argilles tous les sables vitrescibles qui se sont présentés à son action en divers temps, & qu'elle continue même de produire le même effet.

La formation des schistes, des ardoises, des charbons de terre, date à-peu-près du même tems : ces matières se trouvent ordinairement dans les argilles à d'assez grandes profondeurs. Buffon pense qu'elles ont même précédé l'établissement local des dernieres couches d'argille. Les veines de charbon qui toutes sont composées de végétaux mêlés de plus ou moins de bitume doivent leur origine aux premiers végétaux que la terre a formés. Toutes les parties du globe qui se trouvoient élevées au dessus des eaux, produisirent, dès les premiers temps, une infinité de plantes & d'arbres de toutes espèces, lesquels tombant de vétusté, furent entraînés par les eaux, & formerent des dépôts

dans une infinité d'endroits : & comme les bitumes & les autres huiles terrestres paroissent provenir des substances animales & végétales, qu'en même-temps l'acide, provenu de la décomposition du sable vitrescible par le feu, l'air & l'eau, s'y est mêlé, il en est résulté du bitume dont les eaux, qui transportoient les arbres & les autres matières végétales des hauteurs de la terre, se sont chargées ; & c'est ainsi que la mer par ses mouvements a remué tous ces mélanges, & en a formé les veines de charbon.

Les couches d'ardoises qui contiennent aussi des végétaux & même des poissons ont été formées de la même manière. Ensuite les ardoisieres & les mines de charbon ont été recouvertes par des couches de terres argilleuses que la mer a déposées dans des tems postérieurs. Il y a même eu des intervalles considérables & des alternatives de mouvemens entre l'établissement des différentes couches dans le même terrein ; & l'interposition des terres argilleuses & des bancs de diverses substances pierreuses prouve suffisamment que tous ces dépôts sont le produit des sédimens successifs, formés par la mer. Au surplus, des morceaux de bois souvent entiers & les détrimens très-reconoissables d'autres végétaux prouvent évidemment que la substance des charbons de terre n'est qu'un assemblage de débris de végétaux liés ensemble par le bitume.

On concevra facilement que la nature ait pu fournir la quantité immense de débris de végétaux que la composition des mines de charbon de terre suppose, si l'on fait attention à la production encore plus abondante qui s'est faite dans ces premiers tems, pendant une longue suite de siecles, & à la quantité d'arbres que fournissent certaines contrées de l'Amérique peu peuplées, aux fleuves qui les traversent & aux mers qui les bordent.

L'ardoise qu'on doit regarder comme une

argille durcie est formée par couches qui contiennent de même du bitume & des végétaux, mais en bien plus petite quantité : & en même tems elle renferme souvent des coquilles, des crustacées & des poissons qu'on ne peut rapporter, suivant Buffon, à aucune espèce connue. Ainsi l'origine des charbons & des ardoises date du même tems, & paroît être due à des sédimens successifs d'une eau tranquille.

La durée du tems pendant laquelle les eaux ont couvert nos continens a été très-longue, l'on n'en peut pas douter, en considérant l'immense quantité de productions marines qui se trouvent jusqu'à d'assez grandes profondeurs, & à de très-grandes hauteurs dans plusieurs contrées de la terre ; & combien ne devons-nous pas ajouter de durée à ce tems déjà si long pour que ces mêmes productions marines aient été brisées, réduites en poudre & transportées par le mouvement des eaux, de manière à former ensuite des marbres, des pierres calcaires & des craies ? C'est pendant cette durée, que les dépôts des eaux ont formé les couches horisontales de la terre, les inférieures avec l'argille, & les supérieures avec la substance calcaire. Buffon va plus loin, en supposant que c'est dans la mer même que s'est opérée la pétrification des marbres & des pierres de toutes sortes. Cette multiplication des végétaux & des coquillages, quelque rapide qu'on puisse la supposer, n'a pu se faire que dans un grand nombre de siècles, puisqu'elle a produit des masses aussi prodigieuses que le sont celles de leurs détrimens. En effet, pour juger de ce qui s'est passé, il faut considérer ce qui se passe. Or combien ne faut il pas d'années pour que des huitres qui s'amoncelent dans quelques endroits de la mer, s'y multiplient en assez grande quantité, pour former une espèce de rocher.

Comme le globe terrestre est plus épais sous l'Équateur que sous les pôles, & que l'action du soleil est aussi plus grande dans les climats de la Zône-Torride, il en est résulté, que les contrées polaires ont été refroidies plutôt que celles de l'Équateur. Ces parties polaires de la terre ont donc reçu les premieres les eaux & les matières volatiles qui sont tombées de l'atmosphère : le reste de ces eaux a dû tomber ensuite sur les climats que nous appellons tempérés, & ceux de l'Équateur ont été les derniers abreuvés ; l'équilibre des mers a donc été long-tems à se former & à s'établir, & les premieres inondations ont dû venir des deux pôles. Il y a grande apparence que les eaux sont venues en plus grande quantité du pôle austral que du pôle boréal ; c'est pour cette raison que toutes les parties des continens terrestres finissent en pointe vers les régions australes. En effet, les contrées du pôle austral ont dû se réfroidir plus vite que celles du pôle boréal, et par conséquent recevoir plutôt les eaux de l'atmosphère. Car le soleil fait un peu moins de séjour sur cet hémisphère austral que sur le boréal.

Outre cela, dès l'origine & dans le commencement de la nature vivante, les terres les plus élevées du globe & les parties de notre Nord ont été les premieres peuplées par les espèces d'animaux terrestres, auxquels la grande chaleur convient le mieux. Les terres élevées de la Sibérie, de la Tartarie, & de plusieurs autres endroits de l'Asie, toutes celles de l'Europe qui forment la chaîne de Galicie, des Pyrénées, de l'Auvergne, des Alpes, des Apennins, de Sicile, de la Grèce & de la Macédoine, ainsi que les monts Riphées ont été les premieres contrées habitées.

Ainsi les régions septentrionales, les parties les plus élevées du globe, qui ne présentent aujourd'hui que des sommets stériles ont été autrefois des terres fécondes, & les premieres où la nature se soit manifestée, parce que ces parties du globe ayant été bien plutôt refroidies que les terres plus basses ou plus voisines de l'Équateur, elles auront les premieres reçu les eaux de l'atmosphère, & toutes les autres matières qui pouvaient contribuer à la fécondation. C'est ainsi que Buffon présume qu'avant l'établissement fixe des mers, toutes les parties qui se trouvaient supérieures aux eaux, ont été fécondées & qu'elles ont dû dessors & dans ce temps, produire les plantes dont nous retrouvons aujourd'hui les impressions dans les ardoises, & toutes les substances végétales qui composent les charbons de terre.

Buffon revient ensuite à ces premiers tems où les eaux, après être arrivées des régions polaires, ont gagné celles de l'Equateur; c'est dans ces terres de la Zone-Torride, où il présume que se sont faits les plus grands bouleversemens; il en voit la preuve dans cette immense quantité d'isles, de détroits, de hauts & de bas-fonds, de bras de mer & de terre entre-coupés, dans les montagnes très-élevées, dans les mers profondes. C'est alors que le flux & reflux donnoit d'une part aux eaux un mouvement constant d'Orient en Occident, & que d'autre part les alluvions venant des pôles croisoient ce mouvement & déterminoient les efforts de la mer autant & peut-être plus vers l'Equateur que vers l'Occident. A mesure que quelque grand affaissement présentoit une nouvelle profondeur, la mer s'abaissoit, & les eaux couroient pour la remplir. Ces affaissemens, qui, dans les commencemens, étoient fort fréquens, sont actuellement assez rares, & par conséquent les mers baissent peu, & Buffon croit que la terre est à-peu-près parvenue à un état assez tranquille.

Dans le même tems où nos terres étoient couvertes par la mer, & tandis que les bancs calcaires de nos collines se formoient des détrimens de ses productions, Buffon croit qu'il se détachoit du sommet des montagnes primitives & des autres parties découvertes du globe, une grande quantité de substances vitrescibles, lesquelles sont venues par alluvion, c'est-à-

dire, par le transport des eaux, remplir les fentes & les autres intervalles que les masses calcaires laissoient entr'elles. Ces fentes perpendiculaires, ou légèrement inclinées dans les bancs calcaires, se sont formées par le resserrement des matières calcaires, lorsqu'elles se sont séchées & durcies, de la même manière que s'étoient faites auparavant les premières fentes perpendiculaires, dans les montagnes vitrescibles produites par le feu.

En cherchant des mines de fer dans des collines de pierres calcaires, Buffon a trouvé plusieurs de ces fentes & de ces cavités remplies de fer en grains, mêlées de sables vitrescibles & de petits cailloux arrondis, & il attribue ces dépôts de mines à ces circonstances. L'établissement de toutes ces matières métalliques & minérales a suivi d'assez près l'établissement des eaux; celui des matières argilleuses & calcaires a précédé leur retraite; mais Buffon observe que le mouvement général des mers ayant commencé à se faire alors comme il se fait d'Orient en Occident, elles ont travaillé la surface de la terre dans ce sens d'Orient en Occident, autant & même plus qu'elles ne l'avoient fait auparavant dans le sens du Midi au Nord. La preuve qu'il en donne, c'est que dans tous les continens la pente des terres, à la prendre du sommet des montagnes, est toujours plus rapide du côté de l'Occident que du côté de l'Orient; cela est évident dans le continent entier de l'Amérique & le long de la côte occidentale de l'Afrique; de même dans l'Asie les presqu'isles, les promontoires, les isles, & toutes les terres environnées d'eau, offrent des pentes courtes & rapides vers l'Occident, douces & longues vers l'Orient. Les revers de toutes les montagnes sont aussi plus escarpés à l'Ouest qu'à l'Est, parce que les mers, à mesure qu'elles se sont abaissées, ont détruit les terres, & dépouillé les revers des montagnes dans le sens de leur chûte.

Quatrième époque.

Les matières qui ont formé les mines de charbon de terre se trouvant réunies avec les Pyrites & les autres substances, dans la composition desquelles il entra des acides „ elles ont fait le premier fond de l'aliment des volcans; ils n'ont commencé d'agir, ou plutôt ils n'ont pu prendre une action permanente, qu'après l'abaissement des eaux. Buffon distingue, à cette occasion, les volcans terrestres des volcans marins : ceux-ci ne peuvent faire que des explosions momentanées, parce qu'à l'instant que leur feu s'allume, il est immédiatement éteint par l'eau qui les couvre & se précipite jusques dans leur foyer, par toutes les issues que le feu s'ouvre pour en sortir. Les volcans terrestres, au contraire, ont une action durable & proportionnée à la quantité de matieres qu'ils contiennent. Mais un volcan terrestre ne peut durer qu'autant qu'il est voisin des eaux; c'est par cette raison que tous les volcans actuellement agissans sont dans les isles ou près des côtes de la mer. A mesure que les eaux se sont plus éloignées du pied de ces volcans, leurs éruptions ont diminué par dégrés, & enfin ont entièrement cessé; car nulle puissance, à l'exception de celle d'une grande masse d'eau choquée par un grand volume de feu, ne peut produire des mouvemens aussi prodigieux que ceux de l'éruption des volcans; telle est la doctrine de Buffon sur les volcans; il pense aussi qu'il y a des communications souterraines de volcan à volcan.

D'autre part, l'électricité lui paroît jouer un très grand rôle dans les tremblemens de terre & dans les éruptions des volcans; & après avoir posé pour principe que *le fond de la matière électrique est la chaleur propre du globe terrestre*, il pense que les cavités intérieures de la terre contenant du feu, de l'air & de l'eau, l'action de ce premier élément doit y produire des vents impétueux, des orages bruyans, des tonnerres souterreins, dont les effets peuvent être comparés à ceux de la foudre des airs. Aussi les éruptions des volcans & les tremblemens de terre sont précédés & accompagnés d'un bruit sourd & roulant, qui ne diffère de celui du tonnerre que par le ton profond que le son prend en traversant une grande épaisseur de terre. Ces tempêtes intestines sont d'autant plus violentes qu'elles sont plus voisines des montagnes à volcan & des eaux de la mer, dont le sel & les huiles grasses augmentent encore l'activité du feu. Les terres situées entre le volcan & la mer, ne peuvent manquer d'éprouver des secousses fréquentes; mais pourquoi n'y a-t-il aucun endroit du monde où l'on n'ait ressenti quelques tremblemens? Buffon pense que, comme il y a eu des mers par-tout & des volcans presque par-tout, leur feu subsiste encore; ce qui lui paroît démontré par les sources des huiles terrestres, par les fontaines chaudes & sulphureuses, qui se trouvent fréquemment au pied des montagnes & jusqu'au milieu des plus grands continens. Ces feux des anciens volcans, devenus plus tranquilles depuis la retraite des eaux, suffisent néanmoins pour produire de légères secousses, dont les oscillations sont dirigées dans le sens des cavités de la terre, & peut-être dans la direction des eaux & des veines des métaux, comme conducteurs de cette électricité souterraine.

Les volcans sont tous situés dans les hautes montagnes, parce que ce sont les seuls endroits de la terre où les cavités intérieures se soient maintenues; les seuls où les cavités communiquent de bas en haut par des fentes qui ne sont pas encore comblées, & enfin les seuls où l'espace vuide étoit assez vaste pour contenir la très-grande quantité de matières, qui servent d'aliment au feu des volcans permanens & encore subsistans.

C'est du tems de l'action des volcans que date la formation de matières d'une quatrième forte, qui fouvent participent de la nature des trois autres.

La première claffe renferme non-feulement les matières premières, folides & vitrefcibles, dont la nature n'a point été altérée, & qui forment le fond du globe ; mais encore les fables, les fchiftes, les ardoifes, les argiles, & toutes les matières vitrefcibles décompofées & tranfportées par les eaux.

La feconde claffe contient toutes les matières calcaires, toutes les fubftances produites par les coquillages & autres animaux marins.

La troifième claffe comprend toutes les fubftances qui doivent leur origine aux matières animales & végétales ; enfin la quatrième claffe eft celle des matières rejettées par les volcans, dont quelques-unes paroiffent être un mélange des premières ; & d'autres pures de tout mélange ont fubi une feconde action du feu qui leur a donné un nouveau caractère.

Les matières rejettées par les volcans ne laiffent pas d'occuper d'affez grands efpaces fur la furface des terres fituées aux environs des montagnes ardentes & de celles dont les feux font éteints & affoupis. Les matières en effervefcence, & les fubftances combuftibles, anciennement enflammées, continuent de brûler, & c'eft ce qui fait aujourd'hui la chaleur de toutes nos eaux thermales ; il y a auffi des exemples de mines de charbon qui brulent, & qui fe font allumées par la foudre fouterraine, ou par le feu tranquille d'un volcan, dont les éruptions ont ceffé. Ces eaux thermales & ces mines allumées fe trouvent fouvent comme les volcans éteints, dans les terres éloignées de la mer.

La furface de la terre nous préfente en mille endroits les veftiges & les preuves de l'exiftence de ces volcans éteints. Les premiers volcans ont exifté dans les terres élevées du milieu des continens ; & comme les amas de matières combuftibles & minérales qui fervent d'alimens aux volcans, n'ont pû fe dépofer que fucceffivement, & qu'il a dû fe paffer beaucoup de tems avant qu'elles fe foient mifes en action, ce n'eft guères que fur la fin de cette période que les volcans ont commencé à ravager la terre.

Les tremblemens de terre ont dû fe faire fentir long-tems avant l'éruption des volcans ; dès les premiers momens de l'affaiffement des cavernes, il s'eft fait de violentes fecouffes, qui ont produit des effets tout auffi violens & bien plus étendus que ceux des volcans. Il en eft auffi réfulté plufieurs autres effets tous grands & la plupart terribles ; d'abord l'abaiffement de la mer, forcée de courir à grands flots, pour remplir les nouvelles profondeurs, & laiffer par conféquent à découvert de nouveaux terreins ; 2°. l'ébranlement des terres voifines, par la commotion de la chûte des matières folides qui formoient les voûtes de la caverne.

Après l'expofition de tous ces effets, Buffon en revient à l'eau qu'il envifage encore comme caufe générale & fubféquente à celle du feu primitif, & qui a achevé de conftruire & de figurer la furface actuelle de la terre. Ce qui manque à l'uniformité de cette conftruction & configuration univerfelle, n'eft que l'effet accidentel des tremblemens de terre & de l'action des volcans.

Dans cette conftruction de la furface de la terre par le mouvement & le fédiment des eaux, Buffon diftingue deux périodes ; la première a commencé apres l'établiffement de la mer univerfelle, c'eft-à-dire, après la dépuration parfaite de l'atmofphere par la chûte des eaux. Cette période a duré autant qu'il étoit néceffaire pour multiplier les coquillages & pour remplir de leurs dépouilles nos collines calcaires ; autant qu'il étoit néceffaire pour multiplier les végétaux, & pour former de leurs débris toutes nos mines de charbon ; enfin autant qu'il étoit néceffaire pour convertir les fcories de verre primitif en argilles , former les acides, les fels , les pyrites. Ces grands & premiers effets ont été produits enfemble dans les tems qui fe font écoulés depuis l'établiffement des eaux, jufqu'à leur abaiffement & leur retraite. Enfuite a commencé la feconde période. Cette retraite des eaux ne s'eft pas faite tout-à-coup ; mais par une longue fucceffion de temps, dans laquelle Buffon veut nous faire faifir différens degrés. Buffon cite, à ce fujet, les effets que les eaux ont dû produire à mefure qu'elles ont laiffé le fommet de Langres à découvert; il y avoit une mer dont les mouvemens & les courans étoient dirigés vers le Nord, & de l'autre côté de ce fommet une autre mer , dont les mouvemens étoient dirigés vers le Midi. Ces deux mers ont battu les deux flancs oppofés de cette montagne, comme l'on voit dans la mer actuelle les eaux battre les deux flancs oppofés d'une longue ifle, ou d'un promontoire avancé.

Lorfqu'on regarde ces efcarpemens, fouvent élevés à pic de plufieurs toifes de hauteur, & qu'on les voit compofés de haut en bas, de bancs de pierres calcaires très-maffives & tres-dures, on eft étonné du tems prodigieux qu'il faut fuppofer, pour que les eaux aient ouvert & creufé ces énormes tranchées; mais deux circonftances ont concouru, fuivant Buffon, à l'accélération de ce grand ouvrage. L'une de ces circonftances eft, que dans toutes les collines & montagnes calcaires, les lits fupérieurs font les moins compactes & les plus tendres, enforte que les eaux ont entamé aifément la fuperficie du terrein , & formé la première ravine qui a dirigé leurs cours. La feconde circonftance eft, que les matières des fédimens n'ont acquis de la confiftance que par la defficcation. Buffon en conclut que, dans ce tems, ou les courans de la mer rempliffoient toute la largeur des vallons, les bancs calcaires devoient leur céder avec beaucoup moins de réfiftance qu'ils ne le feroient actuellement.

C'eft pour la conftruction même des terreins calcaires & non pour leur divifion que Buffon affigne une longue période de tems. Il en prend moins pour la divifion & la configuration de ces terreins calcaires, & pour la retraite des eaux qui étoient élevées de deux mille toifes au-deffus du niveau de nos mers actuelles. Ce n'eft que vers la fin de cette longue marche en retraite, que nos vallons ont été creufés, nos plaines établies, & nos collines découvertes, & pendant tout ce tems, le globe n'étoit peuplé que d'animaux à coquilles & de poiffons. Les fommets des montagnes que les eaux n'avoient pas furmontés ou qui avoient été abandonnés par la mer les premiers, étoient auffi couverts de végétaux, dont les détrimens immenfes ont formé les veines de charbon. Tous ces êtres organifés ont exifté long-tems avant les animaux terreftres. On n'a trouvé des indices & des veftiges de l'exiftence de ceux-ci que dans les couches fuperficielles, ou bien dans les vallées & dans les plaines qui ont été comblées de déblais entraînés de lieux fupérieurs par les eaux courantes.

A mefure que les mers s'abaiffoient, & découvroient les pointes les plus élevées des continens, ces fommets, comme nous l'avons dit, commencèrent à laiffer exhaler les nouveaux feux produits dans l'intérieur de la terre, par l'efferfefcence des matières qui fervent d'aliment aux volcans; mais heureufement, ces fcènes épouvantables n'ont point eu de fpectateurs, & ce n'eft qu'après cette période entièrement révolue que l'on peut dater la naiffance des animaux terreftres.

Cinquieme époque.

C'eft dans cette époque que d'abord les parties feptentrionales de la terre ont été attiédies de manière que les animaux terreftres ont pu naitre & fubfifter; & ce n'eft que quelques fiècles après que ces mêmes animaux ont pu habiter les contrées méridionales, qui ont conservé plus long-tems une chaleur brûlante qui excédoit de beaucoup la chaleur vitale des animaux.

C'eſt en conſéquence dans les parties les plus élevées du Nord, que les premiers animaux, les Eléphans, les Rhinocéros, les Hippopotames, & probablement toutes les eſpèces qui ne peuvent ſe multiplier actuellement que ſous la Zône-Torride, vivoient & ſe multiplioient. Ils y étoient en grand nombre; ils y ont ſéjourné long-tems. La quantité d'ivoire & de leurs autres dépouilles que l'on a découverte & que l'on découvre tous les jours dans ces contrées ſeptentrionales nous démontre évidemment qu'elles ont été leur patrie, leurs pays natal, & certainement la première terre qu'ils aient occupée. Mais de plus ces mêmes monumens prouvent que ces animaux ont exiſté en même-tems dans les contrées ſeptentrionales de l'Europe, de l'Aſie & de l'Amérique. Ce qui nous fait connoître que les deux continens étoient alors contigus, & qu'ils n'ont été ſéparés que dans des tems ſubſéquens; & ce n'eſt pas ſeulement dans les terres du Nord qu'on a trouvé ces dépouilles d'animaux du Midi; elles ſe rencontrent encore dans tous les pays tempérés, en France, en Allemagne, en Italie, & en Angleterre.

Il paroît même que ces premiers animaux terreſtres étoient comme les premiers animaux marins, plus grands qu'ils ne le ſont aujourd'hui; car les dents, les défenſes des Eléphans & des Hippopotames de ce tems là, appartiennent à des animaux d'une taille ſupérieure à celles des Eléphans & des Hippopotames vivants.

Buffon ne doute pas qu'après avoir occupé les parties ſeptentrionales de la Ruſſie & de la Sibérie juſqu'au ſoixantieme dégré où l'on a trouvé leurs dépouilles en grande quantité, ils n'aient enſuite agné les terres moins ſeptentrionales,

puiſqu'on trouve encore de ces dépouilles en Moſcovie, en Pologne, en Allemagne, en Angleterre, en France & en Italie; en ſorte qu'à meſure que les terres du Nord ſe refroidiſſoient, ces animaux cherchoient des terres plus chaudes.

Mais cette marche réguliere qu'ont ſuivie les plus grands, les premiers animaux dans notre continent, paroît avoir ſouffert des obſtacles dans l'autre; ainſi quoiqu'on ait trouvé des dépouilles d'Eléphans, dans quelques endroits de l'Amérique ſeptentrionale, aucun monument ne nous indique le même fait pour les terres de l'Amérique méridionale. D'ailleurs l'eſpèce même de l'Eléphant qui s'eſt conſervée dans l'ancien continent, ne ſubſiſte plus dans l'autre; non-ſeulement cette eſpèce ni aucune autre de toutes celles des animaux terreſtres qui occupent actuellement les terres méridionales de notre continent, ne ſe ſont trouvées dans les terres méridionales du Nouveau Monde; mais même il paroît qu'elles n'ont exiſté que dans les contrées ſeptentrionales de ce nouveau continent.

Buffon conclut de ce fait que l'ancien & le nouveau continent n'étoient pas alors ſéparés vers le Nord, & que leur ſéparation ne s'eſt faite que poſtérieurement au tems de l'exiſtence des Eléphans dans l'Amérique ſeptentrionale, où leur eſpèce s'eſt probablement éteinte par le refroidiſſement, parce que ces animaux n'auront pû gagner les régions de l'Equateur dans ce nouveau continent, comme ils l'ont fait dans l'ancien, tant en Aſie qu'en Afrique. En effet, ſi l'on conſidère la ſurface du nouveau continent, on voit que les parties méridionales voiſines de l'Iſthme de Panama, ſont occupées par de très-hautes montagnes. Les Eléphans n'ont pu franchir ces barrieres à cauſe du trop grand froid qui ſe fait ſentir ſur ces hauteurs. Ils n'auront donc ſubſiſté dans l'Amérique ſeptentrionale qu'autant qu'aura duré dans cette terre le dégré de chaleur néceſſaire à leur multiplication.

Les animaux au contraire qui peuplent actuellement nos régions tempérées & froides, ſe trouvent également dans les parties ſeptentrionales des deux continens; ils y ſont nés poſtérieurement aux premiers, & s'y ſont conſervés parce que leur nature n'exige pas une auſſi grande chaleur. Au reſte, il eſt certain qu'aucun des animaux propres & particuliers aux terres méridionales de notre continent ne ſe ſont trouvés dans les terres méridionales de l'autre, & que même dans le nombre des animaux communs à notre continent & à celui de l'Amérique ſeptentrionale, à peine peut-on citer une eſpèce qui ſoit arrivée à l'Amérique méridionale; cette partie du monde n'a donc pas été peuplée comme toutes les autres, ni dans le même tems: elle eſt demeurée, pour ainſi dire, iſolée & ſéparée du reſte de la terre par les mers & par les hautes montagnes. Les premiers animaux terreſtres nés dans les terres du Nord n'ont donc pu s'établir par communication dans le continent méridional de l'Amérique, ni ſubſiſter dans ſon continent ſeptentrional qu'autant qu'il a conſervé le degré de chaleur néceſſaire à leur propagation, & cette terre de l'Amérique méridionale réduite à ſes propres forces n'a enfanté que des animaux plus foibles & beaucoup plus petits que ceux qui ſont venus du Nord pour peupler nos contrées du Midi.

Buffon penſe que tout ce qu'il y a de coloſſal & de grand, a été formé dans les terres du Nord, & que ſi celles de l'Equateur ont produit quelques animaux, ce ſont des eſpèces inférieures, bien plus petites que les premières. Il s'appuie particulièrement ſur la comparaiſon des animaux de l'Amérique méridionale, qui tous ſont petits & foibles, parce qu'ils

ne lui ſont pas venus des terres ſeptentrionales.

D'ailleurs les Baleines, les Cachalots, les Narwals & autres grands Cétacées, appartiennent aux mers ſeptentrionales, tandis qu'on ne trouve dans les mers tempérées & méridionales, que les Lamentins, les Dugons, les Marſoins, qui tous ſont inférieurs aux premiers en grandeur. Pourquoi ces grandes eſpèces paroiſſent-elles confinées dans ces mers froides? Pourquoi n'ont-elles pas gagné ſucceſſivement comme les Eléphans les régions les plus chaudes? En un mot, pourquoi ne ſe trouvent-elles ni dans les mers tempérées, ni dans celles du Midi.

Buffon établit la permanence du ſéjour de ces grands animaux dans les mers boréales, ſur la continuité des continens vers les régions de notre Nord, & ſur l'exiſtence de cet état pendant de longues années. Il penſe que ſi ces animaux marins euſſent trouvé la route ouverte, ils auroient gagné les mers du Midi, pour peu que le refroidiſſement des eaux leur eût été contraire; & cela ſeroit arrivé, s'ils euſſent pris naiſſance dans le tems que la mer étoit encore chaude. Buffon préſume donc que leur exiſtence eſt poſtérieure à celle des Eléphans & des autres animaux qui ne peuvent ſubſiſter que dans les climats du Midi. Cependant, il ſe pourroit faire que la différence de température fût, pour ainſi dire, indifférente ou beaucoup moins ſenſible aux animaux aquatiques, qu'aux animaux terreſtres. D'ailleurs les variations de température qui ſont ſi grandes à la ſurface de la terre, ſont beaucoup moindres & preſque nulles à quelques toiſes de profondeur ſous les eaux; enfin par la nature même de leur organiſation, les cétacées paroiſſent plutôt munis contre le froid que contre la grande chaleur. L'énorme quantité de lard & d'huile qui recouvre leur corps, en les privant du ſentiment vif qu'ont

les autres animaux, les défend en même-
tems de toutes les impreffions extérieures,
& Buffon préfume qu'ils reftent où ils
font, par ce qu'ils n'ont pas même le
fentiment qui pourroit les conduire vers
une température plus douce.

Toutes ces confidérations font croire
à Buffon que les régions du Nord, foit
de la mer foit de la terre, ont non-feulement été fécondées les premieres, mais
encore que c'eft dans ces régions que la
nature vivante s'eft élevée à fes plus grandes
dimenfions. Il en trouve la raifon, en
confidérant que fuivant fon hypothèfe,
les parties aqueufes, huileufes & ductiles
qui devoient entrer dans la compofition
des êtres organifés, font tombées avec
les eaux fur les parties feptentrionales du
globe, bien plutôt & en bien plus grande
quantité, que fur les parties méridionales;
que c'eft dans ces matières que les molécules organiques vivantes ont commencé
à exercer leur puiffance, pour modeler
& développer les corps organifés. Il n'eft
donc pas étonnant que les premieres, les
plus fortes, les plus grandes productions
de la nature fe foient faites dans ces
terres du Nord.

Dans ce même tems où les Éléphans habitoient les terres feptentrionales, les arbres
& les plantes qui couvrent nos contrées
méridionales exiftoient auffi au milieu de ces
mêmes terres du Nord. Les monumens femblent le démontrer; car toutes les impreffions
des plantes qu'on a trouvées dans nos
ardoifes & dans nos charbons préfentent la
figure des plantes qui n'exiftent actuellement que dans les grandes Indes ou dans les
autres parties du Midi. Si l'on objecte
que les arbres & les plantes n'ont pu
voyager comme les animaux, Buffon répond, que les efpèces de végétaux fe
font femées de proche en proche, &
qu'après avoir gagné jufqu'aux contrées
de l'Equateur elles ont péri dans celles
du Nord, dont elles ne pouvoient plus
fupporter le froid: & que d'ailleurs ce

transport n'eft pas néceffaire, parce que
le même dégré de chaleur a produit par-
tout les mêmes plantes, fans qu'elles y
aient été tranfportées.

Il refte maintenant la population de
l'homme. Buffon penfe qu'elle s'eft faite
poftérieurement à toutes ces époques,
& que l'homme eft en effet le grand &
dernier œuvre de la création. C'eft en
conféquence de fon intelligence & de fes
reffources, que l'homme fe trouve répandu
par-tout, & même dans cette terre ifolée
de l'Amérique méridionale qui paroît
n'avoir eu aucune part aux premieres
formations des animaux, & auffi dans toutes
les parties froides ou chaudes de la furface
de la terre. Les terres les plus difgraciées,
les ifles les plus ifolées, les plus éloignées des
continens, fe font trouvées toutes peuplées
par des hommes de la même efpèce. Les
petites différences qu'on remarque dans
leur nature, ne font que de légères variétés,
caufées par l'influence du climat ou de la
nourriture. Buffon penfe d'après ces faits
que la création de l'homme a été poftérieure à celle des grands animaux, &
dans un tems où l'homme pouvoit être
le témoin intelligent, l'admirateur paifible
du grand fpectacle de la nature, & de
l'état de la terre confolidée, féchée,
couverte de végétaux & d'animaux, enfin
préfentant toutes les merveilles de la
création.

Sixieme époque.

*Lorfque s'eft faite la féparation des con-
tinents.*

Buffon confidere le temps de la féparation des continens comme étant poftérieur à celui où les Elephans habitoient
les terres du Nord; puifqu'alors leur
efpèce étoit également fubfiftante en Amérique, en Europe & en Afie: & il
en a apporté pour preuve les dépouilles de
ces animaux trouvées dans les parties
feptentrionales du nouveau continent,

comme dans celles de l'ancien. Mais comment est il arrivé que cette séparation des continens se soit faite par deux bandes de mers qui s'étendent depuis les contrées septentrionales, toujours en s'élargissant, jusqu'aux contrées méridionales, puisque le mouvement général des mers se fait d'Orient en Occident? Buffon regarde cet événement comme une nouvelle preuve que les eaux sont primitivement venues des pôles, & qu'elles n'ont gagné que successivement les parties de l'Équateur. Nous avons déja dit que leur mouvement général a été dirigé des pôles à l'Equateur, &, que comme les eaux venoient en plus grande quantité du pôle austral, elles ont formé de vastes mers dans cet hémisphère, lesquelles vont en se retrécissant de plus en plus dans l'hémisphere boréal, & jusque sous le cercle polaire : & il y a si peu de distance entre les deux continens, vers les régions de notre pôle, qu'on ne peut guère douter qu'ils ne fussent continus dans les tems qui ont succédé à la retraite des eaux : & si l'Europe est aujourd'hui séparée du Groënland, Buffon pense que probablement il s'est fait un affaissement considérable entre les terres du Groënland & celles de Norwege & de la pointe de l'Ecosse dont les Orcades, l'isle de Shettland, celle de Feroë, de l'Islande, & de Hola, ne nous montrent plus que les sommets des terreins submergés : & il attribue à un effet tout semblable la séparation de l'Asie & de l'Amérique vers le Nord.

Il présume encore que non-seulement le Groënland a été joint à la Norwege & à l'Ecosse mais aussi que le Canada pouvoit l'être à l'Espagne par les bancs de Terre-Neuve, les Açores & les autres isles & hauts-fonds qui se trouvent dans cet intervalle de mers. La submersion en est peut-être encore plus moderne que celle du continent de l'Islande. L'histoire de l'isle Atlantide dont la tradition s'est conservée ne peut s'appliquer qu'à une très-grande terre qui s'étendoit fort au loin de l'Oc-

cident de l'Espagne. Buffon pense que la distance de l'Espagne au Canada, quoique beaucoup plus grande que celle de l'Ecosse au Groënland, est la plus naturelle de toutes pour le passage des Eléphans d'Europe en Amérique. Mais de très-fortes raisons le portent à croire que cette communication des Eléphans d'un continent à l'autre a dû se faire plutôt par les contrées septentrionales de l'Asie. D'abord le peu de profondeur qu'ont les mers orientales au-delà & au-dessus de Kamschatka : ensuite le grand nombre d'isles groupées & suivies qui se trouvent dans le détroit de Beering prouve que la destruction de l'isthme s'est opérée aisément, & que pendant qu'il subsistoit, il a ouvert un passage facile d'Asie en Amérique pour ces animaux, à moins qu'on ne suppose que les Eléphans & tous les autres animaux aient été créés en grand nombre dans tous les climats où la température pouvoit leur convenir. Buffon envisage ensuite ce qui existoit dans l'intérieur des terres avant la rupture du Bosphore, & celle du détroit de Gibraltar, & croit que la mer Noire réunie à la mer Caspienne & à l'Aral, formoient un bassin double de ce qu'il en reste, & qu'au contraire la Méditerranée étoit, dans le même tems, de moitié plus petite qu'elle ne l'est aujourd'hui. Effectivement, tant que les barrieres du Bosphore & de Gibraltar ont subsisté, la Méditerranée n'étoit qu'un lac d'assez médiocre étendue, dont l'évaporation suffisoit à la recette des eaux du Nil, du Rhône & des autres rivieres qui lui appartiennent ; mais en supposant que le Bosphore se soit ouvert le premier, la Méditerranée aura dès-lors fort augmenté & en même proportion, que le bassin de la mer Noire & de la Caspienne aura diminué. Cette rupture du Bosphore a produit tout-à-coup une grande inondation permanente qui a noyé toutes les terres basses de la Grèce & des provinces adjacentes.

Ensuite il y a eu un second déluge, lors

que la porte du détroit de Gibraltar s'est ouverte; les eaux de l'Océan ont dû produire dans la Méditerranée une seconde augmentation, & ont achevé d'inonder les terres qui n'étoient pas submergées. Ce n'est qu'après ces deux grands événemens que l'équilibre de ces deux mers intérieures a pu s'établir, & qu'elles ont pris leurs dimensions telles que nous les voyons aujourd'hui.

Buffon considère l'époque de la séparation des deux continens & celle de la rupture de ces barrieres de l'Océan & de la mer Noire comme étant plus anciennes que la date des déluges dont les hommes ont conservé la mémoire. Celui de Deucalion, n'est que d'environ quinze cens ans avant l'ère chretienne & celui d'Ogygés de dix huit cens ans. Tous deux n'ont été que des inondations particulières dont la premiere ravagea la Thessalie & la seconde les terres de l'Attique. Tous deux n'ont été produits que par une cause particulière, & passagere comme leurs effets. Le déluge de l'Arménie & de l'Egypte dont la tradition s'est conservée chez les égyptiens & les hébreux, quoique plus ancien d'environ cinq siècles que celui d'Ogygés, est encore bien récent en comparaison des événemens dont nous avons parlé: & Buffon nous assure que le tems où les Eléphans habitoient les terres du Nord étoit bien antérieur à cette date moderne. Car nous savons par les livres les plus anciens que l'ivoire se tiroit des pays méridionaux.

Les événemens de la mer Noire & de la rupture de l'Océan, par le détroit de Gibraltar, quoique postérieurs à l'établissement des animaux terrestres dans les contrées du Nord, ont peut-être précédé leur arrivée dans les terres du Midi.

Lorsque toutes les eaux ont été bien établies sur le globe, leur mouvement d'Orient en Occident a non-seulement

escarpé les revers occidentaux, de tous les continens, & porté l'Océan contre les pentes douces des terres orientales, mais encore il paroît avoir tranché toutes les pointes des continens, avoir formé les détroits de Magellan à la pointe de l'Amérique, de Ceylan à la pointe de l'Inde, de Forbisher à celle du Groenland. C'est à peu-près dans ce même tems que l'Europe a été séparée de l'Amérique, l'Angleterre de la France, l'Irlande de l'Angleterre, la Sicile de l'Italie, & la Sardaigne de la Corse. C'est aussi dans ce même tems que les Antilles, St-Domingue & Cuba, ont été détachés du continent de l'Amérique. Toutes ces divisions particulières étant contemporaines à la grande séparation des deux continens, Buffon les regarde même comme les suites nécessaires de cette division, laquelle ayant ouvert une large route aux eaux de l'Océan, leur aura permis d'attaquer, par leurs mouvemens, les parties les moins solides, de les miner peu-à-peu, de les trancher enfin jusqu'à les séparer des continens voisins.

L'inspection du globe nous indique qu'il y a eu des bouleversemens plus grands & plus fréquens dans l'Océan Indien que dans aucune autre partie du monde. Il s'est fait de grands changemens dans ces contrées, non-seulement par l'affaissement des cavernes, par les tremblemens de terre & l'action des volcans, mais encore par l'effet continuel du mouvement général des mers qui continuellement dirigé d'Orient en Occident a formé les petites mers intérieures de Kamschatka, de la Corée, de la Chine, & a séparé les isles Marianes & celles de Calanos, l'isle Formose, les Philippines, la nouvelle Guinée, la nouvelle Hollande, du continent de l'Asie.

Après la séparation de l'Europe & de l'Amérique, après la rupture de tous ces détroits, les eaux ont cessé d'envahir de grands espaces, & dans la suite la terre a plus gagné sur la mer qu'elle n'a perdu ; car indépendamment de toutes les côtes en pente douce que la retraite des eaux de la Caspienne & de l'Aral a laissé à découvert, les grands fleuves ont presque tous formé des isles & de nouvelles contrées, près de leurs embouchures. On sait que le Delta de l'Egypte, dont l'étendue est fort considérable, n'est qu'un aterrissement produit par les dépôts du Nil. En Amérique, la partie méridionale de la Louisiane, aux deux côtés du fleuve Mississipi & la partie orientale située à l'embouchure du fleuve des Amazones, sont des terres nouvellement formées par les dépôts de ces grands fleuves.

Si nous passons maintenant à l'espèce humaine, Buffon nous la fera envisager comme passant d'Asie, où se sont établis les premiers hommes, par la même route que les Eléphans, & se répandant dans les terres de l'Amérique septentrionale & du Méxique : ensuite franchissant les hautes terres au-delà de l'Isthme, & s'établissant dans celles du Pérou & dans les contrées les plus reculées de l'Amérique méridionale. C'est dans ces dernières contrées que se trouvent des hommes tous plus grands, plus carrés & plus forts que ne le font les autres hommes de la terre. Buffon croit que quelques géans ayant passé de l'Asie en Amérique, & s'étant trouvés pour ainsi dire seuls, leur race s'est conservée dans ce continent désert, tandis qu'elle a été entièrement détruite par le nombre des autres hommes, dans les contrées peuplées.

Autant les hommes se sont multipliés dans les terres qui sont actuellement chaudes & tempérées, autant leur nombre diminue dans celles qui sont devenues trop froides. Le Nord du Groënland, de la Laponie, du Spitzberg, de la nouvelle Zemble, de la terre des Samoïedes, aussi bien qu'une partie de celles qui avoisinent la mer Glaciale, jusqu'à l'extrémité de l'Asie, au Nord du Kamschatka, sont actuellement désertes, ou plutôt dépeuplées depuis un tems assez moderne.

Ainsi les terres du Nord, autrefois assez chaudes pour faire multiplier les Eléphans & les Hippopotames, s'étant déja refroidies au point de ne pouvoir nourrir que des Ours blancs & des Rennes, seront dans quelques milliers d'années entièrement dénuées & désertes par l'effet du réfroidissement. C'est par la même cause que toute cette plage polaire, autrefois terre ou mer, n'est aujourd'hui que glace.

Buffon considère comme une preuve démonstrative de la réalité de ce réfroidissement de la terre, ce qui se passe sur les hautes montagnes de nos climats. On trouve au-dessus des Alpes dans une longueur de plus de soixante lieues sur vingt & même trente de largeur, une étendue immense & presque continue de vallées, de plaines & d'éminences de glaces ; la plupart sans mélange d'aucune autre matière, presque toutes permanentes, & qui ne fondent jamais en entier. Ces grandes plages de glaces, loin de diminuer dans leur circuit, augmentent & s'étendent de plus en plus : elles gagnent de l'espace sur les terres voisines & plus basses. Buffon envisage l'aggrandissement de ces contrées de glace comme la preuve la plus palpable du réfroidissement successif de la terre, & duquel il est plus facile de saisir les degrés dans ces pointes avancées du globe que par-tout ailleurs.

En transportant cette idée sur la région du pôle, Buffon non seulement ne doute pas qu'elle ne soit entièrement glacée, mais même que le circuit & l'étendue des glaces n'augmentent de siècle en siècle, & ne continuent d'augmenter avec le réfroidissement du globe. Il regarde les glaces qui ont empéché le capitaine Phipps de pénétrer au-delà du quatre-vingt deuxième degré sur une longueur de plus de vingt degrés en longitude, comme formant une partie de la circonférence de l'immense

BUF

BUF

BUF

glacière de notre pôle, qu'il détermine de plus de cent trente mille lieues carrées envahies par le réfroidissement & anéanties pour la nature vivante. Et comme le froid est plus grand dans les régions du pôle austral, Buffon présume que l'envahissement des glaces y est aussi plus grand, puisqu'on en rencontre dans quelques-unes de ces plages australes dès le quarante-septième dégré. Cet hémisphère austral a été de tout tems beaucoup plus aqueux & plus froid que le nôtre, & il n'y a pas d'apparence que passé le cinquantième dégré l'on y trouve jamais des terres heureuses & tempérées. On voit par ces détails que les glaces ont envahi une plus grande étendue sous le pôle antarctique, & que leur circonférence s'étend peut-être beaucoup plus loin que celle des glaces du pôle arctique. Ces immenses glacières des deux pôles, produites par le réfroidissement de la terre, suivant Buffon, iront comme les glaciers des Alpes, toujours en augmentant, & seront à ce qu'il espère une preuve de sa théorie. (*Voyez* l'Atlas.)

Septième époque.

Buffon, après avoir jetté un coup-d'œil sur les premiers hommes dispersés & s'essayant comme les sauvages aux premieres ébauches des arts, après les avoir représentés comme recueillant les traditions de tous les malheurs du monde, parle de ces mêmes hommes réunis en société : c'est dans les contrées septentrionales de l'Asie, que l'homme réuni en société a donné du corps à ses connoissances ; tout cela suppose des hommes actifs, dans un climat heureux, sous un ciel pur pour l'observer, sur une terre féconde pour la cultiver, plus élevée & par conséquent plus anciennement tempérée que les autres. Buffon trouve toutes ces conditions, toutes ces circonstances dans le centre du continent de l'Asie, depuis le quarantieme dégré de latitude jusqu'au cinquante-cinquieme. Les fleuves qui portent leurs eaux dans la mer du Nord, dans l'Océan oriental, dans les mers du Midi & dans la Caspienne, partent également de cette région élevée, qui fait aujourd'hui partie de la Sibérie méridionale & de la Tartarie. C'est là que Buffon établit le premier peuple créateur des sciences, des arts & de toutes les institutions utiles. Il leur attribue l'invention de la période lunisolaire de six cents ans : connoissance qui suppose une longue suite de recherches, d'étude & de travaux astronomiques, & deux ou trois mille ans de culture à l'esprit humain. Six mille ans, à compter de ce jour, ne sont pas suffisans pour remonter à l'époque la plus belle de l'histoire de l'homme, & même pour le suivre dans les premiers progrès qu'il a faits dans les arts & dans les sciences.

Mais malheureusement ces sciences ont été perdues, & ne nous sont parvenues que par débris ; c'est de-là qu'est venue la formule, d'après laquelle les brames calculent les éclipses, puisqu'ils n'ont pas connu les élémens d'après lesquels ces formules ont été construites.

Les chinois un peu plus éclairés que les brames, calculent assez grossierement les éclipses, & les calculent toujours de même depuis deux ou trois mille ans. Il ne paroît pas que les chaldéens, les perses, les égyptiens & les grecs, aient rien reçu de ce premier peuple éclairé ; car dans ces contrées du Levant, la nouvelle astronomie n'est due qu'à l'opiniâtre assiduité des observateurs chaldéens, & ensuite aux travaux des grecs.

La perte des sciences fut l'effet d'une malheureuse révolution ; Buffon pense que quand les terres situées au nord de cette heureuse contrée ont été trop réfroidies, les hommes qui les habitoient, encore ignorans, farouches & barbares, auront reflué vers cette même contrée riche, abondante & cultivée par les arts, & qu'ils ont détruit non-seulement le germe, mais encore la mémoire de toute fcience. La métaphyfique réligieufe qui n'avoit pas befoin d'étude, s'eft répandue de ce premier centre des fciences vers toutes les parties du monde.

Néanmoins après la perte des fciences, les arts utiles auxquels elles avoient donné naiffance fe font confervés. La culture de la terre devenue plus néceffaire à mefure que les hommes devenoient plus nombreux, toutes les pratiques qu'exige cette même culture, tous les arts qui fuppofent la conftruction des maifons, la texture des étoffes, ont furvécu à la fcience & fe font répandus de proche en proche, perfectionnés fuivant les grandes populations auxquelles ils ont été tranfmis. L'ancien empire de la Chine s'eft élevé le premier & prefque en même tems celui des atlantes en Afrique. Ceux du continent de l'Afie, celui d'Egypte, d'Ethiopie, fe font fucceffivement établis; & enfin celui de Rome, auquel notre Europe doit fon exiftence civile. Ce n'eft donc que depuis environ trente fiècles, que la puiffance de l'homme s'eft réunie à celle de la nature; par fon intelligence, les animaux ont été apprivoifés, fubjugués, domptés, réduits à lui obéir à jamais; par fes travaux, les marais ont été deffèchés, les fleuves contenus, les forêts éclaircies, les landes cultivées; par fa réflexion, les tems ont été comptés, les efpaces mefurés, les mouvemens céleftes reconnus, le ciel & la terre comparés; par fon art émané de la fcience, les mers ont été traverfées, les montagnes franchies, un nouveau monde découvert. Enfin la face entière de la terre porte aujourd'hui l'empreinte de la puiffance de l'homme.

Si l'on compare en effet la nature brute à la nature cultivée, les petites nations fauvages de l'Amérique avec les grands peuples civilifés; on jugera fort aifément du peu de valeur de ces hommes par le peu d'impreffion que leurs mains ont faites fur leur fol. Ces nations non policées ne font que détruire fans édifier, ufer de tout fans renouveller. Néanmoins la condition la plus méprifable de l'homme n'eft pas celle du fauvage, mais celle de ces nations au quart policées qui de tout tems ont été les vrais fléaux de la nature humaine. Combien n'a t'on pas vu de ces débordemens de barbares venant du Nord ravager les terres du Midi? Il a fallu un grand nombre de fiècles à la nature pour conftruire fes grands ouvrages; combien n'en faudra-t-il pas pour que les hommes ceffent de s'inquiéter, de s'agiter & de s'entre-détruire? Quand reconnoîtront-ils que la jouiffance paifible des terres de leur patrie fuffit à leur bonheur?

Si l'on fuppofe le monde en paix, il eft aifé de voir combien la puiffance de l'homme pourroit influer fur celle de la nature. Rien ne paroît plus difficile que de réchauffer la température d'un climat; cependant l'homme le peut faire & l'a fait. Paris & Quebec font à-peu-près à la même latitude & à la même élévation fur le globe. Paris feroit donc auffi froid que Quebec, fi la France & toutes les contrées qui l'avoifinent étoient auffi dépourvues d'hommes, auffi couvertes de bois, auffi baignées par les eaux que le font les terres voifines du Canada? Affainir, défricher & peupler un pays, c'eft lui rendre de la chaleur pour plufieurs milliers d'années. Buffon oppofe ces effets à ceux qui lui objectent que les Gaules & la Germanie nourriffoient des élans, des ours & d'autres animaux qui fe font retirés dans les pays feptentrionaux & plus froids. Ces faits feroient effectivement oppofés au réfroidiffement de la terre que Buffon admet, fi la France & l'Allemagne d'aujourd'hui étoient femblables à la Gaule & à la Germanie, & fi l'on n'eût pas abattu les forêts, deffèché les marais, défriché toutes les terres trop couvertes & furchargées des débris mêmes de leurs productions,

Dans l'immenfe étendue des terres de la Guyane qui ne font que des forêts épaiffes où le foleil peut à peine pénétrer, où les eaux répandues occupent de grands efpaces, où il pleut continuellement pendant huit mois de l'année, l'on a commencé feulement depuis un fiècle à défricher autour de Cayenne un très-petit canton de ces vaftes forêts ; & déjà la différence de température dans cette petite étendue de terrein défriché eft fi fenfible qu'on y éprouve trop de chaleur, même la nuit, & que les pluies font moins abondantes & moins continues. Une feule forêt de plus ou de moins dans un pays, fuffit pour en changer la température ; ainfi l'homme peut modifier les influences du climat qu'il habite & en fixer pour ainfi dire la température au point qui lui convient.

C'eft de la différence de température que dépend la plus ou moins grande énergie de la nature. L'accroiffement, le développement & la production même de tous les êtres organifés ne font que des effets particuliers de cette caufe générale; ainfi l'homme en la modifiant peut en même tems détruire ce qui lui nuit, & faire éclore ce qui lui convient. C'eft ainfi qu'il a fecondé la puiffance de la nature, foit en attirant ou détournant les eaux, foit en détruifant les herbes inutiles & les végétaux nuifibles ou furperflus, foit en fe conciliant les animaux utiles & les multipliant. Sur trois cents efpèces d'animaux quadrupèdes & quinze cents efpèces d'oifeaux qui peuplent la terre, l'homme en a choifi dix-neuf ou vingt, & ces vingt efpèces figurent feules plus grandement dans la nature & font plus de bien fur la terre que toutes les autres efpèces réunies; elles figurent plus grandement, parce qu'elles font dirigées par l'homme, & qu'il les a prodigieufement multipliées. Elles opèrent de concert avec lui tout le bien qu'on peut attendre d'une fage adminiftration de force & de puiffance pour la culture de la terre, pour le tranfport & le commerce de fes productions, pour l'augmentation des fubfiftances, en un mot, pour tous les befoins & même pour

les plaifirs du feul maître qui puiffe payer leurs fervices par fes foins.

Et dans ce petit nombre d'efpèces d'animaux dont l'homme a fait choix, celle de la poule ou du cochon, qui font les plus fécondes font les plus généralement répandues. On a trouvé la poule & le cochon dans les parties les moins fréquentées de la terre, à Otahiti & dans les autres ifles de tout tems inconnues. Il femble que ces efpèces aient fuivi celle de l'homme dans toutes fes migrations. Dans l'Amérique méridionale où nul de nos animaux n'a pu pénétrer, on a trouvé le pécari, & la poule fauvage, qu'on doit regarder comme efpèces très-voifines du cochon & de la poule de notre continent, & qu'on pourroit de même réduire en domefticité.

L'homme fauvage n'ayant point d'idée de la fociété, n'a pas cherché celle des animaux ; dans toutes les terres de l'Amérique méridionale, les fauvages n'ont point d'animaux domeftiques : auffi le premier trait de l'homme qui commence à fe civilifer, eft l'empire qu'il fait prendre fur les animaux ; en multipliant les efpèces utiles d'animaux, l'homme a par leurs fecours changé la face de la terre ; il ennoblit en même tems la fuite entière des êtres, en transformant le végétal en animal & tous deux en fa propre fubftance. C'eft ainfi que des millions d'hommes exiftent dans le même efpace qu'occupoient autrefois deux ou trois cents fauvages, & des milliers d'animaux où il y avoit à peine quelques individus.

Le grain dont l'homme fait fon pain n'eft pas un don de la nature, mais l'utile fruit de fes recherches & de fon intelligence dans le premier des arts ; nulle part fur la terre il n'a trouvé le blé fauvage, & c'eft évidemment une herbe perfectionnée par fes foins ; il a fallu reconnoître & choifir entre mille autres cette herbe précieufe; il a fallu la femer, la recueillir nombre de fois, pour s'appercevoir de fa multiplication toujours proportionnée à la culture & à l'engrais des terres. La qualité de cette graine qui convient à tous les hommes, à tous les animaux, à presque tous les climats, qui d'ailleurs se conserve long-tems sans altération, sans perdre la puissance de se reproduire, tout nous démontre que c'est la plus précieuse découverte que l'homme ait jamais faite, & que quelque ancienne qu'on veuille la supposer, elle a néanmoins été précédée de l'art de l'agriculture, fondé sur la science & perfectionné par l'observation.

Si l'on veut des exemples plus modernes de la puissance de l'homme sur la nature des végétaux, il suffit de comparer nos légumes, nos fleurs & nos fruits avec les mêmes espèces telles qu'elles étoient il y a cinquante ans. En parcourant des yeux la grande collection des desseins coloriés commencée dès le tems de Gaston d'Orléans & qui se continue encore aujourd'hui au jardin des plantes, on y voit avec surprise que les plus belles fleurs de ce tems, renoncules, œillets, tulipes, oreilles-d'ours, seroient rejettées aujourd'hui. Ces fleurs, quoique déjà cultivées alors, n'étoient pas encore bien loin de l'état de nature; un simple rang de pétales, de longs pistiles & des couleurs dures & fausses font les caractères agrestes de la nature sauvage. Dans les plantes potagères on avoit une seule espèce de chicorée & deux sortes de laitues toutes deux assez mauvaises, tandis qu'aujourd'hui nous pouvons compter plus de cinquante laitues & chicorées toutes très-bonnes au goût. On peut de même donner la date très-moderne de nos meilleurs fruits à pepins & à noyau, tous différens de ceux des anciens auxquels ils ne ressemblent que de nom. Toutes les fleurs des anciens étoient simples, tous leurs arbres fruitiers n'étoient que des sauvageons assez mal choisis dans chaque genre, dont les petits fruits âpres ou secs, n'avoient ni les saveurs, ni la beauté des nôtres.

Ce n'est pas qu'il y ait aucune de ces bonnes & nouvelles espèces qui ne soit originairement issue d'un sauvageon; mais combien de fois n'a-t-il pas fallu que l'homme ait tenté la nature pour en obtenir des espèces excellentes? Ce n'est qu'en semant, élevant, cultivant, mettant à fruit un nombre presqu'infini de végétaux de la même espèce qu'il a pu reconnoître quelques individus portant des fruits plus doux & meilleurs que les autres; & cette première découverte seroit encore demeurée stérile, s'il n'eût trouvé le moyen de multiplier par la greffe ces individus précieux. Les pepins ou noyaux de ces excellens fruits ne produisent que de simples sauvageons; mais au moyen de la greffe, l'homme a pour ainsi dire, créé des espèces secondaires qu'il peut propager & multiplier à son gré.

Dans les animaux, la plupart des qualités qui paroissent individuelles, ne laissent pas de se transmettre & de se propager par la même voie que les propriétés spécifiques; ainsi l'homme a trouvé de plus grandes facilités d'influer sur la nature des animaux que sur celle des végétaux. Les races dans chaque espèce d'animal ne sont que des variétés constantes, qui se perpétuent par la génération; au lieu que dans les espèces végétales, il n'y a point de races, point de variétés assez constantes pour être perpétuées par la reproduction.

Dans les seules espèces de la poule & du pigeon, l'on a fait naître très-récemment de nouvelles races en grand nombre, qui toutes peuvent se propager d'elles-mêmes. Tous les jours dans les espèces on releve, on ennoblit les races, en les croisant; & de tems en tems on acclimate, on civilise quelques espèces étrangères ou sauvages. Tous ces exemples modernes & récens, prouvent que l'homme n'a connu que tard l'étendue de sa puissance; elle dépend en entier de l'observation de la nature; plus il la cultivera, plus il

aura

aura de moyens pour se la soumettre, & de facilité pour tirer de son sein des richesses nouvelles.

Buffon ne doute pas que l'homme ne pût exercer sur sa propre espèce la même amélioration, si sa volonté étoit toujours dirigée par l'intelligence. Nous voyons maintenant jusqu'à quel point l'homme peut perfectionner sa nature au moral, en tentant d'arriver au meilleur gouvernement possible, qui rendra sans doute les hommes moins inégalement malheureux, qui veillera constamment à leur conservation, à l'épargne de leur sang par la paix, par l'abondance des subsistances, par les aisances de la vie, & les facilités pour leur propagation : c'est là le but moral de la société qui s'améliore sous nos yeux.

Quant au physique, la médecine & les autres arts dont l'objet est de nous conserver, ils se perfectionneront sans doute avec toutes les connoissances qui en forment le fond & qui en dirigent les opérations. L'homme sentira l'avantage de perfectionner de préférence ce qui assure sa paix & ses jouissances, & d'abandonner des arts destructeurs que la fausse gloire a fait naître, & qu'elle encouragera tant que l'homme ne sentira pas ses intérets, & n'aura pas pris en horreur les conquérans.

BURNET.

Théorie de la Terre.

Burnet est le premier qui ait traité de la théorie de la Terre, généralement & d'une manière systématique. Son livre est bien écrit, parce que l'auteur sait peindre & présenter avec force de grandes images; mais ces images ne sont pas des faits. Lorsqu'il raisonne d'ailleurs, & qu'il veut établir quelque principe, les preuves qu'il met en avant sont foibles, vu que les observations lui manquent entièrement. Il n'est donc pas étonnant qu'il ait fait un

Géographie-Physique. Tome I.

monde si peu ressemblant à celui qui existoit à côté de lui.

Il commence par nous dire qu'avant la création du monde, la matière existoit au milieu de l'espace. Dans elle étoient confondus les élémens & les principes de toutes choses; c'est ce qu'il appelle le chaos. C'est de lui que Dieu tira les matériaux de l'Univers, & fit un ciel & une terre. Cette terre fut d'abord une masse sans aucune sorte d'organisation, composée de matières de toutes sortes de nature & de figures, ce qui est bien vague. Les matières les plus pesantes descendirent vers le centre & formèrent au milieu du globe un corps dur & solide autour duquel les eaux se rassemblèrent : l'air & les autres fluides plus légers que l'eau s'élevèrent au-dessus & l'enveloppèrent de tous côtés. Il résulta de cette séparation des élémens une masse sphérique ou presque sphérique, divisée en trois parties, premièrement les corps solides, ensuite l'eau, & l'air au-dessus de l'eau : chacune de ces parties forma un *orbe*. Comme l'air étoit mêlé de parties hétérogènes qui y étoient soutenues, par le mouvement qu'avoit reçu la terre, lorsqu'elle avoit été tirée du chaos, si-tôt qu'elle fut en repos ces matières tombèrent dans l'eau, & à mesure que l'air se purifia, ces précipités formèrent sur la terre, entre l'orbe de l'air, & celui de l'eau, un orbe d'huile & de liqueurs grasses plus légeres que l'eau. Ensuite l'air continuant sa dépuration, donna une très-grande quantité de particules terrestres, qui, se mêlant à la première couche d'huile, formèrent un orbe terrestre composé de limon & de matières grasses. Ce fut-là la première terre habitable, le premier séjour de l'homme : enfin, c'étoit un terrein excellent, un sol léger & gras où les premiers germes se développèrent très-aisément.

Dans ces premiers tems, la surface de cet orbe terrestre, étoit égale, uniforme, continue, sans montagnes ni vallées & sans mers. La même faison duroit toute l'année. La nature trouvoit dans fa première vigueur de quoi fe réparer & fe renouveller ; l'Equateur étant dans le plan de l'éclyptique, & offrant fans cesse au foleil les mêmes parties de fa furface, procuroit des jours continuellement égaux & une température toujours femblable à celle d'un beau printemps. Les hommes paffoient de la jeunesse à un âge avancé, fans prefque s'en appercevoir ; leur fanté & même leur force fe confervoient jufqu'à une extrême vicillesse.

La terre ne demeura qu'environ feize fiècles dans cet état. La chaleur du foleil deffêchant peu à peu l'orbe terreftre, fit fendre en mille endroits la croute limonneufe d'abord à fa furface ; mais bientôt ces fentes pénétrerent plus avant, & s'augmenterent fi confidérablement avec le tems, qu'enfin elles s'ouvrirent en entier. D'ailleurs l'eau qu'elle renfermoit s'échauffa & fe dilata de maniere à faire effort contre l'enveloppe qui la retenoit, & fes nombreux débris s'écroulant, tomberent dans le vafte abîme. La terre au milieu de cette cataftrophe perdit fon équilibre ; l'axe s'inclina, l'eau s'élança de l'abîme, une inondation générale vint à la fuite de ce bouleverfement, & c'eft ainfi que s'opéra le déluge univerfel : car à mefure que la furface du globe fe brifoit & que les débris s'enfonçoient dans l'abîme, l'eau prenoit leur place & enveloppoit de nouveau toute notre planete. Mais les maffes de terre dans leurs chûtes, fe heurterent & s'accumulerent fi irrégulièrement qu'elles laifferent entr'elles de grandes cavités remplies d'air ; les eaux s'ouvrirent peu à peu des iffues dans ces cavités, & à mefure qu'elles les remplifloient, la furface de la terre fe découvroit dans les parties les plus élevées. La colere du tout-puiffant étant appaifée, la pluie cefla, & il ne refta d'eau fur la terre que dans les parties les plus baffes, c'eft-à-dire, dans les vaftes vallées qui ont contenu depuis l'Océan. Les autres vallées fe font creufées par

l'écoulement des eaux qui ont été fe réunir dans les endroits les plus bas, & former les mers & les lacs. C'eft alors que les montagnes les plus hautes qui étoient les extrémités & les parties angulaires des débris de la croûte terreftre fracaffée, parurent dans leur entier & fe féchèrent par le progrès de l'évaporation. Enfin, on apperçut l'ébauche de toutes les inégalités qui ont pris par la fuite plus de confiftance & des formes plus affurées ; ainfi nos mers font une partie de l'ancien abîme, le refte des eaux étant entré dans les cavités intérieures, dont nous avons parlé, & avec lefquelles Burnet croit que l'Océan communique toujours. Les ifles & les écueils font les petits fragmens de la croute limoneufe ancienne, qui n'ont pas pénétré dans l'abîme à un certain point, comme les continens en font les plus grandes maffes.

C'eft dans cet état que cette ébauche de terre continuant fa courfe autour du foleil & fur fon axe incliné, s'échauffa inégalement & infenfiblement. La végétation reprit vigueur, tout fe ranima, & huit foibles mortels, confervés au milieu de ce bouleverfement général, repeuplèrent la terre, la cultivèrent & en firent un féjour agréable. C'eft ainfi que, fuivant le docteur Burnet, périt le premier monde, & que le nouveau fut reconftruit de fes ruines & de fes débris. *Fractus orbis collapfus eft, & nos habitamus ipfius ruinas.* Telle eft l'efquiffe de ce fyftême, qui n'eft que le produit d'une imagination forte & exaltée : le peu que j'en ai dit, fuffit pour en donner une idée. Quoique le livre qui en contient les détails foit un roman bien écrit & fait pour amufer, cependant comme il ne renferme aucunes vérités utiles, fa grande réputation s'eft évanouie. L'auteur ignoroit les principaux phénomènes de la terre, auffi n'en parle-t-il pas, & ne fait-il aucune difpofition dans fes agens hypothétiques pour les expliquer. Comme rien dans la terre actuelle, ne reffemble au défordre

& à la confufion, qui doivent régner fur la fienne, c'eft à tort qu'il a mis en œuvre des agens auffi nombreux pour expliquer des phénomènes qui n'exiftent pas.

Tous les auteurs qui ont entrepris de rendre raifon du déluge fe font accordés à fracaffer la terre pour obtenir une grande quantité d'eau & s'en débarraffer enfuite. Ils n'ont pas penfé que ce n'étoit pas un globe en défordre qu'ils devoient couvrir d'eau, mais celui que nous habitons. Moyfe qui fait l'hiftoire fimple du déluge, nous indique la terre actuelle comme ayant été couverte par cette inondation miraculeufe, & fi l'on admet une de ces circonftances, il faut néceffairement admettre l'autre.

Burnet ne fe borne pas à la deftruction du premier monde, & à la reconftruction de celui que nous habitons maintenant. Il fuppofe que le feu qui brûle dans les entrailles de la terre, & que les ardeurs du foleil qui en chauffent continuellement la furface, doivent à la fin deffécher les fleuves & toutes les eaux courantes; que les pluies feront rares un jour, & que les fontaines & les fources ne couleront plus : enfin, que le feu central n'étant plus contenu par les eaux qui circulent dans les réfervoirs fouterrains, s'exhalera très-librement ; il en fortira pour lors des flammes qui embrâferont les bois & les forêts ; les foufres & les bitumes s'enflammeront de même, & l'eau de la mer imprégnée de différens principes propres à l'entretien du feu, étant violemment échauffée par l'effet de l'incendie général rendra l'embrâfement plus grand & plus terrible.

Cette feconde cataftrophe fera fortir la terre de fon équilibre, & par ce changement, fon atmofphère deviendra fi brûlant que rien ne pourra plus réfifter à la déflagration générale.

Tout ce qui fera fondu & liquefié tombera au centre du globe enflammé, pendant que toutes les matières volatiles qui fe feront exhalées en vapeurs furnageront. Dans cette convulfion, la terre fera divifée en deux parties, en une compacte & folide, comme toutes matières fondues, & en une légère & volatile, comme font toutes les fubftances réduites en vapeur.

Cette dernière partie qui flottera dans l'efpace, formera, après un certain tems, de nouveaux cieux & une nouvelle terre qui fera auffi bien organifée que celle-ci l'étoit dans fon origine, avant le déluge; & fans doute elle éprouvera la même révolution qui donnera lieu à une feconde terre femblable à celle que nous habitons. C'eft ainfi que Burnet annonce la deftruction de la terre par un embrâfement univerfel, tel que la feule tradition l'avoit appris à Senèque. Nous terminerons la defcription de cette cataftrophe par des réflexions affez femblables à celles de Senèque, & qui nous donneront l'idée que nous devons avoir du travail de Burnet & du genre de méditation qui fait la bâfe de fon ouvrage.

» Qu'il nous foit permis de réfléchir » fur la vanité & fur la gloire paffagère » de ce monde habitable. Un feul élément » (le feu) rompt fes barrières & auffitôt » les productions de la nature, les chef- » d'œuvres de l'induftrie & des travaux » des hommes, font anéantis. Il n'exifte » plus rien de ce que nous avons admiré, » de ce qui nous a paru grand & magni- » fique. Tout a changé de face. La nature » au lieu de ces formes variées qui l'em- » belliffoient, ne préfente plus qu'un » feul & même afpect : une trifte unifor- » mité couvre l'univers & confond tous » les êtres. Où font maintenant ces monar- » chies fameufes, & les villes fuperbes » qu'elles renfermoient? Où font leurs » édifices, leurs trophées & les monumens » de leur gloire? Montrez-moi la place » qu'elles ont occupée? Pourriez-vous

Q 2

» découvrir quelque infcription qui attef-
» tât leur exiftence ? Pourriez-vous retrou-
» ver les noms des conquérans ? Quels
» veftiges peut-on reconnoître dans cette
» maffe en proie aux flammes ? Rome
» elle-même qui fe vantoit d'être immor-
» telle, Rome, cette cité orgueilleufe ;
» fi long-tems maîtreffe du monde, dont
» l'ambition & les conquêtes font pref-
» que feules les annales du genre humain :
» qu'eft-elle devenue ? Fière de fes fept
» collines, fière de la richeffe de fes
» palais fomptueux, elle méprifoit toutes
» les autres cités. La joie & les plaifirs
» régnoient dans fon enceinte; elle difoit
» dans fon cœur, je fuis reine, aucun
» orage ne troublera mon repos ; mais
» fon heure eft venue, elle a difparu de
» deffus la furface de la terre, & elle féra
» plongée dans le plus parfait oubli.

» Ce ne font pas feulement les ouvra-
» ges élevés par la main des hommes qui
» font détruits, les montagnes dont la
» durée fembloit éternelle, les rochers
» les plus durs fe font écroulés comme
» on voit la cire fondre aux rayons du
» foleil. Ici, étoient les Alpes, orne-
» ment du globe, qui couvroient un fi

» grand nombre de provinces, qui s'éten-
» doient depuis l'Océan jufqu'au Pont-
» Euxin ; ces maffes énormes de pierres
» ont été diffoutes; là, s'élevoient les
» montagnes d'Afrique & l'Atlas, dont
» le fommet alloit fe perdre dans les nues ;
» là, le Caucafe, l'Imaüs, le Taurus &
» cette chaîne de montagnes qui traver-
» foient l'Afie ; plus loin, vers les con-
» trées feptentrionales étoient les monts
» Riphées, toujours couverts de neige &
» de glace. Tous ont difparu, tous le font
» affaiffés avec la neige qui blanchiffoit
» leurs cimes, & ils ont été engloutis
» dans une mer de feu ».

Je n'ajouterai ici qu'un mot au fujet
de ce paffage de Burnet, c'eft qu'il reffemble beaucoup à ce que dit Senèque dans
fes queftions naturelles fur les effets du
déluge univerfel & fur l'incendie & la
déflagration générale du monde. C'eft ainfi
que les modernes ont pris dans les anciens
le fond de ce qui a fervi à exalter leur
imagination. On auroit pu de même y
trouver le plan de plufieurs obfervations
auffi délicates qu'intéreffantes. (*Voyez* par
la fuite l'article de *Senèque.*

F

FERBER.

NOTICE des principales vues qu'il a eues sur la Géographie-Physique.

Il n'y a pas de partie de la minéralogie sur laquelle on ait moins travaillé que sur la manière dont les différens terreins se succèdent à la surface de la terre. Cet article de l'histoire de la terre est cependant de la plus grande importance, & je crois qu'il faut en être instruit pour bien observer en minéralogie. On est fort embarrassé de bien décrire les montagnes d'un pays, faute d'une division exacte & d'une dénomination reçue généralement des différentes espèces de massifs ; cela est d'autant plus difficile que ces masses ne peuvent se distinguer, ainsi que les rochers qui les composent, que par une différence graduelle de leur mélange, & que par la proportion, la figure & la nature des substances qui sont entrées dans leur composition.

Je vais donner ici le précis de deux voyages de Ferber, où il paroît avoir été animé de ces vues, & avoir suivi & distingué les différentes masses que lui a présenté une grande étendue de pays & sur-tout de pays de montagnes. Ces détails vont naturellement à la suite de ce que j'ai donné à l'article *Arduino*, & le complettent par une suite de faits aussi intéressans que bien vus.

J'y ai ajouté le développement de ces mêmes vérités dans la description des chaînes de montagnes, prises depuis les sommets des Alpes les plus élevées, jusqu'à la mer ; c'est-là que je montre le passage régulier des montagnes calcaires aux montagnes schisteuses, & de celles-ci aux montagnes de granit & réciproquement ; détails que j'ai recueillis de plusieurs autres voyageurs : j'y ai joint aussi la distribution des eaux courantes sur ces chaînes de montagnes.

I.

Sur la succession des différens massifs ou natures de terreins déterminés par Ferber, dans deux voyages, dont l'un de Vérone à Inspruck, & l'autre de Vienne à Venise.

La route de Vérone à Inspruck passe toujours au travers d'une vallée profonde revêtue des deux côtés de hautes montagnes, & le chemin suit constamment les bords de quelques rivières ; on ne quitte point l'Adige de Verone à Bolzano ; à Inspruck on trouve l'Inn.

Le pays est plat depuis Verone jusqu'à la montagne di Chiusa. Cette montagne est calcaire : au-delà de Volarni on voit d'abord des montagnes de pierres calcaires blanches, ensuite des rouges, dans lequelles il y a des fragmens de cornes d'Ammon, & enfin des montagnes de pierres calcaires grises, en fortes couches horisontales d'un tissu ferme, un peu écailleux ou salin.

On trouve le long de l'Adige, sur la chaussée de Vérone à Neumarck, grand nombre de pierres roulées de porphyre rouge tacheté de blanc, pareil à celui qu'on voit en morceaux détachés entre Bergame, Brescia & Vérone, & qui forme dans le Bergamasque des montagnes entieres : un porphyre noir avec des taches blanches ; du granit gris : enfin beaucoup de morceaux détachés d'un porphyre qui compose les montagnes situées au-delà de Neumarck, lesquelles occupent une étendue considérable.

Ces hautes montagnes, composées de toutes les variétés du porphyre, s'étendent jusqu'à Brandsol, d'abord à main droite seulement, ensuite des deux côtés du chemin. Ce porphyre paroît par-tout séparé en grandes & petites colonnes généralement quadrangulaires, à sommet tronqué & uni ; les faces d'attouchement sont lisses ; leur figure enfin est si régulière & si exacte que personne ne sauroit la regarder comme accidentelle. Quelques-unes des ces colonnes ont la figure de parallélipipedes rectangles de la longueur d'un doigt, jusqu'à celle d'une aune & demie & d'un quart d'aune & plus de diametre : ces colonnes se trouvent sur une étendue d'environ deux lieues & demie.

Ensuite on trouve près de Brandsol des montagnes de schiste, les unes argilleuses micacées, les autres mêlées de quartz : il y a aussi du schiste corné, compact : à la suite viennent des montagnes de quartz gris, ferme & opaque mêlé de petits rayons de schorl noir ou d'un vert noirâtre : après quoi les montagnes font toutes formées jusqu'a Brixen de schiste argilleux micacé ou bien de schiste corné composé de mica & de quartz.

Après Brixen viennent les montagnes de granit gris ; il est composé de quartz & de mica taché & rayé par du feld-spath ; après ce granit, on voit des schistes argilleux, du schiste corné micacé, & du granit gris. Ces masses se succèdent alternativement, jusqu'a Sterzing.

Derriere Sterzing, il se mêle une pierre calcaire schisteuse dans le schiste corné : ensuite il y a de la pierre à chaux, pure, blanche, schisteuse, après quoi revient le schiste corné. Ces roches se suivent sans un ordre bien marqué.

Au-delà de Brenner, il y a quantité de pierres qu'on emploie à l'entretien des chaussées : ce sont des schistes argilleux verdâtres, mêlés de veines de spath calcaire : du galbro noir ou vert avec des veines blanches de spath calcaire, enfin du quartz rougeâtre qui renferme de petits grenats rouges.

Au-delà d'Insprück, il y a des collines peu élevées, composées de différentes couches de pierres calcaires tendres & farineuses ou bien dures & compactes. La couleur de ces pierres est d'un gris clair ou d'un gris noir, avec des veines de spath calcaire blanc. Ces collines s'élevent peu-a-peu, de manière qu'au de-là de Barwis elles forment de hautes montagnes calcaires grises, composées de fortes couches, & se réunissent, entre Nassareit & Lermos, aux Alpes calcaires qui y sont très-élevées.

Près de Lermos, est une de ces hautes Alpes calcaires formée de pierre calcaire grise : on exploite au pied de cette montagne des mines de plomb & d'argent.

Aux environs d'Augsbourg on trouve des morceaux roulés de porphyre noir avec des taches blanches, oblongues, semblables à quelques uns des fragmens dont on a parlé plus haut, & à la couleur près, pareils au Serpentino-verde antico : les mêmes fragmens se trouvent aussi au couvent de Varenbach, sur l'Inn, près de Munich. Dans un grand nombre de contrées de la Baviere, on trouve de grands morceaux détachés de quartz transparent d'un beau vert en lames minces & polies, ou peut-être plutôt des fragmens de prismes d'Emeraude : cette pierre renferme de petits grenats rouges transparents.

Quelques unes des montagnes & collines voisines de Ratisbonne sont calcaires : du côté de la Bohême elles sont formées de granit & de gneis. Sur une des rives du Danube, il y a beaucoup de grandes pierres de granit gris, avec de très-grandes taches de spath, dur, parallelipipède, couleur de lait.

Il faut remarquer que dans ce voyage, on traverse d'abord des montagnes calcaires, ensuite des schisteuses & enfin de granit : que ces dernieres sont les plus élevées, & qu'après avoir franchi le massif graniteux on redescend de la partie la plus élevée par des montagnes schisteuses & ensuite calcaires. Ferber ajoute qu'on observe la même chose en montant sur les autres chaînes de montagnes les plus considérables de l'Europe, comme cela est très-remarquable dans les Crapacks, dans les montagnes de la Saxe, du Hartz, de la Silésie, de la Suisse, des Pyrénées, de l'Ecosse, de la Laponie. (*Voyez* ces articles dans le dictionnaire.) Il paroit qu'on peut en tirer cette conséquence générale, que le granit forme les montagnes les plus élevées & en même tems les masses les plus profondes & les plus anciennes que l'on connoisse en Europe, puisque toutes les autres montagnes un peu considérables sont appuyées & reposent sur le granit : que le schiste argilleux pur ou mêlé de quartz & de mica, c'est à-dire que ce soit du schiste corné ou du gneis est posé sur le granit ou à côté de lui, & que les montagnes calcaires ou autres couches de pierres ou de terre, amenées par les eaux, ont encore été placées par dessus le schiste, ou à côté: & enfin que les collines calcaires occupent les intervalles des chaînes de montagnes ainsi composées.

J'ajoute ici les détails correspondans des observations que Ferber a faites dans son voyage de Vienne à Venise ; cette comparaison ne peut être que très-instructive.

Au sortir de Vienne, on apperçoit du côté de la Hongrie, de l'Autriche & de la Stirie, de longues chaines de montagnes contiguës qui se déploient : on ne quitte pas ces montagnes depuis Vienne jusqu'à Wippach. La pierre calcaire qui les forme est généralement d'un gris blanc : quelquefois elle devient entierement foncée. Ces pierres différent en dureté. Il y a en Autriche, en Stirie & en Carniole des cantons d'où l'on tire de très-bons marbres. Communément le grain de cette pierre est fin, serré : elle est rarement feuilletée & jamais saline ; elle renferme de grandes & de petites coquilles pétrifiées, mais en médiocre quantité.

Les montagnes de la Stirie inférieure & de toute la Carniole sont toutes formées de couches horisontales, plus ou moins épaisses, entassées les unes sur les autres, & qui dans tous ces pays ont pour base un véritable schiste argilleux, c'est-à-dire une ardoise bleue ou noire ou un schiste corné mélangé de quartz & de mica, pénétré d'une petite partie d'argille. On reconnoit à chaque pas que ce schiste s'étend sans interruption sous ces montagnes calcaires. C'est dans ce même schiste & au dessous des couches accumulées de la pierre calcaire solide, qu'on exploite les mines de plomb de la Stirie & les mines de mercure d'Idria. En suivant la Moor depuis Kriegloch jusque par-dela Gorizia, la vallée paroît due à l'action des eaux qui a peu-à-peu rongé & miné ces montagnes.

Depuis Ernhausen jusqu'à Marbourg, on descend constamment une haute montagne de pierres calcaires grises : on trouve dans les fragmens détachés de ces pierres quelques vestiges de pétrifications : on voit aussi de petites veines noires dans cette pierre grise.

Lorsqu'on a descendu la montagne, on poursuit sa route dans un vallon où

Marbourg eſt ſitué : on n'apperçoit plus pour lors dans le vallon aucune trace de pierres calcaires, mais des ſchiſtes dans les endroits qui ne ſont pas couverts de terre végétale. L'ardoiſe noire & blanche, le ſchiſte corné formé de quartz & de mica ſe trouvent au fond du vallon adhèrent au ſol ou en fragmens détachés.

Après *Faiſtritz* on recommence à monter, & vers le haut de la hauteur on voit reparoître la pierre calcaire griſe qui renferme de grands coquillages, comme oſtracites, pectinites. Le grain de la pierre eſt encore ſerré, mais dans une partie de la couche ſupérieure la pierre plus ſèche & plus poreuſe reſſemble au tuf : on y trouve des cailloux roulés & d'autres fragmens de pierres qui ont été maſtiqués enſemble.

Quelquefois cette couche ſupérieure eſt compoſée de piſolithes difformes, mais toujours feuilletée. On y voit auſſi de la pierre à chaux noire, avec des veines blanches : enfin ces montagnes calcaires ſont encore couvertes dans cette partie d'une légère couche de brèche, formée par des cailloux roulés, liés enſemble par un ciment calcaire.

Enſuite l'ardoiſe noire feuilletée ſe montre tout-à-fait à découvert, en allant de *Franitz* à *Uſwald* : cette ardoiſe s'élève à une aſſez grande hauteur, & s'étend juſque vers Laubach, mais on apperçoit toujours ſur le côté les maſſes calcaires qui la couvrent, avant qu'elle ait pris ſon eſſor.

Entre *Laubach* & *Ober-Laubach*, d'autres maſſes ſchiſteuſes ſemblables aux précédentes, s'élèvent encore de la même manière, c'eſt-à-dire au deſſus de la pierre à chaux qui les couvroit.

Depuis Ober-Laubach juſqu'à Idria, l'ardoiſe eſt recouverte de pierre à chaux

ordinaire, qui, pendant un long trajet eſt d'un gris blanc & enſuite devient noire.

Idria eſt une petite ville bâtie dans un vallon profond, entouré de hautes montagnes de pierres calcaires. Dans ce vallon, l'ardoiſe reparoît à découvert en couches obliques qui ont pour toit comme pour mur de la pierre calcaire. C'eſt dans une couche de ce ſchiſte, que ſont établis les travaux des fameuſes mines de mercure d'Idria, ſon épaiſſeur plus ou moins pénétrée de vif-argent & de cinabre, eſt d'environ 20 toiſes d'Idria ; & ſa largeur ou étendue eſt depuis deux juſqu'à 300 toiſes. Cette riche couche d'ardoiſe varie de poſition, ſoit en s'inclinant davantage, ſoit en ſe replaçant horiſontalement, & ſouvent même ſe tournant en ſens contraire.

Il y a dans les montagnes calcaires des environs de *Planina* & d'Adelsberg, diverſes grandes grottes ſouterraines revêtues d'une quantité de ſtalactites très-variées par leur figure. Ces grottes ont quelquefois juſqu'à deux milles d'étendue ſous terre. Il s'y précipite même des rivières : c'eſt ainſi que la rivière de Poique ſe jette dans la grotte qui eſt près d'Adelsberg ; le fameux lac de Czirnitz en Carniole, ſitué à deux lieues de Planina, ſur lequel on vogue, qu'on pêche, qu'on enſemence & qu'on moiſſonne dans la même année, s'écoule auſſi dans une ſemblable caverne. (*Voyez* l'article *Czirnitz* dans le dictionnaire.)

I I.

Conſidérations générales ſur la ſucceſſion des différens maſſifs calcaires, ſchiſleux & graniteux, pris depuis les plus hautes alpes de la Suiſſe juſqu'à la mer Adriatique.

Si nous réſumons tous les détails intéreſſans que renferme la relation des deux

voyages

voyages de Ferber; nous voyons qu'en paffant de Verone dans le Tirol, on traverfe d'abord des montagnes calcaires, puis des montagnes fchifteufes, enfuite des montagnes de granit, & que de ce fol le plus élevé qui eft un maffif de granit, comme on voit, on redefcend dans l'ordre renverfé par des montagnes d'ardoife fur des montagnes calcaires, & qu'on arrive ainfi dans des plaines correfpondantes à celles du Veronois. C'eft pour donner le plus grand développement à ces arrangemens que j'ai cru devoir placer ici des confidérations générales fur la fucceffion des différens maffifs calcaires, fchifteux & graníteux qu'on a trouvée depuis les plus hautes Alpes de la Suiffe jufqu'à la mer Adriatique, & que j'ai recueillie de plufieurs voyageurs. J'y joins auffi la diftribution des eaux courantes le long de ces chaînes de montagnes comme tenant à ce grand enfemble de l'hiftoire naturelle de la terre, dans ces vaftes contrées où les formes du terrein fe montrent affujetties à la marche des agens qui y ont contribué depuis bien des fiècles. Au refte, je rendrai par la fuite toutes ces vérités plus fenfibles, en décrivant les cartes géographiques de ces contrées qui feront partie de l'Atlas du dictionnaire.

Lorfque l'on fuit les montagnes du Tirol vers l'Oueft, elles conduifent directement à celle à laquelle les autres femblent devoir leur origine, c'eft-à-dire, au Saint-Gothard, qui, comme le dit Grouner, eft le centre des glaciers de la Suiffe, & qui a une circonférence immenfe : il ajoute que cette montagne domine fur tous les environs dans cette partie de la Suiffe ; c'eft de ce centre élevé que fortent les fleuves qui, après avoir arrofé une grande partie de l'Europe, vont tomber au loin dans les mers qui en forment l'enceinte : or comme les rivières fuivent les vallées bordées par deux chaînes de montagnes, leurs cours indiquent naturellement la direction des montagnes au milieu defquelles elles coulent.

Si l'on veut appliquer cet ordre de chofes aux montagnes du Tirol, il faut remonter l'Inn jufqu'à fa fource, & fuivre ainfi la chaîne de montagnes qui règne fur l'un & l'autre de fes bords.

Les Alpes Juliennes, fuivant Grouner, contiennent un immenfe tas de montagnes; elles féparent l'Engadine de la vallée de Bergeller. Du pied du mont Albula cette partie des Alpes étend une chaîne qui va du Sud-Oueft au Nord-Eft. A la partie Orientale de l'Inn, dans la haute Engadine, là où le glacier nommé Pernina fe termine, commence une autre chaîne de montagnes qui fuit l'autre rive de l'Inn, du Sud-Oueft au Nord-Eft jufqu'aux confins du Tirol. Ces montagnes fe prolongent fans interruption & préfentent prefque toutes des rochers efcarpés & effrayans & fingulièrement amoncelés les uns fur les autres. Cette chaîne qui parcourt fix lieues fans interruption fe fépare en deux rameaux au fameux paffage de Finftermuntz, & traverfe le Tirol. C'eft cette chaîne qui, avec le Pernina, forme jufqu'à Kleve une fuite non interrompue de montagnes, & c'eft elle auffi qui forme la continuation des glaciers, & qui, par la montagne de Spluger, s'étend jufqu'aux Alpes Lepontines.

En fuivant fur les cartes toutes ces chaînes, on trouvera qu'après s'être jointes aux Alpes Lepontines, elles forment une courbe vers l'origine du Hinterrein, & s'uniffent après cela au mont Saint-Gothard.

Ainfi du Saint-Gothard, comme d'un centre commun, s'étendent des chaînes de montagnes comme autant de rayons, fuivant toutes les directions poffibles, enforte que l'Inn, le Rhin, la Reuffe, l'Are, le Rhône, le Teffin, &c. font accompagnés dans leurs cours de chaînes de montagnes qui ne quittent pas leurs vallées.

Quoique la Mayra & l'Inn coulent en fens oppofé, elles fuivent cependant la même ligne de direction, & les bords de leurs vallées sont formés de chaque côté par une chaîne de montagne. Ce qu'il y a de remarquable, c'est que celle qui est à l'Est de l'Inn est entièrement composée de granit, & celle qui est à l'Ouest, de pierre calcaire; après les montagnes de granit, on en trouve de schistes ou d'ardoise, & après celles-ci viennent les montagnes de pierre calcaire qui semblent couvrir & embrasser ces premières. On voit déja par cet apperçu quel est l'immense développement de ce système de massifs & de montagnes qui nous ont été indiqués par *Ferber* & par *Arduino*. Ce que nous allons dire le prouvera encore davantage.

Comme la direction des montagnes d'ardoise n'est pas toujours bien visible, & que souvent elles sont enveloppées par les montagnes calcaires auxquelles elles servent de base, il suffit de suivre les montagnes de granit qui sont bien plus apparentes, bien entendu qu'on ne se laissera pas écarter du vrai chemin, lorsqu'on rencontrera quelque vallée qui change de direction, ainsi que quelque masse montueuse qui coupe la chaîne principale sans en détruire l'ordre. Les cartes de Lotter peuvent être d'un grand secours pour ce grand examen, puisqu'on y trouve tracée la direction continue de ces chaînes de montagnes dont nous venons de décrire la marche & la distribution depuis les sommets des Alpes.

La chaîne de montagnes de granit prend donc son origine au mont Saint-Gothard, de-là plie sa direction à travers la vallée de Galane, de Masor & de Chiavenne, & s'étend le long du bord oriental de la Mayra & de l'Inn : là elle sépare le Graubunden du Tirol où, au moyen du mont Schay, elle se prolonge à l'Est de l'Inn, & parcourt tout le Tirol jusqu'au mont Klokner, qui forme la limite entre le Tirol, l'archevêché de Salzbourg & la Carinthie; à cette chaîne appartiennent les hautes montagnes suivantes : le Ferner, le Brenner & le Matray qui couvrent toute l'étendue de terrein entre l'Etsch, l'Eysak & le Rientz jusques à l'Inn.

Comme l'Inn dirige son cours dans le Tirol plus du Nord-Est à l'Est, les montagnes qui suivent sa vallée ont aussi la même direction.

Depuis le mont Klokner, cette même chaîne graniteuse sépare la Carinthie de l'archevêché de Salzbourg; au Nord de cet archevêché, où l'on exploite plusieurs mines, & au Sud de la Carinthie d'où l'on tire de l'or, se trouvent encore de très-hautes montagnes de granit qui sont toujours couvertes de glaces.

La chaîne que nous décrivons suit après cela la Murr qui prend sa source dans l'archevêché de Salzbourg & s'unit au Trau; elle forme des collines qui sont jettées çà & là, & parcourt la plaine jusqu'en Hongrie.

Observons qu'au milieu de cette chaîne, on trouve quelque peu de mines qu'on exploite & qui sont dans des pierres calcaires ou dessous immédiatement; ces parties de montagnes ne doivent point être mises au rang des montagnes primitives, elles sont toutes subordonnées à des montagnes de granit, & n'interrompent pas davantage la chaîne générale & principale, que quelques masses de quartz & de porphyre qu'on rencontre çà & là au milieu des chaînes de granit.

Nous avons dit que les chaînes de granit étoient toujours accompagnées de chaînes calcaires; celles qui du côté de l'Ouest, s'étendent le long des montagnes de granit, commencent à la montagne de Lukmanie qui tient au grand Saint-Gothard.

Les montagnes de Spugel forment la première partie de ces chaînes calcaires, elles s'étendent tout le long de la Mayra & de l'Inn du côté de l'Ouest, & parcourent toute l'Engadine; elles accompagnent ensuite l'Inn par tout le Tirol, & servent de limite entre cette province & la Bavière, vers cette contrée où l'Inn se porte au Nord pour se joindre au Danube : elles traversent ce fleuve, passent directement à travers l'archevêché de Salzbourg, se continuent au Nord de la rivière de la Salza jusqu'aux confins de l'Autriche & de la Stirie, séparent ces deux contrées, & se perdent enfin dans les plaines de la Hongrie.

La direction de ces montagnes trace parfaitement le cours de l'Inn, de la Salza, & de l'Enns depuis leurs sources jusqu'à l'ouverture qu'elles se sont faites à travers ces montagnes calcaires.

Un phénomène très-remarquable & qu'on a observé à la suite de la reconnoissance & de l'examen de ces montagnes en grand, c'est que les salines de Hall dans le Tirol, de Neichenhall & de Hallein dans la Bavière & l'archevêché de Salzbourg, celles d'Ischl, de Halstadt & d'Ausec dans l'Autriche & la Stirie sont situées en ligne directe dans ces montagnes calcaires.

Le côté droit de ces mêmes montagnes qui accompagne la chaîne des montagnes de granit, tire de même son origine du Saint-Gothard, passe près Bellenzone, le lac de Côme, marque les limites entre la Valteline & le territoire de Venise, tout le long de la rive Orientale de l'Adda pays de Trente. C'est à cette chaîne qu'appartient le mont Morlango & le mont Mortirolo. A son entrée dans le Tirol, cette chaîne sépare cette province du pays de Trente, vers le bord méridional de l'Etsch, laquelle rivière après s'être jointe à l'Eysak sous Botren, se fait jour à travers cette montagne pour aller tomber dans la Méditerranée. Alors cette chaîne tourne vers le Nord-Est & forme le long de la rive de l'Eysak & du Rientz les limites entre le Tirol & le territoire de la république de Venise. De-là cette chaîne se détourne vers l'Est & forme en ligne droite les limites entre la Carinthie & l'état

de Venise, & ensuite entre la Carinthie & la Carniole ; une fois parvenue dans cette dernière province, elle se partage en deux branches, dont l'une passe au Midi de la Trau, qu'elle suit dans tout son cours à travers la Carinthie, la Carniole & la Stirie jusque dans l'Esclavonie, tandis que la seconde branche passe au travers de la Carniole en Dalmatie, & sépare ce pays de la Croatie & de la Bosnie.

On peut conclure de ce qui vient d'être exposé sur la distribution des chaînes de montagnes & des rivières ; 1°. que les rivières après être sorties des montagnes, & avoir pris leurs cours dans les vallées, formées par les prolongemens des montagnes, suivent nécessairement & invariablement la direction de ces montagnes. Ainsi l'Inn, l'Etch, la Salza, l'Enns, la Murr, l'Arau, la Sau & le Danube vont du couchant au levant, & suivent toutes la même direction des montagnes que nous venons de décrire, en indiquant la nature des matériaux qui sont entrés dans leur composition.

La Mayra, quoique sortie de la même source que l'Inn, l'Eysak, &c. vont au contraire du levant au couchant : toutes ces rivières ont cependant la même direction, & décrivent des lignes à-peu près parallèles entre elles.

2°. Que les rivières suivent depuis leur source jusqu'à ce qu'elles trouvent ou se fassent une ouverture latérale, par laquelle elles gagnent de grandes & profondes vallées par où elles se réunissent à quelques plus grandes rivières ou à un fleuve. Ainsi l'Inn, la Salza, l'Enns, se sont fait jour à travers les montagnes calcaires pour aller tomber dans le Danube ; la Murr a percé le granit pour se joindre à la Trau, &c.

3°. Que ces rivières ont dans les anciens tems couvert d'eau les montagnes dont on a fait mention, jusqu'à ce qu'elles se soient ouvert les vallées, les passages par où elles ont des débouchés ; enfin les plaines au milieu defquelles elles coulent aujourd'hui.

4°. Puifque la plupart de ces rivières paffent à travers les montagnes calcaires ; il en réfulte que l'ouverture de ces paffa-ges a été plus facile dans ces maffifs cal-caires qu'à travers le granit ; enforte que les vallées de granit doivent avoir été plus élevées que les vallées calcaires ; fans cela on ne pourroit expliquer pourquoi la Murr eft la feule rivière qui ait percé les maffifs de granit.

5°. Que par la même confidération on doit pouvoir juger de la hauteur de la terre dans une diagonale donnée comme de Trente à Lintz, car il eft certain que la rivière qui tombe dans une autre eft plus haute que cette dernière. Ainfi dans la diagonale donnée la Murr qui coule fur le pied des montagnes de granit doit avoir une plus grande hauteur que la Trau, qui à fon tour ne fe décharge dans le Danube que dans le fond de l'Autriche. On trouve dans l'intervalle l'Enns qui fe réunit au Danube avant la Trau : la Trau fe joint au Danube avant la Sau, puis vient la Sau ; enfuite on trouve le Danube au fond de fa grande vallée, & enfin la mer. Voilà tous les niveaux des terreins déterminés, comme on voit par la fuite des confluences des rivières latérales qui tombent dans une principale.

6°. Que la terre s'élève en raifon du niveau de ces rivières parallèles dans leurs cours, de manière que le premier plateau exifte entre la mer & le Danube, plateau qui s'étend jufques au pied des montagnes. Sa plus grande élévation eft fixée par la hauteur de Lintz & de Trente ; on doit regarder cette contrée comme le com-mencement de l'élévation des grandes maffes des Alpes de la Suiffe. On peut expliquer par-là pourquoi on fent un plus

grand froid dans une partie de la Stirie fupérieure, de la Carinthie & du Tirol que dans l'Autriche, quoique ces pro-vinces foient plus au Sud que celle-ci.

7°. La defcription que l'on a faite ci-deffus des montagnes de granit, prouve que ces chaînes forment un angle d'autant plus grand qu'elles s'approchent davan-tage de l'Orient & qu'elles s'étendent dans toute la largeur depuis le Danube jufqu'à la Méditerranée. Au refte, quoique les montagnes calcaires paroiffent plus hautes que celles de granit, il n'en eft pas ainfi réellement : comme elles s'élèvent plus perpendiculairement, qu'elles ont moins de pente, & que leur élévation étant à pic, leur maffe reffemble à des murs ifolés, l'œil y eft trompé. La pente douce des montagnes de granit, leur croupe arron-die, les font paroître plus baffes ; mais elles font cependant les premières couvertes de neiges, preuve qu'elles font les plus froides & les plus élevées.

8°. Comme les trois fortes de mon-tagnes décrites forment dans leur pofi-tion vers l'Orient un fi grand angle, qu'elles rempliffent l'efpace compris depuis le Danube jufqu'à la mer Adriatique ; il ne faut pas s'étonner fi les voyageurs fe font trompés, lorfqu'ils ont examiné ces monta-gnes dans toute leur largeur : alors ils ont trouvé des montagnes de granit recouvertes de pierre calcaire & des dégénérations conti-nuelles qui leur ont fait prendre pour monta-gnes calcaires des montagnes de granit écar-tées de la chaîne directe, & recouvertes de pierres calcaires ; auffi dans les écarts de la chaîne générale trouve-t-on des collines de granit, de pierres à chaux, de fchiftes, mêlées irrégulièrement enfemble. Au refte les obfervations d'Arduino & de Ferber paroif-fent faites avec tant de foin qu'on ne peut guères les révoquer en doute, & que les exceptions ne peuvent avoir que très-peu d'application dans les vaftes contrées que nous venons de décrire & de parcourir.

FERNER.

Précis de la discussion qui a eu lieu entre les savans de Suède & d'Italie, sur la diminution des eaux de la mer & ses progrès.

Je place ici sous le nom de Ferner, le précis de la discussion qui a eu lieu dans ce siècle sur la diminution de l'eau de la Baltique, entre les savans Suédois, parce que Ferner a rapproché dans un discours tout ce qui a été écrit à ce sujet, avec une grande impartialité. Il y rend compte des faits, des observations & des conséquences qu'on en a tirées, avec une bonne foi qui inspire la plus grande confiance pour cette histoire raisonnée de tout ce qui a trait à cette question importante. On verra, je pense aussi avec intérêt, l'extrait des observations & des réflexions correspondantes des savans d'Italie & même d'Angleterre ; tout y est présenté rapidement, & cependant avec des détails instructifs, suffisans pour faire sentir & apprécier la solidité des résultats. Quoique l'on ne soit pas encore parvenu à la solution du problême, cependant il m'a paru utile de montrer ce qui a été fait à ce sujet.

Je regarde cette notice comme également propre à éclairer ceux qui se trouveroient à portée de faire une revue sévère & exacte des observations anciennes, & à guider ceux qui se proposeroient d'en ajouter d'autres plus claires, plus lumineuses & faites sur de nouvelles vues.

Discours de Ferner.

Il est quelquefois aisé de connoître les loix de la nature, quand elle exécute ses opérations dans un tems précis, dont le terme n'est pas éloigné, sur-tout quand on a la facilité d'épier ses démarches, de l'examiner sans cesse & de la prendre, pour ainsi dire, sur le fait ; mais il n'en est pas ainsi, lorsqu'il faut des siècles, & même

des milliers de siècles enchaînés les uns aux autres ; pour s'assurer d'un effet qu'elle produit successivement, & pour connoître les loix d'accélération ou de ralentissement dans ses opérations. On doit alors considérer le genre humain comme un homme qui par intervalles a fait des recherches pour découvrir des secrets ; mais qui, bientôt lassé de la lenteur des expériences, s'est livré aux conjectures & a voulu précipiter sa marche dans la physique ; ses erreurs l'ont obligé de revenir sur ses pas, d'interroger de nouveau la nature, de la peindre telle qu'elle s'est offerte à ses yeux, & telle qu'elle paroit à l'instant présent. C'est ainsi qu'il prépare des matériaux, qu'il les dispose, pour que les observateurs puissent, dans les siècles futurs, élever un édifice solide, auquel les expériences & les remarques faites dans les siècles passés & présens, serviront de base & de fondement.

Tout changement lent & progressif se remarque rarement ; & lorsqu'enfin on commence à s'en appercevoir, il se passe souvent encore un tems considérable avant qu'un observateur puisse hazarder son jugement.

Quelles obligations n'aurions nous pas à ceux qui étudient la nature, si dans chaque siècle ils eussent tracé sur des rochers la hauteur des lits de la mer ? De semblables observations deviendroient d'autant plus importantes, que les changemens dans cette hauteur, qui varie suivant les différentes saisons de l'année, seroient aujourd'hui entièrement connus. Il est certain que la différence au-dessus ou au-dessous de cette marque auroit été assez frappante dans ce laps de tems, pour donner la mesure la plus infaillible ; mais comme ces observations, quoique très-nécessaires, n'ont pas été faites, ou que les anciens & les modernes qui les ont faites n'ont pas été exactement d'accord, il est nécessaire de les détailler & d'examiner féparément ce que chacun d'eux a dit fur cet objet.

Newton penfe que les exhalaifons des comètes, reftituent à la terre les vapeurs qui s'en exhalent continuellement; que tout ce qui végète, doit à l'eau fon plus grand accroiffement, finon fon accroiffement total, & que les plantes ne fe détruifent que pour devenir des corps folides. Les plus célèbres chimiftes, tels que Borrichius, Hook, Nieuwentyt, Hierne, &c. fi on en excepte Boerhaave, conviennent tous unanimement, & prouvent par des expériences, que l'eau contient une portion terreufe, & qui eft réellement réduite en terre de plufieurs manières. Boerhaave foutient que la terre qui refte dans la rétorte chaque fois après la diftillation, n'eft qu'un amas de la pouffiere qui étoit répandue dans l'air, & qui s'eft mêlée avec l'eau, foit avant, foit pendant, foit après la diftillation. Mais Vallerius, profeffeur d'Upfal, demande avec raifon, fi la pouffiere eft volatile en l'air, pourquoi ne l'eft elle pas de même dans la rétorte? Si elle eft folide, pourquoi ne fe fixe t-elle pas au fond du vafe dans la diftillation d'un efprit?

Leidenfroft a démontré l'inconféquence de l'explication de Boerhaave, par plufieurs expériences faites fur l'eau la plus pure, tombant en gouttes dans une cuiller de fer poli & échauffé; cette eau y a toujours laiffé quelque terre. Eller confirme cette preuve par les expériences fuivantes. Il diftilla au bain-marie l'eau pure d'une fontaine, enfuite la verfa dans un flacon hermétiquement fermé; cette eau fut tenue dans le flacon pendant tout l'été, & fut expofée à l'ardeur du foleil; peu de tems après, elle devint trouble, une efpèce de pellicule verte fe forma à fa furface. Cette pellicule feparée de l'eau, & diftillée produifit une matière inflammable & une efpèce d'acide. Margraff a encore fait à ce fujet des expériences plus exactes. Il diftilla la même eau plus de quarante fois,

& il trouva toujours qu'elle fe troubloit de plus en plus, & qu'elle dépofoit de la terre fur les côtés de la rétorte. Cette même eau mife fous une cloche de verre, fut entièrement évaporée par l'action des rayons du foleil qui tomboient directement fur elle. Après cette évaporation il refta de la terre dans le vafe.

On peut s'affurer encore plus pofitivement que l'eau fe convertit en corps folide, fi l'on confidère que quand la chaux & le fable font mêlés enfemble dans l'eau, & cuits pour en faire de la brique, cette brique, lorfque l'eau eft évaporée, acquiert plus de poids que la chaux & le fable pefés féparément, ce qui fuivant Margraff, s'obferve également pour le plâtre, ainfi que dans plufieurs autres matières qui gagnent en pefanteur par la fixation de l'eau.

Ces expériences démontrent également que tous les végétaux doivent à l'eau leurs troncs, leurs branches, leurs feuilles, leurs fleurs & leurs fruits. Boyle planta un rameau de faule dans une quantité de terre exactement pefée, & il trouva cinq ans après que ce même faule pefoit cent foixante-neuf livres de plus que quand il fut planté, quoique la terre n'eût perdu que deux onces de fon poids.

Il eft donc indubitable que le volume d'eau diminue confidérablement dans la mer, dans les lacs, dans les fleuves, &c, & qu'une partie eft convertie en corps folides. On ne peut plus douter de ce problème de Newton: l'humide dépérit fucceffivement, & fe perdroit entièrement s'il ne trouvoit quelque reffource. En voyant que tout fe détruit par l'air, il eft naturel d'imaginer qu'il rentre dans l'état d'eau une portion de terre équivalente à celle qui paffe de l'état d'eau à celui de terre.

Eft-il quelqu'un qui puiffe fe flatter de connoître exactement le tems que la nature emploie à ces transformations? Qui ofera

FER

FER

dire, elle reste tant d'instants dans le même état ? Y auroit-il quelque absurdité de croire qu'une certaine portion de terre est essentielle à la nature de l'eau ? Cette propriété ne seroit-elle pas aussi nécessaire à l'eau en général, que le sel l'est à l'eau de la mer ? Ne s'ensuivroit-il pas que quand l'eau seroit chargée d'une plus grande portion de terre que son essence ne le comporte, cette terre se précipiteroit de la même manière que le sel en surabondance dans une quantité donnée d'eau. La nature nous est tellement inconnue, que de semblables conjectures peuvent être multipliées presque à l'infini, & affoiblissent la conséquence que *Newton* tira de faits fondés sur les plus fortes probabilités.

Nos savans suédois, *Hierne, de Bromell, Stobée, & Suedenborg,* rapportent des faits qui démontrent clairement que la terre a augmenté, & que les côtes de la mer se sont éloignées; mais on ne peut pas conclure de ces faits, une diminution de l'eau en général. *Hierne* pense que la mer Baltique a eu autrefois son embouchure étroite par où elle communiquoit avec l'Océan occidental, & que par conséquent l'eau se trouvoit alors plus élevée qu'elle ne l'étoit de son tems; cette embouchure s'étant élargie, la surface de l'eau a baissé, & en raison de son élargissement, a successivement laissé de plus en plus ses rivages à découvert. Le même chimiste croyoit encore que la mer avoit dans son fond une ou plusieurs ouvertures, par lesquelles l'eau pénétroit peu à peu dans l'abyme de la terre. Les deux autres physiciens ont rassemblé des observations, tant sur les terreins demeurés à sec, que sur ceux que la mer a envahis dans ces accroissemens. Mais *Suédenborg* après avoir tiré des conséquences en faveur d'une diminution de l'eau, par l'éloignement des villes du rivage de la mer; par les anneaux de fer qu'on voit encore dans les murs de ces mêmes villes, & qui servoient à attacher les câbles des ancres : par les débris des

vaisseaux; par les restes des animaux marins trouvés sur le continent, en conclud la diminution de l'eau; cependant il ne rapporte cet effet qu'aux pays approchants du pôle, parce que l'eau, par ce mouvement de la terre autour de son axe, s'éloigne insensiblement des pôles vers l'équateur, de manière que la terre change continuellement de figure, & que la surface de l'eau est plus applatie vers les pôles. Il juge encore par la pente inégale des torrens des deux côtés de la chaîne des montagnes qui sépare la Suède de la Norvège, que le niveau de la mer Baltique est plus haut que l'Océan occidental, ce dont on ne pourra se convaincre que par un nivellement fort exact.

Les savans modernes furent à-peu-près jusqu'à l'année 1730, du même sentiment sur la diminution générale & particulière de l'eau; mais vers ce tems, *Hartsoeker* fit imprimer à la Haye un traité de physique, dans lequel il tâche de prouver le haussement du niveau de la mer, par l'inspection des digues de Hollande qu'on a rechaussées peu à peu, à mesure que la mer s'est élevée. Il ajoute avoir trouvé dans l'eau trouble du Rhin $\frac{1}{100}$ de terre. Il conclut de là, que la mer doit naturellement s'élever par les terres & par les débris que les fleuves y entraînent, ce qui produit un pied tous les cent ans; d'où il prononce qu'en 10000 ans, toute la terre de notre planete sera entraînée au fond de la mer.

Eustache *Manfrédi* adopta l'année suivante la même opinion, quoique ses principes différent de ceux de *Hartsoeker*. Il fut nommé en 1731 avec *Bernard Zendrini*, mathématicien de la ville de Venise, pour donner ensemble un plan capable de prévenir dans les campagnes des environs de Ravenne, les fréquentes inondations occasionnées par les debordemens des fleuves & des torrens. Cet objet l'engagea à mesurer avec la dernière exactitude la hauteur du pays & des fleuves au-dessus du niveau de la mer. Le hazard voulut, que dans le tems qu'il prenoit ſes hauteurs, l'on rebâtit la Cathédrale de cette ville, & qu'après avoir levé le pavé de l'égliſe, & creuſé 4 pieds 7 pouces, meſure de Ravenne, on trouva un autre pavé fait du plus beau marbre. Cette ſingularité fixa l'attention de Manfrédi; il compara la hauteur de ce dernier pavé à celle de la mer, & il vit qu'il n'étoit élevé que de ſix pouces ſeulement au-deſſus de la mer dans la plus baſſe marée, & qu'il étoit de plus de huit pouces au-deſſous dans la plus haute marée. Cette Cathédrale avoit été conſtruite ſous l'empereur Théodoſe depuis environ 1330 ans; Manfrédi conclut, que dans cet eſpace de tems la ſurface de la mer s'étoit élevée de plus de huit pouces, meſure de Ravenne. Un examen ſuivi du ſol des environs de Ravenne, concourut à prouver l'opinion de Manfrédi. En effet on ne trouva partout qu'une terre molle, marécageuſe, & qui l'avoit encore été beaucoup plus dans les ſiècles précédens; puiſque *Sidonine Apollinaire*, auteur du cinquième ſiècle, appelle cette contrée *un marais plein d'eau*; & que *Vitruve*, liv. 9, chp. 2, enſeignant la manière de bâtir ſur des pilotis avec ſolidité dans des endroits marécageux, cite principalement Ravenne. *Manfredi* conclut encore en faveur de ſon opinion par un paſſage de *Vitruve*, où cet auteur dit : que les pilotis enfoncés dans la terre, qui ſervent de bâſe aux édifices, s'y conſervent à perpétuité, & peuvent porter un fardeau incroyable, ſans que les maiſons ſoient dérangées dans leurs poſitions. Ainſi trouvant le pavé de cette égliſe uni & horizontal ſur dix pieds de longueur & ſur ſix de largeur, il aſſura que ce ne peut être le ſol de la Cathédrale, qui en 1330 ans, ait baiſſé de huit pouces; mais que c'eſt la ſurface de la mer, qui dans le tems donné, ſe ſera élevée à cette hauteur.

On voit à Ravenne, ajoute *Manfredi*, les reſtes du tombeau de Théodoric de Vérone, roi des goths. Ce monument fut conſtruit en 495, & par conſéquent après la Cathédrale. Perſonne ne peut douter que cet édifice n'ait été élevé ſur des pilotis; c'eſt une maſſe énorme pour ſa peſanteur, ſes murs ſont très-épais, & conſtruits en pierre de taille, ſa coupole formée d'une ſeule pierre concave d'un côté, convexe de l'autre, a 38 pieds de diamètre & 15 d'épaiſſeur. Les ſtatues coloſſales des apôtres étoient placées autour, elles y reſtèrent juſqu'à la fin du quinzième ſiècle, tems auquel Louis XII, roi de France les fit enlever. On ne voit plus aujourd'hui au-deſſus du ſol que la moitié de ce monument gothique : le reſte eſt engagé dans la terre.

Le bâtiment s'eſt-il enfoncé ou la terre s'eſt-elle élevée autour de lui? Si on admet la première ſuppoſition, on a raiſon de demander pourquoi la Cathédrale n'auroit pas également ſurbaiſſé; & dans le ſecond cas, pourquoi le terrein auroit-il été élevé dans la même proportion autour de la Cathédrale, tandis que le tombeau du roi Théodoric eſt ſitué hors de la ville, où le ſol devoit naturellement être moins affermi? J'ai moi-même, continue Ferner, vérifié toutes ces obſervations ſur les lieux; & les maiſons de Ravenne m'ont paru plus ou moins enterrées, ſuivant l'époque de leur conſtruction. *Manfredi* rapporte pour confirmer ſon ſentiment, différentes obſervations de *Zendrini*; ce dernier dit que la voûte de l'égliſe Saint-Marc à Veniſe, prend l'eau, & ſe trouve au-deſſous du niveau de la mer pendant la marée haute; qu'une partie de la place Saint-Marc eſt élevée d'un pied, & que malgré cette élévation, elle eſt quelquefois inondée : qu'une marche de l'eſcalier, vers le canal qui eſt auprès du palais du Doge, ſe trouve à un demi pied ſous l'eau pendant la marée haute. On peut répondre que ces ſurbaiſſemens n'ont rien d'extraordinaire, puiſque la ville de Veniſe eſt bâtie dans la mer, ſi on en excepte les environs de *Ponte-Rialto*, & qu'une partie de la place Saint-Marc

n'a

n'a été formée que par des décombres; ainsi le terrein peut s'être affaissé d'un pied, & même de plus, depuis la fondation de cette ville. Toutes les caves de Venise, sont encore aujourd'hui construites au-dessous du niveau de la mer, elles ont été sèches pendant plusieurs années, & même pendant des siècles; mais enfin elles dépérissent & prennent l'eau. Ainsi on conçoit sans peine que l'église souterraine de Saint-Marc a pu servir autrefois d'église de pénitence, quoiqu'elle fût plus au-dessous du niveau de la mer qu'elle ne l'est aujourd'hui, mais que peu à peu l'eau s'est fait jour à travers ses murs.

Les raisons sur lesquelles *Hartsoëcker* établit son opinion, & qui l'engagent à conclure que le niveau de la mer hausse chaque jour, ne portent pas avec elles une plus grande certitude. Il considère les anciennes digues de la Hollande, & les nouvelles assises sur les anciennes. La majeure partie de ces digues est faite avec des terres de rapport; il est certain que cette terre occupe beaucoup d'espace dans le commencement, qu'elle s'affaisse de plus en plus, & qu'il y en a une partie assez considérable entraînée par la pluie, dissipée par les vents, &c. ainsi, sans compter l'affaisement du fond, la digue baisse continuellement, & par conséquent elle exige sans cesse des rechaussemens. Outre cela, il est très-naturel de supposer que les vagues de la mer, venant à frapper avec force contre les parties inférieures, sappent le terrein, le supérieur s'écroule n'ayant plus de point d'appui, & l'ancienne digue devient plus escarpée que la nouvelle. Enfin si la digue est revêtue de pierres, son plus ou moins de ravallement sera suivant l'idée de l'ouvrier, & cette idée peut varier en différens âges. Quoi qu'il en soit, ces digues auroient toujours besoin d'être rechaussées par les raisons qu'on vient de donner lors même que le niveau de la mer ne s'élèveroit pas, & lors même qu'il baisseroit en moindre proportion que celui de la digue.

Géographie-Physique. Tome I.

Hartsoëcker & *Manfredi* étoient du même sentiment sur la cause de l'élévation de la mer, quoique celui-ci soutienne qu'il se faisoit plus lentement, & l'autre qu'il s'opéroit plus promptement, *Hartsoëcker* le suppose d'un pied tous les cent ans, & *Manfredi* n'admettoit que cinq pouces en trois cent quarante-huit ans. L'un & l'autre prirent pour base de leurs raisonnemens la quantité moyenne de la pluie qui tombe annuellement sur la terre, & examinerent ensuite combien l'eau trouble des fleuves contenoit de vase, d'où ils estimerent la quantité de terre que les fleuves portent annuellement à la mer. Quoique leurs résultats soient différens par rapport à la quantité, cela n'empêche pas que la cause ne soit vraie en général, si l'on prend pour principe que la quantité d'eau a toujours été la même. En effet si la terre portée dans la mer se place sur le fond, la surface de la mer doit s'élever en proportion; mais si cette terre sert à augmenter le continent, l'étendue de la mer deviendra plus étroite, & par conséquent le niveau de la mer se haussera également; donc la surface de la mer a toujours été également éloignée de la terre. Il suit de là qu'un tel volume d'eau doit être annuellement converti en corps solide, pour correspondre à celui de la terre qui est annuellement emporté dans la mer & pour le remplacer. Si le volume d'eau converti en corps solide, est annuellement plus grand que celui de la terre emportée dans la mer, il est nécessaire que la surface de la mer s'approche du centre de la terre. Le contraire arrivera, si le premier volume est plus petit que le second. Nous ne nous arrêterons pas à faire des réflexions à ce sujet; il est tems d'exposer le système que *Maillet*, consul de *France* dans le *Levant*, a imaginé sur la diminution de l'eau de la mer.

Cet ouvrage connu sous le nom de *Telliamed*, fut imprimé en 1740. On pourroit le regarder comme un roman

S

physique dont on trouve sa refutation dans les ouvrages de *Formey*, *Bertrand*, & principalement de ceux de Brouwallius, évêque d'Abo. Maillet pense que la conformation du fond de la mer est la même que celle de la surface & de l'intérieur de la terre : il croit que la partie qui forme aujourd'hui le continent, & qui est à sec, a d'abord été couverte par les eaux de la mer. Il prétend que les courans qu'il a examinés dans l'immense abîme des eaux ont été capables de produire, dans la suite des tems, les inégalités que la surface de la terre nous présente. Maillet trouve dans chaque montagne, dans les isthmes, dans les isles & au fond de la mer, des particularités qui favorisent son hypothèse, à laquelle il donne tout l'agrément & toute la vivacité qu'une tête aussi légère que la sienne pouvoit lui prêter. Tous les êtres, suivant son système, doivent leur origine à l'eau de la mer; il ne lui faut que cette mere féconde pour produire les différens objets vivans répandus sur notre globe. Suivons cet auteur dans quelques uns des détails de son ouvrage.

Maillet trouve par les mesures prises sur les ruines de Carthage & d'Alexandrie, que le niveau de la mer a baissé de trois pieds quatre pouces en mille ans, ou simplement de trois pieds, ainsi qu'il l'adopte dans son ouvrage. Il mesure, d'après ce point donné, le tems qui s'est écoulé depuis que le sommet des plus hautes montagnes commença à paroître au dessus de l'eau, & celui qui est encore nécessaire à la diminution totale de la mer. Cette diminution, comparée au tems qui s'est écoulé, est fort peu considérable; le résultat des calculs qu'il fait d'après son hypothèse a donc été de donner au monde une antiquité prodigieuse. L'élévation du mont Chimboraço dans le *Pérou* au-dessus du niveau actuel de la mer, n'a pû se former qu'en 6,750,000 ans, ce qui est contradictoire avec les idées reçues. Si nous supposons, avec l'auteur que l'eau

de la mer ait été autrefois au niveau des marques qu'il indique à Carthage & à Alexandrie, & qu'il compare au niveau présent de la mer, alors il aura raison d'admettre un pareil abaissement. Mais tant que des observateurs instruits & non prévenus, n'auront pas fait sur les lieux des recherches exactes, on pourra dire avec autant de probabilité & de vraisemblance, que ces anciens édifices & tous ces monumens massifs se sont enfoncés par leur propre poids pendant un laps de tems si considérable.

Des côtes d'Afrique transportons nous sur celles de Suède, où l'hypothèse de la diminution de l'eau de la mer a déjà beaucoup de partisans. *Celsius*, astronome célèbre & observateur exact, commença dès l'année 1724, à rassembler des observations en voyageant dans les provinces de *Helsingeland* & de *Médelpad*. Ces observations lui firent penser que la mer Baltique a jadis été plus élevée qu'elle ne l'est actuellement. Il fut persuadé en 1732 par de nouvelles découvertes faites dans les environs de *Bahus*, que l'Océan est pareillement abaissé, & enfin il fut en 1736 confirmé dans son opinion par le voyage qu'il fit à *Tornéo* & dont la relation est insérée dans les mémoires de l'académie royale de Stockholm, année 1743. Nous ne raporterons pas les raisons qu'il allègue, pour prouver qu'une grande partie de la terre actuellement habitée, a été autrefois couverte des eaux de la mer. C'est un fait que personne ne peut revoquer en doute. Nous parlerons seulement des moyens que *Celsius* prit pour découvrir si le niveau de la mer s'abaisse peu à peu & par gradation, & quelle est la proportion de cet abaissement.

La position présente & passée des villes de *Hudorh-Wall*, de *Pilea*, de *Lulea*, sur les bords du golfe de *Bothnie* attira ses regards. Il vit qu'on avoit successivement rapproché ces villes du rivage, & abandonné les anciennes habitations.

Le port de la ville de *Tornéo* fut conſtruit en 1620; & en 1736 il étoit fort éloigné de la mer. On obſerva la même choſe dans les environs de *Bahus* & dans les ports de *Fanum* & de *Gribbeſtadt.* Les vieillards qui habitent ces côtes ont vu dans leur jeuneſſe de grands *yachts* venir y aborder, tandis qu'aujourd'hui on ne peut y faire mouiller de pétits canots. Il y a 50 ans que de grands vaiſſeaux paſſerent à *Vaſa* & à *Gefle*; & les plus petits bateaux n'y trouvent pas actuellement aſſez de profondeur. Les pêcheurs de certaines côtes d'*Oſtrobotnie* ont été forcés, en moins de 30 ans, de chercher de nouveaux endroits pour la pêche, & de changer trois fois d'habitations dans l'eſpace de 50 ans pour ſe rapprocher de la mer. On laboure actuellement la terre dans les environs de la vieille ville d'*Hudirgs-Valle*, & cette plage étoit couverte d'eau il y a 60 ans. Des prairies immenſes environnent *Fanum* & *Vaſa*, tandis qu'on y voyoit autrefois un lac profond, où l'on pêchoit avec les plus grands filets.

Celſius qui n'a d'autre but que celui de dire la vérité, convient que ces changemens peuvent être l'effet des aterriſſemens formés par les fleuves ou par des amas de ſable que la mer jette ſur ces rivages; mais lorſque dans des marais éloignés de la mer, comme dans ceux de *Laghela*, de *Vaſa* &c., il trouve des plantes marines, des débris de vaiſſeaux, des ancres, des crochets fixés dans des rochers pour y arrêter les cables, alors il croit être en droit de prétendre que c'étoit l'ancien lit de la mer. Les autres preuves qu'il donne ne ſont pas moins convaincantes. Il obſerve que de pétites montagnes & des rochers s'élevent inſenſiblement ſur la ſurface de l'eau vers les côtes de la mer Baltique, comme à *Huſtaſari*, *Vaſa*, *Fallbaka*, & à *Gudmundſkaret*, près de *Bahus*. D'après ces obſervations, qui peut douter de l'abaiſſement du niveau de la mer?

Celſius fixa principalement ſon attention ſur les grandes pierres où les chiens marins viennent prendre l'air & ſur leſquelles on les tue. Ces pierres ne leur ſervent que quand elles ſont à fleur d'eau. La premiere qu'il obſerva eſt ſituée à la pointe de *Rumſkacd* près de l'iſle *Iggan*, à trois lieues au Nord de *Gefle*. Du tems de *Guſtave* & de Erix IX, un payſan nommé *Riknits*, prenoit des veaux marins ſur le ſommet de cette pierre. L'eau deſcendit, durant ſon vivant, du ſommet, juſqu'à une couche horiſontale plus baſſe où le veau marin ſe plaçoit alors; mais comme le ſommet de la pierre qui étoit hors de l'eau empêchoit *Riknits* qui venoit du côté de la terre, de voir le veau marin, il travailloit à brûler & à emporter pendant l'hiver la partie qui ſurmontoit l'eau. Ses fils acheterent de la couronne cette iſle en 1583, & ſes deſcendans & les propriétaires actuels affirment que *Riknits* brûla cette pierre environ 20 ans avant que ſes fils en euſſent fait l'acquiſition & par conſéquent, en 1563.

Rudman, pendant l'été de 1731 & dans le tems que l'eau étoit à ſa moyenne hauteur, examina de nouveau cette pierre à la demande de *Celſius*, & trouva qu'elle avoit alors huit pieds d'élévation au deſſus de la ſurface de l'eau, ce qui préſente un effet frappant, dans l'eſpace de 168 ans.

Rudman viſita encore la même année une autre pierre à *Loſgrand*, ſituée au Nord-Eſt de *Gefle*, ſur laquelle 50 ans auparavant on prenoit des veaux marins, & il trouva que le niveau de la mer avoit baiſſé de 20 ½ pouces géométriques. *Celſius* apprit encore en 1742, par les obſervations de *Stenbeck* en *Oſtrobonie*, que dans l'eſpace de 20 à 24 ans le niveau de la mer avoit baiſſé d'un pied, ce que Stenbeck avoit obſervé lui-même ſur pluſieurs rochers près de la mer, comme ſur celui du golfe, à côté de la ville de Vasa. Ce rocher étoit à fleur d'eau il y a 40 ans, quand le vaisseau de Bulieh, citoyen de cette ville, y échoüa, & en 1742 ce même rocher étoit élevé de deux pieds au-dessus de l'eau. *Celsius* conclut, d'après ces observations : savoir d'après la premiere, que dans l'espace de 100 ans, la mer baisse de 41 ½ pouces géométriques ; de la seconde, 41, de la troisieme, 50, de la quatrieme, 41 ½ pouces.

Il n'est pas étonnant que chaque observation ne produise pas le même nombre de pouces, puisque le nombre d'années assigné peut aisément manquer de justesse, & que la hauteur ordinaire de l'eau pendant l'été peut varier suivant les années & par divers accidens. *Celsius* ne croit pas risquer de s'écarter beaucoup de la vérité, en prenant un terme moyen, & ce terme moyen donne en cent ans 45 pouces géométriques ou neuf quarts d'une aune de *Suede*.

Les observations faites du côté de l'Océan présenterent les mêmes résultats, ce qui est prouvé par le témoignage des pilotes de *Gullhom*, sur la côte de *Bahus*. Ces pilotes âgés de 60 à 80 ans déclarent en 1742 à Kalm, que dans leur jeunesse ils avoient vu l'eau de la mer plus haute d'une aune ; que la pointe de *Gudmund-Skaret* étoit alors de six quarts d'aune au dessous de l'eau, tandis que présentement elle se trouvoit au niveau de sa surface, & qu'on alloit actuellement à pied sec dans les endroits où dans ce tems on avoit de l'eau jusqu'aux genoux.

Celsius qui cherchoit plus à découvrir la vérité, qu'à soutenir son hypothèse, en appella au jugement de la postérité, & chargea pour cet effet *Rudman* de faire tailler dans le rocher, nommé *Swart-Hallan*, situé au Nord de l'isle de *Lofrand*, une ligne horisontale au niveau de la mer ; ce qui fut exécuté

dans l'été de l'année 1731, on grava même une inscription pour constater l'époque.

Celsius présume seulement, que la cause de la diminution de l'eau peut être attribuée ou au changement d'une partie de la pluie en terre, ou à des crevasses dans le fond de la mer, ainsi qu'*Hierne* les avoit supposées, ou à ces deux causes réunies. Il se garde bien d'appliquer le résultat de ces observations aux siècles passés & à ceux à venir, parce qu'on n'est point certain si la hauteur de la mer a diminué dans le tems passé, si elle diminuera toujours dans la même proportion, ou seulement pendant un certain nombre d'années. D'ailleurs cette proportion peut varier d'une époque à l'autre par divers accidens ; savoir par l'évaporation inégale de la mer, par la quantité peu constante des végétaux, par la diverse étendue de terre cultivée sur le continent, par la pression inégale de l'eau, respectivement aux différentes profondeurs de la mer, d'après le nombre & la forme variée des ouvertures du fond de la mer, &c. En admettant la mesure adoptée par *Celsius*, la *Suede* devoit avoir autrefois une face bien différente de celle qu'elle offre aujourd'hui. Dans son système, les contes, les histoires fabuleuses qu'on a fabriquées sur la situation de ce pays, ne paroîtroient plus incroyables. Tels ont été les fondemens de la façon de penser de *Celsius*.

Won-Linnée, connu par tant de titres dans toutes les parties du monde savant, examinoit dans ce même tems les différens objets que présente la nature. Dans ses recherches il trouva dans le continent tant de vestiges du séjour de la mer, qu'il en conclut, sans hésiter, qu'autrefois elle avoit entierement couvert notre globe ; il s'efforça de prouver son assertion en 1743 par un discours prononcé à Upsal, *de telluris habitabilis incrementis*, dans lequel il démontre, d'après un grand nombre d'obfervations, que l'augmentation du continent eft la preuve de la diminution de la mer. Il publia en 1745 fon voyage dans le Gotland ; celui de Veftrogothie en 1747 ; & celui de Scanie, en 1751. Rien de remarquable ne pouvoit échapper aux yeux d'un tel obfervateur. Les montagnes, les vallées, la terre, fes entrailles même, les rivages de la mer, les ports, les fleuves, &c. offrirent par-tout à fa vue des débris d'individus marins. Notre naturalifte établit pour principe que la marche de la nature eft uniforme, qu'elle ne fait point de fauts ; d'après ces principes, il démontre la probabilité de la diminution de la mer, & comment elle a été produite fans rien déranger à l'ordre naturel.

Après avoir examiné chaque objet féparément, & fous fon point de rapport ou d'éloignement avec les autres, il adopta l'eau de la mer pour fource & pour mere commune de toutes efpèces de pierres & de terres. Selon lui l'argile eft le fédiment terreux de la mer, les fables unis à la chaux & réduits en particules très-fines, fe condenfent en pierre fablonenfe, & forment en fe coagulant les graviers & les cailloux de différente groffeur. La terre calcaire mêlée avec une certaine quantité d'argile, fournit le marbre & la pierre à chaux. De la pierre à chaux vient la pierre blanche, de celle-ci la craie, & de la craie la pierre à fufil. Le limon ou tourbe limoneufe donne l'exiftence à l'ardoife qui fe change à fon tour en terreau ou terre commune noire. Le mica, le fpath & le quartz doivent, felon lui, leur origine à l'eau de la mer retenue dans les fentes des montagnes, lorfque les exhalaifons pierreufes s'y mêlent. Les cryftaux naiffent de l'union de ces deux dernieres efpèces avec le fel, & les roches font produites par un fablon peu différent du primitif. Au refte, ce font les ouvrages même de ce grand homme qu'il faut confulter à ce fujet.

Quelle fera donc l'idée qu'un hiftorien doit fe former de la géographie actuelle de la Suède, d'après les obfervations de Celfius & de Linnée, fur-tout quand les annales du pays la repréfentent comme une ifle ou plutôt comme un affemblage de plufieurs ifles ?

Feu Dalin publia en 1747 la première partie de l'hiftoire de la Suède, dans laquelle il rapporte les preuves de la diminution de l'eau, tirées des ouvrages de Newton, d'Hierne, Suedenborg, Stœbée, Linnée, & principalement de Celfius ; il y en réunit plufieurs autres, prifes dans les anciennes annales, & il remarque qu'on a défigné la plupart des habitations par des noms tirés des lieux même où elles étoient fituées comme de Holm, Vik, Sund, Nas, Fors, Srom, &c. ; ce qui fignifie ifle, golfe, détroit, ifthme, fleuve, torrent, lac, marais, quoique ces lieux foient actuellement très-éloignés de la mer, ou de l'eau, ou du lac dont ils tirent leurs dénominations. Il dit d'après Celfius que Pytheas qui étoit venu dans le Nord 300 ans avant l'ère chretienne, repréfente Thulé, & Bafilia Balthia, comme deux ifles ; que Ptolémée, qui vivoit 139 ans après J. C. parle de la Scandinavie, comme d'un pays formé de quatre ifles, favoir, d'une grande & de deux petites ; que l'anonyme de Ravenne fait mention d'une grande ifle nommée Sehantza, fituée dans le pays des anciens Scythes, d'où font fortis plufieurs peuples qui habitent aujourd'hui la partie occidentale du monde. Il y ajoute qu'Æneas Silvius, qui fut pape fous le nom de Pie II appelle le royaume de Suède, un pays bordé de tous côtés par la mer ; que Lund au neuvieme fiècle étoit une ville maritime ; que d'Upfal à Lagga, il y avoit vers l'an 1030 plufieurs communications, entre le lac Mœler & la mer Baltique, &c. Mais la preuve la plus forte que rapporte Dalin, eft une infcription gravée par un nommé Ifloy ou Gifle fur un rocher peu éloigné de la mer & près de la métairie de Lagno. On voit par cette inscription qu'elle étoit horisontale au niveau de la mer dans le tems que *Gisle* la traça, & elle se trouva à sept aunes & demie au dessus du niveau de l'eau quand *Dalin* écrivoit son histoire. Il est facheux qu'on ait oublié d'y marquer l'année ; mais l'histoire nous apprend qu'un certain *Gisle Elineson* demeuroit dans cette contrée vers le treizieme siecle, ce qui s'accorde assez bien avec la proportion établie par *Celsius*.

Dalin examina attentivement en 1745 & 1746, vers le même tems de l'été, la ligne tracée en 1731 par *Celsius* sur le roc *Suart-Hallan*, dont nous avons parlé, & trouva que dans l'espace de 14 à 15 ans, la mer avoit exactement diminué, suivant la proportion de Celsius ; ces observations forcerent Dalin à admettre la mesure celsienne.

Harleman, *Chydenius*, *Haselquitz*, ainsi que plusieurs savans, ont ajouté de nouvelles preuves, & cependant malgré tout cela, l'ouvrage de *Dalin* éprouva des contradictions de la part de ses compatriotes, principalement de celle du clergé, qui marqua son zèle en 1747, dans un mémoire où il renverse le tableau que *Dalin* donne sur l'origine de la *Suede*. Nous ne pouvons rapporter ici les raisons que lui ont opposées ses adversaires : il y a répondu succinctement dans la préface du second tome de l'histoire de *Suede*, où l'hypothèse de la diminution de la mer a paru dans un plus grand jour, malgré la critique que *Richardson* en fait dans son ouvrage publié en 1751 & en 1753, sous le titre de *Hollandia antiqua & nova*.

Ce fut en 1755, que Brouwallius, évêque d'Abo s'éleva contre le système de *Dalin* & essaya de prouver que le niveau de la mer a de tous tems été le même, & que les vestiges & les pro-ductions maritimes que l'on rencontre sur le continent, sont l'effet du déluge général ou des aterrissemens que la mer fait le long des côtes en enlevant d'un côté ce qu'elle donne de l'autre. Il a recours à la *Genese* pour démontrer l'erreur de ceux qui soutiennent que la terre a été formée sous l'eau, & que cette eau s'est retirée insensiblement, ce qui lui fournit de nouvelles preuves sur le déluge universel. La question n'est pas, continue Ferner, de savoir si la terre doit son origine à la mer, comme le prétend Maillet, ni de calculer l'âge du monde par l'élévation des montagnes au-dessus du niveau de la mer ; elle se réduit à savoir, si l'eau a été autrefois plus élevée sur le continent, qu'elle ne l'est aujourd'hui, & si elle continue actuellement à baisser ainsi que l'ont pensé *Celsius*, *Dalin*, &c. *Brouwallius* répond à cette question, que de quelque maniere que l'on s'y prenne on est forcé de convenir que si mille observations plaident en faveur de la diminution de l'eau, & qu'il y en ait une seule qui y soit contraire, ces milles observations perdent leur force, & sont réduites à rien. Il ajoute qu'il peut opposer des traditions à des traditions, des faits à des faits, des témoignages de pilotes à des témoignages de pilotes, & il objecte aux remarques faites sur le rocher de *Suarth-Hallan* près *Gefle*, le rocher nommé *Swarta-Hunder*, dans le *Galleron Fiarden*. Cet écueil paroissoit autrefois au dessus de l'eau, & il est à présent sous l'eau malgré les pierres qu'on y a transportées pour l'élever, afin de le faire découvrir aux navigateurs ; l'évêque rapporte encore plusieurs autres preuves semblables.

Gadolin, professeur d'Abo, fut aussi un des adversaires de Celsius & de Dalin. Le château d'Abo a été construit il y a 500 ans ; ainsi en adoptant la mesure celsienne, le niveau de la mer doit avoir baissé de 22 pieds & 2 pouces dans cet espace de tems ; cependant la partie la plus élevée du rocher fur laquelle il eft bâti, eft à 24 pieds 2 pouces de la marée la plus haute ; donc les fondations de ce château auroient été de 4 pieds 7 pouces au-deffous de l'eau dans le tems de fa conftruction. Il donne une nouvelle preuve contre la trop grande étendue de la mefure celfienne, en difant que le château d'Abo n'étoit au-deffus du niveau de la mer, que de 4 pieds 3 pouces, lorfque Jean III, alors duc de Finlande, l'habitoit il y a 120 ans. Gadolin préfente encore une démonftration plus claire. Il fit abattre fur cette même côte, en cinq endroits différens dans un terrein bas & voifin de la mer de grands pins & de vieux chênes après les avoir fait fcier par le milieu, il en compta les couches intérieures. Tous ceux qui ont eu la plus légère idée de l'hiftoire naturelle, favent que chaque année il fe forme une nouvelle couche dans l'intérieur d'un arbre quelconque, & qu'ainfi on peut juger fûrement de l'âge du bois par le nombre de fes couches ; on reconnut diftinctement fur le chêne le plus vieux 364 couches concentriques, fon élévation étoit de trois aunes ; le plus moderne des pins avoit une aune de hauteur & 225 couches concentriques, c'eft à dire 225 ans.

Il eft encore bien prouvé qu'il eft de la nature de ces arbres de ne pouvoir pas croître & vieillir dans des terreins humides & que leur femence n'y fructifie jamais ; d'où l'on peut conclure, avec raifon, qu'il y avoit terre ferme dans l'endroit où ils ont commencé à pouffer.

Brouwallius objecte à *Celfius* & à *Dalin*, que *Kalm* qui leur avoit fourni des indices pour la diminution de la mer, fur les côtes de la province de Bahus, a été obligé de fe rétracter & de convenir que dans les recherches faites à ce fujet en *Norwege*, en *Angleterre*, en *Amérique*, il n'a jamais trouvé de vraie

diminution, mais feulement quelque atterriffement dans certains endroits, & dans d'autres des parties de terre ferme englouties par la mer. B. appuie encore fon opinion fur la relation de *Lewis-Evans* ingénieur, qui parle de la fontaine de Sainte-Marie, fituée près du bord de l'eau, & faifant partie de l'ifthme de *Cornavonskire* dans la province de *Vallis*. Cette fontaine, dit *Lewis-Evans*, fe trouve maintenant à quelques pieds au-deffous de l'eau lors de la plus haute marée, & elle eft découverte lorfque la mer eft dans fon élévation moyenne. Les anciennes annales, c'eft-à-dire celles du dixieme ou du onzieme fiècle, rapportent que les religieux des environs alloient chaque année en proceffion vifiter cette fontaine, fuivis d'une multitude de perfonnes pieufes & dévotes, & qu'ils avoient foin de choifir le tems de la plus baffe marée ; ainfi cette fontaine étoit alors au même niveau qu'elle eft aujourd'hui. Notre auteur ajoute, d'après les obfervations de *Kalm*, qu'on rencontre fouvent en Amérique dans l'intérieur des terres, à la profondeur de 10, 30 & 60 pieds, des huitres, des moules, &c. Que ces coquillages ont plufieurs toifes de diametre en hauteur ; qu'en d'autres endroits on trouve, à des profondeurs très-confidérables, des fruits, des pommes de pins, des arbres à moitié brûlés, &c, & que le terrein du fond recouvert par les fubftances étrangères, a le même goût, la même odeur que la vafe de la mer ; d'où on ne peut conclure la diminution de l'eau de la mer, mais fimplement un atterriffement.

Tous les voyageurs conviennent qu'il fe fait chaque jour des atterriffemens confidérables près des rivages & des embouchures des grands fleuves de l'*Amérique* feptentrionale, & près du nouveau *Jerfey*. Dans ce dernier endroit, fur-tout, on ne peut creufer des puits fans rencontrer des couches de coquillages ; chofe qu'on ne trouve prefque jamais dans la *Penfil-*

vanie. Ils ajoutent que les rivières, les fleuves, ont moins de profondeur qu'ils n'en avoient autrefois, selon les mesures données il y a 80 ans par les arpenteurs; ainsi que le témoignage des pêcheurs & celui des habitans du pays peuvent aisément en convaincre.

Ces aterrissemens sont-ils la suite d'un dépôt formé par la mer, ou par les eaux même des fleuves & des rivières? Ces deux causes peuvent y avoir contribué; cependant il est probable qu'ils ont été occasionnés par les eaux des rivières; il y a près d'un siècle que cette partie étoit inculte, remplie de forêts & recouverte par des plantes traçantes, par la mousse, &c. Alors les pluies & la fonte des neiges n'avoient presque aucune prise sur ce terrein dont la surface étoit durcie; mais depuis l'arrivée des européens en *Amérique*, les terres ont été défrichées, labourées, & ont présenté aux pluies, aux neiges & aux inondations des surfaces ameublies par la charrue, & dont les molécules ont été facilement entraînées. Il n'est donc pas surprenant qu'il soit arrivé dans l'espace d'un siècle, des changemens qui, sans les défrichemens, n'auroient pas eu lieu dans celui de mille ans, sur-tout dans un pays aussi montueux.

Ces observations de *Kalm* confirment l'opinion de *Brouwallius*, contre ceux qui veulent prouver la diminution des eaux de la mer par l'inspection des environs de *Smyrne*; on voit, disent-ils, à *Smyrne*, quantité de ruines & de monumens très-éloignés de la mer, & cependant les habitans demeurent aujourd'hui près du rivage; d'où *Brouwallius* conclut que ceux-ci ont été forcés de se rapprocher du rivage à mesure que la mer s'en éloignoit. Cette idée avoit séduit Maillet, & en séduit aujourd'hui plusieurs autres après lui. Mais les séductions qu'on en peut tirer disparoîtront d'elles mêmes, si on lit des descriptions de

Smirne par *Strabon*, par *Piton de Tournefort*, *Spon*, *Darvieux*, *Dumont*, &c. Tous rapportent que cette ville étoit autrefois par son étendue & par le nombre de ses citoyens bien plus considérable qu'elle ne l'est aujourd'hui. On sait aussi qu'elle a essuyé six tremblemens de terre qui lui ont fait beaucoup de tort du côté de la mer; il n'est donc pas étonnant que ses habitans aient bâti par préférence sur les bords de la mer; puisque la commodité du port & la nécessité du commerce les y forçoit. Le fleuve *Metlès* baignoit autrefois les murs de *Smyrne*, il se perd actuellement par des canaux qui le conduisent ailleurs.

Tournefort assure que lorsqu'il visita dans l'isle de *Crète* le port de *Cortine*, il trouva que la distance de ce port à la ville étoit la même que du tems de *Strabon*, c'est-à-dire de quatre-vingt dix stades; il dit aussi que cette isle a aujourd'hui la même circonférence que *Pline* & *Strabon* lui ont assignée. Le détroit entre le grand & le petit Oélos n'a pas changé davantage, & a toujours 500 pas. Le P. *Labat* a trouvé qu'à *Civita-Vecchia* les ruines du *centum cellæ* d'*Adrien* étoient au niveau de la mer. Il faudroit donc dire que l'eau s'élève près du port d'*Antium*, quoiqu'aux environs de l'embouchure du Tibre, il paroît un terrein assez considérable qui n'existoit pas du tems des romains. Ajoutons à ces preuves que la mer baigne aujourd'hui, à la même hauteur qu'autrefois, les murs de *Cadix*, qui est un des plus anciens ports de la Méditerranée.

Browallius remarque, d'après *Donati*, dans la *Storia naturale marina del Adriatico*, imprimé à Venise en 1750, qu'il y a dans le golfe *Adriatique* des couches de coraux & de coquillages mêlés ensemble, & comme pétrifiés avec le sable & la terre que la mer pousse continuellement sur ses côtes. Donati bien éloigné du sentiment de Maillet, conclut au contraire que

que le niveau de la mer hausse chaque jour, il en donne pour preuve les planchers en Mosaïque, les urnes, &c. trouvés sur le rivage; mais comme il voyoit aussi que l'édifice érigé sur le bord de la mer par *Alphonse* II en 1587, en est aujourd'hui éloigné de 5 à 7 lieues d'*Italie*, & que *Ravenne* ainsi qu'*Aquilée*, célèbres autrefois par leurs ports, sont à une grande distance de la mer, il a adopté l'opinion de l'illustre Buffon, que la mer perd d'un côté ce qu'elle gagne de l'autre.

De tous ces faits, de toutes ces observations, Bróuwallius conclut, qu'il se trouve dans la mer des atérrissemens & des débordemens, & qu'on trouve en même-tems des endroits qui démontrent que le niveau de la mer a toujours été le même; d'où il suit que ces changemens sont relatifs les uns aux autres, de sorte que la mer gagne d'un côté ce qu'elle perd de l'autre. L'ouvrage de Brouwallius fit une sensation très-vive en *Suède*, où l'hypothèse de la diminution de l'eau de la mer avoit eu tant de sectateurs. On lut neuf ans sans voir paroître aucun écrit à ce sujet. *Wyrkstrom*, professeur de mathématiques à *Calmar*, s'occupoit alors à examiner si réellement le niveau de la mer diminue ou s'élève, & si l'on peut admettre la mesure celsienne. Pour s'en convaincre, & pour laisser à la postérité une preuve constante & certaine, il plaça sur les murs de la ville de Calmar, le 21 mai 1754, une perche perpendiculaire divisée en pouces & en lignes. Il observa journellement la hauteur de l'eau pendant deux années, & après en avoir pris la hauteur moyenne, il fit tracer le 23 avril 1756 sur le rocher le plus septentrional de l'isle de *Kallo*, situé sur le détroit à une distance d'un quart de lieue de *Calmar*, une marque telle qu'on la voit ici ┬ dont la ligne horisontale a 15 pouces de longueur, & la verticale 7 pouces ½; ces deux lignes

ont chacune un pouce de profondeur. Dans le milieu de la ligne horisontale, à l'endroit où celle-ci touche à la verticale, on a fait un petit trou duquel il faut mesurer la hauteur de l'eau. Dès que *Wyrkstrom* eut pris toutes ces précautions, il mesura l'éloignement de l'eau à la hauteur indiquée, & elle fut de 1185 pieds de *Suède*, & la hauteur moyenne de toute l'année 1756 a été de 1120 pieds. L'académie de *Stokholm* désirant connoître à quelle hauteur perpendiculaire cette marque se trouvoit au-dessus du niveau de la mer, *Wyrkstrom* lui en rendit compte le 15 juin 1759, en démontrant par des observations faites pendant cinq années consécutives qu'elle se trouve à 568 pieds au-dessus du niveau, quand la mer est à sa hauteur moyenne, & que la différence entre la plus haute & la plus basse marée n'excède pas deux pieds de *Suède*.

Celui qui cherche de bonne foi la vérité, continue Ferner, celui qui n'est guidé, ni par l'esprit de parti, ni par les préjugés, sera bien embarrassé pour porter un jugement décisif dans cette question. Les faits rapportés par *Celsius*, *Won-Linnée*, *Dalin*, *Brouwallius*, &c. semblent prouver le pour & le contre. Il est difficile de se décider sur un sujet d'une telle importance, car en parcourant les différentes parties de l'Europe, on ne peut trouver aucune preuve indubitable de l'abaissement de la mer ou de son élévation. Plus on recueille d'observations, plus les raisons alléguées en faveur de l'une ou de l'autre opinion, paroissent équivoques. On voit par exemple dans plusieurs endroits de l'*Ecosse* les restes de murs que les romains firent construire au second siècle de l'ère chretienne, & qui coupent ce pays d'une mer à l'autre; il est singulier qu'ils soient aujourd'hui couverts de terre, & qu'il faille fouiller pour les retrouver. Il en est de même d'un autre mur qu'*Adrien* fit bâtir vers l'an 123 & qui traversoit l'Angleterre depuis *Neuwcaſtle* juſqu'a *Carliſle* ; ce mur fut d'abord élevé en terre, mais dans la ſuite *Severe* le fit conſtruire en pierre ; ce même mur fut en 431, reconſtruit en brique par *Aetius* général de l'Empire Romain ; il lui donna alors 8 pieds d'épaiſſeur & douze de hauteur.

On peut ſuppoſer, avec beaucoup de vraiſemblance, que les *Pictes* ont démoli ce mur dans les endroits où l'on n'en trouve aucun veſtige ; mais que doit-on préſumer quand on les voit dans d'autres endroits enſevelis totalement ? Il faut ou que cette maſſe ſe ſoit enfoncée ſous terre par ſon propre poids, ou que la terre ſe ſoit hauſſée au point qu'elle l'ait entièrement recouvert. Suppoſition gratuite & dénuée de vraiſemblance, ſur-tout ſi le terrein ſe trouve ſtérile & peu cultivé, comme l'eſt preſque par tout celui dont nous parlons. Si un tel changement avoit été réaliſé d'une telle manière, dans le même eſpace de tems la terre des contrées fertiles & mieux cultivées auroit dû s'élever beaucoup plus haut ; ſuppoſition ſujette aux plus grandes difficultés : au contraire, prétendre que le mur s'eſt enfoncé de lui même, c'eſt affoiblir la force des preuves contre l'affaiſſement du niveau de l'eau, tirées de l'inſpection des vieux monumens & des parquets en Moſaïque trouvés ſous l'eau. Enfin ſi l'on prétend que le mur s'eſt enfoncé, & que là dans le même tems ſe ſoit hauſſée par les débris des végétaux, au point de produire les douze pieds de hauteur dont nous parlons, il eſt démontré que cette prétendue augmentation de terrein ne peut être auſſi conſidérable. Ainſi, quelque ſuppoſition que l'on puiſſe imaginer, on ne trouve rien qui puiſſe lever la difficulté.

On a indiqué ce mur pour exemple, préférablement à tout autre bâtiment, pour éviter les objections qu'on pourroit tirer des décombres, &c. qui élevent le ſol des terreins habités, comme auſſi celles que préſentent les changemens accidentels arrivés, ſoit par tremblemens de terre, ſoit par des inondations, &c. dont les effets ſont plus ſenſibles dans un pays de peu d'étendue que dans deux contrées auſſi vaſtes. Suivons cet examen.

Si l'on trouve ſur la pente d'une montagne, des couches très-régulières placées horiſontalement ou également penchantes & parallèles ; ſi une partie de ces couches eſt d'une pierre dure ; ſi en ſuivant ces mêmes couches, on découvre que la pierre s'amolliſſant ſucceſſivement ſe termine enfin par une terre molle de même grain & de même nature ; il faut convenir qu'un tel exemple favoriſe ſingulièrement l'opinion de ceux qui penſent que de telles montagnes ont été ſucceſſivement formées ſous l'eau, il faut avouer même que les objections les plus fortes détruiſent difficilement cette ſuppoſition. Or l'on voit des couches abſolument ſemblables à celles qu'on vient de décrire à *Sommerſet-shire* & au pied d'*Holwelle*, dans le voiſinage de *Briſtol*.

Si nous comparons à préſent la maiſon quarrée de *Niſmes*, conſtruite ſous l'empereur *Auguſte*, & bâtie en groſſes pierres de taille, avec les murs qu'Adrien ou Severe firent élever en *Ecoſſe* ou en *Angleterre*, nous ne ſerons pas moins embarraſſés. Le premier de ces monumens placé dans une ville très-ancienne & très-commerçante, qui a été ſujette à pluſieurs révolutions, eſt vraiſemblablement encore aujourd'hui auſſi élevé qu'il l'étoit du tems d'*Auguſte*. Comment concilier l'antiquité de ce morceau d'architecture avec les nouvelles découvertes faites dans la même contrée de pluſieurs édifices du premier ſiècle qui ſont abſolument enſevelis ? Des variations auſſi ſurprenantes obſervées dans des eſpaces plus rapprochés, & comparées avec celles qu'on découvre à des diſtances très-éloignées, comme de *Niſmes à Briſtol*, ou en Ecoſſe, portent naturellement à douter de la forme conftante de la fubftance de la furface de la terre, que cependant il faut néceffairement fuppofer telle, pour pouvoir juger de l'élévation ou de l'abaiffement du niveau de l'eau. Ce foupçon devient prefque une certitude, fi l'on confidère en grand l'*Italie*, qui eft le pays dont nous avons les relations les plus anciennes, les plus autenthiques & les plus multipliées.

On n'entend pas parler ici des changemens qui fe font fubitement dans quelques endroits de peu d'étendue, & tel que celui qui, par exemple, arriva à *Montenovo*, près de Pouzzole, lorfque pendant la nuit du 19 au 20 feptembre 1538, il s'éleva tout d'un coup une montagne de 2400 pieds perpendiculaire. La montagne *Marckle-Hill* en *Herrefordfhire*, préfente un phénomène auffi frappant. On vit en 1571 une étendue de 20 arpens de terre labourée & de prairie, fe féparer de la maffe commune, & être infenfiblement transportée en trois jours à 400 pas de diftance. Ce qu'il y eut de plus fingulier, fut qu'on n'entendit aucun bruit. Lorfque ce terrein ambulant fe fut fixé, la terre s'enfla fubitement, & il fe forma une élévation très-confidérable. De tels événemens fixent aifément notre attention, excitent en nous l'épouvante & la confternation ou l'admiration & la furprife; mais les changemens qui arrivent peu-à-peu, & qui dans un long efpace de tems, élevent ou abaiffent uniformément une étendue de plufieurs milliers de lieues, échappent aifément à nos regards, & ne font prefque jamais remarqués. Cependant on a les plus fortes raifons de les préfumer; par exemple, les fameux chemins confulaires prouvent que la face de l'*Italie* n'eft plus aujourd'hui la même que du tems de l'ancienne Rome.

Le cenfeur *Appius-Claudius* fit commencer un de ces chemins, il y a 2138 ans, il avoit 14 pieds de largeur, & conduifoit en ligne droite de *Rome* à *Capoue*. Pour le niveler, il fit couper plufieurs montagnes, parmi lefquelles on voit encore aujourd'hui celle qu'on nomme *Pifea Marina*, près *Terracine*; elle eft percée à une hauteur de 200 pieds, & chaque dixaine de pieds eft marquée par des lettres romaines fur les parois de la montagne. Le fond de ce chemin, étoit fi ferme & les pierres étoient fi étroitement liées, que dans les endroits où on l'a retrouvé de nos jours, il eft auffi entier & auffi folide que lors de fa conftruction: on ne peut pas même faire pénétrer la pointe d'une épée dans les joints de ces pierres. Néanmoins il fe trouve actuellement impraticable pendant l'étendue de plus de 60 lieues, d'*Italie*, c'eft-à-dire, depuis *Rome* jufqu'à *Torredelle mole*; enfin il fe perd dans les vaftes & profonds marais pontins defquels il fort tout entier. On peut alors le fuivre fans interruption pendant plus de dix lieues d'Italie jufqu'a Sainte-Agathe, où l'on eft obligé de le quitter de nouveau.

Un autre chemin confulaire, nommé *via Flaminia*, traverfe l'*Italie* depuis *Rome* jufqu'à *Rimini*. Il a été conftruit depuis environ 1990 ans, & depuis ce tems il a éprouvé des changemens bien confidérables. On voit deux infcriptions, l'une fur le pont de *Cita Caftellana*, & l'autre au-deffus de la porte d'une hôtellerie à *Caftelnovo*, qui annoncent que toute la belle partie de ce chemin, depuis *Otricoli* jufqu'à *Caftelnovo*, dans une étendue de plus de vingt lieues d'*Italie*, a été enfevelie depuis plufieurs fiècles: aujourd'hui les voyageurs peuvent fuivre cette route.

En faifant des recherches plus foignées à ce fujet, on trouveroit probablement que tous les autres chemins confulaires, ont éprouvé de femblables changemens. Si l'on ajoute à tout cela que deux degrés de différens méridiens, mais à même élévation du pôle, mefurés avec la même exactitude, n'ont point une égale courbure,

T 2

on pourra croire avec aſſez de fondement, que le niveau de la mer eſt-peut-être beaucoup moins ſujet au changement, que la ſurface du continent. En ſuppoſant donc, comme il y a beaucoup d'apparence, que toute l'Italie s'eſt abaiſſée vers le milieu en ſe hauſſant ou en retenant ſa première ſituation vers les deux extrémités, il n'eſt plus étonnant de trouver des moſaïques, des urnes, &c. ſur les rivages qui ſont beaucoup plus élevés au-deſſus de ce niveau. Ne ſeroit-il pas alors aiſé de trouver la raiſon de ce qu'à *Tarente* & ailleurs, on ne s'apperçoit d'aucune élévation du niveau de l'eau, &c? Ce qui eſt arrivé en *Italie* peut avoir lieu dans les autres pays, & en en faiſant l'application aux parties de notre globe, d'une plus grande étendue ou à toute la terre, il réſultera qu'une portion de ſa ſurface s'élève peu à peu dans le même tems qu'une autre s'abaiſſe ; ainſi ce qui autrefois a été fond de mer, devient continent, & ce qui étoit auparavant continent devient fond de mer. Alors il n'y auroit plus à triompher pour tous ceux qui ont rapporté des expériences bien conſtatées, relativement à cet objet, & qui en ont tiré les conſéquences naturelles, dans la ſuppoſition que la ſurface de la terre eſt en général invariable.

Une diminution abſolue de l'eau ne peut-elle pas avoir lieu ? Les cauſes phyſiques ſemblent autoriſer cette ſuppoſition ; mais on ne peut pas affirmer, ſans préalablement avoir examiné ſur tout le globe de la terre, quelle relation il y a entre le continent & la mer, opération très-difficile, pour ne pas dire impoſſible. Telle eſt la manière de penſer de *Runeberg* ſur la diminution de l'eau & ſur la variabilité de la ſurface de la terre ; dans ſon ouvrage il prouve cette variabilité par la conſtitution interne du globe. Selon lui les montagnes ſont à la terre ce que les os ſont au corps humain, elles en affermiſſent la maſſe par des liens. Dans ſon ſyſtême, les crevaſſes & les variations en tous ſens ont un effet ſenſible ſur les parties les plus

molles & les plus déliées du globe. Il va plus loin, il donne les raiſons pour leſquelles on trouve en *Suède* plus d'aterriſſement que dans les pays méridionaux ; ſelon lui les fortes gelées le lient fortement enſemble, de ſorte que la glace qui encroûte la terre des rives baſſes, peut être regardée comme une continuation de celle qui couvre la mer. Ainſi pendant les hautes marées, l'eau pouſſant la glace en haut, fait le plus grand effort ſur le milieu pour lui faire prendre la figure d'un ſegment ſphérique.

La glace fait le même effort pour élever celle qui eſt attachée à la terre, ce qui ne peut arriver qu'autant que la terre gelée du rivage ſe détache de celle qui ne l'eſt pas ; alors l'eau y pénètre avec impétuoſité, & entraîne avec elle une telle quantité de terre, de vaſe, de débris de corps marins, qu'elle remplit ce vuide ; c'eſt ce qui produit les aterriſſemens. Plus les hautes marées ſe ſuccèdent fréquemment, comme dans la Baltique quand elle eſt gelée, plus les aterriſſemens ſont conſidérables. *Runeberg* croit que ces effets peuvent encore être produits par d'autres cauſes. C'eſt ainſi que quand les neiges ſont fondues au printems, ou par la chaleur du ſoleil, ou par les pluies, les torrens que les eaux produiſent, entraînant des terres, des limons, &c. les dépoſent dans les ouvertures dont nous venons de parler.

Pour donner une idée exacte des changemens produits par les glaces ſur le continent, *Runeberg* examine combien l'eau ſe dilate en ſe gelant ; il trouve dans le tuyau d'un baromètre de 15 lignes que l'eau, à la hauteur de 10 pieds, ſe dilate d'un pied lorſqu'elle gèle. Il falloit enſuite connoître la quantité d'eau qu'abſorbent les différentes eſpèces de terre, ce qui eſt très-difficile, & ce qui varie beaucoup ; *Runeberg* a trouvé que l'argille bouillante étoit celle qui en abſorboit autant qu'il eſt poſſible, elle en contenoit alors quatre fois plus que de terre.

Pour favoir fi la terre remplie d'eau occupe plus d'efpace lorfqu'elle eft gelée que
lorfqu'elle ne l'eft pas, il humecta une portion d'argille, de façon cependant qu'elle
ne perdît pas fa confiftance, & en fit un
rouleau dont il mefura la longueur & l'é-
paiffeur; après avoir expofé ce rouleau
pendant fix heures à la gelée, il trouva qu'il
avoit diminué de longueur, de largeur
& de poids.

D'après ces obfervations, Runeberg
fait plufieurs raifonnemens qui tendent à
prouver les divers changemens arrivés fur
la furface de la terre, fur-tout relativement
à la diminution de l'eau. Nous ne le fuivrons pas dans tous ces raifonnemens,
nous nous contenterons d'en rapporter
un des principaux. Lorfque la glace, dit
Runeberg, s'eft attachée à toutes les inégalités des pierres, dont une partie eft fous
l'eau & l'autre eft au-deffus, elles font ébranlées & même enlevées pendant que la haute
marée fait fes efforts. Quand ces pierres fe
font élevées avec la glace à laquelle elles
adhèrent fortement, le fable & le limon
pouffés par l'eau entrent avec impétuofité
dans les cavités qu'ils avoient occupées;
lorfque le dégel furvient, les pierres en
retombant à leur première place, fe
trouvent plus élevées qu'elles ne l'étoient
en l'année précédente. Celles qui ont fixé
l'attention de Runeberg avoient toutes 5,
6 & 7 aunées de hauteur & de largeur.

Tel eft le précis des obfervations, des
raifonnemens & des preuves rapportées
de part & d'autre, pour défendre ou
combatte l'hypothèfe de la diminution de
l'eau de la mer; on peut y ajouter les réflexions de *Nordenfchold*, qui tendent
toutes à réfuter le fentiment de Brouwallius. Ce favant examine certaines cavités
fingulières, qu'on appelle marmites de
géans, formées fur des rochers. Il obferve
leur pofition, leur élévation au-deffus du
niveau de la mer, leur profondeur & le
tems qu'il a fallu pour que les fables & les
graviers entraînés par les eaux de la mer,

puffent former ces cavités. D'après ces
obfervations, il décide que la furface de
la mer baiffe de plus d'une aune en 100
ans. On voit ces marmites de géans dans
le Koharefrarden, dont on a dreffé une
carte. Il y en a 6 fur un écueil; mais ce
qui eft le plus fingulier, c'eft que la moins
élevée de ces marmites qui fe trouve
encore au-deffus de l'eau, a commencé à
fe former il y a environ 30 ans; tems
auquel *Nordenfchold* vifita cette mar-
mite, qui a aujourd'hui une cavité d'un
pied de profondeur. La manière dont
cette opération s'exécute eft, felon lui,
une preuve de l'abaiffement fucceffif du
niveau de la mer, & de l'élévation de la
terre dans la même proportion. *Nordenf-*
chold foutient encore que la diminution
de l'eau doit avoir été autrefois bien moins
confidérable qu'elle ne l'eft aujourd'hui;
parce que l'étendue de la mer étant plus
grande & le continent plus refferré, il falloit moins d'eau pour la formation & la
conformation des animaux, des végétaux
& des minéraux. Suppofons avec Brouwallius, ajoute *Nordenfchold*, que ce que
la mer empiéte d'un côté fur la terre,
réponde exactement à ce que la terre gagne
de l'autre, & que le niveau de la mer ait
toujours été à la même hauteur; il en réfulte néceffairement une nouvelle preuve
en faveur de la diminution de l'eau,
puifque la quantité de terre qui eft continuellement emportée dans la mer par les
fleuves, les pluies, &c. en élève néceffairement le fond, & par conféquent la
furface. Que devient donc cette eau?
Nordenfchold répond qu'elle fert à produire tout ce qui végète fur la terre, qu'elle
augmente les montagnes de glaces auprès
des pôles, & qu'il en pénètre dans la terre
une grande partie. Cette dernière hypothèfe lui devient néceffaire pour expliquer
la conftruction interne de notre globe,
dont voici felon lui l'efquiffe en peu de
mots: L'intérieur du globe renferme une
fubftance active & élaftique entourée par
la furface de la terre, dont il regarde la
bafe comme un fluide pefant, fur lequel

la maſſe de la terre eſt portée avec ſes montagnes, ſes mers, ſes lacs, ſes cavités, &c. Il tire de cette ſuppoſition la conſéquence ſuivante : Les montagnes forment dans cette maſſe fluide & peſante des cavités proportionnées à leur poids ; c'eſt ainſi que ſi l'on mêle de l'eau dans un vaſe rempli à moitié de mercure, dans lequel on aura mis quelques pierres, le poids de ces pierres diminue à proportion de la quantité d'eau, ainſi que les cavités qu'elles formoient, & alors celles qui étoient dans le mercure deviennent plus petites. Si au contraire on fait évaporer l'eau, les pierres s'enfoncent dans le mercure. Cette ſuppoſition eſt ſingulière ; & il eſt certain que ſi elle étoit réaliſée, on auroit pu expliquer facilement par cette reſſource les phénomènes qui depuis long-tems occupent les obſervateurs.

Quoi qu'il en ſoit, on ne peut rien conclure poſitivement, même après les preuves rapportées pour & contre par Ferner, ſur la queſtion de la diminution de l'eau de la mer, c'eſt au tems & à l'expérience à nous ſervir de guides. Les preuves tirées des anciens monumens, quoique fondées ſur des faits, ne portent pas avec elles le caractère de l'évidence ; ainſi nous devons avouer de bonne foi, que nous ignorons les cauſes & les accidens qui ont donné lieu à ces variations ; attendons tout du tems & des recherches ſuivies & raiſonnées. Les précautions que l'académie de *Stockholm* a priſes pour conſtater la hauteur du niveau de la mer, ſerviront peut-être avant la fin du ſiècle à décider une queſtion ſi embrouillée ; mais encore faut-il diſcuter en même-tems toutes les circonſtances où ſe trouve la mer Baltique. Nous renvoyons aux articles du dictionnaire, où l'on traitera de la *diminution de l'eau de la mer* & de la *Baltique.*

G

GUETTARD.

NOTICE des différens ouvrages de ce laborieux naturaliste observateur, relatifs à la Géographie-Physique.

Le grand nombre de mémoires que Guettard a publiés sur l'histoire naturelle minéralogique, m'a déterminé à présenter ici le précis de ceux seulement qui ont trait particulièrement à l'objet qui m'occupe.

I.

J'y ai placé d'abord une exposition de ses principes & de son plan sur la distribution des fossiles en général, à la surface du globe, distribution qu'il a partagée en trois *bandes*, l'une *sablonneuse*, l'autre *marneuse*, & la troisième *schisteuse* ou *métallique*.

I I.

A ce détail succède une discussion sur chacune de ces trois *bandes*, tirée d'un mémoire que de jeunes naturalistes publièrent en 1757, & où ils s'attachèrent à montrer les défauts de ce plan de distribution qu'ils firent envisager comme un arrangement systématique, incomplet.

I I I.

En second lieu, ils montrèrent les inconvéniens de la *notation* des substances minérales, sur les cartes de l'Atlas minéralogique de la France, par des caractères isolés, semblables à ceux qu'emploie la chimie.

I V.

En troisième lieu ils s'occupèrent à montrer les défauts de la manière d'observer de Guettard en histoire naturelle.

Les détails que présentent ces naturalistes sont très-intéressans, & prouvent qu'ils avoient observé sur d'autres principes & reconnu par leur propre expérience & par un examen sévère & approfondi, l'inexactitude & les inconvéniens des observations de Guettard. Pour completter ce qui concerne cette discussion, j'y ajoute tout ce qui fut écrit dans le tems pour faire connoître à certains naturalistes le parti qu'avoit pris l'académie des sciences, de refuser l'examen des mémoires rédigés d'après les mémoires de Guettard ; & je le termine par le développement des principes qu'on crut devoir substituer à cette manière défectueuse ; j'y ai fait voir les avantages qui peuvent résulter de l'application de ces principes dans plusieurs cas importans.

V.

Vient ensuite la comparaison d'un canton de l'Asie mineure & de la France, relativement à la distribution des fossiles, suivant le plan de Guettard dont on vient de parler, nº 1 & 2 ; c'est une première application du système des *bandes*.

V I.

J'y ajoute dans les mêmes vues un précis des mémoires qui ont pour objet la comparaison de la Suisse & du Canada, en même-tems que j'y suis l'application du système de distribution des substances minérales, à la surface de la terre, dans ces

deux contrées, j'en montre les défectuosités & les inconvéniens.

V I I.

Dans l'article VIIe se trouve l'extrait de
deux mémoires sur la description minéralogique de la Pologne, toujours d'après le
système des *bandes*. La bande *sablonneuse*
s'y trouve sur-tout décrite d'une manière
intéressante ; les autres y figurent ensuite
au moyen de quelques indications de pierres
& d'autres substances minérales, sans ordre
& sans liaison entr'elles ; au reste la bande
sablonneuse y est appréciée comme elle le
mérite relativement à la constitution primitive du sol de cette grande contrée.

V I I I.

A la suite de tous ces mémoires vient
un précis de trois mémoires sur les accidens des coquilles fossiles, comparés à ceux
qui ont lieu dans les coquilles qu'on tire
maintenant du bassin de la mer. Ces détails dont j'ai tâché de former un ensemble
sont propres à confirmer le sentiment le
plus généralement adopté sur l'origine des
coquilles. On y trouve une collection nombreuse de faits intéressans sur l'histoire naturelle de ces animaux.

I X.

J'ai toujours envisagé l'Atlas minéralogique de la France comme un ouvrage
trop important pour n'avoir pas rapproché dans cette notice tout ce qui concernoit le projet & l'exécution de ce
grand ouvrage, &n'avoir pas fait connoître
les principes qu'on avoit suivis dans la
construction des cartes, & même les défauts
les plus frappans qu'on y avoit remarqués
depuis long-tems.

X.

Cet article contient une notice raisonnée d'un mémoire de Guettard sur les
volcans d'Auvergne : on y montre succinctement ce que ce naturaliste a indiqué dans
son écrit & sur-tout ce que l'examen rapide

qu'il a fait l'a engagé d'omettre ; enfin,
ce que cette description auroit dû présenter pour faire connoître ces volcans, &
enrichir l'histoire naturelle de cette partie
intéressante.

Dans les différens articles de cette notice
j'ai cru devoir mêler un peu de discussion
& même de critique, dans la vue d'écarter
tous les obstacles que des méthodes & des
plans mal raisonnés & imparfaits, pouvoient
continuer chaque jour à opposer aux progrès de la science, qu'on ne peut trop
hâter, en adoptant les meilleurs plans &
les meilleurs moyens connus, qu'il faut
toujours perfectionner par un travail assidu
& opiniâtre.

J'aurois pu parler de plusieurs autres
objets ; mais ceux qui tiennent plus intimement à la *Géographie-Physique*, ont
dû m'occuper de préférence ; & d'ailleurs,
ceux que j'ai pu omettre, parce qu'il a
fallu me borner, reparoîtront dans les
différens articles du dictionnaire, auxquels
il convient d'avoir recours & que j'indique
avec soin.

I.

*Exposition des principes de Guettard, sur
la distribution des fossiles à la surface
de la terre.*

En 1746 Guettard, qui s'étoit occupé
à rassembler plusieurs observations qu'il
avoit faites en France sur les différens terreins, crut qu'il rendroit ces observations
très-utiles pour une théorie physique &
générale de la terre, s'il les rapprochoit &
les présentoit sous un même coup-d'œil ;
il fit rédiger, d'après ce plan, par Philippe
Buache une carte où l'on pouvoit voir
la nature & la disposition des terreins qui
traversoient la France & l'Angleterre.

Son principal but étoit de montrer dans
cette carte qu'il y avoit une certaine régularité dans la distribution des pierres, des
terres, des métaux & des autres fossiles :
régularité

régularité qui étoit telle qu'on ne rencontroit pas dans toutes sortes de contrées, certaines natures de pierre, tel ou tel métal. Il annonce la surprise qu'il éprouva, lorsqu'après avoir traversé les pays sablonneux qui s'étendent depuis Longjumeau sur-tout, jusqu'un peu après Etampes, & qu'il eut passé le haut de ce qu'il appelle une chaîne de montagnes, formant la Beauce, il entra vers Cercotes dans un terrein graveleux qu'il continua de parcourir jusque par-delà Amboise.

Au-delà de cette ville il rencontra une autre nature de terrein qui est beaucoup plus gras & plus fertile, & qui diffère sur-tout des précédents par les pierres qui sont d'un très-beau blanc. A cette contrée succéda sur la route de Guettard un autre ordre de choses où les substances pierreuses sont plutôt d'une couleur noire & grise que blanche, & où d'ailleurs le sol & le fond du terrein est fort sec & fort aride: ce qu'il continua d'observer jusque sur les bords de la mer, & de l'Aunis, & même jusques dans les isles voisines. Tel est l'apperçu que Guettard nous donne de ses premières observations & du premier travail qu'il avoit fait relativement à la comparaison des terreins. Il suivit la même marche dans l'examen des ci-devant provinces de Normandie, de l'Isle-de-France, du Maine & du Perche, en un mot, des environs de Nevers, d'Orléans, de Montargis & de Fontainebleau.

Les contrées de la France qu'il n'avoit pas vues, il les jugea d'après les observations qui lui furent communiquées; mais ces observations étoient fort imparfaites. C'est aussi par les mêmes secours qu'il traça la carte minéralogique de l'Angleterre qu'il a mise en regard avec celle de France, c'est-à-dire, en consultant Childrey & Boate.

D'après toutes ces recherches & méditations préliminaires Guettard forma son plan de distribution des différen-

Géographie-Physique. Tome I.

tes substances minérales à la surface de la terre; il partagea donc en conséquence cette surface en trois *bandes*, dont la troisième comprend les pays où se trouvent les métaux, les pierres schisteuses, les ardoises, les différentes sortes de granits, les talcites, les marbres, les pierres noires ou schorls, les pierres précieuses, les cailloux transparens & durs, &c. La seconde renferme des matériaux d'une nature totalement différente; les pierres qu'on y voit ne sont pour la plupart que des marnes durcies, & d'ailleurs la marne elle-même dans un état terreux y est très-commune, & de tous les métaux il n'y a guères que le fer qu'on y rencontre; enfin cette *bande* est abondante en pierre à chaux, proprement dite, en gravier, pierre à fusil, grès; outre cela les sables & les glaises y sont le plus communément répandues, quoique certains grès soient plus abondans dans la troisième bande que dans la première. En général, la marne n'est pas rare dans les deux premières, mais la seconde bande est celle où la marne abonde le plus, comme le sable dans la première, & le schiste ou les mauvaises ardoises dans la troisième.

C'est de la différence dans la quantité de ces trois matières, que Guettard a cru pouvoir tirer les noms qu'il impose à ses trois *bandes*; il appelle donc la troisième *bande schisteuse*. Comme tous les métaux y sont fort communs, & qu'elle est même la seule, où, excepté le fer qui est également dans toutes, ils y ont leurs gîtes & y forment des filons plus ou moins abondans, Guettard pense qu'on pourroit aussi la désigner par le nom de *bande métallique*; la seconde à la dénomination de *bande marneuse*, & la première, celle de *bande sablonneuse*.

Outre les pierres, les métaux & les autres fossiles dont on vient de parler, & qu'on regarde avec raison comme des matières qui entrent essentiellement dans la composition primitive du globe, & qui

V.

font fes parties conflituantes ; il y a d'autres corps qu'on a regardés comme entièrement étrangers à la terre, & purement accidentels à fa conflitution. Ce font ceux qui ont autrefois appartenu aux animaux marins, & qui en font les dépouilles : tels font les coquilles, les coraux, les madrépores, les fquelettes des différens poiffons. Guettard penfe qu'on trouve des uns & des autres dans les trois bandes ; mais il croit qu'ils font plus communs dans la bande marneufe & dans la fabloneufe que dans la bande métallique, & que des deux autres la feconde en contient davantage. J'ajouterai ici que depuis l'annonce que Guettard a faite de fon fyftème de diftribution des fubftances à la furface de la terre, l'obfervation a fait connoître fur-tout qu'il n'y avoit point de dépouilles d'animaux marins dans ce qu'il appelle la *bande métallique*, à moins que l'on n'y comprenne certains fchiftes, où il y a quelques veftiges de certaines efpèces, comme des crabes, &c.

De l'examen des corps folides, Guettard paffe à celui des fluides, & il trouve que chaque bande a des fontaines minérales froides, mais que celles qui font chaudes ne fe remarquent que dans la métallique. C'eft auffi dans celle-ci que l'on trouve, felon lui, *des bitumes liquides* ou folides, les pays remplis de foufre & les volcans mêmes ; mais les bitumes fe font trouvés dans des pays à bancs de pierres calcaires, & les volcans dans des pays de fchiftes, comme dans ceux où fe rencontrent les granits. Au refte, je donnerai fur ces différens objets des déterminations plus précifes dans les articles du dictionnaire, & cela d'après des obfervations qui ont été faites depuis 1746, date de l'expofition du fyftème des *bandes* de Guettard. Je paffe maintenant aux difcuffions qui ont eu lieu dans le tems au fujet de la diftinction des *trois bandes* dont je viens de donner une notice fimple, en fuivant exactement l'auteur.

I I.

Difcuffion fur les bandes fabloneufes, marneufes & fchifteufes de Guettard.

Quoique je me fois fait une loi d'éviter dans ces notices tout ce qui fent la critique, cependant je ne crois pas devoir omettre les difcuffions qui ont eu pour objet de rectifier certains arrangemens fyftématiques, & de les ramener à des plans mieux raifonnés & plus inftructifs. C'eft ce que tentèrent de faire des écrivains anonymes qui en 1757, publièrent un petit papier où ils montroient les défauts des bandes de Guettard, & difoient leur avis fur fa manière d'obferver. Je crois donc ne point m'écarter de mon plan en donnant ici le précis de cet ouvrage, que je regarde comme le fruit des obfervations d'une fociété de jeunes naturaliftes, furtout dans les environs de Paris. Cet écrit ayant pour bafe des faits bien vus & bien analyfés, ne peut être regardé comme une critique fans fondement.

Guettard s'eft trouvé dans une circonftance où nous croyons qu'il étoit moins néceffaire de multiplier les faits que de les recueillir avec une certaine analyfe, & de les raffembler avec une méthode févère & rigoureufe ; mais autant il a montré d'ardeur pour voir dans des courfes rapides, autant il a négligé de mettre de l'ordre dans fes obfervations. Croira-t-on que ce foit mettre de l'ordre dans fes obfervations que d'indiquer par des fignes ifolés, les fubftances terreufes & pierreufes qui fe trouvent à la furface de la terre, & de placer ces caractères fur des cartes plattes, où il ne peut pas être queftion de diftinguer les niveaux différens que peuvent occuper ces fubftances ? On ne remarque pas un meilleur plan d'arrangement méthodique dans la diftinction des bandes qui n'ont aucun caractère analytique, aucuns caractères qui indiquent des maffifs d'une nature particulière de matériaux diſtribués & organiſés d'une certaine manière.

Quels ſont, par exemple, le caractère & l'organiſation de la bande *ſabloneuſe* ? A en juger par ce qu'en dit Guettard lui même, & ſur-tout par la poſition connue des ſubſtances qu'il a indiquées dans cette bande, & leur diſtribution à la ſurface de la terre, rien de ce qui la conſtitue véritablement ne peut tenir au travail primitif de la nature ; nous ſavons que ces ſables forment primitivement une couche fort épaiſſe, dans l'aſſemblage des couches qui ſe voient aux environs de Paris, depuis le ſommet des coteaux & des bords de la vallée de la Seine juſqu'aux pieds de ces coteaux ; & comme ces ſables ſont mobiles, ils ont coulé le long des croupes des vallées. Il n'eſt donc pas étonnant que ces ſables ſe trouvent diſperſés en pluſieurs endroits de ces croupes & ſur-tout dans le fond des vallées.

Quelques parties même des couches de ſables, placées, comme nous l'avons dit, dans l'aſſemblage de toutes les autres qui compoſent les coteaux, ayant été dépouillées des matériaux qui les recouvroient, paroiſſent à découvert. Voilà donc deux amas de ſables, dont l'un eſt au fond des vallées, & l'autre, placé ſur le ſommet de certains coteaux, & ce ſont ces amas qui ont ſervi de baſe à la *bande ſabloneuſe* de Guettard ; mais on ſeroit bien embarraſſé de montrer d'autres amas de ſables qui fuſſent réellement, tant par leur maſſes que par leur organiſation, de formation primitive. Comment donc a-t-on pu imaginer une diſtinction méthodique de ſubſtances déplacées & qui ne doivent leur déplacement qu'à des accidens, pendant que l'on a prétendu ou que l'on n'a dû nous donner que les réſultats primitifs du travail de la nature ? Quels avantages a-t-on cru pouvoir obtenir pour l'avancement de l'hiſtoire naturelle de la terre, d'une pareille confuſion de ſubſtances dont la diſtribution tient à des agens de diffé

rens ordres, les eaux courantes d'un côté & le travail de la mer de l'autre ? il eſt donc évident que ſi les *bandes* n'ont pu avoir pour objet que la diſtribution primitive des maſſes naturelles, la bande *ſabloneuſe* n'a pu ſur aucun fondement avoir d'application dans les terreins des environs de Paris, & ſervir à diſtinguer la nature & la diſpoſition de ces terreins.

Nous préſumons qu'il en eſt de même des autres contrées de la terre où l'on ſeroit tenté d'établir cette bande ; auſſi voit-on par la ſuite Guettard ne pas haſarder de faire uſage de cette diſtinction dans l'application de ſon ſyſtême aux terreins comparés de la Suiſſe & du Canada ; c'eſt-là où nous avons rappellé les raiſons des auteurs de cette diſcuſſion que nous venons d'expoſer.

Si nous paſſons aux autres bandes, les mêmes naturaliſtes que nous ſuivons, ne les trouvent pas mieux établies que la première. Que ſignifie, par exemple, la dénomination de *bande marneuſe* que Guettard donne à ſa ſeconde diſtribution des ſubſtances qui ſe trouvent vers la ſurface de la terre ? Indique-t-elle un tractus de terres calcaires qui ne ſoit que dans l'état terreux ductile ou ſouple & qui renferme ce que nous nommons *marne*, engrais des terres ? Il paroît que ce ne pouvoit être qu'à ces titres qu'on auroit été autoriſé à donner le nom de *bande marneuſe* à certaines parties de la ſurface de la terre. Mais pour peu qu'on connoiſſe les contrées où Guettard a jetté ſes *bandes marneuſes*, on voit que cette dénomination en donne une idée très-incomplete : on y trouve d'abord des ſables qui ont été l'objet de la bande ſabloneuſe : enſuite des bancs de pierres calcaires à grain coquillier, puis à grain fin, & de petits lits de terres marneuſes ou argileuſes entre chacunes des couches de pierres, & enfin des meulières qui recouvrent cet aſſemblage de bancs, de lits ; ceci ſoit dit pour les environs de Paris ; mais les autres bandes marneuſes de Guettard ne renferment guères plus de marnes, quelques bancs d'argille, des grès, au milieu des sables. Je ne finirois pas, fi je fuivois la compofition des autres contrées où s'étendent les bandes marneufes pour montrer le peu de juftefse de cette dénomination.

Que Rouelle & fon ami Bernard de Juffieu avoient bien mieux connu tous les maffifs fuperficiels & les avoient beaucoup mieux caractérifés que Guettard? Targioni lui même, malgré la nomenclature inexacte qu'il avoit adoptée, les avoit décrits d'une manière mieux raifonnée, (*Voyez* les articles *Rouelle* & *Targioni*) où tous ces fyftêmes de diftribution feront développés dans le plus grand détail.

Il ne me refte plus qu'à difcuter, toujours en fuivant les jeunes naturaliftes, dont il a été queftion, ce qui concerne la troifième *bande fchifteufe* : on ne fait trop ce que Guettard a prétendu nous indiquer par-là : ce qu'on peut dire à ce fujet de plus raifonnable pour excufer cette dénomination incomplette, c'est que cet obfervateur étoit bien éloigné de connoître toutes les parties de la furface de la terre qu'il a prétendu nous indiquer par les mots *bande fchifteufe*. Il eft certain d'abord que les fubftances fchifteufes n'ont été ainfi nommées par les naturaliftes que relativement à leur forme lamelleufe, & que, fous ce point de vue, cette dénomination n'a pu défigner la nature des fubftances; en fecond lieu, fi depuis quelque tems ce mot a été appliqué particulièrement aux pierres argileufes qui fe trouvent ainfi le plus fouvent par lames, cette dénomination n'a pu tout au plus fervir qu'à défigner les maffes argileufes, divifées par lames plus ou moins épaiffes, plus ou moins faciles à féparer ; mais il s'en faut bien que tout ce qui s'eft trouvé compris dans les tractus de la bande fchifteufe pût convenir à cette dénomination. On eft en état de diftinguer les granits à cryftaux uniformes, les granits rayés qui

ne peuvent être confidérés comme ayant le moindre rapport & la plus petite liaifon avec les fubftances argillo-lamelleufes, & par conféquent comme devant être compris dans les mêmes tractus & confondus avec eux.

On peut voir par ces détails combien il y avoit peu d'ordre & de méthode dans le travail de Guettard, & combien ce naturalifte a manqué aux progrès de la fcience qu'il cultivoit & aux circonftances où il la cultivoit.

I I I

Notation des fubftances minérales fur les cartes.

A la fuite de cette difcuffion, les jeunes naturaliftes dont je préfente les principes s'attachent à montrer les inconvéniens des caractères dont Guettard faifoit ufage dans fes cartes pour défigner les fubftances minérales, & de la manière dont il les employoit. On trouve par exemple, fur les cartes générales & particulières, les différentes fortes de foffiles indiqués par des caractères ifolés qui ne déterminent, ni l'étendue, ni la fituation relative de ces objets. Souvent trois ou quatre de ces caractères indiquant différentes matières, font placés fort près les unes des autres, ce qui préfente l'idée d'une confufion & d'un défordre qui n'exifte pas certainement dans la nature: on y défigne indiftinctement par les mêmes caractères, les fubftances pierreufes tranfportées d'ailleurs, & celles qui étant attachées au fol doivent être confidérées comme en faifant partie. Les caractères qui marquent la fubftance qui domine dans un canton n'a rien qui faffe connoître fon étendue & fon importance; quelques répétitions feulement du même caractère qui n'occupe qu'un point ne peuvent réparer cet inconvénient : car on employe les mêmes indications pour marquer la fituation où le gîte de quelques foffiles de peu de valeur , & qui fe montrent par hafard dans quelques endroits feulement.

D'après ces principes de notation, on ne peut faire connoître, ni les bâfes fur lefquelles font faits les dépôts, ni les dépôts eux-mêmes : circonftances cependant très-effentielles à noter & à faire connoître : il y a un caractère, par exemple, pour défigner les cailloux roulés : mais on n'y voit pas, à beaucoup près, la diftinction de ceux qui font diftribués par couches, de ceux qui font errans à la furface des croupes de montagnes, ou difperfés dans le fond des vallées : de ceux qui font bien polis, bien arrondis, de ceux qui font à peine dégroffis ; enforte que l'infpection d'une carte ainfi conftruite, ne peut offrir aucune de ces diftinctions de fubftances, fuivant leurs différens états, & fuivant les vues d'utilité dont elles peuvent être dans la fociété. En étudiant ainfi par les fecours que nous fournit Guettard, une contrée qui fe préfente par petites parties ifolées, il eft impoffible de faifir les grands traits de la nature. Quelle inftruction peut-on tirer d'une carte, par exemple, où l'on voit notés ici des cailloux roulés, à côté des caractères de la pierre calcaire, plus loin des coquilles, enfuite du jafpe, des pyrites, des ftalactites, &c. ? Comment démêler la conftitution d'un fol ainfi déchiqueté ? comment remonter de-là vers cette belle régularité qu'il faut faifir, avant que de parvenir à connoître telle ou telle contrée ? à déterminer les circonftances qui ont préfidé à fa conftitution, & enfin à bien aprécier les caufes par l'enfemble des effets ?

Si j'obferve enfuite par moi-même cette même contrée, je vois que les bancs de pierre calcaire y règnent, & forment proprement le fond du fol qui contient les coquilles, les pyrites & les cailloux roulés, compofés de jafpe, de filex, & que par conféquent dans l'indication du

fol faite avec intelligence, tout fe borneroit aux bancs coquilliers de pierres calcaires ; les autres fortes de foffiles, comme plus accidentels pouvant être relégués dans la defcription qui doit naturellement accompagner une carte minéralogique.

Un dernier inconvénient fur lequel infiftent les jeunes naturaliftes, dont je préfente ici les réfléxions, c'eft le grand nombre de caractères qu'on a été obligé d'employer, & qui, malgré leur grand nombre, ne fatisfont pas, à beaucoup près, comme nous l'avons remarqué, à toutes les circonftances effentielles. On trouve que deux cents de ces caractères ne font propres qu'à embarraffer la plus grande mémoire : & qu'une carte minéralogique qui en eft furchargée, bien loin d'offrir, à la première infpection, des objets d'inftruction fimples & faciles, ne préfente au contraire qu'une multitude d'énigmes dont on ne peut faifir ni les mots ni l'enfemble.

Cette imperfection qu'on trouve ainfi dans les cartes minéralogiques d'une contrée oblige donc, comme nous l'avons déja remarqué, les naturaliftes qui voudroient en faire ufage, à recourir au terrein, & à en faire de nouveau une étude, pour expliquer le fens de ces énigmes. C'eft par cette étude qu'ils recommenceront l'examen de toutes les parties décompofées, afin de faifir l'ordre, la liaifon & le racordement de tous les objets ifolés, dont on a intérêt de prendre connoiffance : on voit donc que tout le travail de l'obfervation eft à refaire, fi l'on veut donner au public des réfultats inftructifs.

I V.

Reflexions fur la manière d'obferver de Guettard ; avec des principes fur une meilleure méthode.

Les jeunes naturaliftes regardent l'imperſection des cartes, comme une ſuite de la manière dont les obſervations ont été faites : auſſi s'occupent-ils à montrer d'abord les défauts de cette méthode, ſi l'on peut l'appeler ainſi : voici en quoi conſiſtoit cette manière. Guettard ou ſes élèves vouloient-ils connoître un pays, une contrée, ils y parcouroient une ligne en ſuivant une route quelconque, ils ramaſſoient les échantillons des terres, des pierres, des ſables, des autres foſſiles que leur offroit cette ligne. Ils en prenoient des notes, & voilà un long trajet décrit. Ces notes étoient deſtinées à remplir les cartes minéralogiques. Comme l'obſervateur ne s'occupoit pas à diſtinguer les échantillons de terre ou de pierres qui avoient pu être tranſportés d'ailleurs par les eaux courantes, de ceux qui étoient adhérents au ſol, & qui en faiſoient partie ; ceux qui ſe rencontroient ſur les endroits élevés, de ceux que lui offroient les fonds d'un vallon, d'une ravine, d'une plaine uniforme, &c. on a vu avec étonnement beaucoup de matières hétérogènes, indiquées les unes à côté des autres ſur les cartes, enſorte que les caractères des échantillons de ſubſtances étrangères au ſol, ſe ſont trouvés placés à côté des caractères propres aux matières qui tenoient à la diſtribution primitive des foſſiles du canton. L'on ne pouvoit pas conclure de la variété des objets recueillis ou indiqués, la différente diſpoſition relative des couches qui pouvoient ſe trouver à des niveaux différens. On ne pouvoit donc pas connoître, ni ſur les cartes, ni d'après les deſcriptions qu'on faiſoit des pays qu'elles étoient deſtinées à repréſenter, & qui avoient été examinés & étudiés auſſi rapidement & auſſi légèrement, & au milieu de cette confuſion & de ce déſordre, en quoi conſiſtoit rigoureuſement la conſtitution de telle ou telle contrée.

Pour bien remplir toutes les vues que l'hiſtoire naturelle de la terre, les beſoins de la *Géographie-Phyſique* exigeoient de Guettard & de ſes élèves, il auroit été néceſſaire qu'il ſuivît non une ligne, celle par exemple de la grande route qui conduit de Paris à Strasbourg, pour faire connoître une grande étendue de la ſurface de la terre ; mais qu'il eût embraſſé une maſſe importante, qu'il eût circonſcrite & bien étudiée dans toute ſon étendue : celle, par exemple, de l'amas des coquilles produit par la famille des viſſes & des buccins. Cette recherche auroit pu être conduite ſur un plan bien raiſonné, & auroit donné de beaux réſultats inſtructifs, préférables aux détails qu'on trouve dans les deux mémoires renfermant l'hiſtoire de la courſe de Paris à Strasbourg, où ſont tous les défauts que nous venons d'indiquer. Autre principe de confuſion ; dans des cartes plates, il eſt évident que l'on ne pouvoit faire ſentir la poſition relative des ſubſtances qui ſont placées à des niveaux différens. Pour obtenir cet avantage, il auroit été néceſſaire que les formes du terrein euſſent été figurées avec ce ſoin, & cette exactitude qu'on voit dans les planches de la carte de France, ainſi les caractères des meulières qui ſont ſur les ſommets des collines des environs de Paris ſe trouvent à côté des caractères de pierres calcaires propres à bâtir & à côté de ceux des matériaux tranſportés par les eaux & diſperſés au milieu des vallées. Enfin ce qui ajoute à la confuſion, à côté des matériaux éboulés dans les parties intermédiaires, entre les meulières & les pierres coquillières, ce ſont, comme nous l'avons déjà obſervé en parlant des bandes, des ſables, des grès de nouvelle formation ; les defauts dans les obſervations & dans l'emploi des notes que nous faiſons connoître relativement au ſol des environs de Paris ſe ſont répétés dans pluſieurs autres circonſtances dont je ne citerai point ici les preuves.

Guettard dans toutes ſes courſes s'étoit propoſé depuis 1746 de remplir une espèce de cadre : c'étoit celui de ses bandes : & l'on voit par-tout dans ses mémoires une certaine intention de montrer la conformité de la nature avec ses plans de distribution : mais comme ce cadre étoit incomplet, & ne portoit sur aucune vue de révolution ou d'opération successive de la nature, il ne l'a pas conduit à des résultats & à des explications simples. D'ailleurs depuis que ce plan avoit été annoncé, l'auteur s'y étoit tellement asservi qu'il n'avoit pas senti le besoin d'en réformer ou d'en rectifier les divisions, soit en changeant leur dénomination qui étoit visiblement défectueuse, soit en les multipliant, comme les opérations de la nature mieux connues sembloient l'exiger chaque jour.

Ce qui paroîtra bien singulier, c'est que la nécessité de vérifier ce cadre, depuis qu'il avoit été annoncé aux naturalistes, n'ait pas engagé Guettard ou ses élèves à quitter l'habitude d'observer, qui consistoit, ainsi que nous l'avons dit, à se borner à des lignes étroites. Ils auroient dû embrasser un certain champ intéressant dont ils eussent vu & revu toutes les parties, pour en faire une comparaison suivie avec quelques-uns des cadres. Je ne vois que les Vosges qui aient été ainsi examinées; mais Guettard avoit un compagnon de voyage qui a présidé à cette nouvelle étude, & qui dans leur description à mis plus de méthode & d'ensemble qu'on n'en trouve dans les mémoires ordinaires de Guettard : nous ferons connoître ce travail par la suite en parlant de l'Atlas minéralogique de France; & nous devons dire ici qu'il a été défiguré dans les cartes.

Guettard voulant embrasser tout le globe dans ses cartes, s'étoit accoutumé à faire usage d'observations peu sûres ou rédigées sans précision, parce qu'elles avoient été recueillies sans aucun plan & sans aucune connoissance de l'emploi

qu'on en pouvoit faire. Telles sont celles qui concernent l'Egypte, l'Asie mineure & le Canada : il en fut de même pour les cartes de toute la France dont il n'avoit pas vu à beaucoup près les différentes contrées : il fut obligé de prendre des notes de toute main. Il suffisoit qu'un homme pût ramasser une pierre, pour qu'il le jugeât en état de concourir à l'exécution de son plan de travail : & faut-il être étonné ensuite des doubles emplois, & des transpositions de substances minérales qui se trouvent non-seulement sur ses cartes, mais même dans ses nombreux mémoires ?

Faut-il être étonné de voir les descriptions de Guettard si peu conformes aux cantons qu'il a dessein de faire connoître ? le mélange des faits qu'il avoit recueillis avec ceux qu'il a tirés d'ailleurs, fait qu'il n'y a nul plan de recherches, nul ensemble, nul racordement dans ses mémoires.

Ainsi l'on a un moyen sûr de juger des défauts des cartes, en suivant l'observateur dans la description de ses courses & de ses voyages : même confusion dans les écrits, comme sur les cartes. On voit par-tout que Guettard est plus attentif à n'omettre aucune des substances pierreuses qui se présentent dans la ligne qu'il parcourt, quand même elles se présenteroient pour la centieme fois, qu'à déterminer par une considération générale tout ce qui concerne cette substance. Il n'a pas vu que la multiplicité des objets notés devoit nécessairement fatiguer le lecteur, sans l'éclairer. Il ne connoissoit pas cette analyse, qui simplifie un sujet en rapprochant & réduisant les objets au plus petit nombre possible; comme il ne paroît pas s'occuper de l'emploi des faits en même-tems qu'il les receuille; il ne s'est pas attaché avec plus de soin à distinguer une observation oiseuse & inutile d'une remarque féconde & lumineuse : il n'a pas senti, en conséquence, combien dans ces sortes de recherches il étoit essentiel d'écarter les petits faits pour en former un général qui les embrasse tous : telle auroit été la détermination des limites des grandes masses, &c.

On pourroit citer à ce sujet beaucoup de mémoires qui péchent par le même défaut de recherches, & desquels il n'est pas possible de tirer aucun fait complet, aucun résultat utile, pour le progrès de la science naturelle : mais on indique d'abord les deux mémoires que l'on a déja cités, & qui contiennent le dépouillement des observations faites sur la route de Paris à Strasbourg.

On voit que sur un grand trajet il ne ramasse & ne note que les échantillons des pierres de taille quelconques, sans s'occuper à reconnoître quelle pouvoit être dans les bancs & dans les couches à découvert leur position relative, l'épaisseur des lits. C'est sur cette même route que franchissant rapidement l'intervalle de Vermenton à Dijon, Guettard rencontra par hasard vers Rouvray les limites du massif du Morvan. C'est l'extrémité de l'ancienne terre de Rouelle qui vient aboutir à la route de Dijon & qui s'annonce par des échantillons de granit. Cette belle rencontre auroit piqué la curiosité d'un disciple de Rouelle. Ce beau massif, sous le nom de *Morvan*, se trouve décrit dans toute son étendue & avec ses limites dans *le dictionnaire*, & figuré dans l'atlas sur une carte, avec les détails qui peuvent donner une idée du système de la division des massifs par Rouelle, & sur-tout de son ancienne terre. Guettard en conséquence de sa marche rapide, assujettie à la ligne qui le menoit à Strasbourg, a négligé de voir & de revoir cette contrée intéressante, que j'ai observée avec soin en 1772, lorsque j'en fis rédiger & figurer la carte suivant ma méthode des massifs. (Voyez *massifs*.)

On ajoutera à ces réflexions sur ces deux mémoires celles qu'a fait naître la lecture de l'écrit que Guettard a rédigé sur l'Italie d'après les notes de Guenée : on n'y trouve, ni liaison, ni suite dans les faits qu'on y présente. C'est toujours la description mesquine & rapide des substances minérales que pouvoit offrir la ligne étroite tracée par la route des voyageurs, mais sans aucune vue propre à donner aux observations l'étendue qu'elles devoient naturellement comporter. Non-seulement on n'y voit aucune analyse de ces faits, mais encore ils ne sont pas présentés avec les détails propres à autoriser des conséquences instructives. On n'y trouve non plus aucune comparaison des faits semblables & analogues. On sait cependant que cette comparaison est la base du travail des naturalistes observateurs, qui ne s'instruisent eux-mêmes & leurs lecteurs que par des raprochemens adroits, & des analogies bien discutées.

La marche suivie constamment par Guettard dans ces mémoires & dans beaucoup d'autres, a été si contagieuse & si funeste à l'histoire naturelle, que l'académie des sciences, qui fut frappée de ces inconvéniens, prit le parti d'écarter tous les ouvrages qui lui étoient présentés, & dans lesquels, en suivant ces modéles, l'on entreprenoit de décrire l'histoire naturelle minéralogique de certaines contrées de la France. Tels sont, 1°. un mémoire qui contenoit une description rapide d'une partie des Vosges, faite d'après des courses assujetties à de simples lignes droites & fort étroites ; 2°. un mémoire présenté par la société de Montpellier. L'académie des sciences s'est expliquée à ce sujet, & refusa de les admetre dans ses recueils : elle a même chargé quelques-uns de ses membres d'en faire part aux auteurs de ces écrits, pour les engager à suivre dans leurs observations un autre plan, en s'attachant par des examens raisonnés à établir des résultats intéressans & propres à faire connoître la constitution du sol des contrées qu'ils auroient occasion d'étudier,

&c.

& de décrire exactement dans toutes leurs parties : voici le précis de ces réfléxions & de ces avis.

« L'académie n'est plus disposée à donner son approbation à des descriptions de voyages, dans lesquels l'observateur naturaliste se contente de noter chacun des objets épars qu'il rencontre sur sa route assujettie à une ligne fort étroite. Ces recueils de faits incomplets, parce qu'on n'y présente qu'une très-petite face des objets, sont plus propres à grossir le volume de la science, qu'à en augmenter les progrès. On ne doit tout au plus les considérer que comme des matériaux qui ne pourront entrer dans une description raisonnée, qu'autant qu'on aura embrassé les faits dans leur totalité, qu'on aura même été en état de raprocher & de combiner tous les faits analogues pour établir de grands résultats. »

Voilà la marche qu'il convient de suivre maintenant ; voilà le plan de conduite auquel doivent s'attacher ceux des observateurs qui veulent enrichir les recueils de l'académie de mémoires intéressans. Elle ne peut faire aucun cas d'une multitude de notes d'objets isolés & disparates, qu'il est aussi facile de recueillir, que difficile ensuite de mettre en œuvre ; parce que la plupart sont oiseuses & inutiles. Les petites circonstances locales qu'on apperçoit dans les divers points d'une course, ne suffisent pas pour qu'on puisse se flatter d'avoir saisi un fait dans toute son étendue, ou du moins dans toute celle qu'on doit avoir embrassée, pour qu'il soit combiné avantageusement & sans effort avec d'autres faits analogues, également bien observés, & pour que tout ce travail donne des résultats vraiment intéressans.

A toutes ces réflexions, nous devons ajouter quelques principes sur la meilleure manière d'observer.

Géographie-Physique. Tome I.

Le premier, le plus important, prescrit aux naturalistes qui observent, de présenter les faits dans leur entier & avec toutes leurs circonstances : c'est-à-dire de présenter un fait sous tous les aspects possibles ; une observation mutilée & faite à demi, étant souvent inutile & toujours infructueuse. On faisoit sentir aisément les avantages de ce principe par un exemple.

On suppose qu'on ait trouvé dans un état isolé & sur le sommet d'une montagne ou d'une colline, un grand bloc de granit. Voilà un fait, il est vrai : le bloc immense, mobile, étranger à la place qu'il occupe, présente à l'esprit l'idée d'un transport assez étonnant ; mais il reste pour completter l'observation première, à rassembler toutes les circonstances qui ont dû accompagner ce transport, & qui en donneront la solution. Il faut donc d'abord examiner tous les environs, pour découvrir quel étoit le gîte primitif où résidoit le bloc dont il est question, & d'où il est parti : ces recherches doivent conduire jusqu'aux roches granitiques massives & d'une composition semblable à celle du bloc : dès-lors on connoît son origine. On examine ensuite quelles peuvent être les causes de la destruction de ces roches, & celles des transports de leurs débris qui ont eu lieu dans certains tems. Mais en poursuivant l'examen du trajet parcouru par le bloc, on trouve souvent entre le bloc élevé sur des hauteurs isolées, & les endroits d'où il provient, une ou plusieurs vallées. Cette circonstance apprend que ces vallées ont été creusées après la chûte & le transport du bloc de granit qui ne pourroient avoir eu lieu dans l'état actuel. D'où l'on doit conclure évidemment que ces excavations ont été faites par l'enlèvement ultérieur des matériaux qui remplissoient ces vuides. On tirera donc de toutes ces circonstances cette conséquence générale, qu'il fut un tems où les roches granitiques, tombant en ruine, fournissoient des débris qui se précipitoient dans des lieux inférieurs & qui y sont restés, pendant que parties des plans inclinés ont été sillonnés de diverses manières par des agents postérieurs à la chûte.

Cet exemple n'est point un fait arbitraire. Car les Vosges, les basses Pyrénées, les Basses-Alpes sur-tout montrent de tout côté de ces sortes de blocs détachés, tous étrangers aux lieux où ils se trouvent, & provenant de gîtes très-éloignés.

Souvent on trouve, depuis le bloc jusqu'à l'origine de sa chûte, un terrein hérissé de monticules du second ordre & coupé de vallées; & il est visible que, si toutes ces formes de terrein eussent existé comme on les voit actuellement, elles auroient arrêté la marche & le mouvement du bloc dont la direction paroît avoir coupé à angles droits plusieurs vallées ou chaînes de sommets aujourd'hui intermédiaires. On voit bien par le développement des détails de cet exemple, qu'il est nécessaire que les observateurs saisissent la totalité des circonstances, pour qu'ils parviennent à quelques résultats, & sous combien d'aspects il convient d'envisager un fait avant de passer à d'autres.

Le second principe est qu'il faut assez bien voir les faits pour qu'on puisse saisir l'analogie qui peut exister entre tous ceux qui sont semblables; c'est-à-dire qu'il faut saisir avec soin toutes les faces par lesquelles on peut déterminer les rapports que les faits peuvent avoir entre eux relativement aux causes, aux époques, ou à d'autres circonstances. On n'a pas le talent d'observer lorsqu'on ne sait pas établir les analogies comme il convient & d'après tous ces rapports.

Le troisième principe est, qu'il faut généraliser les faits, mais ne les généraliser qu'après avoir parcouru avec beaucoup de discrétion & d'intelligence tout ce qui peut servir à ces généralisations.

Rien n'est isolé dans la nature; tout est lié, tout dépend de causes actives qui ordonnent & opèrent les phénomènes semblables & du même ordre, avec autant d'unité que de simplicité. Il n'est rien de si beau, dans un travail sur quelque objet d'histoire naturelle, que de s'élever par l'observation jusqu'aux principes & aux vérités générales; mais il faut que ces vérités soient intimement liées avec les faits qui en sont comme la base, de manière que l'esprit, sans effort comme sans lacune, apperçoive leur liaison & sur-tout cette correspondance intime qui doit exister entre les causes & les effets.

J'ajouterai ici qu'il faut éviter outre cela toute précipitation, tant dans la manière d'observer que dans celle de décrire, en publiant des faits incomplets, examinés rapidement & une seule fois. Il faut que le voyageur sur-tout sache s'arrêter, & reconnoître qu'une seule observation bien développée avec toutes ses dépendances, est préférable à un long itinéraire fécond en faits mal vus ou plutôt en simples apperçus; combien de voyageurs & de naturalistes sont cependant dans ce cas? Doit-on être étonné que l'histoire naturelle de la terre fasse si peu de progrès, & s'enrichisse si peu par le développement de certaines questions qui restent encore couvertes d'obscurités & d'incertitudes?

Je dois citer à l'appui des deux derniers principes, un travail où l'on avoit présenté tout ce qui pouvoit établir l'analogie la plus instructive entre la composition d'un canton des Pyrénées & celle d'un canton des Alpes fort semblable. Cet écrit offroit les résultats de recherches très-suivies & très-multipliées sur le même ordre de choses. En lisant cet ouvrage, on pouvoit sentir quels étoient les plus sûrs moyens d'établir les analogies, & les avantages qu'on pouvoit en retirer pour le progrès des sciences naturelles. *Voyez* l'article (*Analogie*) dans le dictionnaire.

Ce premier pas fait, cette première base établie, l'on montroit avec quelle facilité on pouvoit généraliser les phénomènes que doivent nous offrir les chaînes ou massifs du même ordre que les Alpes & les Pyrenées, & nous faire connoître les principaux caractères de ces montagnes. Ce que je dis sur ces recherches appliquées à des objets aussi intéressans est applicable à tous les autres, & pourroit former un corps de doctrine & un plan d'observations très-précieux pour perfectionner la *Géographie-Physique*. Je pourrai quelque jour publier cet ouvrage dans son entier & tel qu'il fut envoyé aux naturalistes que l'académie des sciences avoit pris grand intérêt d'éclairer & d'instruire; j'aurai soin d'y joindre tous les principes qui peuvent guider les observateurs dans la méthode d'observer & de décrire les différens ordres de terreins.

V.

Comparaison d'un canton de l'Asie Mineure & de la France, relativement à la distribution naturelle des fossiles à la surface de la terre.

La première application que Guettard ait faite de son systême de distribution des fossiles à la surface de la terre, c'est à l'Egypte, à l'Asie Mineure, à la Lybie & aux environs; nous croyons que pour faire voir quels peuvent être les avantages de ce systême, il convient de présenter ici un précis du mémoire où se fait cette application. Toute la côte de Phénicie, de Syrie & de Judée, qui s'étend depuis Laodicée jusqu'à Gaza, est formée par des montagnes qui contiennent des pierres blanches, tendres & faciles à creuser. Il paroît même que ces bancs de pierres blanches s'étendent un peu dans l'intérieur des terres; la bande marneuse s'étendra donc depuis Alexandrie, jusqu'à Laodicée; elle passera proche Balbec, comprendra l'Anti-Liban, qui est composé de couches de pierres calcaires; & le territoire de

Damas embrassera Nazareth, Tibériade, les environs de Jérusalem & de Béthléem, entrera dans l'Egypte, où elle se prolongera d'un côté au-dessus du Caire jusqu'à Suez, & d'un autre côté vers la plaine de Sakara, le désert de Saint-Macaire & les montagnes de la Lybie qui sont au couchant de l'Egypte. Il faut remarquer que le sel & le bitume se trouvent vers les limites de cette bande entre la Perse & la Judée.

Suivant Guettard, la bande *sabloneuse* comprend les sables de la Lybie qui se trouvent à l'ouest des montagnes calcaires de cette même contrée, & qui servent de bornes à l'Egypte, comme on l'a déjà dit, & du côté du couchant. Cette bande sabloneuse est enveloppée de la bande marneuse, qui venant du Midi de ces déserts, se replie vers la Basse-Egypte, ainsi que nous l'avons indiqué plus haut. On doit donc avoir une idée de son étendue, si l'on se rappelle qu'elle occupe les côtes de l'Asie mineure jusque vers Laodicée, & qu'elle s'étend d'ailleurs dans une grande partie des isles de l'Archipel & même des côtes de l'Afrique.

Cette bande marneuse se trouve d'un autre côté enveloppée par la bande schisteuse, dans laquelle on ne voit plus ni craie, ni pierres blanches, mais des mines de tous les métaux, des marbres, des granits, des porphyres, des pierres noires ou basaltes à lames, des émeraudes, &c. Cette bande occupe toute la Haute-Egypte, la partie méridionale de l'isthme de Suez, la partie de l'Arabie, qui est au-delà du Jourdain, & à l'orient de la Palestine: De-là elle retourne & embrasse les contrées qui sont au nord de Laodicée, toute la Natolie & quelques isles de l'Archipel: & ce qui est très-remarquable, c'est que cette bande est fort large comme en France.

Après ces détails, Guettard conclut que l'arrangement de tous ces différens ordres de foffiles eft précifément dans l'Egypte & aux environs, dans l'Afie mineure, dans l'Arabie & la Lybie, le même à-peu-près qui a été obfervé & reconnu en France; & qu'en général la France poffède les mêmes matières que l'Egypte, & en particulier les granits rofes & gris comme cette célèbre contrée. Guettard infifte beaucoup fur les beaux granits de France, auxquels il trouve des qualités auffi remarquables que dans ceux d'Egypte. Nous ne le contredirons pas entièrement fur cette affertion, nous dirons feulement que cette partie bien étudiée & travaillée par des mains induftrieufes, peut fuffire abondamment à tous les befoins des arts en France.

Nous finirons par une remarque que l'on fit dans le tems fur la bande fabloneufe, qu'indique ici Guettard, & que nous avons fait connoître ci deffus; on douta beaucoup dans le tems où ce naturalifte publia fon mémoire, que le fol & le terrein naturel qui fe trouve couvert & inondé par les fables de la Lybie fût réellement compofé de fables. On fe rappella que dans le tems des anciens, une grande partie de ces contrées qui ont difparu fous ces fables, étoit occupée & cultivée par des peuples qui ont été chaffés d'un fol fertile & qui probablement n'étoit pas du fable dans la difpofition primitive des chofes; ainfi la bande *fabloneufe*, qui dans le fyftême de Guettard feroit comprife dans l'état naturel des chofes, ne figureroit ici que comme un amas de débris accidentels pouffés par les vents, & cheminant par anticipation fur les deux autres bandes.

V I.

Comparaifon de la Suiffe & du Canada, relativement au fyftême de la diftribution des fubftances minérales à la furface de la terre.

Pour continuer de faire connoître lesrecherches que Guettard a faites dans les vues

d'appuyer fon fyftême de diftribution des fubftances minérales à la furface de la terre, nous parlerons de fon travail fur la comparaifon de la Suiffe & du Canada, relativement à l'arrangement que la nature femble affecter entre les différens foffiles. Guettard crut voir en examinant quelques collections de ces foffiles, que la Suiffe & le Canada contenoient abfolument les mêmes pierres, les mêmes terres, les mêmes minéraux, & qu'ils y étoient difpofés dans un ordre tout-à-fait femblable.

Il trouve d'abord que la Suiffe peut être divifée en deux parties par une ligne qui partant du lac de Conftance, va en fe courbant un peu vers le Midi gagner le lac de Genève; que la partie méridionale eft remplie de mines de différens métaux, d'ardoifes, de marbres, de granits, de cryftaux de roches, en un mot, de tout ce qui fe trouve dans la bande *fchifteufe*.

La partie feptentrionale au contraire ne contient plus aucun minéral, excepté le fer; on n'y trouve que des pierres calcaires, des pierres crétacées, des coquilles foffiles, du plâtre, de la marne, & toutes les fubftances placées dans la bande marneufe.

Lorfque nous avons dit que la partie fchifteufe de la Suiffe étoit féparée par une ligne de la bande marneufe, nous n'avons pas voulu faire entendre que cette ligne fût une courbe uniforme; elle éprouve au contraire un grand nombre de finuofités.

Ainfi voilà les deux bandes *fchifteufe* & *marneufe*, qui font contiguës l'une à l'autre conformément à l'hypothèfe de Guettard; mais il n'a pas indiqué la bande fabloneufe, qui fuivant le même fyftême devoit les accompagner; il ne s'eft attaché ni à la placer, ni à la décrire, parce que dans la diftribution des foffiles du Canada la bande fabloneufe ne fe trouve point, ou ne fe trouve guères que dans la mer.

Dans le Canada on rencontre d'ailleurs les mêmes minéraux & les mêmes fossiles que dans la Suisse. Ici on voit des marnes, des pierres crétacées, des craies, des coquilles fossiles, des pierres calcinables, du plâtre; c'est la partie la plus voisine de la mer qui offre toutes ces substances appartenant comme on voit à la bande marneuse. En avançant davantage dans le pays, on commence à s'appercevoir à quelque distance de Quebec, que le terrein change de nature; on y trouve d'abord des marbres, des schistes, des mines de toutes sortes dans des talcites, dans des granits, des cristaux de roche, de l'amiante, des eaux minérales & tout ce qui dans le système de Guettard constitue la bande *schisteuse*. On croit même que cette bande se continue dans la partie de l'Amérique qui est voisine de la baye d'Hudson, & que de-là elle se prolonge dans le Groënland.

Si l'on considère l'Amérique septentrionale sous un point de vue général, les côtes orientales font partie d'une bande marneuse comprenant tout le pays qui s'étend depuis les côtes de la mer, jusqu'à la ligne où le terrein commence à s'élever; c'est alors que se trouve la bande *schisteuse*, qui occupe tout le nouveau Mexique, le Mexique, les hauteurs où sont les lacs & les sources des rivières.

A l'égard de la bande *sabloneuse* d'Amérique, Guettard n'en trouve que quelques vestiges; mais il présume que la plus grande partie est ensevelie sous les eaux de la mer, & que le grand banc & ceux qu'on observe aux environs en sont les parties les plus hautes dans le bassin de la mer.

Quoique tous ces objets soient indiqués dans les trois mémoires de Guettard d'une manière assez vague, ainsi que leurs dispositions respectives, on ne peut guères douter qu'il n'y ait dans le Canada, comme en Suisse, deux systèmes de matériaux assez semblables & disposés de la

même manière; seulement on auroit désiré des observations plus précises & plus suivies, & enfin l'indication des gîtes naturels & primitifs de tous les fossiles qui sont entièrement omis.

Quant à la bande sabloneuse, comme on n'en a trouvé ni les caractères, ni les matériaux dans aucune partie de la France, il n'est pas étonnant que Guettard qui n'en avoit pas lui-même des idées bien nettes, n'en ait figuré ni l'emplacement, ni les limites sur ses cartes de Suisse & du Canada. On peut croire qu'il avoit déjà pour lors commencé à sentir le peu de fondement de cet ordre de choses, & qu'il a saisi le premier prétexte qu'il a trouvé pour se dispenser de présenter cette bande aux naturalistes; nous avons déjà indiqué les raisons qui pouvoient l'engager à en abandonner la distinction, & nous y reviendrons encore. Voyez *Sables, Rouelle, & Pallas*.

Je terminerai ce que j'ai à dire sur le Canada, à l'occasion du travail de Guettard, par une considération que je crois très-importante. J'envisage la belle & singulière vallée du grand fleuve Saint-Laurent, comme un de ces golfes anciens qui renferment différens ordres de dépôts. Il est certain d'abord qu'il y a un massif de l'ancienne terre graniteuse, puis des massifs de schistes, enfin des dépôts de la nouvelle terre sous des formes très-variées. Je sais que les lacs, du moins les plus grands, sont dans ces derniers dépôts & particulièrement sur leurs limites; c'est encore entre le Canada & la Suisse, un caractère de ressemblance qui a échappé à Guettard, je veux dire, la position des lacs; voilà les différentes bases du sol du Canada, que j'ai trouvées dans Calm. Si à ces bases on ajoute la considération de la vallée du fleuve, de l'étendue de son embouchure & des matériaux qu'il a dû y déposer, on ne sera pas surpris d'y trouver autant de sables; mais on ne pourra jamais se déterminer à joindre la *bande sabloneuse* aux deux autres comme une difpoſition primitive de la nature; les dépôts fabloneux du fleuve étant des amas accidentels. Guettard auroit trouvé de même fa bande fabloneuſe en Suiſſe, le long des grands fleuves qui parcourent les terreins naturels des deux autres bandes, tels font l'Aar & le Rhin : mais il n'a pas cru être aſſez autorifé par les faits & les obſervations, pour établir en Suiſſe cette bande.

V I I.

Defcription minéralogique de la Pologne, où l'on traite de la diſtribution méthodique des mineraux, ſuivant le ſyſtême des bandes fabloneuſes, marneuſes & fchiſteuſes.

Guettard divise la Pologne en quatre grandes *bandes*, favoir, en bandes fabloneuſe, marneuſe; faline, fchiſteuſe ou métallique. La première renferme prefque la moitié de la Pologne; la feconde les baſſes montagnes que l'on traverfe après avoir parcouru les pays fabloneux; la troiſième comprend les contrées qui font derrière ces montagnes ou collines & qui avoifinent les Krapacks; la quatrième, les Krapacks mêmes.

C'eſt dans la bande faline que les bitumes, les huiles de pétrole paroiſſent fe trouver plus particulièrement, quoiqu'il puiſſe s'y en rencontrer de même dans la métallique.

La bande fabloneuſe de Pologne contient la Ruſſie blanche au Levant, & une partie de la Lithuanie, la Courlande, la Samogitie au Nord; la Pomérélie, la Pruſſe Polonaiſe, la plus grande partie de la grande Pologne, la Mazovie, la Podlachie à l'Occident, la Poléfie, & une petite partie de la Volhinie au midi. Tout ce terrein fabloneux peut avoir du Midi au Nord cent cinquante lieues, & deux cent cinquante d'Orient en Occident.

On ne trouve en général dans cet efpace confidérable qu'un fable blanchâtre qui renferme une plus ou moins grande quantité de caillouxvv graniteux qui varient par la groſſeur, la couleur & la dureté. Ils font dans certains cantons mêlés avec des cailloux de quartz, de jafpe, d'agathe, de chalcédoine & d'autres pierres femblables; dans d'autres cantons, ces cailloux fe trouvent parmi de petites pierres de la nature des pierres à chaux; celles-ci contiennent aſſez fouvent des corps marins.

Tout ce terrein fabloneux eſt fans montagnes, il n'offre tout au plus dans quelques endroits que des buttes ou des fortes de dunes de fables; elles s'élèvent infenfiblement & deviennent des buttes aſſez hautes: elles font nombreuſes & diſperſées dans plufieurs parties de la bande fabloneuſe.

Dans quelque lieu qu'on les ait rencontrées, on ne peut les confidérer que comme de petites élévations, & les plus hautes n'ont pas plus d'une centaine de pieds de hauteur. L'Oberland qui fait partie du royaume de Pruſſe, en renferme cependant qu'on peut regarder comme de baſſes montagnes; on peut en dire autant de celles qui bordent ce beau & grand lac, appellé le *Frich-Haff*. Ce lac n'eſt féparé de la mer Baltique que par une langue de terre ou plutôt de fable formée, à ce qu'il paroît par les aterriſſemens de cette mer. Ce lac, depuis le Pilau où fes eaux entrent dans la mer Baltique, juſqu'à Dantzick, eſt bordé de ces monticules qui en hauteur font les plus confidérables qu'on voie en Pologne; leur figure eſt plus allongée, leur fommet plus arrondi, plus étendu que ceux des précédens; ces dernieres collines font plus arrondies, plus ifolées; celles des bords du *Frich-Haff* & la plupart des autres font de pur fable aſſez fin; on n'y trouve pas la moindre pierre, du moins à l'extérieur : il en eſt à-peuprès de même de celles dont on tire l'ambre entre Kœnisberg & Memel, fuivant Hartmann & Sendelius.

Dans ces contrées, les plaines, le lit des rivières, le fond des lacs & des étangs, celui même des prairies font fabloneux. Le fable en eft arrondi, oblong ou ovoïde, ordinairement blanchâtre & quelquefois blanc, quelquefois auffi jaunâtre, noirâtre ou de quelqu'autre couleur, & cette nature de fable règne & domine dans toute l'étendue de la bande fablonneufe.

Mais dans l'intérieur des terres, les fables ne varient pas autant en couleur que dans les bords du *Frich-Haff*, près Pilau, & dans quelques endroits du cours de ce lac & des bords de la Baltique. Ces fables reffemblent à ceux qui font aurifères; les grains rougeâtres & jaunes y font plus communs; la couleur de la plupart eft d'un rouge de rubis balais, ou d'un jaune de topafe: les noirs y dominent & fouvent à un point que le fable paroît être entièrement de cette couleur; ceux-ci font attirables à l'aimant; quant aux blancs, ils font de même que les premiers, brillans & tranfparens; on les prendroit pour des cailloux de Médoc extrêmement petits. La couleur totalement jaunâtre ou noirâtre des fables qui fe trouvent dans l'intérieur du pays, dépend des terres avec lefquelles ces fables peuvent être mêlés, ils font jaunâtres dans les endroits où il y a de la mine de fer, ou quelque terre ferrugineufe; noirâtres, lorfqu'ils font fous des marais ou dans des tourbières; mais ces couleurs peuvent être emportées par le lavage, au lieu que celles des autres fables colorés, leur font propres & inhérentes.

La grande quantité de cailloux graniteux dont le terrein fablonneux de la Pologne eft rempli, eft, après les fables, ce qui mérite le plus d'attention. Ces cailloux ne font pas par-tout également communs; il y a des cantons où l'on n'en trouve prefque point; la terre en eft couverte dans d'autres; mais en fouillant un peu, on en trouve par-tout, & toutes les villes de la Pruffe ducale en font pavées.

La couleur de ces cailloux varie beaucoup, les uns font gris-blancs, blancs & rouges ou couleur de cerife, parfemés de points noirâtres ou verdâtres. La groffeur de ces pierres ne varie pas moins que la couleur: il y en a qui ont depuis un pouce de diamètre jufqu'à un, deux, trois pieds & même plus; mais de quelque groffeur que foient ces cailloux, leur figure eft toujours arrondie. On emploie très-communément ces cailloux à paver les villes; mais lorfque leurs dimenfions le permet, on en fait des meules de moulin à bled, ou de petites meules qui fervent dans chaque maifon de payfan à broyer les grains dont on fait des gruaux.

Il n'eft pas rare de trouver parmi ces cailloux graniteux, d'autres cailloux qui font de quartz, d'agathe ou de jafpe; ceux de quartz, font plus communément blancs que de quelqu'autre couleur; il y en a qui forment par leur affemblage des fortes de poudingues. On en voit de gris, de rouges & de quelques autres couleurs. Les agathes font ordinairement blanches; cependant il y en a auffi de brunes, de rougeâtres, de grifes, avec des tâches de gris de lin pâle; les jafpes ne font pas moins diverfifiés en couleur.

Quoique l'on puiffe trouver de ces pierres répandues çà & là dans toute l'étendue de la bande fablonneufe, il paroît néanmoins qu'elles font plus communes du côté de Biala en Poléfie, de Niefvietz & de Pinczovia en Lithuanie. Ces endroits, fur-tout les derniers, fourniffent même des agathe-onix, des fardoines, des chalcédoines, &c. On trouve auffi parmi ces cailloux quelques morceaux de talcites qui diffèrent en couleurs, mais ils ne font pas abondants; c'eft à leur deftruction que font dues les paillettes de talc qui font mêlées avec le fable. Quelques cailloux bien plus rares encore que les matières précédentes, font ceux qui reffemblent aux cailloux de Médoc, & qui, comme eux, font des morceaux de cryftal de roche roulés.

La bande fabloneufe fournit encore d'autres cailloux non moins curieux pour les naturaliftes, mais d'une nature bien différente de tous ceux dont on a fait mention ci-deffus. Ces cailloux font de petites pierres à chaux d'un blanc fale, & de quelques pouces de diamètre. Elles font affez abondantes pour qu'on puiffe en faire cuire dans plufieurs endroits pour faire de la chaux. Ces pierres renferment fouvent des corps marins; aucun canton connu en Pologne n'eft auffi riche en ce genre de cailloux que ceux de Niefwietz & de Pinczovia; on trouve auffi beaucoup de corps marins ifolés & fans fuite, & enfin des grès, des pierres de fable, de pierres de fel dans cette même bande fabloneufe.

Quant aux mines, celle de fer eft la feule qu'elle renferme; elle fe tire ordinairement des marais & des vallées; elle eft mêlée de fables. Il y en a même qui fe trouve deffous les tourbes; elle n'y forme point de couches, les morceaux en font difperfés.

Guettard place auffi des glaifes & des terres marneufes dans la bande fabloneufe, elles s'y rencontrent, fuivant lui, à différentes profondeurs; fouvent on les trouve à deux ou trois pieds fous le fable; quelquefois auffi elles ne fe montrent qu'à dix, & vingt pieds, & même plus. Les glaifes varient par la couleur. La Samogitie eft fur-tout un terrein très-glaifeux, couvert fans doute de fable; ce qui prouveroit que les fables de la bande fabloneufe ne font que des matières accidentelles, & que le fond du fol eft d'une toute autre nature. Guettard étend encore en Ruffie fa bande fabloneufe, mais nous ne l'y fuivrons pas, d'autant plus qu'il n'a là-deffus que des obfervations générales & vagues qui ne donnent rien de précis.

La bande fabloneufe de Pologne eft très-confidérable quant à fon étendue fuperficielle, les cailloux roulés qu'on y trouve font, comme nous l'avons dit, des quartz, des granits, des jafpes, des agathes, &c. Ces matériaux paroiffent tirer leur origine de montagnes granitiques dont la deftruction a fourni les fables & les bâfes des cailloux roulés. Si l'on y voit des cailloux de pierres calcaires, ce n'eft probablement que parce que quelques petites chaînes de moyennes montagnes auront en même-tems été détruites.

Si la bande fabloneufe de la Pologne eft réellement la fuite de la deftruction de hautes montagnes compofées de granits, de talcites, &c. il y a grande apparence qu'on en doit retrouver une partie fur les bords de cette bande & même deffous une partie de cette bande couverte de fables, & renfermant les reftes de ces terreins primitifs, &c. Ces confidérations devroient déterminer les obfervateurs qui fe trouveront à portée de voir cette partie de la Pologne, à rechercher & déterminer les limites de la bande fabloneufe, qui paroît un terrein occupé par un *ancien golfe*, & qui en porte tous les veftiges & tous les caractères. Je renvoie à l'article du dictionnaire où j'expofe toutes les preuves qu'on peut avoir de cet ancien état, dans le précis que nous venons de donner du premier mémoire de Guettard. Nous allons le fuivre de même dans l'expofition des trois autres bandes, entre lefquelles il a partagé le territoire de la Pologne.

La bande marneufe peut embraffer une cinquantaine de lieues d'étendue: elle traverfe les palatinats de Cracovie, de Sendomir, de Lublin, Chelm, Belzk, Léopol, par les montagnes qui fe prolongent depuis Léopol jufqu'en Volhinie; elle paffe auffi dans la plus grande partie de la Volhinie, de la Podolie & peut-être de la Kiovie.

On trouve dans la plupart de ces palatinats des couches de pierres calcaires, qui font bonnes à faire de la chaux & à la conftruction des édifices. Il y en a d'autres dont on fait des ftatues, des tables, des pavés; il eft vrai que les pays de

pierres

pierres calcaires font quelquefois voir des endroits fabloneux] qui renferment des rochers de grès; mais ceci ne peut faire une objection qu'autant qu'on croiroit à la bande fabloneufe. Plufieurs] de ces tractus de pierres calcaires font abondants en coquilles foffiles, tels que des amas d'huîtres, de cames, de tuyaux marins, qui la plupart ont pris la dureté des pierres à fufil; il y a parmi, des maffes de fables qui, vus à la loupe, font arrondis comme ceux de la bande fabloneufe, & au-deffous, des lits de terre glaifeufe. Enfin, on y voit des cantons où fe trouvent des tufs calcaires qui contiennent des peignes, de groffes cames, des huîtres; &c. ces maffifs forment des chaînes de montagnes affez fuivies, mais mal circonfcrites.

Un grand nombre d'obfervations concourent à prouver auffi que la Ruffie-Rouge fait partie de la même bande marneufe qui traverfe la Pologne, & qu'elle fe prolonge même jufqu'en Procutie & en Podolie; on trouve fur les bords des rivières de Bietzica, d'Unna & de Zumacz en Procutie, des fuites de bancs calcaires; il en eft de même des rivages du Niefter dans les parties de fon cours qui traverfent la Podolie.

On trouve du plâtre dans cette même bande, aux environs de Léopol, aux environs de Birze, de Rohatyn, entre Cracovie & Soncz : on en trouve dans la grande Pologne, près de Gorka, & dans la petite Pologne, aux environs de Wieliczka.

De tous les métaux le fer eft encore le feul qu'on trouve dans la bande marneufe. La Volhinie fur-tout abonde en ces fortes de mines; elles fe rencontrent dans des marais. Les lits des fouilles de ces mines font dans l'ordre fuivant, un de terre noire, un de fable blanc, un de terre blanche à potier, un de terre jaunâtre propre auffi à la poterie, un de fable rouge, un de fable vert ou de pierre blanchâtre dont le bouzin tire fur

le bleu, & dont les maffes font confidérables : le lit de la mine qui eft riche, jaune & couleur de rouille de fer eft pofé fur un maffif de craie dont la profondeur eft peu connue.

La grande quantité de bois dont la Pologne eft encore couverte, eft fans doute caufe que l'on ne fait pas dans tout ce pays un grand ufage de la tourbe; plufieurs provinces en fourniroient cependant, & fur-tout la Volhinie.

Nous paffons maintenant à la *bande faline*, cette partie de la Pologne où fe trouvent les mines de fel en pierres & les fontaines falées qui par l'évaporation donnent du fel. La mine de fel la plus connue eft à Wieliczka, village fitué à deux lieues de Cracovie; l'autre fe trouve à Bochnia, diftant de Wieliczka de douze lieues; le terrein des environs de ces mines eft en général de même nature. En allant de Cracovie à Wieliczka, on entre à peu de diftance de Cracovie dans une plaine de fable qui conduit jufqu'à Wieliczka : on rencontre de tems en tems dans cette plaine des coquilles foffiles, & fur-tout des huîtres.

Les environs de Bochnia ne diffèrent pas beaucoup, généralement parlant, de ceux de Wieliczka; ces deux endroits font entourés de montagnes plates & de collines qui fe prolongent jufqu'aux monts Crapacks & qui font prefque toutes couvertes d'argile. En général le plâtre eft fort commun dans les environs de Bochnia & de Wieliczka; mais on trouve d'abord un terrein fabloneux; ce fable eft mêlé de cailloux & de plufieurs efpèces de coquilles qui font tellement unies avec du quartz qu'on a de la peine à les en détacher. Cette couche varie en épaiffeur, depuis un pied & demi jufqu'à trois; fous cette couche eft un lit de fable, dans lequel on trouve auffi des coquilles, mais prefque toutes détruites. Plus bas il y a du tuf bleuâtre & une pierre fidure qu'on peut à peine la travailler; ce tuf est suivi de nouvelles couches de gravier.

Dans ce tractus, il y a 38 fontaines salées, dont un grand nombre donnent quantité de sel par l'évaporation. Il est visible que ces fontaines salées ne peuvent certainement tirer le sel dont elles font chargées que des masses sur lesquelles elles passent, & il y a lieu de penser qu'il ne s'agiroit que de creuser profondément dans leurs environs pour trouver de ce sel en pierre. L'excavation d'un nouveau puits qu'on a faite à Sambor a mis à découvert plusieurs masses de sel qui ressembloient à celles de Wieliczka. Tous ces faits bien établis, il paroît que la Pologne renferme un terrein d'une centaine de lieues environ en longueur sur une vingtaine en largeur, qui peut fournir du sel en pierre, ou par l'évaporation des eaux salées de plusieurs fontaines.

C'est encore dans cette étendue que les mines de soufre & les fontaines sulphureuses se rencontrent; il y en a d'abord près des grandes salines de Bochnia & de Wieliczka. Les eaux bitumineuses qui avoisinent les hautes montagnes, peuvent appartenir à la bande métallique; mais celles qui en sont très-éloignées font partie de la bande marneuse pendant que les intermédiaires font peut-être de la bande saline.

La bande métallique paroît être formée par les Crapacks. Ces montagnes prennent leur origine au confluent de la Morave & du Danube, s'étendent entre la Hongrie d'un côté, la Moravie & la Silésie de l'autre: elles séparent ensuite la Hongrie de la Pologne; enfin elles se prolongent jusqu'en Moldavie, entre la Transilvanie & la Russie-Rouge. Les Crapacks font formés dans la plus grande partie de leurs cours d'une roche dure de quartz ou de granit; & c'est dans ces gîtes que se trouvent l'or, l'argent, le

cuivre & les autres métaux ou demi métaux, & sur-tout dans la partie des Crapacks qui est sur les confins de la Pologne.

Quant à ce qui regarde les pierres précieuses, il paroît qu'on trouve dans les Crapacks des grenats, des opales, des saphirs, des émeraudes, de très-grandes topazes, de faux diamans; ces dernières font sans-doute des cryttaux de roche entraînés probablement des monts Crapachs par des torrens & déposés sur les bords des rivières. Au reste, Guettard n'indique que quelques endroits où l'on a trouvé des mines dans sa bande métallique, & où l'on en exploite même. Mais il n'a pas mis à la description & à la détermination des limites de cette dernière bande, les mêmes soins que pour nous faire connoître la bande sabloneuse, & pour en tracer l'étendue. Il en résulte, comme nous l'avons déja dit, que cette bande sabloneuse est le résultat d'une destruction opérée par les eaux, soit du continent, soit de la mer; quant à la bande saline, il paroît que son organisation ressemble parfaitement à celle de la bande marneuse, puisqu'elle renferme un système de couches qui se font formées dans le bassin de la mer avec les grands amas de sel que ces couches enveloppent.

VIII.

Sur les accidents des coquilles fossiles, comparés à ceux qui arrivent aux coquilles qu'on trouve maintenant dans la mer.

L'opinion que les naturalistes paroissent avoir embrassée assez unanimement de nos jours sur l'origine des coquilles fossiles, est que ces corps ont été formés autrefois dans le bassin de la mer, & y ont été distribués par bancs & par couches. Cette opinion déja très-vraisemblable, par les changemens que la terre paroît avoir éprouvés à différentes époques, semble être portée jusqu'à l'évidence, lorsqu'on compare ces fossiles avec un grand nombre de corps femblables & analogues que la mer renferme encore aujourd'hui dans fon fein. S'il refte quelques cas qui paroiffent difficiles à expliquer dans ce fyftême, ils font peu nombreux, ne font pas moins difficiles à expliquer dans l'opinion contraire, & nullement en contradiction avec celle qu'on fuit aujourd'hui.

Il fe trouve cependant encore quelques écrivains féparés du grand nombre fur ce point. Frappés de l'éxactitude des formes que les pierres figurées nous donnent des animaux, des végétaux, des coquillages & même des poiffons, il leur paroît encore trop hardi d'attribuer ces effets fi étonnans, fi variés, à une caufe en apparence auffi uniforme, que le féjour fucceffif des eaux de la mer fur les parties de nos continens maintenant habitées, & offrant cette immenfité de coquillages dans les environs de nos habitations. Ces écrivains peu réfléchis fans-doute femblent difpofés à croire que les foffiles qu'on a regardés de tous tems, & fur-tout depuis Paliffy comme originairement dus à la mer, n'ont pas d'autre origine que les foffiles propres, primitifs & effentiels à la terre, & qui font comme toutes les autres pierres l'ouvrage de la création. Ils appuient cette opinion, par une confidération qui ne peut féduire que les fectateurs des caufes finales, c'eft que ce fentiment donne une idée plus étendue de l'harmonie que Dieu a mife dans fes œuvres, en établiffant une certaine correfpondance entre les richeffes de la terre & celles de la mer par des rapports très-marqués quant à la reffemblance, mais qui n'en ont pas d'autres.

Cette opinion a donné lieu à Guettard de revenir à l'appui du fentiment commun, en faifant valoir de nouvelles circonftances; mais avant d'entrer en matière, il a cru devoir examiner quelques conféquences qui paroiffent réfulter de l'expofition que ces écrivains ont faite de leur opinion fur l'origine qu'il attribuent à plufieurs foffiles, ainfi que les caractères qu'ils donnent tant pour reconnoître les lits de terre qui renferment felon eux les foffiles, qu'ils appellent primitifs & effentiels à la terre, que pour diftinguer ceux-ci des bancs qui ont été altérés & défigurés par les changemens que le globe de la terre a éprouvés depuis fa formation.

Cette difcuffion donne lieu à Guettard d'expofer plufieurs faits intéreffans fur les cailloux, dont l'intérieur offre l'empreinte d'une coquille. Il fait voir que fi ces corps euffent été formés originairement dans les montagnes où on les trouve, ils ne fe feroient pas confervés auffi entiers qu'on les voit; ils auroient été attaqués par les eaux, & les autres matières rongeantes qui circulent dans le fein de la terre; d'où il conclut que ces cailloux n'ont point été placés primitivement dans les montagnes fous la forme qu'ils ont; mais que formés primitivement autour du corps marin dont ils portent l'empreinte, ils ont été détachés & balottés par les eaux de la mer, arrondis comme ils font, puis abandonnés dans les lieux où on les rencontre en très-grand nombre.

Guettard paffe enfuite à la comparaifon qu'on peut faire des différentes coquilles foffiles avec celles qu'on tire maintenant de la mer, pour faire voir le peu de folidité de ces idées : comparaifon qui peut concerner la matière, comme la forme de ces corps; & il eft aifé de prouver par cette double comparaifon, que ce font des corps femblablement organifés & parfaitement les mêmes : caractères qui ont frappé tous les naturaliftes obfervateurs qui ont mis dans leurs recherches autant de foin que d'intelligence, & qui ne fe font pas laiffés entraîner aux idées métaphyfiques des caufes finales.

Y 2

A ces considérations générales, Guettard ajoute de nouveaux faits pour appuyer l'opinion commune. Ces nouveaux faits roulent sur la similitude des accidens qui arrivent aux coquilles qu'on trouve actuellement dans la mer avec ceux qu'on voit évidemment être arrivés aux coquilles fossiles, & dont les vestiges sont parfaitement les mêmes sur les unes comme sur les autres; enforte que par l'exposition de ces faits on force les écrivains qui soutiennent que les fossiles sont *primitifs & essentiels* à la terre, d'admettre ces conséquences absurdes, qu'en plaçant les coquilles dans les couches de la terre, le créateur a eu foin de les percer de trous, de les attacher les unes aux autres, d'en mettre quelques unes dans l'état de demi-destruction, &c. Quelle beauté d'harmonie peut-on trouver dans ces circonstances de similitude & de correspondance des *richesses de la terre avec celles de la mer* ?

Si nous suivons maintenant d'après Guettard les accidens qui arrivent aux coquilles qu'on trouve actuellement dans la mer, & qu'on les compare à ceux dont les vestiges se retrouvent aux coquilles fossiles, nous verrons que ces accidens font de trois fortes; savoir ceux qu'on observe dans les coquilles attachées & grouppées ensemble. En second lieu, ceux qui influent sur leur conservation : en troisième lieu, ceux qui concernent leur destruction; la multitude des faits que fournit chacune de ces manières d'envisager les fossiles, comparés aux corps marins actuellement existans dans la mer, a engagé Guettard à partager son travail en trois parties, dont la première roule sur les attaches des coquilles fossiles.

Les coquilles qui s'attachent à d'autres coquilles ou sur d'autres corps pierreux, font les huitres de différentes espèces, les glands de mer, auxquels on pourroit ajouter les tuyaux vermiculaires. Les huitres s'attachent indifféremment sur des individus de même espèce ou d'espèce différente; sur des coquilles de classe ou de genre différent; sur des coraux, sur des branches d'arbres, sur des cailloux; mais les grouppes d'huitres de même espèce font beaucoup plus communs que les autres. Les attaches de ces différentes espèces d'huitres ne se font pas toujours aux mêmes endroits; tantôt elles s'unissent par le talon, tantôt par la surface de leurs battans & cela avec des variétés fans nombre. Les attaches des huitres fur des coquilles d'un genre différent, telles que les lepas, les turbinites, les buccins, les visses, &c. offrent auffi plusieurs singularités remarquables; ce font fur-tout les huitres de petites espèces, qui s'attachent ainsi sur d'autres corps organisés comme fur des masses de pierres brutes.

Les environs de Courtagnon, de Mary, de Lify & de Chaumont en Vexin, fournissent des turbinites, dont la surface porte un grand nombre d'huitres de l'espèce connue sous le nom de *pelure d'Oignon*, qui ont contracté une très-forte adhérence avec cette surface à laquelle ces corps font appliqués par la plus grande partie de leur surface, parce que leur petite épaisseur se prête à toutes les différentes inégalités de la surface des coquilles qui les reçoivent. Quelques-uns de ces groupes se trouvent auffi fur les cailloux roulés dont on a parlé ci-dessus; il y en a un très-grand nombre le long des bords de l'ancienne mer, où ces cailloux font stratifiés avec plusieurs espèces de coquilles, affectées particulièrement aux limites de la nouvelle terre & aux bords de l'ancienne mer.

Guettard parcourt successivement les différentes espèces de corps auxquels les huitres s'attachent, outre ceux dont on vient de parler. Les branches d'arbres en fournissent plusieurs exemples; on trouve au milieu des terres des coquilles d'huitres, sur lesquelles l'impression & le creux de la

branche de l'arbre qui les tenoit suspendues
se trouvent bien marqués ; ainsi ces sortes
de coquilles ont résidé sur le bord de la
mer, & ont pris leur accroissement sur les
branches des palétuviers.

Mais tous ces fossiles nous montrent,
soit dans la conformation des coquilles
mêmes, soit dans la manière dont elles
adhèrent entr'elles, ou sur les corps qui
leur servent d'attaches, une ressemblance
parfaite avec ce que la mer nous offre journellement. Il y a d'ailleurs encore cette
particularité remarquable, c'est que ces
groupes sont sur-tout formés d'huitres,
parce que ces sortes de coquilles s'attachent
aisément & parce que leur tissu ferme &
solide fait qu'elles se conservent très-long-
tems.

Dans les groupes où les huitres ont
pris pour-attaches d'autres espèces de coquilles, leur adhérence n'est que médiocre,
& paroit d'ailleurs ne pouvoir être attribuée qu'à quelques circonstances accidentelles.

Après avoir donné en détail l'histoire
des coquilles qui adhèrent les unes aux autres & à différens corps bruts, Guettard
examine les attaches de plusieurs autres
corps marins, tels que les anatifères ou
glands de mer, & les tuyaux vermiculaires. Les huitres, les turbinites, les vis,
sont chargés de glands de mer dispersés
sur tous les points de la surface de ces
coquilles qui se sont prêtées à un établissement solide de ces corps marins. Quant aux
tuyaux vermiculaires, ils se trouvent partout & embrassent tout autant les surfaces
plates que celles qui sont arrondies. Les
corps bruts comme marbres & autres
pierres dures qui faisoient sans doute partie
des bords de la mer, sont chargés de
tuyaux vermiculaires comme de glands de
mer.

Dans la seconde partie du travail de
Guettard, il est question des accidens des
coquilles qui ont rapport à la conservation
de ces corps ; ces accidens sont de deux

espèces principales. : certaines coquilles
pénétrent dans l'intérieur de certains
corps, tels que le sable, la vase, les madrépores, les pierres, les coquilles elles-
mêmes & les bois ; d'autres se chargent
de petits cailloux & d'autres petites coquilles ; or tous les échantillons des coquilles fossiles, comme de celles que fournit actuellement la mer, se trouvent rassemblés dans nos cabinets en assez grand
nombre pour y être comparés avec avantage & d'une manière fort instructive.
Parmi ces coquilles, conservées ainsi parce
qu'elles ont pénétré dans des matières
dures, on doit distinguer les dailles ou
dactiles qui se trouvent encore au milieu
des terres, résidans dans les trous des
rochers où elles se sont creusé leurs habitations séparées. On trouve ces rochers
sur les bords des anciens golfes de la mer
& même parmi les salunières de la Touraine, comme je l'ai rapporté à l'article
Boulanger. Les dailles pénétrent aussi dans
les huitres, dans les madrepores, & en
général dans tous les corps marins où elles
ont pu se loger à leur aise & croître même ;
ce qui suppose assez d'espace pour aggrandir leur premier logement.

Ces mêmes accidens que l'on trouve
dans les coquilles & autres corps fossiles,
se retrouvent dans les corps analogues que
la mer nous offre aujourd'hui ; nouvelle
preuve que ces fossiles ont été corps marins & les uns & les autres formés dans les
mêmes circonstances, c'est-à-dire, ou au
milieu du bassin de la mer ou sur ses
bords.

Guettard rapporte à ce sujet un grand
nombre d'exemples de coquilles trouvées
dans l'intérieur des corps même les plus
durs ; & quoiqu'on ait lieu d'attribuer
plusieurs de ces accidens à ce que les matières qui renferment ces coquilles n'ont
acquis la dureté qu'elles ont maintenant
que successivement, néanmoins il en est
beaucoup d'autres dont on ne pourroit
rendre raison par cette supposition. D'ail-

leurs on trouve dans plusieurs de ces corps des traces du travail de l'animal & les différens échantillons qu'on voit gravés dans les planches qui accompagnent les mémoires de Guettard, ne permettent pas de douter que l'objet de ce travail ne soit la conservation de la coquille comme celle de l'animal lui-même. L'espèce de coquilles que j'ai déjà citée ci-dessus sous le nom de dailles ou dactiles, en fournit des preuves nombreuses & frappantes.

Il en est de même des coquilles à la surface desquelles se trouvent intimement unis plusieurs petits cailloux & même plusieurs petites coquilles. On pourroit croire d'abord que pour les coquilles, cette union étoit due à la compression qu'elles peuvent avoir éprouvée dans les lits de la terre où on les trouve ; mais Guettard fait remarquer dans la disposition de ces corps étrangers tant de régularité qu'elle ne paroît pouvoir être attribuée qu'à l'industrie d'un animal intéressé à fortifier ainsi sa demeure ; ces détails le conduisent à faire sur la nature des corps pénétrés par les fossiles plusieurs réflexions importantes & nécessaires pour n'être pas séduit par les apparences qu'ils offrent souvent. Il y a lieu de croire que ces corps ont été percés, troués, creusés, pénétrés par les fossiles, parce que les animaux qui les habitent sont pourvus par la nature de tous les instrumens nécessaires pour se procurer ces doubles habitations & suppléer à ce qui leur manque par eux-mêmes.

Guettard parle ensuite des bois pétrifiés dans les mêmes vues : il y a plusieurs échantillons de bois pétrifiés qui ont été vermoulus par certains animaux, & qui malgré le travail de la pétrification qui a eu lieu depuis, ont conservé toutes ces marques de destruction ; d'ailleurs plusieurs de ces échantillons portent un grand nombre de fossiles qui sont attachés plus ou moins intimement à ces bâses.

La troisième partie du travail de Guet-

tard a pour objet, la déformation & la destruction des coquilles ; c'est une troisième source d'analogie qu'il est aisé d'établir entre les coquilles fossiles & les coquilles qu'on trouve actuellement dans la mer. Quoique les coquilles fossiles, par leur séjour dans la terre éprouvent une déformation particulièrement due aux frottemens & à la compression des corps environnans, cependant toute déformation survenue à ces coquilles n'est pas l'effet de ces causes ; plusieurs de ces accidens ont précédé l'ensevelissement des coquilles, & cette assertion est fondée sur ce que l'on en rencontre d'absolument semblables dans des coquilles qu'on tire journellement de la mer. Ces accidens sont dus la plupart, à la foiblesse de certaines coquilles, comme celles des échinites qui se déforment très-aisément & se compriment en différens sens ; il y en a d'autres, dont une partie est enlevée ; or tous ces accidens se trouvent sur les noyaux des échinites qui ont été ainsi moulés d'abord dans ces fossiles imparfaits.

La courbure que l'on remarque quelquefois dans les bélemnites, vient aussi de la déformation des coquilles qui leur ont servi de moules ; il en a été de même au sujet des noyaux comprimés de quelques-unes de ces coquilles qu'on nomme *Vis*. Cette compression est latérale, & règne dans toute leur longueur. On sait que les vis sont des cônes allongés et pointus : les noyaux sont au contraire presque plats, il faut donc que les coquilles qui leur ont servi de moules, & l'on en trouve de pareilles sur les bords de la mer, aient été engagées entre des rochers.

On trouve de même des noyaux de plusieurs coquilles bivalves qui sont déformés, soit par l'applatissement d'une des valves, soit parce qu'elles ont été déplacées, en conséquence de ce que la charniere a beaucoup souffert ; tous ces accidens se retrouvent fréquemment dans les bivalves qu'on tire de la mer.

Il y en a qui ont perdu une grande partie
de toutes les apophyses du dehors, comme
toutes celles qui ont été roulées par les
flots & qui sont dispersées sur les bords de
la mer. La plupart de celles-ci sont aussi
percées dans toute leur épaisseur de plusieurs petits trous, dont quelques uns sont
dus à la piquure de la tariere de certains
vers de mer, & les autres à l'action des
flots. Ces coquilles sont communément
des huîtres & des buccins, & ce sont les
mêmes espèces qu'on rencontre également trouées dans le sein de la terre.

Il ne faut pas confondre ces coquilles
avec d'autres qui leur sont semblables,
& qui sont criblées d'une quantité de petits
trous très-réguliers, & qui pénètrent dans
l'épaisseur des coquilles, mais qui ne
les percent pas entièrement. On trouve
dans ces trous de petites coquilles peut-
être des dattes qui y sont encore ni-
chées ; chaque trou a une de ces
coquilles.

C'est encore à un animal que sont dus
des trous sur plusieurs autres espèces de
coquilles fossiles ; ils different de ceux
dont les coquilles précédentes sont percées,
en ce qu'ils traversent celles-ci de part
en part ; qu'ils sont coniques, & que
chaque coquille n'en a ordinairement
qu'un. Ils sont entierement semblables à
ceux qu'on observe sur quelques coquilles
marines qu'on pêche tous les jours dans
l'Océan ou dans la Méditerranée.

On sait que les trous de ces coquilles
sont dus à certains buccins qui les tarau-
dent ainsi, pour sucer l'animal que chacune
d'elles renferme. Ils ont une espèce de
tariere à la bouche avec laquelle ils
attaquent ainsi leur proie : les coquilles
fossiles qui sont ainsi percées, sont des
camés de différentes grandeurs, des tellines,
des peignes, & autres bivalves semblables
en cela aux espèces qu'on tire de la
mer.

Quant au trou dont ces coquilles
fossiles sont percées, la ressemblance
entière qu'il a par la figure & par le
diamètre avec celui qu'on remarque dans
beaucoup de coquilles qui ne sont pas
fossiles, est si frappante, qu'on ne peut
refuser de reconnoître une cause semblable
qui a opéré de la même manière dans
l'un & l'autre cas ; & dessors il faut en
conclure que les coquilles fossiles ont
été abandonnées par la mer, lorsqu'elle
s'est retirée de dessus les terres que nous
habitons, & qu'elles ont renfermé des
animaux vivants comme ceux qui habitent
les coquilles qu'on tire chaque jour de
l'Océan.

Quiconque fera attention qu'il y a
des coquilles comme des huîtres attachées
sur les vertèbres de poissons, & que par
conséquent il a été nécessaire que l'animal auquel les vertèbres appartenoient,
ait vécu assez long-tems pour que ces
huîtres aient pu acquérir la grosseur
qu'elles ont maintenant ; ces vertèbres
auront-elles été créées de cette grosseur,
& chargées en même temps de coquilles
dont la grandeur n'est pas la même dans
toutes ? Celles qui se groupent ensemble
& dont les filets sont entrelassés les uns
dans les autres, l'auront-ils été plutôt par
une volonté particulière du créateur,
que par une suite des loix générales de
la nutrition qu'il a pu établir ? Les dattes,
les tuyaux vermiculaires qui sont dans
l'épaisseur de plusieurs corps y ont-ils
été placés dans leur origine, plutôt qu'ils
ne s'y sont insinués par un travail que
leur instinct a dirigé & conduit ?

C'est à la suite de la même opération de la nature & du changement des
mers en terres, qu'on trouve aussi dans
les montagnes quelques parties de plantes
terrestres & des empreintes de poissons ;
c'est aussi une ressemblance parfaite des
plantes & des squelettes de poissons qui
établit ce travail de la mer & sa retraite.
Effectivement ces plantes, ces squelettes

de poiſſons ſe rencontrent au milieu des ſchiſtes, des bancs de rochers où ſe trouvent auſſi des coquilles marines. Ainſi dès qu'on ne peut guères douter que ces dernières eſpèces de foſſiles n'aient pris leur origine dans le baſſin de la mer, on doit en conclure que les plantes terreſtres & les poiſſons d'eau douce ont été de même voiturées par les eaux courantes des continens dans le même baſſin où ces corps ont été enſevelis & conſervés au milieu des vaſes : ainſi tous ces détails que nous avons recueillis des trois mémoires de Guettard, ſont, non-ſeulement très-propres à confirmer le ſentiment le plus généralement adopté ſur l'origine des coquilles foſſiles, mais doivent être conſidérés encore comme une collection précieuſe d'un grand nombre de faits intéreſſans ſur l'hiſtoire des animaux à coquilles & de leurs dépouilles.

I X.

Atlas minéralogique de la France.

L'Atlas minéralogique de France eſt compoſé de cartes géographiques ordinaires, ſur leſquelles on déſigne par des caractères conventionels tous les foſſiles qui ſe rencontrent dans les différens lieux qui ſont indiqués ſur ces cartes.

Frappé du peu de connoiſſances que nous avions de notre globe, Guettard s'attacha dans ſes voyages à recueillir ce qu'on pouvoit en ſavoir. Il fit à ce ſujet des obſervations auſſi détaillées qu'il lui étoit poſſible, dans des courſes ſouvent rapides, ſur la nature des terreins, & ſur la compoſition des montagnes dont les flancs eſcarpés montroient les ſubſtances qu'elles renfermoient dans leur intérieur. Il fit graver d'abord des cartes des pays étrangers, & de quelques provinces de France, ſur leſquelles il réunit l'indication des ſubſtances dont il avoit trouvé la note dans les voyageurs & les naturaliſtes, avec tous les ſoins que Guettard

avoit pu donner à ce travail : & malgré le grand nombre de recherches qu'il avoit faites pour l'enrichir, ce naturaliſte modeſte ne regarda ſes cartes que comme des ébauches, & des ébauches groſſières.

Cependant ce furent ces ébauches qui ſervirent de modèles pour la conſtruction des cartes de l'Atlas minéralogique de la France ; ce furent ces ébauches qu'on préſenta au gouvernement & qu'il adopta. Le miniſtre exigea même comme une condition eſſentielle de la protection qu'il accordoit, que ces cartes embraſſeroient tous les objets de la minéralogie ; & auſſi Guettard dans ſes voyages en France avoit ſoin de tout noter, afin d'ajouter aux ſubſtances qu'il connoiſſoit déja toutes celles qu'il pouvoit avoir omiſes.

Il s'aſſocia même pour ce travail, Lavoiſier, & de ce concours il réſulta bientôt plus de ſeize cartes particulières dont l'enſemble renferme une aſſez grande étendue de la France. Ces ſavans naturaliſtes comprirent dans leurs recherches & dans leurs notes, non-ſeulement les métaux & les minéraux proprement dits, mais les pierres de quelque nature qu'elles fuſſent, les terres propres aux différens uſages, les coquilles & les autres corps marins renfermés dans les couches de la terre, en un mot toutes les ſubſtances qui compoſent le globe ; même les bitumes & les eaux minérales de différente nature.

Ce plan étoit grand & vaſte, comme on voit, & ce ne pouvoit être que par le concours d'un grand nombre de perſonnes qu'on devoit en aſſurer le ſuccès.

Auſſi en 1775, Guettard pour intéreſſer les naturaliſtes obſervateurs à cette beſogne utile, annonça dans une ſéance publique de l'académie des ſciences les ſeize cartes, ou gravées, ou ſimplement conſtruites

construites dont nous avons parlé. Elles comprenoient toute l'isle de France, le Vexin François, une partie du Vexin Normand, la partie orientale de la Normandie, une grande partie du Soissonnois, la Champagne, presque toute la Brie, la Haute-Alsace, une partie de la Lorraine & de la Franche Comté.

Certaines cartes renfermoient des pays riches en métaux & en minéraux, & en substances d'une utilité bien plus marquée que celles qui étoient indiquées dans d'autres; mais ceci résultoit du parti qu'on avoit pris de tout noter, & de ne rien omettre de ce que la terre montroit à sa surface ou qu'elle renfermoit dans son sein, à la profondeur où l'on pouvoit atteindre par les fouilles ordinaires.

Guettard déclara dans cette annonce de 1775, qu'il n'avoit suivi en construisant ses cartes aucun des systêmes physiques, c'est-à-dire, comme il l'avoue lui-même, qu'il n'a pas divisé ses cartes en terreins de l'ancien & du nouveau monde, *ni en bandes schisteuses ou métalliques, marneuses & sablonneuses*, comme disent quelques naturalistes, & qu'il s'étoit contenté d'indiquer à chaque endroit sur lequel il avoit des observations, les substances isolées qui s'y trouvoient, & de les désigner, comme on l'a déja dit, par des caractères semblables à ceux dont se servent les chimistes : enfin il ne dissimule pas que, par ce moyen, toutes ses vues étoient remplies, attendu qu'on pouvoit voir sur ces cartes au premier coup-d'œil, si un canton renfermoit des glaises, de la marne, des sables, de la craie, des pierres à chaux, des pierres propres à bâtir, des mines : quelles étoient ces mines; s'il y avoit des bitumes, des charbons de terre, des eaux minérales.

On fut bien étonné de voir Guettard

abandonner totalement le systême de distribution des substances minérales & autres fossiles qu'il avoit annoncée dès 1746, & de l'abandonner dans une circonstance où il sembloit qu'il pouvoit en retirer le plus d'avantage. On pensoit que par ce plan de travail suivi avec soin, il auroit pu supprimer un très-grand nombre de ces caractères qui faisoient une certaine confusion sur les cartes; que d'ailleurs en réunissant ces divisions systématiques, à l'Atlas minéralogique, c'étoit un moyen de les vérifier ou de les rectifier si elles en avoient besoin, soit en changeant leurs dénominations, soit en augmentant leur nombre. Ce qu'il y a de singulier, c'est qu'aucune des divisions de Guettard n'a été bien circonscrite en France, ce qu'il étoit cependant facile d'exécuter au moyen du grand nombre de cartes particulières minéralogiques qu'on a gravées & publiées. On auroit désiré d'autant plus l'exécution de ce plan, qu'il auroit fait disparoître le vague & la confusion des idées qui résultent de la notation des substances par des caractères isolés. C'eût été, par exemple, une belle occasion à Guettard de faire valoir son systême de distribution des matériaux à la surface de la terre, que de donner une carte circonscrite de la craie de la Champagne, comme je la donne dans l'Atlas qui accompagne ce dictionnaire, avec une note des limites, au mot *Craie*.

Ce fut aussi d'après l'avis de Guettard qu'il fut décidé qu'on ne pouvoit faire usage des cartes de France pour le systême de minéralogie qu'on se proposoit de suivre : & l'on supprima dans les nouvelles planches presque toutes les formes du terrein qu'on crut ne pouvoir servir à marquer les gîtes & la situation des minéraux. On ne s'occupa pas non plus à distinguer sur les cartes, la différence des niveaux où se trouvoient les substances minérales, en supprimant ces formes du terrein qui se trouvent figurées sur les planches de la belle carte de France; mais on crut qu'on pouvoit y suppléer par des coupes où étoient représentés l'ordre & la situation respective des bancs de chaque substance, placés les uns sur les autres, avec une note de leur épaisseur, & des autres accidens qui s'y trouvent, comme leur inclinaison, leur séparation par l'interposition des lits, &c. Outre cela on crut que le naturaliste pouvoit découvrir dans l'examen de ces différentes coupes, les variétés que la nature avoit adoptées en certaines circonstances dans l'arrangement des matières que renfermoient les massifs ou les montagnes : qu'il y reconnoîtroit les divers corps marins fossiles qui étoient ensevelis au milieu des lits d'argilles, de sables & de pierres tendres.

Que les propriétaires d'ailleurs, à la vue de ces coupes, verroient les diverses substances, au moyen desquelles ils pouvoient remplir les différentes vues d'utilité ou d'agrément dans leurs habitations, en profitant de celles qui étoient à leur portée. Le cultivateur pouvant de même très-aisément savoir à quelle profondeur il faudroit extraire la marne propre à fertiliser ses terres, les terres propres pour les constructions, pour tous les établissemens de tuileries, de briqueteries, de poteries, de fayenceries, & pour les manufactures de draps rélativement aux terres à foulon.

Pour faire mieux comprendre la construction de ces cartes, nous allons transcrire la description que Guettard lui-même a faite de celles qui réprésentent les environs de Paris, & de celles où sont renfermées les montagnes des Vosges. On jugera par-là des objets intéressans que chacune peut offrir.

On observe dans les environs de Paris, deux sortes de montagnes par rapport à leur composition : la première sorte & qui est la plus commune, est composée de la manière suivante : après la terre

labourable, on trouve un lit de sable, qui est suivi d'un banc de pierres meulières posé sur du grès qui est sur un banc de marne. Au-dessous de ce lit, en est un de glaise marneuse qui en précède un de pierre qu'on appelle communément *Cos*, pierre à aiguiser ; après ce lit on trouve un banc de pierre coquillière, & puis un lit de moëllon qui est au-dessus d'un autre banc de pierre coquillière ; ensuite est un autre lit de pierre de taille qui précède trois autres bancs également propres à la bâtisse, nommés le souchet, le banc franc, & le troisième, simple pierre à bâtir.

Dans les vallées qui regnent au-dessous de ces montagnes l'on trouve souvent des glaisieres qui sont composées d'un lit de sable, & de trois lits de glaise ; le premier est sableux, le second est noir, le troisieme bleu.

La seconde espèce de montagnes des environs de Paris, est celle que l'on connoît sous le nom de montagnes de pierres à plâtre, ou simplement sous le nom de platrieres ; on y remarque, au moins 14 lits de sables, de pierres & de terre glaiseuse. Après la terre labourable on observe les lits dans cet ordre : des lits de sable, de pierre meulière, de grès, de glaise verte, de glaise blanche ou verdâtre, d'une glaise jaunâtre, d'une autre blanche, & d'une dernière qui est bleuâtre ; elle est suivie d'un banc de pierre à plâtre qui est posé sur un lit de pierre blanche mêlée, au-dessous duquel est un second lit de pierre à plâtre. (*Voyez* dans le dictionnaire, *Montmartre*, ou l'on trouvera un détail beaucoup plus circonstancié de la composition de cette montagne.) Guettard termine ce qu'il dit des environs de Paris, par observer que ces deux sortes de montagnes sont en général composées comme on vient de le rapporter, mais qu'il peut se rencontrer certaines masses ou l'on observe des différences, & que ces différences sont peu confidérables ; enfin ces defcriptions générales conviennent au plus grand nombre des montagnes des environs de la capitale.

Noûs paffons maintenant à la defcription des objets défignés dans la carte des Vofges.

Avant que de faire connoître la compofition des montagnes des Vofges, Guettard commence par expliquer ce qu'il entend par les *Vofges*. Ce font différentes chaînes de montagnes plus. élevées les unes que les autres, & qui s'étendent depuis Bafle, jufqu'aux environs de Coblentz : on dit communément qu'elles féparent la Lorraine de l'Alface ; une partie de ces montagnes dépend cependant de la Lorraine, comme une autre partie eft dépendante de la Franche-Comté. La plaine d'Alface les fépare du Rhin qui en eft plus ou moins éloigné : cette plaine n'eft qu'un amas de fables mêlés de différentes fortes de cailloux roulés & dépofés par le Rhin. Quant aux montagnes des Vofges on peut les divifer en trois efpèces ; les premières qui font les plus baffes renferment principalement des pierres de taille calcaires & des pierres à plâtre : ces montagnes font les moins élevées, elles entourent les autres montagnes des Vofges ; leur étendue en largeur eft plus ou moins confidérable ; elle l'eft beaucoup moins du côté de la plaine d'Alface que du côté de la Lorraine & de la Franche-Comté ; elles fe confondent avec celles de ces deux provinces qui font toutes également calcaires, c'eft-à-dire, qu'il entre dans leur compofition des pierres propres à faire de la chaux. C'eft dans ces montagnes qu'on trouve les corps marins foffiles & les fontaines minérales ferrugineufes ; auffi les mines de fer font les feules qu'on y ait jufqu'à préfent découvertes.

La feconde efpèce de montagnes des Vofges & qui font pofées derriere les montagnes calcaires ont plus d'élévation que celles-ci. La pierre dont elles font compofées eft une forte de grès plus ou moins fin, ordinairement couleur de lie de vin, fur-tout dans les montagnes qui regardent la plaine d'Alface, dans lefquelles il eft rare d'en rencontrer qui foit grife ; cette derniere couleur eft celle de ce grès, dans les montagnes qui font du côté de la Lorraine, dans lefquelles il eft auffi rare d'en voir de couleur de lie de vin, qu'il l'eft du côté de l'Alface d'en trouver qui aient la couleur grife. Les uns & les autres de ces grès font très-fouvent remplis de cailloux arrondis, blancs, de la nature du quartz & plus ou moins gros. Ce grès eft connu dans le pays fous le nom de mollaffe ou mouillaffe, ou bien de pierre de fable : on n'y voit point de coquilles ou autres corps marins ; ou du moins ils y font très-rares. Les fontaines minérales ferrugineufes & les mines de fer font encore les feules qu'on voit dans cet ordre de montagnes.

Derrière celles-ci font placées les montagnes les plus hautes des Vofges, elles font, comme on voit, au centre des deux rangs des premieres : c'eft dans ces montagnes que fe voient les mines de toutes fortes : les mines de fer, de cuivre, de plomb, d'argent, de cobalt. C'eft dans ces montagnes que fe trouvent un grand nombre de différentes variétés de cryftallifations qui accompagnent les filons des mines, & fur-tout ceux qui ont été exploités. C'eft dans ces montagnes que l'on trouve abondamment du fpath-fluor, & fufible, du felds-fpath & des maffes confidérables de quartz de différente couleur. C'eft dans ces montagnes qu'on découvre les mines de charbon, les carrières d'ardoife & les amas de bitumes. Les pierres les plus communes font des fchiftes & des granits d'un grain plus ou moins fin, & de couleurs plus ou moins variées. C'eft enfin dans ces montagnes que font placées les fontaines minérales chaudes ; les fontaines minérales auxquelles on donne communément le nom de fontaines minérales acidules , à cause du piquant quelles ont & qui ressemble assez au vin de Champagne blanc mousseux.

On pourroit peut-être subdiviser la chaîne de ces hautes montagnes en plusieurs portions & par certains cantons ; on distingueroit , par exemple , ceux où les schistes ou mauvaises ardoises dominent & sont les plus communes , ceux où sont les granits ; mais ce n'est pas le cas d'entrer dans ce détail. On rencontre aussi par exemple de la mollasse , parsemée même quelquefois de cailloux de quarts arrondis ou roulés , sur le sommet de quelques-unes des plus hautes montagnes de la chaîne du centre des Vosges ; on voit de même des pierres à chaux dans quelques montagnes qui renferment aussi des granits , comme du côté de Schirmeck.

Après ces détails généraux sur les Vosges , nous passons , en suivant toujours Guettard , à l'ordre suivant lequel les substances qui composent ces différentes montagnes y sont arrangées. Les pierres calcaires forment dans les carrières différens bancs horisontaux , comme c'est l'ordinaire dans presque toutes les montagnes de cette nature ; quelquefois cependant les bancs ont plus ou moins d'inclinaison à l'horison , c'est ce qui s'observe dans quelques carrières voisines des montagnes de mollasse.

Il n'est guères possible de déterminer l'ordre que suivent ces dernières pierres, les rochers en sont presque toujours à découvert. Les terres & les sables qui les recouvroient ont été emportés par les eaux des pluies ou par celles qui sortent du sein de ces montagnes.

C'est une semblable dégradation qui est cause que les granits sont également à découvert , & tellement qu'il n'est pas

possible de bien déterminer leur position naturelle ; tout annonce dans ces sortes de montagnes une destruction affreuse qui s'augmente de jour en jour. La fonte des neiges , les pluies abondantes emportent journellement les sables & les terres de ces montagnes , entraînent même des quartiers considérables de ces pierres, qui sont peu à peu réduites en petites masses & même en poussière , & qui ont été ensuite déposées dans la plaine d'Alsace , dans les rivières où se rendent les eaux qui tombent des Vosges & qui les ont portées dans le Rhin. Malgré cette dégradation on rencontre quelques montagnes qui n'ont pas autant souffert dans leur composition ; l'on a profité de cette circonstance favorable pour les décrire , & l'on en a donné des coupes qui doivent fournir des idées de ce qu'elles peuvent avoir été anciennement.

L'on a fait graver ces coupes sur les côtés des cartes particulières où ces montagnes sont renfermées. Les montagnes de schistes ou de mauvaises ardoises , celles qui renferment des mines sont sur-tout celles qui ont présenté plus de facilité pour ces coupes.

Je présenterai d'abord ici les coupes qu'on trouve sur les bordures de six planches des environs de Paris , notées 25 , 26 , 40 , 41 , & 55.

Coupe des montagnes du Vexin , feuille 25.

Terre labourable , depuis deux jusqu'à six pieds.

Sable argilleux , depuis quatre jusqu'à vingt-quatre pieds.

Glaise sableuse où se trouvent les blocs de pierre meulière , depuis six pieds jusqu'à dix-huit.

Sable gris contenant quelquefois du grès , de 70 pieds.

Tuf blanc mêlé de pierres & de coquilles, de seize pieds.

Craie ou pierre blanche, de quatre-vingt pieds.

Coupe d'une carrière du même canton, même feuille.

Terre labourable, un pied.

Blocaille, six pieds.

Différens bancs de pierre grise, portant en tout 37 pieds.

$\left\{\begin{array}{l}\text{premier banc, de 10 pieds,}\\\text{second banc, de 6 pieds,}\\\text{troisième banc, de 3 pieds}\\\text{jusqu'à 10.}\\\text{quatrième banc, de 7 pieds,}\\\text{cinquième banc, 1 pied,}\\\text{sixième banc, de 3 pieds.}\end{array}\right.$

Coupe d'une montagne de craie, même feuille.

Terre labourable, depuis un pied & demi jusqu'à quatre.

Amas de silex ou cailloutis, depuis deux pieds jusqu'à six.

Masse de craie, coupée par cinq bancs de silex, de formes bizarres, soixante-seize pieds.

Coupe représentant l'ordre général des bancs de pierres & de terres pour la partie occidentale de l'Isle de France, feuille 26.

Terre labourable, depuis deux jusqu'à six pieds.

Pierres mamélonées, six pieds.

Différens bancs de pierres de taille, dix pieds.

Tuf sableux, coupé de bancs de pierres de taille, coquillières & mamélonnées, de 140 pieds.

Banc de coquilles de vingt à trente pieds, variant dans son niveau.

Masse de 120 pieds de craie, coupée par six bancs de cailloux ou silex.

Ordre des bancs de pierre & de terre, pour la partie orientale de l'Isle de France, même feuille.

Terre labourable noire, sableuse, un pied.

Sable & cailloux coquilliers, quatre-vingt-seize pieds.

Marne blanche, variant dans son niveau, seize pieds.

Cailloux coquilliers dans un terrein glaiseux, dix pieds.

Banc de glaise brune, sableuse, dix pieds.

Glaise sableuse, contenant du roussier, seize pieds.

Sable & grès, soixante-seize pieds.

Sable contenant des cailloux roulés, quarante pieds.

Pierre coquillière, tendre, quarante pieds.

Différens bancs de pierre à bâtir, cinquante-cinq pieds.

Tuf sableux, vingt pieds.

Ordre & coupe des bancs d'une carrière des environs de Paris, considérée géné-ralement, pris feuille 40.

Terre labourable, d'environ trois pieds.

Sable.

Pierre meulière.

Grès ou sables.

$\left.\begin{array}{l}\\\\\\\end{array}\right\}$ Ces trois substances varient en épaisseur depuis quatre pieds jusqu'à trente.

Marne.

Glaife marneufe.

Cos ou pierre calcaire à grain fin. } Ces quatre bancs varient d'épaiffeur depuis dix pieds jufqu'à cinquante.

Pierre coquillière.

Moëllon, trois pieds.

Pierre coquillière, dix pieds.

Pierre de taille, quatre pieds.

Souchet, quatre pieds.

Banc franc, quatre pieds.

Pierre à bâtir, dix-huit pieds.

Glaifières ou lits des vallées.

Sable ou débris quelconques, trois pieds.

Glaife fableufe, deux pieds.

Glaife noire, cinq pieds.

Glaife bleue, cinq pieds.

Ordre & coupe des bancs des plâtrières.

Terre labourable, 3 pieds.

Sable.

Pierre meulière. } depuis quatre pieds jufqu'à trente.

Grès & fable.

Glaife verte, trois pieds.

Glaife, un pied.

Glaife blanche ou verdâtre, fix pieds.

Glaife jaunâtre, deux pieds.

Glaife blanche, trois pieds.

Glaife jaunâtre, deux pieds & demi.

Pierre blanche, trois pieds.

Pierre bleuâtre, dix pieds.

Pierre à plâtre, dix pieds.

Pierre blanche mêlée, un pied.

Lits de plâtre d'une épaiffeur indéterminée.

Ces lits de plâtre feront detailles à l'article *Montmartre* du dictionnaire, & leur fuite figurée & décrite dans l'Atlas qui accompagnera le dictionnaire.

Ordre & coupe des bancs contenus dans les montagnes, au midi de Fère en Tardenois, feuille 27.

Limon blanc & jaunâtre, contenant de la meulière & des cailloux, quarante pieds.

Sable argilleux, qui manque quelquefois, & d'une épaiffeur variable.

Glaife verte, de douze pieds.

Marne blanche, de douze pieds.

Glaife bleue ardoifée, vingt-cinq pieds.

Marne en carreaux, dix pieds.

Pierre à plâtre, dix-huit pieds.

Marne blanche, huit pieds.

Différens bancs de pierre à plâtre, treize pieds.

Ordre & coupe des montagnes au nord de Rheims, même feuille.

Terre labourable, un pied.

Glaife variée, deux pieds.

Pierre rouffâtre, tendre, cinq pieds.

Sable mêlé de cailloux & de coquilles, quarante pieds.

Grès, huit pieds.

Mauvaise craie, vingt-cinq pieds.

Craie contenant des cailloux, quelques corps marins, & des pyrites, 195 pieds.

Ordre & coupe des bancs contenus dans les montagnes au Midi de Rheims, même feuille.

Terre labourable, un pied.

Terre limoneuse,
contenant de la
meulière & des
cailloux.
} Ces deux bancs de cent quatre-vingt-quinze pieds d'épaisseur.

Sable contenant des cailloux.
}

Tuf contenant des coquilles, de trente pieds.

Masse de craie qui contient des cailloux & des pyrites, de 275 pieds.

Ordre & coupe des bancs composant les montagnes de la Brie, feuille 41.

Terre limoneuse, contenant de la pierre meulière, depuis dix pieds jusqu'à cent.

Glaise verdâtre, depuis 0 jusqu'à dix pieds.

Boules de spath crystallisé, trois pieds.

Tuf mêlé de pierres à chaux & coupé de bancs de glaise verdâtre, depuis 140 jusqu'à 300 pieds.

Même tuf rempli de coquilles fossiles, depuis 0 jusqu'à vingt pieds.

Banc de sable, mêlé de coquilles dans les parties supérieures, cinquante pieds.

Ordre & coupe particulière des bancs de collines qui régnent aux environs de Lisy, Trocy & Vareddes, même feuille.

Terre végétale, argilleuse, huit pieds.

Tuf marneux, qui contient de la pierre à chaux, depuis vingt pieds jusqu'à cinquante.

Bancs de pierres à moëllon, dix pieds.

Tuf très-coquillier, un pied.

Grès bâtard, coquillier, depuis un pied jusqu'à quatre.

Sable coquillier dans la partie supérieure du banc, de cinquante pieds.

Tuf & blocaille, vingt pieds.

Divers bancs de pierre de taille fort dure.

Ordre & coupe des bancs composant les collines des environs d'Etampes, feuille 55.

Terre labourable, quatre pieds.

Marne & tuf, coupés par un grand nombre de bancs de pierres de taille, 135 pieds.

Marne qui contient des cailloux coquilliers, douze pieds.

Cailloux bruns coquilliers, quatre pieds.

Marne, coquilles & terre brune, depuis un quart jusqu'à un demi pied.

Sable & grès, quarante-cinq pieds.

Sable coupé de bancs de cailloux roulés, dix-huit pieds.

Sable coquillier, six pieds.

Sable coupé de bancs de gravier & de falhun, 16 pieds.

Tuf coquillier, quatre pieds.

Moëllon tendre, quatre pieds.

Glaise marneuse, huit pieds.

Ordre & coupe des bancs des montagnes aux environs d'Arpajon & Longjumeau, même feuille.

Terre labourable, deux pieds.

Glaise sableuse, avec pierre meulière, seize pieds.

Sable jaune, contenant des cailloux, du grès & quelques morceaux de roussier, 195 pieds.

Glaise marneuse contenant de grandes huîtres, dix pieds.

Marne coupée de glaise brune, huit pieds.

Glaise verte, onze pieds.

Marne coupée de filets de gypse, cinq pieds.

Marne durcie, cinq pieds.

Glaise verte, cinq pieds.

Ordre & coupe des montagnes des environs de Melun & Corbeil, même feuille.

Après la terre végétale argillo-marneuse ou argillo-sableuse, on trouve :

Sable & grès, depuis 0 jusqu'à 130 pieds.

Glaise sableuse contenant de belles pierres meulières, depuis vingt pieds jusqu'à soixante.

Glaise marneuse, verdâtre, depuis 0 jusqu'à six pieds.

Pierre à chaux, depuis soixante pieds jusqu'à cent.

Coupes de quelques montagnes des Vosges, contenues dans les deux feuilles 61 & 75 de l'Atlas minéralogique de la France.

Coupe d'une carrière de pierre à chaux d'un grain très-fin ou de marbre, située près Vakenbach, feuille 61.

Terre végétale, jaunâtre, mêlée de morceaux de schiste dur, d'une épaisseur indéterminée.

Pierre à chaux, très-fine, ou marbre à veines blanches, de trois pieds six pouces.

Même marbre, six pouces.   Ces quatre bancs en couches inclinées.

Même marbre, 3 pieds.

Même marbre, deux pieds.

Coupe de la carrière de pierre à chaux qui se trouve près Sainte-Marie-aux-Mines, dans le coteau où sont les mines de Saint-Philippe, mais à quatre cent pieds au-dessus des gîtes de ces mines, même feuille.

Terre végétale grise, peu fertile, huit pouces.

Pierre à chaux, d'une pâte très-fine, ou sorte de marbre d'un assez beau blanc, trois pieds & demi.

Pierre à chaux d'un grain fin, un peu grisâtre avec des points verds, de la nature de la stéatite, depuis deux pieds jusqu'à six.

Stéatite grise & verdâtre, d'un pied deux pouces.

Terre ferrugineuse, d'un jaune de rouille, un pied deux pouces.

Terre

Terre d'un gris foncé, & qui a beaucoup de confiſtance, un pied.

Trois bancs de pierre à chaux parſemée de grains de ſtéatite & de lames talqueuſes, coupés par autant de lits de ſtéatites verdâtres, trois pieds ſix pouces.

Pierre à chaux, très-fine en différens bancs, peu diſtincts & coupés de fils; on y trouve des rognons d'un demi pied, & quelquefois même juſqu'à un pied de ſtéatité verdâtre: les bancs inférieurs ont des veines griſâtres, vingt pieds.

Détail d'une coupe de terrein qui ſe voie à une demi-lieue de Saint-Hippolite, ſur le grand chemin de Sainte-Marie-aux-Mines, avec indice de charbon de terre, même feuille.

Terre végétale ſableuſe.

Sable.

Pierre de ſable.

Bancs de quartz blancs roulés.

Terre noire, fine, ſableuſe, qui paroît mêlée de parties de charbon de terre, un pied quatre pouces.

Gravier graniteux, fin, débris du granit tendre, mêlé de quelques morceaux irréguliers de ſpath fuſible, huit pieds.

Schiſte talqueux, gris, en feuillets, ſix pouces.

Schiſte noir très-bitumineux, cinq pouces.

Schiſte qui contient des empreintes de végétaux, ſix pouces.

Gravier graniteux coupé par un petit filet de charbon de terre, cinq pieds.

Granit brun qui paroît bitumineux, coupé par de petits lits de ſchiſte & de charbon

de terre, dont les plus épais ont quatre à cinq pouces, vingt pieds.

Gravier graniteux ou granit tendre.

Dans toute la ſuite de ces bancs, on voit l'ancien golfe qui a reçu les charbons de terre, & dont le baſſin a fourni les débris mêlés aux matières végétales & qui ont formé une grande partie des lits accidentels de cette mine de charbon. L'étude de pareils amas jetteroit beaucoup plus de jour ſur la formation des mines de charbon de terre, que certains mémoires où les faits ſont obſcurcis faute d'une bonne théorie. J'inſiſte ici d'autant plus ſur ces détails que je les avois examinés avec plus de ſoin, dans un voyage des Voſges fait en 1761.

Ordre & coupe des bancs qui s'obſervent dans les montagnes de Plombières & du Val-Dajot, feuille 75.

Terre végétale mêlée de petits morceaux de pierre de ſable, depuis un pied juſqu'à quatre.

Pierres de ſable très-plates & minces avec lames de talc.

Différens bancs de pierres de ſable, très-minces vers la partie ſupérieure, & plus épais vers le bas, vingt-pieds.

Maſſes de montagnes compoſées de ſables, de pierres de ſables, de quartz roulés & de poudingues, 250 pieds.

Rochers de granit, par bancs irréguliers, inclinés à l'horiſon, coupés par des filons de mines de fer, de feld-ſpath & de veines de terres argilleuſes, très-blanches & très-fines, environ cent pieds.

J'ai été étonné de trouver dans cette coupe des granits par bancs inclinés. Je n'en ai pas vu dans les Voſges, & ſurtout dans les contrées où ſe trouvent les montagnes de cette coupe.

Coupe obfervée à une lieue & demie de Plombières, le long de la vallée du Jard, même feuille.

Sorte de ftéatite par petits bancs, alternativement rouges, jaunâtres & blancs, lefquels ont depuis trois pouces jufqu'à huit à dix pieds d'épaiffeur.

Rocher d'une forte de quartz fin, compofé de lames fort minces qui forment des bancs inclinés de 70 à 75 dégrés à l'horifon, dans la direction du Sud-Oueft : ce quartz fait beaucoup de feu avec l'acier trempé.

Voilà bien en général toutes les attentions que l'on a eues & les foins que l'on a apportés dans la conftruction des cartes particulières de l'Atlas minéralogique de France. On a fait la même chofe pour les carrières de craie de la Champagne & de la Brie, pour celles des pierres de taille du Soiffonnois, du Vexin françois, pour les greffèries où montagnes de grès des environs de Dourdan, d'Étampes & de Fontainebleau. Je n'entrerai pas dans un plus grand détail fur ces coupes, fur la manière dont elles ont été exécutées, fur les avantages qu'on peut en retirer, & enfin fur les moyens de perfectionner ce genre de travail & d'inftruction. Je réferve ces confidérations pour l'Atlas qui doit accompagner ce dictionnaire, & où je compte placer des échantillons de ces cartes & de ces coupes.

Je finirai cette difcuffion fur la carte minéralogique de Guettard, par remarquer que ce n'étoit qu'après que le détail des cartes particulières auroit été achevé & complet qu'on auroit publié des cartes générales, & tracé les contours que les terreins différens de la France formoient dans leur étendue, de manière que les naturaliftes auroient été à portée d'après leur infpection de tirer des conféquences fur leur diftribution refpective. Ces cartes auroient auffi fervi de plan de travail à ceux qui auroient défiré par leurs re-cherches coucourir à la perfection de la carte détaillée ; elles les auroient engagés à conftater les contours des terreins & l'exiftence des matières qui pouvoient fe rencontrer à portée de leurs habitations ; mais ce travail n'a pas été exécuté, & la méthode d'obfervation qu'on avoit adoptée pour le rempliffage des cartes ne pouvoit pas contribuer à le faciliter. Je le regarde comme très-important, comme devant accélérer la collection des détails ; & très-propre à faire connoître l'ordre & l'arrangement des différens objets particuliers.

X.

Des volcans d'Auvergne.

Guettard a publié un mémoire fur les volcans d'Auvergne, dans lequel il fe flattoit d'en avoir fait *la découverte*, quoiqu'il n'eût vu que quelques laves ou produits du feu. Des obfervations poftérieures & fuivies ont prouvé que ce naturalifte avoit obfervé ces volcans très-légèrement. Il diftingue dans la partie de l'Auvergne qu'il a parcourue trois volcans, ou plutôt trois centres d'éruption. D'abord il nous indique au-deffus de *Volvic* une montagne où il a placé le centre d'éruption des feux fouterreins qu'il prétend avoir produit les pierres qui portent le nom de ce village. Cette montagne qui eft celle *de la Bannière*, offre il eft vrai à fon fommet les veftiges d'un trou ou cratère, où font encore plufieurs fragmens de fcories, ainfi que fur fes croupes ; mais Guettard a omis l'obfervation la plus effentielle, celle d'un courant de lave qui fort du pied de cette montagne & qui eft d'une nature totalement différente de la pierre de Volvic ; car la lave du Puy-de-la-Bannière n'offre point de trous comme cette pierre ; elle préfente au contraire un tiffu ferré, enfin elle ne fe taille pas comme la pierre de Volvic ; car elle tombe en éclats fous les coups de marteau. Les ouvriers qui travaillent aux carrières de la pierre de Volvic, diftinguent fous le nom de *pierre d'Eragne*, celle qui sort du Puy-de-la-Bannière ; au lieu qu'ils nomment *pierre de Volvic*, celle qui sort du *Puy-de-Nugère*, dont le sommet, que n'a point connu Guettard, est à plus d'une demi-lieue du village, & d'où sont sortis les grands & larges courans, où sont établies les carrières de cette pierre, d'un grand usage dans les différentes constructions de la province. On voit donc que Guettard s'est mépris sur le véritable emplacement du centre d'éruption qui a produit les pierres de Volvic. Je ferai voir tous ces détails sur une carte qui sera partie de l'Atlas, dont le dictionnaire sera accompagné.

Le second volcan que distingue Guettard, qu'il décrit même, est celui du Puy-de-Dôme ; il y trouve les mêmes caractères de volcan que dans la montagne de la Bannière ; il y a vu les mêmes pierres-ponces, des scories semblables, la même figure conique, & enfin l'entonnoir. Il y joint d'autres puys qui ont des entonnoirs à leur sommet ; mais il s'en faut bien que ce second volcan ressemble au premier. D'abord l'entonnoir ou cratère du Puy-de-Dôme est détruit à plus de moitié, ce qui indique le grand âge du volcan ; d'ailleurs le dehors de la montagne de la Bannière est un granit intact, à travers lequel le feu s'est fait jour, au lieu que la masse du Puy-de-Dôme, est une espèce de ponce qui a été pénétrée & cuite par le feu. Enfin les courans de laves qui sortent du pied du Puy-de-Dôme & que Guettard n'a pas connus, sont bien moins considérables que ceux du Puy-de-la-Bannière.

Le Mont Dor, troisième volcan distingué par Guettard, est encore décrit avec plus de confusion que le Puy-de-Dôme. Ce savant naturaliste crut y voir d'après un mûr examen que les pierres de la plupart des montagnes qui accompagnent le Mont Dor étoient des espèces de *schistes* ou ardoise qui n'avoient rien qui portât les caractères des produits du feu, ni qui ressemblât aux matières rejettées par les volcans. Enfin il conclut de toutes ses recherches & de la comparaison qu'il a faite de ces pierres avec les laves de l'isle de Bourbon & du Vesuve, qu'une grande partie des pierres des Monts Dor & même du Mont Dor n'avoit pas subi l'action du feu des volcans. Cependant des examens postérieurs à ceux de Guettard, ont prouvé que ces prétendus *schistes* sont des laves feuilletées qui font partie de courans visibles, sortis de certains centres qui ne sont pas aussi aisés à reconnoître que ceux des environs de Volvic & du Puy-dé-Dome. Il falloit donc, avant de donner ces assertions, faire des examens plus suivis & des observations plus raisonnées que n'en avoit pu faire Guettard dans le court séjour qu'il fit au Mont Dor, pour savoir distinguer l'état où s'y trouvoient les produits du feu, pour en déterminer & en reconnoître les phénomènes que le laps du tems a défigurés & même altérés, de manière qu'on court risque de les méconnoître, lorsqu'on ne réunit pas mille circonstances qu'il faut discuter séparément & rapprocher ensuite, avant de tirer de tous ces faits des conséquences décisives.

Les matières qui ont servi d'aliment au feu des volcans, ont attiré de même l'attention de Guettard, mais avec aussi peu de succès. Il en trouve les indices dans les terres & pierres bitumineuses qui sont aux environs de Clermont, & il auroit pu ajouter qu'il y en avoit aussi dans la Limagne ; mais il est visible que ces bitumes ne peuvent servir à l'entretien d'un feu aussi considérable & aussi ardent que celui des volcans, puisqu'ils sont dispersés au milieu de couches horisontales, & qu'ils ont été déposés par la mer bien loin des endroits où se trouvent des centres d'éruption, & au milieu de massifs d'une nature bien différente de ceux où sont les cratères ou culots des volcans éteints ; enfin à des époques bien postérieures à celles des volcans.

Il auroit été à défirer que Guettard en annonçant des volcans éteints en Auvergne, les eût étudiés quelque tems auparavant avec foin, eût caractérifé les opérations du feu & fes produits, de manière qu'il en eût réfulté une méthode d'obferver ces opérations du feu, de reconnoître les différens états & les époques des bouches à feu, en un mot qu'il eût tracé aux naturaliftes auxquels il auroit annoncé des objets auffi intéreffans, une marche fûre & facile pour revoir avec fruit ce qu'il avoit vu, & multiplier en Auvergne & dans les environs, des découvertes vraiment utiles aux progrès de l'hiftoire de la terre. Peut-on regarder comme une vraie découverte la fimple reconnoiffance des produits du feu des volcans, lorfqu'ils font préfentés avec auffi peu d'ordre & autant de confufion? Je le répète, les découvertes des volcans fuppofent une analyfe raifonnée de toutes les opérations du feu dont on a étudié les réfultats, de manière à remonter vers les états anciens de toutes les contrées volcanifées; fans cela on ne peut décorer l'indication de quelques pierres, du nom de découverte propre à enrichir l'hiftoire naturelle de la terre. Sur cette matière & fur toute autre, on ne peut confidérer une obfervation comme une découverte qu'autant qu'on s'eft mis en état, en annonçant un grand fait, de l'établir fur toutes les preuves juftificatives & authentiques qui lui conviennent.

Il s'en faut beaucoup que Guettard fe foit appliqué à faire connoître dans les trois volcans dont il a fait choix entre deux cents, les preuves juftificatives qu'ils pouvoient lui offrir, je veux dire les cratères & les courans. Je veux bien que le cratère du Puy-de-la-Bannière foit encore fenfible, ainfi que le courant qui eft au iepd, & que j'ai indiqué à la place de celui de la pierre de Volvic, qui vient d'ailleurs & du Puy-de-Nugère. Quant au Puy-de-Dôme, le cratère eft, comme je l'ai dit, bien défiguré & rempli, en grande partie, par la deftruction de fes bords: & fes courans, ne font pas ceux de la Font-de-l'Arbre qu'indique Guettard & qu'il eft aifé de fuivre jufqu'au pied d'autres montagnes volcaniques & voifines du Puy-de-Dôme. Enfin, fi nous paffons au Mont Dor, nous trouverons encore plus difficilement des veftiges de cratères. Il faut une étude plus opiniâtre pour y retrouver en fuivant les courans, les centres d'éruption qui pour lors tiennent lieu de cratères aux yeux de ceux qui ont quelque habitude d'obferver les volcans. Il s'en faut beaucoup que Guettard ait fait ufage de cette reffource; cependant la feule qui de l'état actuel où fe trouvent les Monts Dor, puiffe faciliter les moyens de remonter à l'état ancien, à l'état où fe font préfentées ces montagnes à la fuite des éruptions & des incendies qui les ont ravagées. Je vois qu'il étoit bien éloigné de cette méthode en méconnoiffant les laves de la plupart des courans des Monts Dor, & en prenant pour volcan le capucin qui fait partie de ces courans. Il falloit à Guettard du tems & une certaine méthode analytique pour annoncer les volcans de l'Auvergne aux favans naturaliftes, & il n'a eu malheureufement aucuns de ces moyens.

GROUNER.

Précis méthodique & raifonné du travail de Grouner fur les glaciers des Alpes & fur ceux des autres parties du monde.

Cet obfervateur Suiffe a raffemblé avec un fi grand foin les faits qui concernent non-feulement, les glaciers de fon pays mais encore ceux des autres contrées de la terre, qu'il en a formé un enfemble vraiment intéreffant pour la *Géographie-phyfique.* Auffi c'est d'après cet auteur que j'ai cru devoir préfenter ici un précis raifonné fur ces phénomènes. Ces montagnes couvertes de neiges & de glaces permanentes qui font placées à une grande élévation au-deffus du niveau de la mer, & que les chaleurs de l'été ne peuvent fondre entièrement, méritent certainement d'être décrites & connues. Leur fituation & leurs formes ne peuvent être rapprochées & comparées avec trop de foin; c'eft ce qu'a fait Grouner. Si les Cordillières du Pérou, les montagnes de l'Iflande & du Nord, les Alpes de la Savoie, de la Suiffe & des Grifons, préfentent aux voyageurs ce fpectacle intéreffant avec des variétés & des changemens qui naiffent des différences des climats, de la pofition des lieux, & de la hauteur des montagnes, tous ces détails fe trouvent dans l'ouvrage de Grouner, & ils y figurent avec tout l'avantage que pouvoit leur donner un naturalifte obfervateur qui n'eft occupé que d'un feul objet.

Non-feulement il a fcu mettre à profit fes nombreufes obfervations, mais encore celles des voyageurs inftruits qui ont expofé avec plus ou moins d'étendue les phénomènes particuliers qu'ils ont pu contempler dans leurs diverfes courfes. C'eft là que l'on trouve ce que les académiciens françois Bouguer & la Condamine nous ont fait connoître fur les glaciers des montagnes du Perou: ce que Torkelfon & Olavius nous apprennent fur les montagnes glacées de l'Iflande: ce que Schenchzer, Hottinger, Chriften, Capeller, Altmann, Mérian, de Haller ont écrit fur les Alpes: ce que Langhans a publié fur la vallée intéreffante du Siementhal, &c. Nous retrouvons tous ces faits rapprochés avec autant d'ordre que de précifion dans Grouner. C'eft donc pour préfenter à l'inftruction publique le réfultat de tout ce travail, que j'ai cru devoir en former un précis raifonné, en y ajoutant ce que j'ai vu par moi-même, & y plaçant les différentes réflexions & développemens qui pouvoient contribuer à lier les faits & tous les phé-

nomènes, de manière à en offrir des explications fimples & naturelles.

(Voyez l'article Glacier du dictionnaire, & particulièrement les articles des montagnes de la Suiffe qui font couvertes de neiges & de glaces permanentes.)

Grouner décrit fort en détail les glaciers de la Suiffe, d'abord ceux de la vallée d'Ober-Hafly, du Grindelwald, du Lauterbrunen, de la vallée de la Kander, des monts du Froutiguen & du Siementhal, du baillage de Geffenay, enfin du gouvernement d'Aigle, tous du canton de Berne.

Enfuite il fait connoître également les glaciers qui font fur les montagnes feptentrionales du pays de Vallais, qui tiennent auffi aux Alpes: puis ceux des montagnes méridionales du même pays qui communiquent aux montagnes qu'on doit regarder comme les extrémités des Alpes Pennines.

De-là il paffe aux grandes Alpes Lépontines & aux glaciers des baillages italiens de la Suiffe du côté du Milanés; après cela aux glaciers du canton d'Uri, ou des petites Alpes Lépontines.

Les Alpes Réthiennes, où font les glaciers du pays des Grifons, occupent fur-tout Grouner qui parcourt avec les mêmes attentions les glaciers des cantons de Glaris, d'Appenzel, de Schwitz, d'Underwald & du mont Engelberg, limitrophe de ce dernier canton.

L'affemblage entier de ces montagnes couvertes de neiges & de glaces permanentes étant mefuré en ligne droite, occupe environ 66 lieues du Levant au Couchant; il s'étend depuis les bornes occidentales du pays de Vallais vers la Savoie, jufqu'aux bornes orientales du pays des Grifons vers le Tirol; ce qui forme dans toute cette longueur de la Suiffe une fuite de montagnes affez fouvent interrompuë. Il part de cette fuite différens embranchemens qui s'étendent du Midi au Nord, & dont les plus longs occupent un espace d'environ trente-six lieues. Le centre de ces monts neigés & de ces amas de glaces est occupé par le grand Saint-Gothard, la Fourche & le Grimsel.

Quoique les descriptions de ces différens glaciers offrent diverses singularités frappantes, nous ne présenterons pas ici tous ces détails, nous renvoyons les curieux à l'ouvrage même. Nous croyons devoir nous borner à faire, d'après cet auteur, des observations sur les glaciers en général, en nous attachant à mettre dans nos réflexions l'ordre & la précision qui peuvent en même-tems donner une idée du travail de Grouner, ainsi que des phénomènes singuliers de la nature qu'il nous a fait connoître, & sur-tout des principales circonstances de leur formation. Toutes ces recherches appartiennent à l'histoire naturelle de la terre, & à la *Géographie-Physique* en particulier. Les remarques que nous allons faire, rouleront sur six considérations générales que nous comprendrons dans six articles particuliers.

ARTICLE PREMIER.

Des diverses sortes ou formes de glaciers.

La neige tombée du ciel & reçue sur les sommets élevés & froids est le principe, l'origine & la matière première de tous les glaciers; la *fonte* de ces neiges & leur *regel* joints à la position des lieux forment les divers genres, les diverses sortes & les variétés que l'on remarque dans les glaciers. Grouner les rapporte à trois genres qui renferment chacun une multitude d'espèces, suivant les circonstances particulières & locales. Il distingue, 1°. les monts de neige & de glaces, 2°. les vallons de glaces, 3°.

les glaciers formés au-dessous de ces masses par la fonte des neiges & leur regel en glaces qui cheminent & suivent les pentes. Les premiers glaciers sont les plus élevés: les seconds occupent les entre-deux des montagnes; les troisièmes sont les prolongemens des seconds, & prennent mille formes différentes suivant les dispositions des lieux qui leur servent de lit. Nous allons entrer dans quelques détails sur ces trois formes de glaciers.

1°. Sur les plus hautes cimes des Alpes, dont les têtes se cachent dans les nues & où la neige ne fond qu'un peu à la surface, est une neige pure, accumulée de siècle en siècle, affaissée, comprimée, & dont une partie de l'humidité a été enlevée par les vents. Dans les heures les plus chaudes de quelques beaux jours de l'été, la surface en est un peu fondue; cette superficie regèle aussi-tôt dans la nuit & forme une croute ferme & solide. Tel est le premier genre des glaciers, on pourroit les appeler *monts neigés*.

Souvent cette neige endurcie comme une calote, couvre un mont qui paroît un sommet isolé; quelquefois aussi c'est une suite de cônes énormes qui, à différentes hauteurs, offrent des pointes toujours blanches, ce sont primitivement & intérieurement les pointes mêmes des rochers qui servent de base & d'appui aux neiges dont ils sont couverts.

Dans le circuit de ces montagnes coniques, il y a d'autres fois des pentes douces ou des espèces d'appendices & de plate-formes en terrasses couvertes de neiges, où elle fond & regèle. L'eau des sommets s'y épanche aussi & s'y congèle: de-là il en résulte une couverture composée de couches alternatives de neiges & de glaces. Grouner appelle ces pentes douces & ces terrasses des *champs de glace*.

Lorsque la fonte des neiges supérieures est un peu considérable, les pentes se sillonnent, & il naît le long de ces pentes des vallées, des inégalités, des pointes, des pyramides & des formes variées, bizarres: il est visible que suivant que quelques unes de ces formes dominent dans ces sortes de *champs de glace*, cela forme autant d'espèces différentes dans cette première classe de glaciers.

2°. Je passe maintenant au second genre plus varié encore, toujours d'après les erremens de Grouner. Entre ces monts dont nous venons de parler il y a des intervalles ou des vallons qui sont plus élevés que les vallées inférieures, & au-dessus du niveau où la neige fond, ces vallons sont aussi remplis de neiges; rarement il pleut sur ces vallons, mais il y tombe de la neige dans toutes les saisons de l'année: cependant les rayons du soleil dans les grands jours, réfléchis par les *monts neigés* fondent la surface de cette neige qui regèle durant la nuit. Voilà une croute de glace sur laquelle il va retomber de la neige nouvelle à quelques jours de-là. Par ces alternatives il se forme à la longue une stratification de neige compacte & de glace opaque qui élève considérablement le fond de ces vallons. Si cette masse est soutenue & comme encaissée tout autour, il ne peut y avoir d'écoulement que par dessous, au travers des fentes des rochers & dans les vuides de l'intérieur des montagnes. Si le vallon se comble jusqu'à une certaine issue ou une gorge, l'écoulement extérieur de l'eau produite par la neige fondue commence à se faire par ce débouché.

Quelques uns de ces vallons offrent en été une surface unie, comme celle d'un lac gelé, où les yeux éblouis se perdent dans l'étendue de quelques lieues. C'est ainsi que l'on a vu le vallon que l'on traverse dans le Vallais depuis

Charmontana, jusqu'à Viesch, & qui a environ 14 lieues.

D'autres fois ces vallons élevés présentent en été, plusieurs sortes d'irrégularités; il y en a sur-tout trois formes principales.

Ce sont d'abord quelquefois des élévations monstrueuses qui sont comme de petites masses montueuses formées dans l'étendue du lac; ces masses sont le produit des avalanches ou lavanges de neiges qui sont tombées des sommets environnants, & qui ayant grossi pendant leur chûte se sont arrêtées sur la surface plane du lac gelé. La chaleur du soleil les arrondit, leur donne une forme conique ou pyramidale, ou irrégulière, qui tient jusqu'à ce que ou la chûte d'une autre lavange, où la chaleur plus grande d'un autre été les fasse changer de forme ou les fonde tout-à-fait. C'est ainsi que l'aspect de ces glaciers change si considérablement, que les descriptions d'une année ressemblent peu à celles d'une autre. Voilà la cause de cette première sorte d'irrégularités.

Quelquefois ces vallons sont ouverts aux vents qui y accumulent la neige lorsqu'elle tombe du ciel, ou lorsqu'elle est enlevée des sommets supérieurs, ou enfin lorsqu'elle fond: il en résulte comme des ondes, des gradins, des bancs ou bien de petites élévations qui ont quelque sorte de régularité relativement à leur position & à leurs hauteurs. Voilà donc une cause de la seconde sorte d'irrégularités très-variées qu'on rencontre à la surface des champs de glaces: on croiroit quelquefois voir les ondes d'un lac agité par une furieuse tempête, & qui ont été subitement surprises & endurcies par une congélation soudaine & simultanée. Tels ont paru souvent le grand glacier du Grindelwald & celui de Viesch. C'est ainsi qu'on voit quelquefois en hiver après une forte bise ou un vent de Nord froid qui dure plufieurs jours, & qui fait defcendre le thermomètre de Réaumur à 7 ou 8 dégrés au-deffous du terme de la glace, les bords du lac de Neufchâtel gelés à la diftance de quelques cens pas de la terre. La bife ammoncèle pour lors les ondes qui fe font congelées & en forme une triple & quelquefois une quadruple chaîne de petits monts de glace recouverts d'un peu de neige. Ces monticules rangés affez régulièrement fur des lignes à peu-près parallèles ont jufqu'à 5 pieds de hauteur, & préfentent en petit l'image des grands glaciers, lorfqu'on les contemple éclairés par un beau foleil. Le foleil d'un été chaud efface fur les Alpes tous ces objets brillans, & on ne troûve plus l'année fuivante, qu'un fpectacle totalement changé & des formes différentes, qui annoncent l'ébauche de nouveaux glaciers, de nouveaux vallons, de nouveaux champs de glace & de nouveaux lacs. Telles font les vraies caufes bien fimples de tant de formes & de changemens divers dans ces glaciers du fecond ordre, fur lefquels on a imaginé tant d'hypothèfes bizarres.

Enfin un dernier changement que nous devons indiquer ici, ce font les fentes qui fe forment pendant l'été à la furface des lacs glacés. Ces fentes font plus ou moins étendues & profondes; elles forment une troifième efpèce d'irrégularités qui méritent une grande attention, & qui varient chaque année, & d'une année à l'autre. La glace ne fe fend jamais fans bruit & fans un éclat qui eft fouvent affez grand pour être réfléchi & répété par les échos des montagnes : les voyageurs curieux & les payfans voifins ne peuvent entendre quelquefois ces longs éclats fans furprife & fans admiration. Plus d'une fois auffi ces fentes ont fervi de triftes tombeaux aux voyageurs ou aux chaffeurs imprudens.

Quelques-unes de ces fentes fe font à la fuite de la rupture des gros glaçons

ou de leur fonte ou de leur déplacement : le poids feul d'une grande couche de glaces fuffit pour la faire éclater dans un endroit que quelque caufe a rendu foible, ou dans un lieu où la glace porte à faux. Car lorfque la glace ou la neige fe fondent par deffous, ce qui arrive fréquemment, l'eau s'écoulant pour former des fources, le vuide qui en réfulte doit occafionner des fentes.

Telles font les trois claffes principales d'irrégularités & d'accidens que l'on obferve dans le fecond genre de glaciers, c'eft-à-dire dans les *champs de glace* ou vallons fupérieurs glacés, & qui y introduifent une multitude de variétés & de changemens qui n'ont pas été encore décrits ni diftingués avec affez de foin par les auteurs qui ont obfervé les glaciers, & qui ont prétendu nous les faire connoître.

3°. Je paffe au troifième genre général des glaciers. Les vallons fupérieurs glacés, & fur-tout les vallons inférieurs qui ont un débouché quelconque par une gorge, par une pente continue, par la féparation ou l'intervalle de deux montagnes, donnent lieu à la formation de ce troifième genre général des glaciers plus variés encore que ceux des deux claffes précédentes ; on peut nommer ceux-ci *amas ou vallées de glaçons qui cheminent*. Pour repréfenter avec netteté leur variété & les caufes bien fimples de leur formation, il faut entrer dans quelques détails. Ici difparoîtront encore des hypothèfes chimériques imaginées pour expliquer leur origine, parce qu'elles ne font pas fondées fur les faits & les obfervations qu'on auroit pu recueillir autour de ces glaciers beaucoup plus acceffibles que les autres.

Si le vallon, foit fupérieur, foit inférieur eft creux dans fon milieu, & qu'il foit environné de montagnes de tous côtés, la neige & la glace, comme
nous

nous l'avons déjà dit, s'y trouvent encaiffées jufqu'au niveau des débouchés par les gorges, &c.

Jufques-là elles ne s'écoulent point au-dehors étant fondues, mais feulement par deffous à travers les fentes du rocher qui fert de baffin; fi alors le fond du vallon eft fort ombragé par les fommets, il peut fe former un cône de glace dans le milieu de la vallée en été, parce que le haut fe fond en rond fuivant l'ombre & le cours journalier du foleil. Le pied où l'eau tombe fe trouve plus large à caufe de l'ombre des fommets. Ce qui eft fondu s'écoule dans les cavernes fous les rochers & le cône refte; fouvent on a vu cette forme de glaçon dans le milieu des vallons élevés: & telle a été la caufe de leur formation.

Mais d'autres vallons, fans être ainfi creufés ou fort peu dans leur milieu, ont, à quelques-unes de leurs extrémités, des ouvertures, des gorges, des débouchés en pentes fuivies entre deux montagnes. La neige accumulée pendant les faifons froides fe fond pendant le petit nombre de jours où règne un certain dégré de chaleur; l'eau qui n'eft pas retenue s'écoule par les parties les plus baffes, & cette eau fe regele pendant la nuit: il pleut même quelquefois fur les vallons les plus bas dans les jours les plus chauds, & cette eau avec la glace & la neige, fe regele de même pendant les nuits toujours froides. Voilà de la vraie glace; & les amas de glaçons qui en naiffent fous tant de formes, mériteroient peut-être feuls le véritable nom de glaciers.

Quoi qu'il en foit, c'eft-là le troifième genre général des glaciers; il ne nous refte plus qu'à faire connoître en détail les efpèces & les variétés qui en naiffent, à raifon de toutes les circonftances du dégel & du regel, de l'écoulement de l'eau, & du déplacement continuel des

glaçons qui fuivent fouvent les pentes par les progrès de leur fonte.

D'abord le dégel fe fait quelquefois à la furface fupérieure de ces glaciers par la chaleur de l'air. Alors la fuperficie plane de la glace, & la fuperficie inclinée de la gorge, fe fillonnent par l'écoulement de l'eau, comme les plaines font coupées par le courant des rivières, des torrens & des ruiffeaux: il ne faut pas chercher d'autres caufes à ces coupures fuivies ou interrompues que préfentent les glaciers inclinés.

D'autres fois le dégel fe fait par-deffous plus que par-deffus, en conféquence de la conftitution du fol du glacier; & de-là il en réfulte des difpofitions très-variées dans les glaçons qui éprouvent ainfi des changemens dans leurs parties inférieures, & pour lors il eft aifé d'en faifir les caufes.

Dans certaines circonftances on verra des coupes prefque verticales de glaces, des efcarpemens ou des murs, parce que la gorge fe trouve ombragée par les fommets voifins; & ces murs de glace defcendront fouvent fort bas & même jufqu'à une vallée inférieure & profonde.

Dans d'autres, on voit un arc de voûte magnifique & éclatant d'une glace tranfparente que l'on contemple avec admiration d'une vallée inférieure, parce que le dégel a été fi confidérable par-deffus pendant le jour, que la nuit l'eau a été gelée en tombant, & que le milieu de la gorge s'eft trouvé plus élevé que fes extrémités.

Dans un autre endroit on admire une multitude de quilles énormes qui fe trouvent à l'extrémité des vallées, & fur-tout vers leurs débouchés dans une vallée inférieure. Ce font quelquefois comme des ftalactites cylindriques ou pyramidales sous toutes sortes de positions ; ces corps paroissent formés par l'eau tombante, mais surprise par le froid de la nuit.

Quelquefois ces quilles énormes se détachent par leur poids, s'arrêtent au-dessous du lieu de leur formation, se plantent dans la neige un peu amollie par la chaleur, & s'y fixent. L'eau qui tombe d'en haut les atteint, s'y gèle, & les affermit en leur donnant une bâse ; c'est de-là que naissent des cônes, des pyramides ou entassés ou arrangés près les uns des autres dans les glaciers inférieurs.

Lorsque la pente du vallon glacé est douce, il se forme alors jusqu'au bas un revêtement de glace où se voient des espèces de pyramides qui naissent, les unes des inégalités du roc qui sert de bâse : les autres sont produites par l'eau qui en s'écoulant coupe la glace & la neige suivant les inflexions de son cours. Les troisièmes enfin ont eu pour noyaux des fragmens de glace ou de neige détachée des sommets supérieurs, & qui s'arrêtent çà & là dans la pente. Les inégalités qui viennent des rochers ou des pierres éboulées ont en général des formes permanentes, mais les autres changent d'une année à l'autre.

Sur les côtés & au pied de ces pentes, il se forme aussi quelquefois des amas de neiges poussées par le vent & arrêtées par des obstacles ; leur surface se fond & se regele : de-là il naît souvent des couches de glace ou horisontales ou inclinées qui paroissent séparées des monts glacés & des vallons remplis de glaces.

Tels sont les trois genres généraux de glaciers, & les diverses formes qui appartiennent à ces differens genres : nous avons cru que cette distinction méthodique serviroit à donner une idée plus juste de la formation des uns &

des autres, de la cause générale de tous, & des circonstances particulières qui ont concouru à la formation de chacun d'eux.

ARTICLE SECOND.

De la nature de la glace & des eaux qui en proviennent.

La glace des glaciers ne diffère point essentiellement de celle qui se forme dans les plaines par l'eau ou par la neige fondue ; elle est cependant moins transparente que celle qui se forme dans les eaux claires & limpides, parce qu'elle est produite par les eaux des neiges à demi fondues. Cependant elle est plus dure, plus légère, plus durable que la glace ordinaire. On a dit que cela provenoit de ce qu'elle contenoit plus de parties nitreuses. C'est une erreur : car la chimie ne découvre aucune trace de nitre dans cette glace ; elle est plus légère, parce qu'elle est formée en grande partie de neige qui est plus légère que l'eau : elle est plus dure, parce qu'elle est de plus vieille date, plus pénétrée de l'action du froid, & moins remplie d'air & de parties aqueuses ; elle est moins transparente, parce que, par l'évaporation qu'éprouve toujours la glace, celle-ci est plus privée d'air & d'eau que celle qui se forme dans les lieux tempérés : d'ailleurs un certain mélange de neige en trouble plus ou moins la transparence.

Les glaces de la Suisse comme celles du Nord sont blanchâtres ou bleuâtres. La première de ces couleurs indique la neige peu altérée par le dégel & le regel : la seconde indique la neige mieux fondue & regelée.

Il paroît évidemment que cette glace fondue doit fournir aux pieds des glaciers une eau plus légère & plus pure, toutes circonstances d'ailleurs égales ; parce que

la glace est plus légère que la neige comprimée : parce que la neige est plus légère
que l'eau : enfin parce que la glace de ces
glaciers est plus légère que toute autre.

D'ailleurs il est certain que les neiges
qui tombent sur les hautes cimes des
montagnes sont moins chargées de parties
hétérogènes, terrestres, &c. Les eaux
qui en découlent devroient en être plus
pures, lorsqu'elles n'ont contracté aucun
principe étranger du sol sur lequel elles
ont circulé.

Les goîtres que portent les habitans
de quelques vallées inférieures, viennent,
par conséquent, non des eaux de neige,
comme on l'a cru & avancé sans preuve,
mais des eaux gypseuses, séléniteuses ou
tofeuses, & peut-être plus essentiellement
de l'air de certains vallons chargé de
vapeurs humides, de brouillards, & pas
assez souvent renouvellé par des vents
salutaires. On voit en effet, dans quelques vallons aux pieds des Hautes-Alpes,
des habitans pâles, & dans les vallons
supérieurs ou dans les plaines hautes
entre les montagnes, des hommes grands,
bien faits & robustes. Ceux-ci boivent
de plus près les eaux de neige fondues.

ARTICLE TROISIÈME.

Position & nature des montagnes neigées.

En général les plus hauts monts de
glace de la Suisse & de la Savoie sont
situés du côté du Midi ; ceux de la
partie septentrionale n'ont pas la même
élévation ; en est-il de même dans les
autres contrées du globe où l'on observe
les mêmes phénomènes ?

Les rochers sur lesquels portent ces
amas de neiges & de glaces, sont certainement de diverse nature & de composition différente. Les deux parties ou
les deux bandes schisteuse & marneuse

qui, selon Guettard, partagent la Suisse,
l'une du côté du Midi, l'autre du côté
du septentrion, sont des suppositions
purement gratuites : suppositions contre
lesquelles on trouve bien autant d'exceptions que de faits analogues qui semblent
les établir. C'est ainsi qu'un faux arrangement conduit à des assertions que la
nature n'avoue pas.

Les hautes montagnes de la Suisse qui
sont au Midi, sont en partie de roches
vitrifiables, mixtes ou surcomposées de
diverses sortes de matières pierreuses.
Parmi ces monts de pierres vitrifiables
on trouve çà & là des bancs, des couches,
des montagnes entieres de pierre schisteuse,
d'autres de pierres calcaires, de marbres,
de gypse, &c.

En général, les monts neigés de la Suisse
& de la Savoie sont au nombre des plus
hautes montagnes de l'Europe ; les trois
plus élevées de la Suisse sont, le Mont-
Blanc, le St. Gothard & la Fourche,
mais elles sont inférieures à celles du
Pérou.

Les montagnes de la Suisse que les
neiges couvrent sans cesse, ont au moins
quinze cens toises au-dessus du niveau
de la mer. C'est là où se trouve le commencement de la ligne neigée des Alpes,
& les sommets couverts de cette neige
permanente surpassent encore cette élévation jusqu'à 500 toises & plus. Ce
commencement est quelquefois un peu
plus haut ou un peu plus bas, selon les
circonstances locales. Dans les Andes cette
ligne neigée est à la hauteur de 2434
toises, uniformément tracée. Cette différence est visiblement la suite du climat
& de la chaleur qui règne au pied de
ces diverses montagnes, au Pérou & en
Suisse. Il en est ainsi sur toutes les montagnes de la Zône-Torride ; à une certaine
distance de l'Équateur, comme au pic de
Ténériffe, le terme inférieur constant de
la neige est à 2100 toises.

Bouguer croit que l'air libre, à mille toises de hauteur, doit avoir un dégré de froid au-deſſous de la glace : ainſi d'après cette ſuppoſition la neige pourroit commencer & tenir à cette hauteur ſur toutes les montagnes, ſi les circonſtances des vapeurs, de la nature du ſol, & des vents, ne faiſoient pas élever cette ligne neigée. En s'approchant des pôles, cette ligne neigée eſt certainement plus baſſe qu'en Suiſſe, comme en Suiſſe elle eſt plus baſſe que vers l'Équateur. Cette ligne d'ailleurs doit être encore plus haute, toutes les autres circonſtances d'ailleurs égales, près de la mer que dans le centre des continens.

Il eſt certain que c'eſt le dégré d'élévation des montagnes neigées & la ſomme du froid qui y règne, qui entretiennent cette neige à une hauteur plus ou moins grande, & cette différence naît, comme nous l'avons dit, des diſpoſitions locales des maſſes montueuſes. Les glaciers de même ne ſont pas continus ſur les Alpes à une hauteur fixe : on paſſe en effet le St. Gothard, le St. Bernard, le Grimſel, le Gemmi, le Simplon, le Mont-Cenis, ſans paſſer ſur la glace. L'induſtrie des habitans a ſcu diſtinguer les lieux où la neige fond dans la ſaiſon chaude & elle y a tracé des chemins.

Il eſt d'ailleurs des vallons ouverts du côté du Midi, à couvert du côté du Nord par des monts plus élevés ; la neige fond dans ces vallons ; tandis que dans des vallons plus bas, mais plus expoſés au Nord, où le ſoleil du Midi pénètre peu, on voit des neiges ou des glaces permanentes.

Ailleurs même, entre les plus hautes cimes des monts neigés, il eſt des intervalles où la neige diſparoît en été ; où de nombreux troupeaux vont paître, tandis que plus bas on voit des glaces qui ne ſe fondent jamais entièrement, parce

qu'elles ſont fournies par des glaciers ſupérieurs ; ce qui vient, non-ſeulement de l'expoſition par rapport au ſoleil, mais encore de la diſpoſition du terrein qui ne l'expoſe pas à recevoir les produits de la fonte & du regel des neiges : enfin de la nature du terrein qui couvre le fond du vallon. La neige d'ailleurs ſe conſerve mieux ſur le roc nud que ſur la terre noire & calcaire ; cette terre pénétrée par les exhalaiſons ſouterraines ou intérieures & par les vapeurs extérieures, fait fondre plus aiſément la neige, & devient ordinairement par-là très-fertile.

ARTICLE QUATRIÈME.

De l'accroiſſement & de la diminution des glaciers.

Tous ces amas de neige & de glaçons diminuent en certaines années, & augmentent en d'autres ; & les circonſtances de ce phénomène méritent d'être examinées.

Quelques naturaliſtes ont prétendu que cet accroiſſement & cette diminution étoient ſoumis à certaines règles & à certaines périodes dont la ſuppoſition a ſervi de prétexte pour bâtir des ſyſtêmes plus ingénieux que ſolides. Telle eſt la mépriſe où l'on ſe laiſſe aller fréquemment en hiſtoire naturelle, & dans les théories de la terre, mais qu'on évite lorſqu'on ſuit les principes de la *Géographie-Phyſique*. On imagine des hypothèſes d'après des faits faux ou incertains. Etudions bien la nature, & la connoiſſance complette des faits nous en offrira un dénouement naturel. Raſſemblons tous les faits, avant que de tirer des conſéquences générales & de former un ſyſtême que des faits mieux obſervés renverſeront.

Voici donc la vérité des faits ſimples & leur explication.

On diſtingue les ſommets & les vallons ſupérieurs glacés des glaciers ou vallées inférieures. L'augmentation de ceux-là en certaines années, dépend de deux cauſes; de la plus grande quantité de neige tombée dans les ſaiſons froides, & de la moindre quantité fondue & écoulée dans la ſaiſon chaude qui n'a pas eu ſon étendue ordinaire. Sur cela il convient encore d'obſerver deux autres circonſtances, l'une qu'à prendre 30 ou 40 ans ou un nombre d'années plus conſidérable, il doit tomber, ſomme totale, à peu-près la même quantité de neige ſur ces ſommets & ces vallons élevés, comme la quantité de pluie qui tombe dans les lieux bas en plaine, dans des tems donnés & égaux, eſt auſſi à peu-près égale. L'autre circonſtance à obſerver, c'eſt qu'il tombe en général moins de neige ſur les ſommets les plus élevés que ſur les vallons plus bas.

Quant à l'augmentation des glaces dans les vallées inférieures, elle dépend, non-ſeulement de la quantité de neige qui y tombe immédiattement, mais plus encore de celle qui ſe fond dans les lieux ſupérieurs, qui ſe regèle & vient garnir, ſous forme de glaçons, les vallées inférieures.

Cette augmentation ſe fait par couches qui ſont viſibles là où il ſe fait quelques fentes dans la glace. Hottinger a le premier obſervé que ces couches de glaces vont en diminuant d'épaiſſeur, & que les plus minces ſont au-deſſous : enfin que dans les vallées inférieures, chaque couche eſt comme diſtinguée par une ligne de terre & de ſable, qui ſont deſcendus des lieux ſupérieurs, ou qui y ont été portés par les vents. Une nouvelle couche ſe forme l'année ſuivante qui couvre ces matières hétérogènes, leſquelles ſe reproduiſent de nouveau par les mêmes accidens que le retour des ſaiſons ſemblables amène. Les couches inférieures ſont plus minces, parce qu'elles

ont été en partie fondues; l'air & l'eau s'en ſont d'ailleurs évaporés. Enfin s'il y a la moindre fente, il en dégoute ſans ceſſe de l'eau dans les heures chaudes de quelques mois de l'été.

On a auſſi obſervé que, lorſque les neiges ſupérieures des ſommets ont diminué durant une année ſèche & chaude, les vallées inférieures deviennent plus unies, parce qu'une multitude de pyramides & d'inégalités accidentelles des années précédentes s'effacent.

La tradition & quelques documens hiſtoriques apprennent que les glaciers de la Suiſſe, pendant une ſuite d'une centaine d'années, ſe ſont élevés & ont gagné du terrein horiſontalement, mais que durant d'autres années ils ont diminué en hauteur & en étendue : ainſi l'on ne peut pas douter qu'il n'y ait une compenſation ou des retours d'effets qui doivent raſſurer les habitans effrayés quelquefois des progrès que les glaciers ont fait pendant un ſiècle.

On a vu au glacier du Grindelwald du canton de Berne, une pièce de rocher conſidérable qui étoit tombée d'une cime ſupérieure ſur un plan de glace, s'avancer, du côté de la gorge inclinée du vallon, d'environ 50 pas dans l'eſpace de ſix ans; il faut donc que toute la maſſe énorme de glace contenue dans le vallon ſe ſoit avancée en même-tems. Pour cela il eſt néceſſaire que cette glace ait été dégelée tout autour des bords, ait fondu par-deſſous & qu'elle ait gliſſé ſur le roc de cette eſpèce de baſſin pour gagner ainſi le débouché de la gorge : ces mêmes bords ſe ſont enſuite remplis pendant les hyvers d'une nouvelle neige qui a pris corps avec l'ancienne glace.

Quant à l'épaiſſeur actuelle de ces couches de neige & de glace, elle varie ſelon les lieux, & il n'eſt pas aiſé de les déterminer. On peut dire en général que l'épaisseur de la glace des vallons est plus grande que celle des sommets neiges supérieurs. On a estimé l'épaisseur de ceux-là, de 20 à 30 toises; au reste tout cela varie d'une année à l'autre, & inégalement dans les divers lieux.

Les glaciers du Grindelwald, par exemple, ont certainement abandonné quelques terreins qu'ils couvroient autrefois. Il y avoit un portail brillant & majestueux de glace d'où sortoit un ruisseau abondant, & ce portail a disparu entièrement. Les glaciers qui gagnent d'un côté pendant un certain tems, se retirent donc d'un autre côté, & s'ils ont paru quelquefois s'étendre & menacer certains lieux, quelques années chaudes dissipent ces allarmes.

Il est certain que les neiges se sont emparées dans le bailliage d'Interlaken de quelques intervalles de montagnes où il y avoit des paturages qui étoient fréquentés : elles ont occupé aussi un chemin par où l'on passoit de-là dans le Vallais. Un petit village dont le nom étoit Sainte-Petronelle, a disparu, & les glaces couvrent le terrein où étoient placées les habitations. Mais tous ces accroissemens sont lents, & l'on verra indubitablement ces mêmes amas de glaces reculer avec plus de promptitude dans quelques années favorables.

ARTICLE CINQUIÈME.

Comparaison des glaciers de la Suisse avec ceux des autres pays.

Nous avons déjà indiqué quelques différences entre les glaciers de la Suisse & ceux du Pérou, quant à leur hauteur; il y en a d'autres plus importantes encore. Il semble en effet d'après les relations de Bouguer, que l'on peut s'élever à une certaine hauteur sur les Cordillières, franchir les glaciers, & y placer des

instrumens : il n'en est pas ainsi des Alpes. Leurs cimes moins élevées sont cependant inaccessibles pour les chasseurs les plus déterminés, qui n'y peuvent pénétrer, par exemple depuis le Grimsel jusqu'au Letscherberg, sur un espace de plus de vingt lieues, & à qui il est impossible de passer du canton de Berne dans le Vallais. Ce n'est qu'en suivant les contours des vallées que l'on s'y rend. Les montagnes du Pérou ne sont pas non-plus si profondes, la masse n'en est pas si large, n'étant composées que de deux chaînes avec une vallée entre deux. Bouguer & la Condamine sont montés jusqu'à 2476 toises.

La plupart des monts neigés du Pérou ont été ou sont encore des volcans, & la neige fond sur ceux qui jettent des flammes. Dans nos Alpes on ne voit aucune trace de volcans; on y trouve bien des entonnoirs fréquens dans les lieux toujours couverts de neige comme dans ceux où elle fond; mais ce ne sont que des affaissemens de terreins ou des voûtes de quelques cavernes. Dans plusieurs de ces entonnoirs l'eau s'engouffre pour se rendre dans des grottes ou des réservoirs souterrains, où elle fournit à l'entretien des sources permanentes.

Les glaciers des vallons de la Suisse éprouvent quelquefois des tremblemens : de grandes surfaces de glaces sont très-subitement ébranlées avec bruit. Ces tremblemens naissent d'un vuide qui s'est fait en dessous par la fonte de la neige & l'écoulement de l'eau, comme nous l'avons déjà dit. L'air dilaté dans ces vuides, produit un vent qui ébranle quelquefois toute la masse de la glace, d'autrefois ce vent s'échappe par les fentes de la glace, & alors le tremblement est moins sensible.

Les glaciers du Nord ressemblent bien plus à ceux de la Suisse, que ceux qui font près de l'Équateur & dont nous venons de parler.

Pontoppidan ne nous a pas fait connoître fort en détail les monts neigés & glacés de la Norwege dans l'histoire naturelle qu'il a donnée de cette contrée : mais les Isbrèdes ou côtes de glaces de ce pays là ne different en rien des glaciers des Alpes, & tous les hauts sommets des montagnes de ces contrées font toujours couverts de neiges permanentes, comme les cimes des glaciers de la Suisse.

La Suède a de même des montagnes neigées, d'où se prolongent plus bas des suites de glaçons dans les vallons inférieurs, & Browallius donne à ces monts supérieurs 2333 toises de hauteur.

Au Nord & à l'Orient de l'Islande, est une chaîne de montagnes ensevelies aussi sous les neiges & les glaces permanentes, même pendant tout l'été : les habitans les nomment Jœklar. Ce qu'il y a de singulier, c'est que ces monts ne sont pas les plus élevés de ce pays-là, & que les glaciers changent de lit très-souvent. Ceux du mont Hecla, du Hotlegau & de l'Œraise qui sont des volcans, ne changent point de lit. Le mont Vestericekel est celui qui renferme le plus de glaces permanentes pour le lit & pour l'étendue. Horrebow, Torkelson, Vidalius & Olavius ont décrit ces montagnes, ces glaces, & ces volcans.

Il n'est pas surprenant que la nature présente ce phénomène dans un pays aussi septentrional. Les glaciers septentrionaux de l'Islande sont assez conformes à ceux de la Suisse, dans certains points surtout. Ils sont sujets comme eux à s'avancer dans les plaines & à s'en retirer en certains tems; ils se trouvent particulièrement distribués dans le district appelé *Skapta-Falssysla*. Ils occupent un espace

d'environ dix lieues de longueur; quant à la largeur, on n'a point pu encore la déterminer, par les obstacles que présentent aux voyageurs les fentes qui sont à la surface des glaciers. La glace d'ailleurs qui les compose est dure, compacte & bleuâtre. On en voit sortir des pointes de roches qui paroissent avoir été jettées par des volcans : & l'on trouve dans tous les environs des produits du feu; cela n'est pas surprenant, d'autant plus que les montagnes couvertes de neige & de glaces qui font dans le voisinage des glaciers d'Islande, ont été autrefois de vrais volcans. Le mont Hecla lui-même, si fameux par ses fréquentes éruptions, est une montagne dont le sommet est couvert de neige & de glaces.

La Laponie offre aussi des glaciers, mais d'un tout autre genre. Ce sont de véritables lacs & des marais gelés jusques au fond. D'un autre côté vers la Nort-Lande occidentale, en Finlande, dans la Frisslande, dans les isles de Mayen, de Pouchochoths, & vraisemblablement dans toutes celles de ces mers du Nord, tous les sommets élevés des montagnes sont perpétuellement glacés.

Nous voyons encore dans le recueil des voyages au Nord, une description des glaciers maritimes. Les côtes orientales & occidentales du Groënland sont couvertes de pyramides & de masses énormes de glaces inaccessibles entre des rochers à fleur-d'eau dont les intervalles sont remplis par la mer gelée. La mer dans ces parages est couverte au loin de glaçons qui du Spitzberg & des terres voisines du pôle, sont continuellement poussés au rivage par les courants & les vents, tandis que la chaîne des roches élevées qui forment la côte occidentale est occupée par des neiges dont les lavanges réunies aux glaçons qui se précipitent dans les plages, rendent le rivage horrible & inabordable. Toutes les montagnes d'ailleurs de ce triste pays sont aussi des glaciers qui ont une hauteur médiocre au-dessus du niveau de la mer.

Le Spitzberg, la Nouvelle-Zemble, n'offrent de même aux navigateurs qui se hasardent dans ces contrées, que des neiges & des glaces, non plus que les mers qui sont autour de ces isles & qui sont presque toujours couvertes de convois immenses de glaçons lesquels rendent alors leurs côtes inabordables.

On fait encore mention des glaciers qui se trouvent, dit-on, dans d'autres climats, mais qui sont moins connus. Tels sont les amas de glaces du Mont-Liban, entre la Syrie & la Palestine : ceux qui sont sur le mont Ararat, sur le mont Taurus, l'Émus, l'Atlas, le Mont-Blanc de la Tartarie orientale, le Caucase, &c.

ARTICLE SIXIÈME.

Des avantages qui résultent des montagnes couvertes de neiges & de glaces.

Tout dans la structure extérieure de notre globe a ses usages & ses avantages, comme ce qui constitue sa structure intérieure. C'est à quoi doivent s'attacher ceux qui s'occuperont des progrès de la *Géographie-Physique* du globe; au lieu qu'il semble que souvent des naturalistes peu réfléchis paroissent avoir employé leur éloquence à exagérer les irrégularités, les bouleversemens prétendus de la terre, pour n'y faire appercevoir que confusion & désordre. Tout cependant a son utilité, ses avantages & concourt à l'économie générale. Les montagnes si difformes & souvent si horribles, sont néanmoins plus nécessaires que jamais, quoi qu'en ait dit Burnet; les végétaux, les animaux n'ont pu s'en passer.

De même les glaciers, sur les montagnes les plus élevées, ne sont pas moins utiles à la grande circulation des eaux sur le globe, à l'entretien des sources & aux besoins des végétaux & des animaux.

Si les glaciers de la Suisse rendent ce pays plus froid qu'il ne seroit, sans ces amas de neige & de glaces, vu la position de ce pays sur le globe : si ces montagnes y occasionnent des vents froids, une vicissitude de froid & de chaleur souvent subite dans un court intervalle de tems, des pluies abondantes : d'un autre côté, ces mêmes masses de montagnes élevées, ces amas de glaces amassent, conservent les eaux qui servent à l'entretien des sources de ces grands fleuves, lesquels arrosent une grande partie de l'Europe où l'on manqueroit d'eau sans cette ressource de la nature.

Si ces montagnes étoient moins hautes, & qu'il n'y tombât par conséquent que de la pluie, elle s'écouleroit aussi-tôt ou feroit dissipée en vapeurs. Mais au moyen des glaciers, nous avons les sources de cinq grandes rivières, d'une multitude de moyennes, d'une infinité de ruisseaux & de fontaines qui sont permanents & intarissables. Car ces neiges & ces glaces qui fondent peu à peu & sans cesse pendant toute la saison chaude, dont l'eau pénètre continuellement l'intérieur de ces monts élevés pour en remplir les grotes, les cavernes & les réservoirs souterrains, servent merveilleusement à l'entretien de ces sources permanentes.

Il en résulte aussi que toutes ces rivières qui partent de points si élevés, ont par-là même une pente nécessaire & suffisante pour porter au loin le tribut de l'eau des montagnes neigées & couvertes de glaces, & avec elle la fraîcheur & la fécondité. Celles qui coulent au Nord ont à peu-près une pente de quinze pieds par lieue pour arroser les pays qu'elles traversent jusqu'à la mer, & celles qui descendent au Sud en ont aussi une d'environ vingt-cinq pieds par lieue commune. Ne pas admirer une disposition pareille

pareille, n'en pas suivre les nuances & les détails, c'est ne pas sentir quelle est la beauté & l'économie de cet ordre de choses.

Toutes les fontaines périodiques où intermittentes qui sont aux environs des amas de neiges ou de glaces, dont les périodes d'écoulement sont ou annuelles ou journalières, doivent les phénomènes singuliers de leur écoulement ou de leur intermittence, à la fonte des neiges & des glaces dont les eaux sont reçues dans les bassins intérieurs : ou bien à la forme particulière de ces bassins & des canaux qui en partent & fournissent des eaux au dehors.

Les rochers & les neiges qui couvrent les hautes montagnes, les forêts qui garnissent les hauteurs inférieures & qui interceptent l'évaporation des eaux, en rendent les réservoirs souterrains plus abondans, intarissables & propres à fournir aux sources une eau pure & limpide; changez cette double distribution du produit des glaciers, les eaux s'écouleront toutes à la fois pour causer des inondations désastreuses, & laisseront dans tous les degrés de ces pentes une aridité destructive des bienfaits d'un écoulement ménagé & distribué avec l'économie qu'exigent les besoins des végétaux & des animaux. (Voyez *glaciers* & *ligne neigée* dans le dictionnaire, avec les articles des contrées de la terre où se trouvent les différens glaciers dont il est fait mention dans ce précis.) On y trouvera tous les détails qu'on a été obligé de supprimer ici pour se borner à ce que renfermoit l'ouvrage de *Grouner*, & à ce qu'exigeoit le rapprochement nécessaire des faits qui ont dû servir de base à la notice & au précis raisonné. On y verra sur-tout en action tous ces amas de glaçons qui ont occupé les navigateurs dans des contrées où le niveau de la ligne neigée se trouve très-près du niveau de la mer, & où les glaçons des plaines maritimes semblent se rapprocher des glaçons que versent dans la mer les vallées du Groënland, de la Baye d'Hudson, du Spitzberg & de la Nouvelle-Zemble.

HALLEY.

Notice de ses principaux ouvrages sur la Géographie-Physique.

Halley est un des physiciens anglois. qui ait le plus travaillé pour la *Géographie-Physique* ; ses recherches & ses méditations se sont portées sur plusieurs phénomènes généraux du globe de la terre, qu'il a traités d'une manière aussi savante que méthodique.

Le premier mémoire a pour objet un système fort ingénieux sur la marche du fluide magnétique, & particulièrement sur celle de la déclinaison de l'aiguille aimantée. Toutes les observations connues de son tems y sont rapprochées & combinées avec autant de sagacité que d'intelligence. Cette masse de faits a servi depuis de base à toutes les améliorations dont cette partie étoit susceptible, & qui se font chaque jour par les plus habiles marins d'après les erremens d'Halley.

Le second roule sur l'estimation de la quantité de vapeurs qui s'élèvent de la mer, qu'il a déduite d'une expérience simple & précise ; Halley y a joint une exposition raisonnée de la circulation de ces vapeurs, telle qu'elle peut être assortie au système de la nature dans l'approvisionnement des bassins intérieurs des sources & des fontaines. Puisque l'Océan reçoit perpétuellement une quantité prodigieuse d'eau, tant des rivières qui s'y déchargent que de l'atmosphère par les pluies, les rosées & les neiges qui y tombent ; il seroit impossible qu'il n'augmentât pas considérablement s'il ne diminuoit de la même quantité par quelqu'autre moyen. Mais comme on n'a remarqué aucun accroissement dans la mer & que les limites des continens & de la mer, sont constamment les mêmes depuis un grand nombre de siècles, il faut chercher par quel moyen l'Océan perd autant d'eau qu'il en reçoit. Il y a eu à ce sujet deux hypothèses parmi les physiciens ; l'une est que l'eau de la mer est portée par des conduits souterreins, jusqu'aux sources des rivières, où se filtrant à travers les crevasses elle perd sa salure ; l'autre est que cette perte se fait par les vapeurs qui s'élèvent de la surface de la mer ; la première est abandonnée maintenant de tous les physiciens, parce qu'il est difficile, pour ne pas dire impossible, d'expliquer comment l'eau de l'Océan étant plus basse que l'embouchure des rivières peut remonter jusqu'aux sources qui sont en général situées dans les endroits les plus élevés des continens ; mais dans la seconde hypothèse on n'a pas cette difficulté à expliquer le jeu du retour de l'eau de la mer jusqu'aux sources, & par conséquent à prévenir tout accroissement dans la masse des eaux que son bassin rassemble ; on a trouvé que ce retour doit s'opérer aisément par les vapeurs qu'on fait certainement s'élever en grande quantité de dessus la surface de l'Océan. Cette quantité qu'il étoit important de déterminer pour écarter toutes les objections que pouvoient faire les partisans de l'hypothèse opposée, Halley l'a fait d'après ces principes.

Il a trouvé d'après une expérience faite avec soin, que l'eau salée, au même degré que l'est ordinairement l'eau de la mer, & échauffée au degré de chaleur de l'air, dans nos étés les plus chauds, donnoit par l'évaporation, l'épaisseur d'un soixantième de pouce d'eau en deux heures ;

d'où il réſulte qu'une lame d'eau ſalée d'un dixième de pouce ſe diſſipera en vapeurs dans l'eſpace de douze heures,

De ſorte que connoiſſant la ſurface de tout l'Océan ou d'une de ſes parties, comme la Méditerranée, on pourroit auſſi connoître combien il s'en élève d'eau par l'évaporation en un jour, dans la ſuppoſition cependant que l'eau fût auſſi chaude que l'air l'eſt en été.

Il s'enſuit donc de tous les détails précédens, qu'une ſurface de dix pouces quarrés, perd tous les jours un pouce cubique d'eau ; un pied quarré, une demi-pinte : le quarré de quatre pieds, un gallon : un mille quarré, 6,914 tonneaux, & un degré quarré de 69 milles anglois, 33 millions de tonneaux.

Ce ſavant phyſicien eſtime que la Méditerranée a environ 40 dégrés de longueur ſur 4 dégrés de largeur, compenſation faite des lieux où elle eſt plus large avec ceux où elle eſt plus étroite, de ſorte que toute ſa ſurface peut être évaluée à 160 dégrés quarrés : & par conſéquent toute la Méditerranée, ſuivant la propotion établie ci-deſſus, doit perdre par l'évaporation au moins 5,280,000,000 de tonneaux d'eau dans un jour d'été. A l'égard de la quantité d'eau que les vents emportent de deſſus la ſurface de la mer, qui, quelquefois, eſt plus conſidérable que celle qui eſt évaporée par la chaleur du ſoleil, il lui paroit impoſſible d'établir aucune règle pour la fixer.

Il ne reſte plus qu'à comparer cette quantité d'eau avec celle que les rivières charient tous les jours à la mer ; ce qu'il eſt difficile de calculer puiſqu'on ne peut meſurer ni la largeur du lit des rivières, ni la viteſſe de leur courant : il n'y a qu'une bâſe de calcul à prendre en établiſſant une comparaiſon entre toutes les rivières & la Tamiſe, & en les ſuppoſant plus grandes qu'elles ne ſont réellement, on

peut obtenir une quantité d'eau plus conſidérable qu'elles n'en fourniſſent à la Méditerranée.

La Méditerranée reçoit neuf rivières conſidérables, qui ſont l'Ebre, le Rhône, le Tibre, le Pô, le Danube, le Neiſter, le Boryſtène, le Tanaïs & le Nil. Toutes les autres ſont peu de choſe en comparaiſon. Halley ſuppoſe chacune de ces rivières plus grandes que la Tamiſe, non qu'il y en ait aucune de ſi forte, mais afin de compenſer toutes les petites rivières qui vont ſe rendre dans la même mer.

Il ſuppoſe enſuite que la Tamiſe au pont de Kingſton où la marée monte rarement a cent aunes de large & trois de profondeur, & que ſes eaux parcourent l'eſpace de deux milles par heure : ſi donc on multiplie cent aunes de largeur de l'eau par trois aunes de profondeur, & le produit 300 aunes quarrées par 48 mille, ou 84,480 aunes qui eſt à l'eſpace que l'eau parcourt en un jour, le produit, dis-je, de ces deux nombres 300 aunes quarrées par 48 milles, donnera 25,344,000 aunes cubiques d'eau, ou 20,300,000 tonneaux d'eau qui ſe rendent chaque jour dans la Méditerranée.

Or, ſi chacune des neuf rivières indiquées ci-deſſus fournit autant d'eau que la Tamiſe, il s'enſuivra que chacune d'elles porte tous les jours à la mer 20,300,000 de tonneaux d'eau, & par conſéquent toutes ces rivières réunies, donneront 1,827 millions de tonneaux d'eau par jour. Or cette quantité ne fait guères plus que le tiers de ce qui s'exhale en vapeurs de la Méditerranée en douze heures de tems, d'où il paroit que la Méditerranée bien loin d'augmenter ou de déborder par l'eau des rivières qui s'y déchargent, ſeroit bientôt deſſéchée ſi les vapeurs qui s'en exhalent n'y retournoient pas en partie au moyen des pluies & des roſées qui tombent à ſa ſurface.

Le troisième mémoire renferme un détail historique des vents alisés qu'on observe dans l'Océan Atlantique & Ethiopien, dans la mer des Indes, & enfin dans la mer du Sud ou Pacifique. A ce détail bien circonstancié & raisonné, succède un essai sur les causes physiques de la marche régulière de ces vents, & même des exceptions à cette régularité. Ceci demandoit une grande étendue de connoissances sur les différens rapports des terres & des continens avec les mers qui les baignent, & l'on peut dire que tous ces développemens se trouvent dans le premier essai d'Halley. Si par la suite il y a eu des augmentations à ce travail, il est certain qu'on est toujours parti des différentes bases que l'astronome anglois a posées, & qu'on s'est constamment dirigé par les mêmes vues. C'est par le secours des observations nouvelles qui lui manquoient à cette époque qu'on a fait mieux que lui. Ce sont ces motifs qui m'ont déterminé à publier dans son entier le mémoire d'Halley, tel qu'il l'a redigé anciennement.

Le quatrième mémoire renferme une savante discussion sur la quantité proportionnelle de la chaleur du soleil dans les différentes latitudes, avec une méthode propre à l'appréciation & à la détermination de ces différens dégrés de chaleur. Dans ce mémoire, Halley nous donne les principes d'après lesquels Mairan s'est conduit dans le grand travail qu'il a fait sur la cause du chaud & du froid dans l'été & dans l'hiver; & sur la comparaison de la température des saisons à différentes latitudes. Comme nous avons donné un grand développement à ces considérations dans le dictionnaire de *Géographie-Physique*, nous y renvoyons à l'article *Saisons*.

Enfin, le cinquième mémoire roule sur la cause de la salure des eaux de la mer. La solution de ce problême proposée par Halley, est fort ingénieuse; elle est fondée sur des faits plus précis que celles qui ont été données depuis &

qui sont toutes vagues, & sur-tout celles où l'on allègue les masses salines prétendues enfouies dans les différentes parties du bassin de la mer. Halley attribue cette salure des eaux de la mer aux fleuves & aux rivières qui tombent dans la mer & y entraînent depuis le commencement du monde les sels que leurs eaux ont dissous à la surface de toutes les terres des continens & des isles. Il cite pour preuve les lacs salés, résidans au milieu des terres & sans communication avec la mer, & qui n'ont pu recevoir leur salure que des eaux des rivières considérables qui s'y déchargent.

Je me suis déterminé avec d'autant plus de raison à publier le second, le troisième & le quatrième mémoires dans leur entier, que plusieurs écrivains les ont défigurés en nous en donnant des extraits incomplets. Un des grands motifs d'ailleurs, c'est qu'ils traitent des questions très-importantes & qui ont fait époque dans l'histoire naturelle de la terre. Je pourrois citer parmi ceux qui ont défiguré les ouvrages d'Halley, le traducteur de l'Abrégé des Transactions philosophiques.

I.

Recherches d'Halley sur la variation de l'aiguille aimantée, avec un système sur la cause de cette déclinaison.

Le savant docteur Halley ayant rassemblé les observations les plus exactes qu'il put se procurer, & les ayant comparées & examinées avec soin, a tiré les conclusions suivantes sur la variation de l'aiguille aimantée.

Il a trouvé 1°. que dans l'année 1689 la variation étoit à l'Ouest par toute l'Europe, mais beaucoup plus dans les cantons orientaux que dans les contrées occidentales.

2°. Que sur la côte d'Amérique vers la Virginie, la Nouvelle-Angleterre &

Terre-Neuve, la déclinaison avoit lieu pareillement à l'Ouest, & qu'elle augmentoit toujours pour ceux qui voyageoient au Nord le long de la côte jusqu'au point qu'elle étoit de 20 degrés à Terre-Neuve, de près de 30 au détroit d'Hudson, & de 57 dans la baie de Baffin; mais elle diminue pour ceux qui voyagent à l'Est de cette côte. Il semble que ces deux observations prouvoient qu'il devoit y avoir une déclinaison à l'Est, ou du moins n'y en avoir point à l'Ouest, quelque part entre l'Europe & cette partie du Nord de l'Amérique, & on conjecturoit que cela arrivoit vers la plus orientale des isles Tercères.

3°. Que sur la côte du Brésil il y a une variation à l'Est qui augmente considérablement quand on va vers le Sud, jusque-là qu'elle est de douze degrés au Cap-Frio, de vingt & demi vis-à-vis la rivière de la Plata, & qu'en allant de-là au Sud-Ouest & au détroit de Magellan, elle diminue jusqu'à 17 degrés, & qu'elle n'est plus que de 14 degrés à l'embouchure occidentale de ce détroit.

4°. Qu'à l'Est du Brésil, proprement dit, cette déclinaison à l'Est diminue, & qu'elle n'est plus que fort peu de chose aux isles de Sainte-Hélène & de l'Ascension, & qu'elle disparoît entièrement vers les 18 degrés de longitude à l'Ouest du Cap-de-Bonne-Espérance où l'aiguille est dirigée Nord & Sud plein.

5°. Qu'à l'Est de ces lieux, on commence à appercevoir une déclinaison à l'Ouest qui continue dans tout l'Océan Indien, & est de 18 degrés sous l'équateur, vers le méridien de la partie septentrionale de Madagascar; près du même méridien à 39 degrés de latitude Sud, elle est de 27 degrés & demi: en allant de là à l'Est, on trouve que la déclinaison à l'Ouest décroît insensiblement, de sorte qu'elle est à peine de 8 degrés au Cap-Comorin, de trois seulement sur la

côte de Java, & qu'il n'y en a presque point du tout vers les isles Molucques. La même chose a lieu presqu'à l'Ouest de la terre de Van Diemen.

6°. Qu'à l'Est des Molucques & de la terre de Van-Diemen, sous la latitude Sud on trouve une autre variation à l'Est qui est moindre que l'autre en degrés & en étendue, car elle est sensiblement plus petite à l'isle de Roterdam que sur la côte orientale de la nouvelle Guinée. Pour observer la proportion dans laquelle elle décroît, Halley croyoit être fondé à soupçonner qu'elle cessoit à environ 20 degrés plus loin à l'Est, ou à environ 225 degrés de longitude à l'Est du méridien de Londres, & à 20 degrés de latitude Sud, & qu'en cet endroit l'aiguille commençoit à décliner à l'Ouest.

7°. Que les variations observées à Baldivia & à l'entrée occidentale du détroit de Magellan, font voir que la variation à l'Est, expliquée dans le n°. 3, décroît fort vite & ne peut pas raisonnablement s'étendre à beaucoup de degrés dans la mer du Sud, depuis la côte du Pérou & du Chili, & qu'elle fait place à une petite variation à l'Ouest dans cet espace de mer qui est entre le Chili & la Nouvelle-Zélande & entre l'isle de Hond & le Pérou.

8°. Qu'en allant au Nord-Ouest depuis l'isle de Sainte-Hélene par l'isle de l'Ascension jusqu'à l'équateur, la variation à l'Est continue à être fort petite, ou qu'elle est presque toujours la même, de sorte que dans cette partie du monde le trajet de l'Océan où il ne paroît pas de variation, ne s'étend dans le plan d'aucun méridien, mais plutôt au Nord-Ouest.

9°. Qu'à l'entrée du détroit d'Hudson, à l'embouchure de la rivière de la Plata, quoiqu'à peu près sous le même méridien, l'aiguille varie dans l'un de 29 degrés & demi à l'Ouest, & de 20 degrés & demi à

l'Eſt dans l'autre ; d'où l'on voit clairement l'impoſſibilité d'expliquer ces variations
en ſuppoſant deux pôles magnétiques
& un axe incliné à l'axe de la terre ,
parce qu'il s'enſuivroit que ſous le même
méridien la variation devroit être par-tout
la même.

Pour expliquer ces phénomènes & ces
anomalies dans les variations, Halley ſuppoſe avec beaucoup de ſagacité que le
globe de la terre eſt un grand aimant qui
a quatre pôles magnétiques , deux auprès
du pôle-Nord , & deux autres vers le
pôle-Sud de la terre, & que chacun de
ces pôles gouverne l'aiguille de manière
que la vertu du pôle le plus proche l'emporte ſur celle du plus éloigné.

Mais comme on lui demandoit bien
des choſes pour déterminer très-exactement les lieux de ces pôles , il les a
fixés ainſi par conjecture. Il place le pôle
magnétique du Nord le plus proche de
nous, auprès ou ſous le méridien de la
pointe de l'Angleterre, & pas à plus de
7 degrés du pôle-Nord. Ce pôle magnétique gouverne principalement les variations qu'on remarque dans toute l'Europe, la Tartarie & la mer ſeptentrionale,
quoique ces variations ſoient un peu
affectées par l'autre pôle magnétique du
Nord, ſitué dans un méridien qui paſſe
par le milieu de la Californie, & à environ 15 degrés du pôle ſeptentrional du
monde. L'aiguille obéit à celui-ci dans
toute l'Amérique ſeptentrionale & dans
les deux Océans Atlantique & Pacifique
près des deux côtés depuis les Açores à
l'Oueſt juſqu'au Japon & au-delà.

Les deux pôles magnétiques du Sud ſont
un peu plus écartés du pôle méridional
du monde ; l'un eſt diſtant à environ 16
degrés dans un méridien, à 20 degrés à
l'Oueſt du détroit de Magellan, ou à 95
degrés à l'Oueſt de Londres ; il com-
mande à l'aiguille dans toute l'Amérique
méridionale, dans la mer Pacifique & dans
la plus grande partie de l'Océan Ethiopique.

Le quatrième pôle eſt celui qui paroît
avoir le plus de vertu, & qui s'étend le
plus loin ; il eſt le plus éloigné du pôle
du monde, à environ 20 degrés dans un
méridien qui paſſe par la nouvelle Hollande , & par Célebes, à environ 120
degrés du méridien de Londres. Ce pôle
domine au Midi de l'Afrique, en Arabie,
dans la mer Rouge, en Perſe, dans l'Inde,
dans ſes iſles & dans tout l'Océan Indien,
depuis le Cap-de-Bonne-Eſpérance à
l'Eſt juſqu'au milieu de la grande mer du
Sud qui ſépare l'Aſie de l'Amérique.

Il reſte maintenant à faire voir que les
conſéquences des obſervations qui ont été
expoſées ci-deſſus cadrent fort bien avec
cette hypothèſe & qu'elles s'en déduiſent
facilement : pour mieux entendre tout
ceci il faut avoir un globe ou une mappemonde, où les quatre pôles ſoient placés dans les ſituations que nous venons
d'indiquer.

Premièrement il eſt clair que notre
pôle magnétique ſeptentrional d'Europe
étant dans le méridien qui paſſe par la
pointe d'Angleterre, tous les lieux qui
ſont ſitués plus à l'Eſt l'auront plus à
l'Oueſt de leurs méridiens, & que conſéquemment l'aiguille qui y pointe au
Nord aura une variation à l'Oueſt qui
augmentera toujours pour ceux qui voya-
geront à l'Eſt juſqu'à quelque méridien
de la Ruſſie, où elle ſera à ſon plus haut
point, & qu'enſuite elle commencera à
décroître ; ainſi la variation n'eſt que d'un
degré & trois quarts à Breſt, de quatre
degrés & demi à Londres, & à Dantzick
de 7 degrés à l'Oueſt ; à l'Oueſt des méridiens de la pointe de terre, l'aiguille
doit avoir une variation à l'Eſt, mais en
approchant du pôle ſeptentrional de l'Amérique qui eſt ſitué à l'Oueſt du méridien & ſemble avoir le plus de vertu,
l'aiguille en eſt attirée vers l'Oueſt avec

une force qui balance la direction qu'elle a reçue du pôle d'Europe & qui forme une petite variation à l'Oueſt dans le méridien même de la terre. Halley ſuppoſe même que vers le méridien de l'iſle Tercère, notre pôle, comme étant le plus voiſin, doit influer au point de donner à l'aiguille une petite ſecouſſe à l'Eſt, quoique ce ne ſoit que dans un petit eſpace; le contre-balancement de ces deux pôles ne permettant pas une variation conſidérable dans toutes les parties de l'Océan Atlantique, dans le voiſinage des côtes occidentales d'Angleterre & d'Irlande, de France, d'Eſpagne & de Barbarie.

Mais à l'Oueſt des Açores, la vertu du pôle d'Amérique étant plus forte que la vertu du pôle d'Europe, l'aiguille en eſt principalement gouvernée & tourne toujours plus de ſon côté à meſure qu'on en approche, d'où il arrive que ſur les côtes de Virginie, de la Nouvelle-Angleterre, de Terre-Neuve & dans le détroit d'Hudſon, la variation ſe fait vers l'Oueſt, qu'elle décroit à meſure qu'on ſe rapproche de l'Europe, & qu'elle eſt moindre en Virginie & à la Nouvelle Angleterre qu'à Terre-Neuve & au détroit d'Hudſon.

Cette variation à l'Oueſt diminue encore à meſure que l'on traverſe l'Amérique Septentrionale, & vers le milieu du méridien de la Californie, l'aiguille pointe encore au Nord plein. De-là à l'Oueſt à Yezo & au Japon, la variation ſe fait ſans doute à l'Eſt, & vers le milieu de la mer Pacifique elle n'eſt pas moindre que de 15 degrés. Halley propoſe ceci comme un eſſai ſur ſon hypothèſe, afin que par-là on ait occaſion de l'examiner toute entière. Cette variation à l'Eſt s'étend à ce qu'on croit juſqu'au Japon, à la Tartarie Orientale & à une partie de la Chine, juſqu'à ce qu'enfin la variation devienne occidentale & ſoit gouvernée par le pôle du Nord de l'Europe.

Le même réſultat arrive vers le pôle

Sud, avec cette différence qu'ici la pointe du Sud de l'aiguille eſt attirée; il s'enſuit de-là que la variation devroit être orientale ſur le côté du Bréſil, à la rivière de la Plata & juſqu'au détroit de Magellan, ſi l'on ſuppoſe un pôle ſitué à environ 20 degrés plus à l'Oueſt que le détroit de Magellan. Cette variation vers l'Eſt s'étend à l'Eſt ſur la plus grande partie de la mer d'Éthiopie, juſqu'à ce qu'elle ſoit contre-balancée par la vertu de l'autre pôle du Sud, comme elle l'eſt en effet vers le milieu de l'eſpace entre le Cap-de-Bonne-Eſpérance & les iſles de Triſtan d'Acunha.

A l'Oueſt de ces points le pôle du Sud Aſiatique prenant le deſſus & attirant l'aiguille, il ſe fait une déclinaiſon conſidérable à l'Oueſt par ſa quantité & ſon étendue, à cauſe de la grande diſtance de ſon pôle magnétique au pôle du monde. Ainſi, dans tout l'Océan Indien juſqu'à la nouvelle Hollande & au-delà, il y a conſtamment une variation à l'Oueſt, de ſorte que ſous l'équateur même elle monte à 18 degrés quand elle eſt à ſon plus haut période. Vers le méridien de l'iſle Célèbes, qui eſt pareillement celui de ce pôle, la variation de l'Oueſt ceſſe d'avoir lieu & fait place à celle de l'Eſt qui s'étend ſuivant l'hypothèſe juſqu'au milieu de la mer du Sud, entre la Nouvelle-Zélande & le Chili, & qui eſt remplacée par une petite variation à l'Oueſt, cauſée par le pôle Sud d'Amérique qu'on a montré être dans l'Océan pacifique par les ſixième & ſeptième obſervations.

Juſqu'ici on n'a conſidéré que la variation ſimple, & on n'a fait attention qu'à deux pôles magnétiques à la fois; mais ſous l'équateur & dans toute la Zône-Torride, il faut avoir égard à tous les quatre, & bien examiner leur poſition; autrement il ne ſera pas facile de déterminer quelles doivent être les variations, le pôle le plus proche étant toujours le plus fort, non cependant au point qu'il ne puisse être contre-balancé par la force réunie de deux pôles plus éloignés. On a donné un exemple fort remarquable dans la huitième observation, où l'on trouve qu'en faisant voile de l'isle de Sainte-Hélène, par celle de l'Ascension, jusqu'à l'équateur & dirigeant la route au Nord-Ouest, la variation à l'Est est peu considérable & ne change point dans tout ce trajet, parce que le pôle du Sud de l'Amérique qui est beaucoup plus près de ces lieux, & qui demanderoit une grande variation à l'Est, est contre-balancé par l'action contraire du pôle du Nord de l'Amérique & de celui d'Asie, qui, tous les deux séparément, sont plus foibles que le pôle du Sud d'Amérique, & que dans la route par le Nord-Ouest on ne change guères de distance avec ce dernier. A mesure qu'on s'éloigne du pôle Asiatique la balance est toujours maintenue, parce qu'on approche davantage du pôle du Nord d'Amérique, & il n'est pas nécessaire d'avoir égard ou du moins bien peu au pôle du Nord d'Europe, parce que son méridien est un peu écarté des méridiens de ces lieux, & que par lui-même il demande les mêmes variations que nous remarquons ici ; on peut raisonner de même sur les autres variations qu'on remarque sous la Zône-Torride.

Ainsi par une simple hypothèse le savant docteur Halley a résolu avec beaucoup de probabilité les phénomènes de la déclinaison de l'aimant. Cependant il reste encore une ou deux grandes difficultés à examiner ; car c'est une chose nouvelle & étrange de donner à un aimant plus de deux pôles, & cette hypothèse en attribue quatre à la terre. De plus, la variation se trouve différente au même lieu dans des tems différens, ce qui ne peut s'expliquer par la supposition de la situation fixe & invariable des pôles magnétiques. C'est pourquoi Halley, détourné par ces considérations, a abandonné toutes recherches à ce sujet pendant plusieurs années ; mais enfin il les a reprises, & par une hypothèse un peu hasardée à la vérité, mais probable, il a levé heureusement les difficultés. Ainsi, en comparant ensemble les observations faites sur la variation de la variation même, il a montré d'abord que de quelque part que puissent venir ces différences, l'aimant doit se mouvoir d'Orient en Occident ; 2°. que ce mouvement ne se fait pas brusquement & par sauts, mais qu'il est graduel & continu, parce que la déclinaison de l'aiguille change par degré & régulièrement ; 3°. qu'il doit y avoir dans ces causes quelque chose de puissant dont la force est capable de produire un seul & même effet dans des pays de la terre très-éloignés ; 4°. que comme on ne connoît aucun fluide qui ait tant soit peu de vertu magnétique, il n'est pas probable que cette variation vienne du mouvement d'aucun fluide logé dans les cavités de la terre ; 5°. que quelque corps que ce pût être, il ne pourroit que se mouvoir circulairement autour du centre de la terre sans changer le centre de gravité du globe terraqué, & ainsi, sans occasionner de grands changemens à sa surface, tels que les reflux étrangers de la mer & les inondations des terres dont il ne paroît pas de traces dans l'histoire.

Il résulte de tout ceci qu'un certain corps solide & grand, qui est contenu dans la terre & séparé de tous côtés, comme ayant un mouvement qui lui est propre, & qui est renfermé comme une amande dans un noyau, tourne circulairement de l'Est à l'Ouest, comme la terre fait une révolution contraire dans son mouvement journalier. Par où il est aisé d'expliquer la supposition des quatre pôles magnétiques attribués par Halley, à la terre, en en attribuant deux au noyau & deux autres à la terre qui sert d'enveloppe. Et comme les deux premiers changent perpétuellement de situation par leur mouvement circulaire, leur vertu comparée avec celle des pôles extérieurs, doit être différente en différens tems, & conséquemment la variation

variation de l'aiguille doit changer continuellement.

Halley attribue au noyau un pôle du Nord de l'Europe & un pôle de Sud d'Amérique, pour expliquer la variation des variations qu'on observe près de ces lieux, & qui est beaucoup plus grande que vers les deux autres pôles. Il conjecture que ces pôles finiront leur révolution dans l'espace de 700 ans, & qu'après ce tems les pôles reprendront encore la même situation qu'ils ont à présent ; & qu'ainsi les variations seront encore les mêmes par tout le globe, de sorte qu'il faut plusieurs siècles, pour que toute cette théorie soit vérifiée par expérience. Pour expliquer la révolution circulaire du noyau, il apporte cette cause probable que le mouvement journalier étant imprimé du dehors, ne se communiquoit pas si exactement aux parties intérieures pour leur donner précisément la même vîtesse de rotation qu'aux parties extérieures, d'où le noyau étant laissé en arrière par la terre extérieure, semble se mouvoir lentement dans une direction contraire, ou de l'Est à l'Ouest par rapport à la terre extérieure considérée comme en repos, relativement à l'autre.

Pour écarter le préjugé qu'on peut élever contre cette hypothèse à cause de sa singularité, & pour répondre aux objections, l'auteur est entré dans beaucoup de détails au milieu desquels nous ne le suivrons pas : nous dirons seulement qu'on y trouve une grande sagacité & beaucoup d'adresse dans la solution des difficultés & dans la manière dont il appuie son système d'explication des phénomènes.

Halley a fait une carte où il montre les différentes déclinaisons à la surface du globe pour l'année 1700. Ainsi, dans les années suivantes on n'a plus trouvé les déclinaisons qu'on y a marquées, mais des déclinaisons peu différentes, à proportion du tems, & ce peu de différence,

pourvu qu'il suive du système de Halley, en est une pleine confirmation. C'est ce que plusieurs physiciens ont trouvé en différens tems, en dépouillant les observations des navigateurs dans les différentes parties de l'Océan. La ligne courbe exempte de déclinaison, tracée par Halley, autour du globe, a éprouvé elle-même quelque mouvement ; on a reconnu aussi que la déclinaison ne varioit pas également & uniformement par toute la terre ; ainsi, d'après ces détails on a dû espérer de voir le système de Halley se confirmer de jour en jour.

L'académie des sciences de Paris a trouvé en conséquence l'idée de Halley sur les variations de l'aimant, très-belle & digne d'être suivie avec attention ; c'est d'après ces vues que l'application des observations faites à la Chine & dans l'Inde a été trouvée conforme au système du savant anglois.

Outre la ligne exempte de déclinaison qui n'est ni un méridien ni un cercle, mais une courbe assez irrégulière, la variation en chaque lieu particulier demandoit que cette ligne fût mobile ; on a donc reconnu par les observations qu'elle l'étoit : il y a bien de l'apparence aussi qu'elle change de figure, parce que les variations de déclinaison dans un lieu, ne sont pas toujours proportionnelles à celles d'un autre. Cette ligne sur la carte de Halley passe d'un côté par les Bermudes dans la mer du Nord, & de l'autre par la Chine à cent lieues de Canton à l'Est.

Ensuite on a trouvé une autre ligne exempte de déclinaison qui traversoit la mer du Sud, du Nord au Sud, à peu près comme un méridien, & c'est-là une addition importante au système & à la carte de Halley, où la mer du Sud manquoit entièrement.

Il y a une différence remarquable entre les deux lignes ou portions de ligne de

Halley & celle qu'on a découverte depuis. A l'Orient de la ligne exempte de déclinaison qui passe par les Bermudes, la déclinaison est Nord-Ouest & Nord-Est à son Occident ; c'est le contraire pour la ligne qui passe par la Chine ; mais à l'égard de celle de la mer du Sud, la déclinaison est Nord-Est des deux côtés. Cette différence leur donne à chacune un caractère qui, s'il est invariable, servira très-utilement à les distinguer toujours, quelque chemin qu'elles fassent.

En recherchant avec soin à démêler quelques traces du mouvement que doivent avoir eu les trois lignes pour parvenir à la position qu'elles ont, on est tenté de croire que celle qui passe par les Bermudes est la même qui vers 1600 passoit par le Cap-des-Aiguilles, par la Morée & par le Cap-Nord ; mais depuis ce tems jusqu'en 1712, elle a fait 1400 lieues par sa partie septentrionale, & 500 seulement par la méridionale, de sorte qu'elle se trouvoit en cette dernière année située Nord-Ouest Sud-Est, & fort inclinée à son ancienne position.

Sa partie septentrionale passa par Vienne en Autriche en 1638, par Paris en 1666, par Londres en 1667 ; car ces lieux-là furent exempts de déclinaison dans ces années.

On croit même que la ligne qui, en 1710 étoit à 100 lieues de Canton, est celle qui en 1600 passoit par cette ville ; d'où il suit qu'elle a cheminé d'Occident en Orient, au contraire de l'autre, & fort lentement par rapport à elle : ces deux lignes ont continué leur route.

Comme on n'a pas d'observations anciennes de la mer du Sud, on n'a rien dit ni soupçonné sur la ligne qui y passe : on ne sait pas si c'est la même qui passoit autrefois par les Açores, & qui se seroit mue d'Orient en Occident ; on a trouvé qu'en différens lieux les différences de déclinaison

ne sont point du tout proportionnelles aux distances de ces lieux à leur ligne exempte de déclinaison ; ou ce qui est la même chose, à un degré de différence de déclinaison de l'aiguille, répondent des distances très-différentes sur la surface du globe de la terre.

Dans un même lieu la déclinaison ne varie pas également. Malgré toutes ces anomalies, on apperçoit cependant quelque progression & quelque régularité dans les mouvemens de la force magnétique ; & tous ces apperçus ont suffi pour encourager les physiciens à suivre la marche systématique de l'aimant & à s'attacher avec le plus grand soin à la base que le savant docteur Halley leur a laissée comme le meilleur moyen qu'ils eussent de saisir les irrégularités pour les rapprocher des mouvemens qui annonçoient plus de suite & plus d'ordre apparent. (*Voyez* dans l'Atlas la carte du docteur Halley, avec les changemens que les observations y ont occasionnés ; voyez aussi *Aimant* dans le dictionnaire.)

II.

Estimation de la quantité de vapeurs qui s'élèvent de la mer, déduite de l'expérience, avec le détail de la circulation des vapeurs aqueuses des mers, d'où l'on déduit la cause qui sert à fournir des eaux aux sources.

La quantité de vapeurs aqueuses contenues dans l'air est évidemment très-considérable & rien ne le prouve mieux que les pluies & les neiges que l'on voit tomber avec tant d'abondance ; enforte que toute cette masse d'eau doit former, quant à son poids, une partie très-sensible de l'atmosphère qui pèse sur nous. Mais la proportion de ces vapeurs comparée avec la quantité nécessaire à la formation & à l'entretien des sources & des fontaines,

n'a point encore été examinée dans l'étendue que Halley l'a fait; cependant ces
détails forment une des parties les plus
effentielles de la vraie météorologie phyfique, & fous ce point de vue ils méritent
la confidération des favants qui s'occupent
de l'obfervation de ces phénomènes. Halley
a penfé en conféquence que ce feroit un
fervice important à rendre à la météorologie que de fixer par des expériences
la quantité d'eau que l'évaporation de la
mer peut produire dans un tems & dans
une faifon donnée; & voici les réfultats
que fes effais lui ont procurés : nous en
allons donner ici les détails bien circonf-
tanciés.

Halley prit une jatte d'eau d'environ
4 pouces de profondeur & de 7 pouces $\frac{9}{10}$ de
diamètre dans laquelle on plaça un thermomètre, & par le moyen d'un réchaud
de charbon, il amena l'eau au même
degré de chaleur où nous voyons l'atmofphère dans les plus grandes chaleurs d'été:
& la température de l'eau étoit très-exactement indiquée par le thermomètre. Après
avoir arrangé & mis en action ce premier
appareil, Halley fixa à l'un des bras d'une
balance la jatte d'eau garnie de fon thermomètre & forma très-exactement dans
l'autre baffin un contre-poids qui maintint
le tout en équilibre tant qu'on entretenoit
l'eau de la jatte dans le même degré de
chaleur, ce qui s'exécutoit en approchant
ou en écartant, fuivant qu'il en étoit néceffaire, le réchaud plein de charbon. Pendant
cette obfervation le poids de l'eau fut
trouvé diminué fenfiblement, & au bout
de deux heures on vit qu'il en manquoit
une demi once moins fept grains, c'eft-
à-dire, 233 grains d'eau qui, pendant ce
tems, s'étoit exhalée en vapeurs, quoiqu'on
la vît à peine fumer & qu'elle ne parût
pas fenfiblement chaude. Cette quantité
d'eau évaporée en fi peu de tems, parut
très-confidérable, puifqu'elle s'étoit élevée
à près de fix onces en vingt-quatre heures,
d'une auffi petite furface que l'étoit celle
d'un cercle de 8 pouces de diamètre,

Pour réduire le réfultat de cette expérience
à un calcul exact, & déterminer l'épaiffeur
de la couche d'eau qui s'étoit évaporée
de la manière que l'on vient de décrire,
Halley fait auffi ufage d'une autre expérience que le D. Edouard Bernard affure
avoir été faite dans la fociété d'Oxford,
d'où il eft réfulté que le pied cube anglois
pèfe exactement 76 livres troy, qui,
divifées par 1728 nombre de pouces qui
forment un pied cube, donne 253
grains $\frac{1}{3}$; ou une demi-once 13 grains $\frac{1}{3}$
pour le poids d'un pouce cube d'eau. Or
l'aire du cercle dont le diamètre eft de
7 pouces $\frac{9}{10}$ de pouce, eft de 49 pouces
quarrés. En divifant par cette quantité
celle de l'eau évaporée, c'eft-à-dire $\frac{35}{18}$
d'un pouce, le quotient $\frac{35}{1862}$ ou $\frac{1}{53}$ montre
que l'épaiffeur de l'eau évaporée étoit la
cinquante-troifième partie d'un pouce ;
mais on fuppofe ici qu'elle n'eft que d'un
foixantième pour la facilité du calcul. Si
donc l'eau au même degré de chaleur qu'a
l'air dans l'été, exhale en vapeur l'épaiffeur d'un foixantième de pouce en deux
heures dans toute fa furface, en douze
heures elle en exhalera un dixième de
pouce, quantité qu'on trouvera fuffifante
pour fournir aux pluies, aux fources &
aux rofées, et qui expliquera la raifon
pour laquelle la mer Ethiopienne refte
toujours au même point fans diminuer &
fans déborder, & la caufe pour laquelle
il exifte toujours des courans au détroit
de Gibraltar malgré le grand nombre de
fleuves qui fe jettent dans la Méditerranée,
& dont la plupart font très-confidérables
quant au volume des eaux qu'ils charient.

Halley a cru que pour eftimer la quantité d'eau qui s'élève de la mer, il ne
devoit calculer que fur celle qui s'exhale
pendant le tems que le foleil eft fur l'horifon, par la raifon que la rofée reftitue
au moins autant, pour ne pas dire plus,
en vapeurs qu'il ne s'en élève dans l'air ;
& les jours ne durant pas plus de douze
heures en été, cet excédant fe trouve

balancé par l'action plus foible du soleil, sur-tout lorsqu'il est levé avant que l'eau soit échauffée; ainsi, en admettant qu'un dixième de pouce d'eau s'exhale en vapeurs de la surface de la mer par jour, la conjecture d'Halley n'est pas invraisemblable.

D'après cette hypothèse, chaque dixième de pouce quarré de la surface de la mer donne en vapeurs par jour un pouce cube d'eau; chaque espace de quatre pieds quarrés, un gallon; un mille quarré, 6914 tonnes; un degré quarré, supposé de 69 milles anglois, évaporera 33 millions de tonnes; & si l'on estime la Méditerranée de 40 degrés en longueur & de 4 degrés en largeur, compensation faite des endroits où elle est plus étroite, par ceux où elle est plus large, (ce qui est porter les choses au plus bas), il y aura 60 degrés quarrés de mer, & conséquemment la surface de la Méditerranée doit perdre en vapeurs dans un jour d'été au moins 5280 millions de tonnes, & cette quantité, quoique fort considérable, est la moindre qu'on puisse déduire de l'expérience ci-dessus mentionnée: cependant il est encore une autre cause que l'on ne peut réduire à aucune règle précise, ce sont les vents par lesquels la surface de l'eau est bien plus promptement évaporée qu'elle ne l'est par l'ardeur du soleil, comme le savent fort bien ceux qui ont fait attention à ces vents, & qui en ont observé les effets relativement à la dessiccation produite par ces vents secs qui soufflent quelquefois.

C'est une entreprise assez difficile que celle d'évaluer la quantité d'eau que la Méditerranée reçoit des rivières qui viennent se décharger dans son bassin. Il faudroit pour cela pouvoir mesurer leurs canaux & leur rapidité; on ne peut donc le faire qu'en portant les choses au-delà de ce qu'elles sont réellement, c'est-à-dire, en supposant à ces rivières un volume plus considérable qu'elles ne l'ont très-pro-

bablement, ou en comparant la quantité d'eau qui se rassemble dans la Tamise & se rend à la mer, avec celles des rivières dont on veut calculer & apprécier le produit pour la Méditerranée.

Les fleuves considérables qui ont leur embouchure dans la Méditerranée, sont l'Ebre, le Rhône, le Tibre, le Pô, le Danube, le Niester, le Borysthène, le Tanaïs & le Nil. Les autres rivières que cette mer reçoit sont peu remarquables, & la quantité de leurs eaux est très-peu considérable. Halley suppose que chacun de ces fleuves porte à la Méditerranée, dix fois autant d'eau que la Tamise: non pas qu'aucun d'eux ait réellement ce volume d'eau; mais par cette supposition on veut comprendre en même-tems tous les ruisseaux & rivières qui tombent dans la mer & qu'on n'a point compris particulièrement dans le dénombrement des grands fleuves.

Pour calculer la quantité d'eau de la Tamise, Halley prend cette rivière au pont de Kingston où le flux ne remonte jamais & où l'eau a toujours son cours libre. La largeur du lit est de cent verges dont chacune est $\frac{7}{8}$ de l'aune de Paris, & sa profondeur de trois verges en la mettant égale par-tout; ainsi le profil de l'eau dans cet endroit, est de 300 verges quarrées.

Cette quantité multipliée par 48 milles, espace que la rivière est supposée parcourir en 24 heures & à deux milles par heures, ou par 81,480 verges, donne 25,344,000 verges cubes d'eau qui doivent être évaporées par jour, c'est-à-dire, 20,300,000 tonnes. Halley ne doute pas que, par la trop grande mesure qu'il a donnée au lit de la Tamise, il ne soit parvenu à faire une compensation suffisante pour les eaux des rivières d'une certaine importance qui se jettent dans la Tamise au-dessous de Kingston.

Or, si chacun des neuf fleuves ci-dessus

mentionnés fournit autant d'eau que la Tamise, il doit s'ensuivre que chacun d'eux donne 203 millions de tonnes d'eau par jour, & les neuf ensemble 1727 millions, ce qui est un peu moindre d'un tiers de ce que l'on a prouvé devoir s'évaporer en douze heures de dessus la Méditerranée.

Halley s'occupe ensuite à montrer ce que devient cette eau quand elle est réduite en vapeurs, & par quelle raison il peut y avoir toujours un courant à l'entrée du détroit de Gibraltar. Avant de faire connoître toutes ces particularités, il faut faire remarquer au lecteur que dans l'expérience où l'on a déterminé la quantité d'eau évaporée sur une superficie donnée, & par une chaleur fixe, on a employé l'eau salée au même degré que l'eau de la mer, en y faisant dissoudre environ un quarantième de sel.

Ayant ainsi montré par cette expérience quelle pouvoit être la quantité d'eau qui s'élève par jour en vapeurs de la surface de la mer, Halley fut tellement approuvé par quelques membres de la société royale, qu'ils l'encouragèrent à continuer ses recherches, & sur-tout à se conformer à la marche suivie par la nature pour rendre de nouveau ces vapeurs à la mer; ce retour se fait visiblement d'une manière si précise qu'on est suffisamment assuré aujourd'hui que dans l'espace de plusieurs siècles la mer n'a pas diminué sensiblement par la perte qu'elle auroit éprouvée en vapeurs, & qu'elle n'a pas augmenté non plus en recevant l'immense quantité d'eau nouvelle que lui portent continuellement les fleuves & les rivières.

Halley considéra comme une tâche au-dessus de ses forces de pouvoir démontrer cet équilibre de recette & de dépense dans toute l'étendue de la Méditerranée; mais cependant pour satisfaire au désir de ses amis, il leur offrit un moyen d'expliquer ce grand & beau phé-

nomène de la manière la plus propre à remplir leurs vues.

Pour développer cette nouvelle méthode, Halley rappelle quelques considérations sur la manière dont l'eau s'évaporoit par la chaleur, ce dont il s'étoit occupé dans un autre mémoire. Il y avoit démontré que, si une molécule se dilatoit à tel point qu'elle formât un volume dix fois plus considérable que lorsqu'elle étoit dans l'état fluide, cette molécule deviendroit spécifiquement plus légère que l'air, & qu'elle s'éleveroit dans l'atmosphère tant que le souffle ou la chaleur qui la sépara d'abord de la masse du fluide de l'eau, continueroit à la distendre au même degré d'expansion; en second lieu, il avoit fait voir que la chaleur diminuant, & l'air devenant plus froid, & spécifiquement plus léger, les vapeurs s'arrêteroient à une certaine région de l'air ou qu'elles descendroient, ce qui peut arriver par différentes causes ou circonstances. C'est ce qu'il essaie de faire voir ensuite.

Il est certain que la chaleur sépare les molécules de l'eau & qu'elle les chasse au-dehors de la masse du fluide avec une vitesse qui augmente en proportion de l'intensité de la chaleur, comme on le voit dans la fumée d'une chaudière bouillante, où l'abondance & la vitesse de ces vapeurs qui s'élèvent décroît visiblement jusqu'à ce qu'elles disparoissent en se dispersant & s'assimilant avec l'air ambiant. Les vapeurs étant ainsi reconnues s'élever par la chaleur, si l'on suppose pour un moment que la surface du globe offrît une couche d'eau fort profonde, ou plutôt que toute la masse de la terre fût composée d'eau & que le soleil fît son cours diurne tout autour d'elle; Halley prétend qu'il arriveroit alors que l'air lui-même s'abreuveroit d'une certaine quantité de ces vapeurs aqueuses, & qu'il les tiendroit suspendues comme les sels sont dissous dans l'eau; que le soleil échauffant l'air & enlevant de la surface de l'eau une quantité de vapeurs plus abondante pendant le jour, l'air aussi soutiendroit une plus grande quantité de ces vapeurs, comme on voit l'eau chaude tenir en dissolution plus de sels que l'eau froide ; enfin, que cette eau pendant l'absence du soleil, dans la nuit, se précipiteroit de nouveau en rosée par un effet analogue à la précipitation des sels, qui a lieu lors du refroidissement de l'eau.

Il ne faut pas s'imaginer que dans un pareil cas, il se fît d'autre changement dans le tems que celui qui se fait périodiquement tous les ans, & qui est toujours le même. Le mélange de toutes les vapeurs salines, terrestres & hétérogènes, étant emporté & enlevé tel qu'il est diversement combiné & entraîné par les vents, semble être, suivant Halley, la cause des différentes saisons que nous avons actuellement. Dans le cas dont on vient de parler, les régions aëriennes seroient partout à la même hauteur également chargées de la quantité d'eau qu'elles pourroient dissoudre, à la différence près, qui résulteroit des degrés de chaleur qui pourroient provenir du plus ou moins de distance du soleil. On auroit aussi tout autour du globe un vent d'Est constant, qui inclineroit seulement à l'Est, suivant les degrés de latitude où le soleil se trouveroit éloigné de l'équateur, ainsi qu'on l'observe même actuellement dans l'océan entre les tropiques.

Si l'on suppose maintenant que l'Océan soit entrecoupé de longs & spacieux trajets de terres, de hautes chaînes de montagnes, telles que les Pyrénées, les Alpes, les Apennins, les monts Krapachs, en Europe ; le Taurus, le Caucase, l'Imaüs & quelques autres en Asie ; l'Atlas, les montagnes de la Lune & d'autres sommets élevés en Afrique, d'où le Nil, le Zaïre, &c. prennent leur source ; les Andes & les monts Apalaches, en Amérique, lesquelles surpassent toutes la hauteur ordinaire auxquelles s'élèvent les vapeurs aqueuses,

& sur le sommet desquelles l'air est si froid & si raréfié qu'il n'y retient qu'une petite partie des vapeurs qui y sont portées par les vents.

Ces vapeurs qui s'élèveront en abondance de la mer & qui seront entraînées le long des continens au sommet des montagnes, seront forcées par les courans de l'air de s'y porter avec lui. L'eau à l'instant s'en précipitera, & filtrant par les fentes des rochers, pénétrera dans les cavernes des montagnes, & s'y rassemblera ; ces bassins une fois remplis, le surplus de l'eau, produit des vapeurs, gagnera les parties inférieures & voisines du pied des montagnes, & se faisant jour à travers leurs flancs produira des sources qui auront un grand nombre d'issues séparées. C'est ainsi que cette eau coule dans les vallées ou dans les canaux qu'elle s'est creusés entre les cimes des montagnes : & lorsque plusieurs filets d'eau se réunissent, il se forme des ruisseaux ; & du concours de ces ruisseaux dans les plaines, des rivières ; & enfin de la réunion des rivières dans un lit commun, des fleuves considérables, tels que le Rhin, le Rhône, le Danube, &c. On auroit de la peine à concevoir que ces grands fleuves fussent le produit de l'eau condensée des vapeurs dont on vient de parler, si l'on ne considéroit quelle vaste étendue de terrein une rivière parcourt avant que d'être formée, & quelle est la somme de toutes les sources qui ruissèlent, par exemple, sur la côte méridionale des monts Krapacks & sur le côté septentrional des cimes immenses des Alpes, dont la chaîne se continue depuis la Suisse jusqu'à la mer Noire. L'on peut regarder presque comme une règle infaillible que la force d'une rivière, ou la quantité d'eau qu'elle charie, est proportionnée à la longueur & à la hauteur des montagnes où elle prend ses sources.

Or, cette théorie des sources, telle qu'on vient de l'exposer d'après Halley, n'est pas une pure hypothèse, il la croit

fondée fur une expérience qu'il a eû e⁺
bonheur d'acquérir pendant fon féjour à
Sainte-Hélène. Il fe faifoit toute la nuit, fur
le fommet des montagnes de cette ifle
qui font élevées de plus de 800 verges
au-deffus du niveau de la mer, une telle
condenfation de vapeurs ou plutôt une telle
précipitation de l'eau, qu'elle formoit
un grand obftacle aux obfervations de
cet habile aftronome; car par un tems
ferein, la rofée tomboit affez abondamment pour couvrir en un quart-d'heure de
petites gouttes les verres de fon télefcope,
de forte qu'il étoit obligé de les effuyer
très-fouvent : d'ailleurs, fon papier étoit
fi mouillé qu'il buvoit l'encre ; on peut
juger par ces faits avec quelle viteffe l'eau
s'amaffoit fur les prodigieufes montagnes
qu'on vient de nommer.

Ainfi une partie des vapeurs élevées par
les vents & difperfées fur la terre eft rendue par les rivières à la mer, d'où ces
vapeurs font forties. Une autre partie condenfée par le froid de la nuit retombe en
rofée ou en pluie dans la mer avant qu'elle
puiffe gagner les terres, & cette partie
furpaffe de beaucoup l'autre, à caufe de la
grande étendue de l'Océan que le mouvement des vents ne peut traverfer qu'en un
très-long efpace de tems. C'eft auffi la
raifon pour laquelle les rivières ne reftituent pas à la Méditerranée autant d'eau
qu'elle en a perdu en vapeurs ; une autre
partie tombe fur les terres baffes & forme
l'aliment des plantes. Outre cela, comme
elle ne pénètre pas fort avant dans ces
terres, elle eft promptement vaporifée
par l'action du foleil & emportée par les
vents pour retomber en pluie ou en rofée
à la mer ou fur les montagnes pour
y alimenter les fources : & quoique toutes
ces précipitations ne fe faffent pas fur-le-
champ, cependant après différentes viciffitudes d'élévation en vapeurs & de précipitation en pluies ou en rofées, chaque
molécule d'eau finit par retourner à la
mer d'où elle étoit fortie. Ajoutez à cela
que le furplus des eaux de pluie qui ne

pénètre pas dans le fein de la terre, fe
fraie une route par les vallées & les plaines
les plus baffes jufqu'aux rivières, & qu'il
retourne par cette voie à la mer. C'eft
ainfi que fe fait la circulation de l'eau
dans les différentes parties des continens, &
il n'eft pas douteux que cette hypothéfe
ne foit plus raifonnable que le fyftême de
ceux qui font dériver des eaux des pluies
toutes les fources qui coulent continuellement & fans aucune diminution, quoiqu'il foit très-long-tems fans pleuvoir,
ou qui les font provenir de la filtration
ou percolation des eaux de la mer à travers certains paffages ou tuyaux imagi-
naires dans la terre, où elles perdent leur
goût faumâtre. La plus grande abfurdité
qui, entre beaucoup d'autres, fait rejetter cette fuppofition, c'eft que les plus
grandes rivières ont leurs fources dans les
endroits les plus éloignés de la mer, &
où il eft de toute impoffibilité qu'une
auffi grande quantité puiffe provenir d'autre caufe que des vapeurs condenfées. C'eft
pour cet effet, fi nous admettons les caufes
finales, que les montagnes ont été formées,
afin que leurs fommités fe trouvant placées au milieu des continens, elles puffent
fervir comme de grandes machines propres à diftiller de l'eau fraîche à l'ufage
des plantes & des animaux. Leurs cimes
ne font auffi élevées que pour donner de
la pente aux ruiffeaux & les faire couler
doucement & circuler dans une plus grande
étendue de terrein où ils répandent la fertilité & l'abondance.

Halley après l'expofition de ce grand
fait déclare qu'il n'entreprendra pas de
donner la folution de plufieurs queftions
qu'on peut lui faire fur la différence de
la pluie & de la rofée, & fur les circonftances qui font que le tems eft quelquefois nébuleux & quelquefois ferein.
Il fe contente de propofer des conjectures.
Il eft donc porté à croire que l'atmofphère étant comprimé par la rencontre
de deux vents oppofés, lorfque le baromètre eft haut, les vapeurs s'y foutiennent

mieux & ne peuvent se condenser en gouttes : que dans cet état de l'air il ne se forme pas facilement des nuages, & que pour lors la nuit les vapeurs tombent seules comme elles se sont élevées en molécules imperceptibles. Quand le baromètre est bas au contraire, & que l'air est raréfié par la dispersion de sa masse résultante de la présence de deux vents contraires, les particules de l'air ne retiennent plus les vapeurs également séparées, elles se réunissent donc en gouttes visibles dans les nuées.

III.

Détail historique des vents alisés qu'on observe dans les mers, entre & près des Tropiques, avec un essai d'explication des causes physiques de ces vents.

Une relation exacte des vents périodiques & constans qu'on observe en différens parages de l'Océan, forme une partie de l'histoire naturelle du globe, dont la connoissance est aussi curieuse & aussi utile que difficile à obtenir, & dont les phénomènes sont peu faciles à expliquer. Différens écrivains ont essayé de traiter ce même sujet ; & quoique Varenius semble avoir entrepris de le faire d'après les meilleurs renseignemens que les voyageurs lui avoient pu fournir, cependant ses relations ne peuvent point être regardées comme exactes par ceux qui prendront la peine de les considérer attentivement & de les comparer les unes avec les autres.

Il y en a même qui présentent des erreurs bien manifestes qu'Halley tâche de rectifier autant qu'il lui est possible, ayant eu occasion de converser avec des navigateurs qui connoissoient parfaitement toutes les parties des mers de l'Inde, ayant lui-même vécu un tems considérable entre les Tropiques, où il a été à portée de faire des observations & des remarques fort intéressantes.

Nous allons donner une exposition des notions qu'Halley s'est procurées sur cet objet, & nous le suivrons dans les plus petits détails, comme intéressant l'Histoire Physique de la Terre.

Il commence par diviser le grand Océan en trois parties ; 1°. la mer Atlantique ou la mer Ethiopienne ; 2°. la mer des Indes ; 3°. la grande mer du Sud ou l'Océan Pacifique : & quoique ces mers communiquent toutes entr'elles par les parties méridionales, elles sont cependant suffisamment séparées par l'interposition de très-grands trajets de terre. La première division de l'Océan se trouvant placée entre l'Afrique & l'Amérique ; la seconde entre l'Afrique d'un côté, les isles des Indes & la nouvelle Hollande de l'autre : enfin, la troisième, entre les isles Philippines, la Chine, le Japon, la nouvelle Hollande au couchant, & les côtes de l'Amérique au levant. C'est en suivant cette division naturelle des mers, qu'Halley sépara son histoire des vents alisés en trois parties.

I.

Il règne dans les mers Atlantique & Ethiopienne, & entre les Tropiques, un vent d'Est continuel & général pendant toute l'année, sans aucune variation bien considérable, si ce n'est seulement qu'il est sujet à s'en écarter de quelques points du compas pour tourner vers le Nord ou vers le Sud suivant la position des lieux. Les observations qui ont été faites de ces déviations sont les suivantes.

1°. Près la côte d'Afrique, lorsqu'on a passé les isles Canaries, on est sûr de rencontrer un vent frais de Nord-Est, à la latitude de 28 degrés Nord, lequel vent vient rarement à l'Est de l'Est-Nord-Est, ou passe également du Nord-Nord-Est. Ce vent accompagne ceux qui font route au Sud, à la latitude de dix degrés du Nord à une centaine de lieues ou environ de la côte de Guinée, où ils rencontrent

rencontrent du calme & des ouragans dont on fera mention ailleurs.

2°. Ceux qui font route par les ifles Caraïbes trouvent, à mefure qu'ils approchent de la côte d'Amérique, que ce vent Nord-Eft devient de plus en plus *Eft* au point d'être quelquefois plein *Eft*, quelquefois *Sud-Eft*, mais plus ordinairement à un point ou deux du Nord-Eft & rarement plus : on a encore obfervé que la force des vents diminue à mefure que l'on approche de l'Oueft.

3°. Les limites des vents alifés & mouffons dans cet Océan, s'étendent davantage dans les parages voifins de la côte d'Amérique que dans ceux qui font voifins de la côte d'Afrique; car tandis qu'on ne rencontre cette forte de vent que jufqu'à ce que l'on ait paffé la latitude de vingt dégrés du côté de l'Afrique; du côté de l'Amérique il règne au 30e, 31e, 32e dégré de latitude. Les mêmes phénomènes fe font auffi remarquer au Midi de l'Equateur, car près le Cap-de-Bonne-Efpérance, les limites des vents alifés font de trois ou quatre dégrés plus près de la ligne équinoxiale que fur les côtes du Bréfil.

4°. De la latitude de 4 dégrés Nord, à ces limites au Sud de l'Equateur, les vents font généralement & perpétuellement entre le Sud & l'Eft, & dans leur direction ils obfervent toujours cette règle, favoir, que du côté de l'Afrique, ils font plus près du *Sud*, & du côté du Bréfil plus près de l'*Eft*, & cela au point de devenir prefque véritablement *Eft*, pour peu de déviation qu'ils éprouvent étant vers le Sud.

C'est dans cette partie de l'Océan que le fort fixa Halley une année entière, dans un pofte qui l'obligeoit à obferver le tems plus qu'il n'avoit coutume de le faire, & il a trouvé les vents conftamment aux environs du *Sud-Eft*, le point le plus ordinaire étant S. E. B. E. : lorfqu'il étoit d'*Eft*, il étoit ordinairement très-fort, & le tems étoit nébuleux, fombre & quelquefois pluvieux. S'il tournoit au Sud, le tems étoit communément ferein ; il régnoit une petite rifée qui tenoit beaucoup du calme, mais cela n'arrivoit pas ordinairement. Halley n'a jamais vu le vent au *Sud-Oueft*, ni au *Nord-Eft*.

5°. La faifon ne produit que très-peu d'effet fur ces vents alifés ; car lorfque le foleil eft très-chaud au Nord de l'Équateur, les vents de Sud-Eft fur tout, dans le détroit de cet Océan, compris entre le Bréfil & la côte de Guinée, varient d'un point ou de deux au *Sud*, & le vent *Nord* devient plus tourné à l'Orient; & au contraire lorfque le foleil eft vers le Tropique du Capricorne, les vents du *Sud-Oueft* deviennent plus orientaux & les vents du *Nord* de l'autre côté de la ligne font plus feptentrionaux.

6°. Comme il n'y a point de règle générale qui n'admette quelques exceptions ; de même il y a dans l'Océan un trajet de mer où les vents du *Sud* & de *Sud-Oueft*, font perpétuels, favoir, tout le long de la côte de Guinée, pendant plus de 500 lieues de fuite, depuis Sierra-Leona jufqu'à l'ifle de Saint-Etienne; car le vent alifé du *Sud-Oueft* ayant paffé la ligne & s'approchant de la côte de Guinée à la diftance de quatre-vingt ou cent lieues, incline vers les bords de la mer & devient *Sud Sud-Eft* & par dégrés. A mefure qu'on approche plus près de la terre il tourne au *Sud-Sud-Oueft* & quelquefois proche les terres au *Sud-Oueft*, & enfin à l'*Oueft-Sud-Oueft*; cette variation eft beaucoup mieux exprimée dans la carte (*Voyez* l'Atlas) qu'on ne pourroit le faire entendre dans un long difcours.

Tels font les vents qu'on obferve fur cette côte, lorfqu'ils font conftans; mais il y règne des calmes très-fréquens, des grains subits appellés *Tornados* qui foufflent de tous les points du compas : & quelquefois des vents d'*Eſt* mal fains, humides, appellés *Harmatan*. (*Voyez* ce mot dans le dictionnaire) Ces vents infestent trop fouvent la navigation de ces parages.

7°. Au Nord de la ligne entre le 4e & le 10e dégré de latitude, & entre les méridiens du Cap-Vert & des iſles les plus orientales qui portent ce nom, il y a un trajet de mer dans lequel on ne peut pas dire qu'il y ait aucun vent aliſé ni même un vent variable, car il femble condamné à des calmes perpétuels accompagnés de coups de tonnerre & d'éclairs terribles & de pluies ſi fréquentes que nos navigateurs en ont donné le nom de *pluies* à cette partie de la mer. Les petits vents qui s'y rencontrent ne font que des bouffées ſubites de peu de durée, & qui s'étendent très-peu : de forte que quelquefois chaque heure donne un vent différent qui s'appaiſe fort vîte & dégénère en calme avant qu'un autre lui fuccède. Ainſi dans une flotte de vaiſſeaux en face les uns des autres, chacun aura un vent de chaque point du compas. Avec ces foibles briſes les vaiſſeaux font obligés de faire les plus grands efforts & toutes les manœuvres poſſibles pour gagner les ſix dégrés dont on a parlé ci-deſſus : & l'on aſſure qu'il y a des navigateurs qui ont été arrêtés des mois entiers faute de vents.

Les trois derniers phénomènes dont on a rappellé les détails fervent à donner la raiſon de deux circonstances dans la navigation aux Indes Orientales & en Guinée : l'un explique pourquoi la partie la plus étroite de la mer entre la Guinée & le Bréfil, étant au plus de 500 lieues d'ouverture, cependant les vaiſſeaux qui font voile pour le Midi, trouvent une grande difficulté à la paſſer, fur-tout dans les mois de juillet & d'août. Cette difficulté procède de ce que les vents de *Sue-Oueſt* dans cette faiſon de l'année s'étendent ordinairement au-delà de la limite ordinaire des quatre dégrés de latitude-Nord, & qu'ils deviennent d'ailleurs ſi auſtraux qu'ils font quelquefois Sud à un point ou deux vers l'*Oueſt* ; & ſi d'un côté on cingle à l'*Oueſt-Sud-Oueſt* on gagne le vent de plus en plus du côté de l'*Eſt* ; mais il y a du danger de ne pas doubler la côte du Bréſil, ou du moins les fonds qui fe trouvent à cette côte ; ſi virant de bord on fait voile E. S. E. on touche dans le voiſinage de la côte de Guinée, d'où on ne peut fe retirer fans s'enfoncer à l'*Eſt* juſqu'à l'iſle Saint-Thomas : uſage pratiqué par tous les vaiſſeaux de Guinée, & qui paroîtra étrange ſi l'on ne fait pas attention à la ſixième remarque qui en donne la raiſon ; car quand on eſt engagé près la côte, le vent foufle ordinairement au Sud-Eſt, & l'on ne peut avec ces vents aller au Nord pour gagner la terre. D'ailleurs il eſt impoſſible de gagner le vent autrement que *Sud-Sud-Oueſt* ou *Sud*.

En tenant cette route on s'éloigne de la côte, mais en agiſſant ainſi on trouve les vents de plus en plus contraires, de forte que lorſque près de la côte on peut gagner le vent *Sud*, à une plus grande diſtance, on ne peut plus l'avoir que *Sud-Eſt*, & enſuite *Eſt-Sud-Eſt*. C'eſt en ſuivant cette route qu'on gagne ordinairement l'iſle de Saint-Thomas & le cap Lopez où, trouvant les vents à l'*Eſt* du Sud, on les conſerve favorables en voguant à l'*Oueſt* dans la latitude auſtrale de trois ou quatre degrés où les vents de *Sud-Eſt* font perpétuels.

Pour fe procurer ces vents, tous ceux qui font le commerce aux Indes Occidentales penſent que la meilleure route eſt de gagner promptement le *Sud*, pour être aſſurés d'un bon vent frais qui les pouſſe à l'Occident, & c'eſt par la même raiſon que ceux qui reviennent de l'Amérique s'efforcent de gagner le plus promptement poſſible la latitude de trente dégrés, où ils trouvent que les vents commencent à devenir variables, quoique les vents les plus ordinaires dans la partie septentrionale de l'Océan Atlantique viennent du *Sud-Ouest*.

Quant aux vents furieux nommés *ouragans* qui font en quelque forte particuliers aux isles Caraïbes, & qui leur deviennent si funestes dans le mois d'août, ou peu avant & peu après cette époque, ils n'appartiennent pas, à proprement parler, à cette discussion, tant à cause de leur peu d'étendue & de durée, que parce qu'ils ne font point annuels, & que l'on est quelquefois plusieurs années de suite sans en éprouver les désastres : mais leur violence est si inconcevable & leurs autres phénomènes si étonnants, qu'ils méritent d'être considérés séparément.

Ce que l'on dit ici doit s'entendre des vents à quelque distance de la terre, car sur les côtes & près des côtes, les brises de terre & de mer font sensibles presque par-tout. La grande variété qui arrive dans leurs périodes, dans leur force & dans leur direction, & qui procède de la situation des montagnes, des vallées, des bois & de la différente disposition du terrein, plus ou moins capable de réfléchir les rayons du soleil, & d'exhaler ou de condenser les vapeurs, est telle que ce seroit une entreprise sans bornes que d'en vouloir donner une explication.

II.

Dans l'Océan Indien les vents font en partie généraux comme dans l'Océan Ethiopien, & en partie périodiques, c'est-à-dire, qu'ils soufflent la moitié d'une année d'un côté, & l'autre moitié du point opposé. Ces points & ces époques varient dans différentes parties de cet Océan. Les limites de chaque trajet sujet au même changement ou moufson, font extrêmement difficiles à déterminer; mais le zèle qu'Halley a mis à s'en assurer & le soin qu'il a pris pour se procurer ces renseignemens, ont en très-grande partie surmonté la difficulté, & il paroît qu'on peut compter sur les différentes particularités suivantes qu'il nous développe dans son mémoire : il nous apprend ;

1°. Qu'entre la latitude de dix & trente dégrés Sud, entre Madagascar & la nouvelle Hollande, il règne pendant toute l'année un vent alisé général vers le *Sud-Ouest* par *l'Est*; que ce vent est favorable à toutes les navigations & à tous les voyages entrepris dans ces mers, & qu'il se comporte de la même manière qu'aux mêmes latitudes de l'Océan Ethiopien, ainsi qu'on le décrit dans la quatrième remarque précédente.

2°. Que ces vents de *Sud-Est* s'étendent à deux dégrés de l'Equateur, pendant les mois de juin, juillet, août & jusqu'en novembre; tems auquel les latitudes australes de trois & de dix dégrés, c'est-à-dire, proche le méridien de la pointe septentrionale de Madagascar, & entre les deux & douze degrés de latitude méridionale, c'est-à-dire, près de Sumatra & de Java, des vents opposés soufflant du *Nord-Ouest* ou entre le *Nord* & *l'Ouest* commencent à régner &., soufflent pendant six mois, savoir, depuis le commencement de décembre jusqu'en mai : & cette moufson se fait sentir jusqu'aux isles Moluques, dont on parlera plus amplement ailleurs.

3°. Qu'au Nord de trois dégrés de latitude méridionale sur toute l'étendue de la mer d'Arabie ou des Indes & du golfe de Bengale, depuis Sumatra jusqu'à la côte d'Afrique, il règne une autre moufson qui souffle depuis octobre jusqu'en avril fur tous les points du *Nord-Est*, & le reste de l'année depuis avril jusqu'en octobre fur les points opposés du *Sud-Ouest* ou *Ouest-Sud-Ouest*; & même avec plus de force que l'autre. Il est accompagné d'un tems sombre & pluvieux, taudis que celui du *Nord-Est* souffle avec un ciel très-clair. Il faut aussi remarquer que les vents ne font pas également constans, soit en force, soit en direction dans le golfe du Bengale, qu'ils le font dans la mer des Indes où on manque rarement de trouver un vent constant. Il est bon de considérer aussi que les vents de *Sud-Ouest* dans ces mers sont en général plus au *Sud* sur le côté d'Afrique, & plus à l'Ouest sur le côté des Indes.

4°. Que comme appendix à la mousson que l'on vient de décrire, il existe un trajet de mer au Sud de l'Équateur, sujet aux mêmes changemens de vents, savoir, près la côte d'Afrique, entre elle & l'isle de Madagascar ou Saint-Laurent & de-là au Nord jusqu'à la ligne, où il règne constamment depuis avril jusqu'en octobre un vent frais de *Sud-Ouest* qui, à mesure que l'on tourne au Nord, devient de plus en plus *Ouest*, de manière à se rencontrer avec les vents d'*Ouest-Sud-Ouest* que l'on a dit ne point manquer dans ces mêmes mois de l'année au Nord de l'Équateur. Halley n'a pas pu s'assurer d'une manière satisfaisante de la nature des vents qui soufflent dans ces mers pendant l'autre moitié de l'année, car nos navigateurs reviennent toujours de l'Inde sans passer par Madagascar, & sont par conséquent très-peu instruits sur ce point. Le seul renseignement qu'il ait pu se procurer, c'est que les vents dans ces parages sont plus orientaux & aussi souvent au *Nord* de l'Est qu'au Sud en partant du même point.

5°. Qu'à l'Ouest de Sumatra & de Malaye, au Nord de l'Equateur & le long de la côte de Camboia & de la Chine, les moussons soufflent *Nord* & *Ouest*, c'est-à-dire que les vents du Nord sont plus septentrionaux, & les vents *Sud-Ouest* plus austraux. Cet état des vents s'étend jusqu'à l'Est des isles Philippines & jusqu'au Nord du Japon. La mousson du Nord règne dans ces mers en octobre

& novembre & celle du Sud pendant tous les mois d'été. Il faut remarquer ici que les points du compas d'où ce vent souffle dans ces parties de la terre, ne sont pas aussi invariablement fixés que dans ceux que l'on vient de décrire; car celui du Sud passe souvent d'un point ou deux à l'Est du *Sud*, & celui du *Nord* en fait autant à l'*Ouest* en partant du Nord, ce qui semble provenir de la grande quantité de terre qui se prolonge dans ces mers ainsi que de celle des isles qui s'y trouvent dispersées.

6°. Que dans les mêmes méridiens, mais au Sud de l'Équateur, c'est-à-dire, dans le trajet qui existe entre Sumatra & Java, à l'Ouest, & à la nouvelle Guinée à l'Est, on observe les mêmes moussons septentrionales, avec cette différence que l'inclinaison de ceux du Nord est vers le *Nord-Ouest*, & que ceux du midi inclinent vers le *Sud-Ouest*; mais les limites des variations ne sont pas plus constantes dans ces parages que dans les premiers, c'est-à-dire qu'elles varient de cinq à six points, & en outre de cela, les époques des changemens de ces vents ne sont pas les mêmes que dans les mers de la Chine, mais leur apparition s'y fait un mois ou six semaines plus tard.

7°. Que ces vents contraires ne changent pas tout-à-la-fois; mais dans quelques endroits l'époque du changement est accompagnée de calme; dans d'autres de vents très-variables, & il est très-remarquable que la fin de la mousson occidentale sur la côte de Coromandel, & les deux derniers mois de la mousson méridionale dans les mers de la Chine, sont très-sujets à être orageux. La violence de ces tempêtes est telle qu'elles paroissent être de la nature des ouragans des Indes occidentales, & qu'elles rendent la navigation de ces parages très-dangereuse aux approches de cette saison : les marins sont dans l'usage d'appeler ces tempêtes les *brisemens* des moussons.

A raison du changement de ces vents, tous ceux qui navigent sur mer sont obligés d'observer les saisons propres à leurs voyages : & avec cette attention ils ne manquent jamais d'avoir un vent favorable & une traversée très-prompte ; mais si par quelques circonstances ils viennent à éprouver des retards qui les arrêtent jusqu'au moment où les moussons contraires commencent à régner, comme cela n'arrive que trop fréquemment, alors ils sont obligés de renoncer à l'espoir de terminer leur voyage & de retourner au port d'où ils sont partis, d'entrer dans quelqu'autre pour y séjourner jusqu'à ce que les vents deviennent favorables.

III.

La troisième partie de l'Océan qu'Halley a distinguée, est la mer du Sud ou l'Océan pacifique dont l'étendue égale celle des deux autres, puisqu'elle se prolonge depuis la côte Occidentale de l'Amérique jusqu'aux isles Philippines, ce qui forme cent cinquante degrés de longitude. C'étoit la moins connue des anglois & des nations voisines du tems d'Halley. La seule navigation régulière qui s'y fît étoit celle des espagnols qui alloient annuellement de la côte de la nouvelle Espagne aux isles Manilles, & cela toujours par le même chemin, de sorte qu'Halley ne put pas donner les mêmes détails sur ces mers que sur les autres. Les auteurs espagnols nous disent (détails confirmés par les rapports de Drake, & de Schooten qui ont parcouru toute la largeur de cette mer). qu'au Nord de l'Equateur le vent qui domine le plus est entre l'*Est* & le *Nord-Est*, & qu'au Sud de l'Equateur il règne un vent constant invariable entre l'*Est* & le *Sud-Est* ; que ce vent varie si peu des deux côtés de la ligne qu'il n'est presque pas besoin de changer de route, & qu'il est si fort qu'on manque rarement de traverser ce vaste Océan en dix semaines ; ce qui fait environ cent trente milles par

jour. On ajoute de même que les orages & les tempêtes ne sont jamais connus dans ces parages ; de sorte que c'est la meilleure de toutes les navigations : qu'on y a toujours un vent frais & qu'on ne court aucun risque d'en avoir trop ; quelques personnes ont cru en conséquence que le chemin du Japon seroit aussi court par le détroit de Magellan que par le Cap-de-Bonne-Espérance.

Les limites de ces vents généraux sont aussi en grande partie les mêmes que dans la mer Atlantique, c'est-à-dire, environ le treizième degré de latitude des deux côtés de l'équateur, car les espagnols qui s'en retournent chez eux des Manilles prennent l'avantage toujours de la mousson australe qui y règne pendant l'été, & remontent au Nord jusqu'au Japon avant qu'ils rencontrent des vents variables pour diriger leur route à l'Est. Schooten & les autres navigateurs qui ont passé par le détroit de Magellan, ont trouvé que les limites des vents de *Sud-Ouest* ont en grande partie la même latitude au Sud : outre qu'on reconnoît une analogie plus éloignée entre les vents de l'Océan Pacifique & ceux de la mer Ethiopienne, ils sont toujours plus austraux sur la côte du Pérou & tels qu'on les trouve près les côtes d'Angola.

Tels sont les faits qu'Halley a recueillis, & si ces renseignemens ne sont pas généralement exacts, ce n'est pas faute d'avoir consulté ceux qu'il croyoit de son tems plus en état de l'instruire : il invite en conséquence tout navigateur instruit sur la nature des vents dans quelqu'une des parties du monde ci-dessus indiquées, à lui faire part de leurs observations à ce sujet pour le mettre en état de changer ou de confirmer les détails dont nous venons de faire l'exposition, ou d'y ajouter quelque circonstance intéressante. L'expérience d'un seul homme ou d'un petit nombre de personnes ne suffit pas pour composer une histoire parfaite ou complète des vents :

il faut pour cela réunir les lumières d'un grand nombre d'observateurs. Il ne croit pas au reste avoir erré dans ses remarques ou en avoir omis d'importantes, quoiqu'il ait pu lui échapper quelques détails.

Au reste, ce qui contribuera facilement à completter tous ces détails, ce sont les résultats des nouvelles navigations qui ont été faites de nos jours dans les différentes parties de l'Océan, & sur-tout dans la mer du Sud, soit par les françois, soit par les anglois, & sur-tout par le capitaine Cook. Ceci exigera un travail qui ne peut manquer d'être exécuté, mais l'on doit dire que le plan de ce travail a été tracé par Halley, & que c'est toujours à ce grand astronome que nous en serons redevables.

Pour aider l'intelligence de ses lecteurs dans une matière aussi délicate & aussi remplie de difficultés, Halley a cru nécessaire de joindre à ses descriptions une carte qui montre au premier coup-d'œil les différentes directions & routes parcourues par ces vents, & qui pourra faire comprendre la chose plus facilement qu'aucune description beaucoup plus étendue.

Les limites de ces différents trajets de vents sont marquées par des lignes ponctuées, tant sur les mers Atlantique & Éthiopienne où elles marquent les confins des vents, que sur la mer des Indes où elles montrent aussi l'étendue des différentes moussons. Il n'a pas pu trouver de meilleur moyen pour indiquer la route des vents sur cette carte, qu'en tirant une suite de traits de plumes dans la ligne que décriroit un vaisseau en marchant toujours sur cette ligne. L'extrémité aiguë de chacun de ces petits traits désigne le point de l'horison d'où le vent souffle continuellement; & quand on y exprime la route des moussons, les pointes des traits ou flèches sont dirigées tantôt en avant tantôt en arrière, ce qui rend ces lignes plus épaisses qu'ailleurs. Quant à ce qui con-

cerne la grande mer du Sud, attendu son étendue & le peu de variation que ses vents éprouvent, & la grande analogie qui existe entr'eux & ceux des mers Atlantique & Éthiopienne, & à raison de ce que la plus grande partie en étoit inconnue à Halley, il a cru inutile de la comprendre sur la carte. Au reste, cette carte sera comprise dans l'Atlas qui accompagnera ce dictionnaire avec toutes les améliorations dont elle est susceptible, & comme une des cartes les plus intéressantes de la *Géographie-Physique* du globe.

La relation que l'on vient de donner présente d'ailleurs différens problêmes qui méritent l'attention de nos plus grands naturalistes, tant à raison de la constance des effets, que de leur immense étendue ; presque la moitié de la surface du globe en recevant l'influence.

Les principaux problêmes sont ceux-ci :

1°. Pourquoi ces vents soufflent-ils perpétuellement de l'Est dans les mers Atlantique, Éthiopienne, ainsi que dans l'Océan pacifique & entre les latitudes de trente degrés *Nord & Sud* ?

2°. Pourquoi ces vents ne règnent-ils pas aussi constamment au-delà de la latitude de trente degrés ?

3°. Pourquoi règne-t-il constamment un vent de Sud-Ouest sur & près la côte de Guinée ?

4°. Pourquoi dans la partie septentrionale de la mer des Indes, ces vents qui pendant une moitié de l'année s'accordent avec ceux des autres mers, changent-ils dans l'autre moitié de l'année & soufflent-ils de points opposés ; tandis que la partie australe de cet Océan suit la règle générale & éprouve des vents perpétuels aux environs du *Sud-Ouest* ?

5°. Pourquoi ces vents alisés généraux &

Nord de l'équateur inclinent-ils toujours vers le *Nord-Ouest*, & dans les latitudes méridionales vers le *Sud-Ouest* ?

6°. Pourquoi dans les mers de la Chine les vents inclinent-ils plus de l'Est au Nord que par-tout ailleurs ?

Enfin, il est encore beaucoup d'autres problêmes qu'il seroit plus facile de proposer que de résoudre, mais de peur que l'habile observateur Halley ne parût proposer aux autres des difficultés dont la solution ne méritoit pas l'emploi de son tems & de ses soins, il donne le résultat des efforts persévérans qu'il a faits pour trouver la cause de ces phénomènes ; il espère que s'ils ne l'ont pas conduit à l'explication de toutes leurs particularités, les réflexions du moins qu'il a faites sur ce sujet ne paroîtront pas inutiles aux personnes qui se consacrent à l'étude de la nature.

On ne peut mieux définir le vent qu'en disant que c'est le cours de l'air qui se répand par-tout : où ce cours est perpétuel & fixe dans sa route, il procède nécessairement d'une cause permanente & sans aucune intermittence. Quelques auteurs ont donc attribué cette cause à la rotation de la terre sur son axe : à mesure, disent-ils, que le globe tourne à l'Est, les molécules déliées & fluides de l'air étant excessivement légères, restent en arrière, de sorte que relativement à la surface de la terre elles se meuvent vers l'Ouest & forment un vent constamment oriental. Cette opinion paroît incontestable ; car ces vents ne se trouvent que vers l'équateur dans des parallèles de latitude où le mouvement diurne est le plus prompt, & je ne balancerois pas à me ranger de cet avis si les calmes constans dans la mer Atlantique, dans le voisinage de l'Equateur & les vents d'*Ouest* près la côte de Guinée, & les moussons d'*Ouest* périodiques sous l'Equateur, même dans les mers des Indes, ne déclaroient d'une

manière positive l'insuffisance de cette hypothèse. D'ailleurs, l'air étant retenu vers la terre par le principe de la gravitation, acquéreroit le degré de vitesse avec laquelle la terre se meut, tant dans sa rotation diurne que dans sa rotation annuelle autour du soleil qui est frente fois plus prompte.

Il faut donc abandonner cette cause & lui en substituer une capable de produire un effet aussi constant, qui ne donne pas prise aux mêmes objections, mais qui s'accorde avec les propriétés connues de l'air & de l'eau, & avec les loix du mouvement des corps fluides. Telle est, selon Halley, l'action des rayons du soleil sur l'air & l'eau & qui passe tous les jours sur les mers, action qu'il a envisagée avec la nature du terrein, la situation & la forme des continens adjacens aux mers. Il est évident d'abord que conformément aux loix de la statique, l'air qui est le moins raréfié ou qui éprouve le moins d'expansion par la chaleur, & qui par conséquent est le plus pesant, doit avoir son mouvement vers les parties de l'atmosphère qui sont les plus raréfiées & les moins pesantes pour former un équilibre exact. En second lieu, que la présence du soleil se portant continuellement vers l'*Ouest*, cette partie vers laquelle l'air a la plus grande tendance à raison de sa plus grande chaleur méridienne est emportée avec le soleil à l'*Ouest*, & par conséquent la propension de toute la masse de l'air inférieur a lieu du même côté.

C'est ainsi qu'il se forme un vent d'Est général qui, en comprimant tout l'air qui réside sur un vaste Océan, lui imprime un grand mouvement par l'impulsion réciproque que les parties de cet air se donnent les unes aux autres jusqu'au premier retour du soleil, qui rétablit de nouveau la quantité de mouvement qui a été perdue, & détermine ainsi le vent d'Ouest à devenir perpétuel.

Il suit du même principe que ce vent d'*Ouest* doit au côté septentrional de l'Equateur frapper au Nord de l'Est & dans les latitudes australes au Sud du même point. Car l'air est beaucoup plus raréfié près de la ligne qu'à une plus grande distance de l'Equateur, parce que le soleil y est deux fois vertical dans l'année & qu'il n'en est jamais éloigné de plus que de vingt-trois degrés & demi, distance à laquelle la chaleur étant comme les sinus de l'angle d'incidence, est très-inférieure à celle du rayon perpendiculaire. Sous les tropiques, au contraire, quoique le soleil reste long-tems vertical, il est éloigné de la ligne de 47 degrés, ce qui forme une espèce d'hiver où l'air est si refroidi, que la chaleur de l'été ne peut l'échauffer au même degré que celui qui se trouve sous l'Equateur. L'air étant donc moins raréfié au Nord & au Sud que dans le milieu de ces deux points, il s'ensuit que des deux côtés il doit tendre vers l'Equateur. Ce mouvement composé du premier vent de l'*Ouest*, explique tous les phénomènes des vents alisés généraux, qui régneroient indubitablement tout autour du globe, comme ils le font sur les mers Atlantique & Ethiopienne, si la surface entière du globe ne formoit qu'un Océan. Mais à raison de ce que de si grands continens opèrent par leur interposition la solution de continuité des mers, il faut avoir égard à la nature du climat & à la position des hautes montagnes qui sont, suivant Halley, les deux principales causes de ce que les vents éprouvent des variations & s'écartent de la règle générale dont on vient de parler. Car, si un pays situé près de la ligne & du soleil est plat, sablonneux, bas, comme on dit que le sont les déferts de l'Arabie, la chaleur occasionnée par le reflet des rayons du soleil, & sa concentration dans les sables étant très-considérable, & l'atmosphère dans ces contrées étant extrêmement raréfié, il est nécessaire qu'un air plus frais & plus dense s'y porte avec célérité pour établir l'équilibre. Telle

est encore, suivant Halley, la cause pour laquelle près de la côte de Guinée le vent règne toujours sur la terre en soufflant de l'*Ouest*, au lieu de souffler de l'*Est*, par la raison qui y a tout lieu de croire que les parties inférieures de la côte de l'Afrique, sont prodigieusement échauffées, puisque les extrémités septentrionales sont si brûlantes qu'elles ont donné lieu aux anciens de supposer que les chaleurs excessives avoient rendu inhabitable tout le terrein situé au-delà des Tropiques. C'est encore par la même cause qu'il y a des calmes si constans dans cette partie de l'Océan, appellée *les pluies*, & que l'on a décrite dans la septième remarque sur la mer Atlantique; car cette contrée étant placée au milieu, entre les vents d'*Ouest* qui soufflent sur la côte de Guinée & les vents alisés d'*Est* qui soufflent à l'Ouest de cette côte, la tendance de l'air vers l'un ou vers l'autre point est indifférente, & par conséquent il reste en équilibre entre les deux, & la diminution que le poids de l'atmosphère éprouve par les vents contraires qui souflent de cette partie de la terre, est la raison pour laquelle l'air ne peut retenir les vapeurs abondantes qu'il reçoit & qu'il les laisse tomber en pluies très-fréquentes.

Mais comme l'air dense & froid, à raison de sa gravité plus considérable, pèse sur l'air chaud & raréfié, il est démontré que ce dernier doit s'élever en formant un courant continuel tant qu'il se raréfie, & que lorsqu'il s'est élevé il doit se disperser de lui-même pour conserver l'équilibre, c'est-à-dire, que par un courant contraire, l'air supérieur doit se retirer des lieux où la chaleur est la plus forte : de sorte que par une espèce de circulation le vent alisé *Nord-Ouest* occupant les basses regions de l'atmosphère se trouvera toujours accompagné d'un vent alisé *Sud-Ouest* qui lui sera superposé, & le vent *Sud-Ouest* le sera du vent *Nord-Est* dans la même position.

Le changement presque instantané du
vent

vent au point opposé que l'on rencontre souvent en dé-aillant les limites des vents alisés, semblent prouver que ce qu'on vient d'avancer est plus qu'une simple conjecture : mais ce qui confirme sur-tout cette hypothèse est le phénomène des moussons qu'elle démontre très-bien & qui devient inexplicable sans son secours. En admettant cette circulation dont nous venons de parler, il faut considérer qu'au Nord de la mer des Indes, il y a des terres par-tout dans la limite de la latitude de 30 dégrés, savoir, l'Arabie, la Perse, les Indes, qui par la même cause qui influe sur les parties de l'Afrique arrosées par la Méditerranée, sont sujettes à des chaleurs insupportables lorsque le soleil est au Nord & passe presque verticalement; mais qui cependant sont assez tempérées lorsque le soleil s'éloigne vers l'autre tropique. Cette différence procède de l'interposition d'une chaîne de montagnes à quelque distance dans les terres, qui, dit-on, sont très-souvent couvertes de neige dans l'hiver, & qui doivent réfroidir l'air à son passage au-dessus de leurs cimes. C'est donc pour cette raison que l'air, d'après la règle générale qu'on a établie, venant du Nord-Est dans les mers des Indes est quelquefois plus chaud & quelquefois plus froid que celui qui par cette circulation revient du Sud-Ouest; & par conséquent le vent ou le courant inférieur vient quelquefois du Nord-Ouest, & quelquefois du Sud-Ouest. Il est encore prouvé que ces phénomènes ne reconnoissent pas d'autre cause suivant le tems auquel le règne de ces vents s'établit : savoir, en avril lorsque le soleil commence à échauffer ces contrées au Nord, alors la mousson Sud-Ouest commence & continue de souffler pendant les chaleurs jusqu'en octobre : & lorsque le soleil est retiré, que tout se réfroidissant au Nord, la chaleur augmente au Sud, les vents Nord-Ouest commencent à souffler, & continuent de régner pendant tout l'hiver jusqu'en avril.

C'est indubitablement d'après le même

principe, qu'au Sud de l'Équateur, dans la partie de l'Océan Indien, les vents Nord-Ouest succèdent aux vents de Sud-Est lorsque le soleil se porte vers le tropique du Capricorne; mais il faut avouer qu'à ce dernier égard, il s'élève une difficulté qu'il n'est pas facile de résoudre, savoir pourquoi ce changement de mousson a-t-il plutôt lieu dans cet Océan, qu'aux mêmes latitudes dans la mer Ethiopienne, où il n'y a rien de plus constant qu'un vent de Sud-Ouest pendant toute l'année.

Il est encore très difficile de concevoir pourquoi les limites du vent alisé sont fixes & invariables vers le trentième degré de latitude tout autour du globe, & pourquoi elles se trouvent si rarement en-deçà ou au-delà de ces points. Il n'est pas non plus aisé d'expliquer la cause pour laquelle dans la mer des Indes, la partie boréale est seulement sujette à des moussons variables, tandis que dans la partie australe il y a constamment un vent de Sud-Est.

Ces particularités mériteroient d'être considérées plus en grand, & fourniroient la matière d'un volume entier : cette entreprise ne pouvant que faire beaucoup d'honneur aux personnes qui s'occuperoient de ces considérations philosophiques, & qui auroient le tems d'y donner toute l'attention dont elles sont capables.

IV.

Discours sur la proportion de la chaleur du soleil dans toutes les latitudes du globe, avec les moyens de s'en assurer.

Comme il s'étoit élevé une discussion sur la partie de la chaleur de l'atmosphère simplement produite par l'action du soleil, & que dans cette querelle Halley assura que si l'on envisageoit cette action du soleil comme la seule cause de la température des saisons, il ne voyoit pas le motif sur lequel cette supposition étoit fondée : mais que sous le pôle le jour des solstices devoit être aussi chaud que sous l'Equateur le jour de l'équinoxe, lorſque le ſoleil y eſt au Zénith & perpendiculaire au plan de l'horiſon. Son opinion étoit fondée ſur ce que, pendant les vingt-quatre heures du jour du ſolſtice ſous le pôle, les rayons du ſoleil ſont élevés ſur l'horiſon de vingt-trois dégrés & demi, & que lorſque dans l'équinoxe le ſoleil eſt vertical à l'Equateur, il ne luit que douze heures, & eſt caché pendant douze autres heures, & qu'en outre pendant trois heures huit minutes de ces douze heures il n'eſt pas auſſi élevé que ſous le pôle. Il réſulte de-là qu'il n'eſt pas neuf heures, dans les vingt-quatre heures, plus élevé que ſous le pôle, & qu'il eſt quinze heures plus bas. Or, la ſimple action du ſoleil n'étant comme toutes les autres impulſions ou chocs ſur un plan que dans la raiſon des ſinus des angles d'incidence ou des perpendiculaires abaiſſées ſur ce plan, il s'enſuit que, le rayon vertical qui eſt celui de la plus grande chaleur, étant pris pour le ſinus total, la force ou l'action du ſoleil ſur la ſurface horiſontale de la terre ſera dans les différens points d'incidence de ſes rayons aux différens tems de l'année, comme les ſinus de ces différents points au rayon vertical ou au ſinus total. Ce principe une fois admis, en prenant pour bâſe la durée du tems que le ſoleil eſt ſur l'horiſon, & pour hauteur la totalité des ſinus de la hauteur du ſoleil élevé ſur cette bâſe, on aura en faiſant paſſer une ligne courbe par toutes les extrémités de ces ſinus, un eſpace ou une aire qui ſera proportionnée à la ſomme de la chaleur produite par tous les rayons du ſoleil dans cet eſpace de tems. D'où il ſuit, que ſous le pôle, lorſque le ſoleil eſt au tropique, ſa chaleur pendant un jour eſt proportionnée au rectangle formé du ſinus de 23 dégrés ½ multiplié par 24 heures ou par la circonférence entière du cercle; & le ſinus de 23 dégrés ½ étant preſque les $\frac{4}{10}$ du rayon, ce rectangle ſera encore comme les $\frac{8}{10}$ multipliés par la moitié du cercle ou par 12 heures.

Or, la chaleur ſous le cercle polaire eſt égale à celle du ſoleil réſtant pendant 12 heures élevé au-deſſus de l'horiſon à 53 dégrés, hauteur au-deſſus de laquelle le ſoleil ne ſe trouve pas pendant plus de cinq heures ſous l'Equateur. Mais pour que cela ſoit plus facile à comprendre, Halley l'a rendu ſenſible par une figure n°. 2, planche 4. Dans cette figure l'aire Z G H H eſt égale à l'aire formée par tous les ſinus de la hauteur du ſoleil ſous la ligne, abaiſſés de tous les différens points de ſa courſe, depuis ſon lever juſqu'au zénith & l'aire 69 H H 69 ſe trouve dans la même proportion avec la chaleur du ſoleil pendant ſix heures ſous le pôle le jour du ſolſtice. Et ⊙ H H Q eſt proportionnel à la totalité de la chaleur de 12 heures, ou d'une demi-journée ſous le pôle, lequel eſpace ⊙ H H Q eſt viſiblement plus grand que l'autre aire H Z G H de toute la quantité dont l'aire H G Q ſurpaſſe l'aire Z G ⊙, laquelle l'emporte de beaucoup. C'eſt ce qui eſt on ne peut pas plus ſenſible à la vue par leur différence. Or c'eſt dans cette proportion que la chaleur des rayons du ſoleil qui éclaire pendant 24 heures l'horiſon ſous le pôle, l'emporte ſur celle qu'il produit ſous l'Equateur, où il ne reſte que douze heures ſous l'horiſon; d'où on peut conclure avec raiſon, toutes choſes étant d'ailleurs égales, que ſi le ſoleil étoit continuellement dans le tropique, il ſeroit auſſi chaud ſous le pôle qu'il fait chaud maintenant ſous la ligne.

Mais comme la chaleur par ſa nature ſubſiſte dans le corps qui l'a reçue après que la cauſe qui l'a produite eſt éloignée, particulièrement dans l'air, il ſuit de-là que ſous la ligne, l'abſence du ſoleil ne durant que douze heures, ne diminue que très peu le mouvement imprimé par l'action précédente de ſes rayons, (en quoi conſiſte la chaleur) avant que cet aſtre ne revienne ſur l'horiſon. Mais le contraire arrive ſous le pôle : le ſoleil donnant lieu par fon abfence de fix mois au plus grand froid, congèle tellement l'air qu'il en eft comme glacé, & ne peut avant que cet aftre ne s'en foit fort rapproché éprouver d'une manière fenfible les effets de fa préfence ; d'autant plus que fes rayons font interceptés par des nuages épais, & par des vapeurs & des brouillards perpétuels. Enfin de cet atmofphère de froid, comme Robert-Boyle l'a juftement caractérifé, réfultent ces maffes énormes de glaces aufli anciennes que le monde, & qui congèlent l'air qui les avoifine ; glaces qui ne pouvant être fondues par la trop courte préfence du foleil, augmentent encore par la longueur des hivers qui fuivent ce petit intervalle d'été.

Il faut obferver de plus, que les différens degrés de chaleur & de froid dépendent confidérablement du voifinage des hautes montagnes qui par leur élévation réfroidiffent exceffivement l'air que les vents amènent au-deffus d'elles, & de la nature des terreins qui retiennent différemment la chaleur, particulièrement ceux qui font couverts de fables. Ainfi dans l'Afrique, l'Arabie, & généralement dans tous les déferts où ces fables abondent, ils rendent la chaleur de l'été fi forte, qu'elle paroît incroyable à ceux qui ne l'ont jamais éprouvée.

En fuivant cette première idée, Halley eft parvenu à réfoudre d'une manière générale ce problême, favoir : de donner le degré de chaleur proportionnel ou la fomme de tous les finus de la hauteur du foleil lorfqu'il eft au-deffus de l'horifon dans une fphère oblique quelconque, en réduifant ce problême à la détermination de la furface d'une efpèce de courbe, [indiquée dans la figure 3 de la planche 4] ou d'une partie donnée de cette courbe.

On voit que ce problême n'a pas toute la difficulté qu'il femble préfenter au premier abord : car fi dans la figure 3, planche 4 déjà citée, on coupe oblique-

ment le cylindre A B C D, par l'ellypfe B K D I, & que l'on décrive par fon centre H le cercle I K L M, on trouvera que la furface courbe I K L B eft égale au rectangle de I K & B L, ou de H K & 2. B L ou B C. Et fi l'on fuppofe qu'un autre cercle N Q P O coupe la même ellipfe dans les points P, Q, & qu'on tire les lignes P S, Q R parallèles à l'axe du cylindre jufqu'à ce qu'elles fe rencontrent avec le cercle en queftion I K L M dans les points R, S ; de plus qu'on ait tiré les lignes R T S, Q V P, coupées en T & en V, il eft évident que la furface courbe R M S Q D P fera égale au rectangle de B L ou de M D & R S, ou de 2 B L ou A D & S T ou V P ; & que la furface courbe Q N P D fera égale à R S multiplié par M D, l'arc R M S multiplié par S P, ou l'arc M S multiplié par 2 S P, ou qu'elle eft égale à la furface R M S Q D R en retranchant la furface R M S Q N P. De même la furface courbe Q B P O eft égale à la fomme de la furface R M S Q D P ou de R S multiplié par M D & de la furface R L S Q O P ou de l'arc L S multiplié par 2 S P.

Ceci fe démontre facilement d'après la confidération que la furface cylindrique I K L B eft à la furface fphérique infcrite I K L E foit dans fa totalité, foit dans fes parties correfpondantes comme la tangente B L eft à l'arc E L.

Maintenant pour réduire le cas en queftion de la fomme de tous les finus de la hauteur du foleil dans une latitude & déclinaifon données, au problême que l'on s'eft propofé ; on fuppofera Z, le zénith, P le pôle, H H, l'horifon Æ Æ l'équinoxe, 69 69, NS NS, les deux tropiques, 69 I, le finus de la hauteur du méridien en 69, & qui lui eft égale, mais perpendiculaire au tropique : que l'on tire la ligne T I qui coupe l'horifon en T où le cercle horaire de 6 au point

4 & 64 sera égal à 6 R ou au sinus de la hauteur à 6. Si l'on fait de même pour un autre point quelconque dans le tropique, en élevant une perpendiculaire à ce tropique terminée par la ligne T ; enfin en tirant à travers le point 4, la ligne 4, 5, 7, parallèle au tropique & représentant au cercle, qui lui soit égal, alors les tropiques 68, 69 dans la figure 4 répondront au cercle N O P Q de la figure 3 ; le cercle, 4, 5, 7, répondra au cercle I K L M de la même figure. T, 4, 1, répondra au segment elliptique Q I B K P, 6, R ou 6, 4 à S P & 5, 1, à B L, & l'arc 69 T à l'arc L S formant l'arc semidiurne dans ces latitudes & déclinaisons, dont le sinus quoiqu'il ne puisse pas être exprimé dans la figure 4, doit être connu comme analogue à la ligne T S ou V P dans la figure 3.

Le rapport entre ces deux figures étant bien entendu, il suivra de ce qui précède que *la somme des sinus des hauteurs méridiennes du soleil dans les deux tropiques, & il en sera de même pour deux parallèles quelconques opposés, étant multipliée par le sinus de l'arc semidiurne, donnera une aire analogue à la surface courbe R M S Q D P : en y ajoutant en été ou en en retranchant en hiver le produit de la longueur de l'arc semidiurne par la différence des sinus susdits de la hauteur méridienne déjà cités. Et dans ces cas, la somme d'un côté, & la différence dans l'autre, seront comme la collection de tous les sinus de la hauteur du soleil pendant sa présence au-dessus de l'horison, & conséquemment de son action & chaleur sur le plan de l'horison dans le jour proposé.*

Or, ceci peut s'étendre également aux parties du même jour ; car si l'on multiplie la somme des sinus des hauteurs méridiennes ci-dessus énoncées par la moitié de la somme des sinus de la distance horaire du soleil au méridien, lorsque ces parties du jour sont avant & après-midi ou par la moitié de leur diffé-rence lorsqu'elles se trouvent toutes deux du même côté du méridien, & qu'on y ajoute en été ou qu'on en soustrait en hiver le produit de la moitié de l'arc qui doit répondre à l'intervalle de tems proposé dans la différence des sinus des hauteurs du méridien ; la somme dans un cas, & la différence dans l'autre sera proportionnelle à l'action du soleil, pendant cet espace de tems. On pourroit objecter qu'Halley prend le rayon du cercle sur lequel il élève des perpendiculaires comme étant toujours le même, tandis que les parallèles de la déclinaison sont inégaux, mais il répond à cela que les bases circulaires dont il a parlé, ne doivent pas être analogues aux parallèles, mais aux tems de la révolution, qui sont égaux dans toutes les suppositions.

Différens corollaires dignes de remarque résultent des règles que propose Halley : il s'ensuit par exemple, 1°. que la chaleur sous l'Équateur lorsque le soleil est vertical est comme deux fois le quarré du rayon, & cette base peut servir de point de comparaison dans tous les autres cas : 2°. que sous la ligne, la chaleur est comme le sinus de la déclinaison du soleil : 3°. que dans les zones glaciales lorsque le soleil ne se couche pas, la chaleur est comme la circonférence d'un cercle multiplié par le sinus de la hauteur du soleil ; & conséquemment que dans la même latitude, les sommes des chaleurs réunies sont comme les sinus de déclinaison du soleil & dans la même déclinaison de cet astre comme les sinus de la latitude, & généralement comme les sinus de la latitude multipliés par les sinus de déclinaison : 4°. que les jours des équinoxes la chaleur est par-tout comme les cosinus de la latitude : 5°. que dans tous les endroits où le soleil se couche, la différence entre les chaleurs de l'été & celles de l'hiver, lorsque les déclinaisons sont contraires, est égale à un cercle multiplié par le sinus de la hauteur à 6. dans le parallèle de l'été ; & conséquemment que ces différences font comme les finus de la latitude, multipliés par le finus de déclinaifon : 6°. il paroit que l'action du foleil à l'Équateur, lorfqu'il eft dans l'un des tropiques, eft la moindre de toutes, & que fous le pôle, fa chaleur eft plus confidérable que dans tous les autres lieux du globe, tous les autres jours; cette chaleur étant à celle de la ligne lorfque le foleil eft à l'Équateur comme 5 à 4.

On peut d'après ce travail & les corollaires qu'on en a tirés, fe former une idée générale de toute l'action du foleil pendant l'année. L'on voit que l'eftimation de cette partie de la chaleur produite par la fimple action du foleil peut être portée à une telle certitude géométrique, que fi l'on pouvoit en faire autant pour le froid qui eft quelque chofe de plus que la fimple abfence du foleil, comme on le voit dans beaucoup de phénomènes, nous pourrions efpérer d'arriver à une théorie parfaite fur ce qui regarde cette partie de la météorologie.

V.

Sur la caufe de la falure des eaux de la mer.

Halley fit des recherches fur les caufes de la falure de la mer, & il faut avouer que fes moyens font fort ingénieux. Ce qui le conduifit à cette difcuffion fut cette belle obfervation qu'il fit, que tous les lacs du monde qui font les égouts des fleuves ou des rivières de long cours font falés, quelques uns plus, quelques autres moins; que l'Océan qu'il confidère avec raifon comme un grand lac, puifqu'il entend par ce mot un baffin rempli d'eau qui reçoit perpétuellement des rivières qui viennent s'y décharger & qui n'a aucune iffue par laquelle il puiffe verfer au-dehors ce qu'il reçoit. Le nombre de ces lacs difperfés dans les différentes parties du monde connu, n'eft pas fort grand. Halley n'en trouve & n'en indique que quatre à cinq; qui font la mer

Cafpienne, la mer Morte ou lac Afphaltite, le lac fur lequel eft bâtie la ville de México, le lac de Titicaca au Pérou qui communique par un canal de 50 lieues avec un plus petit, & qui n'a aucune iffue.

De ces lacs, la mer Cafpienne qui eft le plus grand de beaucoup, a été trouvée un peu moins falée que l'Océan. Le lac Alphaltite eft fi falé & l'eau en eft fi faturée de fel qu'elle ne peut en diffoudre davantage; c'eft pourquoi dans l'été les bords de ce lac font incruftés d'une grande quantité de fel d'une faveur très piquante & beaucoup plus que celle du fel marin, parce qu'il contient une certaine quantité de fel ammoniac, comme on le fait des favans voyageurs qui l'ont vifité.

Le lac de México eft formé de deux lacs féparés l'un de l'autre par la chauffée qui conduit à la ville, bâtie fur une ifle au milieu du lac. La partie du lac qui eft au Nord de la ville & de la chauffée, reçoit une rivière confidérable. Cette partie qui eft un peu plus haute que l'autre fe décharge dans la partie du Sud qui eft plus baffe. C'eft celle-là qui eft falée, quoique celle qui eft fupérieure foit prefque douce. Il eft probable que la langue de terre qui traverfe le lac s'oppofe à la communication de ces deux fortes d'eau, & conféquemment à leur niveau commun. La falure des eaux de la partie la plus baffe, paroît être due à l'infiltration des eaux du lac du Nord à travers les terres.

Le lac Titicaca a près de 80 lieues de circonférence: il reçoit plufieurs rivières confidérables; cependant fes eaux font, au témoignage d'Herrera & d'Acofta, fi falées qu'elles ne font pas potables, quoiqu'elles foient moins chargées de fel que celles de l'Océan : ils affurent la même chofe du lac de Paria, dans lequel le lac Titicaca fe décharge en partie. On ne doute pas que les eaux du lac de Paria ne fe fuffent trouvées beaucoup plus falées que celles de l'autre lac, fi l'on en eût fait un examen comparé,

D'après cette considération de tous ces lacs salés qui reçoivent des rivières & qui n'ont pas d'issue, Halley en tire cette conséquence, qu'il faut nécessairement que les eaux versées par les rivières, éprouvent une évaporation au moyen de laquelle les eaux douces s'exhalent en vapeurs pendant que les particules salines apportées par ces rivières, & qu'elles ont dissoutes en lavant les terres sur lesquelles elles passent, restent dans l'eau qui n'est pas évaporée. Il est donc évident que le sel continuera d'augmenter dans les lacs, & que leurs eaux deviendront de plus en plus salées. Mais dans les lacs qui ont une ou plusieurs issues, comme est le lac de Tibériade, le lac supérieur de México, le lac de Genève, & la plupart des autres lacs de Suisse, l'eau s'en écoulant continuellement entraîne tous les principes salins dont elle peut être chargée à mesure qu'elle arrive ; & il en est de même des autres eaux qui les remplacent, dans lesquelles les particules salines sont en si petite quantité qu'on ne peut s'en appercevoir.

Mais si telle est la vraie cause de la salure des lacs dont nous venons de parler, n'est-il pas très-probable que l'Océan n'ait acquis le degré de salure qu'il a que par la même cause ? & ce principe étant établi, Halley présume qu'on pourroit par la salure estimer la durée de toutes choses. Car si l'on déterminoit quelle quantité de sel est maintenant contenue dans une quantité d'eau donnée par le poids : l'eau par exemple de la mer Caspienne prise dans un lieu déterminé & dans la saison la plus sèche, & qu'après quelques siècles, le même poids d'eau pris dans le même lieu & dans les mêmes circonstances soit trouvé contenir une quantité sensiblement plus grande de sel qu'au tems de la première expérience : on pourroit par la règle de proportion estimer tout le tems dans lequel l'eau auroit acquis le degré de salure que nous lui trouvons maintenant.

Cette expérience seroit encore plus concluante si par un essai semblable, on trouvoit une pareille augmentation dans la salure de l'Océan qui reçoit d'innombrables rivières, lesquelles déposent dans son bassin les parties de sel dont elles ont dépouillé les continens qu'elles ont parcourus. Mais comme ce moyen ne peut être d'aucun usage pour nous, parce qu'il demanderoit trop de tems, il auroit été à désirer que les anciens auteurs grecs & latins nous eussent fait connoître le degré de salure de la mer il y a deux mille ans, nous serions aujourd'hui en état de juger de cette augmentation qui, je ne doute pas, seroit très-sensible.

L'auteur finit par désirer que les académies qu'il regarde comme devant être de longue durée, veulent bien faire & suivre ces expériences, dont les résultats ne peuvent qu'intéresser la postérité.

Quoi qu'il en soit de ces expériences, on ne peut douter que les preuves du docteur Halley ne soient très-concluantes & que les effets naturels des eaux courantes ne nous indiquent de semblables résultats. (*Voyez* l'article *salure des eaux de la mer* dans le dictionnaire.)

HENCKEL.

Extrait du chapitre V. de la pyritologie.

L'extrait que je joins ici & que j'ai tiré de l'ouvrage savant & instructif de cet habile chimiste, roule sur deux masses d'objets qui ont trait à la composition du globe, sur-tout dans les parties qui renferment des métaux. On y traite d'abord des différentes natures de terres, de métaux, de minéraux, & sur-tout de la pyrite aux premiers âges du monde. J'ai cru qu'on seroit fort aise de voir oomment un profond chimiste allemand avoit suivi les différens progrès de la création, sur-tout si l'on compare sa marche avec certains physiciens un peu romanciers qui se sont occupés de semblables dispositions : on voit pour lors que ces différens mondes portent l'empreinte du génie & des connoissances des auteurs qui en hasardent la description. Si l'on n'adopte pas tous les plans hypothétiques de Henckel, on en sera du moins dédommagé par ses vues sur les matières premières, sur la composition des couches de la terre, sur les terres métalliques, sur l'arrangement & la distribution des filons, que cet habile minéralogiste nous développe pour appuyer ses assertions, & pour en former un certain ensemble : c'est ce que renferme l'article premier.

Dans le second, Henckel traite des révolutions que le déluge a pu opérer, suivant lui, dans les couches voisines de la surface de la terre. Ceux qui ne croient point à l'influence de cette inondation générale sur l'organisation actuelle du globe, sauront, je crois, bien écarter cette catastrophe pour se borner à saisir les détails instructifs qui se trouvent dans le travail de Henckel, & qui, même, bien examinés & bien discutés, pourroient détromper facilement sur les effets du déluge. Je renvoie ainsi à l'article *Holback*, où les raisons principales qu'on peut oposer à Henckel sont développées avec autant de force que d'intelligence.

Au reste, désirant offrir à mes lecteurs tout ce qui a été écrit par des vues différentes sur la constitution du globe, j'ai cru que ce mélange ne devoit point m'engager à supprimer ce qui se trouve d'instructif sur les mines de transport, sur les couches de la surface de la terre ; en un mot, sur les effets qu'on attribue au déluge & qui annoncent aux personnes dégagées de tous préjugés des causes plus simples & plus naturelles.

I.

Vues générales sur la formation primitive des terres, des métaux, & sur-tout des pyrites dans le sein de la terre ; avec des réflexions sur la séparation des matières solides & fluides, & sur la distinction des trois règnes de la nature.

En réfléchissant sur la forme intérieure primitive de notre globe composé de terre & d'eau, dans lequel les minéraux sont contenus, la raison aussi bien que le témoignage de Moïse nous font voir qu'elle étoit très-différente de la forme que prit ce même globe à la fin du sixième jour de la création ou de celle qu'il a maintenant, puisqu'alors il s'étoit fait des séparations & que les substances fluides s'étoient déjà séparées des solides. Quant à la forme extérieure de notre globe, Moïse nous apprend qu'elle a été changée par la production des végétaux, & qu'ensuite ce même globe a éprouvé par le déluge universel des révolutions considérables, non-seulement à sa surface, mais encore dans ses parties intérieures ; que la terre fertile & noire dont il étoit couvert, a été détériorée par le mélange des débris des pierres, des terres minérales & grossières, des sables & de toutes sortes de matières étrangères à sa première constitution : que sa figure qui étoit d'abord sphérique & régulière, est devenue informe & raboteuse. Henckel ne parle ici que de la première mixtion générale qui se trouvoit dans le globe terrestre, avant qu'il fût question d'aucune production ou combinaison, & lorsqu'il n'étoit encore qu'un simple mélange de terre & d'eau. Il est impossible que ce mélange ait été fait d'une manière purement méchanique ; au contraire on a lieu de croire que ce qu'on appelle le cahos, n'a été qu'une matière visqueuse, c'est-à-dire un mélange dans lequel les parties solides & les parties fluides étoient tellement confondues, qu'elles n'auroient pas été en état de se separer les unes des autres avec le tems & le repos, fans le concours d'une nouvelle force motrice & intérieure.

Comme pour conftituer ce corps vifqueux, il ne faut qu'une terre fimple & une eau fimple, nous n'avons pas befoin de fuppofer dans le cahos plufieurs natures de terres & d'eaux, ni de croire qu'avant le troifième jour de la création il y eût déjà des terres particulières deftinées aux différens-règnes de la nature qui ne furent établis qu'enfuite. Enfin comme parmi les parties effentielles d'un corps mucilagineux, l'eau eft celle dont le volume eft le plus confidérable, & qu'elle l'emporte de beaucoup fur les parties sèches & folides, il y a lieu de croire que la même chofe eft arrivée dans la création : ainfi pour que l'eau féparée ne couvrît point la terre que le créateur avoit deffein de mettre à découvert, il détermina que la moitié de la fubftance aqueufe feroit féparée du globe terreftre par l'évaporation, & que cette eau en état de vapeurs diffoutes, feroit réunie à l'air, & fufpendue dans l'air que Moïfe appelle le firmament.

Cependant on pourroit encore demander fi même après la féparation des eaux du ciel dont on ne peut pas apprécier le volume, la partie de la fubftance aqueufe réfidente fur le globe, (la mer) ne l'a pas emporté de beaucoup fur la partie terreftre du globe, quoiqu'elle nous paroiffe à préfent très-confidérable. Il femble au moins que par la fuite des tems, la terre s'eft toujours défféchée de plus en plus, & eft devenue plus dure & plus compacte. Henckel penfe que ce *durciffement* continuera jufqu'à la fin du monde & que cette deffication qui va toujours en augmentant, vient en partie de la féparation des eaux toujours continuée, & en partie de la fixation & de la terrification, c'eft-à-dire du changement en terre des eaux mêmes qui fe font unies à la fubftance terreufe par les digeftions & les cohobations réitérées, qui fe font depuis fi long-tems dans notre globe comme dans un grand matras.

On voit qu'il n'eft pas befoin de fuppofer qu'il y ait eu avant la féparation des eaux, plus d'une efpèce de terre dans le globe terreftre. Ce ne fut qu'après que les parties terreufes eurent formé une maffe folide que l'humidité dont la proportion étoit deffors différente, le concours de la chaleur, les coctions, les maturations, &c. en produifirent deux ou trois efpèces différentes.

Il faut donc bien fe garder dans les analyfes d'aller prendre pour une terre fimple & élémentaire, la première terre qu'on obtient ou qu'on transforme, & qui eft peut-être formée du mélange de plufieurs autres : on doit au contraire penfer que cette réduction, fi elle n'eft pas impoffible eft extrêmement difficile. Ainfi les parties terreufes qui d'abord étoient entièrement homogènes, n'ont commencé à fe diverfifier & à devenir propres à la production des pierres, des mines & des métaux, qu'après que l'eau fuperflue eut été forcée de s'élever en l'air, & après que celle qui étoit reftée à la furface de notre globe eût été réunie pour la plus grande partie dans un réfervoir particulier. Lorfque cette féparation fut faite, il arriva que :

1°. Les particules déliées, éparfes & fpongieufes dont la fubftance terreufe étoit auparavant compofée, furent à portée de fe rapprocher davantage & de s'unir les unes aux autres.

2°. L'humidité qui refta dans cette fubftance comme dans une éponge qui a été preffée, loin d'être un obftacle à une *terrification* ultérieure dans la proportion où elle fe trouvoit, fut un moyen de maturation & de transformation, & agit comme un menftrue propre à condenfer & à durcir le corps fur lequel elle opéroit : effet qu'elle n'auroit point produit fi elle avoit été trop abondante, & que les parties folides en euffent été noyées,

noyées. Car alors toute la masse demeurant dans un état de fluidité, il auroit été impossible qu'elle eût jamais acquis les propriétés que le créateur vouloit lui donner.

3°. A cela se joignit l'action de l'air, lequel acquit par son mouvement libre & rapide, une activité très-grande : il vint à toucher les parties séches, il pénétra la masse spongieuse qu'elles venoient de former & agit sans obstacle sur la terre, avide d'attirer de nouveau l'humidité.

4°. L'action du soleil se joignit enfin à celle des autres agens, & elle fut d'autant plus vive que l'action du feu est plus forte sur un mélange à proportion qu'il est moins chargé d'humidité ; sans compter que l'air qui pénétroit le globe, avoit été rendu plus subtil & plus agissant par les rayons & les émanations du soleil.

Cette élaboration causée par les émanations du soleil, produisit & produit encore des mouvemens nouveaux plus violens que les premiers, des espèces de fermentations & des substances nouvelles dans les matières du globe, qui depuis le commencement de leur existence n'avoient pas été en repos : par conséquent il se fit des transformations & des décompositions dont nous voyons des exemples dans les changemens qui ont lieu dans des corps dont le mélange paroît très-simple, & sur-tout dans les matières visqueuses. Aussi-tôt que les deux substances primitives en eurent produit une troisième & une quatrième, le nombre des formes nouvelles alla toujours en croissant & devint en peu de tems très-considérable. Au commencement toutes les opérations se bornèrent à condenser, à durcir les corps qui dans la suite acquirent la propriété de se dissoudre, de s'atténuer, de se volatiliser de nouveau, suivant les révolutions continuelles qui s'opèrent dans la nature, & sans lesquelles les parties aqueuses auroient été entièrement consumées ou absorbées ; ce qui auroit dérangé l'économie du globe

dans lequel les dissolutions des corps une fois durcis ne s'opèrent, ni assez fréquemment, ni assez promptement pour que le durcissement s'apperçoive d'une manière sensible, & pour qu'il augmente & se multiplie au point de faire craindre qu'avec le tems il n'arrive une pétrification de la masse totale, dans les parties mêmes qui jusqu'ici sont demeurées molles & fluides.

Les parties les plus légères restèrent à la superficie de la terre, & furent consacrées à la production des végétaux. Les plus pesantes furent destinées à produire les substances du règne minéral : c'est pour cette raison qu'elles se trouvent en plus grande abondance, à mesure qu'on s'enfonce plus avant dans les entrailles de la terre, & se perdent en petits rameaux vers la surface. Pour expliquer la différente formation des parties terreuses dont la densité & la pesanteur varient, on n'a pas besoin de recourir à la volonté absolue de Dieu, quand on connoît les loix qu'il s'est imposées pour ne pas renverser l'ordre qu'il a établi dans la nature, loix & causes qui ne sont pas partout les mêmes.

D'abord il fut impossible que la mer restât dans l'état de simplicité où elle étoit, lorsque ses eaux furent rassemblées dans son bassin : le repos où elle se trouva dans certains endroits, l'agitation violente que des causes extérieures lui firent éprouver dans d'autres, produisirent un mouvement interne qui, comme une espèce de coction & de digestion, fit que les parties homogènes du tout se frottèrent les unes contre les autres, s'échauffèrent & changèrent de nature, devinrent visqueuses, tenaces, épaisses & pesantes, & se déposèrent enfin pour la plus grande partie au fond, après avoir éprouvé une espèce de fermentation : en effet l'eau de la mer est toujours plus épaisse, plus bitumineuse & plus salée au fond qu'à la surface.

On fent qu'à la fuite de cette difpofition de la mer qui repand fes eaux
dans tout le globe par le moyen d'un
grand nombre de réfervoirs intérieurs, &
de grands & de petits canaux, elle a
dû agir diverfemént fur notre globe : &
il a fallu néceffairement qu'elle donnât
à la terre dans les lieux profonds des
propriétés bien différentes de celles qu'on
trouve aux endroits plus élevés, plus
proches de la furface ; & qu'un mouvement plus violent dans un endroit, &
plus foible dans un autre, en un mot
une coction inégale produififfent un plus
ou moins grand épaifliffement dans ces
matières. Je ne parle pas des effets du
foleil & de l'air qui ont dû néceffairement
concourir à tous ces changemens dans
les commencemens, & beaucoup plus
efficacement par la fuite, lorfque la
matière fe difpofoit à recevoir différentes
formes.

Il refte à parler ici des fentes & des
conduits que la mer a dû s'ouvrir par
différens accidens pour l'écoulement de
fes eaux dans l'intérieur des terres. On
voit aifément que toutes ces ouvertures
doivent être très-inégales quant à leurs
directions & à leurs dimenfions, & l'on
conçoit aifément que l'eau, ce diffolvant
univerfel du globe, ayant des propriétés
différentes & ne fe trouvant pas en
tous lieux dans les mêmes proportions,
a dû & doit encore agir diverfemént fur
les différentes parties de la terre, & par
des cohobations fouvent réitérées, produire des terres d'une nature tout-à-fait
différente les unes des autres.

Avant d'aller plus loin, Henckel fait
remarquer que le globe de la terre ne
doit pas être confidéré comme étant
dans l'état où il s'eft trouvé après le déluge, ni dans celui où il fe trouve actuellement. Les eaux du déluge en fortant
non-feulement des cataractes du ciel,
mais encore des abîmes de la terre, produifirent, felon Henckel, une révolution

fi terrible, que tout fut bouleverfé &
confondu & que les parties terreufes tant
légères que pefantes furent dérangées de
leur fituation, & formèrent néceffairement
de nouveaux mélanges. A la fuite de
cette grande révolution, les parties de la
terre qui jufqu'alors étoient reftées molles, fines & légères, devinrent par la
fucceffion des tems plus compactes, plus
dures & plus pefantes, & furent par conféquent appropriées à la production des
minéraux ; de forte que les pierres & les
mines fe font toujours augmentées &
multipliées depuis dans la terre.

Henckel ne s'occupe ici, comme on le
voit bien, que de l'état intérieur de la
terre tel qu'il a dû réfulter, 1°. des
différens degrés de durciffement des matières : 2°. du mouvement que ces
matières ont dû prendre néceffairement
d'après ce fyftême de préparation qu'il
attribue aux différens agens de la nature;
3°. du concours de plufieurs caufes
fecondes qui ont dû fe réunir, foit intérieurement, foit extérieurement ; fuivant
cette marche fuppofée de la nature, des parties fluides légères & molles ont été changées en parties dures & pefantes, parce que
la tendance des parties pefantes les a portées
vers le centre ; que cependant par différens accidens les parties pefantes auffi
bien que les parties légères, n'ont pas
été dépofées, ou ne foit pas maintenues
dans les places que devoient leur donner
leurs différens degrés de pefanteur. Ces
réflexions peuvent nous faire concevoir
de quelle manière, dans le fyftême de
Henckel, ont pu fe former ou ne pas
fe former les parties les plus pefantes de
notre globe, c'eft-à-dire les pierres, les
minéraux & les métaux, & quelle a
dû être, par conféquent, l'origine de
la pyrite qui eft du nombre de ces corps.

Tout ce qu'il y aura à dire d'effentiel
à ce fujet, fe réduit à demander en quel
tems, de quelles matières & de quelles
façons la pyrite a été formée.

Quant à la première question, Henckel pense que toutes les pyrites, comme les autres mines qu'on trouve aujourd'hui dans la terre, n'ont point été produites au tems de la création; qu'un grand nombre d'elles se sont formées, les unes peu de tems, les autres long-tems après cet événement; & que ce minéral continuera de se produire de la même façon jusqu'à la consommation des siécles.

C'est une chose très-remarquable, ajoute-t-il, que Moise le plus ancien des historiens que nous connoissions, ne nous apprenne rien sur l'origine des minéraux; on seroit donc fondé à croire que les minéraux n'ont point été un des principaux objets de la création & qu'ils se sont formés à la suite des tems par le mouvement & les combinaisons différentes des substances créées. Cependant on ne doit point nier que dans l'espace des six jours de la création, il n'ait commencé à se former, non-seulement des matrices propres à recevoir les mines, c'est-à-dire des pierres compactes, mais encore des mines mêmes & des métaux natifs. C'est sans contredit dans ce sens, qu'on peut dire qu'il y a eu des minéraux de créés. Mais si nous cherchons à nous faire des notions moins vagues sur la nature & l'origine du règne minéral, & si nous ne voulons pas nous refuser aux lumières que nous offrent le raisonnement & l'expérience, il est impossible de faire remonter à la première création ou au commencement du monde la formation de ce que nous trouvons dans les fentes ou dans les filons, ou de croire que les filons métalliques étoient tels que nous les voyons actuellement, non-seulement après le déluge, mais encore avant cette grande révolution, & qu'il n'y en ait pas qui se soient élargis, allongés, ou reproduits de nouveau par la succession des tems: en un mot on ne doit attribuer à la création que ce qui lui appartient; on doit donner au déluge une grande part dans la formation des mines

& de leurs filons; & l'on ne doit point s'imaginer que dans les tems qui ont suivi, la nature n'en ait plus produit ou qu'elle n'en produise pas encore tous les jours.

Il n'est donc pas douteux qu'il ne se soit réellement formé des mines au commencement du monde dans les plus grandes profondeurs de la terre; puisque c'est alors que la mer, ce grand dissolvant ou ce moyen universel & puissant de mixtion, de combinaison, de coction, de maturation, sans lequel on ne peut se former d'idée de ces productions, a pu pénétrer le plus facilement la terre & agir sur elle plus immédiatement & avec plus de force. De plus l'expérience nous fait voir que, quoique nous ne soyons pas parvenus à creuser bien avant dans la terre, l'épaisseur & le volume des mines augmente à mesure qu'elles s'enfoncent vers le centre de la terre, & qu'au contraire leur volume diminue à proportion qu'elles remontent vers sa surface: par conséquent nous devons chercher leurs racines & leur tronc principal dans l'intérieur de la terre. La raison veut sans doute que l'on attribue leur origine aux premiers tems du monde; mais il ne convient pas de tout attribuer au tems de la création; il est plus naturel de croire que par la suite les filons ont acquis de l'épaisseur & de la longueur, & qu'ils ont formé aussi plusieurs rameaux: l'on ne doit pas redouter les conséquences que l'on peut tirer de ce sentiment, car il est fondé sur un grand nombre de preuves.

Puisque la pyrite est un minéral qui accompagne la plupart des mines, qu'elle se rencontre dans les plus grandes profondeurs où l'on ait pénétré, que même le plus souvent elle ne devient abondante qu'à une grande profondeur, il faut convenir, que comme toute autre mine, elle doit son origine en partie à la création: cependant il faut accorder à la pyrite une prérogative fur les autres mines. Les fubſtances qui entrent dans fa compoſition, fur-tout les parties ferrugineuſes & fulphureuſes font de ces fortes de terres qui tirent leur origine le plus immédiatement de la terre fimple, & avec lefquelles elle a par conféquent le plus d'analogie. Le foufre eſt déja tellement contenu dans la terre brute, fur-tout dans celle qui eſt limoneufe & bitumineufe que, pour entrer dans la compofition de la pyrite, il a moins befoin d'une transformation que d'une extraction : & quoiqu'il faille mettre de la différence entre le bitume & le foufre minéral commun, il n'en faudra pas moins convenir en premier lieu qu'il y a beaucoup d'analogie entre eux : en fecond lieu que ce n'eſt pas le foufre, mais le fer qui conſtitue la partie principale, ou plutôt la bafe de la pyrite. Quant à la terre métallique, nous ne trouvons rien dans aucune mine ou métal qui mette entre elle & une terre brute, une affinité auſſi grande que celle que l'on remarque entre cette terre & la terre métallique de la pyrite & de la mine de fer. C'eſt pour cette raifon qu'en ajoutant du phlogiſtique qui opère la métalliſation, on tire aifément & promptement du fer des terres graffes, limoneufes & argilleufes. La terre pyriteufe & ferrugineuſe que l'on nomme *ochre* reſſemble tellement à une terre commune, & fur-tout à une terre limoneufe par fon tiſſu & par fon poids, ou plutôt par fa légèreté naturelle, qu'on peut regarder la première comme tirant fon origine de la dernière : il n'y a point de métal au monde qui puiſſe fe reproduire auſſi aifément d'une terre brute que le fer, & il n'y en a point qui fe change auſſi aifément que lui en terre. Or, le fer eſt la bafe de la pyrite ; on peut donc en conclure que ce minéral, ainfi que la mine de fer qui n'eſt pas pénétrée de foufre, font les mines métalliques qui dans le commencement ont pu être

produites les premières d'une terre non élaborée & non métallique.

Dans l'examen des terres calcaires, des argilles, des ochres, &c. qui fuintent à travers les fentes dans les fouterrains des mines, & qui quelquefois fe montrent même à la furface de la terre, il faut obferver fi ce qu'elles contiennent de métaux, vient de leur combinaifon ou de leur mixtion intime, ou fi les métaux n'y font que fuperficiellement attachés : en effet il faudra bien diſtinguer entre la mixtion ou l'aggrégation. On fait que les exhalaifons, l'action de l'air & de l'eau, le tems & les différentes poſitions font fouvent perdre aux mines & même aux métaux natifs leurs formes, & les mettent dans l'état d'une véritable terre.

Au reſte la terre franche ordinaire eſt tellement appropriée à la formation du fer, que fes parties terreufes qui paſſent dans les plantes ne perdent point cette propriété, & fuivant l'expérience de Lémery, elles fe reduifent en un fer véritable, comme on peut le voir parce qu'elles font attirables à l'aimant.

En renverfant les chofes, on trouve auſſi que tous les métaux peuvent être changés en terre, mais il n'y en a pas un feul qui fubiſſe ce changement avec autant de facilité que le fer. L'humidité de l'air fuffit pour le changer en rouille, en ochre & en terre ; au lieu que les autres métaux exigent beaucoup plus de tems pour fe décompofer. La terre ferrugineufe eſt la première de toutes les terres métalliques qui ait été formée de la terre brute par une élaboration particulière.

Ce fut le fecond jour de la création que la fubſtance terreufe ou folide fut féparée du chaos, & prit une forme elle. Ce fut donc depuis ce tems que la terre, par un ordre exprès du créateur, fut diſposée à la production des plantes. Cette élaboration multiplia & varia les particules terreuſes ; les plus déliées furent diſposées par le moyen de l'eau à paſſer dans le règne végétal ; les autres particules terreuſes devinrent compactes, peſantes, & propres à la formation des mines & des métaux. Les choſes n'en reſtèrent pas là : des circonſtances & de nouvelles cauſes ſe préſentèrent, & les eſpèces de pierres & de mines ſe multiplièrent ; & ſi nous faiſons attention aux autres révolutions arrivées après coup, nous découvrons aiſément les raiſons pourquoi les bornes du règne minéral ſe trouvent ſouvent déplacées, & que les corps qui en dépendent, ſe rencontrent ailleurs que dans les endroits où ils devroient naturellement être ſitués ; & nous voyons pourquoi nous y trouvons aujourd'hui tant d'irrégularités, de déſordres, de deſtructions.

Rien ne nous oblige à croire que le règne minéral ait été formé en un jour, comme le règne végétal & le règne animal. L'écriture ne nous a rien appris ſur le règne minéral. En conſidérant le règne minéral en lui-même, on voit aiſément qu'il ne peut aller de pair avec les deux autres, & que ſon affinité avec eux, n'eſt point auſſi grande que la diviſion généralement reçue des trois règnes de la nature ſembleroit le faire entendre. Les minéraux ſont compoſés ſi-non entièrement, du moins en grande partie, de particules ſolides : les végétaux ſont principalement compoſés de particules fluides ; les animaux reſſemblent aſſez aux végétaux, à cet égard cependant les os & les coquillages prouvent que la partie terreuſe eſt plus abondante dans les animaux que dans les végétaux. Les animaux & les végétaux ont en eux-mêmes le principe de leur accroiſſement qui réſulte de la mixtion la plus intime. Les ſubſtances que fourniſſent les alimens, ſont reçues dans les ſucs animaux qui

leur ſervent, pour ainſi dire, de levain, & leur font éprouver une fermentation qui les rend analogues à leur nature : les minéraux au contraire s'accroiſſent par une action extérieure, par une ſimple juxta-poſition ; vu que les matières qui ſont propres à en augmenter le volume ne s'y attachent, pour ainſi dire, que par couche. De plus lorſqu'un minéral a été une fois formé, ſes parties ne ſe mettent plus en mouvement & ne peuvent y être remiſes ſans qu'il ſe détruiſe.

Outre cela, la multiplication ſe fait d'une manière toute différente dans les trois règnes. Celle des végétaux & des animaux ſe fait ordinairement par des œufs & des ſemences qui ne ſont autre choſe que des principes réunis qui reproduiſent des individus ſemblables à ceux dont ils ſont ſortis, & qui croiſſent comme eux. Nous ne voyons rien de ſemblable dans les minéraux ; nous ne pourrions concevoir comment une pyrite, par exemple, pourroit ſans ſe détruire en produire une autre ; car pour qu'une pyrite ſe produiſe, il faut néceſſairement qu'elle ſe forme, ou des mêmes élémens dont a été formée la première pyrite dans le tems de la création, ou d'une autre pyrite décompoſée, c'eſt-à-dire d'une pyrite ou d'une mine réduite à ſes premiers principes.

I I.

Conſidérations ſur les effets du déluge, ſoit dans les couches de la terre, dans les mines à couches ou de transport, ſoit dans les combinaiſons des terres & des pierres pour la formation de la pyrite, &c.

Rappellons nous ici que pour répondre à la première queſtion propoſée ci-devant ſur l'époque de la formation de la pyrite, il faut porter nos vues ſur le déluge, événement qui a produit ſur notre globe la plus grande révolution qu'il ait éprouvée depuis la création jusqu'à nos jours, & dont nous voyons encore aujourd'hui les effets à la surface de la terre, & dans son intérieur. Si d'un côté le déluge répand beaucoup de lumières sur l'histoire naturelle, & particulièrement sur la formation des couches supérieures des terreins élevés & des massifs intérieurs de la terre, d'un autre côté les dispositions singulières de certaines contrées, les fossiles & les autres corps qui s'y trouvent ensevelis & que l'on y découvre souvent contre toute attente, nous prouvent l'existence de cette inondation générale.

On conçoit aisément que les eaux du ciel venant à se joindre à celles des abîmes de la terre, elles ont été suffisantes pour rendre le déluge universel; & son universalité ne peut être contestée par des gens qui contre le témoignage de leur raison admettent des causes secondes & une infinité de choses semblables dans la création. Cette inondation universelle causa un dérangement inconcevable dans les trois règnes de la nature. Henckel ne parle pas ici du règne végétal; toutes les plantes & tous les arbres furent entièrement déracinés: le sol même ou la bonne terre qui les nourrissoit furent bouleversés de fond en comble: mais Henckel se borne uniquement aux effets du déluge sur le règne minéral, aux désordres & aux dérangemens qu'il a cru y remarquer & aux nouvelles mines & filons qui ont été formés suivant lui par la violence des eaux qui couvroient la terre pendant tout le tems que dura cette inondation.

Ce ne furent pas seulement les sources qui se trouvoient dans les couches supérieures, mais encore celles renfermées dans les abîmes les plus profonds qui se répandirent sur la terre: & comme ces immenses réservoirs communiquoient sans doute avec la mer, on conçoit que ses eaux ont dû naturellement se joindre aux autres: mais on sent en même-tems que les mers étant

épuisées, il devoit rester des endroits à sec, & dans ce cas l'inondation n'eût point été universelle, si Dieu n'avoit pas commandé aux eaux qui appartenoient à d'autres sphères de se joindre à celles de notre globe. Si l'on considère que de simples débordemens de quelques lacs, de quelques rivières, ou les marées trop hautes de la mer Baltique sont capables d'enlever des terres dans un endroit, d'en déposer dans d'autres & de causer les plus grands ravages, on concevra sans peine qu'un volume d'eau tel que celui qui causa le déluge a dû entièrement bouleverser la terre. Il paroît que les eaux souterraines dont, selon toutes les apparences, les réservoirs n'étoient point alors si solides qu'ils le sont aujourd'hui, ayant été poussées par celles qui sortoient des abîmes, ont formé des courans très-violens. N'y-a-t-il donc pas lieu de croire que leurs eaux mises dans un très-grand mouvement, ont percé les entrailles de la terre en une infinité d'endroits, ont brisé des rochers & des filons de mines, & ont porté toutes sortes de fossiles & de substances minérales à la surface de la terre. Ces torrens parvenus à cette surface se joignirent aux eaux qui y rouloient, & ce concours bouleversa la terre de fond en comble: par-là les substances végétales qui étoient renfermées dans le sein de la terre, en sortirent en abondance, & celles qui se trouvoient auparavant à la surface, furent entraînées par la force des flots & des courans dans l'intérieur de la terre: car la circulation des eaux qui a subsisté dans notre globe depuis la création & qui s'y fait encore actuellement, ne trouva pour lors aucune résistance. Enfin lorsque les eaux étrangères & superflues furent séparées de celles qui étoient nécessaires & suffisantes à notre globe, & lorsque ces dernières commencerent à reprendre un cours plus tranquille & à rentrer, soit dans leurs réservoirs anciens, soit dans ceux qui s'étoient formés de nouveau, enfin lorsque la partie sèche de notre globe reparut, les fragmens & les débris de pierres & de mines, tenus jusqu'alors en mouvement par les eaux tomberent & occuperent les vuides ; le sable & la terre se déposerent aussi, & se placerent au hasard par-tout où ces sédimens trouverent des endroits favorables.

On conçoit qu'il étoit impossible que les matieres se déposassent comme elles font dans une cuve où l'on fait le lavage d'une mine, c'est-à-dire, de maniere que toutes des parties grossieres allassent tomber au fond, & que toutes les substances légeres & déliées se plaçassent par-dessus. Cependant on trouve les couches supérieures de la terre arrangées d'une maniere assez conforme à la nature des substances, ensorte que les substances les plus déliées occupent la partie supérieure ; mais souvent nous voyons le contraire dans les terreins où l'argile, le sable, l'ardoise, les rochers & d'autres matieres semblables sont placées confusément, ou bien par couches qui sont les unes sur les autres, & où l'on reconnoît aisément que le déluge est la cause de ces arrangemens.

A Waldenbourg, célebre par les vaisseaux de terre qu'on y fabrique pour la distillation & pour d'autres usages, on trouve au-dessous de la terre végétale qui est fort remplie de pierres, un gravier dans lequel sont des cailloux qui excedent quelquefois la grosseur d'un œuf de poule : ensuite on rencontre un sable blanc si fin que l'on peut s'en servir pour répandre sur l'écriture ; plus bas est un sable moyen qui renferme des fragmens d'une pierre noire & des débris de pierres. Enfin à la profondeur tantôt de dix, tantôt de vingt pieds succede une couche d'excellente argile onctueuse & fine dont l'épaisseur est de deux pieds ou de deux pieds & demi ; au-dessous de cet argile on en rencontre une autre plus maigre, c'est-à-dire, mêlée de sable, dont la couche a environ un pied d'épaisseur, c'est de cette derniere

que se font les cornues & les autres vaisseaux qui doivent être exposés à feu nud ; après cette argile on voit une couche de sable gris dont on n'a pas encore sondé la profondeur. On voit que les couches sont arrangées, bien différemment de ce qu'elles devroient être.

On trouve un arrangement tout aussi singulier dans les mines d'Eisleben. Milius nous apprend qu'on y rencontre, 1°. une couche de terreau de trois ou quatre toises d'épaisseur, 2°. du limon, 3°. de l'argile rouge, 4°. de l'argile bleue, 5°. du sable mouvant de l'épaisseur d'une toise & demie, 6°. une terre rouge de l'épaisseur de trois toises, 7°. un banc de pierre qui a jusqu'à douze toises d'épaisseur, 8°. un lit de pierres par fragmens de trois toises d'épaisseur, 9°. une terre semblable à de la cendre, de l'épaisseur de trois toises, qui se trouve placée immédiatement sur le roc. Dans cet endroit les substances sont arrangées d'une maniere assez conforme à leur pesanteur spécifique, & à leur légereté. Dans d'autres endroits des mêmes mines on trouve là disposition suivante, 1°. le gazon, 2°. la terre végétale, 3°. le limon, 4°. des pierres semblables à celles qui sont répandues dans les champs, 5°. du gros gravier, 6°. du gravier rouge, 7°. du gravier jaune, 8°. du sable blanc, 9°. de la terre noire, 10°. de la terre brune, 11°. de la terre rouge, 12°. de la terre argileuse & rouge, 13°. de la terre rouge non liée, 14°. une roche calcaire grossiere, 15°. de la pierre à chaux, 16°. de la pierre à chaux feuilletée, 17°. des pierres argilleuses, 18°. des pierres en fragmens, 19°. de la roche gneiss. Quoique ces couches soient placées assez conformément à la nature des substances, elles ne sont jamais composées de matieres entierement homogenes, & quand même il n'y auroit dans la craie & dans l'argile fine de Waldenbourg, non pas des pierres entieres, mais des fragmens d'agathe ou de la calcédoine noire & grise si connue ou de silex, on ne laissera pas de trouver par-tout des vestiges qui prouvent que si le déluge a dérangé un grand nombre de substances à la surface, & couvert quelque pays de sables, & d'autres de limon tout pur, il n'en a pas moins mis & laissé la plupart des substances dans une confusion qui indique des causes qui ont empêché les différentes espèces de terres de se trouver dans la situation où elles devroient être naturellement & qui n'ont point permis qu'elles se dégageassent des autres substances étrangères.

Il n'y a même rien dans ce désordre qui doive nous surprendre; notre globe n'a point la figure d'une cuve dans laquelle les terres délayées, mêlées, agitées en tout sens, forment en se déposant des couches régulières; au contraire comme ce globe est d'une figure sphérique & convexe, le mouvement des eaux y est extrêmement violent à cause de la convexité de la surface, ce qui a dû empêcher que les cailloux ne pussent se séparer entièrement d'une marne déliée avec laquelle ils sont mêlés. On voit par conséquent qu'on ne doit point regarder les eaux du déluge comme celles d'un lac qui n'ayant point d'écoulement violent, ne sont remuées que par les orages, les flots, & par le bouillonnement des sources: il n'y a pas de courant, point de gouffre qui ait égalé la rapidité & la violence de leur agitation. De plus il faut considérer que ce n'est pas lorsque ces eaux se furent élevées jusqu'au plus haut dégré, & lorsqu'elles furent entraînées par une force supérieure qu'elles produisirent les plus grands désastres; mais que ce fut au commencement, & encore plus vers la fin de cette terrible inondation, que selon les différentes pentes du sol les courants agirent & combattirent les uns contre les autres. En effet on voit que la même chose arrive dans les inondations locales & particulières;

lorsque les eaux viennent à diminuer; elles se partagent en plusieurs lacs ou étangs dont chacun cherche à se frayer un chemin & à percer dans l'endroit où se porte le plus grand poids des eaux, & où la violence de leur mouvement peut forcer le plus aisément la résistance du terrein.

Dans tout ce qui vient d'être dit, on doit sur-tout ne point perdre de vue deux circonstances qui méritent toute notre attention. La première concerne les profondeurs de la terre, les cavernes & les conduits souterrains en partie comblés de débris & de ruines, en partie excavés & aggrandis par le mouvement des eaux, lesquels ont dû nécessairement être pénétrés & remplis non-seulement par la vase salée & sulphureuse de l'Océan, mais encore par toutes sortes de terres enlevées à la surface du globe, & même par les débris de végétaux & d'animaux.

La seconde de ces circonstances nous fait voir les eaux du déluge, non-seulement arrachant des pierres, des mines & toutes les substances qu'elles rencontroient au-dessous du sol qu'elles venoient d'enlever; mais encore les courants sortant des abîmes emportant avec eux des plus grandes profondeurs, d'autres pierres & d'autres substances minérales qu'ils ont mêlées & confondues avec la terre qui couvre actuellement notre globe: en un mot, on voit que le déluge a porté dans l'intérieur de la terre des substances qu'elle avoient arrachées de ses entrailles.

Quant à l'intérieur du globe, il est certain qu'on peut difficilement y trouver les preuves de ce qu'on vient d'avancer, & quand même on pourroit parvenir à en faire l'examen, on seroit autorisé à douter si avant le déluge les choses n'étoient pas dans la même situation où on les trouveroit aujourd'hui.

A

Au reste pour se convaincre de tous ces grands effets, il n'y a qu'à faire attention à la violence des eaux qui en sortant des plus grandes profondeurs de la terre, se sont ouverts des passages à travers de tout ce qu'elles ont rencontré, & qui après avoir été renforcées par le volume immense des eaux de la mer, ont formé des courants en tout sens & se sont fait jour par-tout.

Comment décider s'il y a eu des volcans avant le déluge, ou si ce ne sont point les substances animales & végétales ou du moins la vase bitumineuse de la mer que les eaux ont déposée en quelques endroits qui jointes aux amas immenses des mines sulphureuses ont causé ces embrâsemens ? Au moins faudra-t-il convenir que la mer fournit encore journellement des matériaux & des alimens propres à entretenir ces terribles feux souterrains. En effet les volcans ne se trouvent jamais que dans le voisinage de la mer, & il faut attribuer leur durée à une cause capable de fournir sans cesse de l'aliment à un feu qui continue toujours.

Il est vrai que plusieurs physiciens prétendent qu'il n'est pas nécessaire de considérer comme les restes du déluge, les débris des végétaux & des animaux, que l'on rencontre dans le sein de la terre ; & si l'on examine leur sentiment avec attention, on trouvera qu'attachés à leurs spéculations vagues, ils ont négligé de faire attention aux propriétés & aux phénomènes remarquables que l'on découvre dans ces sortes de fossiles. Mais pour pouvoir traiter ce sujet, il suffit de montrer la différence qu'il y a entre de simples jeux de la nature & les bois, les empreintes des plantes, des poissons, & les coquillages véritables qui ont été pétrifiés.

Henckel ne s'occupe au reste que des mines, tant de celles qui après avoir été bri-

Géographie-Physique. Tome I.

sées & arrachées, soit du sein de la terre, soit de sa surface, ont été les unes rassemblées & réunies, les autres dispersées & répandues çà & là dans les premieres couches de la terre ou au-dessous, que des mines qui se sont formées de nouveau dans des couches récemment produites, & qui étoient propres à leur servir de matrices. Ne pourroit-on pas demander à cette occasion si le déluge n'auroit pas pu former des filons qui méritassent d'être nommés des filons capitaux & suivis ?

D'abord à l'égard des mines par fragmens transportés, on ne peut faire aucune difficulté de les attribuer à une révolution que le déluge seul a pu causer ; les grands débordemens n'agissent-ils pas dans les vallées où ils détruisent les édifices & dispersent leurs matériaux ? Les rochers mêmes & les collines ne sont pas à l'abri de leurs ravages, ils en arrachent des morceaux considérables qu'ils entraînent souvent à une très-grande distance. Mais tous ces effets méritent-ils d'entrer en comparaison avec ceux qu'a dû produire la plus grande de toutes les inondations. Roessler a raison de dire que « le déluge » a enlevé en certains endroits des plus » hautes montagnes, la terre qui les » couvroit, a arraché les couches quel- » quefois jusqu'aux roc vif, & a mis à » nud les crêtes que nous voyons » encore aujourd'hui entièrement dé- » pouillées. »

Il faut ajouter encore à cela que dans le même déluge, la force qui fit monter les eaux souterraines, & qui dût rompre & élargir en plus d'un endroit leurs réservoirs, a extrait des pierres & des mines de l'intérieur du globe, à des profondeurs où les hommes ne pourront jamais parvenir, & les a transportées à la surface de la terre. Comme les mines de différentes espèces étoient placées différemment, c'est-à-dire, tantôt voisines, tantôt éloignées des grandes sources sorties de l'intérieur du globe, il est naturel que les débris que nous en trouvons aujourd'hui diffèrent beaucoup, & quant à leur nature & quant à leur position.

Il est vrai que ces mines par fragmens contiennent ordinairement de la mine d'étain ou de la mine de fer, ou même l'une & l'autre à la fois, & que parmi tous les amas de mines transportées que l'on a trouvées jusqu'ici, il ne s'en est pas encore rencontré un seul qui contint un autre métal ; mais jusqu'où avons nous poussé nos recherches, même à la surface de la terre ? Qui est ce qui s'est donné la peine d'examiner toutes les couches supérieures de la terre, pour voir si elles contiennent les débris de toutes les différentes espèces de mines, ou si elles n'en contiennent que quelques-unes, & de quelle nature sont celles qu'elles contiennent ?

Les choses étant ainsi, on ne doit pas trouver extraordinaire que jusqu'ici on ait si rarement rencontré des pyrites par fragmens ou en débris dans les premières couches de la terre. On dit des fragmens & des débris de pyrites, car il n'est point rare de trouver ce minéral en rognons ou en marons : cependant malgré le peu de soins qu'on a apporté jusqu'à présent dans ces sortes de recherches, ce n'est point une chose rare que de rencontrer des débris de pyrites dans les premières couches de la terre. Il est impossible de croire, par exemple, que la pyrite cuivreuse que l'on trouve à Wiera dans l'Osterland, à peu de distance de Neustadt sur l'Orla, ait été formée dans l'endroit où elle se trouve.

Il y a dans cet exemple plusieurs circonstances qui méritent notre attention ; en premier lieu, il n'y a à Wiera, ni couche ni filon dont la mine que l'on y trouve suive la direction ; en second lieu on voit qu'il n'y a pas de continuité dans cette mine, & que les fragmens,

quoiqu'on les rencontre assez proches les uns des autres, sont toujours dispersés sans ordre & séparés par la terre végétale. En troisieme lieu, parmi ces morceaux, même dans ceux qui se trouvent le plus près les uns des autres, on ne peut jamais distinguer les côtés par lesquels ils auroient pu être joints antérieurement. En effet il y a de petits filons ou venules dans lesquels la mine est partagée ou brisée par des fentes qui ont été remplies de guhrs qui semblent avoir encore écarté davantage les morceaux les uns des autres. Cependant on peut toujours voir distinctement que leurs côtés ont été joints autrefois, & que tous ces fragmens ont formé un véritable filon : mais dans l'exemple que je viens de rapporter, les fragmens ne peuvent pas plus s'adapter les uns aux autres par leur côté & par leurs angles que les pierres d'un tas formé au hasard. En quatrieme lieu, on observe dans les fragmens de cette mine de cuivre des angles si tranchans que, quoiqu'on ne puisse pas croire qu'elle ait été formée dans l'endroit où on l'a trouvée, on ne peut cependant point présumer qu'elle ait été apportée de très-loin ; car on sait que ces fragmens ont ordinairement leurs angles presque entièrement usés & arrondis lorsqu'ils ont été transportés & roulés à une grande distance.

Mais qu'est-il besoin d'avoir recours à un exemple si rare ? Les fondeurs n'éprouvent que trop que la mine d'étain qui se montre par fragmens transportés est souvent mêlée de pyrite : si on vouloit objecter que puisque la pyrite se trouve par-tout, elle devroit se trouver en fragmens plus souvent qu'elle ne fait, il y a une réponse facile à faire. Il faut faire attention que ce minéral se décompose & se réduit en terre beaucoup plus facilement que tout autre, sur-tout lorsqu'il est placé proche la surface de la terre, & par conséquent exposé à l'action de l'air ; il y a donc lieu de croire que dans l'eſpace de quelques milliers d'années un grand nombre de ces témoins qui nous atteſtoient le déluge, ont été détruits & effacés. De plus, on a beaucoup de raiſons pour préſumer que les endroits pleins de rouille qui ſe trouvent ſur-tout dans le grès, ne ſont autre choſe que des veſtiges de pyrites qui ont été détruites, & on conçoit en même-tems qu'il n'eſt pas ſurprenant que l'on trouve plutôt des pyrites cuivreuſes, que des pyrites martiales dans une poſition ſemblable à celles dont on parle ; car les premières ſont beaucoup plus durables que les dernieres, & même elles ſont quelquefois entièrement indeſtructibles. Au reſte, il ne ſera pas fort difficile de ſe convaincre de l'imperfection & de l'inſuffiſance de la plupart des règles générales que l'on a établies relativement aux mines qui ſe trouvent en débris & par fragmens.

Quelles ſont les raiſons qui peuvent nous faire croire, par exemple, que les eaux du déluge ſont venues du côté du Midi, & comment peut-on établir pour règle, que pour trouver des mines par fragmens, il faut les chercher de ce côté là ? Sur quels fondemens, peut-on penſer que les ruiſſeaux ou les rivieres qui ont leur cours d'Orient en Occident ont du côté du Septentrion une montagne, & une plaine du côté du Midi ; & que celles qui coulent du Septentrion au Midi ont une montagne à l'Orient & une plaine à l'Occident, & qu'elles different des rivières qui coulent du Midi au Septentrion, & qui ont une montagne du côté du couchant, en ce qu'elles charient des particules & des fragmens de mine d'or, tandis que les dernieres n'en charient pas ? Comment peut-on faire des règles générales d'après trois exemples qui ne s'accordent peut-être pas même dans toutes les circonſtances ? Ignore-t-on que dans la minéralogie les obſervations les plus multipliées ne

ſuffiſent ſouvent pas pour établir un principe ?

Au reſte, les mines par couches, eu égard à leur origine qui eſt due au déluge, méritent une attention particulière : en effet leur formation s'eſt faite d'une manière très-différente de celles des autres mines. Le grès, la pierre à chaux, la pierre argileuſe, l'ardoiſe qui ſont communément la baſe des couches, pour peu qu'on les examine, ne paroiſſent formées que par du ſable qui s'eſt lié, & par des terres qui ſe ſont durcies. Les figures de plantes, d'arbuſtes, d'oſſemens, de coquilles, de poiſſons, qui ſe trouvent dans ces pierres, portent les empreintes de ces différents corps appartenants au règne végétal & animal. A quelque cauſe que l'on attribue le tranſport de ces corps dans les endroits où ils ſont, on ſera toujours obligé de convenir qu'ils viennent d'ailleurs, & qu'ils ne tirent pas leur origine du règne de la nature qui les renferme actuellement. Quelquefois on ne trouve que des fragmens qui d'ailleurs ſont entaſſés avec tant de confuſion qu'on eſt obligé d'attribuer leur ſituation, non-pas à un jeu de la nature, mais à une révolution cauſée par une violence irréſiſtible. Sans parler de pluſieurs autres circonſtances, il paroit évident qu'on ne peut attribuer qu'au déluge de Moïſe une révolution qui a enſeveli des animaux à une ſi grande profondeur dans le ſein de la terre, & qui a, pour ainſi dire, changé le globe en un cimetière commun aux productions du règne animal & du règne végétal, ſur-tout puiſque les obſervations d'hiſtoire naturelle nous apprennent que ces ſortes de ſubſtances ſe trouvent enfouies dans toutes les parties du monde (1).

_____

(1) Si l'on croit pouvoir regarder le déluge univerſel comme la cauſe des révolutions qui ont

En voyant les couches de pyrites cuivreuses, quelquefois mêlées avec des pyrites martiales, accompagnées de ces monumens du déluge, comment peut-on croire que des mines semblables se trouvent dans les endroits où se rencontrent celles qui ont été formées peu après la création ? ne sent-on pas qu'elles s'y soient formées pendant le déluge. Il y a trois circonstances sur-tout qui, si elles ne produisent pas une conviction entiere donnent au moins une très-grande probabilité à cette opinion. La premiere est la disposition des couches de terre qui se trouvent, soit au-dessus, soit au-dessous de la pyrite. Ces terres, selon leur différente nature, sont arrangées par lits ou par bandes distinctes placées les unes au-dessus des autres, de façon que l'on a lieu de présumer qu'elles ont été ainsi disposées par un mouvement horisontal & d'ondulation : les plus basses de ces couches se trouvent quelquefois à la profondeur de dix, de vingt, de trente toises & plus, de sorte qu'on ne peut pas croire qu'elles ayent été formées par de petites inondations particulieres qui ne se seroient étendues que sur un canton. Enfin elles nous font voir une séparation distincte du sol qui formoit la surface de notre globe avant le déluge, & qui a été arraché & mis à nud par la violence des

---

eaux au commencement de cette inondation universelle. A cette premiere circonstance se joint la nature des pierres que l'on trouve par lits & par couches. Pour ne nous arrêter qu'aux ardoises dans lesquelles on a découvert jusqu'ici la plupart des couches de pyrites, il est certain que l'on a lieu de croire qu'elles n'ont d'abord été que du limon ou de la vase, qu'elles se sont durcies avec le tems, & ont été changées enfin en une pierre feuilletée. En effet on a déja remarqué plus haut que les corps étrangers qui s'y trouvent font voir évidemment que la densité & la dureté que ces pierres ont présentement, sont des propriétés qu'elles n'ont pas toujours eues. La nature de l'ardoise alumineuse sur-tout, doit nous confirmer dans ce sentiment, elle est inflammable & semblable à un limon gras ; elle contient beaucoup plus de parties grasses que toutes les autres espèces de pierres ; il y en a même qui, mise au feu s'enflamme comme du succin ou comme du bitume, & qui en a l'odeur. Il paroît enfin qu'on peut ajouter à ces circonstances que la pierre calcaire qui est d'une nature saline plus que toute autre pierre, accompagne ordinairement l'ardoise : que la pierre à chaux, l'ardoise & le charbon de terre se trouvent presque toujours ensemble comme on l'a fait voir dans l'article de Léhmann : que quelquefois comme on en voit un exemple à Bottendorf en Thuringe, on trouve du véritable sel gemme mêlé avec de la pierre calcaire : enfin que la mer est toute remplie dans le fond de son bassin, de parties salines & bitumineuses, & qu'outre cela le sel & le souffre, le sel & la terre y éprouvent différentes transformations. Ne seroit-on pas autorisé à conclure de-là, que l'on doit regarder la mer comme l'attelier général de la matiere, de la composition, aussi bien que de l'arrangement des ardoises, du charbon de terre & des pierres à chaux. Il faut d'abord distinguer les couches qui ont été formées tout d'un coup par les eaux du déluge, de celles qui se sont formées peu-à-peu d'elles mêmes, soit devant, soit après, cette grande révolution. Les premieres sont ou des terres, ou des sables qui n'ont pas encore souffert de changement, ou bien ce sont des terres & des sables qui ont été pétrifiés : tels sont, surtout l'ardoise & le grès. On doit regarder comme des couches de la derniere espece, les bancs de pierre qui sont immédiatement au-dessous de la terre végétale, & que l'on nomme *gems* en allemand ; ceux de roc-vif qu'on nomme *knaver*, sur-tout ceux qui sont de la même nature que la roche qui est à la plus grande profondeur de la terre ; on peut encore leur joindre les sucs minéraux qui ont été fluides, & qui se sont pétrifiés par la suite : on peut du moins adopter ce sentiment jusqu'a ce que l'on ait des preuves que ces pierres ainsi formées, doivent leur origine au déluge dont les ouvrages sont ordinairement caractérisés par des ruines & par le désordre. La question qui a été faite ci-devant, vient encore se présenter, & on demandera pourquoi les couches formées par le déluge, contiennent de la pyrite, & sur-tout de la pyrite cuivreuse, par préférence à toute autre mine ; on ne dit pas uniquement, mais le plus communément ? Il est vrai que cette question doit paroître prématurée, vu que la terre n'a pas été suffisamment fouillée pour établir une règle aussi générale, & qu'on n'est pas encore sûr qu'elle ne se démentira pas. Cependant toutes nos expériences s'accordent à prouver que l'on ne trouve jamais que de la pyrite dans l'ardoise.

La pyrite est principalement une combinaison de fer & de soufre : nous voyons donc que l'ardoise a beaucoup d'analogie avec ces deux principes essentiels de la pyrite, si elle ne contient déja formel-

lement l'un & l'autre de ces principes ; il n'y a pas de pierre qui contienne aussi abondamment qu'elle, la substance grasse & inflammable du soufre ; quelquefois cette substance sulphureuse fait la plus grande partie de son volume, comme le prouve l'inspection seule du schiste ou de l'ardoise alumineuse, de l'ardoise qui accompagne le charbon de terre, & des autres substances semblables qui sont bitumineuses & noires. Quant au fer, toutes les terres grasses sont propres à le produire, il peut même se produire de toute autre terre propre à être combinée d'une maniere convenable avec les matieres inflammables. On a déja fait remarquer que la présence de ce métal se manifeste dans toute la nature : on ne doit donc pas être surpris de le trouver dans l'ardoise ; il seroit au contraire étonnant qu'il ne s'y trouvât pas. Le fer est la premiere forme métallique qu'on puisse faire prendre promptement & facilement à une terre. Il est constant que parmi tous les minéraux & métaux, le soufre & le fer sont à tous égards, les principales substances qu'on doive considérer comme élémentaires.

Quand même les foibles connoissances que nous avons acquises jusqu'à présent suffiroient pour établir que l'ardoise a par-dessus toutes les autres couches formées par les eaux du déluge, le privilége de contenir la pyrite, il ne seroit pas fort difficile de rendre raison de cette différence. On a déja fait remarquer plus haut que les deux substances qui constituent la pyrite, c'est-à-dire, une terre grasse propre au soufre, & une terre subtile propre au fer, substances appropriées à la formation d'une pyrite, non-seulement se trouvent dans l'ardoise sur-tout la premiere, mais encore y sont plus abondantes que dans la glaise & dans le sable. Outre cela, les matrices des mines ne sont pas de simples réceptacles, il faut outre cela qu'elles fournissent des matieres appropriées

& qu'elles les portent par les exhalaifons au-
devant de celles qu'elles doivent recevoir,
afin que les parties qui ne font que paffives
foient mifes en action par celles qui font
actives, & pour qu'il réfulte de nouvelles
fubftances de leur combinaifon. Il eft
vrai qu'il fe trouve fouvent dans les
glaifes une fubftance onctueufe dont il
peut fe former du fer & dont il s'en forme
en effet, mais elle n'y eft pas en affez
grande quantité pour que le fer puiffe
prendre la forme d'une pyrite, c'eft-
à-dire, d'un compofé où le foufre
abonde.

Pour jetter plus de jour dans la queftion
qu'on vient d'examiner, on pourroit demander pourquoi on ne trouve pas également des pyrites dans les grès, dans
la glaife & dans d'autres couches qui,
comme l'ardoife, doivent leur formation aux
eaux du déluge : on répond à cela que pour
pouvoir former des queftions de cette
nature, il faudroit avoir fuffifamment fouillé
dans le fein de la terre, au point de
pouvoir affurer définitivement qu'il ne
s'y trouve rien de femblable. N'eft-il pas
honteux pour nos phyficiens, que jufqu'ici
aucun d'entr'eux n'ait entrepris d'examiner
& de décrire chacun de ces phénomènes ?
Mais peu de gens ont à cœur le bien-
être de leur patrie, la connaiffance de la
nature & les progrès de l'hiftoire naturelle.
Quand les étrangers qui s'appliquent à
l'étude de la nature & qui voyagent fouvent
exprès pour voir ce que nous avons dans
nos pays, nous demandent des détails
fondés fur des obfervations exactes, n'eft-
il pas honteux de n'avoir rien à leur
préfenter ? Les pierres que l'on emploie
pour les bâtimens, devroient déjà fournir
matière aux obfervations, & exciter à
porter l'examen plus loin. A l'égard des
couches de glaifes nous les abandonnons
ordinairement aux gens de la campagne,
qui n'ayant d'autre foin que de trouver
promptement ce dont ils ont befoin, ne
penfent guères à faire des recherches :
ainfi il n'eft point raré de voir qu'il

furpaffent les favans dans la connoiffance
des chofes naturelles dont ils ont befoin.
Il faut finir par conclure qu'on ne fauroit
fuivre trop exactement chaque objet
important & d'une utilité marquée.

HOLBACK.

Tout le monde connoît les fervices
que ce favant traducteur nous a rendus
en nous faifant connoître des ouvrages allemands qui traitent de plufieurs parties de
l'hiftoire naturelle, mais fur-tout de la
minéralogie ; mais on n'a pas peut-être
fait autant d'attention aux notes & aux
préfaces dont il a enrichi fes traductions.
Ce font ces différens écrits que j'ai cru
devoir raffembler fous fon nom, en quatre
articles.

Dans le premier on trouve une favante
difcuffion fur les effets du déluge univerfel ;
on y voit avec quel avantage il contefte
les affertions des phyficiens & des naturaliftes qui s'étoient hafardés à mettre en
jeu cette grande inondation, pour y trouver la caufe de plufieurs phénomènes qu'on
obferve dans le globe de la terre, & fur
tout la difperfion des dépouilles des animaux marins dans les couches horifontales
de pierres calcaires. Après avoir écarté
cette reffource, il fuit avec beaucoup de
fagacité & d'intelligence les divers moyens
dont la nature a pu faire ufage dans la
formation des couches de la terre, au lieu
de fe borner à une caufe auffi infuffifante
que celle du déluge.

Un de ces moyens fur-tout qu'il fait
mieux valoir, ce font les dépôts que les
eaux des rivières chargées de terres laiffent
précipiter ou le long de leur lit ou dans
les parages de la mer, voifins de leurs
embouchures.

Enfin, après avoir préfenté plufieurs
obfervations curieufes fur les fubftances
inflammables & fur les lieux où elles fe

trouvent diftribuées par bancs & par lits, il nous donne la folution de ces faits, de la manière la plus fimple & la plus fatis-faifante. Il y joint auffi des confidérations fur les eaux minérales chaudes & les amas de fels qui fe trouvent dans le voifinage de ces matières & des volcans. (*Voyez* l'article II.)

L'article III renferme une confidéra-tion fort favante fur la marche de la nature dans la combinaifon des différens élémens des minéraux & des métaux. On y fait voir en même-tems que le déluge n'a coopéré en rien à la formation des cou-ches de la terre où fe trouvent les mines de tranfport, &c.

L'article IV préfente plufieurs vues fur la forme & l'organifation intérieure des montagnes, & fur leur diftinction en mon-tagnes primitives & en montagnes de nou-velle formation. Ces détails très-inftruc-tifs & très-propres à guider les natura-liftes obfervateurs, font fuivis de l'hiftoire raifonnée de tous les fyftèmes qui ont été publiés en différens tems fur la formation des montagnes, & fur la nature des maté-riaux divers qui font entrés dans leur com-pofition.

I.

Que le déluge univerfel n'a pas influé fur la formation des couches de la terre, & que la nature a employé beaucoup d'autres moyens.

On fe propofe d'examiner ici fi les natu-raliftes, tels que Woodward, Scheuchzer, Buttner, Lehmann & plufieurs autres, ne fe font pas trompés lorfqu'ils ont attri-bué au déluge feul la formation des couches de la terre, & lorfqu'ils s'en font fervis pour expliquer l'état actuel de notre globe. Il femble que rien ne doit nous empêcher d'agiter cette queftion, l'écriture fainte

ne dit rien qui puiffe limiter les fentimens des naturaliftes fur les autres effets phy-fiques que le déluge a pu produire. C'eft une matière qu'elle abandonne aux difputes des hommes, & peut-être plus encore à leurs obfervations.

Le continent que nous habitons nous montre à chaque pas des ruines & des deftructions; nous trouvons en beaucoup d'endroits des traces fi marquées de révo-lutions & fur-tout d'inondations, que rien ne paroît au premier coup-d'œil plus raifonnable que de recourir à la cataftrophe la plus grande & la plus étendue dont l'hiftoire nous ait confervé le fouvenir. Malgré ces préfomptions & ces apparences, il faut dire que les écrivains qui ont recours au déluge pour expliquer les grands chan-gemens furvenus à la furface de la terre & dans fon intérieur, & fur-tout la for-mation de fes couches, femblent n'avoir pas fuffifamment pefé toutes les circonf-tances qui ont dû accompagner la caufe & les effets dont ils fe font occupés; plu-fieurs auteurs ont déjà conftaté cette vérité. On ne fe propofe ici que de rapprocher en peu de mots quelques unes des raifons & des preuves qui peuvent contribuer à mettre cette vérité dans tout fon jour. En effet, une inondation paffagère & qui n'a duré que quelques mois, telle que, fuivant le témoignage de l'écriture, a été celle du déluge, n'a pu diffoudre & délayer toutes les parties du globe de la terre, comme Woodward l'a prétendu. Jamais les fectateurs de cette hypothèfe ne répon-dront à la difficulté qu'on leur fait; comment la colombe que Noé fit fortir de l'arche lui auroit-elle rapporté un rameau d'olivier, fi les parties les plus folides de la terre euffent été diffoutes & détrem-pées au point que cet auteur l'a imaginé? fi la terre & les pierres les plus dures euffent été entièrement délayées, comment concevoir qu'un feul arbre eût pu refter fur pied? D'un autre côté la multiplicité des couches de la terre, les différentes subſtances qu'elles renferment, le paralléliſme qu'elles obſervent conſtamment entr'elles, ne nous annoncent-ils pas que ce ſont les réſultats des opérations de la nature dans pluſieurs ſiecles, & non ceux d'une inondation paſſagere & violente, telle que le déluge? Pour peu que l'on ait obſervé, on s'appercevra ſans peine que rien n'eſt moins fondé que le dépôt des ſubſtances qui compoſent les couches de la terre, & que Woodward prétend s'être fait en raiſon de leur peſanteur ſpécifique à la ſuite du déluge. Si l'on eût examiné attentivement les amas de coquilles & de corps marins qui ſe trouvent ſi fréquemment dans le ſein de la terre, on eût vu que ces coquilles ne ſont point jettées au haſard, ni dans l'état de confuſion que l'on imagine communément. On ſe fût convaincu que les amas ne ſont point les mêmes dans tous les pays; que l'on n'y trouve conſtamment enſemble que certains corps, tandis que d'autres ne s'y rencontrent jamais ou du moins très-rarement; on trouve la même choſe dans la mer; car certains animaux teſtacés s'y raſſemblent aſſez régulierement, de même que certaines plantes qui croiſſent toujours enſemble à la ſurface de la terre. Rouelle de l'académie des ſciences eſt le premier qui ait fait cette belle remarque, comme nous l'avons dit à ſon article. Il ſera difficile de rendre raiſon de ce phénomene, quand on voudra attribuer au déluge la préſence de tous les corps marins que nous trouvons dans les couches de la terre; mais ces diſpoſitions & ces arrangemens s'expliqueront aiſément, lorſqu'on ſuppoſera que la terre que nous habitons aujourd'hui a été autrefois un fond de mer qui a été mis à ſec par la mutation de l'axe de la terre. En effet, une inondation paſſagere telle que celle du déluge auroit dû mettre tout en déſordre; cependant on ne remarque nulle part cette prétendue confuſion; mais on obſerve un ordre très-conſtant dans l'arrangement des coquilles, dont certaines familles ſe trouvent enſemble, au point qu'à la vue de quelques-uns des individus de ces amas, on peut juger des autres. Nous n'inſiſtons pas ſur cette belle obſervation, attendu qu'elle ſe trouve bien développée à l'article de *Rouelle*.

Ces obſervations, ainſi qu'une infinité d'autres qu'il ſeroit trop long de rapporter ici, prouvent que le ſentiment le plus probable eſt celui des phyſiciens qui croient que depuis la création du monde, & dans des tems dont l'hiſtoire ne nous a point conſervé le ſouvenir, la plus grande partie du continent que nous habitons aujourd'hui a été le lit de la mer qui le couvroit de ſes eaux. Le ſyſtême du ſéjour de la mer ſur notre continent eſt d'une très-grande antiquité, on en attribue la découverte à Xénophane, fondateur de la ſecte Eléatique. C'étoit auſſi l'opinion du philoſophe Eratoſtène & de beaucoup d'autres anciens; elle a été renouvellée par quelques modernes & entr'autres par Bernard Paliſſy, Maillet, Scheid, Holmann, & elle a été miſe dans un très-grand jour dans le premier volume de l'hiſtoire naturelle par Buffon & d'Aubenton. Cette théorie qui eſt aujourd'hui embraſſée par tous ceux qui ont obſervé la nature avec attention, eſt la plus propre à rendre raiſon de la grande quantité de coquilles & de corps marins que l'on trouve dans le ſein de la terre, de la formation des mines de ſel gemme, des fontaines ſalantes, ainſi que d'un grand nombre d'autres phénomenes que l'on n'expliquera jamais d'une maniere ſatisfaiſante, tant qu'on regardera le déluge univerſel comme la ſeule cauſe de la formation des couches de la terre.

Pour mettre à ſec une ſi grande portion de continent, il a fallu une révolution très-conſidérable. Suivant le ſentiment le plus probable, elle eſt venue de la mutation de l'axe de la terre & du changement d'inclinaiſon de l'écliptique ſur l'Equateur, occaſionnés par le changement de ſon centre de gravité. Ces événemens reconnus par la plupart des physiciens, ont été suffisans pour produire les altérations les plus marquées à la surface de notre globe : ils ont dû non-seulement faire disparoître les eaux de la mer des endroits où elles étoient, pour en aller submerger d'autres, mais encore ils ont dû altérer la position totale du globe, relativement au soleil, & par conséquent causer un changement total dans les climats & influer sur les individus qui s'y trouvent. Cela paroît devoir nous fournir une explication naturelle d'un grand nombre de phénomènes que les couches de la terre nous présentent. En effet, comment se fait-il que l'on rencontre quelquefois dans les entrailles de la terre en France, en Angleterre, en Allemagne & sur-tout dans les parties les plus froides de la Sibérie, la substance que les naturalistes nomment *ivoire fossile* qui n'est autre chose que de vraies défenses d'éléphans, dont quelques-unes n'ont souffert aucune altération dans la terre, tandis que depuis long-tems ces animaux n'habitent que la Zône-Torride ? Gmelin dans son voyage de Siberie nous donne la description d'ossemens & de squelettes entiers, d'une grandeur démésurée, que l'on tire de la terre assez communément dans ce pays, & à quoi l'on a donné le nom d'Os de Mammouth. Il les regarde comme les dépouilles d'un taureau dont l'espèce doit avoir disparu de dessus la face de la terre.

On a trouvé des ossemens semblables en Irlande & en beaucoup d'autres pays de l'Europe. Pour ce qui concerne les bois résineux qui, suivant toute apparence, ont servi à former les charbons de terre, on a tout lieu de croire que ces bois, ainsi que ceux qui ont donné le succin, l'ambre jaune, le jayet & les bitumes, &c. étoient très-différens de ceux qui croissent aujourd'hui dans nos climats. Les empreintes que l'on voit sur un grand nombre de pierres & particulièrement sur les pierres feuilletées qui accompagnent les charbons

de terre, sont dues, suivant la remarque de Bernard Jussieu, à des plantes qui ne croissent que dans les pays chauds & qui nous sont parfaitement étrangères. C'est ainsi que ce savant botaniste a trouvé dans les ardoises qui accompagnent les mines de charbon de Saint-Chaumont en Lyonnois, le fruit de l'arbre Triste qui étoit comme embaumé dans du bitume ; cependant ce végétal né croît que sur les côtes de Malabar & de Coromandel. Les fougères mêmes que l'on y trouve empreintes, ressemblent à celles des pays éloignés. Enfin, ce même botaniste nous dit qu'à la vue de ces plantes fossiles, il se crut transporté dans un nouveau monde dont les plantes étoient entièrement différentes des nôtres.

Les araignées, les mouches & les autres insectes qui sont renfermés dans le succin montrent à un observateur attentif, des caractères qui les distinguent de ceux des pays, où l'on tire actuellement cette substance des entrailles de la terre.

En examinant de près les coquilles fossiles dont les couches de la plupart de nos montagnes sont remplies, on voit non-seulement qu'il y en a quelques-unes telles que les belemnites, les cornes d'Ammon dont les analogues vivans sont entièrement inconnus, mais encore on reconnoît que celles dont on croit que les analogues ne nous sont pas absolument étrangers, diffèrent à certains égards des coquilles du même genre qui sont propres aux mers les plus voisines de notre continent : & que c'est dans la mer des Indes, ou du moins dans des mers fort éloignées de nous, qu'il faut chercher leurs vrais analogues. C'est une vérité dont on peut se convaincre, en comparant nos coquilles fossiles avec celles de nos mers qui leur ressemblent ; ensorte que suivant l'expression de Jussieu, on est autorisé à penser qu'un nouveau monde est venu se former sur l'ancien. Cet habile homme à qui l'histoire naturelle de la terre a de si grandes obligations, a souvent été à portée de vérifier ces phénomènes ; enfin il a trouvé à Chaumont en Vexin , dans un amas nombreux de coquilles fossiles, qui est de celui des environs de Paris & des villes, un lithophite adhèrent à une roche qui n'est elle-même composée que de coquilles pétrifiées.

Quant au système de Lazzaro-Moro , qui prétend que toutes les montagnes , les couches de la terre, les isles , &c. ont été formées par les feux souterrains, on sent aisément que l'exposition générale de ce système est trop vague & trop étendue. (*Voyez* son article.)

Il paroît que cet auteur, qui étoit italien, n'a pris pour base de ses assertions que les phénomènes des pays qu'il habitoit, où certainement les volcans ont produit de grands changemens. Mais outre que Moro ne connoissoit pas à beaucoup près tous ces changemens, il ne paroît pas qu'il ait été en état d'en faire une juste application aux différentes parties de la terre où nous trouvons des montagnes.

En supposant même que les volcans & les tremblemens de terre ont dû produire des révolutions très-considérables , il faudroit avoir étudié ces effets avant de les annoncer : & quoique ces effets se rencontrent dans des pays où les volcans qui ont exercé leurs ravages ont cessé d'agir depuis un tems immémorial, il est possible de les reconnoître encore & d'en déterminer l'étendue. On peut juger de l'existence antérieure des volcans par les couches de laves qui sont dispersées autour des centres d'éruption , par les scories , les pierres ponces , les terres cuites , &c. qu'on y trouve, sans que pourtant aucun monument historique nous apprenne que ces pays aient été brulés. Plusieurs contrées sont encore de nos jours sujettes à des secousses & à des tremblemens de terre presque continuels , tel est le Pérou où

les montagnes de la Cordillière ne paroissent être qu'une chaîne de volcans.

On ne peut donc nier que la plupart des couches superficielles que l'on trouve dans ces pays exposés aux éruptions volcaniques , n'aient été formées par les embrâsemens souterrains. Il est même bien étonnant que les observateurs éclairés qui ont vu cette chaîne de volcans des Andes, aient omis de nous instruire sur l'état de ces couches qui ont dû sortir toutes enflammées des montagnes volcaniques des environs de Quito. Les couches ainsi formées diffèrent beaucoup de celles qu'on rencontre communément dans le sein de la terre au milieu des contrées qui n'ont point éprouvé l'action des feux souterrains & qui ne sont point recouvertes par les produits de ces feux.

Les tremblemens de terre joints aux inondations de la mer qui les ont ou suivis ou accompagnés , ont dû opérer durant une longue suite de siècles les changemens les plus étonnans. Nous ignorons par quelle révolution la Sicile a été séparée du continent de l'Italie ; mais il y a tant d'isles voisines des continens qui sont dans le même cas, qu'on peut faire de ces séparations des événemens du même ordre & qui tiennent aux mouvemens des mers qui se sont introduites dans les golfes. Nous ignorons pareillement la cause qui a produit la jonction de la mer Noire à la Méditerranée en forçant le détroit des Dardanelles ; nous n'avons pas plus de connoissance des agens qui ont contribué à la formation de la Méditerranée elle-même, dont bien des circonstances peuvent faire croire que le bassin a été creusé par des embrâsemens souterrains. Peut-être que des causes semblables ont formé de même le bassin de la baye de Honduras qui, sans l'isthme de Panama , séparoit entièrement la partie septentrionale de l'Amérique d'avec sa partie méridionale. Les isles Antilles dont plusieurs sont encore des volcans, font agitées par des tremblemens de terre très-fréquens, & quand l'une d'elles eft ébranlée, les autres ne tardent pas à reffentir les mêmes fecouffes.

On ne nous a tranfmis ni l'époque ni la manière dont la grande Bretagne a été détachée du continent. S'il étoit permis de pouffer plus loin les conjectures, ne pourroit-on pas foupçonner que c'eft à des tremblemens de terre fuivis d'inondations de la mer que font dues d'autres révolutions encore plus terribles, & dont on chercheroit vainement des traces dans l'hiftoire. Qu'eft devenue cette grande ifle Atlantide dont l'antiquité la plus reculée ne nous parle que par tradition ? En raffemblant plufieurs faits épars, il femble qu'elle a réellement exifté, mais qu'après avoir été minée par les feux fouterrains & ébranlée par les tremblemens de terre, elle a enfin été engloutie par les eaux de la mer à laquelle il paroit qu'elle a laiffé fon nom, & que les ifles Açores, les Canaries, les ifles du Cap-Verd, &c. font ce qui nous refte de cette malheureufe contrée. Cette conjecture femble être confirmée par le peu de profondeur que l'Océan Atlantique a en beaucoup d'endroits. C'eft un fait qui a été foupçonné par Rouelle, & qui lui a été attefté par plufieurs navigateurs. Nous voyons de plus que cette partie de l'Océan eft en proie à des fecouffes fréquentes : d'ailleurs c'eft de cet endroit qu'eft parti ce mouvement violent de la mer qui pouffa fes flots à une fi grande hauteur contre les côtes occidentales de l'Europe dans le tems de la funefte cataftrophe de Lisbonne; nous avons appris même depuis qu'une des Açores avoit été abîmée fous les flots : & tout nous indique que cette partie du globe a été depuis long-tems le théâtre des révolutions les plus étranges & les plus violentes.

Tous ces faits prouvent que les feux fouterrains ont néceffairement contribué à changer dans plufieurs endroits la face de la terre ; mais on auroit le plus grand tort de fe borner à cette caufe qui eft accidentelle, & à la confidérer comme la feule qui ait opéré. En effet, ne voyons-nous pas que la nature eft toujours en action ? Elle détruit d'un côté pour former de l'autre, par conféquent elle eft continuellement occupée à produire des changemens à la furface de notre globe. Les volcans font allumés dans toutes les parties du monde : la mer fe retire de certaines contrées pour aller en envahir d'autres ; les fleuves & les rivières entraînent & dépofent du limon, du fable, des troncs d'arbres, &c; les caufes les plus foibles font capables de produire au bout des fiècles, les effets les plus grands, fur-tout lorfqu'elles agiffent fans interruption & fans relache, & même quelquefois par accès. Or nous ne pouvons être juges de toutes ces opérations de la nature, puifque nous ne pouvons mefurer la durée d'une feule de ces caufes ni en fuivre les progrès. Que feroit-ce fi nous pouvions embraffer un certain nombre de ces caufes, les voir toutes réunies & agir perpétuellement fous nos yeux ?

Concluons donc de tout ce qui précède, que le déluge univerfel feul, & les feux fouterrains feuls, ne fuffifent point pour expliquer la formation des couches de la terre, & qu'on rifquera toujours de fe tromper, lorfqu'on voudra déduire tous les phénomènes de la nature d'une feule & unique caufe, & d'en hâter les effets par des moyens tumultueux. Nous ajouterons ici, qu'il n'eft pas douteux que plufieurs montagnes font redevables de leur formation aux feux fouterrains, mais que les grandes montagnes ne font point dans ce cas. Car les volcans fuppofent eux-mêmes des révolutions dans le globe antérieures à leur action, & à leurs ravages. En effet pour former de fi grands & de fi terribles embrâfemens, il faut des matières qui foient, non-feulement propres à exciter le feu, mais encore à lui fournir de l'aliment, telles que les bitumes & les charbons de terre sur-tout. Or ces matières font dues à de grandes fôrets qui n'ont pu être enfouies à une certaine profondeur que par des révo-lutions antérieures. L'on doit même fup-pofer qu'elles ont été très-confidérables & très-fréquentes, vu la quantité immenfe de charbon de terre dont on trouve fouvent plufieurs couches les unes fur les autres, & la plupart du tems fort épaiffes. On auroit tort de croire que les pyrites feules en fe décompofant, c'eft-à-dire, le fer & le foufre qui peuvent exciter quelques embrâfemens momen-tanés fourniffent fans les charbons de terre de ces éruptions violentes & du-rables, comme nous les obfervons dans le Véfuve & l'Etna, & comme nous fommes à portée d'en reconnoître les réfultats, en parcourant les vefliges des volcans éteints.

Pour prouver, comme nous l'avons dit ci-deffus, que de foibles caufes peuvent produire à la longue des effets très-con-fidérables, nous allons donner ici le précis d'un mémoire contenant des faits très-propres à faire voir la manière dont un grand nombre de couches ont été formées.

La *Sala* ou Saala eft une rivière de Thuringe qui fe jette dans l'Elbe; elle eft peu confidérable & peut être com-parée à la Marne. Schober voyant qu'à la fuite d'une pluie, fes eaux s'étoient chargées de beaucoup de terre, ce qui les rendoit fort troubles, eut la curiofité d'examiner combien ces eaux contenoient de parties terreftres. Pour cet effet il puifa de l'eau de la *Sala* chargée de limon, & la mit dans un vafe qui en contenoit 10 livres 3 onces 2 gros, poids de Drefde. Vingt quatre heures après il puifa la même quantité d'eau, & la dépofa dans un vafe pareil. Il laiffa ces vaiffeaux

en repos, afin que le limon eût le tems de fe dépofer au fond. Au bout de quelques jours quand l'eau contenue dans les deux vafes fut éclaircie, il la décanta & prit le limon qui étoit tombé au fond qu'il fit fécher au foleil : il trouva que l'eau du premier vafe avoit dépofé deux onces & deux gros & demi de limon ou de glaife, & que celle contenue dans le fecond avoit feu-lement dépofé deux gros; ainfi vingt livres fix onces & demie d'eau, avoient donné deux onces & 4 gros & demi de limon féché. Pour pouvoir faire fon calcul, & avoir un poids commun, Scho-bert humecta de nouveau la glaife & en forma un cube qui avoit un pouce en tous fens; ce cube pefoit une demie once & 3 gros $\frac{4}{20}$; fur ce pied-là, un pied cube ou 1728 pouces cubiques devoient pefer 96 livres & 10 onces $\frac{1}{2}$: le pied cube d'eau pèfe 50 livres, ainfi en prenant 138 pieds cubes d'eau telle que celle qui avoit été puifée & dépofée dans le pre-mier vafe contre un pied cube de limon ou de glaife, il faudra compter 247 pieds cubes d'eau pour les deux expé-riences prifes à la fois. Schober obferve que par une ouverture qui a un pouce de largeur & douze pouces de hauteur, il paffe 1293 pieds cubes d'eau. L'eau de la Sala refferrée par une digue, paffe par un intervalle de 186 aunes ou de 372 pieds de Drefde; ce qui fait 4464 pouces. Si elle eft reftée feulement pen-dant une heure auffi trouble que celle du premier vaiffeau, il a dû paffer en une heure 5,780,880 pieds cubes d'eau qui ont entraîné 41,890 pieds cubes de limon ou de glaife, ce qui fait une quantité de terre fuffifante pour couvrir de l'épaiffeur d'un pied une fürface quarrée de 204 pieds; mais en prenant enfemble le produit des deux vaiffeaux, alors il eft vifible que fi 20 livres 6 onces $\frac{1}{2}$ d'eau ont donné 2 onces 4 gros $\frac{1}{2}$ de limon, on trouvera que la rivière ayant coulé de la même manière pendant vingt quatre heures, elle a dû fournir 138,741,120 pieds cubes d'eau qui ont charié 561,705 pieds cubes de limon, lesquels suffisent pour couvrir d'un pied de hauteur une surface quarrée de 749 pieds.

De ces expériences & de ces calculs Schober conclut, que si la *Sala* qui n'est qu'une petite riviere en comparaison de beaucoup d'autres, entraîne une si grande quantité de limon, combien en doit-on présumer que les grandes rivières sont capables d'en entraîner dans l'espace de plusieurs siecles. Par conséquent ce limon doit former avec le temps des couches immenses de terres au fond de la mer, où ces rivieres vont se rendre, & par ces dépôts fréquents le lit de la mer doit se hausser & se remplir considérablement. Il est vrai que tout ce limon ne va pas jusqu'à la mer, car il y en a une grande partie qui se dépose en route, sur-tout lorsque les rivières rencontrent des plaines où elles peuvent s'étendre, & où par conséquent leur courant n'est plus si violent. Mais comme les rivières deviennent plus grandes à mesure qu'elles approchent de leur embouchure, elles regagnent de reste ce qu'elles peuvent déposer, & elles doivent toujours finir par porter une quantité prodigieuse de limon & de vâse à la mer.

La quantité de vâses que les rivières charient dans la mer, doit cependant varier considérablement, ainsi que la nature des dépots qu'elles y font. C'est de-là que viennent les différentes couleurs que prennent leurs eaux ; cela vient aussi des endroits où il pleut abondamment sur les parties voisines des bords de ces rivières, & sur-tout de la nature des terreins que les eaux pluviales & torrentielles traversent avant de gagner le lit des rivières. Voilà sur quoi est fondée la connoissance de ceux qui habitent le long des bords de la *Sala* : par sa couleur ils jugent des endroits où il a tombé de la pluie.

Il est encore aisé de conclure de-là, qu'il doit se former dans le lit de la mer des couches de différente nature semblables à celles que nous voyons à la surface de la terre & dans son intérieur. Ces couches doivent aussi varier beaucoup, quant à leur épaisseur, parce que les rivières ne charient pas tous les ans une égale quantité de terre, & d'ailleurs ces couches doivent être ou plus fortes, ou plus minces, suivant qu'elles sont formées plus ou moins loin de l'embouchure des rivières qui ont entraîné les matériaux qui sont entrés dans leur composition. Il n'est point difficile de concevoir la raison pourquoi ces différentes couches sont remplies de poissons, de coquilles & d'autres débris ou depouilles de corps marins. Schober fait aussi remarquer qu'il est aisé de sentir en suivant toutes ces opérations de la nature, pourquoi les surfaces de certaines couches sont inégales, raboteuses & offrent des ondulations semblables à celles des vagues agitées par les vents. Il nous apprend d'ailleurs qu'il a trouvé des couches de cette sorte à 600 pieds de profondeur en terre dans les mines de sel de Pologne. A l'humidité près qui avoit disparu, elles étoient comme si l'eau de la mer n'eût fait que de se retirer & les abandonner au fond de son bassin ; une de ces couches s'étoit écroulée parce qu'on l'avoit minée en dessous pour retirer la couche horisontale de sel gemme qui lui servoit de bâse & d'appui, & l'on y distinguoit parfaitement les différens bancs dont elle étoit composée.

Des observations de ce genre sont très importantes & très-propres à jetter du jour sur l'histoire naturelle de la terre; elles prouvent, comme beaucoup d'autres, qu'il n'est pas besoin d'avoir recours au déluge pour expliquer la formation d'un grand nombre de couches.

II.

Que les matières inflammables & les eaux thermales se trouvent dans les pays à couches, & dans le voisinage des volcans.

Boccone nous apprend dans son *Museo di Fisica e di experienze* que la mine d'où l'on tire l'alun de Rome se trouve par lits, & il rapporte qu'on trouve aussi dans les cantons qui font aux environs de ces lits, des eaux minérales & thermales. A l'endroit où les montagnes de couches se terminent dans le voisinage du comté de Mansfeld vers Mersebourg, près le Lauchstadt, on trouve une source d'eau minérale & thermale. Tœpitz qui est un pays à couches a une source d'eau thermale; & Bilin qui en est très-peu éloigné a des eaux minérales. Carlsbad est situé dans un terrein rempli de couches : Landeck est placée dans un endroit où les couches se terminent dans la plaine : & l'on y trouve des eaux thermales & minérales. Warmbrunn près de Hirschberg en Silésie est situé au pied du mont Riesenberg. Le pays des environs n'est composé que de couches calcaires, & l'on y trouve des eaux thermales très-abondantes. Les eaux thermales d'Aix-la-Chapelle sortent d'un pays de couches. Pour peu qu'on y fasse attention, on verra que par-tout on pourra faire la même remarque. Cela n'est pas surprenant, car si nous faisions réflexion que ces eaux donnent communément un sel neutre, nous verrions aisément qu'elles doivent leur chaleur aux pyrites sulphureuses qui se décomposent dans les entrailles de la terre. L'acide vitriolique qui se dégage par-là attaque la pierre calcaire par lits, il en dissout une partie, & il forme un sel neutre avec cette substance alkaline.

Quant aux substances inflammables, elles se trouvent aussi communément par lits.

Le soufre natif ne se trouve jamais au milieu des couches décrites à la page 243 de l'ouvrage qu'on vient de citer : on voit des terres sulphureuses par lits dont on tire le soufre à Bracciano, à peu de distance de Rome. Schober dans la description insérée au magasin de Hambourg parle du soufre natif qui se trouve en Pologne, & qui est distribué par couches. On connoît assez le soufre & l'orpiment natif de Hongrie, sur-tout celui qui vient de Neushol & de Servie. On ne peut point douter que le succin ne se trouve de cette manière dans des couches, & même on a la preuve que souvent il s'est trouvé formant lui seul un lit. Henckel nous en donne un exemple dans ses opuscules minéralogiques page 540, à l'occasion du succin trouvé près de Schmiedberg. D'ailleurs on en a l'expérience près de Berlin; des morceaux de succin ont été trouvés dans une glaisière du voisinage; on en a rencontré aussi près de Potzdam dans l'endroit d'où l'on tire de la terre pour faire des tuiles, & même dans la couche de mine de fer de Zehdenick qui est à quelques lieues de Berlin : & l'on ne creuse guère de puits aux environs de cette capitale sans en rencontrer des morceaux au milieu des lits que l'on est obligé de percer. Boccone, page 174 & suivantes, parle de bitume trouvé dans des couches horisontales près de Viterbe, près de Parme, dans la Sicile & dans beaucoup d'autres contrées. Les sources de naphte des environs de Baku en Perse, dont Lerche parle dans l'académie des mines de la Haute-Saxe, se remplissent aussi par la transsudation de cette matière qui sort de couches horisontales.

Quant aux charbons de terre qui sont les matières inflammables les plus importantes & les plus abondantes qu'on trouve dans le sein de la terre, c'est une chose décidée qu'ils sont par couches

de quelque nature qu'elles foient ; &
comme le jayet eft une forte de charbon
de terre, on doit dire ici qu'il eft auffi
diftribué par lits. La raifon pour laquelle
ces fubftances inflammables fe trouvent
fi communément & en fi grande abondance au milieu des pays à couches,
vient, fuivant les apparences, de la grande
quantité de matières végétales contenues
& dépofées dans ces couches. On doit
auffi placer ici les terres bitumineufes
qui s'allument à la flamme, & qui en
brûlant répandent une odeur particulière,
telle eft celle d'Artern dans la Thuringe ;
la terre de Merfebourg qui répand une
odeur agréable, celle de Géra qui a
l'odeur de la gomme animé, & une terre
argileufe qu'on a découverte en Siléfie,
& qui a l'odeur du camphre & qui,
quand on la brûle, répand une odeur de
foufre ; enfin on tire des environs de l'Etna
de grands blocs de terres bitumineufes très-
chargées de cette fubftance inflammable :
& toutes ces terres fe trouvent par couches.

La tourbe qui eft toujours placée horifontalement, appartient auffi par cette
raifon aux fubftances inflammables du
règne minéral qui fe trouvent par couches. Quoiqu'originairement, ainfi que les
charbons de terre, elle foit redevable de
fon exiftence au règne végétal, & que
d'ailleurs comme dans l'état où on la trouve
communément elle eft pénétrée par un
foufre fubtil & par un bitume terreftre,
elle doit être placée ici. Voilà en peu de
mots, les fubftances minérales, inflammables
qui fe rencontrent ordinairement dans les
couches & les lits qu'on a eu occafion
de fouiller dans les parties voifines de la
furface de la terre.

Après avoir expofé tous ces faits
curieux, il convient de faire à ce fujet
quelques réflexions les plus propres à les
apprécier & à faire connoître les conféquences qu'on peut en tirer relativement
à la formation des couches de la terre.

Lorfqu'on a rappellé, par exemple,
ce que Boccone nous dit des couches où
fe trouvent le foufre, l'alun, les bitumes
& les autres matières inflammables, on a
eu intention de citer ces faits comme appartenant aux opérations des feux fouterrains
dont l'Italie a dû être fouillée en certains
endroits, & dans les tems même dont
l'hiftoire n'a point confervé le fouvenir.
Ces couches font très-différentes de celles
qui ont été formées par les eaux, & il
n'eft pas furprenant que les premières foient
remplies de foufre, qui s'eft dégagé &
fublimé lors des embrâfemens fouterrains.
De plus, il paroît que lorfqu'on trouve
du foufre natif quelque part avec d'autres
produits du feu, c'eft une preuve de plus,
qu'il y a, ou qu'il y a eu anciennement
des feux fouterrains ou des volcans embrâfés. A l'égard des environs de Rome,
les naturaliftes inftruits ont reconnu que
tout ce pays a éprouvé, dans l'antiquité la plus reculée, même avant le
dernier féjour de la mer, de grandes
révolutions par les volcans. Ce qui le
prouve, c'eft que les dépôts de la mer
recouvrent les produits du feu, comme
les amas de laves, de fcories, de terres
cuites. Il n'eft donc pas étonnant que
l'on trouve du foufre, de l'alun & du
fel ammoniac dans une partie des couches qu'on rencontre aux environs de
Rome. Indépendamment de l'Italie, il
y a bien d'autres contrées en Europe où
il y a eu anciennement des embrâfemens
fouterrains, dont plufieurs naturaliftes ont
reconnu les veftiges & où ils ont trouvé
les dépôts de la mer mêlés aux produits
du feu & diftribués par couches : ou
même les feuls produits du feu formant
des bancs & des lits fort étendus & d'une
très-grande épaiffeur. (Voyez les articles
Auvergne & Vicentin.)

Quant aux couches où il fe rencontre

du naphte & du pétrole, elles indiquent en plusieurs circonstances un feu actuellement allumé sous terre, qui met, pour ainsi dire, les charbons de terre en distillation ; car, suivant la remarque de Rouelle, tous les embrâsemens souterrains ne se font pas avec éruption & fracas. Il y en a qui brûlent en silence (*silentes*) dans le sein de la terre, & l'on a lieu de les supposer dans le voisinage des endroits où l'on trouve des eaux thermales, du pétrole, de l'alun.

Il n'y a rien de plus probable que les charbons de terre, le jayet, le succin, les bitumes, la terre alumineuse, ont une même origine, c'est-à-dire que ces substances ont été produites par la destruction & la décomposition des végétaux, & surtout par les bois résineux qui ont été ensevelis dans le sein de la terre ; mais qui y ont éprouvé ensuite une altération plus ou moins considérable. En effet, par la distillation on en tire les mêmes produits que de la vraie résine des arbres. Mais ce qui donne un très-grand degré de probabilité à cette conjecture, c'est que souvent on trouve au-dessus des mines de charbon de terre, du bois qui n'est point du tout décomposé, & qui l'est davantage à mesure qu'il est enfoncé plus avant en terre. L'ardoise qui sert de toît ou de couverture au charbon est souvent remplie des empreintes de toutes les plantes qui accompagnent ordinairement les forêts, telles que les fougéres, les capillaires &c. Ce qu'il y a de plus remarquable, c'est que suivant les observations que Bernard de Jussieu a faites dans les mines de Saint-Chaumont en Lyonnois, toutes ces plantes dont on trouve les empreintes, font exotiques, & différent entièrement de celles qu'on rencontre sous le climat que nous habitons, *mémoires de l'académie des sciences année 1718*. Le bois fossile qui étoit au-dessus des mines de charbon du comté de Nassau & dont on a envoyé plusieurs morceaux à Réaumur, étoit très-dur & très-compact, rempli de résine & semblable à quelques

uns des bois d'Amérique que nous employons dans les ouvrages de marqueterie. A l'égard du jayet (*Gagates.*) on en trouve dans le duché de Wirtemberg qui a la forme & le tissu d'un arbre, & dans lequel on voit tout ce qui caractérise les couches ligneuses. Quant au succin, on a remarqué qu'il se trouve dans des couches de sable, au-dessus desquelles il y a des lits de bois fossiles, qui suivant les apparences ont fourni la résine du succin qui en est découlée. Cette résine ou ce succin renferme souvent des insectes qui, considérés attentivement, n'appartiennent point au climat où on les rencontre présentement. Enfin, la terre alumineuse est souvent feuilletée & ressemble à du bois, tantôt plus, tantôt moins décomposé. Concluons de tout cela que la terre a éprouvé bien des révolutions, dont l'histoire ne nous a conservé aucun monument. Pour concevoir, au reste, comment une grande quantité de bois peut être portée dans la terre, on n'aura qu'à faire attention à ce que nous apprend la Condamine dans son voyage de l'intérieur de l'Amérique Méridionale, où il a observé que la rivière des Amazones entraine une quantité immense d'arbres & presque des forêts entières qui sont portées jusqu'à la mer. Gmelin, dans son *voyage de Sibérie*, a pareillement remarqué que la mer apportoit une quantité prodigieuse de troncs d'arbres qui s'amassent sur ses bords, & qui sont voiturés par les rivières de Sibérie.

I I I.

Considération sur la marche de la nature, dans les combinaisons des différens élémens des minéraux, &c.

Comme le but de Henckel n'est pas seulement d'expliquer la manière dont on peut concevoir que la pyrite s'est formée dans l'instant de la création ; que ce qu'il dit peut s'appliquer en général à la production de tous les minéraux, nous avons cru,

afin

afin de jetter quelque jour fur fa doctrine devoir rappeller à nos lecteurs certains principes qu'on ne doit pas perdre de vue, fi l'on ne veut pas s'égarer dans des matières auffi obfcures.

Les minéraux & en général tous les foffiles, font des corps compofés, c'eft-à-dire, que les molécules de l'affemblage defquelles réfulte l'aggregé d'un minéral, font formées par l'union de corps de différente nature. Par exemple, la pyrite eft formée de l'union du foufre ou de l'arfenic, ou de l'un & de l'autre, avec une terre métallique & une terre non-métallique : il eft vifible que ni le foufre ni l'arfenic, ni même la terre métallique, ne font des corps fimples.

L'art eft parvenu à la vérité, à combiner enfemble du foufre & du fer, & même du cuivre, qui font les fubftances métalliques qu'on trouve le plus fouvent dans la pyrite, & de ce mélange il eft réfulté un corps qui fe vitriolife comme la pyrite; c'eft ce que l'on peut voir dans les fcories du régule-martial, & dans la pâte avec laquelle Lemery avoit prétendu imiter les volcans. Mais peut-on dire pour cela qu'on imite la pyrite? ou pour mieux dire, eft-ce la voie que prend la nature pour la former? fe contente-elle d'unir du foufre qui exiftoit déjà tout fait avec du fer qui exiftoit également fous la forme de fer? Il y a bien de l'apparence que non. Les raifons qu'on peut avoir d'en douter, c'eft qu'on ne trouve point ces fubftances pures & ifolées dans la nature, ou que du moins on ne les trouve pas dans les lieux où fe forme la pyrite; car on n'ignore pas qu'il n'y a de foufre pur que dans les lieux où il y a eu des volcans, & ces fortes d'endroits font peu fréquens fur la furface du globe; au lieu qu'on trouve des pyrites qui fe font formées dans les lieux où il n'y a nul trace de volcan. Il eft donc plus que vrai-femblable que la nature n'emploie pas des matériaux tout faits pour former les pyrites

& les autres minéraux, & qu'elle produit & les matériaux, c'eft-à-dire les premiers mixtes, & le compofé dans le même inftant. Voici donc comme on peut concevoir qu'elle procède.

Ou les élémens de ces fortes de combinaifons exiftent dans différens corps compofés, dont ils fe féparent en fe fublimant dans les cavités de la terre, cavités dans lefquelles ils fe rencontrent, & forment par leur combinaifon les mixtes qui s'uniffant par la fuite entr'eux, compofent des pyrites ou des minéraux de toute autre efpèce. On voit des exemples de cette forte de combinaifon dans les travaux de la chimie ordinaire, dans lefquels les corps mis en état de vapeur, venant à fe rencontrer dans le vuide des vaiffeaux, s'uniffent & fe combinent enfemble fous un forme différente de celle qu'ils avoient dans les compofés dont ils faifoient partie auparavant. C'eft ce qu'on obferve dans la formation du fublimé corrofif, fur-tout lorfqu'on n'emploie que du vitriol & du fel marin avec du mercure. Ou bien encore on peut fuppofer que ces élémens n'exiftent combinés fous certaines formes particulières qu'à la fuite du mouvement produit dans ces corps par la chaleur fouterraine ou par toute autre caufe femblable. Ils fe féparent, comme on voit, pour fe réunir fous de nouvelles formes; phénomène qu'on pourroit comparer avec affez d'exactitude à la fermentation qui s'excite dans les fucs des végétaux & des animaux, & dont les réfultats font auffi des corps compofés de différentes efpèces. Ainfi, ce n'eft pas fans fondement que les alchimiftes comparent l'opération de leur grand œuvre à la fermentation vineufe. Nous ne nous arrêterons pas à démontrer l'analogie qui fe trouve entre la production des mines & des fubftances qui les accompagnent, & celle des différentes parties qui conftituent les liqueurs fermentées; il faudroit écrire un long traité pour cela, & nous n'avons deffein que de faire une note.

Il eft bien furprenant que les naturaliftes

qui croient que le déluge universel a causé un changement total sur notre globe, n'aient point fait attention, que suivant le texte même de l'écriture sainte, les révolutions causées par cet événement n'ont point été aussi considérables qu'on l'imagine, puisqu'a près le déluge, Noé, suivant la génèse, fit sortir de l'arche la colombe, qui lui rapporta un rameau d'olivier. Si le renversement & la confusion des parties du globe eussent été aussi considérables que Henckel les dépeint & si comme Woodward l'a prétendu, tout le globe terrestre & les roches mêmes les plus dures, eussent été détrempées par les eaux, comment eût-il été possible qu'il fut resté un olivier ou un arbre sur pied ?

Le transport des substances minérales, que Henckel donne comme une preuve de ce bouleversement terrible, n'est pas à beaucoup près aussi concluant qu'il semble l'imaginer ; car la plupart des mines transportées, l'ont été à la vérité par les eaux ; mais on ne peut pas supposer que ce soit par celles du déluge. Il y a bien plus d'apparence au contraire que c'est par les eaux qui tombent continuellement des montagnes ; ce qu'il est aisé de démontrer quand on fait attention à la nature de ces mines : car ces mines pour avoir pu être transportées & déposées ensuite dans les couches de la terre, comme nous les trouvons, ont du être solubles dans l'eau, c'est-à-dire ont du être sous la forme de vitriols. Les eaux chargées de ces matières vitrioliques étant venues à rencontrer quelque terre calcaire, qui a plus de rapport avec l'acide vitriolique, que le métal qui lui étoit uni, ce métal a dû nécessairement se dégager, & c'est de cette manière que se sont formés les dépôts que nous trouvons dans les couches de la terre, qu'on suppose avoir été produites par le déluge. Mais pour que cette vitriolisation ait pu se faire, il a fallu que les filons qui ont fourni les mines vitriolisées aient été découverts pendant des siècles, ce qu'on ne peut attribuer au déluge, qui n'a duré qu'un temps très-

limité. Quant au renversement des filons & aux matières minéralisées qu'on rencontre quelquefois dans ces mêmes couches, il n'est pas difficile d'assigner d'autres causes & plus capables encore que le déluge de produire de tels effets. Ces causes sont la fonte des neiges & la chute des torrens qu'elles produisent Il en est de même des tremblemens de terre ; on n'a vu que trop souvent les bouleversemens affreux que les tremblemens sont capables de produire, & tous les jours on voit les torrens qui tombent des montagnes, entraîner les fragmens des mines qui sont attachés aux rochers culbutés. Au reste, en combattant les fausses preuves que des écrivains plus religieux qu'éclairés, ont cru pouvoir rapporter en faveur de ce grand événement, nous ne prétendons pas former aucun doute sur son existence.

Nous terminerons ce que nous devons dire à ce sujet, en observant qu'on trouvera toujours des difficultés invincibles, quand on s'obstinera à regarder les couches de la terre, & particulièrement celles qui renferment des mines de transport comme l'ouvrage des eaux du déluge. En les considérant avec attention & en les embrassant dans leur plus grande étendue, & sur-tout dans leur épaisseur, on verra que ces couches sont formées très-régulièrement par des dépôts successifs qui se sont faits au fond d'un bassin, contenant des eaux tranquilles. Travail qui visiblement n'a pu s'exécuter qu'en plusieurs siècles, par conséquent ces couches ne peuvent être considérés comme l'ouvrage d'une inondation passagère & violente ; & nous ne répéterons pas ici ce que nous avons dit à l'article I ci-dessus.

I V.

Vues différentes sur la forme & l'organisation intérieure des montagnes, & sur leur distinction, d'après ces caractères, en montagnes primitives & de nouvelle formation, avec l'histoire succincte des systêmes qui ont été imaginés sur leur formation.

Nous allons parler ici des montagnes

d'après Holback. Nous trouvons dans ce qu'il a écrit à ce sujet des vues qui peuvent nous donner une idée de ces grandes masses ou inégalités de la terre, avec l'histoire des différentes hypothèses qu'on a imaginées sur leur formation.

Quelques naturalistes ont comparé les montagnes à des ossemens qui servent d'appui aux différentes matières dont notre globe est composé, & qui lui donnent de la solidité de même que les os servent d'appui aux chairs & aux autres parties du corps humain ; mais Holback n'approuve pas sans restriction cette opinion, attendu que plusieurs des montagnes elles mêmes manquent de solidité, & présentent de tous côtés le désordre & la confusion des éboulemens. (Voyez ce que j'ai dit à ce sujet à l'article Buache, sur l'*Ossature du globe.*)

Les montagnes varient quant à la hauteur, quant à la structure intérieure, quant à la nature des substances qui les composent, quant aux autres phénomènes qu'elles présentent & qui sont dépendans de leurs formes extérieures & des accidents qu'elles ont éprouvé & qu'elles éprouvent chaque jour : on ne peut se dispenser d'en distinguer différentes classes ; car on se tromperoit beaucoup si on les considéroit comme ayant toutes la même origine, & comme des masses homogènes.

Les sentimens des naturalistes different sur la formation des montagnes ; quelques physiciens ont cru qu'avant le déluge, la terre étoit unie & que sa surface étoit égale dans toutes ses parties ; que c'est par cet événement funeste, & par des révolutions particulières, telles que des inondations, des excavations, des embrâsemens souterrains, que toutes les montagnes ont été produites, & que notre globe a acquis ces inégalités qu'il nous présente dans la plus grande partie de sa surface. Mais les partisans de cette opinion ne font point attention que les eaux

du déluge allèrent au-dessus du sommet des plus hautes montagnes, suivant la Bible, ce qui suppose nécessairement qu'elles existoient déja. En effet, il paroit que les montagnes étoient nécessaires à la terre dès le commencement du monde, & que sans cela elle eût été privée d'une infinité d'avantages. C'est aux montagnes que sont dus la fertilité des plaines, & les fleuves qui les arrosent ; car les montagnes sont les réservoirs inépuisables des eaux qui servent à l'entretien des ruisseaux, des rivières & des fleuves. D'ailleurs les eaux pluviales en roulant sur les pentes de ces inégalités vont porter aux terreins inférieurs, aux vallées la nourriture nécessaire à la croissance des végétaux. C'est dans le sein des montagnes que la nature a déposé les métaux, ces substances si utiles à la société.

Cependant il est certain que les révolutions auxquelles la terre a été exposée en différens tems ont dû produire anciennement & produisent à la surface de la terre, soit subitement, soit peu à peu, des inégalités & des montagnes qui n'existoient point dans l'origine des choses, & ces montagnes récentes ont des signes qui les caractérisent, & sur lesquels il n'est pas permis à un naturaliste observateur de prendre le change ; c'est d'après ces motifs qu'il est à-propos de distinguer les montagnes en *primitives* & en montagnes de *nouvelle formation.*

Les montagnes *primitives* sont celles qui appartiennent aux premiers tems du globe & à son noyau. Les caractères qui les distinguent sont 1°. leur élévation qui surpasse le plus souvent celle des autres montagnes. En effet pour l'ordinaire elles s'élèvent très-brusquement, sont fort escarpées, & l'on n'y monte point par une pente douce ; leur forme est celle d'une pyramide ou d'un pain de sucre surmonté de pointes de rochers aigus : leurs sommets ne présentent point un terrein un comme celui de quelques autres montagnes ; ce sont des roches nues & dépouillées des terres que les eaux de pluie ont emportées. A leurs pieds elles ont des précipices & des vallées profondes, parceque les eaux pluviales & celles des sources dont le mouvement & la chûte sont accélérés par les pentes rapides, ont excavé & miné le terrein qui s'y trouvoit & l'ont entraîné au loin.

2°. Ces montagnes primitives se distinguent aussi des autres par leurs vastes chaînes, elles tiennent communément les unes aux autres & se prolongent pendant plusieurs centaines de lieues. Kircher & plusieurs autres physiciens de son tems & du nôtre, prétendent que les grandes montagnes formoient autour du globe terrestre une espèce de ceinture ou chaîne, dont la direction, selon eux, est assez constante du Nord au Sud, & de l'Est à l'Ouest : que cette ceinture n'est interrompue que par les bassins des mers, au fond desquelles la base de ces montagnes s'étend de manière que la chaîne se retrouve dans les isles qui perpétuent leur continuation jusqu'à ce que la masse entière de la chaîne reparoisse à la surface des continens. Cependant il est fort douteux que les mêmes masses montueuses se prolongent dans les bassins des mers, puisqu'il est certain qu'elles ne sont pas continues à la surface des continens. C'est ainsi qu'on trouve assez souvent de ces montagnes *primitives* isolées, & l'on ne peut supposer leur liaison avec de semblables montagnes éloignées que par des prolongemens souterrains dont il est difficile de s'assûrer : ce n'est qu'en ce sens que l'on peut regarder les montagnes *primitives* comme la base & la charpente du globe ; car il faut admettre de grandes & vastes interruptions dans plusieurs parties de la surface de la terre, où il n'est pas question de ces montagnes ni de leur appui.

3°. Les montagnes primitives se distin-

guent encore par leur structure intérieure, par la nature des pierres qui les composent & par les substances minérales qu'elles renferment. En effet, ces montagnes ne sont point composées de lits & de bancs aussi multipliés que ceux qu'on trouve dans les montagnes de nouvelle formation. La pierre qui les compose est ordinairement une masse immense & peu variée, qui s'enfonce dans les profondeurs de la terre perpendiculairement à l'horison. Quelquefois cependant l'on trouve différentes couches qui recouvrent même ces montagnes primitives, mais ces couches & ces lits doivent être considérés comme des parties qui leur sont étrangères ; ces couches ont couvert le noyau de la montagne sur lequel elles ont été déposées par les eaux de la mer qui ont inondé autrefois une grande partie de nos continens & toutes les inégalités qui se trouvoient pour lors à leur surface. Une preuve de cette vérité que ceux qui habitent dans les pays de hautes montagnes, peuvent attester, c'est que souvent à la suite des tremblemens de terre ou des pluies de longue durée, on a vu quelques-unes de ces montagnes se dépouiller de parties assez considérables des espèces de couvertures qui les enveloppent, & ne présenter plus pour lors aux yeux qu'une masse de roche aride dessous les débris de ces additions étrangères à leur constitution primitive.

Quant à la matière qui compose ces montagnes primitives, c'est pour l'ordinaire une roche très-dure qui fait feu avec l'acier, & que les allemands nomment *hornstein*, ou pierre de corne ; elle est de la nature du jaspe ou du quartz ; d'autres fois, c'est un granit composé de quartz, de feldspath & de mica mêlés ensemble en diverses proportions. La pierre qui forme le noyau de ces montagnes n'est pas interrompue par des couches ou des lits de sable ou de terre, elle est communément homogène dans toutes ses parties

Enfin ce n'est que dans les montagnes *primitives* que l'on rencontre des *mines par filons* suivis qui les traversent en divers sens & forment des espèces de rameaux ou de veines dans leur intérieur. On entend par ces filons, des fentes suivies qui ont de l'étendue, une direction marquée, quelquefois contraire à celle des rochers où ces mines se trouvent, & qui sont remplies de substances métalliques ou pures ou dans un état de minéralisation. (Voyez *Filons* dans le dictionnaire.)

Ces principes une fois posés, il sera très-aisé de distinguer les montagnes qu'on nomme primitives de celles qui sont dues à une formation plus récente. Parmi les premières on doit placer en Europe les Pyrénées, les Alpes, sur-tout dans leur centre, l'Apennin, les montagnes du Tyrol, le Riesemberg ou montagnes des Géants dans la Silésie, les monts Krapachs, les montagnes de la Saxe, celles des Vôsges; le mont Bructère au Hartz; les montagnes de Norwége, &c. En Asie, les monts Riphées, le Caucase, le mont Taurus, le mont Liban. En Afrique, les monts de la Lune, l'Atlas, &c. & en Amérique, les Apalaches, les Andes ou Cordillieres qui sont les plus hautes montagnes du monde.

La plus grande élévation de ces montagnes fait qu'elles sont presque toujours couvertes de neiges, même dans les climats les plus chauds; ce qui vient de ce que rien ne peut les garantir des vents, & de ce que les rayons du soleil qui donnent dans les vallées ne sont pas réfléchis jusqu'à une telle hauteur. Les arbres qui y croissent ne sont que des sapins, des pins & des bois résineux, & plus on approche de leur sommet, plus l'herbe est courte. Elles sont souvent arides parce que les eaux du ciel ont la plupart du tems entraîné jusque dans les vallons les terres qui ont pu les couvrir autrefois. Scheuchzer & tous ceux qui ont voyagé dans les Alpes, nous apprennent que l'on trouve communément sur ces montagnes trois différentes sortes de température: au sommet on ne rencontre que des neiges & des glaces. (Voyez l'article *Glaciers* ou celui de *Grouner*.) En descendant plus bas, on y jouit d'une température semblable à celle des beaux jours du printems & de l'automne, & dans la plaine on éprouve toute la chaleur de l'été.

D'un autre côté l'air que l'on respire au sommet de ces montagnes est très-pur & moins altéré par les exhalaisons de la terre, ce qui, joint à l'exercice, rend les habitans plus sains & plus robustes. Au reste, un des plus grands avantages que les hautes montagnes procurent aux hommes, c'est, comme nous l'avons déja remarqué, qu'elles servent de réservoirs aux eaux qui forment les grandes rivières. C'est ainsi que nous voyons les Alpes donner naissance au Pô, au Rhône, au Danube par l'Inn, au Rhin, &c. De plus, on ne peut douter que les montagnes n'influent beaucoup sur la température des pays où elles se trouvent, soit en arrêtant certains vents, soit en opposant des barrières aux nuages, soit en réfléchissant les rayons du soleil.

Quoique toutes les montagnes primitives aient en général beaucoup plus d'élévation que celles qui ont été formées de nouvelle date, & par une suite des dernières révolutions du globe, elles ne laissent pas de varier infiniment pour leur hauteur. Les plus hautes montagnes que l'on connoisse sont celles des Andes dans l'Amérique. La Condamine qui a parcouru ces montagnes & qui les a examinées avec toute l'attention dont il étoit capable, nous apprend, dans son voyage à l'Equateur, que le terrein de la plaine où est bâtie la ville de Quito, au Pérou, est à 1470 toises au-dessus du niveau de la mer, & que plusieurs des montagnes de cette province ont plus de trois mille toises de hauteur perpendiculaire au dessus de ce niveau; quelques-unes de ces montagnes sont des volcans qui vomissent de la fumée & des flammes, ce qui est cause que ce pays est si souvent ébranlé par des tremblemens de terre.

Après avoir fait connoître les signes qui peuvent caractériser les montagnes que l'on a considérées comme primitives, il faut maintenant examiner celles qui sont dues à une formation plus récente. Il n'est pas douteux que les révolutions que la terre a éprouvées & qu'elle éprouve tous les jours, ne produisent de nouvelles éminences. Ce sont sur-tout les inondations & les éruptions de feux souterrains qui sont les plus propres a opérer ces changemens à la surface de la terre. Un grand nombre d'exemples nous prouvent que les feux souterrains ont souvent formé des montagnes dans les endroits où il n'y en avoit point auparavant. C'est ainsi qu'il s'est formé des isles par les matières que ces feux ont soulevées & fait sortir du fond de la mer. Les montagnes formées ainsi, sont aisées à reconnoître, ce sont des amas de matières cuites ou vitrifiées, de scories, de pierres ponces, de cendres, &c., & il est facile de les distinguer des montagnes primitives, par tous les caractères que nous venons d'exposer.

Quant aux autres montagnes qui ont été formées par des inondations, elles diffèrent des montagnes primitives par la forme. Nous avons déjà fait remarquer que ces dernières sont en pyramides, au lieu que celles dont il est ici question, sont arrondies par le sommet ou même applaties & couvertes de terres; on y trouve aussi, soit du sable, soit des fragmens de pierres, soit des amas de cailloux arrondis, & qui paroissent avoir été roulés par les eaux. Enfin, leur masse est un assemblage de couches de pierres calcaires ou coquillières, de terres ou même de sable de différente

épaisseur. Tous ces phénomènes semblent prouver que c'est principalement au séjour de la mer sur certaines parties des continens, que les eaux ont ensuite abandonnées ou laissées à sec, que toutes ces montagnes doivent leur origine. En effet, nous voyons, comme on l'a déjà dit, qu'à l'intérieur ces montagnes sont composées d'un assemblage de lits ou de couches horisontales, ou du moins foiblement inclinées à l'horison, comme doivent être tous les dépôts formés dans le bassin de la mer. Ces couches & ces lits sont d'ailleurs remplis d'une prodigieuse quantité de coquilles, de corps marins, d'ossemens de poissons; on y rencontre outre cela des fragmens de bois, des empreintes de plantes, des matières résineuses, qui visiblement tirent leur origine du règne végétal. Au reste les couches de ces montagnes varient à l'infini. Elles sont composées, tantôt de sable fin, tantôt de graviers, tantôt de glaise ou de marne, tantôt de différens lits de pierres qui se succèdent les uns aux autres. Les pierres que l'on remarque dans ces couches, sont d'une nature très-différente de celles qui forment le noyau des montagnes primitives: ce sont des marbres qui sont souvent remplis de corps marins, des grès formés par un amas de grains de sable, des pierres à chaux qui paroissent uniquement les résultats de la décomposition des coquilles; des schistes ou pierres feuilletées composées d'un argile durcie & pétrifiée, & quelquefois chargées d'empreintes de plantes: de la pierre à plâtre &c. A l'égard des substances métalliques ou des mines que l'on trouve dans ces sortes de montagnes, elles ne sont jamais par filons suivis: elles sont par couches qui ne sont composées que des débris & des fragmens de filons que les eaux ont arrachés des montagnes primitives pour les porter dans celles qu'elles ont formées de nouveau. C'est ainsi que l'on trouve un grand nombre de mines de fer, qui sont dans un état de décomposition & qui forment des couches entières d'ochre, ou de ce que l'on appelle *mine de fer li-*

moneufe. On trouve auffi dans cet état des mines de cuivre qui ont été visiblement entraînées par les eaux, fous une forme vitriolique & dépofées dans les lits de certaines montagnes, Voyez mines. C'eft dans les montagnes dont nous parlons, que l'on rencontre auffi la calamine, les mines de charbon de terre formées par des forêts entières, qui ont été enfevelies le long des bords de la mer par les eaux.

Le fel gemme, l'alun, les bitumes, &c. fe trouvent auffi au milieu des couches horifontales & jamais on n'a rencontré ces diverfes fubftances dans les montagnes primitives. Cependant il eft à propos de faire attention que ces affemblages de couches vont fouvent s'appuyer contre les montagnes primitives qui en forment les limites, pour-lors elles femblent ne faire qu'une feule & même maffe avec elles. C'eft d'elles qu'elles reçoivent les parties métalliques que l'on rencontre par hazard dans leurs couches. Cette remarque eft très-importante pour les obfervateurs, que ce voifinage pourroit induire en erreur, s'ils ne favoient pas diftinguer la différence de ces matrices & de ces gîtes des métaux. Les montagnes récentes en s'appuyant, comme il arrive d'ordinaire, fur les côtés des montagnes primitives qu'elles entourent, finiffent par aller fe perdre infenfiblemnnt dans les plaines. Le paralleliſme qu'obfervent les couches, dont les montagnes récentes font compofées, n'eft pas toujours parfaitement exaft. Ces couches depuis leur formation ont éprouvé des révolutions & des changemens qui leur ont fait faire des coudes, des fauts. Des roches & des matières étrangères font venues les couper en de certains endroits. Ces irrégularités ont été vraifemblablement produites par des affaiffemens de portions de montagnes, par des fentes qui fe font enfuite remplies de nouvelles roches.

Les montagnes récentes, different auffi entr'elles par le nombre & l'épaiffeur des couches ou des lits dont elles font compofées. Dans quelques-unes on a rencontré jufqu'à 30 ou 40 lits qui fe fuccédoient; dans d'autres on n'en a vu que quatre à cinq. Mais voici une obfervation générale que Lehmann, après des remarques conftantes & multipliées, affure n'avoir jamais trouvé démentie, c'eft que dans les montagnes récentes & compofées de bancs, la couche la plus profonde eft toujours celle des charbons de terre, qui eft portée fur un gravier ou fable groffier & ferrugineux; au-deffus du charbon on rencontre les couches d'ardoife, de fchifte ou de pierre feuilletée, & enfin la partie fupérieure de ce fyftême de couches eft conftamment occupée par les bancs de pierres à chaux & par les fontaines falées. Voyez ci-après l'article Lehmann.

On fent de quelle utilité peut être une pareille obfervation lorfqu'il s'agit d'établir des travaux pour l'exploitation des mines; & en faifant attention à la diftinction des montagnes que nous venons d'établir, on fçaura d'avance quelle eft la nature & la difpofition relative des fubftances que l'on pourroit efpérer d'y trouver fi l'on tentoit d'y faire des fouilles. Ce n'eft pas feulement en Allemagne, comme nous l'a indiqué Lehmann, que fe trouve ce fyftême de couches, on le voit auffi dans d'autres contrées de la terre, où l'on a eu occafion d'entreprendre ces fortes d'exploitations.

On a déja fait remarquer que toutes les montagnes, de quelque nature qu'elles foient, font fujettes à éprouver de grands changemens. Les eaux pluviales, les torrens en arrachent fouvent des parties confidérables & des quartiers de rochers qui font entraînés dans les plaines, quelquefois à des diftances étonnantes où ces mêmes eaux creufent de profondes vallées. Enfin, les eaux intérieures y creufent des grottes & des galeries fouterraines qui occafionnent quelquefois de grands affaiffemens.

Plusieurs montagnes vomissent des flammes , ce sont celles que l'on nomme *volcans* ; quelques unes après avoir brûlé pendant plusieurs siècles , cessent tout-à-coup de jetter des flammes , & sont remplacées par d'autres qui commencent à présenter les mêmes phénomènes : enfin , souvent de grandes contrées , que des volcans nombreux avoient ravagées , se trouvent réduites à une parfaite tranquillité , & tous les volcans y sont entièrement appaisés, apparemment faute de matières. C'est dans ces pays qu'on peut étudier en détail tous les produits du feu & les résultats de ses opérations, & où l'on retrouve une certaine régularité au milieu des plus grands bouleversemens.

On voit à Aderbach en Bohême une suite de montagnes ou de masses de rochers qui présentent le coup-d'œil d'une rangée de colonnes ou de piliers semblables à des ruines. Quelques uns de ces piliers sont comme des quilles appuyées sur la pointe ; il paroît que cet assemblage de masses isolées a quelque analogie avec les basaltes, que des naturalistes ont prouvé avoir été formés ainsi par des laves compactes. Gmelin nous dit avoir vu en Sibérie plusieurs montagnes ou rochers qui présentoient le même aspect.

Après avoir fait voir les différences qui se trouvent entre les montagnes primitives & celles qui sont d'une formation postérieure & plus ou moins récente , Holbach s'occupe à rassembler les sentimens des plus célèbres physiciens naturalistes sur leur formation. Les opinions sur cette matière sont très-partagées ainsi que sur beaucoup d'autres , & l'on verra que faute d'avoir distingué les montagnes , de la manière dont on vient de le faire, on est tombé dans bien des erreurs , & que l'on a sans aucun fondement attribué des effets totalement dissemblables à une seule & même cause.

Thomas Burnet a cru qu'au commence-

ment du monde , notre globe étoit uni & sans montagnes , & qu'il étoit composé à sa surface d'une croûte terreuse, qui servoit d'enveloppe aux eaux de l'abyme : qu'au temps du déluge , cette croûte s'est crevée par la chaleur du soleil & l'effort des eaux, & que les montagnes ont été formées par les fragmens de cette croute , dont une partie s'est élevée , tandis que l'autre s'est enfoncée dans les profondeurs de l'abyme.

Woodward admet des montagnes telles que nous les voyons, avant le déluge ; mais il ne nous dit pas comment elles avoient été formées , seulement il se contente de prétendre que dans le déluge toutes les substances , dont la terre étoit composée, ont été dissoutes & mises dans l'état d'une bouillie , & qu'ensuite les matières dissoutes se sont déposées & ont formé des couches , en raison de leur pésanteur spécifique. Cette opinion a été adoptée par le célèbre Scheuchzer & par un grand nombre de naturalistes qui n'ont pas fait attention, que quand même on admettroit cette hypothèse , pour la formation des montagnes récentes & organisées par couches, elle n'étoit pas propre à expliquer la formation des hautes montagnes , que l'on a nommées *primitives*.

Ray suppose qu'il y avoit , dès le commencement du monde , des montagnes qui , selon lui , ont été produites , parce que la croûte de la terre a été soulevée par les feux souterrains à qui elle ôtoit un passage libre ; & dans les endroits où ces feux se sont fait jour , ils ont formé des montagnes par l'abondance des matières qu'ils ont vomies. Cependant Ray suppose que dans ces premiers temps la terre étoit entièrement couverte d'eaux & que malgré cet obstacle les éruptions des feux souterrains n'en ont pas été moins générales & moins violentes.

Ce sentiment de Ray a été suivi par Lazzaro-Moro, qui l'a poussé encore plus loin &

& qui voyant qu'en Italie, une grande partie du terrain avoit été culbutée par des volcans, qui quelquefois ont formé des montagnes, en a fait une règle générale, & a prétendu que toutes les montagnes avoient été produites par l'action des feux souterrains; en effet, la montagne appellée *Monte-Nuovo*, qui est dans le voisinage de Pouzzole, a été ainsi produite, en 1538, par une éruption violente des feux souterrains & au milieu d'un tremblement de terre.

Mais on pourroit demander aux auteurs de ces systêmes, d'où étoient venus les bitumes, les charbons de terre, & les autres matières inflammables, qui suivant eux, ont servi d'aliment aux feux souterrains; & comment ces substances qui sont dues au règne végétal avoient été enfouies dans le sein de la terre & à de très-grandes profondeurs, dès la création du monde. On ne peut nier, il est vrai, que quelques montagnes n'aient été produites de cette manière; mais il est certain, que ni les montagnes primitives, ni celles de nouvelle formation, & qui sont un assemblage de couches horisontales de terres, de sables, de pierres calcaires, ne sont pas les produits des feux souterrains.

Le célèbre Leibnitz dans sa *Protogée*, suppose que la terre étoit au commencement toute environnée d'eau, remplie de cavités, & que ces cavités ayant occasionné des bouleversemens fréquens & considérables, il en est résulté des montagnes & des vallées, à la suite de la retraite des mers. Il suppose aussi que les montagnes par couches, ont pu être formées sous les mers qui couvroient une certaine étendue de la surface du globe, & qu'elles n'avoient pas abandonnée tout de suite. Emmanuel Swedenborg croit que les endroits où l'on trouve des montagnes ont été autrefois le bassin de la mer, qui couvroit une portion du continent qu'elle a été forcée d'abandonner depuis. Ce sentiment, est très-probable & le plus propre à expliquer la for-

mation des montagnes composées de couches; mais il ne suffit pas pour faire connoître l'origine des montagnes primitives.

Schulze ayant publié en 1748 une édition allemande de l'histoire naturelle de la Suisse par Scheuchzer, y a joint une dissertation sur l'origine des montagnes dont nous allons donner le précis. Il suppose 1°. que la terre n'a point toujours tourné sur son axe, & qu'au commencement elle étoit parfaitement sphérique, d'une consistance molle & environnée d'eau: 2°. lorsque la terre commença à tourner sur son axe, elle a dû s'applatir vers les pôles & sa surface augmenter vers l'équateur, en conséquence de la plus grande force centrifuge. L'auteur s'appuie sur les observations de Maupertuis, qui a déterminé que le diamètre de la terre devoit être aux pôles de 6,525,600 toises, pendant que celui de l'équateur étoit de 6,562,480; d'où l'on voit que le diamètre de la terre, sous la ligne, excède de 36,880 toises le diamètre de la terre sous les pôles.

Schulze observe que lorsque la terre étoit parfaitement ronde, son diamètre devoit être de 6,537,319 toises, & conséquemment elle a dû s'applatir vers les pôles de 11,719 toises & s'élever sous l'équateur de 25,161. Le même auteur prétend que les plus hautes montagnes n'ont guère plus de 12,000 pieds d'élévation perpendiculaire au-dessus du niveau de la mer, qui elle-même n'a pas plus de 12,000 pieds de profondeur.

D'après ces considérations, Schulze fait voir que les plus hautes montagnes ont dû se trouver aux environs de l'équateur: ce qui est conforme aux observations les plus exactes & les plus récentes; mais, suivant ce systême, la direction de ces montagnes devoit être la même que celle de l'équateur, ce qui n'est pas vrai, puisque nous voyons, par exemple, que la Cordilière coupe, pour ainsi dire, l'équateur à angle droit, &

que d'ailleurs les montagnes de la Norwege, de la Ruſſie, les Alpes, les Pyrénées, quoique des montagnes du premier ordre , ſont très-éloignées de la ligne.

Quant aux montagnes par couches ; Schulze penſe que différentes parties de la terre ont eſſuyé à pluſieurs repriſes des inondations diſtinctes & particulières, qui ont dépoſé des lits différens , & dont les dépôts ſe ſont faits , tantôt dans des eaux tranquilles , tantôt dans des eaux violemment agitées. Ces inondations ont quelquefois couvert le ſommet des montagnes les plus anciennes. C'eſt pour cela qu'on trouve ſur pluſieurs de ces ſommets des couches de terre & de pierre, ou même des débris conſidérables. C'eſt ainſi qu'il nous apprend avoir trouvé ſur le ſommet du Mont Rigi en Suiſſe , un grand amas de pierres roulées & liées les unes aux autres , par un gluten compoſé de limon & de ſable. Il prétend même qu'il y a eu autant d'inondations qu'il y a eu de couches différentes : que ces inondations ſe ſont faites à une grande diſtance les unes des autres ; que les tremblemens de terre & les affaiſſemens qui en ont été la ſuite , ont dérangé & détruit quelques montagnes ; d'où l'on voit qu'elles n'ont pu être formées , ni en même temps , ni de la même manière.

Enfin , Rouelle a fait connoître dans ſes leçons , à ſes auditeurs , une opinion ſur la formation des montagnes qui fait partie de ſon ſyſtême ſur la théorie de la terre que nous expoſerons en détail à ſon article. Il ſuppoſe que dans l'origine des choſes les diverſes ſubſtances qui compoſoient pour lors notre globe, nageoient dans un fluide ; que les parties ſimilaires qui forment les grandes montagnes ſe ſont rapprochées les unes des autres & ont formé au fond des eaux des amas immenſes de cryſtaux. Il regardoit donc toutes les montagnes primitives comme de grands aſſemblages de criſtaux qui ſe ſont grouppés & réunis à la manière des ſels , & qui quelquefois ſe ſont trouvés iſolés. Cette opinion peut acquérir beaucoup de probabilité ſi l'on fait attention à la conſtitution intérieure des montagnes de granit & de gneiſſ , où toutes les ſubſtances ſe trouvent diſtribuées par maſſe, ſans aucune trace de couches, & où toutes les pierres , en ſe formant , ont ſuivi une ſorte de régularité dans le tiſſu & dans l'arrangement de leurs parties. A l'égard des montagnes par couches, Rouelle en attribue la formation, tant au ſéjour de la mer , ſur les continens, qu'aux inondations locales & à toutes les révolutions particulières ſurvenues en différens temps à quelques contrées du globe.

LAZZARO-MORO.

Cet auteur mit au jour en 1740 un ouvrage Italien qui a pour titre : *des coquilles & des autres corps marins qui se trouvent sur les montagnes.* Le but principal de l'auteur, est d'expliquer comment les montagnes se sont formées à la surface de la terre ; il semble appuyer tout son systême sur deux faits particuliers ; savoir, l'apparition des isles qui sortirent de la mer près de Santorin, en second lieu la formation de *Monte Nuovo* près de Pouzzole, à la suite d'une éruption volcanique. Ce sont, comme on voit, des événemens très-rares & très-bornés, d'où l'on tire des conséquences étendues & applicables aux phénomènes généraux du globe.

Au moment de la création, le globe, suivant Moro, étoit environné de toutes parts par l'eau de la mer. Le troisième jour de la création, des feux souterrains s'allumèrent & soulevèrent çà & là la croûte qui formoit le fond de la mer, & la poussèrent jusqu'à la hauteur où nous voyons aujourd'hui les sommets des montagnes primitives, c'est-à-dire, ces montagnes composées de pierres pures où l'on ne remarque ni couches ni corps marins. Ces montagnes sorties du sein de la mer, vomirent des torrens de laves, de cendres, de pierres-ponces, de minéraux de toutes natures, & sous toutes sortes de formes ; & ces torrens s'étendirent les uns sur les autres, dans le fond de la mer, qui n'avoit éprouvé aucun déplacement.

Dans la suite les feux souterrains continuant leurs premiers ravages, soulevè-

rent au-dessus des eaux de la mer les parties du fond de son bassin qui se trouvoient recouvertes de courans de laves, & formèrent à cette époque les montagnes à couches ; mais qui n'offrent point de corps marins, parce qu'alors la mer n'étoit pas encore peuplée d'animaux & sur-tout d'animaux à coquilles. Outre cela, de ces montagnes produites à la suite de ces éruptions, il sortit à travers de nombreuses crevasses une grande quantité de soufre, de bitumes, de sels, qui commencèrent à donner à l'eau de la mer son amertume & sa salure : ce fut à cette époque que la terre, aussi bien que la mer, devinrent fécondes en animaux comme en végétaux. Enfin les feux souterrains continuant leurs inflammations & leurs éruptions, ces dernières montagnes du second ordre, continuèrent aussi à vomir des flammes, des cendres, des laves, des minéraux qui formèrent différentes couches, lesquelles, par conséquent, se trouvèrent composées alternativement des produits du feu & des dépouilles des animaux terrestres & marins, ainsi que des débris de végétaux ; car ces derniers matériaux établis d'abord sur les courans de laves, furent ensuite ensevelis sous les suivans : & les feux souterrains ayant par la suite soulevé à différentes hauteurs les fonds de mer organisés de cette manière, il en résulta des montagnes à couches & des collines, dont les bancs se trouvèrent remplis de corps marins de différentes espèces. C'est ainsi que la mer travaillant en concurrence avec les feux souterrains, recouvrit de plus en plus de corps marins tous les produits du feu, & nous offrit un assemblage de matériaux hétérogènes.

J'ajouterai maintenant à cette exposition fuccinte du fyftême de Lazzaro-Moro plufieurs confidérations, tant fur les vues principales que cet auteur s'eft propofé de remplir, que fur le peu de folidité des moyens qu'il emploie pour y parvenir ; je me fuis d'autant plus déterminé à entrer dans cette difcuffion, que ce fyftême conferve encore une certaine faveur parmi les naturaliftes d'Italie, même parmi ceux qui obfervent.

Première Confidération.

Il femble qu'il y a dans le fyftême de Lazzaro-Moro des fuppofitions contradictoires ; comment les volcans ont-ils pu s'allumer dans un globe où il n'y avoit encore eu aucune production, ni animale, ni végétale ? L'exiftence des feux fouterrains n'exigeoit-t-elle pas une fuite de révolutions antérieures ? Pour former ces grands embrâfemens fi étendus, fi multipliés, n'a-t-il pas fallu des amas de matières, non feulement propres à exciter le feu, mais encore à l'alimenter pendant des fiècles entiers, telles que les bitumes & fur-tout les charbons de terre ?

Or, ces amas de matieres combuftibles fuppofent de grandes forêts qui auroient exifté fur le globe en différentes contrées, & qui auroient été expofées à des révolutions, au milieu defquelles ces forêts ont dû être enfevelies à une certaine profondeur dans ces contrées de la terre. Il faut même admettre que ces révolutions ont été fréquentes & multipliées pour préparer ainfi à la furface du globe un aliment convenable & fuffifant à tous ces feux & embrâfemens qui devoient fervir à organifer cette furface pendant les trois époques que fuppofe Moro. Comment des productions auffi confidérables ont elles pu avoir lieu fur un globe qui, fuivant cet auteur, n'avoit pas encore acquis une conftitution phyfique, propre à la production des végétaux. L'on voit que Moro n'a pas dans fon hypothèfe commencé par l'ordre de

chofes le plus effentiel aux opérations qui devoient fuivre.

Ainfi, le globe de la terre n'a pu éprouver les embrâfemens des feux fouterrains dans les deux premières époques ; c'eft-àdire, lorfque ces feux ont dû foulever les maffes énormes des montagnes primitives, ou former les montagnes du fecond ordre, puifque fuivant une des fuppofitions les plus effentielles du fyftême, il n'a dû fe trouver fur le globe aucune production végétale. D'ailleurs, il ne paroit pas que les végétaux aient eu le tems de fe multiplier affez abondamment dans la troifième époque pour former les charbons de terre néceffaires à la production des montagnes du troifième ordre, qui ont dû exiger des éruptions volcaniques auffi longues qu'étendues. Il faut donc reconftruire de nouveau le globe de Moro dans cette partie.

Seconde Confidération.

Moro en foulevant par l'action des feux fouterrains certaines parties de la furface du globe de la terre, & fur-tout les montagnes qui renferment dans leurs couches les dépouilles des corps marins, avoit pour but de faire voir que les eaux de la mer ne fe font pas portées au degré d'élévation où fe trouvent ces corps marins, & par conféquent d'être difpenfé de fuppofer autour du globe une maffe d'eau énorme qui le couvrit à plus de deux mille toifes au-deffus du niveau actuel de la mer ; c'eft dans ces vues qu'il ne donne à cette maffe d'eau qu'une profondeur de 175 toifes.

En fecond lieu, il a cru qu'il feroit difpenfé d'avoir recours aux reffources que plufieurs géologiftes ont mifes en ufage, les uns après les autres, pour réduire l'eau de la mer à la quantité apparente qu'elle a maintenant dans fon baffin, & fur-tout pour en faire difparoître le furplus, ou dans l'abîme, ou dans des cavités

ſouterraines que ces naturaliſtes ont entrou-
vertes, ſuivant les beſoins qu'ils en avoient.

Mais en évitant ces deux inconvéniens
qui ſont, il faut l'avouer, aſſez graves,
on doit convenir qu'il a fait uſage de
moyens violens pour ſoulever à différentes
repriſes certaines parties de la ſurface du
globe à des hauteurs très-conſidérables.
Nous avons fait voir que ſon globe n'étoit
pas préparé comme il convenoit pour
ſuffire à ces moyens. D'ailleurs, il ne
nous indique pas comment des maſſes
énormes ſoulevées à ces hauteurs, ont pu
s'y ſoutenir ſans éprouver à la ſuite des
tems des éboulemens & des affaiſſemens
multipliés qui auroient mis les plus grands
déſordres à la ſurface d'un globe organiſé d'ailleurs par de ſi terribles cataſtrophes.

Troiſième Conſidération.

On doit ſavoir quelque gré à Moro
d'avoir diſtingué trois époques différentes
dans les opérations des incendies &
des embrâſemens qu'il met en action,
puiſque les obſervations l'autoriſoient à
nous indiquer trois ordres de maſſifs qui
ſubſiſtent bien réellement à la ſurface de
la terre, & qui nous ont offert les différens caractères que cet auteur décrit. Nous
voyons d'abord qu'il a ſoulevé pluſieurs
parties du globe où l'on ne trouve ni
couches ni corps marins ; ce ſont ces
parties où nous retrouvons les montagnes
primitives, & ces ſoulevemens ont eu lieu
dans des tems où les éruptions des feux
ſouterrains n'avoient pas encore produit
de courans, & où il n'exiſtoit encore ni
végétaux ni animaux.

Cependant on ne voit pas pourquoi
dans ces premiers tems les feux ſouterrains ont ſoulevé ſeulement les maſſifs des
montagnes primitives ſans ſe faire jour à
travers, ſans vomir des matières fondues

& les étaler autour de leurs cheminées,
pendant qu'à d'autres époques ces mêmes
feux, ces mêmes embrâſemens ont, non-
ſeulement percé la croûte de la terre,
mais encore jetté des matières fondues
qui, en s'étendant ſur une grande ſuperficie, ont formé des bancs & des couches.
Leur aſſemblage a été enſuite ſoulevé par les
mêmes feux ſouterrains qui ont établi à
la ſurface du globe le ſecond ordre de
montagnes, où il y a des couches ſans
aucuns veſtiges de corps marins ou de
végétaux. Cependant un grand nombre
de naturaliſtes aſſurent avoir trouvé dans
ce ſecond ordre de montagnes des dépouilles de corps marins & des empreintes de
végétaux : il réſulte donc de cette obſervation que Moro a reculé ſans raiſon,
d'une époque la production des végétaux
& des animaux ſur ſon globe ; mais ce
qui doit embarraſſer ſes partiſans, c'eſt
qu'on n'y rencontre pas les produits du
feu qui ont dû former les bancs & les
couches de toutes ces montagnes du ſecond
ordre. On ſent bien qu'une partie de ces
objections eſt applicable aux montagnes
du troiſième ordre, aux collines, &c.
formées de même par cette alternative
d'embrâſemens qui verſent des courans,
d'abord dans le fond de la mer, & qui
enſuite ſoulèvent ce fond couvert de dépôts
calcaires à une certaine hauteur ſans déranger l'uniformité & la régularité des bancs
& des couches.

Quatrième Conſidération.

Il n'eſt pas douteux que pluſieurs montagnes n'aient été formées par les feux
ſouterrains ; mais elles n'ont été formées
que d'une ſeule manière, c'eſt-à-dire, par
l'éruption des matières fondues qui ſe font
fait jour au moyen des bouches de volcans ;
on ne voit pas que le ſol des environs
des cratères, & que les courans de laves
aient été enſuite ſoulevés. Le feu ayant
eu la facilité de prendre ſon eſſor
par les cratères ouverts, ne fait plus aucun

effort pour déplacer les environs comme le suppose Moro, dans ses deux dernières époques.

Cinquième Considération.

On a toujours objecté à Moro qu'il ne nous avoit pas indiqué à la surface de la terre & dans le sein des montagnes du second & du troisième ordre qu'il fait produire & soulever par les feux souterrains, les laves, les cendres, les matières cuites ou altérées par le feu, soit seules, soit mêlées aux matières calcaires, aux dépouilles des animaux marins. Enfin, il semble que suivant son plan d'organisation du globe, il s'obligeoit de nous montrer tous ces matériaux partout où se trouvent des portions de continens, qu'il suppose avoir été d'abord formées par couches dans la mer, puis soulevées hors de son bassin; & nous verrons par la suite comment il pouvoit nous satisfaire à ce sujet.

Sixième Considération.

Une des grandes objections qu'on a faite à Moro, c'est la difficulté de concevoir comment des masses énormes soulevées par des feux souterrains, avoient pu conserver la forme de lits suivis, & de couches horisontales d'une grande étendue en longueur & en largeur; pourquoi ces masses énormes ne nous offroient que des assemblages de bancs calcaires, sans interpositions de matières volcaniques; pourquoi enfin on ne nous montroit pas au pied de toutes ces chaînes, qu'on prétend soulevées, les traces & les impressions des embrâsemens souterrains; pourquoi, enfin, le feu avoit pu jouir de toute son activité sous des masses d'une épaisseur aussi considérable que peuvent être le Jura, par exemple, le Mont Ventoux, les montagnes Alpines calcaires, qu'on trouve du côté de la Provence, où l'on ne voit ni ces

désordres, ni ces bouleversemens que nous offrent de toutes parts le Mezin, le Mont-Dor & les environs de ces deux grands volcans.

Septième Considération.

Lorsque j'ai dit que Lazzaro-Moro devoit nous donner des preuves incontestables des opérations du feu dans les montagnes du second & du troisième ordre, en nous montrant au milieu de leurs couches des matières volcaniques, je n'ignorois pas qu'on avoit observé dans le Vicentin, sur-tout le long de la vallée de Ronca, des lits de laves, de cendres & principalement de scories sous forme pulvérulente, dessous des bancs de coquilles marines & de pierres calcaires. Je savois aussi par moi même que dans les ci-devant provinces d'Auvergne & de Velay, il y avoit des couches de laves dessous des bancs de pierres calcaires ou des dépôts terreux; mais je dois dire en même-tems que ces productions volcaniques, outre qu'elles ne sont pas distribuées par lits bien suivis, n'occupent pas de grandes superficies. D'ailleurs elles ont toutes les formes que nous présentent les laves distribuées autour des volcans ordinaires, & elles ne paroissent avoir aucunement, au-dessous des dépôts sous-marins, éprouvé le moindre déplacement. Il n'est donc pas étonnant que ces dépôts sous-marins qui recouvrent les produits du feu, aient aussi conservé la plus grande régularité sur ces matières, puisqu'elles n'ont pas été déplacées ni avant ni depuis leurs dépôts.

J'ajoute ici qu'en examinant toutes les contrées qui nous offrent l'association de ces matériaux dans les montagnes & dans les collines où on les trouve, l'on s'assure aisément qu'aucune partie de ces assemblages n'a été soulevée, mais qu'ils ont conservé leurs formes primitives, soit celle que leur ont donnée les embrâsemens souterrains & les éruptions locales qui en ont été la suite, soit celle que la mer dans son bassin a donnée aux dépôts postérieurs dont elle a recouvert ces produits du feu.

On voit donc par-là combien il est inutile d'avoir recours aux efforts des feux souterrains, pour donner à ces massifs la forme de collines ou de montagnes.

D'ailleurs on est convaincu de cette inutilité par une autre considération; il est visible que les massifs qui, soit dans le Vicentin, soit en Auvergne & en Velay, nous offrent cette association de matériaux hétérogènes, doivent leurs formes extérieures de montagnes & de collines à des eaux courantes torrentielles, qui ont coupé ces massifs en creusant tout autour des vallées dont elles continuent l'approfondissement; ainsi tout nous persuade, soit l'organisation intérieure des massifs, soit leurs formes extérieures, qu'il n'y a pas eu de soulevemens ni de déplacemens comme Moro le suppose. Tout occupe la place que le feu & l'eau agissant successivement ont dû imprimer à leurs produits. Au reste, j'exposerai en détail ces circonstances à l'article du dictionnaire où il sera question des volcans, dont les cratères, les culots, & les courans ont été recouverts ensuite par les dépôts de la mer, & qui occupent des contrées correspondantes dans les ci-devant provinces d'Auvergne & du Velay, & au milieu des belles vallées de la Loire d'un côté, & de l'Allier de l'autre.

LEHMANN.

J'ai partagé en deux parties la notice des ouvrages de ce minéralogiste qui concernent la *Géographie-Physique*. La première comprend le précis raisonné d'un traité sur l'*oréographie*, qui est un des derniers ouvrages de Lehmann; il renferme la description des chaînes de montagnes primitives qu'il suppose dispersées à la surface de tous les continens, & se prolonger jusque dans le bassin de la mer par les isles, les bas-fonds, les vigies, les rochers à fleur d'eau.

Il paroît que Lehmann a pris pour base de la description de ces chaînes, les cartes de Buache, & le tracé des arrêtes qui indiquent sur ces cartes les inégalités de la terre; mais en jettant les yeux sur ces détails géographiques, on ne peut s'empêcher de faire une réflexion un peu triste, c'est que toutes ces chaînes, tant celles décrites par Lehmann, que celles figurées par Buache, n'ont été, ni reconnues, ni observées par aucun naturaliste. Seulement on a pu se convaincre à l'article de *Buache* qu'il n'a tracé ses arrêtes que d'après les pentes des eaux courantes; mais ceci ne suffit pas pour déterminer les massifs ni leur nature. Cependant sans cette connoissance & sur de simples présomptions on nous présente un système général de montagnes liées les unes aux autres qu'on croit composées des mêmes matériaux & organisées de la même manière; j'entends parler ici des montagnes primitives dont traite Lehmann comme naturaliste & minéralogiste. On voit que dans l'ordre des recherches, il a fait un pas de plus que Buache; mais dans celui des découvertes il n'a pas été plus loin que lui.

J'ai joint à ce traité quelques remarques par lesquelles j'ai eu en vue de modifier les généralisations hazardées que Lehmann met en avant au sujet des montagnes primitives, & particulièrement sur leur liaison & leur continuité non interrompue, enfin sur leurs prolongemens dans le bassin de la mer par les isles & les bas-fonds.

Dans la seconde partie, je présente la substance d'un traité dans lequel Lehmann s'occupe de la comparaison des montagnes primitives ou à filon avec les montagnes du second ordre, ou à couches; ce que cette partie renferme de plus intéressant, c'est l'indication des lieux, où se trouvent des montagnes à couches qui environnent les noyaux de montagnes primitives dans plusieurs provinces d'Allemagne, & dans le Hartz en particulier. Cet ensemble me paroît un des plus précieux & des plus instructifs qu'on ait présenté sur la suite des montagnes des deux premiers ordres; aussi Lehmann qui a été à portée de les observer, nous les décrit-il avec autant de soin que d'intérêt. J'y vois plusieurs centres de montagnes primitives ou à filon environnés d'autant d'enceintes de montagnes à couches, lesquelles sont indiquées dans l'ouvrage de Lehmann. La base de ce travail est toute en superficie, car ces massifs composés de couches y sont distribués sous formes d'enceintes très-précises, qui occupent une largeur déterminée entre les noyaux de montagnes primitives, & les montagnes qui vont aboutir jusqu'aux plaines. D'ailleurs la nature des substances qui entrent dans leur composition, se montre tellement à la superficie du terrein, qu'il ne peut y avoir d'erreur dans leur détermination.

Mais à la suite de ce premier apperçu Lehmann passe à d'autres considérations sur l'épaisseur du massif de ces mêmes montagnes à couches; il nous offre l'ordre de ces couches telles que les exploitations les lui ont offert; au moyen de ce double aspect on a toutes les circonstances qui, dans ces montagnes, peuvent intéresser la *Géographie-Physique.*

Je reviendrai quelque jour sur ce bel ensemble des montagnes primitives & des montagnes à couches dont il paroît qu'aucun naturaliste n'a jusqu'ici senti, ni l'importance, ni les conséquences.

Je l'ai fait connoître avec d'autant plus de soin, qu'il m'a paru offrir des vues nouvelles très-instructives pour ceux qui sauront en faire usage.

Il n'est question dans ce dernier travail que de quelques contrées de l'Allemagne peu étendues; mais ce qu'il importoit de montrer, c'est la comparaison des phénomènes semblables qu'ont offert toutes ces contrées, & les analogies qui en résultent relativement à la formation de ces montagnes, & à l'ordre de leur distribution. Que seroit-ce si tous les centres de montagnes primitives étoient observés & examinés avec le même soin & décrit avec la même exactitude que ceux dont il est question dans Lehmann? La *Géographie-Physique* perfectionnée dans les différens pays où il se trouvera des observateurs instruits, nous procurera quelque jour tous ces avantages.

Je demande quelque excuse pour la partie systématique mêlée aux faits & aux observations qui servent de base aux réflexions de Lehmann. Ces hypothèses ont pour but de rendre compte de la formation des montagnes qui sont décrites & indiquées dans l'ouvrage dont on donne ici le précis. Je n'ai pas cru devoir supprimer ces hypothèses, parce qu'elles m'ont paru offrir de tous les phénomènes, des dénouemens aussi bien fondés & raisonnés, qu'aucun des autres systêmes qui ont été proposés jusqu'à ce jour dans de pareilles vues.

I

Traité d'oréographie dans lequel on décrit toutes les chaînes des montagnes primitives ou à filon qui sont distribuées à la surface des continens, & même dans quelques mers.

L'inspection des cartes géographiques, & encore mieux les observations d'histoire naturelle, nous prouvent que le globe de la terre présente à sa surface des aspects très variés. Au pied des montagnes inaccessibles couvertes de glaces & de neiges, sont des plaines immenses & très-fertiles, les unes inspirent de l'horreur & les autres présentent un spectacle qui égaye par lui-même, & encore plus par le contraste. Ajoutez à cela des volcans enflammés & éteints, des grottes; enfin tous les vestiges des accidens que la terre a essuyés.

Plusieurs savans ont travaillé pour jetter du jour sur la théorie de la terre, mais la plupart n'ont guères porté leurs recherches au-delà de certaines provinces. L'histoire générale & détaillée du globe est peu avancée, & malgré la faveur que ce genre d'étude a pris de notre tems, combien de vuides ne reste-t-il pas à remplir! Je pense que ce qui a le plus contribué à éclaircir l'histoire de la terre, est l'étude des montagnes; étude pénible dont les difficultés n'ont pas ralenti le zèle des savans observateurs.

Il reste encore, il est vrai, beaucoup de questions à décider & de doutes à lever sur cette matière; mais ce qui est déjà fait peut servir de base à un travail plus suivi & plus raisonné. Entre les anciens naturalistes & les voyageurs modernes où l'on trouve beaucoup de notes, il y en a qui ont traité ex-professo de la structure de la terre: tels sont Woodward, Stenon, Moro, Buffon, Scheuchzer & Buache. J'ai écrit aussi quelque chose à ce sujet. Ces auteurs ont examiné quelques chaînes de montagnes ou bien ont traité de leur origine systématiquement. Ils se sont peu occupés de leur direction, de leur liaison & de leur correspondance mutuelle.

J'ai cru devoir traiter de la suite non interrompue des chaînes de montagnes qui parcourent tout le globe de la terre;

comme ce sujet est vaste & compliqué, il m'a paru que pour le simplifier & avant que d'entrer dans le fond de cette discussion, je devois faire précéder quelques considérations particulières sur l'origine & les différentes formes des montagnes.

Tout ce qu'on hasarde sur l'ancien état du globe de la terre & sur l'origine des montagnes est très vague, très-obscur & très-incertain. Les systèmes cependant qu'on a formés pour en rendre raison, se réunissent tous à ces différens chefs; 1°. que le globe de la terre étoit composé de parties solides & de parties fluides dès le tems de la création; 2°. qu'il a éprouvé de très-grands changemens par un déluge universel; 3°. que par la suite des tems, des accidens sans nombre ont produit dans plusieurs endroits de sa surface, des altérations aussi nombreuses qu'étendues; 4°. que chaque jour, même actuellement, nous sommes témoins de plusieurs changemens qui se font remarquer sous nos yeux dans certaines parties de la terre.

Ces écrivains diffèrent au reste; 1°. dans la forme qu'ils donnent à la première terre, 2°. dans les causes qu'ils assignent aux différens changemens qui ont altéré cette première forme. Tantôt ils ont recours au déluge universel, aux feux souterrains, aux inondations particulières, ou même à la retraite de la mer; mais ceci est si vague, si peu fondé sur les faits & sur les observations, qu'il ne me paroît pas convenable de le discuter (a).

Remarques.

(a) « Les auteurs qui ont supposé l'état fluide & solide du globe dès le commencement de sa formation ne se sont pas trop rendu compte de leurs idées à ce sujet: ils ont cru que l'eau avoit formé beaucoup de dépôts, & que tout ce qui étoit couches devoit être confidéré comme fon ouvrage, & ils ont eu raifon ; mais je ne vois pas un mélange de fluidité & de folidité dans ce que nous fommes à portée d'obferver chaque jour. Wood-ward & fes partifans ont fait une pâte de tout le globe, mais perfonne n'admet de pareilles hypothèfes, fur-tout en voyant les coquilles & les produc-tions marines dont une partie eft con-fervée fous fa forme folide & avec les difpofitions primitives. Je doute qu'il foit prouvé que le globe de la terre ait éprouvé de grands changemens par le déluge univerfel.

L'eau, quelque fuppofition qu'on ait pu faire, a formé des amas ; mais en délayant la terre elle n'en a pas fait des parties fluides.

On parle ici d'accidens, & je ne voudrois pas qu'on en admît aucun comme caufes des révolutions du globe. Au lieu d'admettre de ces accidens, il eft plus raifonnable de s'attacher à des agens connus & conftans qui peuvent avoir eu quelques accès, mais des accès réguliers dont on peut déterminer les effets ainfi que leurs limites. »

Toutes les montagnes confidérées par rapport à leur formation & à leurs formes (b) peuvent être diftinguées en deux claffes. La première renferme les montagnes qui exiftent vraifemblablement dès la création. Dans la feconde claffe, je place celles qui doivent leur origine à divers accidens. J'ai parlé de celles-ci dans un autre ouvrage. Je me propofe aujourd'hui de traiter des premières dans ce mémoire, & avec l'étendue que le fujet & mes forces comporteront.

Remarques.

(b) « Pourquoi Lehmann examine-t-il ici les montagnes quant à leur forme, fans les diftinguer quant à leur conftitution intérieure & à la difpofition des matériaux qui fervent à leur compofition ? Pourquoi ne pas infifter fur un point bien effen-tiel qui confifte à borner fes obfervations & fes recherches aux fimples maffifs fuperficiels du globe ? Il me femble que ces maffifs doivent exifter avant les montagnes & être difcutés avant l'examen de leurs formes. La théorie de ces iné-galités de la terre, doit donc aller naturelle-ment à la fuite de l'étude qu'on aura faite de la ftructure intérieure des maffifs du globe. Car la ftructure des maffifs eft d'une époque bien plus ancienne que celle de leur forme extérieure. Pourquoi vouloir rapporter ces formes de montagnes à la première création, car elles ne tiennent pas plus à la ftructure primitive & intérieure du globe que les ftatues ne tiennent aux blocs de marbre d'où l'art du fculpteur les a tirées. »

J'établis d'abord comme un principe d'après Buffon (c) que les montagnes ont été formées par la féparation des parties foli-des & des parties fluides, faite dans le tems de la création, de manière que les parti-cules terreftres foutenues dans l'eau, ont formé dans le baffin de la mer des dépôts qui ont rendu la terre, de ronde qu'elle étoit, pleine des inégalités en relief qui ont fait les montagnes.

Je ne crois pas être au refte en état de décider fi elles avoient la hauteur qu'elles ont aujourd'hui, ou fi elles doivent leurs maffes à des caufes accidentelles. Le principe cependant de Buffon auquel je me fuis attaché, conduit à croire que ces montagnes exiftent à peu-près comme elles font forties du baffin de la mer, & je n'ofe le contefter.

Remarques.

(c) « En adoptant le fyftême de Buffon dans fa partie foible, Lehmann avoue qu'il n'ose se décider sur plusieurs points importans : il n'a pas vu qu'il détruisoit par cette adoption la distinction qu'il vient d'admettre de deux classes de montagnes. Lorsqu'on connoîtra bien les caractères de ces montagnes, on sera très-en état de sentir le défaut du système de Buffon, & son insuffisance, car on verra que les montagnes primitives de Lehmann n'ont pu être formées dans le bassin de la mer, ni quant à leur constitution intérieure, ni quant à leur forme.

———————

Les montagnes primitives qui étoient du tems de la création sont 1°. celles qui sont les plus élevées.

2°. Celles qui forment des chaînes non interrompues, & qui parcourent une grande partie de la surface de la terre.

J'ajoute à ces premiers caractères, 1°. que la structure intérieure de ces montagnes diffère de celle des montagnes de la seconde classe ; 2°. que l'on n'y trouve point des dépouilles des corps marins, ni des impressions de plantes comme dans les montagnes de la seconde classe. (d)

Remarques.

[d] Lorsqu'on a dit que l'on trouvoit des corps marins sur le sommet des montagnes primitives, on n'a pas remarqué que ces corps marins étoient enveloppés dans un banc superficiel qui recouvroit ces montagnes : jamais on ne les a trouvés dans l'intérieur des masses ; ces masses existoient avant qu'il survînt de dépôts sous-marins. Scheuchzer dans ses voyages au milieu des Alpes, Langius dans son histoire des pierres figurées, ont fait la même observation, ainsi que Lieb-necht sur les bois fossiles & les pierres de la Hesse ; au reste dans tous ces différents cas, il est bon d'assurer une observation aussi essentielle que celle dont il

est question dans ces circonstances. Les dépouilles des corps marins doivent être nombreuses & renfermées dans des couches horisontales suivies ; avec ces différents détails instructifs, on en trouve peu sur les hautes montagnes ; mais on y trouve des couches horisontales ou inclinées, calcaires ou infiltrées qui recouvrent les bases graniteuses ; par conséquent on ne peut pas dire, comme l'assure ici Lehmann, que les montagnes primitives soient les plus élevées. Car celles que j'ai visitées en Suisse, sont les plus compliquées dans leur formation, celles qui présentent plusieurs ordres de matériaux, en un mot, les moins simples. »

———————

3°. Les filons des mines se trouvent dans ces montagnes primitives ; cependant je dois dire que les mineurs sont déjà parvenus à faire la différence des veines qui se trouvent dans les montagnes primitives, des veines de montagnes du second ordre ; il y a d'ailleurs beaucoup d'autres caractères différents dont je ne parle pas ici. Il me suffit que les montagnes primitives aient existé dès la création du monde ; quant aux montagnes qui sont les produits des feux souterrains, des tremblemens de terres, des inondations particulières, leur origine paroît avoir été exposée par plusieurs auteurs, mais j'en parlerai dans la suite. (e)

Remarques.

(e) Je ne sais pourquoi Lehmann, sur l'exposition de certains caractères assez vagues qu'il donne à ses montagnes primitives & que j'ai déjà discutés, en conclut que ces montagnes ont existé dès la création du monde ; on n'en voit pas facilement la raison. Il me semble qu'après avoir dit sur quels principes il considéroit ces montagnes comme étant de la même époque que nos continens, il auroit dû en opposition décrire d'une manière nette & précise, ce qui pouvoit servir à distinguer les autres montagnes que nous venons d'indiquer & qui seront peut être plus intéressantes que les primitives lorsqu'elles seront bien connues & décrites, comme elles le sont dans la seconde partie de cette notice. »

Les montagnes que je nomme primitives, forment des chaînes ou des *tractus* qui se lient les uns aux autres. En parcourant ces contrées du globe très - remarquables, je ne m'attacherai dans leur description qu'à indiquer les principales chaînes ainsi que leurs ramifications les plus apparentes. Je ne m'étendrai pas même à donner le détail des mines renfermées dans ces montagnes, parce que cette énumération regarde plus l'histoire naturelle souterraine & particulière de chaque province, que la théorie générale du globe. Au reste je suis convaincu que la théorie des montagnes, une fois bien connue, bien développée, peut servir très-utilement à guider ceux qui font les recherches des minéraux & des mines, comme je l'exposerai très-brièvement à la fin de ce mémoire.

Je dois faire plusieurs observations préliminaires sur ces montagnes : je remarque 1°. que leurs chaînes affectent trois directions principales. Le tronc, la masse principale & une allure vers certains points de l'horison, pendant que les branches qui se détachent s'étendent vers les points intermédiaires.

Ainsi la première chaîne, pour commencer par l'ancien continent, court de l'Occident à l'Orient, & se continue dans l'hémisphère opposée.

La seconde est dirigée du Septentrion au Midi, & enfin la troisième s'étend du Midi au Nord.

2°. Il me paroît très-vraisemblable que plusieurs isles, qui sont dispersées au hazard au milieu de l'Océan, ne sont que la suite de nos chaînes de montagnes. (f)

3°. Ces chaînes occupent en largeur un espace plus ou moins étendu.

4°. Elles se trouvent presque toujours adossées à des montagnes du second ordre, qui doivent, comme je l'ai dit, leur formation à des accidens.

5°. Elles sont accompagnées vers leurs extrémités, & même dans des isles & dans les parties voisines des bords de la mer, de montagnes volcaniennes.

6°. C'est sous l'équateur & vers le pôle antarctique que se trouvent les montagnes les plus élevées.

7°. Enfin, chacune de ces chaînes se trouve séparée des autres, par des plaines ou vallées longitudinales parallèles à ces chaînes.

Remarques.

(f) « Les opinions énoncées dans les articles précédents, ne sont fondées sur aucune observation précise. De premiers apperçus suffisent-ils pour autoriser des assertions aussi importantes? Une observation suivie & détaillée doit précéder toutes décisions à ce sujet. Qu'un géographe avance, d'après des présomptions, que les isles sont la suite des montagnes du continent, & qu'il en est de même des écueils, des bas-fonds. Il faut recevoir ces présomptions pour ce qu'elles sont ; mais un naturaliste qui veut enrichir la *Géographie-physique* de principes certains & avérés, exigera qu'on connoisse d'abord la constitution intérieure des montagnes primitives des continens & qu'on la compare avec la constitution des isles, des écueils, des bas-fonds. Si l'on n'a pas reconnu, avant, l'organifation, la difpofition & l'arrangement des matières qui compofent les montagnes du continent, la fuite & la direction des maffes, pour décider fi elles fe continuent dans les ifles, ou fi elles reparoiffent après des interruptions multipliées & plus ou moins étendues, on ne peut adopter de telles affertions.

Or je trouve, dans les ifles voifines des continens, que j'ai pu obferver, une correfpondance avec la terre ferme, autant dans le cas des couches horifontales, que dans le cas des maffifs qu'on a décidé particuliers aux montagnes primitives. Cette extenfion des montagnes primitives, dans le baffin de la mer, n'eft fondée fur aucun fait général; car le baffin de la mer appartient autant aux maffifs des couches horifontales, qu'à ceux des montagnes primitives. Pourquoi les ifles, les bas-fonds, qui font les parties réfervées du fond du baffin, n'appartiendroient-elles pas à ces différents maffifs? Si ces obfervations font fondées, on voit que tout cet échaffaudage de montagnes primitives croule de lui-même. Il faut donc fuivre un autre plan de recherches, qui réuniffe les caractères de correfpondance, qu'on peut rencontrer entre les continens & les ifles, entre les ifles & les écueils, & adopter pour ces enchaînemens de montagnes, ce que l'obfervation nous donnera.

Que prétend-on quand on veut nous démontrer fur le globe les fuites des chaînes de montagnes & des fuites non interrompues? Veut-on qu'elles foient liées par leurs bafes? ceci ne nous apprend rien; car la terre folide exifte fous l'eau de la mer, comme à la furface des continens; mais la continuité que j'exige eft la continuité des mêmes maffes, des maffes également organifées & encore à peu près également élevées. Je vois donc qu'on veut à ceci réunir l'idée d'un fommet non interrompu; en fecond lieu, je crois qu'on exigera la confidération intéreffante de la

nature des matières qui entrent dans leur compofition; celle enfin de leur difpofition intérieure. Ces confidérations ne fe devinent point, ne fe concluent pas d'une hypothèfe; il eft donc néceffaire de prendre tous ces objets par parties & de les examiner dans le plus grand détail & avec l'attention la plus fcrupuleufe, fi l'on veut que la *Géographie phyfique* adopte ces affertions & qu'elle les confacre dans des cartes. Il eft vrai que cette étude des montagnes une fois bien montée & fuivie dans quelques contrées de la terre, jettera du jour fur ce qui fe paffe dans les autres; mais point de conféquences précipitées. Lorfque l'analogie pourra guider ceux qui auront recueilli une fuite de faits bien difcutés, pour lors les indications fe réuniront comme d'elles-mêmes; fans cela ces grands plans annonceront bien quelques correfpondances vraies ou vraifemblables; mais le refte ne fera que le produit de fuppofitions hafardées, plus capables d'égarer que de donner une certaine confiftance à un plan méthodique. On veut bâtir fans avoir raffemblé des matériaux; on veut faire des mappemondes phyfiques, lorfqu'on n'eft pas même en état de rédiger des cartes particulières. »

D'abord fi je confidère la direction des chaînes de montagnes, qui courent d'Orient en Occident, je trouve qu'il y en a deux principales dans ce cas; la première occupe les parties voifines de l'équateur; la feconde occupe la Zône comprife entre le trentième & le foixantième dégré de latitude boréale, & parcourt l'Afrique, l'Europe & l'Afie. Nous allons décrire en détail chacune de ces chaînes.

La première fe porte d'Occident en Orient, & étend fes ramifications en Afrique & en Afie depuis le tropique du cancer jufqu'au tropique du capricorne. Il eft vraifemblable qu'elle commence dans l'Océan Atlantique & Ethiopien, de forte que les ifles du Cap-Vert, celles de Sainte-

Hélène, de l'Afcenfion & beaucoup d'autres, placées fous l'équateur, paroiffent en faire partie ; & lorfqu'elle pénètre dans le continent, elle jette plufieurs ramifications, dans la Guinée, fur la Côte-d'Or, dans l'Ethiopie inférieure & même dans une partie de la fupérieure, dans l'Abiffinie, la Nubie, le royaume d'Ajan : lorfqu'elle quitte l'Afrique, elle traverfe l'Arabie heureufe, l'Inde en-deça & au de-là du Gange, & parvient jufqu'aux frontières auftrales de la Chine ; elle forme auffi dans la mer voifine de tout ce trajet, une infinité d'ifles & d'archipels. Si nous la fuivons de même au-delà de l'équateur, nous trouvons qu'elle contribue à la formation de plufieurs ifles, telles que Sainte-Hélène, l'Afcenfion, la Trinité, Annibon ; de-là elle fe porte dans la Guinée inférieure, dans le pays des Caffres & dans l'Ethiopie fupérieure, & jettant plufieurs rameaux dans la mer de l'Inde, elle forme l'Archipel des Maldives, les ifles de la Sonde, les Célébès, les Molucques. Je préfume même qu'après avoir femé plufieurs têtes d'Ifles difperfées dans la mer pacifique, elle fe termine par les énormes montagnes du Bréfil, du Pérou & du Mexique, qui s'étendent dans le Bréfil, le pays des Amazones, & enfin dans les Antilles & les Caraïbes. (g)

Pour prouver que ce n'eft pas fans fondement que j'ai fait parcourir à cette chaîne la zône entière, je citerai ici quelques faits fort propres à établir affez folidement cette marche, 1°. Les détails dans lefquels je viens d'entrer, femblent prouver que cette chaîne fuit la direction que j'ai indiquée, & qu'elle la fuit d'une manière très-apparente. Il eft vrai qu'on pourroit m'objecter que les différents pays de la terre & les diverfes contrées du globe ne nous font pas encore affez connus pour qu'on puiffe rien affurer de certain fur la forme extérieure, la ftructure intérieure, enfin fur la liaifon non interrompue de leurs montagnes. Quoiqu'n connoiffe peu l'Abiffinie & l'Ethiopie, cependant quelques voyageurs nous affurent qu'il y a dans ces contrées des montagnes fort élevées, très efcarpées & qu'on franchit difficilement. (Voyez *hiftoire générale des voyages*, tom. 5, 6 & 7.) Tavernier, Ludolfe, hiftoire de l'Abiffinie ; en qui n'a pas entendu parler des montagnes de la Lune ?

2°. On trouve dans ce trajet beaucoup de métaux & plus abondamment que dans les autres contrées du globe ; on en tire furtout de l'or & des pierres précieufes, plus belles que par-tout ailleurs. On connoît les richeffes de l'Afrique, dans la partie fituée fous l'équateur, & celles de l'Inde, des ifles de la Sonde, de Célébès, du Bréfil, du Pérou, du Mexique, &c.

3°. J'ai indiqué comme une remarque caractériftique des chaînes de montagnes primitives, les volcans qui les accompagnent. Il eft aifé de voir que ce caractère diftinctif convient à la zône que j'ai décrite, prife dans toute fon étendue. Pour aller par ordre, j'indiquerai d'abord l'ifle de Fuégo ou de Saint-Philippe, dans une des ifles du Cap-Vert, qui eft entièrement fondue : enfuite les côtes oppofées au royaume d'Ajan, lefquelles portent des marques certaines des ravages du feu. Dans l'Afie, Ternate, Sorca l'une des molucques & Griga, parmi les ifles des Larrons : plufieurs Philippines jettent du feu & des flammes ; enfin tout le monde connoît les fameufes montagnes du Pérou & du Mexique, qui ont éprouvé & qui éprouvent encore tous les jours des éruptions violentes.

Au-delà de l'équateur plufieurs petites ifles ont offert aux voyageurs des veftiges d'anciens volcans ; telles font Saint-Hélène, l'Afcenfion, l'ifle de Mafcarin près de Madagafcar, qui paroît brûlée dans la moitié de fon étendue par des feux violents & fouterrains, & enfin le Pérou offre un grand nombre de Volcans.

Remarques.

(g). » Dans tous les détails qui précèdent & qui sont relatifs à une chaîne
primitive non interrompue, Lehmann se
fonde sur des observations bien vagues &
sur des cartes bien peu exactes. Quelle idée
prétend-on donner de la continuité d'une
chaîne, lorsqu'on est obligé d'admettre des
mers & des golfes dans l'intervalle des parties de cette chaîne, qui parcourent les continens & de celles qui se montrent dans les
mers ? Pourquoi ne trouveroit-on pas de
grandes vallées qui séparent les premières,
comme on voit des trajets de mer qui
coupent les secondes ? Et pourquoi même
ces vallées, ces intervalles primitifs, n'auroient-ils pas été comblés ensuite par
des dépôts de couches horisontales postérieures ?

Cette continuité des rameaux, des
chaînes de montagnes proéminentes à la
surface du globe, avoit déja été proposée
avant Lehmann par Buache, qui pour les
admettre étoit parti d'un principe vrai,
mais dont l'application ne pouvoit pas
s'étendre à une continuité non interrompue
des mêmes massifs. Malgré ces difficultés le
savant géographe avoit tracé sur tout le
globe des montagnes proéminentes, & les
avoit indiquées par des arrêtes bien
sensibles. Mais lorsqu'on a voulu les suivre
& les reconnoître sur le terrain, l'observation n'a pas confirmé le tracé des cartes.
A certaines masses montueuses que Lehmann
pourroit appeler primitives & qui servent
de partage aux pendans des eaux, succedent
des suites de collines peu élevées & en
couches horisontales, & ces arrêtes ne
sont donc pas prolongées sans interruption ?
Cette épreuve du principe général de
Buache que Lehmann adopte ici d'une
manière encore plus vague, faite en France
avec beaucoup de soin, m'inspire une grande
défiance pour les autres parties des chaînes
prétendues continuées sur toute la surface
du globe, à travers les continens & les

mers. Lorsque je vois ces chaînes parcourir ces grands trajets sur le globe, &
étendre assez arbitrairement des rameaux à
droite & à gauche de leur tronc principal,
à la première indication d'une isle ou d'un
détroit, je trouve tous ces plans bien
hypothétiques : quand après cela je vois
distribuer autour de ces chaînes, des volcans
sans qu'on ait reconnu à quel point ces
parties incendiées leur appartiennent, je
trouve plusieurs raisons de douter de cette
liaison intime.

Ces considérations générales ne sont
bonnes à proposer & utiles à admettre que
quand elles sont les résultats d'observations
suivies dans des vues précises ; ce qui
est vague ne peut instruire, ne peut entrer
dans le corps d'une science qui a pour objet
l'histoire de la terre : plus cet objet est grand
& vaste, plus les détails doivent être exacts
& assûrés. Les généralisations hasardées perdent tout dans les sujets où les analogies manquent, & ces analogies manquent par-tout
où l'observation la plus suivie & l'analyse la
plus sévere des faits n'ont pas précédé. »

La seconde chaîne de montagnes primitives qui s'étend d'Occident en Orient,
occupe dans la partie boréale une Zône,
depuis le trentième dégré jusqu'au soixantième de latitude. Nous trouvons le
commencement de ce système de montagnes
dans l'Océan & nous le plaçons aux Canaries & aux Açores. Le reste de cette chaîne
se partage en deux ramifications, dont la
première est comprise entre le trentième
& le quarantième dégrés de latitude, & la
seconde entre le quarantième & le soixantième. On sera peut-être surpris de ce
que je distingue deux embranchemens ;
mais il est visible qu'ils sont séparés par de
larges tractus de plaines qui n'offrent guères
que des collines & des plateaux peu élevés
où l'on ne découvre pas les caractères des
montagnes primitives. Témoin le grand
désert de Sara en Afrique. L'Egypte &
l'Arabie intérieure n'ont que de foibles

montagnes, & les provinces de la Perfe qui en font voifines, depuis Schiras jufqu'à l'ifle d'Ormus, offrent des campagnes ornées de collines très-fertiles. (Voyez *Tavernier*, *Thévenot* & *Chardin*.) On trouve la continuité des mêmes plaines, dans l'Inde, dans les états du Mogol, à Delhi, Agra, Patna. La province de Huquang, quoiqu'environnée de hautes montagnes, n'eft qu'une grande plaine.

J'avoue que dans ce trajet il y a de fort grandes montagnes; mais 1°. elles font moins élevées que les premières décrites; 2°. elles ne font pas auffi fuivies; elles font ifolées & n'occupent qu'un très-petit canton; 3°. enfin la ftructure intérieure de leurs couches & les minéraux que ces couches renferment, les diftinguent des montagnes primitives. (h)

Remarques.

(h). » Je ne ferai ici qu'une réflexion fort fimple & fort courte, relativement aux remarques qui précèdent. Lehmann obferve avec raifon que les chaînes de montagnes font diftinguées & féparées, fur leur largeur, par des vaftes plaines en collines ou qui renferment des montagnes dont les caractères ne conviennent point aux montagnes primitives. J'ajoute ici que toutes les circonftances nous autorifent également à croire que les chaînes de montagnes primitives peuvent & doivent être également féparées par des plaines en collines, ou par des intervalles de nature différente, fur leur longueur comme fur leur largeur, & que par conféquent les obfervations des voyageurs que cite Lehmann, prouvent inconteftablement qu'il n'y a aucune continuité fuivie entre les montagnes primitives qu'on nous décrit ici, fous quelque afpect qu'on les confidère & dans quelque direction qu'on les fuive. »

Dans l'Afrique, on voit d'abord le Mont-Atlas qui s'étend dans les provinces des Algarbes, de l'Eftramadoure, dans les royaumes de Grenade & de Caftille, forme les ifles de Majorque & de Minorque, la Sardaigne, la Sicile, Malte, les montagnes de la Calabre, de la Theffalie, des ifles de l'Archipel, de l'Egypte, de l'Arabie Pétrée, de la Natolie, de la Perfe & de la Méfopotamie, fe joint au Mont-Taurus, de-là fe porte en Georgie, dans le Thibet, jufqu'aux provinces feptentrionales de la Chine. (i) Elle paffe au Japon & après avoir traverfé la mer Pacifique, elle jette plufieurs ramifications dans le nouveau Mexique, dans la Louifiane, dans la Virginie, dans la Floride, la Caroline & la Penfilvanie, & fe termine aux Açores, où elle commence comme nous l'avons vu.

Les volcans accompagnent auffi cette chaîne; car le pic de Ténériffe eft encore quelquefois en éruption. On connoît L'Etna en Sicile; enfin, il y a beaucoup de volcans au Japon; & les Açores font brûlées.

Remarques.

(i). « Les montagnes les plus élevées de la Chine font placées dans les provinces de Chen-Si, Chan-Si, Yunnan, & Quan-Si, & d'après plufieurs renfeignemens, on y a trouvé les caractères des montagnes primitives; mais dans les provinces du centre de l'empire on n'en trouve plus; ce font de fimples collines, ou bien fi les hauteurs font confidérables, elles diffèrent par leur ftructure intérieure des montagnes primitives. Suivant les relations recueillies par le père du Halde, elles font toutes compofées d'amas de terre, qui ont jufqu'à 3 à 4 cents pieds de hauteur perpendiculaire, fans qu'on y rencontre aucune pierre. Il eft vraifemblable que ces maffifs font d'une date très-fecondaire; cependant on y trouve des charbons de terre & des ardoifes, maffifs qui accompagnent, comme on fçait, les montagnes primitives. »

La

La seconde ramification commence dans la Galice, province d'Espagne; de-là elle s'étend en Portugal, dans la province de Beyra, dans les royaumes des Asturies, de Léon, de Castille, dans la Biscaie, l'Arragon, le Catalogne, & va au Midi former la Corse.

En suivant sa marche dans le continent, nous trouvons les Monts-Pyrénées qui s'étendent en Vivarais & en Auvergne. Cette ramification a très-peu de largeur dans le commencement; mais dès qu'elle entre en France (k) elle parcourt l'Auvergne, le Rouergue, le Dauphiné & la Franche-Comté, enfin la Lorraine & presque toute la France. Après avoir quitté la France, elle forme les Alpes de Suisse & d'Italie & même l'Apennin; ensuite en la reprenant dans la Suisse, elle s'étend dans le cercle supérieur & inférieur du Rhin, dans la Franconie, dans la Bavière, le Tirol, la Styrie, la Carniole, la Carinthie & l'Autriche.

Remarques.

(k). « En suivant la marche de Lehmann dans la description ou plutôt dans le tracé de ces chaînes, j'avois trouvé qu'elle n'étoit ni assez détaillée ni assez précise pour qu'on pût en tirer quelque conséquence instructive sur la constitution du globe de la terre; mais je m'en suis convaincu encore plus en comparant le détail des rameaux qui traversent la France dans Lehmann, avec ce que j'en connois par mes propres observations. Je vois d'abord que la continuité des hauteurs proéminentes ne s'y remarque pas comme elle est indiquée; que les montagnes primitives ne se rencontrent & ne dominent que dans certaines contrées; qu'elles font place à des montagnes calcaires plus ou moins élevées; que dans certaines parties ces chaînes primitives s'abaissent de manière à disparoître dessous des dépôts modernes qui n'offrent aucuns matériaux de même nature ni de même structure intérieure que

les bases; qu'enfin sous tous les aspects, les montagnes primitives se trouvent limitées par des vallées profondes où l'on ne voit que des matières calcaires; que les chaînes indiquées par le naturaliste ne sont pas mieux vues & mieux reconnues que les chaînes correspondantes tracées par le géographe. Il n'y a point de continuité entre les montagnes primitives des Pyrénées & les montagnes, aussi primitives, des Cevennes, de l'Auvergne & du Limousin. Dans l'intervalle il y a des chaînes calcaires peu élevées; la masse du Forest est interrompue & disparoît dans la plaine du Rhône, & on ne la retrouve plus dans le Dauphiné sous la même forme. Enfin les montagnes primitives du Limousin se trouvent séparées de la Bretagne par des plaines & pays à collines de la nouvelle terre calcaire. De même les montagnes primitives du Forest sont séparées du Morvan, & le Morvan des Vosges, par des dépôts ou calcaires, ou de pierres de sables distribuées en couches horisontales. Il n'y a donc point de suite dans tout ce systême des prétendues chaînes indiquées par Lehman, ni quant aux matériaux, ni quant à leur disposition, ni quant aux degrés d'élévation & de proéminence. Peut-on croire que dans les parties de la terre, que nous ne connoissons pas, il y ait plus de suite, plus de régularité dans les mêmes masses & moins de mélanges & d'interruptions? Les Cevennes cependant réunies à l'Auvergne & au Limousin, offrent peut-être le massif granitique le plus étendu qu'il y ait en Europe. Ce massif a des limites annoncées, ou par des plaines, ou par des passages subits du granit aux pierres de sable ou aux pierres calcaires à couches horisontales.

Cette ramification jette des branches du côté de Basse, en Alsace & dans le duché de Wirtemberg, dans le cercle du Haut & du Bas-Rhin, en Hesse, dans la forêt d'Hircinie, sépare la Bohême de la Saxe & de la Lusace, la Lusace de la Silésie, court entre la Silésie, la Bohême & la Moravie ; & s'étend enfin entre la Hongrie & la Pologne, fous le nom de Monts-Crapacks & de-là fe réunit au premier embranchement. Dans ce trajet elle fépare la Tranfilvanie de la Moldavie & de la Valachie.

Elle jette enfuite plufieurs fubdivifions de montagnes dans ces trois dernières provinces; de-là elle s'avance en Natolie, dans la Tartarie Mineure, dans le royaume d'Aftracan & dans les environs de la mer Cafpienne; elle s'étend enfuite dans la Sibérie, dans la Tartarie Chinoife; & après avoir traverfé une partie du fameux mur de la Chine, elle va former les ifles de la partie fupérieure de la mer pacifique, & fe termine enfin aux montagnes du Canada, de l'Acadie & de Terre-Neuve.

Il fe trouve auffi beaucoup de volcans dans ce trajet; il eft inutile de citer les volcans éteints connus en France, foit en Auvergne, foit en Vivarais, foit en Velay. J'ajouterai encore ceux dont on trouve des veftiges en Allemagne; mais je fupprime ici ceux qu'on a foupçonnés dans les Pyrénées & dans les Alpes, où l'on n'en a reconnu aucun.

Il me refte à faire connoître une chaîne dont la direction eft du Septentrion au Midi & qui s'étend jufqu'au foixantième degré de latitude. C'eft à cette chaîne qu'on doit rapporter les ifles qui fe trouvent voifines du pôle arctique. Les montagnes de la Norvège en font partie, ainfi que celles de la Laponie, des côtes de la mer Glaciale & du Kamfchatka; l'Iflande, le Groenland, les environs des baies de Baffin & d'Hudfon, du détroit de Davis, font la fuite des prolongemens de cette chaîne qui renferme auffi fes volcans. Témoins l'Hécla en Iflande & les volcans du Kamfchatka & des ifles voifines du détroit; d'ailleurs on connoît les mines de cette même chaîne.

La troifième chaîne du premier ordre que j'ai diftinguée & qui s'étend du Midi au Nord, quoique moins connue que les autres, paroît cependant courir dans la nouvelle Hollande, dans la nouvelle Guinée & la Nouvelle-Zélande; elle va gagner de-là la Terre-de-feu & Magellanique & enfin les montagnes du Chili, du Paraguay & les Cordilières du Pérou, qui ont auffi leurs mines & leurs volcans.

Il me refte maintenant deux queftions à réfoudre fur les montagnes primitives. A quelle claffe de montagnes appartiennent les maffes montueufes ifolées des autres & qui fe trouvent fort élevées au milieu des plaines? en fecond lieu quels peuvent être les avantages qu'on eft dans le cas de retirer des diftinctions de toutes ces chaînes.

Quant à ce qui concerne les montagnes ifolées ou qui ne forment que des fuites très-peu étendues, je penfe qu'il convient de les ranger dans la claffe des montagnes du fecond ordre & qui doivent leur formation à des accidens. Celles qui font les plus élevées font probablement les produits des feux fouterrains ou des tremblemens de terre; on en trouve en Weftphalie qui font affez élevées; mais comme elles offrent, dans la difpofition intérieure, des matériaux qui les compofent, des bancs & des lits, je les place dans les claffes de montagnes du fecond ordre. On trouve beaucoup de charbon de terre & d'autres fubftances inflammables, comme des bois foffiles &c. dans les environs de ces montagnes, ce qui, fuivant l'hypothèfe de Lazzaro-Moro, fuffit pour former des montagnes & des collines.

Quant à l'utilité de ces recherches, fur les différents ordres de montagnes, on en fera facilement convaincu fi l'on fait attention que la connoiffance de ces chaînes conduit néceffairement à la connoiffance de la ftructure intérieure du globe & que le développement de tous les phénomènes qui les concernent, nous donnera la folution de plufieurs queftions importantes sur la théorie de la terre. J'y vois à la suite, le syſtême de la diſtribution des eaux courantes dans les différentes parties du globe, par les ſources, les ruiſſeaux, les rivières & les fleuves ; enfin, une infinité d'autres points curieux de la *Géographie-Phyſique*.

Le ſecond avantage concerne la Géographie-Métallurgique ; on ſe plaint ordinairement de l'incertitude qui règne juſqu'à préſent dans les recherches des mines. Or, il n'y a pas de doute que la théorie des chaînes de montagnes, une fois bien établie, ne jettât un grand jour ſur cette partie importante. Car, comme il eſt d'expérience que les filons métalliques ſuivent la direction des chaînes de montagnes, il y a grande apparence que ces filons ſeront plus riches & ſe prêteront à des exploitations plus longues & plus ſuivies, lorſqu'on les exploitera dans certaines montagnes, que lorſqu'on haſardera des fouilles dans certains maſſifs iſolés & ſans ſuite, où ils ne répondront pas aux dépenſes qu'on feroit pour en tirer quelques produits. C'eſt de la direction plus ou moins ſuivie des filons que paroît dépendre la richeſſe de ceux qui ſont ſi fameux. C'eſt auſſi ſur ces principes que les mineurs, après avoir fait l'examen des montagnes, dirigent leurs galeries & la fouille des puits qui ſervent de communication aux travaux, perſuadés qu'ils ſont que plus l'allure des filons ſera décidée, plus ils ſeront riches & abondans. Il eſt facile d'appuyer ceci de quelques exemples.

La première chaîne de montagne qui règne depuis la côte d'or en Guinée juſqu'à la Chine, renferme ſur-tout de l'or & quelques autres métaux. On retrouve auſſi ces mêmes ſubſtances métalliques en Amérique, dans les mines du Pérou & du Mexique, enſorte qu'on peut ſe convaincre par-là que les filons des mines ſe propagent ſur une très-grande étendue, pourvu que les maſſes de montagnes ſoient diſpoſées de façon à ſe lier les unes aux autres.

D'ailleurs l'expérience journalière nous apprend que les filons métalliques paſſent d'une montagne dans une autre directement oppoſée, quoiqu'elles ſoient ſéparées par de larges vallées où coulent des fleuves. Qui eſt-ce qui voudroit aſſurer qu'il n'y ait pas de filons métalliques dans le baſſin de la mer ? Ce qui ſemble confirmer l'opinion de leur exiſtence ſous les flots, c'eſt que l'on trouve de l'or dans le ſable des bords de la mer. Quelques perſonnes penſent que ces métaux ont été entraînés dans la mer par les torrens & enſuite rabattus par les vagues ; mais pourquoi ces métaux ſe trouveroient-ils plus ſouvent près des bords de la mer & très-rarement dans les dépôts des fleuves éloignés de l'Océan ? Outre cela ce ſable ferrugineux qui obéit à l'aimant, ne ſe trouve que ſur les bords de la mer & dans beaucoup d'endroits où il n'y a pas de veſtiges de filons de mines de fer. Je ne prétends pas au reſte aſſurer que l'on ne trouve des métaux dans le ſable des fleuves & au milieu des continens, car l'expérience eſt contraire. Je crois cependant plus vraiſemblable que les mines de différentes eſpèces ſe trouvent au fond de la mer, que les flots les en détachent & les jettent enſuite ſur les rivages.

Si je parcours maintenant la ſeconde chaîne & ſa première ramification, j'y trouve une ſuite de mines ; il eſt vrai que l'or n'y eſt pas auſſi abondant que dans la chaîne précédente, mais elle ne renferme pas moins abondamment le cuivre, le fer, l'étain, le ſel marin, les marbres de pluſieurs ſortes, &c. Les filons qui parcourent l'Europe, le Portugal & l'Eſpagne ſont riches en étain, en fer, en plomb, en cuivre. On trouve en Sicile, dans la Calabre & la Sardaigne, des mines d'argent, de cuivre, de fer. Aux environs du mont Atlas, on exploite des malachites, du lapis-lazuli, du cuivre. L'Egypte & l'Arabie fourniſſent des amas de ſel, du fer & des marbres. On trouve les mêmes

mines dans l'Inde ; les provinces de la
Chine qui font dans le prolongement de
cette chaîne font remplies de mines. Si
nous en croyons aux mémoires du père
du Halde, la province de Pe-Cheli produit une grande quantité de fer & de
charbon de terre ; Chang-Si & Chen-Si
font toutes hériffées de très-hautes montagnes & donnent beaucoup de lapis, de
fer, quelque peu d'or, du charbon de
terre, de la pierre-ollaire, du jafpe, du
porphyre : il en eft de même d'un grand
nombre d'autres provinces de ce vafte
empire.

Le fecond embranchement de cette
chaîne préfente les mêmes richeffes : ainfi
l'on trouve des mines dans les Pyrénées,
dans les Alpes ; elle en offre de même
dans les parties qui traverfent la France,
l'Allemagne, la Bohême, l'Autriche, la
Hongrie, la Tranfilvanie, la Valachie.
Le royaume de Cazan, la Sibérie & les
autres parties de l'Afie où s'étend cette
chaîne, font remplis de mines de plufieurs
fortes de métaux.

Maintenant fi nous fuivons la chaîne
de montagnes qui fe porte du Septentrion au Midi, nous trouverons qu'elle
renferme plufieurs mines d'argent, de
cuivre, de fer ; telle eft la mine de Falhun en
Suède, & celle de Konsberg en Norwège.
Si l'on s'approche encore plus du pôle,
on trouve dans l'ifle-aux-Ours, de l'argent
natif : & d'autres indices de mines, dans
la Laponie, en Iflande, à Kamschatka
& dans les ifles voifines du détroit du
Nord.

La chaîne de montagnes qui fe prolonge
du pôle antarctique vers le tropique du
Capricorne, n'a que très-peu donné de
métaux, mais ces montagnes n'ont pas
été vifitées, & il eft très-vraifembla-
ble qu'elles en renferment comme les
autres.

I I.

Des montagnes primitives ou à filons,
comparées aux montagnes à couches : avec
l'indication des contrées où ces fyftêmes
de montagnes fe trouvent en Allemagne,
& des coupes de ces montagnes.

Pour compietter toute la doctrine de
Lehmann fur la compofition de la terre,
il me refte à faire connoître ce qu'il a
publié fur les montagnes à couches &
fur leur comparaifon avec les montagnes
primitives ; c'eft ce que je vais faire le
plus fuccinctement qu'il me fera poffible.

Lehmann commence par divifer les
montagnes en trois claffes : la première
claffe comprend les montagnes primitives,
celles qui, felon lui, ont été formées
en même tems que la terre ; la feconde
fera celle des montagnes qui ont été formées par une révolution générale qui s'eft
fait fentir à tout le globe ; enfin la troifième claffe renferme celles qui doivent
leur formation à des accidens particuliers,
à des révolutions locales.

Pour faire comprendre ce qu'il entend
par les montagnes des deux premières
claffes fur-tout, il remarque que les montagnes qui ont été créées avec le monde,
font accompagnées de montagnes compofées de couches & qui font de la feconde
claffe : ce font des montagnes qui s'élèvent
par une pente douce & qui font formées
par un affemblage de lits placés les uns
fur les autres.

Les montagnes primitives fe diftinguent
de celles qui font d'une formation plus
récente, en ce qu'elles ont auprès d'elles
des vallées plus profondes que les dernières.
Ces vallées profondes, au refte, n'exiftoient
pas dans le commencement : elles n'ont
été formées que par le déluge univerfel
ou par des inondations particulières qui

ont arraché le terrein intermédiaire & ont creusé ces cavités. Ce sont ces mêmes eaux diluviennes qui ont déposé des pétrifications & des coquilles dans les environs des montagnes primitives, ainsi que des matières limoneuses qui se trouvent par lits.

Pour prouver que les montagnes primitives sont environnées ainsi de couches, Lehmann indique Goslar & les environs : on sait que c'est à cette ville que commence le Harts, contrée si fameuse par ses mines ; elle a devant elle les villes de Hartzbourg, de Hornbourg, dans les environs desquelles on trouve des couches de pierre à chaux, de charbon de terre, d'ardoise, &c.

En tournant davantage on rencontre le Schimmelwald, où l'on trouve de même des pierres à chaux par couches & de l'ardoise : il en est de même du Kellerberg. En continuant sa route jusqu'à Langestein on rencontre des lits de pierre à chaux, & dans quelques endroits de petites couches de charbon de terre ; ainsi tout ce qui touche au Harts est un terrein montueux, composé de couches. Au village de Thale l'ardoise se montre hors de terre, & plus loin près de Quedlinbourg il y a des couches de charbon de terre ; en faisant le tour du Hartz, même du Hartz antérieur, en passant de Quedlinbourg derrière Ballenstad pour aller à Opperode & Mansdorf, il y a encore du charbon de terre ; mais Dankerode qui en est à peu de distance appartient à la chaîne des montagnes primitives & à celles que Lehmann suppose toujours créées avec le monde. Ce qu'il y a de plus certain, c'est que d'après tous ces détails les bancs ou couches qui sont devant le Hartz, vont depuis Opperode jusques vers Falkenstein où l'ardoise paroît à la surface de la terre ; & par Neudorf, en dirigeant sa route vers Hermannsaker, l'on rencontre des couches considérables d'ardoise : cela continue jusqu'à Osterode & Hartzungen où la couche qui couvre l'ardoise & l'ardoise elle-même se montrent au jour aussi bien que près de la ville de Neustad & d'Ihlefeld où l'on exploite actuellement des mines de charbon de terre par couches. Les bancs d'ardoise & de pierre à chaux, s'étendent près de Wolfsleben, Branderode, près de la Sachsa, de Steine, de Schartzfeld où sont des bancs de pierres à chaux, dernier endroit des couches suivies d'ardoise ; & au-delà les mêmes bancs vont en passant par Osterode jusqu'à Goslar, où l'on rencontre par-tout des couches de pierres à chaux comme à Badenhansen, Gittel, Scesen.

Voilà donc une contrée qui prouve ce que Lhemann avoit avancé, que les noyaux de montagnes primitives étoient environnés de montagnes à couches. Ensuite il passe en revue d'après le même plan de recherches les montagnes de la Saxe. Si l'on va de Dresde à Freyberg, on rencontre en passant par le territoire de Playen, de la pierre à chaux par couches, au-dessous desquelles sont des couches de charbon de terre. On en trouve aussi alternativement près de Doehlen, de Burg, de Potzchappel, de Pesterwitz, de Kohldorf, &c. tandis qu'au contraire près du grand & du petit Opitz & de Braundorf on trouve des bancs de pierre à chaux. Derrière Kesselsdorf vers Mohorn, les montagnes s'élevent de plus en plus, & l'on trouve même sous le gazon des couches d'ardoise dont la pente va communément vers la plaine. Les couches de pierre à chaux passent par les bailliages de Nossen, de Rochlitz, de Stolberg, de Rochsbourg, de Penig, de Waldenbourg, de Lemsce, de Glauch-Hartenstein, de Schwartzenberg & de Zuickau. Ce dernier endroit étoit connu ci-devant par ses mines de charbon de terre, sur-tout du côté de la Franconie & dans le territoire de Bareuth. Ces couches vont de-là en Bohême où finissent les hautes montagnes

& elles s'étendent derrière la Platte, Aberdam & courent près de Catharinen-berg. Elles font compofées foit de pierre à chaux, foit d'ardoife, & en quelques endroits de charbon de terre ; enfin elles paffent devant Graupen en Bohême, au pied du Zinnwal où l'on rencontre des couches de pierre à chaux, d'ardoife & même de charbon de terre aux environs de Toeplitz qui eft tout auprès. De-là ces couches vont par les bailliages de Lavenftein & de Hohenftein, & continuent leur route par Hohwal. Près de Pirna on trouve du grès & de la pierre à chaux. De-là les couches fe rapprochent de Drefde & font par-tout compofées foit d'ardoife, foit de pierre à chaux, foit de charbon de terre.

Si l'on veut pouffer plus loin fes recher-ches, on trouvera de pareils bancs ou couches difpofés de la même manière dans le pays de Heffe. De même fi l'on examine les couches qui environnent le Fichtelberg, on verra que du côté qui eft vers Nuremberg & Altdorf, il fe trouve des couches hori-fontales de charbon de terre & de pierre à chaux, parmi lefquelles on trouve ce marbre curieux dans lequel on voit des bélemnites & des cornes d'Ammon. Si l'on confidère l'autre côté de ces monta-gnes vers Suhle, Ilmenau, Menebach, on rencontrera de femblables couches. On verra le même fyftème de couches, fi l'on parcourt la Siléfie & les monts Krapacs ; ainfi vers l'endroit où ils fe terminent, c'eft-à-dire, près de Beraun, de Pleffe & de Nicolai, on rencontrera une grande quantité de charbon de terre, de pierre à chaux & de fontaines falantes, comme à Mockrow, à Landzin, à Kof-tuchna. Si l'on veut faire des obfervations dans le comté de Glatz, dans les territoires de Reichenftein, près de Weiffwaffer, de Partfchkau, d'Ottmachau, où le terrein s'applanit, on rencontrera dans tous ces endroits des couches horifontales de pierres à chaux & des montagnes qui en font entièrement compofées.

Si l'on fuit ces montagnes par-tout où elles vont en s'applaniffant, on trouvera des bancs de pierres calcaires, de charbon de terre, comme près de Neurode, de Tannhaufen. Si l'on continue à fuivre les Riefenberg, on trouvera tantôt de la pierre à chaux, tantôt du charbon de terre aux endroits où les montagnes fe terminent & s'applaniffent, comme derrière Ober-langenau, près de Loewenberg jufqu'à Alt-Joefchwitz. La même difpofition de couches relativement aux maffifs des hautes montagnes fe remarque dans tout le comté de la Mark.

Lehmann fupprime une infinité d'exem-ples également propres à établir les prin-cipes qu'il avoit mis en avant relativement aux montagnes fecondaires, lorfqu'il a dit qu'une des principales propriétés des montagnes primitives, étoit d'être toujours environnées de montagnes ou maffifs com-pofés de couches. C'eft une vérité qui lui paroît d'autant plus inconteftable, qu'il a eu lui-même occafion de vérifier tous les faits qu'on vient de citer ; aucun exemple contraire ne lui a paru démentir ces arran-gemens.

Voici enfuite le fecond caractère auquel on pourra reconnoître la différence des montagnes primitives d'avec celles qui doivent leur formation à quelque révo-lution du globe ; c'eft la ftructure inté-rieure de ces montagnes ; elle diffère prin-cipalement de toutes les autres, 1°. en ce que la roche n'y eft pas fi variée ; 2°. en ce que les lits n'y font point hori-fontaux, mais font perpendiculaires ou inclinés à l'horifon ; 3°. en ce que ces bancs ne font point fi minces ni fi multi-pliés que dans les montagnes du fecond ordre ou compofées de couches horifon-tales ; 4°. ces lits & bancs vont à une profondeur dont on n'a point encore pu trouver la limite.

Lorfque Lehmann dit que la nature

de la roche n'eft pas fi variée, il entend que la pierre ou la roche dont ces montagnes primitives font compofées, eft d'une compofition fimple. En vain lui objecteroit-on que fur les plus hautes montagnes on rencontre des bancs & des lits de différente nature, il obferve que ces couches font dues à des révolutions que ces montagnes elles-mêmes ont éprouvées, foit dans le déluge univerfel, foit par d'autres accidens; car auffi-tôt qu'on a percé ces couches & qu'on eft parvenu au noyau folide, on trouve que ce noyau eft dans la plupart de ces maffes, toujours de la même nature. Dans la création, les parties terreufes fubtiles, non-feulement furent féparées d'avec les eaux, mais encore elles fe lièrent étroitement les unes aux autres, & elles n'étoient pas auffi variées pour lors qu'elles l'ont été depuis, c'eft-à-dire, long-tems après la création du Monde, parce qu'alors il s'étoit déja formé des corps compofés qui, par conféquent avoient été déja détruits & recompofés; & parce qu'un règne étoit déja paffé dans un autre; les parties qui compofoient ce premier monde, étoient plus homogènes; d'où il fuit que les montagnes & les plaines d'alors étoient compofées d'une terre beaucoup plus fimple qu'elle ne peut être à préfent. Quand le déluge furvint, fes eaux changèrent la face des montagnes auffi profondément qu'elles purent pénétrer; elles entraînèrent la terre fertile qui couvroit ces montagnes & mirent à la place du limon, de la glaife, des plantes, des animaux noyés & des coquillages. Cependant ce changement ne fe fit pas fentir bien avant dans les montagnes, parce que les roches qui s'y trouvoient y mirent obftacle. Voilà pourquoi dans les fouterrains les plus profonds de ces chaînes de montagnes, on ne rencontre jamais des veftiges du déluge; ni de pétrifications, ni d'empreintes de poiffons, de plantes, de fleurs, comme on en rencontre dans les montagnes formées de couches. Après que l'eau eut emporté la terre qui couvroit les hautes

montagnes, elle parvint jufqu'aux roches qui étoient cachées fous terre; quelques-unes d'entr'elles fe trouvèrent fi dures que l'eau ne put en rien détacher: celles-ci demeurèrent dans le même état. Ce font ces roches qui forment les noyaux des montagnes primitives. Parmi ces roches il y en eut d'autres qui, quoique très-dures, étoient remplies dans leurs inteftices d'une terre propre à fe détremper dans l'eau & à s'y ramollir. L'eau emporta cette terre, & par-là les pierres furent détachées les unes des autres, ou bien l'eau entraîna ces pierres avec elle. C'eft delà que viennent, fuivant Lehmann, ces maffes énormes de roches que nous voyons fouvent détachées fur les montagnes ou fur les plaines. L'expérience journalière prouve que cela eft très-naturel & très-poffible; en effet, nous voyons que les pluies d'orages arrachent des pierres d'une grandeur incroyable & les entraînent en d'autres lieux. Ce qui put réfifter à ces efforts demeura dans le même état qu'auparavant, excepté que l'eau porta des terres étrangères dans des endroits remplis de fentes.

Il n'eft donc pas poffible que les roches qui font auffi anciennes que le monde puiffent être compofées d'autant d'efpèces de pierres différentes qu'on en a vu depuis. Ainfi les différentes fubftances que l'on trouve actuellement dans les grandes profondeurs, ne peuvent être autre chofe que cette terre fimple de la création qui n'eft devenue telle que par les mélanges qu'elle a reçus dans la fuite des tems.

Le fecond caractère des montagnes primitives, eft de n'offrir aucuns bancs ou lits horifontaux, mais de n'en renfermer que de perpendiculaires ou d'inclinés à l'horifon. En effet, on voit dans les montagnes dont il eft queftion que les filons, en s'enfonçant profondément en terre, tombent perpendiculairement, & alors on les nomme *filons perpendiculaires* ou *filons*

& elles s'étendent derrière la Platte, Aberdam & courent près de Catharinenberg. Elles font compofées foit de pierre à chaux, foit d'ardoife, & en quelques endroits de charbon de terre; enfin elles paffent devant Graupen en Bohême, au pied du Zinnwal où l'on rencontre des couches de pierre à chaux, d'ardoife & même de charbon de terre aux environs de Toeplitz qui eft tout auprès. De-là ces couches vont par les bailliages de Lavenftein & de Hohenftein, & continuent leur route par Hohwal. Près de Pirna on trouve du grès & de la pierre à chaux. De-là les couches fe rapprochent de Drefde & font par-tout compofées foit d'ardoife, foit de pierre à chaux, foit de charbon de terre.

Si l'on veut pouffer plus loin fes recherches, on trouvera de pareils bancs ou couches difpofés de la même manière dans le pays de Heffe. De même fi l'on examine les couches qui environnent le Fichtelberg, on verra que du côté qui eft vers Nuremberg & Altdorf, il fe trouve des couches horifontales de charbon de terre & de pierre à chaux, parmi lefquelles on trouve ce marbre curieux dans lequel on voit des bélemnites & des cornes d'Ammon. Si l'on confidère l'autre côté de ces montagnes vers Suhle, Ilmenau, Menebach, on rencontrera de femblables couches. On verra le même fyftème de couches, fi l'on parcourt la Siléfie & les monts Krapacs; ainfi vers l'endroit où ils fe terminent, c'eft-à-dire, près de Beraun, de Pleffe & de Nicolai, on rencontrera une grande quantité de charbon de terre, de pierre à chaux & de fontaines falantes, comme à Mockrow, à Landzin, à Koftuchna. Si l'on veut faire des obfervations dans le comté de Glatz, dans les territoires de Reichenftein, près de Weiffwaffer, de Partfchkau, d'Ottmachau, où le terrein s'applanit, on rencontrera dans tous ces endroits des couches horifontales de pierres à chaux & des montagnes qui en font entièrement compofées.

Si l'on fuit ces montagnes par-tout où elles vont en s'applaniffant, on trouvera des bancs de pierres calcaires, de charbons de terre, comme près de Neurode, de Tannhaufen. Si l'on continue à fuivre les Riefenberg, on trouvera tantôt de la pierre à chaux, tantôt du charbon de terre aux endroits où les montagnes fe terminent & s'applaniffent, comme derrière Oberlangenau, près de Loewenberg jufqu'à Alt-Joefchwitz. La même difpofition de couches relativement aux maffifs des hautes montagnes fe remarque dans tout le comté de la Mark.

Lehmann fupprime une infinité d'exemples également propres à établir les principes qu'il avoit mis en avant relativement aux montagnes fecondaires, lorfqu'il a dit qu'une des principales propriétés des montagnes primitives, étoit d'être toujours environnées de montagnes ou maffifs compofés de couches. C'eft une vérité qui lui paroît d'autant plus inconteftable, qu'il a eu lui-même occafion de vérifier tous les faits qu'on vient de citer; aucun exemple contraire ne lui a paru démentir ces arrangemens.

Voici enfuite le fecond caractère auquel on pourra reconnoître la différence des montagnes primitives d'avec celles qui doivent leur formation à quelque révolution du globe; c'eft la ftructure intérieure de ces montagnes; elle diffère principalement de toutes les autres, 1°. en ce que la roche n'y eft pas fi variée; 2°. en ce que les lits n'y font point horifontaux, mais font perpendiculaires ou inclinés à l'horifon; 3°. en ce que ces bancs ne font point fi minces ni fi multipliés que dans les montagnes du fecond ordre ou compofées de couches horifontales; 4°. ces lits & bancs vont à une profondeur dont on n'a point encore pu trouver la limite.

Lorfque Lehmann dit que la nature

de la roche n'eſt pas ſi variée, il entend que la pierre ou la roche dont ces montagnes primitives ſont compoſées, eſt d'une compoſition ſimple. En vain lui objecteroit-on que ſur les plus hautes montagnes on rencontre des bancs & des lits de différente nature, il obſerve que ces couches ſont dues, à des révolutions que ces montagnes elles-mêmes ont éprouvées, ſoit dans le déluge univerſel, ſoit par d'autres accidens; car auſſi-tôt qu'on a percé ces couches & qu'on eſt parvenu au noyau ſolide, on trouve que ce noyau eſt dans la plupart de ces maſſes, toujours de la même nature. Dans la création, les parties terreuſes ſubtiles, non-ſeulement furent ſéparées d'avec les eaux, mais encore elles ſe lièrent étroitement les unes aux autres, & elles n'étoient pas auſſi variées pour lors qu'elles l'ont été depuis, c'eſt-à-dire, long-tems après la création du Monde, parce qu'alors il s'étoit déja formé des corps compoſés qui, par conſéquent avoient été déja détruits & recompoſés; & parce qu'un règne étoit déja paſſé dans un autre; les parties qui compoſoient ce premier monde, étoient plus homogènes; d'où il ſuit que les montagnes & les plaines d'alors étoient compoſées d'une terre beaucoup plus ſimple qu'elle ne peut être à préſent. Quand le déluge ſurvint, ſes eaux changèrent la face des montagnes auſſi profondément qu'elles purent pénétrer; elles entraînèrent la terre fertile qui couvroit ces montagnes & mirent à la place du limon, de la glaiſe, des plantes, des animaux noyés & des coquillages. Cependant ce changement ne ſe fit pas ſentir bien avant dans les montagnes, parce que les roches qui s'y trouvoient y mirent obſtacle. Voilà pourquoi dans les ſouterrains les plus profonds de ces chaînes de montagnes, on ne rencontre jamais des veſtiges du déluge; ni de pétrifications, ni d'empreintes de poiſſons, de plantes, de fleurs, comme on en rencontre dans les montagnes formées de couches. Après que l'eau eut emporté la terre qui couvroit les hautes

montagnes, elle parvint juſqu'aux roches qui étoient cachées ſous terre; quelques-unes d'entr'elles ſe trouvèrent ſi dures que l'eau ne put en rien détacher : celles-ci demeurèrent dans le même état. Ce ſont ces roches qui forment les noyaux des montagnes primitives. Parmi ces roches il y en eut d'autres qui, quoique très-dures, étoient remplies dans leurs inteſtices d'une terre propre à ſe détremper dans l'eau & à s'y ramollir. L'eau emporta cette terre, & par-là les pierres furent détachées les unes des autres, ou bien l'eau entraîna ces pierres avec elle. C'eſt delà que viennent, ſuivant Lehmann, ces maſſes énormes de roches que nous voyons ſouvent détachées ſur les montagnes ou ſur les plaines. L'expérience journalière prouve que cela eſt très-naturel & très-poſſible; en effet, nous voyons que les pluies d'orages arrachent des pierres d'une grandeur incroyable & les entraînent en d'autres lieux. Ce qui put réſiſter à ces efforts demeura dans le même état qu'auparavant, excepté que l'eau porta des terres étrangères dans des endroits remplis de fentes.

Il n'eſt donc pas poſſible que les roches qui ſont auſſi anciennes que le monde puiſſent être compoſées d'autant d'eſpèces de pierres différentes qu'on en a vu depuis. Ainſi les différentes ſubſtances que l'on trouve actuellement dans les grandes profondeurs, ne peuvent être autre choſe que cette terre ſimple de la création qui n'eſt devenue telle que par les mélanges qu'elle a reçus dans la ſuite des tems.

Le ſecond caractère des montagnes primitives, eſt de n'offrir aucuns bancs ou lits horiſontaux, mais de n'en renfermer que de perpendiculaires ou d'inclinés à l'horiſon. En effet, on voit dans les montagnes dont il eſt queſtion que les filons, en s'enfonçant profondément en terre, tombent perpendiculairement, & alors on les nomme *filons perpendiculaires* ou *filons*

obliques, s'ils tombent sous un angle quelconque. Si l'on confidère les couches
horifontales elles - mêmes ; on verra
qu'elles ne peuvent se trouver dans les
mêmes maffes où font les filons perpendiculaires ou obliques, car la ftructure des
uns & des autres maffifs , appartient à
d'autres époques & à d'autres agens qui ne
peuvent avoir opéré en même-tems.

Dans les montagnes primitives, les couches
ne font ni fi minces ni fi multipliées que
dans les montagnes compofées de couches ;
il n'eft queftion ici que de la pierre ou
roche dont les montagnes font compofées.
Dans la plupart des montagnes primitives,
elle eft communément d'une même nature,
au lieu que dans les montagnes à couches
il fe trouve fouvent des lits qui ont à
peine quelques pouces d'épaiffeur , tandis
qu'on n'en trouve jamais dans les montagnes à filons ; & d'ailleurs dans les montagnes à couches , on diftingue fort
fouvent vingt, trente ou quarante couches
de différente nature, placées les unes fur les
autres & dont l'affemblage forme une
montagne du fecond ordre. On voit que
dans les montagnes du premier ordre ,
la nature de la roche eft par-tout la
même. Il eft queftion ici de la pierre
qu'on rencontre après qu'on a percé les
dépôts qu'on a dit ci-deffus avoir été formés foit par le déluge , foit par des
révolutions particulières. Quant aux filons,
on voit clairement par la différente nature
des pierres qui les accompagnent, qu'ils
n'appartiennent point à la roche , & même
qu'ils n'ont point été formés en même-
tems que le maffif de la montagne ; &
cela eft d'autant plus certain que fouvent
les filons ont une direction différente de
celle de la roche qui les renferme.

En quatrième lieu, Lehmann a dit qu'un
des caractères des montagnes primitives
eft que leurs couches vont à une profondeur dont on n'a pas trouvé les limites.
Ceci eft la fuite de ce qu'on a avancé

en remarquant que les couches n'étoient
pas horifontales , mais qu'elles tomboient
perpendiculairement ou coupoient la maffe
de la montagne fous des angles aigus ;
ainfi l'on trouve dans la plus grande profondeur des montagnes à filons la même
nature de roche que l'on a rencontrée
à leur partie fupérieure. Il n'en eft pas
de même des montagnes compofées de
couches , parce que ces couches étant
horifontales , coupent tranverfalement ces
maffes , & n'allant pas à une profondeur
fi grande , fe terminent aux endroits où
la montagne finit. Cependant il arrive
quelquefois dans certaines montagnes à
couches , fur-tout dans celles qui font
peu élevées , que certaines couches s'enfoncent beaucoup , & tellement que les
travailleurs font fort incommodés par les
eaux.

Le cinquième caractère des montagnes
primitives , eft la diftribution des matières
minérales qui leur eft particulière & qui
diffère de celle qu'on remarque dans les
montagnes du fecond ordre ; cet article
peut être envifagé fous deux points de vue,
ou relativement à la formation des métaux
& des minéraux , ou relativement à la
nature des métaux & des minéraux eux-
mêmes.

Quant à leur formation, il eft certain
que dans les premiers tems les filons
n'exiftoient pas dans le fein des montagnes,
tels qu'on les trouve aujourd'hui; ils s'y
font formés peu à peu de la même manière
que la nature produit tous les jours des
corps, les détruit enfuite & reproduit de
nouveaux êtres avec les parties qui ont été
féparées. Pour expliquer tout ce méca-
nifme, Lehmann fe croit obligé de remonter à l'origine des montagnes. Il penfe
donc qu'au commencement du monde,
lorfque la terre fe fut dégagée des eaux
pour fe dépofer, les eaux fe raffemblèrent
dans les réfervoirs qui leur étoient propres
& que la terre qui fe forma de cette manière

se deffécha peu à peu. Cette maffe en fe féchant éprouva plufieurs fentes & crevaffes dont quelques-unes pénétrèrent jufque dans l'intérieur de la terre, ou du moins à une affez grande profondeur ; ce font ces crevaffes dont nous rencontrons les reftes & que nous connoiffons fous le nom de fentes. On voit qu'elles ont été produites par le defféchement ; car ordinairement toutes les montagnes font plus remplies de crevaffes à la furface de la terre & à une petite profondeur, que lorfqu'on defcend plus bas ou lorfqu'on pénètre plus avant dans le fein des montagnes. Quelques-unes de ces fentes devenues plus grandes & plus larges font connues dans la minéralogie fous le nom de mines en maffes, lorfqu'elles ont été remplies de mine. La nature qui ne ceffe point d'agir a rempli par la fuite des tems ces fentes formées par le defféchement, avec différentes fortes de pierres, telles que les fpaths, les quartz, la pierre de corne ; fuivant que ces fubftances fe font trouvées propres à recevoir les métaux & les minéraux, celles qui avoient rempli ces fentes devinrent des matières de métaux & de minéraux, c'eft-à-dire, des pierres propres à fe charger des exhalaifons métalliques. Nous verrons que la nature a fuivi une route très-différente pour les couches. Au refte, elle eft perpétuellement occupée à diffoudre, à décompofer, à recompofer & à altérer les corps ; & même ces altérations font telles que non-feulement elles changent la forme des corps, mais même leur effence. Il eft très-probable que la nature dans les montagnes primitives décompofe & diffout des filons pour aller les reproduire en d'autres endroits : c'eft pour cela que nous voyons des filons dont certaines parties font remplies de cavités couvertes de cryftallifations de quartz ou de fpath, qui ne doivent peut-être leur origine qu'au fpath ou au quartz qui rempliffoient auparavant le filon, mais qui ont été diffous & décompofés par les eaux fouterraines.

Quant aux métaux & aux minéraux eux-mêmes, il y a une différence très-grande entre les montagnes primitives & celles du fecond ordre. En effet, il y a des minéraux qui font propres aux montagnes primitives, d'autres leur font communs avec celles du fecond ordre ; mais il font dans un état très-différent de ceux qui fe trouvent par filons. D'autres minéraux font propres uniquement aux montagnes par couches, mais nous ne fuivrons pas ces détails.

Avant que de paffer à l'examen des montagnes à couches, nous confidérerons toujours, d'après Lehmann, les montagnes qui ont pu être formées peu à peu & par des révolutions particulières. Les montagnes dont il s'agit ici peuvent fe former de plufieurs manières différentes, par les tremblemens de terre, par les volcans, par les inondations. Sans nous arrêter aux effets des tremblemens de terre relativement à la formation des montagnes & fur lefquels on n'a dit que des chofes vagues, nous obferverons que les matières vomies par les volcans, ont formé des collines & des montagnes d'une moyenne hauteur, mais qu'elles ne font ni fi élevées, ni compofées de la même manière que les montagnes primitives, ou que celles que Lehmann fuppofe formées à la fuite d'une inondation générale ; elles en diffèrent auffi par la ftructure intérieure & par la nature des fubftances qu'elles contiennent.

Enfin, il nous refte à parler des montagnes qui ont pu fe former par les inondations ; ces dernières diffèrent auffi par la hauteur, par l'arrangement intérieur & par d'autres circonftances, des montagnes du premier & du fecond ordre. Tout ceci nous conduit à faire un examen plus particulier des montagnes compofées de couches horifontales, comme occupant à la furface du globe de grands tractus &

tenant d'ailleurs à diverses opérations de la nature, que les naturalistes ont considérées fous des points de vue totalement oppofés. Il faut fe fouvenir ici que nous fuivons Lehmann fans difcuter ni fes hypothèfes, ni fes opinions.

Des montagnes compofées de couches, & qui accompagnent ordinairement les montagnes primitives.

Après avoir examiné les montagnes qui contiennent des filons & leurs différents caractères, Lehmann s'occupe particulièrement des montagnes compofées de couches & qu'il a comparées avec ces premières. On les défigne ainfi, parce qu'elles font formées d'un affemblage de couches & de lits de terres ou de pierres placés les uns fur les autres. Pour les examiner avec ordre, il traite d'abord de leur formation : enfuite des lits qui les compofent, puis des corps étrangers qui s'y trouvent.

Suivant Lehmann, la terre a été formée par la féparation des parties folides d'avec les parties fluides. C'eft par cette féparation que fe font formées les montagnes & les plaines ; une partie des eaux féparées a fervi à former la mer, & l'autre partie s'eft amaffée dans les abîmes de la terre. Dans cet état, la terre a été fujette à un très-grand nombre de révolutions dont la plus confidérable a été le déluge univerfel. Or ce déluge a mis de nouveau en diffolution & détrempé une quantité prodigieufe de parties terreftres. L'agitation de cette maffe immenfe d'eau entraîna de côté & d'autre ces parties terreftres qui avoient été délayées. Lorfque les eaux furent montées à leur dernier période, leur mouvement s'affoiblit, parce qu'elles fe trouvèrent par-tout de niveau. Cette grande quantité d'eau dépouilla les plus hautes montagnes de la terre fertile ; elle frappa vivement les roches qui étoient au-deffous de cette bonne terre : quelques-unes d'entr'elles placées les unes fur les autres fans être liées enfemble, & qui ne purent point réfifter à fes

efforts, en furent entraînées & déplacées. D'autres furent réduites en une terre fubtile ; d'autres enfin demeurèrent entièrement dépouillées, c'eft ce qu'on voit dans une grande quantité de rochers énormes qui font difperfés en différentes contrées. Outre cette terre détrempée, l'eau entraîna encore une prodigieufe quantité de corps du règne animal & du règne végétal. Les fommets des montagnes furent enfin mis à fec, les eaux fe retirèrent avec impétuofité, & entrainerent avec elles encore beaucoup de parties des plus hautes montagnes, & à la fin devinrent tranquilles dans les plaines. Les matières qui nageoient dans ces eaux achevèrent de fe dépofer ; les eaux fe perdirent ; une partie alla fe rendre dans le lit de la mer ; il fe forma des lacs & de nouvelles mers : une partie fut diffipée & évaporée par les vents, enfin l'autre fe rendit dans l'abîme. La formation des lacs au milieu des continens ainfi que de nouvelles mers, fuppofe qu'une quantité prodigieufe de terre fut entraînée & délayée par les eaux, elle fervit à former les couches que nous voyons actuellement. Elles nous fourniffent des preuves d'autant plus convaincantes de la retraite des eaux qui s'eft faite peu-à-peu, que ces couches vont toucher au pied des montagnes primitives les plus élevées, & fe terminer dans les plaines.

Lorfque Lehmann parle des montagnes par couches d'après toutes ces hypothèfes, il ne veut défigner que celles qui vont depuis le fol ou la bâfe fur laquelle font appuyés les lits de charbons de terre jufqu'à ce qui fert de bâfe aux lits d'ardoife, & qui va de-là fe terminer à la fuperficie de la terre.

Voici comment il conçoit que ces montagnes à couches fe font formées. Lorfque les eaux du déluge parvinrent au fommet des plus hautes montagnes, elles en entrainèrent la bonne terre avec toutes les plantes, les arbres, les animaux. Ces corps y demeurèrent suspendus pendant quelque tems, & enfin ils se déposèrent plus ou moins promptement en raison de leur pesanteur ; sur quoi il faut observer que plus les couches sont profondes, plus les matériaux qui les composent ont de pesanteur spécifique & plus leurs parties sont grossieres. Comme les eaux étoient dans une foible agitation, les lits se déposèrent assez uniformément & toujours parallélement à l'horison, de maniere que les dépôts couvrirent une partie du pied des montagnes primitives, ce qui donna à cette partie un aspect différent de celui qu'elle avoit ; voilà pourquoi la plupart des systêmes de couches se présentent comme des dépôts formés dans des bassins, & conservent cette disposition qu'elles ont les unes sur les autres.

Lorsqu'on voudra faire un examen bien approfondi des montagnes par couches, il ne faudra pas se contenter d'y percer quelques puits, mais il faudra prendre une chaîne entiere de montagnes primitives ou à filons, & suivre toutes les couches qui l'environnent de tous côtés : par ce moyen on acquerra des connoissances plus exactes, plus étendues sur les couches, sur leur formation, sur les lits qui les composent, sur les corps étrangers qui y sont contenus ; enfin la minéralogie & la *Géographie-Physique* pourront tirer un grand avantage de cette maniere d'observer.

Il faut remarquer ici que les mines de charbon de terre occupent toujours la partie la plus basse du terrein sur lequel les couches sont portées ; les ardoises ou pierres feuilletées occupent la partie du milieu ; les fontaines salantes occupent la partie supérieure, c'est-à-dire, celles où les couches viennent se terminer.

Ce qu'on vient de dire ici est fondé sur l'observation, & peut fournir un vaste champ aux recherches des naturalistes ; pour les en convaincre, il suffit de les faire voyager dans certaines contrées d'Allemagne.

Si l'on parcourt les montagnes à couches du comté de Mansfeld, on trouve qu'elles touchent aux montagnes du Hartz, en passant derriere Heckstœdt, vers la Clause, Friesdorf, Rammelsberg. Ces lieux sont dans la partie antérieure du Hartz ; de-là les couches vont toujours en pente vers la plaine & s'y perdent peu-à-peu, en partant d'un point qui commence au Hartz. On trouve qu'il va par Blankenbourg, le village de Thale, Ballenstœdt, Strasberg, Stolberg, Neustadt, Jhlefeldt, Schartzfeld, Osterode, Badenhausen, & retourne par Sœsens, Klingenhagen, Goslar, Binden, Hartzbourg, Stapelnbourg & Wernigerode. En marquant ainsi les bornes du Hartz, on n'entend indiquer que la chaîne des hautes montagnes qui n'est composée que de montagnes à filons, qu'on suppose aussi anciennes que le monde, à l'exception de quelques changemens peu considérables qu'elles ont pu éprouver, sans qu'ils affectassent leur structure intérieure. Les bornes & l'étendue de ces montagnes primitives étant ainsi reconnues, il convient d'examiner en particulier quelques-unes des contrées qui les environnent, afin de montrer si l'on trouve réellement des montagnes à couches à leur pied. En commençant par le comté de Mansfeld, si l'on s'arrête au canton qui se trouve depuis Ballenstadt jusqu'à Danckerode, on voit d'abord près d'Opperode & de Mansdorf que les couches de charbon de terre s'étendent vers l'Orient, qu'elles renferment tantôt des charbons de terre, tantôt de l'ardoise, tantôt de la pierre à chaux & qu'elles se montrent ainsi jusqu'aux environs de Sondersleben, Maringen & Archersleben ; que de Soudersleben elles continuent vers Heckſtœdt, Gerſbtœdt, Heiligenthal, Schierſleben & vont toujours en diminuant juſqu'à la plaine du côté d'Alſleben, Zabenſtadt, Beſen, Rothenbourg, juſque vers Lebegen, Wettin & les environs. Près de Halle ces couches ſe perdent dans la plaine & c'eſt-là où il convient de s'arrêter pour un examen particulier. A l'endroit où le lit le plus profond de cette ſuite de couches touche aux montagnes à filons, c'eſt-à-dire près d'Opperode & de Manſdorff, on rencontre des couches de charbon de terre. Plus on s'éloigne des montagnes du Hartz, plus on trouve d'ardoiſes, & dans les endroits où les couches ceſſent & ſe mettent de niveau avec la plaine, comme on les voit à Halle, on rencontre des fontaines ſalantes. Du côté de la principauté d'Halberſtadt on trouve du charbon de terre. C'eſt ce qu'on peut voir à Quedlinbourg: & quand on ſe rapproche encore plus de la plaine, près d'Aſcherſleben & de Strasfort, les fontaines ſalantes ſe montrent à la ſurface de la terre.

Entre l'Orient & le Midi commence l'amas des couches de la Saxe & une partie de celles du comté de Mansfeld, auprès de Vatterode, de Gerbſtœdt, d'Heiligenthal, de Leimbach, d'Eiſlaben, de Leinungen juſque Sacgerhauſen. Dans les premiers endroits, on trouve une grande quantité d'ardoiſes, & près du dernier qui s'étend déja vers les plaines de la Thuringe, on rencontre du charbon de terre; & lorſque les couches ſe perdent & ſe mettent de niveau avec les plaines, comme cela ſe voit près d'Artern, on trouve des fontaines ſalantes. Si l'on s'avance plus loin, du côté de Stolberg & d'Ihlefeld, on verra que près de Neuſtadt & d'Ihlefeld, la couche de charbon de terre ſe prolonge très-près des montagnes du Hartz: en s'approchant du plat pays, vers Nord-Hauſen, on trouve de l'ardoiſe cuivreuſe près de Hermannſacker, de Rothleberode, de Buchlotz, de Bergen, de

Kelbra &c., juſqu'à ce que l'amas de couches ſe perde encore dans la plaine où l'on rencontre de nouveau des fontaines ſalantes. Si l'on va d'Ihlefeld juſqu'à Schartzfeldz, on trouvera près de Sachſwerſen, de Werna, d'Ellerih, de Sachſa une grande couche calcaire qui couvre par-tout les lits dont on vient de parler, & près de Steine auſſi bien que près de Schartzfluſſ, les ardoiſes ſe montrent à la ſurface de la terre. En allant de Schartzfeldz vers Oſterode & Seeſen, on trouve par-tout des lits d'ardoiſes, quoique d'une mauvaiſe eſpèce, des bancs de pierres à chaux & d'autres lits de matières ſemblables, qui ſont propres aux montagnes ou maſſifs à couches. La même nature de terreins continue depuis Seeſen juſqu'à Goſlar; & même l'on trouve dans le voiſinage de cette ville, des couches de pierres calcaires & des ardoiſes, & vers le Midi un lit de charbon de terre; enfin du côté de Ringelheim, & vers les plaines de Brunſwick, on rencontre encore des fontaines ſalantes.

Entre l'Orient & le Midi de Goſlar, les couches vont vers Hornbourg & Oſterwick, en paſſant partout le pays d'Huy, juſqu'à Morſleben, où l'on trouve de même des indications de charbon de terre; & la couche de pierres calcaires qui couvre l'ardoiſe de ces cantons, ſurtout près de Dardesheim, ſe montre à la ſurface de la terre. Lorſque ces couches ſe terminent dans la plaine du duché de Magdebourg, on trouve des fontaines ſalantes auprès de Schœningen.

Ce détail circonſtancié ſur les couches qui environnent le noyau du Hartz, ſuffiroit, ce me ſemble, pour prouver la première propoſition que Lehmann a établie, ſavoir que les charbons de terre forment toujours le ſol ou la baſe qui ſert d'appui aux autres lits dans les montagnes à couches, & que leur toit ou la couche fupérieure qui les couvre fournit des fontaines falantes. Mais pour qu'on ne croie pas que le Hartz eft la feule chaîne de montagnes qui foit accompagnée de pareilles couches, Lehmann offre aux naturaliftes les détails de deux autres voyages auffi intéreffans & auffi inftructifs. Le premier eft dans le pays de Heffe. Lorfque les montagnes de cette contrée commencent à s'applanir, comme cela fe voit du côté d'Eisfeld, on rencontre l'ardoife, & plus près d'Heiligenftadt les falines d'Allendorf. Du côté de l'Occident, près de Frankenberg, on trouve des lits d'ardoife cuivreufe, pendant que dans le comté de Witgenftein, plufieurs fontaines falantes fe montrent à la furface de la terre. En général le pays de Heffe eft entièrement environné d'une fuite de montagnes à couches, foit qu'on l'examine du côté de la Weftphalie, foit du côté du duché de Brunfwick, foit du côté d'Eisfeld & de la Thuringe, foit du côté de la Weteravie, de l'Abbaye de Fulde, des terres de Naffau, de Hartz-Feld, de Wigenftein & de Waldeck. On trouve dans toute cette enceinte des bancs de pierre à chaux, d'ardoife, de charbon de terre & des fontaines falantes, dans les endroits où le terrain s'applanit. Cependant on ne prétend pas dire ici que toutes les ardoifes qu'on y trouve foient chargées de métal, & que toutes les fontaines falantes méritent d'être exploitées; car il ne s'agit ici que de la ftructure des montagnes à couches & de l'organifation par lits, des maffes qui entourent le pays de Heffe. Ce qu'elles contiennent eft purement accidentel.

Si l'on parcourt maintenant le comté de la Marck en Weftphalie, l'on y trouve une grande quantité de montagnes, au pied defquelles on rencontre, près de Boelhorft & de Schneiker, du charbon de terre, & auprès d'Unna, du côté du plat pays, des fontaines falantes.

La Siléfie nous montre la même confti-tution du fol, à l'endroit où les monts Krapacks fe terminent du côté de cette province. On trouve près de Tarnowitz & de Beuthen, des couches d'ardoifes avec ce qui leur fert de couverture ou de toit. Elles fortent auffi de terre à Mockrou & à Lemzin. On trouve auffi de l'ardoife près de Nicolai, & du charbon de terre dans le territoire de Pleffen. Près de Koftuchna & du côté de la Pologne, lorfque le terrein s'applanit, on voit des fontaines falantes près de Koppiowitz. Aux endroits où les montagnes vont en pente derrière Neurode, Hausdorff, on trouve du charbon de terre, & de mauvaifes ardoifes près de Tannhaufen, de Kaltwaffer &c. & il y a grande apparence qu'on y trouveroit des fontaines falées fi l'on en faifoit la recherche. On rencontre les mêmes couches & les mêmes matières, près de Hirfchberg & de Lavenberg, comme à Pottendorff & à Ilmenau, auffi-bien que dans une grande partie de la Saxe; mais pour éviter les répétitions inutiles, il fuffit de renvoyer les naturaliftes aux lieux qui font indiqués dans la partie précédente, & où ils pourront faire un grand nombre d'obfervations de ce genre.

Après avoir prouvé la liaifon qui fe trouve entre les montagnes à filon & celles qui font formées par un affemblage de couches, Lehmann s'occupe à faire voir la manière dont ces couches ont été placées les unes fur les autres dans les endroits où on les trouve. Le premier dépôt de la terre détrempée fe fit, felon lui, lorfque les eaux furpafferent les fommets des montagnes primitives; elles demeurerent quelque temps de niveau; alors le gravier ou fable groffier & les parties de pierres qui avoient été entraînées par les eaux du déluge, fe dépoferent les premières, c'eft-là ce qui forme le fol rouge qui fe trouve au-deffous des charbons de terre. Cette couche la plus profonde fur laquelle le charbon de terre eft appuyé, eft un mélange de terre argilleufe & calcaire & d'un fable groffier. Les autres terres fe dépoferent enfuite par lits à proportion de leur péfanteur. Il s'en forma d'autres au-deffus de la couche la plus profonde , parmi lefquelles fut celle qui devint par la fuite du charbon de terre. Il s'en forma encore de nouvelles après celles-ci , & enfin il fe dépofa une couche d'une forte particuliere de pierre , qui eft communément rouge , jaune ou brune. Ce fut là le premier dépôt que firent les fubftances détrempées par les eaux. Quand par la fuite les eaux laifferent à fec les fommets des montagnes primitives , elles en entraînerent encore bien des fubftances , le vent qui s'y joignit mit les eaux dans une agitation violente & augmenta leur force. Enfin elles demeurerent long-temps tranquilles dans les plaines ; par-là les parties terreufes qui avoient été détachées des montagnes & délayées par les eaux , fe dépoferent. C'eft ce qui forme les différens bancs qui font portés fur le fol rouge , bâfe des charbons de terre. Ces dépôts comprennent donc les ardoifes jufqu'à la premiere couche , qui eft à la furface de la terre. Quant à ce qui concerne les irrégularités qui fe trouvent dans ces montagnes à couches , Lehmann penfe qu'elles ont eu lieu , parce que les parties terreftres qui fe dépoferent ont pu s'amaffer tout naturellement dans les creux ou dans les ouvertures approfondies par la violence des eaux & par la forme des couches qui s'enfonçoient profondément en terre. Lorfque ces cavités ou ces creux , ouvrages des eaux , ont été très-grands & très-profonds , en forte que les eaux y avoient formé un tourbillon, la matiere que l'eau entraînoit fut long-temps fans pouvoir fe dépofer avec tranquillité , tout fut confondu ; de là viennent les différens renverfemens des couches. D'un autre côté ces couches ont pu fe dépofer dans certains endroits qui étoient plus élevés que d'autres ; c'eft là l'état du terrein , dans lequel on trouve que les couches font un fault ou s'élevent brufquement. En un mot , c'eft à des accidens de cette nature que font dues les irrégularités

& les inégalités qui dérangent fouvent le parallélifme des couches , & qui font que tantôt on les voit s'elever , & tantôt on les voit s'enfoncer. Ainfi l'on voit que les couches n'étoient originairement que de la terre atténuée & divifée , compofée d'argile , de terre calcaire , de fable , de débris de pierres de différentes grandeurs, de plantes , foit entieres foit à moitié détruites , d'animaux , &c.

Lorfque les eaux furent écoulées , le vent auffi bien que le foleil , qui vint à luire fur les couches les fécha , & ce deffechement fe fit de maniere que chaque banc ou lit fe trouve féparé , & cela devoit néceffairement arriver, attendu que ces lits différoient les uns des autres par les fubftances dont les couches étoient compofées : & conféquemment ces lits ne pouvoient être étroitement liés & encore moins fe combiner enfemble, attendu qu'ils n'en ont eu ni le temps, ni les moyens. Par le deffechement il ne pouvoit manquer de fe former en plufieurs endroits de ces couches , des fentes , foit horifontales foit perpendiculaires que la nature a par la fuite remplies de nouvelles fubftances. Voilà pourquoi, furtout dans les endroits où les couches varient & changent de pofition, on trouve fouvent des pierres d'une nature toute différente , telles que font le talc , le fpath, la félénite.

Nous favons que c'eft la pierre calcaire qui forme le toit ou la couverture des couches dont nous avons parlé ; que cette pierre eft difpofée à fe diffoudre peu-à-peu dans l'eau. Nous favons auffi que toutes les couches font remplies de fubftances qui contiennent de l'acide vitriolique , qui eft renfermé , foit dans les charbons de terre, foit dans les ardoifes. On trouve auffi fouvent que ces fentes font remplies d'autres efpeces de terres ou de pierres, qui ne fe font pas trouvées propres à fervir de matrices aux métaux & aux minéraux. C'eft de là que viennent ces dérangemens que l'on rencontre fréquemment dans les mines par couches , & que l'on défigne fous le nom de *roches fauvages*. Tous ces détails fur la formation des montagnes à couches , peuvent être utiles , non-feulement pour la minéralogie , mais encore pour répandre du jour fur l'hiftoire naturelle de notre globe. Cette diftinction des differens ordres de montagnes , leur correfpondance & leur relation établies par des obfervations multipliées , offrent une fuite de principes lumineux & très-importans par leur enfemble pour la *Géographie-phyfique* de cette partie de l'Allemagne que Lehmann nous a fait connoître.

Des différens lits dont les couches font ordinairement compofées dans les montagnes qui environnent les montagnes primitives.

Après avoir effayé de rendre raifon de l'arrangement & de la formation des couches dans les montagnes du fecond ordre, Lehmann tâche de faire connoître plus en détail les différents lits dont ces couches font compofées ; pour cela il donne d'abord une defcription générale des lits qui compofent les montagnes à couches; enfuite il examine quelques-unes de ces montagnes , eu égard aux différents lits qui s'y rencontrent.

Avant que d'entrer en matière, il expofe quelques règles ou avis préliminaires, fondés fur l'expérience & l'obfervation ; il commence par avertir qu'en parlant de ces lits qui compofent les couches de la terre, il n'a point égard à leurs variations , à leurs renverfements , à leurs irrégularités , à leur façon de s'élever ou de s'enfoncer ; il ne fera donc queftion que des couches qui ont leur direction & leur inclinaifon régulières.

En fecond lieu, ceux qui veulent examiner les couches par eux-mêmes, doi-

vent toujours commencer leurs recherches par les couches les plus profondes qui touchent immédiattement aux montagnes à filons ou primitives, & les difcontinuer aux endroits où ces couches fe perdent dans les plaines.

En troifieme lieu, il faut tâcher de reconnoître exactement la nature des terres dont les différents lits font compofés ; cela mettra en état de rendre raifon pourquoi un lit s'eft dépofé plutôt qu'un autre.

Cela pofé, voici ce qu'une obfervation raifonnée des couches à pu apprendre de certain : 1°. Les lits ne font point par-tout en même nombre. Cette variété vient de plufieurs caufes; en effet les terres qui ont été délayées par les eaux du déluge univerfel n'étoient pas de nature différente dans un même lieu. La plupart étoient homogènes & par conféquent plus propres à fe dépofer à la fois que dans un autre lieu où il y en avoit d'un plus grand nombre de natures différentes ; c'eft pour cela qu'on voit des maffifs ou montagnes très-confidérables qui ne font formées que de trois ou quatre lits. On peut citer pour preuve la montagne de Freyenwald , dont la partie fupérieure n'eft que de fable mêlé d'une petite portion de terreau; au-deffous de ce fable eft un banc de pierre calcaire en morceaux détachés , & au-deffous de ce lit eft celui de la mine d'alun. On voit donc que toute la montagne n'eft compofée que de trois lits.

2°. On remarque que les bancs ou les lits dont les montagnes font compofées ne font point également épais ; la raifon de cette différence vient en partie des terres qui ont été délayées, en partie de la pofition des hautes montagnes à filons , qui font dans le voifinage & en partie du mouvement des eaux qui ont dépofé ces lits ; les fubf-

tances détrempées y ont beaucoup contribué, parce que felon la nature des
lieux élevés, d'où les eaux fe font retirées, il s'en eft délayé plus d'une forte
que d'une autre. Voilà pourquoi les lits
des différentes natures de terres font
tantôt épais & tantôt minces. C'eft pour
cela que fouvent on rencontre des lits
de charbon de terre qui ont une toife
& même plus d'épaiffeur, tandis que les
mêmes lits dans d'autres endroits n'ont
fouvent que 9, 10, 12, ou 16 pouces.
L'épaiffeur des couches dépend auffi des
montagnes à filons auxquelles elles touchent. On conçoit que lorfque les eaux
étoient dans une agitation violente, &
tomboient avec impétuofité dans les
plaines, elles ont dû entraîner beaucoup
de terres au pied des montagnes à filons,
& même à une certaine diftance ; c'eft
pour cela que les lits ont dû devenir
minces de plus en plus, comme on le
remarque dans les endroits où ils fe terminent. Ainfi la nature du mouvement
des eaux a contribué de même à ces différens états des lits : dans les endroits
où les eaux s'écoulèrent paifiblement,
les lits qui fe formèrent furent plus
égaux ; au contraire, lorfque les eaux
paffèrent avec violence, elles délayèrent
& emportèrent plus loin une partie de
ce qui s'étoit dépofé, & mirent à la
place d'autres fubftances étrangères qu'elles
avoient tirées de plus loin : par ce moyen,
la fituation, la nature & la forme des
différents lits, fe trouvèrent totalement
changés.

Il n'y a point de couches qui foient
compofées d'une feule terre fimple &
pure ; tous les lits, quelque dénomination qu'on leur donne, font un mélange confus de différentes fortes de
fubftances : il n'y a donc point de lit
qui foit uniquement compofé, foit de
pierre calcaire, foit d'argile, &c. Mais
ces fubftances fe trouvent mêlées le
plus ordinairement. Cela ne doit point

empêcher de dire que les terres principales dont ces lits font formés font de
l'argile ou de la terre calcaire, mais
mêlées de fables ou d'autres fubftances ;
car les autres fortes de pierres comme
les félenites font formées par des combinaifons poftérieures à la compofition des
couches.

Après ces réflexions, Lehmann examine
de plus près les différents lits dont les
couches font compofées, & confidère,
fuivant le plan que nous avons annoncé,
les lits de plufieurs montagnes à couches.
La première fe trouve derrière Nordhaufen,
dans le comté de Hohenftein, près
d'Ihlefeld, de Neuftatt, de Sachswerfen,
d'Ofterode, de Wicgerfdorf & qui environne tout le Harts, jufqu'auprès du
comté de Mansfeld : voici, d'après les
découvertes qui ont été faites jufqu'ici,
les bancs ou lits dont cette fuite de
couches eft compofée.

1°. La couche de terre fupérieure
ou la terre végétale qui, fuivant les circonftances, tantôt eft épaiffe & tantôt
mince.

2°. Sous ce premier lit, fuit un lit de
pierre que l'on nomme *pierre puante.*
C'eft une pierre calcaire de couleur grife,
qui quand on la frotte répand une odeur
forte : ce lit a environ 6 verges d'épaiffeur, la verge étant de 7 pieds de
Drefde.

3°. Une forte d'albâtre, qui dans ce
canton occupe la place de la pierre à
chaux ; l'épaiffeur de ce lit varie depuis
4 jufqu'à 30 verges.

4°. Au deffous de ce lit d'albâtre gypfeux,
on trouve un tuf qui a environ 12
verges d'épaiffeur.

5°. Ce lit contient une pierre à chaux
commune

commune il a ordinairement 2 verges d'épaisseur.

6°. Pierre calcaire remplie de sable & mêlée d'argille; elle a le plus souvent une demi-verge d'épaisseur.

7°. Glaise durcie qui n'a communement qu'un pouce d'épaisseur.

8°. Mélange confus de terre calcaire & argilleuse qui a trois quarts de verge d'épaisseur.

9°. Le *Toit*. C'est une pierre feuilletée, ou ardoise grise, composée d'argile & de pierre à chaux; elle a 16 pouces d'épaisseur.

10°. Sorte d'ardoise, qui est uniquement, ou du moins en grande partie, composée d'argile; elle est noire comme les ardoises qui contiennent le cuivre; mais elle contient fort peu de métal; elle a 6 pouces d'épaisseur.

11°. Ardoise noire qui contient très-peu de cuivre, d'un pouce d'épaisseur.

12°. Autre ardoise noire qui renferme peu de métal; son épaisseur est de 4 pouces.

13°. Bonne ardoise cuivreuse qui contient beaucoup de métal, d'un pouce d'épaisseur.

14°. Espèce d'ardoise, riche en métal, d'un pouce d'épaisseur; quelquefois cette mine n'est qu'un grès verdâtre, fort chargé de cuivre.

Il faut observer que souvent au lieu des ardoises cuivreuses & de la mine en lit, on rencontre une espèce de pierre qui a la forme d'un filon dont le Spath fait la plus grande partie; elle est dans

une situation perpendiculaire, & contient des mines jaunes de cuivre, très-pures & très-compactes.

15°. *Hornstein* ou pierre cornée, c'est une pierre composée d'un mélange de terre calcaire & argilleuse & d'un sable grossier; elle a communément une demi-verge d'épaisseur.

16°. Argile bleue qui a depuis 2 jusqu'à 8 pouces d'épaisseur.

17°. Le *Mortfix*; c'est une roche composée d'argile, de terre calcaire, de mica, de talc, de sable & de parties ferrugineuses qui lui donnent une couleur rouge; elle a une verge d'épaisseur.

18°. Le vrai *Rougemort*; c'est une roche rouge, très-compacte, composée de terre calcaire, de gravier, de cailloux, &c. & qui est très-ferrugineuse; son épaisseur est depuis 20 jusqu'à 60 verges. On avoit regardé ce lit comme le dernier de l'assemblage des couches, ou comme la base sur laquelle les autres lits portoient: mais on a reconnu depuis qu'il s'en trouvoit dessous ce dernier beaucoup d'autres, qui appartiennent proprement aux lits de charbons de terre, qui sont au-dessous de ceux d'ardoise: ces lits sont ceux qui suivent:

19°. Une roche feuilletée, dure, compacte, rouge, ferrugineuse, & qui est de la nature du jaspe ou de la pierre cornée; elle prend le poli & elle a depuis 6 jusqu'à 16 verges d'épaisseur.

20°. Pierre rouge, ferrugineuse, mêlée de gravier; on la nomme le *gravier grossier*; son épaisseur est de trois quarts de verge.

21°. Sable rouge, semblable au lit qui

précède, excepté que le grain est plus fin. Ce lit a une verge d'épaisseur.

22°. *Ardoise rouge*; ce lit est composé d'une argile mêlée de fer, son épaisseur est depuis 4 jusqu'à 8 verges.

23°. Argile mêlée d'une très-petite portion de fer; elle a la couleur du foie. Ce lit a de 6 à 8 verges d'épaisseur.

24°. Ardoise que l'on nomme la *pierre bleue* du charbon, de 6 à 10 verges d'épaisseur.

25°. *Toit* ou lit qui sert de couverture aux charbons de terre; c'est une pierre argilleuse, grise, dure & compacte qui a depuis un huitième jusqu'à un quart de verge d'épaisseur.

26°. Charbons de terre qui ont un quart de verge d'épaisseur, dans ces contrées.

27°. Ardoises bleues, tirant sur le noir; on y trouve souvent des empreintes des fleurs de l'Asteris. L'épaisseur de ce lit est d'un quart de verge.

28°. *Hornstein* ou pierre cornée; c'est une roche feuilletée, dure, qui a depuis 6 jusqu'à 15 toises d'épaisseur.

29°. Le *Sol* ou la base du charbon de terre; c'est un lit composé d'argile, de pierre calcaire, de sable & de cailloux; il a de 7 à 10 toises d'épaisseur.

30°. Le *Rougemort*; c'est une roche composée de terre calcaire & de terre argilleuse, mêlées de sable. Le lit qui renferme cette substance touche immédiatement à la montagne à filon, il sert de base aux charbons de terre. Sa couleur est rouge, à cause de la portion de fer qui s'y trouve. Il a jusqu'à 30 verges d'épaisseur. On y rencontre communément des cailloux roulés, de la grosseur d'un œuf de poule ou d'oie; ils sont de la même substance que le reste du lit; mais ils s'en détachent aisément.

31°. Enfin, la roche de la montagne à filon ou primitive.

Lehmann présume que le dépôt des substances détrempées par les eaux s'est fait en différens tems, & que c'est dans celui où les eaux surpassoient les sommets des plus hautes montagnes que se sont formés ou déposés successivement les lits contenus & décrits depuis le n°. 30 jusqu'au 19. Mais lorsque par la suite les eaux se sont écoulées avec impétuosité & sont tombées du haut des montagnes, elles ont entraîné beaucoup de limon de terre, & de débris dont se sont formés les lits depuis le n°. 18 jusqu'au n°. 1. On voit aussi que les parties grossières se sont déposées les premières, comme on peut le remarquer aux deux substances nommées les roches *rouges mortes*; au lieu que les substances argilleuses & calcaires qui ont été plus atténuées & plus divisées par les eaux y sont demeurées plus long-tems suspendues avant de se déposer.

Comme il seroit trop coûteux, trop difficile & même impossible de faire partout des bures ou puits pour examiner un terrein; la manière la plus aisée de découvrir & d'examiner ces sortes de lits est de commencer par ouvrir la terre dans la plaine, de faire attention à toutes les variations qu'on trouve dans les rochers, en remontant vers les hauteurs, & de continuer de cette façon jusqu'à ce qu'on rencontre la montagne à filon, à laquelle on trouvera toujours que l'extrémité de chaque lit aboutit, à une certaine distance. On pourra par ce moyen juger de leur épaisseur.

Pour prouver que la nature a travaillé presque par-tout de la même manière à la formation des couches, Lehmann donne encore la description des lits dont sont composés ceux d'une vallée proche Katzenthal, qui est un terrein de mines.

1°. On rencontre d'abord la terre végétale, qui a depuis un quart de verge jusqu'à une demi-verge d'épaisseur.

2°. Glaise mêlée de terre calcaire : elle fait effervescence avec les acides : ce lit a jusqu'à une demi-verge d'épaisseur.

3°. Argile rouge, colorée par le fer; elle est aussi mêlée de beaucoup de parties calcaires ; ce lit a depuis une jusqu'à deux verges.

4°. Pierre calcaire grise, peu compacte, remplie d'une grande quantité de sélénite ; elle a une ou deux verges d'épaisseur.

5°. Argile bleue, mêlée de parties calcaires en grande proportion, de 3 à 4 verges d'épaisseur.

6°. *Pierre puante*, décrite dans la suite des couches précédentes ; c'est une sorte de pierre calcaire, grise, d'une odeur désagréable lorsqu'on la frotte : ce lit a trois ou quatre verges d'épaisseur.

7°. Roche calcaire dont toutes les fentes sont remplies de petites crystalisations spathiques & séléniteuses : ce lit a 4 à 5 verges d'épaisseur.

8°. Pierre calcaire grise & compacte, que les mineurs nomment *Zechstein*; elle a deux & demie ou trois verges d'épaisseur.

9°. Pierre calcaire, compacte & d'un grain fin, de couleur grise.

10°. Le *Toit* est aussi une pierre calcaire, grise & compacte, de l'épaisseur d'une verge.

11°. Ardoise ou pierre calcaire feuilletée & noire ; qui a six pouces d'épaisseur.

12°. Ardoise ou pierre feuilletée, calcaire & noire, qui fait effervescence avec les acides; elle a 5 ou 6 pouces d'épaisseur.

13°. Ardoise cuivreuse, proprement dite, dont l'épaisseur est de 2 ou 3 pouces.

14°. *Lochen*, sorte d'ardoise grasse au toucher, tendre & qui s'exfolie aisément: elle a un ou deux pouces d'épaisseur.

15°. Le *Sol blanc* est un mélange d'argile, de terre calcaire, de sable, de spath, qui a 1 ou 2 pouces d'épaisseur.

16°. Le *Sol rouge* dont on ne connoît pas l'épaisseur, parce que l'on ne l'a pas encore percé.

On voit par-là que la nature n'a fait presque entrer dans la composition des couches que de la terre calcaire & de l'argile, & que les terres grossières, telles que celles dont le *sol rouge* est composé, se sont déposées les premières, au lieu que les parties fines & pures, argileuses & calcaires, qui sont demeurées plus long-tems suspendues dans les eaux, ont été déposées les dernières.

On voit d'ailleurs que cette seconde suite de couches offre les mêmes substances que la première dont on a donné la description.

Cette comparaison se complétera d'une manière fort satisfaisante par une troisième suite, où l'on verra la description d'un autre amas semblable de lits qui dépend de Rothenbourg ; on y trouve :

1°. La terre végétale qui a communément une demi-verge d'épaisseur.

2°. De la glaise mêlée de parties calcaires & qui fait effervescence avec les acides ; elle a deux verges d'épaisseur.

3°. L'argile rouge semblable à celle de la suite précédente, excepté qu'elle est plus épaisse ; car elle a jusqu'à 10 verges d'épaisseur.

4°. La pierre puante, feuilletée comme l'ardoise ; son épaisseur est de deux verges ; elle n'est pas aussi compacte en cet endroit que dans le précédent.

5°. De la glaise blanche : c'est une argile mêlée de terre calcaire ; elle a 6 verges & $\frac{1}{4}$ d'épaisseur.

6°. Pierre calcaire, grise, entièrement pénétrée de sélénite.

7°. Terre calcaire marneuse, mêlée de talc ; elle a deux verges & demie d'épaisseur.

8°. La pierre nommée *Zechstein*, qui est, comme on l'a dit précédemment, une pierre calcaire grise ; elle a 3 verges.

9°. Pierre calcaire mêlée & pénétrée d'argile, d'une demi-verge d'épaisseur.

10°. Sorte d'ardoise, d'une demi-verge d'épaisseur.

11°. Les vraies ardoises qui viennent ensuite ; elles ont trois pouces d'épaisseur.

12°. Au dessous des ardoises est le sol blanc, dont le sable n'est pas si grossier qu'au Katzenthal ; c'est une argile grasse ; ce lit a trois quarts de verge.

13°. Le sol rouge, qui ne renferme pas non plus un sable aussi grossier que celui de Katzenthal ; mais il a pour base un sable plus fin & une terre plus déliée ; ce lit n'a pas été percé non plus qu'au Katzenthal.

De la description des lits qui composent les montagnes par couches & dans lesquelles se trouve l'ardoise cuivreuse, Lehman passe aux lits qui accompagnent les charbons de terre ; ce sont celles des mines de Wettin, dans l'endroit nommé Schachtberg ; voici l'ordre dans lequel ces différents lits se suivent.

1°. La terre végétale, qui a communément une demi-verge d'épaisseur.

2°. Un sable rouge, depuis 2 jusqu'à 3 verges.

3°. Une glaise rouge, d'un quart de verge.

4°. Une substance rouge de sept à huit verges.

En comparant ce qui a été dit des lits de Hohenstein, on verra que les n°s. 19, 20, 21, 22, sont les mêmes que ceux dont il est question ici aux numéros 2, 3 & 4. On verra que la nature a agi d'une manière uniforme quant à l'opération principale.

5°. On trouve ensuite l'ardoise brune, qui est la même que la pierre couleur de foie de Hohenstein quant à la couleur ; mais la dernière est calcaire, au lieu que celle dont il s'agit ici est argilleuse, & ne fait point effervescence avec les acides; c'est une sorte d'ardoise, elle a 2 verges d'épaisseur.

6°. Ardoise argilleuse, d'un brun clair, qui a 2 verges d'épaisseur.

7°. Mélange de glaise, de charbon de terre, d'ardoise, & qui a un huitième de verge d'épaisseur.

8°. Très-bon charbon de terre, quoique rempli en plusieurs endroits de pyrite sulphureuse; ce lit a une demi-verge d'épaisseur.

9°. Roche argilleuse grise qui a 8 à 9 verges d'épaisseur.

10°. Lit de charbon mêlé d'une argile grasse & noire, de 12 à 14 verges d'épaisseur.

11°. Roche compacte, grise, composée d'argile pour la plus grande partie, avec une petite portion de terre calcaire & de mica. Ce banc a six verges d'épaisseur. C'est le sol sur lequel le lit de charbon de terre est porté.

12°. Ardoise noire, parsemée de pyrites sulphureuses, épaisse d'une verge.

13°. Sorte de charbon de mauvaise qualité.

14°. Lit de charbon de terre d'une très-bonne qualité, il a 8 à 9 verges d'épaisseur.

15°. Roche argilleuse, grise & compacte, mêlée de beaucoup de mica; elle a 2 verges: c'est le sol sur lequel est porté le lit de charbon de terre précédent.

16°. Ardoise d'un gris noirâtre, & sur laquelle on trouve quelquefois des empreintes de plantes; son épaisseur est d'une verge.

17°. Lit de très-bon charbon de 7 à 8 verges d'épaisseur.

18°. Argile feuilletée, d'un noir luisant, parsemée de pyrites sulphureuses qui a 2 pouces d'épaisseur.

19°. Mélange de charbon de terre, de pyrite sulphureuse, d'ardoise & de spath; il a 2 pouces d'épaisseur.

On voit par ces détails que les lits des amas de couches sont principalement composés de terres argilleuses & calcaires: que les lits d'ardoises & de charbons de terre sont les uns sur les autres & mêlés ensemble; que l'une & l'autre nature de couches ont été formées en grande partie de terre argilleuse: que les montagnes composées de couches viennent toucher & aboutir aux montagnes primitives qui renferment des filons: & enfin qu'elles ont été produites par une révolution générale arrivée à notre globe & par le moyen des eaux: on reconnoît en même tems la prodigieuse différence qu'il y a entre les montagnes à filons & les montagnes à couches.

LEIBNITZ.

Ce grand homme en 1683 publia, dans les actes de Leipsick, un essai sur l'histoire naturelle de la terre, où il se proposa de faire connoître les différens progrès de sa formation, dans un mémoire peu étendu, sous le titre de *protogea*: cet ouvrage parut ensuite en 1740 avec des augmentations, & une longue préface de Scheid, un peu allemande.

Leibnitz nous donne dans sa *protogée* une esquisse du système développé depuis par Buffon dans ses Époques de la nature. Il suppose d'abord que la terre a brûlé, & que la plus grande partie de la matière

terreftre a été embrafée par un feu violent, qui la rendit lumineufe par elle-
même : mais enfuite le feu, après avoir
brûlé long-tems, ne trouvant plus de matière
combuftible, s'éteignit, & toute la maffe
du globe de la terre devint un corps opaque, qui ne luit plus que par la lumière
du foleil. Le feu a produit par la fonte
des matières de l'ancienne terre une croûte
vitrifiée, en conféquence de laquelle toute
la matière qui compofoit primitivement
le globe terreftre, eft de la nature du
verre, & les fables n'en font que les fragmens. Les autres fortes de terres, fe font
formées du mélange de ces fables avec des
fels fixes & l'eau. Telles font les argiles & les schiftes. Ces mélanges ne fe
formèrent que lorfque la croûte vitrifiée
fut refroidie entièrement ; car, pendant fon
incandefcence, les parties humides furent
élevées en vapeurs, & envelopèrent, pendant long-tems dans cet état, le globe de
la terre. Ces vapeurs ne retombèrent à
la furface du globe que lorfque par fa température, il put les recevoir fans en produire l'évaporation. Ces eaux formèrent
d'abord une enveloppe autour de la furface du globe, & furmontèrent même les
parties les plus élevées au milieu de nos
continens & de nos ifles. Pendant tout le
tems que la mer couvroit le globe de la terre,
les coquilles & les autres dépouilles des animaux marins s'y dépofèrent, & leurs débris
s'y mêlèrent avec ceux des fcories comminuées par le mouvement des eaux. C'eft
auffi pendant le féjour des eaux fur les
différentes parties du globe, depuis fon
refroidiffement, que fe font opérés plufieurs changemens, plufieurs révolutions
générales & particulières à fa furface ; que
les matières vitrifiées ont été brifées,
broyées, comminuées & combinées de
mille manières différentes. Peu après
cette même époque, Léibnitz a foin de
pourvoir à la retraite de la mer ; voici
comme il y eft parvenu.

Lors du refroidiffement de la terre, il

le forma dans fes entrailles des cavernes
& des vuides confidérables, dont les voûtes s'étant crevées & rompues, foit par le
refroidiffement, foit par le poids des
eaux, offrirent de grandes cavités aux eaux,
qui d'un côté accoururent pour les remplir, & de l'autre, abandonnèrent les
parties oppofées en les laiffant à découvert. C'eft ainfi que s'ébauchèrent les premières inégalités du globe, & que fe formèrent fucceffivement les montagnes &
les vallées.

Léibnitz, dans l'idée que toutes les
productions marines fe trouvoient difperfées également à la furface, & dans l'intérieur des couches de la terre, a pris le
parti d'étendre l'Océan fur tout le globe, &
de n'opérer ainfi fa retraite que par les affaiffemens fucceffifs des voûtes de toutes les
cavités & foufflures foûterraines : c'eft
ainfi que la mer, felon lui, pendant fon
féjour fur les parties quelle couvroit, a
formé par fes dépôts tous les tractus des
continens qui nous offrent des couches
horifontales ou inclinées, & les dépouilles
des animaux marins.

Léibnitz traite auffi en détail de la formation des métaux dans les entrailles de la
terre. C'eft lors de fon embrâfement que
fe font affemblées par fublimation toutes
les grandes veines & les gros filons des
mines. Les fubftances métalliques ont été
féparées des autres matières vitrifiées par
une chaleur longue & conftante qui les
a déterminées à fe porter de l'intérieur de
la maffe du globe, dans les parties voifines
de la furface, où le refferrement des matières, caufé par un plus prompt refroidiffement, occafionna le féjour & les incruftations des fubftances métalliques dans
les fentes & gerfures, telles que nous les
retrouvons aujourd'hui. L'exploitation
des mines, dont Léibnitz a été témoin,
& qu'il décrit en détail, lui paroiffent autorifer ces affertions.

Outre cela, Léibnitz diftingue dans les

mines métalliques les principaux filons, les masses primordiales, produites suivant son système par la fusion, & la sublimation, c'est-à-dire, par l'action du feu; il les distingue, dis-je, des autres mines qu'il considère comme des filons secondaires, produits à des époques bien postérieures, & par l'action de l'eau. Ces mines secondaires ont été visiblement formées ou plutôt rassemblées, & déposées successivement par le travail des eaux, qui ayant détaché des filons primitifs quelques molécules minérales, les ont charriées & placées au milieu des autres sédimens.

Pour ne rien omettre des principaux phénomènes que nous offre le globe dans ses diverses parties, Léibnitz traite des vallées & des montagnes, des amas de coquillages fossiles, des grottes étendues, & particulièrement de celle de Baumann; il regarde ces cavités comme des effets de la destruction des eaux souterraines, qui d'un autre côté semblent réparer leurs dégradations, en remplissant ces vuides par des crystallisations & des stalactites considérables.

Je me suis appliqué à présenter les principaux points du système de Léibnitz, sur la formation de la terre, avec d'autant plus d'attention, qu'il paroît avoir servi de base au système de Buffon, & sur-tout à son ouvrage sur les époques: Buffon y a mis plus de développemens, plus de détails, mais on n'y trouve pas plus de liaisons; les circonstances & les ressources sont parfaitement les mêmes, mais elles sont présentées dans les époques avec tous les faits & tous les résultats des recherches, que les naturalistes ont recueillis depuis 1683, & avec de grands moyens pour les faire valoir. Buffon a bâti un système imposant, en s'attachant à une simple esquisse. Il auroit été à désirer seulement qu'il n'eût pas été au-delà du plan que lui avoit tracé

ce premier maître. Au reste, comme nous avons donné le précis du travail de Buffon, sans discuter la valeur des principes qu'il met en avant, & qui sont la plupart les mêmes que ceux de Léibnitz, nous devrions nous borner à cette simple exposition des premières idées de Léibnitz.

Nous devons dire cependant que Buffon, avant de profiter ainsi du travail de Léibnitz, l'avoit jugé avec une sévérité, qui retombe nécessairement sur lui-même; il se hasarde à dire que le grand défaut de cette théorie de la terre, consistoit en ce qu'elle ne pouvoit pas s'appliquer à l'état présent du globe: cependant il est visible par l'exposition succincte que nous avons faite de cette théorie, que les principaux objets, que la terre actuelle nous présente, y figurent à leur place, & même en quelque sorte, à l'époque qui leur convient, & Buffon n'a pas saisi un meilleur ordre de choses: quant à ce qu'ajoute Buffon, que c'est le passé qu'il explique, & que ce passé est si ancien, & nous a laissé si peu de vestiges, qu'on peut en dire tout ce qu'on voudra, & qu'à proportion qu'un homme aura plus d'esprit, il pourra en dire des choses qui auront l'air plus vraisemblable. Ne seroit-ce pas encore Buffon qui se seroit désigné d'avance par ces traits, & jugé définitivement.

Enfin, Buffon reproche à Léibnitz, de n'avoir pas eu égard à l'unité des tems de la création qu'il a été obligé de diviser en plusieurs époques: mais cette inculpation, si c'en est une, & si l'on peut la faire à un écrivain à système, peut aussi être dirigée contre Buffon.

Au reste, on doit dire qu'un grand nombre de naturalistes, qui ont écrit sur la théorie de la terre, ont emprunté de Léibnitz cette ressource des cavernes & des cavités du globe, qui s'affaissent, &

préfentent par leurs ouvertures des enfoncemens confidérables à l'eau de la mer qui
y accourt, & abandonne ainfi de grandes
parties de la furface du globe qu'elle laiffe
à fec. C'eft le premier écrivain qui nous
ait fourni les moyens les plus fimples
qu'on ait imaginés pour rendre raifon de
la retraite de la mer, & de la diminution
fucceffive de fes eaux. Auffi les naturaliftes qui ont travaillé fur les mêmes matières, ont adopté les mêmes reffources :
on peut citer fur-tout Buffon & Deluc,
qui ont le plus exagéré & embelli ces
moyens.

LINNÉ.

Le célèbre Linné a prétendu que notre
globe, d'abord couvert & enveloppé
d'eau, s'eft deffèché infenfiblement &
que c'eft ainfi que les continents fe font
découverts, & que la mer a été refferrée
dans fon baffin. Mais ce favant naturalifte
eft bien éloigné d'attribuer l'inondation
qui a précédé l'état actuel, au déluge. Il annonce même pofitivement que dans toutes
fes recherches, il n'a pu découvrir à la
furface du globe aucun des effets du déluge univerfel, mais feulement ceux de
la retraite lente & fucceffive de l'Océan.
Il eft vrai qu'il ne nous indique nommément aucun de ces effets. Il eft vrai que
comme il étoit de l'opinion de ceux qui en
Suède ont foutenu la diminution de la
mer Baltique, il faut croire qu'il a rangé
parmi ces effets les preuves que plufieurs phyficiens ont alléguées pour établir cette diminution. On a vu combien
ces faits étoient vagues; & qu'il étoit difficile de les confidérer, comme pouvant
établir une véritable diminution des eaux
de la Baltique.

On ne peut guères douter que la mer
n'ait couvert une très-grande partie de
nos continents; mais on ne peut pas
nous dire comment elle les a laiffés à fec;

comment enfin elle occupe les limites de
fon baffin actuel? C'eft ce que Linné ne
nous a pas appris, ou ce qu'il auroit dû
admettre comme un fait fimplement.

Cette première vérité étant une fois
établie, Linné s'occupe enfuite de la formation des corps organifés. Il confidère
l'eau, la terre & les fels, comme les
feuls principes qui ont concouru à la formation des végétaux & des animaux, qui
à leur tour fe font réduits par leur décompofition en une fubftance terreufe,
propre à la formation de nouveaux corps
organifés par un cercle perpétuel. Linné
nous dit, par une fuite des mêmes fuppofitions, que les fels folubles dans l'eau
combinés avec les fubftances terreufes,
ont fourni la matière des pierres: le nitre
répandu dans l'air, a formé & continué
la formation des fables : le fel qui eft
dans la mer, s'empare de l'argile, le
natron qui eft dans les animaux,
donne de la confiftance & du corps à
la fubftance calcaire. L'alun qui eft diftribué dans les végétaux, durcit auffi les
terres; tels font, fuivant Linné, les matériaux que la nature a mis en œuvre pour
la formation des pierres.

Ce favant naturalifte va bien plus
loin encore; il confidère les argiles
comme le produit des précipités, que les
eaux de la mer ont formés dans fon baffin :
les fables accumulés font l'effet du lavage
des eaux pluviales, & de la cryftallifation qui s'en eft enfuivie. Le terreau
eft le réfultat de la décompofition des
végétaux chargés d'acides; & enfin la
fubftance calcaire eft le réfidu de la
putréfaction des matières animales.

Des argiles fe font formés les talcs,
les micas, les afbêtes : des fables, viennent les graviers, les grès, les quartz,
les roches, &c. : du terreau fe forment
les fchiftes, les charbons de pierre, les
ochres, le tuf. De la fubftance calcaire,

se sont formés les marbres, les craies, les spaths, les gypses : c'est encore avec ces mêmes matériaux que se composent les pierres.

Les pierres ainsi composées, se résolvent, suivant les mêmes apperçus de Linné, en diverses autres substances, dont les combinaisons donnent chaque jour des résultats fort variés. Ainsi l'argile s'unit à la marne pour donner naissance aux talcs ; le talc se résout en marne, & puis la marne se régénère en amiante. La substance calcaire s'infiltre en marbre, se résout en craie, & se régénère en gypse. Telle est, suivant le savant Suédois, la marche de la nature, toujours agissante dans la décomposition, comme dans la réproduction des minéraux, suivant les différentes combinaisons des principes simples qui se multiplient chaque jour à l'infini.

C'est toujours par les mêmes apperçus un peu vagues, que Linné nous apprend que les cailloux transparens sortent d'une matière fluide, que les cailloux opaques sont les produits d'une matière fixe : que les uns & les autres ont été teints par l'ochre vitriolique : que le mica est une concrétion de l'argile ; que le quartz est une crystalisation dans l'eau élémentaire : le spath une crystalisation dans l'eau calcaire : que tous les cristaux naissent dans l'eau, chargée de sels, sans en être saturée, mais remplie en même tems de particules terreuses impalpables : qu'enfin ils sont colorés par les substances métalliques.

L'acide vitriolique, fourni par l'alun, combiné avec les métaux, prend différentes figures, suivant la nature de ces métaux, soit fer, cuivre ou zinc : c'est de-là que se forment les pyrites sulfureuses qui, par une décomposition assez prompte, nous donnent des ochres jaunâtres, si c'est du fer, verdâtres, si c'est

du cuivre & un acide, bleues avec le cuivre & un alkali. C'est au moyen de ces divers principes que se trouvent colorées tant de pierres.

Nous observerons ici que toutes ces vues sur les differents corps de l'histoire naturelle, annoncent combien peu Linné étoit avancé sur la composition de ces corps, sur laquelle la chimie moderne, & des observations postérieures à Linné, ont répandu beaucoup de lumières. Mais il faut continuer à suivre les apperçus du naturaliste Suédois.

Quant à la formation des métaux, Linné imagine qu'ils sont le résultat d'une combinaison & surcomposition de terres, de sels & de soufres, qui se décomposent par une réunion intime, & se régénèrent diversement : que c'est ainsi que tant de minerais offrent la plus grande variété, & les modifications les plus précieuses.

En envisageant ces vastes rochers qui ont autant de solidité que de profondeur, il les regarde comme la charpente du globe de la terre, & les compare, comme l'avoient fait avant lui les anciens, à la charpente osseuse des animaux. Ce sont, selon lui, les résultats de la concrétion des sables, sous la forme de grands & petits fragmens de pierres, mêlés à l'argile endurcie, quelquefois talqueuse avec des intervalles occupés par des cristaux de quartz, de spaths & de mica. Il est aisé de reconnoître les rochers graniteux par ces grands caractères ; mais ce qu'ajoute Linné, ne me paroît pas leur convenir également. Il nous annonce ces rochers comme disposés dans leur masse par lits & par couches, & il trouve dans cet arrangement une preuve de leur origine & de leur ancienneté, comme dépôts formés par les eaux. C'est dans le sein de ces rochers, que les métallurgistes vont chercher les gîtes des métaux, & sur-tout les filons suivis & primitifs.

Linné passe de ces maffifs à ceux où l'on trouve des marbres & des pierres calcaires, & il attribue leur formation aux débris des végétaux, aux dépouilles des animaux, qui ont exifté depuis l'origine de ces corps organifés. Il nous indique ces matériaux fous quatre formes différentes. D'abord fous leur forme primitive, comme font les coquilles foffiles, confervées en entier ; enfuite pétrifiées, après avoir éprouvé une légère décompofition : enfin imprimées en creux ou en relief, & fervant de bafe à d'autres matières qui en ont pris la place. C'eft ainfi qu'il fe trouve fréquemment des fubftances végétales & animales dans les marbres, dans les agates, dans les pierres de fable, dans les fchiftes ; mais jamais dans les rochers, dont on a parlé ci-deffus, & où dominent le quartz & le feld-fpath.

Linné, après ces développemens préliminaires, attribue aux eaux de la mer la formation des couches de la terre, celle des matières qui s'y trouvent mêlées, & enfin l'origine des corps marins qu'elles renferment dans les états différens que nous venons d'indiquer. Il eft bien éloigné de penfer que ces dépôts fucceffifs, qui ont exigé une longue fuite de fiècles, puiffent être l'effet d'une feule cataftrophe ou d'une diffolution prompte & fubite de certaines fubftances, comme l'ont cru Woodward, Scheuchzer & plufieurs autres qui ont noyé toute leur fcience dans le déluge.

Le favant botanifte Suédois à tous ces apperçus, à toutes ces fuppofitions, à toutes ces vues plus ou moins fondées, ajoute des confidérations générales fur la diftribution des différents maffifs à la furface du globe ; & c'eft en cela fur-tout qu'il pourroit intéreffer la géographie-phyfique. Nous allons expofer ces confidérations les plus fuccinctement qu'il fera poffible.

Suivant ce naturalifte célébre, la cou-che du globe la plus profonde, eft de fable, de grès ou de pierre à aiguifer : celle qui fe trouve placée deffus, eft fchifteufe, c'eft-à-dire, d'une terre débris de végétaux, qui a contracté une certaine confiftance. La troifième, eft de marbres, compofés de la chaux des matières animales endurcie. C'eft dans cette couche, ou dans ce fyftême de couches, que fe trouvent difperfés çà & là les corps marins pétrifiés. La quatrième couche eft encore fchifteufe. La cinquième de roches, c'eft-à-dire, d'une pierre compofée de parties hétérogènes, combinées & confondues enfemble. Voilà le monde de Linné. Il eft à préfumer qu'il en aura trouvé le modèle quelque part dans les provinces de Suède qu'il a parcourues. Mais je doute beaucoup que cet affemblage, & cet arrangement des couches, puiffent convenir, ou foient applicables à toute la Suède en général. Ce que je puis affurer, c'eft qu'il ne convient pas à un grand nombre de contrées, dont plufieurs obfervateurs nous ont donné la defcription. Mais il faut entendre Linné nous tracer l'ordre du travail de la nature dans la formation de ces couches, & dans leur difpofition fucceffive.

Il fuppofe d'abord que l'Océan a été agité & troublé dans les premiers tems ; que les vents & les pluies nitreufes ont régné fur toute fa furface : ce qui a donné lieu à une cryftallifation, & à un précipité fous forme de fable, qui s'eft fait dans l'eau de la mer, & qui a couvert le fond de fon baffin. Voilà la première couche :

Enfuite les *fucus* & les plantes marines, couvrant bientôt ce fond, ont arrêté le mouvement des eaux dans les profondeurs de l'Océan. La terre formée par la deftruction de ces plantes, s'eft précipitée, & étendue fur le fable plus pefant, & le nouveau lit a donné lieu à la production de nouvelles plantes, dont la deftruction succeſſive a formé la ſeconde couche.

Les vers & les inſectes marins, molluſques, teſtacés, litophytes & zoophites, les poiſſons, &c. ſe ſont trouvés deſſus le lit des plantes détruites. On penſe que toutes les productions animales ont dû donner une grande quantité de matières; c'eſt ainſi que la troiſième couche aura été formée.

Un ſédiment argilleux a couvert peu à peu ces cadavres, ces dépouilles d'animaux marins à différents niveaux, & ſuivant les circonſtances, juſqu'à ce que cette maſſe élevée peu-à-peu ait paru à la ſurface de l'eau, & l'ait contrainte à ſe retirer des parties de ſon baſſin, qui ont été ainſi comblées par ces productions ſucceſſives des végétaux & des animaux. Ainſi ſe ſont formées les plages, les côtes de la mer, contre leſquelles elle n'a ceſſé de rejetter les fucus détruits, & réduits en terre; juſqu'à ce qu'enfin la couche de terre ſabloneuſe ſe ſoit formée de nouveau, & ait terminé tout le ſyſtême des lits qu'admet Linné dans ſon monde. Si cette dernière couche s'eſt deſſéchée, c'eſt du ſable mobile qu'offre la ſurface de la terre; ſi elle a pris corps & conſiſtance, c'eſt un banc de rocher ſolide.

Voilà la manière, dont Linné imagine que s'eſt formée en général d'abord la couche la plus profonde de pierres de ſable; enſuite, la ſeconde compoſée de terreau dur, & devenu ſchiſteux; la troiſième d'argile & de marbre, remplie auſſi de corps marins; la quatrième ſchiſteuſe, compoſée à-peu-près comme la ſeconde; enfin, la cinquième ou ſupérieure, compoſée de ſable avec un mélange de corps marins étrangers. C'eſt donc ainſi que toute l'épaiſſeur des parties de la terre voiſines de la ſurface, & que les hommes ont pu ſonder, s'eſt formée ſucceſſivement, & qu'après le travail in-

térieur de la pétrification qui a durci certaines parties, lié & uni intimement d'autres, les montagnes ont été taillées dans ces maſſifs. On voit donc, d'après ce plan du travail de la nature, qu'il n'a pu être exécuté que dans une longue ſuite de ſiècles néceſſaires pour voir naître, croître & mourir tous ces végétaux, & tous ces animaux qui ont fourni des matériaux à ces maſſifs. Cette vue eſt grande & vraie. Mais dans ce ſyſtême, ingénieux d'ailleurs, les principes ne ſont pas aſſez développés. Il s'y trouve beaucoup d'arrangemens qui ne peuvent, comme je l'ai déjà remarqué, avoir d'application à diverſes contrées de la terre, où bien loin de trouver cet ordre & cette ſucceſſion de couches, on rencontre, ou ſeulement de la pierre de ſable & de l'argile, ou des ſchiſtes, ou des bancs de pierres calcaires. Et d'ailleurs s'il ſe trouve un aſſemblage de ces diverſes ſubſtances, elles ne ſe préſentent pas dans l'ordre indiqué par Linné. Le grand défaut, le défaut commun à tous les ſyſtêmes bâtis ſur la conſtitution phyſique du globe, eſt d'être rédigés d'après la généraliſation de quelques faits particuliers, dont les analogies n'ont été ni vues ni analyſées, comme il ſeroit convenable de le faire.

LULOFS.

Le ſavant profeſſeur Lulofs s'occupa de la géographie-phyſique dans un pays, où Varenius avoit écrit le meilleur ouvrage élémentaire qu'on ait encore publié ſur cette partie des ſciences naturelles: mais il n'eſt pas auſſi connu que Varenius, parce que ſon ouvrage eſt dans une langue qui n'eſt pas familière aux ſavants comme le latin, dont s'eſt ſervi Varenius.

Aujourdhui ayant eu communication d'un mémoire ſur l'élévation de la mer, du Nord, & l'abaissement des terres le long des côtes de la Hollande, j'ai cru devoir en donner le précis raisonné, avec d'autant plus de raison, que c'est un supplément naturel à ce que j'ai publié sur la question de la diminution de l'eau de la mer Baltique, discutée par les savants Suédois. On y verra des faits très-intéressans, présentés avec autant d'adresse que de sagacité, relativement aux mouvemens de la mer du Nord, dont le bassin a éprouvé tant de changemens le long des côtes de la Hollande. On verra qu'il résulte de cette discussion que ces changemens n'en ont peut-être pas apporté au niveau des eaux de la mer : ensorte que cette grande question examinée sous différents points de vues, reste toujours indécise.

Remarques sur l'élévation de la mer & sur l'abaissement des terres le long des côtes de la Hollande.

§. I.

Que la surface de la terre ait subi des changements considérables & presque incroyables, depuis la création du monde; que plusieurs parties de cette surface soient couvertes d'eau, qui anciennement étoient seches & même éloignées de la mer; que d'autres parties, qui jadis étoient cachées sous les eaux, se montrent maintenant à découvert; voilà des vérités qui ont été reconnues des anciens naturalistes, & dont les modernes ne peuvent plus douter. Moi-même je les ai démontrées ailleurs, par un grand nombre de preuves, qu'il seroit facile de multiplier ici, s'il étoit nécessaire. Il est cependant certain que plusieurs écrivains modernes, ont été trop empressés à tirer des conséquences, & à former des hypothèses générales d'un petit nombre d'observations: défaut qui, sans doute, n'est que trop commun, quoiqu'on en ait vu assez souvent les suites dangereuses pour n'avoir

pas appris à contempler d'un œil plus attentif les œuvres de la nature.

§. 2.

Linné ayant observé que les terres s'élévent en quelques endroits de la Suède, tandis que la mer y perd de son étendue, & se retire, pour ainsi dire, des côtes, en conclut trop facilement que la même chose doit avoir lieu sur tout le globe. Celsius a cherché à appuyer ce sentiment par de nouvelles preuves, & a voulu en démontrer la vérité par des loix générales de la nature; de sorte que si ces conclusions étoient justes, un semblable phénomène devroit avoir lieu sur toutes les côtes maritimes du globe.

Celsius a même donné une table, qui sert à faire voir combien la mer doit baisser par la succession des tems. Dans mille ans, par exemple, la mer sera plus basse de 45 pieds géométriques qu'elle ne l'est aujourd'hui, ainsi qu'elle est de nos jours de 45 pieds plus basse qu'elle ne l'étoit il y a mille ans.

§. 3.

Peut-être que ces écrivains ne se feroient pas hazardés à tirer une conséquence générale des observations faites en Suède, s'ils avoient eu le tems d'apprendre celles qui ont été faites sur quelques côtes d'Italie. Manfredi a cherché à prouver par des raisonnemens appuyés sur l'expérience, que la mer devient insensiblement plus haute près de Ravenne. La cathédrale de cette ancienne ville a été bâtie du tems de l'empereur Théodose, environ 400 ans après la naissance de Jesus-Christ. En 1731, on découvrit son ancien pavé de marbre, qui n'étoit qu'à six pouces, mesure de Ravenne, au-dessus du jusant, & à plus de 8 pouces au-dessous des marées. S'il n'étoit arrivé aucun changement dans la hauteur de la mer, ou dans celle de la terre ferme près de Ravenne, l'eau de la mer auroit dû entrer tous les jours dans cette église à la hauteur de 8 pouces mesure de Ravenne, ou de plus d'un pied de celle de Boulogne; ce qui n'est nullement probable. On ne peut pas croire non plus que, par la succession des siècles, ce pavé se soit insensiblement affaissé au-dessous du niveau de la mer; car un bâtiment aussi grand & aussi considérable, n'auroit pu s'affaisser sans s'entrouvrir en plusieurs endroits, & sans que les colonnes sur lesquelles il porte, n'indiquassent quelque preuve d'un si grand changement; d'autant plus que Vitruve nous apprend que déjà anciennement tous les édifices à Ravenne étoient bâtis sur pilotis. Il faut donc nécessairement croire que la mer a gagné de ce côté là. On trouve de nouvelles preuves du haussement de la mer à Venise, où l'on a été obligé d'abandonner, par cette raison, une église souterraine, dans laquelle on célébroit autrefois l'office.

§. 4.

Manfredi, à qui il ne manquoit ni la prudence, ni la circonspection, qualités nécessaires pour former un bon physicien, a cependant été aussi trop empressé à tirer de ces observations une conséquence générale.

Je n'examinerai point si l'on pourroit former quelques objections contre la conséquence particulière; je supposerai même qu'elle nous prouve incontestablement que la mer y a gagné en hauteur; j'avoue d'ailleurs, que ce n'est pas sans raison qu'il conclut d'autres observations, que cette hauteur de la mer, y croît d'un pied en deux cents & trente ans. Cependant Manfredi n'auroit pas dû supposer tacitement que cela a de même lieu sur

toutes les côtes de la mer: & il paroît clairement qu'il fait cette supposition, puisqu'il assigne à ce changement une cause qui doit opérer le même effet partout le globe; tandis que le contraire paroît néanmoins par les observations faites en Suède, & dont nous venons de parler. Je cherche principalement la cause de cette élévation dans la vase, le sable & autres substances semblables que la pluie détache des montagnes & des terres, & que les rivières charient à la mer; de sorte que dans tous les pays où il pleut, & où les eaux enlèvent quelque partie de la terre, qui est portée dans la mer, on devroit remarquer cette hauteur croissante par dégrés insensibles.

§. 5.

Il seroit à désirer pour la Hollande que le sentiment de Linné & de Celsius fût vrai, & que l'expérience nous apprît que la mer baisse insensiblement le long des côtes de ce pays; puisqu'alors nos rivières, qui sont malheureusement si obstruées & si embarrassées de sable & de vase, acquerroient de temps en temps un libre cours vers la mer; tandis qu'au contraire nous devons nous attendre tôt ou tard au sort le plus déplorable, si la mer croît jamais rapidement le long de nos côtes, & si on ne pense pas à temps à prévenir ou à diminuer, s'il est possible, ce malheur en le reculant. Ce ne sera donc pas une curiosité inutile, ni un amusement infructueux de chercher à examiner plus particulièrement l'état des côtes de la Hollande à cet égard. Tout bon patriote, tout citoyen de cette contrée heureuse, est intéressé à cet examen. Mais nous ne devons pas nous arrêter ici de simples raisonnements spéculatifs faits *à priori*; tout physicien exact & attentif apprend journellement que nous avons pour cela des connoissances trop peu approfondies de la nature & de l'opération des causes naturelles: l'expérience seule doit donc être ici notre guide.

§. 6.

L'Epie dans son curieux traité intitulé : *Recherches sur la situation naturelle & actuelle de la Hollande*, nous a prouvé clairement ou que les terres en Nort-Hollande se sont baissées, ou que la mer y est devenue plus haute depuis trois cents ans ; si ce fait est vrai, il est probable qu'il a eu de même lieu avant ce temps. Les terres, qui dans les temps antérieurs avant que les moulins pour l'écoulement des eaux eussent été inventés, (invention que l'Epie place vers l'an 1445, mais que peut-être on doit mettre quelques années plutôt) s'élevoient au-dessus de l'eau, eurent déja besoin en 1452 près d'Enkhuisen du secours de ces moulins. On fut obligé alors de former un peil ou une hauteur pour les terres hautes, afin de ne pas leur tirer trop d'eau, & pour en faire cependant écouler la quantité que demandoient les terres basses. Mais en 1616, & par conséquent 164 ans après la construction des moulins, on fut obligé de mettre le peil d'été à deux pouces plus bas, & le peil d'hiver à cinq pouces plus haut que l'ancienne hauteur d'été. Ainsi en 164 ans la mer est, du moins dans cet endroit, devenue plus haute de deux pouces, ou les terres y ont baissé de deux pouces ; où peut-être faut-il attribuer cet effet à ces deux causes réunies, si même on ne doit pas y en ajouter une troisieme, ainsi que nous l'observerons plus bas. Ensuite, depuis 1616 jusqu'en 1732, & par conséquent dans l'espace de 116 ans, on a été obligé de baisser à Enkhuisen & dans les environs, le peil d'été d'environ onze pouces ; ce qui de nouveau donne en général à peu près le même résultat.

§. 7.

L'Epie a encore suivi une autre route pour déterminer cet affaissement supposé des terres ; il a mesuré par un vent d'est la hauteur des eaux intérieures au seuil de l'Overtoom d'Enkhuisen (1), ainsi que la hauteur de la mer au même endroit au moment du flux ; & il conclut de cette mesure que les terres sont 6 pieds 10 pouces ¼ d'Amsterdam (ce qui fait à peu près 6 pieds 3 ½ pouces du Rhynland) plus basses que les marées de la mer devant cette ville, lorsqu'il y a pleine ou nouvelle lune ; & aux temps ordinaires 6 pieds 5 ½ pouces d'Amsterdam. Puisque nécessairement ces terres ont dû se trouver au dessus, ou du moins à hauteur égale de la mer ou de la marée ordinaire, & qu'elles se trouvent aujourd'hui au moins 6 pieds 5 ½ pouces plus basses, il paroit qu'on doit en conclure qu'elles se sont affaissées de 5 pieds 4 ½ pouces, ce qui en trente ans fait un pied ; cependant depuis 1616 jusqu'à 1732 cet affaissement n'a dû être que d'environ un ¼ de pied en 30 ans.

§. 8.

Quoique ces raisonnemens ne soient nullement à rejetter, il faut cependant observer 1°. que par d'anciens témoignages, on peut démontrer que la West-Frise, avant que d'être entourée de digues, ne consistoit qu'en des morceaux de terre entrecoupés d'eaux marécageuses & saumâtres ; de sorte que la vase des rivieres n'a pas pu contribuer beaucoup à les hausser ; cependant plusieurs des écrivains, qui regardent l'affaissement des terres comme un fait avéré & certain, pensent que cet affaissement provient de la consolidation des sables, de la vase & des autres substances que les rivieres y ont charrié & qui se sont précipitées près de leurs embouchures ; & que c'est de cette maniere que la Hollande

(1) L'Overtoom est un endroit élevé où une chaussée, par dessus laquelle on tire des bateaux à force de bras, & par le moyen d'une grande roue, pour les passer dans une autre eau ; c'est un pont à rouleaux.

doit en grande partie sa formation aux rivières. Je ne citerai point d'anciens monumens pour prouver ce que nous venons de dire de la West-Frise, & pour être succint, je m'appuierai sur les preuves assemblées par Eikelenberge. 2°. Si j'ai bien compris l'idée de l'Epie, on trouve peu de rapport entre les observations que nous avons citées plus haut : si depuis 1452 jusqu'à 1616, les terres ont baissé de 5 pieds 4¼ pouces, comment a-t'on donc pu réparer en quelque sorte ce travail en ne baissant en 1616 la marque du peil que de deux pouces par année ? je sais bien qu'il n'est pas nécessaire de baisser ce peil entièrement des 5 pieds 4¼ pouces ; puisqu'il suffit de porter l'évacuation des eaux à la hauteur moyenne du Zuyderzée qui peut-être ne diffère pas beaucoup à Enkhuifen de la hauteur moyenne de l'Y, près Sparendam, où cette eau est plus basse de 8 pouces que les marées ordinaires : mais on voit cependant que l'abaissement de deux pouces n'auroit pas pu suffire pour un affaissement des terres de tant de pieds. 3°. Le vent d'Est auroit-il fait descendre l'eau intérieure de manière que la différence entre sa hauteur & celle du Zuiderzée en soit devenue plus grande ? Pour ne pas parler encore de l'élévation du Zuiderzée, qu'on remarque certainement aux écluses de Sparendam & de Halfwegen, & que quelques écrivains attribuent avec vraisemblance à l'élargissement des bouches par lesquelles il communique avec la mer du Nord ; du moins ne peut-on pas exclure entièrement ceci du nombre des causes véritables.

§. 9.

Néanmoins, comme les observations de l'Epie semblent prouver que la mer est aujourd'hui plus élevée au-dessus des terres de la West-frise qu'elle ne l'étoit il y a 300 ans ; on pourroit demander s'il ne faut pas attribuer en partie ce changement à un écroulement ou ébou-

lement, & non pas uniquement au seul affaissement des terres, principalement dans ces endroits où l'on se sert de moulins. Il est vrai que l'eau de pluie en s'écoulant vers la mer ou vers les rivières, les ruisseaux, &c. traîne avec elle une certaine quantité de sable des hauteurs vers les lieux bas ; mais la plus grande partie de l'eau de pluie s'imbibe dans la terre, pénètre, peut-être, en quelques endroits jusqu'aux sources, & laisse par conséquent les terres, pour ainsi dire, dans leur ancien état, & dans leur ancienne hauteur. Il en est tout autrement lorsque l'eau de pluie, de même que l'eau de source, qui filtre souvent au travers des digues, est enlevée par les moulins ; car ces moulins contraignent l'eau à sortir des terres sur lesquelles elle se trouve, & l'entraînent avec violence ; de sorte qu'elle ne peut pas s'imbiber dans la terre, mais qu'elle est emportée avec quelques parties terrestres ou de sable. Ne pourroit-on pas aussi attribuer en partie cet accroissement journalier des eaux intérieures de la Nort-Hollande, & la nécessité de baisser le peil au grand nombre de desséchemens ? puisque suivant l'estimation qu'on en a faite, la Nort-Hollande a depuis l'an 1608 bien 18600 ou 46500 arpents de Paris d'étendue d'eau de moins.

Je ne donne ceci que comme de pures conjectures, qui cependant ne sont peut-être pas tout-à-fait à rejetter, & qui peuvent servir à mettre sous les yeux des causes, qui avec le véritable affaissement des terres, & le haussement de la mer, concourent à opérer des changemens assez considérables.

§. 10.

Si véritablement on remarque un tel affaissement des terres de la West-Frise, ou plutôt, en général, un tel changemen dans la hauteur de la mer par rapport à ces terres, (ce qu'on ne peut pas bien défavouer, quoiqu'il paroifſe moindre que l'Epie ne veut le faire entendre), on pourroit avec raifon penfer qu'il en eſt de même des terres adjaçentes de la Sud-Hollande. L'ingénieux & laborieux Cruquius a même cherché à démontrer, par plufieurs nivellemens, que la mer du Nord & le Zuiderzée ont, pendant le dernier fiècle, élargi leur baſſin de deux pieds rélativement au terrain de la Sud-Hollande & à fes eaux intérieures; foit que cela doive être attribué à l'élévation de la mer, ou à l'affaiſſement & à l'éboulement des terres, ou enfin à ces caufes réunies. Ceci mérite plus d'attention qu'on ne pourroit le croire d'abord. Le baſſin moyen des eaux du Rhynland eſt, à fa plus grande hauteur, feulement de deux pieds au-deſſus du jufant ordinaire de la mer du Nord; de forte que fi le changement étoit auſſi confidérable que Cruquius le prétend, on verroit dans cent ans le même baſſin moyen des eaux intérieures, fe trouver à une hauteur égale du jufant ordinaire de la mer du Nord; ainfi l'évacuation y ceſſeroit tout-à-fait à hauteur ordinaire de l'eau, & dans un tems calme; fi l'on n'exécutoit jamais le projet, fi long-tems difcuté, de placer des éclufes auprès de Katwyk, pour ne plus faire dépendre l'évacuation des eaux du Rhynland de l'inconftance des vents. Ne feroit-ce pas une prodigalité condamnable d'argent, de tems & de travail, fi l'on étoit convaincu d'avance que dans un fiècle, des éclufes auſſi coûteufes ne feroient pas d'un meilleur ufage que ne le font aujourd'hui les éclufes de L'Y? L'importance du fujet exige donc que nous faſſions une comparaifon plus exacte entre les nivellemens anciens & ceux de nos jour.

§. II.

En 1537, le 24 juin, les eaux du Rhin par une eau baſſe d'été, étoient encore de 2 pieds ½ quatre pouces plus hautes que la mer du Nord par un demi-jufant, d'où Cruquius conclut que la hauteur moyenne de la mer du Nord, étoit alors à 63 pouces au-deſſus du peil d'Amſterdam. Si l'on fuppofe que dans ce tems le flux & le reflux étoient dans la marée ordinaire auſſi grand qu'ils le font aujourd'hui (ce dont on ne peut, pour ainſi dire, pas douter), parce que l'action du foleil & de la lune, n'eſt pas fujette à varier; le demi-jufant fera de deux pieds 7 ⅔ pouces plus haut que le jufant, & par conféquent l'eau du Rhin, en été, aura été alors à deux pieds 9 ¼ pouces au-deſſus du jufant. L'eau du Rhynland pendant l'été eſt dans ce tems portée à 2 pieds 9 pouces au-deſſous du peil d'Amſterdam: & par conféquent fi l'on fuppofe, pour un tems, que tous les changemens que nous avons ici en vue doivent être attribués à l'élévation de la mer, puifque la hauteur moyenne de l'eau pendant l'été ne varie point, ou que du moins le peil d'Amſterdam reſte conſtamment le même, ce jufant moyen de la mer du Nord étoit alors de 5 pieds 6 ¼ pouces plus bas que le peil d'Amſterdam. Aujourd'hui les jufans moyens vont, ou du moinss alloient en 1740, à près de 39 pouces au-deſſous du peil d'Amſterdam; par conféquent il fe trouve en 203 ans une différence de 27 ¼ pouces. On verra par la fuite fi l'on peut fe fier à ces nivellemens.

En attendant, je ne vois pas comment Cruquius peut en conclure, que la mer du Nord a hauſſé entre les années 1537 & 1737 de 45 pouces; je comprends moins encore que fa hauteur moyenne ait été alors de 63 pouces au-deſſous du peil d'Amſterdam, puifque les jufans moyens n'ont été qu'à 5 pieds 6 ¼ ou 66 ¼ pouces au-deſſous de ce même peil, & par conféquent la hauteur moyenne, qui eſt de 27 pouces plus haute que les jufans moyens, à 39 ¼ pouces.

§. 12.

§. 12.

En 1566, le 26 mai, M. Sluyter, arpenteur juré du Rhynland, trouva que l'eau intérieure étoit de 3 pieds plus haute que l'eau extérieure ou la mer à demi jusant. Ainsi l'eau intérieure auroit été 5 pieds 7½ pouces plus haute que le jusant. Pendant l'été, l'eau n'est aujourd'hui qu'à 6 pouces au-dessus du jusant moyen de la mer du Nord; par conséquent la mer seroit actuellement de 5 pieds 1½ pouce plus haute qu'en 1566; ce qui ne s'accorde point du tout avec les nivellements précédents. Si l'on m'objecte que je n'ai aucune preuve que l'eau du Rhynland se trouvoit dans ce tems à la hauteur d'été, je répondrai que je suis le sentiment de Van-Leeuwen. Mais si l'on suppose que le Rhynland étoit alors à la hauteur moyenne, & par conséquent 16 pouces plus haut que l'eau d'été, la différence sera néanmoins encore en 174 ans de 45½ pouces, tandis que plus haut, nous n'avons trouvé qu'une différence de 27¾ pouces en 203 ans; de sorte que le nivellement n'a pas été exact, ou bien le vent a d'un côté chassé l'eau de la mer des côtes, fait hausser d'un autre côté les eaux intérieures; la prudence ne nous permet donc pas de tirer aucune conclusion de ces seules observations.

§. 13.

En 1570, on a fait plusieurs nivellements pour déterminer la différence entre la hauteur des eaux intérieures & extérieures, & Cruquius a conclu qu'alors la hauteur moyenne de la mer du Nord étoit de 46 pouces au-dessous du peil d'Amsterdam; c'est pourquoi je présenterai séparément ces différentes observations, afin de faire voir celles sur lesquelles on peut en quelque sorte s'appuyer, & celles qui sont trop peu exactes pour mériter notre attention.

Le premier nivellement a été fait le 6 avril 1570, le vent étoit Nord-Nord-Est, lorsque l'eau intérieure étoit quatre pieds trois pouces plus haute que le plus bas jusant; mais le jour suivant, le vent étant Sud-Est, l'eau intérieure ne se trouva que de 2 pieds 2 pouces plus haute que l'eau extérieure au plus bas jusant, ce qui fait voir que la différence des hauteurs a beaucoup dépendu des vents.

Le 17 avril, ou suivant Van-Leeuwen, le 18, Potter, arpenteur du Rhynland, trouva que l'eau intérieure étoit de plus de deux pieds plus haute que la mer du Nord, par le plus bas jusant; mais cette observation n'a pas été assez exacte, & portoit sur une fausse supposition; c'est pourquoi il fit un second nivellement le 15 août de la même année, par un vent du Nord-Ouest; alors par une pleine marée il trouva l'eau de la mer à 2¼ pieds plus haute que le poteau du Rhin, qui le 17 avril étoit de niveau avec l'eau; de sorte que l'eau intérieure ou bien le sommet du poteau se trouvoit alors à 30 pouces plus haut que le jusant.

Le 10 mai l'eau intérieure étoit, par un vent de Sud-Ouest, 4¼ pieds plus haute que le jusant.

Le meilleur & le plus exact nivellement, pour ne pas parler d'autres de moindre importance faits le 7, 8 & 14 Juin, a été exécuté au commencement du mois d'Octobre de cette même année, le vent étant Ouest & Nord-Ouest, par Jean Franszoon, & Jean Albrechtszoon Klocck, qui ont nivellé depuis le Rhin jusqu'à la mer, & depuis la mer jusqu'au Rhin, & n'ont trouvé entre leurs résultats que la différence d'un seul pouce; ce qui est une preuve de l'exactitude de leur travail. Ils étoient montés en allant du poteau du Rhin vers la mer, à 25 pieds ½ pouce & étoient descendus des dunes jusqu'à la grève, sur un poteau qu'on y avoit planté,

20 pieds 5 pouces ; de forte qu'ils avoient plus monté que defcendu de 4 pieds 10 ½ pouces. Enfuite ils étoient montés en allant du poteau de la grève fur les dunes, 20 pieds & 5 pouces, & étoient defcendus, en allant des dunes au poteau du Rhin, 25 pieds 4 ½ pouces, par conféquent plus defcendus que montés de 4 pieds 11 ½ pouces ; ainfi la différence moyenne eft de 4 pieds 11 pouces. Pour tirer une conclufion de ces opérations, il faut obferver que le fommet du poteau fur la grève, étoit d'environ 6 pieds 8 pouces au-deffus du jufant ordinaire. Si maintenant on fuppofe encore ici que de même que dans la plupart des nivellemens précédens, le fommet du poteau du Rhin fe trouvoit de niveau avec l'eau, le baffin intérieur n'aura été que d'un pied 9 pouces plus haut que le jufant moyen. Depuis 1737 jufqu'en 1744, on a trouvé en octobre la hauteur moyenne des eaux du Rhynland de 20 pouces au-deffous du peil d'Amfterdam. Si l'on prend un terme moyen de toutes les obfervations faites en octobre des années 1737, 1740, on trouve les jufants moyens de 34 pouces au-deffous du peil d'Amfterdam ; par conféquent l'eau intérieure de 18 pouces plus haute que le jufant. Il faut obferver néanmoins que les vents d'Oueft & de Nord-Oueft, qui ont régné pendant le temps du nivellement, auront fait groffir la mer du Nord. Si l'on veut prendre ici un terme général, la différence entre 1570 & 1737, ne fera que de 15 pouces & non pas de 34 pouces, ainfi que Cruquius l'a compté.

§. 14.

Le 1 juin de l'année 1627, l'eau du Rhynland (par une mer paffablement baffe, dit Van-Leeuwen) étoit de deux pieds plus haute que la mer, felon toute apparence du temps du jufant, puifque fans cela on ne pourroit rien en conclure. En 1737, 1744, l'eau du Rhynland fe trouva pendant les mois de juin (en prenant un terme moyen) à 22 pouces au-deffus du peil d'Amfterdam ; les jufants moyens vont en juin à 40 pouces au-deffous du peil ; par conféquent il y a une différence de 18 pouces, la différence en 1627 étoit d'environ deux pieds.

§. 15.

Le 11 mars de l'année 1628 l'eau intérieure fe trouva par un vent d'Eft ou de Nord-Oueft 5 pieds plus haute que le jufant ; le 13 le vent étant Nord-Eft à l'Eft, 3 pieds 3 pouces plus haute ; le 7 avril par un vent d'Eft-Nord-eft, 3 pieds & 6 pouces ; le 4 mai, 1 pied fix pouces, & le 10 feptembre de nouveau 1 pied fix pouces ; le 25 novembre, environ un pied & 6 pouces plus haute, le vent étant au Sud-Sud-Eft. Si de ces fix obfervations on prend un terme moyen, il fera de deux pieds 8 ½ pouces. Mais fi l'on rejette la première obfervation, parce qu'elle diffère trop des autres, on aura pour terme moyen 2 pieds & 3 pouces ; il y a donc entre la hauteur moyenne des eaux intérieures & de la mer du Nord une différence de 5 pouces, & non pas de 20 pouces, comme l'a prétendu Cruquius ; & quand même, contre toute raifon, on prendroit le premier terme moyen, la différence ne feroit encore que de 10 ½ pouces & non pas de 20 pouces.

§. 16.

Le 30 mai 1662 l'arpenteur juré J. Doaw, obferva par ordre des bourgmeftres de la ville de Leyde, la différence entre les hauteurs de l'eau intérieure & du jufant de la mer du Nord, le vent étant Nord-Eft. Il trouva que l'eau de la mer, par le plus bas jufant, étoit à 1 pied plus bas que l'eau intérieure ou du Rhin, & deux pieds plus bas que la marque du peil du pont nommé le Kraajers Brug à Leyde, fur laquelle on règle la profondeur des eaux de la ville. Depuis 1737 jufqu'en 1744, on a trouvé que la hauteur moyenne du Rhin étoit à 17 pouces au-deſſous du peil d'Amſterdam ; par conſéquent ſi la hauteur des eaux intérieures eſt reſtée la même, le juſant de la mer du Nord eſt allé à 29 pouces au-deſſous du peil d'Amſterdam, tandis que ſa hauteur moyenne en mai 1734, 1741, a été de 41 ½ pouces au-deſſous du peil ; de ſorte que ſi l'on oſoit tirer des concluſions de ſimples obſervations, ce qui ſeroit une grande imprudence, on pourroit conclure de ce que nous venons de dire, que depuis 1662 la hauteur de la mer du Nord eſt devenue moindre de 12 ½ pouces.

§. 17.

On trouve auſſi chez Van-Leeuwen les obſervations faites par H. Matyſz, depuis le 20 juin 1662 juſqu'au 16 ſeptembre de la même année, par ordre des commiſſaires de L. N. P. & des bourgmeſtres de la ville de Leyde. Il partit de la hauteur d'un poteau planté ſur la grève de Katwyk, vis-à-vis du Mellegat, par l'arpenteur Douw, dont le ſommet ſe trouva le 30 mai à 3 pouces au-deſſous des eaux du Rhin. J'ai comparé toutes ces obſervations, & je n'ai jamais trouvé la mer à plus de 32 pouces au-deſſous du poteau, & cela par un vent d'Eſt (qui fait baiſſer la mer) le 9 ſeptembre ; & par conſéquent 35 pouces plus baſſe que les eaux intérieures. Mais ſi l'on prend un terme moyen des 116 obſervations de Matyſz, on trouve la hauteur moyenne du juſant 7 pouces au-deſſous du poteau, ou 10 pouces au-deſſous des eaux intérieures du 30 mai. Si l'on prend maintenant de nouveau la hauteur du baſſin intérieur (ainſi qu'on l'a fait) (§. 16.) à 17 pouces au-deſſous du peil d'Amſterdam, la hauteur moyenne du juſant aura été, ſuivant ces obſervations de Matyſz, de 27 pouces au-deſſous du peil d'Amſterdam, qui eſt aujourd'hui de 59 pouces ; de ſorte que ſelon ces obſervations, la mer en 79 ans, (car de-

puis la dernière de l'année 1741, on n'en a pas fait à Katwyk ſur les marées) auroit baiſſé d'un pied.

§. 18.

Si l'on compare maintenant enſemble tous ces nivellemens, & les concluſions que j'en ai tirées, (§. 11 & 17.) qui diffèrent beaucoup de celles que Cruquius en a priſes, on doutera s'il y a bien eu quelques changemens conſidérables dans la hauteur de la mer du Nord depuis deux ſiècles. Si même par les obſervations de 1537, 1570, 1627 & 1634, on apperçoit une foible différence ; car les nivellemens exacts faits par Douw, par un vent de Nord-Nord-Oueſt, & la concluſion générale tirée des 116 obſervations, démontrent plutôt, que depuis 79 ans, la mer du Nord eſt devenue plus baſſe. Je ne veux pas nier cependant qu'il y ait peut-être des raiſons de croire qu'il y a eu un temps où quelques parties des Provinces-Unies, formées vraiſemblablement par la vaſe des rivières, ont acquis plus de ſolidité par-là & ſe ſont conſolidées inſenſiblement ; mais il n'eſt pas à ſuppoſer que cet affaiſſement continue encore dans ces endroits.

§. 19.

Si l'on examine le témoignage des anciens, touchant ce pays, on aura encore moins raiſon d'admetre un accroiſſement auſſi conſidérable de la mer ou un tel affaiſſement & éboulement des terres, ou l'un & l'autre enſemble. Tacite donne, non-ſeulement à l'iſle des Bataves, le nom d'*Inſulam inter vada ſitam*, une iſle ſituée entre des eaux guéables ; mais il dit ailleurs que c'étoit une iſle baſſe & marécageuſe, *paluſtrem humilemque inſulam*. Suppoſons maintenant que la mer s'élève de deux pieds chaque ſiècle, relativement à la terre, la terre, qui aujourd'hui ſe trouve à peine à

2 pieds au-deſſus du juſant moyen, auroit donc été du temps de Tacite (qui écrivoit pendant la vie de Titus, il y a environ 1650 ans.) 33 pieds plus haute qu'aujourd'hui, & par conſéquent 35 pieds au-deſſus du juſant moyen : de ſorte qu'on n'auroit pas pû dire alors, que l'iſle des Bataves étoit baſſe & marécageuſe. Qu'on prolonge même autant que l'on voudra ſon étendue, ſur quoi je ne m'arrêterai pas ici, quoique vraiſemblablement elle ait été compriſe entre le Rhin & le Wahal (qui eſt une branche du Rhin), ainſi qu'on pourroit le prouver par Céſar, Pline, Tacite, & pluſieurs autres écrivains. De plus, Eumene (1) aſſure que vers l'an 296, la Hollande n'étoit pas une terre ferme, étant ſi imbibée d'eau qu'elle ſembloit fléchir ſous les pieds, & les couvroit d'eau quand on y marchoit, non-ſeulement dans les endroits où ce pays étoit probablement marécageux; mais même là où il ſemble avoir été un terrein ferme. Cependant, ſuivant le ſentiment de Cruquius, ce pays auroit dû être alors au moins 29 pieds plus élevé au-deſſus de la mer qu'il ne l'eſt aujourd'hui.

§. 20.

Je ſais bien que quelques écrivains prétendent qu'une grande partie de la Hollande a été formée par la vaſe des rivières, & qu'ils cherchent à prouver la vérité de ce ſentiment, par le grand nombre d'arbres qu'on trouve en quelques endroits à 6, 7, & 8 pieds, & même davantage ſous terre, mais il faut bien obſerver que tous les corps qu'on trouve à une certaine profondeur ſous terre, ne ſont pas une preuve que le terrein ait été élevé dans ces endroits par la vaſe des rivières. J'ai dit d'après un écrit de Cruquius, qu'en fouillant pour faire des puits ou d'autres ouvrages, on a trouvé à une grande profondeur ſous terre des chauſſées, des pavés & des

fondements, à Dordrecht & à Egmond-ſur-mer. Pourra-t-on en conclure avec quelque vraiſemblance que le terrein dans la ville de Dordrecht ait été élevé à une telle hauteur par la vaſe des rivières ?

Il eſt certain du moins que les rivières des Provinces-Unies ont été entourées de bonne-heure de digues, quoique ces digues aient été détruites par la ſuite de vétuſté.

Pluſieurs écrivains célèbres ont raſſemblé un grand nombre de faits qui prouvent qu'en différents temps les Romains ont entouré les rivières de la Hollande de digues, & ont, par ce moyen, préſervé ce pays des inondations ; il eſt donc indubitable que l'élévation du terrein par la vaſe des rivières n'a pas pu avoir lieu ou du moins très-peu, depuis que les rivières ont été entourées de digues. On ne peut cependant pas nier que ce pays, ainſi que d'autres, n'aient ſubi de grands changements, peut-être avant le temps des romains, par de grandes inondations. Mais oſera-t-on dire aujourd'hui que les terres, qui dans les temps ont été formées par la vaſe & le ſable des rivières & de la mer, s'affaiſſent encore, tandis que cet affaiſſement ne ſeroit que la conſolidation des terres élevées ou formées par la vaſe ?

§. 21.

Si l'on réfléchit depuis combien de temps on ſe plaint en Hollande du défaut d'évacuation, le ſentiment de ceux qui penſent que chaque ſiècle, la mer s'élève de deux pieds relativement à la terre, rencontrera une nouvelle difficulté quoiqu'elle doive déjà être invalidée, ſi je ne me trompe, par ce que nous avons dit. Il paroit par les regiſtres de la ville de Leyde, qui ont été communiqués par le célèbre Hiſtorien Jean Mieris, qu'en 1404 on penſoit déjà à faire une nouvelle évacuation des eaux près de Katwick; depuis on s'eſt beaucoup plaint en 1537, 1566 & 1570 du défaut d'évacuation.

---

(1) In panegyrice Conſtantio Cæſari dicto, cap. 8.

Cependant même en 1537, la terre, relativement à la mer, a dû être au moins de quatre pieds plus élevée qu'elle ne l'est aujourd'hui, si le sentiment de Cruquius pouvoit prévaloir ; de sorte que l'evacuation auroit été très-facile.

Je pourrois encore citer d'autres preuves prises des fréquentes inondations auxquelles ce pays étoit anciennement exposé, mais qui étoient alors principalement occasionnées par les hautes marées. Tandis qu'aujourd'hui on est à la vérité souvent menacé d'inondations par les hautes eaux supérieures : mais on n'a plus à craindre les hautes marées & les submersions qu'elles occasionnent : ce que j'espère pouvoir prouver un jour par un grand nombre de faits tirés des annales. Il suffit de dire ici que si la mer du nord s'étoit véritablement élevée autant que quelques écrivains le prétendent, il est probable qu'on éprouveroit aujourd'hui sur les côtes de la Hollande bien plus de hautes marées & d'inondations qui en sont la suite.

§. 22.

Je n'ignore pas que depuis peu l'auteur anonyme mais très-instruit de la description de l'ancienne côte de la Hollande, prétend démontrer par plusieurs faits que dans les temps les plus reculés la mer étoit beaucoup plus basse le long des côtes de la Hollande. Je conviens aussi que, depuis quelques siècles, la mer est beaucoup plus haute le long des côtes de la Hollande qu'elle ne l'étoit anciennement. Mais je ne crois pas que les preuves soient satisfaisantes généralement, quoiqu'elles indiquent quelque élévation de la mer ou quelque abaissement des terres, ou peut-être l'un & l'autre à la fois. Il faut aussi remarquer avec attention qu'on trouve dans le Zuyderzée, à peu de distance de l'Isle d'Urk, deux villages submergés, l'un au Nord-Est, l'autre au Sud, & dont les ba-

téliers apperçoivent encore les murailles qu'ils sont obligés d'éviter.

Il est remarquable aussi qu'au Nord du Texel on ait encore vu en 1550 les restes d'un bois dans les arbres duquel les ancres restoient quelquefois engagées. Près de Callants-Oog, on découvrit en 1704 par une basse mer les murailles de l'ancienne eglise, qui certainement étoit autrefois à l'abri des plus hautes marées.

Le soi-disant château de Britten se fit voir en 1520 avec ses murs à huit pieds au-dessus du terrein ; tandis que la tour de Caligula qui sans doute a été bâtie par les Romains étoit encore ensevelie sous l'eau. Ces monuments & d'autres semblables nous prouvent qu'il est arrivé de grands changemens aux côtes de l'ancienne Batavie & mêmes aux terres, qui pour lors étoient baignées par le Zuiderzée : mais doit-on en conclure que lorsque ces châteaux, ces bois subsistoient encore, la mer étoit plus basse de 25 pieds & même davantage qu'elle n'est aujourd'hui. Les preuves qu'on a citées plus haut tirées de la comparaison des anciens & nouveaux nivellemens, ainsi que les conséquences qu'on en a déduites, démontrent d'une manière incontestable que depuis plusieurs années, même depuis quelques siècles, il n'a pu arriver des changemens aussi considérables dans la hauteur de la mer que plusieurs écrivains le prétendent. Il faut donc remarquer que l'affaissement des terres & des bâtimens qui se trouvoient établis dessus, n'est pas une preuve que l'eau qui les couvre aujourd'hui soit plus haute qu'elle n'étoit dans les siècles précédents. Rien n'est plus facile que de concevoir que la mer du nord, chassée par des vents d'ouest, de nord-ouest & de nord contre les côtes de Hollande, y produit des éboulemens considérables & en entraine les débris : qu'elle mine par dessous les batimens qui sont dispersés sur ses bords-

& qu'elle les fait enfin écrouler dans fon fein. Chaque vague qui dans les marées ordinaires va frapper les côtes & les dunes, en entraîne quelque partie ; les mouvemens des eaux de la mer qui s'étendent quelquefois jufqu'au fond, ébranlent les parties terreftres qui fervoient de bâfe aux anciens édifices & les entraînent, de manière que ces batimens fe trouvent de plus en plus cachés fous la furface de la mer. Les fources d'eau, après avoir acquis une plus libre communication avec la mer, ne peuvent-elles pas chaffer les graviers de deffous ces batimens, les rendre mouvants de manière à produire un affaiffement général dans toutes les maffes qui portoient deffus ? Cela ne paroîtra pas tout-à-fait impoffible fi l'on fe rappelle les obfervations de Marfigly, fuivant lefquelles il y a non feulement de foibles fources mais des rivières entières qui fe déchargent dans le baffin de la mer. On ne propofe ceci que comme des conjectures dont la fauffeté n'eft pas aifée à prouver : & quoique je fois convaincu qu'en matière de phyfique on ne doive s'appuyer que fur des preuves inconteftables, je fais auffi qu'on ne doit pas rejetter les conjectures, lorsqu'il s'agit d'objets qu'on ne peut que rarement mettre en évidence par de fimples faits.

M

MAILLET. (de)

Syftême de Maillet fur la diminution de l'eau de la mer.

Maillet (de). (*Telliamed.*) commence toute difcuffion fur la terre, par nous annoncer que, fuivant fes obfervations, les continens que nous habitons ont fervi pendant un nombre prodigieux de fiecles de baffin à la mer, & qu'ainfi les amas des dépouilles d'animaux marins, que nous y trouvons, ne doivent être confidérés que comme les produits d'un nombre infini de générations de ces animaux de toutes efpeces.

D'après cette confidération, trop générale fans-doute, fur la grande étendue du baffin de la mer, il veut nous perfuader que toute la matière, tous les terreins dont le globe étoit compofé, particulièrement à fa fuperficie, fortoient du fein des eaux, parce que la mer avoit autrefois enveloppé le globe entier, de manière que fes eaux s'étoient élevées au-deffus des plus hautes montagnes de plufieurs coudées, ou pour parler plus exactement dans l'hypothefe de Maillet, toutes les montagnes étoient l'ouvrage des eaux de la mer. En effet il réfultoit de fes obfervations, que toutes les montagnes de pierres calcaires, comme celles compofées de fables agglutinés & durcis, même d'argilles, étoient organifées par bancs & par lits, arrangés les uns au-deffus des autres, dans une difpofition horifontale, les uns plus épais que les autres, & d'une couleur & dureté qui variaient beaucoup. Or tous ces arrangemens, toutes ces difpofitions n'ont pu avoir lieu que par une fuite de fédimens & de dépôts de ces diverfes matières, dont les couches voifines de la furface de la terre ont été vifiblement formées. Maillet va plus loin encore ; il ne doute pas que cette organifation n'ait eu lieu depuis la bâfe des plus hautes montagnes, prife même à une profondeur confidérable, jufqu'aux fommets les plus élevés.

Or tout ce travail de la nature, tous fes arrangemens de ces matières diverfes, foit en qualité, foit en nature, foit en couleur ou en dureté, n'ont pu s'opérer que dans le fein de la mer : & pour donner plus de confiftance à cette affertion, il nous annonce que la mer continue dans fon baffin actuel le même travail. Il prétend même en avoir reconnu la continuité en y plongeant à une certaine profondeur & à une diftance confidérable de fes rivages. Il nous dit avoir retrouvé la même difpofition des matières qui en plufieurs endroits n'avoient pas encore pris une certaine confiftance.

Jufques-là on n'a pas contefté ce que Maillet nous a raconté de fes voyages fous-marins ; mais comme il étend plus loin fes fuppofitions, il a cru devoir embraffer dans les obfervations tous les objets qui y figurent. Dans le fyftême de Maillet, la mer a le double emploi de former par fes dépôts les maffifs des montagnes & des collines, & de donner à ces matériaux la forme extérieure qui leur eft néceffaire, pour figurer avec les terreins de la partie feche des continents. Il a donc dû voir pour l'honneur de fon fyftême tous ces détails ; enforte que ce qui concerne l'approfondiffement des vallées par les courans de la mer & dans fon baffin, fe trouve présenté par Maillet dans l'histoire de son voyage sous-marin.

Nous n'entrerons pas ici dans une discussion particulière sur cette partie du système de Maillet, nous le réservons pour une des considérations qui accompagneront l'exposition de ce système, & nous le suivrons, lorsque revenu de son voyage, il parcourt les continens, & qu'il nous annonce des faits qui méritent plus notre croyance & notre assentiment. Il a vu que dans les lieux les plus éloignés de la mer actuelle, de fort hautes montagnes offroient en mille endroits, soit de leur surface, soit de leur intérieur, un nombre prodigieux de coquillages de mer & de plusieurs autres dépouilles d'animaux marins. Il a vu des bancs entiers d'huîtres, de madrépores tous déposés dans le sens de leur plat, d'une belle conservation & propres à soutenir la comparaison avec les analogues qu'on pêche dans le bassin de la mer actuelle. Quelques-uns de ces bancs offrent ces dépouilles dans un état de destruction & de commination qui en a fait les matériaux naturels des bancs de pierres calcaires qui font partie des montagnes. Or comment tous ces corps auroient-ils pu entrer ainsi dans la composition des massifs montueux & s'y trouver par lits & par couches suivies & régulières, s'ils n'avoient pas été déposés dans le bassin de la mer lors de leur formation. Maillet pense même que tout ce travail s'est fait lentement & tranquillement ; en conséquence il est fort éloigné d'attribuer cette disposition au déluge dont il écarte soigneusement l'influence quant à l'organisation intérieure de la terre.

Une observation qui prouve, selon Maillet, que la formation des montagnes s'est faite ainsi, c'est que les corps marins dont on vient de parler, tels que les coquillages, font fort rares à de certaines profondeurs & ne se trouvent guères que dans les lits & les couches qui font proche de la superficie de ces montagnes. Il conjecture en conséquence que dans les

premiers temps que les eaux de la mer formoient les plus hautes montagnes, elles ne renfermoient guères que du sable & des vases, & très-peu de coquillages & autres animaux marins, & par conséquent elles ont fourni peu de dépouilles. Au contraire, lorsque les couches supérieures des montagnes s'élevèrent, les coquillages & les poissons étoient tellement multipliés dans le bassin de la mer, qu'elle a pu fournir des matériaux immenses qui ont servi à la composition des montagnes. C'est pour cela qu'on y rencontre de si nombreux testacées, tant de madrépores, & que des bancs de pierres à bâtir & des carrières de marbre, en font formés pour la plus grande partie.

De toutes ces observations qui ont été faites d'ailleurs par plusieurs autres naturalistes avant & après Maillet, & avec des détails encore plus instructifs, Maillet conclut qu'il y a eu un temps où la mer à couvert nos continens, & les a couverts pendant une suite de siècles assez considérable pour qu'elle ait pu, par ses productions, composer les massifs des montagnes & des collines, & leur donner, même dans son bassin, la forme qu'elles ont à la surface de la partie sèche du globe ; enfin, que par la suite la mer a diminué de tout le volume d'eau qui envelopoit ces montagnes, jusqu'à ce qu'elle ait été réduite au niveau que les eaux ont pris dans le bassin actuel.

Ainsi, suivant Maillet, les terreins apparens de notre globe font l'ouvrage des eaux de la mer, tant quant à la production des matériaux que quant à l'arrangement & à la disposition intérieure & extérieure des substances qui composent ces terreins.

En considérant cette grande diminution que les eaux de la mer ont éprouvée, Maillet a cru que la cause d'une révolution aussi considérable devoit subsister toujours, & que ces eaux devoient diminuer encore
par

par le concours des mêmes agens & des mêmes circonstances. Il va plus loin , il estime que si la mer diminue par une progression successive , il est facile de trouver la juste mesure de cette diminution. Cet élément de calcul étant donné , si l'on compare le point où l'eau se trouve réduite par la diminution actuelle, avec l'élévation de la plus haute montagne que l'eau a recouverte autrefois , on aura la mesure du temps que la mer a employé à diminuer de tout le volume d'eau qui remplissoit ce grand vuide. L'on pourroit donc connoître, par ce moyen , le nombre de siècles qui se sont écoulés depuis que la terre est habitable ; par la retraite de la mer : puis en comparant l'étendue de cette marche avec la profondeur du bassin de la mer , on auroit, dans le système de Maillet , la mesure de la diminution totale & le nombre de siècles nécessaires pour l'épuisement du bassin actuel, & enfin l'époque de la déflagration générale qui doit avoir lieu à la suite de cet épuisement.

Mais quelle est la cause de cette diminution , & par quelle raison les eaux qui couvroient autrefois de grandes parties de nos continens ont-elles abandonné ces différens terreins ? Maillet imagine que cet effet vient de ce que le globe de la terre se rapproche continuellement du soleil qui , par sa chaleur , a enlevé les eaux dont ce globe a été couvert. Cette diminution est donc absolue & la suite d'une évaporation qui enlève les eaux & les distribue à d'autres globes. Suivant Maillet , la terre avant le déluge universel étoit à l'égard du soleil dans une position bien différente de celle où elle se trouve aujourd'hui. Le cercle qu'elle décrivoit étoit sensiblement plus petit que celui qu'elle décrit maintenant. L'histoire nous apprend que dans ces temps reculés les hommes ne mouroient qu'à l'âge de neuf-cents ans , & Maillet pense qu'ils ne vivoient pas plus qu'aujourd'hui. Il croit que le seul moyen de concilier ces contradictions, c'est de

supposer que les années , avant le déluge , étoient plus courtes que les années actuelles ; & comme on mesure la longueur des années par la course de la terre autour du soleil , il s'ensuit que le cercle de l'écliptique étoit beaucoup plus petit qu'il ne l'est aujourd'hui. Malgré cela on suppose que la terre étoit moins exposée aux rayons du soleil qu'elle ne l'est maintenant , puisque les eaux des mers , quoique présentant une grande superficie , ne s'évaporoient point. Il falloit donc que le cercle décrit par la terre autour du soleil , fût celui de l'Equateur , au lieu que maintenant elle décrit celui de l'écliptique , ce qui , suivant Maillet , expose la terre à une grande action de cet astre sur elle.

Quoi qu'il en soit , il est certain que la mer a beaucoup diminué , puisque nous avons des preuves incontestables qu'elle a couvert de grandes parties de nos continens, d'où elle est aujourd'hui fort éloignée. Mais la mer actuelle , celle qui baigne les côtes de tous les continens, continue-t-elle à diminuer ? Maillet soutient qu'il en a aussi des preuves. Marseille , par exemple , n'est plus, suivant lui , située au même endroit où étoit placée celle des Romains ; son port n'étant plus aujourd'hui , à ce qu'il croit , ni celui de ce temps-là , ni même à la suite de l'ancien. C'est un ouvrage de l'art creusé sur un terrein qui est le prolongement du premier , & une restitution qui a été faite à la mer d'une partie du fond de son bassin qu'elle avoit abandonné. Suivant ces suppositions hasardées , Maillet voudroit nous faire croire que ce nouveau port que l'art a formé depuis le temps des Romains , en creusant un marais , sera encore abandonné pour toujours & comblé par la retraite des eaux de la mer. Telles sont les prétentions de Maillet , contestées par plusieurs écrivains qui ont traité savamment des côtes de Provence en particulier.

Fréjus , port autrefois si célèbre par l'asyle qu'il donnoit aux flottes des Romains, n'eſt pas ſeulement éloigné conſidérablement des bords de la mer ; mais encore il ne pourroit, ſuivant Maillet, le redevenir quand même on enleveroit toutes les terres qui l'ont comblé & qui ont éloigné la mer de cette ville : attendu qu'à en croire Maillet les eaux de la mer, après les déblais, n'arriveroient plus dans le baſſin qu'on creuſeroit, à la même hauteur où elles étoient du temps des Romains.

De l'endroit appellé le ſignal, & qui eſt aux environs de la ville d'Hieres, il y a aujourd'hui trois quarts de lieue à la mer, & le progrès de la prolongation de ce terrein eſt très-remarquable d'année en année, par la vaſe & le ſable qu'un petit torrent venant des montagnes y charrie dans ſes débordemens : ce qui n'eſt pas étonnant ; mais ce qui le ſeroit davantage, ce ſeroit l'abaiſſement du niveau de la mer à côté de cet atteriſſement.

Maillet, toujours dans les mêmes vues de ſuppoſition, parcourant enſuite la plûpart des côtes d'Italie & de la Méditerranée, ſoutient qu'elles ont changé de face depuis dix-ſept ou dix-huit cens ans ; & paſſant enſuite des bords de la mer à l'intérieur des terres, il veut nous perſuader que l'emplacement de Paris & de ſes environs ont été dans le baſſin de la mer à peu-près comme ils ſont. Et pour nous le prouver, il nous fait remarquer que dans les montagnes voiſines de Montfaucon, on trouve un arrangement de matières diverſes diſpoſées par lits, où il a reconnu l'ouvrage des courans aidés du flux & reflux, qui paſſoient alors ſur tout le terrein où Paris eſt ſitué, y entrant avec rapidité par le canal de la Seine, & s'étendant ſur la plaine de Saint-Germain & de Saint-Denis, ils laiſſoient à droite la montagne de Belleville & à gauche celle de Sainte-Geneviève qu'ils raſoient, tandis que ces mêmes courans formoient, à l'embouchure de ce golfe, la petite montagne de Montmartre.

Je cite ainſi tous ces détails & toutes ces formes du terrein qui prouvent la manière dont Maillet obſervoit, & dont il analyſoit les faits. Dans les détails qui précèdent, il a confondu les agens qui ont organiſé le ſol de Paris & de ſes environs, en ſubſtituant l'eau de la mer aux eaux courantes de la Seine, comme je le ferai voir à l'article des *environs de Paris*, dans le dictionnaire.

Il n'eſt pas étonnant qu'avec ces principes & cette méthode d'obſervation, Maillet ait conclu de ce qu'il a vu dans ſes différentes courſes, que non-ſeulement la mer a couvert le globe de la terre, mais encore qu'elle a formé par ſes courans toutes les montagnes dont il eſt hériſſé & toutes les inégalités qu'il préſente à ſa ſurface. Il eſt viſible que dans ces conſéquences, il a négligé de comprendre les effets des eaux courantes qui ont eu une ſi grande part à toutes ces inégalités, comme je le ferai voir par la ſuite aux articles *vallées*, *rivières*, &c.

Maillet a encore pouſſé plus loin ſes ſuppoſitions, relativement aux productions de la mer ; il nous dit que c'eſt dans la mer qu'a pris naiſſance tout ce qui reſpire aujourd'hui ſur le globe terreſtre, qu'il n'y a aucun animal, marchant, rampant ou volant dont la mer ne renferme les eſpèces ſemblables. Il ajoute enfin que s'il s'en trouve ſur la terre, qui diffèrent conſidérablement, quant à leurs formes & à leurs caractères c'eſt que ceux-ci ont éprouvé une ſorte de métamorphoſe en paſſant d'un élément dans un autre, & qu'il ne connoît pas d'autres cauſes qui aient pu opérer des changemens un peu remarquables.

Tel eſt le précis du ſyſtême de Maillet (*Telliamed*) ſur la diminution de la mer. Comme l'ouvrage qui en contient l'expoſition eut une certaine faveur lorſqu'il parut, & que les progrès qu'a faits depuis l'histoire naturelle de la terre ont donné lieu de connoître les grandes erreurs qui s'y trouvent répandues, j'ai cru que pour compléter cette notice, je devois discuter quelques-unes des principales méprises de cet auteur, qui peuvent nuire aux progrès de la *Géographie-Physique*. Ces réflexions auront pour objet, 1°. l'inondation de la mer que Maillet suppose avoir couvert les plus hautes montagnes & y avoir laissé des dépôts reconnoissables; 2°. la formation intérieure & extérieure des montagnes & l'approfondissement des vallées par les courans, au milieu du bassin de l'Océan; 3°. la retraite successive & indéfinie de la mer.

Première remarque.

Il ne paroît pas que la mer ait couvert les montagnes les plus élevées & sur-tout celles où l'on ne trouve aucuns vestiges de dépôts par lits & par couches, aucunes dépouilles d'animaux marins. Telles sont certaines parties des montagnes des Alpes, des Pyrénées, des Crapacks &c. Maillet ne connoissoit pas cette distinction de terreins, dont les uns sont l'ouvrage de la mer, du moins de la dernière & ancienne mer, & les autres ont formé les bords de son avant-dernier bassin. Cette distinction que nous devons à Rouelle, & qui a été confirmée par ses disciples, a donné lieu de connoître les limites de l'élévation des eaux de cette ancienne mer, & c'est par la détermination de cette ligne que nous serons en état d'apprécier toute l'étendue de la diminution des eaux du dernier Océan.

Il est certain, par exemple, que les massifs graniteux élevés, ne doivent pas être compris dans les parties de la terre que la mer a couvertes & abandonnées ensuite. Ce sont les noyaux & les sommets dominans de certaines chaînes de montagnes, qui paroissent les plus élevées, & où l'on ne trouve les dépôts de la mer qu'à des niveaux bien inférieurs, à celui de ces

sommets. Il paroît même que certains dépôts ont été adossés contre ces massifs, comme ayant été les bords de l'Océan, & que l'on peut suivre le prolongement de ces dépôts autour de ces grands noyaux graniteux, sous la forme de collines & dans une grande étendue de la surface de nos continens. Il seroit à désirer que tous ces terreins fussent circonscrits de manière à désigner les limites de l'ancien Océan.

Seconde remarque.

L'examen que Maillet prétend avoir fait du fond de la mer, pour reconnoître la parfaite ressemblance des dépôts sousmarins avec la superficie de la terre sèche, est une opération purement hypothétique, & par conséquent les résultats qu'il nous en donne, doivent être considérés comme entièrement romanesques. Apparemment que cet auteur s'est défié de ses lecteurs, ou plutôt de la solidité des preuves qu'il leur donnoit du double travail de la mer & de ses courans; & désespérant de pouvoir établir toutes ses suppositions par le raisonnement, il les a mises sur le compte de l'observation. Il nous raconte donc, dans ces vues, ce que ses voyages sousmarins lui ont appris, avec une confiance qui n'en inspire pas. En effet, les principaux détails y sont présentés, de manière à nous laisser la liberté d'y croire, ou de les rejetter, & sur-tout de nous dispenser d'attribuer l'approfondissement de nos vallées aux courans de la mer.

En effet, cet examen de la disposition générale des terreins nouveaux qu'on prétend configurés au fond de la mer comme nous les voyons à la surface de la terre, ne paroît pas avoir été exécuté sur un plan raisonné & solide, & par des moyens propres à écarter tout doute, & particulièrement dans ce qui concerne la marche des courans, & leurs différens travaux dans l'excavation des vallées.

Comment croire Maillet sur sa parole, lorsqu'il nous assure avoir vu toutes les vallées bien préparées, bien configurées, sur-tout dans les parties du bassin de la mer, qui renfermoient des dépôts que la nature disposoit à former les prolongemens de nos continens ; vallées configurées de manière à recevoir les eaux courantes des rivières, tant celles produites par les pluies, que celles que versent les sources & les fontaines. Voilà de beaux détails, & où les a-t-il trouvés ? dans quels parages les a-t-il vus ? quelle est la bordure du bassin de la mer, que la nature avoit disposée de manière à en faire le prolongement de la terre séche ? il n'a garde de nous le dire.

Maillet, au reste, allégue quelques observations, correspondantes entre le fond de la mer & nos continens, & que nous pouvons vérifier à la surface de ceux-ci : il nous dit, par exemple, qu'une preuve que les vallons ont été creusés dans le fond de la mer par les courans, c'est que les amas de coquillages se trouvent distribués le long de ces vallons, & n'ont pu l'être ainsi que par le même agent actif qui non-seulement les a creusés, mais encore a chassé devant lui à droite & à gauche, & les dépouilles des animaux marins, & les autres matières qui s'y sont trouvées mêlées. Comme Maillet ne cite aucun fait précis qui établisse ces arrangemens, il semble qu'on est en droit de lui opposer les observations qu'on pourroit avoir faites, & qui seroient même contraires à celles qu'il nous allégue. Effectivement, il s'en est offert plusieurs qui m'ont prouvé que ni les amas de coquillages, ni les massifs pierreux d'une certaine nature, n'avoient rien quant à leur forme, & à la distribution des matériaux qui les composent, qui paroisse avoir été assujetti à la direction des vallons. Car plusieurs vallons de certaines rivières principales, coupent non-seulement des amas de coquillages, mais encore des massifs de pierres, suivant leurs

plus petites dimensions. Ainsi je ne vois pas que les courans de la mer qui auroient creusé les vallons de la Marne, de l'Aube, de la Seine & de l'Yonne, aient distribué les matériaux qui sont entrés dans la composition des massifs que coupent ces vallons, suivant leur longueur. Je n'en indiquerai pour preuve que la craie qui se trouve coupée sur sa largeur & sa plus petite dimension par la Marne, l'Aube, la Seine & l'Yonne, comme je le ferai voir en publiant la carte du massif de la craie dans l'Atlas du dictionnaire. Je pourrois même montrer une semblable disposition dans un amas de coquilles qui suit la bordure orientale de la craie, & qui est coupé également par toutes ces vallées perpendiculairement à sa longueur : enfin une bande argilleuse se trouve distribuée & coupée de même. Tous ces matériaux n'ont donc pas été entraînés par les courans le long des vallons qu'ils auroient creusés : en contredisant une des deux opérations, il me semble qu'on jette un grand doute sur l'autre.

Le second fait qu'allégue Maillet, c'est que les courans dans leur travail au fond de la mer ont escarpé les bords des vallées, & sur-tout les cul-de-sacs qui se trouvent aux extrémités de ces vallées, & que c'est à cette dégradation long-tems continuée par les courans, qu'étoient dus ces amphithéâtres formés par les bords des couches, coupés à pic par les flots depuis le pied des montagnes, & des collines jusqu'à leur sommet. Comment peut-on croire que les courans, sur-tout aux extrémités des vallées où ils n'avoient plus d'action, puisqu'ils bornoient là leur prétendu travail, & où ils cessoient d'avoir une certaine énergie, aient pu détruire, & couper tout l'assemblage des couches qui entroient dans la composition des montagnes & des collines ; ensorte que ces couches auroient été détruites en même tems qu'elles se formoient ? Cependant lorsqu'on examine avec soin & en détail les bords des vallées, & les cul-de-facs qui en terminent un fi grand nombre, on voit qu'il n'y a de côtes ainfi efcarpées en amphithéâtre, & coupées à pic, que dans les lieux où les eaux des fources ont pu ainfi dégrader les couches ; ce qui n'a pu fe faire qu'a-près la retraite de la mer. Outre cela, les eaux torrentielles des pluies dans leurs accès, ont continué le premier travail de l'eau des fources ; voyez dans le dic-tionnaire l'article *Langres*, où l'on fait voir que les formes des bords de nos vallées, font dües aux eaux des fources de la Marne & des pluies. On s'attache fur-tout dans cet article à montrer que les côtes efcarpées dans le fond des vallées de la Marne, de l'Aube & de la Seine, n'ont pas été ainfi coupées par les flots de la mer, comme le prétend Buffon dans fes époques de la nature ; en cela l'écho de *Telliamed*. Ces deux écrivains fe font réunis fur ce point, pour imaginer les vagues de la mer, flottant au pied des côtes femblables à celles de Langres, & y formant les efcarpemens que nous trouvons par-tout au fond des vallées. Ils n'ont pas vu que tout dans le contour des cul-de-facs a été entamé, creufé, approfondi par les eaux des fources & des pluies qui coulent dans ces vallées, & qui continuent chaque jour les dégra-dations qu'elles ont commencées depuis la retraite de la mer. On voit que ce travail a fait d'autant plus de progrès, que les eaux courantes ont rencontré des cir-conftances plus favorables à leurs dégra-dations.

Conçoit-on que la mer, en même tems qu'elle formoit par fes dépôts une fuite de couches, les auroit détruites ainfi ? Au lieu de cela, ces couches qui fe montrent fur toutes les faces des efcarpemens, an-noncent vifiblement par leur correfpon-dance d'un bord à l'autre, leur ancienne union & continuité, lorfqu'elles rem-plilloient les vuides, où fe trouvent les cul-de-facs : on voit même que toutes ces coupures n'ont pu avoir lieu que depuis que ces couches ont pris, hors de la mer, une certaine confiftance qu'elles annon-cent de tous côtés.

Je puis d'ailleurs citer des formes à-peu-près femblables au fond de ces vallées, qui certainement n'ont pas été configurées dans le baffin de la mer, puifqu'elles ont été ap-profondies au milieu des maffifs qui ne font pas organifés par couches. Ces cul-de-facs font efcarpés de même que ceux qu'on voit dans les pays à couches horifontales, parce que les eaux courantes y ont produit de femblables excavations.

Si j'entrois dans un plus grand détail fur les formes que nous préfentent affez régulièrement & affez conftamment les bords des vallées, il feroit facile de mon-trer qu'elles n'ont pu être ainfi configu-rées au fond du baffin de la mer, & qu'une maffe d'eau, telle qu'on la fuppofe courir fur ce fond, n'auroit pas donné à fon lit les difpofitions que nous ob-fervons dans nos vallées ; mais je réferve cette difcuffion pour les articles *vallon*, *vallées* du dictionnaire.

En examinant maintenant ce qui con-cerne les courans eux-mêmes, nous ne trouverons rien de plus avéré fur leur exiftence au fond de la mer que fur leur travail. D'abord comment Maillet a-t-il vu les courans détacher les montagnes, & les collines d'une fuite de dépôts, dont toute l'organifation femble nous dé-montrer que la fuperficie étoit égale & uniforme, & fans aucune interruption ? Comment fuppofer des courans qui creu-fent des vallons, avant qu'il y ait fur le fond de la mer un lit propre à déter-miner la marche de ces courans ? Et fi ces inégalités font antérieures aux courans, comment affure-t-on que ces courans qui ne peuvent avoir lieu

sans elles, aient contribué à leur formation ? Je le répéte, il n'y a point de
courans sur le fond de la mer que la forme
du fond ne les détermine ; & pour que
cette forme ait lieu, il faut que les courans aient agi pendant long-tems. Donc,
dans l'état primitif des choses, tant qu'il
n'y a pas eu de lit pour les courans, il
n'y a pas eu de courans ; quelles sont
donc les circonstances qui ont donné
naissance aux courans & à leur lit ?

J'ajoute à toutes ces difficultés sur les
courans une considération générale sur la
distribution des vallées, qui ne leur est
pas plus favorable, si on les considère
comme leur ouvrage. Je vois 1°. que la
direction des vallées est assujettie à celle
des eaux courantes, qui suivent les pentes
des terreins différents des diverses contrées
de nos continens, lesquelles ne se sont pas
trouvées en même tems dans le bassin de
la même mer. Ainsi une vallée comme
celle de la Saône, par exemple, n'a pu
être formée en même tems, & par un
même courant, ou un système de courans
possible.

Les courans de la mer semblent avoir
des retours. Or les pentes de nos vallées
s'opposent à ces retours ; sans compter
que dans les systêmes de tous les vallons qui
composent les bassins de nos rivières,
on ne peut imaginer un jeu libre à l'eau
d'un courant, qui iroit contre la pente
des vallons latéraux, & qui d'ailleurs
rencontreroit des obstacles à toutes les
extrémités de ces vallons, & dans les cul-de-
sacs, où les bords escarpés s'opposeroient
au débouché de chaque courant, & à la
continuation de sa marche.

En troisième lieu, plusieurs habiles
physiciens ont pensé que les courans ne
maitrisojent que les masses d'eau qui sont
à la superficie de la mer, & non les eaux
qui atteignent le fond, excepté dans les
golfes où toute la masse d'eau se trouve

ébranlée : & pour lors c'est le flux qui
se fait sentir à une certaine distance des
côtes ; mais malgré cette marche des
courans sur le fond de la mer, on ne
remarque pas qu'ils s'y creusent des vallées
propres à succéder à celles des continens.
Car les sondes ne nous annoncent rien
de pareil à ce qu'ont imaginé Buffon &
Télliamed.

Troisième remarque.

Il n'est plus question maintenant que
de la retraite de la mer, qui a laissé à sec
de grandes parties de nos continens. Maillet a imaginé que cette retraite étoit successive, comme la diminution absolue de
ses eaux par un moyen quelconque d'é-
vaporation. Il y a plusieurs observations
à faire sur cette retraite successive : il
est certain d'abord que la mer a quitté
de grandes parties de nos continens, où se
trouvent des couches inclinées de schistes
& de pierres calcaires : il en est de même de
plusieurs parties qui nous offrent de grands
tractus de couches horisontales, & particulièrement de certains golfes, que la retraite
de la mer a changés en vallées de grandes
rivières qui y ont repris leurs cours anciens, & y ont creusé de nouveau un
lit au milieu des derniers dépôts de la
mer : toutes ces vérités incontestables
seront exposées dans différens articles du
dictionnaire, sur-tout aux mots *retraite
de la mer*, *golfes anciens*, & à quelques
articles de rivières. Ces événemens, ces
catastrophes, dont il nous reste de grands
vestiges, & des résidus immenses, paroissent avoir été bornés à certaines époques, & avoir eu un terme fixe, au-
delà duquel la nature jouit d'un état
de tranquillité qui n'a pas été troublé
depuis.

Maillet est venu dans ces circonstances
nous parler des premières retraites de
la mer, & on l'a cru, parce qu'il ap-
puyoit son assertion sur des témoignages

très-multipliés & incontestables ; mais lorsqu'il s'est aventuré jusqu'à soutenir que la retraite de l'Océan étoit successive, & qu'en conséquence nos continens se prolongeoient chaque jour par la diminution de l'eau & du bassin de la mer, on a discuté ses preuves, & on a trouvé que les faits qu'il nous annonçoit n'avoient aucun fondement. Les naturalistes observateurs, qui avoient reconnu avec soin la suite des terreins abandonnés par la mer, ont vu 1°. qu'ils ne sont pas du même ordre, & qu'en nous offrant tous les caractères de dépôts sousmarins, ils n'annoncent pas être le produit de la même mer; 2°. qu'en particulier tous ceux qui servent de bords à la mer actuelle, ne sont pas son ouvrage, puisque les coquillages, qu'on trouve dans les bancs horisontaux calcaires qui bordent nos côtes, ne vivent plus dans cette mer qui les baigne. Ce sont de grands amas de bélemnites, de gryphites, de visses, de cames, d'huitres, dont les analogues ne se voient plus dans les parages où nous avons établi nos pêches. Ainsi on ne peut pas dire, d'après cette observation, qu'il est aisé de répéter par-tout, que les dépôts formés dans l'Océan, le long de nos côtes, soient composés de matériaux semblables à ceux qui sont entrés dans la constitution physique des parties de nos continens abandonnées en dernier lieu par lui. La mer peut former de nouveaux continens dans son bassin actuel, mais elle ne forme pas le prolongement des nôtres. Donc il n'y a point de retraite successive.

Suivant l'observation de Stenon, que je rapporterai en détail à son article, certaines parties de nos continents se sont formées des débris des autres qui ont précédé : ainsi, puisque ce second travail de la mer vient à la suite de la destruction d'un premier, on ne peut pas dire que les dépôts de la mer se fassent successivement, & sans interruption, comme

il seroit nécessaire que cela s'opérât pour que le systême de Maillet fût applicable à tous les cas. Il auroit fallu que la moyenne terre, par exemple, eût insensiblement conduit à la nouvelle terre, ou que du moins il n'y eût pas eu de distinction entre la moyenne & la nouvelle terre (Voyez dans le dictionnaire cet article.) Cependant cette distinction existe par-tout, & est très-sensible aux yeux de ceux qui savent observer; les limites sont tranchées net, les lignes de démarcation très-suivies. La mer ne se retire donc pas insensiblement de dessus nos continens, & ne les abandonne pas à mesure qu'elle les forme : la mer a formé de certaines parties très-étendues de nos continens dans le même tems, sans interruption & sans discontinuité, sans succession : par conséquent, elle n'a eu ni une marche ni un travail successifs d'un point de la terre à l'autre. Le travail n'a été successif que dans l'épaisseur des dépôts, & la suite des couches placées les unes sur les autres.

D'ailleurs toutes les observations les plus exactes & les plus sévères, nous prouvent que depuis les tems historiques, les côtes de la mer actuelle n'ont point changé de position, & qu'en général le dernier bassin a toujours conservé la même étendue. Ainsi l'histoire civile, en cela conforme avec l'histoire naturelle de la terre, établit incontestablement que depuis ses derniers déplacemens, l'Océan est toujours resserré dans les mêmes limites, & que tous les changemens qui sont survenus le long des bords de la mer, ne se sont opérés que vers les embouchures des fleuves & des rivières, dont les eaux courantes ont déposé des matériaux, qui ont reculé ces bords en aggrandissant les plages : mais alors ce travail se reconnoît à des caractères particuliers qui le distinguent des côtes anciennes, organisées par lits & par couches suivies dans le sein de l'ancienne mer.

MARSIGLY.

Notice de différents ouvrages de Mar-
figly, relatifs à la Géographie-Phy-
fique.

Marfigly a réellement traité l'hiftoire
naturelle comme on devroit le faire,
lorfqu'on veut contribuer aux progrès
de la Géographie-phyfique : il a entrepris
de grands travaux dirigés par de grandes
vues : on met au premier rang fon travail fur le fleuve de l'Europe le plus confidérable, fi l'on confidére l'étendue de
fon cours, & le grand nombre de rivières qui y portent le tribut de leurs eaux :
c'eft après avoir étudié & décrit les baffins de chacune de ces rivières qu'il en
a formé cet enfemble, qui nous donne
une idée frapante du cours & de la diftribution des eaux, qui fe réuniffent dans
la tige principale du Danube. Si Marfigly eût ajouté à ces détails la connoiffance générale des maffifs & des terreins
que parcourent toutes les rivières, il
nous auroit donné le plus grand modéle
de recherches qu'on ait pu faire fur le
travail des eaux courantes à la furface du
globe.

C'eft auffi faute d'une bonne méthode
d'obfervation & de connoiffances fur
les caractères des maffifs qui concourent à former la conftitution intérieure
du globe de la terre, qu'il ne nous a donné
que des vues très-imparfaites fur le véritable cours de la ligne des montagnes
qui commence à la mer Noire, s'étend
parallèlement au Danube jufqu'au mont
S.-Gothard, & jufqu'à la Méditerranée.
Il s'étoit plus occupé de la continuité
prétendue de ces montagnes, que de la
détermination de la différente nature des
matériaux qui entroient dans leur compofition, & de leur difpofition intérieure.

Ce plan incomplet d'obfervations lui
avoit été infpiré par l'intérêt d'un fyftême
qu'il s'étoit fait fur les montagnes, qu'il
regardoit comme *l'offature & la charpente
du globe.* Le feul moyen qu'il avoit de fe
détromper fur cette hypothèfe, étoit de fe
livrer à l'étude de leur compofition.
C'eft ce que plufieurs naturaliftes ont fait
depuis lui, & les lumières qu'ils ont
recueillies de leurs obfervations raifonnées, ont prouvé que cette *charpente du
globe* qu'on a préfentée de nos jours avec
plus d'emphafe, n'avoit aucune réalité,
& devoit être totalement abandonnée
comme une hypothèfe fans aucun fondement, telle qu'elle a reparu dans les cartes & les écrits de Buache. *Voyez* l'article
BUACHE.

Le plan du travail de Marfigly, fur le
cours du Danube, mérite d'être fuivi &
dirigé fur des principes, qui font maintenant plus connus des naturaliftes qu'ils
ne l'étoient de fon tems ; c'eft avec ces
principes qu'on comprendroit dans ce
plan la difcuffion des objets, dont l'é-
claircissement intéreffe la Géographie-phyfique, & qu'on écarteroit un certain nombre de ceux qui font étrangers à ces
vues : qu'on fuivroit dans le plus grand
détail la forme & la conftitution phyfique des baffins particuliers de chacune des
rivières qui fe réuniffent au Danube. Il
eft vifible que, lorfque chacun de ces baffins auroit été figuré & décrit, il en réfulteroit une connoiffance vraiment pre-
cieufe de tout le fol fillonné par le fyftême général des eaux courantes, qui
concourent à former un grand fleuve.
On doit penfer, par cet apperçu, quel auroit été le nombre prodigieux de faits
généraux qu'on auroit recueillis dans toutes ces recherches, & combien leur rapprochement auroit contribué à enrichir la
Géographie-phyfique, en nous faifant connoître plufieurs vérités nouvelles fur les
effets des eaux courantes, fur la forme
des vallées, fur leur direction, &c. fur
la

la difpofition des fources, fur l'étendue & le prolongement des plaines, hautes & baffes, &c. Et je dois dire qu'une grande partie de ces vues, ont été déjà embraffées par Marfigly, & dans un ordre méthodique, dont il feroit facile de fuivre la trace & les développemens.

Dans fon hiftoire phyfique de la mer, Marfigly embraffe plufieurs vues très-intéreffantes fur la forme de fon baffin le long des côtes, & s'il eût varié, multiplié les fondes dans plufieurs parties de ces côtes, il n'y a pas de doute qu'il n'eût déterminé les caufes qui ont influé fur les changemens du fond de la mer, foit dans les Méditerranées, foit autour des ifles de différents ordres, foit dans les golfes ouverts ou étroits, foit le long des côtes qui appartiennent aux maffifs de la nouvelle, de la moyenne, ou de l'ancienne terre; & enfin fuivant les différents dégrés d'élévation de ces bords. On pourroit joindre au travail de Marfigly, qui avoit pour objet la forme du fond du baffin des mers, le long des côtes, ce qu'il a fait dans le bofphore de Thrace, fur le mouvement des eaux dans les détroits, qui réuniffent plufieurs baies des Méditerranées. Comme ces mouvemens des eaux offrent la caufe la moins équivoque de la forme des côtes d'un détroit, ainfi que du fond de fon canal, il eft vifible que Marfigly a recueilli les premiers élémens de la connoiffance des détroits & de leurs états.

I.

Travail & obfervations fur le baffin & le canal du Danube.

Des Ifles du Danube.

On trouve dans le lit du Danube plufieurs fortes d'ifles; fur-tout depuis Vienne jufqu'à Comorn, où ce lit a beaucoup

de largeur, étant rarement contenu & refferré entre deux bords élevés. Quelques-unes de ces ifles ne font que des amas de fables mobiles : auffi font-elles fujettes à changer de formes & de lieu, fuivant que l'eau du fleuve dans les crues enlève les fables, & en fait des tranfports de la tête à la queue.

D'autres font compofées de dépôts terreux qui ont plus de confiftance : auffi font-elles la plupart couvertes de forêts.

Les ifles les plus grandes font en partie compofées de terreins élevés au-deffus du niveau ordinaire des eaux courantes du fleuve, & en partie de terreins marécageux, où que l'eau du fleuve atteint & couvre dans fes premières crues. Quelques-unes de ces ifles ont dix à douze milles de longueur.

Les ifles baffes font en affez grand nombre; elles fe couvrent des eaux du fleuve, lorfque ces eaux ont atteint un certain dégré d'élévation, & elles difparoiffent entiérement dans les grandes crues.

Il n'y a d'ifles que là où il ne fe trouve pas des deux côtés du lit, du fleuve des bords élevés qui en refferrent le lit comme je l'ai déjà obfervé. Dans ces endroits-là, où fe trouvent les ifles, le fleuve ferpente beaucoup, parce que fes eaux fe font confervé une route au milieu des dépôts qu'elles ont formés.

Aux environs de Belgrade, on voit beaucoup d'ifles dans le lit du Danube; après quoi le fleuve étant fort refferré dans fon lit jufqu'à Vidin, on n'en voit plus que vers fon embouchure où font les ifles qui féparent les différents canaux par où ce fleuve fe décharge dans la mer noire.

On pourroit mettre au nombre des ifles

du Danube, les terreins environnés par plusieurs saignées qui le séparent du lit du fleuve. Il est à croire que ces saignées font des restes des anciens lits. La plupart se réunissent à des ruisseaux ou même à des rivières qui se jettent dans le fleuve, & elles en favorisent l'écoulement particulier : sans cela ces dérivations disparoissent au milieu de leur cours, & vont se perdre dans des marais ; après quoi elles reprennent un lit fixe, & bien terminé par des bords un peu élevés.

Bassin général du Danube

Le bassin du Danube est renfermé d'un côté par les monts Krapacks, & au midi par les montagnes du Tirol, de la Carinthie & de la Walachie. Ce bassin, outre le tronc principal du Danube, renferme des rivières de plusieurs ordres. Il y en a trois de la première classe, qui sont la Theisse, (*Tibiscus*), la Drave & la Save. La Teisse est elle-même le tronc d'un très-grand nombre de rivières assez considérables, & rassemble les eaux d'une superficie considérable. *Voyez* l'article de cette rivière. La Drave vient du Tirol ; la Save parcourt la Croatie, la Sclavonie & la Bosnie : ces deux dernières rivières recueillent les eaux de bassins, qui ont beaucoup plus de longueur que de largeur.

Les rivières de la seconde classe ne sont pas plus nombreuses que celles de la première : ce sont 1°. le Lolt qui recueille les eaux de la Transilvanie & de la Walachie, dans un cours d'environ soixante milles, & qui se jette dans le Danube, près de Turn. 2°. La Morave qui après un cours de 50 milles, se réunit au Danube près de Kollitz. 3°. la Grana qui se jette dans le Danube au-dessous de Comorn, après un cours de quarante-deux milles.

Les rivières de la troisième classe, sont au nombre de six ; savoir la Tamis, dont le cours est de trente milles : la Saravitz, qui après un cours de vingt-cinq milles, se jette dans le Danube à l'isle Moacs. Le Raab, le Leyta, l'Ister & le Baghy. Celles de la cinquième classe sont, le Timok de vingt milles, le Jautra de dix-sept milles, la Fischa de seize milles, le Corraza de dix-sept milles, le Vid de quatorze milles, le Marka de vingt milles, la Vaga de dix-huit milles, la Nitria de seize milles, l'Ipola de seize milles & le Xiu.

Je néglige le détail des rivières de la sixième classe, qui n'ayant pas plus de dix à douze milles de cours, ne font pas d'une grande importance ; & même par rapport à l'étendue du bassin du Danube, on ne doit guères considérer que les rivières des trois premières classes. Ce sont elles qui embrassent & recueillent les eaux des principales pentes de ce bassin.

Forme du canal du Danube, & nature des différents terreins, au milieu desquels il est creusé.

Les lits des fleuves sont contenus entre des bords ou des rivages de plusieurs espèces ; ou montueux, & composés de pierres dures & solides, ou simplement terreux & graveleux, c'est-à-dire, formés de dépôts terreux & graveleux, que les eaux des fleuves ont laissé le long de leurs bords dans certaines circonstances ; enfin marécageux & tourbeux.

Les bords montueux, sont plus ou moins élevés, plus ou moins escarpés, suivant la nature & la structure intérieure des massifs, à travers lesquels les eaux ont creusé leur canal, & la vitesse de ces eaux. Il y en a même certaines parties qui sont recouvertes par des dépôts ou terreux, ou sablonneux ou graveleux.

Les rivages terreux font compofés de terres noires, de terres graffes ou argilleufes, de terres mêlées de fables, de fables purs ou de fables mêlés de cailloux ou graviers.

Enfin les rivages marécageux offrent des tourbes, ou feules ou mêlées des différentes fubftances, dont il a été queftion dans l'article précédent.

Les bords des deux dernières efpèces, font ordinairement très-plats & peu élevés; ceux de la feconde efpèce ne font inondés que dans les plus grandes crues, & ceux de la dernière font toujours plus ou moins inondés, mais le font toujours dans les parties les plus baffes.

Les lits des fleuves font formés par des bords, comme nous l'avons dit, ou rivages, dont les terreins font de plufieurs efpèces, c'eft-à-dire, montueux & compofés de lits de pierres folides, ou fimplement terreux, & le réfultat des dépôts, faits par le fleuve lui-même, ou enfin marécageux.

Les rivages terreux, offrent des amas de terres noires & graffes, de fables & des mélanges de fables & de terres, & enfin de cailloux & graviers empâtés d'argiles ou de marnes.

Les rivages marécageux offrent des terres de tourbes, ou feules ou mêlées des différents matériaux, dont il a été parlé ci-deffus.

Ces deux fortes de bords font très-peu élevés, & même les marécageux font le plus fouvent couverts d'eau, & inondés aux moindres crues.

Mais les rivages de la première forme, ne font inondés que dans les plus grandes crues.

Enfin les bords montueux ou de collines, font plus ou moins élevés, ayant été coupés à pic par les eaux courantes du fleuve: & c'eft rarement qu'ils foient recouverts par des dépôts ou terreux ou graveleux ou fablonneux, lorfque les maffifs des hauteurs font d'une médiocre élévation.

Le fond du canal, dans le cas où le fleuve coule au milieu de fes dépôts, eft de même nature que fes bords: il y a des endroits où le fond du lit eft un rocher à nud & folide, comme les bords. Ceci a lieu, toutes les fois que l'eau du fleuve eft torrentielle; c'eft-à-dire, qu'elle a une grande pente & une grande viteffe; on ne trouve pour lors ni fable, ni gravier, ni cailloux roulés fur ce fond, mais à mefure que la pente s'adoucit, que l'eau diminue de viteffe, le fond du canal fe couvre de graviers ou de fables, qui fe répandent auffi fur les deux bords lors des inondations & des crues.

La forme du fond d'un fleuve dépend fort fouvent de la largeur du lit; plus le lit fe refferre, plus la concavité eft marquée; la courbure eft en raifon inverfe de la corde.

Je reviens maintenant aux rivages du fleuve, les rivages varient de figures, de ftructure ou d'élévation; mais pour en donner une idée vraie, il faudroit donner une defcription des différents maffifs, à travers lefquels le fleuve s'eft ouvert une vallée & un canal. Ce font d'abord ces différents maffifs qui ont donné la première forme au lit du fleuve, & puis ce qui a fuccédé aux premières deftructions du fol, aux premières excavations, ce font les dépôts: enfin il faut y joindre ce que les eaux ftagnantes, par les productions des plantes aquatiques, y ont ajouté, & y ajoutent tous les jours.

Les rivages marécageux, font ainfi formés par le séjour des eaux du fleuve qui ont trouvé la facilité de se répandre à côté du lit, sans participer au mouvement de transport, auquel sont assujetties les eaux courantes. Les plantes aquatiques croissent abondamment, & remplissent chaque jour les vuides qui se trouvent sur le fond du sol inondé : telle est en peu de mots la constitution des bords marécageux du Danube.

Ce fleuve depuis le mont Calemberg jusqu'à son embouchure dans la mer Noire, ne traverse plus de sol montueux qu'aux environs de l'embouchure de la Grana, & dans la Servie depuis Colombaiz jusqu'aux cataractes dont parle Strabon. Dans tout ce trajet, les rivages peuvent être considérés comme formés de la même sorte de pierre qui se trouve dans le massif des montagnes environnantes.

Dans les environs de Bude, les rivages sont composés d'une pierre schisteuse & ardoisière. La constitution des rivages depuis Colombaiz jusqu'aux cataractes, resserre le canal du fleuve par des masses qui se prolongent dans sa vallée de part & d'autre, depuis les monts Crapacks jusqu'au mont Hémus : cette espèce de digue naturelle n'a pas pu être enlevée par toute l'énergie & l'impétuosité des eaux du fleuve ; fort souvent un bord est de rocher solide, pendant que l'autre est terreux ou même marécageux.

Les rivages terreux du Danube changent souvent, suivant les rivières latérales qui y affluent & s'y réunissent dans les différentes parties de son cours. Ainsi la Morave & la Save y charient & y déposent des terres jaunes ; la Thieffe, des terres noires, & la Drave, des terres argileuses, très-propres à la poterie.

Les sables occupent aussi une grande partie des rivages du fleuve, & sur-tout le long de la rive du Nord ; ils sont si abondants, que le vent y élève des collines & des dunes, au milieu des terres.

Cataractes du Danube.

Les cataractes du Danube sont formées dans le lit de ce fleuve, comme elles le font dans celui de tous les autres, par la continuation des chaînes de rochers & des couches solides qui composent les rivages, & qui traversent leur lit à un certain dégré d'élévation, l'eau du fleuve n'ayant pû détruire ces digues. L'eau du Danube aux environs des trois cataractes est soutenue à différents niveaux, déterminés par l'élévation des digues de rochers qui traversent son lit. La première rallentit d'abord la vitesse du fleuve, c'est ce qui fait qu'entre cette première digue & la seconde, le niveau de l'eau est beaucoup plus bas ; il en est de même entre la seconde & la troisième ; enfin, le niveau baisse considérablement au-dessous de la troisième. Cette différence de niveau est si sensible, qu'elle peut être remarquée par ceux qui naviguent sur ce fleuve ; ils voient que la superficie de l'eau courante, est soutenue par les digues des cataractes à la hauteur de plusieurs pieds au-dessus du niveau qu'on trouve après ces digues : ce qui d'ailleurs est sensible par la chûte de l'eau qui traverse les digues.

Il faut observer que la plus grande différence du niveau, est au-dessous de la dernière cataracte, & par conséquent la plus grande chûte s'y fait remarquer. Il est visible qu'au dessous de cette dernière cataracte, l'eau du fleuve n'ayant plus d'obstacles pareils qui en gênent la marche, se trouve abandonnée à elle-même.

Marais du Danube.

Les terreins inondés & marécageux qui sont distribués le long des deux bords du Danube sont très multipliés ; on en trouve dont les baffins font d'une étendue plus ou moins confidérable & dont les communications avec le fleuve font plus ou moins ouvertes : les marais font toujours placés le long du rivage oppofé au courant du fleuve, & furtout dans les confluents des rivières confidérables qui s'y jettent, comme la Drave, la Save, la Thieffe : on en trouve auffi quelquefois le long des deux bords du fleuve.

Les marais font terminés d'un côté par une digue naturelle formée de terre ou de fable qui en fepare le baffin du lit du fleuve où l'eau eft courante. Cette digue eft percée & interompue par plufieurs ouvertures ou canaux par où l'eau du fleuve s'épanche dans le marais ; quelquefois le trop plein dans les crues s'y introduit par deffus la digue. Ces baffins des lacs & des marais en recevant ce trop plein, font que le fleuve ne croît dans certaines parties qu'au bout de plufieurs jours, & lorfqu'ils font bien remplis. Enforte que pour lors les crues & les inondations du Danube dans certaines provinces ne font produites que par le trop plein des marais dans lefquels le fleuve peut verfer d'abord les eaux fournies par la première crue.

Il y a des lacs & des marais qui fechent lorfqu'ils font furtout à un niveau au deffus des baffes eaux du fleuve : il eft évident qu'ils ne fechent jamais lorfque le fond de leur baffin fe trouve au deffous du niveau des plus baffes eaux, & c'eft alors qu'on les appelle *Lacs*.

D'un autre côté les marais font circonfcrits par un bord de terre folide que l'eau du fleuve ne recouvre jamais.

Nous diftinguerons ici plufieurs parties dans le baffin d'un marais : 1°. celles qui font ordinairement inondées dans les eaux moyennes & baffes du fleuve : 2°. les

grandes bordures qui ne font couvertes que dans les eaux du fleuve les plus hautes.

On remarque qu'il y a des communications de l'eau du fleuve à celles des marais ou des lacs & à une certaine profondeur. C'eft ainfi que les plaines baffes fe vuident d'eau & fourniffent à la dépenfe du marais qui leur fert d'égout. On remarque en général le long des bords de ce grand fleuve & des rivières confidérables qui s'y jettent, beaucoup d'eau de fources qui fortent des bords efcarpés des collines, après avoir couru dans le milieu des terres : ces fources forment des marais lorfque leur communication avec l'eau courante du fleuve n'eft pas libre, & qu'elle trouve des obftacles qui font digue.

Sables, graviers & cailloux roulés du Danube.

L'examen & la collection des fables, des graviers & des pierres roulées qui fe trouvent & fe ramaffent fur les bords & dans la vallée d'un fleuve doivent être faits d'après la confidération des eaux courantes qui les ont entraînées & dépofées à telle ou telle hauteur du lit du fleuve : on doit voir en même temps & les lieux originaires d'où elles ont été tirées & depuis lefquels les eaux les ont voiturées : ainfi l'on doit réunir à toutes ces vues la pofition des gîtes de tous ces matériaux lavés & roulés : ceci demanderoit des examens locaux affez fevères ; & leurs réfultats liés enfemble donneroient une idée de la marche & des transports de tout ce qui rempliffoit le vuide des différens baffins des rivières latérales qui fe jettent dans le tronc principal.

Des crues & des baffes eaux du Danube.

Il feroit à défirer qu'on fît fur plufieurs fleuves des obfervations affez multipliées, pour connoître les caufes, les temps & l'étendue de leurs crues, ainfi que les circonftances correfpondantes des baffes eaux.

Les crues du Danube dépendent fuivant Marfigly, 1°. de la première fonte des neiges à la fin de l'hiver dans les plaines & moyennes hauteurs ; ce font vifiblement les premières fontes de neiges : 2°. de la fonte des neiges fur les hautes montagnes & furtout lorfque les pluies du folftice s'y mêlent : le fleuve éprouve alors les plus grandes crues. Ces derniers accès arrivent ordinairement depuis le milieu de juin jufqu'au milieu de juillet. Enfuite l'eau du fleuve fe foutient à un certain dégré d'élévation jufqu'au 20 août : après quoi l'eau du fleuve décroît fenfiblement, & plus ou moins fuivant que la faifon de l'automne eft pluvieufe ou feche : car fi les pluies furviennent & fe foutiennent pendant quelque temps, alors le fleuve éprouve des crues extraordinaires.

Dans les temps de féchereffe, lorfque les neiges manquent, les eaux baffes du fleuve fe continuent à un certain point, qui fait croire que la maffe d'eau fluviale fournie par les fources, eft verfée uniformément au dehors par les réfervoirs qui ont reçu leur provifion dans les années où les neiges & les pluies ont été abondantes, c'eft fur ce fond là qui eft immenfe, que les eaux courantes & perpétuelles du Danube font alimentées continuellement : mais dans tous les cas les crues quelles qu'elles foient dépendent ou des pluies ou de la fonte des neiges qui ajoutent à cette maffe d'eau contenue dans les réfervoirs fouterrains, des fources & des fontaines.

I I.

Hiftoire de la mer.

L'hiftoire de la mer de Marfigli eft divifée en cinq parties : la première traite de la difpofition du fond ou du baffin de la mer : la feconde, de la nature de l'eau : la troifieme, de fes mouvemens : la quatrieme, des plantes qui y croiffent : la cinquieme, des poiffons.

Pour reconnoître ce qui concernoit le fond du baffin de la mer, l'auteur a fait plufieurs voyages où il a recherché quelle étoit fa nature & fa profondeur au moyen des fondes. Il a trouvé d'abord que le golphe de Lyon, compris entre le cap Siffé près de Toulon & le cap d'Agde, étoit coupé en deux par une côte cachée fous l'eau : que la partie qui eft depuis la terre jufqu'à cette côte ne paffe pas 70 braffes de profondeur, & que l'autre qui eft vers le large en a 150. en quelques endroits, & quelquefois tant que la fonde ne peut l'atteindre ; on la nomme *l'abifme.*

Il a recherché enfuite quelle étoit la conformation du terrein, c'eft-à-dire l'arrangement des divers lits de terre, de fables, de rochers, non feulement dans la côte, mais dans les ifles ou écueils voifins. Cette conformation s'eft trouvée femblable : de forte que les ifles ne font que des fragmens de la terre ferme, & qu'apparemment le fond de la mer en eft une continuation. De-là Marfigli conjecture que le globe de la terre a une ftructure déterminée, organique & qui n'a pas fouffert de grands changemens, du moins depuis un temps confiderable, par l'introduction de l'eau de la mer dans fon baffin. Il fait voir que les lits de fel & de bitume font mêlés entre des lits de pierres & que fur le fond naturel ou primitif de la mer il s'eft formé un fond accidentel, par le mélange des différentes matières, comme fables, coquillages, vafes &c. qu'un certain gluten a fortement unis & collés enfemble, & qui fe font enfuite durcis jufqu'à fe pétrifier. Comme ces incruftations fe font néceffairement par couches, il y en a telle où les pêcheurs diftinguent les augmentations annuelles ; elles ont une variété furprenante de couleurs, qui quelquefois pénètrent jufqu'dans la fubftance pierreufe, mais le plus fouvent elles ne font que fuperficielles & fe diffipent hors de l'eau.

Marfigly a reconnu par un thermomètre qu'il a plongé dans l'eau que le degré de chaleur y eft égal à différentes profondeurs ; qu'en hiver il eft un peu plus confidérable dans cette mer qu'à l'air libre; c'eft le contraire en été, mais fouvent auffi il eft égal. Cependant il a reconnu que plufieurs plantes de la mer s'accordent avec celles de la terre, pour repouffer au printems plutôt qu'en d'autres faifons.

Il penfe que l'eau de la mer, en fuppofant qu'elle foit bien choifie, eft plus claire & plus brillante qu'aucune autre eau.

Il croit qu'il eft aifé de déterminer les caufes de fa falure & de fon amertume, car il diftingue l'amertume de la falure; l'une eft produite, felon lui, par la diffolution des bancs de fel, & l'autre par la diffolution des lits de bitume. L'eau eft beaucoup plus propre à diffoudre le fel que le bitume. Auffi dans l'eau de la mer la dofe du fel eft-elle beaucoup plus forte que celle de bitume. Marfigly ayant pris 23 onces 2 gros d'eau de citerne pour en faire de l'eau de mer, il y mit 6 gros de fel commun, & feulement 48 grains d'efprit de charbon de terre : avec ce mélange il eut une eau de mer artificielle du même goût que la naturelle.

La petite quantité & la légereté de la matière bitumineufe font que l'eau de la mer diftillée & qui, par la diftillation, a perdu fa falure, n'a pas pour cela perdu fon amertume, & ce goût défagréable, & à ce qu'on prétend malfaifant. La diftillation qui fe fait naturellement par l'air & la chaleur du foleil & qui eft différente de celle d'un alembic, dépouille parfaitement l'eau de mer de fon bitume.

Il y a dans la terre tant de matières différentes que la mer lave, & fur-tout que

les eaux courantes des fleuves qui s'y jettent, y entraînent, qu'on peut légitimement croire que le bitume n'eft pas le feul principe qui s'y mêle avec le fel. Ajoutez à cela ce que la deftruction des poiffons fournit chaque jour à l'eau de la mer. Par ce que nous venons de dire, on voit que fur 24 onces d'eau de mer il y a 6 gros de fel, ou ce qui eft la même chofe, qu'elle contient la 31e partie de fon poids de fel ; mais cela n'eft vrai que de l'eau prife à la furface de la mer. Celle du fond eft plus falée, & renferme la 29e partie de fon poids de fel ; celles qui font à la furface de la mer, à l'embouchure du Rhône, font d'une 30e partie plus légeres que les eaux plus éloignées, pareillement fuperficielles, & celles-ci encore plus légeres que celles qui font à plus grande diftance de terre.

Il eft affez étonnant que l'eau de la mer à qui le fel n'a pas manqué, n'en ait pas diffous tout ce qu'elle en pouvoit diffoudre. Par les expériences de Marfigly une quantité d'eau qui doit en contenir 6 gros, en diffout encore 4 gros $\frac{1}{2}$, & l'eau de mer artificielle cinq. Il conjecture que les animaux & les plantes de mer confument une partie de fon fel, qu'il s'en diffipe une autre partie dans l'air, que les eaux douces qu'elle reçoit par les rivières & par les fources du fond de fon baffin, la deffalent encore : mais avec tout cela il ne prétend pas avoir donné la folution de cette difficulté.

Il a fait paffer 14 livres d'eau de mer à travers cinq pots de terre, qu'il a fucceffivement remplis de terre de jardin & de fable de mer. Les 14 livres d'eau ayant paffé & par le fable & par la terre, ont été également réduites à 5 livres 2 onces; mais elles ont été mieux deffalées par le fable & dépouillées d'une plus grande partie de leur poids. Par ces moyens l'eau de la mer pourroit devenir douce en fe filtrant dans les entrailles de la terre, fi, au bout d'un certain tems, les filtres ne se rempliſſoient pas du ſel qu'elles y dépoſeroient.

Le ſel des eaux ſuperficielles eſt blanc, & celui des eaux profondes, d'une couleur cendré-obſcur. Le premier eſt celui à qui on trouve une pointe d'acide; il eſt d'un ſalé plus mordant & d'une amertume moins ſenſible; de-là vient qu'à Peccais en Languedoc, où l'on tire du ſel d'eaux profondes de puits, il faut le laiſſer expoſé à l'air, du moins pendant trois ans avant de le débiter; ce tems lui eſt neceſſaire pour le dépouiller d'une amertume qui ſeroit inſupportable.

Marſigly s'eſt occupé des trois ſortes de mouvemens qu'on remarque dans les eaux de la mer, le flux & reflux, les courans & l'ondulation.

On ſait que la Méditerranée n'a point de flux & reflux, du moins dans ſon tout; & en effet, ſuivant le ſyſtême ordinaire, elle n'en doit pas avoir puiſqu'elle n'eſt pas ſur la route de la lune. Cependant comme un flux & reflux peu ſenſible, auroit pu facilement échapper aux obſervations que l'on fait communément, Marſigly en a fait de nouvelles auxquelles ce mouvement ne ſe ſeroit pas dérobé; il ne s'eſt point du tout fait appercevoir dans les endroits où l'on obſervoit.

Marſigly n'a rien découvert ſur les courans, quoiqu'il n'ait épargné ni peines, ni voyages; il n'a pu vérifier ce qu'on diſoit de ce fameux courant qui cotoie toute la Méditerranée, comme formé par l'entrée des eaux de l'Océan & par leur retour; mais il croit avoir reconnu une choſe ſingulière pendant l'été & dans le tems de la pêche du corail: on apperçoit à la côte de l'abîme un courant qui paroît avoir rapport au mouvement

du ſoleil ſur l'horiſon; mais de manière qu'il lui eſt toujours oppoſé, lorſque le ſoleil eſt dans la partie orientale de ſon cours diurne, c'eſt-a-dire, depuis ſon lever juſqu'à midi, le courant va à l'Occident; à midi il ſe tourne au Nord & enſuite à l'Orient.

Quant à l'ondulation, il ſuffit d'en connoître les degrés extrêmes. Marſigly a obſervé entre Maguelone & Peyrole, que dans une grande tempête les ondes s'élevoient juſqu'à 7 pieds au-deſſus du niveau ordinaire de la mer. Aux rivages montueux comme ſont ceux de la Provence, un vent furieux de *Lebeſché* n'y fait élever l'eau que de cinq pieds; mais la percuſſion qu'elle fait contre les roches la pouſſe quelquefois juſqu'à huit.

Nous ne parlerons pas ici du travail de Marſigly ſur les plantes marines ou du moins ſur ce qu'il appelloit ainſi. Comme on a fait depuis lui des découvertes qui ont changé nos idées ſur cette partie, je crois devoir en ſupprimer les détails. Nous remarquerons ſeulement d'après lui, que le corail croît ordinairement dans des grottes dont la voûte concave eſt à-peu-près parallèle à la ſurface de la terre. Il faut que la mer y ſoit tranquille comme dans un étang. Le corail ne vient jamais dans des grottes ouvertes au Nord; elles doivent l'être au Midi & tout au moins au Levant ou au Couchant. Il proſpere mieux & plus promptement à une moindre profondeur qu'à une plus grande; il eſt attaché par le pied au haut de la grotte & ſes ramifications s'étendent en en bas dans l'eau de la mer. Depuis qu'on a découvert que le corail & d'autres prétendues plantes marines ſont les productions d'animaux, preſque tout ce qu'il nous en a appris a une application infiniment utile, parce que tout étoit fondé ſur une obſervation exacte & détaillée.

PALISSY

P

PALISSY.

Notice des différens objets d'histoire naturelle qu'il a traités & éclaircis.

Dans cette notice j'ai présenté très-succinctement & le plus clairement qu'il m'a été possible, trois principaux points de la doctrine de Palissy. Le premier concerne les opérations de la nature dans la cryftallifation & la pétrification ; il en explique les différens effets, au moyen d'une *eau congelative* qui a reparu de nos jours fous d'autres noms que l'on a donnés à des caufes qui rempliffent les mêmes fonctions. Le fecond a pour objet l'origine des fources & des fontaines qu'il rapporte à l'eau pluviale ; tout ce qui concerne la circulation des eaux dans les parties de notre globe, voifines de fa furface, s'y trouve difcuté & expofé avec beaucoup de netteté. Enfin le troifième objet regarde la diftribution des coquilles & des autres corps marins dans les différentes couches de la terre. On fait que Palissy s'étoit occupé avec autant de fagacité que d'intelligence de la queftion par laquelle on recherchoit l'origine des grands dépots de ces corps organifés & qu'on confidéroit comme des fubftances totalement étrangères à nos continens. Palissy vit que ces dépots avoient été formés dans le baffin de la mer. C'eft la manière dont il avoit traité ce grand objet qui donna lieu à Fontenelle, fecrétaire de l'académie des fciences, de rappeler aux favans de fon temps tout ce que Palissy avoit fait pour les progrès de l'hiftoire naturelle de la terre, dans un fiècle où l'on ne favoit qu'imaginer & où l'on n'avoit pas encore adopté le feul moyen de s'inftruire, en observant, comme fit Palissy, ce qui s'offroit à la furface des continens. C'eft avec toutes les reffources d'un bon efprit, inftruit par l'obfervation, qu'il combattit l'opinion de Cardan, en le rappelant à la Genèfe au fujet du déluge & en lui montrant que tous ces corps organi-fés n'avoient pas été déplacés dans cette grande inondation ; mais qu'ils confervoient toujours le gîte naturel où ils avoient été dépofés dans le baffin que la mer occupoit pour lors. C'eft fur-tout à cette occafion que Fontenelle, comme je l'ai remarqué ci-deffus, fut apprécier le mérite de Palissy ; ce qu'il en dit dans l'hiftoire de l'académie, eft trop remarquable pour n'être pas cité ici.

« Un potier de terre qui ne favoit ni
» latin ni grec, fut le premier qui ofa
» dire dans Paris à la face de tous les
» docteurs, que les coquilles foffiles
» étoient de véritables coquilles dépofées
» autrefois par la mer dans les lieux
» où elle fe trouvoit alors ; que des
» animaux & fur-tout des poiffons avoient
» donné aux pierres figurées toutes
» leurs différentes figures &c. ; & il défia
» hardiment toute l'école d'Ariftote d'atta-
» quer fes preuves. C'eft Bernard Palissy,
» Saintongeois, auffi grand phyficien
» que la nature feule en puiffe former
» un ; cependant fon fyftême a dormi
» près de cent ans, & le nom même de
» l'auteur eft prefque mort. Enfin les
» idées de Palissy fe font réveillées dans
» l'efprit de plufieurs favans ; elles ont
» fait la fortune qu'elles méritoient. On
» a profité de toutes les coquilles, de
» toutes les pierres figurées que la terre
» a fournies ; peut-être feulement font-
» elles devenues aujourd'hui trop com-

» munes, & les conféquences qu'on en
» tire font en danger d'être bientôt
» inconteftables ».

I.

De la cryftallifation & de la petrification.

C'eft dans le fiècle où règnoit feule
dans les écoles la philofophie d'Ariftote
que naquit Paliffy ; négligé dans fon
éducation, il n'eut d'autres fecours que
l'obfervation de la nature, & un efprit
d'analyfe qui lui fournit bientôt une branche
de l'hiftoire naturelle, la *lithologie*.

La cryftallifation du nitre dans une diffolution rapprochée, fut par exemple un
trait de lumière pour Paliffy ; il obferva
que tous les fels fe cryftallifoient dans l'eau,
& qu'ils en fortoient avec des formes
régulières ; il en conclut que toutes les
fubftances que l'on rencontroit au milieu
des couches de la terre, fous des formes
cryftallines déterminées, avoient été
formées au milieu des eaux ou par les
eaux.

Ce premier pas fait, Paliffy raffembla
dans une collection tous les cryftaux qu'il
put rencontrer ; il réunit ainfi des cryftaux de gypfe, des cryftaux de roche,
des mines cryftallifées, des marcaffites &c.
qu'il confidéra comme des fubftances formées dans l'eau.

Il reftoit à déterminer la caufe de la
folidification de ces cryftaux & de tous
les corps qui prenoient chaque jour fous
nos yeux une certaine confiftance dans
l'eau ou par l'eau ; Paliffy imagina que
cet effet étoit dû à *une eau élémentaire*
qu'il appella *congelative* : & enfin pour
expliquer tous les phénomènes que lui
préfenta le règne minéral & même les
deux autres, il admit cinq élémens, le

feu, l'air, la terre, l'eau *congelative*,
& l'eau *exhalative*.

Les diamans, les cryftaux de roche
bien purs & bien tranfparents étoient
felon Paliffy formés d'eau congelative,
& cela, en raifon de leur dureté ; les
cryftaux colorés, comme les rubis, les
topazes, les grenats étoient formés d'eau
congelative mêlée avec des principes
métalliques : & les cryftaux opaques étoient
le réfultat de l'eau congelative combinée
avec des principes terreux furabondans.

Suivant cette même théorie, les pierres
brutes étoient un compofé de terres liées
enfemble par de l'eau congelative, plus
ou moins abondante en raifon de leur
dureté ; la formation des ftalactites & des
ftalagmites dans les grottes par le fuinte-
ment de l'eau à travers les bancs de
pierres, étoit une des opérations de la
nature que Paliffy citoit plus fréquemment,
& où il voyoit d'une manière plus frappante l'emploi de fon eau *congelative*.
Il en étoit de même felon lui des coquilles
pétrifiées & des autres petrifications brutes
dont la dureté lui paroiffoit dépendre de
la proportion de l'eau congelative &
de l'état de mélange de cette eau avec les
principes terreux.

Il vit en conféquence que cette eau
congelative, principe de toute folidité,
étoit répandue dans toutes les fubftances
animales, végétales & minerales. Conformément à ce principe, la deftruction
des végétaux & des animaux, foit par
la putréfaction, foit par la combuftion,
étoit un moyen d'en féparer l'eau congelative & de la rendre à l'eau exhalative
qui, l'entraînant avec elle fur des terres,
fur des débris de pierres, fur des fables,
fur des pierres ébauchées, la dépofoit &
procuroit ainfi à ces fubftances une confiftance plus ou moins forte, plus ou
moins complette.

Il réfultoit de la combinaifon journa- lière qui fe faifoit de ce principe folidi- fiant, que toutes les pierres pouvoient fe former chaque jour de cette manière. Paliſſy apportoit pour preuve de cette formation continuelle des pierres, les grès qui ne font qu'un fable aggluriné par l'eau congelative; les pierres coquil- lières qui ne font qu'un aſſemblage des débris de coquilles foudés enfemble par cette eau; enfin toutes les pierres qui contiennent des débris de végétaux & d'animaux pétrifiés enfemble.

Dans la defcription que Paliſſy donnoit de la formation du marbre de couleur veiné, il voyoit fon eau congelative tombant fur les principes terreux qui fervoient de bafe au marbre, ou char- gée de terre, ou colorée par différentes fubftances minérales. Lorfque cette eau colorée tomboit fur une furface déjà congelée & inégale, qu'elle s'y étendoit ou par nappe dans certains endroits ou par filets dans d'autres, on conçoit aifément qu'elle a dû donner naiſſance à cette variété infinie de deſſins qu'on rencontre dans ces marbres.

Ainfi le globe de la terre étoit com- pofé, felon Paliſſy, d'un grand nombre de pierres qui devoient leur formation à de l'eau congelative combinée avec les prin- cipes terreux.

I I.

De l'origine des coquilles marines diſtri- buées dans les couches de la terre, au milieu de nos continens.

La quantité de coquilles marines que l'on rencontre tant à la furface de la terre que dans les lits voifins de fa furface, eft trop confidérable pour qu'on pût fuppofer même du tems de Paliſſy, qu'elles y avoient été apportées par les

hommes, comme Voltaire l'a dit depuis. Plufieurs favants contemporains de Paliſſy avoient donc imaginé diverfes hypothèfes pour en rendre raifon; mais de toutes ces hypothèfes celle de Cardan étoit la feule qui eût été publiée en François, conféquemment la feule que Paliſſy pût lire. Cardan voulant lier ce phénomène avec les récits de la Genèfe, foutenoit que ces coquilles avoient été répandues ainfi dans les différentes parties du globe, par le déluge univerfel.

Paliſſy combattit cette opinion de Cardan, en lui rappellant les récits de la Genèfe qui ne permettent pas de croire que les coquillages qui habitoient les mers à l'époque du déluge, aient pu faire, en auſſi peu de tems que dura cette cataf- trophe, le trajet qu'elles avoient à par- courir pour s'élever fur les fommets des plus hautes montagnes où l'on en trou- voit. D'ailleurs, il obferva que les diffé- rents bancs qu'on en rencontre dans les diverfes parties de la terre, étoient trop étendus & trop multipliés pour n'être pas le produit de plufieurs générations; ce qui devoit nous empêcher de rappor- ter cette grande maſſe de productions marines au feul tems d'un événement paſſager tel que le déluge, tant pour leur exiftence que pour leur arrangement.

Du grand nombre de ces coquillages, de la manière dont ils font difperfés à la furface de la terre, de leurs amas, de leur difpofition régulière par bancs fuivis, Paliſſy crut devoir conclure que les eaux de la mer avoient recouvert les parties du globe où refidoient ces depouilles des animaux marins; mais il étoit porté à croire qu'enfuite les eaux s'en étoient retirées graduellement pour en couvrir d'autres; que c'étoit ainfi que les con- tinens formés par la mer avoient été mis a découvert. Il avoit donc été porté, d'après cette idée, à admettre le fyftême du déplacement continuel des mers que

Buffon s'est approprié d'une manière si brillante par la suite, & qui n'en est pas devenu plus vrai & plus conforme à la marche actuelle de la nature.

III.

Sur l'origine des sources & des fontaines, avec des idées sur la circulation de l'eau dans les parties de la terre voisines de sa surface.

Palissy a donné un *traité des eaux & des fontaines*, dans lequel il combattit le système de certains physiciens de son tems, qui soutenoient que l'eau de la mer étoit apportée dans des réservoirs souterrains par des conduits particuliers, à travers lesquels elle filtroit & se dessaloit. Après avoir montré l'impossibilité de cette circulation de l'eau de la mer, il établit le principe admis assez généralement parmi les physiciens de nos jours, que les eaux de la mer, des lacs, des rivières s'évaporoient, se dissolvoient dans l'air, & que chariées par les vents elles étoient transportées dans différentes contrées, d'où d'après des circonstances particulières, elles se formoient en nuages, elles se précipitoient en pluie; que ces eaux arrivées ainsi à la surface de la terre pénétroient à travers les premières couches, se rassembloient dans différentes cavités d'où elles s'écouloient lentement, & donnoient naissance aux ruisseaux, aux rivières, aux fleuves, aux lacs, aux étangs; qu'on trouve dans les différentes contrées de la terre.

Palissy étoit convaincu que l'origine des sources & des fontaines étoit due aux pluies, à la fonte des neiges &c. Il paroit même que cette opinion de sa part étoit la suite de l'observation qu'il avoit faite de toutes les parties de la terre qui concouroient à la collection des eaux pluviales, à leur circulation

dans l'intérieur du globe & à leur sortie au dehors par les *sources*. Il avoit tellement étudié cette organisation des premières couches de la terre, qu'il proposoit à ses antagonistes de démontrer par expérience, que tels étoient les moyens que la nature employoit pour le rassemblement de l'eau dans les réservoirs souterrains & son épanchement au dehors par les sources. Il proposoit donc d'élever une colline qu'il composeroit de couches d'argile, de lits de sables, de terres & de pierres, & il assuroit que cette colline factice, en recevant seulement les eaux de la pluie, donneroit par ses flancs des écoulemens d'eau plus ou moins abondans, suivant l'étendue de son sommet applati qui recevroit les eaux. Cette idée lumineuse est véritablement d'un bon esprit, instruit par les faits simples, que la nature nous offre de toutes parts, sur la circulation de l'eau dans les entrailles de la terre.

En nous bornant ici aux seuls points de physique & d'histoire naturelle sur lesquels Palissy sçut découvrir avec une grande sagacité le secret de la nature, il sembleroit que nous voudrions dissimuler ses erreurs. Nous finirons donc par remarquer ici sans partialité qu'il a soutenu que les glaçons chariés par les rivières, ne se formoient pas au fond de leur lit; mais nous ajouterons que de tous les raisonnemens que les physiciens de notre tems ont hasardé contre la suite des observations qui établissent le fait contraire, ceux de Palissy supposoient plus de vues, s'écartoient moins du point précis de la question & méritoient plus d'être écoutés & réfutés. On voit dans Mairan & Nollet des moyens incomplets, des idées vagues pour combattre ce que l'observation précisé des glaçons résidans au fond du lit des rivières, a bien appris à ceux qui ont suivi la nature dans cette partie. Ce qui surprend ici lorsqu'on a bien connu la marche ordinaire de Palissy, c'est qu'ils se soit écartés de sa méthode rigoureuse de voir & de consulter la nature qui l'avoit si bien servi dans toute autre occasion. Il a été séduit par les premières apparences qui, dans cette question, en ont imposé à tant d'autres ; de manière que dans le tems présent la vérité sur ce point n'est pas bien connue de tous les physiciens, sur-tout de ceux qui se bornent à des apperçus légers & superficiels.

PALLAS.

Notice de ses observations sur les différens ordres des montagnes & terreins de l'Empire de Russie.

Quoique je me sois fait une règle de ne point placer dans ces notices d'auteur vivant, cependant l'importance du compte que Pallas a rendu de ses observations, qui embrassent une très-grande partie du globe, m'a déterminé à l'adopter ici comme remplissant un grand nombre de vues relatives à la *Géographie-Physique.* J'y ai joint aussi les détails d'une hypothèse qui entre moins peut-être dans les principes de cette science, attendu que l'on y tente d'expliquer les faits qui ont été exposés dans ce compte, par des catastrophes violentes & subites qui écartent trop visiblement la considération des agens ordinaires dans des effets où leur influence paroît très-marquée & très-facile à reconnoître, lorsqu'on se donne le temps de voir, & à la nature celui d'opérer. Au reste, cette hypothèse en réunit un grand nombre d'autres qui avoient déjà été mises en avant pour expliquer un grand nombre de phénomènes : elle me semble être le dernier effort des naturalistes qui veulent à quelque prix que ce soit terminer leurs travaux par des théories de la terre, par des vues générales, dans un temps où il semble qu'on ne sauroit trop encore se borner à des recherches particulières. Du moins ce sont là les principes auxquels je pense que doivent s'attacher ceux qui veulent

faire faire quelques progrès solides à la *Géographie-Physique,* comme à la partie de l'histoire naturelle, qui rassemble lentement & sagement les matériaux dont on pourra quelque jour faire usage pour la théorie.

Au reste, en attendant il faut toujours rapprocher ce que les observateurs, comme Pallas, ont pensé sur les objets qui les ont occupés dans leurs voyages, & recueillir les réflexions qu'ils leur ont inspirées, quand même elles ne nous offriroient ni un certain ensemble, ni un dénouement, ni une explication raisonnable de tous ces faits.

Pallas après avoir vécu long-temps au milieu des montagnes, & les avoir décrites, cherche à expliquer l'état présent des massifs que présente la terre à sa surface. En supposant que les hautes montagnes qui sont composées de granit aient formé le noyau du globe & des isles qui se montrent à la surface des mers, & que la décomposition de ces massifs ait produit les premiers amas des sables quartzeux & seld-spathiques, ainsi que les débris de mica dont les schistes & les plaines des anciennes chaînes sont formés, la mer qui entouroit ces massifs a dû amener autour les matières légères & ferrugineuses, produites par la destruction des animaux & des végétaux dont elle a été peuplée dans ces premiers temps, & le reste de ces corps mêmes a dû être amené à une certaine distance des terres sèches & y former, en infiltrant ces principes dans les couches qui se déposoient sur les granits, des amas de pyrites, foyers des premiers volcans qu'on vit éclater successivement en différentes parties du globe. Ces anciens volcans, dont les traces ont été effacées par la succession des siècles, bouleverserent les couches déjà rendues solides par le temps & sous lesquelles se firent leurs explosions. Ils changerent les matières de ces couches par l'action des feux, & produisirent les premières montagnes de la bande schisteuse qui répond en partie aux lits d'argile & de fable des plaines, ainfi que ces montagnes calcaires, dont la voûte eft folide, & qui pour la plupart font fans aucuns veftiges de corps marins. Ce fut alors que dans les cavernes & les fentes furent produits les filons métalliques, ou quartzeux ou fpathiques. La mer en baignant le pied de ces montagnes vint y dépofer des productions marines, qui infenfiblement formèrent des bancs de coraux, ou de coquilles, ou des pierres calcaires compofées de leurs débris. De nouveaux volcans forcèrent la mer de fe retirer, foulevèrent des bancs & produifirent les énormes Alpes calcaires de l'Europe.

Mais il a dû exifter une convulfion prodigieufe du globe, une inondation violente, & fuivant la remarque de Juffieu, au fujet des empreintes de fougères & d'autres plantes Indiennes fur nos ardoifes, toutes couchées du côté du Nord, ce courant a dû venir du Sud ou de l'Océan des Indes. Pallas attribue ce déluge, terrible pour fes effets, à une éruption puiffante de quantité de volcans qu'il place dans l'Archipel des Indes. La première éruption de ces feux qui y foulevèrent le fond d'une mer très-profonde, & qui peut-être d'un feul éclat, ou par des fecouffes qui fe fuccédèrent de près, fit naître les ifles de la Sonde, les Moluques & une partie des Philippines & des terres auftrales, devoit chaffer de toutes parts une maffe d'eau qui furpaffe l'imagination : & cette maffe d'eau heurtant contre la barrière, que les chaînes continues de l'Afie & de l'Europe lui oppofèrent au Nord, elle dut caufer des bouleverfemens & des brèches énormes dans les terres de ces continens, entraîner les bancs formés devant eux & les couches fupérieures des premières terres. Pallas croit que les eaux furmontèrent les parties les moins élevées de la chaîne qui occupe le milieu du continent & charièrent ces dépouilles mêlées aux matières dont l'éruption avoit déja chargé les eaux de la mer. Il voit qu'à la fuite de cette inon-

dation, les débris des arbres & des animaux enveloppés dans les flots furent enfevelis & formèrent, par des dépôts fucceffifs, les montagnes tertiaires & les atteriffemens de la Sibérie. Les *montagnes tertiaires*, felon Pallas, ne font que des dépôts de la mer foulevés par des volcans & entraînés, comme on voit, par une éruption violente & une inondation impétueufe. Enfin elle a formé en s'écoulant du côté du Pôle, avec tout le volume des eaux qui cou-vroient encore les plaines, & que la dimi-nution du niveau général devoit entraîner, les inégalités, les vallées, les traces des fleuves, les lacs & les grands golfes de la mer feptemtrionale, dérangeant, chemin faifant, les couches plus anciennes, & entraînant encore affez de matières hété-rogènes, pour combler une partie des profondeurs de la mer du Nord & caufer les bas-fonds de fes côtes.

Telle eft l'hypothèfe imaginée par Pallas fur la formation des principaux grouppes des montagnes, fur leur diftribution irré-gulière & fur la figure de notre ancien continent. On ne peut difconvenir que cette hypothèfe ne foit très-compliquée & ne faffe mouvoir des agens bien hypothétiques & très-éloignés de la marche naturelle des événemens. La variété des caufes aux-quelles Pallas attribue la formation de ces points élevés qui hériffent la furface de la terre, eft amenée ici par des moyens fur lefquels chacun peut imaginer ce qu'il voudra, & il faut avouer que lorfqu'on eft maître de fes moyens, il eft convenable d'en diriger la marche d'une manière plus fimple & plus élégante.

Je voudrois, par exemple, que Pallas qui emploie auffi gratuitement l'action des feux fouterrains, eût conftaté leurs anciens foyers par l'étude des pays où il place leurs éruptions. Il faut lorfqu'on bâtit des fyftêmes, partir de la connoiffance des localités. Pallas n'ignore pas, fans-doute, que les traces des anciens volcans, quelque

reculées que foient leurs époques, fubfiftent toujours aux yeux d'un naturalifte
inftruit. Ainfi donc, puifqu'il fait ufage
de fes obfervations & de fes recherches;
car c'eft à ces titres que je l'écoute, il faut
qu'il nous indique ce qu'il a vu comme un
des témoins des opérations qu'il nous
remet fous les yeux.

Je vois d'ailleurs qu'il a préféré de mouvoir les couches qui ne font guères mobiles,
plûtôt que la mer qui l'eft bien davantage.
Je puis cependant prouver que la mer fe
meut & que les terreins qu'elle a couverts &
abandonnés enfuite, n'ont pas bougé.
(Voyez dans le dictionnaire l'article *Retraite
de la Mer.*) Mais écoutons un habile obfervateur qui a de grands faits à nous développer.

I.

*Defcription des montagnes primitives & du
premier ordre, avec des confidérations
générales fur les terres qu'elles occupent,
fur leur élévation. &c.*

Depuis le renouvellement des fciences,
on n'a ceffé de former des hypothèfes fur
la ftructure intérieure & apparente du
globe de la terre; fur l'origine de fes montagnes; fur les couches horifontales,
remplies de productions marines, & fur
les autres traces des révolutions qu'il doit
avoir éprouvées, & dont on s'eft efforcé
de trouver ou de fuppofer les caufes naturelles. Ce n'eft que de nos jours qu'on
a commencé à généralifer quelques connoiffances fur la conftitution de la furface de la terre, & des grandes chaînes
de montagnes primitives: c'eft à cette
époque qu'on a pris les premières idées
nettes & précifes fur l'ordre que la nature
a fuivi en formant ces élévations du globe,
& dans l'arrangement des couches qui
compofent les collines & les plaines de
nos continens. J'indiquerai dans ces no-

tices quelques-uns des favans, auxquels
nous fommes redevables de ces vues:
dans cette notice-ci, je m'attacherai à
faire connoître ce que nous devons dans
cette partie au favant obfervateur Pallas;
c'eft lui qui, fous ma plume, expofera
en grande partie fes obfervations, & les
conféquences qu'il en tire.

D'après ce que nous favons fur les Alpes
Suédoifes, Suiffes & Tiroloifes, fur l'Appennin, fur les montagnes qui environnent la Bohême, fur le Caucafe, fur les
montagnes de la Sibérie, les Andes mêmes, l'on peut admettre en axiôme que
les plus hautes montagnes du globe, qui
forment les chaînes continues, font faites
de cette roche, qu'on nomme *Granit*,
dont la bafe eft toujours un quartz, plus
ou moins mêlé de feldfpath, de mica &
de petites lames de fchorl éparfes fans ordre, & par fragmens irréguliers, & en
différentes proportions, autant que des
obfervations faites à la furface de la terre,
& que les fouilles des mines & des puits,
quoique bien peu profondes, en comparaifon de la maffe totale de la planète,
peuvent nous inftruire. Cette vieille roche & le fable, produit par fa décompofition, forment la bafe de tous les continens. C'eft le granit qu'on rencontre
au-deffous des plus profondes couches
des montagnes, & fouvent dans les terres
baffes, où ces couches font enlevées par
la violence des inondations. C'eft lui qui
forme les grandes boffes ou plateaux, &
pour ainfi dire le noyau des plus hautes
Alpes de l'univers connu; de façon que
rien n'eft plus vraifemblable que de prendre cette roche pour le principal ingrédient de l'intérieur de notre globe. J'avoue
qu'une telle conftitution ne fauroit favorifer la doctrine du feu central: bien
au contraire, les phyficiens qui placent au noyau de la terre une maffe énorme d'aimant, doivent fe mieux trouver
de cette affertion, puifque l'aimant toujours micacé, & très-fouvent mêlé de

quartz, montre plus d'affinité à la roche granitique qu'aux minéraux phlogiftiques, ou à la roche calcaire, ou au fable pur, que d'autres ont prétendu occuper l'intérieur du globe. Au refte, le granit en général peut être confidéré par plufieurs perfonnes, comme ayant été dans un état de fufion, & n'être qu'un produit du feu. Buffon (& avant lui Leibnitz) qui fuppofent que la matière des planètes a été détachée de la maffe du foleil par le choc d'une comète, ou que des comètes embrâfées & fondues par le feu du foleil, font venues former ces corps-errans de notre fyftême planétaire, rendent facilement raifon de cet état de la roche primitive.

En attendant au refte que les hommes foient parvenus à découvrir la véritable caufe, qui a jetté cette maffe énorme de matière vitrifiée (fi c'en eft une) dans l'orbite où nous circulons, il fera toujours prouvé par une obfervation générale & conftante, que cette ancienne roche, que nous appellons *granit*, & qui ne fe trouve jamais en couches, mais en blocs & en rochers, ou du moins en maffes entaffées les unes fur les autres, ne contient jamais le moindre veftige de pétrifications ou de corps organiques empreints : de façon qu'elle femble avoir été antérieure à toute la nature organifée, ou du moins réduite dans l'état où nous la voyons par une refonte totale, qui auroit détruit jufqu'aux moindres traces de tout corps organique, qui pourroit avoir exifté avant une telle cataftrophe. Nous voyons auffi que les plus hautes éminences qu'elle forme, foit en plateaux, foit en groupes de montagnes, ou pics efcarpés, ne font jamais recouvertes de couches argilleufes ou calcaires, originaires de la mer, mais femblent avoir été de tout tems, ou depuis leur formation, élevées, & mifes à fec au-deffus du niveau des mers. Obfervation qui réfute l'hypothèfe de ceux qui croient que toutes ces élévations montagneufes du globe, font l'effet du feu

central & de fes explofions dans les premiers âges de la terre, lorfque la croûte qui environnoit ce brafier merveilleux, n'avoit pas encore affez de folidité pour réfifter également à un tel agent intérieur; ce qui n'auroit pu fe faire fans élever en même tems différentes couches étrangères, qui auroient dû fe trouver perchées fur les grandes hauteurs efcarpées des montagnes granitiques. Un feul exemple de cette nature prouveroit qu'il pourroit y avoir eu des feux fouterrains ou des foyers de volcans plus bas que le granit, ou bien dans l'intérieur de cette roche; mais jufqu'ici on l'a cherché en vain, quoique les foyers de plufieurs volcans éteints qu'on a examinés de nos jours, femblent avoir été placés immédiatement fur la vieille roche.

Buffon convient lui-même que les fommets des plus hautes Alpes qu'il ait vus, fouvent à deux ou trois cents toifes en defcendant, font ordinairement compofés de rochers de différentes efpèces de granit, qu'il avoue dans un autre endroit ne point contenir de coquilles, & par-là il contredit ce qu'il affure ailleurs. Il n'eft pas plus exact en mettant le granit au nombre des matières arrangées par couches (vol. II, pag. 27). Il faut avouer que certains granits femblent entaffés par couches de plufieurs pieds d'épaiffeur; mais les fentes qui ont divifé cette roche en grandes maffes parallelipipédes, ne démontrent pas plus fa formation par le dépôt des eaux que les articulations du bafalte ou les fentes d'une argile durcie au feu. On voit une preuve illuftre contre l'opinion, qui met le granit au nombre des pierres en couches, formées par le dépôt des eaux, dans cette roche énorme, qu'on a choifie, pour foutenir à Pétersbourg le monument de Pierre le Grand; roche, dont les dimenfions de 21 pieds d'épaiffeur, fur 42 de longueur & 34 de largeur, ne peuvent guères fe trouver dans aucune couche des dépôts du globe.

On

On tracera ici les principales élévations de cette ancienne roche dans l'empire de Russie, & dans toute l'Asie septentrionale autant que l'on en a pu acquérir la connoissance, soit par une observation suivie, soit par des relations dignes de confiance.

Les observations des derniers voyageurs ont constaté que le Caucase, qui occupe l'espace entre la mer Caspienne & le Pont-Euxin, est une des plus hautes montagnes de granit, qui existent sur notre globe. Cette masse élevée, est très-régulièrement accompagnée de bandes schisteuses, qui recouvrent toujours les côtes des grandes chaînes, ainsi que des montagnes du second & du troisième ordre, qui en sont les appendices naturels, comme on le dira par la suite, en parlant des montagnes de la Sibérie. L'on a moins de connoissances précises sur les montagnes, qui forment l'enceinte méridionale de la mer Caspienne; mais à en juger par le peu qu'on en a pu savoir, ce sont plutôt des montagnes schisteuses & calcaires, soulevées à des hauteurs considérables par l'effet des feux souterrains, qui semblent avoir formé l'Ararat peut-être lié à cette chaîne, & qui d'ailleurs ne sont pas éteints dans les montagnes de la *Perse,*

Une chaîne célèbre depuis long-tems, mieux reconnue de nos jours par les nombreux établissemens de fouilles & de mines qu'on y a formés, & par les différentes courses des voyageurs, qui l'ont traversée en tous sens, est celle des montagnes d'*Oural,* que le respect des peuples, qui en habitent les environs, leur a fait appeller la ceinture de la terre, & que l'on donne avec raison, pour limites naturelles entre l'Europe & l'Asie. Le granit & le quartz ne forment ici qu'une bande étroite, qui va en serpentant du midi au nord. Sa plus grande largeur se trouve sur les sources du Jaïk & du Biélaïa,

où elle est renforcée par quelques hautes montagnes, détachées de la chaîne, à travers lesquelles la roche granitique s'élève au milieu de la bande schisteuse, sur-tout du côté de couchant. Elle se prolonge de-là par une proéminence foible, & qui diminue sur-tout jusqu'aux sources du Toúra, souvent presque interrompue, affaissée, & recouverte par les couches schisteuses qui l'accompagnent; puis s'élargissant de nouveau, elle forme de très-hautes montagnes, qui occupent l'espace entre les sources du Kama & de la Petchora d'un côté, & le pendant des eaux qui coulent à l'Orient, pour se réunir au Tawda; enfin, elle finit en décroissant, mais toujours hérissée de rochers vers les bords de la mer Glaciale, où elle forme le grand Cap, qui est à l'ouest du Golfe de la rivière Oby; puis tournant au Nord-Est, le long des côtes arctiques, elle va former la Nouvelle Zemble, par une branche marine, & se lie par des côtes escarpées à la grande chaîne boréale de l'Europe. C'est cette chaine qui, après avoir parcouru la Scandinavie, s'étend dans les basses terres de Finlande, qu'elle remplit de rochers granitiques, & d'autres terreins fort élevés. D'un autre côté, elle se prolonge du Cap-Nord de la Norvège, par la chaîne marine du Spitzberg, en remplissant, peut-être, d'isles & d'écueils locaux l'Océan septentrional : c'est de-là qu'on la voit se réunir aux pointes boréales & orientales de l'Asie & de l'Amérique septentrionale. Ces divers prolongemens, fondés sur les loix connues de la nature, s'opposeront toujours aux tentatives des peuples commerçans de l'Europe, pour se rendre, de l'Europe par les mers boréales, à la Chine & au Japon.

L'abbé Chappe a eu raison de contredire Usbrand, Ides & Lange, par rapport à la hauteur excessive, que ces voyageurs avoient attribuée à cette partie des monts *ourals,* qui passe entre Solikamska & Verkhotourie: c'est avec les mêmes raisons qu'il avoit fuppofé le fol de la Sibérie, ou les plaines au-delà de ces montagnes, moins élevés au-deſſus de celles de l'Europe, ainſi que Stralemberg l'aſſuroit. Les parties ſeptentrionales par où le voyage aſtronomique de l'abbé Chappe l'a conduit, ſont effectivement des plaines baſſes, couvertes de forêts & très-ſouvent marécageuſes; mais cet obſervateur François convient que le ſol de la Sibérie s'élève vers le Midi, c'eſt-à-dire, vers les Alpes qui forment ſa frontière, & puiſque cette chaîne s'élargit & s'élève de plus en plus vers l'Orient, l'élévation des plaines de Sibérie y devient de même plus conſidérable & leur pente plus rapide; ce qui ſemble juſtifier en partie l'aſſertion de Stralenberg. Cette diſpoſition du ſol de la Sibérie en plan incliné vers la mer Glaciale, ſon expoſition aux vents de Nord & de Nord-Eſt pendant que ceux du Midi ſont interceptés par la grande chaîne couverte, dans la plus grande partie de ſon trajet, de neiges continuelles, & ceux de l'Oueſt par la chaîne Ouralique, devient une cauſe plus puiſſante pour rendre le climat d'un pays ſi rude que ne le feroit l'élévation ſeule ou les amas de ſel auxquels l'abbé Chappe voudroit attribuer la rigueur des froids qui y règnent. On pourroit citer en preuve de cette aſſertion les environs de la fonderie de Bernaoul, ſur l'Obi, garantis des vents du Nord par un *tractus* de montagnes & de forêts qui s'avancent entre le Tom & l'Oby. C'eſt-là qu'on voit toutes ſortes de jardinages même les melons & les citrouilles qui viennent parfaitement bien en pleine terre; tandis que deux dégrés plus au Sud, la pente des *mo*tagnes altaïques expoſée au Nord, ne produit rien. On pourroit citer les vallées du Selinginsk & les environs de la rivière Abakan, fleuris au mois d'avril, au pied des montagnes, au Nord deſquelles règnent les frimats & les neiges juſqu'au mois de juin. Une partie de notre Europe doit peut-être la douceur de ſon climat aux Alpes de la Scandi-

navie & de l'Écoſſe, qui détournent les vents du Nord, & à ce que les glaces du Nord ont un débouché libre entre l'Europe & l'Amérique pour être entraînées par les courants juſque vers les Tropiques; de ſorte que les vents du Nord y ſont moins refroidis & moins ſoutenus en été. Ce ſont au contraire ces glaces renfermées par le Cap-Nord & par les côtes du Spitzberg qui influent ſur le climat de la Ruſſie ſeptentrionale.

Les déſerts d'Aſtrakan ſemblent, par oppoſition, devoir la chaleur de leur été qui y favoriſe la production des plantes propres à la Perſe & à la Syrie, à leur expoſition aux vents de Sud & de Sud-Eſt & aux terreins élevés qui les couvrent au Nord; ce n'eſt auſſi que les vents de Nord-Eſt & de Sud-Oueſt réfléchis par les montagnes d'Oural & le Caucaſe qui y font régner les plus fortes gelées en hiver & qui amènent la fraicheur en été.

Vers le midi, la chaîne Ouralique va de l'endroit où l'on a indiqué ſa principale force, en diminuant juſqu'au-delà du Jaïk, pour ſe diſtribuer en petites branches de montagnes ſchiſteuſes & de collines du ſecond ordre, qui s'étendent entre l'Eſt & l'Oueſt; vers la Ruſſie méridionale; vers les environs du lac Aral & les branches Occidentales de la *grande chaîne Altaïque*.

Nous paſſons maintenant à la deſcription générale de cette dernière chaîne, laquelle forme un des plus puiſſants ſyſtêmes de montagnes qui aient été reconnus & ſuivis ſur le globe de la terre. La grande chaîne qui borde au Midi la Sibérie depuis l'Irtich juſqu'à l'Océan oriental, ou la partie ſeptentrionale de la grande mer, n'eſt qu'une des branches de ce grand ſyſtême dont on va tracer l'eſquiſſe, d'après tous les renſeignemens qu'on a pu en prendre, & cette description est bien différente de ce qu'on en a débité jusqu'ici.

Il faut remarquer d'abord que les chaînes de montagnes de notre globe, & sur-tout les principales, ne sont pas distribuées par rameaux, qui aient toutes sortes de directions, & ordinairement, comme l'a cru Bourguet, dans le sens de la méridienne ou de l'Équateur; il y a des systêmes de montagnes dont les branches ou rameaux vont se réunir à un ou plusieurs centres dans quelque plateau commun qui domine toutes ces chaînes par une grande élévation. Tel semble être ce grand assemblage de montagnes dont les rameaux parcourent l'intérieur du continent de l'Asie en différens sens, & qui en ont été le premier terrein habitable. La forme du continent de l'Afrique semble indiquer un arrangement différent de montagnes; mais l'intérieur de cette partie du monde est trop peu connu pour pouvoir en juger avec certitude.

Pour trouver la plus grande élévation du sol de l'Asie, le moyen le plus sûr & le plus employé est de remonter le cours des grandes rivières qui se jettent dans les mers opposées, & de parvenir ainsi à leurs premières sources. L'Inde & le Gange qui vont mêler leurs eaux à l'Océan Indien, le Oangho qui traversant la Chine se jette dans la mer Pacifique, prennent leurs principales sources dans les grouppes de montagnes au Nord des Indes dont le Thibet & le royaume de Cachemire sont hérissés, & qui ont été décrits par plusieurs voyageurs célèbres. C'est donc là le terrein le plus élevé à l'égard de toute l'Asie méridionale; c'est de-là que ces heureux climats penchent vers les tropiques, & reçoivent l'influence de la Zône-Torride par les vents du midi; c'est de-là que partent les chaînes de montagnes qui parcourent

la Perse vers l'Occident, les deux presqu'isles de l'Ind au Sud & la Chine vers l'Orient. C'est dans les vallées du Midi de cette ancienne contrée qu'on doit chercher la première patrie de notre espèce qui de-là a été peupler en foule les heureuses provinces de la Chine, de la Perse & sur-tout de l'Inde, où habitent les nations les plus anciennement policées de l'univers.

De l'autre côté, en recherchant l'origine des grands fleuves qui traversent la Sibérie pour mêler leurs eaux à la mer Arctique, celle des rivières qui se réunissent à l'Amur pour se rendre à la partie septentrionale de la grande mer du Sud; enfin l'origine des eaux qui découlent à l'Occident vers les grands bassins du désert de la Tartarie dont le lac Aral est le plus considérable, on rencontre au dessous des sources de ces fleuves la suite des montagnes Altaïques.

Tous les asiatiques Nomades conviennent que la partie la plus élevée des Alpes de l'Asie septentrionale est la montagne appellée *Boghdo*, qui faisoit la séparation naturelle entre les hordes ennemies des Calmoucs & des Mongols. De cette montagne dont les pics s'élèvent fort au dessus des neiges & de toutes les autres montagnes de l'Asie Boréale, partent deux grandes & deux moyennes chaînes, comme d'un centre commun. Celle qui va au Sud sous le nom de *Moussirt*, se réunit aux montagnes du Thibet; une moindre chaîne qui porte le nom d'*Alak* va à l'Occident, s'étend entre les déserts des tartares indépendans & la Boukarie, communique par des embranchemens secondaires, avec les extrémités des monts Ourals dont nous avons parlé, & la grande montagne qui occupe le milieu de la Tartarie déserte & se perd enfin vers les montagnes de la Perse. Une troisième chaîne, sous le nom de *Khanghai*, va droit à l'Orient entre le pays d'Ortous ou de Barkol & la Mongalie, remplit celle-ci de rochers & de hautes montagnes, sépare sous le nom changé de *Kinghan* les eaux de l'Amur d'avec celles du *Hoangho* ou fleuve jaune, & finit enfin par la chaîne qui forme la Corée ainsi que les écueils & les Isles situées aux environs du Japon.

La quatrième chaîne enfin & sa continuation principale, est celle qu'on connoît proprement sous le nom d'*Altai* & qui garnit la frontière de Sibérie depuis l'Irtich jusqu'au fleuve Amur. Sa plus grande élévation est hors de la domination russe ; elle court d'abord depuis la haute montagne du *Boghdo*, passe au dessus des sources de l'Irtich, & s'avance par une suite de montagnes couvertes de neige dont les flancs sont fort escarpés & pleins de gros débris, entre l'Irtich & l'Oby : c'est là où les montagnes schisteuses du second ordre qui l'environnent & qui sont percées par des noyaux graniteux, forment le département des mines le plus important de l'empire Russe ; c'est de-là que la grande chaîne va se rendre au lac Telezkoi d'où le fleuve Oby prend sa source, en réunissant en même tems plusieurs torrens & rivières qui viennent se jetter dans ce tronc principal. Cette chaîne semble ensuite s'éloigner pour embrasser & réunir dans une vaste enceinte ou bassin les grandes rivières qui forment le Jénisei & qui sont toutes enfermées dans cette ceinture de masses élevées qui y prennent le nom de *Saiannes*, & qui continuent sans la moindre interruption vers le lac Baïkal. Quoique ce premier rang de montagnes granitiques dont on vient de rapporter la suite, soit extrêmement élevé, même au point que la cime & la croupe de quelques unes s'élèvent jusqu'à la région des nuages, l'on voit cependant par le cours des rivières qui composent le Jénisei & le Selanga, que le plan général du terrein va en haussant au-delà

de cette chaîne : & il se trouve effectivement au dessus des sources de ces rivières, outre l'élévation générale du terrein, une chaîne plus haute, parallèle à la première qui provient de la réunion d'une branche principale de Kanghai, & va se jetter en partie entre les sources du Tchikôi & des fleuves qui forment le système des eaux de l'Amur, d'où s'unissant au prolongement de la première branche qui environne le lac Baïkal, elle forme la dernière continuation de cette puissante chaîne qui parcourt l'extrémité orientale de l'Asie, & qu'on fera connoître après avoir considéré l'espace qui se trouve entre les grandes chaînes dont nous venons de parler, & les hautes Alpes du Thibet.

Par les rapports des voyageurs, surtout de ceux qui ont souvent accompagné les caravannes Russes destinées pour Pekin, il est hors de doute que cet immense désert, qui s'étend depuis les confins du Thibet jusqu'aux frontières de Nerchinsk sous le nom de *Gobée* ou de *Cha-mo*, n'est véritablement qu'un plateau des plus élevés, auquel nous ne connoissons que la seule plaine de Quito de comparable ; une grande partie des plaines de la Mongalie entre la chaîne altaïque & celle de Khanghai, de même que les petites plaines ou vallées qui se trouvent au milieu de ces chaînes en différens endroits, sont à peu-près à la même élévation au dessus du niveau de la mer & des plaines.

Ceux qui font le voyage de Pekin voient sensiblement le pays s'élever depuis la frontière de Selenginsk dont le territoire est déjà fort haut, jusqu'à la montagne Khan-Oula ; on trouve alors les rampes fort roides de cette montagne à franchir, & l'on entre enfin presque sans descendre dans la vaste plaine de Gobée, où l'on ne trouve plus qu'un sol uni sans arbres, avec des collines peu considérables, quelques lacs salés & un grand nombre de petites fources qui fe perdent dans les fables, jufqu'à ce qu'on defcende par des gorges de montagnes & par des pentes fort rapides vers la grande muraille, d'où tout le pays s'incline encore fenfiblement jufqu'aux plaines de Pékin. C'eft auffi fur de femblables plans élevés, couverts de graviers & cailloux, & fur de telles plaines produites par la dégradation de la vieille roche, que font fitués les lacs de Balkhache, de Lop & de Kokonour, ainfi qu'une infinité de réfervoirs plus petits qui raffemblent quelques ruiffeaux des montagnes qui les environnent, & s'oppofent ainfi à la décharge de ces eaux au déhors.

L'étonnante élévation de tous ces déferts n'eft pas feulement prouvée par les différens dégrés de hauteur des chaînes qui environnent ce centre de l'Afie, d'où découlent les grands fleuves diftribués à la furface de ce vafte continent & bien au deffous defdites plaines, ce qui favorife leur long cours jufqu'aux mers différentes; elle l'eft encore par des obfervations barométriques des miffiohnaires jéfuites & autres voyageurs qui s'y font trouvés, ainfi que par le froid qui y règne, même en été, fous une fituation auffi heureufe.

D'ailleurs toutes les plus baffes vallées des montagnes qui forment pour ainfi diré les bords & les gradins de cette prodigieufe hauteur, démontrent l'élévation de leur pofition par des arbriffeaux rabougris & rampans & par leurs autres productions végétales. Il n'eft que trop connu que les plantes alpines d'Europe croiffent en Sibérie par-tout dans les plaines & vallées où l'on approche de la grande chaîne. Une circonftance plus remarquable encore eft, que ce n'eft qu'aux environs de la chaîne altaïque que commencent à fe montrer les belles plantes & les beaux arbuftes particuliers à la Sibérie, & tant recherchés des connoif-

feurs étrangers. D'ailleurs plufieurs animaux ennemis des plaines & par conféquent moins enclins à fe répandre, comme le buffle à queue fde cheval, le tigre, la zibeline, le putois roux, le portemufc, le lapreau de roche &c., font reftés dans ce centre montagneux de l'Afie. Ce n'eft point dans ces pays élevés que l'on doit chercher des preuves de l'affertion de ce philofophe Bourguet, renouvellée par Buffon, fur les angles correfpondans des montagnes, qui d'ailleurs fouffrent beaucoup d'exceptions dans les chaînes granitiques, & même encore fouvent dans les montagnes des ordres inférieurs.

Voilà donc une grande étendue de pays croifés de montagnes qui fe trouvent infiniment au-deffus des plaines du continent, & fituée fous des parallèles affez variés pour que les productions du Nord & du Midi y aient pu trouver dans les premiers âges du monde les fites propres pour leur végétation ou pour leur vie. Si l'on fuppofe que le niveau des mers étoit anciennement affez élevé pour couvrir les pays à couches horifontales des continens que nous trouvons aujourd'hui remplies de coquilles marines, le centre de l'Afie aura formé une grande ifle entourée de montagnes & préfentant tout autant de grands caps & de grandes chaînes marines qu'il part de branches montagneufes de ce centre. En fuppofant qu'au commencement ce plateau n'eût offert que du granit fans aucun débris, la décompofition que cette roche a éprouvée depuis & qui fe continue chaque jour par l'effet des météores, a dû bientôt produire des amas de gravier, de roche pourrie, & de ce limon qu'on voit dans les Alpes & qui les rendent extrêmement fertiles pour la production de toute forte de végétaux.

La chaîne que l'on a dit s'infinuer entre les origines des fleuves Onon & Ingoda & celles du Tchikoi, & qui eft accompagnée de montagnes fort hautes, continue fans interruption au Nord-eft ; & après avoir féparé les eaux de l'Amur de celles du Lena & du lac Baïkal, elle jette une branche de montagnes, la plupart fchifteufes, le long du fleuve Olecma. Cette branche traverfe le Lena au-delà de la ville de Jakousk, continue entre les deux Tongouska jufqu'au Jenifeï, où elle fe perd dans les plaines marécageufes & couvertes de forêts qui occupent tout l'efpace qui fe trouve entre ces chaînes Ouraliques. Plus loin la chaîne principale hériffée de rochers, s'approche des côtes de la mer d'Okhozk, qu'elle cotoie de fort près en paffant fur les fources des rivieres Oûth, Aldan & Maya, & finit en fe diftribuant par branches qui fe rangent entre les fleuves les plus orientaux de la mer glaciale : à quoi il faut ajouter deux autres branches principales, dont l'une tourne au Sud, parcourt tout le Kamtchatka, en s'uniffant à la grande chaîne marine des ifles Kouriles, vers le Japon ; elle donne à cette prefqu'ifle des côtes efcarpées à l'Eft. Toutes ces hauteurs correfpondent à une autre chaîne marine formée par des ifles nouvellement découvertes, où l'on trouve ainfi que dans la première chaîne & au Kamtchatka même, des volcans très-puiffants & de fréquens veftiges du feu dont on ne voit plus de traces dans les montagnes méditerranées de la Sibérie.

L'autre branche principale produit le grand Cap des Tchouktchy, avec fes promontoires & côtes brifées, qui correfpondent par les ifles dites de Saint-Adrien, à une chaîne qui fe termine à la pointe oppofée de l'Amérique, & dont la direction parallèle au gifement de la côte de ce continent, c'eft-à-dire, du Nord-Oueft au Sud-Eft, détruit toutes les découvertes imaginées par Buache, de l'amiral de Fuentes. Au refte, il paroît certain que malgré cette correfpondance des pointes feptentrionales, la différence entre les deux continens de l'Afie d'un côté & de l'Amérique de l'autre, eft bien plus confidérable qu'on ne l'avoit fuppofée d'abord; quoiqu'elle foit bien moins étendue que ne le defiroient les partifans de la navigation au Nord-Eft.

I I.

Ordre & fuite des montagnes fchifteufes primitives.

On a dit que la bande des montagnes primitives fchifteufes hétérogènes, qui par toute la terre accompagne les chaînes granitiques, & comprend les roches quartzeufes & talqueufes mixtes, les ferpentines, le fchifte corné, les roches fpathiques & cornées, les grès purs, le porphyre & le jafpe, toutes roches diftribuées par couches fortement inclinées, fembloit formée ainfi que le granit à des époques antérieures à la création des corps organifés. Une raifon très-forte pour appuyer cette fuppofition, c'eft que la plupart de ces roches, quoique lamelleufes comme les ardoifes, n'a jamais donné aux naturaliftes le moindre veftige de pétrifications ou empreintes de corps organifés. S'il s'en eft trouvé, c'eft apparemment dans les fentes de ces rochers où ces corps auroient été apportés par un déluge, & engagées enfuite dans une matière infiltrée. De même qu'on a trouvé dans la mine d'argent de Schlangenberg des dépouilles d'éléphans. Les caractères par lefquels plufieurs de ces roches femblent avoir fouffert des effets d'un feu très-violent; les puiffantes veines & amas des minéraux les plus riches, qui fe trouvent principalement dans la bande qui en eft compofée; leur pofition immédiate fur le granit & même le paffage par lequel on voit fouvent en grand, changer le granit en une des autres fortes de rochers : tout cela indique une origine bien plus ancienne & des caufes bien différentes de celles qui ont produit les montagnes fecondaires.

Dans tous les fyftêmes de montagnes

qui appartiennent à l'empire Russe, on entrevoit de certaines loix assez constantes, relativement aux arrangemens des montagnes secondaires des anciennes roches. La chaîne ouralique, par exemple, a du côté de l'Orient sur toute sa longueur une très-grande quantité de schistes, cornés, serpentins & talqueux, riches en filons de cuivre qui forment le principal accompagnement du granit, & en jaspes de diverses couleurs plus extérieurs & souvent mêlés avec les premiers, mais formant des suites de montagnes entières qui occupent de très-grands espaces. De ce même côté on rencontre un grand nombre de massifs quartzeux en grandes roches, toutes pures, tant dans la principale chaîne que dans le noyau des montagnes de jaspe & jusque dans la plaine. Les marbres spathiques & veinés percent en beaucoup d'endroits. La plupart de ces matières ne paroissent point du tout à la lisière occidentale de la chaîne qui n'est presque que de roches mélangées de grès solide, de schistes argilleux, alumineux, &c.

Les filons des mines d'or mêlées, les riches mines de cuivre en veines & chambrées, les mines de fer & d'aimant par amas & par montagnes entières sont l'appanage de la bande schisteuse orientale, tandis que l'occidentale n'a pour elle que des mines de fer de dépôts, & se montre généralement très-pauvre en métaux. Le granit de la chaîne qui borde la Sibérie, est recouvert, du côté que nous connoissons, de roches cornées de la nature des pierres à fusil, quelquefois tendant à la nature d'un grès fin & de schistes métalliferes de différents mélanges & compositions. Le jaspe n'y est qu'en filons ou plans obliques, ce qui est très-rare pour la chaîne Ouralique & s'observe dans la plus grande partie de la Sibérie, à l'exception de cette partie de sa chaîne qui passe près de la mer d'Okhotzk, où le jaspe forme derechef, des suites de montagnes, ainsi que nous venons de le dire des monts-

Ourals. Mais comme cette roche tient ici le côté méridional de la chaîne Sibérienne, & que l'on ne lui connoît point ce côté sur le reste de sa longueur, il se pourroit que le jaspe y fût aussi abondant; il faudroit au reste bien plus de fouilles & d'observations pour établir quelque règle certaine sur l'ordre respectif que ces différentes roches observent dans ces contrées.

III.

Montagnes du second & du troisième ordre.

On pourra parler d'une manière plus décidée sur les montagnes du second & du troisième ordre de l'empire : c'est de celles-là sur-tout qu'on peut tirer avec plus de confiance quelques lumières sur les changemens arrivés aux terres habitables : particuliérement si l'on examine la nature & l'arrangement des substances que renferment leurs couches, en y joignant la considération des grandes inégalités & des formes du continent de l'Europe & de l'Asie. Ces deux ordres de montagnes présentent la chronique de notre globe, la plus ancienne, la moins sujette aux falsifications, & en même temps plus aisée à déchiffrer que dans les chaînes primitives. Ce sont les archives de la nature antérieures aux lettres & aux traditions les plus reculées, qu'il étoit réservé à notre siècle observateur de fouiller, de commenter, de mettre au jour, mais que plusieurs siècles après le nôtre n'épuiseront pas.

Dans toute l'étendue des vastes domaines Russes, aussi bien que dans l'Europe entiere, les observateurs attentifs ont remarqué que généralement la bande schisteuse des grandes chaînes, se trouve immédiatement recouverte & cotoyée par la bande calcaire. Celle-ci forme deux ordres de montagnes très-différentes par la hauteur, la situation de leurs couches & la composition de la pierre calcaire qui les forme. Cette différence est très-évidente dans la bande calcaire qui forme la lisiere occidentale de toute la chaîne Ouralique, & dont le plan s'étend par tout le plat pays de la Ruffie. L'on obferveroit la même chofe à l'Orient de la chaîne & dans toute l'étendue de la Sibérie, si les couches calcaires horifontales n'y étoient recouvertes par des dépôts poftérieurs, de façon qu'il ne paroît à la furface que les parties les plus faillantes de la bande; & fi ce pays n'étoit pas trop nouvellement cultivé & trop peu exploité par des fouilles & autres opérations que des hommes induf- trieux ont pratiquées dans des pays ancien- nement habités.

Ces différents détails fervent à nous ex- pliquer pourquoi les pétrifications marines font si rares dans toutes les parties de la Sibérie, & ne fe trouvent abondamment que vers les côtes de la mer Glaciale, où les couches horifontales calcaires & argil- leufes font à découvert.

Ce que je vais expofer fur les deux ordres de montagnes calcaires que j'ai dif- tinguées, fe rapportera principalement à celles qui font à l'Occident de la chaîne Ouralique.

Ce côté de la chaîne Ouralique en roche calcaire folide d'un grain fin, qui tantôt ne contient aucune trace de productions ma- rines, tantôt n'en conferve que des em- preintes aussi légeres que difperfées fur une grande étendue, occupe fouvent de cin- quante jufqu'à cent verftes de largeur. Elle s'éleve en montagnes d'une hauteur très- confidérable, irrégulieres, dont les crou- pes font rapides & efcarpées fur les vallées qui les accompagnent. Ces couches géné- ralement épaisses ne font point de niveau; mais fort inclinées à l'horifon, paralleles pour la plupart à la direction de la chaîne qui eft aufsi le plus fouvent celle de la bande fchifteufe.

Au lieu que du côté de l'Orient, les couches calcaires font dans le fens de la chaîne, l'on trouve dans ces hautes mon- tagnes calcaires de fréquentes grottes & cavernes très-remarquables, tant par leur grandeur que par les cryftallifations qui les ornent. Quelques-unes de ces grottes ne peuvent être attribuées qu'à quelques boule- verfemens des couches. D'autres femblent devoir leur origine à l'action des eaux fouterraines qui ont détruit une partie des couches calcaires, avant que de fe porter au-dehors par les fources.

En s'éloignant de la chaîne, on voit les couches calcaires s'étendre dans des plaines affez rapidement, y prendre une pofition horifontale & nous offrir abondamment une quantité confidérable de coquillages, de madrépores & d'autres dépouilles ma- rines. Tels font les dépôts fousmarins qu'on rencontre dans les vallées les plus baffes qui fe trouvent au pied des montagnes, comme aux environs de la riviere d'Oufa. Telles font les collines qui occupent toute l'étendue de la grande Ruffie, tantôt fo- lides & comme mêlées de productions ma- rines, tantôt compofées entiérement de coquilles & de madrépores en débris, ainfi que de ces fables calcaires qui font le produit de la comminution des coquilles, & dont on trouve de grands amas dans les parages où la mer abonde en pareilles productions. Ailleurs on en voit qui font réduites en craie ou en marne, & qui ont reçu dans le baffin de la mer des mélanges de gravier et de cailloux roulés.

Auffitôt que des marais de l'Ingrie, qui forme vers la Baltique une efpece de golfe en baffes terres, l'on commence à monter le terrein élevé de la Ruffie, dont la pente fait ce que l'on appelle communément les montagnes du Valdaï; l'on ne ceffe de rencontrer à chaque pas les anciennes traces du féjour de la mer. D'abord dan un terrein coupé de ravines qui a vifible- ment fouffert d'une inondation de la plus

grande

grande violence , ou plutôt par l'écoule-ment d'une énorme masse d'eau : puis dans les couches calcaires entieres qui ne peuvent être dues qu'au dépôt d'une mer tranquille , & que les torrens des rivieres ont mise à découvert. Ce sont en premier lieu des couches de terres de dépôts, semées de blocs de granit détachés de leur roche originaire : ce sont des bancs immenses de cailloux roulés & de gravier, mêlés de fragmens de pierres calcaires, de pétrifications brisées ou changées en pierres à fusil & d'ossemens même.

Un semblable bouleversement des couches originaires , & sur-tout des bancs calcaires, a été observé jusqu'aux environs du lac Onéga, où commencent à s'élever les montagnes qui se continuent & se lient aux Alpes Lapones & Suédoises. On observe un égal dérangement dans tous les terreins voisins du golfe de Finlande , où les couches les moins solides ont été emportées de dessus la roche granitique , qui est elle-même trop solide pour avoir été entamée.

Il suffit de jetter un coup-d'œil sur la carte pour voir dans ce nombre de grands lacs, situés entre le golfe de Finlande & la mer Blanche , dans les isles , les écueils & les côtes brisées de ces parages, l'effet d'un déluge qui a laissé là les traces de ses ravages. On fera de même entrevoir que la Baltique & la mer Blanche pourroient elles-mêmes être regardées comme excavées par ces mêmes agens , mus dans des circonstances semblables. Plus avant dans les terres où les couches calcaires n'ont point été dérangées, l'observateur trouve par-tout la conviction la plus complette, que ces couches tantôt peu profondes, tantôt composées de bancs qui forment des collines isolées ou liées ensemble par petites chaînes, datent des premiers âges du monde, & sont l'ouvrage d'une mer profonde , qui ne peut avoir produit ces dépôts originairement

marins & sans aucun mélange de restes d'animaux terrestres, que pendant une longue suite de siecles. Il en est de même de la couche glaiseuse, qui se trouve généralement au-dessous du plan calcaire, & qui est tout aussi abondante en productions marines. C'est sur-tout cette couche glaiseuse dont on ne connoît pas la profondeur, & qui paroît se lier & correspondre à une partie de la bande schisteuse des hautes chaînes, qui doit avoir coûté bien des siecles à la nature, & qui prouve par ses pétrifications de belemnites & de cornes d'Ammon, que la mer doit l'avoir couverte à une très-grande profondeur. Ce même lit glaiseux est le dépôt le plus général & le plus riche des pyrites qui doivent à la suite de la putréfaction & de la décomposition d'une immense quantité d'animaux marins, de poissons, de zoophytes, de varecs, s'engendrer dans tous les goufres de l'Océan : puisqu'on en trouve les coquilles incrustées & cimentées par la matiere pyriteuse. L'abondance de ces pyrites dans certaines glaises, noires & ardoisées, est si prodigieuse, que souvent leur substance surpasse en masse la glaise qui les contient. Mais cette abondance d'un minerai inflammable par l'humidité, jointe aux puissantes couches de schistes bitumineux & charbonneux qui se trouvent ordinairement stratifiées dans le même lit d'argile, ne laisse aucun doute sur ces incendies volcaniques, & particuliérement sur celles qui arrivent dans le bassin des mers où se trouve ce même lit.

De la considération de ces couches calcaire & argilleuse, il suit que toutes les terres de la grande Russie étoient jadis fond de l'Océan. Il suit aussi, de ce que l'on a dit des chaînes granitiques & des plateaux formés par la vieille roche, que la mer dont on n'y voit aucune trace, ne peut jamais les avoir surmontés. Mais ces plateaux & ces hautes chaînes ont toujours été isles & continens bien moins étendus que ceux d'aujourd'hui , & habitables aux animaux & aux végétaux terreſtres. Reſte à trouver les cauſes qui ont fait qaiſſer le niveau des mers au point de découvrir cette grande étendue de terre qui forme aujourd'hui les plaines des continens; qui ont mis à ſec ces bancs énormes de coquilles marines, & qui en ont pu élever une partie en hautes montagnes, dont l'élévation eſt trop conſidérable pour qu'on puiſſe admettre qu'elles aient été formées telles dans le baſſin d'une ancienne mer primitive. Ne conviendroit-il pas de combiner les effets ſucceſſifs des volcans & des autres forces ſouterraines, avec ceux d'un déluge ou de pluſieurs de ces débordemens de l'Océan, pour donner des raiſons probables des changemens arrivés indubitablement ſur le globe de la terre? Il convient auſſi de réunir pluſieurs hypothèſes modernes, en s'attachant à pluſieurs cauſes, abandonnant en cela le ſyſtême de tous les auteurs des différentes théories de la terre, qui ont cru devoir ſe borner à une ſeule.

Mais avant de donner l'idée d'une telle hypothèſe compoſée, & qui ſemble conduire à l'explication de tout ce qu'on obſerve de plus étonnant dans l'état actuel de la terre, il faut parler d'un ordre de montagnes très-certainement poſtérieur aux couches marines, puiſque celles-ci ſervent généralement de baſes à ces maſſes très-modernes : on n'a point juſqu'ici obſervé une ſuite de ces *montagnes tertiaires*, auſſi marquée & auſſi puiſſante que celle qui accompagne la chaîne ouralique ſur le côté occidental & dans toute ſa longueur. Cette ſuite de montagnes, effet des cataſtrophes les plus modernes de notre globe, compoſées en grande partie de grès, de marnes rougeâtres, entremêlées de couches très-variées quant à la nature des matériaux, forme une chaîne par-tout ſéparée par une vallée plus ou moins large, de la bande de roche calcaire dont on a parlé : ſillonnée & entrecoupée de fréquens vallons, elle s'élève ſou-

vent à plus de cent toiſes perpendiculaires, ſe répand dans les plaines de la Ruſſie *en traînées* de collines qui ſéparent les rivières, en accompagnant généralement leur rive boréale ou occidentale, & ſe termine enfin dans des déſerts ſablonneux qui occupent de grands eſpaces & s'étendent par longues bandes parallèles aux principales vallées que ſuit le cours des rivières.

La principale force de ces montagnes tertiaires eſt dans le voiſinage de la chaîne primitive, par tout le gouvernement d'Orenbourg & la Parmie, où elle conſiſte principalement en grès, & contient un fond inépuiſable de mines de cuivre, ſableuſes, argilleuſes & autres qui ſe voient ordinairement dans les couches horiſontales. Plus loin, vers la plaine, ſont des ſuites de collines toutes marneuſes, qui abondent autant en pierres gypſeuſes que les autres en minerais de cuivre. On ne donnera pas ici une plus longue deſcription de celles-ci; on ſe contentera de dire qu'il s'y trouve ſur-tout des ſources ſalines; mais on dira des premières qui ſont plus étendues que les autres, & dont les plus hautes élévations des pays de plaines & même celle de Moſcou ſont formées, qu'elles contiennent très-peu de veſtiges de productions marines & jamais des amas entiers de ces corps, tels qu'une mer repoſée pendant une ſuite de ſiècles a pu les accumuler dans les bancs calcaires. Rien au contraire de plus abondant dans les montagnes de grès ſtratifié ſur un plan calcaire, que des troncs d'arbres entiers & des fragmens de bois pétrifié, ſouvent minéraliſé par le cuivre ou par le fer; que des impreſſions de troncs de palmiers, de tiges de plantes, de roſeaux & de quelques fruits étrangers: enfin que des oſſemens d'animaux terreſtres, ſi rares dans les couches calcaires. Les bois pétrifiés ſe trouvent juſque dans les collines ſabloneuſes de la plaine. L'on en trouve, par exemple, dans des hauteurs fablonneufes voifines de Syfran, fur le Volga, qui a confervé la texture organique du bois, & fur-tout remarquable par les traces très-évidentes des vers rongeurs qui attaquent les vaiffeaux, les pilotis & autres bois trempés dans la mer, & qui font proprement originaires de la mer des Indes.

Dans ces mêmes dépôts fablonneux & fouvent limoneux, giffent les dépouilles des grands animaux de l'Inde, ces offemens d'éléphans, de rhinocéros, de buffles monftrueux dont on déterre tous les jours un fi grand nombre, & qui font l'admiration des curieux. En Sibérie où l'on a découvert le long de prefque toutes les rivières ces reftes d'animaux étrangers, & l'ivoire même bien confervé, en fi grande abondance, qu'il forme un article de commerce ; en Sibérie, dis-je, c'eft auffi la couche la plus moderne de limon fablonneux qui leur fert de fépulture, & nulle part ces monumens d'animaux étrangers ne font plus fréquents qu'aux endroits où la grande chaîne qui domine fur toute la frontière méridionale de la Sibérie, offre quelque dépreffion, quelqu'ouverture confidérable.

Ces grands offemens, tantôt épars, tantôt entaffés par fquelettes & même par hécatombes, confidérés dans leurs fites naturels, ne peuvent-ils pas autorifer l'hypothèfe d'un déluge arrivé fur la terre ; en un mot, d'une cataftrophe dont on ne peut concevoir la vraifemblance qu'après avoir parcouru ces plages & vu par foi-même tout ce qui peut y fervir de preuve à cet événement mémorable. Une infinité de ces offemens couchés dans des lits mêlés de petites tellines calcinées, d'os de poiffons, de gloffopetres, de bois chargés d'ocre, &c., prouve déjà qu'ils ont été transportés par des inondations. Mais la carcaffe d'un rhinocéros trouvé avec fa peau entière, des reftes de tendons de ligamens & de cartilages dans

les terres glacées des bords du Vilouï, forme encore une preuve convaincante que ce devoit être un mouvement d'inondation des plus violents & des plus rapides qui entraîna jadis ces cadavres vers nos climats glacés, avant que la corruption eût le temps d'en détruire les parties molles. On annonce encore de pareils cadavres d'éléphans & d'autres animaux gigantefques encore revêtus de leurs peaux, remarqués à plufieurs reprifes dans les montagnes qui occupent l'intervalle entre les fleuves Indighirka & Kolima.

IV.

Expofition d'une hypothèfe fervant à expliquer l'état préfent de la furface des pays, qui réfulte de l'apperçu qui précède.

Après cet apperçu des obfervations faites en Ruffie, & qui paroiffent les plus propres à avancer l'hiftoire naturelle de notre globe, Pallas ajoute l'efquiffe d'une hypothèfe telle qu'il l'imagine pouvoir fervir à expliquer l'état préfent de la furface des terres, qui réfulte de cet apperçu.

En fuppofant que les hautes chaînes granitiques formaffent de tout temps des ifles à la furface des eaux, & que la décompofition du granit produisît les premiers amas de fables quartzeux & fpathiques & de limon micacé, dont les grès & les fchiftes font formés, la mer alors devoit amener les matières legères phlogiftiques & ferrugineufes, produites par la diffolution de tant d'animaux & de végétaux dont elle étoit peuplée, & les reftes de ces corps organifés vers les côtes des terres, y former par l'infiltration de ces principes dans les couches qui fe dépofoient fur le granit, des amas de pyrites, foyers des premiers volcans qu'on vit enfin éclater fucceffivement en différentes parties du globe. Ces anciens volcans, dont des fiècles peut-être fans nombre ont détruit jufqu'aux traces, bouleverfèrent les couches déjà confolidées par le temps, fous lefquelles fe firent leurs explofions; changèrent en calcinant ou faifant fondre par la violence active des feux, les matières de ces couches, & produifirent les premières montagnes de la bande fchifteufe, qui répond en partie aux lits d'argile & de fable des plaines, ainfi que ces montagnes calcaires dont la roche eft folide, & qui pour la plupart font fans aucuns veftiges de pétrifications. C'eft en partie à cette époque que ces cavernes, ces fentes, ces félures en différentes directions furent produites dans les couches; & qu'elles ont été remplies dans la fuite des temps, par l'infiltration des quartz, des fpaths, des glaifes, des matières inflammables que l'on exploite aujourd'hui fous les noms d'amas, de filons ou veines. Ces opérations de volcans ont continué en différents endroits, fur-tout dans le voifinage & au fond des mers, jufqu'à nos jours. C'eft par elles que nous avons vu de nouvelles ifles fortir du fond de l'Océan: c'eft elles qui probablement foulevèrent toutes les énormes Alpes calcaires de l'Europe, jadis roches de coraux & bancs de coquilles, comme il s'en trouve encore de nos jours dans les mers favorables à ces productions, & où le fond de vafe argilleux doit toujours abonder en pyrites. Par ces amas calcaires & le précipité argilleux qui fe filtra plus bas, le fond de la mer augmentoit toujours: les couches calcaires s'amonceloient à différentes hauteurs, recevant les débris variés des différentes efpèces qui devoient les compofer, fuivant les lieux plus favorables à la production de telle ou telle efpèce, ou félon la direction des courans qui entraînoient & tranfportoient certaines efpèces vers certains parages, comme nous l'obfervons fur toutes les côtes de la mer. Les flots ramenoient toujours les matières légères & menues vers les terres.

D'un autre côté les terres produites fur les montagnes, tant de la décompofition du granit & d'autres pierres, que par la deftruction des animaux & des plantes, avec les débris des roches entraînés par les torrens, augmentoient les côtes, & reculoient par petites parties les bornes de la mer, que fouvent quelque volcan forçoit encore à fe retirer en foulevant les bas-fonds des côtes. Mais cette diminution des mers, jointe à la confommation des eaux, n'auroit pu fuffire pendant des millions d'années, pour mettre à fec les couches marines horifontales, que nous admirons dans nos collines remplies de productions marines & éloignées des mers, & pour donner à nos continens toute l'étendue qu'ils ont. Il dut arriver, après qu'une grande & large lifière de pays, au pied des anciennes chaînes, fut déjà bien peuplée d'animaux, bien couverte de forêts, des convulfions au globe de la terre, qui pûrent, par des éruptions violentes au plus profond des mers, foulever & chaffer les flots jufqu'à inonder violemment une grande partie des terres déjà habitées, même des montagnes affez élevées, & augmenter encore les continens par le dépôt des matières qui fe trouvoient mêlées à ces flots bouillonnants, & en ouvrant peut-être, en même temps, dans l'intérieur du globe des cavernes immenfes, qui pûrent abforber les eaux d'une partie de l'Océan, & en abaiffer le niveau au point qu'il s'eft trouvé, & eft refté depuis les âges qui nous donnent quelques connoiffances de l'hiftoire des hommes.

Cette idée qui n'eft pas nouvelle a paru à quelques auteurs choquer la vraifemblance, & ils n'ont allégué aucune autre raifon contr'elle, que parce qu'on la joignoit à la fauffe fuppofition que la mer dut au commencement couvrir jufqu'aux plus hautes montagnes; ce que l'on a prouvé ci-deffus être incompatible avec l'état actuel des chaînes primitives. Une maffe affez abondante pour égaler ou furpaffer ces hauteurs sur toute la surface du globe, n'auroit pas trouvé, sans-doute, assez d'espace dans l'intérieur de cette sphère, même en la supposant toute remplie de cavernes. Suivant les observations précédentes, la mer ne dut jamais couvrir que les collines calcaires des plaines, dont la plus haute ne sauroit être évaluée beaucoup au-delà de cent toises perpendiculaires au-dessus du niveau actuel des mers. Toutes les Alpes calcaires qui excèdent cette hauteur font certainement élevées par l'action des éruptions souterraines.

De plus, la mer étant encore si haute sur notre planete, il ne sera pas plus contre la vraisemblance de la supposer grossie pour lors par d'énormes éruptions sousmarines, & par d'autres causes naturelles peut-être qui pouvoient accompagner ces éruptions, grossie, dis-je, au point de rouler ses flots par-dessus les hautes terres habitées à cette époque, & qui par leurs oppositions pouvoient encore augmenter la violence d'une mer renfermée entre elles & la puissance qui la soulevoit. Ne voit-on pas les marées dont la hauteur moyenne ne surpasse pas quinze pieds, s'élever avec violence jusqu'à cinquante pieds & même au-delà par le retrécissement des détroits, l'opposition des continens & d'autres causes semblables : & pour conclure du petit au grand, n'a-t-on pas vu la Neva grossie en peu d'heures de deux à trois aunes par des vents d'une certaine direction, au point d'inonder la ville de Pétersbourg ? N'a-t-on pas aussi les exemples recents de terribles inondations de la mer, causées par les tremblemens de terre au Pérou & au Kamtchatka ?

Jussieu a judicieusement conclu à l'occasion des fougères & des autres plantes indiennes qui se trouvent empreintes sur les ardoises d'Europe, que l'inondation qui les plaça dans ces lits devoit venir du Sud ou de l'Océan des Indes. La même direction est prouvée par les restes des

animaux terrestres qui ne vivent qu'entre les tropiques, dépouilles entassées jusque dans les terres arctiques.

S'il existe donc dans l'Océan indien des indices de volcans souterrains, de causes assez puissantes pour produire une telle catastrophe ; si les traces du déluge effectué par ces causes s'accordent avec la direction centrifuge des mers chassées par ce foyer, alors l'hypothèse que nous exposons en acquerra dans ce point une nouvelle solidité. Mais quoi de plus connu que les volcans, dont les archipels de l'Inde, depuis l'Afrique jusqu'au Japon & aux terres australes, sont remplis ou conservent les vestiges ? Ceux qui subsistent encore dans ces parages sont même les plus puissans & les plus furieux de l'Univers. La plupart des physiciens qui ont traité de la *Géographie-Physique* de la terre, s'accordent à considérer toutes ces isles comme élevées sur les voûtes immenses d'une fournaise commune. La première éruption de ces feux, qui y soulevèrent le fond d'une mer très-profonde & qui peut-être, d'une seule explosion ou par des secousses qui se succédèrent de près, fit naître les isles de la Sonde, les Molucques & une partie des Philippines & des terres australes, devoit chasser de toutes parts une masse d'eau qui surpasse l'imagination, laquelle heurtant contre la barrière, que les chaînes continues de l'Asie & de l'Europe lui opposèrent au Nord, & poussée par les nouvelles ondées qui se succédoient, dut causer des bouleversemens & des brèches énormes dans les terres basses de ces continens, entraîner les bancs formés devant eux & les couches supérieures des premières terres : & en surmontant les parties les moins élevées dans la chaîne qui forme le milieu du continent, charrier & déposer sur les pentes opposées ces dépouilles mêlées aux matières, dont l'éruption avoit chargé déja les eaux de la mer, y ensevelir sans ordre les débris d'arbres & les dépouilles des grands animaux qui furent enveloppées dans cette cataſtrophe. C'eſt ainſi que ſe formèrent par dépôts ſucceſſifs les montagnes tertiaires dont on a parlé & les atteriſſe-mens de la Sibérie. C'eſt ainſi que ſe for-mèrent les inégalités de la ſurface de la terre, les vallées, les lits des fleuves, les lacs & les grand golfes de la mer ſepten-trionale; la maſſe des eaux qui couvroient alors les plaines s'écoulant du côté du pôle, cette même maſſe d'eau dérangeant dans ſa marche les couches les plus anciennes, & entraînant aſſez de matières hétérogènes pour combler une partie des profondeurs de la mer du Nord & produire les bas-fonds de ſes côtes.

En conſidérant les grands golfes de la mer qui baigne l'Aſie au Midi, comme les veſtiges de l'action des flots de l'Océan contre les bords du continent, l'on en rendra une raiſon bien plus plauſible, que ſi l'on vouloit attribuer quelques-unes de ces brèches aux effets imperceptibles d'un mouvement conſtant des mers de l'Orient en Occident. L'on aura en même temps l'explication des autres irruptions de la mer qui ſuivent la direction de notre déluge, partant du foyer commun que l'on a placé dans les mers de l'Inde. Nous pouvons indiquer ici la mer d'Okhortſk & de Pengina, le golfe Perſique, la mer rouge, la Méditerranée avec l'Adriatique, la mer Noire, la mer Caſpienne, la Bal-tique avec le golfe de Bothnie & la mer Blanche, qui ſont les golfes les plus conſidérables de l'Univers, & qui ne ſauroient être attribués à ce ſeul mouve-ment de l'Océan, qui d'ailleurs n'auroit pu agir en tant de ſens & ſouvent con-traires. L'on voit auſſi une raiſon pro-bable des grands promontoires méridio-naux des continens, & pourquoi le terrein de la pente de l'Aſie au Midi des hauteurs les plus élevées dans ſon centre & celui de l'Amérique à l'Orient des Andes ſont infiniment moindres que celui des côtes oppoſées : les flots du déluge que nous

ſuppoſons, ayant rongé ces continens à leur abord contre les terres & tranſporté les terres pour en augmenter les plaines au-delà des montagnes qu'ils franchiſſoient.

Et par quel miracle l'Afrique qui n'a aucun golfe à ſa côte orientale auroit-elle été exempte de cet effet deſtructeur de l'Océan, ſi par ce mouvement preſqu'in-ſenſible il put être auſſi marqué & auſſi ſenſible que Buffon l'imagine? Comment l'Afrique n'en auroit-elle pas ſouffert, ex-poſée comme elle l'eſt toute entière dans la Zône Torride, où la force du courant univerſel eſt la plus grande? Les parages qui ſemblent à cet auteur célèbre les débris de continens envahis par la mer, même en Amérique, pourront être à plus forte raiſon appellés terres naiſſantes & produites par le feu qui brûle au fond de ces mers, & qui peut-être ſe communique par toutes les chaînes marines de la grande mer des Indes.

Ce ſeroit donc là ce déluge dont preſque tous les anciens peuples d'Aſie ont conſervé la mémoire, & dont ils fixent à peu d'années près l'époque au temps du déluge de Moïſe. L'Europe & les baſſes terres de l'Aſie ont depuis ſouffert des changemens conſidérables par d'autres inondations, tantôt produites par de ſemblables érup-tions ſoumarines, tantôt par la ſuite de l'ef-fuſion ſoudaine des grandes mers Médi-terranées, comme peut-être de celle qui conſerve encore aujourd'hui ce nom, ainſi que du Pont-Euxin, qui laiſſoient en même temps à ſec de vaſtes plaines limoneuſes; tantôt enfin à des irruptions de la mer & à la ſubmerſion des baſſes terres qui en étoient ſéparées par des digues naturelles. Je pourrois ajouter à cela les petits vol-cans partiaux & peu profonds, les tor-rens & les tremblemens de terre, les atté-riſſemens cauſés par les vents : mais tous ces effets ont déjà été indiqués. On trouve des détails plus ſatisfaiſans dans l'idée de Tournefort & de Buffon, ſur l'ancien éta dé la mer Noire, & sa communication avec la mer Caspienne, état qui se trouve de plus en plus confirmé par les observations des voyageurs.

Les phoques, quelques poissons & coquilles marines que la mer Caspienne a de communs avec la mer Noire, rendent cette communication ancienne presque indubitable, & ces mêmes circonstances prouvent aussi que le lac Aral devoit jadis être joint à la mer Caspienne : on trouve dans le troisième volume des voyages de Pallas, l'ancienne étendue de cette mer sur tout le desert d'Astrakan & au-delà du Jaïk, déterminée par cette apparence de côtes dont les hautes plaines de la Russie bordent ce désert, par l'état & les productions fossiles de cette ancienne côte, & le limon salé, mêlé de coquilles marines calcinées, qui couvre toute la surface du désert. Les plaines du Borysthène présentent les mêmes apparences. Le voyageur Chandler pense que la mer s'étendoit autrefois jusqu'aux sources du Meandre & formoit un golfe entre les montagnes de Messoghis & le Taurus. D'autres ont trouvé les traces récentes de la mer dans les plaines de l'Asie Mineure & de la Perse & sur le Danube, bien loin des bornes actuelles de la mer Noire & de la mer Caspienne. Les anciennes traditions sur l'effusion soudaine de la mer par la Propontide que Tournefort appuie sur un grand nombre d'observations, semblent à tous égards plus plausibles que l'opinion de ceux qui supposent que l'ancien détroit entre la mer Caspienne & la mer Noire a été desséché par l'accumulation du limon que les fleuves y ont charrié.

On ne prétend pas au reste donner cette hypothèse, qui est un composé de ce que plusieurs grands hommes ont pensé sur cette matière, comme étant exempte de difficultés ; mais on croit que la variété des moyens employés par la nature, tant dans la formation que dans la destruction des montagnes, & dans le changement de la surface des terres, est trop évidente pour qu'on puisse rendre raison de tous les effets par aucune hypothèse où l'on ne s'attacheroit qu'à un seul ou à un petit nombre de moyens. En admettant au contraire tous ceux dont nous voyons sur notre globe les traces indubitables, & toutes les catastrophes dont l'histoire des hommes & le grand code de la nature nous ont conservé des monumens, on doit s'approcher davantage de toutes les solutions probables, le seul point de perfection qu'on doive désirer dans les hypothèses où l'on ne peut jamais exiger les démonstrations.

Il semble sur-tout qu'aucune cause plus naturelle que celle qu'on vient d'admettre & d'exposer, ne pourroit être imaginée pour rendre raison du déluge universel & des autres inondations moins générales, constatées par les traditions des peuples. Mais cette supposition ne peut pas flatter la tranquillité des nations qui habitent les plaines fertiles, puisque les petits effets de volcans soumarins dans certains parages dont les siècles historiques conservent tant d'exemples, & dont le nôtre a vu les tristes suites, ne sauroient que faire craindre quelque jour des catastrophes plus terribles & plus fatales encore à des hémisphères entiers. Heureux alors les habitans des montagnes que le sort semble avoir relégués entre les rochers des Alpes ; ils seront la nouvelle pépinière du genre humain, & s'étendront dans les plaines balayées par les flots après la retraite de la mer.

V.

Considération sur la formation des sables.

Il est difficile de croire qu'aucune sorte de sable ait jamais été produite par une précipitation des eaux de la mer, ainsi que quelques modernes l'ont soutenu, & particuliérement de Linné. Il faut en cela se ranger au sentiment des anciens, qui pensoient que tout sable doit son origine à la décomposition spontanée des pierres, mais surtout du granit. L'énorme quantité de cette matière, sur le globe, répond assez à l'universalité probable du granit dans son intérieur : & certainement les couches de sables & de grès profondes & très anciennes ne peuvent avoir été formées que de la décomposition du granit dans les premiers âges. Le granit formant une grande partie du fond de la mer, doit continuellement y subir une décomposition très-facile ; ce qui approfondit naturellement les bassins de l'Océan, en le rendant la source la plus féconde des sables que les flots amènent vers les côtes & que les vents distribuent dans les terres. Les grands sables méditerranés de la Numidie & de la Tartarie, que P. Frisi allègue en preuves contre l'origine marine du sable, ont été en partie couverts par la mer, comme on le voit à l'égard de la bande sablonneuse qui occupe le milieu du désert entre le Volga & le Jaïk. La décomposition des montagnes granitiques de Selinginsk d'où dérivent les sables des environs du Selenga est une preuve de la naissance de cette matière dans les lieux méditerranés. La chaîne granitique de la Sibérie semble même, à cause de la facilité qu'ont ses rochers à se détruire, avoir perdu beaucoup de sa hauteur vis-à-vis du Caucase & des Alpes d'Europe. Presque toutes les montagnes granitiques de la Sibérie semblent composées de masses arrondies & entassées les unes sur les autres qui sont à moitié décomposées & qui se détruisent chaque jour ; ce sont ces masses granitiques détachées qui ont paru merveilleuses à Bourguet. Buffon donne l'explication de l'origine de ces masses de rochers vives ou de granit qu'on voit éparses sur les plus hautes montagnes,

en les faisant naître dans des lits de sables que les eaux ont par la suite entraînés sans entamer la partie métamorphosée en roc. Si ce naturaliste a fait cette observation, comment n'a-t-il pas vu que ces noyaux de roches qui forment les sommets & les pointes saillantes des montagnes, sont eux-mêmes la source du sable qu'ils produisent à leurs bâses & aux différents points de leur surface, par l'action successive des pluies & de la sécheresse. Il observe lui-même que dans le granit & dans le grès il ne se trouve point de coquilles, quoiqu'il y en ait dans les sables dont il croit que ces rochers tirent leur origine. Il auroit pu reconnoître au contraire que ce n'est pas le granit qui naît du sable, mais que le sable est le produit de la décomposition du granit. Le célèbre Vallérius assure que le sable contient tous les élémens du granit, le quartz, le feld-spath & le mica ; il observe même, très-judicieusement, que les masses immenses du granit ne sauroient devoir leur origine au sable ; la décomposition du granit est accélérée en plusieurs circonstances, par les eaux salées, par l'action successive du chaud & du froid, de l'humidité & de la sécheresse ; & sur-tout par le peu de solidité de la réunion des principes qui constituent cette pierre singulière.

V I.

Considérations sur la patrie, la souche & les migrations des différentes races d'animaux.

Quoi qu'en dise Paw, la race des nègres n'est pas un produit aussi facile du climat que lui & d'autres se l'imaginent. Les Portugais noircis en Afrique ne sont pas clairement prouvés, & pourroient bien devoir leur origine à l'incontinence physique de ces colons, & au mélange de leurs femmes avec les nègres du pays. Les Maures qui habitent depuis tant de siècles un climat plus ardent que maintes peuplades de nègres, conservent toujours les caractères d'une autre race d'hommes : & comme l'Afrique n'est jointe à l'Asie par aucune chaîne de montagnes bien élevées & tout-à-fait continues, ces continens devoient, lors de la plus grande élévation des mers dans les premiers âges du monde, former deux isles tout-à-fait séparées, dont la race noire peuploit l'une, transformée sous la Zône-Torride par des influences qui agissent depuis une très-haute antiquité. Il n'est pas nécessaire de recourir ici à une mésalliance de l'espèce humaine, comme il semble qu'il en est arrivé une pour produire les montagnards longimanes ou Quimos de Madagascar. On pourroit avancer que la race des hommes noirs forme la tige primitive de l'espèce, & que la blanche n'est qu'une dégénération, puisque les animaux & les oiseaux noirs changent souvent au blanc, & presque jamais les blancs au noir : mais la production des nègres blancs prouveroit contre cette opinion. D'ailleurs les oiseaux de couleurs claires, mais bigarrées, varient de même au noir ; & il naît de véritables nègres parmi les lièvres du Nord & les Isatis, dont la robe incline cependant au blanc tellement que ces animaux blanchissent en hiver : on ne peut s'empêcher de faire remarquer ici que tous les animaux qui sont devenus domestiques dans le Nord aussi bien que dans le Midi, se trouvent originairement sauvages dans le milieu tempéré de l'Asie, à l'exception du dromadaire dont les deux races ne viennent bien qu'en Afrique, & se familiarisent difficilement avec le climat d'Asie. La patrie primitive du taureau sauvage, du buffle, du mouflon qui a produit nos brebis, de la chèvre à bezoard & du bouc étain, qui se sont mêlés pour produire la race féconde de nos chèvres domestiques, est dans les chaînes montagneuses qui occupent le milieu de l'Asie & une partie de l'Europe.

Le renne abonde & sert de bétail dans les hautes montagnes qui bordent la Sibérie & qui remplissent son extrémité orientale. Il se trouve aussi dans la chaîne Ouralique jusqu'au 56e. degré d'où il a été peupler les terres arctiques. Le chameau à deux bosses subsiste sauvage dans les grands déserts entre le Tibet & la Chine. Le sanglier occupe les forêts & les marais de toute l'Asie tempérée. L'on connoit assez le chat sauvage duquel la race domestique est issue. Enfin la tige principale du chien domestique dérive très-certainement du chakal naturellement peu craintif de l'homme, susceptible d'attachement & même d'instruction, & sympatisant avec le chien de berger. Cependant il est probable que la race de nos chiens n'est pas pure, & qu'elle a été croisée de tems immémorial avec le loup ordinaire & le renard, d'où nous est venu cette immense variété dans les formes & la grandeur des chiens : la plus grande variété venue de l'Inde du tems d'Alexandre, étant probablement le produit de l'hyenne. Le chakal qui est d'une taille moyenne devint dans l'état domestique d'autant plus propre à s'accoupler & à produire avec des individus apprivoisés des autres espèces ; il n'est pas douteux qu'une telle production ne puisse avoir lieu, puisqu'avec des circonstances favorables, le chien, tel qu'il est aujourd'hui, a produit avec le loup en Angleterre & avec le renard dans le Mecklenbourg, pour ne rien dire des chiens-loups des anciens.

Tous ces animaux assujétis à l'homme étant originaires de l'Asie tempérée, semblent prouver que le plateau de ce continent étoit aussi la première patrie du dernier. Le hazard peut avoir transféré notre race en Afrique dans un âge où les plateaux de ce continent étoient encore séparés de l'Asie par de grands intervalles de mer, & ce nouveau séjour étant tout entier dans la Zône-Torride, l'influence d'un climat auffi brûlant pendant une fuite de fiècles, dut bien faire changer de complexion à ces hommes tranfplantés, tandis qu'en Amérique, où l'efpèce humaine femble d'ailleurs moins anciennement établie, des fituations toutes auffi ardentes n'ont pu produire autant d'effet, par la raifon peut-être que les hommes y trouvant une chaîne étendue du Midi au Nord, pouvoient fucceffivement changer de climats ou mêler leurs races nées en différentes latitudes, & par-là tempérer l'effet de la Zône-Torride.

PAW.

Dans fes Recherches fur les américains, ce littérateur a recueilli un grand nombre de remarques relatives à l'hiftoire naturelle de la terre. J'ai cru que je ne pouvois pas mieux remplir mon objet qu'en donnant ici un extrait des confidérations de cet auteur fur plufieurs points importants de la *Géographie-Phyfique*. Comme Paw a raffemblé dans ces confidérations les vues de plufieurs naturaliftes, qu'il adopte en les rapprochant & les étendant même, je me fuis cru permis de les difcuter, afin de les réduire, lorfqu'il eft poffible, à leurs juftes termes, ou même d'en montrer le peu de folidité ou de juftefle.

Dans la première confidération il eft queftion, par exemple, des balancemens de la mer dans fon baffin ; mais je demande que l'auteur, ou ceux de qui il a emprunté ces remarques, avant de nous montrer les changemens qu'ils fuppofent, nous faffent voir par des faits folides, quel étoit l'ancien état du baffin de la mer dans les premiers tems : il en eft de même de ce qu'il dit dans la feconde confidération fur la forme du baffin de la mer.

La troifième confidération a pour objet des obfervations curieufes fur les arbres foffiles ; dans la quatrième confidération, il eft queftion du rapport des terres aux mers ; la cinquième confidération préfente une difcuffion fur la caufe de la différente température des deux pôles, & la fixième fur le niveau des eaux de la mer ; on a raffemblé dans la feptième tout ce qui a été dit fur la difpofition des volcans ou centres des éruptions des feux fouterrains, relativement aux bords de la mer ; ce qui concerne la formation des montagnes eft préfenté très-fuccinctement dans la huitième confidération : l'auteur s'étend davantage fur les mouvemens des anciennes peuplades dont il s'occupe dans la neuvième confidération. L'auteur revient aux limites de l'ancienne mer dans la dixième ; enfin la onzième & dernière renferme des remarques affez curieufes fur les foffiles & les minéraux des deux mondes.

PREMIÈRE CONSIDÉRATION.

Sur les balancemens de la mer dans fon baffin.

Dans la première confidération, Paw remarque, comme un fait important, qu'il y a plus de terre à découvert & à fec en-deçà de l'équateur qu'au delà, où il y a auffi réciproquement plus de mer. Il prétend que cette inégalité dans la diftribution des eaux fur le globe, eft la fuite d'une irruption que l'Océan a faite dans les terres, en partant du pôle auftral & fe portant vers le pôle feptentrional. Il fuppofe que les eaux ont ouvert fur-tout la grande brèche, le grand golphe qu'on rencontre entre l'Afrique & la Nouvelle-Hollande. Il va plus loin encore : il croit qu'un de ces torrens détourné de fa première route, a formé le baffin de la mer Rouge & le golphe Adriatique, qu'il confidère comme la fuite de la même révolution. Dans la même cataftrophe l'action violente de la mer a produit l'ouverture du golphe Perfique qui s'étendoit jufqu'à la mer Cafpienne : enfin, après avoir fuppofé qu'une puiffance quelconque a pouffé ainfi les eaux de l'Océan, du Sud au Nord pour aggrandir leur baffin, Paw a cru devoir admettre la réaction d'une puiffance femblable, qui ramene les eaux vers le point d'où elles font parties. Pour établir ce balancement général, il s'appuie fur le réfultat des obfervations d'après lefquelles certains naturaliftes Suédois nous ont annoncé un abaiffement progreffif dans le niveau des eaux de la Baltique. Je difcuterai par la fuite chacune des remarques particulières qui entrent dans cette confidération générale que je viens d'expofer & qui renferment les différentes vues que l'auteur a jettées fans fuite & fans ordre dans fon ouvrage. Malgré cela, je ne puis m'empêcher de faire ici quelques queftions préliminaires fur la principale fuppofition qui fert de bâfe aux autres. Je ferois curieux de favoir, par exemple, quel étoit l'état du globe d'où Paw eft parti pour faire entamer par les eaux de l'Océan les parties des continens qu'il prétend avoir été recouvertes depuis. Ne femble-t-il pas qu'il n'a pu être autorifé à imaginer ces révolutions, qu'après avoir déterminé par des principes folides ou par des conjectures heureufes, l'état primitif du baffin de l'Océan ? & qu'il a reconnu les limites de l'ancienne diftribution des eaux de la mer & des continens. Enfin à moins qu'il n'ait fixé auparavant quelle a dû être la forme du baffin de la mer dans l'origine des chofes, comme l'a fait Boulanger (*Voyez* fon article), fans cela, comment décider qu'une puiffance quelconque ait fait franchir aux eaux de l'Océan les bords d'un baffin fur lefquels on n'a aucune connoiffance précife ? Or il s'en faut beaucoup que l'auteur foit remonté jufqu'à l'état ancien, s'il y en a eu un autre. Cependant il eft évident qu'on ne peut annoncer des changemens furvenus à la furface de la terre lorfqu'on n'eft pas convaincu que la répartition inégale des mers & des continens, eft impof-

fible dans l'état primitif. Or cette inégalité pouvant exifter, fuivant Paw, dès l'origine des chofes, on ne voit pas pourquoi il part de cette inégalité pour en conclure la révolution qu'il annonce. Je puis d'ailleurs tout autant admettre l'abaiffement des eaux de la Baltique, en le fuppofant auffi certain qu'il l'eft peu, comme l'effet du premier coup d'impulfion imprimé au globe, que comme le retour ou l'alternative d'un ancien mouvement, qui auroit commencé par les parties méridionales du globe.

Je le repète, l'auteur pour tirer quelques conféquences un peu folides de l'état actuel, devoit chercher à faire connoître l'état ancien, & peut-être les révolutions intermédiaires d'une manière moins vague qu'il ne l'a fait. Bien-loin de faire toutes ces recherches, on le voit accumuler plufieurs doutes & incertitudes fur le premier état, & n'en tirer pas moins ces conféquences hafardées que nous venons d'expofer : je ne vois rien de lumineux ni d'inftructif dans cette confidération générale, rien qui puiffe conduire à quelque principe utile aux progrès de la fcience.

SECONDE CONSIDÉRATION.

Sur la forme du baffin de la mer.

L'auteur commence par remarquer qu'en 1764, il y avoit 49 fyftêmes propofés pour expliquer les révolutions phyfiques du globe. Pour en trouver ce nombre, il eft néceffaire que Paw ait décoré du nom de *fyftêmes* quelques ouvrages dont les auteurs n'avoient difcuté que certains points de la théorie de la terre, ou n'avoient propofé que quelques vues vagues & hafardées. Paw ne veut pas qu'on prenne fes réflexions comme un 50e fyftême, auffi les donne-t il fous une forme ifolée & fans aucune liaifon.

La première remarque de l'auteur est qu'il y a trois grands Caps qui regardent le Midi : celui de Horn, celui de Bonne-Espérance, & celui de Diemen. Il soupçonne que la pointe de ces trois caps dirigée vers le Midi, est la suite de plusieurs irruptions de l'Océan qui s'est porté du Sud au Nord, & qui, en creusant des golphes, a aiguisé des caps. Il en trouve encore beaucoup d'autres dont la pointe est tournée à peu près de même, surtout lorsqu'on considère la forme des continents d'une vue générale. Les détails particuliers qui indiqueroient quelques gisemens de côtes qui ne seroient pas tout-à-fait assujettis à ce plan, ne lui paroissent pas mériter la moindre attention.

La seconde remarque a pour objet la plus grande brèche que les eaux aient ouverte & qui est selon lui ce grand golphe qui se trouve entre l'Afrique & la Nouvelle-Hollande. C'est l'ouvrage d'un de ces courans de l'Océan qui a entamé la partie des continens contenue entre le cap de Bonne-Espérance, & le cap de Diemen. Paw va plus loin : il prétend qu'un autre courant détourné de sa première route, a formé le bassin de la mer Rouge & le golphe Adriatique qui, suivant ses premières idées, en est la continuation ; l'eau de la mer Rouge ayant non-seulement franchi l'Isthme de Suez, mais encore une partie des isles de l'Archipel & de la Méditerranée qui se trouvent entre l'isthme de Suez & le golphe Adriatique. L'isthme de Suez a été découvert depuis & mis à sec.

La même catastrophe a produit aussi une irruption du même Océan austral qui s'est étendue par le golphe Persique, jusqu'à la mer Caspienne, qu'il considère comme le prolongement de ce golphe : il se fonde sur la figure du bassin de la mer Caspienne, allongée à peu près dans la même direction que le golphe Persique : sur les sables qui sont dans l'intervalle de ces deux mers & sur la mer salée d'Is-

pahan ? enfin il en conclut que c'est parce que la Perse a été un ancien bassin de l'Océan, qu'elle offre partout un sol aride, stérile & manquant d'eau.

Telles sont les considérations de Paw sur quelques formes du bassin de la mer dans ces parties du globe. Telles sont les conséquences qu'il tire des agens qu'il met en jeu. J'avoue que je trouve de la difficulté à déterminer les différentes causes qui ont creusé à la mer le bassin qu'elle occupe tout autour des différents continens : quels sont les différents agents qui ont contribué à lui donner la figure qu'il a ; mais je ne vois aucune raison solide qui me détermine à supposer les courans que l'auteur admet & imagine pour donner aux côtes de la mer la forme bizarre qu'elles ont prise dans les parages dont nous avons parlé, & qui ne me paroît nullement assujettie à la marche qu'il suppose.

L'enfoncement de ce grand golphe, par exemple, me paroît une supposition hasardée au moins. Car quel effort ne doit-on pas supposer dans les eaux de l'Océan, pour entamer les côtes & enlever une masse de terre de cette étendue ? & quand même on auroit découvert dans l'économie de la nature de ces prétendues forces, comment prouvera-t-on que l'eau de la mer maitrisée par elles a été plutôt entrainée contre ces côtes, qu'elle n'a été naturellement déterminée à couler entre l'Amérique méridionale & l'Afrique. Il faudroit avoir fait bien d'autres observations, pour pouvoir remonter jusqu'à l'origine du bassin de la mer. Mais si ce problème est insoluble, lorsqu'on envisage la vaste étendue des mers, il est, ce semble, plus facile à résoudre lorsqu'on borne ses vues à tel ou tel golphe de la mer Méditerranée. Une des grandes méprises des écrivains qui comme Paw ont raisonné sur les révolutions du globe, est d'avoir considéré un grand effet comme la suite d'une grande cause qui agit tout-à-coup & par un effort rapide & violent. Ils n'ont pas pensé que la nature a le secret, en conséquence d'une activité soutenue, de produire les plus grands évenemens, par les plus petites causes mues pendant un long espace de temps.

Si nous passons maintenant aux différents effets que l'auteur des Recherches nous expose dans sa considération, nous trouverons la même incertitude dans les conséquences qu'il a cru devoir tirer de la marche hypothétique de ses courans. Bien loin que l'Ocean ait creusé le bassin de la mer Caspienne à la suite du golphe Persique, on voit encore qu'en conséquence du travail des eaux des fleuves qui se rendent dans cet égout, la mer Caspienne auroit pu s'étendre jusqu'au golphe Persique si le terrein l'eût permis, ou que la masse des eaux des fleuves & des torrens qui s'y déchargent eût éxigé un bassin plus étendu. Mais l'extension du bassin n'auroit eu d'autre principe, d'autre cause active, que l'accumulation des eaux des fleuves qui se réunissoient vers ces contrées basses & propres à les recevoir.

Si donc quelques observations constatoient d'ailleurs que la mer Caspienne a été réunie avec le Golfe Persique, cela prouveroit que les fleuves qui s'y déchargent maintenant ont éxigé un bassin plus étendu, & que les fleuves qui s'y déchargent maintenant y portoient une masse d'eau plus abondante, en conséquence de laquelle le bassin de la mer Caspienne a pu atteindre le Golfe Persique; car la mer Caspienne est proprement un lac dont les eaux sont produites, comme je l'ai déjà dit, par le concours de grands fleuves; or depuis que les canaux des fleuves sont creusés, la décharge de l'eau qu'ils charient a été nécessaire, & par-conséquent le bassin ou l'équivalent du bassin actuel a dû subsister du même tems, indépendamment des courants venus du Sud & de leur prétendue irruption contre les

côtes de la Perse par le Golfe Persique. Si donc la mer a couvert la Perse, qu'elle y ait laissé des vestiges de son séjour, ce sera plutôt la suite d'un débordement de la mer Caspienne que de l'Ocean. Je vois d'un côté la cause active des eaux courantes des fleuves, & de l'autre je ne découvre aucune force capable de produire cette invasion dans les terres. Car l'évaporation étant une fois donnée, elle détermine la surface du réservoir qui recueille une certaine quantité d'eau. Si les eaux qui affluent sont plus abondantes que le produit de l'évaporation, les eaux s'élèvent, & leur superficie s'étend jusqu'à ce que l'une & l'autre soient en équilibre.

Je puis raisonner de même par rapport au golfe Adriatique & à toutes les parties de la Méditerranée. Les fleuves qui s'y déchargent y portent une quantité d'eau qui, pour être enlevée par l'évaporation, a besoin d'un bassin égal au moins en superficie à celui qu'occupe la Méditerranée.

Maintenant il reste une considération a discuter, c'est celle des vestiges du séjour de l'Ocean que l'on a trouvés suivant l'auteur entre la mer Caspienne & le Golfe Persique, ainsi que sur toute la largeur de l'isthme de Suez. En examinant, dit-il, la nature des terres sur l'isthme de Suez, on voit que la mer y a coulé. Je demande à l'auteur quel est le caractère des dépôts que la mer a laissés dans les parties des continens où elle a fait des irruptions passagères? en quoi ces dépôts different-ils de ceux qui sont la suite d'un séjour assez long de la mer? & en quoi les dépôts des mers Méditerranées & des lacs occasionnés par des débordemens fortuits different-ils des dépôts de l'Ocean contenu dans son bassin fixe & déterminé? Si l'on n'est pas parvenu par une suite d'observations comparées & discutées, à distinguer réellement la différente nature de ces dépôts, il n'est pas possible d'en rien conclure pour établir des événemens auſſi haſardés que ceux dont Paw a cru qu'on pouvoit indiquer les traces.

Au lieu de cela, l'auteur des Recherches ne nous cite pour l'Iſthmé de Suez qu'un fait bien moderne & très-peu propre à nous éclairer ſur le véritable état de cet iſthme. Il nous dit que Neċao qui régnoit en Egypte, il y a environ 2200 ans, entreprit de percer cette langue de terre : mais il ne nous apporte aucune circonſtance qui puiſſe nous convaincre de la marche de l'Océan ſur cette langue de terre. Les faits qu'il nous rapporte pour prouver que l'intervalle de la mer Caſpienne au golfe Perſique a été couvert par la mer, ſont plus propres à nous convaincre que la mer Caſpienne a pu inonder ce canton ; rien au contraire n'établit la preuve de l'irruption particulière de l'Océan dans ces contrées.

En ſuppoſant même que l'Océan ait couvert la Perſe & l'Iſthme de Suez, & qu'enſuite il ait abandonné ces terreins, qu'en pourroit-on conclure, ſi l'on n'eſt pas en état de déterminer quel eſt cet Océan ? eſt-ce celui qui baigne les côtes actuelles de la mer Rouge & qui eſt contenu dans le golfe Perſique, ou bien une mer plus ancienne ? Pour établir cette diſtinction eſſentielle, il eſt néceſſaire d'examiner les dépouilles que les animaux marins y ont laiſſées & de les comparer avec les analogues qu'on peut trouver dans la mer actuelle. Sans cette étude préliminaire comment a-t-on oſé mettre en-avant une aſſertion auſſi importante ?

Il eſt poſſible de perfectionner tellement l'obſervation des corps naturels foſſiles, qu'on reconnoiſſe à leur caractères les cauſes auxquelles il convient de rapporter telle ou telle révolution à laquelle ils appartiennent. Mais on ne peut pas ſe décider d'après des indications auſſi vagues que celles auxquelles s'eſt

attaché l'auteur des Recherches. Il faut des obſervations très-préciſes pour être en état de diſtinguer les différentes époques des événemens ; ſavoir décider que tel maſſif, telle organiſation annonce le dépôt d'une mer tranquille & ſédentaire ; que telle autre diſpoſition caractériſe les ſédimens d'une eau qui fait une violente irruption dans les terres ou qui forme des inondations accidentelles. D'après ce plan d'étude méthodique, on marche ſurement & l'on parvient à établir ſolidement ſes aſſertions & ſes principes. Les conſidérations générales de l'auteur des Recherches n'ont pas été appréciées par une analyſe auſſi rigoureuſe à beaucoup près ; c'eſt pour cette raiſon que j'ai cru devoir rapprocher les vrais principes de ces aſſertions, pour les écarter de même, afin qu'on n'haſarde plus de les faire reparoître dans pluſieurs ouvrages comme on l'a fait juſqu'à préſent.

TROISIÉME CONSIDÉRATION.

Sur les arbres foſſiles.

Dans pluſienrs endroits de la terre éloignés les uns des autres on rencontre des amas d'arbres couchés à des profondeurs qui vont depuis 20 juſqu'à 60 pieds ; l'auteur des Recherches ne veut pas que ces arbres aient été abattus & entaſſés par une ſuite des révolutions du globe ; & la raiſon qu'il en donne eſt que ſuivant la direction qu'il a aſſignée dans ſon ſyſtême (car il en fait un) aux flots de la mer, ces arbres auroient été couchés du Sud au Nord, le tronc au Sud & la tête au Nord ; au lieu que les obſervations faites dans les tourbières de Hollande, ne ſont pas conformes à ces idées ; la poſition des arbres qui ſont enſevelis dans ces tourbières & dans les marais de la Friſe eſt pour le tronc au Nord-Eſt & pour la tête dans le point oppoſé. C'eſt ſelon lui la Cherſonèſe cimbrique arrivée l'an 340 avant notre ère vulgaire, ainſi que Picard l'a déterminé, qui a noyé & enterré les forêts de la Friſe & formé tous les marais qui ſont depuis Schelling juſqu'à Bentheim.

Il prétend de même que les arbres foſſiles qu'on tire de terre dans la province de Lancaſtre, en Angleterre, ſont les reſtes des forêts abattues par les ſauvages bretons, pour ſe ſouſtraire aux invaſions des Romains ſous Jules Céſar.

Je ſuis bien éloigné d'adopter ici l'explication que donne d'un phénomène, encore mal obſervé, l'auteur des Recherches Philoſophiques. J'avoue qu'il eſt poſſible que des amas d'arbres ſoient dus à la cauſe qu'il aſſigne pour ceux de la province de Lancaſtre. Cependant il auroit fallu, auparavant que de décider cette cauſe, avoir fait un examen ſérieux, non-ſeulement de la poſition des arbres, mais encore des matières étrangères à ces arbres qui les enveloppent & qui les recouvrent. Sans ces détails bien circonſtanciés, on ne peut rien conclure de quelques faits iſolés.

Quant aux amas d'arbres qu'on trouve dans les tourbières de Hollande, il eſt viſible que ce ne ſont point les reſtes de forêts abattues par l'inondation de la Cherſonneſe cimbrique. Tous ces arbres ont été enſevelis par la même cauſe qui a formé la plus grande partie du ſol factice de la Hollande & de la Friſe. Or, il eſt évident qu'il eſt le produit des fleuves qui ſe déchargent vers les parties où réſident les tourbières. Il n'y a pas de doute que les arbres n'y aient été voiturés & dépoſés par les fleuves qui ont entraîné d'ailleurs tant d'autres matériaux. Enſorte que ſi l'on ajoute à ces arbres & aux vaſes dépoſées par les fleuves, les productions naturelles des roſeaux qui ont végété dans les endroits inondés, & enfin les ſables re-

foulés par les vagues de la mer & par les vents, on aura l'aſſemblage des matériaux & des cauſes qui ont concouru à la formation du ſol actuel de la Hollande.

Il faut donc ſuppoſer d'abord que les fleuves qui ont leurs embouchures en Hollande, ont détruit dans leurs accès torrentiels l'ancien ſol, le ſol primitif, les parties où leurs courans ont pu creuſer & approfondir les maſſifs des couches horiſontales qui le formoient; que par la ſuite des tems & le changement des circonſtances, ces mêmes fleuves dont le cours s'eſt trouvé rallenti, ont dépoſé dans les vuides occaſionnés par les deſtructions des matières détachées des différentes parties des bords de leur canal: & que par le progrès de ces dépôts le ſecond ſol de la Hollande, de la Friſe & de Groningue, a été formé, & nullement par l'inondation fortuite de la mer; car on ne peut aſſigner ni la cauſe ni les effets de ces prétendues inondations.

Je voudrois qu'avant de décider ainſi ſur la cauſe des dépôts ſemblables à ceux de la Hollande, on eût examiné les circonſtances qui ont pu préſider à leur formation, & qu'on ſe fût convaincu auparavant par des obſervations bien ſuivies, à quel ordre de choſes on devoit rapporter ces événemens. Si ces arbres, par exemple, ſont arrangés par couches mêlées avec des bancs de pierres calcaires ou de ſable, on voit pour lors qu'ils ont été entraînés dans la mer par les fleuves, & que c'eſt dans ſon baſſin que ces matériaux ont été arrangés. Mais ſi les matériaux qui enveloppent ces arbres ne compoſent que des amas ſans ſuite, ſans ordre, ſans aucunes diſpoſitions régulières & horiſontales, il n'y a pas de doute qu'occupant d'ailleurs les environs de l'embouchure de pluſieurs fleuves, ces amas d'arbres, ces dépôts ne foient que les réfultats des tranfports fucceffifs, occafionnés par les débordemens des fleuves qui dans leurs accès détruifent & entraînent, & qui enfuite dépofent dans les parties de leur canal où leurs eaux font rallenties tant par la largeur de ce canal que par le refoulement des eaux de la mer.

Nous fommes en quelque forte témoins d'une de ces révolutions qui s'opère encore vers l'embouchure du fleuve des Amazones. On y trouve des amas immenfes d'arbres qui ont été entraînés par le fleuve, & entaffés par les courans rapides qu'il éprouve dans fes accès. Ces arbres fe dépofent encore chaque jour, & font recouverts par les terres qui font les effets des fédimens journaliers que les eaux du fleuve, difperfées dans les différens canaux de l'embouchure, y forment, étant rallenties par le flux qui remonte jufqu'aux limites du terrein bas qui eft vifiblement l'ouvrage du fleuve.

Voici la marche que doit fuivre un naturalifte lorfqu'il doit fe rendre compte & aux autres de quelque phénomène qui tient à quelques circonftances compliquées; c'eft de voir ce qui s'opère quelque part dans l'ordre des anciens évenemens, & de remonter ainfi du préfent au paffé après une mûre & févère difcuffion.

Je conclus de tous ces détails, 1°. qu'il faut examiner les circonftances qui accompagnent les amas d'arbres avant que d'affigner les caufes & l'époque de leur entaffement dans un canton quelconque du globe, & avant que d'en tirer aucune conféquence relative aux révolutions que ce canton peut avoir effuyées. 2°. Que les arbres accumulés & enfevelis dans les terres vers l'embouchure des grands fleuves, font le produit de leurs tranfports & nullement celui de l'inondation de la mer, dont les effets font auffi

inconnus que la caufe eft incertaine. 3°. Que les circonftances locales donnent prefque toujours par leur réunion, le dénouement & l'explication des phénomènes de cette efpèce & de prefque tous ceux qui appartiennent à l'hiftoire naturelle du globe. Il ne faut donc rien laiffer à la conjecture, lorfqu'on peut tirer tous les éclairciffemens de l'obfervation. 4°. Que les amas de bois foffiles enveloppés & ftratifiés au milieu des couches ou horifontales ou inclinées, doivent être rapportés aux mêmes époques & aux mêmes caufes que ces couches elles-mêmes.

Je ne puis m'empêcher de faire remarquer à cette occafion que des confidérations trop générales, bien loin d'éclaircir aucuns des points qui font relatifs à la théorie de la terre, ne peuvent que fervir à égarer ceux qui s'y livrent, au lieu de recourir à la feule voie d'inftruction ouverte à ceux qui fe font mis en état d'en profiter, je veux dire à l'obfervation & à l'analyfe des faits. Obfervez un fait, difcutez-le, comparez-le fur-tout avec d'autres faits analogues, & décidez enfuite, fi vous avez recueilli de quoi affeoir un jugement; fi-non attendez la lumière de l'analogie qui ne manquera pas de vous éclairer, dès que vous pourrez lui comparer un fait du même ordre. Sans cela il eft raifonnable de douter & de douter toujours.

QUATRIÈME CONSIDÉRATION.

Rapport des terres aux mers.

On nous dit que dans l'ancien continent il y a plus de terres à découvert en deçà de l'Equateur qu'au-delà où il y a plus de mers: & on a raifon. On ajoute enfuite que l'étendue des terres auftrales eft beaucoup moindre que celle qu'on avoit foupçonnée; ce que les dernières navigations

navigations autour du pôle austral ont constaté : ainsi, à ce sujet, il faut, je pense, s'en tenir à ce que les dernières mappemondes, publiées postérieurement aux voyages de Cook, nous apprennent, quoique toutes les côtes ne soient pas entièrement connues. Ainsi, l'inégalité de la distribution des mers & des terres peut très-bien subsister sur le globe sans que la réunion de tout ce qui en compose la masse, perde son équilibre. Il n'est donc pas nécessaire que les parties des continens ou de mers se correspondent dans les latitudes opposées, & soient distribuées symétriquement, pour se servir de contre-poids ; car, il est aisé de voir qu'il y a sous l'eau, comme à la surface des terres sèches, & dans l'épaisseur de leurs massifs, des lits & des amas de matériaux dont la pésanteur spécifique varie à l'infini, & que d'ailleurs le peu de profondeur d'une étendue d'eau considérable qui recouvre une grande superficie, contre-balance certains golfes où la mer est plus profonde & a moins de surface ; par conséquent on ne peut rien conclure ni de l'état présent des choses, ni d'un autre état. Tout ce qu'il importe d'avoir à ce sujet, c'est la vraie forme du bassin de la mer dans les deux hémisphères, déterminée par des observations astronomiques bien faites.

C'est encore une observation qui vient à la suite des considérations précédentes, que la plus grande partie de l'Equateur du globe est couverte par la mer ; mais on ne peut pas en conclure que cela contredise les principes d'hydrostatique, en conséquence desquels on admettroit une élévation circulaire qui formeroit une espèce de zône renflée à l'Equateur de cinq lieues suivant la théorie. Il ne s'ensuit pas non plus de la figure du globe applatie vers ses pôles, que l'eau soit sollicitée à s'y porter plus abondamment. Si l'on trouvoit quelques difficultés sur ces deux points, on ne feroit pas attention que la

force centrifuge emporte autant l'eau que la terre, & que la figure du globe assujetti à tous ces mouvemens, est aussi régulière qu'il est possible, soit que l'eau occupe la partie de l'Equateur, soit que ce soit une longue bande de terre sèche : car, dans tous les cas, l'équilibre s'établit & se maintient.

Au reste, quels que soient les résultats des principes d'hydrostatique qu'on a cru devoir employer pour déterminer géométriquement la figure de la terre dans son état primitif, les observations prouvent qu'il a dû survenir de grands changemens qui ont apporté certaines irrégularités dans cette première forme, sans troubler cependant l'équilibre qui est toujours le résultat des lois certaines de l'hydrostatique. Quelle que soit l'étendue des révolutions que le globe a éprouvées, elles ont toujours été dépendantes des lois générales de la pésanteur, & le repos n'a pu s'y établir que par leur activité. En un mot, tout a dû s'arranger suivant ces lois, lors des transports immenses des matériaux ; & ce sont-elles qui ont constamment modifié les effets de ces transports avec les différens aspects du globe, par rapport à son mouvement diurne & à son mouvement annuel.

CINQUIÈME CONSIDÉRATION.

Sur la différente température des deux pôles.

On sait qu'on ressent un degré de froid plus considérable en avançant vers le pôle austral que vers le pôle du Nord. L'auteur des Recherches Philosophiques attribue cette différence de température à la plus grande quantité de terres qui gisent en-deçà de l'Equateur qu'au-delà. Dans la partie septentrionale, les glaces se fondent vers le mois de mai au quatre-vingtième dégré de latitude, pendant que sous le soixantième dégré de latitude Sud, les glaces fubfiftent toute l'année. Buffon à prétendu que ces glaces annonçoient de grands continens, & que ces continens font plus froids que ceux qui occupent l'hémifphère feptentrional, parce qu'ils font inhabités. L'Auteur des Recherches contredit cette explication, il attribue cet effet à la grande quantité de mers qui fe trouvent aux environs du pôle Auftral, & qu'il croit plus froides que ne le feroient les terres. Cependant toutes les obfervations prouvent que les mers font, toutes chofes d'ailleurs égales, plus tempérées que les terres inhabitées; ainfi la difficulté fubfifte toujours. (*Voyez* Pôle Auftral, dans le dictionnaire).

Sixième Considération.

Niveau des eaux de la mer.

L'auteur des Recherches a fuppofé gratuitement qu'une puiffance quelconque, dont il n'indique ni la caufe ni les progrès, a pouffé les eaux de l'Océan du Sud au Nord; c'eft avec autant de fondement qu'il admet une puiffance de réaction qui les porte du Nord vers le Sud & les ramène vers le point d'où elles font parties. Cependant il allègue un fait pour nous faire croire à ce retour, & ce fait eft fondé fur les obfervations de certains naturaliftes Suédois qui nous ont annoncé un abaiffement dans les eaux de la mer Baltique; abaiffement qui a été déterminé par quelques-uns de ces obfervateurs, de quatre pieds fix pouces par fiècle (*voyez* ci-devant l'article FERNER).

Quand cet abaiffement feroit auffi certain qu'il l'eft peu, ainfi que le rapport de fes progrès, il ne s'enfuivroit pas que ce fût l'effet d'un balancement. Il faudroit avoir prouvé par des obfervations correfpondantes, que l'eau des golfes dans l'hémifphère méridionale augmentoit en même raifon que celle des golfes de la partie feptentrionale diminuoit, avant que d'affurer que l'abaiffement des eaux de la Baltique eft la fuite d'un balancement. En un mot, avant que d'établir qu'un tel mouvement eft périodique, ainfi que les déluges qui ont couvert certaines parties du globe. Il faut compter fur la crédulité des lecteurs, lorfqu'on appuie des affertions de cette importance fur des conjectures auffi vagues.

En même temps que Paw fur les plus légers foupçons, fur des réfultats incertains, avance les fuppofitions les plus graves, il en tire des conféquences très-étendues relativement aux caufes des révolutions du globe. Pendant qu'il diffimule & qu'il nie même que des caufes les plus actives aient contribué aux changemens furvenus à la furface du globe de la terre, je veux parler des eaux courantes des fleuves, des rivières, des ruiffeaux qui circulent à la fuperficie des continens & qui ont entraîné des fables, des vafes dans les golfes & dans les mers, il fe tourmente à imaginer des caufes hazardées; cependant tous les obfervateurs un peu attentifs ont vu & noté cette caufe continuellement agiffante. C'eft à elle qu'ils ont attribué l'approfondiffement des vallons. C'eft à elle qu'ils ont rapporté les dépôts de terres qui comblent certaines parties des plaines les canaux des fleuves & fur-tout les environs de leurs embouchures.

Au lieu de s'attacher à cette caufe, il en exténue les effets en calculant d'après un état de tranquillité ou d'après une petite durée. Quand même les eaux les plus troubles ne contiendroient que 60 grains fur 120 livres d'eau, les dépôts immenfes que nous fommes à portée de reconnoître chaque jour, n'en feroient pas moins le produit des fédimens d'une eau qui jouit d'un parfait repos, après avoir coulé avec une certaine viteffe;

ainſi l'on ne peut pas douter que l'eau du Nil n'ait formé le Delta; que les environs de Ferrare & de Ravennes ne ſoient l'ouvrage du Po & des autres rivières du Bolonois. Quelle que ſoit la lenteur avec laquelle les envaſemens produits par les fleuves ſe ſoient opérés, la diſpoſition & la nature des matériaux qui compoſent ces envaſemens, ne permettent pas de douter que cette cauſe ne ſoit auſſi active qu'elle eſt continue & infatigable.

Septieme Consideration.

Diſpoſition des centres d'éruption des feux ſouterrains.

L'hiſtoire civile, même l'hiſtoire naturelle, n'atteſtent aucun bouleverſement un peu remarquable produit par les tremblemens de terre. On n'en trouve aucunes traces ni ſur les bords de la mer, ni dans l'intérieur des terres : ſeulement nous avons vu quelques édifices renverſés par ces ſecouſſes. Le travail de l'eau a produit plus de changemens à la ſurface du globe que les feux ſouterrains. Outre cela, il eſt continuellement aſſujetti à l'ordre conſtant & régulier, qui porte les eaux des lieux élevés dans les plaines & même dans le lit de la mer. Les deſaſtres de la ſeconde cauſe ſont des accidents qui ne ſe montrent que dans des contrées peu étendues & par hazard.

Quelques naturaliſtes de Suéde ont remarqué que la plupart des volcans actuellement enflammés, ſont placés dans des iſles ou ſur les bords de la mer. Tels ſont l'Hécla en Iſlande, l'Etna dans la Sicile, le Véſuve ſur le bord du golfe de Naples, les iſles Lipari au milieu de la mer Méditerranée, le Paranucan dans l'iſle de Java, le Conapy dans celle de Banda, le Balaluan dans l'iſle de Sumatra, le volcan de Ternate dans l'iſle de ce nom, ceux des iſles de Firando, de

Chiangen, de Ximo. De même il y en a beaucoup dans le royaume du Japon, & tout le monde ſcait que les iſles Manilles, les Açores, les Canaries, où eſt le Pic de Ténérife, les iſles des Papoux, de Ste Helene, de Socra, de Mila, de Mayn, ont leurs volcans.

De cette diſpoſition générale ces naturaliſtes ſuédois, & l'auteur des Recherches avec eux prétendent que l'eau de la mer eſt un des agents néceſſaires à l'inflammation des volcans. Cette eau, ſelon eux, décompoſe les pyrites & les enflamme : & par la ſuite de cette même ſuppoſition ils ſoutiennent que c'eſt à la retraite de la mer que l'on doit attribuer l'extinction des volcans qu'on a trouvés dans les Pyrénées & dans les Alpes : ces auteurs ſe trompent, il n'y a pas de volcans éteints ni dans les Pyrenées ni dans les Alpes; il eſt vrai qu'on en a trouvé dans les montagnes d'Auvergne & dans quelques vallées de l'Apennin fort loin de la mer.

Ils ne veulent pas qu'on attribue l'extinction des volcans qui ſont au milieu des continens à la deſtruction des matières propres à brûler, par la raiſon, diſent-ils, qu'elles ne peuvent avoir été plutôt conſumées dans le continent que dans les iſles ou au bord de la mer.

Le Véſuve a brûlé depuis plus de trois mille ans, car on a trouvé que le pavé des rues d'Herculanum, ainſi que les pierres qui ſervoient à la conſtruction de tous les bâtiments de la même ville, étoient des produits du feu des volcans. Car cette ville ayant été bâtie au plus tard l'an 1330 avant notre ère vulgaire, il y a plus de 3000 ans. Or, il faut reculer beaucoup au-delà les premières éruptions du Véſuve.

L'Etna déja fameux du tems d'Homère & d'Héſiode doit avoir éprouvé des éruptions peut-être avant les temps hiſtoriques;

& même si l'on examine l'étendue des courans & les différents lits des matières fondues, tant de ces deux derniers volcans que des autres éteints, il faut bien assigner une antiquité plus reculée à leurs premières éruptions : mais en sera-t-on plus fondé à conclure que les matières combustibles des volcans ne s'épuisent pas, & que ceux qui sont éteints ne le sont pas faute de nourriture, mais faute de l'agent nécessaire qui seul peut les rendre inflammables, c'est-à-dire faute de l'eau de la mer. Car outre qu'il est assez difficile de supposer que des pyrites seules soient assez abondantes pour servir d'aliment au feu qui fond les pierres dans les volcans, surtout lorsqu'elles sont abreuvées par l'eau de la mer, il faudroit faire voir qu'il n'y a pas de volcans éteints au bord de la mer actuelle, ni dans les isles, & enfin nous montrer comment la substance pyriteuse ne se détruit pas par le feu, ou peut se régénérer étant abreuvée par l'eau de la mer. Or, nous sommes en état de montrer un grand nombre de volcans éteints non seulement en Islande, mais encore en Irlande, sur les côtes de l'Ecosse & dans les isles qui se trouvent dans le golfe dont les eaux baignent les côtes septentrionales de l'Irlande & occidentales de l'Ecosse.

Il faudroit nous expliquer aussi pourquoi les volcans du Perou, si élevés au-dessus du niveau de la mer, occupent la Cordiliere & éprouvent de temps en temps des éruptions très-vives & très-violentes ; & comment les matières combustibles qui servent à leurs inflammations peuvent à cette hauteur être abreuvées par les eaux de la mer. Toutes raisons de douter de la théorie des naturalistes Suédois, théorie qui me paroît avoir été adoptée sans discussion par Buffon & par beaucoup d'autres naturalistes : il faut dire que ni les uns ni les autres n'avoient observé les pays volcaniques avec soin.

J'avoue que j'ai été toujours très-étonné de ce que l'inflammation d'un volcan qui brule depuis si long-temps jette depuis ce tems des flammes par la même cheminée, & pourquoi si ce sont des amas de pyrites ou même des filons de charbons de terre qui prennent feu, lors de l'eruption d'un volcan, les ouvertures des cheminées ne suivent pas l'allure de ces amas ou de ces filons à mesure qu'ils se consument ; pourquoi tant qu'il y a de l'aliment, le feu n'est pas également entretenu ; & enfin par quelle raison ce feu est sujet à des accès & à des reprises qui ont des intervalles plus ou moins considérables. Au reste je ne fais ces réflexions que relativement au Vésuve, à l'Etna, au pic de Ténériffe. Car dans d'autres contrées où l'on trouve des volcans éteints, ils paroissent avoir suivi par la rangée de leurs cratères & de leurs cheminées les filons de charbons de terre.

Quoi qu'il en soit de ces difficultés, les grands amas des charbons de terre doivent nous rassurer relativement à l'aliment du feu des volcans, beaucoup plus que les pyrites & l'eau de la mer, & toutes les contradictions que ce systême entraîne avec lui. Au reste, comme je rappelerai ces assertions dans le dictionnaire à l'article *Volcans*, j'y renvoie en terminant toute discussion à ce sujet.

Il y a encore une illusion qui a séduit plusieurs écrivains qui ont traité des volcans, c'est l'immense quantité de laves qu'ils ont imaginé sortir du trou très profond d'où sort le feu : ils n'ont pas vu que ces laves sont proprement fournies par les parois intérieures du creuset ou de la cheminée du volcan, qui fondent à l'action de la flamme qui lèche ces parois ; seulement on peut ajouter à ces matières premières les résidus des substances inflammables qui s'élevent par trusion & s'y mêlent à mesure qu'elles fondent ; & c'est ce qui occasionne la couleur noire & le mélange des trous qu'on remarque dans la plupart des laves. Par ce simple détail je réponds maintenant aux objections & aux expériences incomplètes du professeur Saussure, qui ne connoît ni les laves ni les matières premières de ces produits du feu. Voyez *Laves*.

Huitieme Considération.

Sur la formation des Montagnes.

L'auteur des Recherches tâche de jetter de l'incertitude sur les systêmes qui ont été imaginés, pour rendre raison de la formation des montagnes. Mais la route qu'il a prise me paroît assez peu sûre ; il argumente contre la facilité de rendre raison de cette formation, en objectant la nature différente des masses montueuses qui m'a toujours paru totalement étrangere à la question. Qu'une masse montueuse soit composée de couches horisontales ou inclinées, de sables ou d'argiles, de granits, ou de schistes, il n'en est pas moins certain qu'il a fallu des agens particuliers qui lui imprimassent la forme de montagne, soit en creusant tout autour de profondes vallées, soit en donnant aux croupes la figure de bords escarpés ou de plains inclinés. Or, ce sont ces formes qu'il importe d'expliquer, & l'origine des massifs ne jette que très-peu de jour sur les agens que la nature a mis en œuvre pour leur donner la figure de pics arrondis ou isolés, ou de collines continues.

L'organisation de l'intérieur des montagnes peut bien, il est vrai, se rendre sensible à l'extérieur, mais ces variétés s'expliqueront sans difficulté par la théorie générale, & n'y apporteront aucune modification sensible.

L'auteur est si éloigné de saisir la véritable cause de la formation des montagnes, qu'il regarde les pluies & les neiges fondues comme les détruisant chaque jour,

& comme lui faisant craindre la destruction des pics en forme pyramidale de la Suisse.

Il appuie beaucoup sur la distinction des pointes pyramidales qui terminent les sommets élevés des Alpes, & des hauteurs convexes, très-étendues, qui occupent, comme celles du plateau de Tartarie, de grands espaces à la surface de la terre ; mais cette distinction qui peut être fondée à certains égards, ne l'est pas par rapport à la formation des montagnes. Car les hauteurs convexes de l'auteur ne sont pas proprement des montagnes, mais une continuité de terreins plus élevés que les environs. Au reste dans l'état primitif des choses, les Alpes & les Pyrenées étoient peut-être autrefois des hauteurs convexes comme le plateau de la Tartarie, & ces masses n'ont pris la forme de montagnes qu'après que les vallons les ont coupées ; ainsi pour avoir une idée des causes qui ont formé les montagnes, il faut aller à la recherche de celles qui ont creusé & approfondi les vallons ou qui continuent ce même travail : on voit donc par-là que ce sont les formes extérieures qui doivent attirer notre attention dans l'étude des montagnes & de leur formation.

Neuvième Considération.

Sur les mouvemens des anciennes peuplades.

Dans le tems que la mer occupoit les parties des continens qu'elle a formées en dernier lieu, les hommes n'ont pu avoir d'asyle que sur les montagnes & les principales élévations du globe, d'où leurs descendans se seront successivement dispersés vers les différens points des continens abandonnés par la mer. C'est pour cette raison que l'on a découvert au pied des anciennes montagnes & même sur leurs sommets, les premières peuplades : comme les Péruviens au pied des Cordilières : à la côte occidentale les Brasiliens dans la partie opposée des Monts-Apalaches, tous ceux qui ont peuplé la Virginie, la Floride, les Antilles & les Lucayes. Les habitans de la Guiane sont descendus du Parimé, ainsi des autres. Il faut considérer cependant que les grandes masses montueuses qui sont partagées maintenant en sommets fort petits, arides & escarpés, offroient autrefois de grandes surfaces convexes qui ont servi pour lors de retraite aux hommes pendant les inondations de la mer. C'est précisément à l'époque des premières peuplades, qu'on peut croire que les montagnes n'étoient pas séparées par des vallons approfondis, & qu'elles formoient des élévations continues, des convexités étendues & très-élevées, propres à l'habitation & à la nourriture des premiers hommes. Il ne faut donc pas en juger d'après l'état actuel qui est un état de destruction. Au reste avant de fixer l'étendue des parties du globe qui n'ont pas été couvertes par la mer, & où les hommes ont pu habiter, il faut avoir recueilli un plus grand nombre d'observations que celles qu'on a pu recueillir jusqu'à présent & les avoir rangées par ordre ; & enfin avoir reconnu & assigné la nature des contrées anciennes qui ne portent pas les traces du séjour & des derniers dépôts de la mer.

Lorsqu'on envisage avec attention les differents ordres d'évènemens qui sont posterieurs à la retraite de la mer, le long intervalle de tems qu'ils supposent depuis la formation des couches horisontales, il n'est pas probable que les anciens habitans aient pu être témoins de la révolution qui a mis à sec les parties des continens renfermées dans le dernier bassin de la mer, & qu'ils en aient pu conserver la mémoire ; ainsi il n'est guère probable que les sauvages établis le long des Apalaches & des montagnes Bleues aient conservé, comme on le dit, la mémoire de ces évènemens.

L'auteur des Recherches paroît avoir trop retardé l'époque de la retraite de la mer de dessus les parties des continens qu'elle a quittée, & il pourroit bien se faire qu'il ait confondu les traditions des événemens postérieurs, lesquels n'appartiennent qu'à l'époque torrentielle, & sont de nature à laisser des impressions durables dans la mémoire des habitants qui en auroient été témoins. Le séjour de la mer ni sa retraite, à en juger par les vestiges qui nous en restent, ne sont pas de cet ordre d'événemens brusqués qui étonnent par la rapidité avec laquelle ils parcourent certaines parties du globe. Ces derniers événemens ne sont dûs qu'à des accès subits qui marquent leurs désastres d'une manière propre à effrayer ceux qui en apperçoivent les effets ou les traces. C'est peut-être à ces mêmes événemens qu'on doit rapporter ces amas de squelettes énormes ensevelis dans des terres nouvelles & dans le voisinage des lacs. On en a decouvert dans la terre des Brûlés, ainsi qu'au Méxique, à Tescuco, dans les isles de Sainte-Hélène & de Puna ; il paroît que partout ce sont des squelettes de grands quadrupèdes. Les os qu'on tire de la superficie de la terre en Siberie & qui ont été reconnus pour être des os d'éléphans, sont dans le même cas : quelles autres causes pourroit-on assigner à la destruction de ces animaux ? A mesure qu'on aura mieux observé la disposition de ces dépouilles des animaux, ainsi que leurs gissemens : qu'on aura pu reconnoître les espèces auxquelles ces dépouilles ont appartenu, on sera plus en état de décider un des points les plus interessans de la physique du globe & de l'histoire des animaux qui l'ont peuplé dans les premiers temps, & l'on sera plus en état de rapporter ces évènemens à des accidens dont les causes peuvent être prises parmi celles que nous connoissons. Mais si l'on présente ceci comme l'effet d'une catastrophe dont on n'indique aucune cause naturelle, on a bien l'air d'introduire ici des agens extraordinaires, que le besoin d'expliquer sans

le secours de l'obfervation fait imaginer.
A mefure que l'obfervation viendra nous
apprendre les principales circonftances de
ces faits étonnants, on verra les événemens
appeller les caufes.

DIXIEME CONSIDÉRATION.

Sur les limites de l'ancienne mer.

Une des confidérations qui jettera le
plus de jour fur les queftions précédentes
comme fur une infinité d'autres, eft la
recherche & la détermination des limites
de l'ancien baffin de la mer, d'après
l'éxamen des couches horifontales bien
fuivies & renfermant les dépouilles des
animaux marins & fur-tout des coquillages. On a déja découvert plufieurs contrées de la terre affez confidérables où l'on
ne voit point de ces dépouilles, où les
couches & les lits ne font pas horifontaux. En fuivant ces limites & en les
circonfcrivant, on déterminera deux
chofes : l'étendue des anciens continens
habités par les hommes & les animaux,
& celle des parties des nouveaux continens formées fous la mer, abandonnées enfuite par la mer, & peuplées
progreffivement foit par les hommes, foit
par les animaux.

Il eft certain, par exemple, qu'on a trouvé
au Pérou, des montagnes où il n'y a pas
veftiges d'animaux marins, ni coquilles
foffiles, ni couches horifontales; mais à
mefure qu'on approche de la mer, qu'on
gagne un niveau plus bas, on rencontre de
ces bancs horifontaux & des dépouilles
d'animaux marins. A la terre de Fuego,
au Chili, à la Louifiane, à la Caroline,
dans les Antilles, à Saint-Domingue, à
la Martinique, on a trouvé des bancs horifontaux de pierres calcaires & des lits de
coquilles marines.

Il en eft de même dans l'ancien continent. Les Alpes, quoique moins élevées

que les Cordilieres, ne fourniffent pas de
coquillages : on peut citer auffi les Pyrennées, les Crapacks, les Vofges, &c. mais
les citations font trop vagues, car il y
a des parties inférieures de ces chaînes où
l'on rencontre des coquilles. Les pointes
les plus élevées de ces maffes montueufes
n'étoient donc dans le temps que la mer
formoit fes dépôts, que des ifles de différente hauteur au-deffus du niveau de fes
eaux qui les baignoient & les environnoient
de toutes parts. On pourra un jour
parvenir par des obfervations très-exactes
& très-fuivies à déterminer à quelle
hauteur les eaux de la mer fe font
élevées fur les différentes parties des
continens.

On peut conclure de cette confidération
générale, que fi la mer n'a pas couvert
toutes les maffes montueufes les plus élevées
du globe, il s'enfuit que ce n'eft pas
l'eau de la mer maîtrifée par le flux & le
reflux, en un mot par les courans, qui ont
creufé les vallons : puifque les eaux de la
mer ne font pas parvenues jufqu'à certaines
hauteurs où il y a cependant des vallons
très-profonds, & dont les croupes offrent
des formes parfaitement femblables à celles
des vallées qu'on rencontre à des niveaux
plus bas, & où la mer a féjourné.

ONZIEME CONSIDÉRATION.

Remarques fur les foffiles & les minéraux des deux mondes.

La nature a produit dans l'Amérique
des végétaux & des animaux dont les
analogues ne fe trouvent point dans l'ancien
continent, & réciproquement elle a peuplé l'ancien continent de végétaux &
d'animaux, qui ne fe trouvèrent pas dans
le nouveau lors de fa découverte : mais
il s'en faut bien qu'elle offre autant de
variétés dans les minéraux. Les métaux
qu'on tiré des mines font dans le même

état & dans des matrices femblables en Amérique comme en Europe, en Afie & dans l'Afrique. Les maffes graniteufes, les couches horifontales, les coquilles foffiles & les autres dépouilles des animaux marins difperfés au milieu des couches calcaires ou d'argiles ou de pierres de fable, annoncent une uniformité frappante qui ne permet pas de rapporter ces fubftances & leur arrangement à des époques & à des caufes différentes dans les deux continens. Avec les notions qu'on avoit de la minéralogie dans l'ancien continent, on a nommé ce qui a rapport à cette ordre de chofes en Amérique. Cette confidération nous autorife à penfer que les mêmes caufes & les mêmes circonftances, ont influé dans la formation des divers maffifs qui compofent le globe, & qui font correfpondans à la furface de l'un & l'autre continent : par conféquent je fuis étonné que l'auteur des Recherches à la fuite de Buffon, ait foupçonné que les inondations locales qui ont formé les bancs horifontaux qu'on trouve en Amérique foient poftérieures aux inondations dont les dépôts ont produit de femblables couches dans l'ancien continent : il faudroit nous prouver que les dépôts de la mer ont parcouru fucceffivement les différentes parties du globe, comme les inondations que quelques phyficiens ont cru devoir rapporter aux mouvemens de la préceffion des équinoxes & à la différente inclinaifon de l'écliptique : ce qui n'eft guères probable par plufieurs raifons que j'ai expofées ailleurs. Cette uniformité dans l'organifation des diverfes parties du globe ; cette correfpondance dans la difpofition des mêmes fubftances, doit naturellement infpirer une grande confiance aux obfervations, & donner un grand poids aux conféquences qu'on peut tirer par analogie des faits obfervés dans certaines contrées. Car un principe qui fera le réfultat des obfervations faites en Europe, aura fon application dans l'Amérique méridionale, comme dans l'Amérique feptentrionale, & en Afie comme en Afrique.

On a voulu auffi qu'il y eût plus d'eaux courantes dans l'Amérique que dans l'ancien continent, & que cette quantité d'eau fe foit trouvée augmentée par les lacs, par les eaux ftagnantes qui couvrant des terres immenfes y occafionnent des vapeurs abondantes dans l'air, lefquelles diminuent la chaleur de ces contrées.

On a été plus loin, on a voulu nous faire croire en conféquence, que les parties baffes de l'Amérique feptentrionale furtout, étoient plus modernes que celles de l'ancien continent, à l'exception des énormes montagnes qui la bornent à l'Oueft, & qui paroiffent être aux auteurs de ces conjectures de la plus haute antiquité. Ils confidèrent au contraire toutes les parties baffes comme des terreins nouveaux élevés par les depôts des fleuves, pendant que ces terreins offrent les affemblages de couches horifontales femblables à ceux de l'Europe. Pourquoi prétend-on nous perfuader que ces plaines font d'une époque poftérieure à celle des plaines de l'ancien continent qui font de la nouvelle terre ? On ne nous donne aucune preuve folide de cette prétention. Les raifons de la correfpondance des phénomènes dans les deux hémifphères que nous avons expofées ci-deffus, fubfiftent donc toujours dans toute leur force, & la fuppofition de l'état moderne de l'Amérique comparé à l'état ancien de l'Europe tombe d'elle-même. (Voyez au refte, l'article *Amérique feptentrionale* dans le dictionnaire.)

P L U C H E.

Conjectures fur le déluge & fur l'état actuel de la terre.

Au précis des fyftèmes qui ont été imaginés & publiés fur le déluge & l'état actuel de la terre par Burnet, Whifton, & Woodward, nous pouvons joindre ce que l'auteur du Spectacle de la Nature a écrit
fur

fur les mêmes objets : nous allons fuivre cet auteur en fupprimant tout ce qui s'y trouve d'étranger à notre objet.

Ce que Moyfe nous apprend de la divifion des eaux inférieures & fupérieures eft, fuivant Pluche, confirmé par une expérience journalière : il n'y a point d'eau qui, mife à l'air, ne perde par l'évaporation une partie de fon volume ; ces eaux vont fe joindre dans le haut de l'atmofphère à celles qui y font déjà : voilà donc des eaux fupérieures réellement & perpétuellement exiftantes au-deffus de nous, quoique leur état dans l'air les empêche d'être vues : & comme l'air les foutient fort haut, on peut les appeller avec raifon *les eaux céleftes*, *les eaux fupérieures*.

L'hiftoire de Moyfe nous repréfente d'abord la terre cachée fous l'abyme des eaux qui la couvroient toute entière. Elle nous la montre enfuite découverte par la réfidence des eaux inférieures, qui s'arrêtèrent dans les cavités qui leur étoient préparées, & par l'élévation de l'autre partie des eaux qui s'évaporèrent de deffus la terre : nous trouvons donc dans la nature & dans le récit de Moyfe un fecond Océan fufpendu fur nos têtes & roulant dans la vafte étendue du ciel, pour y être dans la main de Dieu un inftrument de fécondité ou de défolation, de libéralité ou de vengeance.

Les eaux fupérieures de raréfiées qu'elles étoient, ont pu être épaiffies, abaiffées & réunies de nouveau aux inférieures ; elles auront fuffi pour inonder la terre une feconde fois ; & cette inondation a pu fe faire fans créer de nouvelles eaux. Pluche voit dans l'abondance comme dans l'exiftence des eaux fupérieures & inférieures, la poffibilité naturelle d'un déluge univerfel. On ne peut donc rien conclure contre l'hiftoire du déluge, de l'infuffifance des eaux de la mer, s'il y a une maffe d'eau peut-être plus abondante difperfée dans le ciel.

Et à quoi, ajoute-t-il, peut-il fervir d'attaquer la poffibilité du déluge par des raifonnemens, tandis que le fait eft démontré par une foule de monumens ?

Pluche détaille enfuite ce qu'il regarde comme les monumens du déluge : d'un bout de la terre à l'autre dans les grands continens & dans les petites ifles, fur les grouppes des montagnes & bien avant fous terre, on trouve d'une manière uniforme des lits entiers de coquillages, quelquefois de mêmes efpèces, quelquefois d'efpèces différentes, des dents de poiffons de mer, des poiffons pétrifiés, des empreintes de plantes marines, en un mot toutes les dépouilles de la mer. Qui peut les avoir difperfées dans tout le globe fi-non un événement univerfel ?

Quelques favans ont eu recours à des alluvions, à des volcans, à des accidents dont l'hiftoire ne nous dit pas un mot ; mais les voyageurs fenfés n'ont point d'autre dénouement à la vue de ces corps marins répandus & enterrés par-tout, que le bouleverfement arrivé au déluge univerfel : & tandis que des favans imaginent des accidens locaux qui ne fatisfont point, le peuple ne fent plus aucune difficulté en comparant cette difperfion des dépouilles de l'Océan, avec l'hiftoire du déluge que Moyfe nous a confervée. Ces pétrifications parlent à tous les yeux.

Si l'on demande à Pluche comment il conçoit que l'eau de la mer ait pu porter fur la pente des montagnes des coquillages qui ne nagent point, & comment les corps qui vivoient dans la mer, fe trouvent aujourd'hui engagés fous plufieurs couches de terre à une affez grande profondeur ; il répond que la nature de concert avec l'écriture & avec la tradition univerfelle nous montre par-tout les veftiges du paffage des eaux dans tous les lieux que nous habitons. Elle y joint les marques fenfibles de l'éboulement des terres renverfées les unes fur les autres,

& qui a confondu pêle-mêle en plusieurs endroits les plantes de la terre, les os des animaux terrestres avec des coquilles, des dents de poissons, & d'autres productions de la mer.

Essayons, ajoute-t-il, de réunir toutes ces circonstances dans une conjecture qui les concilie toutes. Quoique la terre fût avant le déluge, comme elle l'est à présent, composée de couches de différentes terres appliquées les unes sur les autres, de montagnes, de vallées, de plaines, de grands amas d'eau ou de mers, toutes parties essentielles à la demeure des hommes, sa forme différoit cependant de celle d'à présent ; son atmosphère ou son ciel n'étoit pas tout-à-fait de même qu'aujourd'hui.

Supposons que la première terre décrivoit autour du Soleil son cercle annuel ou son orbite ovale, sans que son axe penchât d'un côté plus que de l'autre sur le plan de cette orbite.

Supposons encore que cette terre, destinée à loger des habitans d'une vie fort longue & qui devoient se multiplier extrêmement, offroit une surface plus grande que celle de la mer, & que pour donner aux hommes plus d'espace, la mer étoit en partie à découvert & en partie enfoncée sous terre, ensorte qu'il y eût de côté & d'autre de grands amas d'eau ou différentes mers qui s'entrecommuniquoient par un profond abyme qui les unissoit toutes. Pluche trouve que de ces deux suppositions découlent naturellement toutes les circonstances qui se trouvent réunies dans l'écriture, dans la tradition des anciens, & dans l'état présent du monde.

La terre n'inclinant point son axe sur le plan de sa route annuelle, présentoit toujours son équateur au soleil : à l'exception du milieu de la Torride où la chaleur étoit

excessive, à moins qu'elle n'y fût comme aujourd'hui corrigée par un amas de vapeurs, tous les autres climats jouissoient d'une douce température. Le jour & la nuit étoient par-tout de douze heures, l'air toujours pur, le printemps perpétuel & sans aucune diversité de saisons. Le soleil & la lune ne laissoient pas de régler le cours de l'année par des changemens sensibles. La terre en parcourant son cercle annuel autour du soleil se trouvoit successivement placée sous les douze constellations du zodiaque. Quand elle étoit sous la balance elle voyoit le soleil sous le bélier, &c. la révolution que le soleil paroissoit faire en un an, la lune la faisoit de mois en mois.

La terre fut pour l'homme un jardin de délices jusqu'au déluge, n'étant point caverneuse & crévassée comme elle l'est depuis le déluge : l'atmosphère étoit toujours paisible. Un doux zéphir, un vent d'Est produit par-tout aux approches du soleil, chassoit les vapeurs qui s'élevoient de la mer, & les résolvoit en rosées dont les retours étoient invariables. Par-tout elles s'épaississoient & retomboient dans la longue durée de la nuit pour entretenir les plantes par une fraîcheur égale, & les réservoirs des fontaines par des eaux toujours nouvelles. L'air n'étant point troublé par l'impulsion des grands vents, il étoit sans pluie, sans orage, sans grêle & sans tonnerre ; & quoique tous ces météores aient des utilités relatives à l'ordre présent de la nature, le premier monde n'en éprouvoit ni les secousses funestes, ni les apparences allarmantes.

L'égalité de l'air ne pouvoit manquer d'influer sur la vie de l'homme qu'elle rendoit plus longue. Une seule chose défiguroit la terre, c'étoit la méchanceté des hommes. Elle étoit telle, qu'il ne falloit pas moins qu'un changement universel dans la nature pour arrêter le mal. Dieu ne se contenta pas de frapper les habitants du premier monde, il frappa la terre même & changea la difpofition de l'air & l'ordre des faifons. Par ce moyen, il rendit la vie d'une nouvelle race d'hommes plus courte, plus pénible, plus occupée.

Une chofe déplacée dans la nature fuffit à Dieu pour en changer la face : il prit, l'axe de la terre & l'inclina vers les étoiles du Nord. Cette interruption de l'ordre ancien parut introduire de noûveaux cieux & une nouvelle terre. Tous les feux du foleil fe firent fentir en ce moment dans un hémifphère, & le froid dans un autre : de-là les vents violents. Les eaux fupérieures épaiffies par le choc de ces vents, fe précipitèrent comme une mer, les cataractes du ciel furent ouvertes, la terre ébranlée par une fecouffe univerfelle fe brifa fous les pieds de fes habitans & s'éboula dans les eaux fouterraines : les réfervoirs du grand abyme furent rompus, & les eaux s'en élancèrent en maffes proportionnées au volume des terres qui les chaffèrent en s'y précipitant. Du concours des eaux fupérieures & des eaux inférieures, il fe forma un déluge univerfel & le globe fut noyé.

Le foleil & les vents qui avoient concouru à l'inondation de la terre, contribuèrent également à la tirer des eaux. Les unes s'arrêtèrent dans les lieux les plus bas, le refte remonta dans l'atmofphère. Depuis ce temps, la terre confervant toujours fon axe incliné de 23 dégrés & ¼ vers le Nord, éprouva des afpects qui varient tous les jours durant fix mois, & qui fe renouvellent lorfqu'elle parcourt l'autre moitié de fa route annuelle. La diverfité des faifons & les viciffitudes de l'air caufèrent une altération néceffaire dans le tempérament de l'homme, & refferrèrent la durée de fa vie.

Paffons aux autres fuites du déluge : Pluche nous fait remarquer que Dieu ayant par le déplacement de l'axe, ébranlé l'air & enfoncé une partie des dehors de la terre, au lieu des vallées délicieufes & des collines toujours tapiffées de verdure qui ornoient la première terre, les hommes ne rencontrèrent dans la Gordienne où l'arche s'arrêta que des terrains crévaffés, que des rochers tumultueufement difperfés, felon que la fecouffe univerfelle les avoit rompus & mis à découvert. La plupart des montagnes étoient hériffées de pointes couvertes de neiges, ou cachoient leurs cîmes dans des brouillards épais. Le retour des nuages qui avoient été les premiers avant-coureurs du déluge & qui devoit fur-tout renouveller leurs allarmes, étoit fuivi fur la fin du jour d'un éclairci pendant lequel le foleil peignoit fur les dernières gouttes de la nuée qui fe diffipoit, un arc plein de majefté & compofé des plus vives couleurs. Cet objet auffi nouveau que magnifique ne fe montrant qu'à la fin des orages, devint le figne naturel qui annonçoit aux hommes leur ceffation. C'eft dans ce fens que Moyfe préfente l'arc-en ciel comme un objet nouveau, & fi l'arc-en-ciel étoit inconnu avant le déluge, les pluies l'étoient donc auffi. Si la furface de l'ancienne terre a été irrégulièrement enfoncée par un tremblement univerfel, on doit, dans toute la nature, trouver des marques d'un ouvrage fait à deux fois, ou plutôt y appercevoir encore la ftructure de la première création, c'eft-à-dire les différentes couches de limon, de fables, d'argile & d'autres matières étendues les unes fur les autres, avec tant d'intelligence & d'artifice ; mais le tout altéré, plié, crévaffé en bien des endroits & confervant encore dans ce défordre les veftiges d'un changement opéré par la juftice divine.

1º. La furface du globe étant compofée de terres friables & de longues couches de pierres, les terres dans la tourmente univerfelle ont dû rouler quelque peu & s'ébouler en plufieurs endroits fous la forme de terres jettées. Au contraire, les bancs de pierres fe pliant avec peine, ont dû se rompre & paroître en plusieurs lieux inclinés à l'horison, ailleurs rester dans une situation parallèle, selon la nature & la disposition des terres qui leur servoient de bâses. Aussi par-tout on rencontre de longues chaînes de montagnes dont les plus hautes ne sont que des masses de rochers rompues & dégarnies de terres des deux cotés. Par-tout on trouve sur la pente des montagnes de longues couches de pierres qui sont assujetties à cette pente. Ces pierres ont été formées dès avant le déluge par des courants d'eau & des amas de sables posés parallèlement & de niveau. Pourquoi les voyons-nous aujourd'hui inclinées, sinon parce que le terrein qui les appuie s'est incliné en s'éboulant ? Toutes les isles ont vers le centre un terrein plus élevé, depuis lequel on descend toujours jusqu'à la mer : ceci est le vrai caractère d'un éboulement. L'Italie entière est traversée de cette sorte par l'Apennin, depuis le pied duquel le terrein s'abaisse de plus en plus jusqu'aux deux mers.

2°. Par une suite nécessaire du même évènement, les terres allant toujours en pente jusqu'au point où les pieds des deux grandes masses éboulées se sont affermis, les eaux demeurées sur le globe ont dû se rendre dans les lieux les plus enfoncés. Dans ce cas, auprès des grands terreins découverts que l'on nomme continents, on doit trouver des isles plus grandes & plus fréquentes que vers le milieu des mers où est le grand enfoncement. Ainsi, les isles de l'Archipel sont visiblement les restes du terrein qui unissoit anciennement la Grece avec la Turquie Asiatique : les isles de la Méditerranée sont les restes sensibles des terres qui se sont enfoncées entre l'Europe & la Barbarie. Les Antilles & les Caraïbes sont les restes des terres qui unissoient dans cette partie les deux Amériques.

3°. Par une suite également nécessaire

de l'affaissement de la surface du globe, les lits des anciennes carrières & les filons des métaux ont dû être rompus en plusieurs endroits & quelquefois traversés par des matières différentes qui ont occupé les ouvertures. Ce qui se trouve conforme au recit de ceux qui ont visité les carrières & les mines.

4°. Les eaux de la mer en gagnant le pied des terreins les plus inclinés, ont changé de place & ont laissé dans leur ancien séjour, que nous habitons aujourd'hui, les plantes marines, les poissons & les coquillages que nous y trouvons aujourd'hui.

5°. Les terres que les premiers hommes habitoient, & sur-tout les montagnes, ont dû rouler en bien des endrois pêle-mêle avec les productions marines qu'elles rencontroient dans leurs chûtes. De-là, ce mélange étonnant qu'on trouve quelquefois à soixante & quatre-vingt pieds de profondeur, d'une couche de joncs avec des charbons de terre ou des métaux, après quoi une immensité de coquillages de toutes espèces & quelquefois d'une seule.

Assez souvent les couches de coquillages qui ont roulé l'une sur l'autre à diverses reprises selon les secousses qui les ont ébranlées au déluge, se sont depuis pétrifiées par les insinuations des eaux, du limon & des sables. On voit la preuve de ceci dans plusieurs lits des carrières voisines de Paris.

6°. On a trouvé sur une des pointes des Alpes les plus hautes & les plus stériles, un très gros arbre renversé & parfaitement conservé. On trouve de même sous terre dans les isles voisines des terres septentrionales, où il ne croît qu'un peu de mousse, des arbres très-gros & de différentes espèces. Ces deux singularités si furprenantes font très-naturelles dans l'hypothèfe dont il eft queftion. Ces lieux fi ftériles aujourd'hui ne l'étoient pas avant le deluge, parce que le printemps & la fécondité étoient univerfels : le foleil échauffoit autrefois les pays voifins du pôle-Nord, & ce n'eft que depuis le déplacement de l'axe que ce pays eft moins chaud & moins fertile. Si le fommet des Alpes nourriffoit autrefois de grands arbres, la ftérilité de ces rochers vient d'un éboulement qui les a dégarnis de leur terre, & du froid : à moins qu'on ne dife que ces arbres flottoient dans les eaux du déluge, & ont été dépofés où ils font par la retraite des eaux.

7º. On peut appuyer la conjecture dont on vient de détailler les preuves par une obfervation très-commune & expofée à tous les yeux : on trouve fouvent des vallons enfoncés entre deux collines plus ou moins efcarpées. On obferve dans les deux côtes de plufieurs de ces vallons le même nombre de lits, les mêmes matières, la même épaiffeur, & généralement la même difpofition des couches

de part & d'autre. Le même ordre de couches fe trouve encore en terre fous le vallon : par où il eft prefque évident que le vallon enfoncé, eft une fracture & une interruption de ces lits qui formoient autrefois un tout fuivi. *Tom. 3. du Spect. de la Nature pag.* 514.

Je donne ici l'expofition abrégée de cette hypothèfe relative au déluge & à fes effets, parce que je crois qu'elle peut bien figurer vis-à-vis de toutes les autres dont j'ai publié de même le précis. Celle-ci eft même plus fimple, moins compliquée d'agens & de caufes furnaturelles ; mais comme dans toutes les autres, les faits y font un peu dénaturés & préfentés toujours d'une manière incomplette & fans cette fuite, cette liaifon & cet enfemble qui les rend lumineux & fufceptibles d'être appliqués à la circonftance pour laquelle on les cite. Cependant dans l'hiftoire des conjectures imaginées fur les divers états de notre globe, cette hypothèfe doit néceffairement y tenir fa place comme tant d'autres plus célebres & peut être plus faciles à détruire.

R

ROMÉ.

Notice de son Ouvrage sur la chaleur du globe de la Terre.

Je présente ici le travail de ce physicien sur la chaleur du globe, parce qu'on y trouve rassemblé tout ce qu'ont écrit sur les différentes causes de cette chaleur, plusieurs écrivains célèbres, avec ses réponses, qui renferment la discussion de leurs opinions. On y voit le précis de ce que Bailly a publié en faveur des systêmes de Mairan & de Buffon. Ces deux physiciens y parlent aussi quelquefois, & font valoir leurs hypothèses par tous les moyens que leur fournissent les faits qu'ils ont interprétés à leur manière, & même par des calculs qui semblent avoir donné une certaine forme sévère à cette discussion. Romé vient au milieu de tous ces raisonnemens leur opposer des faits simples avec une grande modération & beaucoup d'intelligence : ensorte que l'on trouve dans cet ouvrage les pièces de ce grand procès, & tout ce qui peut déterminer un homme instruit à prendre un parti dans cette question importante.

Sans entrer dans la discussion des conséquences ultérieures que Buffon & Bailly ont prétendu tirer du feu central, relativement à la théorie de la terre ou à sa population, on examine ici les faits qui peuvent servir de base à cette hypothèse ; & comme ces faits ont été très-élégamment exposés par Bailly dans ses *Lettres à Voltaire sur l'origine des sciences & arts* & sur l'*Atlantide*, on suit pas à pas cet écrivain dans l'exposition de ces faits.

Il me semble qu'on est parvenu à faire voir qu'il n'est aucun de ces faits qui puisse faire admettre comme une vérité fondamentale un paradoxe aussi étrange que celui-ci. *La chaleur qui s'échappe de l'intérieur de la terre, est dans notre climat au moins vingt-neuf fois en été & quatre cens fois en hiver, plus grande que la chaleur qui nous vient du soleil.* Buff. Introduct. à l'hist. des minéraux. Part. I.

On examine ensuite ce qui a pu conduire Mairan, & les physiciens qui l'ont suivi, à une conclusion si contraire aux notions communes ; & l'on s'attache à montrer que la première cause de cette méprise vient de ce que, dans l'évaluation de la masse de chaleur produite à la surface du globe par la présence du soleil, on n'a pas eu égard à l'*évaporation* & aux autres météores qui modifient sans cesse cette chaleur, soit en plus soit en moins ; & qu'ainsi l'on a supposé que la chaleur de l'été, de même que celle de l'hiver, étoit toujours proportionnelle à l'action plus ou moins directe & plus ou moins prolongée du soleil dans nos climats : tandis que dans le fait cette chaleur est continuellement tempérée ou augmentée par les météores, & par l'état plus ou moins humide & plus ou moins chargé de forêts des contrées où les rayons solaires exercent leur action.

La seconde cause de l'erreur qu'on impute à Mairan, vient, à ce qu'il paroit par les discussions de Romé, de ce que cet académicien a regardé comme une chaleur réelle les 1000 degrés de chaleur au-dessous du point de congélation qu'il fait entrer dans son calcul ; tandis que ces 1000 degrés de chaleur ne peuvent nous être sensibles que comme degrés de froid, & ne sont en effet qu'une diminution progreſſive de mouvement ; diminution qui ne peut arriver juſqu'au froid abſolu qui n'exiſte pas dans la nature, & dont par conſéquent le terme ne peut être aſſigné, ni entrer comme élément dans aucun calcul relatif à la chaleur actuelle du globe. On paſſe enſuite après cette diſcuſſion aux preuves tirées des faits, par leſquelles on s'attache à établir :

1°. Que la chaleur intérieure & particuliere du globe à quelque profondeur qu'on parvienne, n'excède jamais le degré de la température des caves de l'Obſervatoire.

2°. Que l'action de cette chaleur eſt nulle à la ſurface, & conſéquemment, que celle que nous y éprouvons ne peut provenir d'ailleurs que de l'action du ſoleil ſur notre atmoſphère & ſur tous les corps ſublunaires.

3°. Que la différence effective de 32 degrés que nous donne l'obſervation entre la plus grande chaleur de l'été & le plus grand froid de l'hiver, eſt très réelle pour les animaux & les végétaux ; mais bien inférieure à celle qu'on devroit éprouver, ſi la maſſe de chaleur produite par la préſence ſucceſſive du ſoleil ſur différens points du globe, n'étoit continuellement amortie & tempérée par l'*évaporation* qui l'accompagne.

4°. Que toute chaleur qui dans l'intérieur du globe excède le terme de 10 degrés au deſſus de zero, eſt le produit de quelques circonſtances dépendantes des agens chimiques ou de la fermentation ; & de l'inflammation des couches pyriteuſes & bitumineuſes, par le concours de l'air & de l'eau qui s'y ſont introduits au moyen des iſſues ouvertes depuis la ſurface de la terre.

5°. Que ſans le concours de ces agens

extérieurs, les maſſes pyriteuſes ne pouvant point entrer en décompoſition, elles conſerveroient le degré de température propre au globe, de même que tout ce qui ſe rencontre ſous terre hors de la portée des rayons ſolaires.

Enfin Romé conclut que c'eſt avec raiſon que tous les hommes s'accordent à regarder le ſoleil comme la ſource de la chaleur & de la vie à la ſuperficie du globe qu'ils habitent.

Quant à ce qui concerne la température inhérente au globe, n'eſt-il pas naturel de ſuppoſer que le fond de chaleur dont jouit la terre à ſa ſurface eſt le réſultat des différens degrés qu'il peut avoir acquis par l'action ſucceſſive du ſoleil, & qui ſe ſont accumulés pendant la ſuite des ſiècles qui ont précédé, autant que la denſité du globe le comportoit, ainſi que l'énergie des rayons ſolaires : de ſorte que le globe ayant une fois acquis ce fond de chaleur, il n'a pas dû augmenter par celle de nos étés, ni diminuer par le froid de nos hivers. Il eſt naturel de croire que ce fond de chaleur, a été une longue ſuite de ſiècles à ſe former : mais une fois bien établi, il a dû ſe répandre uniformément dans toutes les parties ; & c'eſt de cette diſtribution uniforme que réſulte cette égalité aſſez conſtante de nos étés & de nos hivers d'une année à l'autre. Cette proviſion de chaleur acquiſe, & le concours des circonſtances qui y ont coopéré, ne rentrent nullement dans l'hypothèſe de Buffon, ni dans celle de Mairan & de leur copiſte Bailly.

Le globe a été expoſé à l'action des rayons ſolaires depuis que le ſyſtème planétaire exiſte ; il a donc dû prendre une certaine température meſurée par cette action. Ainſi le mouvement de la terre autour du ſoleil, & ſa diſtance à cet aſtre étant donnés, on a l'énergie de la chaleur du ſoleil ; l'on peut en apprécier les effets, & parvenir même à une certaine préciſion ſur ces objet. On conçoit aisément que lorsque la température du globe étoit au-dessous de celle qu'il pouvoit prendre, d'après toutes ces circonstances, il a dû acquérir de nouveaux degrés de chaleur; mais jamais il n'a pu en acquérir au-delà. Telle est l'origine de la température constante du globe. Cette hypothèse simple & naturelle n'a rien de forcé, & ses résultats s'allient fort bien avec tous les phénomènes généraux que les voyageurs ont observés dans les différents climats & qui en constituent la division. C'est par-là que se soutient constamment, comme nous l'avons dit, l'égalité des étés & des hivers, & que ces passages d'une contrée à l'autre, si remarquables par la différence des productions, & qui paroissent si dépendantes des aspects du soleil, ont eu lieu.

Il y auroit encore beaucoup de circonstances à discuter, dans lesquelles figure ce fond de chaleur, & où il se montre d'une maniere si frappante au milieu des différentes contrées du globe, même dessous les glaces; mais ces discussions se retrouveront dans plusieurs articles du Dictionnaire, où l'ensemble de tous ces effets physiques sera présenté avec les modifications que les observations nous auront fait connoître.

Mémoire où l'on discute l'action du feu central, & où l'on s'attache à faire voir qu'elle est nulle à la surface du globe.

Rien n'est plus nuisible aux progrès de nos connoissances que de donner pour des vérités de fait de pures hypothèses, soutenues de calculs & de démonstrations géométriques, tandis qu'on écarte, & qu'on passe sous silence ou qu'on déguise les faits qui détruisent ces hypothèses.

Le mal est bien plus grand encore, quand de pareilles suppositions nous sont données avec le ton de la plus grande confian-

ce par des hommes éloquens; c'est alors qu'il faut s'opposer au torrent de l'opinion, soutenir les droits de la vérité, & mettre sous les yeux du public les faits qui écartent & détruisent ces hypothèses brillantes.

Telle est l'hypothèse du feu central mis en avant autrefois par Kircher, Whiston, & un grand nombre d'autres physiciens du siècle dernier, rejettée ensuite par d'autres, remise en vigueur par Mairan, présentée ensuite avec un grand appareil par Buffon, ensuite adoptée & développée par Bailly dans ses lettres à Voltaire sur l'Atlantide.

Je n'examinerai point ici les diverses conséquences qu'on a tirées de cette hypothèse, telles que le réfroidissement successif du globe, par la diminution de la chaleur interne qu'on suppose s'opérer continuellement; la dépopulation des climats glacés, autrefois brulans, puis tempérés, du Spitzberg, du Groenland &c. Quand ces faits seroient aussi certains, aussi démontrés qu'ils le sont peu, ils ne prouveroient rien pour l'existence d'un *feu central*, parce qu'ils pourroient être l'effet d'autres causes qui n'auroient rien de commun avec l'existence réelle ou supposée de ce feu.

C'est donc en vain que Bailly s'écrie dans une de ses lettres à Voltaire. « J'ose vous presser de croire au réfroidissement de la terre, comme vous avez cru à l'attraction de Newton. Vous êtes en France un apôtre de cette grande vérité; je vous en offre *une autre qui mérite le même hom-* » *mage.* En défendant la seconde comme » la première, vous acquerrez la même » gloire. Je vous ai developpé dans ma » dixième lettre toutes les raisons physi- » ques qui appuient l'hypothèse ingénieu- » se de Buffon. La terre a une chaleur in- » térieure *qui s'évapore & se dissipe* : la » terre âgée la perd avec le temps, com- » me en vieillissant nous perdons celle qui » nous anime. L'eau des pôles, fluide jadis,

s'est

» s'est congelée comme le métal, lorsque
» la grande fournaise du sein de la terre a eu
» perdu son activité. » *Lett. sur l'Atlanti-*
de, pag. 440.

Parmi les cinq *faits* allégués comme fondamentaux par Buffon dans ses Epoques
de la nature, le troisième est celui-ci : « La
» chaleur que le soleil envoie à la terre
» est assez petite en comparaison de la cha-
» leur propre du globe terrestre, & cette
» chaleur envoyée par le soleil ne seroit
» pas seule suffisante pour maintenir la na-
» ture vivante. »

» Il ajoute ensuite, mais il est inutile de
» vouloir accumuler ici de nouvelles preu-
» ves d'un *fait* constaté par les expérien-
» ces & par les observations. Il nous
» suffit qu'on ne puisse désormais le révo-
» quer en doute, & qu'on reconnoisse cette
» chaleur intérieure de la terre comme
» un fait réel & général, duquel, comme
» des autres faits généraux de la nature, on
» doit déduire les faits particuliers ».

Voyons maintenant quelles sont les
preuves physiques dont Buffon & Bailly
se sont servis pour établir cette grande
vérité, qui mérite, suivant ce dernier,
le même hommage que l'attraction
Newtonienne : puisqu'il dit avoir développé toutes les raisons qui peuvent appuyer l'hypothèse du feu central, nous ne
pouvons mieux faire que de les suivre &
de les examiner en détail pour savoir le
degré de confiance qu'elles méritent. Car
quant à ce qui concerne les preuves de
Buffon nous n'y trouverons à la place que
les simples assertions qui précédent, d'un
fait que Bailly s'est chargé seul d'établir
solidement. Voyons comme il execute
cette belle tâche.

§. I.

« J'aurai donc le plaisir, dit-il, dans sa
Geographie-Physique. Tome I.

» IXe lettre à Voltaire, de vous dévelop
» per ce beau systême (du feu central) ou
» plutôt cette grande vérité. Elle est la base
» de l'hypothèse du refroidissement de la
» terre. C'est dans la masse même de la ter-
» re que réside le feu central de M. de Mai-
» ran . . . . . C'est une source de chaleur
» bienfaisante qui anime la végétation, qui
» entretient la vie sur le globe; sans elle
» nous n'existerions pas. »

» La chaleur intérieure du globe, ajou-
» te Buffon, encore actuellement subsis-
» tante, & beaucoup plus grande que cel-
» le qui nous vient du soleil, nous démon-
» tre que cet ancien feu qu'a éprouvé le
» globe, n'est pas encore à beaucoup près
» entièrement dissipé; la surface de la terre
» est plus réfroidie que son intérieur &c.»

Réponse.

Il y a sans doute à la surface du globe
une chaleur bienfaisante qui entretient la
vie & le mouvement de tous les êtres qui
l'habitent. C'est une vérité si palpable qu'il
suffit de l'énoncer pour la faire admettre :
mais quelle est la source de cette chaleur?
Avant de le demander, il faut convenir
d'un autre fait qui n'est pas moins incontestable, c'est qu'il n'y a point de chaleur
sans mouvement qui l'occasionne, ni de
mouvement qui ne soit accompagné d'un
certain degré de chaleur. C'est en mettant
en action le fluide igné, qui n'est pas chaud
par lui même, que le mouvement produit
de la chaleur. En vain objecteroit-on que
le mouvement n'étant pas une substance,
mais un mode de la substance, ne pouvoit être le principe de quelque chose : car
on répondroit que par mouvement on entend le corps en mouvement, puisque le
mouvement suppose nécessairement des
corps qui le reçoivent & le communiquent. Si l'on poursuit encore, en observant qu'il est des circonstances où le mouvement produit du froid, loin de produire de la chaleur, il est facile de faire voir

que tout mouvement produit de la chaleur ; mais que cette chaleur est positive ou négative. *Positive*, si le corps en mouvement porte ou met en expansion le fluide igné dans le corps qu'il frappe : *Négative*, si le corps en mouvement s'empare de la chaleur du corps avec lequel il est en contact. Alors celui-ci se refroidit de la quantité dont l'autre s'échauffe : & c'est la raison pour laquelle le mouvement refroidit quelquefois.

Il résulte de ces principes que personne ne peut contester, que par-tout où il existe du mouvement, il doit y avoir de la chaleur, & qu'aucun corps actuellement en mouvement ne peut être dit exister sans chaleur. On ne prétend pas nier dans l'intérieur du globe, l'existence d'une certaine quantité de chaleur occasionnée par la gravitation de chacune des parties qui le composent vers un centre commun, ainsi que par la rotation sur lui même & autour du soleil. Mais on dit & on espere le prouver, que cette chaleur propre au globe, loin d'être aussi considérable que le soutiennent les apôtres du *feu central*, & de pouvoir par-là vivifier sa surface, ne passe jamais le terme de la température des caves que l'on sait être de dix dégrés au-dessus du point de la congelation. Toute chaleur qui excède ce terme, soit dans l'intérieur de la terre, soit à sa surface, est le produit des causes locales mises en jeu, tant par l'action directe des rayons solaires sur notre globe que par l'action combinée de l'air & de l'eau sur les matières inflammables qu'il renferme, même en supposant que cette eau ne soit rendue fluide que par le dégré de chaleur, ou de température propre au globe.

La chaleur superficielle & secondaire du globe peut être modifiée soit en plus soit en moins, par différentes causes particulières que l'on examinera bientôt : au lieu que la chaleur propre & essentielle de ce même globe ne peut ni augmenter ni diminuer, s'affoiblir ou se perdre tant que la terre conservera son mouvement actuel, & la place qu'elle occupe dans le systême général des êtres.

Après cet éclaircissement nécessaire pour prévenir les objections de ceux qui auroient pu croire qu'en niant les prétendus effets du feu central, on nie en même temps (Ce qu'on est bien éloigné de faire.) l'existence de toute chaleur intérieure propre au globe, & indépendante de celle occasionée à sa surface, par l'action directe des rayons solaires : on ne nie pas cette chaleur interne, mais on nie qu'elle produise à la surface du globe les phénomenes qu'on lui attribue, en dépouillant le soleil de son énergie. Commençons l'examen des preuves de Bailly.

§. I I.

« Si la chaleur du soleil faisoit seule nos » étés, dit il, lorsque cet astre abandonne » certains climats, lorsqu'il s'abaisse sur no- » tre horison & n'envoie plus que des rayons languissans, la glace anéantiroit tout. *Lettres sur l'origine des Sc.* pag. 270.

Réponse.

La chaleur du soleil fait seule nos étés, & si nous avons des hivers, c'est que le soleil n'agit pas sur la terre, en raison seulement de sa plus ou moins grande proximité, mais encore en raison de la direction plus ou moins inclinée de ses rayons. Plus ces rayons nous frappent obliquement, moins ils ont de force, & *vice versa*.

Au reste, pour que la glace n'anéantisse pas tout dans nos climats, lorsque le soleil les abandonne, il n'est pas nécessaire d'avoir recours au feu central. Nous serions fort à plaindre, si nous n'avions que lui pour réchauffer notre atmosphère & le sol glacé de nos campagnes. La nature a bien d'autres moyens de voler à notre secours ; elle appaise les vents du *Nord* ; les vents d'Ouest, ou de Sud-Ouest, nous ramenent des pluies douces ou plus tempérées : des vents de Sud, ou de Sud-Est, nous voiturent les chaleurs de la Zône - Torride, & bientôt, sans le secours du feu central, nous ressentons au cœur de l'hiver les douces influences de l'été.

§. III.

« Voilà, continue Bailly, en s'adressant » à Voltaire, ce que je me propose de » vous prouver. Il semble qu'il y ait une » grande différence entre la chaleur & le » froid que nous éprouvons sur la terre ; » mais nos sens nous trompent. La chaleur » de l'été est à celle de l'hiver comme 7 » à 6 ; plusieurs causes concourent à rendre » la chaleur plus grande en été qu'en » hiver. 1°. L'élévation du soleil fait » que ses rayons tombent en plus grande » quantité, sur un espace donné, & la cha- » leur, toutes choses égales d'ailleurs, est » proportionelle à la quantité des rayons. » 2°. Cette élévation produit les longs » jours, où la présence du soleil échauffe » plus la terre que son absence ne la » refroidit. 3°. Il résulte encore de la hau- » teur du soleil, que ses rayons ont moins » de chemin à faire dans l'atmosphère » pour parvenir jusqu'à nous. Ils sont » *moins émoussés, moins affoiblis par le* » *choc & la résistance* des parties grossieres » de notre atmosphère, *ibid.* pag. 274.

Reponse.

Tout le monde est sans doute porté à croire, que la somme de la chaleur qui nous vient du soleil en été, surpasse de beaucoup celle que nous recevons de cet astre en hiver : & on persuadera difficile- ment à ceux qui ne peuvent se procurer des provisions de bois, que leurs sens les trompent, & qu'ils n'éprouvent alors qu'un septieme de chaleur de moins qu'à la cani- cule. On aura beau leur mettre sous les yeux les calculs des Mairans, des Baillys, on ne les ramenera point à croire que la diminution de la chaleur de l'été est si peu de chose en hiver. Si la petite différence que ces calculs nous montrent entre la chaleur de l'été, & celle de l'hiver, est réelle & bien fondée, est-ce au feu central qu'il faut l'attribuer ?

Nous autres qui pensons que le soleil par sa chaleur douce, variée, intermittente, a été de tout temps le pere de toutes les productions animales & végétales sorties du sein de la terre, nous pouvons expli- quer leur disparition, leur abatardissement. Mais on dira tant qu'on voudra qu'aujour- d'hui encore la chaleur du soleil n'est rien en comparaison de celle de la terre toute épuisée qu'elle semble, & qu'il n'y a qu'un trente-deuxieme de différence, entre les plus grands chauds de nos étés, & le plus grand froid de nos hivers : par consé- quent entre la plus grande & la moindre puis- sance du soleil : aux yeux du vulgaire & du sens commun, qui ne se piquera jamais de connoître ni le premier ni le dernier dégré possible de la chaleur, ni les pas de l'échelle qu'on donne ici, cette différence paroîtra toûjours être inappreciable. Nous allons maintenant examiner tous ces détails.

Mais d'abord il paroît que Bailly sup- pose que la chaleur (produite suivant nous par l'action des rayons solaires sur les parties denses de notre atmosphère & de la surface du globe) nous vient en droi- ture du soleil, puisqu'il dit : que lorsque ses rayons ont moins de chemin à faire dans l'atmosphère pour parvenir jusqu'à nous, ils font moins émoussés, moins affoiblis par le choc & la résistance des parties grossieres de notre atmosphère, tandis que c'est au contraire ce choc, cette résistance des parties grossieres de l'atmo- sphère, contre les rayons solaires, ou le fluide de la lumière, qui est le principe de la chaleur. Or ce choc a d'autant plus de force, plus d'énergie que la masse des

rayons folaires eft plus confidérable, qu'
fon action eft de plus de durée, qu'elle ap
proche enfin plus de la verticale, & qu'elle
eft moins interceptée : toutes circonftances
qui fe rencontrent feulement en été dans
nos zones tempérées, mais perpétuellement dans la torride. La foibleffe des
rayons du foleil fur les hautes montagnes,
où l'air eft moins denfe, moins chargé de
parties groffières, moins propre à réfifter
au choc des rayons lumineux, eft une
des raifons qui a fait recourir à l'énergie
chimérique du feu central. On s'eft imaginé que les fommités du globe étant plus
éloignées du centre de la terre devoient
en conféquence éprouver moins l'influence
du feu central que les plaines : & la chaleur
plus confidérable de ces dernieres a été
moins rapportée à l'action directe du foleil,
regardée mal-à propos comme très-médio-
cre, qu'à l'énergie fuppofée de la chaleur
centrale du globe.

Ecoutons à ce fujet deux phyficiens qui
nous parlent du feu central, dans des fen-
timents totalement oppofés, de Luc d'un
côté, & Mairan de l'autre.

De Luc en parlant de la température des
hautes montagnes, nous dit. « Cette frai-
» cheur des montagnes, eft certainement
» due à la différence de denfité de l'atmof-
» phère, & non à celle de la diftance d'une
» chaleur interne de la terre : car qu'eft-
» ce que c'eft que cette diftance de plus ?
» Ce n'eft pas non plus à un réfroidif-
» fement plus grand du fol comme plus
» ifolé ; ni à une moindre réflexion des
» rayons du foleil : quiconque aura été
» dans ces montagnes ne fera pas de tels
» fyftêmes : « Lettres fur l'hiftoire de la
» terre tom. 5. pag 430.

Mairan, dans le chapitre qui a pour
» titre : circonftances extérieures & locales
» qui fe compliquent avec l'émanation &
» avec la fuppreffion des vapeurs du feu
» central, s'exprime ainfi :

» Ces circonftances comme autant de
» nouvelles caufes du froid & de la gelée,
» fe manifeftent principalement fur les
» hautes montagnes, c'eft-à-dire dans les
» pays où la furface de la terre n'eft qu'un
» affemblage & un tiffu de rochers élevés.
» Car on conçoit aifement que cette croûte
» plus denfe, plus épaiffe & plus éloignée du
» foyer que celle du terrein d'une plaine,
» doit intercepter en tout ou en partie
» les vapeurs chaudes qui s'élevent ou
» tendent à s'élever du centre : c'eft pour-
» quoi, l'on éprouve toujours fur les
» hautes montagnes, telles par exemple
» que celles de la Cordilliere en Amérique,
» un froid infupportable : l'eau s'y glace
» au milieu de la Zône-Torride, & la neige
» dont les maffes les plus élevées ont retenu
» le nom de montagnes neigées, n'y fond
» jamais à une hauteur conftante & déter-
» minée ; (à 2440 toifes au-deffus du
» niveau de la mer fuivant Bouguer.).....
» Et quoiqu'il ait été allégué bien des rai-
» fons de ce phénoméne parmi lefquelles
» il en eft que j'adopterois volontiers, je
» ne trouve pas qu'elles y fatisfaffent
» pleinement. Je crois qu'il faut recourir
» de plus & pour la plus grande partie
» de l'effet, à la caufe locale compliquée
» avec le principe du feu central, à ces
» vapeurs & à ce fluide qui s'éleve de
» l'interieur du globe, & qui ne pouvant
» pénétrer en affez grande abondance la
» croûte épaiffe & compacte qui s'oppofe
» à leur fortie, laiffent le deffus expofé au
» froid glacial qui regneroit fur tout le
» refte de la terre, fi ce principe perma-
» nent de chaleur ne l'en garantiffoit pas »
« Differtation fur la glace pag 78.

Nous oppoferons à tout cela la chaleur
acquife par la terre, depuis qu'elle eft expofée
aux rayons du foleil, & dont on connoît
la jufte appréciation.

§. IV.

« Une legere caufe, continue encore

» Bailly, tend à diminuer ces effets : c'est
» que le soleil est plus loin de nous en
» été qu'en hiver : mais cette cause est
» assez petite pour être négligée, & je
» ne ferai même aucun usage de la troisieme
cause. *Ibid.* ».

Réponse.

Que Bailly néglige, s'il le veut, dans l'estimation de la masse de chaleur produite à la surface du globe par l'action de la lumière émanée du soleil, la petite différence que peut y apporter le plus ou le moins de distance de cet astre à la terre : mais en bonne physique, est-il le maître de faire abstraction de *la troisieme cause*, c'est-à-dire du plus ou du moins d'inclinaison des rayons solaires sur certaines parties de la surface de la terre; cause vraiment essentielle dans la question présente, & qu'on ne peut écarter sans dénaturer les faits ? toutes ces restrictions sont imaginées, pour donner plus de vraisemblance à une hypothèse, dont il est d'ailleurs facile de démontrer le peu de solidité.

§. V.

« Paris reçoit, d'après les calculs de Halley, trois fois plus de rayons en été qu'en
» hiver. Fatio, géometre anglois, pensoit
» qu'il falloit avoir égard à la perpendi-
» cularité des rayons qui frappent avec
» d'autant plus de force, qu'ils sont moins
» inclinés : d'où il trouvoit que la chaleur
» de l'été, abstraction faite de toute autre
» cause, devoit être à celle de l'hiver
» comme 9. à 1. Mais on objecte que les
» différentes parties de chaque terrein
» étant différemment inclinées reçoivent
» les rayons sous toutes les inclinaisons
» possibles, & qu'il n'y a pas de raison
» pour choisir l'une plutôt que l'autre.
» *Ibid* ».

Réponse.

Il n'y a personne qui ne sente la foi-

blesse d'une telle objection, contre le raisonnement solide de Fatio. En effet si, comme l'observe Buffon lui même (*Epoques de la Nature*), les montagnes les plus élevées du globe, étant supposées de 3,000 à 3,500 toises de hauteur perpendiculaire, ne sont par rapport au diametre de la terre, que ce qu'un huitieme de ligne, est par rapport au diametre du globe de deux pieds, on conçoit combien ces inégalités de terrein qu'on objecte ici, sont de peu d'importance dans l'évaluation dont il s'agit, & qu'ainsi la masse du globe pouvant être considérée relativement au soleil, comme à-peu-près sphérique, ou tout au plus comme un sphéroide applati vers les pôles, la différente inclinaison des rayons solaires sur le globe, loin de pouvoir être négligée, est au contraire une considération des plus importantes dans la recherche des causes de la chaleur excitée par cet astre à la surface du globe, ainsi que Fatio l'avoit très-bien senti. Voyons maintenant ce que Mairan & Bailly continuent de nous dire à l'appui de leur hypothèse.

§. V I.

« Mairan en calculant l'effet de la durée
» des jours, pour augmenter la chaleur
» suivant les loix des causes accéléra-
» trices, pense avec beaucoup de justesse,
» qu'il est en raison du quarré du temps
» que le soleil reste sur l'horison : & il en
» conclut que la chaleur de l'été doit
» être à cet égard quadruple de celle
» de l'hiver. Bailly pour simplifier, dit que
» le jour à Paris au solstice d'été étant de
» seize heures, & n'étant que de huit au
» solstice d'hiver, le soleil reste donc sur
» l'horison une fois plus de tems dans une
» saison que dans une autre. Il doit donc
» échauffer la terre une fois davantage ;
» & comme Paris reçoit alors trois fois
» plus de rayons, il s'ensuit que la chaleur
» doit être au moins six fois plus grande.
» Mairan estimant les causes que Bailly
» néglige, trouve que cette chaleur du

» plus grand jour d'été eſt preſque dix ſept
» fois plus grande; & ſi l'on admettoit
» la conſidération de Fatio, on tripleroit
» encore ce rapport, & la chaleur de l'été
» ſeroit cinquante fois plus grande que
» celle de l'hiver. « *Ibid.* pag. 277.

Réponſe.

Voilà l'écueil où ont échoué tous les modernes *adorateurs du feu central.* Ils n'ont pu concilier cette maſſe conſidérable de chaleur fournie par le ſoleil d'été, avec la petite différence de 7. à 6. (§ 3) qu'ils trouvoient par d'autres calculs, lorſ-qu'ils comparoient, d'après les obſervations non moins ſûres du thermomètre, le plus haut degré de chaleur d'été, avec celui du plus grand froid de l'hiver. Donnant la préférence au réſultat que leur four-niſſoit le thermomètre, ils ont conſidéré l'autre comme chimérique relativement au ſoleil, comme une *illuſion de nos ſens.* (§ 3.) Ils ont fini par mettre ſur le compte du feu central cette maſſe appa-rente de chaleur, qui même ne nous aban-donnoit pas au milieu de la ſaiſon des frimats. Ils ont en conſéquence diminué le plus qu'ils ont pu l'énergie des rayons ſolaires, & trouvant le rapport de la chaleur fournie par cet aſtre en été, comparée à celle de l'hiver, beaucoup trop fort, s'ils admettoient celui de 50 à 1, que donne l'enſemble des cauſes productrices de la chaleur, ils ont mis de côté les plus puiſſantes de ces cauſes; & ont été encore embarraſſés du rapport le plus foible qu'ils ne pouvoient ſe diſpenſer d'admettre. Pour ſe tirer d'embarras, ils ont donc rapporté au feu central les cinq ſixièmes de cette chaleur; & la force des rayons ſolaires a été telle-ment atténuée, qu'on n'a pas craint d'avancer que ſans le feu central, la nature ſeroit glacée au mois de juillet dans nos climats, & toute l'année dans la Zône-Torride.

Il eſt cependant un moyen très-ſimple

de ſauver l'eſpece de contradiction que pré-ſentent ces calculs, & cela ſans recourir au feu central, comme on le fera voir ci-après (§ 10), lorſqu'on aura expoſé la ſuite du raiſonnement de Bailly.

§. V I I.

» C'eſt par les progrès de la dilatation
» que nous jugeons de ceux de la chaleur,
» c'eſt par les progrès de la condenſation,
» que nous apprécions l'intenſité du froid.
» Mais la condenſation & la dilatation,
» la chaleur ou le froid, ne ſont qu'une
» même choſe; il n'y a de différence que dans
» le degré. La condenſation eſt une dimi-
» nution de la dilatation, le froid eſt une
» chaleur moins grande, le froid n'exiſte
» pas, ce n'eſt qu'une privation. La
» chaleur ſeule a une réalité d'action qui
» anime la nature, & donne le mouvement
» à tous les êtres. » *Ibid.* pag. 281.

Réponſe.

Tout cela eſt dans la plus exacte vérité. Il faut ſeulement ſe rappeler ici le prin-cipe poſé précédemment; (§ 1.) c'eſt que ſi la chaleur donne le mouvement à tous les êtres, le mouvement qui dérive lui-même de la loi générale de l'attraction, a toujours précédé la chaleur, ou ſi l'on veut eſt la cauſe productrice de toute chaleur: & ſi cette chaleur produit à ſon tour du mouvement, c'eſt qu'il eſt de l'eſſence du mouvement d'engendrer le mouvement. Auſſi, comme Bailly le dit lui-même un peu plus bas, le froid abſolu ne ſeroit que la ceſſation totale *du mouvement & de la vie.* Mais pourquoi ne peut-il y avoir de dilatation ſans chaleur ni de condenſation ſans froid? C'eſt que dans le premier cas, le fluide igné s'introduit dans les corps, les dilate, y entretient le mouvement, & par conſéquent la chaleur. Tandis que ces mêmes corps ſe condenſent, ſe reſſerrent à l'inſtant où le fluide igné qui tenoit leurs parties disjointes, en y entretenant le mouvement & une chaleur locale, les abandonne pour fe porter ailleurs. Alors de tels corps n'ont plus d'autre chaleur que celle de la température du lieu qu'ils occupent, température qui varie à la furface du globe par les caufes fecondaires qui la modifient, mais qui à l'abri de ces caufes fecondaires, comme il arrive fouvent dans l'intérieur de la terre, refte conftamment à dix dégrés au deffus de la glace, ainfi qu'on l'a déjà remarqué, (§ 1) & qu'on va bientôt le prouver. (§ 16.)

Ce *fluide igné* dont nous venons de rappeller fuccinctement les effets, eft ce que l'on appelle auffi, le *fluide électrique*, le *feu principe*, la *matière fubtile* de quelques phyficiens, ou ce que Newton défigne dans fon optique, fous le nom *de fluide actif, infiniment fubtil, l'éther répandu dans les cieux & fur la terre par fon élafticité, & traverfant librement les pores de tous les corps*. C'eft ce feu élémentaire qui, fuivant Boerhaave, eft répandu dans tous les corps tant fluides que folides, où il n'a befoin que de certaines circonftances pour fe manifefter à nos fens. Toujours plus ou moins en mouvement par les variations de l'atmofphère & par différentes caufes particulieres, fes caractères diftinctifs font l'expanfion & la propriété de raréfier & de dilater tous les corps où il s'entroduit. Au refte ce *fluide igné* n'imprime en nous le fentiment qu'on appelle chaleur, que lorfque fon mouvement eft accéléré par certaines circonftances. Il s'accumule jufqu'à un certain point dans les corps folides, s'ils font du nombre de ceux qu'on appelle fixes. Mais il s'en échappe fous la forme d'un nouveau mixte qu'on appelle *air, gaz, vapeur, flamme, ou fumée*, fi ces corps font volatils ou même affez divifés pour devenir avec lui, moins pefants que le fluide ambiant.

§. V I I I.

« Ces frimats qui blanchiffent nos campagnes, ces vents qui nous morfon-» dent de leur foufle glacé, ne nous » apportent qu'un moindre degré de » chaleur, ils fufpendent la végétation & » nous permettent de vivre. *Ibid.* pag. 281.

Réponfe.

Sans doute ; mais pourquoi nous apportent-ils ce moindre degré de chaleur, puifque de l'aveu même de Bailly, (§ 7.) le froid n'eft point un être reel, & ne peut être par conféquent tranfporté par les vents ? C'eft qu'ils nous arrivent de ces climats glacés où le mouvement & la chaleur font à peine entretenus par la courte préfence & l'obliquité des regards de l'aftre vivifiant qui les éclaire. A l'arrivée de ces vents, de ces frimats dans les pays échauffés par l'action plus directe & plus prolongée du foleil, le feu que ces pays avoient abforbé, mais qui tend fans ceffe à fe mettre en équilibre, paffe dans l'atmofphère réfroidie par ces météores ; alors la végétation s'arrête, les eaux fe durciffent, & fans les abris, les vêtements & le feu artificiel que nous favons nous procurer, notre propre chaleur feroit bientôt volatilifée & éteinte : mais dans tout ceci on n'apperçoit point l'influence du feu central.

§. I X.

« Mairan, qui a fuppofé le froid ab-» folu à 1000 dégrés au deffous de la » glace, n'a rien fuppofé de trop. Buffon » penfe de même que ce dégré pourroit » être reculé jufqu'à 10,000. En effet pou-» vons nous croire que l'art puiffe opérer » le froid abfolu, où la nature n'arrivera » que par la longue continuité d'une » diminution infenfible. *Ibid.* pag. 289.»

Réponfe.

Je penfe qu'elle n'y arrivera jamais, à moins qu'il ne plaife à l'être fuprême de la faire rentrer dans le néant d'où il l'a tirée :

supposer dans la nature une longue continuité de diminution insensible de chaleur, c'est supposer dans cette même nature une diminution de mouvement que nulle observation n'indique. On peut bien, il est vrai, supposer une diminution de mouvement, & par conséquent de chaleur dans quelques parties du globe terrestre ou des autres planetes ; mais non au point d'arriver à une cessation totale de mouvement, tant qu'on supposera ces corps existans (§ I.). Le dégré de froid absolu, loin de pouvoir être regardé comme 5000 ou comme 10,000, est donc aussi impossible à déterminer que l'époque du repos absolu. Or comme il est démontré qu'il n'y a pas de repos absolu dans la nature, il l'est de même qu'il n'y a pas de froid absolu. Passons cependant à Bailly sa supposition.

§. X.

« Supposons, dit-il, que le terme du froid » absolu soit plus bas que 1000 dégrés » du thermometre de Réaumur, & partons » de ce terme pour compter les dégrés » de chaleur, pour comparer la tempéra- » ture de l'été à celle de l'hiver. En prenant » une suite d'observations faites à Paris » pendant cinquante-deux années, de » la plus grande chaleur d'été, la quan- » tité moyenne entre ces cinquante deux » observations est de 26 dégrés au-dessus » du terme de la glace, & comme nous sup- » posons 1000 dégrés au dessous, il en » résulte que la plus grande chaleur de l'été » est à Paris de 1026 dégrés. On trouve » de même que le froid moyen est de 7 » dégrés au dessous de la glace, & comme » le terme a encore 1000 dégrés de cha- » leur, il s'ensuit que le froid moyen de » nos hivers conserve 993 dégrés de » cette chaleur nécessaire. La chaleur de » l'été à celle de l'hiver est donc com- » me 1026, à 993, ou comme 32 à 31. » Il n'y a donc entre le plus grand chaud » de l'été, & le plus grand froid de l'hiver,

» qu'un 32.e de différence. Cependant la » chaleur versée en été par le soleil, » est au moins six fois plus grande dans » les mêmes climats que celle qu'il leur » dispense en hiver. « *Ibid.* pag. 290.

Reponse.

Pour mettre dans tout son jour la méprise causée par ces calculs, il convient de placer ici les résultats analogues qu'a présentés Mairan dans sa dissertation sur la glace au chapitre intitulé, *du feu central ou intérieur de la terre & des principaux phénomènes qui en dependent.*

» Plusieurs auteurs très éclairés, dit-il, » tant anciens que modernes, ont reconnu » un feu central dans la terre, ou une » chaleur quelconque très profonde. Les » uns & les autres en ont déduit l'expli- » cation de quantité de phénomènes, » mais aucun que je sache n'en a établi » l'existence & les effets de la manière qui » suit ».

» Je donnai en 1719 à l'academie des » sciences un mémoire qui fut imprimé » parmi ceux de la même année, & qui a » pour sujet *la cause générale du froid en* » *hiver, & de la chaleur en été.* Il est » démontré dans ce mémoire, que la » chaleur de l'été dans le climat de Paris, » au solstice d'été, en tant qu'elle résulte » de cette cause, c'est-à-dire, de l'action » du soleil sur la terre, est à la chaleur » de l'hiver, au solstice d'hiver, tout » au moins comme 60 est à 1. Par les » observations & les expériences immé- » diates d'Amontons sur la chaleur de » l'été & de l'hiver, dans le même climat » & aux solstices, la première est à la » seconde comme 60 est à 51 ½. (Ces nom- » bres expriment des pouces de son ther- » momètre) ou à peu-près en raison » de 8 à 7, c'est-à-dire, que le chaud » qu'il fait aux rayons du soleil à midi » dans le solstice d'été, ne differe du
          froid

» froid qu'il fait , quand l'eau se glace,
» qu'environ comme 60 diffère de 51 $\frac{1}{2}$
» ou 8 de 7 ; & que la même matière qui
» produit par son agitation , les plus
» grandes chaleurs , & les plus insuppor-
» tables de nos climats , ayant alors 8
» dégrés de mouvement, elle en a encore
» 7 , lorsque nous sentons un froid
» extrême. « (» Histoire de l'acad. 1702.
» pag. 7) Comment accorder, *continue*
» *Mairan* , des résultats si différens , le
» rapport de 66 à 1 d'un coté & celui
» de 8 à 7 seulement de l'autre ?

Il ne sera pas pourtant difficile de les concilier, *ajoute-t-il* , « si l'on considère qu'il
» n'est question dans mon mémoire *que*
» *de la cause générale & extérieure de*
» *la vicissitude des saisons, qui est le*
» *soleil, & de la chaleur qui doit en*
» *résulter dans les deux solstices* ; au lieu
» que les observations & les expériences
» d'Amontons tombent sur *la chaleur totale*
» *& absolue provenant du concours de toutes*
» *les causes quelconques , tant internes*
» *qu'externes, qui produisent la chaleur*
» *dans l'une & l'autre saison* «. Dissert.
sur la glace, partie I. chap. XI. pag.
57 & 58.

Arrêtons-nous là pour examiner quels
sont les termes de comparaison que nous
offrent ces calculs. Nous avons d'une part
la somme de toute la chaleur que peut
produire en été dans notre climat la
présence du soleil , en ne la supposant
contrariée par aucuns météores, & abstraction faite de toutes les différentes
causes qui la modifient. Cette somme
comparée à celle que le même astre ,
toujours dans la même supposition , doit
produire en hiver dans le même climat,
est suivant les calculs les plus modérés
dans le rapport de 6 à 1, & dans celui
de 66 à 1, suivant les calculs les plus
exacts ou les plus rigoureux : car nous
avons vu ci-dessus (§. VI.) qu'on éva-
luoit aussi ce rapport comme pouvant
être de 17 à 1 ou de 50 à 1.

Géographie-Physique. Tome I.

Si l'on compare ensuite ce résultat
hypothétique avec les observations réelles
fournies par le thermomètre , on trouve
entre ces deux résultats , une différence
énorme , parce qu'on ne veut pas voir
que le thermomètre donne le résultat de la
chaleur du soleil non abstractivement prise,
mais modifiée , tempérée ou augmentée
par différentes causes locales & particulières.

Voilà le seul & véritable point de
vue sous lequel on puisse envisager ces
calculs. Qu'a fait Mairan ? Préoccupé
de l'hypothèse du feu central , il a regardé
le premier de ces résultats comme la
somme de la seule chaleur causée par la
présence du soleil ; & le second comme
la somme de toutes les chaleurs particulières produites par le concours de différentes causes : & il a conclu de-là
qu'il y avoit par toute la terre un fonds
de chaleur permanent & indépendant de
la vicissitude des saisons.

Mais pour que la conclusion de Mairan
pût se soutenir, il faudroit supposer, contre
l'expérience, que toute la masse de la
chaleur versée par le soleil en été dans
nos climats pût y demeurer & s'y accumuler : alors ne nous en envoyant une
quantité beaucoup moindre en hyver, il
faudroit bien convenir que la masse de
la chaleur qui dans cette saison fait équilibre avec celle que nous avons reçue
de cet astre en été, ne vient point de
lui, mais de la terre même ou du feu
central, puisqu'il faut après tout que
cette chaleur de l'hiver ait une cause
quelconque qui la produise.

Je dis donc que la supposition de
Mairan est contraire à l'expérience ; car
qui peut ignorer que cette chaleur envoyée
par le soleil d'été est continuellement
amortie & diminuée par *l'évaporation*
qui alors est très-grande, & qui ne peut
avoir lieu sans dépouiller la surface du

globe d'une quantité surabondante de chaleur ; quantité à laquelle nous ne pourrions résister si elle étoit aussi considérable, aussi intense, que les calculs hypothétiques la présentent.

D'un autre côté, l'évaporation étant beaucoup moindre en hiver, la surface du globe dans nos climats perd moins de la chaleur qu'elle reçoit alors du soleil, quoique la quantité soit incontestablement beaucoup moindre aussi qu'en été. Il n'est donc pas étonnant que le thermomètre indique une aussi foible différence entre la chaleur de l'hiver & celle de l'été, quoique la quantité versée par le soleil dans ces deux saisons soit dans des proportions si dissemblables. Il n'est donc plus besoin, comme on le voit, d'avoir recours à la supposition d'un prétendu feu central ou à d'autres chaleurs particulières, pour expliquer un phénomène qui ne demandoit pour être conçu qu'un peu plus d'attention sur les véritables causes qui le produisent.

Personne n'ignore en effet qu'au plus fort de l'été, il ne faut qu'un vent de *Nord*, un tems couvert, un simple orage, une pluie abondante pour rafraîchir d'une manière très-sensible la surface du globe dans la contrée où arrivent ces météores : tandis qu'au contraire en plein hiver il ne faut qu'un vent de *Sud* ou de *Sud-Ouest* pour adoucir la rigueur de la saison, & rendre à la terre les molécules de feu qui s'en étoient exhalés. Ce sont ces vicissitudes de l'atmosphère & la tendance continuelle qu'a la matière ignée à se volatiliser sous forme d'air ou de vapeurs en se combinant avec l'eau, qui causent la légère différence que les observations thermométriques indiquent entre la température de l'hiver & celle de l'été.

Aussi voyons-nous que les chaleurs les plus grandes & les plus insupportables, sont celles qui règnent dans les lieux où la matière ignée s'accumule & ne peut être volatilisée par l'évaporation. Telle est la cause des chaleurs étouffantes qu'on éprouve dans les sables brûlans de l'Afrique & dans les vastes déserts de l'Asie. Voilà pourquoi l'Amérique si couverte d'eaux & de forêts est moins brûlée dans la Zône-Torride que les contrées arides & découvertes de l'Afrique & de l'Asie situées sous les mêmes climats. C'est encore la raison pour laquelle dans nos climats tempérés, les plus grandes chaleurs ne se font pas communément sentir au solstice d'été, terme de la plus haute élévation du soleil, mais dans les mois de juillet & d'août où la terre plus desséchée par l'évaporation presque continuelle des mois précédens est par-là moins disposée à fournir aux molécules ignées qui la pénètrent, leur véhicule, c'est-à-dire, l'humidité nécessaire pour leur permettre de s'élever & de se dissiper en vapeurs.

Je me contenterai de ce petit nombre de faits, car ils se présentent en foule, pour prouver que c'est l'évaporation seule, & nullement le feu central, qu'il faut désormais regarder comme la cause de l'énorme différence qui se trouve entre les calculs hypothétiques de la chaleur du soleil, supposée mal à-propos permanente en été dans nos climats, & les observations thermométriques qui déposent évidemment le contraire.

§. XI.

« Quand les glaces nous environnent, » nous devrions avoir perdu, continue » Bailly, plus des cinq sixièmes de la » chaleur de la terre, nous n'en avons perdu » réellement qu'un trente-deuxième ». *Ibid* pag. 293.

Réponse.

En admettant que la chaleur versée par le soleil en été soit au moins six fois plus grande dans les mêmes climats que celle que cet astre leur dispense en hiver, on peut répliquer qu'en été l'évaporation (& conséquemment la dissipation de la chaleur) est au moins six fois plus grande qu'en hyver, où l'action du soleil moins forte & moins verticale jointe à un tems plus couvert & plus nébuleux qui souvent nous la dérobe, cause une évaporation moins abondante, & par conséquent plus proportionnée à la foible chaleur que cet astre nous envoie alors. Il n'y a donc pas lieu d'être étonné que le thermomètre n'indique entre ces deux saisons qu'une différence d'un trente-deuxième, quoique les masses de chaleur fournies dans l'une & l'autre saison soient si disproportionnées; d'ailleurs le froid rigoureux, & l'évaporation qu'occasionnent les vents du Nord, sont presque toujours de peu de durée dans notre climat de Paris, & la chaleur qu'ils nous enlèvent pendant quinze jours à trois semaines, nous est assez promptement & plus ou moins restituée soit par l'action directe. quoique oblique, du soleil sur notre horison, soit par les vents du Sud qui nous apportent une partie de la chaleur des contrées méridionales.

§. XII.

On trouve par un calcul fort simple, ajoute Bailly, « que pour concilier ces » deux faits également incontestables, » il faut que la terre ait en hiver un » fonds de chaleur, environ cent cin- » quante fois, (Maïran trouve cinq cent » fois) plus considérable que celle qu'elle » reçoit dans le même tems du soleil, » & vingt cinq fois plus grande que celle » des rayons d'été. Je demande alors » d'où peut venir cette chaleur que le

» soleil ne donne point à la terre & qu'elle » conserve dans son absence ? » *Ibid.*

Voici maintenant comme s'exprime Maïran sur le même sujet:

« C'est de-là & par une courte analyse » que je conclus qu'il y a donc par toute » la terre un fonds de chaleur indépen- » dant de la vicissitude des saisons; car » des observations semblables que l'on a » faites dans des pays connus, & de sem- » blables inductions que nous en pouvons » tirer, ne permettent pas de douter que » le même principe ne soit applicable à » tous les pays, sauf les modifications qu'y » apportera peut-être la complication des » autres causes, telles que la latitude, la » situation du lieu, la nature du sol &c. » C'est par là, dis-je, & d'après les élé- » mens de calcul donnés, que je trouve » ce fonds permanent de chaleur pour le » climat de Paris, *trois cents quatre vingt* » *treize fois plus grand que le dégré de* » *chaleur de l'hiver*, en tant que celui-ci » ne résulteroit que de la cause générale » de la vicissitude des saisons. Prenant » donc cette chaleur de l'hiver pour » l'unité, il y aura ordinairement dans » le climat de Paris, *une base*, pour ainsi » *dire*, de chaleur permanente d'environ » trois cents-quatre-vingt treize degrés, » sur laquelle s'elève alternativement le » dégré unique de la chaleur de l'hiver, » & les 66 dégrés de la chaleur de l'été, » produits par la cause générale de la vicis- » situde des saisons, & dont les sommes » seront à peu près dans le rapport absolu » de 7 à 8 que donne l'observation im- » médiate: on en peut voir le détail dans » le mémoire même. » *Dissert. sur la* » *glace. Ibid.*

Réponse.

Telle est, comme on vient de le dé-montrer (§ X.), la fausse conclusion qu'ont tirée des deux faits également incontestables, de grands & de célèbres physiciens ; trouvant par les observations du thermomètre, une si legere différence entre la température de l'hiver & celle de l'été dans nos climats, ne pouvant d'ailleurs se persuader que la chaleur du soleil fût bien réelle, puisque malgré la masse qu'il paroissoit devoir nous en fournir, la plus forte chaleur n'excédoit que d'un trente-deuzième celle de l'hiver le plus rigoureux ; loin de chercher si l'évaporation ne pouvoit pas être la cause de ce phénomène, en apparence contradictoire, ils aimerent mieux supposer gratuitement à la terre un fonds de chaleur au moins cinquante-fois plus considérable que celle qu'elle recevoit du soleil en hiver, & vingt-cinq-fois plus que celui des rayons d'été. Conclusion aventurée & qui, comme on le verra, n'est étayée d'aucune preuve solide. Car, si l'on excepte la chaleur propre du globe, & que l'expérience nous apprend n'être que de dix dégrés au-dessus du terme de la glace, il n'y a aucune chaleur locale & particulière qui ne tire son origine du mouvement produit à la surface du globe par l'action des rayons solaires, ou dans son intérieur par le concours de l'air & de l'eau, en supposant même celle-ci réduite au dégré de chaleur nécessaire pour la rendre fluide.

Il y a pourtant ici une différence effective de trente-deux dégrés entre ces deux extrêmes de la chaleur d'été & de la chaleur de l'hiver, & cette différence est considérable, relativement à nos sens, seuls juges de la sensation que l'on nomme *chaleur.* En effet s'il n'existoit point d'êtres animés, il n'y auroit point dans la nature ce qu'on appelle de la chaleur, mais seulement des sommes plus ou moins grandes de mouvement ; la chaleur n'étant que la sensation que nous éprouvons par ce mouvement. Puisque la chaleur qui résulte du foible mouvement indiqué sur le thermomètre, par le terme de la glace, est déja nulle pour nous, à plus forte raison, les mille dégrés de chaleur qu'on suppose au-dessous de ce terme, n'existent-ils point pour nos sens ; ils ne sont qu'une chaleur purement hypothétique, c'est-à-dire un extrême diminution de mouvement.

§ X I I I.

« Mairan a dit que cette chaleur
» étoit intérieure c'est-à-dire inhérente
» au globe ; *c'étoit l'hypothése la plus*
» *simple qu'on pût imaginer pour rendre*
» *raison d'un fait si singulier,* & en même-
» temps si bien démontré. S'il l'a regardée
» comme centrale, c'est qu'il a consi-
» déré que, *répandant ses influences bien-*
» *faisantes sur tous les points de la surface,*
» elle agissoit comme partant d'un centre ;
» mais il n'a point prétendu par cette
» qualification déterminer ni le lieu, ni
» l'origine de ce qui produit ces influences.
» *Ibid. pag.* 294.

» Du reste, dit Mairan, que ce soit un
» feu véritablement central ou très pro-
» fond, inné avec le globe terrestre ou
» acquis au moyen des rayons du soleil
» qui échauffent toujours également ou
» à peu près un de ses hémisphères, ce
» que je ne discuterai pas ici, quoique
» bien des raisons me persuadent qu'il
» tient à la structure interne de la terre
» & des planètes en général, il me suffit
» que l'existence n'en soit pas douteuse. »
Dissertation sur la glace, part. I, *chap.* XI.
pag 59.

Réponse.

En cela Mairan a très-sagement fait : il voulut éviter l'écueil où avoient échoué ceux qui l'avoient devancé dans cette hypothèse. Il n'ignoroit pas les objections insolubles qu'on avoit faites à ceux qui admettant une fournaise ardente au centre du globe s'étoient peu embarraffés d'affigner d'où ce feu tiroit l'air & l'aliment qui l'entretenoient. Au refte quoique Buffon ait imaginé depuis une hypothèfe fort ingénieufe pour expliquer la caufe & l'origine de ce feu central, il femble que cet iluftre écrivain auroit dû commencer par conftater l'exiftence de ce feu, & fon degré d'intenfité : car nous verrons bientôt que loin de répandre fes influences bienfaifantes fur tous les points de la furface du globe, ce feu n'a pas même la force de fondre la glace à 15 ou 20 pieds fous terre. Après ce que l'on a dit plus haut, (*Rép. au § X.*) du rafraichiffement de la furface du globe par l'évaporation, les vents & les autres météores, on fent qu'il eft parfaitement inutile de recourir à la caufe obfcure du feu central, & que le point d'où partent toutes les influences vivifiantes de la furface, n'eft autre que le foleil.

§. XIV.

« On a objecté à Mairan que cette chaleur intérieure pouvoit avoir fa fource dans les *vapeurs bitumineufes* qui s'élevent des entrailles de la terre, dans la fermentation qui fait bouillonner les eaux & produit les volcans : mais qu'eft-ce que la fermentation, fi ce n'eft un mouvement inteftin, excité dans certains corps à l'aide d'un degré de chaleur & de fluidité convenables ? La fermentation naît d'une chaleur préexiftante dans les matières qui en font fufceptibles, & en même temps d'un état de fluidité ou d'humidité qui en exclut la congélation ; c'eft donc alléguer pour caufe ce qui n'eft qu'un effet : c'eft à dire que les matières où il y a de la chaleur produifent la chaleur du globe. » *Ibid.*

Mairan parlant des chaleurs infupportables qu'on n'éprouve guères, dit-il, *que dans les mines très-profondes & au-delà de deux ou trois cents toifes,* » dit qu'il les » croit plutôt l'effet des *vapeurs fulphu-*

reufes, ou des feux réels qui s'allument en ces endroits par le conflict de l'air & de quelques autres circonftances locales, que du plus de proximité du foyer central. *Ce foyer,* ajoute-t-il, *ou ce feu central en eft bien la caufe en ta t qu'il s'exhale plus abondamment par des terres plus poreufes ou par de plus larges canaux ;* mais il ne l'eft pas relativement à la diftance, & proportionellement à fon plus de proximité. Car, qu'eft-ce que 300 toifes, par exemple, de plus ou de moins fur plus de trois millions qu'en contient le rayon du globe terreftre ? Ce n'en eft pas la dix-millième partie, & l'augmentation ou diminution de chaleur qui en réfulteroit, n'iroit guères qu'à un cinq millième en prenant le rapport inverfe du quarré de diftance, *comme il convient à toute émanation centrale.* Differtat. fur la glace pag. 61.

Réponfe.

La première objection eft en effet très-futile, & fent bien la phyfique du fiècle dernier. Par ces vapeurs bitumineufes qui s'élevent des entrailles de la terre, par cette fermentation qui fait bouillonner les eaux & produit les volcans, il eft clair que l'on entend la fermentation pyriteufe & les divers phénomènes qui en font la fuite. Mais cette fermentation & cette inflammation des pyrites & des fubftances bitumineufes, loin de pouvoir être affignée pour caufe du feu central, en eft totalement indépendante & n'auroit même pas lieu fans le concours des eaux qui, de la furface, ont pénétré dans l'intérieur de la terre.

En fecond lieu, on voit par le paffage que j'ai cité de Mairan, 1°. qu'il attribuoit les feux fouterrains aux émanations du feu central, lorfque ce feu *pouvoit s'exhaler plus abondamment par des terres plus poreufes où par de plus larges canaux ;*

2°. Qu'il plaçoit le foyer de ce feu central directement au centre du globe ; puisqu'il calcule l'augmentation ou la diminution de la chaleur que doit éprouver un lieu quelconque, à raison de la distance où il est de ce centre ou de ce foyer.

§ X V.

» Mais pourquoi, demande Bailly, y
» a-t'il de la chaleur dans ces matières ?
» Elle n'y a point été portée à coup
» sûr par les rayons du soleil. L'accès
» leur est trop bien défendu par l'opa-
» cité de la terre ». *Ibid. pag. 295.*

Réponse.

Il est vrai que les rayons du soleil ne pénètrent pas dans les lieux souterrains & quelquefois fort profonds où sont déposées ces couches pyriteuses ; mais il suffit que les eaux de la surface rendues fluides par la chaleur du soleil, ou celles-mêmes qui n'auroient, comme l'intérieur du globe, que dix degrés de chaleur au-dessus du terme de la congélation : il suffit, dis-je, que telles eaux pénètrent ou s'infiltrent jusqu'aux couches pyriteuses pour y exciter la fermentation & même l'inflammation, à l'aide des matières bitumineuses qui souvent accompagnent ces couches.

On seroit donc dans l'erreur si l'on croyoit que ces eaux eussent besoin pour cela d'un degré de chaleur plus intense que celui qui est nécessaire pour les rendre fluides. Pour soutenir le contraire, il faudroit n'avoir aucune idée de l'efflorescence pyriteuse, non plus que du violent degré de chaleur qui peut résulter du mélange de l'eau la plus froide avec un acide concentré également froid.

§ X V I.

» Nos glacières où la glace ne fond

» point l'été, nos caves, nos souterrains
» qui conservent en tout tems la même
» température, nous apprennent que la
» marche du soleil est indifférente, que
» les alternatives du froid & du chaud
» sont étrangères comme le jour à ces
» asyles de la nuit ». *Ibid.*

Réponse.

Oui ; mais malheureusement pour l'hypothèse du feu central, ces mêmes glacières, ces mêmes caves inaccessibles à la clarté du jour, nous apprennent aussi que la chaleur souterraine que Bailly (§ X I I.) dit être *vingt-cinq* fois plus grande que celle des rayons d'été, ne peut cependant fondre que très-lentement la glace qu'elle rencontre dans ces mêmes lieux ; ce qui n'empêche pas qu'on ne lui attribue (§ X X I V.) la puissance de fondre assez rapidement une partie de celle qui couvroit la surface du terrein sous lequel sont ces caves ou ces glacières ; ce qui est une inconséquence des plus marquées dans le nombre de celles dont l'hypothèse fourmille.

Cependant laissez couler un filet d'eau de la surface, & vous verrez si votre glace ne fondra pas *dans son asyle de la nuit.* Mais, me direz vous, si cette eau n'y eût pas pénétré, la glace auroit pu subsister très-long-tems sans s'y fondre : j'en conviens, & c'est ce qui démontre sans réplique le peu d'énergie de votre feu central. Je soutiens par la même raison que si l'eau pluviale ou l'eau de la mer n'eût pas pénétré dans les lieux où gissent les pyrites & autres matières susceptibles de fermentation, la chaleur locale & même l'inflammation souterraine qui en ont résulté, n'auroient pas eu lieu. Si vous insistez en disant que toute l'eau supportée par le fond des mers, n'est fluide que par l'énergie du feu central, ce sera une nouvelle inconséquence que l'on discutera par la suite (§ X X I.)

§ X V I I.

» Dira-t-on que la terre ne perd pas
» en hiver autant de chaleur qu'elle en
» acquiert en été & que le phénomène
» obfervé par Mairan eft le réfultat de
» ce qu'elle a amaffé depuis le tems
» qu'elle exifte. Mais alors la chaleur
» devroit augmenter continuellement fur
» le globe. La Zône-Torride qu'on regar-
» doit comme inhabitable le deviendroit
» en effet ». Ibid.

Réponſe.

Quoiqu'une telle conclufion ſoit directement contraire à celle du refroidiſſement
progreſſif du globe dont les divers périodes de chaleur ont été calculés par Buffon,
quelques phyſiciens efpèrent pouvoir la
démontrer, & regardent même l'addition
de chaleur ſur la terre comme une de ces
vérités mathématiques qu'il n'eſt pas poſſible de conteſter. Mais en attendant cet
ouvrage, on ſe contentera de répondre
que l'explication du phénomène obſervé
par Mairan, eſt indépendante du ſuccès
de cette démonſtration, puifqu'en conféquence de l'évaporation, comme on le
fait voir (§. X.) la plus grande partie
de la chaleur acquife en été par la ſurface
de la terre eſt déja diffipée après les premières gelées de l'automne. Ce qui n'empêche pas que, par un tems plus doux,
cette même ſurface ne puiſſe ſe reſſaiſir
d'une portion de la chaleur qu'elle avoit
perdue, & la conferver juſqu'à ce que de
nouvelles caufes reviennent l'en dépouiller.

Ces viciſſitudes caufées par les vents
dans la température des faifons, font ſi
généralement connues, qu'on a preſque
honté de faire remarquer aux partifans
du feu central qu'il y a telle fin d'hiver
où des vents de ſud rendent la faifon
ſi prématurée, que ce feu central juſqu'a-

lors engourdi reprend tout-à-coup ſon
activité, fait remonter la fève, développe
les bourgeons au point que l'on croit
déjà ſe trouver au printems. Cependant
il ne faut que l'arrivée d'un vent de Nord
ou de Nord-Ouest pour arrêter toute cette
énergie qu'on prête au feu central, ramener la neige & les frimats, lefquels huit
à quinze jours après difparoîtront à leur
tour par le retour d'un ſimple vent du Sud.
Or ſi les vents ont une influence ſi marquée ſur la température des faifons, il
ne s'agit plus pour décider la queſtion qui
nous occupe, que de ſavoir ſi les vents
ont pour caufe les influences du foleil ſur
le globe, ou s'ils font encore un des produits du feu central.

Nos payfans difent au printems pour
raifon, lorſque les bleds, les légumes &
les autres plantes ont de la peine à pouſſer,
que la chaleur n'eſt pas encore dans la terre,
ou que la terre n'eſt pas encore échauffée.
Quand le foleil donne ſur la ſurface de la
terre, il ne produit que très-peu d'effet;
il faut que ſa chaleur ait une certaine force
pour qu'elle puiſſe échauffer le ſol à une
certaine profondeur, vivifier les racines,
& faire germer les graines, ſans quoi
toute la prétendue force du feu central
ne produira aucun effet. Le bon ſens &
l'expérience des payfans & des cultivateurs
prévaudront toujours chez moi ſur les
ſpéculations des plus grands philoſophes.

§. X V I I I.

« Ajoutera-t-on que la terre, comme
» une infinité d'autres corps, n'eſt ſuf-
» ceptible d'acquérir qu'un certain degré
» de chaleur ? Qu'arrivée à ce terme de-
» puis bien des fiècles, ſa température ſera
» conftante. Mais on étend ici à tous les
» corps en général, & à la terre en par-
» ticulier, ce qui n'appartient qu'aux
» fluides. L'eau ne s'échauffe point du
» degré qui la fait bouillir. Cette pro-
» priété des fluides tient à leur nature

» volatile : les corps folides, par cela
» même qu'ils font folides, font toujours
» bien loin du degré de chaleur qu'ils
» peuvent recevoir : il faut qu'ils paffent
» auparavant à l'état de fluides, &c. »
Ibid. pag. 296.

Réponfe.

Sans doute la terre eft un corps folide,
du moins en bonne partie. Mais Bailly
a-t-il donc oublié la couche immenfe
d'air, ce fluide fi élaftique qui environne
le globe? Ne le croit-il pas capable d'abforber ou de reftituer à la terre la portion
de feu, qui tantôt la furcharge, & qui
tantôt lui manque? Cette couche d'air
qui fait notre atmofphère, n'eft elle pas
tour-à-tour augmentée par l'évaporation
de l'eau qui s'y promène en nuages, ou
diminuée par l'abforption qu'en font ces
nuages eux-mêmes? Enfin conçoit-on
qu'on puiffe ne tenir aucun compte dans
le calcul des caufes de la chaleur de ces
variations fi fréquentes de la température
de la furface occafionnée par ces météores, tandis qu'on rapporte tout à l'é-
nergie d'un prétendu feu central qu'on
ne fait pas même où placer ?

§. XIX

» Dailleurs, continue Bailly, comme
» la première fource de cette chaleur fe-
» roit toujours à la furface, *on devroit*
» *éprouver plus de froid fous terre : la*
» *liqueur du thermomètre devroit def-*
» *cendre lorfqu'on le tranfporte à de grandes*
» *profondeurs.* Cependant Genfane obfer-
» va dans les mines de Giromagny, que
» le thermomètre, qui hors de la mine
» étoit à deux degrés au-deffus de la
» glace, porté à 50 toifes de profondeur,
» monta de dix degrés. Il s'y tint jufqu'à
» cent toifes; mais ayant été defcendu
» à une profondeur de deux cents vingt-
» deux toifes, il s'éleva à 18 degrés : la
» chaleur augmentoit donc à mefure

» qu'on pénétroit plus avant dans le fein
» de la terre. » *Ibid. pag.* 297.

» Cette chaleur, dit Buffon, nous eft
» démontrée par la comparaifon de nos
» hivers à nos étés (*Voyez* ce qu'on doit
» penfer de cette démonftration au §. X.).
» On la reconnoît encore d'une manière
» plus palpable, dès qu'on pénètre au de-
» dans de la terre : *Elle eft conftante en tous*
» *lieux pour chaque profondeur, & elle*
» *paroit augmenter à mefure que l'on def-*
» *cend.* Epoq. de la nature, pag. 8.

Réponfe.

Cette expérience unique de Genfane,
& dont Buffon, Mairan & Bailly font
tant de bruit, a été contredite par mille
autres faites en différens temps, dans des
mines encore plus profondes que celles de
Giromagny, entr'autres à Sahlberg en
Suéde, à Wieliczka en Pologne, &c.
Mairan convient lui-même « que, malgré
» la grande profondeur de ces dernières,
» on ne fait aucune mention de la chaleur
» qu'on y éprouve, & qu'il y a grande
» apparence qu'elle y eft fort tempérée ».

Quoi qu'il en foit, l'obfervation de
Genfane tant qu'elle reftera ifolée &
contredite par toutes les autres, ne
fera qu'une preuve très-fufpecte en faveur du feu central. En la fuppofant
exacte elle prouve feulement qu'il y avoit
dans la mine, dont il s'agit, une chaleur
produite par des caufes particulières;
puifque par une foule d'obfervations faites
en différens lieux & à différentes profondeurs, il eft aujourd'hui conftaté que hors
la portée des rayons folaires, la chaleur
fouterraine ou fous-marine, à quelque profondeur qu'on parvienne, eft conftamment
fixée à dix degrés au-deffus du point de
la congélation, à moins que quelques
caufes locales ne modifient ce terme, foit
en plus foit en moins.

§. XX.

« Voilà donc, s'écrie, Bailly, relativement

ment à l'expérience de Genfane ; « Voilà » un fait qui dépofe encore de cette cha- » leur intérieure : & fans cette chaleur, » comment y auroit-il des volcans fous la » vafte étendue des mers ? *Ibid.* »

Réponfe.

Je conçois que dans la difette où étoient les partifans du feu central, de faits vraiment propres à étayer leur hypothèfe, l'expérience de Genfane dut leur être fort agréable ; mais un fait unique n'en peut contredire des milliers qui embraffent d'ailleurs toutes les circonftances ; & quant aux volcans fous-marins qu'on veut encore ici rapporter au feu central, on a déjà dit (§. XV.) qu'il fuffifoit que l'eau froide pût s'infiltrer ou pénétrer jufqu'à des couches pyriteufes pour y exciter une fermentation qui à l'aide des matières bitumineufes, telles que les houilles ou charbons de terre, &c. parviendroient bientôt à l'inflammation. Il peut donc y avoir fous terre ainfi que fous mer des volcans, fans qu'il foit befoin pour leur premier développement d'une chaleur plus grande que celle qui peut tenir l'eau dans un état de fluidité. Or la chaleur fouterraine ou fous-marine de dix degrés au-deffus du point de la congélation eft plus que fuffifante pour produire cet effet. Il eft vrai que Mairan attribue l'origine des tremblemens de terre & des volcans *à la rencontre fortuite du feu, avec un air très-denfe par fa profondeur, & fubitement enflammé dans les cavernes fouterraines.* Mais ce qu'il y a de plus fingulier, c'eft qu'il difoit cela d'après un mémoire poftérieur de trois ans à la célèbre & belle expérience du volcan artificiel de Lémery, fait, comme l'on fait, avec trois corps froids, le fer, le foufre & l'eau.

§. X X I.

« Comment leur maffe énorme (des

Géographie-Phyfique. Tome I.

mers) ne feroit-elle pas gélee dans fa » profondeur ? On fait que les rayons du » foleil n'y pénètrent pas fort loin : la » température égale & modérée des eaux » le prouve affez ; mais à des profondeurs » plus grandes, entièrement inacceffibles » aux traits de la lumière, *les eaux de la* » *mer devroient être toujours glacées,* fi » des feux encore plus profonds ne les » entretenoient dans leur état de liqui- » dité. » *Ibid. pag. 298.* »

Buffon dit précifément la même chofe ; il eft bon de rapprocher ces deux écrivains. « Cette chaleur intérieure de la terre nous » eft *démontrée* par la température de l'eau » de la mer, laquelle aux mêmes profon- » deurs eft à-peu-près égale à celle de » l'intérieur de la terre. D'ailleurs il eft » aifé de prouver que la liquidité des eaux » de la mer en général ne doit point être » attribuée à la puiffance des rayons » folaires, puifqu'il eft démontré par » l'expérience que la lumière du foleil » ne pénètre qu'à fix cents pieds à travers » l'eau la plus limpide, & que par confé- » quent la chaleur n'arrive peut-être pas » au quart de cette épaiffeur, c'eft-à-dire » à cent cinquante pieds. Ainfi toutes » les eaux qui font au-deffous de cette » profondeur *feroient glacées fans la cha- » leur intérieure de la terre qui feule peut » entretenir leur liquidité ;* & de même » il eft encore prouvé par l'expérience, » que la chaleur des rayons folaires ne » pénètre pas à quinze ou vingt pieds dans » la terre, puifque la glace fe conferve à » cette profondeur pendant les étés les » plus chauds. *Donc il eft démontré qu'il » y a au-deffous du baffin de la mer comme » dans les premières couches de la terre, » une émanation continuelle de chaleur qui » entretient la liquidité des eaux & produit » la température de la terre.* » Epoques de la nature, pag. 9 & 10. *in-4°.*

Réponfe.

Quand une fois l'on s'eft embarqué

E e e

dans une fauffe hypothèfe, les affertions les plus gratuites ne coûtent rien pour la défendre. Quoi ! parce que les rayons du foleil n'atteignent pas le fond des mers, éft-ce à dire pour cela que ce fond feroit glacé fans le fecours du feu central ? Ne fuffit-il pas que ces eaux, de même que l'intérieur de la terre, également inacceffibles au foleil, conservent, ainfi que l'expérience le prouve, la température de dix degrés au-deffus du point de la congelation ? Les eaux de la mer, en raifon du fel qu'elles contiennent, reftent toujours fluides bien au-deffous du point de la congélation. Eft-il croyable, que le feu central qui n'a pas la force d'échauffer l'eau du fond des mers au même degré que leur furface, ait cependant la faculté d'entretenir ces mers dans leur état de liquidité ? La fphère d'activité que l'on fuppofe à la chaleur centrale, ne devroit-elle pas fe manifefter fur les eaux les plus profondes avant que de fe porter à celles de la furface ? Indépendamment de la température du globe, & du fel qui s'oppofe à la congélation de l'eau, lorfqu'elle en eft chargée, ne fuffit-il pas que la mer foit foumife au pouvoir des vents & aux mouvemens continuels de flux & reflux, pour ne pas geler dans les parties mêmes qui font inacceffibles aux rayons-du foleil ? Il eft vrai que les eaux des régions polaires font glacées, mais quelle en eft la caufe ? font-elles plus éloignées du centre de la terre où de la fphère d'activité du feu qu'on y fuppofe, que les eaux de la Zône-Torride ? Non fans doute, elles en font plus voifines au contraire. Si la terre eft, comme on le croit, un fphéroïde applati par les pôles, on aura beau dire que la force centrifuge porte vers la Torride la plus grande partie de cette chaleur : on n'en croira rien tant qu'on rencontrera à quinze ou vingt pieds fous terre dans les régions glacées du Nord la même température de dix degrés au-deffus de zéro, qu'on obferve à la même profondeur dans les régions brûlées de l'Ethiopie. Il faut donc convenir que

l'énergie du feu central eft une fuppofition gratuite, & reconnoître dans la pofition des pôles, relativement au foleil, & dans le peu de falure des eaux de la mer à ces latitudes, la caufe des glaces accumulées qui s'y rencontrent.

§. XXII.

« Je tirerai, pourfuit Bailly, une pa-
» reille conclufion de la terre même.
» Comment dans les climats les plus froids
» ne feroit-elle pas gelée au-delà de cinq
» à fix pieds ? par-tout où l'eau pénétre,
» elle devroit fe convertir en glace, par
» la rencontre des molécules terreufes
» qui n'ont jamais vu le foleil. » *Ibid.*
pag. 299.

Réponfe.

L'obfervation nous ayant appris que la température du globe, eft par-tout où les caufes extérieures n'ont aucun accès, de dix degrés au-deffus de la glace, il eft évident que dans les climats les plus froids, la terre ne peut être gelée qu'à quelques pieds de profondeur par le réfroidiffement de l'atmofphère, qui néceffite l'émiffion des molécules ignées de la furface de la terre ; mais ce réfroidiffement de la furface ne s'étendant qu'à quelques pieds de profondeur, le refte doit jouir & jouit en effet de la température douce qui lui eft propre. On peut donc affurer que l'eau qui aura pénétré fous cette croûte gelée, quoiqu'elle y coule fur les molécules terreufes qui n'ont jamais vu le foleil, n'y rencontrera jamais un degré de froid fuffifant pour le convertir en glace. C'eft par la même raifon que nous avons vu (§. XV.), que de la glace qui feroit portée à la même profondeur où l'eau ne peut geler faute d'un degré de froid fuffifant, y refteroit elle-même à l'état de glace, faute auffi d'un degré de chaleur fuffifant pour la réfoudre en eau.

Ce que je dis ici mérite quelque expli-cation; car dira-t-on, *l'on ne conçoit pas d'abord pourquoi la glace persiste en son état de glace dans une température de dix degrés au-dessus de zéro, qui paroît plus que suffisante pour résoudre en eau toute cette glace.* A cela je réponds, que si l'on ne déposoit dans une cave ou dans une glacière qu'une livre ou deux de glace, cette petite quantité seroit bientôt réduite en eau par les dix degrés de chaleur habi-tuelle & constante qui se rencontrent dans ces souterrains: mais il n'en sera pas de même, si la quantité de glace ou de neige est suffisante pour remplir la glacière.

En effet, les dix degrés de chaleur qui s'y trouvoient d'abord, tendant toujours à se mettre en équilibre avec les corps en-vironnans, seront bientôt absorbés par la glace jettée dans cette glacière; glace qui, dans l'état où on la prend à la surface de la terre, possède un froid de quelques degrés au-dessous de zéro, ou même du terme de la glace, puisqu'on ne l'enlève pas d'ordinaire au moment où elle commence à se former. Or dans cet état la glace peut absorber une partie des dix degrés de cha-leur de la glacière sans se fondre, & la chaleur restante est si foible, qu'elle peut à peine résoudre en eau la superficie du tas de glace. C'est pour prévenir les incon-véniens qui pourroient résulter de cette légère fonte de glace, que ceux qui cons-truisent une glacière ont soin de ménager un puisard où se rend l'eau qui provient de cette fonte superficielle. L'absorption complette des dix degrés de chaleur, por-tant alors la glacière au terme de la con-gélation, il n'est pas étonnant que cette glace s'y conserve & même assez long-tems dans son état de glace.

Au reste, il ne faut pas croire que cette glace que notre industrie sait conserver & mettre à l'abri des chaleurs excessives de l'été, puisse résister ainsi plusieurs années à l'action lente, mais continuée de la tem-pérature intérieure du globe. Cette tempé-rature tend au contraire à se rétablir peu à peu dans la glacière; mais elle ne se rétablit qu'après la fonte totale & com-plette du noyau de glace; car tant que celui-ci subsiste, la chaleur qui peut s'in-troduire dans la glacière, est absorbée par la superficie du noyau, qui par ce moyen se résout très-lentement en eau.

Je suis donc bien éloigné de penser que la chaleur souterraine de dix degrés au-dessus de zéro, ne puisse à la longue fondre entièrement une quantité donnée de glace. Je dis seulement que cette glace résistant, de l'aveu même des partisans du feu central, à l'action de la chaleur sou-terraine pendant un temps assez considé-rable, c'est un argument sans réplique en faveur de ceux qui soutiennent que cette chaleur intérieure du globe ne peut pro-duire à la surface de ce même globe les effets rapides & presque instantanés qu'on lui attribue.

§. XXIII.

« D'où viennent, demande Bailly, » ces eaux chaudes dans le Spitzberg » à quatre-vingts degrés de latitude? la » fermentation ne peut expliquer ce phé-» nomène; car nous avons dit qu'il n'y » avoit point de fermentation, où il n'y » avoit point de chaleur. » *Ibid.*

Réponse.

Qui prouve trop ne prouve rien. Si la chaleur des eaux thermales n'étoit pas le produit des causes locales & particu-lières (Ce qui est reconnu aujourd'hui des personnes les moins versées dans la phy-sique souterraine.), toutes les sources du globe devroient être chaudes; car enfin on ne conçoit pas pourquoi le feu central qui auroit assez d'activité pour échauffer les eaux du Spitzberg, n'en auroit pas affez pour échauffer les fources du monde entier. L'activité de ce feu, comme celle de tout autre, ne doit elle pas s'étendre du centre à la circonférence ? Et fes défenfeurs n'ont-ils pas prétendu que fon intenfité fe rendoit plus fenfible à proportion qu'on s'avançoit davantage vers le centre du globe, quoique l'expérience démente encore cette affertion ? Ils alloient même autrefois jufqu'à foutenir que fans le feu central nous n'aurions ni fources ni fontaines ; que c'étoit ce feu qui élevoit les eaux fouterraines en vapeurs, lefquelles condenfées par le chapiteau des montagnes, en fortoient en ruiffeaux ; &c. mais l'évaporation reconnue des eaux de la furface a encore fuffi pour ruiner cette hypothèfe ; tant il eft vrai que l'évaporation a été & fera toujours l'ennemie décidée du feu central ? A l'égard de la fermentation produite par le feu intermède de l'eau froide, on peut voir ce qui en a été dit dans la réponfe au §. XV.

§. XXIV.

« Lorfqu'il tombe de la neige après
» des gelées, cette neige s'amaffe fur les
» champs réfroidis : tout eft glacé autour
» d'elle ; cependant elle s'affaiffe, elle fe
» fond par-deffous. Comment la croûte
» extérieure & durcie réfifte-t-elle à la
» chaleur du foleil ; tandis que la furface
» inférieure qui touche la terre, défendue
» par la couche entière, éprouve affez de
» chaleur pour fe réfoudre en eau ? Sou-
» vent la végétation fubfifte fous la neige
» glacée : il eft même, dit-on, des plantes
» qui y fleuriffent. La fource de cette
» chaleur, la caufe de cette végétation
» eft donc inhérente à la terre : elle eft
» donc l'effet des émanations centrales ».
Ibid. pag. 300.

Réponfe.

Il faut être bien préoccupé en faveur d'une hypothèfe pour hafarder de pareils raifonnemens. Quoi ! l'on veut que les prétendues émanations centrales qui ne

peuvent fondre en été la glace à quinze ou vingt pieds fous terre, aient néanmoins affez de force pour aller fondre en hiver celle qui eft à la furface ! Mais qu'on ne s'y méprenne pas, les fources abondantes que fournit la fonte d'une partie des neiges & des glaciers des hautes alpes de la Suiffe, ne font point un effet de l'activité du feu central. Si ces fources fortent le plus fouvent de deffous ces amas énormes de glaces qui fe prolongent dans les vallées fous le nom de glaciers, il n'eft aucun obfervateur qui n'ait remarqué que ces eaux font dues pour la plûpart à la fonte fuperficielle des neiges & des glaces, par la chaleur du foleil d'été ; & quoique cette fuperficie fe regele de nouveau pendant la nuit, les parties fondues pendant le jour fe précipitant de toutes parts, & fur-tout par les fentes du glacier, fur le fol incliné qui lui fert de bâfe, contribuent par leur volume & par leur écoulement à la fonte de la maffe inférieure & intérieure du glacier. C'eft donc ici, comme par-tout ailleurs, la chaleur feule produite par le foleil & non celle de la terre qui occafionne la fonte des glaces : mais paffé un certain point d'élévation, l'atmofphère n'étant plus affez denfe pour produire de la chaleur par le choc des rayons folaires (§. III), les neiges & la glace demeurent perpétuelles, & toute l'énergie du feu central eft incapable d'y exciter la plus légère liquéfaction.

Pour ce qui eft de la neige qui s'amaffe en hiver fur nos champs, fa croûte extérieure & durcie, loin de réfifter, comme l'avance Bailly, à la chaleur du foleil, diminue d'une manière peu fenfible, il eft vrai, mais très-réelle par l'évaporation journalière qui s'en fait lorfque la chaleur folaire ne fuffit pas pour la fondre. Quant à la fonte de la furface intérieure de cette même neige, elle n'a rien qui nous oblige à recourir aux émanations du feu central ; car indépendamment du fumier porté fur ces terres & qui conferve fort long-tems fa chaleur, ignore-t-on que la végétation ne peut fe faire fans mouvement ; & qu'aucun mouvement ne peut avoir lieu fans un certain degré de chaleur (§. I.). La chaleur foible qui réfulte de la fermentation du fol où des plantes végètent & jouiffent de la quantité de mouvement qui leur eft propre, eft donc ici fuffifante pour produire la légère fonte des couches inférieures de la neige ; mais quand on renonceroit à toutes ces caufes, l'action feule de l'air fouterrain, moins froid que l'air extérieur, & qui long-tems concentré, s'échappe & vient frapper la neige, fuffiroit peut-être à la rigueur pour expliquer la diffolution. Auffi peut-on remarquer qu'une pareille fonte de la neige n'a point lieu fur le pavé d'une cour ou fur une pierre nue, dépourvue de terre & de végétaux, ni même fur du bois fec & mort, à moins cependant que cette neige n'y fût tombée avant l'entière diffipation dans l'atmofphère des molécules du feu dont cette pierre ou ce bois s'étoient imprégnés par une chaleur antécédente ; car alors ces parties de feu qui tendent fans ceffe à fe mettre en équilibre, pafferoient bientôt de la pierre & du bois dans la neige, & celle-ci fondroit par ce moyen, comme il arrive aux grains de grêle qui tombent l'été fur le fol échauffé de nos villes. À cette confidération de Bailly, Buffon en ajoute une autre :

§. X X V.

« Tout le monde, dit-il, a remarqué » dans le temps des frimats que la neige » fe fond dans tous les endroits où les va-» peurs de l'intérieur de la terre ont une » libre iffue, comme fur les puits, les » aqueducs recouverts, les voûtes, » les citernes, &c. tandis que fur tout » le refte de l'efpace où la terre refferrée » par la gelée intercepte ces vapeurs, la » neige fubfifte & fe gèle aulieu de fondre. » Cela feul fuffiroit, ajoute cet illuftre » auteur, pour démontrer que ces émana-

» tions de l'intérieur de la terre ont un degré » de chaleur très-réelle & très-fenfible. » Epoques de la nature pag. 10.

Réponfe.

Il fuffit de répondre ici à Buffon que ces émanations de chaleur n'ont lieu dans les endroits qu'il cite que par la fomme des mouvemens qui réfulte de ces fources, de ces courans d'eau, &c. Si cet effet provenoit, comme le penfe Buffon, des émanations du feu central, ce même feu, ces mêmes vapeurs auroient fans doute auffi le pouvoir d'échauffer en hiver l'eau de nos puits, de fondre en été la glace dans nos glacières ; &c. il s'en faut donc de beaucoup que de pareils faits nous démontrent l'énergie du feu central.

§. X X V I.

» L'égalité des étés dans toutes les ré-» gions de la terre, dit encore Bailly, eft » un phénomène non moins remarquable » & une preuve non moins concluante. » On éprouve à Péterfbourg, en Suède, » à Paris, une chaleur égale à celle de la » Zône-Torride. La feule différence, & » elle eft très-grande fans doute pour le » corps humain, c'eft qu'ici elle eft paf-» fagère, & que là elle eft habituelle : » c'eft fa durée qui la rend infupportable. » Comme la chaleur n'eft pas plus » grande, les thermomètres ne s'élèvent » pas plus dans cette zône brûlée où le » foleil eft continuellement à plomb fur » les têtes, que dans nos climats qu'il ne » regarde qu'obliquement ! Il faut donc » en conclure que la terre a en réferve un » fonds de chaleur qui eft le même pour tous » les climats & pour tous les hommes. » Ibid. pag. 301.

Réponfe.

Cette preuve qui paroît triomphante à

Bailly pour son hypothèse, ne lui est pas si favorable qu'il le pense. C'est au contraire un fait qui a déjà trouvé son explication naturelle dans ce que l'on a dit précédemment (aux §. X. XI. & XII.) sur les effets de l'évaporation. Qui ne voit en effet que la masse de chaleur produite par la direction perpendiculaire des rayons du soleil dans la Zône-Torride est continuellement amortie, compensée non-seulement par une évaporation plus considérable & proportionnée à la force & à la perpendicularité des rayons solaires dans ces climats, mais encore par le moindre séjour de cet astre sur l'horison : puisque les nuits y sont constamment égales aux jours, tandis que dans la saison dont il s'agit nos zônes tempérées ont deux jours & plus sur un tiers de nuit ? Or on conviendra sans doute que cette longueur plus considérable des nuits dans la Zône-Torride doit contribuer à en tempérer la chaleur.

De plus, on n'ignore pas que dans cette même Zône-Torride les pays boisés ou arrosés de beaucoup d'eau ont une chaleur inférieure à celle des pays découverts, secs & sablonneux. Ces vérités sont si connues qu'il semble inutile de les rappeller ici. N'est-il pas infiniment plus simple de reconnoître que la seule évaporation peut causer cette égalité de chaleur des étés dans des climats aussi opposés, que de vouloir expliquer ce phénomène en supposant à la terre un fonds de chaleur en réserve qui ne s'accorde pas avec les loix connues de la nature, & qui, malgré toute l'énergie qu'on lui suppose à l'extérieur, ne se manifeste pas même sensiblement à quinze ou vingt pieds sous terre ?

§. XXVII.

« Le distributeur des dons nécessaires » de l'être suprême ne doit pas être le » soleil ; il dispense trop inégalement » ses regards & ses rayons ; le mouvement » essentiel à la vie ne dépend pas de lui ; » la source en est placée dans la terre » même pour qu'il se répande avec égalité » dans toutes les parties du monde » *Ibid. pag. 302.*

Réponse.

En ce cas, que Bailly nous dise donc pourquoi la source de ce mouvement essentiel à la vie n'arrive pas jusqu'aux pôles, puisque, suivant lui, la terre est chargée de le dispenser avec tant d'égalité ? Pourquoi le pôle austral placé dans un hémisphère où il y a si peu de terre continentale propre à absorber la chaleur produite à sa surface par les rayons solaires, se trouve-t-il avoir quatre fois plus de glaces que le pôle Boréal, qui, comme l'on sait, a plus de continents que de mers dans son hémisphère ? Pourquoi la chaleur supposée *centrale* ne s'étend elle pas également à tous les points de la circonférence ? En vérité c'est s'aveugler soi-même que de méconnoître dans tout ceci l'influence des rayons solaires qui seuls nous vivifient. Par exemple la propriété qu'a la chaleur de se combiner avec l'eau, & de se volatiliser avec ce fluide sous forme de vapeurs, tandis que cette même chaleur est au contraire retenue par les corps solides qu'elle pénètre, ne donne-t-elle pas la vraie solution du problême proposé sur la différente température des deux hémisphères ? Buffon convient lui-même que cette quantité de glaces plus considérable au pôle austral qu'au pôle boréal, provient de deux causes étrangères à toute l'énergie supposée du feu central. La première est le séjour du soleil plus court de sept jours trois quarts, par an dans l'hémisphère austral que dans le boréal ; la seconde & plus puissante cause, est la quantité de terre infiniment plus grande dans cette portion de l'hémisphère boréal, que dans la portion égale & correspondante de l'hémisphère austral ; ensorte que cette grande

Zône-Auftrale étant maintenant maritime & couverte d'eau & la boréale presque entierement terreftre, il n'eft pas étonnant que le froid foit beaucoup plus grand, & que les glaces occupent une bien plus vafte étendue dans ces régions auftrales que dans les boréales.

§. XXVIII.

« Si vous voulez donner le nom de fyftême » à cette belle découverte, ce fera un » fyftême comme celui de la gravitation » univerfelle. Sans être téméraire, nous » pouvons peut être les regarder comme » deux vérités. On peut dire au moins » que les variations de température font » les mêmes que s'il y avoit dans le » fein de la terre un fonds de chaleur conf- » tant, étranger au foleil, & dont l'intenfité » fût infiniment plus confidérable que » celle du produit de fes rayons. La for- » tune des vérités eft plus durable, mais » plus lente que celle des erreurs. L'au- » teur de ces vérités (Mairan.) eft tran- » quille ; il a gravé fur le bronze, il ne » craint point la main du temps. » Ibid. pag. 202.

Réponfe.

Si les remarques qu'on vient de préfenter fur ce fyftême ont quelque folidité, on laiffe juger au lecteur, fi Bailly eft fondé à l'élever au rang des premières vérités, & à le mettre en parallèle avec le fyftême immortel de la gravitation univerfelle.

§. XXIX.

« La chaleur centrale, continue-t-il, » eft une caufe fecrette & jufqu'ici incon- » nue qui ne fe manifefte pas à nos fens » comme la chaleur du foleil. Comment » perfuader aux hommes en hiver, lorfque » le froid les pénétre ; qu'ils éprouvent une

» chaleur vingt-cinq fois plus grande que » celle du foleil en été ; & en été, lorfque » cet aftre les brûle, qu'ils périroient de » froid s'ils n'étoient échauffés que par fes » rayons ? l'expérience trompeufe re- » pouffe cette vérité. » Ibid. pag. 203.

« Il paroit, dit Buffon, que l'on doit » reconnoître deux fortes de chaleur, » l'une lumieufe, dont le foleil eft le » foyer immenfe, & l'autre obfcure, dont » le grand réfervoir eft le globe ter- » reftre : notre corps, comme faifant partie » du globe, participe à cette chaleur » obfcure. C'eft par cette raifon qu'étant » obfcure par elle-même, c'eft-à-dire » fans lumière, elle eft encore obfcure pour » nous, parce que nous ne nous en apperce- » vons par aucun de nos fens. Il en eft » de cette chaleur du globe comme de » fon mouvement ; nous y fommes fou- » mis, nous y participons fans le fentir » & fans nous en douter. De-là il eft arri- » vé que les phyficiens ont porté d'abord » toutes leurs recherches fur la chaleur » du foleil, fans foupçonner qu'elle ne fai- » foit qu'une très-petite partie de celle que » nous éprouvons réellement ; mais ayant » fait des inftrumens pour reconnoître la » différence de chaleur immédiate des » rayons du foleil en été à celle de ces » mêmes rayons en hiver, ils ont trouvé » avec étonnement que cette chaleur fo- » laire eft en été foixante-fix fois plus » grande qu'en hiver dans notre climat ; » & que néanmoins la plus grande chaleur » de notre été ne différoit que d'un fep- » tième du plus grand froid de notre hi- » ver ; d'où ils ont conclu avec grande » raifon qu'indépendamment de la chaleur » que nous recevons du foleil, il en émane- » une autre du globe même de la terre, bien » plus confidérable & dont celle du foleil » n'eft que le complement ; enforte qu'il » eft aujourd'hui démontré que cette cha- » leur qui s'échappe de l'intérieur de la » terre eft dans notre climat au moins vingt- » neuf fois en été & quatre cents fois en

» hiver plus grande que la chaleur qui nous
» vient du soleil.....

» Cette grande chaleur qui réside dans
» l'intérieur du globe, qui sans cesse en
» émane à l'extérieur, doit entrer conti-
» nuellement dans la combinaison des
» autres élémens. Si le soleil est le père
» de la nature, cette chaleur de la terre en
» est la mère. Cette chaleur intérieure
» du globe qui tend toujours du centre
» à la circonférence, & qui s'éloigne per-
» pendiculairement de la surface de la
» terre, est à mon avis un grand agent de
» la nature. » Introduction à l'histoire
des mineraux, partie I. *pag.* 32 de *l'in-
quarto.*

Réponse.

Encore une fois laissons les hypothèses
& venons au fait : Les hommes, abstraction
faite du raisonnement, ne jugent de la chaleur que par l'impression qu'elle peut faire
sur leurs sens. Or dans les élémens du
calcul hypothétique qui donne pour résultat cette chaleur d'hiver vingt-cinq fois
plus grande que celle du soleil en été, il
ne faut pas perdre de vue qu'on a fait
entrer en ligne de compte mille degrés
de chaleur qui sont absolument nuls pour
nos sens, ou plutôt qui étant infiniment
au-dessous du degré de mouvement nécessaire à la vie animale, seroient, s'ils pouvoient être sentis, un excessif degré de
froid ; il y a plus, c'est que, abstraction
faite de nos sensations, ces mille degrés
de chaleur supposés sont en quelque sorte
chimériques, puisque le premier terme
de cette chaleur supposée est le *froid absolu*,
qui n'existe pas dans la nature (Rép. au
§. IX.). Il n'est donc pas vrai que les
hommes, lorsque le froid les pénètre,
éprouvent, c'est-à-dire, *aient le sentiment*
d'une chaleur vingt-cinq fois plus grande
que celle du soleil d'été : c'est donc
bien gratuitement que Bailly conclut
ainsi.

§. XXX.

» On croit sentir que le soleil est la
» source unique de la chaleur & de la
» vie ; aussi les hommes reconnoissans se
» sont-ils prosternés devant lui. L'auteur
» de la lumière (*& de la chaleur quoi qu'en*
» *dise Bailly.*) fut le premier dieu de
» l'univers. Tous les Guébres ne sont pas
» en Asie : les adversaires de Mairan sont
» encore *les adorateurs du feu céleste.* »
Ibid. pag. 304.

Réponse.

Je puis protester que les raisonnemens
de Bailly n'ont pu me faire ranger au
nombre *des adorateurs du feu central,* &
que je persiste à regarder le soleil comme
la source unique de la chaleur & de la vie
sur la superficie du globe que nous habitons. Je ne suis pas Guébre, mais je n'en
sens pas moins tout ce que nous devons
à l'astre bienfaisant qui nous éclaire & nous
échauffe.

Ainsi j'en conclus que, quoique les
rayons du soleil ne soient pas chauds, ils
n'en sont pas moins cause de la chaleur
par le pouvoir qu'ils ont de mettre en
action une cause (*Le fluide igné.*) rési-
dente dans notre globe & dans son atmosphère. Ce fluide n'est pas le feu, mais il
le produit toutes les fois qu'il est mis en
activité, soit par l'impulsion directe d'une
nouvelle ou d'une plus grande quantité
de rayons solaires, soit par la réaction ou la
fermentation des principes constitutifs des
corps ; ou enfin par-tout autre mouvement résultant de l'affinité de ces principes
avec ceux qui leur sont homogènes.

Ce mouvement rapide & expansif que
nous appellons *feu,* lorsqu'il est considérable, & chaleur quand l'impression qu'il
cause sur nos sens est moins intense ou plus
modérée

modérée, peut devenir si foible qu'il échappe au sens du toucher. Alors si le principe aqueux se trouve joint aux deux autres principes qui le produisent, ce mouvement est lumineux sans chaleur, comme on le voit dans les bois pourris & quantité d'autres phosphores naturels, qui cessent d'être lumineux lorsqu'ils se desséchent.

Si le mouvement que nous appellons *feu*, devenu plus considérable, est encore accompagné du principe aqueux, il affecte alors & l'organe du toucher & celui de la vue sous le nom de *vapeur*, de *fumée*, de *flamme*; enfin si ce mouvement, que nous appellons *feu*, vient à perdre la portion d'humidité convenable pour former la *flamme*, & même l'incandescence, ce qui arrive lorsqu'il est privé d'air ou noyé par l'eau, il cesse d'être *feu*, & n'est plus qu'une *chaleur* plus ou moins intense & qui diminue d'autant plus rapidement que le milieu ou les corps environnans sont plus réfroidis, & par conséquent plus propres à s'emparer de ce fluide igné.

La chaleur, le feu & même la lumière, abstraction faite de ce qui les produit, ne sont donc point des êtres ou des substances particulières, mais le mouvement considéré entant qu'il échauffe, qu'il brûle, qu'il éclaire, qu'il détruit en causant la précipitation du fluide igné. Ce mouvement plus ou moins rapide peut être alimenté, entretenu, accéléré, ralenti par différentes causes, mais non entièrement détruit, parce qu'il est un effet de l'action & de la réaction des parties essentiellement diverses de la matière les unes sur les autres; aussi le feu & la chaleur sont-ils toujours proportionnés à la quantité de mouvement dont les corps existans sont susceptibles, quantité bornée par leur nature, & qui, de même qu'elle ne peut croître à l'infini, ne pourroit totalement cesser que par l'anéantissement des corps mêmes, mais qui subsistera tant que ces

corps & la matière qui les compose obéiront aux loix de la gravitation que l'ordonnateur de toutes choses leur a imposées.

Ce mouvement, ce feu, cette chaleur, tendent toujours à se mettre en équilibre: c'est-à-dire à passer des corps qui en contiennent le plus, dans ceux qui en contiennent le moins. C'est cette correspondance & cette harmonie qui entretiennent l'économie & le travail général de la nature, soit brute soit vivante; mais aussi par un effet de cette même loi, les substances organiques périssent ou se dissolvent à l'instant où elles viennent à perdre la portion de ce feu nécessaire à leur existence.

ROUELLE.

NOTICE sur sa doctrine relative à plusieurs points importans de l'histoire naturelle de la terre.

Quoique Rouelle n'ait rien écrit sur la théorie de la terre, cependant, comme dans ses premières leçons sur le règne minéral, il occupoit particulièrement ses élèves des résultats de ses observations & de ses réflexions qui avoient eu pour objet plusieurs points importans de l'histoire de la terre, & qu'il leur développoit les principes aussi clairs que lumineux qu'il s'étoit formés à ce sujet; j'ai cru qu'un précis raisonné de la doctrine de ce grand chimiste, pouvoit figurer avantageusement parmi les notices des travaux de ceux qui ont traité des matières concernant la *Géographie-Physique*, & sur-tout comme ayant fait des découvertes très-propres à en assurer les progrès.

Après avoir présenté un tableau des substances que nous fournit le règne minéral & les avoir distribuées par classes, suivant les différens caractères qu'elles lui avoient offert, & sur-tout ceux que l'analyfe chimique & même l'action du feu lui avoient fait connoître, il y ajoutoit toutes les confidérations qui pouvoient intéreffer fes auditeurs, beaucoup plus qu'une fimple nomenclature, en leur montrant la diftribution de ces mêmes matières par grandes maffes à la furface du globe.

Il nous faifoit voir que toutes ces fubftances, bien loin d'être confondues pêle-mêle à cette furface & dans les parties voifines, jufqu'à la profondeur où les hommes étoient parvenus, y étoient placées dans un ordre admirable; qu'elles y occupoient des efpèces de départemens féparés, diftincts & circonfcrits par des limites très-marquées qu'il avoit reconnues lui-même en grande partie dans plufieurs voyages lithologiques qu'il avoit faits avec fon digne ami Bernard de Juffieu.

Au refte, il ne s'étoit pas borné à l'examen de ces limites; il avoit multiplié chaque année les recherches & les courfes, autant qu'il étoit néceffaire pour connoître dans l'intérieur de ces maffifs non-feulement la nature des matériaux affectés à ces départemens, mais encore leur difpofition particulière & leur arrangement intérieur.

Ici Rouelle avoit vu des couches placées d'une manière fort régulière les unes fur les autres, & conftamment parallèles entr'elles & à l'horifon : là, il n'avoit rencontré que des maffifs fans couches & fans lits. Il y a plus, il nous difoit que les terres & les pierres des premiers diftricts ou *tractus*, étoient d'une nature totalement différente de celles que lui avoient offert les autres, & que cette variété étoit fi frappante, qu'il s'étoit cru autorifé à donner le nom *d'ancienne terre* aux contrées, où il n'y avoit point veftiges de couches & de bancs, & où

les principales fubftances étoient des *granits*. Il diftinguoit au contraire, par la dénomination de *nouvelle terre*, les autres diftricts où il avoit rencontré des lits bien fuivis & bien diftincts, & où les principales matières étoient des bancs de pierres calcaires : & pour nous en donner une idée plus nette & plus précife, il nous indiquoit les environs de Paris comme appartenant à la nouvelle terre. Je vais maintenant entrer dans les détails les plus propres à faire connoître toutes les vues de Rouelle dans cette diftinction de l'*ancienne* & de la *nouvelle terre*, & en même-tems les avantages qu'en peut retirer l'hiftoire naturelle du globe.

De l'ancienne terre.

L'ancienne terre eft le premier maffif dans l'ordre fynthétique; il nous offre pour principal caractère de grandes maffes de granit fans aucunes couches. On remarque feulement dans les blocs quelques fentes qui préfentent des faces fort larges & fort unies dans tous les fens. Ce font vifiblement les effets de la deffication de la matière qui fe trouve par-là divifée en trapezoïdes plus ou moins réguliers & d'un volume plus ou moins confidérable.

Un autre caractère diftinctif de cette *ancienne terre*, c'eft que les trois principes qui compofent les granits, c'eft-à-dire le quartz, le feld-fpath & le mica y font mêlés affez régulièrement enfemble, & diftribués uniformément dans certains maffifs. Rouelle avoit même reconnu, comme on l'a fait depuis, que ces principes s'y trouvoient quelquefois réduits à deux, & même dans des proportions infiniment variées, foit quant à la quantité, foit quant aux volumes des différens principes. Cette ancienne terre, d'après toutes ces confidérations, étoit envifagée par Rouelle comme la bafe primitive du globe, comme le monde crystallisé, ainsi que nous l'expliquerons par la suite, d'après les vues de ce chimiste.

Le plus souvent les parties de ce monde qui sont apparentes & qui se montrent à découvert, occupent un niveau plus élevé que celui de la *nouvelle terre* & la dominent : mais aussi souvent il paroît servir de bâse à ce dernier massif, après en avoir tracé les limites en s'élevant insensiblement au-dessus ; ce qui donne lieu de penser qu'il s'enfonce dessous, & qu'il soutient partout l'assemblage des couches qui le composent, mais à une profondeur qu'on n'a encore reconnue que dans certains endroits & particulièrement aux environs des limites de *l'ancienne* & de *la nouvelle terre.*

Rouelle a non-seulement su distinguer l'ancienne terre de la nouvelle, & nous donner tous les caractères les plus propres à les reconnoître, & à en fixer les limites, ainsi que nous venons d'en exposer les détails, mais encore il a cru pouvoir rendre raison de l'état de cette *ancienne terre* telle qu'il l'avoit vue : mais il ne communiquoit qu'à ses amis ce qu'il avoit pensé à ce sujet. Voici les principaux points de son système qui paroît avoir beaucoup de vraisemblance. Il supposoit d'abord que dans l'origine des choses, les substances qui composoient l'ancienne terre nageoient dans un fluide ; que les parties similaires s'étoient rapprochées les unes des autres, & avoient formé au fond des eaux ces crystallisations immenses, qui par des progrès insensibles, avoient formé des montagnes du premier ordre. Il consideroit donc toutes les grandes masses graniteuses, comme les amas de ces crystaux qui se sont grouppés ensemble, & réunis à la manière des sels, suivant différens systèmes, d'après l'arrangement & la proportion des parties similaires. Il avoit vu dans la structure des roches

de son ancienne terre, une organisation où il lui sembloit qu'on ne pouvoit méconnoitre la marche de la nature, dans la formation des crystaux.

Suivant Rouelle, la formation du granit par crystallisation, pouvoit se représenter par celle qui a lieu dans une dissolution de plusieurs sels qui crystallisent souvent ensemble ; de manière que les crystaux sont liés les uns aux autres par adhésion, mais non par combinaison. Ces exemples sont fréquens en chimie, & c'est cet état d'aggrégation particulière que Rouelle trouvoit dans la formation du granit, soit qu'il y entrât deux, trois ou même quatre élémens ; & dans leur composition il avoit reconnu depuis long-temps la présence de l'argile & de la substance calcaire.

Une fois que la masse entière lui eut présenté sous ce point de vue cet assemblage étonnant de crystaux réguliers & irréguliers, tels qu'ils pouvoient se former dans un fluide aqueux peu abondant, il se plaisoit à nous faire voir dans les circonstances de ce grand travail, pourquoi il n'y avoit pas de couches dans ce massif, mais seulement des lames qui se montroient sous différentes formes dans l'aggrégation des crystaux.

C'est ainsi qu'il concevoit la formation de ces masses primordiales toutes antérieures aux amas dont elles sont partout la bâse & l'appui. C'est ainsi qu'il concevoit que rien dans leurs formes extérieures, ne rappelloit l'idée d'un dépôt fait par l'eau en grand volume, ni d'une matière brute, mais seulement d'un amas de crystaux formés au milieu d'un fluide suffisant pour fournir l'eau de la crystallisation, avec très-peu d'eau surabondante. Tout ce qui l'avoit intéressé dans ces masses, étoit la structure intérieure & la belle distribution de ces amas énormes de crystaux. Quant à la figure extérieure, il n'a jamais pensé

que la cryſtaliſation en grand, y eût influé
le moins du monde, ou eût mérité de ſa
part la moindre attention ; & ſes diſciples
qui ont vu les montagnes du premier ordre
ou de l'ancienne terre d'après ſes principes, n'ont trouvé que des ſuppoſitions
haſardées, & même aſſez peu réfléchies
dans ces cryſtaux énormes des alpes, dans
ces pyramides en forme d'artichaux :
Rouelle ne voyoit dans ces formes, que
la ſuite des deſtructions opérées par les
eaux, qui ont enlevé des parties conſidérables de certains cryſtaux, & qui ont
agi ainſi, ſuivant les circonſtances particulières.

En s'attachant à la ſimp e cryſtalliſation
intérieure des roches primitives, il étoit
bien éloigné de ſuppoſer une étroite liaiſon
dans les amas de différente nature, comme
un précipité du même fluide, & une continuité du travail de la même mer, qui
auroit paſſé ſans aucune interruption des
maſſes primitives aux ſecondaires.

Le granit ſimple, celui des trois ſubſtances de feld-ſpath, de quartz & de
mica, étoit pour Rouelle comme pour
nous le plus ancien ouvrage de la nature
dans le regne minéral. C'étoit le produit
de la *cryſtalliſation uniforme*. Du moins
nous l'appellions ainſi à Limoges ; mais il
y comprenoit auſſi les produits d'une
ſemblable cryſtalliſation par raies, par lames
& par bandes : on voit qu'il embraſſoit
dans ſon explication non ſeulement les
granits, mais encore les *gneiſſ*, & les
talcites, & je dois dire qu'il devoit tous
ces éclairciſſemens à ceux de ſes diſciples
qui habitoient le Limouſin, où tous ces
phénomènes s'offroient aux naturaliſtes,
dans des maſſes bien propres à autoriſer
des conſéquences générales.

A quelque principe que les eaux duſſent
la puiſſance diſſolvante qu'elles avoient
pour lors, il eſt viſible que les matières
les moins diſſolubles formèrent les premières

concrétions, & prirent les premières places
dans l'ordre des précipités que ce travail
de la nature forma. Nous ne ſavons pas
de quelles ſubſtances furent ces premiers
cryſtaux, car il eſt à croire qu'ils ſont bien
enfoncés ſous ceux qui leur ont ſuccédé, &
qui ſont maintenant ſous les yeux des
obſervateurs les plus inſtruits.

En ſuivant ce même ordre de choſes,
il eſt à croire que dans certaines parties
du globe les matières diſſoutes & précipitées furent plus abondantes que dans
d'autres ; & c'eſt probablement cette raiſon
qui fit que les dernières maſſes cryſtalliſées
furent plus conſidérables ſous l'équateur
que vers les pôles.

Nous paſſons maintenant à un autre
ordre de choſes, qui peut être diſtingué de
l'ancienne terre que nous venons de décrire, ſous deux points de vue différens,
& quant aux matériaux qu'il nous préſente de toutes parts, & quant à
l'arrangement & à l'organiſation que la
cryſtalliſation nous offre également.

Après le granit, l'argille en maſſes & la
ſubſtance calcaire furent dépoſées non pas
toujours ſous forme cryſtalline, mais quelquefois comme des matières brutes ſur des
bâſes de granit. C'eſt alors que des concrétions plus mélangées, des granits moins ſimples, des marbres moins purs, des ſchiſtes de
diverſes compoſitions ſe formèrent peut-
être dans une première mer. Et c'eſt-là où
Rouelle a vu les premières ébauches de
dépôts ; c'eſt cela enfin que ſes diſciples
lui préſentèrent comme un travail intermédiaire entre l'ancienne & la nouvelle
terre, & qu'il adopta ſans aucune difficulté,
parce qu'il rempliſſoit des vuides qui
s'adaptoient fort bien à ces deux
extrêmes.

Ses diſciples dans cet aſſemblage de
diverſes ſubſtances, lui indiquèrent les
marbres de l'ancienne formation, c'eſt à

tire les matières cryſtalliſées aſſez régulièrement avec des lames de ſchiſtes ſingulié-
rement configurées & infiltrées par l'eau
chargée de principes quartzeux ; c'eſt ainſi
qu'ils avoient vu ces mélanges à Carrare &
à Saravezze, dans le marbre de Paros, &
ſur-tout dans certains Cipolins.

Tous ces réſultats du travail intermédiaire de la nature pourroient être expoſés
plus en détail ; mais il ſuffit de dire ici
qu'il eſt toujours très facile de les diſtinguer de ceux que renferme la nouvelle
terre ; car les ébauches des dépôts mal
aſſurés ayant éprouvé par-tout des dérangemens conſidérables, il n'eſt pas étonnant
que l'école de Rouelle y ait remarqué
toujours d'après ſes vues, ſur la diſtinction
des deux maſſifs ſuperficiels, des eſpèces
de lits affaiſſés dans certaines parties de leur
allure, des débris confondus & agglutinés de nouveau, en un mot des granits
ſecondaires, des roches de compoſition
ſingulières, des poudingues, des brèches ;
le tout diſperſé dans certains baſſins, &
au pied des hautes montagnes qui avoient
fourni par leur deſtruction une grande
partie de ces matériaux.

Tels ſont, je le répète, les produits
du travail de la nature intermédiaire entre
ceux de l'ancienne & de la nouvelle terre,
que Rouelle avoit enviſagés avec ſoin ſur
la fin de ſa carrière, & dont il aimoit ſur-
tout à s'entretenir avec quelques-uns de
ſes diſciples, qui lui rendoient compte de
leurs obſervations. C'eſt dans cet intervalle
de temps qu'il trouvoit la ſolution d'un
grand nombre de difficultés, dont il
n'avoit pas cru devoir s'occuper en établiſſant cette belle diſtinction des deux terres
ancienne & nouvelle ; auſſi ſaiſiſſoit-il avec
plaiſir tout ce que ſes diſciples lui offroient
ſur ces différens points, dont quelques
uns mêmes ne ſont encore ni entièrement éclaircis ni décidés.

Plus il trouvoit d'objets intéreſſans dans

cet intervalle de temps, dont quelques-uns
ne lui étoient pas bien connus ou qu'il
n'avoit pas encore analyſés, plus il ſentoit
le beſoin & les avantages des deux ſyſtêmes
de maſſifs, qu'il avoit admis & annoncés
à ſes diſciples, & qui l'avoient toujours
frappé ſingulièrement, tant par la nature
des matériaux qu'ils renfermoient, que
par la préciſion des limites qu'ils offroient
aux obſervateurs.

Avant de nous expoſer ainſi ſon opinion
ſur la cryſtalliſation des granits & des
gneiſs, Rouelle avouoit franchement qu'il
n'avoit jamais pu ſe perſuader qu'un compoſé tel que le granit, fût le produit de
la fuſion, comme Buffon vouloit nous le
faire croire. Il penſoit donc, que le feu
dont nous faiſons uſage pouvoit décider
la queſtion, qui n'en étoit plus une,
depuis que cette pierre compoſée, ſou-
miſe par Rouelle à l'action du feu ordinaire, s'étoit réduite en une maſſe brute,
en un culot qui offroit une matière homogène comme la lave compacte. Il lui
étoit impoſſible de croire qu'un premier
état de fuſion eût donné pour réſidu une
aſſociation de trois principes diſtincts,
tels qu'ils ſe trouvent dans le granit &
tels qu'ils ne peuvent être que les produits d'une cryſtalliſation quelconque.

Il ne me reſte plus maintenant qu'à
rappeler ici ce qui concerne les différens
caractères de l'ancienne terre que Rouelle
nous développoit avec cette chaleur qui
n'a été bien appréciée que par ſes diſciples, & dont il conſidéroit la connoiſſance
comme une de ſes plus belles découvertes,
parce qu'en ſe guidant ſur ces caractères,
les obſervateurs pouvoient être dirigés
ſûrement dans l'examen des grands tractus
que la terre leur offroit à ſa ſurface. Il
nous avoit tellement convaincus de ces
avantages, & l'obſervation nous avoit
tellement confirmés dans le cas qu'on devoit
en faire, que quand même on ſeroit parvenu à nous perſuader que l'ancienne terre

étoit le réfultat du travail de la mer, nous étions bien difpofés à croire que les diftinctions entre l'ancienne & la nouvelle terre devoient être toujours confervées ; que les limites que nous avions pu en reconnoître étoient de nature à être déterminées avec précifion, & qu'enfin toute cette bâfe du plus beau travail qu'on pût faire à la furface du globe devoit être maintenue comme Rouelle nous l'avoit préfentée.

Il a fi peu cru qu'en admettant cette cryftallifation des fubftances qui fe trouvent dans la compofition de l'ancienne terre, il détruifoit les caractères qu'il nous en avoit donnés, qu'il ne faifoit aucune difficulté, lorfqu'il traitoit des montagnes, de les rappeller de nouveau, comme fervant merveilleufement à diftinguer les montagnes primitives des montagnes fecondaires. C'eft ainfi qu'on faura toujours conferver les mêmes principes, lorfqu'on les aura déduits de l'obfervation févere des opérations de la nature.

Effectivement, depuis que Rouelle nous a fait connoître *l'ancienne terre*, aucune obfervation n'a démenti ni les caractères qu'il nous en a affignés, ni les conféquences qu'il en avoit tirées. On a reconnu par-tout, foit en France, foit dans d'autres contrées de l'Europe, &c. toujours en partant de la conftitution phyfique, qu'il avoit donnée à l'ancienne terre, que les plus hautes montagnes du globe, qui formoient les différentes chaînes connues, étoient compofées de cette roche que nous avons nommée *granit*, dont la bâfe eft toujours un quartz plus ou moins mêlé de feltfpath, de mica, de petites lames de fchorls éparfes fans ordre & par fragmens irréguliers, & en différentes proportions, autant que des obfervations faites à la furface de la terre & que les fouilles des mines & des puits ont pu nous donner une idée de la compofition de cette forte de maffif. Cette vieille roche

& le fable produit par fa décompofition forment donc la bâfe des continens en Afie comme en Europe, en Afrique comme dans l'Amérique feptentrionale & méridionale. C'eft auffi le granit qu'on rencontre au-deffous des plus profondes couches des montagnes, & fouvent dans les plaines les plus baffes où les couches ont été enlevées par la violence des inondations ; c'eft le *granit* qui forme les plus grandes boffes, les plateaux & même les noyaux des plus grandes Alpes de l'univers connu, de telle forte que rien n'eft plus vraifemblable que de le confidérer comme le principal ingrédient de l'intérieur du globe. C'eft par une fuite des mêmes obfervations, qu'on a reconnu dans toutes les contrées où les naturaliftes éclairés ont pénétré, que cette roche ne préfentoit jamais aucune forme de bancs ou de couches, fe trouvoit par blocs ou en rochers entaffés les uns fur les autres, & ne contenoit pas le moindre veftige de pétrifications ou de corps organifés fous quelque forme que ce fût. Ainfi cette roche doit être confidérée, ainfi que nous l'avons déjà dit, comme étant antérieure dans l'ordre des temps à toute la nature organifée ; c'eft en conféquence de cet état du granit que les plus hautes éminences qu'il forme foit en plateaux, foit en grouppes de montagnes ou pics efcarpés & ifolés, ne font jamais recouvertes de couches argileufes ou calcaires originaires de la mer, mais femblent avoir été conftamment, fuivant la conftitution actuelle du globe, au-deffus du niveau des eaux ; en conféquence on n'a vu nulle part les maffifs de granits arrangés par couches. En vain croiroit-on y diftinguer des bancs de plufieurs pieds d'épaiffeur ; les fentes qui ont divifé cette roche en grandes maffes parallélepipèdes démontrent qu'elle n'eft pas le réfultat de dépôts fucceffifs ; il fuffit de voir les gros blocs de granit difperfés aux pieds des montagnes compofées de la même roche, & les fentes diftribuées en tous fens dans les maffifs des montagnes eux-mêmes, pour en conclure qu'il n'y a jamais eu de lits ou de couches dans les granits.

De la nouvelle terre.

Je passe maintenant à la notice de la nouvelle terre de Rouelle; ce second massif dans l'ordre synthétique offre des assemblages de lits & de bancs composés de substances calcaires, argileuses, marno-argileuses & sablonneuses. Ces lits sont constamment assujettis à la disposition horisontale. Les substances qui y dominent sont les produits de la vie animale, soit sous forme de coquillages d'une entière conservation, soit sous celle de débris de ces corps organisés. Ce massif est le plus récent de tous ceux dont nous nous sommes occupés jusqu'à présent; celui dont l'organisation est la plus régulière & la plus simple, & par conséquent celui dont il est le plus facile de suivre la composition, & même d'indiquer les différens agens qui ont concouru à sa formation : celui d'après lequel certains naturalistes qui n'avoient vu le globe de la terre que partiellement ont tenté de nous en donner la théorie, en confondant ainsi les autres massifs que Rouelle nous a appris depuis à étudier séparément, & à reconnoître dans leur constitution, comme on a pu en juger par les détails précédens, non-seulement un arrangement différent, mais encore des agens totalement opposés. C'est celui enfin par lequel il convient de commencer à étudier notre globe, si l'on ne veut pas s'exposer à rencontrer une infinité de phénomènes, qui fassent autant d'exceptions, qu'il y auroit eu de principes qu'on auroit tenté de généraliser.

Après avoir considéré la nouvelle terre d'après les vues de Rouelle, quant à sa constitution physique & particulière, il nous reste à la faire envisager comme le résultat des dépôts qui ont été faits dans le bassin de l'ancienne mer ; on simplifie

par-là toutes les idées que certains naturalistes avoient prises ; & vouloient nous donner des matériaux divers qui sont entrés dans la composition de cette *nouvelle terre*. Ils avoient, par exemple, regardé les dépouilles des animaux marins comme des matériaux étrangers à ce massif, comme des substances qui s'y trouvoient par accident, au lieu que les disciples de Rouelle ont vu, toujours d'après lui, que toutes les dépouilles des animaux marins, soit sous leur forme primitive, soit sous celle de débris plus ou moins comminués, composoient la plus grande partie du sol de la nouvelle terre, & devoient être considérées comme la base naturelle de ce massif, & par une suite de cette façon de voir, les autres matières devoient au contraire être placées dans la classe des substances étrangères : telles sont les plantes, les bois fossiles, les dépouilles des animaux terrestres, auxquels il convient d'ajouter les sables, les pierres roulées & tous les matériaux entraînés dans le bassin de la mer, & enlevés aux terres qui en formoient les bords.

Nous avons observé plus haut que les mines se trouvoient presque toutes dans le travail intermédiaire ; il y en a cependant à la surface de la nouvelle terre ; mais leur état est bien différent de celui où elles se trouvent dans la moyenne, car elles n'y sont pas minéralisées, mais dans un état d'ochre ; on n'y voit même ordinairement que trois sortes de métaux qui conservent encore les marques de leur transport de l'ancienne terre.

Rouelle pensoit que ces métaux, qui sont le fer, le cuivre & le zinc, ont été dissous par l'acide vitriolique, & sont devenus par-là solubles dans l'eau : c'est en cet état qu'ils ont été entraînés dans la nouvelle terre, jusqu'à ce que l'acide vitriolique ayant rencontré quelques substances avec lesquelles il avoit plus de rapport qu'avec les métaux qu'il tenoit en dissolution, il ait quitté ceux-ci & en ait formé ainsi des dépôts plus ou moins abondans, plus ou moins étendus. De-là vient qu'on ne trouve guères ces mines comme je l'ai reconnu, que sur les limites de la nouvelle terre. C'est aussi sur ces limites que se rencontrent les empreintes de poissons, les arbres fossiles, & même les ardoises qui renferment les dépouilles de certains animaux sous formes pyriteuses & métalliques.

De tous les vitriols, le martial est celui qui a été transporté le plus loin, parce que c'est le plus difficile à décomposer. Le vitriol de cuivre étant au contraire le plus aisé à décomposer, n'a pu être transporté aussi loin que le premier ; aussi ne trouve-t-on la mine de cuivre de transport ou de seconde formation que sur les bords de la nouvelle terre. Il en est de même de la mine de zinc ou de la calamine ; mais le fer s'étend beaucoup plus loin, car il occupe souvent les amas de coquilles marines, dont nous parlerons par la suite ; & dans ce cas, la mine de fer a servi à en empâter les coquilles dont elle a pris la forme & la place.

On conçoit aisément que ces mines de seconde formation ne peuvent être disposées comme celles de l'ancienne terre par filons. Elles sont quelquefois distribuées par nappes, & forment (sur-tout celles de fer) des sortes de couches métalliques semblables aux autres lits de la terre.

D'autres fois on rencontre de grands amas de mines de fer qui ne gardent aucun ordre dans leur disposition ; car il y a , comme l'on sait , des mines de fer en grain & d'autres mines limoneuses ; ces différentes formes dépendent des divers états de décomposition où se sont trouvées les substances métalliques, lors des dépôts qu'en ont fait les eaux, & du mélange des terres qui y étoient unies lors de ces dépôts.

Je reviens maintenant au fond de la nouvelle terre, dont il a été déjà question, & que j'ai dû devoir être considéré comme le produit de la vie animale, & comme un amas de substances qui conservent plus ou moins les rudimens de leur organisation primitive ; ce sont ces rudimens qui servent à distinguer les différens grains des pierres calcaires, qui sont dépendants de la manière dont les corps marins se sont décomposés & réduits en des débris que la pétrification a liés ensuite. Voyez les articles du dictionnaire aux mots *Pétrification*, *Grains des pierres calcaires brutes & non cristallisées*. Ceci nous conduit à parler des *amas de coquilles marines*.

Des amas de coquilles marines à la surface de la terre.

En examinant la nouvelle terre, & en observant les différens corps marins qui se trouvent si fréquemment & si abondamment dans les couches horisontales, Rouelle reconnut que ces corps n'étoient pas jettés au hazard ni dans l'état de confusion que l'on avoit imaginé communément avant lui. Il vit que ces coquilles n'étoient pas les mêmes dans toutes les contrées ; que certains individus se rencontroient constamment ensemble, tandis que d'autres ne se trouvoient jamais dans les mêmes lits, dans les mêmes couches ; & ce qui, après cette même considération, est très-important, il vit que ces collections de coquilles fossilles, à la surface de certaines parties de nos continens, étoient dans le même état d'arrangement & de distribution que dans le bassin de la mer, où certains animaux testacés affectent de vivre ensemble, attachés aux mêmes parages , & d'y former ces espèces de sociétés ou familles de même que certaines planres qui croissent toujours ensemble à la surface de la terre.

Ces deux faits correspondans sont très précieux : Rouelle trouvoit par exemple, qu'il seroit impossible de rendre raison de ce phénomène, si l'on vouloit attribuer au déluge universel la présence des corps marins, suivant l'ordre qu'il avoit remarqué soit dans le sein de la terre, soit à la surface de certaines contrées ; mais il est évident au contraire que ces arrangemens s'expliquent facilement, lorsqu'on suppose que la terre que nous habitons aujourd'hui, a été un fond de mer mis à sec par quelque révolution qui a opéré sans aucun bouleversement, & sans aucun dérangement dans les dépôts, la retraite des eaux de la mer dans le bassin actuel.

En effet, une inondation passagère, telle que le déluge, auroit dû mettre le désordre & la confusion par-tout, si l'on eût chargé ses eaux de transporter les corps marins dans l'intérieur de nos continens. Puisqu'au lieu de cette confusion, on reconnoît un ordre constant dans l'arrangement des coquilles, dont certains individus font bande à part, & ne se confondent point avec d'autres qui ont aussi leurs familles séparées, il faut reconnoître dans ces arrangemens non seulement le travail de la mer, mais encore que ce travail n'a point été dérangé par les événemens qui ont mis à sec nos continents de la nouvelle terre. Maintenant nous devons dire que toutes ces collections de coquilles qui figurent dans certaines contrées de la terre, Rouelle les appelloit *des amas.*

Dans ces sortes de collections il y a des espèces qui sont les plus nombreuses ; Rouelle donnoit à ces *amas*, le nom de ces coquilles. Ainsi, comme l'amas qui occupe les environs de Paris jusqu'à une certaine distance de cette ville, offre

très abondamment des *visses*, il nous disoit que *l'amas des visses*, étoit distribué dans les environs de Paris & s'étendoit d'un côté jusqu'à Chaumont en Vexin, & de l'autre jusqu'à Courtagnon, & les environs de Rheims. Il nous citoit aussi un second amas, qui comprenoit les belemnites, les gryphites, les cornes d'ammon, les nautilistes, les huitres. Les details sur cet amas lui avoient été donnés par un de ses disciples qui en avoit suivi la marche & les limites sur une étendue de plus de quarante lieues, & qui avoit vu de plus que les cornes d'ammon, les belemnites & même les gryphites s'y trouvoient placées à une profondeur moyenne dans certaines parties, & même sur la ligne qui séparoit l'ancienne terre de la nouvelle, le long du Morvan. C'est-là que l'on trouvoit abondamment les belemnites & les cornes d'ammon, déposées sur les massifs de granit qui servoient de bords à l'ancienne mer, dans le bassin de laquelle la nouvelle terre s'étoit formée. Il concluoit de ces observations que les naturalistes qui avoient décidé que la disparution totale des analogues des cornes d'ammon & des belemnites dans l'océan, avoit pour cause l'habitude où étoient ces animaux d'habiter le fond des mers, n'étoient pas fondés, & que la disposition de leurs dépouilles dans cet amas prouvoit le contraire.

Cet amas au reste occupe une longue & large bande, le long de la bordure orientale de la craie, & s'étend même au Sud & au Nord beaucoup au delà de ce massif.

Je pourrois indiquer encore beaucoup d'autres amas dont nous entretenoit Rouelle, soit dans ses leçons, soit dans ses conversations particulières ; mais je réserve ce qui les concerne, tant pour l'article général *amas* du dictionnaire que pour les *amas particuliers* que je pourrai citer.

Grain des pierres calcaires.

Ces premières vues sur les amas de

coquilles tels que nous les annonçoit Rouelle, ont donné lieu à des considérations fort importantes, sur le grain des pierres que renferment les couches qui regnent dans les contrées où les amas se trouvent distribués. Occupé à reconnoitre ces différens amas, suivant les principes de Rouelle, il ne m'a pas été possible de ne pas voir en-même temps que tous les bancs offroient des pierres qui avoient un grain dépendant des principales coquilles, qui dominoient dans ces amas. Je voyois dans ces pierres, les débris de ces coquilles toujours assortis à leur constitution physique, & toujours offrant les résultats des différens dégrés de leurs décompositions : c'est ainsi que l'on voit les élemens des vises, des chames, des buccins, dans les bancs coquilliers des environs de Paris, & dans toute l'étendue de la superficie occupée par cet amas ; mais on remarque que ce grain change, dès que l'on passe dans un autre amas, dans celui des huitres par exemple, dont les débris grossiers empâtés par des marnes argilleuses durcies offrent des rochers dont le grain est assorti à leurs débris.

Cette observation qu'on peut multiplier dans plusieurs pays, nous donne un moyen de diviser les différentes contrées de la nouvelle terre, non-seulement par les amas de coquilles, mais encore par les tractus des bancs de pierres, dont le grain présente une variété qui change comme les coquilles. Et c'est à Rouelle & à ceux qui se sont attachés à ses principes, que nous devrons les moyens d'observer les différentes parties des continens avec toutes les distinctions qui peuvent en former des classes particulieres d'après les matériaux qu'ils nous présentent. Car, comme je l'ai déjà dit, ces différens phénomènes sont si frappans dans le passage de l'un & de l'autre amas, que j'ai été en état de circonscrire les contrées successives qui me les offroient, par ces caractères.

Avec ces indices sur lesquels on ne peut pas prendre aisément le change, on se trouve en état de faire une étude suivie de toutes les variétés que peut nous offrir la nouvelle terre. La reconnoissance des différens grains de pierres est si facile, que la seule inspection des pierres à bâtir, suffit pour qu'on soit en état de désigner l'amas de coquilles du canton où se trouvent leurs carrières. C'est ainsi que je me suis assuré par l'examen des pierres à bâtir de Bordeaux, qui m'ont offert une grande quantité de débris d'étoiles marines qui s'en détachent facilement, que le roc de Tau & les carrières de Bourg, de Saint-Emilion, &c. appartenoient à un amas d'étoiles marines, de l'espece de celles qui sont composées d'osselets ; ainsi l'on voit que l'examen des pierres à grain peut suppléer à l'observation des amas de coquilles qui ne sont souvent à la portée des naturalistes que sous la forme de débris.

Il est évident que plus on pourra saisir de variétés dans les résultats des opérations de la nature, plus on aura de facilité d'étudier le globe de la terre & d'offrir des ensembles intéressans & instructifs à la *Géographie-Physique*.

Ce ne sont pas, comme on voit, de simples faits isolés, minutieux, auxquels se bornent tant de lithologistes, faute d'être guidés par des principes ; mais de grandes masses de faits, où toutes les analogies sont rappellées avec autant de sévérité que d'intelligence. (*Voyez* les articles *Amas de coquilles*, *Grain des pierres*, &c.

Du déplacement des climats, & des autres changemens généraux & particuliers arrivés à la surface de la terre.

L'étude des amas & l'énumération des coquilles qui les composent, ont été pour Rouelle un moyen assuré de reconnoître que les corps marins foffiles, que nous trouvons dans les couches des différentes contrées de la France, ne font pas de nos mers feptentrionales; car on n'y trouve pas cent efpèces; au lieu que dans notre amas des environs de Paris, il y en a plus de cent cinquante, & toutes des plus belles formes, & de la plus belle confervation. Il en eft de même des autres amas, & particulièrement de celui des bélemnites, & de celui des débris d'étoiles. Cette comparaison des dépouilles de tous les animaux marins, enfouies dans le fein de la terre, avec celles des animaux qui fe trouvent maintenant dans la mer qui baigne nos côtes, lui prouvoit, d'une manière inconteftable, le déplacement général des climats. Les analogues vivans de nos foffiles, ou font perdus, ou ne fe retrouvent plus que dans des parages abfolument éloignés & étrangers aux nôtres, comme dans les mers des Indes ou dans celles de l'Afrique.

C'eft à la fuite de ces mêmes déplacemens de climats qu'on ramaffe aujourd'hui les os & les dents d'Éléphants & de Rhinocéros, en différentes contrées de l'Europe & de l'Afie, & principalement dans la Sibérie où l'on déterre de l'ivoire fi bien confervé, & en fi grande abondance qu'il eft prefque devenu un objet de commerce.

Il en eft de même de l'ambre jaune qu'on trouve dans la Pruffe & fur les bords de la Baltique, avec les bois qui l'ont produit autrefois, & les infectes du pays, parfaitement confervés. Or, ces réfines, ces bois & ces infectes y font dans une difpofition & un arrangement fixe & conftant, qui écartent toute idée d'accident qui auroit contribué à ces dépôts finguliers. Enfin toutes ces matières n'ont rien de commun avec les bois, les réfines, les infectes de nos climats, les plantes & les bois qu'on rencontre dans les terres font également étrangers à l'Europe, & le fuccin lui même a un grand rapport

avec cette réfine qu'on apporte de l'Inde, & fur-tout de l'Amérique fous le nom de *Gomme-copal*; les mouches enfin & les infectes qu'on y voit enveloppés & comme embaumés ont aujourd'hui leurs efpèces vivantes dans l'Inde.

Par ces faits on a un apperçu de l'étendue des déplacemens de climats, & des grands changemens qui doivent être arrivés à notre globe, pour opérer ces déplacémens. Sans nous arrêter aux effets particuliers, il en eft de généraux & de fi nombreux, que Rouelle les confidéroit comme les monumens d'une révolution qui ne peut être produite que par l'action d'une caufe puiffante qui a opéré & opère chaque jour, avec lenteur, ces changemens, & prépare ainfi d'autres revolutions que l'on ne connoîtra bien qu'après l'accumulation de plufieurs réfultats.

Mais quelle peut-être cette caufe? On fait qu'il eft fait mention d'une période de plufieurs années, reconnue même dans les temps les plus reculés. Une période telle qu'à l'exemple du mouvement diurne & annuel, elle doit amener une révolution très-lente à la vérité & très-peu fenfible, mais conftante & régulière, laquelle après une longue fucceffion de fiècles déplaceroit l'axe de la terre, & changeroit le rapport de fes pôles, relativement aux points du ciel auxquels ils correfpondent aujourd'hui. De-là il s'enfuivroit néceffairement un changement dans les climats de la terre & un déplacement des mers.

Cela pofé, Rouelle nous faifoit remarquer que les tranfmigrations des êtres vivans devoient fe faire dans la même progreffion que le déplacement des mers, lefquelles s'avançoient auffi vers des climats nouveaux en chaffant devant elles les habitans des côtes, & formant des dépôts d'un autre ordre, enlevant des terreins fur les couches anciennes, & couvrant ainfi de plus en plus tous les débris qui y avoient été précédemment ensevelis. Mais je dois dire que Rouelle distinguoit avec soin aux yeux de ses élèves ces explications & ces conjectures, des grandes vérites qu'il nous avoit annoncées dans ses premières leçons.

Indépendamment des changemens universels que peuvent opérer sur le globe ces sortes de révolutions, Rouelle nous en faisoit envisager d'autres & même très-considérables & beaucoup plus faciles à reconnoître, & qui étoient dus à des causes qui agissent chaque jour sous nos yeux. Telles sont les eaux pluviales, la fonte des neiges, les commotions violentes des tremblemens de terre & les grandes éruptions des volcans.

Quelque part qu'on porte les yeux, on peut suivre & contempler, même avec étonnement, les changemens que les eaux ont produits à la surface de la terre. Les grandes montagnes, quelque ferme & solide que soit leur constitution physique & leur composition, étant toujours le plus exposées à l'action des différents météores, sont peut-être les parties du globe qui éprouvent les plus grands changemens. Ce n'est pas assez des débris énormes dont elles sont couvertes, ces débris sont encore tellement entraînés par les torrens qui y prennent leurs sources, qu'ils forment de nouvelles montagnes aux pieds des premières, & vont former de nouveaux terreins dans les plaines voisines & même dans le bassin de la mer.

Quels changemens n'ont pas produits & ne produisent pas encore les grands fleuves sur tous les terreins qui sont exposés à l'action des eaux courantes qui remplissent leur lit & sur-tout à leurs débordemens? Qu'on juge du Gange, des grands fleuves de la Sibérie, des plus grands encore qui se partagent l'Amérique, par ceux de notre Europe, la Garonne, la

Loire, le Rhône, le Rhin & le Danube. On ne peut suivre, étudier & contempler la profondeur de leurs vallées, la vaste étendue des terreins qu'ils ont couverts, les débris des montagnes & des collines qu'ils ont transportés, & qui ont servi à combler les plaines qui se trouvent au fond de leurs *vallées*. Voyez ce mot dans le dictionnaire.

Nous passons à un autre ordre d'événemens que l'on a souvent lieu d'observer sur le globe, & qui frappent le plus les habitans qui en sont témoins, parce qu'ils sont accompagnés de grands fracas, & suivis de grands désastres. Ce sont les éruptions des volcans ou les secousses violentes des tremblemens de terre, & par lesquels la terre paroît même s'ébranler jusque dans ses fondemens.

Le golfe de Santorin tient aujourd'hui la place d'une partie de cette grande isle qui a été engloutie, & la plupart des isles de l'Archipel sont les restes d'un continent considérable, autrefois découvert & au-dessus des flots, mais aujourd'hui affaissé dans les gouffres excavés sous lui.

C'est par des commotions semblables & peut-être résultantes de la même cause, que la mer Noire s'est ouvert un passage par l'Hellespont, & a versé ses eaux dans la Méditerranée. Rouelle citoit à cette occasion l'opinion de Tournefort qui avoit observé toute cette contrée, & c'est assurément la marche des eaux la plus naturelle & la plus vraisemblable. Toute cette partie de la Thrace, les côtes de l'Asie Mineure, celles de la Syrie & de l'ancienne Judée, portent encore aujourd'hui des marques indubitables à qui sait les reconnoître, des ravages qu'y ont faits autrefois les feux souterrains. Témoins la mer Morte ou la mer de Galilée, d'où l'on tire, suivant les voyageurs Danois, beaucoup de produits de volcans.

Une semblable catastrophe aura de même forcé & détruit l'isthme de Gibraltar, & ouvert ce détroit qui a fourni un débouché aux eaux de l'Océan. Rouelle ne croyoit pas qu'on pût révoquer en doute l'existence de l'ancienne isle Atlantide si célébrée par les anciens, & sur laquelle les détails les plus intéressans nous ont été transmis par les égyptiens, & probablement exagérés par Platon. Ce qui confirmoit l'opinion de Rouelle sur l'existence de l'isle Atlantide, c'étoit l'attention qu'il avoit donnée à l'état des lieux où il la plaçoit, & sur-tout à la petite profondeur de l'Océan dans ces parages. Ce qui l'autorisoit à penser que la destruction de cette grande isle avoit été la suite d'embrasemens & de commotions souterraines qui avoient produit un affaissement général de terres mal-assurées, c'étoit le rapprochement de plusieurs faits qui lui avoient persuadé que toute cette contrée portoit sur un immense foyer. L'affreuse catastrophe de Lisbonne lui en paroissoit une preuve frappante : outre cela, il nous indiquoit une solphatare d'où l'on tiroit du souffre, dans un endroit nommé Conil, distant de trois lieues de Cadix, d'une lieue de la mer & de dix lieues de Gibraltar. Ce lieu brûle encore, puisqu'on est infecté d'une forte odeur de soufre à plus d'un quart de lieue de l'endroit.

Les isles Canaries, d'un autre côté, n'étoient pas éloignées de ce terrain englouti. Tout le monde sait que le pic de Ténériffe est un volcan qui jette encore quelquefois des flammes & presque toujours de la fumée. Ce qu'il y a de certain, c'est que toute la masse conique du pic est volcanisée, & qu'une très-grande partie de l'isle a éprouvé les effets des feux souterrains. C'est dans ces parties qu'on trouve des laves compactes, des scories & sur-tout des terres cuites : il en est de même des Açores.

Si nous avions une histoire suivie des changemens qu'ont occasionné dans le Pérou ces énormes foyers qui brûlent journellement sous une grande étendue de la chaîne des Cordilières, les éruptions qu'ils ont produites & les secousses fréquentes qui en ont été la suite, on seroit étonné des mouvemens irréguliers auxquels on est exposé dans ces contrées, & combien les habitans en ont souffert depuis long-temps.

D'après tous ces faits que citoit Rouelle, faut-il chercher d'autres causes, soit générales soit particulières, pour expliquer les révolutions dont la surface de la terre a été le théâtre continuel : mais nous ne nous bornerons pas à ces apperçus, nous passons à un des changemens les plus étonnans, celui de l'enfouissement des forêts immenses, à la suite duquel se sont formées les mines de charbon de terre.

Des charbons de terre.

Rouelle a toujours regardé les mines de charbon de terre comme étant le résultat des amas immenses de bois de certaines espèces, descendus des continens qui formoient les bords de la mer & qui ont été transportés & ensevelis dans son bassin. C'est là qu'une fermentation lente de ces végétaux mêlés avec les terres & les débris des animaux, en a fait les résidus que nous connoissons, & dont nous avons tiré de si grands avantages : à quoi il faut ajouter pour donner une idée complette de cette opération de la nature, telle que la concevoit Rouelle, les bancs de terres & de pierres que les eaux ont successivement accumulés au-dessus des dépôts de ces bois.

Rouelle au reste distinguoit avec la plus grande attention les couches des charbons de terre formées dans le sein des mers, d'un autre sorte d'amas de bois fos-

siles entrainés & accumulés par les eaux
des fleuves aux environs de leurs embouchures; enfin il regardoit les bitumes &
les pétroles de toutes sortes comme les
produits de la destruction des charbons
de terre par les embrasemens souterrains.

D'après l'exposition de ce que pensoit
Rouelle sur les charbons de terre & leur
origine, on voit combien il étoit opposé
à l'opinion de ceux qui ont imaginé que
c'étoit l'ouvrage de certaines terres combinées avec des acides. Il ne doutoit pas
que ces végétaux ne fussent des bois résineux qui avoient été ensevelis dans le fond
de certains golfes, & qui avoient souffert
une sorte de décomposition plus ou moins
grande. En effet, il tiroit des charbons de
terre soumis à la distillation les mêmes
produits que de la résine des arbres; mais
ce qui achevoit de confirmer ces vérités,
c'est que souvent on trouve au-dessus de
certaines mines de charbon de terre du
bois qui n'est altéré qu'à un certain point,
& qui annonce différentes nuances d'altération & de décomposition, à proportion
qu'il est enfoncé davantage dans la terre.
Enfin l'ardoise qui sert de toit ou de couverture au charbon est souvent couverte
d'empreintes de plantes qui accompagnent
ordinairement les arbres résineux de ces
forêts, telles que les fougères & les capillaires. Seulement Rouelle nous faisoit
remarquer que ces fougères & ces capillaires étoient des plantes qui avoient crû,
& qui croissoient encore maintenant dans
des climats fort éloignés des nôtres : d'où
il tiroit la même conséquence pour les
arbres eux-mêmes qui faisoient le fond
des mines.

Je supprime ici plusieurs détails instructifs & même élémentaires sur l'ancienne &
la nouvelle terre, sur le travail intermédiaire, & enfin sur les amas de coquilles
fossiles. Je me propose de les rappeller
dans les différens articles du dictionnaire,
où je traiterai des mêmes matières & d'a-

près les mêmes principes. Je puis renvoyer de même à l'article des *environs de
Limoges*, où tout ce qui concerne le granit & les diverses compositions de cette
vieille roche doit être exposé avec les
beaux détails en grand que cette contrée
offre aux naturalistes. Ils sont aussi destinés
à un ouvrage élémentaire sur la méthode
d'étudier l'histoire naturelle minéralogique
de la France, & de la décrire suivant les
principes de la *Géographie-Physique*.

APPENDIX.

I.

Sur les mines de charbon de terre, & parti-culièrement sur leur situation.

Je ne puis mieux terminer cette notice
qu'en faisant ici une exposition raisonnée
des différentes recherches dont j'ai commencé à m'occuper depuis 1763, relativement aux vues systématiques de
Rouelle. Ces détails me paroissent d'autant plus intéressans qu'ils se réunissent
naturellement aux observations faites depuis cette époque jusqu'à nos jours, &
que cet ensemble peut former un tout
instructif & lumineux sur les mines de
charbon.

Cette matière étoit assez importante
pour avoir engagé deux disciples de
Rouelle à suivre ses vues, & à donner à ses
principes un développement convenable,
en parcourant avec attention les différentes contrées de la France & même des
pays voisins où se trouvoient placées les
mines de charbon en pleine exploitation,
& en s'occupant sur-tout de la situation
de ces dépôts précieux. Ils sentirent bientôt la nécessité de raccorder ce travail avec
les différens massifs que Rouelle leur avoit
appris à connoître; de distinguer & de
joindre dans ce plan de recherches la reconnoissance des anciennes formes de

terrein qui avoient pû influer fur les opérations de la nature aux époques où elle étoit occupée à mettre, pour ainfi dire, en réferve dans le fein de la terre ce précieux combuftible.

Pour peu qu'on fût habitué à l'obfervation des terreins de l'ancienne & de la nouvelle terre ; qu'on eût fçu joindre à cette double confidération l'examen du *travail intermédiaire* dont on a donné un apperçu dans la notice précédente, on a dû fe convaincre aifément par les premières recherches qu'on a faites à la furface de tous ces maffifs, que les limites de l'ancienne terre fe trouvoient fouvent confrontées avec certains dépôts du *travail intermédiaire*, & que c'étoit dans ces dépôts adoffés aux maffifs de l'ancienne terre que fe trouvoient les filons de charbon avec leurs enveloppes. Cette première vérité bien reconnue par une obfervation méthodique, a fervi de bâfe pour diriger tous les examens qui ont été faits depuis, & pour autorifer toutes les conféquences qu'on en a tirées naturellement.

Comme les pierres de fables ou grés à couches inclinées, que les fchiftes qui ont à-peu-près les mêmes difpofitions, fe trouvent conftamment adoffés aux flancs des maffifs de l'ancienne terre, c'eft dans ces matières, comme faifant parties du *travail intermédiaire*, que font placées les mines de charbon. C'eft là qu'on peut fuivre fur des lignes bien marquées, comme fur les bords de la première mer ancienne, les bancs de roches feuilletées, d'argile groffière, de grès & de gravier qui ont coutume d'accompagner les filons de charbon de terre, & même de former leurs enveloppes.

Lorfqu'il fut bien conftaté que la nature avoit fuivi ce fyftême dans l'arrangement, la difpofition & la diftribution des mines de charbon, on eut tout lieu de croire

qu'elle avoit profité des parties de la furface de la terre qui étoient approfondies à un certain point, pour y mettre comme en dépôts ce précieux combuftible ; on reconnut en même temps qu'il s'y trouvoit d'autant plus abondant & à une profondeur d'autant plus grande que les bords de l'ancienne terre avoient pû être plus peuplés de forêts ; qu'ils étoient plus efcarpés, & que la furface du continent préfentoit d'ailleurs des pentes plus favorables aux tranfports des végétaux & furtout des arbres dans le baffin de la mer.

On a pu remarquer en même temps que les diverfes circonftances qui ont dû influer fur la chûte & l'accumulation des bois, fur l'éboulement des matières qui fervoient de fol aux forêts, avoient contribué également à la difpofition des couches de charbon ainfi qu'à celle des matières qui les accompagnoient ; mais ce qui parut le plus remarquable dans ce travail de la nature, c'eft la conftitution du *toit* & du *mur* qui étoient en contact immédiat avec la fubftance du charbon & qui la fuivoient dans toute fon allure. On vit qu'ils étoient compofés l'un & l'autre des terreins formant le fol qui avoit reçu les abattis naturels des arbres, & qui étoit en partie formé de débris de végétaux pourris.

Une autre vérité qui jettoit un grand jour fur cette partie de l'hiftoire naturelle de la terre, c'eft que fouvent les matériaux qui étoient entrés dans la compofition des couches, accompagnant les filons des charbons de terre, avoient un rapport conftant avec les roches qui environnoient les baffins où ces matières avoient été reçues & enfouies.

C'eft par cette raifon que dans les fchiftes & les grès ou pierres de fables dont j'ai parlé, on reconnoiffoit les débris des bords des anfes, des golfes, des détroits de l'ancienne mer, qui étoient ordinairement des quartz, des feld-fpaths altérés, des mica & même des fchorls ; & que dans tous ces débris lorfqu'ils étoient d'un certain volume, les angles fe trouvoient abattus, parce qu'ils avoient été roulés par les eaux de la mer, qui d'ailleurs avoient difpofé par bancs les matières les plus comminuées.

En difcutant dans mes obfervations tout ce qui conftituoit les mines de charbon, je me fuis appliqué fur-tout à reconnoître, autant qu'il étoit poffible, l'étendue & la profondeur des baffins qui ont fervi de gîtes, non-feulement aux matériaux dont font compofés les couches du combuftible & les lits qui les accompagnent, mais encore aux amas de la nouvelle terre qui avoient recouvert les premiers affemblages des dépôts du travail intermédiaire. J'ai bientôt conçu que c'étoit cet enfemble qu'il falloit embraffer, après en avoir examiné féparément toutes les parties par des recherches particulières ; que pour lors je pouvois raifonner fur les différens ordres d'évenemens dont les caractères m'avoient frappé, ou dont j'avois pu recueillir les indices de ceux qui avoient préfidé à l'exploitation de quelques mines.

La première maffe de faits dans ce genre qui avoit frappé Rouelle, & inftruit celui de fes difciples qui s'étoit engagé dans le plan de travail dont on vient de donner à-peu-près les bâfes & les premiers réfultats, c'étoit celle que Lehmann avoit préfentée dans un ouvrage que d'Holback venoit de nous faire connoître en le traduifant en françois ; on y décrit une fuite de mines de charbon diftribuées autour du Hartz & des autres noyaux de l'ancienne terre, ou de ce qu'il appelloit les *montagnes primitives*, & qui paroiffent affujetties dans différentes provinces d'Allemagne à ces centres communs du *travail intermédiaire*.

Lehmann y fait voir que ces noyaux de montagnes primitives, avoient influé à tous les afpects de l'horifon, non feulement fur la pente des couches du travail intermédiaire, mais encore fur leur direction ; il nous montre auffi (à qui l'a fu voir & démêler) les mines de charbon & leurs enveloppes, comme faifant partie de ce dernier maffif. Nous ne pouvions méconnoître au milieu de ces beaux détails préfentés fous un point de vue très méthodique ; 1°. Les limites de l'ancienne terre, contre lefquelles les filons de charbon fe trouvoient adoffés avec les couches qui les accompagnoient ou qui en faifoient la féparation ; 2°. Les baffins de l'ancienne mer qui avoient reçu les matières premières du charbon au milieu des fchiftes, des grès, des lits d'argile, de graviers, de cailloux roulés, de poudingues, de groffes ardoifes.

Une remarque que fait Lehmann & que Rouelle confidéroit comme un principe propre à guider dans l'étude de cette matière importante, c'eft que, comme je l'ai reconnu moi-même, une grande partie de ces lits étoit compofée d'une quantité confidérable de débris des *montagnes primitives* ; ce qui fembloit autorifer une conféquence fort importante que nous en tirions, c'eft que les matières du charbon, dévoient avoir eu la même origine & la même marche, & que les forêts de l'ancienne terre avoient fourni les arbres qui avoient été enfouis au milieu de tous ces dépôts. Voyez l'article *Lehmann* ci-deffus : ou bien ces détails rapprochés comme il convient dans les cartes de l'*Atlas*, concernant le charbon de terre ; c'eft-là que chaque objet fe trouve indiqué & décrit comme il convient.

Toutes ces confidérations, toutes ces vues, me conduifirent néceffairement dans l'examen des différentes contrées de la France, qui pouvoient m'offrir les analogies de faits femblables & correfpondans. Je vais donner ici un précis de quelques-
unes

unes de ces obfervations dont j'ai eu foin de porter à mefure les réfultats au maître qui m'avoit infpiré ces recherches & ces courfes.

Ce fut en la ci-devant province d'Auvergne, que pour la première fois j'eus occafion de faire une application fuivie de fes principes, dans la plaine de l'Allier & aux environs de Braffac. En examinant d'abord la croupe qui conduit des Jumeaux dans la vallée, je vis que tout ce maffif étoit compofé de granit à lames ou gneifs, & au pied, d'un fchifte micacé, d'un grès à gros grain qui fembloit former l'enveloppe d'un filon de charbon de terre. Ces enveloppes changèrent de nature dans le fond de la vallée & aux environs de Braffac où fe trouve un fyftême de mines de charbon fort intéreffant. C'eft là que l'on peut obferver un grès à gros grain, au milieu duquel font engagés des quartz, des morceaux de granit, & même des laves compactes, tous débris roulés & arrondis. Ce grès accompagne affez généralement les veines des différentes mines.

Les couches de charbon exploitées dans toute la plaine ont diverfes allures; mais la direction la plus ordinaire eft celle du Nord au Sud à peu-près, fuivant la direction de la plaine de l'Allier, & par conféquent parallelement aux deux croupes qui la bordent à l'Eft & à l'Oueft, & fur-tout à la côte de l'ancienne terre que j'avois reconnue, en defcendant dans la plaine de Braffac. Je dois cependant dire que la mine de Grofmenil fait une exception très-marquée à cette difpofition générale; car la direction de fes filons eft au contraire de l'Eft à l'Oueft, & perpendiculaire à la côte de l'ancienne terre; quelques uns de fes filons font cependant inclinés de l'Eft à l'Oueft, pendant que d'autres affectent le pendage de l'Oueft à l'Eft, & qu'enfin des veines d'un certain affemblage fe trouvent placées dans le

plan de l'horifon les unes fur les autres. J'infifte fur les réfultats de ces obfervations, parce qu'ils furent recueillis avec grand foin.

La féparation des couches de charbon eft formée par des lits de grès femblables à ceux qui fervent de toit à toutes les mines, & qui fe montrent même à la furface du fol de la plaine. Les filons font auffi interrompus & circonfcrits par les mêmes matières diftribuées par bancs ou horifontaux ou inclinés, ou même verticaux.

Il paroît que le jeu des agens qui ont arrangé dans le golfe ancien de l'Allier ces grands dépôts de terre, a éprouvé quelques irrégularités. Mais malgré ces anomalies, on doit remarquer que deux fubftances auffi hétérogènes que le grès & le charbon de terre fe fuivent & fe continuent entr'elles, de forte que le grès enveloppe conftamment le charbon de terre, & lui fert par-tout de matrice, c'eft-à-dire également de *toit* & de *mur*. Si le grès eft un compofé des débris des anciens granits, comme on n'en peut douter par l'examen qu'on peut faire des têtes de toits qui fe montrent fans interruption à la furface du fol, & que cette pierre de feconde formation, doive être rapportée au travail intermédiaire, il s'enfuit, comme nous l'avons déjà dit, que les charbons de terre appartiennent à la même révolution, & que toutes ces opérations de la nature font poftérieures à l'approfondiffement du baffin de l'Allier. Je dois remarquer outre cela, que ces mêmes dépôts de matières qui fervent d'enveloppes aux filons de charbon de terre, renferment des quartz, des granits, des talcites & des laves compactes, & que ces cailloux font arrondis & polis de manière qu'ils paroiffent avoir été roulés dans un golfe où les flots de la mer ont eu un jeu libre; & que par conféquent tous ces dépôts datent du temps où la mer réfidoit dans ce golfe, comme je le ferai voir à son article. En suivant avec attention ces mines, on reconnoît facilement qu'elles ne s'étendent dans le même golfe que jusqu'à Aufat. Plus bas, le fond du golfe n'a pas paru renfermer ces mêmes dépôts; ainsi les mines de cette partie de la Limagne n'occupent qu'une certaine étendue en longueur dans les baffins où elles ont été dépoſées.

Mais après un intervalle affez confidérable, en remontant la même plaine de l'Allier, on retrouve au-deffus de Langeac & dans le village de Fromentin une autre mine de charbon, au milieu des couches d'une pierre de fable, dont la difpofition eft prefque verticale; & à côté de ce dépôt toujours dans la même plaine, on voit deux carrières d'où l'on tire de femblables pierres de fable avec mica difperfé dans les bancs. Ces lits renferment auffi des morceaux de quartz & de granits qui paroiffent avoir été détachés des maffes primitives, & fur-tout des plaques de bitumes affez remarquables: d'ailleurs toutes les parties des bancs en rendent une odeur très-fenfible.

En fuivant toujours ce même plan de recherches, je revis en détail trois mines de charbon dans des contrées affez éloignées, dans la ci-devant province du Limoufin; & les différentes difpofitions qu'elles m'ont offertes font conformes aux principes que je viens d'expofer.

La première mine eft fituée à Lapléau, paroiffe de Mofac, dans le voifinage de Meimac. Les fouilles en ont été faites au milieu des croupes méridionales & orientales d'une montagne de granit. Le charbon s'y trouve diftribué en quatre filons, dont la direction commune eft inclinée de l'Eft à l'Oueft; par conféquent les couches fe plongent fous le maffif de la montagne. Les lits intermédiaires qui fervent à la féparation des filons font

compofés de débris de granit: & le filon du milieu a environ un pied & demi d'épaiffeur.

Aux environs de Bourganeuf, toujours au milieu de l'ancienne terre, j'ai trouvé deux mines de charbon dont les filons font enveloppés par une ardoife grife. L'inclinaifon des couches eft de l'Eft à l'Oueft, & la direction du Nord au Midi. Ces mines font placées dans des baffins dont les bords offrent des maffifs de granits compofés de petits grains; mais qui renferment outre cela, foit des fchiftes micacés, foit des pierres de fables.

Les mines dont je viens de rendre compte font fort avant dans l'ancienne terre: ce qui fembleroit contredire l'affertion de ceux qui, par des vues étroites, ont placé exclufivement fur les bords de ce vieux maffif toutes les mines de charbon.

Si l'on généralife, comme l'on doit, le fyftême de la nature, cette fituation ne s'oppofera pas à l'explication que nous avons propofée ci-deffus; car il fuffiroit pour lors qu'il y eût eu au milieu des continens de l'ancienne terre quelques baffins un peu profonds & des eaux courantes, qui ayant abattu, entraîné & étalé les matières combuftibles avec leurs enveloppes, auroient formé ces dépôts. Au moyen de toutes ces circonftances, on pourroit peut-être fe paffer du concours des eaux de la mer, pourvu cependant qu'on n'y rencontrât pas parmi les couches de matières qui accompagnent les filons de charbon, des cailloux roulés, arrondis & polis, qui exigeroient, felon moi, l'action des eaux de la mer.

Si l'on paffe maintenant à la mine de charbon d'Argentat, fituée dans la vallée profonde de la Dordogne, on y trouvera les mêmes difpofitions que dans celle de Braffac, & avec les veftiges femblables d'un ancien golfe. C'eft dans cette mine que l'on peut obferver plus en détail le travail de la mer ; cependant je dois dire que, dans les couches qui fervent d'enveloppes aux filons de charbon & qui font farcies de cailloux roulés fort abondans, on n'y trouve point de laves compactes, quoiqu'il y en ait beaucoup de difperfées dans la vallée actuelle de la Dordogne. Cela me paroît prouver que les dépôts de la mine font antérieurs aux laves, qui n'auront paru que dans la feconde vallée, laquelle a fuccédé au premier golfe dans le baffin duquel la mine aura été formée. Je dois remarquer cependant à cette occafion que les mines de charbon de la Limagne, fituées entre Iffoire & Brioude, renferment un affez grand nombre de ces cailloux roulés de laves, entrainés, arrondis, polis & dépofés dans la première vallée ou golfe de l'Allier. J'ai tout lieu de croire, que ces dernières mines ont été formées dans ce golfe, à-peu-près à la même époque où la vallée de la Dordogne étoit envahie également par la mer : mais les laves n'y font pas parvenues dans le même temps.

D'après des obfervations affez fûres, il paroît que l'ouverture de la mine de Cublac, près de Terraffon, n'eft élevée au-deffus du niveau de la mer que de 45 toifes ; pendant que celle de Bofmoreau, près de Bourganeuf, fe trouve à 180 toifes au-deffus du même plan, & que celle de Lapléau, près Meimac, eft élevée jufqu'à 250 toifes. On voit par ces déterminations, que les deux dernières mines font fort élevées au-deffus du niveau de la mer, parce qu'elles occupent des baffins fort éloignés du bord de l'ancienne terre dans le voifinage duquel fe trouve la première qui n'a que 45 toifes d'élévation.

La même année 1763, je revins de Limoges à Paris, par Fins, Noyant & Moulins ; je trouvai les limites de l'ancienne terre à Montet-aux-Moines &

une mine de charbon adoffée à cette limite. Le baffin où font renfermées les matières combuftibles & leurs enveloppes eft bordé d'un côté par un maffif de granit, & de l'autre par un amas quartzeux. Le pied des granits offre des fchiftes & des grès fur-tout, où l'on retrouve toutes les fubftances pierreufes qu'on obferve dans les maffifs primitifs. On y voit le quartz, le feld-fpath, le mica & le fchorl, dont l'aggrégation diffère cependant beaucoup de celle que l'on remarque dans ces maffifs. Outre cela, les angles des morceaux d'un certain volume font ufés & abattus ; leur couleur eft blanche, & altérée, parce que ces fubftances ont éprouvé une certaine décompofition. En embraffant définitivement d'une vue générale la fituation de cette mine & la difpofition des matières qui accompagnent les filons, on voit qu'elle eft placée dans une anfe ou golfe formé par les côtes de l'ancienne mer ; en conféquence, il paroît que le baffin qui renferme tout cet affemblage de matières a fait partie du baffin de la mer, & qu'on ne peut fans une grande méprife l'attribuer au vallon de la Queane, comme certains mineurs voulurent me le perfuader. Il eft évident, au contraire, que le vallon où coule cette petite rivière eft l'ouvrage moderne de fes eaux courantes, & qu'il n'a rien de commun avec la vallée profonde qui a reçu tous les dépôts qui conftituent la mine, & qui les a reçus dans le voifinage des bords de l'ancienne mer. Je fupprime plufieurs autres détails qui concourent également à établir les mêmes vérités, pour paffer à ce qui concerne la mine de charbon de Décile.

Cette mine eft fituée à deux lieues de la petite ville de Décile, & fur l'extrémité de la pente de l'ancienne terre du Morvan ; elle a été tellement mife à découvert par les eaux courantes, qu'on entre dans les fouilles de plein pied ; & d'ailleurs à juger de fa fituation actuelle par les fommets des montagnes de l'ancienne terre dont je viens de parler, la mine n'a pas été formée dans un baffin fort profond.

En examinant les environs de cette exploitation, on y trouve d'abord du granit, puis à côté, des grès qui renferment le feld-fpath & le quartz dans une affez grande proportion ; on y rencontre également des amas de terres feuilletées, fur lefquelles, ainfi que fur les grès, on remarque des impreffions de fougères, & de feuilles de rofeaux fort larges avec des nœuds & des articulations, toutes plantes étrangères.

Les couches de charbon de terre s'enfoncent du Nord au Sud, précifément dans la direction qu'a eu la pente des bords de l'ancienne terre du Morvan. Auffi apperçoit-on ce vieux maffif qui s'élève & domine dans un certain éloignement. Outre cela, les enveloppes des filons du combuftible font, comme ce qui les accompagne à une certaine diftance, compofées de grès & de terres feuilletées : enfin la mer paroît avoir formé autour des dépôts dépendants de la mine une fuperfœtation, dont la plus grande partie a été emportée par les eaux courantes. Ce dernier ordre de dépôts eft l'ouvrage de l'Océan, dans le baffin duquel la nouvelle terre a été conftruite ; en cela bien poftérieur au travail de la première mer, à laquelle j'ai attribué *le dépôt* des mines de charbon, & en particulier celui des mines de Décife : la diftinction de ces deux ordres eft remarquable ici, comme dans beaucoup d'autres mines que j'ai vifitées depuis.

Je me borne à ces faits qui m'ont paru fuffifants pour autorifer la théorie que j'ai préfentée affez fuccinctement dans cet Appendix. Je ne rappellerai pas ici les autres mines de charbon que j'ai eu lieu d'obferver toujours dans les mêmes vues, en parcourant les différentes contrées

de la France & des pays circonvoifins où fe trouvent celles qui font en exploitation. Toutes celles que j'ai obfervées, foit dans les Vofges, foit dans les ci-devant provinces de Normandie & de Bretagne, m'ont confirmé dans les principes que j'ai mis en avant. J'y ai reconnu de même la bonté & la folidité des moyens que j'ai propofés pour découvrir les mines de charbon. Plus j'ai vû la nature, plus je me fuis convaincu que fes opérations avoient été par-tout uniformes, & que la même régularité régnoit dans leurs réfultats. C'eft avec l'affurance que l'enfemble de ces faits m'a donnée, que je reprends l'expofition de mon plan d'obfervation, & qu'en m'attachant principalement aux véritables indices des charbons de terre, je tâche d'en écarter les vues fauffes & incomplettes de quelques mineurs.

I I.

Difcuffion fur les véritables indices des mines de charbon.

J'ai déjà dit qu'on avoit, par des vues étroites, confondu les parties de l'ancien baffin de la mer voifines des côtes, avec les vallons actuels, fans qu'on eût fait fentir la correfpondance de ces deux états de la furface de la terre : je reviens ici au même fujet. Je commence donc par faire obferver que les mines de charbon, qui font de l'empire de la mer, quant à leur fituation, & à la difpofition des couches qui les accompagnent, ne peuvent être confidérées comme réfidant dans les vallons actuels, qu'autant que ceux-ci, ayant été autrefois anfes, ou golfes, ou même détroits de la mer ancienne, auroient repris depuis fa retraite, la forme de vallées profondes, & reçu les eaux courantes d'un fleuve ou d'une rivière confidérable. Ainfi dans la recherche des mines de charbon, il eft néceffaire de joindre à l'examen dés vallons actuels , les indices des anciens golfes qui auroient été comblés d'abord sous la mér , & auxquels auroient succédé des vallées que les eaux courantes auroient approfondies plus ou moins. C'est ce nouveau & dernier travail de la nature qu'il convient de suivre ; lorsqu'il a mis à découvert les mines de charbon dont les veines sont plus ou moins apparentes au fond des vallées actuelles. Comme golfe, cet approfondissement est un indice assuré, mais comme vallon il est très sujet à erreur : on sent aisément en rappellant tout ce que nous avons dit ci-dessus, qu'il faut réunir ces considérations, si l'on veut être guidé bien sûrement dans ses recherches. On doit également avoir soin de ne pas perdre de vue la distinction des différens ordres de massifs & des opérations de la nature relatives à chacun d'eux; mais on sent qu'en se bornant à l'examen superficiel des vallons actuels, on néglige de faire usage de cette grande ressource.

En se bornant à la seule considération des vallées actuelles comme indices des mines de charbon, il est visible que l'on ne remonte pas à des époques assez reculées, parce qu'on confond des événemens qui appartiennent à des agens, dont la marche a eu de l'activité dans des temps différens & même très éloignés. Ainsi je le répète, l'étude des mines de charbon, exige une analyse bien sévère des anciennes formes du terrein, qui certainement n'ont rien de commun avec les formes actuelles, ou bien ne peuvent se raccorder avec elles que par des accidents fort rares, & sur la correspondance desquels on ne peut pas compter. On conçoit aisément que c'est aux anciennes formes que j'ai indiquées, qu'il convient de rapporter la direction des couches de charbon & de leurs enveloppes , ainsi que leur inclinaison; Dans les différentes observations que j'ai eu lieu de faire, j'ai reconnu que ces moyens étoient à la portée de tous les bons esprits, parcequ'en cela la nature nous

présentoit tous les éclaircissemens dont nous pouvons avoir besoin, lorsque nous savons la consulter comme il convient.

C'est d'après ce plan de recherches que je m'étois fait depuis long-temps, & que j'avois constamment suivi, que je discutai les idées fausses de certains mineurs, qui mettoient en avant des suppositions très nuisibles à la clarté & à la solidité des principes que j'avois établis sur les moyens de découvrir les mines de charbon. Ces suppositions, comme nous l'avons vu, consistoient à mettre en fait, que les vallées actuelles de plusieurs subdivisions ont pu influer sur la disposition des mines de charbon. Cependant il est visible que ces vallées actuellement existantes, comme on nous les indique, sont toutes dues à l'action des eaux courantes réunies en ruisseaux & en rivières, & qu'elles n'existoient pas, du moins telles qu'elles sont, dans le temps où les couches de charbon de terre ont été formées & déposées. Si les vallons & les montagnes ont influé sur leurs dispositions, cette proposition ne peut être entendue que des montagnes & des vallons anciens, sur la connoissance desquels les formes actuelles ne peuvent donner que des renseignemens très incomplets & sujets à erreur. D'ailleurs, pour peu qu'on ait observé non seulement les mines de charbon, mais encore beaucoup d'autres objets concernant l'histoire naturelle de la terre, on a pu reconnoître que les vallées anciennes ont été en grande partie comblées par des dépôts postérieurs, qui ensuite n'ont été creusés par les eaux courantes que d'une manière vague, & souvent sans correspondance avec les anciens vallons.

Je puis même ajouter que certaines mines, connues & exploitées, se trouvent dans des gîtes, où il est visible qu'il n'y a jamais eu de vallons, mais des anses, des golfes, comblés ensuite plus ou moins par des dépôts qui enveloppent les charbons de terre.

Pour achever d'écarter toutes ces fuppofitions, je me fuis attaché à montrer combien il étoit important de faifir la correfpondance des bords de l'ancienne mer avec les dépôts du travail intermédiaire, foit que ces bords fuffent en ligne droite, foit qu'ils préfentaffent des enfoncemens, des anfes, des fonds de golfes, & même des détroits ; & qu'au moyen de la reconnoiffance de ces formes, on ne rifquoit plus d'être égaré par les prétentions des mineurs qui voudroient juger des opérations anciennes de la nature, d'après les formes actuelles & modernes de la furface des terrains, & qui, en un mot, prendroient pour bâfe de leurs indications les vallées de tous les ordres. Tout ce que j'ai pu trouver dans ce travail des dernières eaux courantes qui fût relatif à notre objet, s'eft préfenté à moi dans des circonftances où les mines de charbon ont été mifes à découvert & dépouillées des derniers dépôts de la mer ; mais je fuis bien éloigné de croire que toutes les mines aient été mifes ainfi à notre portée par l'approfondiffement des vallées actuelles. Il eft enfin une dernière confidération par laquelle je terminerai cette difcuffion : c'eft que les vallées actuelles ne peuvent être d'aucun fecours pour diriger les travaux de l'exploitation : car ils doivent naturellement dépendre de la forme des baffins qui ont reçu les matières combuftibles, & leurs différentes enveloppes.

I I I.

Expofition & réfumé des différens phénomènes que préfentent les mines de charbon.

Je réfume ici tout ce qui réfulte de mes propres obfervations, ainfi que des conféquences que j'en ai tirées.

Les veines de charbon, qui font toutes compofées de végétaux, & fur-tout d'arbres réfineux, doivent leur origine aux forêts de toutes les îles de l'ancienne terre qui étoient pour lors entourées par l'océan. Toutes les parties du globe qui fe trouvèrent élevées au-deffus des eaux, produifirent dans les premiers tems une grande quantité de plantes & d'arbres de toutes efpèces, lefquels bientôt tombant de vétufté, furent entraînés par les eaux, & formèrent des dépôts de matières végétales en un grand nombre d'endroits, mais communément le long des côtes de la mer, & affez rarement dans des baffins ou vallées fitués à un certain éloignement de ces côtes.

Il paroît que les eaux des continens transportèrent dans le baffin de la mer, non-feulement les arbres & les autres matières végétales defcendues des hauteurs de la terre, mais encore des débris de terres & de pierres qui conftituoient foit le fol des forêts, foit les bords de la mer.

C'eft en conféquence de ces différens transports que les veines de charbon ont été féparées & enveloppées par des couches de terre, femblables à celles qui garniffoient le fond de la mer, des golfes, des détroits, &c. : ou bien ces mêmes matières font la fuite d'éboulemens confidérables & fucceffifs, lorfque les dépôts fe font trouvés dans l'intérieur des continens de l'ancienne terre. Mais dans l'un & l'autre cas les eaux courantes, & fur-tout la mer par fes mouvemens & fes courans, ont remué ces matières, les ont transportées & dépofées fur les lits d'argile ou de grès qui étoient déjà formés avant les veines de charbon de terre.

Il y a eu des intervalles confidérables de tems, & des alternatives de mouvement dans les eaux, entre l'établiffement des différentes couches de charbon, au même lieu, & de leurs enveloppes. Car on trouve dans un fyftême de mines, non-feulement plusieurs couches de charbon, mais encore un plus grand nombre de bancs de grès & de schistes, assujettis à la même direction & à la même inclinaison. On rencontre ainsi souvent, au-dessous de la première couche de charbon, un lit de schiste ou de grès ; ensuite une seconde couche de charbon inclinée comme la première, & souvent une troisième, toutes également séparées par les mêmes substances hétérogènes d'argiles ou de pierres de sable. Dans la plus grande partie des substances pierreuses qui servent ou à séparer ou à bien envelopper les matières combustibles, il se trouve des morceaux de pierres également transportés par les eaux dans le bassin de la mer avec les sables, & qui, ayant été balottés & roulés par les flots, ont pris une forme arrondie, qui suppose un assez long travail de la part de ces eaux : enfin toutes les matières sont visiblement les débris de l'ancienne terre.

Une autre circonstance encore bien essentielle de ces dépôts, ce sont les empreintes de fougères & d'autres parties de plantes dont les analogues ne se trouvent que dans des climats fort éloignés de ceux-ci ; ce qui nous indique en même-tems que les arbres qui forment le fond des veines ont crû & reçu leur développement sous un ciel bien différent du nôtre.

Il me reste à indiquer un phénomène qui se rencontre quelquefois dans les mines de charbon ; c'est un dépôt d'un ordre différent de ceux dont je viens de présenter un détail, & qui appartient au travail particulier de la mer dans le bassin de laquelle la nouvelle terre a été construite. Pour lors, les couches de ce dernier dépôt sont constamment horisontales, quoiqu'établies sur des bancs & des lits inclinés plus ou moins, ou même verticaux. Ce sont ces caractères distinctifs qui m'ont donné lieu de ne faire intervenir dans ce qui constitue essentiellement les mines de charbon de terre, que le travail intermédiaire, & par conséquent d'assigner ce genre de dépôts modernes comme un motif de plus pour écarter la reconnoissance des vallons actuels qui appartiennent au même ordre de choses, & qu'on nous a donnés comme un moyen de découvrir les mines de charbon. Cette vue & cette distinction n'ont pas encore été proposées dans cette matiere : c'est par elles que je termine cet appendix qui s'est trop alongé sous ma plume, bien disposé à reprendre toutes ces discussions, à l'article *Charbon de Terre*, dans le Dictionnaire & même dans l'Atlas.

SCHEUCHZER.

Ce naturaliste est un de ceux qui a le plus contribué à répandre, & même à accréditer la fausse opinion que les dépouilles des animaux marins, & sur-tout des coquillages, qui se trouvent disperfées, soit à la furface de nos continens, soit dans les bancs intérieurs voisins de cette surface, font l'ouvrage du déluge universel.

Dans une differtation adreffée à l'Académie des Sciences, en 1708, Scheuchzer attribue, comme Woodward, le changement, ou plutôt la feconde formation de la furface du globe au déluge : & pour expliquer la formation des montagnes, il imagine qu'après le déluge, Dieu voulant faire rentrer les eaux dans des réfervoirs fouterrains, avoit brifé & replacé de fa main toute-puiffante un grand nombre de lits auparavant horifontaux, & les avoit élevés à la furface du globe. Comme il falloit que ces hauteurs fuffent d'une confiftance folide, Scheuchzer prétend que Dieu ne les établit que dans les contrées où il y avoit beaucoup de pierres. C'est d'après ce principe que les contrées qui, comme la Suiffe, renferment une grande quantité de rochers folides, font très-montueux, & qu'au contraire ceux qui, comme la Flandre, la Hongrie, la Pologne, n'offrent que des fables ou des lits d'argile, même à une affez grande profondeur, font prefque entièrement fans montagnes.

Scheuchzer a fait outre cela un catalogue raifonné de toutes les pierres qui renferment des poiffons, ou plutôt des fquelettes de poiffons : c'est encore au déluge qu'il attribue ces repréfentations de poiffons.

L'*Herbarium diluvianum* eft un ouvrage entrepris dans les mêmes vues. Cet herbier extraordinaire n'eft compofé que de plantes qui, fuivant ce naturalifte, ayant été enfevelies, au tems du déluge, dans des matières molles, y ont laiffé l'empreinte de leur figure, qui s'y eft confervée, lorfque ces matières ont pris une certaine confiftance, par une fuite de la pétrification.

Il feroit fort à défirer que l'on fît des recueils très-exacts des différentes efpèces de plantes qui fe trouvent imprimées dans nos mines de charbon, dans nos ardoifières, & même dans nos pierres calcaires feuilletées, & que l'on comparât ces plantes avec les analogues qui fe trouvent dans les provinces étrangères ; il en réfulteroit de grandes lumières fur les changemens de climats que les continens où ont crû ces plantes, & les mers dans le baffin defquelles tous ces dépôts fe font faits, ont éprouvé, & par conféquent fur les époques de la conftruction de certaines parties de nos continens ; mais il convient maintenant de donner les développemens convenables à ces trois objets que nous venons d'indiquer.

I.

De la formation des montagnes.

Si le globe de la terre étoit parfaitement fphérique, c'eft-à-dire, fans vallées profondes & fans montagnes élevées : fi les différens lits de pierres, de terres &
de

de fables dont il eft compofé, étoient par-
tout comme ils le font en une infinité
d'endroits, affez exactement parallèles
entr'eux & concentriques à la furface du
globe, on pourroit fuppofer que le tout
auroit été formé d'une liqueur chargée
de différentes fubftances hétérogènes dont
les parties inégalement pefantes fe feraient
féparées naturellement les unes des autres,
par les loix de la pefanteur, & arrangées
en différentes couches circulaires, qui
auroient eu toutes le centre du globe
pour centre commun; on juge aifément
que cette féparation auroit fait ceffer la
fluidité. Ce fyftême ne feroit pas feulement poffible, mais même néceffaire, fuivant l'hiftorien de l'académie des fciences,
car on ne pourroit guères attribuer à une
autre caufe la parallélifme & la con-
centricité des couches.

Que la terre ait été d'abord un fluide
chargé, comme nous l'avons dit, & que
par les loix du mouvement, elle foit
devenue folide avec le tems, & que tout
fe foit arrangé comme il eft, ou que
Dieu l'ait créée tout d'un coup en l'état où
les loix du mouvement l'auroient amenée,
c'eft la même chofe fuivant l'ingénieufe
réflexion de Defcartes.

Des parties d'animaux terreftres ou
marins, des branches d'arbres, des feuilles
trouvées dans des lits de pierres même
affez profonds confirment ce fyftême de
la fluidité de la terre. Car, fans cet état, les
corps dont on a parlé n'auroient pu
être renfermés comme ils le font dans
des corps folides; mais il eft vrai auffi,
qu'il faut fuppofer une feconde formation
des lits ou couches beaucoup moins
ancienne que la première, du tems de
laquelle la terre n'avoit encore ni plantes,
ni animaux. Sténon établit plufieurs formations fécondaires, caufées en différens
tems par plufieurs inondations extraordinaires, par des tremblemens de terre, &c.
Burnet, Woodward & Scheuchzer aiment

mieux attribuer au déluge une feconde
formation générale, qui n'exclut cependant
pas les particulières de Stenon.

Mais les montagnes femblent renverfer
le fyftême de la fluidité; elles n'auroient
jamais pu exifter puifque tout ce qui eft
liquide fe met de niveau. Cependant ce
fyftême eft fi vraifemblable en lui-même,
& il fe foutient fi bien dans la plus grande
partie du globe terreftre, qu'il mérite
qu'on faffe quelques efforts pour le conferver; c'eft pour cela que Scheuchzer
adopte la penfée de ceux qui ont cru
qu'après le déluge univerfel, Dieu voulant
faire rentrer les eaux dans des réfervoirs
fouterrains, avoit brifé & déplacé de fa
main toute-puiffante un grand nombre de
lits, auparavant horifontaux, & les avoit
élevés fur le globe. Toute la differtation
de Scheuchzer a été faite pour appuyer
cette idée & cette fuppofition.

Comme il falloit que ces hauteurs ou
éminences fuffent d'une confiftance folide,
Scheuchzer remarque que Dieu ne les établit que dans les contrées où il y avoit
beaucoup de lits de pierres. De-là vient
que les pays où il y en a une grande
quantité, comme on le voit en Suiffe, font
fort montagneux, & qu'au contraire ceux
qui, comme la Flandre, la Hongrie &
la Pologne, n'offrent que du fable & de
l'argile, même à une affez grande profondeur, font prefqu'entièrement fans montagnes. Il a été impoffible que les lits
rompus, déplacés & élevés foient demeurés horifontaux; auffi n'en trouve-t-on
jamais dans les montagnes qui aient cette
direction: mais ce qui eft un refte de
celle qu'ils avoient autrefois, ils font
encore parallèles entre eux, & c'eft en effet,
fuppofé le déplacement, tout ce qu'ils en
ont pu conferver.

Scheuchzer a fuivi leurs différentes
directions dans toute une chaîne de montagnes de trois lieues, fur les bords du

lac de Zurich. Il n'y a aucun lit qui foit horifontal, au lieu qu'ils le font tous dans les plaines : prefqu'aucun qui faffe un angle droit avec l'horifon ; on trouve indifféremment les autres angles. Il eft vifible que cela s'entend de la fuperficie des lits ; quant à leurs contours, que l'on pourroit voir, fi le côté de la montagne étoit coupé felon fon inclinaifon à l'ho rifon, ils font fort différens en différentes montagnes & quelquefois dans la même : les uns font en arc ou en voute, d'autres font ondoyans, d'autres font en quelque forte angulaires & ont même quelques angles fort aigus ; mais ce qu'il faut bien remarquer, les contours d'un lit font, quels qu'ils foient, toujours exactement parallèles à ceux de plufieurs lits voifins.

Scheuchzer a fait dans la célèbre car rière de Glaris, dont on tire un grand nombre de ces tables d'ardoifes fi recher chées autrefois, une obfervation peu favo rable au fyftême de la fluidité. Les lits de cette carrière qui n'ont qu'un pouce d'épaiffeur, font alternativement de deux natures différentes, durs & mous : & pour en faire des tables, il faut couper une couche dure avec une couche molle. Il paroît que dans un fluide, tout ce qui a été le plus pefant a dû fe précipiter au fond, & qu'il ne peut y avoir dans ce cas des couches alternativement plus légeres & plus pefantes. (*Voyez* ce que je dis à ce fujet fur les *intervalles ter reux des bancs.*) *Acad. des fciences*, 1708.

I I.

Pifcium querelæ, ou catalogue raifonné des poiffons renfermés au milieu des pierres feuilletées.

Scheuchzer a fait une efpèce de cata logue raifonné de toutes les pierres qui renferment des poiffons ou plutôt des fquelettes de poiffons, & qu'il avoit pu raffembler. **Nous** avons dit à l'article *Poiffons pétrifiés*, combien ces fortes de pierres étoient éloignées d'être des jeux de la nature ou des repréfentations for tuites ; auffi Scheuchzer introduit-il dans fon ouvrage les *poiffons qui fe plaignent* de ce qu'on prend ces pierres qui font effectivement leurs tombeaux, pour de fimples pierres où leur figure fe trouve gravée par hazard, & de ce qu'on rap porte ces foffiles au règne minéral, en les dérobant au règne animal à qui ils ap partiennent. L'auteur paroît perfuadé que ces poiffons qui font enfevelis dans des pierres, l'ont été tous immédiatement après le déluge univerfel ; & il a appuyé cette opinion fur ce que ces pierres fe trouvent dans des lieux où il croit que nul autre accident n'a pu les avoir portées, & où l'on ne peut croire qu'il y ait jamais eu d'eau ftagnante depuis ce tems. Il paroît qu'il n'a pas penfé que ces poif fons aient pu être ainfi enfevelis avant le déluge, & dans le baffin d'une mer fé dentaire.

Au refte, Scheuchzer cite Œningen, dans le diocèfe de Conftance, comme ayant fourni plufieurs des pierres qu'il décrit, & il eft aifé de faire voir que la mer s'eft autrefois étendue bien au-delà. La plus remarquable de ces pierres, & pour la grandeur & pour la perfection de la figure, eft celle qui contient un grand brochet dont il refte même en quel ques endroits des parties du fquelete. Cela prouve la réalité de l'animal d'une manière plus marquée que ces traits, ces délinéations fi fines où il ne refte plus de fubftance animale.

Il eft vifible qu'il n'y a guères dans le fyftême de Scheuchzer que des poiffons qui aient pu être ainfi enveloppés dans la vafe profonde que le déluge laiffa fur la furface de la terre, & qui fe durciffant enfuite forma différens lits. Il penfe que tout ce qui n'étoit pas de nature à pou voir pénétrer dans cette vafe, du moins jufqu'à une certaine profondeur, fut expofé à l'air, & reftant ainfi à découvert, fut bientôt après promptement décompofé & détruit. C'eft par cette raifon même que les fectateurs de cette opinion, ont remarqué qu'il fe trouvoit beaucoup plus de coquillages que de poiffons enfermés dans des pierres, & prefque toujours les coquillages les plus pefants. Ce qui n'eft pas pourtant généralement vrai, comme l'ont prouvé les naturaliftes, qui ont écarté le déluge de toutes les circonftances qui ont pu contribuer à la conftitution phyfique du globe. (Voyez *Déluge* dans le dictionnaire.)

I I I.

Herbarium diluvianum, ou catalogue de quelques plantes enfevelies dans des matières molles, au tems du déluge, & conservées dans ces matières depuis leur pétrification.

L'*Herbarium diluvianum* a été compofé par Scheuchzer dans les mêmes vues que l'ouvrage précédent. Cet herbier extraordinaire n'eft compofé que de plantes qui, fuivant cet auteur, ayant été enfevelies au tems du déluge dans des matières molles, ont laiffé l'empreinte de leurs figures fur ces mêmes matières, lorfqu'elles font venues enfuite à fe pétrifier. Ce ne font que de fimples figures fans fubftance, mais fi parfaites & fi exactes, jufque dans les plus petites particularités de ce qu'elles repréfentent, qu'il eft impoffible de l'y méconnoître. Parmi un grand nombre de plantes qui font toutes de ces pays-ci, il y en a une de l'Inde dont la pierre a été trouvée en Saxe, ce qui s'accorde avec plufieurs autres obfervations femblables. Croira-t-on que le bouleverfement étrange caufé par le déluge fur la furface de la terre ait rendu poffible le tranfport des Indes en Allemagne? Suivant toujours le même fyftème, Scheuchzer fe croit en

état de déterminer le tems où le déluge a commencé par quelques-unes des plantes de fon herbier, & principalement par un épi d'orge. Leur âge n'eft que celui qu'elles ont ici à la fin de mai. Cela fe confirme encore par un infecte ou deux dont on connoît affez la vie, & qui ne font pas plus âgés que ne comporte cette faifon; il les confidère comme des médailles plus fûres que toutes les médailles grecques & romaines; mais il faut, pour les faire valoir, être affuré qu'aucune autre révolution que le déluge, n'ait pu enfevelir ainfi dans les couches de la terre toutes ces plantes & tous ces poiffons.

Il y a de certaines pierres qui repréfentent fur leur furface non pas les plantes de cet herbier, ou une feule partie d'une plante, ou une feule feuille, mais des buiffons, mais de petites forêts très-agréables. Ces figures, à force de repréfenter, ne repréfentent rien. Et en effet, à les examiner tant foit peu, on voit que ces arbres ou buiffons ne reffemblent à aucune plante véritable; elles font même accompagnées de petits châteaux ou de figures qui, à la vérité, embelliffent le tableau, mais le rendent indigne de figurer dans *l'herbier du déluge.* Ceux-là font de véritables jeux de la nature. Scheuchzer entreprend d'expliquer ce qu'il y a de phyfique dans ces jeux, c'eft-à-dire, comment de certains fucs qui exfudoient de certaines fentes ou de certains pores d'une pierre à mefure qu'elle fe formoit, ont pu fe répandre entre deux des feuilles ou lames qui la compofoient, & y tracer des repréfentations à-peu-près régulières, auxquelles enfuite notre imagination prête quelquefois un peu de ce qui leur manque. Il a même rendu fon explication fenfible aux yeux par l'expérience toute femblable de deux plaques de marbres poli qu'il frotte l'une contre l'autre, après avoir mis de l'huile entre deux; elle s'y répand de manière qu'elle y forme des troncs & des branches d'arbres.

Entre les restes du déluge, Scheuchzer place un gros tronc d'arbre, couché sur le sommet du mont Stella : les neiges font un obstacle à ce qu'on l'aille voir. Selon son estime, ce tronc est à 4,000 pieds au-dessus du lieu le plus élevé des montagnes de Suisse où il croisse naturellement des arbres ; car, passé une certaine hauteur il n'en croit plus. Il faut savoir maintenant par quelles circonstances il a pu se trouver naturellement dans un tel gîte.

SÉNÈQUE.

NOTICE de ce qu'il a écrit sur les différens points de l'histoire naturelle du globe.

On sera surpris sans doute de trouver ici une notice de ce que Sénèque a écrit dans ses *questions naturelles*, sur plusieurs phénomènes du globe. Il est inutile d'avertir que la physique & l'histoire naturelle n'avoient pas fait du temps de ce philosophe les mêmes progrès que ces parties des sciences ont fait de nos jours ; cependant, comme il a su donner aux connoissances des anciens un certain ordre qui doit nous intéresser, j'ai rassemblé ici beaucoup de passages où l'on trouve des faits curieux, avec toutes les circonstances qui prouvent que l'esprit d'observation s'étoit établi à un certain point parmi les anciens. L'ouvrage des *questions naturelles* renferme plusieurs observations curieuses sur l'histoire naturelle de la terre & sur les causes de certains phénomènes que les modernes mêmes n'ont pas mieux connues que les anciens. Sénèque n'auroit laissé que cet ouvrage, qu'il mériteroit d'être considéré comme le physicien le plus éclairé des anciens, celui qui a mis le plus de sagacité dans l'exposition des faits, & le plus d'intelligence dans leur analyse. Les hypothèses mêmes & les

systèmes y sont exposés avec une clarté & une précision qui ont séduit les premiers physiciens modernes, lesquels les ont adoptés avec le plus grand intérêt. Pour comparer ensemble ce que les écrivains de différens âges ont pensé à ce sujet, j'ai dû ne pas mettre à l'écart les faits & les hypothèses que rappelle Sénèque, ayant principalement pour objet de montrer les différens progrès de nos connoissances dans les points de l'histoire naturelle de la terre qui concernent la *Géographie-Physique.*

Dans les six premiers passages, je me suis borné à présenter ce qui concerne les eaux en tant que ces considérations peuvent nous donner une idée de la constitution du globe terrestre, relativement à leur circulation intérieure. Dans ces extraits, je ne me suis pas restreint aux faits & à leur exposition méthodique ; j'y ai aussi ajouté les conséquences que Sénèque en tire & même les explications hasardées, lorsqu'il y a quelque intérêt de les faire connoître. Je vois que ces explications sont la partie foible des anciens comme des modernes ; il manque souvent aux uns comme aux autres d'avoir bien suivi les phénomènes dans leur entier & dans toutes les circonstances qui pouvoient jetter du jour sur les causes. Il falloit montrer les modernes à côté des anciens, & c'est ce que j'ai fait dans des remarques qui accompagnent les citations tirées de Sénèque. Le peu que j'en cite m'a paru suffisant pour nous donner une idée de la doctrine des anciens sur ces différens sujets ; doctrine qui a reparu depuis avec toutes ses défectuosités dans plusieurs auteurs du moyen âge, comme dans Kircher, &c. J'ai tâché de discuter & d'éclaircir tous les points contentieux de cette doctrine dans des *remarques* ou *réflexions*, où je montre ce que les observateurs les plus intelligens de nos jours ont substitué à des suppositions hasardées.

Dans l'article VII, Sénèque parle des eaux pétrifiantes & des différens dépôts qu'elles forment, des isles flottantes, &c. J'étends ces mêmes vues, ces mêmes observations en y joignant plusieurs faits rapprochés à la suite de ceux que Sénèque a discutés & sur-tout relativement au *Travertin*, ouvrage des eaux soufrées qui sont si abondantes au pied de l'Appennin.

L'article VIII renferme ce que les anciens connoissoient sur les phénomènes des fontaines périodiques : & par une suite de ces mouvemens intermittens des eaux des sources, Sénèque jette un regard sur les crües de certains fleuves, quoiqu'elles n'aient aucune analogie avec les mouvemens des fontaines.

L'article IX présente tous les détails intéressans qu'on trouve dans Sénèque sur les poissons qui vivent dans des amas d'eau souterrains. Outre cela, on y parle des débordemens subits & extraordinaires de ces amas d'eau qui se portent au dehors, & entrainent en même temps une grande quantité de ces poissons. Je puis citer ici le lac de Czernitz qui dégorge ainsi de temps en temps, & donne lieu à des pêches très-considérables ; de même la fontaine de Sablé, près d'Angers : plusieurs cavernes en Dalmatie, qui tantôt rejettent une quantité d'eau assez considérable pour inonder des plaines, & former ainsi subitement des étangs où se font des pêches abondantes. Je n'entre pas dans de plus grands détails à ce sujet, parce que je traite de ce qui concerne ces viviers souterrains à l'article *degorgeoir* du dictionnaire, où tous les faits sont rapprochés par ordre & discutés comme il convient.

Dans l'article X, il est question des rivières qui se perdent & s'engloutissent en terre, soit pour disparoître entièrement, soit pour reparoître après un certain trajet.

J'y ai ajouté dans des remarques les faits qu'on a recueillis depuis Sénèque ; ils se lient naturellement à ceux que ce philosophe expose, & qui en reçoivent un nouveau développement, particulièrement sur la constitution physique du sol des contrées de la terre où ces fleuves & ces rivières se perdent.

L'article XI renferme tout ce que les anciens avoient imaginé sur les causes des crues du Nil : Sénèque les discute avec beaucoup de sagacité & de netteté, & malgré cela, il ne nous donne pas, au milieu de toutes ces conjectures, la véritable cause. J'ajoute dans une remarque particulière ce que les voyageurs modernes nous ont appris sur ces crues & sur les phénomènes semblables : c'est là où nous trouvons la solution de ce grand problême.

Dans l'article XII, on peut lire un passage intéressant où Sénèque décrit d'une manière forte & énergique ce qui concerne les cataractes du Nil, les mouvemens des eaux du fleuve avant & après la digue naturelle de Philé, & enfin les manœuvres de la navigation hardie des habitans qui franchissent dans des barques légères cette masse d'eau énorme pendant son élévation & sa chûte.

J'ajoute à ce sujet des considérations générales sur les cataractes du Nil, sur la nature de la digue naturelle qui les forme, ainsi que sur celles des autres fleuves. L'exposition des masses qui contribuent à ces phénomènes, m'engage à refuter ce que quelques naturalistes modernes avoient imaginé sur les cataractes, sans avoir été à portée d'étudier les circonstances de leur formation & les matériaux qui étoient entrés dans leur composition ; enfin ce qu'on peut voir lorsqu'on observe les différentes contrées où il s'en rencontre sous diverses formes.

Il est question dans l'article XIII de l'origine des Méditerranées & de l'Océan : on ne trouve à ce sujet dans les anciens que cette idée vague, par laquelle ils s'étoient persuadés que l'existence des mers & de leurs bassins actuels étoit aussi ancienne que le monde. J'ai cru devoir modifier ces suppositions par des faits positifs qui prouvent incontestablement que les bassins des mers ont à différentes époques éprouvé de grands changemens & des révolutions considérables.

Il en est de même de l'article XIV, où l'on fait voir en détail les preuves des déplacemens du bassin de la mer par une suite d'observations nullement équivoques, & qui établissent son ancien séjour sur de grandes parties de nos continens.

Je termine ce que j'ai recueilli de Sénèque par ce qu'il nous dit du déluge; j'y présente tous les détails qui pouvoient nous donner une idée de ce que les anciens pensoient sur les causes & les effets de cette catastrophe, que toutes les traditions leur avoient transmise.

J'ai eu en même temps en vue de faire voir que beaucoup d'écrivains modernes avoient emprunté de Sénèque un grand nombre de considérations sur les progrès de cette inondation, sur l'éruption des sources, sur les réservoirs des eaux qui se répandoient dans les diverses contrées du globe, sur la retraite de ces mêmes eaux. On trouve ces événemmens exposés à-peu-près de même dans Burnet. C'est dans ces vues, que je cite, à l'article de cet écrivain hypothétique, un passage où tous les objets sont présentés comme dans Sénèque. Whiston, semble s'être attaché à copier aussi cet ancien dans un grand nombre de ses descriptions. Ceci prouve incontestablement que les écrivains qui se livrent à leur imagination, se copient de siècles en siècles, & n'avancent aucunement les con-

noissances positives qui sont seules fondées sur les faits.

C'est encore pour prouver comment les modernes ont copié les anciens sur les événemens qui ont amené, accompagné & suivi la catastrophe du déluge, que j'ai placé, à la suite de ce que je cite de Sénèque, les idées hypothétiques de Boulanger sur le déluge, qui ont été publiées par les éditeurs de ses œuvres.

La description que Boulanger, ou plutôt ses éditeurs font du déluge dans *l'antiquité dévoilée*, me paroît assez semblable à celle de Sénèque. Ce qu'ils imaginent les uns & les autres de cet événement, est aussi vague, aussi peu conforme aux monumens de l'histoire de la terre dans l'auteur moderne que dans l'auteur ancien. Quoiqu'ils se flattent l'un & l'autre de n'avoir fait intervenir dans cette catastrophe que des agens connus & naturels, cependant ils forcent leur marche & leurs effets de manière à rendre tout ce qu'ils nous disent, incroyable.

Boulanger, par exemple, attribue au déluge une infinité d'opérations de la nature qui n'appartiennent pas à la même époque, & qui supposent même des dates fort éloignées les unes des autres; car il confond des événemens de différens ordres. Telles sont d'un côté la formation des couches horisontales calcaires, & celle des mines de charbon de terre ensevelies dans des schistes & autres massifs antérieurs de beaucoup aux couches horisontales calcaires; car ces deux sortes de massifs ont des caractères de formation bien différens; pourquoi donc les attribuer à une seule révolution passagère comme celle du déluge universel ? Pourquoi faire intervenir les ravages des feux souterrains dans le temps même où se formoient les charbons de terre qui ont dû exister bien

long-temps avant, puisqu'ils ont servi d'a-
liment à ces feux ?

En étudiant les monumens de tous les
changemens qui ont eu lieu à la surface
du globe, je vois que les produits du feu
font par-tout les mêmes, & que l'Océan
n'y a fait aucun déplacement ; car je
trouve la même distribution des laves, des
autres matières cuites & même des fcories, foit que la mer y ait laiffé les traces
de fon féjour, foit qu'elle n'ait pas pénétré dans des pays volcanifés depuis les
éruptions des feux fouterrains. Voilà
donc des hypothèfes dont aucune circonftance ne peut fubfifter, fi l'on s'en rapporte à la marche que Boulanger femble
tracer aux agens qui figurent dans la révolution du déluge, comme il nous la préfente.
Cependant Boulanger avoit étudié l'hiftoire naturelle de la terre : on a pu voir
dans fon article avec quelle fagacité il
obfervoit ; mais l'on voit ici à combien
d'erreurs & de méprifes on eft expofé,
lorfqu'on fait mouvoir des agens que l'on
n'a pas été à portée d'obferver. Boulanger
n'a pas vu qu'il avoit confondu des opérations diftinctes, & qui avoient appartenu à des époques éloignées, par le
defir qu'il avoit de les rapporter toutes
à la cataftrophe du déluge.

Je termine enfuite ce qui concerne le
déluge de Sénèque, par deux remarques
fort étendues fur cet événement. La première a pour objet le déluge confidéré
comme une inondation générale : on y difcute les moyens que la nature a pu y
employer, & les fuites que cet événement
a du avoir ; la feconde nous fait envifager
les caufes & les effets de la *conflagration
générale* que Sénèque mêle aux effets du
déluge univerfel. Je montre les différens
moyens que nous avons de nous affurer
des effets du feu, & par conféquent de
l'étendue des ravages que peuvent avoir
produit les conflagrations que l'on fuppofe.
Je tâche dans ces écrits de ramener toutes

les hypothèfes, à ce que les principes de la
phyfique & de l'obfervation la plus févère
peuvent nous faire reconnoître à la furface du globe, & à réduire à leur jufte
valeur toutes ces traditions recueillies
fans aucune preuve folide.

APPENDIX

J'ai cru devoir ajouter aux nombreufes
citations de Sénèque & aux remarques qui
les accompagnent, un *appendix* qui contient trois articles intéreffans. Le premier
noté XVI, contient l'expofé de ce que
les anciens penfoient fur l'origine & la
fin du monde, & particulièrement fur
l'embrâfement général qui devoit, felon
eux, confumer toutes chofes. Ces détails
étoient néceffaires pour fervir d'éclairciffemens à ce que j'ai cité de Sénèque,
& à ce qu'on trouve d'ailleurs dans les
différens chapitres de fes *queftions naturelles*. Ce qu'il y a de fingulier, c'eft que
Bourguet, dans fon plan de travail fur la
théorie de la terre, avoit emprunté des
anciens & adopté cette idée de l'embrâfement général, quoiqu'il eût trouvé dans
fes obfervations de quoi fe détromper
abondamment fur cette idée bifarre.

Dans le fecond article noté XVII, j'ai
raffemblé tous les paffages des anciens qui
pouvoient nous donner une idée de ce
qu'ils ont penfé fur le globe de la terre,
de ce qu'ils connoiffoient de géographie, des zônes, des climats, & enfin
des habitans des diverfes contrées, de
leurs cartes géographiques & de leurs navigations. Ceci vient naturellement à la
fuite de ce que nous avons emprunté de
Sénèque.

Le troifième article noté XVIII, traite
des révolutions auxquelles les anciens
ont cru que la terre étoit fujette. C'eft là
où l'on rappelle ce qu'ils ont penfé & écrit
fur les déluges, fur les débordemens de

la mer, des fleuves & des rivières, sur les tremblemens de terre, sur les embrâsemens des feux souterrains. Tous ces objets s'y trouvent présentés de manière à fixer nos idées sur les déluges qui, bien appréciés, se réduisent aux simples inondations de la mer lorsqu'elle a pu se faire jour sur les côtes basses. Quant aux embrâsemens des feux souterrains, on fait envisager quelques-uns de leurs effets supposés par les anciens, & sur-tout la destruction de l'Atlantide, ainsi que l'ouverture de plusieurs détroits, tels que ceux de l'Hellespont, de Gibraltar, &c.

I.

SÉNÈQUE.

Des eaux des sources & des fleuves.

Nous allons traiter des eaux, rechercher comment se forment ou les sources limpides dont parle Ovide, ou les fleuves impétueux qui, comme dit Virgile, vont par diverses embouchures se rendre avec fracas dans les mers, ou les rivières dont le cours est plus tranquille; quel moyen la nature emploie pour distribuer ces eaux, & suffire aux écoulemens des grands fleuves dont le cours n'est interrompu ni le jour, ni la nuit; pourquoi certains fleuves grossissent l'hiver. Nous considèrerons pour le présent les eaux communes soit chaudes soit froides; elles sont aussi variées dans leurs effets que dans leurs saveurs.

Réflexions.

Cette distribution des eaux est assez complete & très élémentaire. J'ajouterai ici une réflexion sur les eaux chaudes contenues dans les bassins que les romains ont construits en différentes contrées de la France, & qui ont depuis ce temps conservé le même dégré de chaleur &

les mêmes principes. On n'en peut douter lorsqu'on remarque que cette construction particulière des romains est assortie aux usages auxquels ces eaux continuent d'être propres : que celles qui par leur température conviennent aux bains, coulent dans des bassins appropriés à cet usage depuis dix-sept-cens-ans. On ne peut sans étonnement contempler des merveilles aussi durables. Quel pourroit être le principe aussi constant de ces différentes nuances de température, qu'on supposeroit résider dans les canaux souterrains qui nous fournissent ces eaux ? Quel aliment peut suffire à l'entretien de cette chaleur ? Je ne vois rien qui puisse nous conduire à la solution d'un problême aussi intéressant. Si nous parverrons jamais à connoitre les ressources de la nature pour opérer ces effets, elles tiendront certainement à des faits dont nous n'avons pas les premières idées. Les modernes ne font pas à cet égard plus avancés que les anciens dont Séneque nous rapporte les conjectures.

II.

SÉNÈQUE.

Sur la circulation intérieure des eaux.

En général les eaux sont ou stagnantes ou courantes, ramassées ou distribuées par différens filets; il y en a de douces, il y en a dont le gout est âcre, salé ou amer, enfin il y en a de médicinales &c. C'est la disposition des lieux qui donne à l'eau son immobilité ou son écoulement; elle coule sur une montagne, elle séjourne ou demeure stagnante dans une plaine. Certains amas d'eau sont l'effet des pluies; il y en a qui sont le produit des sources : rien n'empêche cependant qu'il n'y ait des amas d'eau qui soient les produits des sources. Tel est le lac Fucin dans lequel tombent tous les ruisseaux des montagnes distribuées autour de son

bassin

baſſin : outre cela il s'y trouve encore un grand nombre de ſources abondantes qui ſortent du fond de l'eau dans ſon baſſin.

Réflexions.

L'eau qui circule à la ſuperficie du globe, n'a d'autre principe de mouvement que la pente du terrain. C'eſt cette circonſtance qui la porte des lieux élevés vers les lieux bas, du ſommet des montagnes & des collines vers le baſſin de la mer. Dans ce trajet elle trouve des obſtacles, des amas de terres qui s'oppoſent à ſa marche, de petits baſſins qui la retiennent, des fentes de rochers qui l'abſorbent & la raſſemblent au milieu des premières couches du globe, d'où elle ſe dégage & ſe montre au dehors par les ſources : c'eſt ainſi qu'elle ſert à l'entretien des rivières & des fleuves. Tant que l'eau pluviale s'accumule & coule en maſſe ſans pénétrer dans l'intérieur de la terre, elle forme des torrents & ſe réunit à la portion que fourniſſent les ſources ; l'une agit par accès, l'autre a un cours uniforme. Telle eſt l'économie générale de la diſtribution des eaux ſur le globe, que nous indique Sénèque dans le morceau précédent. Je n'ai eu beſoin que de lui donner un certain développement. C'eſt ainſi que le germe des principes de la *Géographie-Phyſique* s'y trouve avec autant d'ordre que de netteté.

I I I.

SÉNÈQUE.

Des réſervoirs des eaux.

Comment la terre ſuffit-elle à l'entretien continuel de tant de fleuves ? De quels réſervoirs ſort cette immenſe quantité d'eau ? S'il eſt ſurprenant que la mer ne déborde pas avec tant de fleuves qui s'y rendent, il n'eſt pas moins étonnant que la terre ne s'épuiſe pas avec tant de fleuves

qui en ſortent : où a-t-elle pris aſſez d'eau pour fournir & ſuppléer ſans ceſſe à ces immenſes écoulemens ? La raiſon que nous donnerons pour les fleuves, pourra s'appliquer aux ruiſſeaux & aux fontaines... (Des Philoſophes) croient que la terre rend par les fleuves toutes les eaux qu'elle a reçues par la pluie. Leur preuve eſt la rareté des fleuves, dans les pays où les pluies ſont rares. Si l'Ethiopie eſt un déſert aride ; ſi l'on trouve peu de ſources dans l'intérieur de l'Afrique, c'eſt, ſuivant ces philoſophes, que le climat y eſt brûlant ; auſſi n'y voit on que ſables ſtériles, point d'arbres, point de culture, point de pluies, ou des pluies legères que le ſol abſorbe dans un moment. Au contraire la Germanie, la Gaule & l'Italie voiſine de ces deux contrées, ſont abondamment pourvues de fleuves & de rivières, parce qu'elles jouiſſent d'un climat humide & que leur été eſt même pluvieux.

Réflexions.

Pour circonſcrire la queſtion qui a pour objet l'origine des fontaines & des fleuves, il faut ſe fixer à deux principes que Sénèque expoſe aſſez bien, quoiqu'il ne les adopte pas. 1º. La mer ne peut recevoir & garder la quantité d'eau qu'y verſent les fleuves ſans déborder ; 2º. la terre ne peut ſuffir aux écoulemens continuels des fleuves, ſans s'épuiſer ou ſans réparer ſes pertes à meſure. Tel eſt le véritable point de vue ſous lequel Sénèque nous fait conſidérer la queſtion. Comment donc la terre repare-t-elle ce que nous lui voyons perdre ? C'eſt ici que la diſcuſſion commence, & que les ſentimens ſe partagent. La mer rend à la terre ce qu'elle en reçoit ou par des canaux ſouterrains, ou par le moyen de l'atmoſphère, & ce ſont les mêmes moyens par leſquels la terre répare ſes pertes. A ce ſujet on trouve chez les anciens les mêmes opinions que chez les modernes. D'un côté tout le méchaniſme de la conduite des eaux de la mer par des canaux fouterrains, leur deffalement &c. : de l'autre, l'élévation des vapeurs & la diftribution des eaux à la furface des continens par les pluies. Il faut avouer qu'à l'égard de ces différens moyens fuggérés par les anciens, les modernes ont autant perfectionné les faux que les vrais. Si d'un côté on a comparé le produit des pluies avec la dépenfe des fleuves & trouvé dans plufieurs réfultats que ce produit fuffifoit & au-delà pour cette dépenfe & pour les autres befoins de la nature : de l'autre, Defcartes a établi dans les entrailles de la terre des efpeces d'alembics par lefquels il diftile l'eau de la mer. Il a embelli & meublé ce laboratoire fouterrain : & malheureufement ce qui n'étoit chez les anciens qu'une fimple conjecture, eft devenu tant dans les ouvrages de Defcartes que dans ceux de fes difciples, un fyftême, une hypothéfe raifonnée, dont le fuccès n'a pas répondu aux efforts qu'on a faits pour l'établir.

I V.

SÉNÈQUE.

Retour des eaux de la mer par les canaux
fouterrains.

Il y a des philofophes qui prétendent que la terre réabforbe la quantité d'eau qu'elle fournit chaque jour : que la mer ne groffit jamais, parce qu'elle ne garde pas ce que les embouchures des fleuves y verfent, mais les reftitue aux continens par des conduits invifibles. On voit les fleuves fe rendre à la mer, mais ils en reviennent en fecret, ils fe filtrent en paffant. Les chocs multipliés & les frottemens que leurs eaux éprouvent au milieu des fentes de la terre, les dépouillent infenfiblement de leur amertume, leur ôtent leur faveur défagréable, les rendent pures & potables.

Réflexions.

Deux raifons également puiffantes dé-

truifent cette opinion du retour & de l'infiltration des eaux de la mer vers les fources des rivières. La première, c'eft que tous les torrents & les fleuves ont leurs fources infiniment élevées au deffus du niveau de la mer. La feconde, c'eft qu'en fe filtrant au travers des terres, rien ne peut faire croire que l'eau de la mer y dépofe fon fel. Les nuages, les brouillards, les pluies, & furtout les amas de neiges fur les montagnes font des moyens plus faciles, & beaucoup plus fimples dont la nature fe fert vifiblement pour fournir à l'entretien de ces fources abondantes.

V.

SÉNÈQUE.

Sur l'emploi de l'eau des pluies.

Je puis vous affurer moi, qui fuis cultivateur, que la pluie n'eft jamais affez confidérable pour pénétrer la terre audelà de dix pieds de profondeur; toute l'eau pluviale eft abforbée par la première couche & ne defcend pas plus bas. Comment donc la pluie pourroit-elle donner aux fleuves l'impétuofité que nous leur voyons, fi elle ne mouille que la furface de la terre? La plus grande partie de fes eaux eft emportée à la mer par le courant des fleuves; la terre n'en boit qu'une petite quantité, & encore ne la retient-elle pas. Car ou elle eft altérée & elle s'abreuve de tout ce qui tombe, ou elle eft défaltérée & rejette le fuperflu. Auffi les premières pluies ne groffiffent-elles pas les fleuves, parce que la terre altérée attire à elle toutes les eaux.

Réflexions.

Sénèque combat dans cet article le fyftême de l'origine des fources & des fontaines par les pluies, en developpant très-bien des objections que les phyficiens modernes ont auſſi fait valoir, mais que des expériences & des obſervations plus exactes ont détruites. On a conteſté, comme le fait ici Sénèque, la pénétration de l'eau pluviale dans les premières couches de la terre, parce qu'après les pluies on n'a pas trouvé que l'eau fût parvenue au-delà de ſeize pouces dans des terres meublés ; & ce fait préſente une difficulté aſſez grande, mais qui diſparoît dès qu'on a obſervé l'organiſation des parties ſuperficielles du globe. On voit alors que les couches & les lits de la terre voiſins de la ſurface éprouvent pluſieurs interruptions qui ſont autant d'ouvertures favorables, par leſquelles l'eau pluviale s'inſinue, juſqu'à ce qu'elle rencontre les lits d'argile, & qu'elle prenne ſon écoulement au-dehors par-tout où les couches qui ſervent à la conduite ſouterraine de cette eau, ſe trouvant interrompues, fourniſſent des iſſues favorables. Les faits viennent à l'appui de cette circulation intérieure de l'eau : car les eaux de certaines ſources abondantes groſſiſſent & même ſe troublent ſenſiblement après les pluies : il faut donc que l'eau des pluies trouve des routes favorables pour parvenir à une profondeur égale à celle des réſervoirs des ſources. Ceci établit inconteſtablement une pénétration de l'eau de pluie aſſez abondante pour entretenir le cours perpétuel ou paſſager des fontaines. Les puits d'ailleurs tariſſent ou diminuent par la ſéchereſſe, & augmentent à la ſuite des pluies. Certaines fontaines coulent ou ſont à ſec, quoiqu'elles ſoient fort éloignées des amas de neiges qui fondent à certaines heures du jour. Donc il y a une pénétration prompte & facile de l'eau à travers les premiers lits de la terre.

Il y a deux ſortes de rivières qui coulent ſur la ſurface de la terre, les unes tirent leur origine des grandes montagnes, comme celles qui ſortent immédiatement des Alpes & des Pyrenées, & qui ſont des rivières principales & du premier rang. Il y en a d'autres qui prennent leurs ſources dans les montagnes du ſecond ordre, dans des collines, elles ſont auſſi du ſecond ordre. Les premières roulent dans leur lit les débris de grandes montagnes d'où elles ſortent. Les autres ne roulent que des matériaux des collines & moyennes montagnes où elles prennent leur origine ; celles ci ſont plus ſujettes à la ſéchereſſe : leur lit eſt toujours plus vaſeux, plus ſale, & leurs eaux moins limpides que celles des grandes rivières. Lorſque Sénèque dit qu'on trouve des ſources ſur le ſommet des montagnes, il ſe trompe. Quand cela arrive il y a toujours des montagnes voiſines plus élevées, ſans cela les ſources & les fontaines ne percent qu'à une certaine diſtance au-deſſous du ſommet. D'ailleurs que l'eau s'infiltre à travers les couches de la terre, l'hiſtoire & la vue de toutes les grandes cavernes & des ſtalactites qui s'y forment & des gouttes d'eau qui tombent continuellement de leurs voûtes, en ſont une preuve palpable & ſans réplique.

V I.

SÉNÈQUE.

Sur le dépôt des eaux intérieures.

D'autres philoſophes veulent que l'intérieur du globe ſoit rempli d'eaux douces ſtagnantes, comme l'Océan & ſes golphes, mais plus conſidérables, parce que la profondeur des cavités de la terre ſurpaſſe de beaucoup celle de la mer : voilà les réſervoirs d'où les fleuves tirent leur origine. Eſt il ſurprenant que la terre ne s'apperçoive pas de leur perte, puiſque le ſurcroît de leurs eaux eſt inſenſible à la mer ?

Réflexions.

Platon dans ſon Phédon nous a tranſmis la fable des réſervoirs d'eau que l'on a diſtribués depuis lui avec tant de profuſion dans les entrailles de la terre. On trouvera peut-être qu'il a eu quelqu'intérêt à mettre la description fastueuse de ces rêveries populaires dans la bouche de Socrate, à qui d'ailleurs il en attribue beaucoup d'autres sur toutes sortes de sujets. Mais quels motifs les physiciens qui sont venus après lui ont-ils eus d'adopter cette hydrographie de l'Acheron, du Phlégéton, du Cocyte, pour expliquer l'origine des sources & des fleuves? C'est néanmoins sur ce fond fabuleux que l'on a établi les plus grandes ressources de la nature, pour produire les écoulemens des rivières & des fleuves. Est il étonnant après cela qu'ayant admis pour bâse de cette explication une hypothèse aussi absurde; on en ait conclu, comme fait ici Sénèque, que la terre avec ses réservoirs d'eau éternels ne doit pas plus s'appercevoir de la perte des eaux qu'elle fournit aux fleuves, que la mer ne sent le surcroît des eaux qu'elle en reçoit ?

Mais s'il est évident, dans tout état de cause, que la surabondance des eaux des fleuves doit être aussi sensible dans le bassin de la mer, que l'épuisement le seroit sur la terre s'il n'étoit réparé, il est donc nécessaire qu'il se fasse un échange continuel ; & les magasins d'eau de l'intérieur seront alors aussi inutiles qu'ils sont fabuleux. Kircher dans son *monde souterrain*, décrit, dessine, présente des coupes de ces réservoirs souterrains, qui servent selon lui à la distribution de ces eaux. Il nous indique même de la meilleure foi du monde le jeu de ces eaux, comme s'il avoit eu des observations précises sur tous ces objets. C'est-là où plusieurs écrivains modernes puisent chaque jour. Est-il donc si difficile de se borner dans l'observation de la nature à ce qu'on voit & à ce qu'on peut voir ? il est vrai qu'on prend souvent le change lorsqu'on ne sait pas analyser les faits. On a devant les yeux tout ce qu'il faut pour la solution d'un problème intéressant, & l'on imagine des agents & des machines aussi compliquées qu'inutiles.

V I I.

SÉNÈQUE.

Des eaux pétrifiantes.

Plongez une baguette dans certaines eaux, peu de jours après vous en retirerez une pierre ; le limon se dépose autour des corps & s'y attache peu à peu. Vous en serez moins surpris, si vous songez que l'Albula & presque toutes les eaux sulphureuses forment des croûtes solides dans l'intérieur des canaux où elles coulent. On voit en Lydie, au rapport de Théophraste, des isles flottantes, composées de pierres légères : j'ai vu une isle flottante sur le lac de Cutilie : on en voit aussi nager sur les lacs de Vadimon & de Staton. Celle du lac de Cutilie, quoique soutenue par l'eau, est chargée d'arbres & produit de l'herbe : elle flotte çà & là au gré, je ne dis pas des vents, mais du moindre mouvement de l'air. Mobile au plus léger souffle, elle ne séjourne jamais dans le même lieu ; on assigne deux causes à ce phénomène : la pesanteur de l'eau & la matière même dont l'isle est formée, & qui bien que propre à produire des arbres est légère & spongieuse. Ce ne sont peut-être que des troncs d'arbres légers & des feuilles éparses dans le lac qui ont été réunis par le gluten d'une eau grasse & visqueuse ; les rochers mêmes qu'on y trouve sont perméables & criblés de pores semblables à ces pierres que forme l'eau en se durcissant, sur-tout à la surface des eaux médicinales, où les immondices de l'eau rassemblées & incorporées par la mousse, parviennent à se consolider, & forment un assemblage mêlé d'air & de vuide qui doit nécessairement être léger.

Réflexions sur les solphatares.

Les eaux soufrées de Tivoli sortent

d'une espèce de lac peu étendu, qui offre aux curieux le spectacle assez étonnant de plusieurs isles flottantes, semblables à celles dont parle ici Sénèque. Ces eaux soufrées rendent au loin une odeur de foie de soufre; c'est un foie de soufre à bâse terreuse. La couleur de ces eaux est comme celle d'une eau où l'on a fait dissoudre une petite quantité de savon : le lac est rempli le long de ses bords de roseaux très-touffus, dont la végétation paroît vigoureuse dans certaines parties & se rallentit dans d'autres. Par l'examen des isles flottantes, il est aisé de voir qu'elles ne sont composées à leur bâse que d'un tissu très-serré de ces tiges de roseaux qui ont formé comme une charpente légère, laquelle est recouverte d'une terre végétale semblable à la tourbe, & qui est un débris de ces mêmes roseaux. Les racines de ces roseaux ne pouvant plus végéter, se détachent insensiblement du fond des bords du lac & vont flotter sur l'eau où elles sont le jouet des vents qui les arrondissent par le frottement réciproque de leurs bords. Les mêmes vents y transportent aussi des graines qui peuplent ces isles de plusieurs espèces de végétaux : quelques-unes ont jusqu'à vingt & même trente pieds de diamètre. Lorsque certains curieux hasardent de s'embarquer sur ces isles, elles plient & annoncent par cette souplesse la matière dont elles sont composées.

Gemuit sub pondere cimba.
Sutilis.   *Virg. Æneid. lib. 6.*

Quelques observateurs, assez célèbres d'ailleurs, ont publié que ces isles avoient pour bâses des pierres trouées, rongées par les eaux soufrées le long des bords du lac. Ces physiciens n'ont pas vu que ces eaux chargées d'un principe terreux, ne pouvoient ronger les pierres des bords du lac, qui d'ailleurs paroissent bien conservées dans leur état naturel. Il auroit été plus vraisemblable que ces pierres trouées

eussent été produites par les dépôts abondans que forment les eaux soufrées le long des bords du canal par lequel ces eaux se jettent dans le *Téverone* ; mais on n'observe aucun de ces dépôts sur les bords du lac. Ce n'est qu'à une certaine distance qu'on en peut voir de très-abondans qui ont pris les formes les plus bisarres. Partout où il y a quelques chûtes qui favorisent l'évaporation de l'eau, les dépôts sont plus abondans qu'ailleurs. C'est à l'extrémité du cours de cette eau & dans un endroit où elle coule en nappes dilatées, que se trouvent dans les mois les plus chauds de l'année, une infinité de petits besoards qui sont les dragées qu'on nomme *conffetti di Tivoli*. Ces objets ont amusé souvent les curieux & les amateurs ; mais la production de ces eaux la plus intéressante & celle qu'on remarque moins ordinairement, c'est le *travertin*, sorte de pierre blanche solide, d'un grain fort fin, formée de couches ondées & fortement unies ensemble dans certains parties, & dont la réunion est la moins serrée dans d'autres, & même ne s'est pas faite sans laisser quelques vuides. Ce travail de l'eau est tellement compact qu'il pourroit prendre le poli. On emploie cette pierre parasite dans la construction des plus superbes édifices de Rome & des environs. On trouve ici des carrières où les naturalistes peuvent suivre les progrès de ces dépôts & des infiltrations qui leur ont donné successivement le degré de solidité qu'ont ces pierres, & au moyen de laquelle les blocs qui entrent dans les bâtimens prennent la vive arrête des moulures. Ces mêmes eaux soufrées se rencontrent fort souvent dans l'Apennin, aux environs de Tivoli & de Viterbe, & sur-tout entre Rome & Naples, & même en Toscane. Ordinairement de grandes masses de travertin sont disposées le long des bords du canal où coulent ces eaux, qui forment au sortir des rochers de l'Apennin des ruisseaux fort abondans d'eau plus ou moins blanche. Il paroît que Sénèque connoissoit tous ces phénomènes, par les détails curieux qu'il rappelle dans le passage que j'en cite ici.

VIII.

SÉNÈQUE.

Des fontaines périodiques & des crues des fleuves.

D'où vient la propriété de quelques fontaines, d'être pleines pendant six heures, & à sec pendant six autres heures? Il seroit inutile de nommer chacun des fleuves qui, dans certains mois, ont de l'eau abondamment, & sont presque taris pendant les autres mois. De même que la fièvre quarte a ses heures réglées, de même les eaux ont leurs intervalles pour se retirer ou pour reparoître : quelquefois ces intervalles sont plus courts, & par-là plus sensibles. Quelquefois ils sont plus longs sans en être moins réguliers. Devez-vous en être surpris, quand vous voyez la marche de la nature entière assujettie à des périodes marquées? ni l'été ni l'hiver n'ont jamais manqué d'arriver au tems prescrit; le printems & l'automne remplacent à leur tour ces deux saisons; le jour fixé ramène constamment le solstice comme l'équinoxe.

Réflexions sur les fontaines périodiques intermittentes.

Pour expliquer le jeu des fontaines périodiques, soit intermittentes, soit intercalaires, on a supposé depuis long-tems dans les couches de la terre d'où sortent leurs sources, des réservoirs & des tuyaux de conduite en forme de siphons recourbés. Tout le monde connoît l'usage des siphons qui commencent à procurer l'écoulement à une liqueur, lorsque la surface de cette liqueur, dans laquelle est plongée une de leurs branches, se trouve au niveau de la courbure de ces branches, & qui continuent tant que le fluide n'est pas descendu au-dessous de l'orifice de la branche. Dès

que l'orifice n'y plonge plus, l'écoulement cesse, & il recommence sitôt que le réservoir est rempli au niveau de la courbure. Cette explication & ces moyens se trouvent indiqués dans les *pneumatiques* de Héron d'Alexandrie, qui vivoit cent vingt ans avant l'ère chrétienne. Pline le jeune, après avoir décrit, avec cet intérêt & cette précision élégante qui caractérisent ses ouvrages, les phénomènes qu'il avoit lui-même observés dans la fontaine périodique intermittente de Cosme sa patrie, joint à cette description les explications qu'en donnoient de son tems les philosophes, & l'on y voit un moyen à-peu près équivalent à celui des siphons. Cette lettre est trop curieuse, trop intéressante pour ne pas trouver place dans cette notice, où il est particulièrement question des connoissances des anciens sur plusieurs points de physique générale & d'histoire naturelle, & enfin où l'on traite du jeu & des différens phénomènes des fontaines périodiques.

« Une fontaine, dit-il, prend sa source dans une montagne, coule entre des rochers, passe dans une petite salle à manger, construite sur son cours, & après s'y être arrêtée quelque tems, elle tombe dans le lac de Cosme. Ce qui rend cette fontaine merveilleuse, c'est que trois fois par jour elle hausse & baisse par des augmentations & des diminutions régulières. Ce jeu de la nature s'observe aisément, & l'on ne peut le voir sans un extrême plaisir. Vous pouvez vous asseoir sur les bords de cette fontaine, y manger & boire même de son eau qui est fort fraîche, & pour lors vous remarquez que dans un certain espace de tems elle monte & baisse sensiblement. Vous mettez un anneau ou quelque bijou en un endroit de son lit qui est à sec, l'eau qui revient peu-à-peu gagne l'anneau, flotte autour, & le couvre entièrement. Quelques momens après, l'eau qui baisse découvre l'anneau, & l'abandonne. Si vous observez long-tems ces mouvemens divers, vous verrez la même chose arriver jusqu'à trois fois par jour. Quelque courant d'air ren-

fermé dans les conduits souterrains n'obf-
trueroit-il pas leur ouverture pour quelque
tems lorfqu'il s'y trouveroit porté , & ne
la laifferoit-il pas libre lorfqu'il feroit dif-
fipé ? à-peu-près comme il arrive dans une
bouteille ou dans un vafe dont le goulot
eft étroit : quoique vous la renverfiez, l'eau
fe trouve arrêtée au paffage par l'effort de
l'air qui s'y oppofe , & le bruit qui accompagne ces efforts vaincus , reffemble à des
fanglots. »

Cette fontaine n'auroit-elle pas quelque
analogie avec l'Océan , & les acces fucceffifs qui feroient paroître ou difparoître ce
filet d'eau ne feroient-ils pas affujettis à la
même marche que le flux & reflux de
l'Océan ? Ne feroit-ce point auffi que comme
les fleuves emportés par leur pente vers la
mer font forcés quelquefois ou par les vents
ou par le flux de changer leur cours, &
même il fe rencontre quelque obftacle qui,
en certain tems, s'oppofe à l'écoulement
de cette fontaine ? N'y auroit-il pas une certaine capacité dans les réfervoirs qui fourniffent cette eau , ce qui fait que lorfqu'ils
font épuifés, & qu'ils en raffemblent de
nouvelle , ils ne laiffent échapper qu'un
filet d'eau foible & qui coule plus lentement. Mais fifôt que ces réfervoirs font
pleins , ils en verfent au-dehors un jet plus
abondant & plus rapide.

Cette fontaine fubfifte encore aujour-
d'hui , & eft appelée , par les habitans du
pays, la fontaine de Pline. Benoît-Jove &
Thomas Porcacchi, tous deux de Cofme,
affurent que cette fontaine , qui eft au bord
du lac de Cofme , à fept milles de la ville
de ce nom, conferve la même propriété
qu'elle avoit du tems de Pline. *Prifcam
adhuc naturam fervat :* & l'affertion de ces
auteurs fe trouve confirmée par le témoignage de plufieurs naturaliftes qui l'ont
vérifiée fur les lieux mêmes. Ceux qui defi-
reront de plus grands détails fur les fontaines périodiques intermittentes ou intercalaires ; ainfi que fur celles à flux & à

reflux, peuvent confulter l'article *Fontaine*
du Dictionnaire ; ils y trouveront tous les
éclairciffemens fur les caufes de ce phénomène que les anciens ont connu , & ont
affez bien expliqué , ainfi que les modernes.
Ces détails prouvent au furplus que les canaux qui fervent au jeu & à la marche des
eaux fouterraines , fe confervent dans les
entrailles de la terre avec toutes les modifications premières pendant plufieurs fiècles
fans aucune altération , ce qui établit la
folidité & la forme conftante de ces canaux.

Sénèque, en confidérant les phénomènes
des fontaines périodiques, fe borne ici aux
fimples analogies avec tous les effets fujets
à des retours plus ou moins réguliers , &
fur-tout aux analogies qui dépendent du
microcofme. Telle eft l'intermittence des
fièvres qu'il rapproche de l'intermittence de
ces fontaines : c'eft-à-dire qu'il compare un
effet dépendant de l'organifation animale ,
& dont la caufe eft inconnue ou obfcure,
& peut être peu méchanique, avec un phénomène hydraulique, & dont les détails
peuvent être faifis très-aifément. Cette manière de raifonner, qui peut être permife
dans certains cas, eft fujette à bien des inconvéniens : 1°. on peut rapprocher ,
comme le fait ici Sénèque, des effets qui
ne foient pas du même ordre, ni quant aux
caufes, ni quant aux circonftances. En fecond lieu, lorfque l'analogie eft folidement
établie , il n'en réfulte tout au plus que
quelques faits dont les caufes font également inconnues , peuvent être rangés dans
la même claffe : or , ce réfultat raffure plutôt qu'il n'éclaire. Cette marche feroit funefte aux fciences & à leurs progrès , fi ,
en fe bornant à ce point de vue , on négli-
geoit la recherche d'une caufe dont la découverte eft peut-être le feul moyen de
décider le caractère diftinctif des faits analogues. C'eft ainfi que l'analogie que Sénèque & Pline le jeune avoient indiquée
entre le flux & reflux de l'Océan, & le
jeu des fontaines périodiques eft tombé

depuis que l'on connoît mieux la caufe de l'un & l'autre phénomène. On a été encore plus loin de nos jours ; on a prouvé par l'obfervation que les accès d'écoulement & d'intermittence des fontaines périodiques, n'avoient aucune correfpondance avec le flux & reflux de la mer, comme on l'avoit cru par l'abus d'une fauffe analogie.

Sénèque confond auffi les crues & les diminutions de certains fleuves, leurs débordemens périodiques annuels & affujettis à certaines faifons avec les phénomènes des fontaines périodiques. Mais nous favons maintenant que ces fleuves ne fe trouvent que dans la Zône-Torride, &, en conféquence, nous fommes convaincus que ces effets, furprenans autrefois, font produits par l'eau des pluies très-abondantes dans toute l'étendue de cette Zône pendant ces mêmes faifons. Voilà donc les fontaines périodiques, la fièvre, la goutte, le flux & reflux de l'Océan, les crues des fleuves fujets à des débordemens annuels, la fuite & le retour des faifons confidérés comme des faits analogues, que des découvertes poftérieures nous ont fait ranger fous des claffes différentes & diftinguées depuis qu'on en connoît les caufes. Il faut en excepter cependant les crues & les débordemens périodiques des fleuves qui font un fait analogue avec le retour des faifons. Plus on connoît, plus on diftingue, foit en morale, foit en phyfique. La pareffe, l'imagination fédentaire, allongent les liftes des faits femblables : la difcuffion, l'étude, l'obfervation rigoureufe, les raccourciffent & réduifent prefque tous les évènemens à des circonftances ifolées.

I X.

S É N È Q U E.

Des poiffons foffiles, de ceux qui vivent dans les mas d'eau fouterrains, & enfin de ceux qui font entraînés au-dehors par les dégorgeoirs.

Nous ne connoiffons pas les loix que la nature obferve fous terre, mais elles n'en font pas moins conftantes. Imaginez-vous dans les fouterrains le même ordre de chofes que vous contemplez à fa furface ; ils font remplis comme elle, de vaftes cavernes, de grottes immenfes, d'efpèces de vallées creufées de tous côtés fous les voûtes des montagnes. On y trouve des abîmes fans fond, qui font occupés par des étangs placés dans des lieux vaftes & ténébreux. Ces horribles demeures ont auffi leurs habitans, des animaux pareffeux & informes à caufe de l'air épais & fombre où ils vivent. Théophrafte affure que dans quelques endroits pareils on pêche des poiffons de ces lacs fouterrains Quelques auteurs anciens affurent même que fi cette eau fouterraine éprouve des débordemens, elle entraîne avec elle une multitude infinie d'animaux ; que dans la Carie, aux environs de la ville de Loryme, un pareil amas d'eau fortit tout-à-coup de deffous terre, apporta une grande quantité de poiffons inconnus jufqu'alors.

Réflexions fur les poiffons qui vivent dans les fouterrains.

On trouve dans Ariftote l'hiftoire des poiffons foffilles d'Héraclée & de ceux de la même efpèce dans la Paphlagonie. Théophrafte, fon difciple, rapporte les mêmes faits mal vus dans fon traité *de pifcibus in ficco degentibus*. Il prétend qu'on trouvoit des poiffons en vie dans des lieux entièrement fecs où nulle eau ne pouvoit pénétrer, & il en conclut que ces poiffons s'y engendrent d'eux-mêmes, fans œufs, & par la vertu particulière du terroir. Pline n'a fait à cet égard que copier Théophrafte. Toutes ces autorités réunies ne valent pas une bonne obfervation. D'autres auteurs moins anciens que les deux premiers, tels que Strabon, Polybe, & fur-tout Pomponius-Méla, qui fur ce point paroît avoir été mieux inftruit que les autres, ont parlé des poiffons

fons foffiles du Rouffillon d'une manière qui infpire plus de confiance dans leur témoignage. Suivant Pomponius Méla, il y a près de la fontaine de Salfes, une plaine couverte d'une quantité de petits rofeaux, au-deffous de laquelle eft un étang ou marais qui en occupe toute l'étendue. Cela paroît en ce que, vers le milieu, une partie de cette plaine eft détachée des bords voifins & forme une efpèce d'ifle qui flotte, & qu'on peut à fon gré attirer ou repouffer. Il paroît même par ce qu'on a retiré du fond en y creufant, que la mer elle-même y pénètre. C'eft là ce qui a fait dire à des auteurs grecs, & même à quelques uns des latins, foit par igno- rance, foit par le plaifir de mentir, que les poiffons naiffoient de la terre même dans cet endroit, parce qu'on prend fou- vent, dans les ouvertures qui s'y trouvent, des poiffons qui y font venus de la mer. Ce récit affez bien circonftancié, acquiert encore plus de poids par la connoiffance de l'état préfent des lieux dont parle cet auteur. Or cet état préfent, le voici d'après les obfervations exactes du cé- lèbre Aftruc. L'étang de Salfes & de Leucate, (car c'eft de cet endroit dont Polybe & Pomponius Méla ont voulu parler) eft couvert dans prefque toute fa circonférence d'une grande quantité de chiendent à feuilles de rofeaux. Les racines de ce chiendent entrelacées ou liées en- femble par plufieurs autres herbes, fou- tiennent deux ou trois pieds de terre, au- deffous de laquelle l'eau de l'étang pénètre fort avant, comme il paroît par les cre- vaffes qui s'y font fouvent.

Il y a grande apparence que du temps de Polybe, l'étendue de l'étang étoit cou- verte en entier comme les bords le font aujourd'hui, & que du temps de Pompo- nius Méla, cette étendue ne s'étoit en- trouverte que vers le milieu, dans l'endroit où étoit cette ifle flotantte, dont il parle. Ce foupçon eft fondé fur ce que Feftus Avienus a dit de ces étangs dans

fon *ora maritima* ; où il obferve qu'ils vont toujours en s'élargiffant. Il n'eft donc pas furprenant que les poiffons aient pu s'engager autrefois affez avant fous cette croûte de terre fufpendue fur l'en- droit où eft aujourd'hui l'étang de Leu- cate, & qu'on ait pu en prendre en y creufant au hafard, comme Polybe & Strabon après lui l'affurent. Quant à pré- fent, il eft certain que les poiffons de l'étang s'engagent dans les cavernes qui font fous les bords, & qu'il arrive qu'on en prend fouvent dans les crevaffes qui fe forment, quelquefois affez loin de l'é- tang même. Rien de plus commun que les exemples de cette efpèce, par-tout où il y a des creux près des étangs & des rivières. C'eft ainfi que Gefner rapporte qu'on trouve des poiffons vivans dans la terre en plufieurs endroits de la Mifnie, en Allemagne, & au-delà de la rivière d'Elbe ; ce qui eft confirmé par le témoi- gnage oculaire d'Agricola ; & pour citer des exemples qui regardent le Languedoc, c'eft ainfi que Délechamp remarque qu'on prend fous terre des poiffons en vie, fur les bords de la rivière de Lez, près du village de Baillargues, qui eft à deux lieues de Montpellier. Au refte, il n'eft prefque aucune efpèce de poiffons d'eau douce qu'on ne trouve dans les creux ou dans les cavernes pleines d'eau vive, qui com- muniquent avec quelque rivière ou quel- que lac voifin ; mais ceux qui s'engagent fort avant dans la vafe, & qui vivent pour ainfi dire dans la boue, pourvu qu'elle foit humide, font d'une efpèce particu- lière, ordinairement fans écailles, & à qui il fuffit de peu d'humidité pour vivre. Je ne fache pas qu'on trouve dans la vafe des poiffons de cette efpèce en Langue- doc ; mais il eft très-ordinaire d'y trouver des anguilles. Rondelet en rapporte quel- ques obfervations affez fingulières.

On voit préfentement ce qu'on doit penfer des prétendus poiffons foffiles d'Hé- raclée & de Paphlagonie, dont Sénèque parle ici fur la foi de Théophrafte ; mais il n'en eft pas de même de ceux du Rouf_fillon, leur exiftence eft conftatée, & découvre même la fource de l'erreur d'A-riftote, de Théophrafte & de Pline, fur les poiffons foffiles en général. Combien les écrits des anciens n'offrent-ils pas de faits de cette nature que la crédulité & l'ignorance ont transformés en prodiges, que l'amour du merveilleux a publiés avec empreffement, que la pareffe naturelle à l'homme a toujours négligé de vérifier, & qui, s'ils étoient analyfés, difcutés & examinés par de bons obfervateurs, où feroient rangés dans la claffe des tradi-tions fabuleufes, & iroient s'évanouir avec elles, ou fe réduiroient à des phé-nomènes fimples, ordinaires & auffi fa-ciles à croire qu'à expliquer ?

Dans ce que je cite de Sénèque, il n'eft pas feulement queftion de poiffons foffiles ou de ceux qui vivent dans des amas d'eau fouterrains ; mais encore des débordemens fubits & extraordinaires qu'éprouvent de temps en temps ces amas d'eau qui fe portent au-dehors, & entrainent avec eux une grande quan-tité de ces poiffons. Je puis citer ici le lac de Czirnits qui dégorge ainfi de temps en temps, & donne lieu à des pêches très-confidérables. La fontaine de Sablé à quelque diftance d'Angers, préfente les mêmes phénomènes, mais moins en grand. Plufieurs cavernes en Dalmatie, rejetent affez fouvent une grande maffe d'eau, qui eft affez confidérable pour inonder des vallées étendues, y former des étangs où fe font des pêches abondantes, avant que les eaux aient regagné les réduits fouter-rains où elles s'engouffrent avec les poif-fons qui échappent à l'adreffe & à l'induf-trie des habitans. Je n'entrerai pas dans de plus grands détails à ce fujet, & je renvoie les lecteurs qui défireront de s'inf-truire plus complettement fur le jeu de ces eaux fouterraines, à l'article *Dégorgeoir* du dictionnaire, où tous les faits font pré-

fentés par ordre & difcutés dans l'étendue qui convient à notre objet, avec l'indica-tion des lieux où les phénomènes ont été vus, obfervés & décrits.

Je dois dire encore que Sénèque fe trompe en confidérant les poiffons qui for-tent des dégorgeoirs dont il nous parle, comme une nourriture mal-faine. Le con-traire eft conftaté par les pêches de Dalmatie & celles du lac de Czirnitz ; ainfi ce point merveilleux doit difparoître encore.

X.

SÉNÈQUE.

Des fleuves & des rivières qui fe perdent.

On voit des fleuves qui tombent dans des abymes & qui difparoiffent fubitement, d'autres ne fe perdent qu'infenfiblement, & au bout d'un intervalle confidérable ils reparoiffent, & recouvrent leur nom & leurs cours. La caufe en eft manifefte. Ces fleuves trouvent des cavités fous terre, & l'eau fe porte naturellement dans les lieux les plus bas quand elle les trouve vuides ; reçus dans les efpaces fouterrains, les fleuves y coulent en fecret, jufqu'à ce que la rencontre d'un corps folide les arrête, les force de remonter, de s'ouvrir une iffue dans l'endroit qui leur offre le moins de réfiftance, & de reprendre ainfi leur ancien cours. Le Lycus & l'Erafinus fuivant le poëte Ovide font dans ce cas. Le Tigre offre le même phénomène dans l'Orient ; englouti dans la terre où il refte long-temps caché, il en fort à une diftance confidérable fans qu'on puiffe douter que ce foit le même fleuve.

Réfléxions.

Il paroît que les anciens avoient obfervé avec attention les phénomènes de la dif-parution & de la perte des eaux des fleuves

& des rivières, puisqu'ils en avoient fait deux classes bien caractérisées ; certains fleuves se perdent tout-à-coup pour ne plus reparoître ; d'autres se perdent insensiblement & reparoissent ensuite : ces détails sont une preuve bien intéressante de l'ordre & de la méthode que les anciens écrivains avoient mis dans leurs observations. Ce qui précède d'ailleurs sur les eaux & leur circulation établit de même qu'ils savoient voir. Il est vrai que souvent pour lier les faits, ils avoient recours à des explications & à des systèmes hasardés qui cependant ont pu séduire les premiers physiciens modernes puisqu'ils les ont adoptés & même embellis, si l'erreur pouvoit l'être. Mais passons maintenant aux faits analogues à ceux des anciens que nous avons recueillis, & qui prouvent que ces phénomènes toujours étonnans sont assez communs, & se présentent avec les mêmes caractères dans certaines contrées particulières.

Quoiqu'on ne doive pas être surpris, lorsqu'on y réfléchit bien, qu'une rivière rencontre dans son cours souvent très-étendu, un sol qui absorbe ses eaux par des ouvertures plus ou moins marquées, cependant ce phénomène a été regardé comme très-extraordinaire par les auteurs anciens & modernes. Ce n'est pas seulement parce qu'on n'a connu qu'un très-petit nombre de rivières dont les eaux disparoissoient ainsi, que le merveilleux sur cette matière s'est conservé jusqu'à nos jours, mais parce que les physiciens qui en ont parlé d'après Pline & Sénèque, se sont contentés d'indiquer comme eux de simples résultats.

Il ne nous est parvenu aucune des observations instructives, aucun des faits qui pouvoient éclairer sur les circonstances de la disparution & de la réapparition des eaux d'une rivière : cependant ces faits avoient été assez précis pour autoriser les anciens à distinguer ces ri-

vières en plusieurs classes, dépendantes de la manière dont elles se perdoient, ainsi que le fait ici Sénèque. Il n'est donc resté, comme on voit dans les anciens, qu'un plan de travail d'après lequel on a pû être encouragé à faire de nouvelles recherches sur un sujet aussi curieux, en recourant à la même source d'instruction où les anciens avoient puisé : l'observation de la nature. C'est avec ce secours qui ne manque jamais, que nous avons pû, ou partir des résultats des anciens, pour retrouver les faits qui avoient servi à les établir, ou remonter à ces faits pour vérifier ces résultats.

Nous ne citerons donc pas ici toutes les rivières dont les anciens ont parlé ; nous nous bornerons aux seuls faits qui ont été observés & discutés avec soin, afin de donner, d'après ces faits, une idée du phénomène qui en faisant disparoître le merveilleux, y substituera la marche simple de la nature.

Nous avons observé en France un assez grand nombre de rivières qui se perdent & qui reparoissent, pour être convaincus que ces phénomènes dépendent absolument de la nature du sol, dans lequel le canal de ces rivières se trouve creusé. Ce sol est composé de couches horisontales de pierres calcaires & de terres marneuses placées les unes sur les autres.

Les lits de pierres calcaires présentent des fentes multipliées, par lesquelles les eaux des pluies & des rivières s'insinuent assez facilement. Ces eaux parvenues sur les terres marneuses qu'elles délayent aisément, les entraînent à travers les fentes des lits de pierres calcaires ; & comme l'eau s'insinue par plusieurs fentes à la fois, les premiers vuides favorisent les seconds, & la continuité de ce travail produit des excavations qui se correspondent & qui s'étendent autant que les lits. Au moyen de ces destructions, l'eau parvient à se creuser des canaux souterrains, suivis, continus, & qui ont des débouchés, ou dans la partie inférieure du canal de la rivière, ou assez loin du canal par les sources. Enfin, les pierres dures qui sont assez solides pour former des voûtes dans toute l'étendue de ces canaux souterrains, s'affaissent dans d'autres parties où elles ont moins de solidité ; & ces éboulemens forment des entonnoirs par où l'eau des rivières gagne sensiblement les canaux souterrains, & qui en sont proprement les orifices. Il ne suffit pas que ces canaux souterrains aient une capacité assez grande pour recevoir l'eau que leur fournit le courant de la rivière, qui se perd par les entonnoirs, il faut aussi qu'ils puissent verser l'eau à mesure qu'ils la reçoivent. Il est donc nécessaire que ces rivières qui se perdent, continuent à couler intérieurement en masse réunie, ou en filets divisés ; car si les canaux souterrains pouvoient se remplir, l'eau reflueroit par les entonnoirs, & le courant des rivières n'éprouveroit plus de diminution : au lieu que les entonnoirs, dans l'état ordinaire des choses, continuent toujours à absorber l'eau de la même manière.

Cependant, lorsque ces rivières éprouvent des crues considérables après des pluies abondantes, elles ne sont pas pour lors absorbées en entier par les entonnoirs, & le courant qui garnit leur lit est la partie de l'eau surabondante à celle que les entonnoirs absorbent.

Comme la perte des rivières est dépendante des canaux souterrains, dont nous avons indiqué la formation, il est visible que, suivant les circonstances favorables à leur ouverture ou à leur obstruction, il pourra se faire qu'une rivière qui ne se perd point, commence à se perdre en partie : que celle qui se perdoit en partie, se perde en entier : que celle qui se perdoit, cesse de se perdre, suivant que l'eau absorbée aura ou n'aura pas d'écoulement suivi, &

des débouchés continus par les canaux souterrains.

Enfin comme le sol doit être de nature à se prêter au travail de l'eau qui se creuse à elle-même des canaux souterrains, il est évident que les rivières ne se perdent que dans des cantons particuliers où ce sol règne. C'est pour cette raison qu'on trouve plusieurs rivières qui se perdent dans des arondissemens particuliers, & dans la même partie correspondante de leur cours. C'est ainsi qu'on a trouvé en Normandie quatre rivières qui se perdent ; savoir : la Rille, l'Iton, l'Aure, la rivière de Sap-André, & quelques ruisseaux voisins dans un espace qui n'a pas plus de quinze à vingt lieues d'étendue. En Lorraine, la Meuse se perd l'espace d'une lieue & demie au-dessus de Neufchâteau, & reparoît sans aucune diminution après avoir coulé par des issues souterraines : à l'Est de Neufchâteau, la rivière de Vichery se perd l'espace de trois lieues : à l'Ouest de Neufchâteau, on trouve les rivières de la Fauche & de Vésaigne qui disparoissent de même, ainsi que les ruisseaux d'Ecot & de Clinchamp : enfin un peu plus loin, trois ruisseaux qui ont leurs débouchés dans la Marne, au-dessus de Bologne, se perdent aussi. On compte sept ruisseaux & quatre rivières qui coulent par des canaux souterrains, dans un espace de neuf lieues de longueur sur trois de largeur. De même en Angoumois, aux environs de la Rochefoucauld, le Bandiat, le Tardoire & la Ligonne, disparoissent par des entonnoirs dispersés dans une étendue de trois lieues, le long de leurs canaux. On trouve le même phénomène du côté de Ruffec, dans la même contrées.

Le sol de tous ces différens cantons se ressemble singulièrement : par-tout l'eau a pu s'ouvrir entre les bancs de pierres, des issues & des passages continus, & enfin des canaux souterrains par l'enlèvement des couches de terres marneuses aisées à délayer : les lits de pierres folides paroiffent propres à former des voûtes & à foutenir le poids des matières furincombantes dans la plus grande partie de ces canaux : & enfin les larges fentes qui s'y trouvent en certains endroits, ont favorifé ces éboulemens & ces affaiffemens affez fréquens, qui ont ouvert les entonnoirs, qu'on doit, ainfi que nous l'avons dit ci-deffus, regarder comme les orifices des canaux fouterrains.

Telles font les circonftances qui concourent à la difparition & à la réapparition des rivières dans les pays de pierres calcaires, où fe trouvent les couches horifontales. Nous ajouterons ici un exemple tiré d'un canton à couches inclinées, & où l'on pourra reconnoître à-peu-près la même marche ; c'est de la perte du Rhône que je veux parler. On avoit annoncé la perte de cette rivière comme une fingularité étonnante : mais rien de plus fimple que ce phénomène. Le Rhône difparoît fous des couches de rochers, qui traverfent fon canal, & qui font inclinées dans le fens du lit de ce fleuve. L'extrémité inférieure de ces couches inclinées, a été mife à découvert par le confluent d'une rivière qui fe jette dans le Rhône un peu au-deffous de l'endroit où ce fleuve reparoît. Les eaux de ce fleuve, en creufant fon lit, ont trouvé dans cette partie des couches de pierres dures & de terre ; elles ont détrempé les terres, & fe font ouvert par-deffous les couches de pierres dures, une iffue & un paffage qui a été déterminé par le débouché favorable dont j'ai parlé. Comme ce travail de l'eau a eu des progrès, elle s'eft ouvert plufieurs paffages à différentes hauteurs, fuivant que les couches de rochers qu'elle entamoit, ont favorifé fes excavations. Ainfi lorfque les eaux du Rhône font baffes, elles difparoiffent vers le pont de Lucey ; & les premières ouvertures fuffifent pour abforber le volume de l'eau ; les ouvertures fupérieures font pour lors à découvert. Dans les moyennes eaux, ces ouvertures fupérieures

abforbent l'eau qui parvient jufqu'à elles ; mais lorfque le Rhône éprouve des crues confidérables par l'Arve, il recouvre les voûtes qui le cachent dans les deux premières circonftances.

Sénèque ne diftingue ici que deux claffes de rivières qui perdent leurs eaux : les unes difparoiffent tout-à-coup pour toujours ; les autres fe perdent peu-à-peu & reprennent leur nom & leur cours. Les obfervations que les modernes ont faites, les ont mis à portée de modifier ces diftinctions, qui ne font applicables que dans certains cas ; ainfi on auroit tort en généralifant la diftinction de Sénèque, de croire que les rivières qui difparoiffent tout-à-coup ne reparoiffent plus, ou que celles qui fe perdent peu-à-peu, reparoiffent toujours. On trouve les plus grandes variétés dans toutes les circonftances qui accompagnent ce phénomène ; mais en général il femble que ces rivières qui ne reparoiffent plus dans le même canal, fourniffent l'eau de plufieurs fources abondantes qui donnent naiffance à une nouvelle rivière, laquelle n'a plus le même nom, ni la même direction. C'eft ainfi qu'en Angoumois le Bandiat fournit les eaux de la Touvre qui fe trouve tout-à-coup une grande rivière de foixante toifes de largeur, & dont le cours n'eft que d'une lieue & demie. On pourra retrouver de même les eaux des rivières qui fe perdent, fi on fuit la correfpondance des niveaux, & la trace de la marche des eaux fouterraines par les entonnoirs. *Voyez* l'article *Rivières qui fe perdent*, dans le dictionnaire.

X I.

S É N È Q U E.

Des crues du Nil.

Je me propofe de traiter un fujet important, c'eft la queftion pourquoi le Nil fe déborde pendant les mois d'été : quelques philofophes ont attribué la même propriété au Danube, fondés fur ce que fa fource étoit inconnue comme celle du Nil, & fes eaux plus abondantes en été qu'en hiver, comme celles du fleuve de l'Egypte; mais on a reconnu la fauffeté de ces deux preuves. On fait que la fource du Danube eft dans la Germanie. Quant à la crue de fes eaux, elle commence, à la vérité, dans l'été; mais dans un tems où le Nil ne quitte pas encore fon lit: pendant les premières chaleurs, quand le foleil plus ardent à la fin du printems, fond les neiges qu'il fait difparoître, avant que le Nil commence à groffir. Pendant le refte de l'été, il diminue, fe réduit à l'étendue qu'il a pendant l'hiver & defcend même au-deffous de cette mefure.

Au contraire, le Nil, dès avant la canicule, croît au milieu des chaleurs jufqu'au-delà de l'équinoxe. C'eft le fleuve le plus admirable que la nature ait expofé aux regards du genre humain; elle en a réglé le cours de manière qu'il inonde l'Egypte dans le tems où la terre, brûlée par les plus grandes chaleurs, fe pènetre plus profondément de fes eaux, & en abforbe une affez grande quantité pour fuppléer à la féchereffe du refte de l'année; car, l'Egypte, dans fa partie qui avoifine l'Ethiopie, ou eft abfolument dépourvue de pluies, ou n'en reçoit que rarement & en trop petite quantité, pour fertilifer un terrein qui n'eft pas accoutumé aux eaux du ciel.

Les débordemens du Nil font la feule efpérance de l'Egypte; l'année eft fertile ou abondante felon que ce fleuve croît plus ou moins: fi l'on favoit où commencent ces crues, on en fauroit la caufe.

Le premier accroiffement du Nil fe fait remarquer près de l'ifle de Philé; à peu de diftance de cette ifle, il eft divifé par un rocher. C'eft là que la crue du fleuve commence à devenir fenfible. Au bout d'un efpace confidérable, s'élèvent deux rochers que les habitans nomment les *veines* du Nil, d'où s'écoule une grande quantité d'eau, mais non pas affez pour pouvoir inonder l'Egypte.

Delà le fleuve avec des forces fenfiblement plus confidérables, roule dans un lit plus profond, plus refferré latéralement par des moutagnes qui l'empêchent de fe déborder; enfin aux environs de Memphis, il recouvre fa liberté, fe répand dans les campagnes & par des canaux artificiels qui difpenfent à chacun la quantité d'eau qu'il veut, il parcourt toute l'Egypte. D'abord il eft difperfé; mais infenfiblement fes eaux réunies & ftagnantes, préfentent l'afpect d'une mer trouble & immenfe; il perd la rapidité de fon cours par l'étendue des terreins qu'il occupe, embraffant à droite & à gauche l'Egypte entière.

L'efpoir de l'année dépend de la crue du fleuve, & le laboureur ne fe trompe jamais dans fes calculs; car la mefure du débordement eft conftamment celle de la fertilité qu'il procure; il fournit-à-la-fois des eaux & de la terre au fol aride & fabloneux de l'Egypte. Ses eaux fangeufes dépofent tout leur limon dans les lieux defféchés & fendus par la chaleur, & lient au moyen des matières graffes & vifqueufes qu'elles charient, les terreins trop meubles, procurent ainfi aux campagnes le double avantage de les arrofer & de les engraiffer; auffi les lieux où il ne s'étend point, demeurent ftériles & incultes. Cependant une crue trop abondante eft nuifible. Tandis que les autres fleuves détrempent & épuifent les terres, le Nil qui les furpaffe tellement en grandeur a cela d'admirable, que bien loin de miner & de dégrader le fol, il lui donne une nouvelle vigueur, non-feulement par les eaux dont il l'abreuve, mais fur-tout par son limon fertile, dont le mélange sert de lien & d'aliment aux sables. L'on peut donc dire que l'Egypte doit au Nil non-seulement la fertilité de ses terres, mais ses terres mêmes. C'est un beau spectacle que le Nil débordé dans ces vastes plaines. Les campagnes sont cachées, les vallées sont couvertes, les villes paroissent à fleur-d'eau comme des isles, & au milieu du continent, on ne peut commercer qu'en bateaux : & les cultivateurs sont d'autant plus satisfaits qu'ils apperçoivent moins de leurs champs.

Le Nil, lors même qu'il se tient dans son lit, se jette dans la mer par ses embouchures : du reste, il nourrit des animaux aussi gros & aussi mal-faisans que ceux de la mer. Combien doit être grand un fleuve qui fournit des animaux de cette taille & des alimens suffisans, & un espace où ils se trouvent à l'aise ! Balbillus, le plus vertueux des hommes & le plus consommé en tout genre de connoissances, assure avoir vu pendant sa préfecture d'Egypte, à l'embouchure la plus considérable, un combat en règle d'une troupe de dauphins, venus de la mer, contre une armée de crocodiles qui s'étoient avancés du fleuve à leur rencontre. Il ajoute que ces crocodiles furent vaincus par des ennemis dont le naturel est pacifique, & la morsure nullement dangereuse. C'est que les crocodiles, quoique couverts dans la partie supérieure de leur peau d'écailles dures & impénétrables aux dents mêmes des plus énormes animaux, ont le dessous du ventre souple & tendre. Les dauphins au moyen des épines saillantes dont leur dos est armé, blessoient cette partie en plongeant sous l'eau, & leur fendoient le ventre en s'avançant en sens contraire. Plusieurs ayant été tués de cette maniere, les autres prirent la fuite comme après une défaite. En effet, le cocrodile est un animal qui fuit ceux qui le bravent, & devient hardi avec les lâches : aussi n'est-ce point par leur constitution, ni par

aucune qualité du sang, mais par la témérité & le mépris que les habitans de Tentyre en viennent à bout. C'est qu'ils osent les poursuivre & les prendre dans leur fuite avec des cordes ; mais c'en est fait de ceux qui n'ont pas assez de présence d'esprit ou de courage pour les poursuivre.

Tout le monde sait que le Nil fut deux années consécutives sans se déborder, savoir la dixième & la onzième du règne de Cléopâtre. Ce malheur fut regardé comme le présage de la chûte de deux puissances : en effet on vit s'éteindre la domination d'Antoine & celle de Cléopâtre. Callimaque assure que dans des siècles précédens il avoit été neuf ans sans sortir de son lit.

Mais passons aux causes qui produisent ces débordemens, & commençons par celles qu'on a supposées le plus anciennement. Anaxagore dit que ce sont les neiges fondues sur les montagnes d'Ethiopie, qui vont se rendre dans le Nil. C'étoit le sentiment de toute l'antiquité ; mais une foule de preuves en démontrent la fausseté. D'abord l'Ethiopie est un climat brûlant, c'est ce que prouvent le teint basané des habitans & les Troglodytes qui ont des maisons souterraines. Les pierres y sont aussi brûlantes que si elles avoient subi l'action du feu, & cela non-seulement au Midi, mais même au déclin du jour. Le sable ardent se refuse aux pas des hommes ; le vent du Midi qui vient de ce pays est le plus chaud des vents. Les animaux qui chez nous se cachent pendant l'hiver, ne disparoissent là en aucun temps ; le serpent même, pendant l'hiver se montre à la surface de la terre. A Alexandrie même, quoique placée loin de ce climat brûlant, il ne tombe plus de neiges ; un peu plus haut on manque même de pluie.

Comment donc un pays exposé à des chaleurs si excessives, conserveroit-il pendant l'été, ou même recevroit-il en aucune saison les neiges dont on parle. En supposant même qu'il en tombât sur quelques montagnes, il n'en tomberoit jamais plus que sur les Alpes, les montagnes de la Thrace & le Caucase. Or les fleuves originaires de ces montagnes grossissent dans le printemps ou au commencement de l'été, & baissent ensuite pendant l'hiver. En effet les pluies du printemps détrempent la neige, & les premières chaleurs font disparoître ce qui avoit résisté à la pluie. Le Rhin, le Rhône, l'Ister, le Caïstre, ne sont point sujets à cet inconvénient; ils ne grossissent point en été, malgré les amas énormes des neiges accumulées sur les montagnes septentrionales. Le Phase & le Borysthène croîtroient aussi dans la même saison, si les neiges étoient capables de grossir les fleuves en été. D'ailleurs si c'étoit à cette cause que l'on dût attribuer les crues du Nil, il devroit couler plus abondamment sur la fin de l'été : les neiges sont alors en plus grande quantité; c'est la couche la moins dure qui fond; mais le Nil pendant quatre mois consécutifs grossit par des crues uniformes.

Si vous en croyez Thalès, ce sont les vents étésiens qui s'opposent à la décharge du Nil, & qui arrêtent son cours par les flots de la mer qu'ils poussent en sens contraire. Ainsi foulé, le fleuve reflue sur lui-même : il ne croît pas comme on pense, mais il est forcé de s'arrêter par les obstacles de son embouchure. Au défaut de la mer dont l'accès lui est interdit, il se répand dans les campagnes, par toutes les issues qu'il rencontre. Enthymène de Marseille, en parle comme témoin. « J'ai navigué, » dit-il, sur l'Océan Atlantique, & je puis » assurer que le Nil se déborde tant que » durent les vents étésiens, parce qu'alors » la mer est poussée contre l'embouchure » du fleuve par le souffle des vents. Quand » ils sont appaisés, quand la mer est deve- » nue calme, le Nil diminue, parce qu'il

» retrouve sa décharge ordinaire : au reste, » les eaux de cette mer sont douces, & » l'on y trouve des animaux semblables à » ceux du Nil ».

Pourquoi donc si le Nil est grossi par les vents étésiens, ses crues commencent-elles avant, & durent-elles encore après ces vents? Pourquoi ne sont-elles pas d'autant plus abondantes que le souffle de ces vents est plus violent? Pourquoi ne les voit-on pas croître ou diminuer selon les différens dégrés d'impétuosité de ces vents? Ce qui ne manqueroit pas d'arriver si leur souffle étoit la cause des crues du Nil. De plus, les vents étésiens battent directement la côte d'Egypte, & le Nil descend contre leur souffle. Or, il devroit suivre la même direction que ces vents, s'il leur devoit ses débordemens. D'ailleurs ses eaux, si elles étoient repoussées par la mer devroient être pures & azurées & non pas troubles & bourbeuses, comme on les voit. Ajoutez que le témoignage d'Enthymène est réfuté par une foule de témoins qui attestent le contraire. On pouvoit en imposer quand la mer extérieure étoit inconnue : les fables étoient pour lors de saison; mais aujourd'hui tous les bords de cette mer sont cotoyés par les navires des marchands dont aucun ne nous débite, ni que le Nil ait la couleur de la mer, ni que la mer ait la saveur du Nil : puisque le soleil pompe sans cesse les parties les plus douces & les plus légères. Enfin, pourquoi le Nil ne grossit-il jamais dans l'hiver? la mer ne peut-elle pas aussi dans cette saison être agitée par ces vents, & même par des vents plus considérables qu'en été? En effet, ceux qu'on appelle *étésiens* sont doux. Si l'inondation provenoit de la mer Atlantique, elle submergeroit tout d'un coup l'Egypte entière, au lieu que ses progrès sont successifs.

Œnopide, de Chio, prétend que, pendant l'hiver, la chaleur se concentre sous terre;

terre ; voilà pourquoi , dit-il , l'air eſt chaud dans les cavernes , & l'eau plus tiéde dans les puits. Cette chaleur intérieure deſſéche les veines des fleuves ; mais dans les autres pays les pluies de l'hiver ſuppléent à cet épuiſemant, au lieu que le Nil qui n'a point la reſſource des pluies doit décroître dans cette ſaiſon & groſſir enſuite pendant l'été, parce qu'alors l'intérieur de la terre étant refroidi laiſſe aux ſources ſouterraines la liberté de s'écouler. Si ce principe étoit vrai, tous les fleuves devroient groſſir pendant l'été , & les puits devroient s'accroître auſſi dans la belle ſaiſon. D'ailleurs , la chaleur ſouterraine n'eſt pas plus conſidérable pendant l'hiver. L'eau des cavernes & des puits n'eſt tiéde que par le défaut de contact de l'air extérieur. Ne diſons donc pas qu'elle acquiert de la chaleur, mais qu'elle ne reçoit pas le froid. Pour la même raiſon les mêmes eaux doivent ſe refroidir pendant l'été, parce qu'elles n'ont pas de communication avec la chaleur de l'atmoſphère.

Diogène d'Appollonie donne une autre cauſe aux crues du Nil. Le ſoleil, dit-il, pompe l'humidité ; la terre deſſéchée ſupplée à celle qu'elle a perdue par les eaux de la mer ou des fleuves. Or, il ne peut ſe faire qu'une terre ſoit ſèche & une autre humide, parce qu'à la faveur des pores dont elles ſont toutes criblées, elles ſont mutuellement perméables. Les terrains ſecs ſont donc abreuvés par les terrains humides, & ſans cette communication il y auroit longtems que la terre ſeroit deſſéchée. Le ſoleil pompe donc continuellement les eaux , mais les endroits expoſés à ſes rayons ſont les pays les plus méridionaux. La terre deſſéchée attire à elle plus d'humidité : comme l'huile des lampes ſe porte toujours du côté de la flamme, de même l'eau coule toujours du côté où la ſollicitent le deſſéchement & l'altération de l'état de la terre.

Mais d'où vient cette eau ? des parties du globe ou règne un hiver éternel , s'eſt-à-dire, des parties ſeptentrionales où les eaux ſont les plus abondantes ? Voilà pourquoi le Pont-Euxin coule ſans ceſſe avec rapidité dans la mer inférieure, non pas comme les autres mers par des flux & reflux alternatifs , mais par un écoulement conſtant & impétueux. Sans ce commerce continuel qui ſupplée à l'une , & décharge l'autre de ſon ſuperflu , depuis long-tems la ſeconde ſeroit à ſec & la première débordée. Je demanderois à Diogène pourquoi au moyen de ce commerce réciproque de la mer avec tous les fleuves, ils ne groſſiſſent pas en tous lieux pendant l'été ? Le ſoleil agit plus vivement ſur l'Egypte & par cette raiſon, le Nil doit avoir un accroiſſement plus conſidérable. Mais dans les autres pays les fleuves doivent auſſi recevoir une augmentation d'eau plus ou moins abondante. D'un autre côté , pourquoi trouve-t-on des terres dépourvues d'eau , ſi elles attirent toujours celles des terres voiſines à proportion de leur dégré de chaleur ? Enfin, pourquoi les eaux du Nil ne ſont-elles pas ſalées, ſi elles lui viennent de la mer ? En effet, il n'y a point de fleuve dont les eaux aient une ſaveur plus douce.

Réflexions ſur les crues du Nil.

Voici au ſujet des crues du Nil, les réſultats des obſervations de Maillet : elles ont d'autant plus de poids qu'il a voyagé en homme inſtruit & qu'un ſéjour en Egypte de plus de ſeize-ans l'avoit mis à portée de voir par lui même, & de ne rien avancer qui ne fût conformé à la vérité. Nous ſavons à n'en pas douter, dit-il, que dans les Indes orientales & dans l'Amérique méridionale il pleut continuellement, lorſque le ſoleil eſt au zénith, & qu'alors les rivières nombreuſes & conſidérables qui ſe trouvent dans ces climats s'enflent & ſe débordent comme le Nil. Cette connoiſſance devoit naturellement faire conjecturer que la même choſe arrivoit dans tous les pays qui ont la même poſition ſur notre globe, & qui occupent ſur-tout les parties voiſines de la ligne.

D'où il étoit aifé de conclure que depuis le mois de mars jufqu'au mois de feptembre il pleut en Ethiopie. Les pluies qui tombent dans ces contrées entre les deux équinoxes, commencent vers la ligne & s'étendent environ jufqu'au 20 dégré de latitude-nord. Ainfi la plus confidérable partie du royaume de Sannar eft exempte de pluies pendant que la méridionale en eft noyée. Delà on eft fondé à conclure que la croiffance & la décroiffance du Nil n'a inconteftablement aucune autre caufe que l'abondance des pluies qui dans la même faifon tombent en Ethiopie, & la ceffation de ces mêmes pluies lorfque le foleil a repaffé la ligne.

Ce ne font pas certainement les neiges de l'Ethiopie qui fourniffent des eaux au Nil pendant l'hiver. Il ne tombe jamais de neiges dans ces contrées, elle y eft même tellement inconnue que les Abyffins n'ont pas de termes pour l'exprimer. Ainfi il faut néceffairement convenir que dans cette faifon le cours de ce fleuve eft entretenu par des écoulemens de divers lacs que les pluies ont formés pendant l'été, & de ces fontaines fans nombre qui fortent des différentes montagnes de ce vafte royaume.

On trouve dans le voyage de Norden en Egypte & dans la Nubie, une réfléxion très importante fur la fertilité de l'Egypte qui vient à la fuite des crues & des inondations du Nil : fertilité que les anciens & même les modernes ont fort exagérée. Les auteurs qui ont entrepris de donner des defcriptions de l'Egypte, dit ce favant voyageur, contents d'avoir dit que la fertilité du pays dérive uniquement de cette inondaiton annuelle du Nil, s'en font tenus là : & ce filence a donné lieu de croire que l'Egypte eft un paradis terreftre, où l'on n'a befoin ni de labourer la terre, ni de la femer, tout étant produit comme de foi-même après l'écoulement des eaux du Nil. On s'y trompe bien, & j'oferois avancer, fur ce que j'en ai vu de

mes propres yeux, qu'il n'y a guères de pays où la terre ait un plus grand befoin de culture qu'en Egypte... La fechereffe eft fi grande que le terrain n'a pas feulement befoin d'une inondation générale, il demande encore que quand les eaux du Nil commencent à baiffer, on ne les laiffe pas s'écouler trop promptement. Il faut donner le temps aux terres de s'en abreuver & de s'en imbiber. Cette néceffité a depuis long-temps fait chercher les moyens de retenir l'eau & de la conferver pour l'arrofement des terres. Les anciens y avoient réuffi à merveilles : & de leur temps on voyoit tout le terrein dans une beauté floriffante jufqu'au pied des montagnes. Mais le cours du temps & les diverfes défolations dont ce royaume a été affligé ont tout fait tomber dans une telle décadence que fi une extrême néceffité n'obligeoit les Arabes à travailler, dans moins d'un fiècle l'Egypte fe trouveroit réduite à un auffi trifte état que la petite Barbarie dans le voifinage des cataractes, où l'on ne laboure & l'on ne cultive guères que l'efpace de vingt à trente pas de terrein au bord du fleuve.

Les anciens ont tous méconnu la véritable caufe de l'accroiffement régulier & de l'inondation périodique du Nil ; il n'y a prefqu'aucun philofophe, ni hiftorien ancien, qui n'ait exercé fon imagination & fon génie fur cette matière ; & cette queftion eft en effet devenue une des plus importantes de l'antiquité. En effet, ce fleuve a toujours paffé pour avoir quelque chofe de divin & de facré, foit à caufe de la grande pureté de fes eaux, foit pour l'heureufe influence de fes grandes inondations fur la fertilité de l'Egypte, foit par l'ignorance abfolue où l'on étoit de fa fource & de fon origine, foit enfin par l'immenfité de fon cours, qui eft de près de 700 lieues du midi au nord en droite ligne, fans compter les détours & dont plus de la moitié étoit inconnue aux anciens. Sénèque nous a transmis tout ce qu'on croyoit & tout ce qu'on avoit écrit & pensé avant lui sur les causes de ce phénomène : & l'on voit avec quel avantage il combat & détruit les opinions différentes qui s'étoient successivement élevées sur la naissance, le cours & les inondations de ce fleuve unique dans notre zône tempérée.

La véritable cause de l'erreur de toute l'antiquité, vient de ce qu'on ne voyageoit guère au-delà des cataractes de ce fleuve, qui se trouvent bien encore en-deçà du tropique, ou plutôt de ce que les voyageurs anciens qui ont pénétré plus loin, étoient la plupart des hommes ignorans, d'une intelligence bornée & incapables de s'occuper de ces objets, avec l'attention, la suite & l'opiniatreté qu'ils exigent.

Il faut cependant convenir que le fameux Néarque avoit déja observé dans ses voyages les pluies excessives qu'on essuie dans certaines saisons entre les tropiques, & les crues d'eau dans les rivières qui y ont leurs cours ; mais il ne paroît pas qu'on ait appliqué les faits observés par ce voyageur, aux crues régulières du Nil.

Le premier qui en ait parlé d'une manière positive, est, ce me semble, François Alvarès qui accompagna en 1520, l'ambassadeur de Portugal qui fut envoyé auprès du Prete-Jean. Il remarque d'après le rapport des peuples de ces contrées, que la saison des pluies, qui est leur printemps commence dans cette partie de l'Ethiopie au mois de mai, & dure jusqu'en septembre ; & il ajoute qu'ils en essuyerent de continuelles & d'excessives pendant tout le mois de juillet qu'ils furent en route.

Enfin il est constant aujourd'hui, d'après le rapport de plusieurs voyageurs jésuites & autres, que ces crues régulières du Nil, sont dues uniquement aux pluies abondantes qui tombent entre les deux tropiques pendant les mois de mai, de juin, de juillet &c.

Le fleuve paroît sortir de deux sources ou de deux lacs, placés dans l'Abyssinie & à quelque distance l'un de l'autre, environ vers le onzième dégré de latitude septentrionale ; il est même vraisemblable que ces lacs sont eux-mêmes formés & entretenus par des torrents qui descendent des montagnes de la Lune, situées encore plus près de l'Équateur. Et comme ce fleuve reçoit en chemin faisant, entre les tropiques, le tribut d'une infinité de rivières qui y arrivent de tous côtés, il n'est plus étonnant que dans la saison des pluies, toutes ces eaux ainsi rassemblées & réunies enfin en un seul lit, viennent couvrir l'Egypte, qui leur sert de décharge, en lui laissant, avec le limon qu'elles y déposent, une source abondante de prospérités.

« Le débordement du Nil n'est donc » plus, dit Dampierre, un mystère. Si » l'on veut se donner la peine de com- » parer le temps où arrivent les inonda- » tions de l'Egypte avec celui où elles » se font dans quelques unes des parties » de la Zône-Torride où passe le Nil, on » trouvera que l'époque de l'inondation » de l'Egypte, est autant postérieure à » celle de certaines parties de cette Zône, » qu'on peut raisonnablement concevoir » qu'il faut de tems aux eaux qui croissent » tous les jours, pour parcourir une » aussi grande étendue de pays. Les anciens » auroient tout aussi bien pû crier au » miracle, à l'égard de toutes les riviè- » res qui viennent d'un peu loin dans la » Zône-Torride ; mais ne connoissant que » la Zône-Tempérée septentrionale, & le » Nil étant la seule grande rivière que » l'on sût qui venoit d'un pays fort éloi- » gné, & situé près de la ligne, ils ne » purent que prendre ce seul fleuve pour » le sujet de leurs recherches.... A l'égard » de la Zône-Torride, ajoute-t-il ensuite, » les inondations annuelles & leurs causes

» n'y font pas moins connues que les
» rivières mêmes. Enfin il faut obferver que
» quand les rivières fe trouvent dans la
» zône torride, & dans la latitude fud,
» comme la rivière d'Ylo au Pérou, elles
» fe débordent régulièrement, mais dans
» une faifon de l'année toute contraire. »
Dampierre, *Voyage autour du Monde.*

Les fleuves qui font fujets à des crues
& à des débordemens périodiques, annuels, & qui arrivent dans certaines faifons, ne fe trouvent guère que dans la
Zône-Torride : & l'on ne doute plus maintenant que ces effets, fi furprenants autrefois, ne foient produits par l'eau des pluies
qui font très-abondantes dans cette zône
pendant ces mêmes faifons. Voilà donc
les fontaines périodiques, la fièvre, la
goutte, le flux & reflux de l'Ocean, les
crues des fleuves fujets a des débordements
annuels, la fuite & le retour des faifons,
confidérés comme des faits analogues, &
que des découvertes poftérieures nous ont
fait ranger fous des claffes différentes, &
diftinguées par les caufes. Il faut cependant
en excepter les crues des fleuves, qui font
un fait analogue avec le retour des faifons.

Plus on connoît, plus on diftingue,
foit en morale foit en phyfique. La pareffe
alonge les liftes des faits femblables : la
difcuffion les racourçit, & réduit prefque
tout à des points ifolés.

XII.

SÉNÈQUE.

Des cataraƈtes du Nil.

Après avoir parcouru des déferts immenfes, & y avoir formé des vaftes marais,
le Nil traverfe enfin des pays habités, &
commence à raffembler fes eaux errantes
& vagabondes aux environs de Philé.
C'eft une ifle bordée de roches efcarpées,

& environnée de deux larges bras qui finiffent par s'unir, & portent après leur
réunion le nom de Nil. Ce fleuve au
fortir de l'Ethiopie & de ces fables brûlans qui fervent de route pour le commerce de la mer des Indes, eft dans cet
endroit plus large que rapide; mais les
cataraƈtes voifines de cette ifle augmentent
l'impétuofité du fleuve & procurent le
plus beau des fpeƈtacles. Le Nil eft obligé
de redoubler de forces pour s'élever à travers des roches efcarpées & taillées à pic
pour la plupart. Brifé par l'oppofition
de ces maffes informes, & reduit à fe
refferrer dans des gorges étroites, il fe
précipite à grands flots. Ses ondes jufqu'a-
lors calmes & tranquilles acquièrent l'impétuofité d'un torrent & s'échappent de
ces paffages difficiles, troubles, chargées
de terre, couvertes d'écume par le choc
des rochers; enfin après avoir furmonté
tous ces obftacles, abondonné tout-à-
coup à lui-même, il tombe dans un
vafte gouffre avec un bruit qui fe fait
entendre dans tous les lieux d'alentour.

Ce qu'on a raconté de la hardieffe des
naturels du pays, doit être cité parmi les
merveilles de ce fleuve. Deux bateliers
montent dans une petite nacelle, l'un
pour ramer & l'autre pour vuider l'eau;
après avoir été long-temps les jouets
de la rapidité du fleuve, des flots qui les
pouffent & repouffent alternativement,
ils gagnent enfin un courant étroit, à la
faveur duquel ils évitent les gorges des
rochers, puis fe laiffant tomber avec le
fleuve tout entier, ils continuent de gou-
verner la barque pendant leur chûte même :
ainfi culbutés au grand effroi des fpeƈta-
teurs, lorfqu'on les croit engloutis &
écrafés par ces énormes maffes d'eau, dans
le temps même où l'on déplore leur
perte, on eft tout furpris de les voir naviguer bien loin du lieu où ils étoient tombés, comme s'ils euffent été jettés par une
machine de guerre à cette diftance. La
chûte de l'eau bien loin de les engloutir,

les porte dans l'endroit le plus calme & le plus uni du fleuve.

Confidérations fur les cataractes du Nil, & fur celles des fleuves en général.

Les cataractes du Nil, comme tout ce qui appartient à ce fleuve & à l'Egypte qu'il arrofe, font fameufes : & d'après la defcription que Sénèque fait ici de la première cataracte, il paroît qu'elles méritent leur célébrité. Le Nil cependant n'eft pas le feul fleuve dont les eaux éprouvent ainfi des chûtes confidérables & fubites. Plufieurs autres offrent dans certaines parties de leur lit, ainfi que le Nil, des chaînes de rochers, des bancs de pierres dures qui oppofent à ces maffes d'eaux courantes, des obftacles qu'elles ne peuvent franchir fans effort & fans retomber enfuite, avec le plus grand fracas, dans le précipice qu'elles continuent chaque jour à fe creufer au-deffous de ces obftacles.

Des naturaliftes, qui fans doute n'avoient pas été à portée d'obferver toutes les circonftances qui concouroient à former les cataractes, ont prétendu qu'elles fe rencontroient dans tous les pays nouveaux, incultes, où le nombre des habitans étoit peu confidérable & où *la nature étoit encore brute & difforme*. Pour faire adopter ces idées, il femble qu'il auroit fallu prouver que c'étoit à l'induftrie humaine, que les fleuves qui dans leur cours majeftueux arrofent plufieurs provinces peplées, devoient la régularité de leur lit, & que la forme du fol d'un pays habité eft fufceptible de fe policer, pour ainfi dire, par les hommes.

Mais fans nous écarter de l'objet qui donne lieu à nos réflexions, l'état où font encore les cataractes de Philé, femble établir le contraire des affertions hafardées que nous venons de rappeller. Car quel pays plus anciennement habité & plus peuplé que l'Egypte & particulièrement les environs du Nil ? Quel pays où l'induftrie humaine ait plus laiffé de monumens de patience & de courage ? & c'eft à côté de ces monumens que fe voit encore la nature brute & difforme du fol des cataractes. D'ailleurs imagineroit-on que la Suiffe n'eft pas affez peuplée pour aplanir le lit du Rhin qui fe précipite en entier de 60 pieds de hauteur, à quelque diftance au-deffous du pont de Schaffhoufe ? Et efpère-t-on que le Canada fe peuplera quelque jour de manière à faire difparoître le fault de Niagara ?

L'obfervation au refte peut feule détruire toutes ces vues fauffes & toutes ces méprifes. Elle nous fait voir des fleuves dont le lit eft d'une largeur & d'une pente uniforme, & fans chûtes brufquées, tant qu'ils parcourent ces parties du globe où les fubftances pierreufes qui font à la fuperficie ont une dureté médiocre & à-peu-près égale, & font diftribuées par couches affujetties au même niveau. Elle nous montre au contraire dans le lit des rivières & des fleuves plufieurs inégalités, des cafcades, des cataractes par-tout où des couches de pierres affez tendres fe trouvent placées à côté des maffifs d'autres matières pierreufes fort dures & à un niveau un peu inférieur. En obfervant & comparant tous ces détails, on voit que l'eau courante avec toute fon activité, n'a pu s'ouvrir un débouché libre & égal au milieu des maffifs de rochers fort durs, tandis qu'elle a entamé & excavé facilement à quelque diftance au-deffous les couches de matières aifées à déliter. Mais dans aucune des circonftances qu'on vient de rapprocher, il n'eft queftion d'une nature de fol brute & difforme, de pays nouveaux & incultes. Tout y paroît le réfultat de la difpofition primitive que le travail des hommes ne peut altérer ou corriger à un certain point.

Le paffage fubit d'un maffif très-dur

à un maffif plus tendre, fe trouve particulièrement fur les limites de l'ancienne & de la nouvelle terre, que Rouelle dans fes leçons diftinguoit par des caractères fi précis & fi lumineux, & que les naturaliftes dont nous combattons les idées, n'ont jamais ni connus ni indiqués. C'eft fur ces limites que des rochers de granits contigus à des fubftances argileufes ou calcaires, diftribuées par filons ou par couches horifontales, préfentent à l'eau courante des fleuves & des rivières, le contrafte des deux fols dont j'ai parlé.

Bien loin donc que les cataractes fe trouvent dans les pays nouveaux où la nature auroit à peine ébauché les formes de leur fol, on ne les rencontre au contraire que vers les extrémités de la plus *ancienne terre*, où les deftructions ont fait plus de progrès, & où ce qui a réfifté à ces deftructions eft par conféquent plus *difforme* que *brute*, & donne lieu à ces cataractes.

J'oferois prefque affurer que cette circonftance eft applicable à la cataracte du Nil, qui donne lieu à cette difcuffion. Pour s'en convaincre, il fuffit de jetter les yeux fur les vues intéreffantes du bord oriental de ce fleuve qui font gravées dans le voyage de Norden. Pour peu qu'on foit exercé à obferver, on y reconnoît les rochers de granits, dont la bordure élevée fe montre dans tous les environs d'Affouën, & fe prolonge à travers le canal du Nil, à l'endroit même de la cataracte. Un peu au-deffous on fuit avec le même plaifir les couches inclinées & horifontales des matières argileufes & calcaires, adoffées aux maffifs de granits & moins élevées que ces granits : & ces couches figurent enfuite tout le long de la partie inférieure du même bord oriental du fleuve.

Nous connoiffons d'ailleurs la nature des rochers d'Affouën, par les obélifques qui ont été taillés dans les carrières des environs ; & la nature de la pierre des couches horifontales qu'on trouve au-deffous & qui ont fervi à la conftruction des pyramides. Ce font des pierres coquillères où les madrepores & les lenticulaires dominent, & qui font connues parmi les anciens fous le nom de pierres Troyennes.

Il feroit facile de citer ici plufieurs autres exemples de cafcades ou de cataractes qui fe trouvent dans des circonftances femblables à celles qu'on vient de décrire, & qui prouveroient que ces circonftances font les plus communes. Cependant il faut avouer qu'il y a des cas où la nature brute & difforme femble avoir multiplié les inégalités dans les lits des ruiffeaux & des rivières, & donné lieu à de fréquentes cafcades, quoique les mêmes phyficiens, à l'appui de leur fyftême, ne les aient ni connus, ni indiqués. Ce font les pays où le feu a exercé fes ravages, & a produit par les déplacemens & les tranfports immenfes des matières fondues, certains défordres autour de tous les centres de fes éruptions. Les principaux courans de matières fondues qui fe font répandus ou dans le fond de vallées ou fur les crouppes alongées des montagnes, qui verfent actuellement l'eau de tous côtés, préfentent à leurs extrémités autant de cafcades, parce que ces matières après leur réfroidiffement ont pris un tiffu ferré & compact que l'eau ne peut entamer que très-lentement. J'obferve que la nature eft brute & difforme dans les cantons volcanifés ; mais feulement pendant la durée des premiers âges qui fuivent l'extinction des volcans. Car outre que la nature au milieu des accès tumultueux du feu, fuit une certaine marche uniforme dans la diftribution des matières fondues, l'action de l'eau & de l'air combinée fait difparoître cet afpect dur & fauvage des cantons ravagés par le feu, & fait fuccéder par des progrès infenfibles à l'aridité d'un

fol couvert de fcories & de laves, une verdure fraîche & riante : & par la fuite des
mêmes caufes, les inégalités du lit des
ruiffeaux & les cafcades s'applaniffent &
fe détruifent entièrement.

Mais fi les hommes n'ont pas tenté de
détruire les cataractes, ni d'applanir le
lit des fleuves, comme on l'a prétendu,
pour faciliter leur navigation, ils ont
fu y fuppléer en quelque forte par le
courage & l'adreffe, comme Sénèque nous
l'apprend des habitans de la Thébaïde &
de l'Egypte. Il fuffira de rapporter ici
ce que Maupertuis raconte des manœuvres que les Finnois mettent habile-
ment en ufage pour franchir les pas difficiles des cataractes fréquentes qu'on rencontre dans les fleuves de Laponie : on
y trouvera beaucoup de reffemblance avec
les manœuvres des égyptiens.

Quelques planches de fapin fort minces
compofent une nacelle légère & fi flexible
qu'elle peut heurter à tous momens les
pierres dont les fleuves font pleins, avec
la force que lui donnent des torrens, fans
que pour cela elle en foit endommagée.
C'eft un fpectacle qui paroît terrible à
ceux qui n'y font pas accoutumés, & qui
étonnera tous les autres, que de voir au
milieu d'une cataracte dont le bruit eft
affreux, cette freffe machine entraînée
par un torrent de vagues, d'écume & de
pierres, tantôt élevée dans l'air, tantôt
perdue dans les flots ; un Finnois intré-
pide la gouverne avec un large aviron,
pendant que deux autres forcent de rames
pour la dérober aux flots qui la pour-
fuivent & qui font toujours prêts à l'inonder : elle eft fouvent toute en l'air,
& n'eft appuyée que par une de fes
extrémités fur une vague qui lui manque
à tout moment. Si ces Finnois font hardis
& adroits dans les cataractes, ils font par-
tout ailleurs fort induftrieux à conduire
ces petits bateaux, dans lefquels le plus
fouvent ils n'ont qu'un arbre avec fes

branches qui leur fert de voile & de
mât.

X I I I.

SÉNÈQUE.

Sur l'origine des Méditerranées.

Il y a une autre efpèce d'eaux auxquelles
nous donnons la même origine qu'au
monde ; s'il eft éternel, elles ont toujours
exifté, s'il a eu un commencement, elles ont
été formées en même-tems que lui. Quelles
font ces eaux ? L'Océan & les mers méditerranées qui n'en font que les rameaux.
Les fleuves dont la nature eft inexplicable, font auffi, fuivant certains philofophes, auffi anciens que le monde. Tels
font le Danube, le Nil & ces rivières
immenfes auxquelles on ne peut, fans leur
faire outrage, donner la même origine
qu'aux autres.

Réflexions fur les changemens arrivés au baffin de la Méditerranée.

Il n'eft pas poffible d'admettre ici l'opinion de Sénèque fur la forme du baffin de la
Méditerranée, & de la croire auffi ancienne
que le monde. Il fuffit de rapporter ce
que les anciens & quelques obfervateurs
modernes nous apprennent du débordement du Pont-Euxin, pour ne point adopter
ces idées. Selon eux, le Pont-Euxin
s'ouvrant un paffage par le Bofphore de
Thrace, répandit une nouvelle maffe d'eau
dans l'Archipel, & affez confidérable pour
inonder la plupart des ifles, & même
une grande partie des côtes de l'Afie Mineure & de la Grèce. Diodore de Sicile,
lib. 5, rapporte que les peuples de Samothrace, ifle confidérable, fituée au Nord-
Oueft de l'entrée des Dardanelles, n'avoient
pas encore oublié, de fon tems, les prodigieux changemens qu'avoient faits dans
l'Archipel, l'irruption du Pont-Euxin,

qui, d'un grand lac qu'il étoit auparavant, augmenta de telle forte, qu'il déborda dans la Propontide, (aujourd'hui mer de Marmara), inonda l'Archipel, réduifant les habitans de ces contrées à fuir fur les fommets des montagnes. On prétend même que ce débordement couvrit une partie des côtes de l'Afie, ainfi que les parties baffes de la Thrace, de la Macédoine, mais fur-tout la Theffalie, la Béotie & l'Attique, vers lefquelles l'impétuofité des eaux étoit dirigée.

» Quels changemens les iffes de la mer
» Egée ne reçurent-elles pas alors, dit
» Tournefort (lettre quinzième de fon
» voyage au Levant), & fur-tout celles
» qui fe trouvent expofées comme en
» ligne droite : puifque Samothrace, qui
» eft à-côté du canal, en fut tellement
» inondée, que fes habitans ne favoient
» à quel dieu fe vouer. Il en faut juger
» par la violence du coup que les eaux
» portèrent dans la mer de Grèce. Eft-il
» furprenant, ajoute-t-il, que les plus
» anciens auteurs, hiftoriens & poëtes
» aient publié que plufieurs iffes s'étoient
» autrefois abîmées dans l'Archipel, &
» qu'il s'en étoit formé de nouvelles ?
» Peut-être que la fameufe Délos ne parut
» que dans ce tems-là, & que les peuples
» des iffes voifines lui donnèrent ce nom
» qui fignifie *manifefte*. On traite néan-
» moins la plupart des auteurs anciens
» de rêveurs, de conteurs de fables. Que
» ne faurions-nous pas, fi les ouvrages
» de ceux qui avoient décrit tous ces
» changemens, étoient paffés jufqu'à nous
» comme ceux de Diodore ? Ce qui nous
» paroît le plus incroyable dans Pline,
» ne font peut-être que les meilleurs
» morceaux de plufieurs auteurs qui
» avoient écrit fur ces matières, & dont le
» refte eft perdu.

On peut voir dans Tournefort, l'examen qu'il fait enfuite du Bofphore de Thrace, de fes côtes & de leur forme

correfpondante qu'il regarde comme les effets de cette révolution. Quand même on n'admettroit pas tous ces détails, comme fondés, il faudra toujours en conclure que les Méditerranées font, fans contredit, les parties du baffin de la mer, qui ont éprouvé des changemens plus marqués & plus étendus.

On pourroit faire voir qu'il eft furvenu pareillement beaucoup de changemens dans le lit des fleuves & fur-tout vers leurs embouchures ; que même la quantité moyenne de l'eau qu'ils charient, a varié infiniment dans diverfes époques : par conféquent on ne peut dire que les fleuves & les Méditerranées, envifagés fous les rapports que je viens d'indiquer, foient auffi anciens que le Monde.

X I V.

SÉNÈQUE.

Sur l'origine de la mer, & fur les changemens de fon baffin.

Mais d'où vient la mer : la mer eft auffi ancienne que le globe ; elle a fes conduits & fes réfervoirs qui lui donnent impulfion & fourniffent à fon flux. L'eau douce a comme la mer des baffins immenfes & cachés que tous les fleuves avec leurs cours n'épuiferont jamais ; ces reffources intérieures font voilées à nos yeux : il n'en fort que le fuperflu dont elle fe débarraffe.

Réflexions fur les différents changemens que le baffin de la mer a pu éprouver.

Nous ne répondrons pas directement ici à cette queftion fi intéreffante, *mare unde eft ?* nous nous contenterons feulement de faire quelques remarques fur les différents changements que le baffin de la mer a pu éprouver

Comment

Comment les eaux de la mer ont-elles été recueillies dans son baffin ? Grande & belle queftion que le naturalifte inftruit ne doit pas réfoudre comme Sénèque. Depuis qu'on étudie l'organifation des couches fuperficielles des continens, & qu'on fait qu'une grande partie de la terre ferme a été un fond de mer, on ne peut pas dire, comme cet ancien philofophe, que tel amas d'eau, telle forme de baffin, foit auffi ancienne que le globe. Cette affertion ne peut être plus fondée, que celle par laquelle on décideroit que les couches horifontales, formées des débris & des dépouilles des animaux marins, font de la même date.

Malgré la certitude & le concert des obfervations qui prouvent que le baffin de la mer n'a pas toujours été renfermé dans les mêmes limites, on a vû plufieurs écrivains prétendre en infirmer les réfultats comme injurieux à l'ordonnateur de toutes chofes. Ils n'ont pas vu d'abord que cette force active départie à la nature pour la production fucceffive des êtres organifés, & la formation d'une partie de nos continens par les débris de ces êtres, étoit un arrangement auffi digne de la divinité, que celui qui leur plaifoit davantage, & fuivant lequel le globe de la terre une fois formé, n'auroit éprouvé ni additions, ni deftructions à fa furface. Cependant on s'eft accoutumé infenfiblement à ces vérités, & il paroît qu'on convient affez généralement aujourd'hui, en conféquence de l'examen des parties de nos continents abandonnées par la mer, que fon baffin n'eft plus le même qu'autrefois: mais il ne s'enfuit pas de ces obfervations, qu'il foit diminué de toute l'étendue de la fuperficie des continents qui a été fond de mer; il faudroit être affuré, ce me femble, que ce baffin occupât en même tems la même portion du globe où il fe trouve refferré, ce qui annonceroit une diminution confidérable des eaux de la mer, ainfi que le prétend fans aucune preuve, l'auteur de Telliamed.

Il ne paroît pas non plus que la marche de la mer, de l'Orient en Occident, foit conftatée par aucun fait, & que des obfervations correfpondantes, autorifent à croire que l'Océan anticipe fur certaines côtes orientales, autant de terrein qu'il en abandonne fur d'autres côtes occidentales. Tout ce qu'on a pu alléguer relativement à ces pertes récentes, n'indique aucunement que l'effort des flots contre certaines côtes, occafionne la retraite de la mer de deffus d'autres côtes oppofées, & que l'Océan fe porte toujours vers les parties qu'elle n'a pas recouvertes, en abandonnant en même raifon les portions des continens qu'elle a formés. Pour établir cette hypothèfe, on n'a cité que des dépôts informes & abondants, faits par des fleuves à leurs embouchures, plutôt que des prolongemens de continens formés dans le baffin de la mer & organifés par elle. Ces obfervations d'ailleurs, étalées à la fuite du texte de certaines théories de la terre, indiqueroient, fi elles prouvoient quelque chofe, que la mer a autant abandonné de terrein fur les côtes orientales de l'Amérique, que fur les côtes occidentales de l'Europe & de l'Afrique; & autant à l'embouchure du fleuve des Amazónes, par exemple, qu'à l'embouchure du Rhin & de la Meufe.

D'un autre côté, fi l'on juge de la retraite de la mer par les couches horifontales qui font à découvert le long de fes bords, on en trouvera tout autant le long des côtes orientales de l'Amérique ou de l'Afie, que le long des côtes occidentales de l'Amérique & de l'Europe. Au refte, quoique le déplacement du baffin de la mer ne paroiffe pas avoir été fucceffif, & dans le fens qu'on l'a fuppofé, il n'en eft pas moins réel, fi on le confidère abfolument.

Il refteroit à décider préfentement, comment s'eft opéré le déplacement du

baſſin de la mer, & s'il y a quelque principe actif qui continue ce déplacement ;
mais auparavant il ſemble qu'on ne doive
pas perdre de vue une difficulté à laquelle nos naturaliſtes ſyſtématiques n'ont
pas encore fait attention. Ils n'ont pas vu,
par exemple, que la mer qui baigne nos
côtes à couches horiſontales, n'eſt pas la
mer qui les a formées, & qu'elle n'a pas
plus formé les parties voiſines de ſes bords,
que les parties qui en ſont le plus éloignées ; qu'elle n'en forme pas même actuellement le prolongement : car les dépouilles des animaux marins, qu'on rencontre pas à pas, à la ſurface des continents
abandonnés par la mer, ne ſont pas celles
des animaux qui peuplent nos parages ; ce
ſont des coquillages dont les analogues,
ou ne ſe trouvent plus, ou ne ſe trouvent
que dans des mers ſituées à d'autres latitudes, & nullement dans notre mer. D'ailleurs, on ne peut me montrer un petit
appendice de continent, une petite ſuite
de couches horiſontales, le long des côtes
de la mer en Europe, qui ſoient le produit
des dépouilles de la population actuelle :
produit organiſé bien régulièrement, &
annonçant un progrès du même travail.
La mer dans beaucoup d'endroits, détruit
les falaiſes qui forment ſes bords, bien
loin d'accumuler les matériaux propres à
les reſſerrer par des accroiſſemens ſucceſſifs, qui faſſent un maſſif non interrompu avec les terreins ſortis de l'eau.
En un mot, je le répète, cette mer actuelle
n'eſt pas la même, qui a fait ces falaiſes,
n'étant pas peuplée des mêmes eſpèces
d'animaux, ni placée ſous le même climat.
Que de faits à analyſer dans un ſeul ! que
d'obſervations à combiner pour trouver
la vérité, ou enfin pour s'affermir dans le
doute ! car pour détruire les hypothèſes
les plus brillantes, il ſuffit ſouvent d'un
ſeul fait. Il réſulte de ces différentes obſervations, qu'il reſte encore beaucoup de
recherches à faire ſur le baſſin de la mer ;
mais ſi l'on veut les rendre utiles, il faut
apporter l'attention la plus ſevère dans la

diſcuſſion des faits, & étudier, d'après un
plan mieux concerté, la ſuite des événe-
ments qui ont appartenu aux différentes
époques, ainſi que la correſpondance des
veſtiges des ces évènements. Ce ſont là les
monuments qu'on doit commencer à comparer avec ſoin, & que la plûpart des
naturaliſtes, plus curieux de bâtir des ſyf-
tèmes plus ou moins ingénieux, que de
faire des obſervations exactes, ont trop
négligé de conſulter.

X V.

S É N È Q U E.

Du déluge.

C'eſt ici le lieu de rechercher comment,
au jour fatal du déluge, la plus grande partie de la terre ſera ſubmergée par les eaux ;
ſi cette inondation ſera produite par les
efforts réunis de l'Océan & de la mer intérieure ſoulevée contre nous : ou ſi des
pluies continuelles, un hiver opiniâtre &
vainqueur de l'été, verſeront ſur le globe
tous les nuages diſſous de l'atmoſphère : ou
ſi la terre fera couler plus abondamment
les fleuves, & ouvrira de nouvelles ſources
à des eaux inconnues : ou plutôt ſi ce grand
évènement ſera non l'effet d'une ſeule cauſe,
mais le réſultat de tous les moyens réunis
de deſtruction, produit à-la-fois & par la
chûte des pluies, & par la crue des fleuves,
& par l'irruption des mers, & par le concours unanime de toutes les eaux de la nature pour la perte du genre humain....

Quand la néceſſité amènera ce tems re-
doutable, les deſtins mettront en jeu pluſieurs agens à-la-fois. La deſtruction s'annonce par des pluies exceſſives, par un atmoſphère nébuleux & ſans ſoleil, par des
nuages continuels & un brouillard épais
que les vents ne diſſipent jamais...... Les
édifices vacillent & s'affaiſſent ſur leurs fon-

demens baignés d'eau : envain essaieroit-on de les étayer; quel point d'appui fourniroit un terrein mouvant & fangeux ? cependant la chûte continuelle des pluies, la fonte de ces amas de neige accumulés pendant plufieurs siècles, forment un immense torrent qui, précipité du sommet des montagnes, entraîne & les forêts qui n'ont plus de confiftance, & les pierres qui n'ont plus de lien. Les métairies font inondées, les troupeaux roulent confondus avec les débris de leurs étables. Après la deftruction des moindres édifices qu'il a emportés, fur fon paffage, le torrent plus impétueux va déclarer la guerre à des maffes plus folides. Il entraîne & les villes & les murs & les habitans infortunés.

Cependant les pluies continuent, l'atmofphère fe charge de plus en plus, les caufes de deftruction s'accumulent : au jour fombre d'un ciel couvert fuccèdent les ténèbres de la nuit, mais une nuit horrible, épouvantable, éclairée de tems en tems par une lumière funèbre : ce font continuellement des foudres qui éclatent, des orages qui fondent fur la mer : elle s'apperçoit, pour la première fois, de l'accroiffement des fleuves : elle fe fent à l'étroit. Ce ne font plus fes bords qui l'arrêtent, ce font les torrens qui repouffent fes flots en arrière : bientôt la furface de la terre n'eft plus qu'un lac immenfe. Seulement les plus hauts fommets offrent encore quelques hofpices. C'eft là que les malheureux humains fe font réfugiés avec leurs femmes & leurs enfans en chaffant devant eux leurs troupeaux.

Les fommets des montagnes paroiffent à fleur-d'eau, & augmentent le nombre des cyclades.

Quelques philofophes penfent que les pluies exceffives peuvent nuire à la terre, mais non la fubmerger. Il faut de grands coups pour frapper de grands objets. D'autres veulent que la mer fe déplace, &

que ce foit la principale caufe de ce défaftre univerfel : un fi grand naufrage ne peut être l'effet des torrens, des pluies & des fleuves débordés : quand le moment de la deftruction eft arrivé . quand les deftins ont réfolu de renouveller l'efpèce humaine, tous les élémens confpirent à cette révolution.

Il ne s'agit pas d'endommager la terre, mais de la couvrir d'eau : auffi, après ce prélude, la mer fe gonfle plus qu'à l'ordinaire, & porte fes flots au-delà du terme des plus fortes tempêtes : après avoir reculé deux ou trois fois fes bords : après s'être fixée fur un fol étranger, pour furcroît de maux, elle vient fondre contre le globe par un courant forti de fes gouffres les plus profonds.

En effet, l'eau eft un élément auffi abondant que l'air ou le feu, & bien plus abondant encore dans l'intérieur de la terre. Ces eaux une fois mifes en mouvement par la volonté du deftin, foulèvent & chaffent devant elles le vafte fein des mers, puis s'élèvent elles-mêmes à une hauteur prodigieufe, & furpaffent enfin les montagnes les plus élevées qui fervent d'afyle aux hommes....

De même donc que la marée des équinoxes dans le tems de la conjonction du foleil & de la lune, eft plus forte que toutes les autres : de même le flux deftiné par la nature à couvrir la terre entière l'emporte fur les plus grandes marées par la violence & l'abondance, & le reflux n'a lieu que lorfque l'eau a furmonté les fommets des plus hautes montagnes qu'elle doit couvrir.

Quelle fera la caufe de ce défaftre ? la même qui doit produire la déflagration univerfelle. Le déluge d'eau ou de feu arrive quand il plaît à Dieu de recommencer un ordre plus parfait de chofes, & de mettre

fin à l'ancien. Le feu & l'eau font les ar-
bitres fouverains de la terre. C'eft à ces
deux élémens qu'elle doit fon commencement & fa fin. Lorfque l'univers veut fe
renouveller, Dieu fe fert de la mer qu'il
envoie contre nous, ou de l'action du feu
quand il préfere un autre moyen de deftruction.

D'autres (philofophes) prétendent que
la terre s'ébranle, & que le fol entr'ouvert
découvre de nouvelles fources de fleuves,
dont les eaux coulent plus abondamment,
comme provenant de réfervoirs immenfes.

Ne difons pas que le déluge fera produit
par la pluie, mais qu'il y aura des pluies :
par l'irruption de la mer, mais que la mer
fortira de fes bornes : par les tremblemens
de terre, mais qu'il y aura des tremblemens
de terre : la nature s'aidera de tout pour
exécuter fes arrêts.

Cependant la caufe la plus puiffante de
l'inondation fera fournie par la terre. Lors
donc que le terme des chofes humaines fera
arrivé, lorfqu'il faudra que les parties du
globe s'anéantiffent pour fe régénérer dans
un état d'innocence & de pureté, de maniere qu'il ne fubfifte plus rien qui mene à
la corruption, il fe formera plus d'eau qu'il
n'y en aura eu jufqu'alors. Aujourd'hui la
quantité de chaque élément eft fixée fuivant la proportion requife ; il ne faudra
qu'ajouter un furcroît à l'un d'eux pour
que l'équilibre qui avoit jufqu'alors main-
tenu le tout, foit troublé. Ce furcroît fera
au profit de l'eau. Maintenant elle eft affez
abondante pour environner la terre, mais
non pour la fubmerger. Un accroiffement
quelconque exige un nouveau lit, & produit un débordement ; il faudra donc que
la terre fuccombe fous les efforts de l'onde
victorieufe.... Les rochers entr'ouverts de
toutes parts feront autant de fources d'où
les eaux s'élanceront vers l'Océan, ou plutôt réuniront toutes les mers en une feule.
Que deviendront alors & le golfe Adriatique & le détroit de Sicile ? L'Océan qui

environne aujourd'hui l'extrémité de la
terre en occupera le milieu. Les noms de
mer Cafpienne ou de mer Rouge, de golfe
de Crête, de Propontide, de Pont, feront
à jamais perdus. Toutes les eaux diftribuées
par la nature feront confondues en une
vafte mer. Ces royaumes floriffans, ces
empires que la fortune avoit comblés de la
plus longue profpérité, ces mortels qu'elle
avoit élevés au-deffus de leurs femblables,
nobles ou non, pauvres ou riches, tout
fera forcé de difparoître.

Je le répète, tout eft facile à la nature,
& fur-tout les opérations qu'elle a réfolues
dès le commencement du monde : les opérations auxquelles elle ne fe porte pas brufquement, mais qu'elle annonce long-tems
avant l'évènement. Oui, la nature dès le
premier jour du monde, dès l'inftant où
elle débrouilla la trifte uniformité du chaos
pour lui donner la forme que nous lui
voyons aujourd'hui, fixa l'époque du déluge univerfel ; & pour que la mer ne fût
point embarraffée ou dépourvue d'expérience au moment de l'exécution, elle voulut
qu'elle s'y exerçât long-tems auparavant.
En effet, ne voyez-vous pas que les flots
s'élancent contre les rivages comme s'ils
avoient envie de les franchir ? Ne voyez-
vous pas la marée s'avancer au-delà des
bornes prefcrites à l'Océan, & accoutumer,
pour ainfi dire, les eaux à la poffeffion de
la terre ? Ne voyez-vous pas la mer continuellement en guerre avec fes bords ?

Mais ce n'eft point la mer malgré fes
tempêtes : ce ne font pas les fleuves malgré
leur impétuofité, que vous devez le plus
redouter. Dans quel lieu du globe la nature n'a-t-elle pas des eaux à fa difpofition
pour pouvoir nous affaillir quand elle voudra ? N'eft-il pas vrai qu'en fouillant la terre
on y trouve de l'eau ? Ajoutez ces lacs immenfes ou invifibles, ces mers fouterraines,
ces fleuves qui roulent dans une éternelle
nuit. Combien de caufes d'inondation dans
ces eaux qui coulent & au-deffous & autour

de la terre, & qui, long-tems captives, se mettront enfin en liberté.

Voilà comment s'opérera la destruction universelle ; aussi-tôt de l'intérieur & de la surface de la terre, d'en haut & d'en bas, les eaux feront irruption. Rien de si violent, de si rebelle, de si funeste que ces eaux en grande masse : elles profiteront de la liberté qui leur est donnée, & submergeront par ordre de la nature le continent qu'elles devoient arroser & environner. Le feu, allumé en plusieurs lieux, se confond bientôt, pour ne faire qu'un incendie : ainsi les mers débordées se rassembleront en un moment ; mais la licence des ondes ne subsistera pas toujours. Après la destruction du genre humain & des bêtes féroces, dont l'homme avoit pris les mœurs, la terre retirera en elle-même les eaux. La nature ordonnera à la mer de rester immobile, ou de contenir sa fureur dans ses propres limites. L'Océan, banni de notre globe, sera renvoyé dans ses réservoirs invisibles : l'ancien ordre sera rétabli : toutes les générations des animaux seront renouvellées, la terre sera repeuplée d'hommes innocens, nés sous de meilleures auspices. Mais cette innocence ne subsistera pas plus long-tems que l'état de nouveauté. La méchanceté s'insinue très-promptement ; la vertu est difficile à rencontrer, elle a besoin d'un conducteur & d'un guide, au lieu que les vices s'apprennent sans maitre.

Vues hypothétiques sur le déluge, par les éditeurs des œuvres de Boulanger.

Boulanger représente le déluge comme un terrible évènement dont la mémoire a été conservée chez toutes les nations du monde, & dont les ravages sont écrits, selon lui, en caractères lisibles & ineffaçables sur toutes les parties de notre globe.

Il régna, dit-il, un affreux désordre dans la nature, non-seulement pendant tout le tems que dura le déluge, mais vraisemblablement encore dans les années qui le précédèrent & qui le suivirent. L'ordre des saisons avoit été altéré.

On peut encore, sans se tromper, attribuer une partie considérable des désastres du déluge à la mer irritée, & sortie de ses bornes ordinaires. Les forces qui produisent actuellement ce balancement réglé des eaux de la mer par lequel elles sont tantôt portées contre nos rivages, & tantôt repoussées, ces mêmes eaux forcées, augmentées ou dérangées, ont suffi pour submerger les continens. La nature troublée a pu élever alors ses eaux à une hauteur beaucoup plus grande que celle que nous voyons dans nos plus fortes marées.

Ainsi toutes les mers ont pu, en un instant, être jettées sur nos continens, & détruire en un clin-d'œil toutes les nations : elles ont pu ensuite être ramenées dans leurs bassins accoutumés, pour être reportées de nouveau sur les terres, à qui elles ont livré des assauts fréquens & réitérés. Par-là les eaux ont pu changer la surface géographique du globe de la terre, former de nouvelles vallées, déchirer des chaînes de montagnes, creuser de nouveaux golfes, renverser les anciennes hauteurs, en élever de nouvelles ; & couvrir les ruines de l'ancien monde de sable, de fange, & d'autres substances que leur agitation extraordinaire les mettoit en état de charier. Les traditions, d'accord en tout avec les monumens naturels, justifient ce que l'on dit de ces révolutions.

A ces phénomenes l'on doit encore joindre les tremblemens de terre qui ont dû faire sortir du sein de la terre des sources capables de grossir les eaux. Tous les continens ont été ébranlés par la même secousse qui ébranloit & agitoit les flots. Les couches de la terre furent tantôt affaissées ; & tantôt foulevées violemment fuivant les mêmes directions qui affaiffoient & foulevoient les eaux de la mer. A la fin cès couches fe font brifées, & ont donné paffage aux eaux fouterraines. La croûte de la terre, femblable à une voûte antique, fut forcée d'écrouler fur elle-même, & produifit des montagnes en quelques endroits, des vallées, des lacs & des mers en d'autres.

Le feu vint encore joindre fes fureurs à toutes ces étranges convulfions : il fort du fein de la terre ; un bruit affreux annonce fes efforts ; il éclate au travers des montagnes & des plaines. Des volcans embrâfés en mille endroits vomiffent à-la-fois de l'eau, du feu, des rivières & des torrens de laves qui confument ce que les eaux ont refpecté. Les exhalaifons & les fumées forties de ces fournaifes, infectent l'air & détruifent les nations que les fecouffes & les ravages de la nature avoient épargnées jufques-là. L'air s'épaiffit & ne devient plus qu'un brouillard fulphureux. Une noire fumée remplit toute l'atmofphère. Le foleil n'exifte plus fur la terre. Tout contribue à lui dérober fa lumière fecourable. Une vafte nuit règne fur le monde ruiné. Il n'eft éclairé que par les embrâfemens affreux qui montrent à l'homme égaré toutes les horreurs qui l'entourent.

Il faut de nouveaux malheurs à la terre pour lui rendre les rayons du foleil interceptés par la fumée & par les vapeurs malfaifantes ; il faut que l'atmofphere fe purifie ; cet effet eft produit par les nuages qui touchent à la terre ; ils fe réfolvent en pluie ; des torrens continuels tombent du ciel, & fillonnent les nouveaux continens depuis leurs fommets jufqu'aux rivages de la mer. Ils s'ouvrent un paffage à travers les débris & les cendres que les tremblemens de terre ont amoncelés ; ils rompent les digues de fable & de vafes que la mer avoit formés ; & lorfqu'ils ne trouvent point d'iffue, leurs eaux fe raffemblent & forment de nouveaux lacs. Les anciens débris font

par-là enfevelis fous de nouvelles ruines. Les eaux lavent & dépouillent les fommets des rochers & des montagnes qui, depuis ce tems, font reftés arides & incapables de produire. Le limon, la fange & les eaux, font portés dans les lieux les plus bas dont ils font des marais : ceux-ci formerent au bout des fiecles des plaines fertiles pour des races futures.

Ainfi la chûte des eaux éclaircit peu-à-peu l'atmofphère ; & fait difparoître cette obfcurité qui couvroit l'univers...... Les vapeurs commencent à fe condenfer par l'action infenfible du foleil, & les nuages qui étoient defcendus fur la furface de la terre, & qui fe confondoient avec les eaux dont elle étoit couverte, s'élèvent infenfiblement, & vont occuper la région de l'air où nous les voyons aujourd'hui. L'atmofphere débarraffée, laiffe appercevoir au loin la nouvelle difpofition de la terre dont les eaux prennent un cours fuivant la nouvelle forme des nouveaux terrains, & vont fe rendre dans les nouveaux baffins que le défordre leur a creufés en différens endroits : là elles forment des marais, des lacs, des mers. S'il exifte quelques portions de la premiere terre, on y découvre encore de nos jours le refte de fes anciennes productions. On y trouve des forêts renverfées & enfouies, dont la réfine ou le bitume, dévenus folides, forment des mines de charbon de terre. On y voit, dans les couches de limon durci qui les couvrent, des empreintes de végétaux, fouvent parfaitement reconnoiffables ; & dans d'autres nous trouvons des reftes d'animaux enfevelis alors fous des couches immenfes de boue, de fange, de fable, où ils nous atteftent la cataftrophe terrible qui a porté dans la terre ce qui étoit jadis à fa furface.

La furface de la terre fut fans doute longtems à fe deffécher, même après l'écoulement des eaux : de plus les continens échauffés par les feux fouterrains, durent long-tems exhaler en quelques endroits des vapeurs humides que la chaleur fit fortir des dépôts fangeux dont la terre étoit reſtée couverte. Elles contribuerent encore long-tems à former des brouillards qui rendirent le ſéjour de l'homme nébuleux & mal ſain. Elles perpétuerent les pluies, entretinrent l'humidité ſur la terre, & empêcherent le ſoleil de ſe montrer à découvert ſur l'horiſon. Malgré la régularité des jours & des nuits, la lumiere que donnoit cet aſtre dut continuer à être foible & ſemblable à celle de nos plus triſtes jours d'hiver. La nuit, pareillement privée de la lumiere douce des étoiles & de la lune, préſenta long-tems un voile ſombre & impénétrable ; mais enfin ces ſombres vapeurs commencerent à ſe diſſiper, les nuages ſe diviſerent & donnerent paſſage aux rayons de la lumiere, que le ſoleil lança ſur la terre, la terre en fut réchauffée, & toute la nature ſembla reſpirer & renaître.

Mais il falloit que la terre ſe deſſéchât tout-à-fait pour que les animaux échappés ſe répandiſſent à ſa ſurface.

Tel eſt le tableau des effets phyſiques que les éditeurs des œuvres de Boulanger attribuent au déluge : il auroit été à déſirer, comme il le dit, qu'il eût comparé ces terribles effets avec les monumens ſur leſquels il prétend que ſont gravées, en caractères ineffaçables, les révolutions de la nature. Je ne connois aucun de ces monumens, & il auroit dû les indiquer d'une maniere claire & préciſe. Ayant autrefois obſervé, il étoit plus en état que tout autre ſavant dans l'antiquité, de montrer les veſtiges du déluge, des tremblemens de terre, & des incendies des feux ſouterrains. Les ſeuls monumens de cette eſpèce qu'il rappelle, ſont les filons de charbons de terre, & les empreintes de végétaux & d'animaux qui ſe rencontrent par-tout dans les enveloppes de ces filons. Mais il eſt bien difficile de croire que ces forêts enſevelies ſoient l'ouvrage du déſordre qui régnoit lors du déluge, tel qu'on nous le repré-ſente ici. D'ailleurs les charbons de terre ſe

trouvent couverts de dépôts ſoumarins qui leur ſont par conféquent poſtérieurs. Ainſi il faudroit avoir recours à des cataſtrophes poſtérieures au déluge pour completter tout ce qui concerne les charbons de terre, & ſur-tout les couches qui recouvrent ces amas. On voit que Boulan-ger, ou ceux qui le ſont parler, ont con-fondu, comme des effets de cette cataſtrophe, des opérations très-diſtinctes, puiſqu'elles appartiendroient, ſuivant l'obſervation & leur hypothèſe, à des époques éloignées les unes des autres : on voit combien il y auroit de contradictions ſur ce ſeul fait, ſi l'on s'en tenoit aux aſſertions de Boulanger.

C'eſt ce qui arrivera toutes les fois qu'on aura recours à des agens vagues, mus ſans ordre comme ſans principes, ainſi qu'on l'a fait, quoiqu'il fut fort inſtruit dans l'hiſtoire naturelle du globe. Il a dû ſe borner à des généralités qui ne peuvent ſe raccorder avec aucun phénomène, & encore moins avec une certaine ſuite de phénomènes. Si quelqu'un pouvoit prendre ſous ſa protection le déluge, & nous le donner avec un certain avantage, comme un fait phyſique, c'étoit Boulanger. On a pu juger comment il y a réuſſi. Si l'on diſcutoit la marche des agens qui figurent dans cette cataſtrophe avec les monumens naturels, on n'en trouveroit aucun qui pût prouver cette marche, quoiqu'on aſſure ici qu'il ait été attentif à ne rien ſuppoſer qui ne quadrât avec ces monumens. Il s'eſt hazardé d'en citer un ſeul, & nous y trouvons une infinité de contradictions : au reſte, dans ce que j'ai cité de Boulanger, à ſon article, on verra combien il met de réſerve dans ce qu'il dit du déluge, & combien il eſt probable que toutes ces aſſertions hardies & vagues renfermées dans ſes œuvres, ſont l'ouvrage de ſes éditeurs.

Réflexions ſur le déluge, ſur ſes cauſes & ſes effets.

On peut enviſager le déluge, ou quant

aux caufes qui ont pu concourir à cette inondation générale, ou quant aux effets qu'il a produit à la furface de notre globe. Sous ces deux points de vue, il ne paroît pas qu'il puiffe être confidéré comme un événement que l'ordre actuel des chofes ait amené naturellement, ou dont il foit aifé de prouver l'exiftence par les veftiges qui nous en reftent.

On a dit qu'aucune caufe naturelle n'a pu verfer tout-à-coup fur la furface entière du globe la quantité d'eau néceffaire pour couvrir les plus hautes montagnes, ni la faire difparoître en la réduifant au volume actuel. On a dit que la cataftrophe du déluge univerfel ne pouvoit pas être comptée parmi les évènemens dont les phyficiens obfervateurs peuvent s'occuper. En un mot, les auteurs anciens & modernes, payens & chrétiens, qui ont parlé du déluge, l'ont repréfenté comme un événement miraculeux, ordonné par la volonté expreffe de Dieu. Cependant les uns & les autres, malgré cet aveu, fe font occupés des moyens que cette caufe furnaturelle avoit pu employer pour opérer une inondation générale; ils en ont même recherché curieufement les caufes & développé les progrès, comme fi un miracle pouvoit être plus ou moins facile, plus ou moins incroyable.

Sénèque, lui-même, quoiqu'obligé d'avoir recours pour confommer cette grande révolution, à la *volonté du deftin* qui, fuivant fes principes, difpofoit fouverainement des agens naturels, & leur communiquoit une énergie extraordinaire, fe borne cependant à ces agens. En développant tous les progrès de l'inondation & du défordre qu'elle produit, il n'y fait concourir que des moyens connus qu'il affujettit à une marche conforme à l'ordre naturel. Si l'on apprécie bien les circonftances où il femble appeller à lui le deftin, il eft aifé de fe convaincre qu'il n'en a pas moins de confiance dans les agens naturels dont il a fait choix,

& que c'eft plutôt pour abréger les détails de fes explications, que pour avouer l'infuffifance de ces agens, qu'il fait mention du deftin.

Ce fyftême d'explications d'un évènement auffi extraordinaire, expofé par Sénèque, avec toute l'adreffe dont il étoit capable, paroît avoir féduit quelques écrivains fyftématiques de nos jours, qui en ont adopté les principaux agens. J'ai lu avec plaifir les defcriptions de ce philofophe; j'ai été frappé de fon éloquence, & même des reffources de fa phyfique; mais je n'en fuis pas moins porté à difcuter chacun des moyens naturels qu'il emploie, pour les réduire à leur jufte valeur; & écarter les fauffes applications qu'on en a faites, & qu'on pourroit en faire par la fuite.

Les moyens que Sénèque fait valoir avec tant de fagacité, font l'éruption des eaux fouterraines par les fources, la chûte abondante des pluies, & le changement de la terre en eau. Voyons quel parti on en peut tirer pour inonder la terre, fans déranger, fuivant le plan de Sénèque, l'économie de la nature.

J'ai fait obferver, dans les notes précédentes, que la quantité d'eau verfée fur les continens par les pluies, étant fuffifante pour tous les befoins de la nature, il étoit inutile d'imaginer des réfervoirs d'eau immenfes, placés dans l'intérieur du globe, pour fournir à ces befoins : mais je ne puis ici me borner à cette objection, fi ces amas d'eau confidérables peuvent être de quelques fecours à Sénèque ou à fes partifans, pour inonder la terre; fi cette eau fouterraine, fortant de fes réfervoirs par les fources, peut former des torrens qui fe déchargent dans la mer, & la faffent déborder fur les continens, de manière à couvrir les plus hautes montagnes, je ne puis condamner cette reffource, qu'autant que

que le jeu de ces eaux & leur éruption, entraîneroient quelques inconvéniens, ou seroient contraires aux principes de l'hydrostatique.

Une source est l'orifice d'un canal souterrain qui verse au-dehors l'eau que sa pente y conduit par une affluence ménagée. Les sources ne peuvent donc tirer leurs eaux que de réservoirs placés intérieurement au-dessus du niveau de leur orifice : car il est nécessaire que l'écoulement de l'eau des sources, comme de toute autre eau qui circule à la surface du globe, soit favorisé par la pente & par l'impulsion de l'eau supérieure qui pèse sur celle qui sort à chaque instant, & qui tend à la remplacer à mesure qu'elle se vide.

En conséquence de ce jeu uniforme de l'eau des sources, il est clair que pour fournir à leur entretien, elle doit résider dans les lits voisins de la superficie de la terre; elle y est retenue d'ailleurs par les couches d'argille, qui servent à stratifier les conduits souterrains où elle se rassemble, & qui lui ferment tellement toute issue, qu'elle ne peut pénétrer à une certaine profondeur, ni communiquer avec les réservoirs intérieurs, quand même ils existeroient. D'après ce plan de distribution de l'eau des sources, il s'ensuit qu'elle ne peut être que le produit des pluies.

Toute autre manière de concevoir l'origine des sources & leur entretien, étant contraire aux principes de l'hydrostatique, il en résulte que les réservoirs souterrains placés au-dessous du niveau de la mer, n'ont pu verser leurs eaux par les sources, & fournir aux torrens qui dévoient se précipiter dans le bassin de la mer; & qu'à cette profondeur, l'eau non-seulement est perdue pour la circulation extérieure qui s'opère à la surface du globe, mais encore qu'elle n'a pu concourir à l'inondation générale telle que l'a décrit Sénèque.

D'après ces principes, il faudra donc placer les réservoirs d'eau, si on a recours à cette ressource, dans les parties superficielles du globe, c'est-à-dire dans la seule masse des continens, élevée au-dessus du niveau de la mer : or, ce nouvel arrangement n'est pas sans inconvénient; car la masse de tous les continens, élevée au-dessus du niveau de la mer, peut-elle offrir des cavités souterraines propres à renfermer une quantité d'eau qui, ajoutée au volume actuel, combleroit le bassin de la mer & couvriroit les plus hautes montagnes?

Il est visible que, d'après la constitution des couches de la terre que nous connoissons, ces amas d'eau ne peuvent exister, ni suffire aucunement à l'inondation générale.

Je veux bien, cependant, que ces cavités souterraines renferment une quantité d'eau suffisante, & qu'elles puissent la verser par les sources; il surviendra encore beaucoup de nouveaux obstacles avant que le globe soit totalement inondé. On n'a pas prévu, sans doute, que cette eau produite par les sources abondantes, a autant de facilité à rentrer dans les cavités vides, qu'elle en a eu à sortir de ces cavités : ainsi, à mesure que l'eau de la mer pourra se répandre sur les continens, & qu'elle rencontrera l'orifice des sources, elle remplira de nouveau les cavités souterraines, dont les sources sont les débouchés, & tout ce qu'elles contiendront sera perdu pour l'inondation. D'après ces réflexions, il est aisé de démontrer qu'en supposant une quantité d'eau suffisante pour opérer une inondation générale, & cette eau contenue dans des cavités souterraines, distribuée uniformément par toute la masse des continens, on n'inonderoit que la moitié du globe, c'est-à-dire toutes les parties les plus basses, puisque la moitié des cavités souterraines auroit réabsorbé l'eau qu'elles auroient fourni d'abord.

Concluons de cette discussion, qu'il est

impoffible que les magafins d'eau fouterrains, & l'éruption forcée des fources,
concourent efficacement à l'inondation du
globe.

Examinons maintenant fi la chûte des
pluies abondantes pourra remplir avec plus
de fuccès les vues de Sénèque. Les pluies
font dépendantes de l'évaporation de l'eau
qui fe fait fur la mer & fur les continens,
& de la diffolution de cette eau dans l'atmofphère, comme produit de l'évaporation qui puife dans un fonds d'eau connu
& donné. Il s'enfuit que les pluies ne peuvent fournir à la mer une nouvelle maffe
d'eau qui ferve à inonder le globe. Les
vents élevent les vapeurs où il ne pleut
pas, pour les voiturer ailleurs où elles fe
réfolvent en pluies ; ainfi il eft également
impoffible que l'évaporation ait lieu continuellement, fans qu'il pleuve quelque part,
& qu'il pleuve abondamment, fans que
l'évaporation fourniffe à la dépenfe de la
pluie. La quantité d'eau qui tombe fur le
globe, ne peut être plus abondante que
celle qui s'élève de la furface terraquée.
Les pluies ne régnent que dans certaines
contrées, & ne produifent que des inondations locales. La mer ne débordera donc
jamais en conféquence des pluies abondantes qui ne font qu'un déplacement de
l'eau déjà fubfiftante à la furface du globe :
la mer a dû donner avant que de recevoir ;
elle ne s'enrichit que de fes largeffes ; elle
ne reprend par les pluies, que ce qu'elle a
perdu par l'évaporation.

Donc les pluies n'ont pu fervir à l'inondation générale.

Lorfqu'on lit dans Sénèque la manière
dont il fait concourir les fources & les
pluies au déluge, il femble que rien n'eft
plus vraifemblable que l'influence de ces
caufes. Mais dès qu'on a réduit le jeu de
tous ces agens à l'économie de la nature,
on trouve qu'ils font tellement affujettis à
des loix, qu'il n'en peut réfulter aucune

révolution, aucun défordre, & que ces
loix circonfcrivent la conftitution actuelle
dans des limites trop précifes, pour permettre des écarts femblables à ceux que
certains phyficiens fyftématiques fuppofent
prefque à chaque pas, uniquement parce
qu'ils en ont befoin pour appuyer leurs
frivoles hypothèfes.

Mais le changement de la terre en eau,
feroit-il capable de fuppléer à l'infuffifance
des deux premiers moyens ? Suivant Sénèque lui-même, il paroît que cette tranf-
mutation ne peut s'opérer que lentement,
& par des progrès infenfibles : outre cela,
ces tranfmutations font réciproques, &
l'eau, fuivant fa doctrine, peut fe changer
en terre, comme la terre peut fe changer
en eau. Or, on ne peut compter fur un
moyen fi borné & fi incertain. Pour produire des révolutions pareilles au déluge,
il faut des caufes auffi violentes qu'efficaces,
auffi certaines qu'étendues. On abrège toute
difcuffion, on écarte tout embarras en confidérant le déluge comme un évènement
miraculeux qui n'a pu dépendre de l'ordre
naturel, ni influer fur cet ordre. Tant qu'on
mettra en jeu, pour ces fortes d'évènemens,
des agens connus, on s'expofera à effuyer
autant de contradictions qu'il y a d'agens,
& à déranger la marche de ces agens par
autant de miracles. Il femble que lorfqu'on
étale ainfi la beauté d'une opération miraculeufe, on publie qu'un miracle, aux
yeux d'un phyficien, eft un but fans moyens,
un fait fans circonftances, un réfultat fans
concours de caufes.

Loin que Sénèque ait eu recours à cette
reffource, il femble adopter entièrement
l'opinion des philofophes qui penfoient que
les caufes naturelles du déluge, étoient
combinées de manière que, par des progrès infenfibles, elles amenoient infailliblement l'époque & le jour fatal de cette
révolution. Il eft vrai que ces moyens ne
font pas affez folidement établis pour qu'on
puiffe les admettre ; les plus efficaces font

les aspects des planetes. Mais, quant à l'éruption des sources & à la chûte des pluies, il est évident, par ce que nous avons dit, que ces causes ne peuvent éprouver des accès périodiques d'augmentation, tant qu'elles resteront assujetties à l'économie actuelle de la nature.

Il est singulier que Sénèque nous parle du déluge comme d'un évènement futur, plutôt que comme d'une catastrophe des premiers âges du monde. Il n'ignoroit pas sans doute, tout ce que les traditions répandues chez les peuples anciens, nous en ont appris : mais considérant le déluge comme un moyen violent & prompt de détruire le vice, & de ramener l'heureux règne des vertus ; & jugeant ce moyen quelquefois nécessaire pour purifier l'univers, il a cru en rendre la peinture plus intéressante, en le faisant envisager comme un objet d'espérance & de consolation pour les stoïciens qui, alarmés des vices de toute espèce dont ils étoient témoins, attendoient une nouvelle terre peuplée d'habitans vertueux. C'est pour cela que les philosophes regardoient la grande masse d'eau contenue dans le bassin de la mer, & dans les réservoirs souterrains, comme l'espoir d'un monde futur, *futuri mundi spem*, comme un organisateur universel.

Cette considération nous conduit aux effets & aux suites naturelles du déluge. Sénèque ne paroît pas fort occupé de cet objet intéressant ; il envisage seulement sous un point de vue général, les transports immenses des terres & des rochers par les torrens qui succèdent aux fleuves, & il suit de même les changemens étonnans qu'une masse d'eau considérable devoit produire sur les continents, à mesure qu'elle s'y répandoit : enfin il charge cette eau d'organiser la nouvelle terre destinée à recevoir de nouveaux habitans ; mais il n'en décrit aucune opération particulière. Il se hâte de faire rentrer l'eau dans ses anciens réservoirs, dans ses anciens bassins pour

découvrir les continens qu'il prépare à l'innocence & à la vertu.

Ce que Sénèque n'avoit qu'indiqué, des physiciens modernes l'ont exposé en détail, en traçant le plan de toutes les opérations de l'eau du déluge ; & il faut avouer qu'ils ont tout osé dans cette partie. C'est, selon eux, l'eau du déluge qui a formé les couches horisontales du globe par les sédimens des terres qu'elle avoit délayées, & qui a transporté & déposé dans ces couches, les coquillages qu'elle a tirés du fond de la mer. C'est cette eau qui, en quittant les continens, a creusé toutes les vallées, & produit toutes les inégalités qui se trouvent à la surface de la terre ; en un mot, tous les phénomènes qui ont embarrassé les naturalistes, ont été considérés comme l'ouvrage du déluge.

Il est vrai qu'à mesure que ces phénomènes ont été connus plus en détail, & qu'on en a mieux saisi l'étendue, la régularité & l'ensemble, on a cessé de rapporter à un évènement fortuit, passager, tumultueux, un travail qui demande plus de tems que de force, qui, observé avec soin, & bien apprécié, s'annonce plutôt comme le résultat d'une suite infinie de petits effets, que comme le produit brusqué de grandes causes. On a trouvé étrange que la nature en tourmente, comme nous l'a peint Sénèque, sans frein, sans loix, *soluta legibus*, livrée à une anarchie générale, ait plus fait d'opérations dans le court espace de tems que la révolution a pu durer, qu'elle n'en avoit fait pendant la longue suite de siècles qui a précédé & suivi cette révolution, & sur tout lorsqu'elle opéroit sous l'empire des loix, dont nous admirons l'activité & la sagesse ; enfin on n'a point vu, sans étonnement, que la mer ait eu en réserve au fond de son bassin la quantité immense de coquillages qui sont dispersés dans les lits horisontaux du globe terrestre ; & cette première difficulté a été augmentée par celle de concevoir comment l'eau de la nier les a tirés des profondeurs de son baffin ; comment enfin cette eau, livrée à une agitation violente & générale, a pu les tranfporter fur les continens, les dépofer régulièrement & tranquillement par couches, par lits, &, ce qui eft plus étonnant encore, par familles.

Quelques naturaliftes, fans s'occuper à difcuter les contradictions que renferment toutes les hypothèfes, toutes les théories qui avoient pour bafe le déluge, fe font bornés à le regarder en tout, comme miraculeux, & comme n'ayant laiffé à la furface du globe de la terre aucun veftige de fon paffage : & il faut avouer que c'eft un moyen fimple d'éluder une queftion compliquée. Car, fi d'un côté il eft difficile de croire qu'une maffe d'eau auffi confidérable que celle qu'il a fallu raffembler pour inonder toute la terre, ait pu l'envelopper fans y laiffer des traces de fon féjour, il eft évident, d'une autre part, qu'une inondation pareille, dont on ne connoît ni la marche, ni les progrès, ne peut faire l'objet des méditations d'un phyficien qui n'eft éclairé que par l'étude de la nature foumife à des loix précifes, & qui n'a plus de guide dès qu'il eft queftion de la nature livrée à des convulfions extraordinaires. Sur quel fondement, d'ailleurs, prétendroit-on que ce phyficien cherchât, dans des opérations furnaturelles, l'explication de phénomènes qui portent l'empreinte de tous les agens connus, & qui annoncent que leur marche a toujours été, telle que nous l'obfervons aujourd'hui, fimple, réguliere & foumife aux loix ordinaires ?

De la conflagration générale.

Il paroît fingulier que Sénèque mêle ici la conflagration générale du globe avec le déluge univerfel : outre qu'il eft affez difficile d'embrâfer le globe fous la maffe d'eau néceffaire pour couvrir la terre entiere, il femble qu'on ne pouvoit réunir deux révolutions que la tradition des peuples a toujours annoncées comme très-diftinctes, & comme deftinées à paroître dans des époques différentes. On a toujours parlé du déluge univerfel, comme ayant eu lieu dans les premiers âges du monde, & de l'embrâfement général, comme devant être à la fin des fiecles la derniere cataftrophe de la nature. Cependant il faut confidérer ici que les alarmes des différens peuples de l'Afie fur la ruine de l'univers par le feu, font plutôt la fuite d'évenemens paffés, que la prefcience d'un défaftre futur : & qu'il en eft des incendies comme des inondations qui ont jetté en tout tems l'épouvante dans l'efprit des habitans de la terre, expofés à leurs effets : par conféquent Sénèque a pu réunir ici l'éruption des feux fouterrains avec le déluge.

Mais on auroit grand tort de penfer que pour donner lieu à la tradition des peuples, au moins fur l'embrâfement de l'univers, il a fallu des évenemens d'un autre ordre que ceux dont nous fommes témoins. Les éruptions de quelques volcans ont fuffi pour faire naître ces frayeurs dans l'efprit des peuples. On auroit inutilement recours à des cataftrophes fubites & violentes : en vain imagineroit-on la nature livrée à un défordre général, les feux fouterrains s'élançant de toutes parts, & ravageant la terre entiere ? En un mot, peut-on croire aux recherches pénibles d'une érudition immenfe, lorfqu'elle attribue l'origine des fables & des bruits populaires aux évenemens les plus affreux ?

Je cite ceux qui font partis de ces fuppofitions à un autre tribunal qu'à celui de l'hiftoire. S'ils ont cru que fur cette matiere ils pouvoient fe livrer fans contradiction à tout ce que l'imagination leur fuggéreroit de plus frappant & de plus extraordinaire, il faut leur ôter cette confiance mal fondée, & leur apprendre que ces hypothèfes peuvent être appréciées & démenties par l'obfervation & par les monumens de l'hiftoire naturelle du globe.

L'étude des effets du feu sur les différens matériaux dispersés à la surface de la terre, est un moyen d'instruction qu'on a saisi avec empressement & suivi avec succès ; & l'on est déja parvenu à distinguer, par des caracteres assez précis, les matériaux qui n'ont pas été touchés par le feu, les matériaux primitifs, d'avec ceux qui sont ou simplement altérés, ou entierement fondus. On est donc en état de montrer les traces du feu par-tout où il a exercé ses ravages, & de circonscrire les limites des cantons volcanisés, & des pays épargnés par ces incendies. La question de l'embrâsement général ou particulier du globe, est donc du ressort de l'observation & de l'expérience. Quelque soit la confiance des physiciens qui nous annonceront les ravages du feu, ils seront dans l'obligation de soutenir la contradiction des observateurs de la nature, & de venir reconnoître avec eux les vestiges des incendies qu'ils ont supposés sans d'autres motifs que l'intérêt d'un système souvent très-hasardé. Il faudra qu'ils s'assujetissent à une analyse sévere des évenemens qu'ils auront mis en avant. Toute la suite des siecles qui nous ont précédés repasseront en revue à l'aide de ces principes ; on ne pourra plus abuser de ce vide immense pour y placer des opérations tumultueuses que l'observation contrediroit. Embrâsez l'univers, mettez tout en feu, interprétez toutes les fables avec autant de sagacité que d'érudition, il faut que les monumens de l'histoire naturelle parlent le même langage : & que répondre, s'il résulte de leur examen rigoureux que le feu n'a pas plus ravagé la terre dans les siecles passés, qu'il ne la ravage actuellement ? Tous ces désastres prétendus se réduiront aux traces des volcans éteints qu'on a reconnus, & qu'il sera si facile de reconnoître par la suite ; & ces traces, à en juger par les pays qu'on a déja observés, n'occuperont qu'une très-petite partie de la superficie du globe entier. Ce sont là les monumens qu'on doit recueillir pour tracer l'histoire des incendies arrivés à la surface du globe, & réduire à leur juste valeur les traditions populaires qui se sont transmises d'âge en âge, & qui ont été exagérées par les poëtes, & quelquefois même par les philosophes.

A P P E N D I X.

Les citations que l'on vient de lire sur le déluge, sur le Nil & sur la conflagration générale, sembloient exiger qu'on rapprochât différentes opinions des anciens sur tous ces objets, & même en général sur ce qui concerne l'origine, la durée & la fin du monde. Quoique ce que les anciens ont pu nous transmettre sur la terre, sur ses habitans, sur ses climats, n'ait pas été présenté de leur part avec une certaine précision, cependant la réunion de toutes ces conjectures, lorsqu'on se borne aux simples faits, peut servir à nous donner une idée de la doctrine de leurs philosophes, & à nous faire sentir combien notre méthode d'observer & d'analyser les observations, nous donne d'avantage sur eux ; & de quelle importance il est pour nous de ne nous pas départir de cette marche sévere, & d'éviter soigneusement les systêmes & ceux qui voudroient nous ramener à ces seuls produits de l'imagination. Tel est le but principal que je me suis proposé en joignant ici cet appendix. Je suis bien éloigné de croire que l'erudition puisse servir en aucune manière à étendre nos connoissances sur l'histoire naturelle de la terre. Les traces des événemens s'y trouvent tellement présentées à toutes les époques, que tous les ordres de révolutions peuvent s'y lire sans difficulté. Il suffit de savoir observer & analyser les faits. Sans ces grandes ressources, qui oseroit s'occuper de l'histoire naturelle du globe ?

X V I.

Opinion des anciens sur la fin du monde.

C'est une vérité incontestable que ce

qui n'a point eu de commencement ne
doit point avoir de fin; tous ceux qui ont
cru le monde éternel, ont affuré qu'il
fubfifteroit éternellement dans le même
état où il eft, fans s'affoiblir & fans fouffrir
de changement notable, au moins quant
à fon tout & à fes parties principales. Ce
n'eft donc que de ceux qui ont foutenu
que le monde a commencé, que nous
devons parler ici, puifqu'ils font les feuls
qui ont avancé que conféquemment à leur
principe, il devoit finir un jour.

Pour trouver chez les anciens quelque
chofe de pofitif fur la fin du monde, il
faut defcendre aux philofophes grecs.
Ceux d'entr'eux qui affuroient que le
monde avoit commencé, foutenoient
avec la même certitude qu'il devoit finir.
Selon les atomiftes, la caufe de fa fin
doit venir de ce que les atômes fe decro-
chant & retournant à leur mouvement
confus, donneront lieu à la deftruction de
toutes les chofes qu'ils avoient formées
en s'accrochant les uns aux autres. Voici
de quelle manière Lucrèce en parle, fuivant l'opinion d'Epicure : Vous voyez,
dit-il, « le ciel, la terre & la mer, ces
» vaftes corps d'une nature & d'une
» efpèce fi différente ; un jour viendra
» qu'ils feront détruits, & la machine
» du monde après avoir duré tant de
» fiècles, s'écroulera & fera totalement
» renverfée. »

Comme le renverfement général de cette
machine eft une idée qui étonne & frappe
vivement l'imagination, & que par conféquent elle fournit une matière convenable
aux poëtes de la repréfenter avec fuccés,
lorfque l'occafion s'en préfente, Sénèque
& Lucain ont fait la defcription de cette
ruine de l'univers d'une manière capable
d'infpirer l'horreur & l'effroi. Voici comment le premier s'en explique : « Ce
» jour fatal étant arrivé, dit-il, où les
» loix par lefquelles le monde fubfifte
» feront détruites, le pôle auftral tom-

bant impétueufement fur la terre, écra-
» fera les peuples de l'Afrique : le pôle
» arctique accablera de même les habitans
» du Nord. Le foleil obfcurci ne rendra
» plus aucune lumière ; les colonnes du
» ciel feront renverfées, & dans leur
» chûte entraineront la ruine générale du
» genre humain. Les dieux mêmes n'en
» feront point exempts, tout rentrera
» dans le cahos, & la mort terminera
» le deftin de tous les êtres, » Lucain
ne s'exprime pas avec moins de force &
d'énergie.

Ceux qui étoient dans le fyftême de
l'année périodique, fur-tout les ftoïciens,
ne fe contentèrent pas de dire fimplement
comme les atomiftes que le monde périroit par la défunion & la confufion de fes
parties. Ils affurèrent qu'il finiroit par le
feu, & que l'univers feroit détruit par un
embrâfement général. Sénèque qui a fait
tant d'honneur à la fecte ftoïque, ne s'exprime pas autrement. C'eft conformément
à cette opinion de l'embrâfement général
du monde, qu'Ovide a dit au commencement de fes métamorphofes : « Il eft
» écrit dans le livre du deftin qu'il viendra
» un temps où la terre, la mer & les
» cieux s'enflammeront, & où la pefante
» machine du monde fera renverfée.

Quoique l'opinion de l'embrâfement
général de l'univers foit du nombre de
celles dont l'origine fe perd dans l'antiquité, on peut cependant affurer que
parmi les anciens, les peuples chez lefquels elle paroît avoir été le mieux établie,
font les fyriens & les phéniciens. Iofephe
rapporte que les enfans de Seth, fils
d'Adam, ayant appris de leur père & de
leur ayeul que le monde périroit par
l'eau & par le feu, & voulant tranfmettre
cette tradition à leur poftérité, la gra-
vèrent fur deux colonnes qu'ils élevèrent,
dont l'une étoit de briques & l'autre de
pierres, afin que s'il arrivoit qu'un déluge
ruinât la colonne de briques, celle de

pierres pût réfifter à la violence des eaux & conferver la mémoire de ce qu'ils avoient écrit. On ne peut s'empêcher d'être convaincu par ce récit que la doctrine de l'embrâfement futur de l'univers étoit fort ancienne dans la Syrie.

Les ftoïciens s'étoient imaginé que le feu des étoiles s'entretenoit & fe nourriffoit des vapeurs qui s'élevoient de la terre, de la mer fur-tout & des eaux; & fur ce principe, ils fondoient la caufe de l'embrâfement futur de l'univers. Ils affuroient qu'après une longue fuite d'années, la fubftance humide des eaux étant épuifée, & la terre fe trouvant enfin defféchée & hors d'état de fournir plus long-temps à la nourriture des aftres à caufe de fon aridité, le feu s'attacheroit à toutes les parties du monde & confumeroit toutes chofes.

Il n'y a nulle apparence que ni les fyriens, ni les phéniciens, ni ceux qui les premiers ont affuré que le monde périroit par le feu, en euffent d'autre raifon qu'une fimple opinion. On a toujours cru qu'à la fin du monde le ciel & la terre fe confondroient. Jéfus-Chrift dit pofitivement qu'alors les étoiles tomberont du ciel : c'étoit la tradition commune, & dans l'imagination des peuples, il ne faut pas chercher d'autre caufe d'un embrâfement général que ce mélange du ciel & de la terre. Quoique les anciens ne donnaffent pas aux étoiles leur jufte grandeur, ils les concevoient cependant comme de vaftes corps enflammés, & ils ne pouvoient imaginer qu'ils duffent tomber fur la terre fans l'embrâfer en même temps & la réduire en cendres.

Si le temps précis de la formation du monde a toujours été regardé comme une chofe qu'il étoit impoffible de découvrir, on n'a pas jugé qu'il y eût moins d'impoffibilité à déterminer fa durée & à fixer l'inftant de fa fin. Il n'y a rien dans toute l'antiquité payenne qui puiffe nous faire penfer que jamais on fe foit avifé de prefcrire le moment auquel le monde a commencé, ni celui auquel il doit finir. Les juifs qu'on accufoit d'avoir fixé l'époque de l'origine du monde pour faire remonter la leur jufqu'à ce terme reculé, communiquèrent cet efprit aux premiers chrétiens. Ceux-ci à l'exemple des autres, s'avifèrent de marquer des bornes à la durée du monde, comme les juifs avoient défigné le moment de fon commencement; & malheureufement pour eux, ils affurèrent que fa dernière heure étoit prochaine; ils oferent publier qu'il ne dureroit qu'autant de milliers d'années que Dieu avoit employé de jours à le former, c'eft-à-dire qu'il ne fubfifteroit que pendant fix mille ans, au bout defquels arriveroit l'embrâfement du ciel & de la terre; & comme ils fuivoient la chronologie des feptantes, felon laquelle le monde avoit duré déjà cinq mille huit cens ans, ils en concluoient que fa fin n'étoit pas fort éloignée. C'eft pour cette raifon qu'ils attribuoient les mortalités & les calamités publiques à la vieilleffe du monde, qui au rapport de plufieurs chrétiens, n'avoit plus la même vigueur qu'autrefois. Tertullien difoit qu'ils prioient pour la durée de l'empire romain, parce que fachant certainement que l'univers finiroit avec lui, ils vouloient éloigner les maux dont les hommes étoient menacés à la fin du monde. Nous devons ajouter ici que jamais on ne s'eft imaginé dans l'antiquité que le monde dût retomber un jour dans le néant. Ceux des philofophes qui donnoient à l'univers un commencement comme ceux qui tenoient pour fon éternité, les ftoïciens comme les atomiftes, étoient également perfuadés que le monde ne feroit jamais réduit à rien, & fi quelques uns deux lui attribuoient une fin, ils la regardoient comme un changement qui devoit arriver à fa forme & non pas comme une deftruction de fa fubftance. Les premiers chrétiens comme les ftoïciens étoient dans la même opinion fur la fin du monde : ils croyoient que l'embrâfement général le purifieroit seulement & changeroit fa forme fans anéantir fa matière ; ils efpéroient que dieu formeroit enfuite un nouveau ciel & une nouvelle terre, où ils habiteroient éternellement.

Tertullien accufe Origène d'avoir admis une infinité de mondes, non à la manière des épicuriens, qui en reconnoiffoient une infinité actuellement fubfiftante ; mais en fuppofant qu'ils auroient lieu fucceffivement & l'un après l'autre. Ce qu'il y a de certain, c'eft qu'Origène paroît fuppofer la préexiftence de la matière, & il dit pofitivement que le monde ne fera point anéanti, & qu'il changera feulement de forme. Théophile d'Alexandrie n'avoit pas d'autre fentiment. Le monde finira, dit-il, « non pas par une deftruction to-
» tale, mais feulement par un change-
» ment de fa forme ; c'eft pourquoi l'a-
» pôtre a dit, la figure de ce monde paffe.
» Il n'y aura donc que la forme ou la fi-
» gure du monde qui paffera, & fa fubf-
» tance ne paffera point. »

De ce qui vient d'être dit, concluons que quoique les chrétiens foutinffent que le monde avoit été tiré autrefois du néant, ils convenoient cependant avec les payens que jamais il ne feroit anéanti.

Je terminerai cette fuite de toutes les opinions des différentes fectes de philofophes grecs, fyriens, phéniciens, payens & chrétiens, par une réflexion que cette lecture doit infpirer naturellement, & fur laquelle je ne puis trop infifter. C'eft que toutes ces opinions n'ont aucuns fondemens, & portent par-tout fur des idées vagues, & le plus fouvent fur l'ignorance de l'état des corps naturels dont on cherche l'origine. Lorfqu'on a l'habitude d'obferver, on voit d'un coup-d'œil que ces hypothèfes difparoîtront à mefure qu'on s'attachera davantage à l'obfervation de la nature, & qu'on le fera d'après

des principes certains. Il n'y a que l'hiftoire naturelle de la terre rédigée d'après ces principes, qui puiffe nous débarraffer de ce fatras d'opinions, la plupart du temps ridicules ; c'eft auffi dans ces vues que j'ai cru devoir en donner ici un précis. Je fuis donc très-étonné que, dans les circonftances actuelles, certains écrivains aient cru que par l'étude des auteurs anciens & de leurs fyftêmes, ils pouvoient répandre de grandes lumières fur l'état du globe & fur fes révolutions ; pendant que c'eft par le fecours de tous les monumens qui font difperfés à la furface du globe, qu'on peut raifonner fur les grands phénomènes qu'il nous préfente de toutes parts. Ici les traits de notre érudition font dépofés dans le fein de la terre, & ferviront à démentir ceux que les écrivains nourris d'hypothèfes ont recueillis & raffemblés par les longs & bizarres efforts d'une imagination dominante.

XVII.

Ce que les anciens ont penfé de la terre, & de leur géographie.

Pour ce qui regarde plus particulièrement la furperficie du globe terreftre, je veux dire la fituation différente des terres & des mers, des continens & des ifles, la difficulté des voyages d'une région à l'autre, l'art de la navigation qui a été long-tems à fe perfectionner, ont laiffé les hommes qui nous ont précédés dans une ignorance extrême fur tous ces chefs. C'eft aux derniers fiècles que ces connoiffances étoient réfervées. Depuis deux cens ans nous avons fait plus de découvertes dans la géographie que nos ancêtres n'avoient pu en imaginer dans l'efpace de 6000 ans : & quoiqu'on n'ait pas encore porté cette fcience à fon plus haut point de perfection, à en juger par les progrès étonnans qu'on y a faits en fi peu de tems, nous pouvons nous flatter que la curiofité de nos voyageurs, l'habileté de nos pilotes

pilotes & l'application de nos astronomes ne laisseront d'autre soin à la postérité que celui de jouir du fruit de leurs travaux & de profiter de leurs connoissances.

Les anciens divisoient le globe terrestre en cinq Zônes ou cinq parties comprises entre les deux pôles, comme nous l'avons fait depuis. Ils donnoient à ces Zônes les mêmes noms qu'elles ont de nos jours; mais ils en croyoient deux seulement habitées, & que le froid excessif ou les chaleurs extrêmes ne permettoient pas d'habiter les trois autres: & sans un passage de Géminus, nous pourrions assurer hardiment que c'étoit là le sentiment général des anciens. Cet auteur soutient que la Zône Torride n'est point inhabitable parce que, dit-il, on a déja découvert sous cette Zône des pays où l'on a trouvé des habitans. Pour ce qui est des Zônes froides, l'antiquité les a toujours cru inhabitables.

On doit encore observer que ce n'est que par le raisonnement, & par la connoissance que les anciens avoient de la figure sphérique de la terre, qu'ils croyoient que la Zône Tempérée méridionale pouvoit être habitée. Ils savoient que cette Zône étant à une même distance de l'Equateur que la septentrionale qu'ils occupoient, on devoit par conséquent y jouir d'une même température d'air; d'où ils concluoient que l'une de ces Zônes étant habitée, l'autre pouvoit l'être de même. Du reste, ils n'avoient aucune certitude qu'elle le fût, & ce n'étoit que par conjecture & par vraisemblance qu'ils étoient dans cette opinion; car il est constant que jamais les anciens n'ont eu aucune connoissance des pays situés au-delà de la ligne. Ils n'avoient aucun commerce avec les habitans de ces pays, & ne pensoient pas même qu'il fût possible d'en avoir aucun. « Lorsque nous parlons, dit » Géminus, des habitans de la terre » australe, ce n'est pas comme assurant

» certainement que cette Zône soit habitée, » nous supposons seulement qu'elle peut » l'être. Car jamais nous n'avons rien » appris touchant cette Zône ».

Pline parlant des Zônes Tempérées dit qu'elles sont inaccessibles l'une à l'autre à cause de la chaleur du soleil qui brûle celle dont elles sont séparées. Macrobe enfin s'étendant davantage sur ce sujet, assure que les habitans de ces deux Zônes Tempérées n'ont jamais eu de commerce ensemble, & qu'il est même impossible qu'elles en aient aucun à cause des chaleurs excessives de celle qui les divise.

Outre les ardeurs brûlantes du soleil, les anciens avoient encore une autre raison de croire que ces deux Zônes étoient inaccessibles l'une à l'autre. Ils étoient persuadés que l'Océan environnoit toute la terre, & que s'étendant sous la ligne de l'Occident à l'Orient, il partageoit en deux le globe terrestre, divisant ainsi les deux Zônes Tempérées. Saint Clément appelle les pays situés sous la Zône Tempérée australe, les mondes qui sont au-delà de l'Océan. Origènes dit à ce sujet, que Saint Clément a fait mention de ceux que les grecs nomment *Antichtones* qui habitent un endroit de la terre entre lequel & celui que nous occupons, il ne peut y avoir de communication. Saint Augustin confondant les Antichtones avec les Antipodes, étoit si persuadé que les deux Zônes Tempérées étoient incommunicables entr'elles, qu'il soutenoit que la Zône Australe n'étoit point habitée, parce que les hommes qui l'occuperoient ne seroient pas descendus d'Adam. Car, dit cet ancien père, il est absurde de croire qu'on ait pu traverser l'Océan. Les stoïciens de leur côté donnoient une raison physique de ce que l'Océan s'étendoit ainsi sous l'Equateur; car comme ces philosophes s'imaginoient que le feu des astres se nourrissoit des vapeurs & des exhalaisons de la terre, c'étoit pour cette raison que l'Océan s'é-

tendoit fous la ligne, afin d'être toujours
à portée de fournir à la lune & aux autres
planètes la nourriture dont elles avoient
befoin.

La même raifon qui avoit fait imaginer des Antichtones ou des habitans de
la Zône Auftrale tempérée, avoit fait juger
qu'il y avoit auffi des Antipodes, c'eft-
à-dire, des habitans du point de la terre
diamétralement oppofé à nos pieds dans
l'autre hémifphère. La figure fphérique de
la terre portoit à conjecturer l'un & l'autre,
mais on n'en avoit aucune certitude.
Cependant Pline n'ofe le décider : & il
eft certain qu'on en parloit avec encore
plus de réferve que des Antichtones. Les
premiers chrétiens perfuadés que cette
opinion ne s'accordoit pas aifément avec
l'écriture, la regardoient comme une
rêverie des philofophes. Virgile, évêque
de Tarpfe, fut excommunié par le pape
Zacharie, pour l'avoir foutenue, & quiconque eût été dans la même opinion
avant la découverte de l'Amérique, n'eût
pas manqué d'être regardé comme un
hérétique. On ne connoiffoit donc qu'une
feule partie de la terre comprife fous la
Zône Tempérée feptentrionale; encore s'en
falloit-il beaucoup, comme on va le voir,
que tous les pays que cette Zône renferme
fuffent parfaitement connus.

Quoique ce ne foit pas mon deffein
d'entrer dans le détail de la Géographie
ancienne; il eft cependant à propos que j'en
dife ici quelque chofe, afin d'en donner
au moins une idée générale.

Les anciens divifoient la terre connue
de leur tems en trois parties qu'ils nommoient Europe, Afie & Libye ou Afrique.
Ces mêmes noms leur font reftés depuis,
avec cette différence qu'on les donne
aujourd'hui à des pays beaucoup plus
étendus.

Du tems de Géminus, tout ce que l'on

connoiffoit de la terre, occupoit un efpace
deux fois plus long que large, & comprenoit environ les deux tiers de l'Europe,
le tiers de l'Afrique & à-peu-près le quart
de l'Afie.

Selon notre Géographie moderne, en
Europe, l'Efpagne, les Gaules, l'Italie,
l'Allemagne jufqu'à l'Elbe, la Hongrie,
quelque partie de la Pologne & de la
Lithuanie, la Macédoine & la Grèce que
nous appellons Turquie d'Europe, étoient
connus aux anciens. Nous pouvons y
ajouter les ifles Britanniques, quoique Dion
nous apprenne que ce fut feulement fous
l'empire de Tite qu'il fut pleinement avéré
que la grande Bretagne étoit une ifle. Celle
de Thulé que l'on croit aujourd'hui être Thi-
lentel, la plus feptentrionale des Orcades,
étoit pour les anciens l'extrémité du monde;
& l'Iflande que quelques-uns ont prife mal-
à-propos pour l'ancienne Thulé, leur
étoit inconnue ainfi que la Scandinavie,
tout le Nord de l'Allemagne, la plus grande
partie de la Pologne & la Mofcovie
entière.

A l'égard de l'Afrique, ils n'en connoiffoient que le côté feptentrional, fous les
noms de la Numidie, des deux Maurita-
nies, de la Lybie Cirénaïque, & de l'Egypte,
en fuivant la côte depuis Maroc jufqu'à la
Mer Rouge. Ils appelloient Garamantes les
peuples qui demeuroient au Midi de la Mauritanie & de la Numidie, & nommoient
Ethiopiens tous ceux qui habitoient au
Midi de la Lybie & de l'Egypte, & qui
occupoient le refte de l'Afrique.

Enfin, en Afie, tous les petits royaumes
compris fous le nom de Turquie Afiatique,
leur étoient connus; ainfi que la Colchide
fituée entre le Pont-Euxin & la mer Cafpienne, l'Arabie, la Perfe, & une partie de
l'Inde. Si l'on pouvoit ajouter foi à ce que
les hiftoriens ont écrit d'Alexandre, on
croiroit que ce prince auroit pénétré jufqu'au Gange, ainfi que Bacchus avoit fait

dit-on, avant lui. Mais il y a peu d'apparence qu'il ait pouffé auffi loin fes conquêtes.
De la maniere dont les anciens ont parlé de
ce fleuve, on voit clairement qu'ils n'en
ont jamais bien connu le cours ni la fituation. Quoi qu'il en foit, il eft très-certain
qu'ils n'avoient qu'une notion très-confue
des pays fitués au-delà de l'Indus, & qu'ils
n'en avoient nulle de ceux qui font au-delà
du Gange.

Les anciens donnoient indistinctement à
tous les habitans des pays qui ne leur étoient
pas connus, les noms généraux d'Indiens,
de Scythes, d'Hyperboréens & d'Ethiopiens. Ils comprenoient, fous le nom d'Indiens, les peuples qui habitoient aux environs & au-delà de l'Indus, & généralement
tous les peuples orientaux. Ils appelloient
Scythes ceux qui étoient fitués au-delà du
Pont-Euxin & de la mer Cafpienne, & qui
occupoient tout le Nord de l'Afie. Les
Hyperboréens étoient les habitans de l'Allemagne feptentrionale, de la Pologne & de
la Mofcovie. Enfin fous le nom d'Ethiopiens, étoient compris, comme je viens de
le dire, tous les peuples méridionaux de
l'Afrique, depuis environ les vingt-fix
degrés de latitude feptentrionale & au-delà.

Je parlerai bientôt de la fameufe ifle
Atlantide; à l'égard de la Taprobane, on
ne peut faire aucun fond fur ce qui fe lit
aujourd'hui dans les anciens, au fujet de
cette ifle, que quelques-uns ont cru légere-
ment être celle de Ceylan, & d'autres,
avec encore moins de fondement, la grande
ifle de Sumatra. C'eft fur le témoignage des
amiraux d'Alexandre, & fur celui d'un certain Jambule, dont les relations font vifiblement fabuleufes, qu'on prétend aujour-
d'hui fonder quelque certitude fur la Taprobane des anciens qui ne peut, raifonnablement paffer que pour un pays imaginaire, ainfi que les ifles Fortunées autrefois
fi célebres.

A ce que je viens de dire de la géographie des anciens, je dois ajouter qu'ils

avoient, comme nous, l'ufage des cartes
géographiques. Anaximandre, difciple de
Thalès, eft fameux par fa fphère & par fa
carte générale de la terre. Eratofthène corrigea depuis cette carte d'Anaximandre qui
étoit très-fautive & fort imparfaite, & Hip-
parque corrigea celle d'Eratofthène. Varron
nous apprend qu'il trouva un jour C. Fun-
danius, fon beau-pere, occupé à confidérer une carte de l'Italie qu'on avoit tracée
fur une muraille.

Il eft donc conftant que les anciens
avoient, comme nous, l'ufage des cartes,
tant générales que particulieres; celles-ci
pouvoient être affez exactes. A l'égard des
autres, elles contenoient certainement beaucoup de vide, ou beaucoup d'imaginaire &
de fabuleux. Le peu d'habileté qu'ils avoient
dans l'art de la navigation qu'on peut nommer la fource de la connoiffance des pays
éloignés, étoit pour eux un obftacle infur-
montable à la découverte des régions dif-
tantes de celles qu'ils habitoient. On féli-
citoit les premiers empereurs chrétiens fur
ce que leurs vaiffeaux avoient ofé naviguer
fur l'Océan pendant l'hiver. C'eft ainfi que
Firmicus s'en explique. Il n'eft pas furprenant que les anciens aient toujours parlé de
l'Océan avec la même emphafe à-peu-près
que du Stix ou de l'Acheron. Il n'y a pas
trois cents ans que nos navigateurs ofoient
à peine s'écarter de fes bords. Enfin nous
pouvons légitimement croire que fi l'invention de la bouffole n'eût perfectionné
l'art de la navigation, nous ferions aujour-
d'hui à-peu près dans la même ignorance
où font reftés fi long-tems les hommes qui
nous ont précédés, fur ce qui regarde la
plus grande partie de la terre.

XVII.

*Des révolutions auxquelles les anciens ont
cru la terre fujette: où il eft queftion
des déluges, des débordemens des fleuves,
des tremblemens de terre & des embrâfemens des feux fouterrains.*

Il n'y a rien dans l'univers qui ne foit

sujet aux changemens. C'est à la vicissitude des choses que tous les êtres doivent leur origine, comme elle est la cause de leur destruction. Lorsqu'Homère appelle l'Océan le pere des dieux, il veut dire par-là, dit Platon, que tout est produit par cette vicissitude continuelle de la nature qui nous est représentée par le flux & reflux de la mer. Les anciens n'ont point exempté la terre du changement auquel ils ont cru que toutes choses étoient sujettes ; ceux mêmes qui ont soutenu qu'elle occupoit le centre du monde, & qu'elle conserveroit éternellement cette place, n'ont pas laissé de convenir qu'elle étoit sujette à certains accidens qui, sans détruire sa forme, ni rien changer à sa figure, prise en général, pouvoient cependant l'altérer & y produire quelques changemens particuliers. Il n'est pas question ici des altérations insensibles qui arrivent dans les entrailles de la terre par la production des minéraux & des végétaux. Nous ne parlons pas non plus des changemens réguliers peu considérables qu'on remarque sans cesse à sa surface qui, quelquefois est aride, & quelquefois couverte de verdure. Il s'agit ici d'altérations plus importantes, d'accidens singuliers capables de déranger une partie de cette superficie même, ensorte qu'elle en devienne méconnoissable.

Les déluges, les débordemens des fleuves & des rivieres, les tremblemens de terre, les embrasemens des feux souterrains, ont été regardés de tout tems comme les causes principales des grands changemens qui arrivent sur-tout à la superficie du globe. Outre cela, les anciens ont toujours cru que la mer pouvoit se retirer de certaines contrées, & les laisser à sec, & en revanche en occuper d'autres qu'elle ne couvroit point auparavant.

J'ai vu, dit Ovide, faisant parler Pithagore dans ses métamorphoses ; » J'ai vu » ce qui étoit précédemment une terre » ferme devenir une mer ; j'ai vu des » terres sorties du sein de l'Océan, & » leurs entrailles semées de coquilles

nées dans le sein des mers. » Nous savons, dit Apulée, que des continens ont été changés en isles, & que par la retraite de la mer, des isles ont été jointes aux continens. Hérodote étoit persuadé que la mer avoit autrefois couvert la Basse-Egypte jusqu'à Memphis. Il avoit la même opinion de plusieurs autres pays, tels que les campagnes d'Ilion, d'Ephése, & les plaines qu'arrose le Méandre. C'est une pensée de Sénèque, qu'un auteur moderne n'a point entendue, lorsqu'il fait dire à ce poëte, d'un ton prophétique, qu'on découvrira un jour le nouveau monde. Sénèque n'a voulu dire autre chose dans l'endroit dont il s'agit, si non que la mer quelque jour se retirant des lieux qu'elle couvre aujourd'hui, découvrira de nouvelles terres, ensorte que l'isle de Thulé ne sera plus l'extrémité du monde. Enfin Pline, fait une longue énumération des terres que la mer a abandonnées, de celles qu'elle a couvertes, & de celles qui ont été jointes aux continens.

Les stoïciens & quelques autres, nous ont parlé de cet embrasement général du monde, qui devoit un jour confondre la terre & les cieux : & je puis citer à cette occasion ce que Sénèque nous dit à ce sujet, & les réflexions que nous y avons jointes. Examinons à présent ce qu'on pensoit dans l'antiquité de certains embrasemens particuliers auxquels la terre étoit sujette, selon ceux-là même qui la croyoient éternelle, & qui soutenoient qu'elle ne seroit jamais détruite. Ces embrasemens particuliers étoient à-peu-près semblables à ceux que nous voyons arriver aujourd'hui dans les pays remplis de matières combustibles très-inflammables. C'est ce qui a produit l'Etna, le Vésuve & les autres volcans qui vomissoient des feux & des matières fondues il y a trois mille ans, comme ils en vomissent encore de nos jours.

Les tremblemens de terre, causés comme on le croit par les feux souter-

rains, n'étoient pas autrefois plus terribles que celui qui, au ſiècle paſſé, applanit les montagnes & fit diſparoître quelques rivières du Japon, ou plus fréquens
que ceux qui déſolent ſi ſouvent la Calabre & la Sicile, l'iſle de Ténériffe &
tant d'autres pays. Enfin tout ce que les
anciens racontoient des embrâſemens
particuliers du globe terreſtre, étoit fondé
ſur ces ſortes d'accidens naturels & ordinaires, auxquels ils le croyoient journ-
nellement ſujet. Platon nous apprend que
la fable de Phaëton tiroit ſon origine d'un
pareil incendie qui conſuma une aſſez
grande étendue de pays; & elle paſſoit
aſſez communément chez les anciens pour
être fondée ſur quelque événement réel.
Il eſt vrai qu'on ne nous a conſervé aucunes circonſtances de cet évènement.
Apulée faiſant l'énumération des accidens fâcheux auxquels la terre eſt expoſée n'oublie pas celui-ci, & dit que ſelon
l'opinion de quelques-uns, cet embrâſement étoit arrivé dans les pays orientaux.
Strabon étoit du même ſentiment & vouloit auſſi donner une origine naturelle
à toutes ces ſortes d'événemens, lorſque
parlant de l'incendie de Sodome & de
Gomorrhe, il aſſuroit qu'il n'étoit pas
étonnant que ces villes euſſent été autrefois conſumées par le feu, puiſque le
pays où elles étoient ſituées étoit pétri
de ſoufre, de bitumes & d'autres matières inflammables.

L'embrâſement de Phaëton eſt le ſeul
accident particulier de cette nature, dont
les anciens aient fait mention; ils n'ont
parlé qu'en général des autres incendies
auxquels, ſelon eux, la terre a été ſujette
dans tous les temps. Il n'en eſt pas de
même des déluges & des inondations.
L'antiquité peut en fournir pluſieurs
exemples: nous les avons recueillis avec
ſoin, & leur hiſtoire vient naturellement
à la ſuite du grand déluge univerſel décrit
par Sénèque, & des réflexions auxquelles
cette deſcription a donné lieu. A l'égard

du déluge univerſel; il eſt certain qu'un
événement ſi conſidérable a été abſolument inconnu aux hiſtoriens grecs &
romains. Joſephe aſſure à la vérité, que
Béroſe chaldéen, Nicolas de Damas, &
Jérôme l'égyptien, en avoient parlé à-peu-
près comme Moyſe; mais ce que raconte
Joſephe à ce ſujet, contient des circonſtances ſi peu probables, qu'on ne peut
en rien conclure en faveur de ce déluge.

On conviendra d'ailleurs, qu'il eſt étonnant que les grecs, qui ſaiſiſſoient avide-
ment tout ce qui tenoit du merveilleux;
que les romains qui ſavoient bien démêler
la vérité d'avec les fables, n'aient jamais
parlé de ce déluge qui a dû engloutir tous
les hommes en général. Nous pouvons
même ajouter qu'un événement ſi frappant & ſi terrible n'auroit jamais pu s'abo-
lir de la mémoire des hommes qui s'en
étoient ſauvés, & de celle de toute leur
poſtérité, à un point que ni les Indiens,
ni les Chinois, ni aucun peuple du monde
n'en aient pas conſervé le moindre ſouvenir.

Mais paſſons aux déluges particuliers
dont il eſt fait mention dans l'hiſtoire.
Si la chronologie des égyptiens avoit
quelque certitude, ou ſi l'on veut quelque
vraiſemblance, on pourroit aſſurer que
celui qui arriva ſous le règne d'Oſiris, eſt
le plus ancien dont il ſoit parlé dans l'antiquité. Oſiris roi d'Egypte, qui régnoit
plus de vingt mille ans avant Alexandre,
étant occupé à étendre ſes conquêtes, il
arriva pendant ſon abſence une inondation qui ſubmergea une partie de l'Egypte.
Le même auteur dont nous tenons ce fait,
Diodore, nous apprend encore que les
habitans de l'iſle de Samothrace, aſſuroient
qu'il s'étoit fait chez eux un déluge antérieur à tous les autres; que ceux qui en
réchappèrent ſe retirèrent ſur les lieux les
plus élevés de l'iſle, que de-là ils firent des
vœux au ciel. Ce déluge avoit été cauſé,

selon eux, par un débordement du Pont-Euxin dans l'Hellespont, qui inonda en même tems une partie de l'Asie maritime.

Le déluge qui arriva dans la Grèce du temps d'Ogygès, est si ancien, qu'on l'a toujours regardé comme un événement qui tenoit aux temps fabuleux, & dont il étoit impossible d'établir la date. Les chronologistes chrétiens, plus habiles que ne le sont les profanes dans leur propre histoire, ont fait vivre Ogygès environ deux cents ans avant Deucalion, dont l'âge est plus connu & moins incertain ; c'est-à-dire qu'ils ont fait Ogygès contemporain du patriarche Isaac.

Soit que ce déluge d'Ogygès eût été plus considérable, soit qu'il fût arrivé dans un temps trop reculé, à peine en étoit il fait mention dans les livres des anciens. Il n'en est pas de même de celui qu'on nomme le *déluge de Deucalion*, parce qu'il arriva du temps de ce prince. Au bout de quatorze ou quinze siècles, ce déluge étoit encore célèbre chez les grecs. En effet, une grande partie de la Grèce en avoit été submergée ; & les hommes chez qui un pareil événement est arrivé & qui se sont sauvés du péril, en devoient conserver long-temps la mémoire. On voyoit donc dans la Grèce des villes & des montagnes qui tiroient leurs noms de ce fameux déluge. La montagne de Mégare dans l'Attique, avoit été ainsi nommée, parce qu'attiré par le chant des grives, Mégarus s'y étoit sauvé à la nage. D'autres qui s'étoient retirés sur le Parnasse, guidés dans les ténèbres par les hurlemens des loups, y avoient bâti une ville, à laquelle ils donnèrent le nom de Licorée. Les grecs montroient encore avec une espèce de frayeur un trou par lequel ils assuroient que les eaux s'étoient écoulées. Un historien sensé nous dévoile la vérité obscurcie par tous ces nuages. Du temps, dit-il, d'Amphictyon, roi d'Athènes, un déluge fit périr la plus grande partie des peuples

de la Grèce ; il n'échappa que ceux qui pûrent se retirer sur les montagnes, ou qui se sauvèrent par bateaux dans la Thessalie où régnoit alors Deucalion. Aussi dit-on de lui qu'il avoit rétabli le genre humain.

Le déluge de Deucalion que les anciens grecs avoient pris pour un déluge général, ne se fit point sentir ailleurs que chez eux. Mais dans ces temps grossiers les hommes vivant dans l'ignorance & dans la simplicité, ne connoissoient du monde que ce qui les environnoit, & jugeoient du reste de la terre par les pays qu'ils habitoient. C'est ainsi que les premiers habitans de la Grèce se persuadèrent qu'un déluge qui leur étoit particulier, avoit fait périr tout le genre humain. C'est ainsi qu'après l'embrasement de Sodome, les filles de Loth s'imaginèrent être restées seules sur la terre avec leur père. Dans les derniers temps où la Grèce étoit dans la splendeur, un débordement de la mer submergea les villes d'Hélice & de Burrha dans l'Achaie. Sur cela, Diodore remarque que quelques personnes regardèrent cet accident comme un événement fort ordinaire & très-naturel. On peut ajouter que si ce débordement fût arrivé dans ces temps grossiers, on en auroit fait un événement beaucoup plus considérable. Quoi qu'il en soit, Juvénal n'a pu s'empêcher de mettre au rang des fables toutes les circonstances merveilleuses que les grecs racontoient de ce fameux déluge.

On voit par ce qui vient d'être dit, que les anciens convenoient qu'il étoit arrivé en différens temps plusieurs déluges sur la terre. Platon assure qu'il s'en faut beaucoup que ceux dont les grecs font mention soient les seuls que les hommes aient éprouvés. Pausanias parlant des petites isles de Pélops, situées proche de Trézène, dit qu'une de ces isles n'a jamais été submergée dans les plus grands déluges. Polybe, Varron, Cicéron, tous les anciens en un mot, ne parlent jamais de déluges qu'au nombre pluriel ; sur quoi il est à propos de faire une remarque au sujet de ce mot.

Aujourd'hui nous entendons ordinairement par ce terme, une pluie abondante, qui tombant impétueusement sur la terre la noye dans les eaux. Par-là nous distinguons le déluge de l'inondation, qui n'est autre chose qu'un débordement de la mer & des rivières ; & nous faisons cette distinction, parce que la Genèse nous apprend que le déluge par lequel Dieu fit périr tous les habitans de la terre, fut l'effet d'une pluie extraordinaire qui tomba du ciel pendant quarante jours & quarante nuits.

Les anciens au contraire ne faisoient aucune différence de l'inondation & du déluge. Ces termes étoient parfaitement synonymes chez les grecs & chez les romains, & signifioient également une inondation causée ou par l'eau des pluies ou par les eaux de la mer & des rivières. C'est pour cette raison qu'ils ont toujours donné le nom de déluges aux inondations causées uniquement par les débordemens de la mer, tels qu'ont été les déluges d'Ogygès, de Deucalion & les autres dont on a parlé.

Ce ne seroit pas rapporter tout ce qui nous reste de l'antiquité au sujet des déluges, que de ne rien dire de la fameuse isle Atlantide de Platon, que quelques-uns prennent aujourd'hui si ridiculement pour l'Amérique. Les annales des égyptiens faisoient grande mention de cette isle, qu'elles disoient avoir été autrefois submergée par l'Océan. C'étoit, disoient les égyptiens, un pays fort étendu, dont les rois avoient été si puissans, qu'outre l'isle qui étoit très-grande, ils possédoient encore une partie considérable de l'Europe & de l'Afrique. Platon apprit tous ces détails en Egypte, & c'est de lui que

nous tenons le peu de connoissance que nous avons sur cette isle fameuse. Il nous auroit fait plaisir de nous marquer plus précisément sa position, & de nous apprendre dans quel temps elle fut submergée ; mais il y a grande apparence que les égyptiens eux-mêmes n'en savoient rien, & qu'ils débitoient à ce sujet plus de fables que de vérités. Ce qu'il y a de constant, est que suivant le récit de Platon, l'Atlantide étoit fort voisine de l'Europe & de l'Afrique, d'où il s'ensuit que ce ne peut être l'Amérique qui en est fort éloignée. Outre cela, Platon assure positivement que cette isle fut submergée par l'Océan; ce qui convient encore moins à l'Amérique, qui quoiqu'absolument inconnue aux anciens n'a pas laissé de subsister.

Les peuples des environs du détroit de Gibraltar étoient dans la même opinion, avec ce que les égyptiens racontoient de l'Atlantide submergée par l'Océan. Pline parlant de ces deux fameuses montagnes appellées vulgairement les colonnes d'Hercule, nous apprend que les habitans du pays croyoient que l'Océan s'étoit autrefois ouvert un passage au travers de ces montagnes & avoit ainsi changé la face de la nature en inondant une partie de la terre. On comprend sans peine qu'une isle située proche du détroit aura pu être submergée, lorsque l'Océan qui est d'une grandeur immense dans cet endroit, se sera jetté avec une impétuosité inconcevable dans le canal de la Méditerranée par le passage qu'il venoit de s'ouvrir. Il est permis de recourir aux conjectures pour expliquer un fait dont la vérité est d'elle-même assez douteuse. Peut-être cette ancienne Atlantide étoit-elle comprise dans l'étendue du terrein que couvre aujourd'hui la Méditerranée ; ensorte que dans la suite des temps les égyptiens mal informés en auroient fait une isle, quoique ce fût un continent joint à l'Europe & à l'Afrique, dont les rois de l'Atlantide possédoient une partie, comme on l'a déjà dit. Quoi qu'il en soit, Pline ne doutoit nullement que la Méditerranée n'eût été autrefois un pays habité ainsi que le Pont-Euxin & l'Hellespont.

Voici de quelle manière il s'en exprime: « Il ne suffisoit pas, dit-il, à l'Océan » d'environner la terre & d'en ronger con- » tinuellement les bords ; ce n'étoit pas » assez pour lui en s'ouvrant un passage » entre Calpé & Abila, d'avoir envahi » un espace presqu'aussi considérable que » celui qu'il occupoit déjà : non content » d'avoir englouti les pays que couvre » la Propontide & l'Hellespont ; il a en- » core absorbé au-delà du Bosphore, un » pays entier, jusqu'à ce qu'il vînt enfin » se joindre aux Palus-Méotides, qui » eux-mêmes ne se sont étendus qu'aux » dépens des terres qu'ils ont inondées. » Il ajoute que tous les détroits qu'on re- marque dans ces mers, sont une preuve certaine que l'Océan y a autrefois forcé les trop foibles barrières que la nature op- posoit à sa violence.

Au reste, on ne peut douter que tous les déluges n'aient été causés principale- ment par des débordemens de la mer. L'eau des pluies peut bien faire enfler les rivières, & inonder une partie de pays peu considérable ; mais pour submerger des provinces entières & des royaumes ; pour couvrir toute la terre au point de s'élever au-dessus des plus hautes mon- tagnes, il faudroit supposer dans le ciel des réservoirs immenses, tels que pour- roient les imaginer les hommes assez mau- vais physiciens, pour ignorer que la pluie est causée par les vapeurs qui s'élevent de la terre & de la mer, & qui se rassemblant dans la moyenne région de l'air, sont obligées par leur propre poids de retomber ensuite sur la terre. Ou bien il faut renon- cer à la raison, & recourir au miracle contre ce que dicte le bon sens, & en dépit même de l'écriture qui ne parle du déluge de Noé, que comme d'un événe- ment naturel, quoique causé par une vo- lonté toute-puissante.

Ce sont ces déluges particuliers dont nous venons de parler, ainsi que les em- brasemens causés par les volcans & les terreins sulphureux, qui avoient fait croire aux anciens que la terre étoit sujette à ces sortes d'accidens, & qu'elle y étoit sujette d'une manière constante & réglée. Ils étoient même persuadés que ces dé- luges & ces embrasemens causeroient la destruction & la fin de toute chose : non à la vérité que tout périt à-la-fois, mais parce que selon eux, dans chacun des ces évènemens, la plus grande partie des hommes & des animaux étoient ou englou- tis dans les eaux ou consumés par le feu. Pour ne pas accumuler ici un nombre infini de citations qui disent toutes la même chose, il suffira de rapporter un passage de Macrobe, qui expose la pensée des anciens sur ce sujet d'une manière claire & précise. Il n'arrive jamais, dit cet auteur, que le déluge couvre la terre entière, ni que l'embrasement soit général dans le globe. Les hommes qui échappent à la fureur de ces redoutables fléaux sont donc comme la pépinière qui sert à répa- rer la diminution survenue au genre hu- main. Ainsi quoique le monde ne soit point nouveau, il paroît l'être, parce que les hommes réduits à un petit nombre, retombent dans la barbarie & la grossiereté inséparables de la solitude & du petit nombre : jusqu'à ce que venant à se mul- tiplier, la nature les porte à former des sociétés, où regnent d'abord cette can- deur & cette simplicité innocente, qui a fait donner le nom d'âge d'or aux pre- miers siecles ; mais il paroît que cet âge a peu duré & qu'il ne revient plus. Nous ajouterons ici au sujet de l'inondation de l'O- céan, qu'on suppose avoir formé la Médi- terranée en rompant l'isthme de Gibraltar, que cette supposition est au moins très- hasardée. Nous dirons même que l'ou- verture du Bosphore en sens contraire

jette

jette beaucoup de doute fur cette marche de l'Océan, & fur cette vaste anticipation qu'il auroit faite au milieu des terres. Un bassin comme celui de la Méditerranée ne se creuse pas par une inondation; un débordement d'eau ne se fait pas un lit aussi profond, par une seule irruption; & comment imaginer que l'ouverture d'un détroit ait lieu subitement par l'effort d'une masse d'eau quelque considérable qu'on la suppose? Au reste, pour la discussion de toutes ces difficultés, nous renvoyons aux mots *Gibraltar* & *Méditerranée*. On y verra que les anciens parloient de tout superficiellement & sans rien discuter.

STÉNON.

Notice des ouvrages de Sténon, relatifs à l'histoire naturelle de la terre, savoir:

1°. Préface d'une dissertation sur les corps solides contenus dans d'autres solides.

2°. Mémoire sur les dents de chien de mer, tirées du sein de la terre en Toscane.

Sténon dans le temps qu'il étoit professeur d'anatomie à Pise, & de l'académie del Cimento, voyagea dans la Toscane, & observa les différens objets que lui offrit le sol de ce grand Duché. En analysant ses observations, il parvint à se rendre compte de la composition & de la structure de la terre dans cette contrée; il y distingua même les différens massifs qui contenoient les corps organisés, dépouilles des animaux marins, de ceux qui n'en offroient aucuns vestiges; en un mot, les collines à couches horifontales remplies de coquillages, des montagnes à couches inclinées. C'est en se livrant fur-tout à

la discussion que lui occasionna la comparaison des dents d'un chien de mer qu'on tira de la Méditerranée, & dont il fit l'anatomie, avec les dents fossiles qu'il avoit recueillies de différentes parties de la Toscane, qu'il forma le plan de sa dissertation, où il paroît qu'il avoit principalement pour but de démontrer que les dents fossiles avoient appartenu à des animaux parfaitement semblables à celui qu'il avoit disséqué.

En mettant par ordre les résultats de ses méditations à ce sujet, Sténon fut entrainé à discuter ce qui concernoit les couches de la terre & les matériaux qui étoient entrés dans leur composition; en conséquence de ce travail, il conçut le projet d'un ouvrage où tous les faits qu'il avoit recueillis devoient être présentés dans un grand développement; mais plusieurs circonstances se sont opposées à sa publication, & il s'est borné à n'en donner que la *préface*; ce dernier écrit, où les objets ne sont qu'indiqués, a cependant toujours été très-estimé des naturalistes.

Targioni qui a succédé à Sténon en Toscane dans ses recherches sur l'histoire naturelle de ce pays intéressant, trouva en lisant son ouvrage, & en comparant ses assertions avec la nature, de quoi se pénétrer du plus grand respect pour son talent d'observer & d'analyser ses observations. C'étoit avec ce talent qu'il étoit parvenu, de l'aveu même de Targioni, à connoître la nature & l'origine des collines d'une manière plus claire & plus précise que ne l'avoient fait les naturalistes qui l'avoient précédé, & à tirer de son travail des théorèmes bien assurés & très-lumineux sur ces sortes de massifs.

Mais en même tems Targioni pense que les idées qu'il avoit prises en observant les montagnes primitives vinrent à la traverse, & donnerent lieu, lorsqu'il rédigeoit plusieurs belles assertions sur ces montagnes, à quelques méprises d'une certaine importance qui résultèrent de la confusion des caractères propres aux collines avec ceux de ces montagnes. Targioni croit même que cette confusion troubla les méditations de Sténon, & fut la cause principale qui porta le découragement dans son ame, au point qu'il ne put mettre la dernière main à son grand ouvrage, & qu'il n'en a pu donner que *la préface*.

Au reste, on n'a pas su si l'écrit tout entier a été mis en état de paroître. Targioni nous apprend qu'il avoit connu en 1732, à Florence, un danois neveu de Sténon, qui étoit en possession de plusieurs écrits autographes de son oncle, mais tous imparfaits & tous relatifs à l'anatomie; aucun n'avoit pour objet l'histoire naturelle; & quelque diligence qu'ait faite Targioni, il n'a pu se procurer aucuns des matériaux de la grande & importante dissertation dont on publie ici le précis. Ainsi nous devons nous borner à cet écrit, comme le seul résultat qui nous reste des observations & des méditations de Sténon.

Il y a grande apparence que Sténon abandonna l'étude de l'histoire naturelle & même de l'anatomie, pour se livrer à d'autres objets étrangers à ces études, qui l'auront engagé à quitter la Toscane & à revoir sa patrie; mais je suis éloigné de croire au principe de découragement que soupçonne Targioni, & je vois bien clairement dans les circonstances des époques qui terminent la préface, qu'il y présente, successivement par ordre, tous les différens massifs qu'il avoit observés en Toscane, & que les montagnes primitives & les collines y figurent séparément comme il convient, & y occupent une place distincte & dans l'ordre de leur formation.

Voilà ce que j'ai pu recueillir sur la personne de Sténon, & de relatif à la composition & à la publication de l'ouvrage qui va nous occuper. Il convient maintenant d'entrer dans un détail raisonné sur ce que cette préface d'un ouvrage perdu pour nous, contient d'intéressant, & qui ait trait à la *Géographie-Physique*, en discutant chacun des différens objets qui y sont traités ou plutôt annoncés, comme ils le doivent être dans une préface. Je commence dans les paragraphes I. II. & III par présenter l'extrait des *principes* d'après lesquels l'auteur a cru devoir considérer les objets dont il s'occupoit; ce sont ces *principes* qui ont donné lieu au titre extraordinaire sous lequel l'ouvrage est annoncé. Il y est question, comme on sait, de la reconnoissance de l'état primitif des solides, le plus souvent corps organisés, qui se trouvoient contenus dans d'autres solides formés depuis & qui avoient pris ensuite une certaine consistance.

Pour prouver que tous ces corps renfermés avoient eu autrefois une existence à part, & dans des circonstances différentes de celles où nous les présente le sein de la terre, Sténon avoit établi ces *principes*, mais avec un échafaudage de distinctions métaphysiques si abstraites, que j'ai cru devoir les supprimer; parce qu'elles alongoient la marche de cet auteur, sans jetter le moindre jour sur les fondements de la méthode d'observer qu'il vouloit introduire. Au moyen de cette supression tout se réduit à de simples faits positifs, qui se présentent débarrassés de circonstances étrangères, & auxquels l'application des *principes* peut se faire aisément: ainsi ce genre de preuves assez compliqué d'ailleurs se simplifie de manière à produire son effet. On voit que, par ses discussions métaphysiques, Sténon avoit sacrifié au goût de son siècle, où la physique générale étoit une métaphysique obscure & bruyante: mais cependant on doit lui savoir gré de s'être débarassé en partie de cette marche, en s'attachant aux résultats précis de ses observations. Il n'est pas étonnant que Sténon qui dans cette préface avoit formé le projet de tracer le plan raifonné d'un ouvrage étendu, & qui même s'étoit attaché à tracer ce plan de manière qu'il pût en quelque forte tenir lieu de cet ouvrage ; il n'eft pas étonnant, dis-je, qu'il y ait tellement ferré fes idées en les généralifant, qu'il devient fouvent obfcur. En fupprimant certaines difcuffions dans cet extrait, pour ne pas nuire à l'intérêt que pouvoit produire la lecture de cette préface, j'ai eu foin d'y conferver tous les faits & toutes les vues, qui prouveront que c'eft à bon droit que les phyficiens naturaliftes en ont fait de tout temps le plus grand cas, & l'ont citée avec éloge.

Des couches de la terre, de leur compofition & de leurs déplacemens.

Dans les paragraphes IV. V. & VI. il eft queftion des couches de la terre, des matériaux qui font entrés dans leur compofition & des différens agens que la nature a employés, pour leur donner la difpofition & l'arrangement que nous y obfervons. Dans l'expofition des matières qui ont concouru à la formation des couches, Sténon s'eft attaché à fuivre une férie très-méthodique, relativement aux époques de leurs emplois, & aux différens lieux dont elles ont été tirées. On y voit figurer féparément & fucceffivement les fubftances au milieu defquelles, il n'y a pas de corps organifés : après quoi viennent les dépouilles des animaux terreftres ; puis celles des animaux marins ; enfuite les débris des végétaux entraînés & enfouis par les eaux douces : enfin les matières qui font dues aux accidens des feux fouterrains.

Quant aux changemens furvenus en plufieurs endroits dans la difpofition primitive des couches, il paroît que Stenon a trop de confiance à l'action des feux fouterrains qui ne peuvent être cenfés avoir

contribué à ces changemens que dans les lieux où les veftiges du feu fe font remarquer : mais il ne paroît pas que ces incendies aient été dirigés de manière à creufer des lits de rivières, & à foulever par leurs extrémités & fur une grande étendue des fyftèmes de bancs horifontaux. C'eft cependant ce que prétend Sténon. Il mérite plus de confiance, lorfqu'il nous annonce les changemens de pofition des couches, à la fuite de l'excavation fouterraine des eaux qui peuvent avoir détruit les bâfes des bancs & des lits.

C'eft auffi par le moyen des cavités interieures & des affaiffemens de toutes les couches qui en ont été la fuite, qu'il prétend pouvoir rendre raifon des inégalités de la furface de la terre, & furtout de la formation des montagnes. Mais il eft vifible que les vallées creufées par les eaux courantes des fleuves & des rivières ont été approfondies au milieu des couches inclinées, comme au travers des couches horifontales, & que par conféquent les maffes montueufes détachées les unes des autres par les vallées, ne l'ont pas été régulièrement par la feule inclinaifon & le changement de pofition des couches.

De l'origine des montagnes, & de la circulation des eaux dans leur fein.

Il paroît par le paragraphe VII. que Stenon avoit fçu diftinguer en Tofcane les collines des montagnes, quoi qu'en ait dit Targioni qui l'accufe de les avoir confondues. Car il dit pofitivement que « les » fragmens & les débris des couches rompues font *accumulés* au pied des group- » pes des montagnes, *en partie fous formes* » *de collines,* & en partie difperfés dans les » campagnes voifines : ailleurs il ajoute » que, « les collines formées de couches » terreufes font le plus fouvent appuiées » fur des bâfes plus folides, qui font les » débris des grands bancs pierreux, des

» montagnes primitives à couches incli-
» nées. «

C'est à la suite de cette même considération sur les déplacemens des bancs qu'il
a cru voir un grand nombre d'issues libres
aux eaux, & la plus grande facilité dans leur
circulation intérieure. Cependant il est visible que les mêmes phénomènes s'observent
à peu près dans les contrées où les lits &
les bancs ont conservé leur position hori-
zontale primitive : de sorte qu'on peut
assurer que tout ce qui tient à la nature
des eaux qui circulent dans le sein des
montagnes, ainsi qu'à l'abondance des
sources, ne dépend en aucune manière
de l'inclinaison des couches.

Sténon donne dans ce paragraphe ainsi
que dans le VIII. des apperçus sur la formation des montagnes, qui me paroissent
bien contraires à ce que les observations
lui auroient montré s'il eût sçu suivre la
marche de la nature dans ces opérations :
ces apperçus nous indiquent des moyens
très compliqués & très incomplets. Ainsi,
par exemple, il forme les croupes des
montagnes à la suite des affaissemens produits par les excavations des eaux souterraines. N'étoit-il pas plus naturel de faire
creuser les vallées, & ensuite de détacher
les montagnes au moyen des eaux courantes
superficielles, dont le travail continue
à s'exécuter sous nos yeux, & a dû donner
aux croupes des vallées les formes qu'elles
nous présentent, & qui prouvent en-même
tems que ce travail s'est fait par des progrès
insensibles? J'avoue cependant que les excavations des eaux souterraines, & les affaissemens qui en sont la suite, ont eu lieu dans
certaines parties de la terre où il y a des
vallons fermés. Stenon en a reconnu
plusieurs en Toscane; mais c'est sans aucun
fondement qu'il prétend généraliser cette
marche des eaux pluviales & leurs effets
dans l'approfondissement des vallées & la
formation des chaines de montagnes. Il s'en
faut bien que ces opérations locales & peu

étendues soient comparables à l'excavation
des grandes vallées creusées par les eaux courantes des rivières & des fleuves, qui
par-tout se sont formés des canaux pro-
portionés à la masse d'eau qui y a un mouvement continuel & non interrompu, mais
sujet à toutes les variations qu'y produisent
les grandes secheresses & les pluies longues
& abondantes.

Des corps organisés fossiles.

Dans les paragraphes X. XI. & XII.
Sténon traite d'une manière fort claire &
fort lumineuse des coquilles fossiles & des
autres dépouilles des animaux marins &
terrestres qu'on tire du sein de la terre :
puis il suit la même méthode dans ce qui
concerne les plantes & les végétaux que la
terre renferme. Il insiste beaucoup sur
l'existence primitive de ces corps organisés,
& expose toutes les raisons les plus solides
& les plus propres à détruire entièrement
la prétention de certains écrivains de son
temps, qui ne considérant que les gîtes
actuels de ces corps avoient douté de leur
production première. Outre cela, il nous
fait connoître très méthodiquement les
différens états où se rencontrent ces corps
dans les lits de la terre, & avec les différentes circonstances qui ont pu influer sur
ces états.

Suite des changemens arrivés dans le sol de la Toscane.

Nous passons maintenant au paragraphe
le plus important de toute la préface,
quoique ce qui précède y conduise. Il y
est question des changemens arrivés dans
le sol de la Toscane, ou plutot des différens états par lesquels Sténon croit que
la portion du terrain de l'Italie comprise
entre l'Arno & le Tibre, à partir depuis
le sommet de l'Appennin jusqu'à la mer,
a passé successivement. Sténon commence
par supposer 1°. deux grandes inondations

de la mer qui ont couvert la Toscane. 2°. deux retraites des eaux de la mer qui ont laissé à découvert les dépôts sousmarins qui s'y sont formés pendant ses deux séjours, & dont la surface étoit fort unie : 3°. Enfin deux intervalles de temps pendant lesquels les parties abandonnées par la mer ont été sillonnées de vallées par l'action des eaux courantes. Je dois remarquer que dans l'examen des deux derniers états où il est question des inégalités de la surface de la terre, Sténon a cru devoir introduire ses principes sur la formation des montagnes. Comme nous les avons discutés à l'article du VIIe paragraphe, nous ne rappellerons pas ici en quoi pèche principalement ce système sur la formation des vallons & des inégalités de la surface de la terre.

Je n'entrerai pas d'ailleurs dans un plus grand détail sur chacun de ces six états par lesquels il paroît effectivement que le sol de la Toscane a passé depuis l'origine des choses, d'autant plus que je me propose d'exposer la suite des principaux événemens dont les vestiges se présentent de toutes parts le long de l'Appennin, en donnant une explication raisonnée des planches de l'Atlas, où ces états successifs sont représentés par autant de coupes différentes.

L'exposition au reste de tout le système d'époques & de leur succession, tel qu'il se trouve dans l'ouvrage de Sténon, dont je donne ici la substance, en nous offrant des ordres de faits précieux, doit nous donner en même tems un idée de l'esprit d'analyse qui avoit dirigé les observations & les recherches de ce naturaliste sur l'état physique de la Toscane. Je dois dire d'ailleurs que cette contrée présente, dans un rapprochement très frappant & très instructif, tous les monumens des six états que Sténon y a distingués. Il est vrai que cet auteur montre un certain embarras lorsqu'il est question de nous faire connoître les différens agens que la nature a mis en

jeu, pour opérer d'abord les deux inondations de l'Océan, ainsi que ses deux retraites qu'il suppose, pour rendre raison de tous les phénomènes que ce sol intéressant présente aux observateurs en état de les apprécier. Peut-être auroit-il mieux fait d'admettre ces événemens, comme des faits dont il ne se hasardoit pas d'établir les causes. Au reste Sténon a recours à des moyens que d'autres naturalistes, soit de son temps soit du nôtre, ont fait valoir avec beaucoup plus de confiance qu'il ne paroît y en avoir mis.

On pourroit encore montrer de grandes vérités à la suite de celles-ci, & que nous devrons au sol de la Toscane, elles ne m'ont point échappé au milieu des courses que j'ai faites en 1765 dans cette contrée intéressante. Mais je me réserve d'en donner le développement, soit dans des articles particuliers du dictionnaire, soit à l'article de Targioni disciple de Sténon, & qui a sçu retrouver par ses propres observations tout ce que les circonstances ont fait perdre à son maitre. Je finis par remarquer qu'on trouve dans cette préface d'un ouvrage égaré, & dont je donne ici la substance, la preuve que Sténon étoit l'un des hommes de son siècle qui connoissoit le mieux la méthode d'étudier la nature, & qui joignoit le plus heureusement les vues systématiques au talent de saisir les détails.

J'ajoute dans le dernier paragraphe l'extrait d'un mémoire dans lequel Sténon toujours occupé des mêmes objets, & d'après les mêmes principes, s'étoit attaché à montrer que les glossopetres étoient des dents de chien de mer, & qu'elles avoient appartenu à ces espèces d'animaux, avant d'être ensevelies dans les couches de la terre. Comme cette vérité étoit encore fort douteuse de son temps, il prend tous les moyens de convaincre ceux qui opposoient encore des doutes aux assertions des observateurs qui avoient suivi à ce sujet la méthode & le bon esprit de Palissy. (*Voyez son article.*) Sténon fait valoir ses moyens de conviction avec tout l'avantage que les connoissances anatomiques lui donnoient, ainsi que les nombreuses observations qu'il avoit faites dans différentes contrées de la Toscane, où il avoit tiré du sein de la terre des amas considérables de ces fossiles : ce travail va naturellement à la suite du Xe. paragraphe. Il y a même apparence qu'il a déterminé l'attention & le goût du philosophe, vers les autres objets d'histoire naturelle sur lesquels il nous a éclairé avec des talens aussi supérieurs.

§. I.

Principes sur les corps solides considérés seuls, ou relativement à d'autres corps solides qui leur servent d'enveloppes.

Premier Principe.

Si un corps solide est enveloppé de toutes parts par un autre corps solide, celui-là doit avoir acquis le premier la dureté qui dans tous les points de contact mutuel a donné à la superficie de l'autre toutes ses inégalités : de-là suivent plusieurs conséquences.

1° Les crystaux, les spaths, les marcassites, les os, les coquilles, les matières végétales, & autres corps lisses ou figurés qui se trouvent renfermés dans des enveloppes terreuses, dans des pierres & dans des cailloux, étoient déja solides, lorsque la matière des terres & des pierres qui les renferment, n'étoit encore qu'une pâte molle. Ainsi non seulement les terres & les pierres n'ont pas produit les corps contenus dans leur intérieur, mais elles n'étoient pas même dans le lieu où ces corps contenus furent produits.

2°. Si un crystal est en partie renfermé

dans un autre crystal, ou un spath dans un spath, les corps contenus étoient déja solides lorsque les corps contenans étoient fluides.

3°. Les coquilles pétrifiées sous forme crystalline ou autrement, les veinnes de marbre & de lapis, les filons de mines d'argent, de mercure, d'antimoine, de cinabre, de cuivre & des matières minérales de ce genre, que l'on trouve dans les terres & dans les pierres, étoient encore dans un état de mollesse & de fluidité, lorsque les corps contenans avoient déja pris une certaine consistance & dureté. Ainsi les marcassites ont été produites les premières, ensuite les pierres qui renferment les marcassites. Mais il n'en est pas de même des filons des mines qui sont postérieurs aux rochers dans les fentes desquels ils sont logés.

§. II.

Second Principe.

Si un corps solide ressemble à un autre corps solide, non seulement par la forme extérieure & par la superficie, mais encore par la structure des plus petites parties, & par la constitution intérieure, ces deux corps auront été produits dans le même lieu & de la même manière. Quand je dis dans le même lieu, j'excepte toutes les circonstances locales qui sont étrangères à la production, & qui ne peuvent ni l'aider ni l'empêcher. Il résulte de ceci :

1°. Que les lits de terres ont des rapports frappans avec les couches de sédimens que déposent les eaux troubles, & quant au lieu où ils ont été formés & quant à la manière dont ils l'ont été ; 2°. que les mêmes rapports se trouvent entre les crystaux de roche & les crystaux de nitre, quoiqu'il ne soit pas évident que le fluide où se sont formés les crystaux de roche ait été un fluide aqueux. 3°. que ces corps que l'on tire de la terre, & qui reſſemblent en tout point à des parties de plantes ou d'animaux, ont été produits dans le même lieu & de la même manière que leurs analogues, c'eſt-à-dire que les vraies parties de plantes & d'animaux auxquelles ces corps reſſemblent.

Mais pour écarter toutes les difficultés qui pourroient naître du ſens équivoque du mot *lieu*, Sténon entend par le mot lieu d'un corps, toute matière qui touche immédiatement la ſuperficie de ce corps. Cette matière peut ſe trouver en des états différens; car 1°. elle eſt ou toute fluide, ou toute ſolide, ou en partie ſolide ou en partie fluide.

2°. Ou elle eſt contiguë par tous ſes points au corps qu'elle renferme, ou bien ſeulement par quelques-unes de ſes parties.

3°. Ou elle eſt toujours la même, ou bien elle change imperceptiblement. Le lieu de la production d'une plante eſt cette partie de matière appartenante à une plante ſemblable, & dont la jeune plante eſt ébauchée. Le lieu de l'accroiſſement d'une plante eſt cette maſſe de terre & d'air, ou de terre & d'eau, ou quelquefois de terre, d'eau & d'air, où même de pierre & d'air qui touche immédiatement la ſuperficie de cette plante. Le lieu du premier developpement d'un animal, ce ſont en partie l'eau de l'amnios dans laquelle il nage & qui lui eſt contiguë, & en partie les vaiſſeaux ombilicaux auxquels il tient par le lien de la continuité, & qui ſe répandent dans le chorion.

§. I I I.

TROISIEME PRINCIPE.

Tout corps ſolide produit ſuivant les loix de la nature a été produit d'un fluide.

Pour bien concevoir la production d'un corps ſolide, il faudroit en conſidérer les premiers linéamens, enſuite leurs développemens ſucceſſifs. Sténon avoue que nous ſommes condamnés à ignorer entièrement les premiers linéamens des corps organiſés; mais il ſoutient en même-temps que nous connoiſſons beaucoup de vérités ſur leurs développemens.

L'accroiſſement d'un corps ſe fait par l'addition des nouvelles particules tirées d'un fluide externe, & appliquées aux particules propres de ce corps. Cette addition ſe fait ou par l'action immédiate du fluide externe, ou par celle d'un ou de pluſieurs fluides internes. Dans le premier cas, ce ſont quelquefois des molécules peſantes qui tombent au fond du fluide par leur propre poids & qui forment les ſédiments. D'autres fois ce ſont des particules déterminées vers un corps ſolide par l'action d'un fluide qui pénètre un autre corps ſolide, leſquelles particules s'appliquent à la ſurface entière du premier, en forme d'incruſtation, ou s'attachent ſeulement à quelques parties de la ſurface, ſous la forme de filets, de ramifications & de corps anguleux. Il faut remarquer que dans certains cas, le cours de ces accroiſſemens dure tant qu'il reſte de l'eſpace à remplir. D'où réſultent des amas tantôt compoſés de matières homogènes, comme des ſédiments d'incruſtations ou de corps anguleux, tantôt compoſés de ces diverſes choſes combinées diverſement.

Si donc on vouloit diviſer méthodiquement & par claſſes les corps ſolides contenus naturellement dans d'autres corps ſolides, on pourroit mettre enſemble tous ceux qui ſont formés par la juxtapoſition des particules qu'un fluide externe a apportées. De ce genre ſont tous les ſédimens, tels que les lits parallèles de la terre. Toutes les incruſtations comme les agates, les onyces, les chalcédoines, les pierres d'aigle, les bézoars, &c. Toutes les productions filamenteuses, comme l'amiante, l'alun de plume, les différents filets qu'on trouve dans les fentes des pierres : toutes les ramifications, comme ces figures de plantes que l'on voit dans les fentes des pierres, & qui ne font que des réprésentations superficielles : tous ces corps anguleux, comme le cryſtal de roche, les cubes de marcaſſites, les améthiſtes, les diamants, &c : tous les amas de matières qui ont rempli les cavités qu'ils ont rencontrées : tels font les marbres de pluſieurs couleurs, les bois pétrifiés, les coquilles pétrifiées de toutes ſortes, les plantes métalliques, & un grand nombre de corps de même genre, qui occupent la place d'autres corps détruits & conſumés.

Si donc tout ſolide doit ſon accroiſſement à un fluide : ſi tous les corps qui ſe reſſemblent les uns aux autres ont été produits par des moyens ſemblables ; ſi de deux corps ſolides contigus, celui-là a eu le premier une conſiſtance ſolide dont la forme extérieure ſe trouve comme gravée ſur la ſurface de l'autre, un corps ſolide & le lieu où il ſe trouve étant donnés, il ſera facile de déterminer le véritable lieu de la première formation de ce corps : ce font ces vues qui ont donné lieu au titre de la diſſertation : *de ſolido intra ſolidum naturaliter contento*. Après avoir conſidéré en général la queſtion d'un ſolide renfermé dans un autre ſolide, Sténon paſſe à l'examen de pluſieurs corps ſolides trouvés dans la terre & qui ont été le ſujet d'un grand nombre de diſputes : telles font les incruſtations, les ſédimens, les corps anguleux où cryſtalliſés ſous une forme quelconque, les coquilles & autres dépouilles des animaux de la mer, enfin les empreintes en relief, & les figures des plantes.

Toutes les pierres de quelque eſpèce que ce ſoit, qui font compoſées de lames parallèles entr'elles, mais qui ne font point planes, ſe rapportent aux incruſtations.

Le lieu des incruſtations, eſt celui du contact d'un fluide avec un ſolide, enſorte que la forme & la diſpoſition des lames, repréſentent celle du lieu où elles ſe font, pour ainſi dire, moulées, & qu'elles indiquent en même-temps l'ordre de leur formation. Si le lieu ou le moule étoit concave, les lames extérieures ou convexes ont été formées les premières : ſi le moule étoit convexe, les lames intérieures ou concaves font les plus anciennes ; ſi la matrice de ces incruſtations avoit pluſieurs inégalités conſidérables, les premières lames & les plus étroites ont d'abord rempli les eſpaces intermédiaires, que les inégalités laiſſoient entre elles ; & lorſque ces vuides ont été comblés, il s'eſt formé des lames plus grandes, & qui font démontrées plus nouvelles par cela même qu'elles font plus grandes. Il eſt facile d'expliquer de même toutes les variétés de figure qui ſe remarquent dans la coupe des pierres ſemblables, ſoit qu'elles repréſentent des couches concentriques d'une branche d'arbre coupée tranſverſalement ou toute autre figure irrégulière qui ne reſſemble à rien. Il n'eſt pas ſurprenant que les agates & toutes les autres eſpèces d'incruſtations ſoient inégales & pleines d'aſpérités à l'extérieur, comme les pierres d'un tiſſu le plus groſſier, puiſqu'il n'eſt pas poſſible que ces incruſtations ne portent pas à leur ſurface les empreintes des moules ſur leſquels ces pierres ont été formées. Si l'on trouve ſouvent de pareilles incruſtations dans les torents, & loin du lieu de leur formation originaire, ceci ne doit point ſurprendre, attendu que les parties du moule ainſi que les matières moulées ont été diſperſées par l'affaiſſement des lits parallèles qui compoſent la ſurface du globe. Voici ce qu'on peut dire de plus certain ſur la manière dont un fluide peut ſe charger des particules qu'il dépoſe enſuite ſur les corps ſolides, & dont ſe forment les incruſtations dont nous venons de parler.

1°. La légèreté où la gravité ſpécifique ne

ne font rien dans ce travail de la nature.

2°. Ces particules peuvent s'appliquer
fur toutes les furfaces imaginables : car on
trouve des furfaces liffes, inégales, plânes
ou courbes, en un mot compofées de
plufieurs plans diverfement inclinés, toutes
également incruftées.

3°. Le mouvement du fluide ne leur
apporte aucun obftacle : au refte on doit
croire qu'il peut fe rencontrer dans la fuite
de ces dépôts des circonftances que l'on
ne connoît pas encore en détail, & qui
peuvent influer fur l'état des incruftations,
fur leur tranfparence & celle du corps
folide.

On pourroit au refte déduire les variétés
des lames, de la diverfité des particules que
le même fluide a dépofées en différents
temps à mefure qu'il les diffolvoit : ou de
celles quiont été apportées fucceffivement
par différens fluides. Et comme les mêmes
caufes produifent les mêmes effets, les
lames d'une première incruftation s'étant
arrangées dans un certain ordre, ce même
ordre fe trouvera obfervé conftamment
dans les incruftations fuivantes; & l'on y
trouvera des traces manifeftes de l'introduction d'une nouvelle matière. Il paroit
que toutes ces particules qui entrent dans
la compofition des lames font des fubftances pierreufes les plus comminuées.

§. IV.

Des couches de la terre & de leur formation.

Les lits parallèles du globe terreftre
doivent être confidérés comme les fédimens d'un fluide, par plufieurs raifons.

1°. Les matières pulvérulentes & comminuées dont les lits font compofés, n'ont
pu être arrangées comme elles font, fans

le concours d'un fluide où elles ont été
fufpendues, puis abandonnées par l'effet
de leur péfanteur, & fans que la furface du
fédiment qu'elles ont formé, en gagnant le
fond du baffin qui contenoit le fluide,
ait été applanie par le mouvement & la
preffion du fluide.

2°. Les corps d'un certain volume qui
fe trouvent renfermés dans ces lits, font
difpofés la plupart, fuivant les loix de la
pefanteur, non-feulement quant à la
pofition particulière de chaques corps qui
font fur le plat, mais encore quant à la
fituation refpective de ces corps.

3°. Les débris, les matieres comminuées dont ces lits font compofés, ont été
tellement appliqués à la furface des corps
d'un certain volume qui s'y font trouvés
engagés, qu'elles en ont rempli les plus
petites cavités, & même reçu & confervé
jufqu'à l'empreinte du poli de cette furface.

§. V.

*Des couches de la terre, & des matériaux
qui font entrés dans leur compofition.*

1°. Si toutes les particules de matieres
qui compofent un lit pierreux font de la
même nature & très-fines, on ne peut nier
que ce lit n'ait été formé dans le temps
même de la création par les fédimens du
fluide qui couvroit toute la terre. C'eft
ainfi que Defcartes explique la formation
des lits horifontaux qui compofent notre
globe.

2°. Si l'on trouve dans un de ces lits
des fragmens d'un autre lit ou des parties
d'animaux ou de matieres végétales, ce
lit n'a pas été formé par les fédimens du
fluide qui environnoit la terre au temps
de la création.

3°. Si l'on trouve dans un de ces lits des indices de sel marin ou des dépouilles d'animaux marins, qu'on y observe outre cela une substance semblable à celle du fond de la mer, il est indubitable que la mer a séjourné dans ces contrées, soit par une inondation particuliere, soit par un débordement que les eaux torrentielles des montagnes ont produit.

4°. Si l'on observe dans un de ces lits une grande quantité de joncs, de gramens, de pommes de pin, de branches de troncs d'arbres, & d'autres corps semblables ou qu'on ait lieu de les soupçonner, il est certain pour lors que c'est à l'inondation d'un fleuve ou à la chûte d'un torrent qu'est dûe la matière qui enveloppe ces corps.

5°. Si dans un de ces lits on remarque des charbons, des cendres, des ponces, des matières calcinées, & enfin du bitume, c'est une preuve qu'il y a eu quelque incendie dans le voisinage du fluide, au moyen duquel ces corps ont été stratifiés ; & ces preuves font encore plus décisives, si le lit entier n'est composé que de cendres & de charbons. C'est en cet état qu'on voit près de Rome un lit dans un endroit d'où l'on tire de la terre propre à faire de la brique.

6°. Si dans un même lieu la matière de tous les lits est de la même nature, il est certain que le fluide qui les a formés, n'a pas reçu le concours de fluides chargés de différentes matieres, & qui auroient conflué de divers endroits éloignés.

7°. Si au contraire dans un même lieu la matiere des couches est de nature différente, on peut en conclure qu'en différens temps des fluides chargés de ces matieres différentes y ont été portés de diverses plages. Ce qui peut avoir été occasionné ou par le changement des vents & par la chûte des pluies en certains endroits plus abondantes qu'en d'autres, ou parce que les molécules du sédiment étoient d'une gravité spécifique différente ; ensorte que les plus pesantes se sont précipitées d'abord, & qu'ensuite les plus légeres ont formé une autre couche. Enfin on peut croire que cette variété de matériaux dans les lits a pu être produite par la vicissitude des saisons, & sur-tout dans les lieux où les terreins offrent des matieres différentes uniformément mélangées.

8°. Si l'on trouve quelques bancs pierreux entre des lits de terres, c'est une preuve qu'il y a eu dans le voisinage quelque fontaine pétrifiante ou de temps en temps quelques éruptions de vapeurs souterraines ; ou bien que le fluide s'étant retiré après avoir déposé son sédiment, ne sera revenu que lorsque la surface de l'incrustation aura été durcie par le soleil.

§. V I.

Des couches de la terre, des principes certains sur le lieu de leur formation, & des changemens qu'elles ont éprouvés.

1°. Dans le temps que chaque lit se formoit, il y avoit sous ce lit une autre superficie qui recevoit les particules des sédimens & les empêchoit de descendre plus bas ; par conséquent dans le temps de la formation du lit supérieur, le lit inférieur ou le fond primitif du bassin qui contenoit le fluide lui ont servi de base.

2°. Lorsque se formoit un des lits supérieurs, le lit immédiatement au-dessous avoit pour lors acquis une certaine consistance.

3°. A l'époque où se formoit un lit quelconque, ce lit s'est trouvé soutenu sur les côtés par un corps solide, ou bien ce lit auroit recouvert toute la surface de la terre (ce qui ne se trouve nulle part).

Il s'enfuit donc de là, que par-tout où l'on voit les côtés des lits à découvert, il faut chercher le prolongement de ces lits, ou trouver le corps solide qui a servi à contenir dans des limites fixes la matiere molle & délayée, qui est entrée dans leur composition ; ou bien enfin les causes de la destruction du prolongement de ces lits.

4°. Dans le temps où chacun des lits se formoit, toute la matiere supérieure à ce lit étoit fluide ; ainsi lorsqu'un lit quelconque se formoit, il n'existoit aucun des lits supérieurs.

A l'égard de la figure de ces lits, il est certain que leurs faces inférieures & latérales se sont moulées sur les corps solides qu'elles touchoient immédiatement, desorte que la surface supérieure étoit, autant qu'il étoit possible, parallèle à l'horison ; ainsi tous les lits, excepté le plus bas, ont dû être terminés par deux plans parallèles à l'horison : d'où il suit que les lits qui sont aujourd'hui perpendiculaires ou inclinés à l'horison ont été primitivement parallèles à ce plan.

Les changemens survenus en plusieurs endroits dans la disposition de ces lits & de leurs faces qui y paroissent à découvert, ne détruisent en aucune maniere ce que l'on vient de dire ; car dans les endroits où l'on remarque ces changemens, on peut y observer les traces évidentes de l'action du feu ou du mouvement des eaux. Si d'un côté l'eau dissout les matieres terreuses, les entraîne dans les lieux bas, & les dépose ou à la surface de la terre ou dans les cavités ; de même le feu qui détruit les matieres les plus dures, lesquelles s'opposent à son action, & qui non-seulement dissipe au loin les principes terreux les plus légers, mais encore lance avec force les plus grandes masses de pierres, produit à la surface du globe des précipices, des canaux & des lits de rivières, & dans l'intérieur des cavernes & des issues souterraines. On voit que tous ces effets peuvent occasionner de deux manieres différentes les changemens de position dans les lits horisontaux.

La première maniere est un soulèvement violent des couches, produit ou par une éruption subite des feux & des vapeurs souterraines, ou par l'effort de l'air comprimé à la suite de l'affaissement de grandes masses dans les environs. L'effet de ces explosions dans les couches est de dissiper en poussière la matière terreuse, & de diviser en fragmens & en gros éclats les pierres dont la consistance est plus solide.

La seconde maniere dont les lits horisontaux peuvent changer de position, c'est l'affaissement spontanée des lits supérieurs, lesquels après l'enlèvement des lits inférieurs qui leur servoient de base, commencent d'abord à se fendre ; puis, suivant les cavités intérieures & les fentes, ces lits prennent différentes positions ; les uns deviennent perpendiculaires à l'horison, les autres s'inclinent sous différens angles, & quelques autres dont la matière a une plus grande cohésion se courbent en arc. Ces changemens peuvent avoir lieu dans tous les systêmes de lits horisontaux qui se trouvent placés sur des cavités intérieures ; mais il peut arriver aussi que quelques-uns des lits inférieurs se déplacent & s'affaissent, pendant que les lits supérieurs continuent à rester en place & à former des voûtes.

Ces changemens de position des lits horisontaux, nous offrent une explication facile de plusieurs phénomènes dont la solution présente beaucoup de difficultés. On peut s'en servir pour rendre raison des inégalités de la surface de la terre qui ont donné lieu à un grand nombre de discussions ; telles sont la formation des montagnes & des vallées; les baffins des lacs qui font dans des lieux élevés ; les plaines fituées fur des fommets & dans des endroits bas. Je me bornerai feulement à développer ici quelques principes fur les *montagnes*.

§. V I I.

De l'origine des montagnes.

Que les montagnes doivent principalement leur origine au changement de pofition des couches horifontales, on peut s'en convaincre, fi l'on fuit attentivement les formes les plus remarquables dans chaque grouppe de montagnes : 1°. Les grandes plaines qui en couvrent les fommets; 2°. plufieurs fyftêmes de couches parallèles à l'horifon; 3°. les couches diverfement inclinées à l'horifon qui fe préfentent fur leurs flancs; 4°. les faces des lits interrompus fur les crouppes oppofées des collines, lefquelles offrent tous les caractères de la correfpondance la plus marquée, tant relativement à la nature des matières qu'à leur arrangement; 5°. les bords de chacune de ces couches bien à découvert; 6°. les fragmens & les débris des couches rompues, accumulés aux pieds des grouppes de montagnes en partie fous forme de collines, & en partie difperfés dans les campagnes voifines; 7°. les indices manifeftes des feux fouterrains dans les montagnes à couches pierreufes, ou dans leur voifinage, avec les traces des eaux torrentielles autour des collines compofées de couches terreufes.

Il faut obferver que les collines formées de couches terreufes font le plus fouvent appuyées fur des bâfes folides, qui font les débris de grands bancs pierreux, plus propres que les lits de terres à réfifter aux efforts des eaux des fleuves ou à l'action impétueufe des torrens. Souvent même des régions entières ne font défendues

contre la violence des flots de la mer que par de femblables digues naturelles : on peut citer à cette occafion le Bréfil.

Il eft encore dans la nature d'autres moyens par lefquels les montagnes ont pu fe former ; d'abord par l'éruption des feux fouterrains qui lancent au-dehors des monceaux de pierres, de cendres, de fcories & de terres cuites. Il fe forme auffi des montagnes chaque jour par la chûte des torrens & par la violence des eaux pluviales qui démoliffent les couches pierreufes & entraînent les fragmens qui s'en font détachés par la viciffitude des faifons. A l'égard des couches terreufes, on fait par expérience qu'après avoir éprouvé par la chaleur du foleil des fentes de defficcation très-nombreufes, elles fe décompofent facilement & fe réduifent en pouffière. Il réfulte de ces obfervations & de ces faits, qu'on peut diftinguer deux ordres de montagnes & de collines. Le premier comprend celles qui font compofées de couches & qui fe fubdivifent en deux autres claffes, dont l'une renferme celles où les bancs de pierres dominent, & l'autre celles où les couches terreufes font les plus abondantes; le fecond ordre de montagnes & de collines, comprend les montagnes formées des fragmens des couches primitives qui fe font accumulés confufément & fans ordre.

D'après tous ces détails, on peut démontrer : 1°. que les montagnes qui fubfiftent aujourd'hui n'ont pas exifté dans l'origine des chofes; 2°. que les pierres dures qui font dans le fein des montagnes n'ont d'autre rapport avec les os des animaux que la dureté ; car elles en différent fous tous les autres afpects.

3°. Il n'eft prouvé ni par l'obfervation, ni par le raifonnement, que les chaînes de montagnes aient une direction conftante.

4°. Une suite d'observations nous apprend qu'un grand nombre de montagnes ont éprouvé des éboulemens considérables ; que des parties de leur surface ont été détruites & transportées ailleurs ; que leurs sommets se sont élevés ou abaissés ; qu'enfin des gouffres se sont ouverts dans leurs flancs & se sont ensuite refermés.

§. VIII.

De la circulation de l'eau dans le sein des montagnes.

Le changement de disposition dans les couches horisontales, a ouvert un grand nombre d'issues libres aux eaux qui circulent dans le sein de la terre, & qui sortent des réservoirs souterrains, comme celles des sources & des fontaines, soit froides ou bouillantes, soit pures & limpides, ou enfin chargées de différens principes.

Ce même dérangement des lits horisontaux donne passage aux courans d'air qui sortent de certaines masses montueuses, & qui sont produits par l'action de la chaleur qui dilate l'air, ou par l'effervescence résultante du concours de divers fluides aériens.

C'est à la suite de ces mêmes changemens qu'on voit une fontaine chaude sortir tout auprès d'une fontaine froide : des tremblemens de terre opérer des changemens notables dans les sources & même dans le cours des rivières ; des vallons fermés de toutes parts, se décharger des eaux qu'ils reçoivent par les pluies dans des vallées inférieures ; des fleuves se perdre quelquefois sous terre & reparoître ensuite à sa surface ; certains pays constitués de manière qu'on ne peut y trouver des bâses solides pour y asseoir des bâtimens.

Enfin c'est à la suite de cette inclinaison des couches, qu'on voit : 1°. pourquoi en d'autres pays on trouve d'abord de l'eau dans les premières fouilles voisines de la surface de la terre, & qu'en continuant de creuser ensuite jusqu'à la profondeur de plusieurs toises, on trouve de nouvelles eaux vives qui jaillissent par les issues qu'on leur a faites & qui s'élèvent au-dessus des premières eaux plates ; 2°. comment des champs entiers s'affaissent insensiblement & sont engloutis avec les arbres & les animaux qui peuploient leur superficie ; ensorte qu'on ne rencontre plus que de grands lacs dans les lieux où furent autrefois de grandes villes ; 3°. enfin, comment il s'ouvre souvent des gouffres qui exhalent un mauvais air & qu'on parvient à combler par les différens matériaux qu'on y jette.

§. IX.

Des différentes couleurs de pierres, & des gîtes des mineraux.

Ces mêmes changemens dans la situation des couches horisontales, ont aussi donné lieu à la formation des pierres de diverses couleurs & de divers tissus, & à la préparation des gîtes de la plupart des mineraux, soit dans les fentes qui se sont faites au milieu de ces lits, soit dans les interstices qui séparent une couche d'une autre, sur-tout après l'affaissement des bancs inférieurs ; enfin dans les vides produits par la décomposition de certaines substances pierreuses.

D'après cet apperçu, on voit quel fond on doit faire sur les prétendues ramifications des filons & des veines métalliques, que des mineurs superstitieux & crédules donnent pour bien constatées. On voit aussi qu'on ne peut estimer la richesse d'une mine par la vue du tronc ou de quelques rameaux ; & que les mines sont toutes de nouvelle formation, puisqu'elles font toutes poſtérieures à celle des rochers qui les enveloppent. C'eſt fur-tout par l'examen des lits & des maſſes de pierres, qu'on peut parvenir à des découvertes qu'on eſpéreroit vainement de la ſeule inſpection des mineraux qui rempliſſent les vides des rochers; car il eſt très-probable que la formation de ces mineraux eſt due à des vapeurs qui ſe ſont exhalées de ces lits, enforte qu'il peut ſe raſſembler de nouveau des matières minérales qui rempliront les endroits qu'on a épuiſés par des fouilles antérieures.

Tels ſont les différens faits que Sténon avoit recueillis & analyſés d'après l'examen des couches de la terre en Toſcane, & les principes qu'il s'étoit formés & qu'il devoit expoſer dans la diſſertation dont nous préſentons ici la ſubſtance. Pour nous borner à ce qui nous intéreſſe particulièrement, nous paſſons à ce que Sténon avoit reconnu & obſervé dans les coquilles qu'on tire du ſein de la terre, ou dans les autres dépouilles d'animaux marins & terreſtres, & dans les débris & empreintes de végétaux : nous ſupprimons ce qu'il dit ſur les formes angulaires des cryſtaux, &c.

§. X.

Des coquilles foſſiles.

Les coquilles tiennent le premier rang parmi les corps ſolides renfermés dans d'autres; car il n'en eſt point qui ſe trouvent en plus grande abondance dans le ſein de la terre, ni dont l'origine ſoit moins incertaine : Sténon en diſtingue dans trois états.

Le premier eſt de celles qui reſſemblent parfaitement aux coquilles analogues qu'on tire de la mer : il ſuffit de bien obſerver ces coquilles foſſiles, pour s'aſſurer que les filets élémentaires colorés y ont les mêmes variétés & la même diſpoſition que

dans les coquilles analogues de mer; qu'elles ont appartenu à un animal qui y avoit ſes attaches & qui étoit contenu dans leur capacité.

Le ſecond état des coquilles foſſiles conſiſte à ne différer de celles qu'on vient d'indiquer que par la couleur & par le poids. Les unes ſont plus peſantes, parce que leurs pores ſont remplies d'une matière étrangère; les autres, celles du ſecond état, ſont plus légères, parce que leurs pores ſont vides par l'évaporation des parties les plus légères & les plus volatiles; c'eſt-à-dire que les coquilles foſſiles du premier état ſont pétrifiées, pendant que celles du ſecond ſont calcinées.

Le troiſième état de coquilles foſſiles, conſiſte à ne reſſembler que par la forme & la figure à celles dont venons de faire mention; elles en différent par tout le reſte : il y en a de pierreuſes dont la couleur eſt quelquefois noire & jaune. Il y en a de cryſtallines, dont la ſubſtance a le grain du marbre, & d'autres que Sténon appelle *aériennes*.

Voici comment il explique la formation de ces dernières ſortes : Ce ne ſont que des moules vides de coquilles, dont la ſubſtance a été détruite & abſorbée par la matière terreuſe environnante; & lorſque les ſucs qui la pénétroient ont pu remplir les vides, il s'y eſt formé des cryſtaux ſpathiques, du marbre ou de la pierre brute. C'eſt ainſi que s'eſt formée cette belle ſorte de marbre appellée *naphiri*, compoſée d'un ſédiment ſous-marin débris de toutes eſpèces de coquilles, lequel s'eſt moulé dans la cavité des coquilles qui ſubſiſtoient pour lors.

Parmi les différentes coquilles que Sténon avoit recueillies en Toſcane, il cite à l'appui des diſtinctions précédentes :

1°. Une bivalve appellée *mere-perle*, dans laquelle il y avoit une perle adhérente ;

2°. Une portion d'une grande pinnemarine, remplie d'une matière terreuse qui avoit conservé la couleur du byssus, quoique le byssus fût détruit.

3°. De très-grandes coquilles d'huitres, où l'on voyoit des cavités oblongues qui paroissoient avoir été faites par des vers qui les avoient rongées avec leurs dents ; aussi ces sulcations étoient irrégulières, & ne présentoient point de cavités comme celles que les dails se creusent dans les rochers des bords de la mer.

4°. Une coquille dont la substance détruite en partie a été remplacée dans la partie détruite par une substance pierreuse qui avoit le grain du marbre, & laquelle se trouvoit chargée de glands de mer.

5°. Des œufs très-petits avec de très-petites coquilles turbinites, qu'on ne pouvoit distinguer qu'au microscope.

6°. Des peignes, des sabots, des bivalves entièrement changés en crystaux spathiques.

7°. Plusieurs espèces de tuyaux vermiculaires.

§. X I.

Des différentes dépouilles d'animaux marins & terrestres, qu'on tire du sein de la terre.

Sténon en passant aux dépouilles des animaux marins qu'on trouve dans les premières couches de la terre, raisonne sur ces fossiles comme sur les coquilles ;

ainsi il croit devoir appliquer aux dents de chiens de mer, aux dents de faucon de mer, aux vertébres de poissons, aux squelettes entiers de poissons de toutes espèces, aux crânes, aux cornes, aux dents, aux fémurs & autres ossemens d'animaux terrestres les mêmes réflexions qu'il a faites sur les coquilles marines ; car toutes ces dépouilles ou ressemblent exactement aux véritables parties de ces animaux, ou n'en diffèrent que par le poids & la couleur, ou ne leur ressemblent plus que par les formes & la figure.

On ne peut objecter la grande quantité de glossopêtres ou de dents de chien de mer, qui se trouvent à Malthe, pour nous porter à douter que ce soient de véritables dents de cet animal. Sténon détruit tout motif de doute, en observant qu'un chien de mer a six cents dents au moins, & qu'il en pousse sans cesse de nouvelles tout le temps de sa vie. Qu'outre les dents de différentes espèces de chiens de mer, on trouve encore dans la terre à Malthe différentes coquilles & autres productions marines. D'où il conclut que la structure de ces dents, le grand nombre de dents dont les chiens de mer sont pourvus, la nature de la terre calcaire & coquillière où elles se trouvent, leur distribution au milieu des couches horisontales, les autres productions marines qu'on rencontre dans les mêmes bancs ou lits, sont autant des preuves décisives que les dents dont il est question, sont des dépouilles d'animaux marins.

Sténon emploie à-peu-près le même raisonnement pour prouver que les dents, les crânes, les femurs & les ossemens énormes qu'on trouve dans le sein de la terre ont appartenu à des animaux. Car soutenir que la nature fournit séparément des os composés de fibres & parfaitement organisés, c'est dire, qu'elle a pu produire à part une main, une tête humaine, fans qu'elles aient appartenu à un individu ent er.

Voici encore une autre objection que détruit Sténon. Certaines perfonnes confidérant qu'il fe trouve des productions marines dans des endroits qui n'ont pu être fubmergés depuis le déluge de Noé, c'eft-à-dire depuis quatre mille ans au moins, ne peuvent concevoir que des fubftances animales aient réfifté durant tant de fiècles aux injures du temps, puifqu'ils voient tous les jours ces mêmes corps fe détruire fous leurs yeux en un petit nombre d'années.

Il commence par remarquer d'abord, que la différence dans la durée des mêmes corps confiés à la terre, dépend des différentes qualités de la terre où ils font enfouis; que fi certains lits argileux confumoient tous les corps qui y étoient renfermés, des lits de fables confervoient au contraire dans leur entier tous ceux que la mer y avoit dépofés. Sur la confervation des coquilles, il cite l'obfervation qu'il a faite aux murs de la ville de Volterre, ainfi que dans les couches du coteau fur lequel eft bâtie cette ancienne cité des Etrufques. Il eft inconteftable, par exemple, que la ville de Volterre étoit déjà floriffante lors de la fondation de Rome. Or dans de grands quartiers de pierres tirés des ruines très-anciennes de cette ville, on trouve plufieurs efpèces de coquilles, lefquelles étoient à-peu-près dans cet état au temps où l'on commença la conftruction des bâtimens à Volterre. Mais ce ne font pas feulement les coquilles pétrifiées ou renfermées dans les bancs de pierres qui fe font confervées pendant un fi long-tems. Tout le coteau fur lequel cette ville eft bâtie, eft compofé de différentes couches de fédimens marins parallèles à l'horifon, & au milieu defquelles on trouve une grande abondance de coquilles véritables, qui réfident dans du fable, & qui n'ont fouffert aucune altération. Il y a donc trois-mille

ans & plus, que les coquilles non altérées & même bien confervées exiftent dans le maffif du coteau de Volterre; car l'on doit compter depuis la fondation de Rome, jufqu'à l'année 1669 deux mille quatre-vingt ans. Il a fallu d'ailleurs plufieurs fiècles pour que les premiers hommes qui fixèrent leur demeure fur le coteau de Volterre changeaffent leur habitation en une ville floriffante: ajoutez à cela le temps qui s'eft écoulé depuis l'époque où la mer a dépofé le premier lit de fédiment qui fert de bâfe au coteau de Volterre, jufqu'au temps où la mer a quitté ces contrées dont elle avoit formé les maffifs; il fera facile de remonter à l'époque du déluge de Noé. Que fera-ce, fi l'on n'admet pas cette époque pour la première retraite de la mer, car alors la durée des corps marins feroit bien plus alongée?

Sténon cite enfuite à l'appui de ce premier fait une autre anecdote atteftée par l'hiftoire, & qui prouve que les offemens énormes qui font dans les environs d'Arezzo s'y font confervés au moins pendant dix-neuf fiècles. Il eft certain d'abord que ces offemens n'ont pas appartenu à des animaux du climat de la Tofcane. 2°. Qu'Annibal paffa par cet endroit avant d'arriver au lac Trafimène, où il défit les Romains; 3°. que ce général avoit dans fon armée des bêtes de fommes d'Afrique, des éléphans qui portoient des tours chargées de foldats; 4°. qu'il perdit un grand nombre de ces animaux en defcendant les montagnes de Fiéfole, & en faifant route dans des lieux marécageux & inondés par les pluies; 5°. que le terrein d'où l'on tire ces offemens eft formé de plufieurs couches remplies de pierres que les eaux torrentielles ont détachées & entrainées des montagnes voifines. Ainfi les détails hiftoriques étant confirmés par l'infpection des lieux & par la nature des os foffiles qu'on y trouve, ne permettent pas de douter que ces os ne s'y foient confervés pendant dix-neuf fiècles. Il faut donc en conclure que les dépouilles des animaux marins & terreſtres peuvent ſe conſerver pendant une longue ſuite de ſiècles, quand on ne s'en rapporteroit qu'au ſeul fait de leur exiſtence actuelle.

§. XII.

Des plantes & des végétaux conſervés dans le ſein de la terre.

Sténon a cru pouvoir appliquer aux ſubſtances végétales que l'on tire des couches de la terre ou même de l'intérieur des bancs de pierre, les mêmes diſtinctions qu'il avoit admiſes relativement aux ſubſtances animales foſſiles. Il range donc dans trois claſſes les plantes & les parties de plantes foſſiles : ou bien les unes ont une parfaite reſſemblance avec les véritables plantes analogues, & ce ſont les plus rares ; où bien elles n'en diffèrent que par la couleur & le poids, parce qu'elles ſe trouvent dans un état charbonneux, ou ſeulement pénétrées d'un ſuc lapidifique : cette ſeconde claſſe eſt bien plus nombreuſe que la première ; enfin celles de la troiſième claſſe qui ſont encore les plus nombreuſes, diffèrent de leurs analogues en tout, excepté par la forme extérieure.

Il eſt aiſé de reconnoître que les plantes foſſiles des deux premières claſſes ont été de véritables plantes, car leur ſtructure le prouve inconteſtablement. Sténon aſſure avoir tiré de la terre un tronc dont l'écorce & les nœuds ne permettoient pas de douter que ce ne fût un véritable tronc d'arbre conſervé, quoique les gerçures fuſſent remplies d'une matière minérale. Il penſe même que beaucoup de corps foſſiles que l'on regarde comme des morceaux de bitumes, ne ſont autre choſe que du bois réduit en charbon : ce que l'on reconnoît, ſoit par les veſtiges apparens de leur ſtructure fibreuſe, ſoit par la nature de leurs cendres.

La troiſième claſſe de plantes foſſiles, préſente, ſuivant lui, plus de difficultés. Ce ſont des eſpèces d'empreintes ou de copies gravées ſur des pierres & ſemblables aux herboriſations que la gelée trace ſur nos vitres ou aux concrétions des ſels volatils. Ces empreintes de plantes ſont de deux ſortes ; les unes n'offrent que des repréſentations ſuperficielles tracées ſur les parois des fentes qui ſe trouvent dans les couches pierreuſes. Sténon eſt porté à croire cependant que ces ſortes d'empreintes peuvent avoir été faites ſans le ſecours d'aucunes plantes, & non ſans le concours d'un fluide quelconque ; mais à l'égard de celles qui pénètrent dans l'intérieur de la pierre, il eſt viſible que ce ſont autant de plantes ou de végétations réelles qui exiſtoient avant que la pierre où elles ſont engagées eût perdu ſon état de molleſſe. Cela ſe trouve confirmé par la conſiſtance peu dure de cette ſorte de pierre, & par les cryſtaux que renferment les dendrites de l'iſle d'Elbe, & qui ne ſe forment que dans un fluide libre. D'ailleurs, on voit dans des lieux ſouterrains ou expoſés au ſoleil, mais humides & marécageux, des pierres compoſées en partie de mouſſes & d'autres plantes, & recouvertes de nouvelles mouſſes.

Nous avons préſenté juſqu'ici, en ſuivant Sténon, différens corps dont les gîtes actuels ont donné lieu à pluſieurs écrivains de douter du lieu de leur production première ; & nous avons indiqué en même temps par des preuves ſenſibles, ce qui pouvoit nous raſſurer contre les doutes cauſés par les emplacemens actuels des différens foſſiles. Nous paſſons aux changemens qui ſont arrivés dans le ſol de la Toſcane.

§. XIII.

Des changemens arrivés dans le ſol de la Toſcane.

Sténon finit ſa diſſertation par faire voir

comment de l'état préfent de la Tofcane
on pouvoit remonter vers l'état ancien.
Il trouve fur-tout dans les inégalités actuelles de la furface de la terre les preuves
manifeftes des diverfes révolutions que
le fol de la Tofcane a éprouvées, & il
en indique la fuite avec autant de méthode
que de précifion ; en conféquence, il trace
dans fix figures fix différens états par lefquels il s'eft perfuadé que la portion du
terrein de l'Italie comprife entre l'Arno
& le Tibre, à partir depuis le fommet
de l'Apennin jufqu'à la mer, avoit paffé
fucceffivement. Il commence par admettre
1°. deux grandes inondations qui ont
couvert la Tofcane ; 2°. deux retraites
des eaux de la mer qui ont laiffé à découvert les dépôts fous-marins qui s'y étoient
formés & dont la furface n'offroit aucune
inégalité ; 3°. enfin deux états pendant lefquels les parties abandonnées par les retraites la mer ont été fillonnées de vallons.

Autant Sténon fe croyoit fondé à démontrer que ces fix états ont eu lieu en
Tofcane, d'après les obfervations qu'il
avoit faites dans ce duché, autant il fe
flattoit de pouvoir faire l'application de la
même fucceffion d'évènemens aux grandes
parties de la terre qu'il connoiffoit par les
defcriptions des voyageurs qui les avoient
parcourues de fon temps.

La figure VI, nous offre la coupe
verticale du terrein de la Tofcane, à l'é-
poque où les bancs pierreux parallèles à
l'horifon étoient dans leur entier. Sur
quoi Sténon fait remarquer que lors de
la formation du lit fupérieur F G, il étoit
fous les eaux de la mer ; d'où il réfulte
qu'à cette époque les fommets ou *replats*
des plus hautes montagnes ont été couverts des eaux de la mer : & comme on
ne trouve en Tofcane aucun corps étranger dans les lits les plus élevés des montagnes, il s'enfuit que l'eau qui a formé
ces lits a exifté dans ces lieux avant l'exiftence des corps hétérogènes, c'eft-à-dire

des animaux & des plantes ; ainfi tandis
que l'organifation par couches annonce
la préfence & l'action d'un fluide, & que
la nature des matieres nous prouve l'abfence des corps organifés, il s'enfuit que
par-tout où cette difpofition règne, on
peut en conclure que la mer a couvert
toutes les montagnes femblables aux plus
élevées de la Tofcane. En vain, voudroit-
on fuppofer que ces corps hétérogènes fe
feroient détruits, il faudroit toujours que
l'on réconnût quelque différence entre la
matière des lits horifontaux & celle qui
fe feroit filtrée à travers les lits pour
remplir les vides occupés par les corps
marins détruits. Enfin Sténon ajoute que
fi l'on trouvoit dans certains lieux fur les
couches dépofées par le premier fluide
d'autres couches remplies de divers corps
organifés, on ne pourroit douter qu'un
fecond fluide, une feconde inondation
n'euffent formé de nouvelles couches fur
celles qui avoient été dépofées par le premier fluide & que les matieres de ce nouveau fédiment n'euffent dans certaines circonftances rempli les excavations produites par l'affaiffement des couches anciennes.

Il faut donc toujours en revenir, fuivant Sténon, à ce principe que dans le
temps où fe font formées les couches compofées de matières exemptes de corps organifés hétérogènes, les autres couches
qui en renferment n'exiftoient pas & ont
été formées depuis.

Le fecond état de la Tofcane nous offre
le terrein formé par le premier fluide qui
a été introduit à la fuite de la première inondation ; ce terrein mis à découvert par la
retraite des eaux de la mer, a préfenté
après cette retraite une furface plane &
unie. Mais bientôt l'eau & le feu ont travaillé le fol uni de ce fecond état, & il
eft furvenu des changemens indiqués par
les figures IV & V. La figure V donne la
coupe des grandes cavités fouterraines

creusées soit par l'eau, soit par le feu, sous les premiers lits, les lits de la surface qui restèrent intacts; mais la figure IV, fait voir comment les montagnes & les vallées ont pû être formées; en un mot, comment les inégalités du globe terrestre ont pu être produites par l'affaissement des lits supérieurs. Avant cet affaissement, les sommets des plus hautes montagnes & les emplacemens des vallées intermédiaires qui ont séparé depuis ces montagnes, ne formoient qu'une vaste plaine unie & sans aucunes inégalités dans toute leur étendue; mais depuis ces affaissemens tout a changé de face, & le sol de la Toscane a été partagé entre de larges plaines & des chaînes de montagnes fort élevées; & c'est là le troisième état que distingue Sténon.

Le quatrième état est représenté dans la figure III; Sténon suppose une seconde inondation par le retour des eaux de la mer, qui sont venues déposer de nouvelles couches sur les anciens sédimens qui formoient pour lors le terrein des vallées & des montagnes dont nous avons indiqué les inégalités dans le troisième état. Lors de la formation des couches nouvelles, les lits anciens F G, avoient la même inclinaison qu'ils ont aujourd'hui. Sténon pense donc que la formation des bancs sabloneux des collines est postérieure à l'existence de ces grandes & larges vallées où ces bancs ont été déposés, que pour lors le niveau de la mer a été beaucoup plus élevé qu'il n'est à présent. Ce que prouve incontestablement la formation des collines par les dépôts des eaux de la mer; d'où il est résulté que non-seulement en Toscane, mais encore dans plusieurs provinces éloignées de la mer, les eaux ont une pente dans la Méditerranée ou dans l'Océan.

Sténon ayant reconnu des indices certains du séjour de la mer sur des terreins élevés de plusieurs centaines de pieds au-dessus de la surface actuelle de l'Océan,

est porté à croire en conséquence que notre globe a pu être inondé une seconde fois comme il l'a été dès le commencement, & que c'est ainsi que tous les ordres de dépôts peuvent s'expliquer. Il va plus loin; il soupçonne que dans les entrailles de la terre, il y a de grands réservoirs qui se remplissent alternativement du fluide aqueux, & du fluide aérien; qu'outre cela les déplacemens successifs du centre de gravité par les éboulemens successifs qui se sont opérés dans l'intérieur du globe, ont suffi pour déterminer les eaux anciennes qui submergeoient le globe à quitter certaines parties de sa surface pou ren-aller recouvrir d'autres. Sténon, fertile en ressources, croit qu'on peut rendre raison d'une seconde in..ndation, en supposant l'action d'un feu central sur une grande masse d'eau qui l'auroit enveloppé, & qui trouvant ses communications avec la mer fermées par l'affaissement des lits horisontaux, auroit jailli à la surface de la terre par toutes ses ouvertures, se seroit échappée par tous ses pores, & seroit retombée en forme de pluie avec les vapeurs & les nuages. Le fond de la mer se seroit élevé par l'effet de la même force qui auroit augmenté la capacité des cavités souterraines. Les autres cavités voisines de la superficie du globe, auroient été comblées en partie par les matières que les pluies auroient entraînées des lieux élevés. C'est à cette seconde inondation qu'il croit devoir ra-porter l'origine des vallées profondes dont le terrein; dans les pays mêmes les plus éloignés de la mer, n'est composé que de diverses couches qui sont la suite des sédimens successifs des eaux, aussi étendus qu'ils sont abondans.

Le cinquieme état de la Toscane étoit celui des grandes plaines abandonnées & mises à sec par la retraite de la mer, & au milieu desquelles les eaux ont formé des excavations sous les couches nouvelles voisines de la surface, par la destruction des couches inferieures que les eaux ou lés feux fouterrains ont attaquées fucceffivement. C'eſt ce que repréſente la figure II. Sténon penſe avec raiſon que toutes ces couches du ſecond ordre ayant été formées par les eaux, ont dû en être couvertes ; mais il ne ſait pas de quelle maniere les eaux ſe ſont retirées après cette ſeconde inondation : ſi ç'a été ſubitement, ou bien ſi de nouvelles cavernes ouvertes ſucceſſivement, & abſorbant les eaux par parties, n'auroient pas mis à découvert de nouvelles régions. Ce qu'il aſſure, c'eſt que les torrens & les fleuves entraînent continuellement dans la mer une grande quantité de terres, qui s'accumulant le long des côtes, étendent ſans ceſſe les continens, & produiſent même quelquefois de nouveaux terreins aſſez conſidérables.

Le ſixieme état de la Toſcane, ainſi que des autres parties de la terre, eſt l'état actuel, celui dans lequel les vallons ont été formés par l'affaiſſement des lits ſupérieurs qui portoient à faux, & dont les bâſes avoient été détruites par les eaux ou par les feux ſouterrains. C'eſt cet état qui eſt tracé dans la figure I. *Voyez* l'Atlas, où tous ces états ſont figurés & décrits. Sténon ne s'eſt pas haſardé à fixer l'époque de tous ces changemens dont il nous donne ſeulement la ſucceſſion. Il penſe cependant que les veſtiges des faits que l'on trouve épars dans ce qui nous reſte d'hiſtoriens, tels que les tremblemens de terre, les éruptions des feux ſouterrains, les débordemens & les inondations, ſont voir par induction combien il eſt arrivé de changemens ſur notre globe, dans l'eſpace de quatre mille ans. Il eſt d'ailleurs bien éloigné de rejetter toutes les traditions anciennes, comme l'irruption de l'Océan Atlantique dans la Méditerranée, la communication de la mer du Levant avec la mer Rouge, la ſubmerſion de l'Atlantide, & l'exiſtence de pluſieurs pays dont il eſt parlé dans les voyages de Bacchus, de Triptolème, d'Ulyſſe, & qu'on a peine à reconnoître

aujourd'hui. Sténon croit que tous ces pays & le globe entier ont pu changer de face par les cauſes qu'il a indiquées, en nous expoſant la ſuite des révolutions arrivées en Toſcane à différentes époques.

§. X I V.

Que les gloſſopètres ont appartenu à des chiens de mer, avant que ces corps fuſſent enſevelis dans les couches de la terre.

Sténon remarque 1°. que les matières des bancs d'où il a tiré les gloſſopètres ou dents ſemblables à celles des chiens de mer qu'on avoit pêchés dans la Méditerranée, & qu'il avoit diſſéqués, ſe trouvoient en différens états de dureté, comme les pierres calcaires ordinaires, ou bien en divers dégrés de molleſſe, comme les marnes, les argiles. Mais que dans tous ces cas les matières qui ſervoient d'enveloppes aux corps organiſés foſſiles, avoient une certaine conſiſtance qui lui avoit paru propre à les conſerver bien entiers contre les atteintes du dehors.

2°. Il obſerve que toutes les ſubſtances terreuſes & pierreuſes qui renfermoient ces corps foſſiles organiſés, étoient conſtamment diſtribuées par couches établies les unes ſur les autres, ſouvent horiſontales & rarement inclinées à l'horiſon.

3°. Dans pluſieurs endroits, ces corps foſſiles très-nombreux dans les bancs d'argile voiſins de la ſurface de la terre, deviennent plus rares dans les lits qui ſe trouvent placés à une certaine profondeur. Outre cela, ces mêmes corps qui ſont d'une belle conſervation & d'une entière ſolidité dans certaines couches terreuſes, s'offrent en état de décompoſition à une certaine profondeur, & ſur-tout à la ſurface où ils ſe trouvent à découvert & diſperſés.

4°. Dans les bancs de pierres, ces fossiles sont en général & plus nombreux & mieux conservés, que dans toutes les autres couches, parce qu'au milieu de cette espèce de mortier durci, ils ont conservé tous les principes de leur organisation primitive.

5°. Tous ces fossiles en quelque endroit qu'ils se trouvent, soit dans les terres molles, soit dans les rochers les plus durs, ont une parfaite ressemblance, soit entr'eux, soit avec les parties correspondantes des animaux qu'on tire de la mer. Dans les uns comme dans les autres, on observe la même direction des stries à l'extérieur, le même tissu des lames dans l'intérieur, les mêmes formes dans les cavités ou épiphyses & dans les attaches qui ont servi à leur emboîtement. Tous ces traits se distinguent également, soit que ces corps soient pétrifiés, soit que des animaux nouvellement tirés de la mer, les aient fournis.

6°. Dans plusieurs endroits on trouve des glossopètres de différens volumes liés ensemble par une substance pierreuse; ce qui prouve que ces dents ont appartenu à des animaux de différents âges, ou à des rangées différentes des dents du même animal.

7°. Par toutes ces observations, on voit que ces corps organisés n'ont pu se former dans les bancs qui les renferment; mais qu'au contraire ils s'y décomposent dès que les différents principes de leur organisation se désunissent & contribuent par cette désunion à la destruction de chaque partie & du tout. En vain regarderoit-on comme une production de la terre le grand nombre de ces corps qu'on rencontre à sa superficie. Cette dispersion est visiblement occasionnée par l'eau des pluies qui délaie & entraîne les terres au milieu desquelles ces corps ont été ensevelis avant la destruction des couches for-

mées primitivement dans le bassin de la mer.

8°. Il faudroit de même ne rien redouter dans aucun genre de suppositions, si l'on prétendoit que ces corps ont été formés au milieu des pierres: il est visible que c'est une opinion absurde à laquelle tiennent encore quelques naturalistes de notre temps; ces corps n'ont pu se former plus aisément dans les terres molles que dans les pierres dures.

9°. Il résulte de-là que toutes les couches qui renferment les fossiles qui nous occupent, ont été formées dans le bassin de la mer par une suite de dépôts terreux au milieu desquels ces corps marins ou leurs débris se sont trouvés mêlés: que ces corps ont été long-tems sous les eaux avec les matières qui les enveloppoient, qui d'abord dans l'état de pâte molle, les ont reçus, & ensuite les ont conservés à mesure que la pétrification s'est opérée.

Sténon conclut de tous les détails qui précèdent, & que l'observation lui avoit offert, dans toutes les circonstances où il avoit rencontré ces fossiles, que si la terre qui les renferme, n'a pu les produire, on ne peut s'empêcher de croire que ce sont les dépouilles des animaux marins qui ont été ainsi stratifiées par les eaux & enfouies au milieu des matières qui leur servent d'enveloppes; que toutes ces matières ont été distribuées par lits qui, dans certains cas, ont pris la dureté de la pierre, ou bien se sont conservées dans l'état de mollesse des marnes & des argiles, & qu'ainsi l'on ne peut révoquer en doute la production primitive des corps fossiles organisés, comme ayant appartenu à des animaux marins, qui ont laissé après leur mort ces dépouilles, lesquelles ont été conservées non seulement dans le bassin de la mer où ces animaux ont vécu, mais encore depuis que les dépôts sousmarins font partie de nos continens.

Tels font les réfultats des obfervations de Sténon fur les gloffopètres qu'il avoit tirés du fein de la terre en Tofcane, & de leur comparaifon avec les dents des chiens de mer qu'il avoit difféqués. On fent que cette même marche, ces mêmes raifonnemens peuvent être appliqués à tous les autres corps organifés foffiles. Auffi, c'eft dans ces vues qu'il a traité le même fujet dans les paragraphes X & XI précédens.

On fera peut-être étonné que dans un fiècle où les vérités que Sténon veut établir, font connues & regardées comme inconteftables, je faffe reparoître ce mémoire de Sténon; mais je réponds qu'il eft utile de connoître ceux qui ont combattu pour ces vérités, & qui nous en ont affuré la poffeffion & les avantages par leurs travaux.

SULZER.

Je diviferai ce que j'ai cru devoir emprunter des écrits de ce naturalifte en deux parties. Dans la première, il fera queftion des vues générales de Sulzer fur la théorie de la terre; & dans la feconde, de ce qu'il avoit imaginé fur l'exiftence des lacs difperfés à la furface de la terre & fur les effets produits par la rupture de leurs digues.

Sulzer s'eft beaucoup occupé de la théorie de la terre, & a renfermé les réfultats de fes recherches & de fes méditations dans plufieurs *queftions* dont il tente de nous donner à-peu-près les folutions dans un pareil nombre de propofitions.

Dans la première queftion, Sulzer recherche quelles font les différentes formes que préfentent les inégalités de la furface de la terre, & quelles en peuvent être les caufes. Cet objet eft certainement fort intéreffant, & quoique ce naturalifte ne l'ait pas difcuté dans une étendue convenable, on doit lui fçavoir gré de s'en être occupé.

Dans la feconde queftion il demande pourquoi les grandes montagnes font hériffées de pointes, pendant que les moyennes & les petites préfentent des fommets & même applatis fur une très grande étendue: on fent de quelle importance il eft d'avoir faifi des caractères auffi propres à autorifer la diftinction de deux ordres de montagnes &c.

Dans les quatre queftions fuivantes, il s'occupe des différentes couches de la terre foit horifontales, foit inclinées, foit profondes, foit fuperficielles.

Dans la dernière & feptième, il traite du travail des eaux fouterraines dans l'excavation des grottes & des cavernes. Cet objet tient plus qu'on ne penfe à la connoiffance du globe, du moins Sturmius & Scheuchzer que cite Sulzer l'ont confidéré fous ce point de vue.

Après ces difcuffions préliminaires, Sulzer entre dans l'examen des hypothèfes qui ont été imaginées pour expliquer la formation du globe; mais j'ai cru devoir fupprimer de cette expofition ce qui avoit trait aux théories de Woodward, de Burnet & de Leibnitz; attendu que ces mêmes détails fe trouvent dans les notices qui préfentent le précis des travaux & des opinions de ces favans. Je ne fais mention que des idées fyftématiques de Ray qui n'a pas ici d'article féparé.

Sulzer paffe enfuite à l'expofition de fon hypothèfe dont il donne le développement dans fix propofitions.

Il tente de nous perfuader dans la première qu'il y a eu un temps auquel la terre se trouva dans un certain état de mollesse & même de fluidité. On sent aisément que cette supposition a besoin d'être expliquée & réduite à ses justes termes.

Il établit ensuite dans la seconde que l'eau a couvert autrefois les sommets des plus hautes montagnes lorsqu'elles eurent acquis une certaine consolidation.

Il essaye de montrer dans la troisième proposition qu'il y a eu dans les différentes parties du globe diverses inondations successives, entre lesquelles il s'est écoulé de longs espaces de temps. Ceci rentre dans son hypothèse des lacs dont il sera parlé par la suite.

Dans la quatrième, Sulzer s'attache à prouver que toutes les montagnes n'ont pas été formées dans le même temps, ni de la même manière. Cette doctrine qui a reçu depuis Sulzer de grands développemens, n'avoit de son tems pour base que de simples apperçus. Par une suite de cette discussion, Sulzer donne dans la cinquième proposition, comme un caractère distinctif d'un certain ordre de montagnes, les circonstances dans lesquelles les matières dont les couches régulières se trouvent composées ont pu s'arranger, & il a soin de distinguer sur-tout les cas où les matières ont été déposées dans une eau tranquille & sédentaire, & ceux où elles ont formé des sédimens au milieu d'une eau agitée & livrée à de grands mouvemens.

Il est question dans la sixième & dernière proposition des différentes causes qui ont changé en tout, ou en partie, la première assiette des couches, ainsi que la forme extérieure des montagnes, qui a reçu de même de grands changemens à la suite des premiers.

On trouve après ces propositions une appendix sur la figure des hautes montagnes, & sur les causes actives qui peuvent à la surface de la terre contribuer à changer son centre de gravité, & à produire, suivant Sulzer, quelques inondations; enfin il termine le tout par ce qui concerne l'origine des sources & des fontaines, & en général, la circulation intérieure des eaux près de la surface de la terre.

J'ai cru devoir présenter dans un paragraphe séparé l'extrait d'un mémoire dans lequel Sulzer expose ce qu'il avoit imaginé sur l'existence d'un grand nombre de lacs dispersés à la surface du globe, & distribués particulièrement aux pieds des hautes montagnes, & dans le voisinage des bords de la mer. Il y traite en détail des effets qu'il a cru être autorisé par ses propres observations à leur attribuer, lorsque les digues de ces lacs ayant été rompues, comme il le conçoit, produisirent plusieurs inondations locales dans les plaines inférieures à leurs bassins. Je n'ai discuté ici aucun de ces différens effets, non plus que l'application des causes que l'auteur met en jeu dans les diverses circonstances qu'il parcourt. J'ai cru qu'il suffisoit de montrer dans des remarques particulières les difficultés que j'ai cru entrevoir dans cette supposition des bassins de ces lacs, qui sont la base de l'hypothèse de Sulzer. Je trouve d'ailleurs les mêmes difficultés dans la rupture subite des digues de ces lacs, sans laquelle cependant tous les effets imaginés disparoissent également.

I.

Vues générales de Sulzer sur la théorie de la terre.

Sulzer s'est beaucoup occupé de la théorie de la terre, & a renfermé les résultats de ses recherches & de ses méditations à ce sujet, dans plusieurs *questions & propositions* que nous allons présenter ici le plus succinctement qu'il sera possible.

Question première.

Quelles font les différentes formes des inégalités du globe, & quelles en font les caufes.

Toute la furface de notre globe fe divise en terre & en eau : l'eau en occupe beaucoup plus de la moitié, & les baffins où elle eft raffemblée font dans une fituation beaucoup plus baffe que celle des terres. La hauteur des montagnes, relativement au niveau de la mer, varie beaucoup, les plus hautes n'ont pas plus de 12000 pieds au deffus de ce niveau. En général les terreins élevés font difperfés fur toute la furface du globe, & l'on trouve peu de contrées où l'on n'en rencontre quelques - uns dont la plupart font d'une médiocre hauteur : on en voit des chaînes auffi fréquentes & auffi fuivies dans les régions polaires comme dans les zônes tempérées & torrides, dans les pays orientaux comme dans les contrées occidentales. Burnet prétend que le plus grand nombre des montagnes eft affujetti à une certaine direction, & qu'elles s'étendent en longueur d'orient en occident, tandis que Swedenborg les fait aller du feptentrion au midi.

Il eft bon de diftinguer au refte les grandes montagnes des petites. Suivant les obfervations de Haller, les petites montagnes, comme font la plupart de celles qu'on voit en Allemagne & dans le plat pays de la Suiffe, ont en général plus de terres dans leurs maffes, que les grandes; on y apperçoit beaucoup moins de bancs de pierres folides. Leur furface, leurs fommets font ordinairement fort étendus, & parcourent plufieurs lieues fans interruption : quelques-uns de ces fommets font couverts de bois ou de terrains cultivés; d'autres font fecs & arides. En général ces montagnes reçoivent & rendent beaucoup moins d'eau que les hautes montagnes : on n'y voit que rarement des fources abondantes & des rivières un peu confidérables qui y prennent leur origine.

Les plus hautes montagnes, fuivant les obfervations du favant Haller, ont leurs fommets piramidaux & partagés le plus fouvent en plufieurs pointes; on y remarque particulièrement fur leurs croupes efcarpées, des rochers ou adhérens aux couches de l'intérieur ou culbutés en défordre. Ces parties font toutes nues, & l'on ne trouve que peu de terre legère fur les autres : elles occupent par leurs différentes branches plufieurs lieues, & renferment entre ces ramifications des vallées étroites & profondes, à travers lefquelles coulent des torrens groffis par une infinité de ruiffeaux qui tombent de toutes parts des fommets les plus élevés.

C'eft fur les limites des grandes & des petites montagnes qu'on trouve à la furface de celles-ci beaucoup de terres, de fables & de pierres unies, d'un petit volume & roulées comme les cailloux qui font dans le lit des fleuves : quelques-unes des couches de leur fuperficie offrent des pétrifications de plantes, de poiffons, de coquillages.

Seconde queftion.

Pourquoi les grandes montagnes font elles, comme nous l'avons dit ci-deffus, herifées de pointes, & qu'au contraire les petites ont des fommets arondis ou applatis fur une certaine étendue fans interruption.

On trouvera la folution de cette queftion importante dans l'explication des propofitions qui fuivent.

Troifième queftion.

Pourquoi les hautes montagnes font-elles nues, & fe terminent-elles par des maffes

maffes fimilaires & homogènes, tandis que les petites & moyennes font couvertes de terres, offrent à leur furface des efpèces de plaines fur lefquelles font plufieurs efpèces de foffiles très-variés.

Quatrième queſtion.

Quelles font les circonſtances qui ont préſidé à la formation des couches qui compoſent la furface du globe?

Cette difpofition preſque générale fe remarque dans un grand nombre de montagnes tant de la première que de la feconde claffe: elle eſt fi vifible qu'on croiroit en la voyant que les montagnes font des affemblages de pieces de rapport.

Cinquième queſtion.

Quelles font les cauſes de la fituation irrégulière où fe trouvent certaines couches terreuſes & pierreuſes, & pourquoi ces couches font-elles fi fouvent féparées par des lits de fables?

Ces couches ont en général conſervé la poſition horifontale: quelques-unes font fituées fous différens angles à l'horifon; il y en a même qui font dans une fituation verticale: enfin d'autres ont pris différens plis & courbures.

En fecond lieu, leur difpofition n'eſt pas telle, que les lits qui font compofés de matières plus peſantes, foient placés fous les plus legères.

En troifième lieu, nous obferverons que les bancs pierreux font très fouvent féparés par un lit de fable, ou par quelqu'autre matière terreuſe étrangère à ces bancs; ce qui en rend la féparation très facile. Dans quelques endroits l'eau a tellement lavé le fable, qu'il s'y trouve entre les couches de grands vuides parallèles à ces

couches: il y a même des lits de fables entre les couches terreuſes.

Sixième queſtion.

Quelles font les cauſes de la formation des couches profondes & intérieures qui renferment les filons des mines? & pourquoi ces gîtes des métaux fe trouvent-ils fi irrégulièrement difperfés entre les autres ordres de couches foit pierreuſes foit terreuſes?

Je n'ai rien trouvé dans Sulzer qui fatiffaffe à cette queſtion importante dont il faut attendre la folution des mineurs plus inſtruits non feulement dans l'exploitation des mines, mais encore dans l'hiftoire naturelle de la terre: qualités qui ne fe trouvent pas fouvent réunies.

Septième queſtion.

Quelle eſt l'origine des cavernes fouterraines qu'on trouve dans certaines montagnes?

Sulzer cite à cette occafion Sturmius & Scheuchzer: & nous renverrons à l'article CAVERNE du dictionnaire.

Après ces queſtions, Sulzer entre dans l'examen des hypothèſes qui ont été imaginées pour expliquer la formation du globe.

Il obferve d'abord qu'il ne faut point s'attacher aux hypothèſes vifiblement fauffes; à celles par exemple qui font remonter l'origine des montagnes à la création du monde: il n'y a de fyſtèmes dignes de notre examen que ceux où l'on ne s'eſt occupé de l'explication de ces effets, que par un méchaniſme & des agens naturels.

Le favant M. Ray prétend que les montagnes ont été formées par l'éruption des feux fouterrains qui n'ont eu affez de force pour fe faire jour à travers les couches voifines de la fuperficie de la terre, que dans certaines circonftances où il s'eft ouvert des cheminées de volcans. Cette hypothèfe, qui n'en eft point une, ou qui rentre entièrement dans celle de Lazzaro Moro, & qui ne paroît être que le réfultat de ces penfées vagues, qu'on prend fans les fuivre & fans les confronter avec les phénomènes de la nature, n'eft pas difficile à difcuter & à détruire. Dire auffi, comme le fait Ray, que quelques montagnes ont été formées à la fuite des tremblemens de terres, c'eft ne rien dire. D'abord il eft certain que l'éruption des feux fouterrains n'eft pas une caufe affez répandue, affez régulière, pour avoir difperfé à la furface du globe les chaînes de montagnes. D'ailleurs, comme elles s'y trouvent, comme Ray fuppofe en même-temps que le globe de la terre étoit pour lors dans un état de molleffe, il eft à croire que les feux fouterrains ont dû fe faire jour partout dans leurs éruptions, & qu'en même temps toutes les matières foulevées ont dû retomber dans leur ancienne fituation, après que l'éruption a ceffé ou s'eft rallentie. Enfin en examinant les matières foulevées, on découvriroit dans leur difpofition l'action du feu, & l'on ne retrouveroit plus dans les montagnes des couches horifontales : & celles qui feroient inclinées, le feroient de manière à montrer les centres & les progrès de l'éruption ainfi que fes limites. Or il eft certain que cette difpofition ne fe remarque en aucune forte dans aucune des montagnes où l'on peut voir à découvert les différens fyftêmes de couches qui font entrées fucceffivement dans leur compofition.

HYPOTHÈSE DE SULSER.

Première propofition.

Il y a eu un temps auquel la terre étoit dans un certain état de molleffe & de fluidité.

La figure de la terre par les pôles démontre cette vérité. Neuton a fait voir que cet applatiffement étoit la fuite de cet état de molleffe & de fluidité.

Une feconde preuve de la propofition précédente, eft que les couches terreftres n'ont pu s'arranger comme elles le font, fans que la terre ait été dans cet état, comme l'a fort bien établi Sténon dans fa differtation. On s'en convaincra effectivement par le nombre prodigieux d'animaux & de plantes tant de la mer que de la terre, qui fe trouvent renfermés dans les pierres & qui ne peuvent s'y être engagés que lorfque ces pierres étoient une pâte molle.

Il réfulte de-là, que les amas de fables ont été originairement une matière qui a été fluide ou plutot dans un état de fufion; car le fablon eft un débris de maffes confidérables, fi les grains qui le compofent ne font pas réunis ou agglutinés enfemble.

Les ruiffeaux qui découlent des montagnes entrainent des fragmens de pierres qui fe réduifent en graviers & en fables par le frottement continuel : ces débris font portés enfuite dans le lit des rivières & des fleuves, & de-là dans la mer où ces matériaux comminués font difperfés dans des vallées foumarines qui fe comblent fucceffivement par ces nombreux dépôts. Quand nous parlons de fluidité, nous n'entendons que l'état de défunion des molécules pierreufes qui obéiffent au fluide qui les organife par bancs & par couches.

Il en eft de même des autres fortes de pierres calcaires dont les particules ont été également entrainées par les eaux courantes, & qui n'ont pu fe lier & former des maffes folides qu'après avoir été dépofées par bancs dans le baffin de la mer, ou bien même dans les fonds de cuve des vallées

Or comme les pointes d'un grand nombre de montagnes sont composées de pierres calcaires, il est manifeste que ces grandes masses ont été autrefois sous les eaux, & que c'est dans cet état qu'elles se sont pétrisiées, suivant les différents dépôts des lits; au lieu que les pierres qui se forment par crystallisation ou par des eaux courantes n'ont pu s'arranger par couches régulières, parce qu'il n'y a que l'eau tranquille qui puisse produire cet effet. Ainsi les masses de granit, les pics des plus hautes montagnes ne peuvent être considérés comme la suite de dépôts sousmarins.

Seconde proposition.

L'eau a surpassé autrefois les sommets des plus hautes montagnes dans le temps qu'elles étoient consolidées & que leurs différentes parties avoient acquis de la consistance.

Sulzer appuie cette assertion sur cette observation de Scheuchzer. Ce naturaliste rapporte que sur la pointe la plus élevée du mont Stella chez les grisons, laquelle n'est accessible qu'aux chasseurs les plus adroits, on trouve un gros tronc d'arbre qui a environ 5 pieds de long sur un pied & demi de diamètre: on prétend que c'est un tronc de pin de montagne. Sulzer pense que l'eau seule a pu déposer cette pièce de bois dans l'endroit où elle se trouve, car elle ne peut selon lui y avoir été formée, on en trouveroit d'ailleurs un plus grand nombre si le terrein des pics, après avoir produit beaucoup de pins avoit été ensuite bouleversé: il observe outre cela, que ces sommets avoient acquis toute leur solidité lorsqu'ils ont été submergés, car sans cela le tronc d'arbre dont il est question auroit été engagé dans la vase.

Il ajoute à cette observation un au-

tre fait plus général, & peut-être plus difficile à expliquer. Sur le sommet du mont Rigi dans le canton de Schwitz les rochers ne sont pas des masses de pierres uniformes, mais ils consistent en des amas de pierres innombrables de diverses sortes de nature, mêlées de sables qui servent à lier fortement ces cailloux, & à en former ensemble des murailles naturelles; ces sortes de cailloux sont polis & arrondis comme les pierres qui se trouvent dans le lit des fleuves ou sur les bords de la mer. On ne peut prétendre avec aucun fondement que les pierres primitives qui servent de base à ces cailloux aient été formées sur cette montagne, & qu'elles s'y soient mastiquées de la sorte. Il faut nécessairement que l'eau les y ait transportées & les ait même tirées des vallons & de leurs fonds puisqu'elles sont lavées & arrondies; car c'est le lieu le plus élevé de tous les environs où ces amas se trouvent. Il y a donc eu un temps où cette montagne se trouvoit sous les eaux; & toutes les circonstances de ce fait montrent distinctement que cette inondation a eu lieu lorsque cette masse montueuse étoit solide, car sous cette espèce de muraille naturelle qui fait la pointe la plus élevée du sommet de la montagne, on trouve des couches pierreuses bien régulières, lesquelles ont été entièrement fluides comme on l'a dit. D'ailleurs les pierres qui composent les cailloux dont cette muraille est construite, étoient aussi solides lorsque l'eau les y a voiturées, car elles ne forment pas une masse commune. Or ces pierres étant solides, puisqu'elles se sont arrondies & polies, étant plus pesantes que de la terre délayée dans l'eau, elles se seroient enfoncées dans la montagne, si son sommet ne leur eût pas opposé une surface bien affermie comme elle l'est aujourd'hui.

Il s'ensuit de-là qu'il y a lieu de penser que les pointes des montagnes ont été couvertes d'eau à plusieurs reprises : car 1°. elles ont été couvertes d'eau lorsque les couches ont été formées par les dépôts qui se sont faits dans le bassin de la mer. 2°. Elles ont été inondées encore lorsqu'elles ont été hérissées de ces débris que plusieurs montagnes montrent le plus souvent à leurs sommets. Dans la première inondation, Sulzer croit qu'il y a eu une alternative de mouvemens qui agitoient les eaux & les chargeoient de molécules terreuses de diverses sortes, & de repos qui favorisoient ces dépôts. Dans la seconde inondation, les eaux étoient dans un mouvement très-fort & sans aucun intervalle de repos, à moins qu'elles ne fussent rassemblées dans des cavernes profondes : & il n'existe aucunes couches régulières dans les lieux où l'on trouve les traces de cette seconde inondation ; telles sont, ainsi que le mont Rigi, un grand nombre de moyennes montagnes des Alpes. On doit se représenter le mouvement des eaux dans la seconde inondation comme celui de la mer, lorsqu'elle est agitée par la tempête dans son bassin ; les vagues jettent sur les rivages tout ce qu'elles roulent, & se replient sur elles-mêmes pour revenir un instant après chargées de nouveaux débris qu'elles y déposent, après avoir poli & arrondi les fragmens les plus durs. D'un autre côté, on ne peut expliquer la formation des petites montagnes composées de terres & de cailloux ainsi arrondis & qui ne suivent aucun lit, autrement que par une semblable inondation.

Troisième proposition.

Il y a eu diverses inondations successives entre lesquelles il s'est écoulé de longs espaces de tems.

La première de ces inondations a eu lieu, comme on l'a dit, lorsque la terre étoit toute fluide, c'est-à-dire que ses molécules étoient délayées dans l'eau ; la seconde est survenue lorsque la terre étoit déja organisée & ferme, & que les montagnes existoient. Or, il est très-aisé de se convaincre que ces diverses inondations se sont faites à des distances très-grandes l'une de l'autre. Dans la seconde, l'eau a entraîné des pierres déja polies & du sable : or ces pierres auront eu le tems de se durcir, puisqu'elles paroissent être des fragmens d'autres pierres que nous trouvons maintenant en masse & par bancs : il faut donc que ces pierres aient eu un tems suffisant pour acquérir la dureté qu'elles ont & qui est très-considérable, à en juger par la vivacité de leur poli ; & comme ces pierres ont été détachées des rochers aussi bien que le sable, il faut qu'il se soit écoulé un long espace de tems pendant lequel la terre aura pu d'abord sortir du premier état de molesse que l'on a indiqué pour passer à un second état, où l'on trouve des masses solides, des rochers, des montagnes & des fleuves qui dégradent & détachent les fragmens. C'est sur-tout dans les petites montagnes de la Suisse, & dans le plat pays qu'on trouve les traces des secondes inondations. Car on rencontre par-tout des pierres polies & du sable, & ce qu'il y a de remarquable, c'est que ces petites pierres polies sont de même nature que celles qui subsistent en grosses masses dans les plus hautes montagnes.

Une telle inondation survenue long-temps après la première, est selon Sulzer, le déluge universel, car l'état de la terre avant le déluge ne présentoit que les premières couches régulières. Peut-être y a-t-il eu encore bien d'autres inondations qui ont causé des révolutions à la surface du globe ; l'histoire & les traditions des anciennes peuplades en ont conservé la mémoire. Sulzer est porté à croire que ces secondes inondations ont pu former des couches qui ont une sorte de régularité comme celles des schiftes & des ardoiſes, où l'on trouve en abondance des débris de poiſſons, d'inſectes & de plantes; mais ces effets doivent être conſidérés plutôt comme étant la ſuite de la dégradation & des dépôts des eaux courantes, que d'inondations étèndues, qui auroient couvert de grandes parties de la ſurface de la terre.

Sulzer conclut de tous ces faits & de ces raiſonnemens, que la plupart des couches de la terre à la profondeur qu'ont atteint les fouilles ordinaires, ne procédent pas de la première inondation, mais ont été produites par les inondations poſtérieures; car on trouve preſque toujours des corps qui n'ont pu y croître, & qui n'ont pu y être dépoſés que par les eaux qui les ont amenés d'autre part. Sulzer penſe que chaque contrée a ſouffert autant d'inondations qu'il y a de couches différentes, qui ne peuvent être attribués à la première; & c'eſt une preuve certaine qu'une couche ou un aſſemblage de pluſieurs couches, ne peuvent être attribués à la première inondation, quand on y trouve divers corps étrangers, comme des pierres roulées, du ſable, des empreintes de plantes, des morceaux de bois ou des oſſemens d'animaux terreſtres & marins.

Quatrième propoſition.

Toutes les montagnes n'ont pas été formées dans le même tems ni de la même manière.

Ces vérités ſont prouvées par la diſtinction des grandes & des petites montagnes & par les inondations ſucceſſives dont elles portent les traces & les veſtiges. Car la grande multitude de pierres iſolées que l'on trouve ſur les petites montagnes doit avoir été produite bien antérieurement dans les grandes, & ayant

que d'avoir pu ſe raſſembler en pareils amas; ainſi les grandes ont éxiſté avant les petites. La figure d'ailleurs de ces maſſes montueuſes prouve la variété des agens qui ont concouru à leur formation; ajoutez à cela cette raiſon péremptoire que les grandes montagnes offrent des couches régulières; d'où l'on peut inférer que leurs matériaux ſe ſont raſſemblés, & ont été dépoſés ſous l'eau de la mer tranquille, pendant que les petites montagnes annoncent d'autres agens & d'autres circonſtances.

Cinquième propoſition.

La matière dont les couches régulières ſont compoſées s'eſt arrangée ſous l'eau, tantôt tranquille, tantôt agitée & en mouvement.

Il eſt certain que les couches de la terre n'ont pu être formées que ſous l'eau: il paroît auſſi qu'il ne peut y avoir d'autres cauſes de l'inégalité d'épaiſſeur que l'on trouve dans un ſi grand nombre de couches, & de leur diſtinction, que l'alternative fréquente du mouvement & du repos dans l'eau qui les a organiſées. Car ſi l'eau s'étant une fois calmée étoit toujours demeurée paiſible & en repos, toutes les différentes matières ſe ſeroient arrangées ſous l'eau ſuivant leur peſanteur ſpécifique, & il n'y auroit eu qu'une ſeule couche dans une montagne entière. Mais en ſuppoſant que l'eau, après un certain temps de calme & après qu'une partie des matières terreuſes a été précipitée au fond, reprenne une nouvelle agitation, toutes les matières, excepté celles qui s'étoient affermies au fond, ſe mêlant de nouveau, & le calme de l'eau ſurvenant enſuite, il s'arrange une nouvelle couche & ainſi de ſuite. On voit auſſi que ſuivant que la tranquillité de l'eau a eu plus ou moins de durée, ou que l'agitation qui a ſuccédé a été plus ou moins longue, l'eau s'est chargée à proportion de matières terreuses, & que les couches se sont formées plus épaisses ou plus minces en même raison. On voit aussi que suivant ce système d'explication de la distinction des couches, l'eau a eu sur l'ancien fond de mer que nous habitons autant d'alternatives de repos & de mouvemens qu'il se trouve dans un massif de couches différentes.

Une expérience fort aisée à faire peut faire comprendre parfaitement tout ce méchanisme adopté pour expliquer l'origine des couches & de leur distinction. Qu'on prenne un vase plein d'eau & qu'on y jette deux poignées de terre bien seche avec un peu de sable: ensuite lorsque l'eau aura pénétré & délayé entièrement la terre, si on la remue avec un bâton, de manière que la terre nage dans l'eau & qu'on laisse ensuite reposer ce mélange jusqu'à ce qu'il se soit formé un dépôt sur le fond du vase; il y aura ainsi une couche de faite : si l'on agite de nouveau l'eau qui recouvre cette couche sans cependant la toucher & qu'après y avoir jetté un peu de sable, on continue à l'agiter, qu'on fasse succéder un certain repos à ce mouvement, il y aura un nouveau dépôt. Si après avoir répété cette suite d'opérations à diverses reprises, on fait écouler l'eau du vase afin que la suite des dépôts puisse se dessécher, on aura un amas de terre composé d'autant de couches que l'eau a passé de fois par les alternatives de mouvemens & de repos.

Sixième proposition.

Les tremblemens de terre ou d'autres causes, comme les eaux courantes, ont changé en tout ou en partie la première assiette & la forme extérieure des montagnes.

Sulzer croit que la situation irrégulière de certaines couches dans les montagnes annonce les différentes causes des changemens qu'elles ont éprouvés. Tels sont les différens degrés d'inclinaison dans ces couches. Car puisque toutes les couches primitivement devoient être dans une situation parallèle à l'horison, parce qu'elles ont été formées par des matieres que les eaux de la mer ont déposées, il est nécessaire que leur inclinaison soit due à des causes étrangères. Outre cela, il faut qu'elles annoncent de grands désordres pour qu'on puisse attribuer leurs déplacemens aux tremblemens de terre, aux affaissemens, aux éboulemens, &c.

De la figure des hautes montagnes.

Sulzer croit que l'origine de la figure des hautes montagnes peut être rendue sensible par cette expérience. Qu'on prenne de la terre, des cendres & du sable, qu'on en remplisse une caisse & qu'on mêle ensemble toutes ces matieres, qu'ensuite on détache les quatre planches de la caisse, en même temps; les matieres se trouvant sans appui, couleront par les quatre côtés ; ce qui restera prendra la figure du sommet d'une montagne avec plusieurs pointes. Sulzer rapporte qu'il a vu un endroit en Suisse, où la nature semble avoir exécuté de la manière la plus complette l'expérience dont on vient d'indiquer les principaux détails. Dans le canton de Zurich, sur les bords de la riviere de Thur, près d'Andelfingen, des éboulemens de terre offrent la plus parfaite ressemblance avec les hautes montagnes. Dans cet endroit les bords de la riviere avoient 30 à 40 pieds de hauteur ; l'eau ayant continuellement miné ces bords, la terre est tombée en partie dans la riviere, & ce qui est resté a acquis par ce moyen cette ressemblance si parfaite avec les hautes montagnes & qui frappe tellement les habitans des environs, qu'ils nomment ces masses de terres des rochers,

Autres considérations sur les changemens du centre de gravité, sur les inondations, & sur l'origine des sources.

Après toutes ces notions préliminaires, Sulzer suppose que le centre de gravité du globe change continuellement, & il appuie ce changement sur le déplacement considérable que les fleuves causent à la surface des continens. Ainsi par exemple les fleuves d'un volume d'eau prodigieux qu'on voit dans la Zône-Torride, & qui éprouvent de grandes crues par les pluies continuelles dans lesquelles consiste l'hiver de ces contrées, doivent charier dans leurs inondations une immense quantité de terre qu'ils vont porter assez avant dans la mer. On rapporte qu'une rivière de la Chine charie avec ses eaux au moins un tiers de terre : si l'on suppose qu'elle ait deux cents dix pieds de large & huit de profondeur, & que sa vitesse soit telle qu'en une seconde elle parcourt deux pieds : d'après ces suppositions qui n'ont rien d'exagéré, cette rivière porteroit à la mer en un jour 27,648,000 pieds cubes d'eau & 9 millions de pieds cubiques de terre ; & en supposant qu'elle soit chargée de ces terres pendant cinquante jours par an, & qu'elle en charie la même quantité à la mer, elle portera dans son bassin de quoi former une montagne de 50 pieds de hauteur & de 800 pieds de largeur. Que sera-ce si l'on envisage l'effet de tous les fleuves dans le bassin de la mer ? Quel déplacement de terre considérable dans le temps actuel ? mais combien ne devoit-il pas être plus abondant, lorsque la terre étoit plus exposée à être enlevée par les eaux courantes, entraînées sur des pentes encore plus rapides ?

De cette considération, Sulzer conclut que la mer doit inonder de temps en temps plusieurs parties de nos continens, suivant que les changemens du centre de gravité sont plus favorables à ces inondations. Il prétend même qu'elles ont été plus fortes & plus fréquentes dans les temps anciens. Parmi les autres questions qui restent à résoudre, je n'indiquerai dans cette notice que celle qui concerne l'origine des sources & des fontaines, suivant Sulzer. Les sources sont dans les montagnes & même les plus hautes, aussi fréquentes qu'abondantes. D'après cette observation, Sulzer s'est occupé bien sérieusement à rechercher les différens moyens dont la nature a fait usage pour ouvrir les issues par où l'eau pluviale se rassemble & celles par où elle s'écoule. Il croit donc que les montagnes après s'être dégagées de l'eau, en étoient originairement fort empreignées, à-peu-près comme ces amas de sables & de terres qui se trouvent accumulés dans les lits des rivières, & qu'elles laissent ensuite à découvert. C'est pour lors, que les eaux dont les terres étoient pénétrées, s'écoulèrent de toutes parts : ainsi pendant que les couches de la terre se séchoient, l'eau cherchoit des issues & se frayoit des routes entre les assises des bancs qui s'entrouvroient par la dessiccation. Ces conduits qui n'étoient d'abord que des ouvertures fortuites, sont devenus les canaux de sources abondantes. C'est ainsi que l'eau pluviale pénètre dans le sein de la terre, & qu'elle se fait jour à travers les masses montueuses, pour alimenter au-dehors les différens ruisseaux qui se rendent ensuite dans les rivières & les fleuves.

I I.

Exposition des effets que Sulzer attribue aux lacs dispersés à la surface du globe.

Sulzer a cru voir à la surface de la terre différens amas de décombres dont l'épaisseur varie beaucoup. Dans certains endroits, cette croûte consiste dans des couches assez régulières de terre, de sable, de gravier, de cailloux, de pierres posées horisontalement les unes sur les autres, mais très-rarement dans l'ordre des gravités spécifiques. Dans d'autres endroits, cette croûte est un amas de matières hétérogènes que le hasard semble y avoir jettées. On y voit différentes natures de terres, de sables, de cailloux mêlées ensemble avec des restes de matières animales & végétales ; enfin des amas immenses de sables couvrent la surface du globe jusqu'à des profondeurs considérables. Sulzer présume que ces décombres ne sont pas la matière primitive dont la terre ait été couverte dans sa première formation. Ces sables qui couvrent des régions entières, ne sont que les effets de la décomposition des roches & les cailloux de gros débris de montagnes.

De toutes ces considérations, Sulzer se fait la question suivante : *Par quelle révolution la terre a t-elle été couverte de cette croûte hétérogène ?* Mais pour y répondre Sulzer écarte les principales hypothèses par lesquelles certains physiciens ont prétendu résoudre ce problème afin de s'attacher à un moyen particulier que nous indiquerons par la suite.

Nous devons dire d'abord que cette exposition des phénomènes qui précède est fort vague, & qu'il s'en faut bien que les circonstances essentielles s'y trouvent présentées comme il convient. Sulzer prétend cependant que leur solution l'avoit occupé depuis bien des années, lorsque dans un voyage qu'il fit aux montagnes d'Hercynie, il eut occasion d'examiner de nouveau plusieurs particularités relatives à cette matière.

La première idée qui le frappa, est que si l'on fermoit un passage dans ces montagnes par une digue, une petite riviere ne trouvant plus d'issue, se gonfleroit & convertiroit la vallée en un lac fort profond. Il imagine ensuite que les eaux de ce lac trouvant quelques fentes, quelques ouvertures dans la bâse des montagnes par lesquelles elles puissent sortir,

la grande pression que la masse d'eau exerceroit sur le fond du lac dont la profondeur auroit été de plusieurs centaines de pieds, la feroit sortir avec une impétuosité à laquelle rien ne résisteroit. Elle ne manqueroit pas d'élargir peu à peu le passage & emporteroit tout ce qu'elle rencontreroit dans son chemin ; chariant terres, sables & pierres en si grande quantité & avec tant de force, qu'on trouveroit la plaine inférieure couverte de ces décombres. L'ouverture qu'on suppose au pied de la montagne, s'étant aggrandie par l'impétuosité des eaux, une partie de la montagne ayant perdu sa bâse se feroit écroulée, & les décombres de cette montagne se feroient répandues sur la plaine.

Ces différens moyens firent comprendre à Sulzer comment certaines campagnes ont pu recevoir les débris de montagnes assez éloignées, & comment ces débris ont pu être accumulés jusqu'à des hauteurs considérables. Il croit même qu'il peut y avoir eu des cas où l'amas de ces décombres aura été si considérable, qu'il aura comblé le fond de l'Océan près des côtes, & obligé les eaux à reculer.

Ayant poussé ensuite plus loin ces réflexions, il a paru à Sulzer qu'il étoit très possible de déduire l'état actuel de la surface du globe d'un grand nombre d'inondations semblables, qui se sont succédées les unes aux autres dans de longs intervalles. C'est d'après cette discussion qu'il s'est hasardé de proposer la conjecture qui lui a paru suffisante pour résoudre le problême précédent dans toute son étendue.

Il suppose d'abord que dans la constitution primitive de la terre, toute sa surface a été couverte d'eau à l'exception des endroits qui font aujourd'hui les grandes chaînes de montagnes, lesquels formoient alors autant d'isles au milieu de l'Océan.

Sulzer

Sulzer s'eſt perſuadé que la ſuppoſition n'avoit rien qui ne fût très-probable. Il croit même que c'eſt une vérité démontrée, quand il conſidère que dans tous les pays plats on peut creuſer juſqu'à des profondeurs qui ſont au-deſſus du niveau actuel de la mer, ſans qu'on trouve ni couches, ni aucunes autres matieres qu'on puiſſe prendre pour originaires. Il va plus loin, il ne doute pas que les terres qui ſont aujourd'hui le ſol des pays plats, ne ſoient en grande partie compoſées de décombres, qui par conſéquent n'y ont pas toujours été. Cela nous fait voir, ſelon lui, comment les eaux de l'Océan ont pu ſuffire pour couvrir toute la ſurface de la terre, à l'exception des hautes montagnes; en ſorte que ſi encore aujourd'hui on pouvoit ôter par-tout les terres étrangères & adventices des endroits où elles ont été dépoſées & les remettre ſur les montagnes, la quantité d'eau ſur ce globe ſuffiroit pour couvrir toutes les plaines.

Dans cet état primitif, les vallées qui forment les montagnes n'étoient pas encore ouvertes; toutes les montagnes préſentoient dans leurs concours des promontoires inacceſſibles. Les vallées intérieures étoient toutes remples d'eau & formoient par conſéquent autant de lacs dont les eaux n'avoient aucun écoulement. Il n'y avoit point alors ſur la terre de ruiſſeaux ni de rivieres d'un cours libre, vu que les montagnes n'étoient point ouvertes encore pour donner paſſage aux eaux des lacs. Les vallées recevoient toutes les eaux des ſources, mais ne les verſoient pas au-dehors.

D'après toutes ces ſuppoſitions, Sulzer imagine que dans pluſieurs endroits ces lacs ont pu former des caſcades le long des promontoires, de ſorte que dans cet état même, quoiqu'il n'y ait pas eu de rivieres, il y a eu une circulation continuelle des eaux de l'Océan & de l'Océan aux ſources, moyennant ces caſcades & l'évaporation qui en a été la ſuite. D'ailleurs Sulzer

eſt porté à croire que quelques-uns de ces lacs ont pu avoir une profondeur de quelques milliers de pieds; car pluſieurs vallées entre les grandes montagnes ont actuellement cette profondeur. Un lac de cette profondeur doit avoir exercé une preſſion prodigieuſe, tant contre le fond, que contre les bords voiſins de ce fond; circonſtance à laquelle on deſire qu'on faſſe une attention particulière.

A ces ſuppoſitions, Sulzer croit devoir joindre une obſervation connue de tous ceux qui ont voyagé dans les grandes montagnes; c'eſt que les rochers qui ſont proprement la ſubſtance & le noyau de ces montagnes, expoſés tantôt à la ſéchereſſe, tantôt à l'action de l'humidité, ſont ordinairement fendus en tous ſens. Ces cauſes produiſent deux effets eſſentiels, ſuivant Sulzer, dans la matiere dont il s'agit. Il voudroit nous faire croire qu'au fond des lacs dont on vient de parler, il s'eſt formé peu à peu un amas de pierres, grandes & petites, tombées des ſommets des montagnes, & un ſédiment conſidérable de ſables, de terres & d'argiles, produits par la diſſolution des rochers.

En s'arrêtant maintenant ſur cet état des choſes, & conſidérant la terre avec toutes ces formes primitives, on la concevra d'abord couverte d'eau par-tout, excepté que dans cet Océan on verra peut-être une vingtaine d'iſles très-hautes. En Europe les Pyrenées, les Alpes, les montagnes de Bohême, d'Hercynie, de Thrace, formoient ces îles. L'océan lavant les pieds de toutes ces montagnes, il n'eſt pas étonnant qu'on trouve encore aujourd'hui des coquilles & d'autres dépouilles d'animaux marins aux endroits où la mer a ſéjourné autrefois. Dans chacune de ces iſles, il y avoit alors un grand nombre de lacs d'une profondeur très-conſidérable, & les fonds de ces lacs étoient remplis de terres, de ſables & de pierres de toutes grandeurs. Dans cet état, des cauſes non-ſeulement très-naturelles, mais encore très-ordinaires, peuvent avoir produit des changemens successifs, lesquels ont donné à la terre sa face actuelle.

Voici maintenant les agens que Sulzer met en jeu : Qu'un tremblement de terre par exemple, ait fendu un promontoire qui formoit un des bords d'un lac, voilà des eaux qui en sortent avec une impétuosité prodigieuse, chariant tout ce qui étoit déposé à leur fond, & détachant encore d'autres matieres qui se trouvent sur leur passage. Toutes ces matières sont portées dans la mer ; elles forment de nouvelles isles dans l'Océan ; mais ces nouvelles isles ne sont composées que de décombres. A cette première sortie des eaux, d'autres succedent & à celles - ci encore d'autres, jusqu'à ce que l'eau de tous les lacs de nos grandes isles soit écoulée. Que ces écoulemens se fassent dans des temps plus ou moins éloignés les uns des autres, & l'on comprendra sans peine comment la partie de l'ancien Océan qui occupoit l'intervalle d'une île à l'autre, par exemple, celui qui est entre les Pyrenées & les Alpes, a pu être remplie de décombres au point de combler le fond de l'Océan & de former des terres habitables.

Voilà en gros l'hypothèse de Sulzer, sur l'origine de cette partie de la terre qu'il croit consister en décombres. Il présume que cette hypothèse qu'il regarde comme très simple & très - probable, suffit pour expliquer tous les faits particuliers. Voici maintenant les conséquences les plus remarquables qu'il en tire.

Cette hypothèse lui paroît d'abord un moyen d'expliquer un fait qu'on a mal compris jusqu'à présent. Presque tous les peuples de la terre parlent de déluges ou grandes inondations arrivées dans leurs pays très - anciennement. Outre les dé-

luges fameux de *Noé*, d'*Ogygès*, de *Deucalion*, il y en a eu d'autres dont parlent les peuples de la Chine & ceux de l'Amérique. Sulzer prétend que ceux qui ont cru le déluge de *Noé* universel, ont cru trouver une confirmation de cette hypothèse dans ces traditions des autres peuples ; mais il pense que l'universalité d'un déluge quelconque est absolument insoutenable, & que son hypothèse est seule capable de donner une explication solide de leur grand nombre. Ces déluges n'ont donc été que des éruptions particulières de quelques grands lacs ; ainsi le déluge de Deucalion a été la suite de l'éruption du lac dont le desséchement forma les campagnes de la Thessalie. C'est par un pareil évenement que le Pont-Euxin s'ouvrit le passage dans la mer Egée, & causa le déluge dont parle Polybe. Ces éruptions produisirent une double augmentation de terrein sec ; d'un côté les fonds des lacs furent desséchés, & de l'autre les décombres, portés dans les endroits où l'Océan a peu de profondeur, y formèrent un sol sec ; c'est très-probablement de cette dernière manière que fut formé le plat pays de l'Egypte, à ce que croit Sulzer.

On conçoit fort bien comment un peuple répandu & occupant un pays situé entre la mer & un grand promontoire, a pu croire qu'une pareille inondation ait été générale. C'est ainsi que Noé & Deucalion ont pu penser qu'ils étoient les seuls hommes de la terre échappés de ces inondations.

Cette hypothèse de Sulzer fournit encore selon lui, une explication fort aisée, non-seulement des pétrifications dont on a parlé, mais encore de tout ce que l'on a observé touchant les corps organisés dont les diverses couches de terres sont remplies. Qu'une montagne, par exemple, élevée de trois mille pieds au-dessus du niveau de la mer, ait pu être couverte par une inondation d'un amas prodigieux de terres & de cailloux mêlés ensemble, c'est une chose facile à concevoir, dès que l'on sait qu'à une distance médiocre de cette montagne, il y a des vallées dont le sol est de deux mille pieds plus élevé que la montagne dont on vient de parler. L'éruption de ces vallées a fort bien pu, suivant l'hypothèse de Sulzer, produire l'effet dont il s'agit.

Quant aux corps marins que l'on trouve en terre dans les endroits peu élevés, Sulzer pense encore que tout ce qui les concerne peut très-bien être assorti à son système; mais pour ceux qui sont placés à des hauteurs considérables, il suffit de réfléchir sur l'énorme impétuosité de l'eau des lacs qui sortoit par une pression de quelques milliers de pieds, pour être convaincu que cette force a dû accumuler à de très-grandes hauteurs la masse de terre que l'eau rencontroit en sortant par des ouvertures faites aux pieds des montagnes.

Voici encore une troisième application de l'hypothèse des lacs par Sulzer. Il y voit comme une suite naturelle l'existence des grands lacs aux pieds des Alpes. Le lac de *Genève*, celui de *Constance*, celui de Zurich, celui des quatre villes forestières, celui de Thoun, se trouvent visiblement aux gorges des montagnes, & quiconque a été sur les lieux tombera facilement d'accord qu'il est très-probable que ces grands lacs ont été creusés par la force des eaux sorties des vallées voisines avec une grande impétuosité, & avant que les vallées aient été entièrement ouvertes.

Enfin, en quatrième lieu, Sulzer trouve que la déclinaison de la ligne horisontale qu'on observe dans toutes les couches des rochers qui sont à la surface des montagnes, s'explique tout naturellement dans son système; car les écoulemens des eaux ont dû causer de plus d'une manière des éboulemens considérables dans les montagnes. Les couches formées par

les dépôts ou sédimens de plusieurs inondations successives ont été horisontals dans leur origine : un écroulement survenu a nécessairement changé cette disposition.

Sulzer fait remarquer que les évènemens dont on vient de parler, ont dû se succéder dans des intervalles de plusieurs siècles; mais l'histoire ne nous a conservé que le souvenir des dernieres grandes éruptions des lacs. Il est probable que long-temps avant Noé, il y a eu plusieurs déluges en Asie, & plusieurs autres dans la Grèce, avant Deucalion; car il n'y a pas la moindre raison de croire que l'état primitif de la terre tel qu'on l'a supposé, n'ait duré que peu de temps, & que les changemens qui ont donné à la terre sa forme actuelle, se soient succédés dans des espaces de temps peu considérables. Cela doit avoir été sans doute l'ouvrage de bien des siècles. Il arrive même encore aujourd'hui, quoique bien en petit, des révolutions semblables à celles dont on vient de parler. Dans les pays de montagnes, il y a quelquefois des inondations qui ajoutent de nouvelles couches aux campagnes inférieures qu'elles désolent en couvrant les champs de terre & de cailloux sur une épaisseur de plusieurs pieds.

Remarques sur l'hypothèse des lacs dispersés à la surface du globe.

En admettant, comme un moyen de rendre raison de plusieurs phénomènes, les lacs dispersés à la surface de la terre, Sulzer ne me paroît pas avoir assez réfléchi sur la marche ordinaire de la nature dans la circulation des eaux courantes & dans l'excavation des vallées. Lorsqu'il a supposé, par exemple, l'existence de bassins longs & profonds avec des digues propres à retenir les eaux des pluies & des sources, & à former des lacs, comment n'a-t-il pas vu que l'approfondissement de ces bassins exigeoit une marche libre & continuée, pendant une longue suite d'années de la part des eaux courantes, qui ont dû parcourir les vallées dont les bassins des lacs font partie, & que par conséquent ces vallées devoient avoir leurs débouchés ou dans la mer, ou dans d'autres vallées également libres & ouvertes sur toute leur longueur? mais dèslors je ne puis concevoir que des digues aient pu être réservées au milieu de ces vallées, & offrir ainsi des bassins propres à former des lacs.

Sulzer n'a pas vu que les bassins de ces prétendus lacs n'ont pu être creusés à la profondeur dont il a besoin pour contenir la masse d'eau considérable qu'il y rassemble, tant que des digues composées de massifs naturels, auroient été épargnées par les eaux. Je le répete, il n'y a pas de bassins de lacs contenant des eaux sans digues, & la circonstance de la conservation des digues s'oppose visiblement à l'approfondissement des bassins.

Maintenant si l'on suppose que Sulzer, par des moyens que je ne puis concevoir, & qu'il ne nous a pas fait connoître, fût parvenu à former les bassins de ses lacs en y réservant les digues pour contenir les eaux dont il a besoin, comment nous persuadera-t-il que l'eau tranquille & sédentaire ait pu détruire une partie de ces digues, & s'ouvrir de ces brèches larges

& profondes au moyen desquelles les vases & autres matières ont pu dégorger à la surface des plaines basses, & y produire par une inondation subite les effets qu'il leur attribue?

Je vois que Sulzer n'a pas senti les difficultés qu'il auroit, à faire adopter l'échaffaudage de ses lacs par les naturalistes qui sauroient examiner & apprécier les inconvéniens de son hypothèse, avant que d'en suivre les conséquences.

Je ne m'étendrai pas au reste davantage sur les inconvéniens que je viens d'indiquer; je les montrerai plus en détail à l'article *lac* du dictionnaire. C'est là que je développerai toute la théorie de la formation des lacs & particulierement celle de leurs digues, en combattant le systême de Lamanon, qui a fait après Sulzer de nouveaux efforts pour donner une certaine faveur aux lacs dispersés. Lamanon n'a pas vu qu'en hasardant de faire l'application de son hypothèse à certaines contrées qu'on pouvoit étudier aisément & même aux environs de Paris, il avoit risqué la fortune de ses idées & de son opinion; & c'est en combattant cette application que je crois être fondé à contester la justesse des moyens dont il s'est servi pour concourir aux fausses vues de Sulzer.

Targioni.

Notice des travaux de Targioni relatifs à la Géographie-Physique, où il est question non-seulement de ses observations, mais encore des différens points de sa doctrine qui en sont les résultats.

Détails sur les observations de Targioni en Toscane.

Pour rendre compte des observations de Targioni relatives à la *Géographie-Physique*, nous l'allons considérer comme un minéralogiste qui a contribué par ses méditations & ses recherches aux progrès de l'histoire naturelle de la terre, & à la perfection de la méthode d'observer. Deux objets également importans dans un tems où les observateurs se multiplient sans plan comme sans principes d'analyse.

Targioni eut le bonheur d'avoir la Toscane pour le théâtre de ses observations, & d'être guidé en même temps par deux habiles naturalistes, Sténon & Micheli.

La Toscane offre dans une très-petite étendue une variété singulière de sols & de terreins, qui rapprochés sous un même point de vue, frappent par le contraste de leur structure & par la nature différente des substances pierreuses & terreuses qui les composent. Tous les divers massifs qui ne se trouvent que de loin en loin sur les autres parties de la surface du globe, se montrent là depuis les sommets de l'Apennin jusqu'à la Méditerranée, à des niveaux particuliers, & dans des situations relatives qui permettent d'en saisir très-facilement les limites : circonstances essentielles pour déterminer l'ordre & les époques des opérations de la nature.

D'ailleurs le grand nombre de plans que présente en Toscane le revers occidental de l'Apennin, favorisant la distribution, la chûte & l'action des eaux courantes, fournit les plus grandes facilités pour en étudier la marche & le travail, soit dans les grandes vallées des rivières principales, tels que l'A---o, le Serchio, l'Ombrone, la Cécina, &c. soit dans les vallons des ordres inférieurs qui s'y abouchent. C'est là qu'on peut comparer les destructions ou démolitions qui s'opèrent par les eaux courantes, avec les anciennes constructions des eaux tranquilles. Les coupures immenses, les escarpemens profonds mettent à découvert tous ces objets, & les présentent sous le point de vue le plus instructif.

Ce fut dans ce pays, si favorable aux recherches sur l'histoire naturelle de la terre, que Sténon observa le premier dans le dernier siècle ; c'est là qu'une analyse sévère & profonde des faits lui dévoila des vérités importantes qu'il a consignées dans le plan raisonné d'un ouvrage qu'il n'a peut-être pas eu le courage de rédiger en entier, ou du moins qu'il n'a pas publié.

Ce plan raisonné est la préface de la dissertation intitulée *de solido intra solidum naturaliter contento*, qui ne peche que par le titre. C'est en comparant ce que renferme ce précis avec ce que nous savons sur ces mêmes matières que l'on peut juger de nos progrès depuis Sténon, & quelles sont les vérités que l'on avoit rassemblées avant lui. Si fa diſſertation eût été rédigée comme la ſomme des faits recueillis ſembloit autoriſer l'auteur de la préface, je ne doute pas qu'il n'eût ſur pluſieurs points importans plus avancé la ſcience, que ces ouvrages brillans & hypothétiques plus lus par les gens deſœuvrés que conſultés par les perſonnes inſtruites.

A meſure que j'ai eu occaſion d'obſerver avec plus de ſoin, j'ai été plus en état d'entendre certains théorêmes, qui propoſés en ſtyle ſerré, annoncent la plupart des vérités peu connues, même préſentement qu'on obſerve ſans vues comme ſans plan.

Quoique Sténon ne donne dans cette préface que des réſultats courts & précis, on ſent qu'ils ſont le fruit d'obſervations bien faites, ſouvent répétées & comparées, enfin analyſées avec beaucoup de ſagacité. Par-tout on y reconnoît les grands traits de la nature, rendus avec une telle fidélité, qu'on les retrouve aiſément par-tout lorſqu'on fait voir comme Sténon.

Cet ouvrage eſt, comme je l'ai déjà dit, bien différent de ceux qui ne préſentent que des hypothèſes, & dont on ne peut faire nulle part des applications utiles, parce que leur modèle n'a été pris nulle part.

Targioni s'étoit pénétré des principes de Sténon, par la lecture de ſon plan raiſonné, lorſque ſoixante ans après ce ſavant, il commença ſes recherches en Toſcane. Je le conſidère alors comme occupé à retrouver les matériaux de l'ouvrage de Sténon qui étoient égarés; je le vois multipliant les courſes, dans la confiance que les preuves des vérités annoncées ſommairement par Sténon, ſous forme de théorêmes, étant diſperſées ſur toute l'étendue du ſol de la Toſcane, il pourroit chaque

jour parvenir à les recueillir, à les réunir, & à reſtituer aux naturaliſtes un ouvrage important dont ils regrettoient la perte.

C'eſt dans ces vues que Targioni parcourut les différentes contrées de la Toſcane. Il ſemble d'abord s'être eſſayé depuis 1725, juſqu'à 1733, par de petites courſes, où la botanique partagea ſon attention avec la minéralogie. Il ſuivoit en cela les documens de Micheli ſon maître & ſon guide. Dans une de ces courſes, il fut témoin de la découverte des volcans éteints de Santa-Fiora, & de Radicofani que fit en 1733 ce célèbre botaniſte. Il vit avec quelle ſagacité Micheli recherchа & raſſembla toutes les preuves de l'action du feu, afin d'établir ſolidement une découverte qui a été depuis renouvellée dans d'autres pays, & qui a donné lieu à des obſervations très-importantes.

Depuis 1740, juſqu'en 1745, Targioni ſe livra particulièrement aux recherches relatives à la *Géographie-Phyſique*. C'eſt pour lors qu'il ſuivit avec le plus grand ſoin la diſtinction importante des maſſifs qu'il appella *montagnes primitives* & *collines*, & dont on voit la première ébauche dans Sténon. Mais Targioni expoſa ces objets avec des développemens & plus inſtructifs & plus propres à guider les obſervateurs qui voudroient les reconnoître. Il indique & décrit même les maſſifs à couches inclinées qu'il nomme *filons*, leurs limites, & les baſſins qu'ils forment. Il montre en même tems à côté le contraſte de la ſtructure & de la poſition des dépôts à couches horiſontales renfermés dans ces baſſins & qu'il nomme *collines*, dont la ſuperficie préſente des plaines d'un niveau toujours inférieur aux ſommets des maſſifs à couches inclinées. En un mot, il fait voir qu'une grande partie des matériaux dont ſont compoſées ces collines, ſont les débris des maſſifs plus anciens, & qui ſervoient de bords à l'ancienne mer, dans le baſſin de laquelle ces dépôts ont été organifés régulierement par lits.

Nous devons faire remarquer ici que dans le même tems à-peu-près où Targioni publioit les obfervations qui conftatoient la diftinction importante des montagnes primitives & des collines, Rouelle nous annonçoit à Paris, dans fes leçons de chymie, la belle diftinction de l'ancienne & de la nouvelle terre, nous en indiquoit les caractères diftinctifs, & nous développoit toutes les circónftances qui avoient concouru à leur formation & qui pouvoient les faire reconnoître ; en un mot, nous traçoit les limites où ces deux fortes de maffifs pouvoient être obfervés & diftingués par le contrafte de leur ftructure & par la différente nature des matériaux qui entroient dans leur compofition.

Il refte encore beaucoup de chofes à voir, à comparer, à completter fur les diftinctions, non-feulement de ces deux fortes de maffifs, mais encore de quelques autres. C'eft en fuivant les erremens de Rouelle & de Targioni, qu'on pourra fe promettre d'y parvenir ; c'eft à ces premieres ouvertures qu'on devra toutes les conféquences importantes qu'on en déduira par la fuite, fur-tout en recherchant les caractères généraux & conftans qui peuvent fervir à féparer ces différens maffifs, & offrir ainfi de nouveaux départemens à la *Géographie-Phyfique*.

Targioni ne fe borne pas dans fes voyages à ces vues générales, il a foin de faire en détail la defcription des fubftances minérales de différente nature qu'il trouve fur fa route. Il s'occupe de leurs exploitations, de leurs ufages, & même des procédés des arts que ces emplois différens ont fait naître.

En même temps qu'il indique les diverfes fortes de terres végétales, il n'ou-

blie pas de faire connoître les végétaux de toutes efpèces qui y croiffent fpontanément ou qu'on y cultive, les différens travaux aratoires, leurs produits & tout ce qui concerne le commerce & la confommation de ces produits.

Lorfqu'il s'agit des habitations des hommes, il en décrit le fite, la qualité de l'air & des eaux, donne des apperçus de la population & de toutes les circonftances qui la favorifent ou qui y nuifent.

Après avoir fatisfait à ces objets avec toute l'exactitude qu'ils demandent, Targioni revient à la minéralogie dont il décrit les divers objets avec le même foin & les mêmes vues générales que s'il n'eût pas eu de diftractions. Tout y eft noté, à mefure qu'il s'offre fous fes pas, & difcuté par des rapprochemens le plus fouvent fort heureux.

C'eft en embraffant tant d'objets à-la-fois qu'il eft parvenu à raffembler en quatre ans des matériaux pour les fix volumes *in-8°.*, qui compofent la premiere édition de fes voyages.

Sa méthode d'obferver a contribué de même à multiplier fes notes & fes defcriptions. Il fuivoit une ligne, & il notoit exactement tout ce qui fe préfentoit fucceffivement à fes regards fur cette ligne ; ce qui le jetoit neceffairement dans une infinité de détails minutieux, & occafionnoit des répétitions oifeufes par la multiplicité des objets difparates qu'il ne pouvoit voir que fous de très-petites faces, ni rendre d'une maniere intéreffante, parce que l'enfemble lui manquoit toujours.

Il eft vrai que Targioni tâche de remedier à ces inconvéniens de fa méthode d'obferver, & de préfenter fes obfervations, en réfumant & rapprochant dans des chapitres particuliers les principaux réfultats qu'il a pu tirer de ſes notes éparſes : & comme il a ſouvent recours à ces rapprochemens, il reſte toujours un dernier rapprochement à faire de toutes les analyſes particulières.

C'eſt ſans doute pour ſatisfaire à ces vues, que peu de temps après la publication de ſes voyages, Targioni conçut le projet de deux autres ouvrages qui auroient été rédigés ſur un plan mieux raiſonné que ſes voyages, mais trop vaſte. Leur exécution ſuppoſoit encore beaucoup d'autres recherches que celles qui ſe trouvoient raſſemblées dans ſes voyages. Targioni s'étant livré à la pratique de la médecine comme plus lucrative, comme il le dit lui-même, que l'étude de l'hiſtoire naturelle, ces nouvelles occupations l'engagerent depuis à ſe borner à la publication du plan de ces deux ouvrages.

Ce plan eſt intitulé *Prodromo della chorographia & della topographia phyſica della Toſcana.* Il eſt immenſe ; on y annonce pluſieurs queſtions, pluſieurs objets de diſcuſſion ſur leſquels même dans le moment préſent, on ne ſeroit pas en état de prononcer ; mais pluſieurs autres objets ſont intéreſſans & peuvent être avantageuſement éclaircis par l'obſervation ou par l'expérience. Je pourrai par la ſuite le faire connoître plus en détail.

Les matériaux que Targioni avoit raſſemblés pour ces deux ouvrages ont été fondus dans ſes voyages, & ont ſervi à une ſeconde édition qui a été augmentée juſqu'à 12 volumes, mais l'hiſtoire naturelle y a très-peu gagné.

Notice des différens points de la doctrine de Targioni, comme réſultat de ſes obſervations.

Maintenant pour faire connoître la doctrine de Targioni telle qu'il l'expoſe, non-ſeulement dans ſes *voyages*, mais encore dans ſon traité de *chorographie*, il convient de citer ici les *reflexions* que cet habile obſervateur a faites ſur les principaux objets que lui ont préſentés les courſes qu'il a faites dans les diverſes contrées de la Toſcane.

Je commence par l'expoſition de ſa théorie ſur l'approfondiſſement des canaux des fleuves, parce que c'eſt le dernier travail de la nature, & qu'il ſe continue encore maintenant. Cette diſpoſition eſt conforme au plan d'obſervations que j'ai toujours adopté dans mes recherches, & que je crois convenable de ſuivre dans l'expoſition des événemens qui ont eu lieu à la ſurface de la terre. En conſéquence, je me ſuis aſtreint à cette méthode analytique, dans la diſtribution des différens morceaux que j'emprunte de Targioni pour faire connoître ſa doctrine.

Des canaux des fleuves.

Nous avons déjà remarqué que le grand nombre de plans que préſente en Toſcane le revers occidental de l'Apennin favoriſant l'action des eaux courantes, fourniſſoit les plus belles occaſions d'en étudier la marche & le travail, ſoit dans les grandes vallées des rivières principales, ſoit dans les vallons des ordres inférieurs qui s'y réuniſſent. C'eſt là qu'on peut voir & comparer les démolitions des eaux courantes, ſuivant qu'elles ont agi ſur les maſſifs des montagnes primitives, ou ſur ceux des collines. Par-tout Targioni obſerve ces effets des eaux courantes, & a ſoin de réunir aux conſidérations qui ont pour objet la conſtitution des différens maſſifs, celle de leur deſtruction journaliere par cet agent infatigable.

C'eſt ce que nous trouvons préſenté bien en détail & avec des vues ſolidement raiſonnées dans la deſcription des vallées de l'Arno, du Serchio, de l'Ombrone, de la Cecina

Ce travail des eaux a entamé d'abord les montagnes primitives qui ont été le premier obstacle opposé à leurs ravages ; aussi ont-elles creusé entre ces massifs ces bassins larges & profonds, & ces larges vallées qui soit dispersées dans les parties supérieures de l'Apennin. C'est là où plusieurs dépôts très-considérables de collines ont été formés par la mer. Pendant ce même temps, les parties de ces montagnes primitives les plus élevées, & les plus difficiles à creuser, & que la mer n'avoit pas couvert de ses eaux, ont toujours été exposées à la destruction des eaux pluviales & torrentielles, & c'est à travers ces massifs que les vallées les plus considérables de la Toscane se sont prolongées & approfondies.

Après que les dépôts des collines adossées aux montagnes primitives eurent été faits, comme je l'ai dit, par la mer, & abandonnés ensuite par sa retraite, ils ne restèrent pas long-tems dans cet état de sédimens continus. L'action des pluies à laquelle cette nouvelle terre se trouva exposée, y produisit des changemens successifs, différentes coupures ou vallées qui n'ont pas cessé de s'étendre, de s'approfondir, & même de se multiplier chaque jour. C'est la note sur ce travail de l'eau qu'on trouve dans les deux premiers paragraphes. Targioni y mêle aussi plusieurs considérations sur la forme de ces vallées, & enfin sur les systêmes que plusieurs naturalistes, tels que Buffon, l'auteur des Lettres à un Américain, & l'avocat Constantini, ont imaginés pour expliquer la formation des canaux des fleuves.

Targioni semble distinguer outre cela, deux sortes de vallées ; les unes & les autres ont leur origine au sommet de l'Apennin, au point de partage des eaux, & se continuent jusqu'au bassin de la mer. Dans les premieres, l'eau n'a rencontré aucun obstacle insurmontable à leur approfondissement continu ; aussi l'on observe dans tout leur cours une pente à-peu-près réglée & uniforme.

Dans l'excavation de l'autre sorte de vallée, Targioni suppose que l'eau courante a rencontré des obstacles qu'elle n'a pu détruire, & qui l'ont obligée à s'arrêter & à former des espèces de lacs dont les obstacles ont été les digues. Ces lacs & leurs dépôts ont subsisté jusqu'à ce que l'eau se soit ouvert par la suite des temps une brèche, & l'ait aggrandie de maniere à se répandre dans les plaines inférieures, à laisser les lacs à sec & une grande partie des dépôts qui s'y sont formés. On trouve l'exposition de toutes ces circonstances & événemens dans les réflexions sur l'ouverture du détroit de la Golfoline, paragraphe III.

A mesure que Targioni parcourt les vallées des rivieres & des fleuves de la Toscane, il s'attache à prouver qu'elles ont été ouvertes & creusées par les eaux de ces fleuves & de ces rivieres. Il paroît bien éloigné de croire que ces vallées par lesquelles circulent toutes les eaux à la surface de la terre, aient été formées par les courans de la mer, dans les parties du bassin qu'elle a occupées. Bien loin delà, il soutient que toutes ces vallées n'ont été approfondies comme elles le sont, que depuis la retraite de la mer, & enfin depuis que les eaux pluviales tombant sur les parties des continens que la mer avoit abandonnées, ont circulé à la faveur des pentes naturelles de ces terreins, jusqu'à ce qu'elles aient rejoint les bords de son bassin. C'est à cette époque que toutes les vallées ont commencé à s'approfondir sur ces terres nouvelles, ou que se sont formés les prolongemens des vallées anciennes. On doit donc regarder comme un principe général dans l'histoire naturelle de la terre, que les vallons & vallées datent du temps où les terreins ont été découverts, & que les eaux pluviales ont pu se porter en masses depuis les sommets les plus élevés des continens, jufqu'au baffin ou de l'ancienne mer, ou de la mer actuelle.

Comparaifon des montagnes primitives & des collines.

Nous paffons maintenant aux montagnes primitives & aux collines dont nous avons parlé & fur lefquelles Targioni n'a ceffé de méditer & de réfléchir pour mettre dans un grand jour le fyftême de Sténon fur ces différens dépôts de la mer.

Les montagnes primitives de la Tofcane font, fuivant ce fyftême, compofées de filons placés les uns fur les autres, mais inclinés à l'horifon. Entre les montagnes & les plaines, il faut admettre un efpace intermédiaire de terrein d'une autre nature, que Sténon & Targioni défignent fous la dénomination de collines. Ces collines font de petites montagnes compofées de lits de fable & d'argille ; ces deux dernières fubftances y font ou fous forme pulvérulente & friable, ou bien leurs principes font liés enfemble par quelque degré de pétrification : & pour lors elles renferment une quantité infinie de coquilles marines empâtées dans une bâfe argilleufe ou fablonneufe.

Les différences les plus frappantes que l'on puiffe affigner entre les montagnes primitives de Targioni & fes collines font au nombre de trois. La première eft, que les collines quelque élevées qu'elles foient au-deffus des plaines, ne parviennent jamais à égaler de leur fommet plat celui des montagnes mêmes les plus ordinaires, qui font toujours remarquer leurs cimes élevées au-deffus des collines. La feconde différence, eft que les fommets des montagnes primitives font de différente hauteu pendant que ceux des collines mêmes les plus hautes font tous au même niveau, comme on peut s'en convaincre afément en parcourant des yeux plufieurs *tractus*

de ces collines. Ainfi en fe plaçant fur le fommet de l'une de ces collines, les fommets de toutes les autres s'offrirent à ma vue, fur un même niveau & me préfentèrent l'afpect d'une vafte plaine ou d'un large baffin environné de montagnes primitives.

En troifieme lieu, les filons de pierres ou même de terre qui compofent les montagnes font tous inclinés à l'horifon fous différens angles, & le petit nombre de ceux qui paroiffent horifontaux après un examen attentif, fe range aifément dans la claffe commune de tous les autres. Au contraire, les couches des collines font conftamment parallèles à l'horifon ; elles fe diftinguent entre elles par la différente nature des fubftances dont elles font compofées ; ou bien fi ce font des fubftances de même nature, elles fe diftinguent par une certaine ligne fuivie & fans interruption, que l'on apperçoit entre les unes & les autres, & qui en marque très-diftinctement les bords. Enfin la qualité & la nature des fubftances dont les couches des collines paroiffent formées, peuvent fervir comme un quatrieme caractère trèspropre à les diftinguer des montagnes ; car quoiqu'on rencontre quelquefois des montagnes primitives compofées des feuls filons d'argile ou de fable, il y a toujours une différence fenfible, foit dans la forme des maffes d'argile qui compofent les filons, foit dans leur grain, leur tiffu & leurs mélanges.

Targioni fe fert conftamment du mot *filon* pour défigner les lits de pierres ou de terre, dont les montagnes primitives font compofées & du mot *ftratum* ou *couche*, pour indiquer les bancs de pierres ou de terres, qui compofent l'épaiffeur des collines.

Les bornes de ces collines font d'un côté les pieds des montagnes de l'Apennin & plufieurs embranchemens qui s'étendent fur les revers, & de l'autre côté les bords de la mer.

Les collines dont les sommets sont les plus élevés, sont celles qui sont les plus voisines des montagnes primitives, & qui occupent les bassins enfoncés entre les diverses chaînes de ces montagnes. Au contraire, les collines dont les sommets plats sont à des niveaux les plus bas, sont les *tractus*, qui s'approchent le plus des bords de la mer & des embouchures des fleuves. Il y en a même quelques tractus dont les sommets sont tellement inclinés, qu'ils s'approchent insensiblement du niveau des plaines.

Nous avons déjà dit qu'autrefois & dans des temps fort reculés, toutes ces collines de la Toscane n'ont présenté qu'une seule & même superficie sans aucune interruption; que leurs massifs ont été formés par une infinité de dépôts & de sédimens accumulés sur des plans horisontaux, & dont les différens matériaux ont été entraînés par des eaux chargées, qui les ont abandonnés & laissés précipiter dans les réduits & les enfoncemens des chaînes de montagnes. Ces matériaux sont visiblement les substances détachées de ces montagnes, & il est très-probable qu'elles ont été entraînées par les torrens & les fleuves qui les minent continuellement.

Quant à ce que ces dépôts qui ont formé des plaines sur le fond du bassin de la mer sont devenus des collines coupées par des vallées multipliées, Sténon & Targioni en ont reconnu facilement les causes en indiquant la suite de tous les changemens qui sont survenus dans cet ancien travail des eaux & de la mer.

Ils attribuent d'abord le premier changement à l'abaissement considérable de la superficie des eaux de la mer, qui a eu lieu à une époque qui nous est inconnue; de

maniere que ce fond de mer, cette nouvelle terre est restée à sec, & s'est trouvée élevée de plusieurs toises au-dessus du niveau de la mer actuelle. En conséquence, les eaux de pluie, comme nous l'avons déjà dit, en tombant sur ces plaines élevées, se sont ouvert dans leurs massifs plusieurs routes qui les ont conduites à la mer, & c'est ainsi que les tractus des collines de la Toscane, ont passé insensiblement à l'état où nous les voyons maintenant.

Telle est la suite des évènemens que Sténon admettoit pour expliquer la formation des collines de la Toscane, ainsi que l'on a pu le voir à son article ci-dessus. Telle est aussi celle que Targioni a crû devoir adopter depuis & admettre d'après ses propres observations, & après avoir reconnu combien les principes de Sténon étoient conformes aux résultats de ses observations. *Voyez* paragraphe IV.

Étendue & composition des collines.

Targioni s'est occupé aussi de l'étendue & de la nature des matériaux qui sont entrés dans la composition des couches horisontales des collines. Les collines de la Toscane formées des débris des montagnes primitives voiturés par les eaux courantes dans les golfes, & déposés par la mer, ne peuvent s'étendre qu'à une certaine distance des bords de ces golfes ou de l'ancien bassin de la mer. Effectivement elles n'occupent souvent que la longueur de ces golfes & encore même on rencontre parmi ces débris des dépôts de matériaux propres à la mer. Cette distribution de matériaux dans les couches des collines dépend de la facilité qu'avoient les eaux courantes qui se déchargeoient dans la mer, de détruire la superficie des continens & d'en verser les débris plus ou moins loin dans le golfe. Mais par-tout la bordure extérieure de ces collines se trouve entièrement formée de ces matériaux venus des montagnes primitives & surtout de cailloux roulés.

C'est donc à la suite de ces circonstances que quelques-unes de ces collines renferment plusieurs couches de gravier, dont les parties sont liées ensemble par un ciment composé de terre, de substance séléniteuse & d'un gluten pierreux d'une consistance très-forte. Il y en a où le gravier de différentes grosseurs se trouve divisé par couches ou dans l'état de poudingue ou sous forme pulvérulente & friable. On voit même au milieu de ces couches de gravier, de gros cailloux arrondis, à la surface desquels sont des trous de dails; ce qui prouve que ces cailloux ont été roulés d'abord par les flots de la mer, puis après envasés de manière que les coquillages marins ont pu s'y établir pendant quelque tems.

D'un autre côté, il y a des collines formées de dépôts sousmarins dont les principaux matériaux sont les dépouilles des animaux marins, tels que les coquillages, les polypiers, les plantes marines, lesquels ne paroissent pas s'être éloignés à une grande distance des bords de l'ancienne mer en Toscane.

Pour avoir une idée plus générale des matériaux qu'on trouve dans les couches des collines de Toscane, nous allons donner ici en détail ce qui constitue un escarpement considérable de ces couches. La colline de *Capraia* est par sa partie méridionale tellement rongée par l'Arno, qu'il s'y est formé un escarpement perpendiculaire d'environ 60 brasses florentines. Cette coupure met à découvert trois principales couches horisontales. La plus élevée est de tufo, c'est à-dire de sable mêlé de terre semblable à celle qu'on rencontre dans certains attérissemens des fleuves, tant pour la couleur que pour d'autres circonstances; elle a onze brasses d'épaisseur; la seconde

couche a environ vingt-deux brasses d'épaisseur: dans la partie supérieure, il y a de l'argille bleue: dans la partie inférieure, on y voit du tufo au milieu duquel est dispersée une grande quantité de gravier d'une grosseur moyenne & semblable à celui des fleuves. La troisième couche à 27 brasses d'épaisseur, & est composée entièrement de tufo qui se trouve mêlé avec du gravier fluvial; elle se termine au lit de l'Arno qui la ronge.

Targioni a fait deux classes de collines, celles de *tufo* & celles d'*argille*; aussi en a t-il décrit avec soin les couches, en notant tous les phénomènes qui peuvent intéresser les naturalistes.

Les collines de tufo se détruisent en un temps donné, beaucoup moins que celles d'argille, parce que les massifs de tufo étant plus durs que ceux d'argille, l'eau ne les détrempe pas aussi facilement, & n'en entraine pas la plus grande portion, mais seulement les couches superficielles réduites en poussière par l'action de l'air; car elle ne pénètre pas dans les autres bancs.

Les *tractus* de collines composées d'argille, paroissent au premier coup-d'œil un vaste lac de cendres, tant ils sont privés d'habitations & de culture.

L'argille diffère du tufo, non seulement par la couleur, par la composition des couches & par le grain, mais encore parce qu'elle s'imbibe plus facilement par les eaux pluviales & torrentielles. Les couches d'ailleurs de ces massifs ont reçu un plus léger degré de pétrification. Car comme ils sont composés de parties élémentaires plus fines & plus farineuses que celles de tufo, elles s'agglutinent entr'elles par une force attractive très-marquée, & dans cet état elles ne se laissent pas pénétrer par le chevelu des plantes, ni par l'eau qui seroit nécessaire à leur entretien. C'est pourquoi sur les terreins à couches d'argille, on voit très peu de plantes spontanées, ou bien elles y sont foibles.

Les grains qu'on y seme produisent cependant quelques récoltes dans les lieux où cette espèce de terre a été labourée & ameublie par des mélanges. Le foible lien de la pétrification est facilement détruit par l'action de l'air, & alors les eaux pluviales par leur chûte, entrainent les parties superficielles de ce terrein léger, & les portent dans les rivières. La diminution des collines d'argille occasionnée par les eaux de pluie, est sensiblement plus grande dans le même temps que l'abaissement des collines de tufo.

Les ravines ou vallons creusés au milieu des massifs d'argille par les eaux courantes ou pluviales, n'ont point de bords escarpés à pic, comme le font ceux des ravines creusées au milieu des collines de tufo, excepté cependant dans les lieux où les rivières rongent la base de ces collines, & font tomber de grands blocs d'argille.

On rencontre beaucoup plus de coquilles marines fossiles dans l'argille, que dans le tufo : on en trouve souvent même dans l'argille des bancs immenses qui rendent le sol entierement stérile, sur-tout dans les endroits où l'eau pluviale ayant emporté la terre n'a plus laissé que des coquilles fossiles.

L'eau des fontaines & des puits dans les *tractus* d'argille, n'est généralement pas bonne, parce qu'elle est chargée de principes terreux; aussi trouve-t-on peu de villages & d'habitations sur ces collines, parce qu'on ne peut y établir de maisons, faute de pouvoir y asseoir des fondemens solides, & que d'ailleurs le terrein ne produit point de pâturages pour les animaux, ni de bois pour les usages domestiques.

Cette espèce de terre au reste est très bonne pour les briqueteries & les poteries, & celle qui est la plus fine & sans

aucun mélange de végétaux ou de testacées, sert aux sculpteurs pour modeler. *Voyez* les paragraphes suivants.

Les parties de la Toscane qui sont occupées par des collines, sont à droite de l'Arno, celles de la Nievole, & d'une grande partie de la vallée du Serchio où est Lucques. A la gauche de l'Arno, une grande partie de la vallée de la *Pésa*, presque toutes celles de l'*Elsa*, de l'*Era*, de la *Cécina* & de la *Fine* en offrent de grandes suites.

Dans l'Etat de Sienne, il y a des collines immenses comme celles du val de *Marsa*, & du val d'*Ombrone*. Depuis *Montelupo*, jusqu'aux Alpes, c'est-à-dire dans la Toscane supérieure, il y a une grande quantité de bassins à collines; mais particulièrement toute la vallée supérieure de l'Arno, & celle de la Chiana en offrent de grands tractus.

Le petit tractus de collines qui est au midi de *Morrona*, & au bas d'une vaste chaîne de montagnes qui commence à *Casciana*, & s'étend jusqu'à *Castellina*, est composé pour la plus grande partie d'argile, & fait le commencement de la vallée de la *Cascina*, fleuve qui a sa source un mille environ au-dessus de *Morrona* près de Chianni. Cet amas d'argile est posé sur les flancs des montagnes qui forment cette chaîne de manière que là où se termine le dernier lit d'argile, lequel paroît à l'œil décrire une ligne droite, on commence à voir les filons de la montagne, & depuis cette ligne, on observe un sol d'une nature & d'une forme toute différente. Quelques torrens, qui en se précipitant des montagnes ont rongé l'argile, font voir encore que cette argile est un terrein adventice formé de couches, déposé sur les flancs des montagnes, & sous lequel une grande partie de la base des montagnes est ensevelie. La même disposition s'observe dans les collines du val d'*Arno di sopra*. Voyez *Arno* dans le dictionnaire, ainsi que *collines*.

Formation des collines.

Nous avons raisonné jusqu'à présent sur les collines, il nous reste maintenant à faire connoître le mécanisme de leur formation, tel que l'a conçu & décrit Targioni. Il suppose d'abord un temps où il s'est formé entre les flancs des montagnes primitives de la Toscane des excavations & des bassins plus ou moins considérables, & quant à la profondeur & quant à l'étendue. Une cause quelconque, peut-être l'eau courante, a transporté dans ces bassins, la plupart inondés par la mer, une grande quantité de terre qu'elle y a déposée ensuite, comme fait l'eau trouble lorsqu'elle est en repos. Sur ce premier lit déjà bien affermi, il s'en est formé par la suite des temps un second, & enfin un grand nombre d'autres successivement, & toujours produits de la même manière. Chacun de ces lits doit nécessairement avoir été plus étendu que le précédent, & avoir couvert plus de terrein sur les flancs des montagnes. La nature paroît avoir suivi cette marche jusqu'à un temps déterminé, après lequel elle a pris une route différente & a cessé de former ces dépôts, en conséquence de la retraite de la mer qui a quitté tous ces bassins, & tous ces golfes où elle favorisoit le travail de ces dépôts. Ce changement dont Targioni ne croit pas pouvoir avec raison assigner les causes, occasionna, comme je l'ai dit ci-devant, la destruction de ces nouveaux amas ou collines que les eaux courantes ont coupées par un grand nombre de vallées qu'elles continuent de multiplier chaque jour & d'approfondir.

En rapprochant tous ces détails qui précédent, il est aisé de se convaincre que les collines d'argile & de tufo, ont été formées par les mêmes circonstances : les seules différences viennent des amas primi-

tifs où les eaux courantes ont pris les matières qu'elles ont déposées.

Les collines de la Toscane, telles que les a décrites Targioni, ne présentent pas des caractères applicables à toutes celles des autres parties de la surface de la terre, & sur-tout à celles qui sont placées à une certaine distance de l'ancienne terre de Rouelle & même des montagnes primitives de Targioni ; car ce naturaliste trouve dans ses collines les débris des montagnes primitives, qui presque toujours y dominent avec ou même sans les dépouilles des animaux marins. Nous en avons observé de semblables au pied des Pyrénées ; au lieu que les environs de Paris, les ci-devant provinces de Champagne & de Picardie, & plusieurs autres contrées de la France, n'offrent rien de semblable dans les différentes collines qui les composent. Il est vrai qu'assez près des limites de l'ancienne terre de Rouelle, j'ai reconnu quelques lits de ces débris qui font partie de la nouvelle terre, & que je nomme pour cette raison *dépôts littoraux*. Voyez ce mot dans le dictionnaire, ainsi que celui de *collines*, où tout ce qui leur convient dans toutes les circonstances se trouve rapproché & exposé avec un détail suffisant.

Distinction des massifs de la surface de la terre.

A ce que j'ai dit de Rouelle & de Targioni sur la distinction des différens massifs qu'ils nous ont offert, je dois ajouter que le plan du dernier est incomplet. Ce n'est qu'en réunissant les deux plans de division ensemble, qu'on pourroit obtenir une suite de massifs applicables à toutes les parties de la surface de la terre. J'ai déjà donné une esquisse de cette addition dans la notice de la doctrine de Rouelle, en distinguant trois grandes classes de massifs, & je ne doute pas que par l'établissement de ce plan systématique, on n'eût de quoi satisfaire à toutes sortes de terreins ou de fols qu'on rencontre en Europe & ailleurs.

Targioni nous donne, par exemple, fous la dénomination de montagnes primitives, de beaux détails fur les pays à couches inclinées ; mais on auroit tort de confondre ces pays avec l'ancienne terre de Rouelle, où l'on ne remarque aucuns veftiges de couches : ainfi il faudra les comprendre dans le *travail intermédiaire* auquel on n'a pas donné de dénomination précife, parce qu'il faut encore difcuter plufieurs points importants fur ce qu'il convient d'y placer.

Les collines de la Tofcane, que Targioni nous a fait connoître avec tout ce qui les caractérife & les différencie des montagnes primitives, ont plus de rapport avec la nouvelle terre de Rouelle, quoiqu'elles en différent cependant, comme nous l'avons remarqué ci-deffus, en ce que la plupart des matériaux qui font entrés dans leur compofition paroiffent être les débris des montagnes primitives voifines des emplacemens divers qu'occupent ces collines ; au lieu que la nouvelle terre de Rouelle fe trouve auffi, dans des emplacemens très-éloignés de l'ancienne terre & même du travail intermédiaire en France & ailleurs, & par conféquent on ne peut pas croire que leurs débris y dominent. Ce n'eft guères qu'au pied des Pyrénées & des Alpes & de quelques autres maffifs femblables en France, qu'on voit des collines d'une conftitution phyfique, qui peut figurer à côté des collines de la Tofcane ; car on y trouve les débris des grandes montagnes mêlés aux dépouilles des animaux marins : & la plus grande partie de ces débris font fous la forme de gros fable ou gravier & fous celle de cailloux roulés ; mais je dois dire que ces collines ne s'étendent pas à une certaine diftance des grandes montagnes.

Des montagnes primitives.

Targioni en perfectionnant le fyftême de Sténon fur la diftinction des montagnes primitives & des collines, nous a laiffé encore une théorie fort imparfaite fur les montagnes primitives.

En confondant fous cette dénomination générale beaucoup de maffifs qui non-feulement méritoient d'être claffés féparément & avec des caractères précis, tirés foit de la nature des matériaux dont ils font compofés, foit de leur organifation, il femble avoir manqué à ce que les principes de l'hiftoire naturelle exigeoient de lui ; car tous ces maffifs différent prefque autant entr'eux que certaines montagnes primitives différent des collines.

Je n'ai pas été peu furpris, par exemple, en voyageant en Tofcane, de trouver compris dans la même claffe de montagnes primitives, les maffifs de marbre de Carrare & de Seravezza, le faffo morto, ou pierre morte, la pierre de fable, la pierre férène, l'albarèfe ou la pierre calcaire, le galeftro, la pierre de corne, le gabbro, la ferpentine & le granit ; tous font préfentés cependant dans les voyages de Targioni, fous la dénomination de *montagnes primitives*. Il lui fuffit que ces maffifs aient exifté avant les collines, qu'ils aient formé une grande partie de l'enceinte des baffins, où depuis ont été accumulés les matériaux dont les collines font compofées, pour avoir été compris dans le même ordre de chofes.

Il n'a pas cru devoir diftinguer les montagnes de pierre calcaire ou d'albarèze, celles de pierre de fable ou de pierre férène, celles de marbre, de galeftro quoique formées de bancs féparés les uns des autres, de toutes les autres montagnes compofées de faffo-morto, de gabbro, de ferpentine, de granit, dont non-feulement les matériaux différent par leur nature, mais encore par leur organifation. Cependant cette différence de caractères étoit affez fenfible & affez remarquable pour autorifer une claffification à part.

Il est visible que les massifs de pierre de sable, tels que ceux de pierre sérène, les massifs de pierre calcaire ou d'albarèze, ceux des beaux marbres de Carrare & de Séravezza, se présentent sous forme de bancs distincts, & même séparés assez souvent par des intervalles terreux, quoiqu'ils soient très-inclinés à l'horison.

Dans les autres massifs de sasso-morto, de gabbro, de serpentine, les séparations des filons ne sont que des fentes de dessiccation comme dans les granits ; c'est ainsi du moins que j'ai vu & distingué tous ces phénomènes en Toscane, comme je les avois vus & distingués en France & ailleurs.

Je m'étendrai davantage à ce sujet dans les articles du dictionnaire, qui auront pour objet les *montagnes primitives*, *l'ancienne terre*, la *moyenne*, &c.

Au reste, si Targioni n'a pas distingué en général les massifs dont nous venons de parler, il en fait de quelques-uns des descriptions très-bien raisonnées. C'est pour faire connoître l'esprit qui règne dans ces descriptions, & l'utilité dont ce travail peut être pour diriger la classification qu'il importoit de faire, que nous avons joint ici aux morceaux tirés des voyages de Targioni, la description des carrières de la Golfoline.

Réflexions sur la formation des filons des montagnes primitives, & sur les principes de la classification des pierres.

Un des premiers effets du travail de la pétrification que fait envisager Targioni, sont les fentes perpendiculaires & même obliques qui traversent l'épaisseur des couches, soit inclinées, soit parallèles à l'horison. Il est probable, suivant lui, que la force d'attraction qui a présidé à ce travail, a resserré les masses qui y ont été soumises, & que ces opérations ont eu lieu dans les premiers âges du monde. Après ces considérations, il jette les yeux sur les effets du déluge universel, auquel on attribue,

bien gratuitement sans doute, des changemens considérables dans les matières susceptibles de recevoir l'infiltration des sucs lapidifiques.

Il discute ensuite les idées de l'auteur des lettres à un américain, sur la formation des pierres qui composent les filons des montagnes primitives, & il trouve que la limite de mille toises que cet auteur donne au travail des eaux du déluge, est resserrée dans des bornes trop étroites ; il combat de même la distribution des coquilles marines dans les couches de la terre par l'eau de cette inondation générale, comme contraire à tous les phénomènes que présentent ces couches. Il est naturel de conclure de tous ces inconvéniens qu'entraîne l'introduction du déluge comme un fait dans l'histoire naturelle de la terre, combien les naturalistes qui l'ont appelé à leur secours ont retardé les progrès de la *Géographie-physique*.

Targioni oppose à tous ces systêmes hasardés ce que l'observation de la nature lui a fait connoître sur la distinction des montagnes primitives & des collines, & semble insinuer par-là quels sont les faits qui méritent nos recherches & nos méditations, & combien il importe d'écarter de l'histoire naturelle ce goût pour les hypothêses hasardées, qui n'ont pour base aucun fait avéré, aucune observation solide.

Targioni revient ensuite au travail de la pétrification, & parcourt les différens emplois que la nature a faits des sucs pierreux. L'eau de la mer réunie aux vases chariées par les fleuves, lui paroît un ingrédient avec lequel les filons des montagnes ont été formés & consolidés.

Au reste, Targioni s'attache à faire voir que tout ce travail de la pétrification est l'ouvrage de certains fluides aqueux & non des matières mises en fusion par l'action des feux souterrains. Il comprend dans

dans ce même travail de la pétrification les métaux & les minéraux de toutes sortes. C'est pour lors qu'il suit bien en détail l'emploi que la nature a fait du quartz, qu'il est fort éloigné de considérer comme une pierre parasite & secondaire, ainsi que l'ont pensé Linné & Buffon; mais comme la base constituante d'un grand nombre de filons fort solides & même de couches très-étendues qui se sont durcies par le rapprochement des parties similaires. Il suit de cette discussion que les méthodes que plusieurs naturalistes ont imaginées pour classer les minéraux, ne sont pas fondées sur la connoissance des matières premières, & qu'on auroit dû faire une classe à part des pétrifications quartzeuses.

Targioni cite encore dans les mêmes vues des veines très-considérables de quartz, qui sont incorporées & presque renfermées dans la pâte de la pierre morte ou talcite, & il croit que ces veines datent de la première formation de cette pierre. Enfin il paroît constant, pour peu qu'on examine les crystallisations dont le quartz est la base, & qui ont pris tant de formes variées, qu'elles ne diffèrent que par le développement plus ou moins libre, plus ou moins étendu des aiguilles de crystaux qui font le caractère du quartz; à quoi on peut ajouter encore le degré de pureté de la matière, qui se trouve quelquefois masquée par une pâte étrangère.

On voit par ce détail que Targioni s'étoit occupé de la nomenclature & de la classification des pierres, & en général des minéraux, & qu'il avoit pris pour base le travail de la nature en grand. On voit qu'il en avoit rassemblé les preuves justificatives dans les massifs où les échantillons d'une grandeur immense offrent toutes les nuances du travail de la nature sur une matière première quelconque, qui s'y montre toujours avec ses caractères.

Précis du *prodromo della chorographia e della topographia della Toscana.*

Je dois terminer cette notice en indi-

quant seulement ici un précis de l'ouvrage de Targioni, sur la chorographie & la topographie de la Toscane. Je ne pourrois ici en faire une mention un peu étendue & raisonnée, qu'en répétant ce qui se trouvera dans ce précis.

§. I.

Réflexions sur la formation des lits des fleuves, & sur les systêmes imaginés à ce sujet.

Les écluses, dans le territoire de Barga, sont un défilé long de plus d'un mille, & des plus difficiles à franchir. Cette espèce de fossé est large par-tout d'environ douze coudées, haut & profond quelquefois de quarante & quelquefois de deux cents, de sorte qu'en certains endroits l'élévation prodigieuse des bords rend le jour si obscur qu'on croiroit marcher dans un souterrain; le fond de ce fossé est un banc de pierre incliné sur lequel la *Torrita* roule ses eaux avec impétuosité, entraînant dans son cours des masses énormes de pierres. Les parois des bords offrent des sections perpendiculaires de filons de pierres très-élevés & continués avec le fond; ce qui donne à ce fossé l'aspect d'un canal de pierre. Dans les coupures des bords, on voit que les filons sont ondés & tortueux, & qu'ils prennent différentes directions; que parmi eux il y en a cependant quelques-uns de verticaux sans vides & intervalles terreux. Parmi ces filons qui se touchent & s'entrelacent, il y en a dont l'union, la solidité & la dureté uniforme font, suivant Targioni, que les eaux de la Torrita n'ont pu se creuser à travers ces massifs qu'un fossé étroit, & n'ont pu miner les deux flancs de la montagne.

Si toutes les montagnes du globe terraquée ressembloient à celle-ci, les eaux n'auroient pu en altérer les faces aussi considérablement qu'elles l'ont fait. Il n'est pas douteux que les eaux de la Torrita se soient ouvert cette route étroite en rongeant les filons, puisque leurs coupures de l'un & l'autre bord se correspondent également, & qu'on y distingue des traces & des lignes parallèles à la surface de l'eau où le rocher étoit un peu moins dur. On remarque outre cela dans le lit de la rivière des saillies pareilles aux cordons des routes pavées; ces saillies se trouvent aux endroits où se réunissent les extrémités des filons qui ne sont pas étroitement unis. Lorsqu'il se trouve dans le filon une partie moins dure que le reste, on est sûr d'y rencontrer une cavité, & même lorsque le filon est d'une pâte moins dure dans toute son étendue, le lit s'y trouve plus large & plus profond. On rencontre dans beaucoup d'autres montagnes des rivières qui avec le temps se sont creusé un canal proportionné à la masse d'eau qu'elles roulent, & même comme ici à travers des montagnes très-solides. Par-tout, les Alpes, l'Apennin, les montagnes de la Suisse, offrent de pareils exemples.

Il est évident que ce canal a été creusé par les eaux mêmes de la *Torrita*, depuis que la mer a laissé cette contrée à découvert. Si l'illustre Buffon eût pris la peine de visiter cet endroit, il est probable qu'il auroit approuvé cette théorie. Targioni combat cette proposition générale, que les lits des fleuves ont été creusés par les courans de la mer. L'auteur des lettres anonymes à un américain, a raison, selon lui, quand il dit que Buffon ayant supposé que les scories de verre avoient formé une croûte unie & sans interruption sous les eaux de la mer, il ne pouvoit par conséquent y avoir de courans; qu'il ne pouvoit y en avoir non plus avant la formation des montagnes; que les vents n'ont pu influer sur les profonds abîmes de la mer; que les effets du flux sont presque imperceptibles en pleine mer, & que lorsqu'elle couvroit toute la terre à la hauteur que suppose Buffon, les mouvemens du flux & du reflux devoient être presque nuls. Buffon nous dit que les eaux ont dû

s'élever successivement à mesure que la lune parcouroit tous les méridiens; comme il n'a pas dû y avoir d'interruption, cette circulation continuelle n'ayant éprouvé aucun obstacle, il résulteroit d'un mouvement aussi régulier, que la forme de la surface de la terre se seroit plutôt conservée qu'altérée, parce que le flux & reflux auroient été trop foibles pour causer ces tournans d'eau, ces agitations violentes nécessaires à l'approfondissement de la moindre vallée. Il objecte encore que Buffon n'assigne pas un emplacement convenable à cette prodigieuse masse d'eau qu'il met en jeu, & avec laquelle il couvre la terre. Il faudroit supposer que cette eau en laissant la terre à découvert se fût creusé une cavité équivalente dans la mer. Il semble contradictoire à ce critique que les inégalités du globe, c'est-à-dire, les côtes & les montagnes aient été formées par les sédimens de la mer, & que ces sédimens en aient été détachés. Il lui semble enfin qu'il n'y a pas lieu de tirer aucune conséquence des angles saillans & rentrans, que l'on apperçoit dans les bords des fleuves, puisque cette règle est souvent fausse, & que l'on voit distinctement dans le détroit de Gibraltar, dans le Pas-de-Calais, dans le Bosphore de Thrace, des angles saillans opposés l'un à l'autre. Il donne encore beaucoup d'autres raisons plausibles contre la formation des lits des fleuves, telle qu'elle a été proposée par Buffon; mais qu'il est facile de renverser un système, & difficile au contraire d'en élever un nouveau! Cet auteur après avoir prétendu expliquer la formation des filons de nos montagnes avec les sédimens successifs des substances pétrifiantes du fond de la mer & des vases tombées des montagnes, veut que sur la fin du déluge universel, les eaux qui s'écouloient des anciennes montagnes enveloppées à une certaine hauteur de ces sédimens, & se précipitoient vers la mer, que ces eaux, dis-je, aient détruit les filons qu'elles avoient d'abord déposés, mais qui n'avoient pas encore pris assez

de confiftance pour réfifter à leur impétuofité, & qu'elles aient ainfi creufé les
lits modernes des rivières. Il prétend d'ailleurs,
que dans le temps du déluge, les
torrens qui s'élançoient avec rapidité des
montagnes, formèrent des courans dans
la mer, & que la mer elle-même en s'élevant
& ayant formé de nouveaux courans
altéra la ftructure des montagnes. Enfin il
avance que les angles faillans & rentrans
qu'on obferve dans les lits des fleuves ont
été formés par les eaux, qui fur la fin
du déluge fe retirèrent de deffus les continens,
& que ce fut peut-être en cette
occafion que fe forma la Méditerranée
par la rupture du détroit de Gibraltar. Il
n'eft pas l'auteur du fyftême que les lits
des fleuves ont été creufés par les eaux qui
fur la fin du déluge fe précipitèrent dans le
baffin de la mer. Jofeph Antoine Conftantini
avocat l'avoit dit avant lui, & annonçoit
à ce fujet plufieurs obfervations. Cet
écrivain ingénieux a bien diftingué les collines
des montagnes primitives, mais il
les a crues une production du déluge univerfel.
Selon les idées reçues fur le déluge,
l'écoulement des eaux a dû fe faire régulièrement,
c'eft-à-dire, avec une rapidité
graduellement fucceffive, & ne devoit pas
produire fur le globe des effets auffi marqués
que les lits des fleuves. Targioni
demande enfuite à l'auteur des lettres à un
américain, pourquoi dans la coupure de
la montagne appellée les *éclufes*, toute
compofée de pierres femblables & uniformes,
les courans de la mer, les torrens
ou les écoulemens du déluge, ne fe font
ouverts que cette route étroite & peu étendue,
lorfque les pierres encore tendres
ne leur auroient oppofé qu'une foible réfistance.
Il ajoute que fi l'auteur anonyme
prétend que cette différence provient de
la réfiftance qu'oppofoient les pierres plus
ou moins durcies, il lui répondra que,
ou les filons de ce défilé de montagne
appellé les *éclufes*, étoient peu durs,
& alors les eaux tombantes des vaftes
flancs fupérieurs devoient s'ouvrir une

voie plus large, proportionnée à leur volume
& à leur rapidité, ou que ces filons
étoient déjà très-durs & difficiles à entamer,
& qu'en ce cas les eaux n'auroient pu
faire cette coupure en peu de femaines
que dura le déluge; mais qu'elles fe feroient
plutôt jettées fur un autre côté de la pente
plus facile à ronger. La même raifon milite
contre l'effet des courans fuppofés de
la mer durant le déluge; car en peu de
jours les pierres, fi elles euffent été tendres,
auroient dû être plus rongées par les courans
qui ne les auroient prefque pas altérées,
fi elles euffent été dures. En outre, il
faudroit fuppofer ces courans infiniment
plus rapides qu'ils ne pouvoient l'être dans
l'hypothèfe de Buffon.

On peut voir par toutes ces difcuffions
quels embarras l'introduction du déluge
a mis dans les fyftêmes d'explications de
Conftantini & de l'auteur des lettres à un
américain. C'eft ainfi qu'on trouvera toujours
des obftacles dans l'étude des opérations
de la nature, tant qu'on ajoutera
aux réfultats de ces opérations qu'on a fous
les yeux les traditions d'événemens extraordinaires,
& qui ne peuvent être rangés
que parmi les miracles lorfqu'on les admet.

§. I I.

Sur la vallée du Serchio, & fur les caufes
de l'ofcillation des rivières.

Avant de déboucher dans la plaine de
Lucques, le Serchio coule dans une vallée
étroite & tortueufe, creufée par l'action
impétueufe de fes eaux, à travers la maffe
des montagnes de San Gennaro, lefquelles
fe liant aux montagnes de Barga, circonfcrivent
& limitent de ce côté la vallée du
Serchio. Effectivement depuis le Pont à
Mariano, jufqu'à l'embouchure de la vallée
d'Anchiano, le fleuve coule dans un
canal très-étroit & très-tortueux qu'il s'eft
formé par l'effort de fes eaux, en minant
& féparant de vaftes fommets de mon-

tagnes. On voit d'ailleurs en différens endroits de la Toscane des preuves d'un pareil travail des eaux, de manière que si quelqu'un vouloit révoquer en doute cette vérité physique, on auroit droit de le renvoyer à l'observation de la nature dans cette contrée. Il suffit de lui indiquer avec le travail des eaux du Serchio, celui de la coupure du détroit de la *Golfoline* & du canal de *Ripafratta*, pour le convaincre qu'il n'y a rien de hasardé dans cette supposition & dans cette conjecture sur la formation des vallées. Au reste, l'inspection seule du canal du Serchio, fait connoître que l'opinion de Buffon ne peut satisfaire aucunement aux phénomènes. Ce que l'on observe en Toscane & par-tout ailleurs, nous prouve que les canaux des fleuves n'ont pas été creusés quand tous ces pays étoient couverts par la mer, & qu'au contraire ils n'ont commencé à s'excaver que depuis que le niveau de la mer s'est baissé, & depuis que les eaux pluviales prenant leur route vers la mer qui occupoit les lieux les plus bas, suivirent les pentes qui en réglèrent la marche, & acquirent une certaine force par leur vitesse. Ce fut alors qu'elles commencèrent à ronger les filons des montagnes qui formoient une masse continue; & c'est ainsi qu'elles ont continué à creuser leurs vallées jusqu'à ce que ces canaux soient parvenus au niveau des eaux de la mer; en perdant toujours une partie de leur vitesse & de leur force par la diminution de la chûte, comme il est aisé de le concevoir.

Si quelqu'un prétendoit que suivant les loix de l'hydrostatique, ces excavations & ces dégradations des massifs auroient dû se faire en ligne droite & non dans des directions tortueuses & angulaires, comme on voit que sont tracés ces canaux, il est visible qu'il n'a pas pensé que cet effet dépend de la résistance différente des matériaux qui composent les montagnes primitives, lesquelles ont été ainsi excavées; car il est facile de voir dans les escarpemens

tortueux des montagnes que celles-ci sont composées de filons plus ou moins épais, plus ou moins compactes. L'impétuosité des fleuves a été détournée par la résistance des filons les plus massifs, & déterminée en conséquence à se réfléchir contre la rive opposée, où l'eau trouvoit une moindre résistance.

On peut indiquer encore une autre cause du cours tortueux du lit des rivières, en l'attribuant aux torrens, qui roulant plusieurs masses d'eau différentes & dans des directions infiniment variées, se sont réunis au fleuve principal; & particulièrement quand emportés par des pentes rapides, ils ont eu plus d'impétuosité que lui. Enfin, une autre cause de cette tortuosité, est la nature des matériaux que les eaux entraînent dans leur lit, & qui diffèrent d'une montagne à l'autre opposée. Supposons, par exemple, une chaîne de montagnes, qui dans une partie de sa masse renferme plusieurs filons d'*albarêse*, de *galestro*, ensuite plusieurs de *gabbro*, de *sasso-morto*, de *pierre sérène*, de *pierre forte*; & que les eaux aient produit dans cet assemblage de matériaux disparates les dégradations ordinaires; on voit aisément que le fleuve s'ouvrira plus facilement un passage à travers les premières couches de galestro que dans les autres; & que la tortuosité de son cours dépendra des différens degrés de dureté qui se rencontreront dans deux masses contiguës.

On voit en conséquence que les canaux des fleuves sont plus spacieux dans les parties de leurs vallées où les montagnes sont plus aisées à entamer, & qui ont des filons entremêlés avec des lits de terre & de marne. Au contraire ces canaux sont très-étroits & leurs bords coupés à pic dans les autres parties où les pierres sont plus dures & les masses plus compactes, plus liées ensemble, & plus capables de résister à l'effort de l'eau, comme les voyageurs l'ont remarqué à l'égard du Nil qui traverfe l'Egypte, & comme il eſt aiſé de s'en aſſurer en ſuivant le cours des torrens qui ſe trouvent dans le trajet de *Barga* à *Strazzema.*

Les canaux des fleuves ſont outre cela plus larges dans le confluent d'un fleuve avec un autre. Il y en a des exemples frappans dans toutes les parties du globe terreſtre; & chaque obſervateur attentif peut s'en aſſurer en viſitant les environs de ſon habitation.

Quand toutes les contrées ſillonnées maintenant par les vallées des fleuves & des rivières étoient couvertes des eaux de la mer, les montagnes primitives qui formoient le fond de ſon baſſin ne pouvoient être entamées, ni rongées par les eaux courantes, comme on le voit aujourd'hui qu'elles ſont à découvert; car dans cette ſuppoſition, ou les fleuves n'exiſtoient pas, & quand même ils y auroient exiſté, ils n'étoient pas capables de s'ouvrir une route à travers les montagnes, ni même de conſerver leur embouchure dans la mer au milieu des attériſſemens qui s'y forment, comme nous le voyons tous les jours ſous nos yeux. Effectivement, ſi l'on examine ſans aucune prévention de ſyſtême le cours des fleuves à la ſuperficie du globe, on verra qu'il ne ſe fait de dégradation que là où il y a des chûtes d'eau, & qu'au contraire, où il n'y a point de chûte d'eau, non-ſeulement, il n'y a pas de deſtruction, mais bien des dépôts & des attériſſemens conſidérables. Il eſt évident que dans la mer les fleuves n'ont point de chûte parce que leurs eaux ſont arrêtées par la réſiſtance que leur oppoſe l'eau de la mer, & par cette raiſon elle ne peut faire aucune excavation. Auſſi les fleuves en ſe déchargeant dans la mer ſont ils obligés d'y dépoſer le limon dont leurs eaux ſont chargées. Il eſt donc évident par toutes ces conſidérations, que les canaux des fleuves n'ont été excavés que depuis le temps où ces contrées qu'ils traverſent ſont reſtées à ſec

par la retraite de la mer; c'eſt-à-dire depuis que l'eau pluviale, raſſemblée en maſſe & ſuivant les pentes qui l'entraînoient vers la mer, a pu acquérir une certaine viteſſe & une énergie proportionnée à cette viteſſe. Les excavations qui ſéparent les aſſemblages des filons démontrent que c'eſt l'ouvrage de l'eau courante, & nullement le travail d'autres agens ou même de l'eau dans des circonſtances différentes de celles que l'on a ſuppoſées. Car pour peu qu'on examine ces coupures, on reconnoît qu'elles ſont proportionnées à la maſſe d'eau que la nature ſemble avoir chargée de ce travail, & qui ſe porte dans la contrée tant par le canal principal que par les canaux qui y affluent de part & d'autre.

Tout ce que l'on a dit juſqu'ici des excavations faites dans les montagnes primitives ſe peut adapter très-bien aux excavations que l'on voit dans les pays de collines, au milieu deſquels les fleuves ſe ſont ouvert des routes juſqu'à la mer. C'eſt ainſi que les collines qui étoient des maſſifs ſans aucune interruption, ſans aucune coupure, ont été diviſées par le même méchaniſme, c'eſt-à-dire par le travail de l'eau courante depuis ſeulement l'époque où le lit de la mer s'eſt abaiſſé au-deſſous du niveau des contrées qu'occupent les collines. Outre les exemples apportés par les naturaliſtes qui ont voyagé dans différentes contrées de l'Europe, Targioni en cite de très-frappans qui ſe trouvent en Toſcane, particulièrement dans le *val d'Elſa,* dans le *val d'Era,* & dans le *val d'Arno di ſopra.* Dans ces contrées les canaux des fleuves ſont creuſés à travers les maſſifs des dépôts ſous-marins qui forment les collines, non ſur des lignes droites, mais ſur des lignes qui ſerpentent & qui offrent dans leurs directions des angles alternativement oppoſés. Cette correſpondance des angles ſaillans & rentrans, de laquelle Bourguet & Buffon ont tiré des conſéquences ſi ſingulières eſt moins myſtérieuſe qu'on n'a prétendu le faire croire;

car elle dépend, comme on l'a dit, de la résistance qu'un fleuve a trouvé à ronger les parties d'une telle colline à cause de la racine d'une montagne primitive qui lui sert de báse, parce qu'elle a été ensevelie sous elle. Ces racines compofées de filons & de masses compactes, ont résisté à la coupure des eaux beaucoup plus que n'a pu le faire le terrein meuble des collines; & semblables à des éperons, ces racines ont obligé les courans des fleuves à former un détour, & à prendre une autre direction enligne droite, qu'ils ont suivie tant qu'ils n'ont plus trouvé de pareils obstacles qui les ont obligés à décrire une autre ligne courbe, & à se replier dans une direction toute oppofée. L'infpection des canaux des fleuves dans les *vals* que nous avons indiqués, démontre mieux ces vérités que tout autre raisonnement qu'on pourroit ajouter à ces détails.

Nous ferons remarquer que nous n'entendons parler ici que des canaux des fleuves qui ont une pente affez confidérable, & qui se font ouvert une route à la mer à travers les coupures des collines; car les fleuves qui coulent au milieu d'une plaine fpacieufe ferpentent, non par la résiftance du terrein au milieu duquel ils marchent; mais parce qu'ils ont rencontré plusieurs obstacles, soit dans les dépôts voisins de leurs embouchures, soit dans la confluence d'un fleuve plus confidérable. Car en plufieurs circonftances les eaux qui viennent de parties élevées ne peuvent déboucher à mesure qu'elles arrivent; & par conféquent il eft néceffaire qu'une partie de ces eaux se difperfe dans les plaines, comme on le voit dans le cours tortueux de l'Arno, au milieu de la plaine de Pife.

En récapitulant ce qui a été dit jufqu'ici, on voit queles canaux des fleuves ont été excavés à travers les montagnes primitives & les collines, depuis le temps que la terre a été découverte par la retraite de la mer :

d'où l'on doit conclure que la propofition générale, que les vallons & les canaux des rivières ont été excavés par les courans de la mer, lorfqu'elle recouvroit la furface de la terre, ne peut fubfifter.

Ce principe général étant une fois démontré faux, la théorie de la formation des montagnes & des collines propofée par l'illuftre Buffon, fe trouve totalement détruite. Il eft certain que, dans la mer moderne il y a beaucoup de courans & de très-rapides. Il eft auffi très-avéré que ces courans changent de direction & de vîteffe felon la direction & les contours des inégalités qui fe trouvent dans le lit de la mer; mais il ne s'enfuit pas que ces courans fe foient excavé un lit femblable à celui des fleuves. D'ailleurs, il n'eft pas prouvé que tous ces courans foient modifiés ainfi qu'ils le font par le fond de la mer. Car fi le fond de la mer offre une plaine uniforme, il ne peut y avoir de courans en aucune forte produits par ce fond. Si donc il y a des courans & qu'ils foient occafionnés par les inégalités du fond de la mer, on ne peut pas dire que ces inégalités aient été dans les premiers temps formées par ces courans; & enfin que ces inégalités reffemblent en aucune manière aux vallées qui fillonnent la furface de nos continens. Il y a d'ailleurs beaucoup de courans qui ne font que fuperficiels & feulement occafionnés par le flux & reflux, ou par des mouvemens femblables, & par conféquent ils n'ont rien de commun avec le fond de la mer. *Voyez* dans le dictionnaire les articles *courans*, *vallées*, &c.

§. III.

Réflexions fur l'ouverture du détroit de la Golfoline.

Jufqu'à préfent, j'ai préfenté un précis de ce que Targioni a écrit fur l'approfondiffement des canaux des fleuves, lorfque les eaux courantes n'ont pas, felon lui, rencontré d'obstacles locaux & insurmontables dans les trajets qu'elles ont parcourus. Maintenant pour donner une idée complette de toute sa doctrine à ce sujet, je vais y joindre ce qu'il pensoit sur l'ouverture des digues qu'il a supposées dans certains détroits des vallées ; & sur-tout dans celui de la Golfoline, qu'offre la grande vallée de l'Arno assez près de Florence.

Il est aisé de voir que l'escarpement de la montagne d'*Artimino* est semblable pour le nombre & la direction des couches & la nature de la pierre, à ce que nous offre la coupe de la Golfoline, qui est de l'autre côté opposé du lit de l'Arno. D'où on peut être tenté de croire que dans des temps reculés ces massifs étoient unis, & qu'ils formoient une digue par-dessus laquelle les eaux de l'Arno s'épanchoient, après avoir fait un lac dans la plaine de Florence. Il n'est plus question, suivant cette supposition, que d'expliquer la manière dont ces deux montagnes ont été coupées, & dont l'eau est parvenue à se faire jour à travers cette digue. Targioni considère d'abord qu'en supposant cette digue, les eaux de l'Arno & de l'Ombrone, après leur réunion, ont dû s'élever jusqu'au niveau de cette chaussée naturelle, & qu'en ralentissant leur mouvement & s'étendant dans toute la large plaine où est placée la ville de Florence, elles y ont déposé la plus grande partie de la terre dont elles étoient chargées ; qu'enfin elles se sont élevées jusqu'à ce qu'elles aient pu franchir la digue. Cette digue étoit le dos d'un sommet alongé & d'une masse telle qu'on la voit encore dans la partie la plus basse de la vallée. Ce sommet pouvoit même être un peu abaissé comme on le reconnoît aux deux avances opposées de la Golfoline & d'Artimino. Ces eaux parvenues à la hauteur de la digue, & passant d'un canal très-large à un débouché fort étroit, ont dû acquérir une très-grande vitesse, & en conséquence de cette énergie, il est très-croyable que dans le cours de plusieurs siècles

elles aient entièrement enlevé la digue & se soient creusé un canal plus profond & plus large, en un mot, comme celui qu'on nomme le *détroit* de la Golfoline. Cette destruction & cette excavation ont dû se continuer jusqu'à ce que l'eau ait perdu toute l'énergie que lui imprimoit sa chûte, c'est-à-dire jusqu'à ce que le fond du canal fût de niveau à la plaine d'Empoli & à celle de Florence, ou ce qui est la même chose, jusqu'à ce que le courant de l'Arno fût au même état où il se trouve maintenant. Si au travail de l'eau l'on réunit ce que dans la suite des siècles les travaux des hommes ont pu faire, & si l'on calcule la pente considérable de l'eau de l'Arno dans le trajet de la plaine de Florence, Targioni croit qu'on donnera une grande force à sa conjecture ; ensorte qu'il en résulteroit que cette ouverture de la Golfoline peu à peu élargie & approfondie, l'eau qui autrefois étoit obligée de s'arrêter dans la plaine de Florence s'est écoulée, & qu'elle a entraîné avec elle tous les sédimens qu'elle y avoit déposés en couches horisontales. Ceux qui ont observé avec quelle impétuosité les eaux d'un petit torrent rompent & emportent avec elles des masses de pierres énormes, & parviennent à excaver des montagnes composées de couches très-épaisses, ne taxeront pas de témérité cette conjecture.

Il est vrai qu'on pourroit faire quelques objections contre cette hypothèse ; qu'on pourroit d'abord opposer plusieurs cataractes comme celles du Rhin, du Nil, de l'Adige & du Téverone, qui se sont maintenues contre les efforts de l'eau depuis très-long-temps, sans avoir été ainsi enlevées, & prétendre que la digue de la Golfoline n'a pu être entamée comme on l'a supposé ci-devant. Targioni pense que les circonstances sont bien différentes. Les cataractes des fleuves, dont il est question, doivent être, selon lui, considérées comme le glacis naturel d'un moulin. Ces fleuves en coulant dans leur canal, se trouvent sur le bord de la cataracte où le lit leur manquant, ils sont obligés de se précipiter, suivant certaines loix connues des savans, en rongeant la digue ou le glacis, si elle n'est pas perpendiculaire, ou bien ils ont une chûte considérable à raison du lit plus en pente. La montagne de la Golfoline ne peut pas être envisagée, suivant Targioni, sous ce point de vue, par rapport aux eaux de l'Arno ; mais plutôt comme une chaussée d'un lac ; s'il s'y fait un petite brèche, l'eau augmente par elle-même cette brèche, & s'ouvre un canal dont elle détruit le fond jusqu'à ce qu'il soit de niveau avec celui du lac, ou bien tant qu'elle trouvera de la pente. Il est certain que si cette digue de la Golfoline a jamais existé, elle ne formoit pas une masse solide d'une seule pièce que l'eau ne pût entamer. Il suffit de considérer la manière dont les couches qui composent les masses qui subsistent maintenant aux deux côtés de l'ouverture, & qui sont placées les unes sur les autres, & sont même séparées par des lames de terre, pour être convaincu de la possibilité de cette destruction. De cette disposition bien reconnue, Targioni se croit autorisé à conclure que la digue dont il est question, étoit à-peu-près comme un mur qui tombe en ruines, & qui seroit composé de pierres liées avec de la terre, ensorte que chacune de ces pierres ne peut résister à l'effort de l'eau courante que par l'excès de sa pesanteur & non par l'union intime qu'elle a contractée avec les autres corps voisins. Au reste, les exemples de ces ouvertures sont très-fréquens : Targioni a cru en trouver des descriptions dans les voyages des Alpes par Scheuchzer, & nous y renvoyons pour y vérifier cette assertion.

Nous ne citerons pas ici les détails d'une pareille ouverture d'une digue que suppose de même Targioni dans le *val d'Arno di sopra*. Ce sont les mêmes prin-

cipes & les mêmes raisonnemens, ensorte que les objections qu'on peut faire contre l'ouverture de la prétendue digue de la Golfoline militeront de même contre celle du *val d'Arno di sopra*. Au reste, nous discuterons toutes ces raisons à l'article *vallée* du dictionnaire, & nous exposerons les objections qu'on peut faire contre cette réserve des digues au milieu du cours d'un fleuve.

§ IV.

Réflexions sur la structure intérieure & la formation des collines & des montagnes de la Toscane.

La Toscane, comme chacun sait, offre plus de montagnes que de plaines ; les montagnes, à les bien considérer, semblent être des branches de l'Apennin, qui forment une vaste ceinture autour, & qui ont été coupées par plusieurs torrens & rivières. Ces montagnes sont composées de couches de pierres de diverse nature, placées les unes sur les autres, & quelquefois séparées par des lits de terre ; toutes ces couches ont des inclinaisons & des contours très-variés, comme on le peut voir, dans les contrées de la Toscane que l'on a occasion de parcourir lorsqu'on voyage en Italie. Les bisarreries des lits sont telles, qu'il est impossible de fixer une règle certaine pour y rapporter la direction de leur inclinaison, & l'assertion de ceux qui ont prétendu qu'ils étoient inclinés vers un même point à l'horison est très-fausse. Ces masses, telles qu'on vient de les caractériser, Targioni les appelle, pour plus grande précision & clarté, *montagnes*, ou *montagnes primitives*, quoiqu'il pense qu'il est vraisemblable qu'elles ne sont pas *primitives*.

Entre les montagnes primitives & les plaines, Targioni considère & décrit une autre nature de terrein qu'il nomme *collines*. Ce sont de petites montagnes composées de couches ou lits fort peu épais de sables ou d'argile, ou d'autres sortes de pierres

pierres enveloppées de fables ou d'argile; lefquelles fubftances font ou friables & pulvérulentes, ou unies enfemble par quelque dégré de pétrification ; & parmi ces fubftances on trouve une quantité prodigieufe de corps marins.

Targioni diftingue trois caractères remarquables, qui différencient les collines & les montagnes; le premier eft que les collines, à quelque hauteur qu'elles s'élèvent au-deffus des plaines, ne parviennent jamais à égaler par leurs fommets ceux des montagnes de différens ordres, lefquelles font diftinguer leurs cimes élevées au-deffus de la furface des *tractus* de collines.

Le fecond eft que les plus grands fommets des différentes branches de montagnes primitives font d'une hauteur qui varie beaucoup. Au contraire, les collines même les plus élevées font toutes au même niveau; comme on peut s'en convaincre par l'infpection qui frappe tout obfervateur attentif. Ainfi lorfqu'on eft placé fur le fommet plat d'une colline, on apperçoit les fommets de toutes les autres qui font dans le même plan horifontal, & qui préfentent à l'œil l'image d'une vafte plaine circonfcrite par des montagnes plus élevées.

Le troifième caractère confifte à ce que les couches ou bancs des montagnes primitives compofées, foit de pierres, foit de terres, font, comme on l'a fait remarquer ci-deffus, toutes inclinées vers quelques points de l'horif n; enforte que le petit nombre de ceux, qui au premier coup-d'œil fembloient être dans une fituation horifontale, fe trouvent après un examen plus exact avoir une inclinaifon fenfible. D'un autre côté, les couches qui compofent les collines, font toutes exactement horifontales & parallèles au fond des plaines fans aucune exception. Ces lits fe diftinguent facilement les uns des autres, & par la différente nature des fubftances qui les compofent; & par une certaine ligne ou raie qui règne conftamment entre chacun d'eux, qui en trace les limites & en détermine l'épaiffeur.

Outre cela, la nature des fubftances qui forment les couches ou lits des collines pourroit bien établir un quatrième caractère de différence entr'elles & les montagnes; car quoiqu'on puiffe indiquer certaines montagnes compofées entièrement de bancs d'argile ou de fables, toutefois il y aura toujours une variété confidérable dans la ftructure intérieure des lits de fables ou d'argile qui les compofent, ainfi que dans leur grain & leur mélange. Targioni en tous cas fe fert invariablement du mot *filon*, pour indiquer les lits ou couches de différentes matières, foit pierreufes, foit terreufes, qui entrent dans la compofition des montagnes primitives, & du mot *ftratum*, pour indiquer les lits différens & horifontaux des collines. Après ces confidérations générales fur les collines & les montagnes, après l'expofition de leurs caractères diftinctifs, il nous convient de fuivre les recherches de Targioni fur chacun de ces maffifs en particulier, en nous attachant aux différentes vues qui peuvent nous intéreffer.

§ V.

Comparaifon des montagnes primitives & des collines : difficulté de donner l'explication de la ftructure des montagnes primitives.

Le célèbre Buffon ne paroît pas avoir remarqué la différence vraie & naturelle qui fe trouve entre les montagnes & les collines : il femble cependant qu'il auroit dû entrevoir en gros cette différence ; mais comme elle n'eft pas auffi remarquable en France qu'en Tofcane, il n'eft pas étonnant qu'elle lui ait échappé ainfi qu'à beaucoup d'autres naturaliftes. Seulement il confidere les collines comme les plus baffes montagnes, & les fommets plats & horifontaux des collines comme des plaines en montagnes. Par cette confufion d'idées

il s'enfuit qu'il conclut également l'excavation des vallons fous l'eau de la mer,
foit que ces vallons appartiennent aux
montagnes primitives, foit qu'ils foient
creufés à travers les pays de collines.

Au refte, cette formation des montagnes primitives a paru à Targioni un
problême impoffible à réfoudre. Il penfe
même que plus on compare les phénomènes que l'obfervation nous offre, avec
les fyftêmes imaginés pour en rendre raifon, moins on trouve qu'ils fatisfaffent à
l'état de la queftion. En fuppofant que
dans le commencement du monde la furface de notre globe fût unie, & entierement
recouverte par l'eau, on ne peut pas
concevoir que le flux & reflux, & les
courans aient pu creufer les grandes vallées, & élever les montagnes. Comment
pourroit-on fuppofer que l'impétuofité
des courans eût pu avoir affez de force
pour avoir enlevé une maffe énorme de
matériaux d'un endroit, & les amonceler
dans un autre? Il y a bien des raifons pour
croire que les courans ne font que fuperficiels & qu'ils n'atteignent pas le fond de
la mer, où il règne un calme perpétuel.
Nous avons, au refte, une très-petite connoiffance de l'état où fe trouve actuellement
le fond de la mer. Targioni préfume feulement qu'il s'y trouve certaines vallées
pleines de vafes & de fable dépofés par
couches horifontales, recouvertes de
plantes marines & de teftacées; & que
dans ces vallées il s'élève certaines montagnes compofées de filons de pierres
nuds, comme il a imaginé qu'étoit anciennement la face fous - marine du *val
d'Era*; & qu'enfin les parties découvertes
de notre globe font femblables à celles
qui font couvertes de la mer, de maniere
que le fond de la mer reffemble aux dépôts
horifontaux des collines, & que les bords
& le fond de fon baffin font femblables
aux montagnes primitives.

Pour ce qui concerne les matériaux
qui compofent les montagnes primitives,

Targioni remarque qu'il n'y a pas trouvé
cette fi grande quantité de verre & d'é-
cume comme le fuppofe Buffon; & d'ailleurs il eft vifible que les granits tant
d'Italie que de l'Orient, n'ont pas paffé
par le feu; car d'après les obfervations de
Micheli à Santa-Fiora & à Radicofani,
il eft prouvé que le granit qui a été expofé
à l'action du feu des volcans a donné des
laves de toutes fortes, & non pas des cryftallifations femblables à celles du granit.
Il en eft de même des fables, des pierres
de fables, & des argiles qui n'ont aucun
caractere des produits du feu; car les
fables paroiffent être les débris des pierres
plus anciennes, & la pierre arenaire eft
produite par l'aggrégation des différentes
fortes de fables faite au milieu de l'eau.
On ne peut pas croire que l'argile de même
doive fon origine aux matieres volcanifées
par le feu du foleil.

Ainfi les bancs de fables & d'argile ne
peuvent être confidérés comme des amas
primitifs de matieres vitrifiées par le foleil; ils ont vifiblement une origine très-
moderne; & fi l'on fait des fouilles d'une
certaine profondeur au milieu des plaines
où l'on rencontre ces bancs, on trouve
les racines des montagnes primitives qui
ont été enveloppées par ces matériaux
adventices & de nouvelle formation.
Targioni va plus loin & penfe que la
ftructure intérieure des plaines, comme
celle de Pife, par exemple, a beaucoup
d'analogie avec celle des collines; & que
fi le niveau de la mer pouvoit s'abaiffer
de deux cents cannes, on verroit bientôt
que la plaine de Pife deviendroit la même
chofe que les collines du *val d'Era*, &
que les bancs de fables ne font pas plus
profonds. Targioni ne voit pas comment
Buffon peut donner un débouché à la
quantité d'eau avec laquelle il recouvre
le globe entier, & comment il a pu élever
avec elle la maffe énorme des montagnes
qui font fous la ligne équinoxiale; il voit
encore moins comment ces eaux ont tant
diminué & baiffé de niveau. On n'a pu

jufqu'à préfent expliquer effectivement par quelle fuite de révolutions, des montagnes auffi élevées que les Cordilleres auroient été un fond de mer. En vain invoque-t-on le changement du centre de gravité ou le choc d'une comète; ces caufes ne paroiffent pas avoir pu changer la pofition de l'Océan, & lui faire abandonner les continens que nous habitons, pour aller occuper les parties de fon baffin actuel. D'ailleurs, dans ces hypothèfes la difpofition horifontale des couches des collines qui eft conftamment parallèle au niveau actuel de la mer, ne pourroit pas s'expliquer. Targioni eftime donc qu'il eft néceffaire de fuppofer, fans déranger le centre de gravité, un abaiffement confidérable de la furface des eaux de la mer, en conféquence de leur diminution de volume abfolue, & de telle forte que l'Océan auroit actuellement moins de la moitié de l'eau qu'il avoit lorfqu'il recouvroit les collines de la Tofcane. Ceci le détermine à renoncer à nous donner l'explication de la formation des montagnes primitives beaucoup plus élevées que les collines, & qui exigeroient une plus grande quantité d'eau & une inondation plus étendue; cependant fi leur organifation exige le concours de l'Océan, il faudra bien y avoir recours, & ne pas fe borner, comme fait Targioni, à la folution de ce problême dans la partie qui concerne les collines.

Que les collines foient un produit du travail de l'Océan différent de celui des montagnes primitives, c'eft ce que nous avons fait connoître précédemment d'après les obfervations de Targioni. Il paroit outre cela que les collines, telles qu'elles fe trouvent difperfées dans plufieurs baffins de la Tofcane, fuppofent la préexiftence des montagnes. D'après cette confidération, il femble que les naturaliftes ne peuvent guères fe borner aux collines en les féparant des montagnes primitives. Les dépôts horifontaux occupent une grande partie de la furface de la terre, excepté

dans les lieux où les maffes anciennes & du premier ordre forment des bordures & des enceintes élevées autour des pays de collines.

La théorie des collines telles que les conçoit Targioni eft facile, fi l'on fuppofe que les montagnes primitives fe foient trouvées dans le voifinage des larges plaines que recouvrent les collines, que ces anciennes montagnes aient été plus élevées qu'elles ne font actuellement, & fur-tout à l'époque de la formation des collines, & qu'elles ont été détruites & dégradées pendant tout le temps que les matériaux qui font entrés dans la compofition des collines fe font accumulés dans le baffin de la mer. C'eft dans le temps de cette deftruction que fe font creufés des vallons ou des baffins, que les eaux de la mer font venues couvrir à une hauteur confidérable & plus confidérable que n'eft le niveau de la ville de Volterre. Dans ce cas, on voit, comme je l'ai obfervé ci-devant, que la maffe des eaux de l'Océan étoit plus confidérable qu'elle n'eft actuellement, & que la terre habitable a eu une moindre étendue. Il eft à croire même que les eaux des pluies étoient plus abondantes lorfque la furface de la mer étoit plus étendue; elles ont pu par conféquent entraîner dans la mer des débris de terreins qui recouvroient les montagnes, & même des pierres qui en formoient l'offature. Elles ont pu dépofer tous ces matériaux en couches horifontales fur le fond de la mer, près de la plage & de l'embouchure des fleuves, comme cela s'obferve actuellement où l'on a l'occafion de remarquer les grands atterriffemens que tous les fleuves font journellement dans la mer. Enfuite fi l'on fuppofe la diminution du volume des eaux de la mer, & l'aggrandiffement des continens par la découverte des dépôts horifontaux, on trouvera que d'un côté les montagnes ont offert aux hommes, en conféquence des deftructions opérées par les eaux courantes, des pays nuds & dépouillés de terres, pendant que les dépôts abandonnés par la mer leur préfentoient un fol fertile & d'une culture facile. De-là il eft arrivé que les hommes ont abandonné certaines contrées pour fe porter en d'autres. C'eft ainfi que peu à peu l'Egypte inférieure & la Méfopotamie qui font formées, comme les pays de collines de la Tofcane, par les dépôts du Nil & de l'Euphrate organifés dans le baffin de la mer, ont été habitées depuis la retraite de la mer. C'eft ainfi que la Lombardie, qui eft prefque entierement le produit du Pô & des rivières affluentes, eft devenue un pays très-fertile, fur-tout dans les parties qui font couvertes par les couches horifontales. C'eft ainfi que la Flandre & la Hollande font les produits des rivières qui y ont leurs embouchures, & qui y ont dépofé les matériaux qu'elles ont enlevés des parties fupérieures de leur cours.

On demandera peut-être quand & comment le niveau de la mer s'eft baiffé, & que fes eaux ont laiffé à fec toutes ces contrées? On répondra qu'on ne connoît aucun agent dans la nature qui ait pu amener cette révolution. Depuis environ quatre mille ans, dont nous connoiffons les évènemens, rien ne conftate qu'il fe foit opéré une diminution fenfible dans le baffin de la mer, ni un abaiffement de fon niveau. Cependant la maffe prodigieufe des matériaux que les fleuves charient dans la mer, auroit dû élever fes eaux & produire des inondations remarquables fur les terreins qu'elle ne couvroit pas auparavant. Dira-t-on que les plantes & les pierres fur-tout ont employé une quantité d'eau qui ne retourne plus à la mer parce qu'elle a perdu fa fluidité? & que c'eft par ce travail continuel de la nature que la mer tend à s'appauvrir d'eau.

§. VI.

Des collines en général.

Les collines de la Tofcane s'étendent d'un côté jufqu'aux fommets efcarpés de l'Apennin, & de l'autre jufqu'au bord de la mer; elles paroiffent divifées en divers baffins circonfcrits par les contours très-multipliés & très-variés des fommets plus ou moins élevés, plus ou moins efcarpés des montagnes primitives. C'eft au milieu de ces baffins que les torrens & les rivières fe font ouverts des canaux, en entamant chaque jour les maffifs des collines, en en rongeant & entraînant des parties confidérables, & fe chargeant fur-tout d'une grande quantité de terres qu'elles dépofent enfuite dans les plaines inférieures dont elles hauffent ainfi la furface.

Les collines dont les fommets font les plus élevés, font au pied des plus hautes montagnes; mais les fommets les plus bas fe trouvent dans les contrées voifines des bords de la mer ainfi que des lits des grands fleuves.

Les parties de la Tofcane qui offrent des collines, font à la droite de l'Arno; on en trouve beaucoup auffi dans la vallée inférieure de l'Arno, de Nievole: dans la grande partie du cours du Serchio, où eft Lucques; à la gauche de l'Arno: dans une grande partie du val *Della Pefa*, *Dell'Elfa*, *Dell'Era*, de *Cecina* & *Della fine*. Je les indique comme les ayant parcourues d'après l'indication de Targioni dans fes voyages.

Dans l'état de Sienne, il y a des tractus de collines immenfes, telles font celles du val di Marfa, & du val d'Ombrone.

De Montelupo, jufqu'aux Alpes de l'Apennin, c'eft-à-dire dans la Tofcane fupérieure, il y a de grandes parties de collines; toute la vallée fupérieure de l'Arno, & le val de la Chiana, font occupés par ces longs tractus ; mais ces collines font d'une structure & peut-être d'une origine différente des autres qui font dans certaines parties, parce qu'elles ne renferment pas des corps marins, comme celles qu'on a indiquées plus haut. Targioni les place dans une classe à part ; & il compare cette forte de collines à beaucoup d'autres qui fe trouvent dans certains pays de l'Europe.

Maintenant, pour donner une idée générale de l'origine des collines de la Tofcane inférieure, lesquelles paroiffent avoir été principalement l'objet des recherches de Targioni, il eft convenable de préfenter ici le précis de ce que plufieurs courfes l'ont mis à portée d'obferver & de conjecturer.

Ces collines paroiffent avoir été une plaine continue, formée par une fuite de plufieurs dépôts ou fédimens horifontaux, qu'une eau chargée de ces fubftances a laiffé précipiter dans les baffins qui fe trouvoient au pied des montagnes. C'eft de ces montagnes que cette eau avoit détaché toutes ces fubftances, de la même maniere que feroit un fleuve, lequel feroit obligé de féjourner pendant plufieurs fiecles au milieu d'un maffif de montagnes qui s'oppoferoient à fon paffage. C'eft à la fuite de ce travail de l'eau & des dépôts formés dans la mer, que plufieurs fommets tortueux de montagnes fe trouvent difperfés dans les pays de plaines, & que les collines en occupent les intervalles. Tous ces dépôts ont été mis à découvert par la retraite de la mer qui s'eft opérée dans un temps dont nous ne pouvons fixer l'époque ; enforte que tout ce qui formoit le fond de la mer s'eft trouvé par cette retraite & abaiffement de niveau, fupérieur de plufieurs toifes à la mer actuelle. Depuis cette révolution & cette découverte, les eaux des pluies tombant fur ces plaines élevées ont dû fe porter

vers la mer, & dans la fuite de plufieurs fiecles fillonner de vallons le pays de collines, & l'avoir réduit à l'état où il fe trouve actuellement.

Targioni conjecture que dans certaines contrées de la Tofcane les eaux des fleuves qui avoient été obligées d'arrêter leur courfe, & de féjourner dans une grande vallée environnée de montagnes, avoient, comme nous l'avons dit, rencontré une digue qui les avoit forcées à s'étendre & à former des lacs où elles ont dépofé les limons dont elles étoient chargées. Si l'on fuppofe maintenant qu'il s'eft formé enfuite une brèche dans la digue qui faifoit du fleuve un lac, il s'enfuit de-là que le fleuve fe déchargeroit dans la plaine au-deffus de laquelle il s'eft arrêté, en s'échappant par cette ouverture ; & l'on comprend aifément que cette eau devenue courante aura détruit bientôt fon dépôt jufqu'à ce qu'elle l'ait réduit à-peu-près au niveau de la plaine inférieure, & que les amas horifontaux formés par le limon qu'il charrioit fe feroient rongés & excavés par lui-même, & les torrens qui s'y formoient par la réunion des eaux pluviales. En un mot, la plaine faite par les dépôts du fleuve feroit de la même nature & de la même ftructure que celle des collines de Volterre, & de la Tofcane fupérieure.

C'eft là juftement le fyftême du célèbre Nicolas Sténon, fur la formation des collines de la Tofcane, dont il a publié les théorêmes généraux dans la préface de la differtation *de folido intra folidum naturaliter contento*. D'après des obfervations réitérées, Targioni déclare que Sténon a bien connu l'état des collines, & que fes théorêmes qui font en petit nombre font exacts, & annoncent la plus grande fagacité. On peut les voir à l'article de Sténon, qui renferme le précis de ce travail important.

§. VII.

Des collines formées dans le bassin de la mer.

Mais il n'en est pas de même des collines formées dans le bassin de la mer ; certainement les eaux qui se déchargeoient des montagnes, se jettant dans la mer, y déposoient tout le limon dont elles étoient chargées, en forme de sédiment horisontal plus ou moins étendu & plus ou moins épais, suivant la quantité plus ou moins considérable de limon. Ces dépôts ont duré à faire pendant plusieurs siècles, ce qu'il est aisé de reconnoître en observant que les sédimens du limon sont en très grand nombre, de diverses épaisseurs & de divers matériaux ; sédimens qui sont aujourd'hui les couches des collines,

On reconnoît aussi que ces sédimens plats & horisontaux n'ont été troublés ni dérangés par aucun accident, de sorte qu'à leur superficie, ils ont pu produire des plantes marines d'une texture délicate : que des poissons, des testacées, des crustacées ont pu pendant un long-temps s'y multiplier tranquillement, jusqu'à ce que de nouveaux sédimens soient venus les recouvrir & les ensevelir à une certaine profondeur. Il y a eu ainsi, comme on voit, plusieurs dépôts successifs, suivant des plans parfaitement horisontaux & assez uniformes. Les sédimens se sont trouvés d'autant plus étendus & plus épais, que les fleuves détruisoient davantage sur leur route. Il est visible que ces sédimens n'ont pas pu être par-tout également épais, & également étendus, puisqu'ils ont dû être constamment proportionnés à l'étendue du cours des fleuves, ainsi qu'à la vitesse de leurs eaux chargées des limons qui ont formé ces dépôts, & aux terreins plus ou moins aisés à entamer que ces fleuves traversoient. Ils devoient aussi

s'étendre plus ou moins dans le bassin de la mer, à proportion de l'impétuosité de l'eau qui les y portoit.

Lorsqu'on a dit, en décrivant les bancs des collines, qu'ils étoient constamment assujettis au plan de l'horison, on doit observer que l'on ne doit pas prendre cette disposition comme étant vraie avec une rigueur mathématique ; car dans l'exacte vérité, la superficie des tractus de collines est un plan insensiblement incliné vers le bassin de la mer, comme le sont présentement les plaines de Pise, de Cécina & de Grossetto, avec leurs plages & leurs continuations sousmarines. Cette différence dans le niveau vient de ce que les dépôts se font faits bien plus abondamment près de l'embouchure des fleuves, & beaucoup moins à mesure que le courant pénétroit dans la mer. En un mot, il arrivoit dans la mer ancienne ce qui a lieu dans la mer actuelle & dans les bassins des grands lacs ; c'est-à-dire, que les sédimens des fleuves se font dans ces lacs sous forme d'atterrissemens & de bandes marécageuses, distribués autour des bords du lac. Dans le milieu du lac & à une certaine distance, on ne trouve que de foibles dépôts. Il en est de même sur les bords de la mer à une certaine distance de l'embouchure des fleuves, on trouve une bande de terrein factice, déposée en couches planes, qui ont cependant une pente insensible vers le milieu de l'eau : & où finissent les limites de ces couches, on trouve le fond de la mer libre comme il fut dans le commencement.

Le clair de la mer ne peut se trouver que dans le milieu de l'Océan : les mers étroites, comme la méditerranée, sont trop envasées par les sédimens des fleuves, & vraisemblablement n'offrent aucune partie de leur fond, qui conserve l'ancienne face naturelle du terrein. Cette bande de sédimens, qui anciennement suivoit le

rivages des continens habitables plus refferrés autrefois, & qui à préfent étant
reftée à fec, forme les collines, fi on
l'examine attentivement, fera reconnue
toute entière fans aucune interruption
& fans excavations faites par les courans
de la mer d'alors. C'eft pourquoi les
excavations dont nous fommes témoins
font vifiblement les effets de la dégradation
des eaux courantes fur les continens fecs.

Voyons maintenant la preuve & l'application de ces principes dans certaines
contrées de la Tofcane.

De Toiano l'ancien & le nouveau,
on découvre une grande étendue de pays
où l'on peut reconnoître que les cimes
des plus hautes collines qu'on apperçoit
toutes font au même niveau, & font circonfcrites par les montagnes de *San Vival-
do*, de *Caporciano*, de *Montevafo*, de
Pife, de *Piftoia* & d'*Artimino*. Entre ces
fommets qui font cenfés de niveau, il y
a une infinité de canaux creufés par les
eaux des pluies & des fontaines qui
forment des torrens. En fuivant ces diftributions de fommets & de vallons approfondis du *val d'Elfa*, du *val d'Era*, on
retrouveroit le cours de l'*Alliena*, de
la Staggia, de l'Elfa, de l'Evola, de la
Cécinella, du Roglio, de l'Era, de la
Cafcina & des ruiffeaux qui y affluent. Ce
détail feroit infiniment utile à l'hiftoire
naturelle, parce qu'il indiqueroit les
grands changemens que les eaux font capables de faire dans chaque contrée du
globe terreftre ; c'eft-à-dire de grands effets
avec leurs caufes.

De ce point de vue de Toiano, Targioni a fait une obfervation intéreffante ;
c'eft qu'en tirant une ligne par le méridien de Toiano, elle coupe les collines
du val d'Elfa & du val d'Era en deux parties, de manière que la portion qui eft à
l'Oueft eft prefque toute entière de tufo.
Il eft vrai qu'on y trouve auffi quelques

lits ou maffes d'argile, mais la fubftance
qui y domine eft de tufo ; auffi cette contrée eft-elle très-fertile en grains & en
fruits. La partie des collines qui eft à l'O-
rient de la même ligne, eft au contraire
toute compofée d'argile, & femble une
grande plaine de cendres, tant elle eft dé-
pouillée d'habitations & de culture.

§. V I I I.

Collines de tufo.

Les collines de tufo font fertiles comme
nous l'avons dit ; elles offrent par-tout
des vignobles, des plants d'oliviers, des
arbres fruitiers & plufieurs bofquets ;
enfin des pâturages abondans : ce qui produit une vue délicieufe ; auffi les coupures & les vallons creufés au milieu du
tufo ont perdu en plufieurs endroits leur
afpect fauvage par l'induftrie des habitans,
fur-tout dans les pays de vignobles. Dans
d'autres endroits, on trouve des matériaux
très-propres pour les conftructions, & des
eaux falutaires ; enfin l'on peut dire en
général que les pays de collines de tufo
font plus habités que ceux des collines
d'argiles. Dans les cantons où domine
l'argile, on recherche les maffes de tufo
qui peuvent s'y rencontrer pour y fervir à
la conftruction des maifons.

Les collines de tufo fe détruifent beaucoup moins en un temps donné que celles
d'argile ; car les différentes maffes de tufo
étant plus dures, les eaux des pluies ne
les pénètrent pas facilement. Seulement
elles fe décompofent dans certaines parties que l'action de l'air réduit en pouffiere à l'extérieur. Outre cela, les deftructions & les dégradations des maffifs de
tufo fe font par des fentes verticales.
Lorfque les eaux courantes ont rongé les
fondemens d'un fyftême de couches, alors
les différens principes qui les compofent
& qui portoient fur cette bâfe détruite,
tombent en maffe comme feroit une muraille, parce qu'ils adhèrent enfemble par

une union très-ancienne. Dans les grottes de Saint-Giusto, on trouve une masse tombée ainsi, qui depuis sa chûte a conservé la forme d'une tour.

§. IX.

Réflexions sur la composition & la structure des couches de tufo.

Après avoir parlé des collines de tufo, il convient de faire connoître la nature & la disposition des matériaux qui ont servi à la formation des couches. On apperçoit avant d'entrer à *Monte-Foscoli*, plusieurs couches de tufo qui sont à découvert, & dont le sable est la base. Ces couches sont séparées par de petits lits de coquillages, & dans quelques endroits, les bancs de tufo sont infiltrés avec une certaine quantité de coquilles marines qui s'y trouvent dispersées. On remarque même dans leurs parties inférieures, plusieurs impressions de coquilles. Le tufo ne forme pas des masses continues dans ses bancs, mais on y distingue certaines divisions sensibles par des lignes verticales ou inclinées à l'horison, comme il arriveroit si l'on prenoit des mottes de terre grasse réduites en gros cubes, & qu'après leur avoir laissé prendre une certaine consistance, on les plaçât sur plusieurs rangs, en les serrant fortement l'une contre l'autre, de façon à ne laisser aucun intervalle entr'elles ; il est certain que quand elles seroient entièrement seches, elles offriroient plusieurs séparations, plusieurs fentes qui feroient de ces mottes autant de portions de pyramides, de trapézoïdes &c, dont les angles seroient inégaux, & les faces souvent courbées & convexes,

Les lits de tufo n'ont pas été formés ainsi, mais la dessiccation que les matières ont éprouvée a produit ces diverses figures dans les différentes parties des couches. Ainsi malgré ces divisions, on ne peut pas douter que les couches de tufo n'aient été primitivement continues, comme sont

tous les dépots faits par l'eau. Ces résultats du travail de l'eau sont manifestes, particulièrement dans les collines de *Foscoli*, de *Palaia*, de *Piccioli* & de *Volterre*. Il est facile de reconnoître dans les larges coupures qu'offrent ces collines, que le tufo n'est qu'un sable formé de molécules différentes qui sont liées par une légère pétrification : de telle manière que pour séparer ces molécules de sable & rompre l'union réciproque qu'elles ont ensemble, il faut une force plus grande que pour rompre des mottes de sable de rivière. Outre cela, le sable qui forme la base du tufo, n'a point été dans le principe pétrifié, mais toutes ses molécules étoient mobiles & sans union : leur liaison ne s'est opérée par la suite, que parce qu'il s'est introduit parmi elles une grande quantité de substances étrangeres, qui appartiennent au regne animal. Au reste, l'infiltration que le mélange a éprouvée par la suite des temps a varié beaucoup dans les diverses masses qu'il offre, & en conséquence les dégrés de dureté que le tufo a pris, different de même.

Il n'est pas difficile de découvrir quels sont les principes qui ont fourni un suc capable de produire l'infiltration qu'on découvre dans toutes les masses de tufo. Il suffit de considérer les differentes substances qui se sont introduites au milieu des sables mobiles primitivement pour en découvrir l'origine, & sur-tout les corps marins. La cause qui a dispersé ce suc étant mise en action, & ayant plusieurs centres d'activité d'où elle se portoit dans une sphère d'une certaine étendue, aura pu avoir uni par un contact plus parfait & aggluciné les molécules du sable, jusqu'aux limites de cette sphère ; ensorte que le suc ou la matière pétrifiante n'ayant pas toujours une égale force, n'a pas formé des sphères égales, & ne s'est pas porté à une égale distance de son centre. De-là il en est résulté que dans chaque sphère il aura saisi les parties qui étoient à sa portée, &

sans

fans anticiper fur la fphère voifine. C'eft par ce méchanifme que Targioni imagine que les maffes folides irrégulieres qui compofent les couches de tufo fe font formées. Il fuffit d'examiner avec attention la ftructure des montagnes & des collines, pour affurer que la caufe de la pétrification, n'agit pas également dans les couches de fable ou des autres matieres, lorfqu'une certaine quantité d'eau les pénetre; mais qu'elle y eft diftribuée çà & là avec différents dégrés de force & d'activité. Au refte, les preuves de ces effets multipliés du fuc lapidifique font répandues par-tout dans un filon, quoique compofé de la même fubftance.

Il eft vifible que tous les amas de fables qui compofent les lits des collines de tufo n'ont pas éprouvé l'infiltration dont on vient de parler. Car fans citer ici les maffes qui fe défuniffent ou par l'action de l'air, ou par celles de l'eau, ou même par d'autres accidents, il y a plufieurs amas de fables qui ne font liés par aucun ciment étranger, & dont on reconnoît la moindre ténacité par la facilité de les réduire en pouffiere avec le moindre effort.

Lorfque le tufo a reçu un certain dégré de pétrification, on peut ouvrir au milieu de ces collines des tranchées très-approfondies & dont les bords foient taillés à pic. Ces excavations reftent pour lors en cet état un grand nombre de fiecles : en fecond lieu il s'enfuit que les eaux ne peuvent pas pénétrer ce tufo, & l'imbiber comme elles feroient des amas de fables mouvants : feulement elles s'infinuent dans les fentes qui féparent les blocs les uns des autres : & c'eft ainfi que l'eau pluviale pénetre jufqu'aux réfervoirs des fources & des fontaines qui fe trouvent dans ce fyftême de collines.

D'apres toutes ces confidérations, il n'eft pas étonnant que dans ces mêmes tractus de collines, les vallées creufées par les eaux courantes, offrent dans la plus grande

partie de leurs cours des bords efcarpés, & quels rognons féparés par les fentes de defficcation fe détachent facilement des couches, lorfque leurs bafes leur manquent ou qu'ils font forcés par le moindre effort d'un coin.

§ X.

Des collines d'argille.

Dans les contrées où les collines d'argille dominent, le fpectacle change comme nous l'avons dit. Cette argille differe du tufo, outre la couleur, le grain & la forme des couches, en ce que les maffes fe laiffent plus aifément entamer par les eaux courantes. Les différents principes de l'argile font très-peu liés enfemble par infiltration; mais malgré cela, comme les molécules qui la conftituent, font unies très-intimément entre elles par une certaine force d'adhérence qui empeche que les racines des plantes ne s'y faffent jour, il en eft réfulté que les fommets des collines qui font recouverts de couches argilleufes, n'offrent qu'un très-petit nombre de plantes fpontanées, & encore ces plantes font-elles tres foibles. Auffi les femences ne produifent-elles des grains que dans les parties des collines qu'on a cultivées & ameublies avec foin.

La diminution & les dégradations produites, en un temps donné, par l'effet des eaux, eft bien plus fenfible dans les collines d'argile que dans celle de tufo : Targioni en cite des preuves frappantes dans les environs de Toiano.

Les coupures des couches d'argille produites par les eaux pluviales, ne font point verticales, c'eft-à-dire à pic comme celles de tufo, à la réferve de certaines parties où les fleuves rongent les pieds des efcarpemens, & font précipiter dans leur lit de groffes maffes d'argille. C'eft ainfi qu'on peut voir le progrès des dégradations de L'Ailiena dans les collines de Certaldo. Il eft vrai que les efcarpemens qui reftent

à la fuite de ces chûtes, préfentent plufieurs faces obliques & des rebords inclinés.

Chaque année d'ailleurs la fuperficie des
collines d'argille fe dégrade confidérablement. Il fuffit de jetter les yeux fur ces
collines, pour s'affurer que leur niveau eft
beaucoup plus bas que celui des collines de
tufo. A *Toigno*, à *Morrona*, à *San Giufto di
Volterra*, il y a de grands *tractus* de collines
d'argille, où l'on peut voir toutes les
coupures & les dégradations des eaux :
enfin cet abaiffement de niveau. L'argille
divifée & féparée de fes maffes prend l'eau,
& outre cela la retient beaucoup plus
que le tufo. C'eft par cette raifon que
dans les pays de collines d'argille, les
chemins fe fechent plus difficilement, &
font impraticables pendant les tems de
pluies.

Dans les couches d'argille, il y a beaucoup plus de corps marins teftacées que
dans le tufo. Auffi, fouvent rencontre-t-on
de grands trajets ftériles, parce que les eaux
ayant entrainé les terres avec elles, n'ont
laiffé que les corps marins.

Les eaux des fontaines & des puits font
de mauvaife qualité dans les cantons argilleux, & cet inconvénient nuit beaucoup
à leur habitation.

L'argille au refte qui domine dans ces
collines eft bonne pour les poteries & les
tuileries, & fon mélange avec les débris des
coquilles la rend propre à modeler les
figures dans les atteliers des fculpteurs.
Il y en a des parties où l'argille eft favo-
neufe, ou propre à fouler & à dégraiffer
les draps de laines.

On remarque que les amas d'argille
auprès de *Chianni*, font adoffés à une
croupe de montagnes primitives & fans
aucune matiere intermédiaire, de telle
forte que ces amas fe terminent à cet endroit
où l'on commence à voir les filons naturels

des montagnes, qui offrent une nature différente dans les matériaux, ainfi qu'un afpect
& une difpofition auffi différente dans les
fubftances. Et ce qui a mis cet ordre de
chofes à découvert, c'eft le travail d'un
torrent qui a entrainé de grandes parties
d'argille, & a fait voir en même-temps
que toutes les couches des collines avoient
été dépofées pofterieurement à un baffin
qui les a reçues, & qui en a été rempli
& couvert. Le fond & les bords du baffin
font formés par les maffifs des montagnes
primitives.

On voit la même chofe au *val d'Arno
di fopra*, qui eft un canton femblable
aux collines du val d'Efa. Il eft vifible que,
dans tous les cas, les matériaux qui font
entrés dans la compofition des collines,
ont été amenés de loin & dépofés fur la
partie inférieure des crouppes des montagnes primitives.

Il eft donc à croire que ces montagnes
ont formé à une certaine époque, & par
leurs faces latérales ou leurs croupes,
différentes vallées & des baffins plus ou
moins étendus, où l'eau chargée des principes de l'argille ou du tufo, a pu dépofer
une quantité de fable & de terre & les dépofer en couches horifontales comme fait
l'eau trouble. Sur un lit déjà un peu affermi,
il s'en eft établi un autre fucceffivement
par le concours des mêmes circonftances;
& enfuite plufieurs autres, chacun defquels
a été plus étendu à mefure qu'il couvroit
une plus grande fuperficie de montagnes &
une circonférence plus étendue. Il femble
que la nature a continué ces fortes de dépôts jufqu'à une certaine époque déterminée, & jufqu'à ce qu'ils aient acquis
une certaine épaiffeur : qu'enfuite en
variant les caufes, & en adoptant un plan
différent de travail elle a ceffé de former
les collines, & qu'à la fuite des révolutions
qui ont eu lieu dans ces mêmes contrées,
elle détruit maintenant fon propre ouvrage;
enforte qu'actuellement tous les fyftêmes

de collines que l'on a indiquées, de quelque nature de matériaux qu'elles soient composées, ont éprouvé & éprouvent chaque jour des dégradations considérables ; & s'il se forme de pareils dépôts, ce ne peut être que sur le fond du bassin de la mer actuelle.

On trouve de semblables dépôts faits par les eaux dans beaucoup d'autres contrées de la Toscane, mais sur-tout dans les montagnes de Parlascio, où tous ces massifs primitifs sont sous les couches horisontales de tufo & d'argile. Ce sont des filons d'albarèse & de pierre sérène d'un grain fin. Ces filons paroissent composés de débris de coquilles marines, comme des huîtres, des peignes, des solens, des lenticulaires, des numismales. Les couches qui en sont inclinées du Midi au Nord, paroissent avoir différentes épaisseurs, & varier quant à la dureté & quant à l'inclinaison. Ces mêmes phénomènes se retrouvent dans plusieurs autres contrées de la Toscane, où la base & des limites des collines paroissent également formées par les massifs des montagnes primitives de différentes nature de substance. Nous n'en citerons pas davantage.

§. X I.

Réflexions sur la composition & la structure des couches d'argile.

A la suite des détails qui concernent les collines d'argile, on ne peut se dispenser d'y joindre ceux qui peuvent donner une idée précise de la composition, & de la structure des couches d'argile. En allant de *Monte-Foscoli à Pulaia*, on rencontre une grande plaine qui est recouverte d'un système de couches d'argile, c'est là qu'on peut examiner leur composition & leur structure. On y voit que les grands lits d'argile sont par-tout divisés en plusieurs rognons ou masses qui approchent beaucoup de la figure parallélepipède, & dont les faces verticales sont revêtues d'une croûte

mince d'une couleur jaunâtre. Ces rognons sont intérieurement de la couleur ordinaire de l'argile, & ce n'est que sur les faces supérieures ou latérales qu'on y voit une teinte ou couleur jaunâtre ; & encore est-elle distribuée sur les contours de ces faces. Car, comme les rognons sont très-serrés les uns à côté des autres, les circonférences de leurs faces se touchent & sont en contact l'une contre l'autre. La superficie d'un lit d'argile offre un plan divisé en forme de réseau très-artistement dessiné. Ce sont les bords des fentes qui divisent les rognons contigus, & sur les coupures verticales des lits d'argile, on distingue encore plus clairement les compartimens qui sont produits par les lignes d'attouchemens d'un rognon contre l'autre, précisément comme on l'a dit à l'égard des rognons de tufo. Dans les fentes fort serrées qui divisent les rognons d'argile, on trouve fréquemment des lames de gypse, de pierre spéculaire & de sélénite. Dans le voisinage de *Monte-Foscoli*, on en voit des lames très-minces, composées de crystaux, sous forme lenticulaire, lesquelles se réduisent en poussière blanche comme celle des marbres broyés.

Il paroît assez clairement que les couches d'argile doivent leur structure & leur organisation aux mêmes causes qui ont concouru à la formation de celles de tufo. Au reste, il est probable que l'argile dans cet état a acquis un certain degré de pétrification ; cependant il est un peu plus foible que celui qui a infiltré les couches de tufo. La croûte de teinte jaunâtre a été déposée par quelque principe inconnu & postérieur à la formation des rognons ; elle a été appliquée aux faces de ces rognons lorsqu'ils avoient pris leurs dimensions ; car cette couleur est beaucoup plus forte & plus chargée vers les bords des faces, & elle s'éclaircit à mesure qu'elle s'étend vers le centre. Ceci est très-remarquable sur-tout dans les couches d'argile qu'on peut obferver fur les croupes des vallées qui avoifinent le *moulin de Piccioli*. Au refte, les couches d'argile préfentent par-tout les mêmes caractères à *Toiano*, à *Morrona*, à *Laiatico*, à *Spédaletto*, à *Moie*, à *Valdefa*, à *Certaldo*, à *Caftel-Fiorentino*.

§ XII.

Defcription des carrieres de la Golfoline avec des obfervations fur la pierre férène & fur les autres natures de pierres.

Pour donner une idée des filons des montagnes primitives de la Tofcane, il paroît convenable d'entrer dans un certain détail, non-feulement fur la difpofition des couches de ces montagnes, mais encore fur la nature & le grain des pierres qui entrent dans leur compofition. C'eft dans ces vues que nous allons donner ici la defcription des carrieres de la Golfoline & de Fiéfole, d'après Targioni. La montagne de la Golfoline eft fort haute, & efcarpée, principalement par le côté qui regarde le Nord & l'Arno; c'eft dans cette coupure que font plufieurs fouilles ou carrieres d'où fe tire une grande quantité de bonnes pierres pour les édifices; laquelle par le moyen de d'Arno fe tranfporte dans plufieurs contrées de la Tofcane. La ftructure des couches de cette montagne & fon offature eft parfaitement femblable à celle de la montagne de *Fiéfole*. La parfaite reffemblance de ces deux montagnes & de plufieurs autres, font un motif de plus pour publier ici la defcription raifonnée qu'en a faite Targioni.

Les montagnes de la Golfoline & de Fiéfole, font compofées de lits ou bancs parallèles de pierres, placés les uns fur les autres, non dans une fituation horifontale, mais inclinée. Dans la montagne de la Golfoline, les bancs font inclinés du Nord au Sud, c'eft-à-dire que la partie la plus élevée eft au Nord, & la plus baffe au Sud. Dans la montagne de Fiéfole au contraire, la tête des bancs part du midi &

le pied s'enfonce au Nord. Il ne faut pas s'imaginer que chaques lits ou bancs foient des maffes folides continues; au contraire ils font compofés de plufieurs quartiers différens qui varient beaucoup dans leurs dimenfions, quoique leur épaiffeur foit conftamment la même; de telle forte que dans leur forme ces blocs s'approchent du parallélépipède avec les angles folides très-marqués & les arrêtes fort vives. Ces blocs de pierres font tellement fitués auprès l'un de l'autre dans un banc ou filon, & fe touchent fi exactement par leurs faces latérales, que s'ils ont éprouvé une certaine compreffion, ils adhèrent fortement l'un à l'autre. D'où il arrive que deffous ces fortes de lits on peut former fans crainte de grandes excavations en enlevant les maffes qui forment les couches inférieures, & en les faifant fervir comme de voûte ou de ciel à ces excavations, pourvu qu'on ait l'attention de laiffer d'efpace en efpace de gros piliers qui foutiennent la voûte, & particulièrement dans les endroits où elle eft un affemblage de blocs plus petits, & qui fe touchent moins exactement.

Les bancs varient beaucoup en épaiffeur; les plus épais ont jufqu'à quinze braffes florentines, & les moins épais n'ont qu'un doigt. Entre ces deux extrèmes, il y a beaucoup de mefures intermédiaires. Ils different auffi par la qualité des pierres qui les compofent; car les unes offrent un gros grain qui femble avoir été dans le principe non une terre molle, mais du fable ou du gravier affez gros. Il y a peu de couches qui foient compofées de pierres parfaitement femblables à celle d'une autre contiguë. La variété qui règne dans la groffeur, le mélange, la couleur & la dureté des grains eft très-remarquable aux yeux d'un naturalifte. Dans l'ufage de l'architecture ces variétés ne font pas confidérées comme très-importantes, & n'apportent que très-peu de changement dans le prix des pierres.

Quant à la division qu'on en fait relativement à leur grain, c'est-à-dire aux molécules élémentaires qui sont entrées dans leur composition, les pierres à gros grain ou sablonneuses avec un peu de terre qui s'y trouve mêlée, sont appellées communément *ruspe*, & sont les meilleures pour les ouvrages exposés aux injures de l'air. Celles à petits grains sont nommées *fine*, & sont bonnes à couvert ; les plus dures se nomment *forte* ou bien *macigno*, & au contraire on nomme *tenere* celles qui se travaillent plus aisément au ciseau : celles qui ont une grande dureté sont réservées pour les édifices publics. Ces *pierres fortes* ou *macigni*, peuvent prendre le plus bel appareil ; elles reçoivent même une sorte de poli qui approche de celui du marbre le plus fin.

On doit remarquer que la dénomination de *macigno* est équivoque, parce qu'elle est tirée de *macine*, qui indique proprement les pierres avec lesquelles on peut faire des meules de moulin, lesquelles doivent avoir, comme on fait, un certain degré de dureté & qui doit être égal dans toute la masse. Le mot de *macigno*, au reste, a communément une signification plus étendue pour indiquer en général les pierres d'un certain degré de dureté supérieur à celle de *l'albarese*, ou pierre blanche calcaire, & de la pierre *sérène*, lesquelles seules on emploie dans la construction des édifices.

Les architectes ont rangé le plus communément les pierres de la *Golfoline* & de *Fiésole*, eu égard à leur différentes qualités, sous deux classes : savoir la pierre *sérène* & la pierre *bigia*, & l'on distingue outre cela dans chacune de ces classes la *ruspa* & la *fine*, la *forte* & la *tenera*. Les caractères distinctifs de la pierre *sérène* sont qu'elle est d'une couleur de bleu-clair, & ceux de la *bigia* est d'avoir une couleur jaunâtre. En général, la *bigia* est plus dure & résiste mieux aux injures de l'air que la *sérène*,

quoiqu'il y ait une sorte de sérène forte qui résiste très-bien à couvert. Si les architectes faisoient de ces pierres un choix raisonné & assorti aux usages auxquels ils les destinent & aux lieux où ils veulent les employer, on ne verroit pas chaque jour les pierres des édifices publics ou particuliers se réduire en poussière ou s'éclater par morceaux. Je finis par observer que la différence de la pierre *sérène* à la *bigia* n'est pas fondée sur des principes différens, mais seulement est établie sur l'usage qu'on en fait ; car dans la nature ce sont souvent des portions du même banc. Voici comme on peut s'en assurer par une observation détaillée.

Au centre des blocs parallélépipèdes détachés d'une couche par le moyen des coins de fer, on remarque une couleur d'un bleu-celeste fort clair & une moindre dureté. Sur les parties extérieures au contraire, il règne une couleur d'un jaune de différentes nuances qui est plus foncé vers les extrémités, & plus clair dans le centre, de telle sorte que cette couleur se perd & se réunit au bleu céleste ou plombé. Toutes les masses qui sont ainsi couleur de tabac, s'appellent donc pierres *bigia*, & les parties qui sont moins dures, d'une couleur de bleu-clair, & qui se rencontrent assez constamment au centre des blocs, s'appellent pierres *sérènes*. Il y a cependant quelques blocs sur lesquels la couleur jaunâtre est uniforme par-tout, & s'étend même jusqu'au centre, de telle sorte qu'elle ne laisse voir aucune nuance de bleu : ces blocs sont les plus estimés par les tailleurs de pierres.

On observe que les blocs la plupart parallélépipèdes quand ils sont dans les bancs, ne se touchent pas exactement l'un & l'autre à la réserve d'un petit nombre ; mais sont séparés plus ou moins par des vides intermédiaires, depuis l'épaisseur du parchemin, jusqu'à celle de 4 à 5 doigts. Ces interstices sont remplis d'un petit lit de bol, c'est-à-dire de terre graſſe, qui happe à la langue, & qui ſe fond dans la bouche.

On ne s'arrêtera pas à examiner ſi le bol qui revêt les blocs de pierres de Fiéſole & de la Golfoline, peut avoir contribué à l'induration & à la couleur jaune de la partie extérieure de ces mêmes blocs; & s'il peut avoir produit les mêmes effets dans certains blocs de *macigno* dont il a été queſtion, leſquels préſentent dans leurs contours une couleur jaune. Il ſuffit de remarquer que les feuillets de terre bolaire qui ſe trouvent entre les blocs de pierre *ſérène* ne leur ont pas permis de s'unir enſemble, & de former une maſſe ſolide & un banc ſuivi & ſans interruption. C'eſt pour cela que dans les carrières de Fiéſole, qui s'excavent en ſous-œuvre, il eſt néceſſaire d'avoir l'attention de laiſſer des piliers qui ſoutiennent la voûte.

Les ſections des couches rompues dans les carrieres de la Golfoline, ſont perpendiculaires à l'épaiſſeur de ces couches, & parfaitement ſemblables aux fentes ou coupures des couches du tufo des collines de Piſe, comme on l'a dit à l'article de ces collines; car dans l'une & l'autre circonſtance c'eſt la même cauſe qui exerce ſon pouvoir.

Quand les carriers ſe propoſent de ſéparer les blocs par le moyen des coins de bois, ils ont ſoin de verſer toujours de l'eau dans les fentes où ils les introduiſent. Quelques perſonnes ont cru que cette eau aidoit l'opération des coins; mais d'autres qui ſe croient mieux inſtruits, penſent qu'on emploie cette eau comme un préſervatif pour fixer la pouſſiere fine que ſans cela voleroit en l'air, & paſſeroit dans les poumons des ouvriers.

Les blocs tant de Fiéſole que de la Golfoline, ne ſont pas compoſés d'une ſeule & même matiere ſimilaire; au contraire

ils renferment même intérieurement des corps hétérogènes; ce qui juſtifie pleinement ce que dit Céſalpin : « On découvre » auſſi des corps étrangers dans la concré- » tion des pierres, tantôt des ſables, tan- » tôt des graviers de différente nature, & » quelquefois auſſi des débris de plantes » & des dépouilles d'animaux. » On trouve par exemple dans l'intérieur de la pierre ſérène certaines écailles minces & brillantes, des eſpèces de paillettes de talc argentin; des fragmens de pierre d'une toute autre nature, parmi leſquels on remarque des morceaux de pierre à feu ſemblable à ce ſilex noir qui nous vient d'Angleterre, & qui eſt d'un uſage ſi commun, des lames d'une pierre ſemblable à l'ardoiſe, des rognons de la même pierre, & d'autres plus durs que les carriers appellent nœuds; & enfin pluſieurs morceaux de charbons foſſiles.

Quelques-uns de ces blocs de pierre ſérène, qui n'ont pas la teinte de couleur jaune parce qu'ils n'ont pas été enveloppés de lames de terre bolaire, offrent ſur leurs faces certaines croûtes d'une ſubſtance blanchâtre, qu'on appelle vulgairement *tarſo*; qui eſt de la nature du gypſe ou de la ſélénite; elle ſe diviſe en lames fort minces, compoſées de cryſtaux cubiques, qui s'élèvent & forment un angle ſur la bâſe ou croûte où ils ſont fixés. Il y a des blocs qui renferment ce *tarſo*, non-ſeulement à la ſuperficie, mais auſſi dans l'intérieur. Ces cryſtalliſations forment des lignes droites, & ſe diſtinguent aiſément quand les pierres ſont tirées de la carrière, comme des lignes blanches de la nature du marbre, & que les carriers appellent *religatures*. Il ſemble qu'autrefois c'étoit des fentes & des léſardes; que par la ſuite les deux parois ſe ſont trouvées revêtues de cryſtaux, leſquels ſe ſont réunis les uns aux autres, & de cette ſorte ont formé une maſſe totale.

Ces *religatures de tarſo*, comme les

appellent les carriers, font très-fréquentes dans des pierres d'une autre nature, & particulièrement dans la pierre forte ou macigno, & dans l'albarèfe ou pierre à chaux; mais dans la pierre férène de Fiéfole, ces cryftaux fe trouvent plus rarement que dans celle de la Golfoline. On s'eft fervi du mot de *tarfo*, parce qu'il eft ufité parmi les ouvriers qui travaillent aux carrières. Antonio-Néri appelle auffi tarfo un des ingrédiens du verre, qui eft cependant une matière bien différente du tarfo de la pierre férène dont nous venons de parler; c'eft pourquoi il convient d'en donner une définition plus claire en levant l'équivoque. La cryftallifation que l'on a nommée tarfo, en parlant de la pierre férène & des autres pierres tendres comme fortes, albarèfe & gabbro, eft vraiment un fpath, & doit porter ce nom. Ce fpath dans la pierre férène & dans quelques pierres tendres, forme des cryftallifations cubiques, exagones dans quelques albarèfes; dans les gabbro & dans quelques pierres fortes, il prend la forme d'une pyramide à quatre faces; enfin dans quelques fortes d'albarèfes & de pierres fortes, il prend la forme lenticulaire. La première efpèce de fpath à cryftallifations cubiques eft de la nature du fameux cryftal d'Iflande qui double les objets. Le tarfo de Néri n'eft autre chofe que du quartz, & fe trouve dans les pierres mortes & dans les pierres dures.

Entre les filons de pierre férène de Fiéfole & de la Golfoline, on trouve des filons d'autres pierres; il y en a de très-minces d'une certaine pierre couleur de plomb, mais d'un grain très-fin, avec une infinité de points brillants & de parcelles talqueufes.

Il y a encore une autre efpèce de cette pierre moins dure, & qui fe leve en tablettes fort minces prefque comme l'ardoife, mais moins folides que l'ardoife de l'état de Gênes. On la nomme *tramazzuolo*.

On voit auffi quelques filons de *Roche de corne*, ainfi appelée parce qu'elle eft très-dure, & nullement propre à recevoir l'appareil. Ces lits font irréguliers & renflés dans certaines parties; il y en a encore d'autres d'une forte de pierre appellée *mortaione*, dont le grain eft plus fin que celui de la pierre férène; fi elle eft expofée à l'air, elle fe délite & fe décompofe très-promptement.

La partie fupérieure de la pierre *bigia*, quand elle eft plus dure qu'à l'ordinaire, qu'elle eft diftribuée par lames, & pénétrée d'une fubftance ferrugineufe, fe nomme *pietra cerro*.

A Fiéfole, principalement vers *Maiano*, on tire de la pierre morte, *pietra morta*, de laquelle on forme l'âtre & les voûtes des fours deftinés à cuire le pain, & même les foyers des cheminées, parce qu'elle foutient l'action du feu fans s'éclater. Elle eft compofée d'un fable plus gros que celui qui entre dans la compofition de la pierre férène; elle a plus de pores & moins de dureté, & fa couleur approche de celle du tufo : on ne peut pas dire fi cette pierre eft par couches fuivies, ou bien par maffes irrégulieres.

A Fiéfole, vers la partie feptentrionale, il y a des filons d'une certaine brèche compofée de petites pierres arrondies femblables au gravier qui fe trouve dans les rivières, de différentes couleurs, mais toutes tirant fur le vert-foncé; elles font liées enfemble avec un ciment pierreux d'une couleur noire ou vert-obfcur; & cette brèche furpaffe en dureté la pierre forte. On y voit quelques veines de tarfe blanc; on peut en tirer de grands blocs, & les employer avec fuccès à la conftruction de certains monumens d'architecture, comme on le voit aux fonds baptifmaux de Fiéfole qu'on a tranfportés dans la cathédrale de Florence.

La pierre sérène exposée au feu devient rouge ; elle ne se calcine pas dans les fours à chaux, ni ne s'y vitrifie pas ; mais elle devient farineuse & rougit comme la brique. Les faces de cette pierre exposées aux injures de l'air, soit dans leur lit de carrière, soit dans les bâtimens, se décomposent & se détachent par petits éclats, suivant la différence de grain. Mais la *bigia* ne se détruit pas aussi promptement.

Les eaux pluviales qui s'introduisent par les interstices des lits & des blocs, & coulent goutte à goutte par les fentes des voûtes des carrières & des souterrains, sont très-claires & très-bonnes à boire ; elles n'entraînent avec elles aucune substance propre à se crystalliser comme le tarso. C'est parce qu'elles ne peuvent détacher de cette sorte de pierre aucune particule de matière semblable au gypse, comme elles le font lorsqu'elles traversent les bancs de pierres d'albarèse & de travertin.

On trouve de semblables masses de pierres de sables à *Malmantile*, à *Artimino*, à *Lastra*, à *Monte-Scalari*, à *Montsoglio*, dans les montagnes de *Pistoia*, de *Lucques* & de *Garfagnana*.

Les montagnes de pierres sérènes sont sur les limites des massifs d'albarèse & de galestro ; ainsi dans une même montagne on distingue chacun de ces systêmes de couches, & le passage marqué de l'un à l'autre.

Boccace dans son ouvrage sur les montagnes, a pensé que les pierres de Fiésole se formoient chaque jour. Ce que nous avons dit de la limpidité de l'eau qui circule dans ces masses, prouve le contraire. C'est sur une supposition imaginaire que porte le systême de la végétation des pierres adopté par Baglivi, qui prétend avoir fait à ce sujet dans les environs de Florence, & peut être même sur les montagnes que nous venons de décrire, des observations conformes. Ce fait est non-seulement peu certain, mais absolument faux ; car les pierres de Fiésole ne végétent nullement, & ne se reproduisent jamais dans les souterrains, au contraire elles diminuent continuellement de masse. La raison en est, que leur superficie qui se trouve exposée aux injures de l'air & aux dégradations des eaux pluviales, éprouve chaque jour des destructions bien sensibles & se réduit en terre, suivant la remarque de Césalpin.

§. XIII.

Reflexions sur la formation des pierres & des filons des montagnes primitives

Buffon pense que les fentes perpendiculaires que l'on voit dans les filons des montagnes & dans les lits des collines, sont produites par l'affaissement du filon ou du lit inférieur qui leur servoit de base ; & qu'elles ressemblent aux fentes & aux crevasses des murailles dont les fondemens ont cédé. Cela est vrai, dans quelques cas, & l'on en trouve tous les jours la preuve dans les montagnes. Mais Targioni croit que les fentes qu'on voit entre les masses qui composent un filon, viennent du contact immédiat où se sont trouvées les particules de la pâte molle, lorsqu'elles se sont coagulées & pétrifiées à proportion de l'activité des causes qui ont contribué à cet effet. Les observations journalières l'ont persuadé que c'étoit par ce méchanisme général & très simple que les pierres se sont formées. Voici comme il nous développe ses idées à ce sujet.

Les filons des montagnes ou les lits des collines, étoient dans l'origine un limon chargé de diverses substances souvent douées d'une force d'attraction réciproque à-peu-près comme les molécules salines. Leurs parties les plus homogènes commencèrent à s'attirer & à s'approcher

jusqu'à

jufqu'à ce qu'elles formaffent une union intime comme le font les différens principes des mortiers de plâtre. En s'approchant ainfi, elles formerent une pâte plus denfe & plus ferrée, exprimant ainfi l'eau qui leur fervoit d'abord de véhicule, deforte qu'à la fin la couche de limon dégagée de toute eau furabondante, eft reftée divifée & partagée en une quantité plus ou moins grande de maffes, ou de folides d'une hauteur égale à l'épaiffeur des couches, mais d'une largeur très-variée. Si dans les intervalles qui féparent ces maffes il n'eft refté que de l'eau, les fentes du filon doivent aujourd'hui fe trouver vides comme elles le font en effet. Mais s'il eft refté dans ces mêmes intervalles quelqu'autre fubftance d'une nature différente de la maffe totale, les fentes doivent fe trouver remplies de quelqu'autre matiere pétrifiée, difpofée en tables ou en lames, fuivant que la capacité du vide de la fente lui aura permis de s'étendre.

S'il eft permis à l'efprit humain de méditer fur les caufes fecondes qui ont concouru à la formation du globe terraquée, il paroît vraifemblable que la principale de ces caufes eft une force de cohéfion & de propenfion au contact à nous inconnue, que la main libérale de la nature a diftribuée aux moindres parties de la matiere en différentes dofes d'activité.

La feule force d'attraction a dû fuffire, fuivant Targioni, pour confolider à différentes époques, tous les filons & les lits qui compofent la furface apparente de notre globe. Sans elle, cette furface n'auroit été jamais qu'un cloaque profond & nullement propre aux ufages merveilleux auxquels il étoit deftiné. Il n'eft pas en notre pouvoir de déterminer les différens degrés de cette force active & de fes mefures relatives. Admirons feulement la puiffance, qui par ce moyen, combiné fi l'on veut avec la gravitation, &c. a donné à la matiere tant de formes diverfes. Il ne

paroît pas qu'aucun obfervateur puiffe fixer le temps où cette caufe feconde générale à produit ces effets étonnans. Targioni préfume que cela ne peut être qu'après la création, puifqu'on trouve par-tout dans les pétrifications qui compofent les montagnes un nombre prodigieux de fubftances végétales & animales qui autorifent à croire que la face moderne de notre globe n'eft plus la face ancienne & primitive qu'il a eu; mais qu'elle a été pour ainfi dire recréée & recompofée des ruines & des débris de la premiere terre.

L'Ecriture Sainte & la tradition des peuples, nous parlent d'un déluge univerfel, qui a changé, à ce que croit Targioni, la face du globe. Mais toute la fcience des philofophes n'a pu apprécier au jufte les changemens produits par cette inondation univerfelle, quelque hypothèfe qu'ils aient imaginée à ce fujet. La philofophie nous démontre que depuis cette époque il n'a pu fe former fur la furface de la terre des pétrifications qu'on puiffe confidérer comme primitives; mais qu'au contraire plufieurs maffifs ont été détruits. Peut-on affurer enfuite que la formation des pierres qui compofent la face moderne de notre globe foit poftérieure à la création, & antérieure à la fin du déluge univerfel? Ne feroit-ce pas tirer une conféquence certaine d'une fimple conjecture? ce qui eft abfurde, fuivant Sénèque. Nous traduirons ici ce que dit l'immortel Léibnitz (*protogea*). » Il eft vraifemblable que » plufieurs lits autrefois horifontaux, avant » que le globe eût fouffert aucune altération, font depuis devenus inclinés dans » les révolutions qui y font arrivées; car » quoi de plus naturel que de croire que » foit lors de la formation de la terre fortie » du fein des eaux, foit lorfque celles du » déluge dépofoient leurs fédimens, chaque » chofe fe foit placée fuivant fon propre » poids, & la raifon en eft fenfible; car on » voit dans les promontoires de Norwege, » des maffes immenfes de rochers taillés

» à pic, qui s'avancent dans la mer, dont
« les couches sont par-tout les mêmes,
» & des vallées ouvertes & creusées par les
» eaux ou par quelqu'autre force, dont les
» bords formés par des montagnes oppo-
» sées offrent des lits absolument sem-
» blables. »

Le même philosophe dans une lettre
écrite au professeur Busching à Hambourg,
lui dit : « J'aime assez votre opinion que
» les eaux du déluge universel sortirent
» de la terre ; je crois que cet affaissement
» de sa surface n'a pu s'opérer sans frac-
» ture & sans ruine , car je pense que
» la croûte du globe étoit déjà ferme.
» Mais où est retournée toute cette eau ?
» Est-elle rentrée dans le sein de la terre
» par les mêmes ouvertures par lesquelles
» elle étoit sortie ? »

L'auteur des lettres à un américain sur
l'histoire naturelle générale & particuliere
de Buffon , prouve assez clairement que
les pierres des montagnes primitives ont
été formées d'une certaine matiere fluide
& laiteuse , à-peu-près semblable à celle
que les maçons appellent *lait de chaux*,
qui s'est consolidée à l'aide de l'eau de
mer qui s'y est mêlée. Targioni approuve
ce systême relativement à cette opération
de la nature; mais il la rejette sur la formation des lits qui composent les montagnes,
c'est-à-dire que dans les épanchemens &
écoulemens successifs des eaux du déluge ,
cette matiere laiteuse soit venue avec les
eaux de la mer s'étendre & se condenser
sur l'ancienne surface du globe. Le même
auteur ajoute outre cela l'éruption des
eaux souterraines, l'écoulement impétueux des eaux pluviales qui ont déposé
sur les couches de matiere laiteuse les matériaux qu'elles avoient enlevés & roulés
au bas des montagnes ; & il conclut que
du concours de ces deux causes opposées ,
se sont formés les lits & les filons composant les collines & les montagnes qui ne

s'élevent pas à plus de mille toises au-dessus
du niveau actuel de la mer.

Targioni croit qu'il y a beaucoup de
choses à dire sur cette nouvelle théorie
qu'il considère comme aussi arbitraire pour
le moins que celle de Buffon , dont elle
est la critique. Il remarque d'abord que
les filons des montagnes de mille toises
sont absolument semblables & construits de
la même maniere que ceux des montagnes
qui surpassent cette hauteur & s'élèvent
beaucoup au-dessus ; car rien n'annonce la
différence de leur structure. Par exemple,
les filons de la cime du mont Saint-Gothard, sont formés de la même maniere
que les vastes embranchemens qui se prolongent du côté de la Lombardie, jusqu'à
ce qu'ensevelis sous les sédimens des eaux
du Po, ils forment cette belle plaine de
la Lombardie. Le sommet des Cordilieres
en Amérique, est absolument semblable
à leurs vastes flancs, dont la pente se prolonge jusque sous les collines du Pérou
& du Brésil, où elles restent ensevelies. Il
faut donc, lorsqu'on s'occupe à expliquer
la formation des filons des montagnes, ne
pas se restreindre à celles qui n'ont pas plus
de mille toises au-dessus du niveau de la
mer. Secondement , comment pouvoit-il
se trouver dans la mer avant le déluge
dans le même temps autant de millions de
coquilles testacées, autant de madrépores
& de plantes marines que nous en trouvons
dans les couches de la terre ? Comment
la mer a-t-elle pu les déposer à des hauteurs
aussi considérables & à de si grandes profondeurs dans le petit espace de temps
que dura le déluge ? Ces considérations
suffisent pour nous persuader que tous ces
animaux ont vécu dans des temps différens
& sont restés à sec depuis un temps immémorial dans les endroits où nous les
voyons aujourd'hui. Comment des testacées & des polipiers si délicats, des plantes
marines si fragiles auroient elles pu se conserver saines & entieres dans les pierres,
si ces corps organisés avoient été apportés

du fond de la mer dans le bouleverfement général ? Si l'effufion périodique de cette matiere laiteufe étoit vraie, elle devroit fe trouver en couches circulaires & parallèles tout autour des bouches de ces abîmes d'où on la fuppofe fortie, & ces couches devroient être plus épaiffes auprès de l'ouverture à laquelle elles doivent leur origine, & aller en diminuant à mefure qu'elles s'en éloignent. Targioni invite l'auteur des lettres à prendre la peine de faire un voyage de quelques jours vers le mont Cénis, ou vers les Pyrénées, il verra que les filons des pierres ne doivent pas leurs formes & leur arrangement à des agens mus de cette maniere, & que fon fyftême ne fuffit pas pour expliquer la formation des montagnes primitives dont il n'a peut-être pas été à portée d'obferver aucunes, où qu'il n'a pas examinées avec foin. On voit par tous fes raifonnemens qu'il ne connoît bien que les collines de fon pays ; mais fon fyftême n'eft pas fuffifant pour expliquer la formation des collines, laquelle eft cependant bien à portée de l'intelligence des obfervateurs.

Après cette difcuffion, Targioni ajoute qu'il croit être le premier qui ait démontré la différence de ftructure, d'âge & de nature qui exifte entre les collines & les montagnes primitives, & il préfume que fa théorie aura par-tout des partifans. Il ne fe fait pas au refte un mérite de cette découverte ; car il croit que cette théorie eft fi fimple & fi facile à trouver qu'elle fe préfente naturellement à l'obfervateur, qui avec un jugement fain, fait en faifir les différentes parties. Des voyages, des courfes dans des contrées très-peu étendues (fur-tout en Tofcane), peuvent offrir tous les détails les plus inftructifs & les plus propres à établir l'enfemble de cette théorie nouvelle.

Il y a lieu d'être étonné que tant de philofophes très-habiles, qui ont voyagé pour obferver la ftructure de notre globe,

n'aient rien apperçu de pareil ; mais prévenus de leurs propres fyftêmes, ils fe font formé des idées confufes & gigantefques des montagnes & des collines. Cette idée fauffe a fervi de bâfe à tant d'hypothèfes fur la cofmogonie, fur la théorie de la terre, & fur les effets du déluge ; il croit enfin que fa feule théorie des collines renverfe & anéantit tous ces fyftêmes fpécieux, & qu'elle fournira des conféquences plus juftes & plus applicables aux grands faits de la nature. Au refte, j'ajoute qu'il faut diftinguer de ces philofophes dont parle ici Targioni, notre habile chimifte Rouelle, qui avoit remarqué, de même que ce naturalifte, les caracteres diftinctifs des montagnes & des collines dans un pays où ils font plus difficiles à faifir : & d'ailleurs nous favons que Targioni avoit trouvé de grands fecours dans l'ouvrage de Sténon. Nous renvoyons en conféquence aux articles de ces deux favans, pour juger de leur mérite vis-à-vis du travail de Targioni. Nous allons le fuivre maintenant fur le travail de la pétrification.

Il commence par faire obferver que le célèbre Jean-Jacques *Spada* architecte de *Grezzana*, planche 17 de fa belle defcription, prouve que les corps pétrifiés qui fe trouvent dans les montagnes voifines de Vérone, ne font pas des jeux de la nature, ni du déluge, mais qu'ils exiftoient auparavant à découvert ; que les collines où abondent les corps marins, s'élevent à une hauteur déterminée, d'où il conclut que dans le temps où elles étoient couvertes par la mer, il ne reftoit aux hommes & aux animaux terreftres que les montagnes pour retraite.

L'analogie du fuc pierreux que l'on nomme *tartre*, avec les pierres, aide beaucoup à comprendre leur formation. Quoique la concrétion du *tartre* fe faffe par feuilles ou par lits pofés l'un fur l'autre, & que dans la majeure partie des pierres elle s'opère en forme de fphères qui s'étendent autour de leurs centres particuliers, on pourroit oppofer à cela qu'il ne fe fait plus aujourd'hui fous nos yeux de ces fortes de pétrifications, & qu'il eft vrai-femblable qu'elles ne fe font pas faites ainfi autrefois. Mais il faut dire qu'il manque à nos continens abandonnés par la mer le principal ingrédient de la pétrifi-cation, l'eau de la mer. En conféquence, il y a tout lieu de conjecturer que la pétri-fication ne s'exécute & ne fe continue que dans le baffin de la mer. Les fleuves y portent continuellement des matériaux, d'où réfultent, ainfi que de ceux qui y font depuis plufieurs fiècles, des maffes qui fe pétrifient par le méchanifme de l'attrac-tion, dont il a été queftion ci - devant. Qu'on examine l'eau des fources bouil-lantes de *Rapolano*, on aura peine à croire que cette eau contienne tant de principes pierreux. Qu'on y jette feulement quel-ques gouttes d'huile de tartre, ou bien qu'on y plonge pendant quelque temps un brin de paille, on fera forcé de con-venir qu'elles font chargées d'une fubftance pierreufe fort abondante. L'eau de la mer nous paroît limpide; mais il eft probable qu'elle tient en diffolution des parties pierreufes & coagulantes, qui mêlées avec la vafe des rivières qui leur eft analogue, forment un folide pierreux à-peu-près femblable aux filons de pierres que nous trouvons dans les montagnes primitives. On ne peut nier que l'eau de la mer ne contienne les principes des pierres, puifque c'eft dans la mer que les teftacées prennent la fubftance muqueufe dont ils forment leurs coquilles, c'eft-à-dire un os pierreux plus dur que ceux de tous les animaux ter-reftres, & plus dur encore que beaucoup de pierres que nous trouvons dans les montagnes & qui font les débris de ces os. *Marfigli* en différens endroits de fon hif-toire de la mer, & *Vitaliano Donati* dans fon effai fur l'hiftoire naturelle de la mer Adriatique, nous donnent une idée de la quantité de *tartre* que contient l'eau de la mer, & de la multitude de concrétions pierreufes qu'elle forme tous les jours,

parmi lefquelles il fuffit d'indiquer les habi-tations des polipiers, des coraux, des ma-drépores branchus, &c.

Il faut néceffairement fuppofer que les fucs lapidifiques étoient des liquides aqueux, & non des fluides mis en fufion par l'action du feu; prefque toutes les pierres du globe font leur ou-vrage, & il eft vraifemblable que l'opéra-tion de ces fucs eft finie depuis plufieurs fiècles à la réferve du *tartre* qui continue d'agir; mais à le bien confidérer, on voit qu'il n'eft qu'un fuc lapidifique du fecond rang; le règne de tous les autres ne pou-vant plus avoir lieu; & comme nous ne les voyons pas agir fous nos yeux, nous ne pouvons comprendre comment ils ont opéré. On a cependant de puiffans motifs pour croire qu'ils ont agi en raifon de l'attraction réciproque de leurs parties; il devroit même y avoir entre les fucs de grandes différences, fi l'on confidère la grande variété de pétrifications & de cryf-tallifations qu'on rencontre tous les jours dans les différens maffifs du globe. Certain-ment le fuc qui a formé le diamant eft diffé-rent de celui du rubis, du grenat; &c. celui qui a formé l'opale, diffère du quartz. Les fpaths avec des cryftaux pyramidaux à trois faces, diffèrent auffi des cubiques, des rhomboïdes, des lenticulaires. Tar-gioni va plus loin encore, il penfe que les métaux & les mineraux ont été dans l'o-rigine des fluides aqueux, fans excepter les fulphureux, & fe font unis avec des fucs lapidifiques, formant ainfi la maffe de leurs veines métalliques. De-là vient que celles d'un même métal ou minéral fe trouvent fous tant de formes diverfes qui exigent beaucoup d'étude & de pratique pour les diftinguer & les fondre. Si ces différentes natures de fucs lapidifiques gé-néraux & fondamentaux étoient bien con-nues & bien déterminées, l'hiftoire natu-relle feroit de grands progrès, & les arts en retireroient un avantage confidérable. La réfolution chimique des pétrifications ne fuffit pas pour en entendre la compofition. Cette importante découverte est vrai-semblablement réservée aux siècles futurs. Qui sait si avec le temps on ne découvrira pas d'autres métaux ou minéraux que l'on ne connoît pas encore & dont les hommes pourront faire usage ?

Il seroit utile de savoir pourquoi dans les montagnes certains sucs se trouvent en plus grande abondance que dans d'autres. Par exemple, pourquoi l'on trouve abon-damment la pierre à chaux, la pierre de sable, pendant que le marbre & le jaspe se rencontrent en plus petite quantité; pour-quoi parmi les crystallisations il y a beau-coup de spath & de cryftal de roche, & qu'on découvre très-rarement des opales, plus rarement des grenats, & plus rarement encore des émeraudes, des rubis & des diamans; enfin pourquoi parmi les mine-raux le soufre se trouve-t-il si souvent, & pourquoi le fer est-il le plus commun de tous les métaux? Cependant, si l'on observe bien, on verra que le spath a dû tout autant coûter à la nature que le quartz, le fer que l'or, & que l'usage qu'en font les hommes, leur a seul assigné le rang qu'ils tiennent. Targioni avoue qu'il n'a pas conjecturé le premier que les pétrifi-cations les plus communes & les plus géné-rales aient été formées par l'eau d'une ma-nière analogue à la concrétion des sels fixes; mais que ses observations multi-pliées lui en ont seulement démontré la vraisemblance qui se change tous les jours en certitude. Bernhard Varenius a dit: *Consistentia terræ & cohærentia est à sale.* Claude *Berigardo* s'exprime ainsi: *fossilia & metalla concrescere videntur in suis fodi-nis ferè eo modo quo dixi salem.* L'illustre Robert Boyle, démontre clairement cette théorie dans son beau traité, *de gemma-rum origine & virtutibus.* On lit dans l'his-toire de l'académie des sciences de Flo-rence, année 1716, pag. 8, que toutes les pierres sans exception ont été fluides ou au moins une pâte molle qui s'est séchée & endurcie. Il suffit, pour s'en assurer, d'a-voir vu une seule pierre qui contienne

quelque corps étranger qui n'auroit jamais pu y entrer, si elle eût toujours eu la même consistance. Cette seule pierre prouveroit pour toutes les autres; mais on en voit toujours une multitude qui renferment de ces corps étrangers. Outre cela, on trouve une infinité de ces pierres qui ont reçu avec beaucoup de délicatesse l'empreinte de différens coquillages, ce qui démontre que la pâte dont elles ont été formées devoit être extrêmement molle & fine. Geoffroy pense que la terre sans aucun mélange de sels ou de soufre suffit pour cette formation: cela veut dire que ces deux substances ne s'y opposeroient pas, mais qu'elle peut bien s'opérer sans elles; car il y a beaucoup de pierres qui ne con-tiennent pas du tout de sels ou de soufre ou très-peu. Bellini admettoit la théorie des pétrifications analogue à la cryftalli-sation des sels fixes & provenant de la *force de contraction inhérente à la matière,* que le grand Newton a depuis appellée *force d'attraction.* Bellini nous en a donné une idée suffisante dans sa belle dissertation *de contractione naturali.*

Targioni cite plusieurs observations, par lesquelles il prétend prouver que le quartz n'est pas toujours une pierre parasite & secondaire, mais qu'il peut s'en trouver des filons dans les pierres des montagnes primitives. Charles Linné suédois a pré-tendu par plusieurs raisons que le quartz & le spath sont des pierres parasites qui se forment dans les cavités des autres pierres. L'illustre Buffon est aussi du même avis; mais sans blesser le respect dû à d'aussi grands hommes, Targioni s'est per-mis de remarquer des particularités qui sont des exceptions à leurs règles. Il pose pour principe de son côté que le quartz a été dans son origine une matière liquide rassemblée en grande quantité & en une grande épaisseur. Ce limon quartzeux, ainsi disposé par lits, s'est depuis conso-lidé, & a formé une couche de pierre dure, liante, & renfermant au-dedans d'elle toutes les substances hétérogènes qui s'ytrouvoient primitivement mêlées. En formant ces tables de pierres dures, la matière s'est beaucoup condensée, non-seulement par la cohéfion & le rapprochement des parties fimilaires, mais encore par l'exclufion du fluide furabondant qu'elle contenoit. C'est auffi vraisemblablement en fe refferrant de toutes parts, & felon des fphères plus ou moins grandes d'activité, qu'il s'est formé dans cette pâte des cavités & des fentes qui s'étendent dans toutes les parties des tables de quartz. La matiere quartzeufe pure & fans mélange, ou imprégnée de quelque fubftance métallique, a pu facilement fe raffembler dans ces cavités & y former des cryftaux à l'ordinaire, lorfque les cavités le permettoient. Voilà en peu de mots la marche de la nature dans la formation des pierres dures dont on trouve des filons, comme font ceux des jafpes de Sicile, ceux des montagnes *du val de Sterza* & les calcédoines de Volterre. La théorie de cette formation est trop évidente & trop affurée par les faits & les réfultats ; elle n'a befoin d'autres preuves que celles que fournit une fimple obfervation fur les lieux. Ainfi l'on voit par-là que le quartz n'est pas dans ces circonftances une pierre parafite ou fecondaire ; mais qu'il est, lorfqu'il est feul, une pierre premiere qui conftitue un grand nombre de filons entiers des montagnes primitives fur-tout en Tofcane, & qu'il ne fe trouve jamais dans les collines.

Cette propofition femblera d'abord étrange & paradoxale à ceux qui n'ont vu de pierres dures que dans quelques cabinets, ou mifes en œuvre dans quelques atteliers. Mais on en reconnoîtra la vérité, lorfqu'on obfervera fans prévention les pierres dures dans les montagnes primitives elles-mêmes. On trouvera que tous les jafpes des carrières font compofés de quartz pétrifié, comme tout ce qu'elles contiennent ; d'où réfulte cette variété infinie dans la couleur, le tiffu & la dureté des jafpes. Leur fubftance démontre évidemment qu'ils ont

pour bâfe une pâte quartzeufe. Ce qu'on voit clairement dans les maffes des jafpes de Sicile, mêlés d'agate & de calcédoine, dont on voit de grands morceaux dans l'arfenal de Pife & dans la grande galerie de Florence. Les agates elles-mêmes ont été originairement du quartz, qui trouvant peu de matieres hétérogènes, a formé une plus grande quantité de cryftallifations. Les calcédoines & les cornalines doivent également leur origine aux cryftallifations du quartz, que la petiteffe des cavités ou quelque mélange hétérogène ayant empêché de déployer leurs aiguilles, ont forcé de s'arrêter dans leur croiffance & de former des efpèces de boutons (*cogoli*). Le quartz a encore une grande affinité avec les métaux dont il est fouvent imprégné ; en un mot le quartz est un des principaux & plus confidérables matériaux qui conftituent les montagnes primitives. Si cependant on en trouve quelques veines ou quelques croûtes dans différentes pierres, Targioni ne croit pas pour cela qu'on doive l'appeller une pierre parafite ou fecondaire, ou *tartre* de pierre dure, parce qu'en l'examinant avec attention, on voit que cette veine ou croûte s'est emparée de la pierre voifine par fa propre force de cohéfion.

Il fuit de cette théorie que les méthodes inventées jufqu'à préfent pour diftinguer les mineraux & foffiles ne font pas naturelles ; qu'on auroit dû faire une claffe à part des pétrifications quartzeufes dans laquelle auroient été comprifes celles qui ont formé leurs cryftallifations, comme les cryftaux de roche, & celles qui n'ayant pu leur donner les mêmes développemens, font demeurées fimples pâtes de quartz mêlées de diverfes fubftances, comme les jafpes & autres pierres dures. Il fuit en fecond lieu que les filons de pierres à meules & ceux plus fpongieux de *Montieri* font du quartz pétrifié avec les terres qu'il contenoit, de la même maniere dont on a dit que fe formoient les jafpes. Il

suit enfin que le quartz & toutes les pétrifications qui lui doivent leur origine, ne
sont pas des pierres parasites ou secondaires comme les *tartres*, mais des pierres
primitives fondamentales & constituantes
des montagnes entieres. Il en résulte qu'on
peut déterminer quel est le plus ancien du
tartre ou du quartz, & lequel des deux
constitue seul les filons des montagnes primitives.

Cependant il ne seroit peut-être pas
hors de propos de faire voir en même temps
que les spaths, dont on trouve plusieurs variétés qui n'ont été ni observées ni nommées par les naturalistes, étoient dans le
principe des sucs lapidifiques rassemblés
en grande quantité, & coagulés comme
le quartz avec toutes les substances hétérogènes qu'ils contenoient. C'est pour cela
qu'on peut considérer plusieurs espèces de
spaths dont on ne connoît pas le nom
comme l'espèce générale d'où tirent leur
origine toutes les variétés de pierres tendres
qui se subdivisent à l'infini. Mais en faisant
tous les jours des observations plus soi-
gnées encore d'après ces vues, on pourroit
étendre cette théorie, & alors quelque
système de Cosmogonie en recevroit un
grand échec ; mais à la suite le règne minéral pourroit vraisemblablement être distribué avec plus de connoissance & de méthode, en classes, en genres & en espèces
ou variétés.

Voici encore d'autres considérations sur
l'emploi que la nature a pu faire du quartz.
Targioni a trouvé parmi les filons de
pierre morte des veines très-considérables
de quartz qui sont incorporées & presque
renfermées dans la pâte de la pierre morte.
Il croit qu'elles sont contemporaines à cette
pierre, & qu'elles ne se sont pas insinuées,
comme le prétendent quelques naturalistes,
dans les fentes de ces masses pierreuses déjà
coagulées & même durcies. On voit dans
la Versilia plusieurs sortes de quartz qui

varient suivant les divers mélanges pierreux dont ils sont composés ; ensorte
qu'il se rencontre dans une même veine du
*quartzum rupestre hyalinum, pellucidum,
tinctum, album, diaphanum & subopacum,*
dont Linné fait des espèces différentes du
même genre. Il est vrai qu'il est difficile
de démêler un caractère distinctif & constant entre ces espèces supposées, & il est
visible que c'est la seule & même nature
de pierre altérée ou masquée par les divers
mélanges qui ont concouru à leur formation. L'inspection de la pâte du quartz
démontre clairement cette variété. Par
exemple, dans une grande veine de quartz,
la pâte transparente du crystal de roche
appellé par Linné *quartzum aqueum* ou
aquei coloris, ou *hyalinum pellucidum,*
devient dans le fond nébuleuse, blanchit
graduellement, prend tout-à-fait la couleur blanche qui se charge successivement
de jaune, de couleur orangé, de noir, &c.
sans cesser pour cela d'appartenir à la
même veine de quartz. Vouloir faire de
toutes ces nuances autant d'espèces, ce seroit
vouloir compter pour autant d'espèces
différentes de marbre toutes les taches & les
veines qui se trouvent dans un échantillon.
Linné dit encore du quartz transparent :
*Natum ex aquâ in rupibus detentâ parasi-
ticum semper fuit, licet sæpe dispersum ;* &
du quartz blanc : *Natum ex aquâ cum
atomis calcariis ;* & enfin de celui qui est
de plusieurs couleurs : *Natum ex quartzo
hyalino à metallo tinctum.* Targioni ajoute
à ce sujet que si l'illustre auteur entend
par l'eau le véhicule aqueux dans lequel
étoit noyée la matiere quartzeuse, sa proposition est vraie ; & dans ce sens on pourroit dire de l'alun : *Natum ex aquâ in
cupis detenta.* Mais autrement il faudroit
toujours supposer la préexistence de la matière quartzeuse dans l'eau pour que le
quartz se coagulât, puisque l'eau seule,
si elle ne contenoit pas de sel alumineux,
n'en déposeroit pas aux parois des vases.
La couleur transparente semble être la plus
naturelle de cette pierre, & dépend de la

plus grande homogénéité de la pâte quartzeufe.

Il réfulte de toutes ces réflexions que le cryftal de roche, le quartz, le jafpe, la cornaline font abfolument la même chofe, & que ces pierres, comme on l'a remarqué plus haut, ne diffèrent entr'elles que par le plus ou moins d'expanfion des aiguilles cryftallines & les mélanges divers des fubftances hétérogènes.

La nature n'a, fuivant ces principes, formé que le feul liquide quartzeux qui, diverfement mêlé & modifié, paroît à nos yeux avec toutes les variétés que l'on a indiquées ci-deffus. Le célèbre Linné réduit ces différentes formes de quartz, non-feulement en genres féparés, mais encore en différentes claffes; il eft vrai, comme on l'a déja remarqué, que le quartz tendant de fa nature à former des aiguilles de cryftal, & ne pouvant les perfectionner à caufe du peu d'efpace qu'il rencontre, n'offre le plus fouvent que des embrions de ces aiguilles, c'eft-à-dire, de petites lames anguleufes & brifées, & qui, parce qu'elles ne font pas liées étroitement l'une avec l'autre, fe rompent avec facilité, fuivant la direction de leurs dès, qui font des embrions d'aiguilles cryftallines fans pointes, & ferrés les uns contre les autres.

Lorfque les aiguilles de cryftal font parvenues à leur perfection & que leurs élémens font étroitement unis enfemble fans interpofition de matières hétérogènes, elles ne fe rompent pas en fragmens anguleux ou feulement aigus, mais en morceaux concaves d'un côté & convexes de l'autre. Cette particularité eft commune à toutes les productions du quartz, de forte que la différence caractériftique, felon Linné, fe réduiroit à la feule tranfparence des fragmens & à la figure des aiguilles du cryftal. Quant à la tranfparence, Linné paroît en faire peu de cas dans fes notes génériques, puifqu'il y comprend le quartz opaque; & quant à la forme de colonne prifmatico-exaèdre, terminée en pyramide exagone, il eft clair que c'eft la forme naturelle & véritable de toutes les productions du quartz, à cette différence près qu'elles n'ont pas pu la prendre toujours à caufe de plufieurs mélanges hétérogènes. Comme Linné eft le premier qui ait réduit en fyftême le règne minéral, il ne faut pas être étonné, qu'il n'ait pas déterminé d'une manière bien fatisfaifante les caracteres de certains mineraux. Au refte, Targioni finit par avouer que plufieurs naturaliftes autres que lui, ont dit qu'il n'y avoit pas de différence fubftantielle & générique entre le quartz & le cryftal de roche; mais qu'elle étoit feulement accidentelle, étant produite par les mélanges hétérogènes & les obftacles latéraux.

Antoine Néri, auteur de l'art du verrier, donne le nom de *tarfe* au quartz, & dit que le tarfe fe trouve en Tofcane au pied de la *Verrucola* de Pife, à *Seravezza*, à *Maffa di Carrara*, dans le lit du fleuve Arno au-deffus & au-deffous de Florence, & ces indications font fort vraies. On en tire beaucoup dans le capitanat de *Pietra Santa* & dans la vallée de *Cardofo*. C'eft un des principaux ingrédiens de la pâte du cryftal factice & de la porcelaine; c'eft un équivalent du petuntzé des chinois; & fi l'on ouvroit dans ce pays une mine de quelque métal, on pourroit l'employer très-utilement pour en faciliter la fufion.

§. X I V.

Profpectus de la Corographie-phyfique de la Tofcane.

Targioni comprend d'abord fous la dénomination de la Tofcane, le terrein renfermé entre des limites phyfiques, certaines & inaltérables, c'eft-à-dire, cette partie de l'Italie circonfcrite entre ces trois

trois limites ; 1°. les sommets des montagnes pris depuis *Porto-Venere* & se continuant par les cîmes les plus élevées de l'Apennin jusqu'à la source du fleuve Nera ; 2°. le cours du fleuve Nera jusqu'à sa jonction avec le Tibre & ensuite celui du Tibre jusqu'à son embouchure dans la mer à Ostie ; 3°. enfin le bord de la mer compris depuis l'embouchure du Tibre jusqu'à *Porto Venere*.

Dans cette circonscription physique de la Toscane, Targioni se proposoit d'indiquer & de décrire les montagnes, les collines, les vallons, les plaines, les fleuves, les lacs, les marais & les bords de la mer ou plages.

Il résulte de toutes les recherches & les observations de Targioni que cette contrée peut être d'abord divisée, quant au sol, en deux parties : la première offre de grandes masses montueuses, dont les cimes élevées se montrent sur les parties les plus élevées de l'Apennin. Ce sont ces sommets qu'il appelle, comme nous l'avons dit, *montagnes primitives*. Au pied de ces montagnes sont de grandes plaines ou bassins comblés en partie par les matériaux que les eaux courantes ont détachés de ces masses montueuses, & qu'elles ont voiturés dans la mer qui couvroit de ses eaux ces plaines, jusqu'à un certain dégré d'élévation assez constant. C'est ce système de dépôts qui, après la retraite de la mer, a formé ce que Targioni nomme *les pays de collines* ; & c'est sur cette double base des *montagnes primitives* & des *pays de collines* qu'il a dirigé ses recherches & ses observations.

Il commence par annoncer les services que lui a rendus *Nicolas Stenon* qu'il regarde comme son maître, & qui le premier a donné une idée de la *chorographie-physique* de la Toscane dans la préface de sa dissertation intitulée : *De solido intra solidum naturaliter contento*.

Géographie-Physique. Tome I.

En distinguant les *montagnes primitives* des *collines*, & en ajoutant cette distinction au système de Stenon, Targioni n'avoit pas ; à beaucoup près, satisfait à tous les cas, à toutes les circonstances que nous offre la surface de la terre, même en Toscane ; aussi se trouve-t-il ici dans la nécessité d'admettre plusieurs sortes de *montagnes primitives*, mais il s'en faut bien qu'il les caractérise comme il auroit dû, pour faire connoître cette partie de l'histoire de la terre, si importante, puisqu'on doit la considérer comme la base de toutes les distinctions méthodiques & raisonnées des sols, sur lesquelles roule cette histoire.

Il remarque d'abord que depuis longtems les montagnes primitives ne sont plus dans le tems de leur formation, mais dans un état de destruction & de décomposition qui continue toujours & qui continuera tant que les causes qui ont commencé ce travail agiront sur ces masses.

Ensuite, il fait voir que de la destruction de ces montagnes, il s'est formé cette autre portion de la surface de la terre qu'il regarde comme les produits de tous les matériaux détachés de ces montagnes, qui ont été entraînés par les eaux courantes des rivières & des fleuves dans le bassin de la mer, laquelle flottoit à une certaine distance du pied de ces montagnes. C'est ainsi que se sont formés ces dépôts plus ou moins étendus, organisés par couches, par lits horisontaux, & connus sous le nom de *pays de collines*. On ne peut les méconnoître, car ils ont conservé assez sensiblement l'apparence de sédiments précipités au milieu des eaux de la mer.

C'est à la suite de ce travail de la nature fait dans toutes ces circonstances, que par des causes inconnues la mer a abandonné les parties de son bassin où s'étoient opérés ces remblais immenses, & que par un abaissement de plusieurs centaines de toises au-dessous de son niveau, elle a mis à découvert ces collines, enforte que ces parties de fon ancien baffin fe font trouvées par cette retraite, élevées au-deffus du baffin actuel où la mer moderne s'eft fixée; ces fédimens avoient, lors de cette retraite de la mer, pris une telle confiftance, que l'affemblage des couches & des lits a été confervé dans le même état où il étoit lorfque les eaux le couvroient, & qu'il a encore fenfiblement l'apparence de fédimens faits fous la mer.

Cependant ces dépôts immenfes ne reftèrent pas long-tems dans l'état primitif où les avoient laiffés les eaux de la mer après leur retraite. L'action des pluies auxquelles cette nouvelle portion de la furface du continent fe trouva expofée, les eaux courantes qui circulèrent à fa fuperficie en quittant les contrées des montagnes primitives, y produifirent différens changemens, en y creufant des coupures ou vallées qui n'ont fait que s'étendre, s'approfondir & fe multiplier de plus en plus chaque jour, & qui, en un mot, ont formé au milieu d'un maffif continu de dépôts un fyftême de vallées, lefquelles nous offrent un point de l'hiftoire de la terre, très-important à fuivre & à développer.

C'eft donc pour s'attacher fans aucune équivoque à cette efpèce de terre fecondaire qui paroît occuper la quatrième partie de la Tofcane, & des parties correfpondantes du revers occidental de l'Apennin, & pour la diftinguer de ce qu'il a confidéré comme des *montagnes primitives*, que Targioni lui donna la dénomination de *pays de collines*.

Cette comparaifon des montagnes primitives & des collines, donne à Targioni occafion de réfléchir fur la qualité des matériaux qui font entrés dans la compofition des collines & qui font les débris des montagnes primitives; il en a retrouvé des quantités immenfes, foit fous forme

pulvérulente, foit fous celle de gros débris dont les caractères de reffemblance font frappans avec les rochers actuels des *montagnes primitives*.

Après cette confidération générale & cet examen particulier des maffifs qui conftituent le fol de la Tofcane, Targioni paffe à l'étude des vallons & des plaines dont il rapporte la formation à deux caufes qu'il eft aifé de reconnoître pour peu qu'on ait vu la Tofcane & qu'on ait fuivi ces derniers effets. La première caufe eft la pente naturelle des terreins qui s'étendent & règnent depuis le fommet des montagnes jufqu'à la mer; la feconde eft l'action des eaux courantes dont la force & l'énergie font favorifées par la pente des croupes des montagnes primitives, & par celle de la furface des collines: pour peu qu'on fuive ces vallées, leur diftribution, la forme des croupes qui les bordent, celle des plaines qu'on trouve dans les différentes parties du fond des vallées, on ne peut pas douter de l'influence de ces deux caufes tant aux premiers temps de l'approfondiffement des vallées dans la partie des montagnes primitives pour lors à découvert, qu'aux tems poftérieurs, dans les baffins qu'occupent les collines, & enfin à une troifième époque où ces vallées fe font comblées plus ou moins par la modification de ces caufes.

Après ces différentes confidérations fur les caufes de la formation des vallées & des plaines, Targioni remonte aux différens mouvemens de la mer que l'examen des états divers où il a trouvé fes montagnes primitives & fes collines, l'a forcé de fuppofer; il croit d'abord qu'il a dû être un tems où la mer a dû couvrir les fommets les plus élevés de fes montagnes primitives qui font auffi les parties les plus élevées de l'Apennin; qu'enfuite la mer a baiffé de manière que tout le canton des montagnes primitives s'eft trouvé à découvert & abandonné par la mer qui n'a plus occupé que ceux où font placées les collines. Le féjour de la mer dans ce nouveau baffin a été affez long, pour que la partie des montagnes primitives mife à découvert, fe peuplât de végétaux & d'animaux nombreux ; enfin qu'elle éprouvât une deftruction affez confidérable pour que les collines puffent fe former de toutes ces dépouilles des corps organifés & de tous les déblais des maffes brutes.

Enfin, à une feconde époque la mer a quitté la partie de fon baffin occupée par les pays des collines pour aller fe renfermer dans fon baffin actuel. Il faut ajouter que la mer a fait cette retraite depuis une longue fuite de fiècles, puifque les vallées, qui coupent & féparent les différens *tractus* de collines, ont été creufées totalement au milieu de ces maffifs depuis ce tems, par les eaux courantes.

Targioni remarque que pendant tout le tems qu'ont duré ces deux ftations fuc-ceffives de la mer, l'Océan a nourri dans fon baffin les mêmes efpèces d'animaux & de plantes marines, ce qui eft fort douteux. Au refte, j'ajoute que les coquilles foffiles marines, qui fe trouvent dans les bancs des collines, ne font pas des mêmes efpèces que nourrit la Méditer-rannée actuelle.

Targioni en faifant l'énumération des fyftêmes qui ont été imaginés par diffé-rens auteurs des théories de la terre pour expliquer la diminution des eaux de la mer, ne paroît pas en adopter aucun. Il admet feulement ces fortes de révolu-tions comme des faits dont les caufes ne font pas faciles à découvrir & ne peuvent être foumifes à l'ordre des chofes actuelles.

Targioni, en revenant aux montagnes primitives, fait fentir la néceffité d'une divifion méthodique de chacun de ces maffifs relativement aux principaux maté-riaux qui les compofent, & en fait, fui-

vant ce plan, huit claffes : d'abord celui des *marbres*, enfuite ceux du *faffomorto*, de la *pierre de fable*, du *macigno*, de la *pierre calcaire* ou *albarèfe*, du *galeftro*, de la *ferpentine*, du *gabbro*, du *granit*. Il fe propofoit de comparer enfuite l'éten-due de chacun de ces maffifs, ainfi que leurs difpofitions relatives, mais il n'a pas rempli ces vues dont l'exécution auroit exigé un grand travail, beaucoup de courfes & d'obfervations.

De même en paffant à ce qui concerne les collines, Targioni fe propofoit d'en faire un examen détaillé relativement aux divers matériaux qui les conftituent : il en fait deux claffes principales, la pre-mière comprend les collines de tufo, la feconde, celles d'argille : ceci le con-duit à parler des corps organifés qui fe trouvent dans ces deux fortes de maffifs dont il fait auffi deux claffes ; il range dans la première ceux qui ont pris naif-fance fur les lieux, ou ont été formés dans le baffin de la mer : & dans la feconde, ceux qui font venus d'ailleurs & y ont été entraînés & dépofés par les eaux des fleuves & des rivières : tels font les plantes, les arbres & les dépouilles des animaux terreftres, lefquels fe trouvent fouvent mêlés aux coquilles marines foffiles, &c.

Comme les détails propofés dans ce plan de travail fur la mer, fur les fleuves, les lacs, les fources ou fontaines, n'offrent rien de fixe & d'arrêté, je ne préfen-terai pas ici les titres des chapitres qui ont pour objet ces matières. Je pafferai maintenant à la feconde partie de l'ouvrage dont je fais l'analyfe, & qui traite de la *topographie-phyfique* de la Tofcane.

X V.

Topographie-Phyfique de la Tofcane.

La divifion la plus naturelle & la plus

commode des différentes contrées de la terre, est celle qui se feroit en comprenant dans chaque partie les divers bassins des principaux fleuves ou rivières qui se déchargent dans la mer, soit que leur cours eût beaucoup ou peu d'étendue. Tous les cantons de la surface de la terre considérée sous ce point de vue, seront compris dans une portion de bassin quelconque, parce qu'il n'y a aucune partie qui ne verse les eaux qu'elle reçoit de la pluie dans quelque ruisseau ou dans quelque rivière. Par conséquent, à la suite de cette division, toutes les parties de la surface de la terre se trouveront comprises dans cette distribution par bassins. La principale raison qui doit jetter une grande faveur sur ce plan de division, c'est que les vallées ont été non-seulement creusées & approfondies par les eaux des ruisseaux, des rivières & des fleuves, mais encore altérées par ce même agent. On doit comprendre sous le nom de rivières, les torrens mêmes qui dans certains tems de l'année sont à sec, pourvu qu'ils aient des eaux courantes dans le tems des pluies.

La considération d'une grande vallée & de tous les objets qu'elle peut offrir, est très-propre à nous dévoiler plusieurs vérités physiques & relatives non-seulement à l'histoire naturelle, mais encore à la météorologie, à l'hydrologie & à l'agriculture. Je vais en exposer le détail.

J'y trouve d'abord la nature des masses montueuses qui forment l'enceinte des grands bassins & tous les phénomènes qui en dépendent. Telles sont les distributions des matières qui les composent, leurs allures, leurs distinctions. Après avoir observé la forme & l'étendue des matériaux des collines qui occupent le centre des bassins, il est aisé de reconnoître l'origine & les emplacemens primitifs de ces matériaux transportés.

Il se présente ensuite le fond de la val-

lée principale & l'examen de ce qui constitue les plaines qui bordent les lits des rivières depuis les parties supérieures de la vallée, jusqu'à celles qui sont voisines de leurs embouchures dans la mer.

On comprend ensuite dans le même examen les vallées latérales où coulent les ruisseaux & les rivieres secondaires qui se jettent dans la principale. Cette étude nous donne lieu de reconnoître l'origine & l'abondance des eaux qui circulent dans toutes les parties du bassin, & les différens usages qu'on en fait pour les usines, pour les arrosemens & les blanchissages, &c.

J'ajoute à ceci les différens niveaux des eaux intérieures déterminés par celui des sources & la hauteur de l'eau dans les puits suivant les saisons; enfin leurs différentes qualités.

Je crois devoir indiquer aussi les poissons qui vivent dans les eaux douces du bassin & ceux qui remontent de la mer.

Une des observations les plus utiles qu'on puisse faire, est celle de la nature du sol des différentes croupes de montagnes qui circonscrivent les vallées, de leur exposition, & de l'emploi que les cultivateurs en font & peuvent en faire, suivant la chaleur moyenne qui regne dans la vallée ou dans telle ou telle portion de la vallée.

Dans la premiere partie, Targioni avoit projetté de décrire les bassins des fleuves qui ont leurs embouchures dans la mer de Toscane, & qui sont distribués sur le revers occidental de l'Apennin. J'y trouve d'abord la vallée de la Magra, ensuite viennent celles du fleuve Parmignola, de la Versilia, du Serchio avec ses rivieres affluentes, de l'Arno, de la Fine, de la Cécina, de la Cornia, de la Pécora, de la Bruna, de l'Ombrone de Maremme, de l'Osa, de l'Albégna, de la Pescia, de la Fiora, de la Marta, du Mignone, de l'Arone & du Tibre; en tout dix-huit vallées principales; ce qui annonce une grande quantité d'eaux courantes sur ce revers occidental de l'Apennin, sans y comprendre les subdivisions qui sont fort nombreuses. Ainsi, par exemple, le bassin du Serchio comprend outre ce tronc principal neuf rivieres latérales & secondaires assez remarquables : de même l'Arno réunit les eaux de soixante-sept rivieres plus ou moins considérables qui ont des vallées particulieres distribuées sur différens plans depuis la Chiana, jusqu'aux eaux des environs de Pise, & dont la plupart traversent les tractus de collines qui appartiennent à la Toscane supérieure.

Si nous comparions plusieurs grandes rivieres de France, nous y trouverions beaucoup plus de ruisseaux & de rivieres secondaires, parce que ces grands troncs parcourent une étendue de terrein plus considérable depuis leurs sources jusqu'à la mer, que ces fleuves de la Toscane.

TOURNEFORT.

Considérations sur le débordement du Pont-Euxin par le bosphore de Thrace.

Cet habile observateur donne dans le plus grand détail la description du canal de la mer Noire. D'abord il nous indique ses dimensions, tant celles prises sur sa longueur, que celles de sa largeur. De-là il passe aux différens mouvemens des eaux & aux degrés de vîtesse qu'elles ont, & qui paroissent dépendre de l'ouverture du canal qui leur sert de débouché.

A toutes ces modifications dans la marche des eaux, Tournefort ajoute la note des courans supérieurs & inférieurs auxquels certaines parties de la masse totale sont assujetties, suivant certaines circonstances qu'il discute avec soin.

En considérant le Bosphore comme servant de débouché au trop-plein de la mer Noire & le versant dans la mer de Marmara, Tournefort est étonné du volume peu considérable que le canal débite. Comme il ne fait pas attention à l'évaporation qu'éprouve la masse des eaux contenues dans le bassin de la mer Noire, il est tenté, pour suppléer à la dépense du canal, de supposer que cette mer se vide par des issues souterraines ou par une imbibition qui s'étend fort loin dans les terres; mais il est visible que ces moyens, outre qu'ils sont inutiles, sont des ressources très-hasardées.

Maintenant puisqu'avec le secours du canal de décharge, Tournefort ainsi que quelques autres écrivains, sont embarrassés pour concevoir comment la mer Noire qui reçoit les eaux d'un si grand nombre de fleuves, peut être renfermée dans son bassin actuel sans déborder, comment ont-ils pu imaginer que cette mer ait été réduite dans les premiers temps à l'état de véritable lac totalement fermé, & que cet état ait subsisté long-temps sans qu'elle ait éprouvé d'ailleurs de grands débordemens ?

Cependant ce n'est pas la seule difficulté que je trouve dans cette supposition de l'état de lac; j'en vois bien davantage dans l'ouverture des différentes parties du canal, en supposant qu'il ait été un temps où toute la masse des terres ait rempli le vide qu'il occupe maintenant; & que surtout les rochers qui se trouvent entamés & escarpés aient formé autrefois une digue solide & continue. Je ne puis croire à cette marche de la nature; je suis porté au contraire à penser que ce canal a été ouvert de tout temps, & qu'il s'est approfondi par les progrès du travail des mêmes causes qui ont creusé les canaux des fleuves qui se déchargent dans la mer Noire, & qui ont aggrandi son bassin : ensorte qu'en particulier le bosphore a été excavé comme toutes nos vallées par les eaux courantes, qui ont commencé à la surface de la terre leurs excavations, & ont gagné ainſi juſ-qu'à la profondeur actuelle. Il n'y a donc pas eu une irruption ſoudaine de la mer Noire dans la mer de Marmara, par l'ouver-ture du canal ; car cette ouverture exi-geant de longs efforts n'a pu s'opérer, comme je l'ai dit, que par la même marche des eaux de tous nos fleuves qui ont creuſé leurs vallées.

Si la mer Noire a occupé autrefois un baſſin plus étendu, comme le prétendent ceux qui réuniſſent ſes eaux à celles de la Caſpienne ; ſi la Propontide a éprouvé à certaines époques de grandes inondations dont les habitans de quelques iſles de l'Ar-chipel ont conſervé le ſouvenir, tous ces différens états, tous ces accidens peuvent avoir été produits par les débordemens des fleuves & des rivieres qui déchargeoient dans la mer Noire une maſſe d'eau plus conſidérable que celle qu'ils y verſent main-tenant ; & par conſéquent il n'y a eu dans tout cet ordre de choſes dont nous pou-vons contempler & étudier les réſultats, ni de ces cataſtrophes que tant d'auteurs anciens & modernes ont imaginées, ni de ces révolutions ſubites, dont les agens ne ſe trouvent point dans l'économie de la nature.

Je pourrois faire l'application des mêmes principes à l'ouverture du canal des Dar-danalles, qui forme la communication de la mer de Marmara à l'Archipel, le même ſyſtême d'excavation s'étant diſtribué dans toutes les différentes parties du vaſte baſſin de la Méditerranée, & s'étant opéré par l'effort des eaux qui ſe ſont toujours por-tées de l'intérieur des terres dans les golfes vers leſquels la pente du terrein en déter-minoit la marche. Par une ſuite de cette même conſidération, je ſuis très-éloigné de croire que les golfes de la mer Adria-tique aient été creuſés, comme le dit Paw, par l'irruption de l'Océan ou de la mer des Indes dans cette mer, ni que l'Océan Atlantique ſe ſoit ouvert le détroit de

Gibraltar. La décharge de toutes ces eaux de la Méditerranée ſe faiſant comme je l'ai dit de l'intérieur des terres par les détroits, en particulier par celui de Gibral-tar dont l'ouverture s'eſt faite en même-tems, & par la même marche des eaux qui ſe ſont creuſé le canal de la mer Noire & des autres détroits de l'Archipel & de l'Adriatique. (*Voyez* dans le dictionnaire les articles *Méditerranée*, *Gibraltar*, *Mar-mara*, *Mer Noire*, *Adriatique*, *Canal*, &c.

Fondé ſur les mêmes principes je ne puis approuver les ſuppoſitions de Tour-nefort, qui prétend que les différens golfes de la Méditerranée ont formé autant de grands lacs ſéparés les uns des autres, & dans les baſſins deſquels, comme dans autant de culs-de-ſacs, les eaux des rivieres venoient ſe ramaſſer jour & nuit, & qui auroient couvert toutes les terres voiſines, s'ils n'avoient forcé leurs digues par quel-que révolution ſemblable à celle qu'il croit auſſi avoir préſidé à l'ouverture du canal de la mer Noire.

Tous ces amas d'eau qui ſe trouvent à l'extrémité des fleuves, tels que la mer d'Azof, la mer Noire, la mer de Mar-mara, la mer Adriatique, &c. doivent donc être conſidérés non pas comme de purs égouts fermés ou d'anciens lacs, mais comme les embouchures des rivieres qui s'y déchargeoient & qui avoient en même tems leurs débouchés communs dans la Méditerranée ; ainſi l'on doit plutôt les conſidérer comme des golfes ou comme les lacs qui ſe trouvent au milieu du cours des fleuves, mais non comme des lacs qui auroient forcé leurs digues par des moyens que l'on ne peut trouver dans l'ordre ordinaire des opérations de la nature.

Ce qui me confirme dans cette opinion, c'eſt que je trouve de même à l'extrémité de la mer Baltique ou plutôt du golfe de Finlande, deux canaux, ou eſpèces de boſphores, qui ſervent de débouchés aux lacs Onega & Ladoga, & qui verſent ſuccessivement leurs eaux dans la mer Baltique, comme les deux canaux de la mer Noire & des Dardanelles versent les eaux de la mer Noire & de la mer de Marmara dans l'Archipel. Je vois que tous ces canaux sont aussi anciens que les bassins de ces lacs. La Néva est ici comme le canal des Dardanelles.

On m'objectera peut-être que le canal de la mer Noire est beaucoup plus large & plus plein que la plupart de nos vallées; mais il est aisé de voir que la masse d'eau fournie par la décharge de la mer Noire, est beaucoup plus considérable que celle que nos fleuves charient, & que cette masse, pour peu qu'elle ait été agitée, a dû se porter avec force contre les bords de la vallée, & par cette réaction continuelle les élargir & les abattre beaucoup plus fortement que n'ont pu faire les eaux courantes des fleuves sujettes d'ailleurs à des diminutions considérables; c'est ce qu'on remarque aussi dans le canal de la Néva. C'est par la même action des eaux des fleuves réunies dans les golfes de leurs embouchures, que plusieurs de ces golfes ont été réunis ensemble; c'est ainsi surtout que la mer Adriatique ne forme qu'un seul & vaste bassin qui n'a conservé que les contours variés des premiers bords des golfes par où les fleuves avoient leurs embouchures séparées.

Suite de la discussion sur l'ouverture du canal de la mer Noire.

Je reviens encore au débordement du Pont-Euxin, pour ajouter à ce que j'ai dit quelques nouvelles considérations, ou développer davantage celles qui précèdent.

Le débordement du Pont-Euxin, peut être considéré ou comme la suite de l'ouverture subite d'un passage par le bosphore de Thrace & celui des Dardanelles, pour une masse d'eau considérable qui dégorgea dans l'Archipel dont elle submergea les isles jusqu'au sommet de leurs montagnes, & qui causa en même-tems d'affreux ravages & de grands changemens sur les continens de l'Asie Mineure & de la Grèce : ou bien ce débordement s'est opéré par le passage d'une masse d'eau extraordinaire à travers une ouverture fort ancienne qui s'étoit faite à mesure que les eaux s'étendoient dans le bassin du Pont-Euxin ; ensorte que les bosphores de Thrace & des Dardanelles, dans cette hypothèse, ont été creusés comme des vallées ordinaires & suivant la marche générale de la nature dans l'approfondissement de ces vallées.

Tournefort regarde ici le bosphore de Thrace comme ayant été tout-à-fait tranché & ouvert par ce débordement ; ce qui m'a toujours paru un accident fort difficile à croire : car il n'est pas seulement question d'une digue peu large, mais d'une longue suite de canal dont il faut déblayer les matériaux solides ou non avec une célérité qui ne s'imagine pas aisément. N'est-il pas plus naturel de penser que tous ces débouchés avoient été ouverts par des vallées fort anciennes dont l'embouchure étoit dans la Propontide, où il y en a beaucoup d'autres le long de ses côtes, & dont la naissance devoit être sur les sommets qui bordent de ce côté le Pont-Euxin près des châteaux neufs d'Asie & d'Europe ? que par conséquent le Pont-Euxin n'a jamais été un *lac*. Si les eaux lors du débordement descendirent par ces vallées avec une violente rapidité, ceci fut l'effet du débordement accidentel du Pont Euxin, ce qui ne présente rien de bien extraordinaire.

Ce qui favorise tous ces soupçons, c'est la disposition des lieux, & ce que Tournefort dit ailleurs que dans la principale partie du détroit comprise depuis le golfe de Saraïa jusqu'aux Pierres Cyanées, les côtes sont escarpées de part & d'autre.

Les Pierres Cyanées, si fameuses par les naufrages & redoutées des anciens navigateurs, ne font, comme les isles de la Propontide, que les restes des rochers que les eaux courantes n'ont pu enlever. Toutes les côtes du détroit dans cette partie offrent des bords escarpés où concaves ou convexes, & des plans inclinés comme la plupart de nos vallées : & tous les environs font couverts de vieux matériaux qui font les déblais des approfondissemens successifs que l'eau a opérés. La partie du golfe de Saraïa sur-tout, est si escarpée jusqu'au coude qui est tourné vers les vieux châteaux d'Europe, qu'elle est toute taillée à pic.

Enfin, il n'est aucun endroit de ces canaux qui ne présente les mêmes formes qu'on voit dans toutes nos vallées un peu considérables. Seulement ces bosphores en diffèrent parce que l'eau que verse la mer Noire étant plus abondante que celle qui circule dans les vallées actuelles, son agitation & ses mouvemens ont dû à la suite des siècles émousser & détruire en partie certaines formes que nous remarquons dans les bords de nos vallées. Ainsi, il faut distinguer les escarpemens qui font la suite de l'excavation première des bosphores, de toutes les extensions en largeur que la masse des eaux qui y coulent y ont faites & continuent d'y faire chaque jour.

En adoptant l'approfondissement ancien des vallées auxquelles les bosphores ont succédé, on est dispensé de rechercher par quel accident le Pont-Euxin, d'un lac tranquille, borné entre ses rives & environné de toutes parts de contrées & de montagnes élevées, auroit pu croître au point de déborder tout-à-coup dans la Propontide & sur les continens voisins,

Au contraire, en écartant de pareils accidens, on conçoit qu'il est possible qu'en conséquence de pluies abondantes & générales, tombées en Europe & en Asie, toutes les rivières qui se jettent

dans le Pont-Euxin, se soient enflées à un point que le bassin qui les recevoit & les contenoit au moyen du trop-plein versé par les bosphores, n'ayant pas suffi, le trop-plein ait augmenté considérablement, que cet accès d'augmentation se soit porté par les débouchés ouverts dans l'Archipel & le long des côtes de la Grèce & de l'Asie.

Une vérité à laquelle on ne pourra se refuser rendra cette conjecture certaine : c'est que, comme je l'ai déja remarqué, les escarpemens réguliers qui font placés alternativement & d'espace en espace, font tous de la même date, & que leur forme dépend du même travail. De même les vestiges de chaque oscillation s'y montrent encore d'une manière bien sensible : c'est ce que je développerai à l'article Vallée. Ainsi en examinant d'un côté les belles & grandes vallées du Danube, du Borysthène, du Tanaïs, &c. qui se déchargent dans le Pont-Euxin, & de l'autre côté les bosphores, on ne peut s'empêcher de regarder ces bosphores comme n'étant que la continuation de la vallée de ces fleuves réunis, dont le confluent est le Pont-Euxin même. Nous trouvons à présent dans ces grandes vallées les mêmes empreintes que dans les bosphores. On ne peut donc disconvenir qu'ils ne soient le résultat du travail des eaux courantes & qu'ils ne datent du même tems.

Que l'on jette les yeux sur les cartes du Danube dans le magnifique ouvrage de Marsigly, on y verra les mêmes escarpemens concaves, les mêmes plans inclinés convexes placés les uns à côté des autres, dans le même rapport & la même situation où font les formes correspondantes dans les côtes des bosphores, principalement dans les lieux où l'action des eaux courantes a pu exercer ses ravages. Or, ces dégradations qui se montrent partout en Europe & en Asie ne pouvant être que de même date, il est nécessaire qu'elles aient eu lieu

lieu en même-tems dans les vallées des fleuves qui se jettent dans le Pont-Euxin, & dans les bosphores qui en versent le trop plein.

Tout étant dans cet état, il s'ensuit que le débordement du Pont-Euxin par le bosphore s'est operé naturellement à la suite des pluies abondantes qui tombèrent sur l'Europe & l'Asie, & qui ont fait tellement enfler les rivières & les fleuves qui se déchargent dans le Pont-Euxin, que le trop plein des bosphores s'en est ressenti & a produit les ravages dont les historiens ont fait mention.

De toute cette double considération il résulte qu'un grand débordement a eu lieu, mais non une ouverture d'un détroit de cette longueur & profondeur. Il n'y a point de suppositions à faire. Tout suit la marche ordinaire de la nature. Les deux systêmes de vallées, & puis un débordement; tout cela ne s'écarte point des événemens dont nous sommes témoins chaque jour.

Il en est de ce débordement du Pont-Euxin comme du déluge d'Ogygès & de Deucalion dans l'Attique, la Be tie & la Thessalie, puisque les pluies en ont été les agens communs; mais je ne trouve pas que dans ces nouvelles contrées inondées, la constitution du sol & les formes primitives du terrein aient pu se prêter à ce que les anciens auteurs ont imaginé, c'est-à-dire, à l'ouverture subite des vallées & à la rupture des digues de ces amas d'eau qu'on y a supposés; rien de tout cela n'a pu avoir lieu comme je le ferai voir à l'article Thessalie, en raisonnant d'après les mêmes principes qui m'ont guidés dans la discussion sur la prétendue rupture du terrein dans le bosphore de Thrace.

Pour combattre & détruire tout le merveilleux des anciens & la possibilité des

catastrophes qu'ils ont décrites, comme s'ils les eussent vues, il suffit d'avoir bien connu & déterminé les causes des escarpemens des vallées, les coupures & les differentes formes des croupes : on écarte par ce moyen tout effort violent & subit fait par les eaux. On voit que ce sont les restes des destructions qui ont duré un long-tems à se faire & qui se sont operées par des progrès insensibles. Ce que l'on observe dans ces vallées semble exiger tantôt par la hauteur excessive des escarpemens, tantôt par leurs formes d'amphithéâtre qui présentent de grands plans inclinés, tantôt par la qualité & la quantité des dépôts dont les fonds des vallées sont comblés jusqu'à une profondeur étonnante; tous ces phénomènes, dis-je, semblent exiger une longue succession dans le travail des eaux courantes & prouvent qu'en vain on voudroit admettre autant d'accidens qu'il y a de formes extraordinaires dans les vallées approfondies.

J'ai cru devoir insister sur toutes ces considérations qui ont pour objet l'approfondissement lent & régulier des vallées & des canaux où circulent maintenant les eaux courantes, parce qu'il paroit que plusieurs auteurs modernes ont méconnu ces vérités & qu'ils semblent vouloir adopter sans discussion les accidens & les révolutions subites & extraordinaires à l'imitation des anciens.

Description du canal de la mer Noire, par Tournefort.

Le canal de la mer Noire ou le bosphore de Thrace, commence proprement à la pointe du sérail de Constantinople & finit vers la colonne de Pompée : ce qui donne à ce canal environ quinze milles de longueur. Il s'en faut beaucoup que ce canal soit en ligne droite; son embouchure qui, du côté de la mer Noire, a la forme d'un entonnoir, regarde le Nord-Est & doit se prendre à la colonne de

Pompée, d'où l'on compte près de trois milles jufqu'aux nouveaux châteaux. De ces châteaux le canal fait un grand coude où font les golfes de *Saraïa* & de *Tarabié*, & de ce coude il tire au Sud-Eſt vers le férail appellé *fultan Soliman Kiofc*, à la diſtance de cinq milles des châteaux; après cela, par un autre coude, le même canal s'approche peu à peu du Sud jufqu'à la pointe du férail où il finit. De ce dernier coude aux vieux châteaux, on compte deux milles & demi, & delà au férail ou à la pointe de Bifance, fix milles. Ainfi, fuivant ces mefures, tout le canal a feize milles & demi de longueur.

La largeur du canal aux nouveaux châteaux eſt d'un mille & d'un mille & demi ou deux milles en quelques autres endroits. Le lieu le plus étroit eſt aux vieux châteaux, il n'a pas plus de 800 pas de large, & le canal eſt prefque auffi refferré un peu plus bas, d'où il s'élargit jufqu'au férail d'environ la longueur d'un mille ou même d'un mille & demi.

Ainfi les eaux de la mer Noire entrent avec affez de vîteffe dans le canal des nouveaux châteaux, & s'étendent en liberté dans les golfes de *Saraïa* & de *Tarakié*: de-là, fans augmenter de vîteffe, ces eaux tirent vers le Kiofc de fultan Soliman, d'où elles font obligées de fe réfléchir vers le Midi, fans que leur mouvement paroiffe augmenté, fi ce n'eſt entre les vieux châteaux où le lit eſt le plus étroit.

Dans cet endroit, outre que le rétréciffement du canal augmente la vîteffe des eaux, elles fe réfléchiffent d'un cap fitué en Europe contre un cap d'Afie, & reviennent en Europe d'où elles enfilent la pointe du férail avec un vent du Nord. La rapidité de l'eau eſt fi grande entre les deux châteaux qu'il n'y a point de bâtimens qui puiffent s'y arrêter & qu'il faut un vent oppofé au courant pour les faire remonter. Cependant la vîteffe des eaux diminue

fi fenfiblement que l'on monte & que l'on defcend fans peine, lorfque les vents ne font pas violens.

Indépendamment des vents, il y a des courans fort finguliers dans le canal de la mer Noire; le plus fenfible eſt celui qui en parcourt la longueur depuis l'embouchure de la mer Noire jufqu'à la mer de *Marmara* qui eſt la Propontide des anciens. Avant que ce courant y entre, il heurte en partie contre la pointe du férail : une partie de fes eaux, quoique la moins confidérable, paffe dans le port de Conftantinople, & fuivant le tour du couchant, elle vient fe rendre vers le fond qu'on appelle les *eaux douces*.

Marfigly a obfervé que les deux petites rivières des eaux douces faifoient un courant dans le port de Conftantinople, du Nord-Oueſt à l'Eſt, lequel balayant, pour ainfi dire, les côtes de Galata & de Topana, fe continuoit par celle de *Fondoxli*, en remontant le canal du côté des châteaux par un mouvement oppofé au grand courant. Il n'eſt pas furprenant après cela que les bateaux montent à la faveur de ce petit courant, tandis que les autres defcendent en fuivant le cours du grand. Il y a grande apparence que les eaux qui fortent du port, heurtant de biais contre le grand courant, fe gliffent vers le Nord, au lieu que ce grand courant les entraîneroit ou les repoufferoit fi elles fe préfentoient d'un autre fens.

Marfigly a auffi remarqué qu'il y avoit un petit courant dans l'enfoncement de la côte de Scutari, de forte que les eaux du grand courant qui frappent contre le cap de Scutari, fe réfléchiffent vers le Nord. Suivant les obfervations de ce favant homme, les eaux du grand courant étant parvenues au cap *Modabouron*, remontent le long de la côte de Calcédoine vers le cap de Scutari & font une autre efpèce de courant.

Tous ces courans n'ont rien de bien extraordinaire ; on conçoit aisément qu'un cap trop avancé doit faire reculer les eaux qui se présentent dans une certaine direction ; mais il est difficile de rendre raison d'un autre courant caché que l'on appellera dans la suite le *courant inférieur*, parce qu'il ne s'observe que dans le grand canal au-dessous du courant que l'on doit nommer le *courant supérieur*, lequel roule ses eaux depuis les châteaux jusqu'à la mer de *Marmara*.

Il faut donc remarquer que les eaux qui occupent la surface de ce canal jusqu'à une certaine profondeur, coulent des châteaux au sérail, cela est incontestable ; mais il est certain qu'au-dessous de ces eaux, il y a une partie de l'eau du même canal, laquelle se meut dans un sens contraire, c'est à-dire qu'elle remonte vers les châteaux.

Les anciens pêcheurs ont remarqué depuis long-tems que leurs filets, au lieu de tomber à-plomb dans le fond du canal, étoient entraînés du Nord vers le Sud depuis la surface de l'eau jusqu'à une certaine profondeur, tandis que l'autre partie de ces mêmes filets qui descendoit depuis cette profondeur jusqu'au fond du canal, se courboit dans un sens opposé. Il y a grande apparence que cette observation des pêcheurs est très-ancienne, car de tout tems le bosphore a été très-célèbre pour la pêche : on ajoute même que suivant l'observation de ces pêcheurs, les deux courans opposés, l'un supérieur & l'autre inférieur sont très-sensibles dans cet endroit du bosphore qu'on appelle l'*abîme* ; peut être y a-t-il dans ce lieu-là un gouffre profond, formé par un rocher creux dont la concavité regarde les châteaux ; car, suivant cette supposition, les eaux qui sont vers le fond du canal, heurtant avec violence contre ce rocher, doivent, en se réfléchissant, prendre une détermination contraire

à celle qu'elles avoient auparavant, c'est-à-dire, qu'elles sont obligées de rebrousser vers les châteaux, & par conséquent de couler dans un sens opposé à celui du courant supérieur. Marsigly a observé cette merveille avec beaucoup de soin ; en effet rien n'est plus digne de remarque. Cet habile observateur n'a pas voulu hasarder sa pensée sur l'explication d'un fait aussi singulier.

Il n'est pas facile non plus de rendre raison pourquoi le bosphore vuide si peu d'eau, sans que la mer Noire, qui en reçoit une si prodigieuse quantité, en éprouve une augmentation notable ; cette mer qui est d'une étendue si considérable outre les *Palus-Meotides*, c'est-à-dire, une autre mer digne de remarque, reçoit plus de rivières que la Méditerranée. Tout le monde sçait que les plus grandes eaux de l'Europe tombent dans la mer Noire par le moyen du Danube, dans lequel se rendent & se réunissent toutes les rivières de Souabe, de Franconie, de Bavière, d'Autriche, de Hongrie, de Moravie, de Carinthie, de Croatie, de Bosnie, de Servie, de Transylvanie, de Valachie. Celles de la Russie Noire & de la Podolie se rendent dans la même mer par le moyen du Niester. Celles des parties méridionales & orientales de la Pologne, de la Moscovie & du pays des Cosaques y entrent par le Nieper ou Borysthène. Le Don ou Tanaïs & le Copa ne passent-ils pas dans la même mer par le bosphore Cimmérien ? Les rivières de la Mingrelie dont le Phase est la principale, se vuident aussi dans la mer Noire de même que le Casalmac, le Sangaris & les autres fleuves de l'Asie mineure qui ont leur cours vers le Nord. Néanmoins le bosphore de Thrace n'est comparable à aucune des grandes rivières dont on vient de parler.

Il est certain d'ailleurs que la mer Noire ne grossit pas, quoiqu'en bonne physique un réservoir augmente quand sa décharge ne répond pas à la quantité d'eau qu'il reçoit ; mais il est à croire pour lors que l'évaporation supplée à ce que la décharge ne fait pas. Une prétention bien contraire à tous les principes, seroit de vouloir nous persuader que la mer Noire se vuide par des canaux souterrains ou par une imbibition qui s'étendroit loin des côtes ; c'est cependant celle de Tournefort.

En supposant maintenant que la mer Noire ait été un véritable lac sans décharge formé par le concours de tant de rivières, il ne pouvoit se vuider suivant cette conformation des lieux que par le bosphore de Thrace. Les montagnes qui sont entre la mer Noire & la mer Caspienne, s'opposoient à l'ouverture d'un canal de décharge du côté d'Orient. Les eaux des Palus-Méotides tombent dans la mer Noire du côté du Nord. Bien loin de permettre que celles de la mer Noire s'y dégorgent, la pente des rivières d'Asie, du Sud au Nord, repousse les eaux de la mer Noire dans leur bassin actuel ; le Danube les éloigne de ses embouchures du côté du couchant. Il n'y a donc que ce recoin qui est au Nord-Est au-dessus de Constantinople, où elles aient pu creuser la terre sans opposition entre le canal d'Europe & celui d'Asie. La décharge même ne pouvoit pas se faire ailleurs à cause que les côtes en sont horriblement escarpées. Ainsi les eaux de la mer Noire furent obligées de passer dans l'endroit où il y avoit l'issue qu'elles ont prise. C'est dans ce point des bords de son bassin qu'elles se sont creusé un canal suffisant pour leur décharge. Les eaux, suivant cette hypothèse, se sont fait une ouverture en ligne droite entre les deux rochers où sont les nouveaux châteaux, elles détrempèrent les terres qui occupoient le premier coude où sont les golfes de Saraïa & de Tharabié, contraintes de se tenir dans un bassin bordé de rochers fort élevés ; mais leur pente naturelle les fit descendre ensuite jusqu'au Kiosc de Soliman II ; & de-là changeant de détermination par la rencontre

d'autres nouveaux rochers, elles formèrent le second coude du canal dont les terres obéirent du côté du Midi.

Cette route avoit sans doute été tracée par l'auteur de la nature, qui se servit des eaux pour creuser les terres dont elle étoit remplie ; car suivant les loix du mouvement qu'il a établies, elles se jettent toujours du côté qui s'oppose le moins à leur cours. Celles de la mer continuèrent donc à charier les terres qui se trouvoient entre les deux rochers où sont les vieux châteaux, & par-là elles poussèrent leur canal jusqu'à la pointe du sérail dont le fond est une roche vive & inébranlable. Ce bras de mer emporta peut-être tout d'un coup la digue de terre qui restoit entre Constantinople & le cap de Scutari, d'où il se dégorgea dans la mer de Marmara.

C'est dans ce tems-là, suivant les apparences, qu'arriva cette grande inondation dont parle Diodore de Sicile : cet auteur assure que les peuples de Samothrace, isle considérable, située à gauche de l'entrée des Dardanelles, s'apperçurent bien de l'irruption que le Pont-Euxin fit dans la Propontide par l'embouchure des isles Cyanées, car le Pont-Euxin qu'on regardoit dans ce tems-là comme un grand lac, augmenta de telle sorte par la décharge des rivières qui dégorgeoient, qu'il déborda dans la Propontide & inonda une partie des villes de la côte d'Asie, lesquelles sans doute se trouvoient plus basses que celles d'Europe. Malgré cette situation, les eaux s'élevèrent jusque sur les plus hautes montagnes de Samothrace & firent changer de face à tout le pays. Les insulaires en avoient encore conservé la tradition du tems de cet historien qui, par-là, nous a transmis une des plus belles observations de l'antiquité. Cela étant, ce que l'on vient de proposer comme une conjecture devient une vérité historique, & doit nous persuader que le grand écoulement de la

Propontide dans la Méditerranée s'étoit fait long-tems auparavant par les mêmes agens.

Il est fort vraisemblable que les eaux de la Propontide qui n'étoient peut-être anciennement qu'un lac formé par les eaux du Granique & du Rhindacus, ayant trouvé plus de facilité de se creuser un canal aux Dardanelles que de se faire un autre passage, se répandirent dans la Méditerranée & décharnèrent, pour ainsi dire, les rochers à force de laver les terres. Les isles de la Propontide ne sont autre chose que les restes des rochers que les eaux ne purent dissoudre, de même que celles qui ont fait tant de bruit dans l'antiquité sous le nom des isles Cyanées d'Europe & d'Asie, à l'embouchure de la mer Noire.

Mais quels changemens les isles de la mer Egée n'éprouvèrent-elles pas par le débordement du Pont-Euxin, & sur-tout celles qui se trouvent comme exposées en ligne droite, puisque Samothrace qui est à côté du canal, en fut tellement inondée que les pêcheurs, quand les eaux furent baissées, tiroient avec leurs filets des chapitaux de colonnes & d'autres morceaux d'architecture?

S'il en faut juger par la violence du coup que les eaux portèrent dans la mer de Grèce, est-il surprenant que plusieurs auteurs anciens aient publié qu'un grand nombre d'isles s'étoient abimées dans l'Archipel & qu'il s'en étoit formé de nouvelles? Peut-être que la fameuse *Délos* ne parut que dans ce tems-là & que les peuples des isles voisines lui donnèrent ce nom qui signifie *manifeste*. Combien de colonies ne fallut-il pas établir après ce ravage? Et que ne saurions-nous pas, si les ouvrages de ceux qui avoient décrit tous ces changemens étoient passés jusqu'à nous comme ceux de Diodore? Ce qui nous paroît de plus incroyable dans Pline

ne sont peut-être que les meilleurs morceaux de plusieurs auteurs qui avoient écrit sur ces matières & dont les ouvrages sont perdus.

Ceux qui ont cru que l'Océan par ces secousses ayant séparé des terres d'Afrique la montagne de Calpé, s'étoit répandu dans ce vaste espace où est présentement la Méditerranée; que cette mer avoit ensuite percé les terres vers le Nord & produit la Propontide ou mer de Marmara, la mer Noire & les Palus-Méotides, semblent avoir avancé des catastrophes bien aventurées. Cependant, indépendamment de l'observation de Diodore de Sicile, s'il est permis de considérer la formation des choses peu à peu, n'est-il pas plus raisonnable de regarder les Palus-Méotides, la mer Noire, la Propontide & la Méditerranée comme autant de grands lacs formés par tant de rivières qui s'y déchargent, que de croire que ce soient des épanchemens de l'Océan? Que pouvoient devenir les eaux qui se ramassoient ensemble jour & nuit dans les mêmes bassins, avant qu'ils eussent leur décharge? Elles formoient sans doute des lacs d'une grande étendue qui auroient enfin couvert toutes les terres voisines s'ils n'avoient forcé leurs digues de la manière qu'on a dit plus haut.

Il paroît certain que les eaux du Nord tombent dans la Méditerranée par le bosphore Cimmerien, par le bosphore de Thrace & par le canal des Dardanelles qui, suivant l'idée des anciens, est une autre espèce de bosphore, c'est-à-dire, un bras de mer qu'un bœuf peut traverser à la nage. La décharge de la Méditerranée dans l'Océan est au détroit de Gibraltar, où heureusement les eaux ont trouvé plus de facilité de se creuser un canal que de se répandre sur les terres d'Afrique. La disposition naturelle & primitive du terrein entre le mont Atlas & la montagne de Calpé a déterminé le trop plein à s'y porter. Peut-être que l'irruption qui se fit alors dans l'Océan, fubmergea & emporta cette faneuse ifle Atlantide que Platon décrit au-delà des côtes d'Efpagne, & Diodore de Sicile au-delà de celles d'Afrique. Les ifles Canaries, les Açores en font peut-être encore des reftes.

Pline auroit donc mieux fait de s'en tenir au fentiment de quelques auteurs qui ne lui étoient pas inconnus, & qui de fon aveu faifoient venir les eaux dans l'Océan, du Nord au Midi. Ces courans d'eau font manifeftes dans les bofphores; il n'y auroit qu'une circonftance qui pourroit favorifer le fentiment de Pline, c'eft la falure de l'eau de toutes ces mers. On ne pourroit rendre raifon de la falure de ces grands lacs dont on a parlé que par le fyftême d'Halley qui penfe que la décharge continuée fort long-tems des rivières d'eau douce, fuffit pour communiquer aux eaux raffemblées dans les lacs, un certain degré de falure; mais malgré la communication de l'Océan avec la Méditerranée, il eft certain que les eaux de la mer Noire font beaucoup moins falées que celles de nos mers; d'ailleurs les terres qui font autour de la mer Noire font toutes remplies de fel foffile qui fe diffout continuellement dans fes eaux. Ce fel mêlé avec certains principes qui réfultent de la deftruction des poiffons qui s'y pourriffent continuellement, forme une augmentation de falure & un certain degré d'amertume qui eft fort fenfible dans l'eau de la mer. La mer Cafpienne, par la même raifon, eft auffi falée que ces autres mers, parce qu'elle peut être également confidérée comme un égout où viennent fe rendre tant de rivières qui y verfent des eaux douces.

Avant que de revenir au canal de la mer Noire, il eft bon de remarquer que la prophétie de Polybe ne s'eft pas accomplie. Ce bon militaire s'étoit imaginé que le Pont-Euxin devoit fe changer en marais, & même il ne croyoit pas que le tems en fût fort éloigné, parce que, difoit-il, le limon que les rivières y charient, devoit former une barre de vafe capable d'en embarraffer l'embouchure, de même que de fon tems on voyoit une barre de vafe aux bouches du Danube. Heureufement pour les turcs à qui le commerce de la mer Noire procure tant de biens, le bofphore s'eft confervé & peut-être eft-il devenu plus grand. Quoi qu'il en foit, il n'y a pas lieu de craindre qu'il s'y forme de barre, car ces dépôts n'ont lieu qu'à l'embouchure des rivières dont les eaux font repouffées par les vagues de la mer & par les marais. (*Voyez* l'article *Barre.*) Rien ne fait rebrouffer les eaux de la mer Noire. Le bofphore au contraire, eft un canal de décharge où les eaux coulant d'elles-mêmes entre des bords refferrés, d'efpace en efpace, augmentent fucceffivement de viteffe & entraînent alors tout ce qui pourroit s'oppofer à leur cours.

Par rapport aux marées, Strabon a remarqué qu'il n'y en avoit point dans le bofphore, & Marfigly a obfervé qu'elles n'y étoient pas fenfibles. Quelque rapide que foit ce bofphore, fes eaux ne laiffent pas que de fe geler dans les plus grands hivers. Zonare affure qu'il y en eut un fi rude fous Conftantin Copronyme que l'on paffoit à pied fur la glace de Conftantinople à Scutari, la glace foutenoit même les voitures chargées. Ce fut bien autre chofe en 401 fous le règne d'Arcadius, la mer Noire fut couverte de glace durant vingt jours, & quand les glaces furent rompues, on en vit paffer devant Conftantinople des monceaux énormes qui, par leur marche annoncèrent celle des eaux de cette mer à travers le bofphore.

W

WALLÉRIUS.

NOTICE de son ouvrage sur l'origine du monde & de la terre en particulier.

Je me suis attaché à donner ici en douze paragraphes la subſtance du dernier ouvrage de Wallerius qui traite de l'origine du monde & de celle de notre globe d'une manière particulière. J'ai cru que ce naturaliſte qui s'eſt occupé avec un certain ſuccès à ranger par ordre les différentes ſubſtances minérales que renferme la terre dans ſes entrailles, auroit de cet aſſemblage une connoiſſance plus méthodique, que ceux qui l'avoient conſtruit avant lui, ſans en avoir fait précéder une étude auſſi approfondie. Cependant, comme Wallérius ne s'eſt pas renfermé dans les limites où les auteurs des ſyſtêmes ſur la théorie de la terre, qui ſembloient lui avoir tracé la route, s'étoient renfermés, j'ai ſenti en analyſant ſon ouvrage, le beſoin de ſupprimer tout ce qui avoit trait à la phyſique générale, & ce qui ne pouvoit ſervir en aucune ſorte à éclaircir pluſieurs points de l'hiſtore naturelle de la terre, & à guider les pas des obſervateurs qui s'occupent chaque jour à l'enrichir de nouveaux faits.

J'ai cru devoir écarter de même toutes les diſcuſſions qui pouvoient être conſidérées comme les commentaires du récit de Moyſe : malgré cela, pour montrer combien la conſidération des effets du déluge ſur le globe, a nui aux méditations & aux réſultats des recherches de Wallerius, j'ai terminé cet extrait par l'expoſition abrégée des effets du déluge ſuivant le plan qu'il a conçu de la marche des eaux dans cette cataſtrophe.

§ I.

Wallérius ne s'eſt pas borné dans ſon travail, comme les auteurs des Théories de la Terre, au ſimple arrangement des matériaux qui ſont entrés dans la compoſition du globe. Il remonte juſqu'à leur origine qu'il attribue à l'eau primitive. Après avoir conſidéré les ſolides, comme produits par les fluides, il finit par faire l'application de ce principe non-ſeulement aux grandes maſſes du globe priſes en général, mais encore à chacune de ſes parties en particulier. Ainſi les plus petits élémens terreux & pierreux comme les plus groſſes montagnes doivent, ſuivant Wallérius, leur origine à l'eau primitive & créatrice.

Si l'on examine effectivement tous les ſolides, on y obſerve par-tout les veſtiges de leur ancienne fluidité. Les plus grandes montagnes ſont compoſées de différentes maſſes ou même d'élémens plus petits dont la liaiſon n'a pu ſe faire autrement que par l'eau. D'un autre côté les fentes & les crevaſſes prouvent que toutes ces matieres ont été dans un état de molleſſe, & que c'eſt à la ſuite de leur deſſiccation & induration que les fentes & les gerſures de toutes ſortes ſe ſont formées comme nous les voyons préſentement.

§ II.

Les deux terres calcaires & argileuſes ſont enſuite conſidérées par Wallerius comme terres primitives & comme les premiers produits de ſon eau créatrice : il en eſt de même des pierres calcaires & argileuſes qui ſont les réſultats de ces substances élémentaires, soit qu'elles se montrent sous forme de crystallisations; soit qu'elles soient restées brutes en petites ou grandes masses; c'est donc la transmutation de l'eau en terres qu'on regarde ici comme le moyen que Dieu a dû adopter pour la formation des substances calcaires, argilleuses, siliceuses, quartzeuses, &c. comme le plus simple, comme celui que toutes les opérations de la nature qui indiquent le concours de l'eau, nous prouvent incontestablement.

§. I I I.

Tout ce système de création & de formation successive, par le moyen de l'eau primitive, étant supposé & admis, il est question ensuite de dégager de l'eau les parties terrestres, & même de rassembler entr'elles les substances homogènes, afin d'en former les grands amas & les masses primitives qui occupent certaines contrées du globe. Wallerius opère ces séparations par le moyen de l'attraction d'affinité qui a maîtrisé toutes les particules de matière, & enfin, par le mouvement de rotation de notre globe sur son axe. Nous n'entrerons pas dans un plus grand détail pour montrer inutilement l'embarras que Wallerius a rencontré dans ce triage général de tant de substances de différentes natures. Il suffit de dire qu'il suspend miraculeusement l'action de leur pesanteur spécifique, lorsqu'il trouve qu'elle peut nuire à ce triage, à cette séparation exacte & régulière.

§. I V.

Dans ce paragraphe Wallerius, suivant toujours la tâche qu'il s'est imposée, s'attache à faire voir que les corps les plus solides & les plus composés ont été produits par la *coagulation* & par la *concrétion* des particules terrestres élémentaires. Je ne suivrai pas ici ces détails qu'on ne

peut analyser; je me bornerai donc à dire que dans cette exposition des opérations de la nature telles qu'il les imagine, Wallerius n'omet aucune forme de pierres: il passe en revue non-seulement celles qui sont crystallisées ou mattes à l'intérieur, avec certaines formes régulières à l'extérieur, mais sur-tout les pierres à lames. Ce qu'il expose à ce sujet, s'il eût été médité, & s'il ne tenoit point à des suppositions hazardées, pourroit avoir des applications fort utiles à tous les gneiss, à tous les schistes.

§. V.

Dans ce paragraphe Wallerius fait usage des hypothèses préliminaires qui se trouvent dans les précédens, pour nous faire connoître en détail les circonstances les plus intéressantes qui ont concouru à la génération des *montagnes primitives*. Il n'est pas seulement ici question des formes extérieures, mais de l'organisation intérieure des masses, & sur-tout de la distribution respective de chacune des substances qui sont entrées dans la composition des différentes chaînes.

Ce qui doit nous intéresser le plus dans tout ce travail, c'est la description fidèle de la composition intérieure & de la forme extérieure des *montagnes primitives suédoises* septentrionales, telle que nous l'a fait Wallerius. On oublie pour lors l'embarras & la complication de ses hypothèses, lorsque l'on se transporte en Suède & en Laponie pour suivre avec lui, non-seulement les chaînes principales qui traversent ces contrées, mais encore les branches & les rameaux qui s'en détachent & toutes les masses en général qui peuvent donner une idée de la constitution physique d'un pays que nous connoissons peu, quoique plusieurs célèbres naturalistes l'aient visité & habité. On voit parmi ces détails ce qui concerne la formation du gneiss comme une suite des

hypothèses

hypothèses précédentes, quoique malgré cela Wallérius ait su rendre ce qu'il en dit fort intéressant.

§. V I.

Wallérius considere la séparation des eaux par grands amas ainsi que celle des substances terrestres aussi en grandes masses. On doit bien présumer qu'il a saisi cette occasion pour opérer quelques-uns de ces grands phénomènes que les auteurs des théories de la terre ont mis en œuvre, & dont ils ont cru pouvoir tirer un grand parti ; c'est alors effectivement que Wallérius fait précipiter les substances terrestres de manière à former des voûtes, & dessous ces voûtes des espaces vuides où les eaux se sont retirées en grands volumes. Il suppose aussi que ces eaux courantes, en suivant telle ou telle route, telle ou telle marche, ont laissé des traces de leur action sur les faces extérieures des montagnes primitives qui se sont trouvées dispersées dans les différens lieux de la surface de la terre. On voit par ces détails que ce naturaliste ne s'est pas borné à faire usage des cavernes intérieures du globe pour favoriser la retraite des eaux qui la couvroient dans les premiers temps, mais encore qu'il a cru pouvoir en tirer parti pour diriger la retraite de ces eaux, de manière à organiser extérieurement les montagnes ; c'est un nouvel usage des cavernes, dont les amateurs des systêmes, & sur-tout des cavernes, doivent lui savoir quelque gré.

§. V I I.

Dans le septième paragraphe notre auteur s'occupe d'une manière particulière des cavernes, non de celles de l'intérieur du globe dont nous venons de parler, mais de celles qui sont placées vers la superficie & dont l'existence peut être constatée par l'observation. Il les trouve non-seulement de formes, mais encore d'âges

différens, & au moyen de ces caractères il en établit deux classes très-distinctes. Dans la première, il comprend celles dont la formation remonte jusqu'à l'origine des montagnes primitives & dont il avoit indiqué l'origine, en suivant la marche des précipités successifs de toutes les substances terrestres lors de leur formation.

La seconde classe comprend celles qui sont d'une époque bien postérieure & qui ont été excavées par les eaux qui circulent dans les couches placées vers la surface de la terre. Ce sont celles que nous connoissons le mieux, mais qui ne tiennent aucune place dans le systême compliqué de Wallérius.

§. V I I I.

Dans ce paragraphe Wallérius reprend la discussion des effets que les eaux courantes en grandes masses ont produits à la surface du globe : c'est-là sur-tout où il a senti le besoin de décrire ce qui concerne les formes extérieures des montagnes des différens ordres, tant les chaînes principales que les rameaux secondaires, tant les masses entières que les fragmens qu'il a cru voir dispersés dans les plaines. Enfin, il achève cette exposition par l'exposition des phénomènes qu'il peut avoir observés sur la position relative des collines & des plaines. Je dois dire que tout ce travail est fort incomplet, & qu'il reste encore de grandes vues à réunir & de grands détails à décrire sur les montagnes, les collines, les plaines & les vallées : mais il faut considérer que le travail de la création du globe l'a écarté & distrait de ces grands objets.

§. I X.

Wallérius discute ici ce qui peut concerner les veines & les filons métalliques. Cette discussion vient à la suite de la formation des vides dans l'intérieur des montagnes primitives. Il est fort éloigné de croire que les veines métalliques aient pour origine les fentes & les gersures que Becker & Bourguet attribuent à la dessication & à l'induration des masses qui en ont rapproché les différentes parties. Wallérius croit pouvoir contredire toutes ces assertions par les observations suivantes: 1°. Les veines qui occupent des masses montueuses entières sur une grande largeur & une épaisseur considérable, ne peuvent être considérées comme ayant rempli de simples fentes ou des gersures fort étroites. On en peut dire autant des veines parallèles d'une même montagne ; 2°. comme il croit que les veines datoient du temps où les montagnes n'avoient pris encore aucune consistance, il lui a semblé nécessaire que ces veines aient existé avant la dessiccation qui a produit les fentes ; 3°. les fentes & les gersures se retrécissent insensiblement à mesure qu'on descend plus profondément dans le sein de la terre ; & au contraire elles s'élargissent vers la surface en raison de la convexité des montagnes ; mais les veines métalliques se comportent bien autrement, car elles sont souvent plus grandes & plus larges à la partie inférieure qu'à la partie supérieure. En cela il paroît du même avis que Henckel habile minéralogiste : nous renvoyons donc à son article.

§. X.

Wallérius toujours occupé de la superficie du globe décrit avec grand soin dans ce paragraphe, ce que les fouilles les plus profondes ont fait connoître sur les différents systêmes de couches, tant sablonneuses, argilleuses, marneuses, crétacées, que de gravier qui peuvent régner à cette superficie ; il s'occupe aussi de leur distribution relative ; mais il s'en faut bien qu'il s'attache à faire voir ce que les différens massifs du globe renferment & montrent dans le travail des fouilles. D'ailleurs, il ne nous indique ici que ce qui se rencontre dans les environs d'Upsal sans s'inquiéter, si la même distribution de matériaux peut se retrouver dans les autres contrées, & sur-tout dans celles qu'on a étudiées le plus soigneusement en France.

§. X I.

On voit dans ce paragraphe l'exposition de toutes les hypothèses qui ont été imaginées & discutées en différens tems par les auteurs qui ont écrit sur la constitution physique de l'intérieur du globe. On sent bien que ces hypothèses ne sont fondées sur aucune observation précise ni même sur aucune probabilité. C'est là que Wallérius parcourt ce qu'on a dit des cavernes souterraines où les eaux du déluge se sont retirées, suivant lui, sur la supposition d'un aimant & sur celle du feu central, pour se borner à n'admettre avec Leibnitz qu'une masse solide & uniformément pesante dans toutes ses parties.

§. X I I.

Enfin, j'ai terminé cet extrait par un paragraphe où il est question des effets du déluge à la surface du globe, & même dans les couches qui se trouvent à une certaine profondeur : on y voit la distinction des vestiges de cette catastrophe & des résultats de toutes les opérations de la nature qui sont dues aux agens ordinaires & connus.

Il y a une considération importante sur le déluge, & qui ne peut avoir été recueillie que par ceux qui ont parcouru les différens auteurs qui l'ont fait intervenir comme une cause seconde générale de l'organisation de la face moderne de la terre. Par cette considération, on a pu convaincre aisément que l'intervention de cette catastrophe a fort retardé les progrès de l'histoire naturelle du globe.

Car ceux qui ont cru à ses effets, ou qui ont pris ceux qu'ils lui ont attribué pour bâse de leurs méditations & de leurs systêmes ont donné aux effets naturels l'empreinte d'autant d'opérations miraculeuses, au moyen desquelles ils ont cru pouvoir résoudre les problêmes les plus difficiles.

On voit que Wallérius a rapporté toutes ses observations à cet événement, comme ayant laissé partout la trace de son passage & même de ses ravages. Ce qu'il nous dit est modifié par des suppositions cosmogoniques qu'il tire de la Bible. D'ailleurs les observations qu'il a empruntées des plus habiles naturalistes, passent par cette filière. Je ne crois pas qu'il y ait un asservissement pareil : le règne presque tyrannique d'Aristote n'a pas fait autant de mal à la physique que cette servitude à l'histoire naturelle. C'est pour montrer ce mal que dans les notices qui précèdent comme dans celle-ci, j'ai mis tous ces inconvéniens en évidence. Je ne doute pas que par la suite, à mesure qu'on sera plus détrompé sur l'influence du déluge, on ne se détermine à considérer les faits avec plus de soin & plus d'attention, & de manière à les rapprocher des agens naturels connus, & même de ceux dont nous pouvons contempler l'activité journalière : qu'on ne s'attache à décomposer les résultats des opérations de la nature à tel point que les forces partielles suffisent, surtout en y joignant la circonstance d'une longue durée; c'est alors que le tems pourra nous servir beaucoup.

§. I.

Que les minéraux du globe ont été formés dans un état de fluidité, & tirent leur origine des eaux.

Pour ce qui regarde notre petit globe & les minéraux qu'il renferme, Wallérius pense qu'ils ont été dans un état de fluidité & qu'ils tirent leur origine de l'eau. En effet, ajoute-t-il, si comme nous l'avons dit, les végétaux & les animaux doivent leur naissance & leur accroissement à une matière fluide, aqueuse, on peut en conclure par analogie, qui est d'un grand poids en l'histoire naturelle, & par l'harmonie qui règne dans les ouvrages du créateur, que les minéraux ne reconnoissent pas d'autre origine : c'est ce qu'il croit pouvoir confirmer par les observations suivantes.

La figure de notre globe, son élévation sous l'Equateur & son applatissement par les pôles, donnent lieu de conclure qu'il a été fluide dans son origine. La terre n'auroit pu prendre cette figure d'elle-même, puisque des parties solides immobiles ne sauroient être mises en mouvement par la force centrifuge, ou recevoir une certaine élévation dans leur masse & leur composition. C'est d'ailleurs ce qu'indique la génération actuelle de tous les corps, qui peut être considérée comme la loi universelle de la nature. Nous voyons que tous les solides sont engendrés par les fluides; en effet on ne trouve pas un seul corps solide qui soit produit par un autre solide; & Leibnitz avoit raison de dire dans sa *Protogée* que les solides naissent & se fortifient par les fluides. Le globe terrestre & tous les corps qu'il renferme ont donc été fluides dans le commencement. Cette conclusion regarde non seulement le globe en général, mais chaque partie du globe en particulier ; les plus petites pierres, les plus petites particules terrestres comme les plus hautes montagnes.

C'est ce dont Wallérius croit qu'il est facile de nous convaincre, en observant attentivement les vestiges de fluidité que nous offrent tous les solides. Les plus grandes montagnes sont composées de différentes masses plus petites comme on le voit dans le granit & le porphire qui se trouvent quelquefois au sommet comme à la base de ces montagnes. Les loix de la nature connues ne nous permettent pas d'imaginer que cette composition & cette liaison intime de différentes pierres ou particules pierreuses observées dans ces rochers aient pu se faire autrement que par la fluidité. Il faut absolument qu'elles aient subsisté entieres dans une matiere fluide conglutinante. En effet les crevasses & les fentes des montagnes plus grandes dans un endroit, plus petites dans un autre, ici ouvertes, là remplies & réunies par une matiere pierreuse hétérogene qui se trouve dans presque toutes les masses montueuses, & indiquent infailliblement un resserrement de parties occasionné par un dessechement, ces crevasses, ces fentes ont la même forme, la même structure que celles de l'argile desséchée; elles sont élargies vers leurs parties inférieures & se resserrent insensiblement vers leurs parties inférieures. Or il est évident qu'un corps dur & sec ne peut se dessécher. Il est donc certain que ces fentes & ces crevasses n'existeroient pas dans les montagnes, si ces montagnes n'avoient pas été dans un état de fluidité & de mollesse. C'est ce que confirment pleinement encore quelques cavernes & quelques filons qui proviennent du resserrement de la masse pierreuse, lors de la desiccation de la matiere, quoique cependant beaucoup de cavernes, comme nous verrons par la suite, aient une toute autre origine. Les filons métalliques & pierreux existans au milieu des rochers, les veines & les gangues que l'on observe dans le centre des masses les plus dures, n'auroient pu y être renfermés & s'accroître en même-tems si ces masses avoient toujours été aussi dures.

Voulons-nous examiner plus particulièrement les minéraux ? Cet examen ne fera que nous confirmer dans l'idée que tout vient de l'eau.

§. I I.

Les deux terres calcaire & argilleuse sont les seules substances primitives ainsi que les pierres qui en sont formées.

Parmi les différentes espèces de terres qui se trouvent dispersées dans notre globe, Wallérius n'en reconnoît & n'en considère que deux comme primitives, la terre calcaire & la terre argilleuse; les autres sont adventices & étrangères, ou sont un mélange des terres primitives, soit avec d'autres corps, soit en diverses proportions & modifications. Quelques naturalistes modernes veulent que l'on regarde comme terres primitives & fondamentales, la magnésie, la terre siliceuse, la terre du sel d'epsom & quelques autres; mais on doit d'autant moins les regarder comme telles qu'on ne les a pas trouvées existantes par elles-mêmes & séparément dans aucun endroit du globe, qu'elles n'ont produit & ne produisent aucune pierre; car on a toujours découvert la magnésie dans quelques pierres, ou conséquemment elle est combinée avec d'autres terres. Il faut donc chercher ailleurs l'origine de ces terres prétendues primitives.

Que la terre calcaire provienne de l'eau c'est ce dont ne doute pas Wallérius. De même l'affinité de l'argile & de l'eau, les différens dépôts qui s'en font dans les citernes & au fond des autres amas d'eau, tout indique, selon Wallérius, que l'argile n'a pas d'autre origine que l'eau.

Parcourons les pierres : deux observations nous convaincront qu'elles n'ont pas d'autre origine que l'eau; les crystallisations de la plupart des pierres calcaires, siliceuses, quartzeuses & autres, indiquent-elles autre chose? Peut-on concevoir une crystallisation sans l'intermède d'un fluide comme le feu ou l'eau ? D'ailleurs les corps étrangers renfermés dans les cryſtaux le prouvent aſſez. Perſonne ne peut nier qu'on ne doive en dire autant des pierres du même genre quoique non cryſtalliſées. Voyez les *pétrifications* : les corps étrangers, végétaux, animaux ou minéraux qu'on y rencontre, ſoit que ces pierres ſoient calcaires, quartzeuſes, ſiliceuſes, marneuſes, ſchiſteuſes, &c. démontrent l'état ancien de fluidité de ces pierres, dans le tems que ces corps y ont été enveloppés. Les ſables ne ſauroient avoir d'autre origine que le quartz : les matières étrangères ſouvent fixées ſur les plus petits grains de ſable & leurs ſurfaces luiſantes, comme dans certains grès, ſuppoſent une matière liquide ou glutineuſe à laquelle elles ont pu ſe fixer. Si l'on ajoute que les vapeurs aqueuſes donnent une terre quartzeuſe avec l'acide phoſphorique, & que les pierres ſiliceuſes ſont les produits de la terre calcaire coagulée par un acide, ainſi qu'on l'a dit dans le ſyſtême minéralogique de Wallérius, on ne doutera plus que ces corps durs ne doivent leur exiſtence à l'eau.

Les mines métalliques & les métaux ne datent pas du même-tems que les montagnes qui les renferment, & à proprement parler, on ne peut dire que la *voie humide* leur a donné naiſſance. Ils ont été produits ſans doute, comme on le fera voir, dans un tems poſtérieur, par les vapeurs qui traverſoient les veines & les cavités, que le mouvement des eaux, à travers les rochers encore mous, avoit formées dans les montagnes. Mais ces vapeurs dependant de l'eau, ſoit médiatement, ſoit immédiatement comme on peut le dire de tout principe ſalin & ſulphureux, il ſemble qu'on a droit d'avancer, que ces dépôts métalliques tirent auſſi leur origine de l'eau. La figure cryſtalliſée des parties élémentaires de la plupart des mines, leur étroite adhéſion, la concreſcence des mines avec certaines gangues, confirment cette origine.

De tout ce qui a été dit juſqu'à préſent, on croit être en droit de conclure que le globe & les différens ſolides qu'il renferme ont été autrefois dans un état de fluidité; mais que cette fluidité ne doit pas être attribuée à quelque diſſolution des principes élémentaires; car toute ſolution ſuppoſe des particules propres à cette diſſolution; & alors on retombe dans l'*Oméomérie d'Anaxagore*, ſelon laquelle il y auroit eu autant de particules principales ou ſimilaires qu'il y a de corps différens. Or, ces ſuppoſitions répugnent à l'identité des principes premiers, & à la ſaine philoſophie, comme on le fera voir dans le paragraphe ſuivant. De plus, il faut obſerver que chaque diſſolution exige un menſtrue qui lui convienne & lui ſuffiſe. L'eau peut d'autant moins remplacer ce menſtrue, qu'elle ne peut pas même diſſoudre la terre qu'elle produit, encore moins les autres molécules terreſtres & les petites pierres. Au contraire, puiſque l'expérience nous apprend que les eaux & les ſolides reconnoiſſent les mêmes élémens, puiſque l'eau produit la terre calcaire & la terre vitreſcible, Wallérius ſe croit en droit de conclure d'après ces ſuppoſitions, qu'il faut rechercher dans l'eau la première origine des ſolides, que ces corps ont été primitivement mêlés aux eaux & ont exiſté dans les eaux qui les ont produits.

En faveur de ceux que les faits allégués ci-deſſus ne peuvent convaincre, qui n'ont point appris à philoſopher de cette manière, & qui doutent encore de la tranſmutation de l'eau en terre, Wallérius a recours à la toute-puiſſance du Créateur; il lui a été facile, ſelon lui, d'opérer une ſemblable tranſmutation, & il eſt bien plus naturel de ſuppoſer qu'il l'a opérée en effet, que de croire qu'il a d'abord créé une multitude de particules élémentaires différentes; qu'il les a mêlées aux eaux pour les en ſéparer enſuite plus ou moins combinées. Wallérius cite pluſieurs paſſages de l'Ecriture, où il croit trouver le fondement de fa théorie, que tous les corps folides, céleftes & terreftres, tirent leur origine de la même eau, & enfin, il finit par s'appuyer fur l'opinion des philofophes anciens & modernes qui ont imaginé les mêmes hypothèfes.

§ I I I.

Comment s'eft opérée la féparation des fubftances terreftres, foit des eaux, foit des autres fubftances hétérogènes.

Les expériences & les obfervations qu'on vient d'expofer fur l'origine des folides, & les raifonnemens dont on les a étayées, font les bâfes du fyftême qui établit leur origine aqueufe. Si ces folides n'avoient pas été produits par l'eau, ils ne fe feroient pas mêlés aux eaux. Dieu n'a pas créé féparément les parties fèches & folides pour les mêler enfuite aux eaux dont il les auroit couvertes, tandis que par une autre opération il auroit fait la féparation de ces mêmes eaux.

D'après ces idées préliminaires, Wallérius regarde comme certain que les particules terreftres qui compofent les folides, ont exifté dans les eaux avant la formation des folides; puifque fuivant toutes les confidérations qui précèdent, on ne peut concevoir aucune génération de folides, finon dans l'état de fluidité; car ces particules terreftres ayant été produites par les premiers principes, en vertu de la force d'attraction, aidée d'un mouvement intrinfèque exiftant dans les eaux, il eft très-probable que la liaifon ultérieure de ces particules en molécules plus compofées, a été continuée & même accélérée lors de la divifion de la maffe aqueufe primitive, & par le mouvement de rotation de notre globe autour de fon axe. La force de ce mouvement a dû accumuler néceffairement en différens endroits les particules les plus fimilaires ou homogènes, foit latéralement, foit à une plus petite ou plus grande profondeur, comme l'annonce quelquefois la conformité des couches de montagnes, & a dû en même-tems les féparer plus ou moins des particules hétérogènes.

Wallérius remarque que lorfqu'on prépare un mortier & qu'on en agite les matériaux dans un crible, le fable & l'argille fe féparent naturellement & tombent en différens endroits, ou bien lorfqu'on jette en même-tems une terre légère mêlée avec du fable; les parties les moins pefantes reçoivent un moindre mouvement de projection & retombent plus près de l'endroit d'où on a jetté ce mélange, & il eft porté à croire que l'effet dont il eft queftion a peut-être été produit de la même manière, & que la rotation de la terre autour de fon axe a été fuffifante pour opérer cette féparation dans le mélange liquide. Il fe paffe tous les jours quelque chofe d'analogue dans notre atmofphère, quoiqu'on doive le rapporter à une autre caufe, les vapeurs aqueufes qui y nagent, font raffemblées en certains endroits par le mouvement de l'air; elles forment des nuages qui, à raifon de leur denfité, font ftationnaires à différentes hauteurs, les uns font parallèles à l'horifon & les autres ne le font pas, les uns font électriques, d'autres ne le font pas, & les goûtes de pluie qui en tombent font plus petites ou plus grandes fuivant toutes ces circonftances. Wallérius au refte, ne peut pas croire que le tout-puiffant fe foit fervi dans l'ouvrage de la création des loix que lui-même a dictées à la nature, & penfe qu'il ne les a introduites qu'au moment où il les a jugées néceffaires. Il en conclut que puifque l'affemblage des eaux dans leurs places refpectives, s'eft fait fuivant les loix naturelles, les forces centripètes & centrifuges ont été communiquées le même jour au globe terreftre & à tous les corps qu'il renferme. C'eft en conféquence qu'il conçoit que l'eau qui n'avoit aucun cours, a pu être séparée du sec & se porter dans des lieux bas ou dans des plaines. Ce sont ces forces qui ont favorisé la formation des solides au milieu des eaux, la liaison & la combinaison des molécules similaires entr'elles. Après cette combinaison de toutes les parties des solides, ces forces ont été très-utiles pour la séparation du liquide d'avec le solide, mais aussi pour la précipitation des solides, & la détermination de la figure & de la structure intérieure de la terre.

Pour ne citer que ce que nous avons sous les yeux, considérons les pierres de toutes les montagnes primitives, n'y voit-on pas également le granit composé de particules micacées, légères, écailleuses, & qui surnagent long-tems dans l'eau, pendant que le quartz dont les particules sont plus pesantes, se précipite plus promptement ? La différente gravité spécifique que l'on observe dans nombre de couches des montagnes primitives, indique aussi que lors de leur formation, la force de gravité n'a pas exercé son action.

D'après ces principes, Wallérius suppose que les corps ne peuvent, de leur nature, passer immédiatement de l'état de fluidité à celui de solides, mais qu'ils y parviennent par dégré en proportion de l'approximation des particules ; que l'humide s'en sépare peu à peu, & qu'ils acquièrent successivement la dureté qui leur convient ; mais tous ne sont pas de même nature ; les uns prennent une certaine consistance plutôt, les autres la prennent plus tard. On ne sauroit donc douter que les solides qui existent déjà n'aient été plus mols dans leur principe & plus faciles à diviser.

Ainsi l'origine des montagnes qui forment des chaînes à la surface du globe, & qu'on appelle *primitives*, date de la même époque que le globe, & il paroît qu'elles ont été produites par une cause universelle. Leur enchaînement, leur égale dureté, leur liaison avec l'intérieur de la terre, en un mot, leur profondeur sont des preuves incontestables de cette première supposition. En effet, cet enchaînement non interrompu, cette espèce d'incorporation d'une montagne à l'autre, cette connexion si intime, pourroient ils reconnoître des causes locales & accidentales ? Les forces connues de la nature n'auroient pu produire des effets aussi généraux, si les montagnes avoient été formées, & qu'elles eussent pris leur consistance successivement. Comment cette dureté spécifiquement égale de toutes les montagnes dont il est ici question, auroit-elle pu exister partout & s'y maintenir ? Enfin cette liaison avec la terre, cette profondeur immense qu'on n'a pu encore sonder exactement, n'indiquent-elles pas que les massifs qui constituent les montagnes primitives ont la même origine que la terre ?

On ne parle pas ici des montagnes à couches qui contiennent des pétrifications, & sont presque toujours établies visiblement sur les montagnes primitives, & qui, quelquefois sont adossées contre leur noyau, dont enfin les couches sont inégales, tantôt plus épaisses, tantôt plus minces ; il est certain que ces masses sont d'un âge postérieur, mais nous reviendrons à cette distinction des montagnes par la suite.

§ IV.

Que les corps les plus solides & les plus composés ont été produits par la coagulation & la concrétion des particules terrestres élémentaires.

L'ordre exige que nous expliquions d'abord comment les corps les plus solides & les plus composés, tels que les pierres & les rochers, ont été produits par les particules terrestres élémentaires. Les observations & les expériences nous portent à croire que cette génération s'est faite de deux manières.

1°. Par la *coagulation* : Wallérius pense qu'une grande quantité d'eau a été coagulée ou par un acide produit dans les eaux, ou par un autre intermède quelconque qui nous est inconnu. La génération analogue des solides dans les animaux, & nombre d'expériences chimiques, nous expliquent comment ces effets ont pu s'opérer. La terre calcaire dissoute par les acides, produit un mixte gélatineux, qui se dessèche & s'endurcit avec le tems, & acquiert, à la dureté près, le caractère de la terre siliceuse ; *voyez* les actes de Stockholm. Ceci est d'ailleurs confirmé par des expériences rapportées dans les mémoires de l'académie des sciences de Paris, 1746. On voit aussi dans les actes de Stockholm que l'acide phosphorique mêlé par le feu aux vapeurs aqueuses, donne une terre analogue au quartz : une solution crétacée faite par l'entremise d'un acide bien saturé se coagule promptement par une forte lessive alkaline ; il en est de même de la lessive des cailloux avec l'acide vitriolique. En conséquence Wallérius qui adopte tous ces résultats, imagine que les quartz, les cailloux, les petro-silex & toutes les pierres qui leur sont analogues ont été produites par *coagulation* : ce que paroît d'ailleurs nous indiquer leur extérieur vitreux & brillant. De là vient, selon lui, que dans tout le globe on ne trouve de terre siliceuse ou quartzeuse existante à part, que le sable. On doit regarder le sable comme une matière quartzeuse coagulée en petits grains, ou comme ayant fait partie d'une masse coagulée d'où toutes ces parties élémentaires se sont détachées. Cette ressemblance des pierres siliceuses, petro-siliceuses & quartzeuses, soit quant à la matière, soit quant à l'origine, est établie par les expériences chimiques ; elles constatent qu'il est impossible d'observer entre ces corps aucune différence, soit qu'on les essaye par l'analyse, soit qu'on emploie le feu ou les autres menstrues. La terre vitrifiable, appellée siliceuse par quelques-uns, que l'eau produit naturellement ou artificiellement, celle qu'on obtient des argilles ou des autres corps solides par le moyen des dissolutions, est probablement produite par la terre calcaire ou par l'argille ou par l'eau, & par la transposition des parties. Comme cette terre vitrifiable insoluble dans l'eau & dans les menstrues quelconques, ne peut jamais être considérée comme dissoute par l'eau, il s'ensuit qu'on ne doit considérer aucune terre siliceuse comme primitive ; & il est très-douteux que cette terre primitive soit entrée comme partie constituante dans la composition des terres & des pierres. Les sortes d'opérations analytiques nous donnent à chaque instant lieu de douter si les résultats qu'on obtient sont des produits ou des extraits. Tels sont les principes que s'est fait Wallérius sur les terres primitives & leur emploi : nous en allons suivre les applications.

La figure crystalline de quelques pierres montre assez que lors de cette coagulation, plusieurs particules ont pris une figure déterminée, non par une crystallisation proprement dite, mais par l'attraction mutuelle & le rapprochement des plus petites particules. Pour que des molécules séparées affectent une figure déterminée, il n'est pas toujours nécessaire de supposer une dissolution & une crystallisation ; les eaux qui se changent en glace, les vapeurs qui deviennent de la neige ou de la gelée blanche indiquent clairement que des particules fluides quelconques prennent une figure déterminée sans que leurs crystaux ayent une base ; dès quelles sont soumises à l'action d'une matière condensante & coagulante, alors ces crystaux sont produits & nagent dans le liquide.

C'est sans doute par une attraction & par un rapprochement semblables des plus
petites

petites particules qu'ont été formés dans l'eau primitive les petits grains pierreux du feld-spath & du spath calcaire dont les plans & les côtés offrent des formes cryftal-lines. La cause des autres cryftaux pier-reux que l'on trouve dans les veines & les cavités des montagnes eft bien diffé-rente, ils font inconteftablement d'un âge poftérieur. Le mouvement des eaux ou le refferrement occafionné par le deffèche-ment, les ont produits dans les cavités, les fentes & les ouvertures plus grandes ou plus petites. Ainfi ces cavités ont néceffairement exifté avant la formation de ces cryftaux que l'on rencontre attachés à des pierres de différens genres, quelquefois aux mines : ce qui prouve encore que la bâfe de la cryftallifation a exifté avant la cryftallifation, & conféquemment que leur origine eft telle qu'on l'a annoncée; c'eft ce qui fait que fes fortes de cryftaux font plus réguliers, plus purs & plus homo-gènes, quoiqu'avec quelque différence pour le dégré de tranfparence, différence encore plus remarquable au fommet qu'à la bâfe. Tous ces phénomènes nous apprennent qu'une cryftallifation femblable n'a pu avoir lieu lors de la formation des pier-res & des montagnes; mais qu'elle a été facilement produite par la nature, lorfque la maffe pierreufe étoit encore molle & commençoit à fe deffécher.

La génération des folides compofés s'eft faite auffi par *concrétion*, lorfque les par-ticules terreftres plus ou moins compofées ou de très-petites pierres fe font réunies pour former un compofé ou un furcom-pofé. Wallerius déduit cette *concrétion* de l'attraction mutuelle des particules, & il la déduit avec d'autant plus d'affurance que l'expérience démontre que la même force s'exerce en raifon de l'affinité & du con-tact; il ne nie pas pour cela que quelques particules ou petits grains, fur-tout ceux dont la furface eft brillante, n'aient été combinés plus étroitement par une matière

conglutinante, ou fimultanément, en fe répandant & en fe mêlant dans toute la maffe, ou fucceffivement en réuniffant les particules les unes aux autres. Les mortiers de plâtre & la compofition des briques nous prouvent que l'eau a fuffi pour opérer cette conglutination. Wal-lerius y rapporte auffi les pierres calcaires formées de molécules calcaires conglut-inées, les pierres de fables, les pierres argilleufes, marneufes, fchifteufes, ainfi que certaines pierres meulières, & enfin les granits.

Que lors de cette *concrétion* quelques pierres aient pris une figure déterminée, c'eft ce dont nous convainquent les pierres fpathiques, bafaltiques, micacées & beau-coup de pierres apyres dont les différentes figures paroiffent dépendre du caractère & de la forme de leurs particules.

Non-feulement les pierres dans lefquelles on ne remarque aucune folution de con-tinuité, c'eft-à-dire les pierres entièrement folides doivent leur origine à la *coagula-tion* & à la *concrétion*, mais les pierres lamelleufes ou feuilletées en proviennent auffi, du moins en partie. Pour expliquer comment cette ftructure lamelleufe peut reconnoître la même caufe, il ne faut, fuivant Wallerius, que fuppofer une *coa-gulation* ou une *concrétion* fucceffive, s'étendant de plus en plus profondément, ou bien l'accumulation fouvent répétée d'une maffe concrète ou coagulée fur une autre maffe de même nature. En effet, la reffemblance de la nature, du carac-tère & de la dureté de ces pierres en couches lamelleufes, indique que leur origine eft fimultanée, & qu'elles font du même âge. Il ne faut pas conclure cependant que quelques-unes n'aient pas acquis cette ftructure lors de l'exficcation & du refferrement général des maffes. L'exemple de quelques lits terreux qui, en fe deffèchant, fe féparent en lames, nous démontre cette exception.

§ V.

Sur toutes les circonstances qui ont con-
couru à la génération des montagnes pri-
mitives.

Avec ces idées préliminaires, Wallerius se prépare à expliquer la génération
des montagnes. Lorsqu'on en fait l'examen, on trouve qu'elles sont composées
de masses pierreuses énormes, souvent de
différente nature, soit en les prenant sur
la longueur, soit en les prenant aussi sur
la largeur des bancs, soit enfin en les
suivant sur leurs faces extérieures & apparentes, soit sur les parties les plus profondes vers lesquelles on ait pu pénétrer.
On peut citer des exemples remarquables
dans une chaîne de montagnes qui a quelques milles suédois d'étendue; on voit
quelquefois le sommet composé d'une pierre
calcaire, un peu plus loin le sommet est
formé d'un granit blanchâtre ou rougeâtre:
ailleurs le sommet offre une pierre sablonneuse, & enfin, il finit par une masse
de porphyre & ainsi de suite: & chacune
de ces matières occupe à la tête de cette
chaîne une étendue plus ou moins considérable. Ces différentes natures de pierres
paroissent fort étroitement unies. Quelquefois mêmes différentes sortes de roches
ou de pierres sont entièrement enchâssées
dans d'autres sous la forme de rognons
plus ou moins volumineux: & il n'est
pas rare d'observer ces phénomènes dans
les montagnes calcaires primitives, lorsqu'on se sert de poudre à canon pour les
miner. Souvent aussi on trouve une montagne composée d'une sorte de matériaux qui
sont divisés & séparés par une pierre lamelleuse, laquelle forme des bandes perpendiculaires à l'horison ou même plus
ou moins obliques. La roche de corne
schisteuse & quelques autres pierres de
roche, &c. sont ordinairement arrangées
de cette manière.

Si l'on suit l'examen des montagnes, on voit
ici une nature de pierre posée sur une autre,
de telle sorte que ces masses paroissent composées de couches fort épaisses & disposées
horisontalement. Là, on rencontre différentes pierres placées latéralement les unes à
côté des autres. Mais qui pourroit décrire
toutes les formes variées que présente la
structure extérieure & intérieure des montagnes? Elles sont en plus grand nombre qu'on ne le croit communément.
Toutes ces bisarreries de phénomènes sont
beaucoup plus multipliées qu'on ne le
pense. En faveur de ceux qui n'ont pas
eu occasion d'observer avec exactitude
l'enchaînement intérieur ou extérieur des
montagnes, Wallerius ajoûte une comparaison qui achevera de leur faire comprendre la structure de ces masses étonnantes; elles ressemblent dans leur étendue & leur intérieur à un marbre brèche
grossier, présentant un assemblage de masses
très-variées quant à la couleur & à la
nature des matières. Ici ces masses affectent une figure plus ou moins ondulée;
là elles en offrent une autre, suivant la nature de chaque pierre qui s'y
trouve réunie.

De plus, & ceci mérite la plus grande
attention, ces masses variées dans les montagnes où les matières dont elles sont
formées ne tiennent pas seulement les
unes aux autres par agglutination, car on
n'apperçoit pas la ligne de contact qui les
sépare; mais elles sont tellement mêlées,
qu'une roche semble se changer insensiblement & par degrés dans une autre roche;
ce sont ces nuances insensibles qui trompent les observateurs lorsqu'ils croient
qu'une pierre de sable peut devenir un
jaspe. Leur mélange est si intime qu'il se
fait même remarquer au point de contact,
lorsqu'on a lieu de les y rompre pour en
faire la séparation.

Telle est en abrégé la description fidelle
& la forme extérieure & intérieure des montagnes suédoises septentrionales, comme

nous l'a tracée Wallérius. Il est porté à croire que ces formes leur sont communes avec les autres montagnes de la terre. On en doutera d'autant moins que les dernières observations de Pallas favorisent, suivant lui, cette opinion. Pallas a remarqué que les chaînes de montagnes de la Russie Asiatique étoient composées de granit; or, le granit se ressemble partout, & les voyageurs n'ont pas découvert une nouvelle nature de roche ou de pierre. Il faut l'avouer, quoiqu'on manque d'observations exactes sur plusieurs contrées, & qu'on doive regarder comme bien incompletes celles des voyageurs qui n'étoient pas minéralogistes. Cependant si on les rejette, ce ne peut être qu'à cause d'une nomenclature fautive, quoique la confusion des noms ne fasse souvent rien à la chose. Si l'on observe partout les mêmes genres de pierre que dans le Nord, ce que prouve assez la présence des quartz, des granits, des roches de corne dans tous les lieux de la terre, Wallerius pense que la structure des différentes montagnes primitives où l'on rencontre ces matières, est nécessairement la même.

En réfléchissant sur toutes ces observations, voici l'idée qu'on se forme de la génération des montagnes, elles sont composées de masses *coagulées* ou *concrètes*, d'une grandeur énorme, séparées l'une de l'autre, qui ont nagé dans l'eau, molles & presques fluides, & se sont ensuite précipitées & accumulées. Le mouvement de rotation du globe couvert d'eau, autour de son axe, a dû entasser confusément ces masses presque fluides qui en faisoient partie & y étoient renfermées : elles ont donc dû prendre les formes qu'on a décrites. L'endurcissement des corps solides qui présuppose l'état de mollesse ou de fluidité confirme cette opinion; les différentes manieres dont on a dit ci-dessus que les solides étoient produits, attestent également cette fluidité antérieure. En effet, on a dit que la *coagulation* ne pouvoit

avoir lieu que dans une matière fluide & que la *concrétion* présupposoit l'approximation & le mouvement des particules élémentaires, ce qui n'est encore possible que dans un fluide. Enfin, ces petites masses pierreuses entièrement renfermées dans des rochers d'une autre nature, achevent de rendre cette opinion très vraisemblable, puisque, suivant Sténon, elles n'ont pu être inferées que dans des masses fluides ou molles.

L'éminence & les protuberances latérales des montagnes que l'on apperçoit de tous côtés, prouvent-elles autre chose que la compression & la dilatation de la masse inférieure & molle, occasionnée par la masse supérieure, situation qu'elles ont conservée en acquérant de la dureté? Les solides seroient-ils susceptibles d'une compression & d'une dilatation semblable? On peut en dire autant des rochers d'aggrégation, c'est-à-dire des montagnes formées de fragmens plus ou moins grands, plus ou moins ovales, à angles usés & battus par le frottement, telles qu'on en voit à Quedlin en Norwege, à Portfiallet en Suéde, &c. On ne sauroit douter que ces fragmens n'aient été d'une consistance molle & qu'on ne doive attribuer leur brisure à des masses encore plus molles; c'est ce qu'on peut conclure non-seulement de leur figure arrondie que, suivant Wallerius, ils n'ont pu acquérir après s'être endurcis, mais encore de leur forme applatie & comprimée à une profondeur proportionnée à la masse dont ils ont été pressés. Ils ont pu être brisés ou lors de la précipitation ou lors du mouvement des eaux, comme on le dira ci-après. Il ne s'ensuit pas pour cela que l'origine de tous les rochers aggrégés soit la même. Ceux dont les fragmens ne sont ni arondis, ni comprimés, & dont les angles ne sont point usés, ont probablement été brisés dans le tems du dessechement & se sont ensuite rassemblés & agglutinés.

Si l'on se rappelle maintenant ce que

l'on a dit précédemment , favoir, que d'abord différentes molécules élémentaires ont été produites dans l'eau primitive ; que de ces particules, il eſt réſulté fucceſ-fivement des particules plus compoſées & que cet effet a reconnu pour cauſe la force d'attraction, la rotation du globe aqueux autour de ſon axe, & le mouvement inté-rieur qui a été la ſuite de cette rotation : que comme les particules produites dans la maſſe liquide ou aqueuſe formoient un grand nombre de variétés, l'action con-tinuée des mêmes cauſes a dû faire naître ſéparément une infinité de *concrétions* & de *coagulations* en raiſon de l'affinité & du caractère différent de toutes ces parti-cules.

Ces coagulations & ces concrétions ont néceſſairement produit une multitude d'élémens pierreux ou de glebes diſperſés ou mêles dans les eaux & également variés. Les uns formés par l'accumulation ſuc-ceſſive d'une glebe ſur une autre, ou bien par une coagulation ou une con-crétion ſucceſſives, ont pris le carac-tère lamelleux ; les autres, produits plus promptement, ont compoſé des maſſes plus continues & plus uniformes ; mais tous ſe ſont trouvés d'abord dans un état de molleſſe, & ont nagé dans les eaux. Qu'on ſe repréſente la matière caſeeuſe coagulée dans un lait aigri, ou que l'on examine la marche de quelques précipitations chimi-ques, où la matière avant de ſe pré-cipiter, reſté quelque tems ſuſpendue dans le fluide, ſous la forme de petits grains, ou comme des floccons de neige, & l'on aura à peu près une idée de la première formation des ſolides dans le globe de la terre. C'eſt pourquoi Wallérius penſe que le globe aqueux, après ces tems de coagulation & de concrétion, a probablement reſſemblé dans ſon intérieur à la brèche dont on a parlé ci-devant, où l'on voyoit ces élémens pierreux, ces glebes de différens volu-mes, nager dans un fluide, & inclinés ſur différens plans.

Telle eſt la forme intérieure que pré-ſenta probablement la terre dans les pre-miers tems ; les caractères des maſſes pier-reuſes étant différens, leur compoſition plus ou moins ſimple, elles ſe ſont pré-cipitées peu à peu & ſucceſſivement en raiſon de leur gravité ſpécifique, les unes par couches ou ſous la forme lamelleuſe, les autres ſimultanément & par maſſes plus grandes ; d'autres enfin par rognons col-latéraux, &c. De-là vient que les maſſes, compoſées de plus grandes particules, ſe ſont précipitées plutôt que les autres, lorſ-qu'elles n'ont pas rencontré d'obſtacles dans les maſſes inférieures, ou que les maſſes formées de particules plus petites & plus légères ſe ſont précipitées plus tard & ont occupé les parties ſupérieures. Ainſi lorſque les pierres mixtes ou les granits ne conſtituent pas une montagne toute entière, elles en forment ordinai-rement le fond : c'eſt ce que l'on a obſervé en Weſt-Gothland où le granit forme tou-jours la bâſe des autres rochers qui ſont placés deſſus.

Mais comme la force centrifuge tend perpétuellement à éloigner les corps du centre ou du diamètre, ces maſſes ont dû être retardées dans leur précipitation, ſubſiſter plus près de la ſurface, s'y accu-muler l'une ſur l'autre, ou l'une à côté de l'autre, autant que les eſpaces ont pu le permettre.

Il eſt donc probable que les maſſes mon-tueuſes ont été formées plus près de la ſurface que du centre, il en eſt donc réſulté plus de vuides au centre qu'à la ſurface où les grandes inégalités ſont reſtées & ſe ſont maintenues.

Lors de l'accumulation & de la con-denſation des maſſes primitives, les forces qui les maitriſoient ont dû faire que plu-ſieurs de ces maſſes ſe ſont briſées en fragmens de diverſes grandeurs, ſur-tout fi l'on y ajoute le mouvement des eaux. Les maffes plus petites fe font introduites dans des maffes plus grandes, ou fe font interpofées entre deux autres glebes. Celles dont la compofition étoit lamelleufe ont été obligées de fe placer en plufieurs endroits parmi d'autres maffes : ici dans une fituation perpendiculaire à l'horifon: là, dans une difpofition oblique : ailleurs dans un plan horifontal, felon les circonf-tances.

En fuppofant, par exemple, qu'une maffe de granit ait frappé en fe pré-cipitant l'extrémité d'une autre maffe lamelleufe qui nageoit dans l'eau, fur un plan horifontal, elle aura fans doute changé la direction de cette dernière maffe & l'aura contrainte de fe pré-cipiter par une ligne verticale ou oblique, entre différentes maffes, fuivant les diffé-rentes circonftances qui en ont modifié la marche.

Ceux qui croient que les montagnes, & en général le globe de la terre, font fortis des mains de Dieu avec la folidité, la denfité, & tous les affemblages de matières que nous y trouvons, ont pris la voie la plus courte pour rendre raifon de l'état actuel du globe. C'eft-là l'opinion de Rey, de Hook, de Moro, &c.; mais il étoit facile de faire voir que toutes les obfervations combattoient cette hypothèfe, & prouvoient clairement que les parties folides de notre globe, & les maffes mon-tueufes avoient été fluides & s'étoient enfuite confolidées ainfi qu'on l'a montré fort en détail.

Quelques-uns de ces naturaliftes ont effayé d'expliquer l'origine des montagnes par les éruptions des feux fouterrains. Léibnitz dans fa *Protégée* nous dit qu'il conçoit comment, lorfque la maffe du globe étoit liquide, l'action des agens fou-terrains a pu faire renfler fa furface de diverfes manières, &c.; mais cette hypo-thèfe fuppofe l'exiftence de la terre avant celle des montagnes; elle fuppofe même un foulevement où il n'y en a point eu, attendu que la précipitation feule paroît avoir eu lieu, fi l'on s'attache à l'ordre de la nature; enfin elle fuppofe une caufe active qui pouffe avec force du centre à la circonférence, & cela fans aucune preuve décifive de mouvemens auffi violens.

D'autres phyficiens ont imaginé qu'une diffolution de particules terreufes dans l'eau, fuivie d'une cryftallifation à la fur-face du liquide, avoit donné naiffance aux montagnes & aux folides. Wallerius fem-ble contefter cet état de diffolubilité des matières terreufes, à moins qu'on ne con-vienne d'attribuer cette propriété à l'eau primitive, & qu'elle n'ait été un menf-true univerfel en état de tenir en diffolu-tion toutes les parties folides. En effet, la plupart des corps qui conftituent les parties folides de notre globe font abfolument infolubles dans l'eau, & quelques-unes ne donnent même aucune prife au menftrue le plus fort. Cependant on peut répondre à cela qu'il y a plufieurs fortes de cryf-taux dont les particules élémentaires ont été néceffairement folubles dans l'eau, ainfi l'expérience eft en cela conforme à l'ob-fervation.

Wallerius prétend qu'on n'obferve nulle part les traces d'une précipitation fuccef-five dans les montagnes primitives. Cepen-dant il femble qu'il les auroit vues dans ces grandes cryftallifations de gneifs où il y a de ces intervalles de cryftaux qu'il faut bien diftinguer des fentes de deffication, que tant d'obfervateurs ou ignorans ou pré-fomptueux, ont prifes pour des couches; il eft d'ailleurs néceffaire d'admettre une fuc-ceffion dans la précipitation des matières d'une nature différente. Wallerius lui-même nous en fournit un exemple très-remarquable en nous citant des maffes de pierres posées sur d'autres. C'est ce qu'on observe sur-tout dans le West-Gothland où le *Trapp* est souvent placé sur le granit. Il paroît bien que ces masses ont été produites par une précipitation successive & qu'elles ont été accumulées les unes sur les autres lors de la formation des massifs qui composent actuellement nos montagnes ; c'est ce que Buffon a dit lorsqu'il remarque que dans certaines contrées il y avoit montagnes sur montagnes & rochers sur rochers.

Buffon & quelques autres écrivains ont fait concourir de différentes manières le flux & reflux de la mer, à la formation des montagnes ; mais ce système d'explication n'a rien de commun avec celui de Wallerius, puisqu'il ne peut avoir pour objet que les montagnes à couches, les montagnes du second ordre ; ce qui ne peut en aucune sorte contrarier ou combattre l'hypothèse de Wallerius, qui jusqu'ici paroît concentrée dans les caractères des montagnes primitives : ainsi ce que Wallerius objecte dans ces vues contre Buffon ne l'atteint pas.

Wallerius finit cet article par considérer, que toutes les particules terrestres produites & précipitées dans l'eau primitive, n'ont pas formé des rochers & des pierres. Toute la constitution du globe indique, selon lui, que les terres calcaires, argilleuses, & le sable ont été ensemble mêlés dans l'eau, mais que les particules de ces terres, comme plus petites & séparées les unes des autres, & conséquemment plus légères que les masses pierreuses, ont dû rester plus long-tems suspendues dans l'eau & se précipiter beaucoup plus tard. Il est vrai qu'on observe quelquefois ces terres inhérentes aux montagnes mêmes, soit en couches séparées, soit en masses plus ou moins grandes ; mais tout cela s'est organisé sans doute lors de la précipitation des masses lapidifiques qui ont entraîné ces terres dans leur chûte,

Jusqu'à présent personne n'a découvert d'autres couches dans l'organisation des montagnes primitives que celles dont nous avons parlé. Les sortes de matériaux plus mélangés que l'on rencontre dans d'autres positions & qui indiquent des arrangemens différens sont d'un âge postérieur.

§. VI.

Sur la séparation des eaux & des solides en grandes masses.

Wallerius expose ensuite ses idées sur la séparation des eaux & des solides. Il pense d'abord que la terre solide n'a pu contribuer à cette séparation ; elle n'a fait qu'abandonner à l'eau un espace suffisant où l'eau s'est naturellement portée. Il s'agit maintenant de savoir à quelle profondeur les parties solides de notre globe ont été sous les eaux. Moro supposant dans le principe des choses la terre couverte par une masse immense d'eau, soutient qu'après la séparation elle fut réduite à 175 perches de hauteur, tandis que les parties solides élevées par l'action des feux souterrains, commencèrent à paroître au-dessus des eaux. Buffon évalue à 500 ou 600 pieds la hauteur des eaux sur le premier fond solide de la terre, composé de scories & de fragmens de verre produits par une masse détachée du soleil, fondue, ensuite refroidie ; & il suppose cette hauteur dans le tems où le flux & reflux & les courans de la mer commencèrent à produire les inégalités de la surface de notre globe. Il appuie son système sur les observations minéralogiques, par lesquelles nous savons que les pétrifications se trouvent à cette profondeur dans les couches de la terre & sur-tout de nos montagnes. Quoi qu'il en soit de ces opinions, on ne peut pas douter que la quantité des eaux à séparer des parties solides n'ait été fort considérable. Wallerius frappé de ce grand volume, le réduit au tiers du globe. Il remarque de plus que cette grande quantité d'eau a été très-nécessaire avant cette séparation pour recouvrir les parties solides encore molles ; mais qu'ensuite elles se sont rassemblées dans les lieux les plus propres à les recevoir. Il y en eut outre cela une partie qui, par l'évaporation, se réunit à l'air. La partie la plus considérable alla occuper les cavités & les bassins où se trouvent nos mers. Ces inégalités primitives de la surface du globe peuvent embarrasser ceux qui s'occupent de l'arrangement de toutes ces choses. Voici cependant comment Wallerius imagine que ces lieux excavés ont pu se trouver à la surface du globe. Il est probable, dit-il, que les masses lapidifiques les plus pesantes ne se sont pas si également précipitées & condensées, qu'il ne se soit formé quelques inégalités entr'elles ou à leur surface. Puisqu'on suppose qu'elles se sont accumulées dans certaines contrées en plus grande quantité, & qu'ailleurs elles ne se sont précipitées qu'en plus petite quantité & en masses différentes, il est évident que les masses inférieures ont dû être inégalement comprimées en raison de la plus ou moins grande pesanteur des masses supérieures : or, toutes ces circonstances ont dû produire beaucoup d'inégalités.

Mais il n'est pas croyable, ajoute Wallerius, que toute l'eau dont le globe terrestre étoit couvert, & dont une partie se trouvoit encore au milieu des masses pierreuses & même dans leur intérieur, ait été réunie à la surface du globe & y ait trouvé de la place. Il n'est pas douteux qu'une partie de cette eau ne se soit réfugiée dans l'intérieur de la terre ; car suivant leur nature les eaux ont dû couler vers les bas aussi profondément qu'elles ont pu entre les masses pierreuses primitives qui, vu leur état de mollesse, n'ont pu opposer aux fluides une pleine résistance. On doit convenir aussi qu'une grande quantité d'eau adhérente & inhé-

rente aux terres & aux masses lapidifiques qui se sont précipitées a été entraînée avec elles. Toute cette eau n'a pu remonter sans que l'ordre naturel ait été interverti. Il suit de-là que tout l'espace vuide qui a dû se trouver au-dessous des masses *solidescentes* ou bien entr'elles, ou partout ailleurs, a été nécessaire pour recevoir les eaux & les contenir.

On a dit que la condensation & l'accumulation des masses pierreuses se sont opérées à la surface du globe ; c'est pourquoi Wallerius présume qu'au-dessous de ces masses placées çà & là, à-peu-près comme des voûtes, il a dû se former de grands espaces vuides propres à la réunion des eaux. Ces espaces vuides ont pu facilement être produits dès l'origine des choses, soit par la condensation plus grande vers la surface, soit par l'accumulation inégale des masses pierreuses, soit par la force des eaux courantes qui, en se précipitant, ont traversé ces masses encore molles, comme paroissent l'indiquer des cavernes qu'on voit dans le sein de quelques montagnes, soit enfin parce que ces eaux ont plus ou moins rongé la racine encore molle des montagnes, & l'ont plus ou moins séparée de la masse qui étoit au-dessus. En un mot, les cavités spongieuses que l'on voit dans plusieurs pierres ne nous permettent pas de douter que lors du desséchement des masses lapidifiques & du resserrement qui en a été la suite, il ne se soit formé des espaces vuides de différentes grandeurs, & que l'eau aura remplis. On voit que les agens employés ici par Wallerius sont très-compliqués ; cette considération l'engage à faire passer en revue les différens systêmes qu'on a imaginés sur les réservoirs d'eau souterrains, afin d'étayer son opinion de la leur. Van-Helmont s'étoit imaginé que notre globe ne consistoit qu'en un sable mêlé d'une eau centrale, renfermée sous une croûte terreuse & pierreuse. Kircher a placé auprès de son feu central des réservoirs d'eau fort abondans : il paroît si certain de ce qu'il suppose, qu'il en a donné la figure dans son monde souterrain. Hierne pour réunir ces deux circonstances ensemble, imagine une masse d'eau centrale de 300 milles suédois de diamètre, & bouillante, & il place au-dessus de cet abyme une terre intérieure, spongieuse, caverneuse, ensuite il fait passer entre l'abyme & le fond de la mer, des canaux & des conduits remplis d'eau ; & dans cette partie solide de la terre, il suppose encore d'autres abymes ou réservoirs d'eau où il a accumulé le sable vif de Van Helmont. *Woodward* ne s'écarte pas beaucoup de cette théorie dans son histoire naturelle de la Terre : il pense aussi que l'intérieur de notre globe renferme une masse immense d'eau qui communique par des conduits souterrains avec les eaux de la mer. *Burnet* suit une autre route : croyant que les solides les plus pesans ont pu seuls parvenir aux lieux les plus bas de la terre, il a imaginé pour le réceptacle des eaux un autre globe concentrique sous la croûte supérieure. L'hypothèse de *Whiston* n'en diffère pas beaucoup, car il a placé les sources de l'abîme non dans le centre, mais sur un noyau solide, central, au-dessous de la croûte terrestre, & pour que le jeu de ces eaux puisse s'exécuter sans inconvéniens, il est obligé de supposer que les deux fluides de ces sources ont une gravité spécifique différente. Léibnitz enfin, conformément à son système, le plus simple de tous, prétend que la masse du globe se resserrant par l'effet du réfroidissement, a dû contracter dans son intérieur des bulles ou cavités, semblables à celles que présentent les métaux fondus & refroidis ; en conséquence il établit de vastes cavités avec des voûtes immenses qui ne renferment que de l'air un peu chargé de vapeurs.

Telle est la substance de diverses opinions sur l'origine & la situation des réservoirs d'eau souterrains : elles s'accordent toutes

dans ce seul point qu'ils ont existé & existent encore.

§ VII.

Sur les différentes formes des grottes & des cavernes, & sur les circonstances de leur formation.

Wallerius passe ensuite aux grottes & aux cavernes que l'on trouve dans le sein de la terre, & particulièrement dans l'intérieur des montagnes. Il remarque d'abord qu'on les observe rarement au sommet des montagnes ; elles y sont plus ou moins profondes, à l'instar des puits creusés dans ces lieux élevés par les habitans qui y ont établi leur séjour ; leurs formes varient beaucoup quant à leur profondeur & à leur étendue. Quelquefois on y trouve des eaux comme dans les citernes, quelquefois aussi elles n'en contiennent pas. Lorsqu'elles sont profondes on leur donne le nom d'*abymes*. On en rencontre très-fréquemment dont l'ouverture se présente sur le flanc des montagnes, & qui ensuite s'étendent dans l'intérieur sur un plan horisontal : rarement cependant elles traversent toute une montagne. Dans leurs différentes parties, elles sont tantôt plus étroites & tantôt plus larges : là, elles s'enfoncent considérablement, ailleurs elles s'élèvent ; en un mot, elles n'ont pas de formes régulières ni constantes.

Toutes ces cavernes autant qu'on en peut juger d'après les différentes descriptions qu'on nous en a données sont, nonseulement de formes, mais encore d'âges différens. Quelques-unes ont été creusées par les hommes ; c'est ce qu'on peut dire du labyrinthe de Candie & de la grande carrière voisine de Maëstrich ; mais celles qui doivent nous intéresser davantage sont celles que la nature a formées & qui se trouvent en très-grand nombre. Au reste, il est aisé d'y reconnoître les différentes manières dont elles ont été excavées, soit

par

par la ftructure de la voûte, foit par la forme des parois & du fond, détails qu'on n'a point encore fuffifamment obfervés jufqu'à préfent. Voici quelques remarques que joint Wallérius à ces obfervations générales & préliminaires.

1°. Il croit que l'origine de quelques cavernes remonte jufqu'à celle des montagnes primitives. Wallérius penfe qu'elles peuvent avoir été formées par la précipitation inégale des maffes lapidifiques d'où eft réfultée leur irrégularité, ou bien qu'elles font la fuite du deffechement qui a fuivi cette précipitation. Effectivement, on conçoit que des maffes pierreufes s'étant refferrées dans des efpaces plus petits, ont laiffé entr'elles différentes cavités qui ont dû prendre des formes affez réguliè-res; les unes ont celle d'une fphère exacte, les autres celle d'un canal cylindrique ou même angulaire : d'autres fe font étendues fur des plans horifontaux; enfin, les autres fe font portées dans des directions perpendiculaires à l'horifon.

Wallérius croit qu'il eft facile de recon-noître toutes ces fortes de cavernes, parce que ni leurs voûtes, ni leurs parois, ni leurs fonds ne préfentent aucuns veftiges de maffifs brifés, ni aucuns débris de rochers. Au contraire, il nous affure que toutes ces différentes dimenfions offrent les formes les plus égales & les plus régulières; on n'y apperçoit ni fentes, ni fractures quelconques, ni aucuns éboulemens confidé-rables. Souvent auffi les voûtes & les parois font ornés de cryftaux quartzeux; ce que Wallerius confidère comme une preuve que ces cavernes ont été formées, lorfque les montagnes étoient encore dans un certain état de molleffe, ou tout au plus tard pendant le tems qu'a duré leur deffechement. Telles font les cavernes horifontales que l'on trouve en Dalécarlie, dans la montagne calcaire de Schifleklacken en Norrberke. Leur furface intérieure eft comme polie, & elles font entièrement

femblables aux petites cavernes Drufiques qui font en très-grand nombre dans cette montagne. Wallérius cite auffi dans cet ordre de cavernes primitives, les cavernes verticales de Rake & de Limur en Norwege: le canal qui traverfe la montagne de Torghatten auffi en Norwege; le canal qui paffe par la montagne de Flimfer en Suiffe; la caverne verticale de Saint-Pa-trick en Irlande. Il eft impoffible, fui-vant lui, que les eaux courantes intérieures aient pu former ces cavernes perpendi-culaires à l'horifon ou même horifonta-les, après le deffechement des montagnes, & que cet agent ait pu excaver ainfi les rochers les plus durs. Il croit que les cataractes des fleuves prouvent le peu d'effet que produifent les eaux, même en tombant de fort haut & continuellement fur les rochers qui fe trouvent expofés à leur chûte.

2°. Les cavernes d'un âge poftérieur ont une toute autre origine : les unes peuvent être attribuées à l'eau diffolvant & emportant beaucoup de matières ren-fermées dans les montagnes, fur-tout dans celles du fecond ordre, & particulière-ment dans les endroits où les fentes & les crevaffes ont pu permettre aux eaux de pénétrer jufqu'aux débouchés, & d'en fortir librement. Jerome de Hirnheim penfe que les grottes de Moravie ont été excavées de cette manière : les autres proviennent très-probablement des déblais fucceffifs produits par les eaux au pied des montagnes : ces eaux ayant empor-té dans leurs cours les particules terref-tres fablonneufes ou argileufes qui for-moient les bâfes de ces maffes. Ces bâfes une fois excavées, la maffe furincumbente a néceffairement obéi à fon poids, s'eft fendue & précipitée dans le vuide qui a été formé.

C'eft probablement ainfi qu'ont été formées quelques cavernes: ce qu'indiquent affez les débris de rochers & de pierres inclinés les uns sur les autres & dont leurs voûtes sont composées. Il est vrai que les voûtes & les parois de quelques autres sont restées en entier ; mais ailleurs des masses considérables se sont détachées & précipitées tout-à-coup & résident sur le fond de ces grottes ou entières ou en débris. Telle est l'origine de la caverne de Balsberget en Scanie, & celle de Sutzbach dans le Haut-Palatinat. Au reste, nous connoissons en France ces sortes de *cavernes*, où elles ont été bien décrites : c'est aussi d'après ces motifs que je crois devoir renvoyer à l'article du dictionnaire qui les concerne, où tout ce qui a pour objet leurs formes & leur formation se trouvera décrit avec autant d'exactitude que de précision.

Qu'il y ait des cavernes ou abîmes formés par les volcans, c'est ce dont Wallérius ne paroît pas douter. Il pense que les traces de cette origine sont très-frappantes & très-étendues. Il semble adopter l'opinion de Tournefort qui croit que les gouffres du mont Ararat n'en reconnoissent point d'autres ; ces sortes de cavernes doivent avoir, selon ces auteurs, la figure d'un cône renversé du moins à leur ouverture ; mais on ne peut pas en conclure que l'intérieur de la montagne doive avoir de grands vuides. Au reste, avant de prononcer sur l'existence d'un ancien volcan, il faut rassembler plusieurs indices avec lesquels peu de naturalistes sont familiarisés. Des pierres & des rochers noircis ne signifient absolument rien de favorable à cette conjecture, à moins qu'on ne trouve dans le voisinage des laves, des scories, &c.

Il est aussi probable que les tremblemens de terre violens, sur-tout dans les pays méridionaux où ils sont plus fréquens, ont produit des cavernes ; mais la plus grande partie des cavernes doit être attribuée, sans contredit, suivant l'opinion de Wallerius, aux secousses violentes & générales qui eurent lieu dans tout le globe au tems du déluge universel qui, portant par-tout la destruction & le désordre, occasionna une infinité de grottes & de cavernes.

La structure intérieure des cavernes les moins anciennes se distingue par la forme de leurs voûtes, qui sont composées de fragmens de pierres inclinés sans ordre les uns sur les autres : leur fond sur-tout qui est encombré de débris détachés des voûtes, offre les plus grandes inégalités ; outre cela les parois ainsi que les voûtes de ces cavernes sont le plus souvent revêtues & embellies par des stalactites & des incrustations dont les variétés ont jusqu'à présent fort occupé les observateurs qui n'ont pas porté au-delà leur examen.

§. VIII.

Sur les effets des eaux courantes en grandes masses à la surface du globe, & en particulier sur les formes extérieures des montagnes de différens ordres.

Wallérius considère ensuite les effets qu'ont du produire les eaux sur les parties solides du globe, & sur-tout les plus molles, en se précipitant en très-grande abondance & avec impétuosité. Nous nous sommes occupés jusqu'à présent des excavations que ces eaux ont produites à la surface & même dans l'intérieur de la terre ; mais cet examen ne suffit pas, il nous reste à présenter ici, & bien en détail, d'autres effets aussi remarquables qu'on ne peut attribuer qu'au mouvement & à l'action des eaux.

1°. Il est vraisemblable que les eaux circulant de toutes parts, ont eu assez de force pour diviser & entraîner les masses montueuses les plus molles & qui se trouvoient placées dans une position particulière lors de la séparation de l'eau d'avec les folides. Il eſt également probable que leur action a été aſſez vive pour leur ouvrir des routes à travers ces maſſes. Ne ſommes-nous pas ſouvent témoins de phénomènes ſemblables, lorſque les torrens renverſent tous les obſtacles qui s'oppoſent à leurs cours & entraînent les terres, les pierres, qui ſont ſur leur paſſage, à des diſtances conſidérables? C'eſt à la ſuite de ces déſaſtres que les chaînes des montagnes primitives ont pris leurs formes ondulées. En effet, elles ſont compoſées par-tout de maſſes élevées, ſéparées par des vallées profondes qui paroiſſent être clairement l'ouvrage de l'eau.

Il y a lieu de croire que dans quelques endroits les maſſes montueuſes entières ont non-ſeulement été ſéparées par des courans d'eau, mais encore que les matériaux qui en formoient la jonction, ont été pouſſés en avant, & que c'eſt à la ſuite de ces déplacemens que proviennent les branches latérales des montagnes. En Suède & dans les contrées du Nord, ces branches s'étendent davantage vers l'Orient que du côté de l'Occident. Wallérius imagine que cette différence peut dépendre du mouvement de rotation de la terre autour de ſon axe, qui ſe fait d'Orient en Occident. Cependant il ſemble porté à croire que peut-être lors du déluge univerſel, les ſecouſſes violentes de la terre ont briſé & détruit les branches de montagnes qui s'étendoient vers l'Occident. Les ſinuoſités & les golfes irréguliers qu'on y rencontre ſi fréquemment, cette multitude d'iſles qui s'y trouvent diſperſées, & enfin les montagnes qu'y couvrent les eaux, favoriſent ces conjectures. Au reſte, les hypothèſes qu'on pourroit former ſur la marche des eaux dans le déluge, ne paroiſſent pas de nature à nous fournir des conſidérations propres à être généraliſées, comme il ſeroit néceſſaire de le faire pour donner la ſolution de toutes ces difficultés. Quant à l'origine des branches primitives & ſecondaires des mon-

tagnes, Wallerius eſt porté à croire qu'elle dépend de l'action des eaux qui ſerpentent dans des lits plus ou moins réguliers & dont les angles correſpondans ſont plus ou moins ſuivis. D'après cela, il eſt difficile d'imaginer que dans ſon origine cette direction ſinueuſe n'ait pas été la même qu'aujourd'hui. En effet, il eſt impoſſible de ſuppoſer que les maſſes des montagnes aient pu être précipitées au milieu de l'eau primitive avec autant de régularité que le ſuppoſe Wallérius. Il eſt donc néceſſaire d'avoir recours à l'action des eaux courantes pour expliquer les formes correſpondantes de leurs croupes.

Il eſt vrai qu'on n'obſerve pas cette régularité des formes extérieures dans toutes les branches & dans les rameaux qui en dépendent; mais il ſuffit qu'on l'obſerve le plus communément, pour établir comme un principe général l'action des eaux courantes qu'on y a fait intervenir. Lorſque les croupes ne ſont pas correſpondantes, il faut attribuer cet effet à une autre cauſe accidentelle qui a dérangé la direction des branches.

Les courans d'eau violens ont également déterminé la direction des branches des montagnes tranſverſalement aux chaînes; ainſi lorſque les chaînes s'étendent du Midi au Nord, les montagnes qui les compoſent ſont dirigées d'Orient en Occident, & vice verſâ. On peut croire auſſi que les eaux dans leurs mouvemens ont embraſſé les divers contours des montagnes, & leur ont donné ces formes convexes & arrondies que préſentent leurs ſurfaces. Ces effets ont été produits viſiblement par les eaux qui ſe ſont précipitées de toutes parts & qui ont détaché les protubérances de chaque côté; on reconnoît même aiſément que ces ſurfaces polies des montagnes, dépendent dans quelques endroits des eaux de pluies ou de neiges fondues. Par-là même que les eaux ont poli la ſurface des montagnes, il est probable qu'elles en ont détaché en même-tems des fragmens considérables, & que de ces fragmens, quelques-uns ont été réduits en sables par le mouvement continuel des eaux; les autres débris subsistent dans leur entier, mais les eaux en ont tellement rongé les angles qu'elles leur ont donné une figure arrondie ou ovale, &c. Ce sont ces fragmens polis & endurcis avec l'intermède des sables ou de l'argille qui ont formé les pierres aggrégées, les brèches & les poudingues; & ceux qui sont restés dispersés dans les plaines ont formé les différentes pierres isolées, les roches siliceuses, quartzeuses, calcaires, argilleuses, &c. que l'on rencontre partout. Wallérius croit que ces pierres & ces cailloux n'ont pas reçu leur forme arrondie & polie de leur continuelle agitation & balottement dans l'eau, sur-tout après leur endurcissement complet : que les sables qui sont de la même date que les différens cailloux arrondis & qu'on trouve assez souvent mélangés avec eux, indiquent que les plus petits fragmens & les plus petits grains pierreux ont été détachés des grandes masses encore molles.

Souvent les collines sablonneuses sont situées de manière que d'un côté elles ont devant elles une région champêtre d'une surface fort unie, & vers laquelle elles sont inclinées, pendant que de l'autre elles correspondent à une région montueuse, fort élevée, vers laquelle elles s'étendent moins & sont moins inclinées. Ainsi, la province champêtre de Scanie est au Midi des collines de Hallands-Ahs & Getaryggen, tandis que de l'autre côté est la région élevée du Smoland. La colline d'Upsal regarde d'un côté une plaine, variée par des champs cultivés & des prairies, & de l'autre une forêt élevée : il en est de même de la colline de Langasen en Upland; de celle de Tiula-Ahs en Sudermanie, & de la colline sablonneuse sur laquelle est construite la ville de Strengnes. On ne peut pas établir à ce sujet une règle

générale; car dans quelques autres endroits, on trouve des régions champêtres des deux côtés des collines, & dans ce cas on observe que leur pente est égale de part & d'autre, quoiqu'elles n'aient pas partout une égale hauteur. Dans quelques endroits les collines semblent avoir été coupées & séparées par les eaux courantes, & il paroît qu'elles doivent être considérées comme une continuation de celles qui occupent de grands trajets sans aucune interruption; quant à leur composition, il est visible qu'elle est postérieure à celle des montagnes, puisque le sable qui en forme toute la masse est un débris de ces montagnes.

De cette considération on peut avec assez d'assurance déduire l'origine de plusieurs pierres & montagnes sablonneuses, en supposant qu'elles ont été formées avec le sable rassemblé en certains lieux par les eaux, où il s'est étroitement uni & endurci en masses quelconques, lorsqu'il n'a pas été déposé par couches comme on le rencontre dans de grandes contrées. Ainsi, l'on voit que toutes les montagnes sablonneuses n'ont pas la même antiquité; mais Wallérius est porté à croire que les pétrifications ou dépouilles d'animaux marins prouvent qu'elles datent de la grande catastrophe du déluge.

Quand les eaux prirent leur écoulement dans l'intérieur de la terre, elles s'ouvrirent des issues plus ou moins larges sur des p'ans verticaux ou horisontaux à travers la masse encore molle des montagnes, & sur-tout au milieu de celles où les eaux ont éprouvé une moindre résistance; ensuite ces canaux sont restés ouverts pour servir à la circulation souterraine des eaux, ou bien ont été remplis de matières minérales ou lapidifiques qui y ont été entraînées & déposées par les eaux. Telle est l'origine des veines métalliques & pierreuses, soit dilatées, soit en rognons; car tous ces phénomènes indiquent que ces dépôts ont été faits après les montagnes, & lorsque leur con-

fiſtance étoit encore molle. Ce qui pourroit établir cette opinion, c'eſt que les
veines métalliques ne prennent pas d'accroiſſement dans une matrice ou roche
endurcie, encore moins ont-elles pu y
être diſperſées ou mêlées pour s'y trouver enſuite en petits grains, en monceaux,
en globules, &c. vu qu'il leur eût été
impoſſible de pénétrer un corps dur &
ſolide. *Voyez* les *élémens de métallurgie*
de Wallerius, page 89 & ſuivantes.

Il eſt facile de comprendre par ces
détails d'où proviennent ces couches
métalliques ou pierreuſes que l'on rencontre quelquefois dans l'intérieur des
montagnes & même dans les veines qui
y réſident, comme il y en a pluſieurs
exemples.

Il eſt vrai cependant que pluſieurs phyſiciens & naturaliſtes ont adopté une autre
opinion ſur l'origine des veines métalliques, en ſoutenant que ces veines y ont
été formées en même-tems que les montagnes. Ils appuient leur opinion en partie
ſur les montagnes entièrement métalliferes,
comme celles de Taberg en Smoland, de
Kerunovara & Luoſavara dans la Laponie,
de Torneo, & en partie ſur les veines
qui ſont tellement larges & épaiſſes
qu'on ne ſauroit les regarder comme produites par les eaux courantes intérieures
& encore moins comme ayant rempli des
fentes & des crevaſſes lors du deſſéchement général. Ils citent pour exemple,
la montagne de Gellivara dans la Laponie de Lula, la mine de Rammelsberg
en Allemagne, &c.; mais Wallerius penſe
qu'en montrant la préexiſtence des montagnes & leur état de molleſſe, lorſque les
dépôts des veines métalliques ont été formées, on a détruit entièrement cette
opinion. D'ailleurs, rien n'a pu empêcher les eaux de faire des ouvertures &
des excavations ici plus larges & plus
vaſtes, & là plus étroites. Enfin Wallerius ajoute que ces montagnes métalli-

feres qu'on lui objecte & que nous voyons
élevées au-deſſus de la ſurface de la terre
étoient dans les premiers tems entièrement
enſevelies dans l'intérieur avant le grand
bouleverſement qu'il attribue au déluge
univerſel.

§. IX.

Sur la formation des veines & des filons métalliques.

D'autres perſonnes fort inſtruites en
minéralogie conſidèrent les veines métalliques comme ayant pour origine des
fentes & des crevaſſes que Becker & Bourguet attribuent à la deſſication, Whiſton
à l'endurciſſement, Léibnitz à la vitrification & à la chaleur intérieure; mais
Wallerius croit pouvoir contredire toutes
ces hypothèſes par les obſervations ſuivantes. 1°. Les veines qui occupent des
maſſes montueuſes entières ſur une largeur
& une épaiſſeur immenſe, ne ſauroient
être conſidérées comme ayant rempli de
ſimples fentes ou des crevaſſes fort étroites.
On en peut dire autant des veines paralléles d'une même montagne. 2°. On a fait
voir que les veines datoient du tems où les
montagnes n'avoient pas pris encore une
certaine conſiſtance : alors la deſſication
n'a pu avoir lieu, tant que les montagnes
ont été ſous les eaux. Au contraire, les
habitans des montagnes & les mineurs ont
fréquemment obſervé que des fentes produites par le deſſéchement, avoient briſé
& ſéparé les veines, preuve certaine
que ces veines ont exiſté avant le deſſéchement & avant les fentes qui en ont été
la ſuite; 3°. Les fentes & les crevaſſes
ſe rétréciſſent inſenſiblement à meſure
qu'on deſcend plus profondément dans le
ſein de la terre, & au contraire elles s'élar-
giſſent vers la ſurface en raiſon de la convexité des montagnes; mais les veines
métalliques ſe comportent bien autrement,
car elles ſont ſouvent plus grandes & plus
larges à la partie inférieure qu'à la ſupérieure,

& souvent même elles font également puissantes des deux côtés. 4°. Les fentes & les crevasses s'étendent ordinairement en ligne droite entre les deux parois; les veines au contraire offrent dans leur marche & dans leur allure plusieurs nœuds, plusieurs contours & plusieurs rognons. 5°. Les fentes & les crevasses font ordinairement ouvertes aux deux extrémités, ou du moins offrent des vestiges d'ouvertures lorsque les montagnes font brisées; mais c'est ce qu'on observe rarement dans les veines, qui le plus souvent se terminent dans le sein des montagnes par des extrémités fibreuses.

Henckel, très-habile minéralogiste, dit que les veines ont été produites lorsque les eaux ont été séparées des parties sèches de la terre, & il est en ce point du même avis que Wallérius, qui pense d'ailleurs qu'après la génération des veines, il a pu se former, lors du dessèchement, des fentes & des crevasses dans lesquelles il y a eu des dépôts de mines; mais il veut qu'on distingue les crevasses des fibres des veines, car ces fibres procèdent des veines mêmes, & tirent probablement leur origine de l'action des eaux, au lieu que les crevasses dépendent particulièrement de la rupture des montagnes, & ne paroissent avoir aucune communication avec les veines.

§. X.

Sur les differens systèmes des couches sablonneuses, argilleuses, marneuses, crétacées & de gravier qui règnent à la surface de la terre, & sur leur distribution relative.

On a dit précédemment qu'une partie des terres primitives, calcaires, argilleuses, & sablonneuses a été précipitée en même-tems que les masses des montagnes, & qu'elles y ont été interposées & incorporées tantôt par couches, tantôt sous forme de rognons ou glebes, plus petites ou plus grandes;

mais les lois de l'hydrostatique, telles que les interprète Wallérius, lui donnent lieu de croire que la plus grande partie de ces terres est restée en grains séparés, suspendus dans les eaux, à raison de leur ténuité & de leur légéreté, jusqu'à ce qu'un mouvement plus lent ou même surtout le repos, ait permis aux eaux de les déposer. Ces terres qui se font ainsi précipitées les dernières, ont dû nécessairement couvrir les montagnes sur une plus ou moins grande épaisseur. Ces terres qui constituent la surface de notre globe, si l'on excepte cependant les terres adventices, font aujourd'hui plus ou moins mêlées, les unes aux autres, de manière cependant qu'elles forment des couches séparées dont l'épaisseur n'est pas toujours la même. Ces couches ne consistent guères qu'en argille & en sables; les couches sablonneuses occupent les parties inférieures; elles font plus fréquentes & plus épaisses dans les plaines & dans le voisinage de la mer.

Les couches argilleuses dominent dans les endroits élevés & dans les vallées: & quelquefois dans les petites collines l'argille est établie sur le gravier.

La terre calcaire, ou la craie qu'on peut considérer comme une terre calcaire lavée, n'alterne jamais ou très-rarement avec les couches argilleuses, mais ordinairement avec le sable ou les silex dans les lieux voisins de la mer, & dans les collines d'une hauteur très-variée: mêlée avec l'argille, elle constitue la marne, & alors elle alterne plus souvent avec l'argille dans les lieux élevés, sur le penchant ou aux pieds des montagnes; en un mot, dans le voisinage des chaînes de montagnes: rarement au contraire la marne alterne avec le sable.

Le gravier ne se rencontre presque que dans les lieux élevés où on le voit dispersé sur les sommets des montagnes. Ainsi, lorsqu'on trouve du gravier, on peut être assuré

qu'il y a une montagne au-deſſous. Telle
eſt à-peu-près la ſurface de la terre au-
deſſous du terreau & de la tourbe ; mais
on peut douter que toutes ces diſpoſitions tiennent à l'origine des choſes.
On peut même douter que ces aſſertions
de Wallérius puiſſent être applicables à
beaucoup de contrées & généraliſées
comme des principes ; ſeulement on
peut dire que ces diſpoſitions des différentes natures de terres ont lieu dans les
contrées que cet habile minéralogiſte a
viſitées.

On n'a jamais fait de fouilles plus
conſidérables que celle du puits d'Amſterdam, dont parle Varénius dans ſa Géographie générale ; c'eſt-à-dire, qu'on n'eſt
jamais parvenu a une plus grande profondeur que 232 pieds, dont on ait
ſuivi & noté les couches, en déterminant
la nature de leurs matériaux. Il réſulte
de cet examen, que la couche argilleuſe
inférieure, avoit ſelon les uns 120 pieds,
& ſelon les autres 70 pieds d'épaiſſeur ;
on a creuſé juſqu'à 31 pieds la couche
ſablonneuſe qui étoit au-deſſous ; mais on
n'a pu aller plus loin & connoître ſa profondeur. En raſſemblant nombre d'obſervations faites ſur les couches en quelques
endroits de la Suéde, de l'Angleterre, de
la France, de la Hollande, de l'Allemagne, de l'Italie, de la Livonie & ailleurs,
Wallérius croit y avoir reconnu que les
couches ſupérieures ne s'étendoient jamais
à la même épaiſſeur que les couches inférieures du puits d'Amſterdam. Rarement
les couches ſupérieures ſont-elles épaiſſes
de 20 pieds ; le plus ſouvent elles n'en
ont que 4 ou 5, & quelquefois elles vont
juſqu'à 10 ou 12 pieds : d'où Wallérius eſt
porté à croire que les deux couches inférieures du puits d'Amſterdam doivent être
regardées comme primitives, & qu'avant
le déluge les montagnes n'ont été couvertes
que de ces deux couches entre leſquelles
la couche ſablonneuſe a été placée.

La différence en gravité ſpécifique dans

ces couches, où les plus légères ſont
quelquefois au-deſſous des plus peſantes,
n'indique-t-elle pas que ces terres n'ont
pas été précipitées en même-tems, ce qui
a dû ſe faire cependant dans les premiers
tems ? Les coquillages que l'on trouve
juſqu'à 70 ou 80 pieds de profondeur
dans les couches argilleuſes, n'atteſtent-ils
pas que les couches ſupérieures de la terre,
à cette profondeur, ſont d'un âge poſtérieur, du moins dans l'endroit où l'on
rencontre ces coquillages ? Wallérius penſe
que cela prouveroit l'inutilité du travail
de ceux qui veulent juger de l'origine
du globe par l'état actuel de ſes couches.
Il croit outre cela, qu'il eſt difficile de
dire quelque choſe de poſitif ſur la
ſituation primitive des terres à la ſurface du
globe ; cependant il ſemble qu'on peut
conclure, avec quelque probabilité, de la
ſituation actuelle des terres, que les terres
primitives ont d'abord eu des couches
convenables à leur nature en plus ou moins
grande quantité. Ces ſtratifications ſe ſont
faites par l'aſſemblage & l'aggrégation des
différentes particules terreſtres dans les
différens amas d'eau, ou par couches
diſtinctes & ſéparées, ou par aggrégations
collatérales. Dans le premier cas, elles
n'ont pu que ſucceſſivement & par gradation ſe dépoſer dans la même ſituation
reſpective qu'elles avoient au milieu des
eaux, & dès lors le repos ou le rallen-
tiſſement du mouvement de ces eaux a
été néceſſaire pour que cette précipitation
s'opérât. Dans le ſecond cas, les aggrégations ont été formées par l'eau chargée
de particules terreſtres, par une précipitation un peu retardée, ſur les maſſes pierreuſes, & dans quelques réduits qui lui ont
ſervi de réceptacles, & d'où elle n'a pu
prendre ſon écoulement que périodiquement, tantôt ſur une pente, tantôt ſur une
autre, en raiſon du tems où elle y étoit
parvenue.

Dans cette hypothéſe les couches inférieures, ſablonneuſes ou argilleuſes, ſont
néceſſairement devenues plus épaiſſes,

favoir en proportion de ce que l'eau étoit chargée au commencement d'une plus grande quantité de terre ; & leur moindre épaisseur a dépendu aussi de la diminution successive de ces particules terrestres qui a fait diminuer le dépôt terreux ; c'est-à-dire que l'épaisseur des couches a été en raison de l'accroissement ou de la diminution des particules terrestres dans l'eau où elles se trouvoient suspendues. On voit par ce que nous avons dit, que le sable dont la pesanteur spécifique surpasse celle de l'argille ou de la craie, a dû être précipité le premier, & se trouver au-dessous de ces substances, comme on le trouve encore aujourd'hui dans plusieurs circonstances.

Il convient d'indiquer ici l'état des différentes couches terreuses, d'après les observations que l'on a faites dans diverses contrées, afin qu'on puisse savoir à-peu-près à quoi on doit s'en tenir sur leur origine.

1°. Les *couches sablonneuses* sont, comme on l'a dit, plus fréquentes que toutes les autres ; elles occupent non-seulement la plus grande partie des plaines & des bords de la mer, mais encore dans les lieux élevés elles constituent les collines grandes & petites. De plus, on les trouve quelquefois renfermées dans les montagnes même à une assez grande profondeur.

Dans les endroits où elles sont divisées par des matières étrangères, c'est ordinairement avec des couches argilleuses qu'elles alternent, tantôt mais plus rarement avec des couches marneuses, tantôt avec des couches crétacées le long des bords de la mer, quelquefois aussi par des fossiles étrangers : & réciproquement entre les couches argilleuses & marneuses, on trouve presque toujours une légère couche de sable.

On doit observer que ces *couches sablonneuses* sont quelquefois plus ou moins sèches, quoiqu'elles ne le soient pas entièrement : quelquefois elles sont plus humi-

des : ici on les trouve dans un certain état de mollesse ; ailleurs elles sont dures & compactes. Dans les couches sablonneuses les moins profondes sont ensevelis des fragmens de pierres de différentes grandeurs, & dans les lieux élevés ou voisins de la mer, il y a souvent des coquillages, même à une grande profondeur.

2°. Les *couches argilleuses* sont en plus grand nombre & plus épaisses dans les régions montueuses, au pied des montagnes & dans les vallées, qu'en aucun autre endroit, à moins qu'elles ne soient dans les autres lieux à une très-grande profondeur. Dans les contrées basses & marécageuses l'argille est immédiatement dessous la tourbe ou le terreau, ou sous une autre terre mixte ; quelquefois elle porte sur des couches de sable ou de gravier; mais le plus souvent elle se trouve au-dessous ; & ce qu'il y a de remarquable c'est qu'on rencontre aussi ces *couches argilleuses* dans les parties inférieures des collines sablonneuses, comme on le voit dans la colline sablonneuse d'Upsal, & dans d'autres collines de même nature observées en Angleterre & ailleurs. Souvent aussi les couches argilleuses se trouvent entre des couches sablonneuses; mais dans les montagnes elles sont placées tantôt entre des bancs de pierres sablonneuses, & tantôt entre des lits de pierres schisteuses.

On ne trouve guères dans ces couches de fragmens pierreux, à moins qu'ils ne soient dispersés à leur superficie. Quelquefois cependant on y rencontre des végétaux qui sont dans l'intérieur ou dessous ces couches; mais on y voit rarement des coquillages ou d'autres fossiles, à moins qu'elles ne soient très-profondes. Au reste, Wallérius ne parle ici que des pays qu'il a vus, car ailleurs il y a de grandes exceptions à ce sujet.

Outre les couches argilleuses dont on
vient

vient de parler, on doit ajouter qu'il y a aussi quelquefois des masses d'argille dans les chaînes de montagnes, ou renfermées dans des veines qui leur sont propres ou plus ou moins mêlées, plus ou moins durcies autour des veines métalliques, & quelquefois même imprégnées de particules métalliques. Les exemples qu'on a rapportés prouvent que l'argille est du même âge que les veines métalliques & jettent un grand jour sur ce que l'on a dit dans le paragraphe précédent.

3°. Les *couches marneuses*, quelquefois étendues au-dessous du terreau, mais plus souvent entre des couches argilleuses, se trouvent dans les lieux les plus bas & au pied des montagnes & des collines, & dans quelques endroits elles reposent sur les couches sablonneuses.

4°. Les *couches crétacées* sont le plus souvent superficielles, rarement les trouve-t-on dans l'intérieur des terres, si ce n'est sur les bords de la mer & dans des lieux peu élevés, où elles reposent entre des couches sablonneuses, ou ce qui est assez étonnant, quelquefois entre des couches de tourbe. Wallérius doute qu'on puisse les trouver sous des couches argilleuses. Elles forment, au reste, comme on l'a déja dit, avec la pierre à fusil, des couches alternatives comme l'a indiqué *Abilgaard*. On trouve ordinairement dans les couches crétacées des morceaux de silex d'une forme bizarre & des pétrifications marines.

5°. Les *couches de gravier* sont plus fréquentes dans les endroits montueux; on les y trouve à la superficie des montagnes. Wallérius doute qu'on puisse les trouver au-dessus de l'argille; elles reposent seulement au-dessous, ainsi qu'on l'a déja dit; il ne croit pas non plus qu'on ait rencontré les couches de gravier alternant avec les autres couches calcaires ou marneuses. On n'y rencontre point de pétri-

fications ou corps étrangers, mais seulement une grande quantité de fragmens de pierres.

Ainsi, la marne, ni le gravier ne sauroient être comptés parmi les terres primitives. On sait d'ailleurs qu'il n'y a pas de terres de nature différente de celles dont on vient de parler.

§. XI.

Conjectures sur la constitution physique de l'intérieur du globe.

La nature ne nous a permis d'observer l'intérieur du globe qu'à une profondeur assez petite, & qui n'est que peu sensible relativement au diamètre de la terre. On ne peut donc presque rien dire de certain ni de développé sur sa structure intérieure; mais Wallérius, ainsi que plusieurs naturalistes, est porté à croire que l'intérieur de la terre n'est pas autrement construit que les parties de sa surface que nous avons pu visiter. C'est pourquoi on ne doit pas s'étonner qu'il cherche à appuyer cette opinion à cet égard sur des conjectures auxquelles plusieurs circonstances donnent plus ou moins de probabilité. Il commence par considérer la régularité du mouvement diurne & annuel de notre globe, toujours égal, toujours semblable à lui-même, comme une preuve qu'il ne sauroit être vuide intérieurement, & que les particules élémentaires qui le composent vers le centre sont indubitablement de même nature que celles qu'on peut reconnoître à sa surface. D'ailleurs, l'origine du globe, telle que Wallérius l'a décrite, vient à l'appui de ces suppositions. On doit se rappeller qu'il a montré précédemment que dans toutes ses parties le globe a été produit par la même matière aqueuse & que les mêmes glebes accumulées ont concouru à la composition des masses montueuses,

H h h h

& que par conféquent il doit fe reffembler partout.

On a obfervé d'ailleurs qu'au milieu des maffes de montagnes auffi bien que vers leur furface, il s'étoit formé des profondeurs & des cavernes propres à recévoir les eaux, & creufé un grand nombre de canaux & de conduits fouterrains pour leur communication intérieure. Il eft probable d'ailleurs que le deffechement & le refferrement des parties qui a eu lieu en conféquence, ont produit auffi plufieurs efpaces vuides. Ces cavernes étoient dans l'origine des chofes & font encore abfolument néceffaires, tant pour contenir les eaux qui pénètrent du déhors que pour entretenir la circulation de celles qui réfident dans les couches voifines de la furface. En effet, on pourroit demander où fe feroit écoulée toute l'eau dont le globe terreftre étoit couvert au troifième jour de la création, & dont une grande quantité fe mêla aux maffes des montagnes & aux terres encore molles, s'il n'y avoit pas eu des réceptacles pour ces eaux? Où fe feroit écoulée l'eau du déluge s'il n'y avoit pas eu de cavernes propres à la recevoir? Les cavités & excavations vaftes & profondes qui font actuellement à la furface de la terre, & qui forment les baffins de toutes nos mers, n'auroient pas fuffi pour la retraite d'une fi grande quantité d'eau.

Wallérius, non-feulement fe borne à ces reffources, mais il croit qu'on ne peut pas fuppofer près du centre de la terre un vuide ou une profondeur immenfe deftinée à des eaux centrales, & qu'il faudroit alors que tout le globe fut percé de plufieurs canaux de communication, paffant par le centre. Au refte, les principes de l'hydroftatique apprennent jufqu'à quel point une femblable circulation du centre à la circonférence, eft vraïfemblable ou poffible; mais laiffons-là la marche des eaux & leur travail dans l'intérieur du globe, que nous ne pouvons vérifier par obfervation.

Quelques phyficiens ont imaginé qu'un aimant énorme étoit renfermé au centre de la terre; mais on ne peut former aucune queftion fur l'exiftence de cet aimant, parce qu'on ignore encore en quoi confifte la force magnétique; fi cette force magnétique a un rapport intime avec l'électricité; fi la chaleur folaire & fouterraine ont de l'influence fur elle; fi elle peut déployer fon activité à travers la maffe folide de la terre, jufqu'à 1200 milles fuédois; fi la force magnétique peut être confidérée comme une force cofmétique particulière communiquée à la terre, & qui obferve une certaine direction, comme la force de la pefanteur qui agit de la fuperficie au centre du globe.

Nous avons la même incertitude fur ce qu'on a dit & imaginé relativement au feu central. Celui des volcans ne s'étend pas certainement à une grande profondeur & tient par rapport à fes effets à des caufes purement locales & accidentelles; mais ce n'eft pas de ce feu dont il eft queftion dans la ftructure générale du globe. C'eft cependant celui dont nous pouvons le plus nous affurer, & fuivre les influences. *Voyez* ci-devant l'article ROMÉ. A côté de ce feu, on en fuppofe un caché dans l'intérieur de la terre, d'où l'on fait dépendre auffi le feu électrique qui s'en échappe quelquefois dans les orages, & d'où proviennent auffi, à ce qu'on croit, les tremblemens de terre; mais les caufes de tous ces phénomènes font auffi équivoques que leurs effets.

A la fuite de tout cet échaffaudage d'agens précaires rélégués au centre ou dans l'intérieur de la terre, plufieurs naturaliftes ont penfé qu'elle étoit très-folide & très-condenfée, quoiqu'un peu humide. *Leibnitz* ne voit au centre du globe qu'une matière vitrifiée, & Buffon par l'intérêt d'un fyftême à-peu-près femblable, ne voit dans la totalité du globe qu'un verre produit par la fufion du feu folaire, & par une fuite de cette première fuppofition, il voudroit nous perfuader en même-tems qu'à la fuperficie, comme au centre, la denfité & la folidité de la terre étoient les mêmes. Mais toutes ces affertions font les conféquences d'hypothèfes très-hafardées & non les réfultats d'obfervations rigoureufes & précifes.

§. XII.

Sur les effets du déluge & la manière de diftinguer les veftiges de cette cataftrophe des autres réfultats des opérations de la nature.

Wallérius termine toute difcuffion fur le globe, par l'examen de ce qui peut concerner fa furface : tous objets que l'on connoît beaucoup mieux que ce qui conftitue l'intérieur, & cependant fur lefquels il y a beaucoup d'hypothèfes hafardées. Une de ces fuppofitions qui a nui infiniment à l'hiftoire naturelle de la terre, eft l'influence de la cataftrophe du déluge univerfel dont Wallérius voit partout les effets, & particulièrement dans les formes extraordinaires de la furface du globe.

Il confidère d'abord les différens animaux qui habitent la terre & les eaux, ou qui s'élèvent dans l'air & y voyagent. Chaque genre, chaque efpèce a fon domicile propre : les uns occupent les lieux élevés, les autres les lieux bas ; ceux ci préfèrent des terreins fecs, ceux-là les terreins humides ou marécageux : la même variété fe remarque dans le choix de leur nourriture. L'on peut en dire autant des végétaux ; les uns fe plaifent fur les éminences, les autres dans les plaines.

De-là il paffe aux montagnes dont il fait

remarquer la grande utilité & même la néceffité : elles fervent de gîtes aux métaux & aux minéraux ; ce font les grands réfervoirs des eaux, car c'eft de ces centres qu'elles fe diftribuent dans les différentes parties des continens.

Les eaux elles mêmes font d'un ufage indifpenfable ; car fans elles ni les animaux ni les végétaux ne pourroient vivre ni prendre de l'accroiffement.

Toutes ces confidérations font croire à Wallérius que notre globe réunit tous les avantages qu'on peut défirer, & que cet ordre s'y maintient ainfi qu'il a été établi dans l'origine des chofes. Cependant il eft porté à croire auffi que les inégalités primitives du globe ne reffembloient point à celles qu'il nous préfente aujourd'hui, & qu'avant le déluge il n'avoit pas le même afpect. D'abord il lui paroît probable qu'entre les maffes de montagnes précipitées avec peu d'inégalité dans le commencement, il y a eu quelques cavités & des lieux bas dans lefquels les eaux ont pu fe raffembler, & que la profondeur de ces lieux a été proportionnée aux élévations des montagnes voifines : qu'il en étoit ainfi des mers, des lacs & des fleuves qui ont pu exifter avant le déluge.

Une fuppofition fur laquelle il infifte beaucoup, c'eft que les montagnes antidiluviennes n'avoient pas la même hauteur au-deffus de l'horifon que dans l'état actuel, & conféquemment que les cavités correfpondantes étoient moins profondes : l'avantage qu'il y trouve, c'eft que, comme les montagnes ont été couvertes d'eau à 15 coudées de hauteur dans le déluge, en diminuant leur élévation, il diminue proportionnellement la colonne d'eau néceffaire pour les faire difparoître. Ceci leve plufieurs des difficultés que l'on a eues pour raffembler & faire difparoître l'eau du déluge.

Mais en diminuant la quantité des eaux du déluge, il est fort éloigné d'affoiblir les désastres qu'il leur attribue. Ainsi en considérant la terre sous l'aspect qu'elle présente, & en examinant la disposition irrégulière de ses parties, il nous fait considérer que plus du tiers du globe est couvert par les eaux ; que ces amas d'eau forment des mers de la plus grande étendue, des golfes irréguliers, des détroits dangereux, des lacs plus grands ou plus petits, placés à ce qu'il croit, sans ordre, & sans symmetrie. Il considère que la terre ferme, en comptant un nombre presqu'infini d'isles, disposées irrégulièrement, n'est pas habitable dans une grande partie de sa superficie ; qu'ici sont des montagnes nues ou couvertes de neiges & de glaces, sur lesquelles les animaux ou les végétaux ne peuvent subsister : qu'ailleurs ce sont des campagnes stériles, des mers de sables & des collines au milieu des plaines, des rochers brisés & une multitude de fragmens de pierres grands & petits, dispersés ou entassés. Wallérius ne voit dans ces effets que le désordre & la destruction qui ont eu lieu à la suite du déluge.

Et pour appuyer encore son opinion sur le bouleversement total du globe, il cite plusieurs observations où il croit pouvoir nous en montrer les vestiges. Il est donc porté à croire que la Zélande & les autres provinces & isles du Danemarck ont été unies avec la Suède ; qu'autrefois le détroit du Sund n'existoit pas, non plus que la mer Baltique avec tous ses golfes étendus & irréguliers, ses rochers à fleur d'eau, & ses bancs de sable. *Strabon, Pline & Tournefort* prétendent que le détroit de Gibraltar s'est ouvert autrefois, & que c'est à la suite de cet événement que la Méditerranée s'est étendue dans les terres. L'irrégularité des isles de l'Archipel lui semble le confirmer, ainsi que l'ancienne jonction de la Sicile avec l'Italie. C'est aussi, suivant Wallérius, la même suite d'événemens qui a ouvert le détroit des Dar-dannelles, &c. Enfin, l'Amérique n'a-t-elle pas été liée aux autres parties des continens, & sur-tout à l'Asie par sa partie septentrionale ?

Des indices très-certains nous indiquent que plusieurs isles actuellement séparées tenoient autrefois au continent dont elles faisoient partie : la Grande Bretagne, par exemple, à la France, l'Islande à la Norwège, Ceylan au Coromandel, Sumatra à Malaie & à Java, les Molucques à Borneo, les Maldives à la terre ferme de l'Inde.

De ces remarques & de plusieurs autres semblables, Wallérius conclut que tous les détroits, tous les golfes irréguliers, toutes les isles voisines du continent ou dispersées au milieu des mers, n'ont point ainsi existé dans le premier âge ; mais qu'ils sont l'ouvrage du tems. Ces grands changemens étant universels & paroissant s'être faits en même-tems sur tout le globe, ne sauroient dépendre de causes locales & particulières dont l'action ait été successive ou précipitée, comme les effets des feux souterrains, des tremblemens de terre, les mouvemens déréglés des eaux ou leurs inondations. Wallérius prétend que le déluge a pu opérer en même-tems ces révolutions dans toutes les parties du globe : il s'appuie sur ce que les plus anciens monumens historiques n'attestant pas une autre cause, il est probable qu'elle est le principe de cette dégradation du globe, telle qu'il la suppose.

Au reste, en indiquant ici le déluge comme le principe des grandes irrégularités & des vestiges de destruction que présentent toutes les contrées du globe, Wallérius ne veut pas qu'on confonde les ouvrages de la nature avec les effets de cette catastrophe, les changemens particuliers avec les changemens universels. Il observe d'abord qu'il ne s'agit pas ici de ces changemens qui, quoiqu'univerfels, dépendent évidemment du deffechement des folides & conféquemment d'une caufe naturelle. Dans cette claffe il range les fentes & les crevaffes des montagnes, les inclinaifons des bancs qui en font la fuite. Il penfe donc que les montagnes ayant acquis un certain degré d'induration, elles n'ont plus été en état d'éprouver une conglutination quelconque ; c'eft pourquoi ces changemens préfuppofent qu'elles étoient molles lors de leur formation, & que par la même raifon, elles n'ont pas été produites long-tems après la création.

Il n'eft pas queftion non plus des changemens particuliers qui arrivent fréquemment. Leurs caufes naturelles font affez connues : ce font le feu, l'eau ou l'air. Les feux fouterrains ou les tremblemens de terre caufent chaque jour des dérangemens dans les maffes montueufes, forment des cavernes & des abîmes ; ici l'Océan abandonne fes rivages ; ailleurs, les débordemens des fleuves & des torrens ravagent des contrées entières. Le mouvement violent de l'air tranfporte les fables, abaiffe les collines & comble les vallées. Ces changemens particuliers & naturels fe reconnoiffent facilement par les circonftances : l'on doit mettre auffi au nombre de ces événemens, les ifles qui s'élèvent du fond de la mer.

Wallérius oppofe à ces phénomènes les effets qu'il attribue au déluge, & dont il fait deux claffes : les premiers font dûs aux convulfions que la terre éprouva au commencement de la cataftrophe, & les feconds font la fuite des circonftances qui ont préfidé à la retraite des eaux. Ainfi, par exemple, les eaux fouterraines n'ont pu s'échapper de leurs retraites & fe répandre fur la furface de la terre, fans rompre & brifer les différentes parties des montagnes qui s'oppofoient à leur irruption. Ici les parties de montagnes ou leurs fragmens ont été foulevés, précipités &

fubmergés ; là, après avoir été jettés à une plus grande élévation, ils ont été réduits en morceaux plus grands ou plus petits. Ces effets, il eft vrai, ont été à-peu-près les mêmes que ceux des éruptions volcaniques & des fecouffes violentes de la terre : ils pourroient donc être confondus enfemble.

Les débris énormes épars à la furface & quelquefois fur les fommets des montagnes les plus élevées, ceux que l'on voit dans les vallées, à un certain éloignement des montagnes, font les indices certains d'un mouvement violent qui a fait ces tranfports. Wallérius ne doute pas que l'écoulement des eaux devenu plus rapide par leur crue & la continuation de leur fortie du fein de la terre, n'ait pu opérer tous ces déplacemens.

Les couches primitives des terres dans les collines, n'ont point échappé non plus au bouleverfement général : ici, ces terres ont été foulevées, renverfées & accumulées les unes fur les autres : là, elles ont été précipitées entre les fragmens pierreux, & fubmergées ; enfin, dans d'autres endroits les couches des collines ont été coupées ou inclinées.

Sur la fin du déluge, lorfque les eaux fe font écoulées de deffus la furface de la terre, elles fe font retirées, partie dans les cavités anciennes & nouvelles de l'intérieur du globe, partie dans les lieux bas produits par les déplacemens des folides.

Il réfulta de la retraite de toutes ces eaux un afpect du globe bien différent, & quant à la difpofition des continens, & quant à celle des mers. C'eft à cette époque que Wallérius rapporte l'ouverture de tous les détroits grands & petits qui exiftent aujourd'hui, la formation de tous les golfes irréguliers, de toutes les ifles difperfées dans les mers différentes,

& enfin dans les lacs. Ils y occupent, suivant lui, la place des montagnes & des bancs de terres brisés & précipités ; aussi tous ces détroits ou ces golfes ont-ils beaucoup de rochers cachés sous les eaux.

Les lieux auparavant couverts d'eau, & habités par les poissons, ayant été comblés à la suite d'une accumulation de différentes terres transportées & précipitées, ces poissons ont nécessairement trouvé leur tombeau dans les nouvelles couches. Les terrains qui, pendant près de 2000 ans, avoient formé le fond mol, terreux, calcaire, argilleux & marneux des mers ou des lacs, ont été dégagés des eaux en certains endroits avec les dépouilles des animaux marins, & se sont durcis & pétrifiés avec eux. Dans d'autres contrées les terreins ornés d'arbres & de végétaux, ayant été submergés, ont été ensuite recouverts de différentes couches de matières déposées par les eaux qui, par la suite, ont acquis un certain degré de consistance & d'induration. C'est ainsi que Wallérius a cru pouvoir expliquer comment les corps étrangers & les pétrifications se trouvent à une profondeur plus ou moins considérable dans le sein des montagnes.

Au reste, il faut bien remarquer que la diminution & l'écoulement des eaux ne se font pas faits avec la même célérité que leur accroissement. Quoiqu'il paroisse que les eaux aient dû s'écouler assez promptement, il est très-probable que les premiers desséchemens n'ont eu lieu que dans les endroits les plus élevés, & surtout dans les environs du mont Ararat. Il est évident que la vitesse de l'écoulement des eaux s'accrut en raison de leur diminution, c'est-à-dire, qu'elles se précipitèrent d'abord avec beaucoup d'impétuosité dans les lieux souterrains, de manière que ces abîmes une fois remplis, elles diminuèrent plus lentement jusqu'à ce qu'elles se soient ouvert d'autres retraites.

Dans la violence du premier mouvement de l'écoulement des eaux, Wallérius trouve la cause de l'accumulation des coquillages avec l'argille ou le sable, & de leur mélange confus avec les débris des rochers, sous la forme de collines élevées & composées de plusieurs couches. En effet, il pense que les eaux en s'écoulant & entraînant ces corps avec elles, les ont déposés successivement sitôt qu'elles sont parvenues aux endroits où leur mouvement s'est ralenti & qui étoient entourés de montagnes. C'est ainsi qu'il conçoit que les testacées & les autres corps organisés ont été nécessairement rassemblés dans de petits espaces, & y ont formé des collines plus ou moins élevées, & toutes disposées par couches : telles sont les collines d'Uddewalda & tant d'autres.

En suivant ces mêmes effets de la diminution successive des eaux à la surface de la terre, il croit y trouver la raison pourquoi les coquillages résident entre les couches, à plusieurs milles de la mer actuelle : par exemple, ce prodigieux amas de coquilles qu'on voit en Touraine, aussi bien que ces huîtres que l'on voit dans les couches argilleuses de plusieurs cantons d'Angleterre. Comme tous ces corps sont ensevelis dans la terre, par couches horisontales & régulières, & sans aucuns mélanges de matières lapidifiques, il croit qu'on ne peut pas attribuer le déplacement de ces corps marins à un mouvement violent des eaux du déluge, mais à leur séjour & à leur permanence dans les lieux bas qui formoient auparavant le fond de la mer. C'est ce qui a fait que ces coquillages ont successivement été recouverts de plusieurs couches de terre. Plusieurs historiens suédois soutiennent que tout cet état consistoit autrefois en isles plus ou moins grandes & en collines élevées au-dessus des eaux dont elles étoient entourées de tous côtés.

C'est ainsi qu'il finit par supposer que

les eaux du déluge séjournèrent long-tems dans beaucoup d'endroits avant qu'elles s'ouvrissent des chemins pour se rendre aux lieux les plus profonds de la terre. C'est par-là qu'il cherche la solution de plusieurs difficultés qu'on a faites contre l'influence du déluge; mais il s'en faut bien que toutes ces suppositions & ces conjectures satisfassent pleinement aux objections de plusieurs naturalistes qui ne veulent admettre pour l'explication des phénomènes que l'action des agens naturels.

VARÉNIUS.

NOTICE de sa Géographie générale.

J'ai cru qu'il convenoit de placer parmi les auteurs qui ont le plus contribué aux progrès de la *Géographie-Physique*, Varénius qui a su analyser les observations que les voyageurs avoient recueillies de son tems sur cette partie de nos connoissances, & donner aux résultats de ses recherches & de ses méditations une forme aussi méthodique que lumineuse. Le tableau des différentes propositions qu'il a rangées par ordre sur les objets intéressans qu'il a traités, ne peut être que très-utile dans cette notice, parce que cette suite & cet enchaînement de vérités a guidé depuis Varénius tous ceux qui se sont occupés des mêmes objets, & qui ont cru devoir donner à leur travail la même forme élémentaire & instructive.

Comme Varénius a embrassé dans son ouvrage un plan beaucoup plus étendu que le mien, je me suis borné à présenter ici le précis des seules propositions qui m'intéressoient.

J'ai cru devoir écarter aussi toutes les discussions de physique générale qui étoient agitées de son tems & qui ont fait place à des suites de faits bien liés dont l'en-

semble rentre plus dans le plan de la *Géographie-Physique* que j'ai adopté.

Il paroît que la base principale de cet ouvrage a été fournie à Varénius par les savans navigateurs de son pays qui lui ont fourni les détails importans qu'on y trouve particulièrement sur les vents, & qui me paroissent assez complets pour ce tems-là. Ces mêmes navigateurs ont également fixé son attention sur les différentes formes des côtes de la mer & des grands bassins de l'Océan, sur le mouvement général de l'Est à l'Ouest, qu'il présente avec des développemens très-curieux, & dans un ensemble très-instructif, quoiqu'il soit le premier auteur qui en ait parlé.

Il en est de même de ce qui concerne le flux & reflux de la mer, dont il offre, non-seulement les phénomènes généraux, mais encore ceux qui font des exceptions locales & accidentelles. Il a su lier ensuite l'examen des inégalités de la surface de la terre, telles que les montagnes & les collines, avec la circulation des eaux courantes qui en dépendent d'une manière particulière. Ce sont ces grands rapports qui rendent son travail si utile, même dans un tems où les observateurs qui s'étoient pénétrés de ses premières vues, leur ont donné & plus de précision & de plus grands développemens.

C'est à la suite des grands rapports qu'ont les amas d'eau avec les terres qui les renferment, que Varénius nous parle des changemens de terres en mers & de mers en terres; des changemens des bassins des lacs, des étangs, des marais, des lits des rivières en terres fermes & cultivables, & réciproquement. Quoique cet auteur n'ait pas toujours vu toutes les ressources que peut avoir la nature pour opérer ces révolutions, cependant ce qu'il nous en apprend a été suffisant pour mettre sur la voie les observateurs qui sont venus après lui, & pour substituer des agens naturels aux forces hafardées & miraculeufes que plufieurs écrivains, amateurs d'hypothèfes, avoient mifes en jeu.

Lorfque l'on confidère que Varénius rédigeoit cet ouvrage important, fuivoit une marche fimple & éclairée par des principes folides, dans le tems que Whifton & Burnet conftruifoient le monde, & hafardoient des théories de la terre, fans aucune connoiffance préliminaire de l'état actuel du globe ; on ne peut trop reconnoître les obligations qu'on lui a d'avoir pofé les fondemens d'une fcience qui écartera toujours les auteurs des fyftêmes anciens & modernes. C'eft lui qui, en donnant une première forme à la *Géographie-Phyfique*, a fervi à en répandre le goût parmi les bons efprits, parmi les obfervateurs fages & éclairés, pendant que les efprits faux, les ignorans fe font laiffés féduire par les hypothèfes brillantes & les fyftêmes des théories de la terre. Il nous a laiffé un cadre qui fervira de tout tems à mettre en ordre les nouvelles obfervations que la lecture de fon ouvrage infpire & dirige, pendant que ceux qui veulent vérifier les fuppofitions mifes en avant dans les fyftêmes, les trouvent démenties dès les premières démarches.

Je n'ai préfenté dans cet extrait que la fubftance des différentes parties de l'ouvrage de Varénius qui traitent de l'hiftoire naturelle & générale de la terre, & dont la *Géographie-Phyfique* peut s'enrichir.

Il eft queftion dans l'article I. de la conftitution phyfique de la terre, & de la divifion du globe terraquée en fes différentes parties. Après avoir préfenté la diftinction des continens fecs & des continens couverts d'eau, il paffe à l'examen & à la confidération des parties des continens fecs relatives aux mers qui les baignent. C'eft à la fuite de cette marche qu'il diftingue les ifles, les prefqu'ifles &

les ifthmes : il faut voir l'énumération de toutes ces formes de terrains diftribuées par claffes, le plus méthodiquement qu'il étoit poffible, & qui font rappellées dans le précis que j'en donne.

A l'article II. on trouve ce qui peut concerner les inégalités de la furface de toutes les parties des continens fecs, & fingulièrement les montagnes & les collines ; on peut y confidérer leur diftribution par chaînes fuivies ou par maffes ifolées : ce qui les diftingue, foit relativement à leur élévation, ou à d'autres phénomènes auffi curieux & qui font préfentés avec foin, autant qu'ils pouvoient être connus en 1650 ; ceci fe termine par l'expofition des différens moyens que nous offre la Géographie pour en reconnoître la direction & l'allure.

Dans l'article III. il eft queftion de ce que j'appelle *l'hydrographie* du globe. L'Océan s'y trouve d'abord divifé par les parties correfpondantes des terres qui ont reçu des dénominations & des diftinctions précifes à l'article précédent. Après l'examen des grands baffins, on y voit figurer les golfes & les détroits qui y font diftribués par claffes, fuivant leurs formes & leurs fituations particulières. C'eft à la fuite de toute cette expofition méthodique que Varénius s'occupe de leur formation : enfin, il difcute les propriétés des eaux de la mer, parmi lefquelles il fait fur-tout mention des degrés de falure dans les différentes parties de fon baffin.

L'article IV. offre les détails intéreffans qui peuvent nous donner une idée de tous les mouvemens des eaux de l'Océan, généraux & particuliers. D'abord on y fuit les phénomènes que préfente le mouvement général de l'Eft à l'Oueft, puis ceux du flux & reflux ; enfuite viennent les confidérations les plus précifes fur les courans conftans & perpétuels, ou bien réglés

réglés & périodiques. Tout y est décrit avec soin & de manière à instruire les naturalistes & à guider les navigateurs.

Dans l'article V se trouve la suite de l'hydrologie, dont la surface des continens secs nous offre par-tout les détails les plus curieux & les plus utiles. On y voit d'abord les amas d'eau que renferment les lacs, les étangs, les marais : les quatre sortes de lacs classés, non-seulement, quant à l'emplacement de leurs bassins, mais aussi quant aux moyens qu'emploie la nature pour les alimenter. L'énumération de ces lacs offre une suite d'objets aussi curieuse qu'instructive. On sent bien que les marais sont aussi décrits avec le même intérêt ; on y montre leurs relations avec les lacs & les étangs qui finissent souvent par devenir des marais.

L'intérêt croît lorsqu'on passe à l'étude & à l'examen des eaux courantes & de leurs effets à la surface du globe. On y voit passer en revue cette série des eaux des sources, des ruisseaux, des rivières, des fleuves & des torrens. On reconnoît à mesure qu'on se livre à cette étude que ces amas d'eau, outre la considération de l'utilité & des avantages qu'ils procurent aux habitans de la terre, offrent à tous les gens instruits des objets de recherches qu'on ne peut suivre avec trop d'attention. Ce ne sont pas de petites pierres avec des dénominations bisarres, dont l'emploi n'est connu nulle part, mais ce sont des résultats de grandes opérations qui entrent dans l'économie générale de la nature.

Après la discussion sur l'origine des sources sur lesquelles Varénius ne nous apprend rien qui puisse fixer notre opinion, il nous montre ce qui concerne les rivières & les fleuves ; il nous décrit sur-tout les grands fleuves, & s'attache particulièrement aux phénomènes qu'il croit les plus propres à autoriser la distribution qu'il en

fait. Nous renvoyons à ces énumérations méthodiques qu'on ne peut étudier ni suivre avec soin que dans l'ouvrage même.

Je ne doute pas que cette partie de l'hydrologie du globe ne se perfectionne beaucoup par la suite, tant pour les détails que pour les principes.

Il n'étoit pas possible que Varénius s'occupât de la discussion de toutes les opérations de la nature qui précèdent sur les bassins des mers, sur les détroits & les golfes, sur les formes des côtes de la mer où se trouvent les presqu'isles, les isthmes, les isles, les bas-fonds, les écueils, sans avoir recueilli plusieurs considérations intéressantes & relatives aux changemens que l'eau a pu opérer sur les bords de la terre ferme où elle se trouve rassemblée. Il en est de même des amas d'eau renfermés dans les bassins des lacs, des étangs & des marais ; enfin, des eaux courantes des ruisseaux, des rivières & des fleuves. Les révolutions successives produites par ces eaux n'ont pu lui échapper ; aussi nous expose-t-il les résultats de ses réflexions à ce sujet dans l'article VI. Il y fait voir que la mer occupe maintenant des terrains fort étendus qui faisoient partie des continens secs : on sent en même tems que réciproquement ces envahissemens sont de nature à pouvoir être restitués à la terre ferme. Les mêmes révolutions pourront également avoir lieu dans les bassins des lacs & dans les lits des fleuves.

L'article VII est celui qui renferme le plus de ces faits qui donnent des connoissances étendues sur l'économie de la nature à la surface du globe, & qui montrent avec plus de précision l'influence de l'air sur le noyau qu'il enveloppe. Je me suis attaché à y présenter le précis de tout ce que Varénius a rapproché sur les régions de l'atmosphère & les phénomènes singuliers qu'il offre dans les divers pays :

enfuite je paffe à fes mouvemens. C'eft dans ce détail qu'on peut fuivre les réfultats ana-lyfés & combinés de ce que les habiles ma-rins de fon tems lui avoient appris fur les vents, fur leurs caufes, fur leurs direc-tions. On lit avec plaifir ce qu'il nous dit fur les vents propres à certaines con-trées & à certaines faifons de l'année; mais ce qu'on trouve de plus complet & de plus inftructif, ce font les détails qui nous font connoître cette belle diftribution des vents périodiques à la furface des mers, & connus fous le nom de *mouffons*. On fait combien cet enfemble intéreffe la navi-gation dans les contrées les plus éloignées; cette énumération des principaux mouve-mens de l'atmofphère fe trouve terminée par ce qui concerne les vents périodiques & réglés, ainfi que les vents continuels & particuliers à certaines contrées & à certains parages. On peut voir à l'article *Halley* qui précède les réformes & les additions que ce favant aftronome a faites au travail de Varénius, comme dans les articles du dictionnaire qui traitent des vents, les améliorations confidérables que nos marins y ont faites depuis Halley.

A R T I C L E   P R E M I E R.

De la conftitution & de la divifion du globe terraquée.

Varénius commence fon travail fur la terre, par difcuter ce qu'il appelle fa conftitution phyfique, c'eft-à-dire, les matériaux divers qui font entrés dans fa compofition & leurs arrangemens. Nous ne nous arrêterons pas à faire l'énumé-ration de ces fubftances, parce que Varénius n'en offre point les détails, & que fon plan n'en embraffe pas une nomenclature fuivie & raifonnée; on n'y trouve point non plus ce qui concerne l'organifation intérieure du globe par couches, par lits. Il fe borne donc à ce que la terre préfente à fa furface, qu'il divife comme elle l'eft

affez généralement par les géographes, en parties fèches & en parties couvertes d'eau, ou bien en continens & en mers, aux-quels on peut ajouter l'atmofphère.

La partie fèche comprend les terres, les pierres, les métaux, les plantes, les animaux.

La partie couverte d'eau renferme les baffins de l'Océan, les lacs, les étangs, les eaux courantes par les ruiffeaux, les rivières & les fleuves.

Enfin l'atmofphère offre tous les météo-res, foit acqueux, foit ignés, & ce qui vient à la fuite des diverfes températures de l'air & de fes mouvemens : toutes affections qui dépendent du mouvement apparent du foleil, & qu'on connoît fous la dénomination de climats, de zônes, enfin fous la diftinction de faifons.

Pour faire connoître en particulier les différentes parties de la furface de la terre, dont nous venons d'indiquer la divifion, Varénius nous les fait envifager comme nous offrant deux ordres de chofes qu'il confidère fous un point de vue plus raifon-nable que tous les auteurs des traités élémentaires de géographie.

La première eft la partie folide qui eft couverte d'eau, & la feconde, celle qui eft à découvert entièrement & au-deffus des eaux. J'ai développé ces vues dans l'article *Continent* du dictionnaire, & j'en ai fait des applications qui me paroiffent devoir donner une idée vraje du globe terraquée.

La partie fèche du globe, que je nomme les *continens fecs*, n'eft pas terminée par une furface unie; mais elle préfente plu-fieurs inégalités qui fe réduifent aux mon-tagnes & aux vallées : c'eft auffi dans de grandes vallées que l'Océan & fes diverfes parties font raffemblés & contenus; mais il faut les confidérer comme un *continent couvert d'eau*; voilà donc les deux fortes de continens dont on doit faire la diftinction : & que la divifion de la furface du globe, admife par Varénius, femble autorifer.

Les cavités ou baffins dans lefquels l'Océan eft contenu, ne font pas partout d'une égale profondeur; il y a des endroits où font des gouffres & des tournans d'eau, d'autres où giffent des maffes de rochers plus ou moins élevées au-deffus des eaux, ce font des portions de continens fecs environnées par l'Océan, & qui font nommées des *ifles* ou des *écueils*, fuivant leur étendue ou leur élévation au-deffus des flots.

On trouve outre cela dans les entrailles de la terre & des continens fecs, des gouffres, des cavités remplies d'eau ou vuides. On y rencontre même des rivières fouterraines qui ont un cours réglé à une certaine profondeur dans les mines. Plufieurs grandes cavernes offrent à la furface de la terre de larges ouvertures par lefquelles des rivières confidérables s'engouffrent & fe précipitent avec violence & avec un bruit qui fe fait entendre au loin. Outre cela un grand nombre de fleuves & de rivières difparoiffent au milieu de leurs cours pour reparoître enfuite à quelque diftance de-là, comme l'Euphrate, le Tigre, &c.

Nous conclurons de ce que nous avons dit ci-devant fur la conftitution générale de la terre, d'après Varénius, 1°. que la furface de la terre folide eft continue & n'éprouve aucune interruption, foit dans les parties fèches, foit dans celles qui font couvertes d'eau; qu'on ignore quelle eft la conftitution de la terre à une certaine profondeur au-deffous de la furface que nous habitons, & en allant vers le centre; ce qui n'empêche pas qu'on n'ait imaginé fur la compofition intérieure du globe, plufieurs hypothèfes qui font plus abfurdes les unes que les autres; mais elles ne font pas du reffort de la *Geographie-Phyfique* qui ne s'appuie que fur les faits & les obfervations liées & combinées enfemble, & qui font de nature à figurer dans les cartes.

De la divifion des parties des continens par les eaux des mers qui les baignent.

Varénius paffe enfuite à la divifion des terres ou des parties des continens fecs qui correfpondent aux amas d'eau & aux différentes parties de l'Océan; ces confidérations refpectives préfentent des objets qu'on ne fauroit trop rapprocher & comparer, parce qu'ils fervent fous ce point de vue à faire retenir aux jeunes gens les bornes & la fituation des différentes contrées de la terre, & les différens parages de l'Océan qui les baignent.

C'eft delà qu'on voit naître naturellement la divifion de ces grandes ifles ou *continens fecs*, l'Europe, l'Afie, l'Afrique & l'Amérique, des terres polaires feptentrionales, &c.

D'un autre côté, la furface des continens fecs fe divife en prefqu'ifles, en ifthmes & en ifles. Ainfi Varénius diftingue les parties des côtes plus ou moins avancées fur l'Océan, fous le nom de prefqu'ifles ou de cherfonèfes. Il nous fait parcourir leurs différentes formes; il place dans le premier rang celles qui font auffi longues que larges; enfuite viennent celles qui font plus longues que larges, & c'eft dans cette claffe qu'il range l'Italie, la Grèce & l'Efpagne.

Les dernières portions de terres fèches, que range par ordre Varénius, font les ifles dont il fait quatre claffes. 1°. La première comprend les grandes ifles, telles que l'Angleterre, l'Iflande, le Japon,

Madagafcar, Borneo, la Nouvelle-Zemble, Sumatra, Terre-Neuve. 2°. La feconde renferme les ifles de moyenne grandeur, qui font, la Sicile, l'Irlande, Saint-Domingue, Cuba, Java, Celebes, Candie, la Sardaigne, Ceylan & Mindanao. 3°. Dans la troifième claffe font celles qui ont une moindre fuperficie que les précédentes; on y voit figurer Amboine, Gilolo, Timor, la Corfe, Mayorque, Chipre, Negrepont, la Zélande & la Jamaïque.

Varénius fait à la fuite l'énumération des petites ifles, parmi lefquelles il compte les plus remarquables & les plus ifolées, comme Rhodes, Malte, Lemnos, Sainte-Hélène, Saint-Thomas, Madère, &c.

Enfin viennent celles qui font fort proches les unes des autres, & qui forment des grouppes, telles font les Canaries, les Açores, les ifles du Cap-Verd, les Antilles, les Maldives, les Molucques, les Philippines, les ifles du Japon, les ifles des Larrons, les ifles de l'Archipel, les ifles de Salomon & les ifles du Nord de l'Ecoffe.

La troifième forme de terrein remarquable dans les continens, font les *ifthmes*, dont le premier eft celui de Suez, qui joint l'Afie à l'Afrique, & fépare la mer Rouge de la mer du Levant; le fecond eft celui de Corinthe, qui joint la Morée à l'Achaie; le troifième eft l'ifthme de Panama, qui joint l'Amérique-méridionale à la feptentrionale, & fépare le golfe du Mexique de la mer du Sud ou Pacifique; le quatrième eft celui qui joint Malaie au continent de l'Inde; le cinquième eft celui qui joint le Jutland au duché de Holftein; le fixième celui qui joint la Crimée à la Tartarie.

Nous pourrions ajouter à ces détails ceux qui concernent l'indication géographique des continens, avec ceux des mers qui les baignent; mais nous les fupprimerons, parce qu'ils ne préfentent qu'un tableau fort imparfait de ces terres & de ces mers, attendu qu'il a été rédigé d'après les mappemondes du tems de Varénius, qui depuis cette époque ont reçu de grandes additions & des réformes très-intéreffantes. C'eft d'après ces mêmes motifs que nous avons retranché les noms de certaines prefqu'ifles ou cherfonèfes dont l'état étoit douteux auffi dans le tems que cet habile géographe écrivoit.

ARTICLE SECOND.

Des montagnes en général, de leur direction ou allure, & de leurs hauteurs.

Varénius paffe de ces diverfes diftributions méthodiques à l'examen & à la defcription de ce que préfente de plus remarquable l'intérieur des terres dans chacun des continens, & il s'attache en conféquence à ce qui a trait aux montagnes, à tous les terreins élevés & aux collines. Il envifage les formes de ces maffes élevées, fuivant qu'elles courent dans le milieu des terres ou qu'elles vont former des avances fur les bords de la mer, fous le nom de *promontoires*.

Il indique enfuite un moyen fimple & naturel de reconnoître la marche des fommets de toutes les montagnes, en s'attachant à la diftribution des fources des grandes rivières & des fleuves qui prennent toujours leur origine dans les lieux les plus élevés pour fe rendre enfuite par des pentes plus ou moins rapides dans les différentes mers qui bordent les continens qu'ils parcourent. C'eft d'après ces principes qu'on peut affurer, par exemple, que la Bohême eft beaucoup plus haute que le Holftein, parce que toutes les fources de l'Elbe font dans la Bohême: il en eft de même des contrées où le

Danube, le Rhin, le Rhône & le Tesin prennent leurs sources, & qui font plus élevées que tous les autres pays où ils achevent leurs cours & où font leurs embouchures fur les bords de la mer. On reconnoît par-là qu'une des parties de la Suisse la plus élevée est le Plateau où ces quatre rivières prennent leurs sources, en confidérant cependant l'Inn comme une des sources du Danube.

Il résulte aussi de cette considération, que toutes choses d'ailleurs égales, plus les pays font enfoncés dans les terres, plus ils font élevés relativement aux pays des bords de la mer, lorsque les mêmes rivières en parcourent l'intervalle. On peut donc conclure delà, que l'élévation du fol des continens est insensible, & le plus souvent continue depuis les bords de la mer jusqu'à leurs centres : ce qu'on établit d'une manière incontestable, ainsi qu'on l'a vu, par le cours des rivières & des fleuves diftribués fur les mappemondes ; car les pentes des terreins ont réglé ces cours avec la plus grande précision.

Après avoir présenté cette vue générale, Varénius passe aux moyens que l'on a eu de fon tems pour calculer la hauteur des montagnes, & pour déterminer les différentes caufes de leur formation ; mais il ne dit rien que de vague à ce fujet. D'ailleurs, ce font de fimples opérations géométriques qui ne rentrent pas dans notre plan ; ce qu'il nous apprend fur les différentes formes des montagnes & fur leur allure est bien plus intéreffant, & nous allons en expofer le précis.

Il diftingue d'abord les montagnes qui ont peu d'étendue de celles qui parcourent de longs trajets : celles-ci appellées *chaînes de montagnes* fe rencontrent presque dans toutes les parties du monde, & l'on pourroit les regarder comme une même montagne, fi ces chaînes n'étoient cou-

pées, ainfi que l'obferve Varénius, par des paffages ou vallées plus ou moins larges qui fe rencontrent d'efpace en efpace. Il paroît outre cela que ces longues chaînes s'étendent indifféremment vers tous les points de l'horifon : les unes fe dirigeant du Nord au Sud, d'autres de l'Est à l'Ouest, & les autres étant dirigées d'une manière auffi conftante & auffi marquée vers les autres points intermédiaires.

Les grandes chaînes de montagnes que décrit notre habile géographe, & que nous connoiffons le mieux font ; 1°. les Alpes, qui féparent l'Italie des terres voifines ; ces montagnes occupent de grands efpaces de terrein & étendent plufieurs embranchemens au loin, dans les contrées limitrophes de ces grandes maffes. Par exemple, entre la France & l'Efpagne, fous le nom de Pyrénées ; dans la Dalmatie, à travers la Macédoine & la Romanie, & même jufqu'à la côte de la mer Noire ; mais comme il y a dans la Dalmatie un intervalle confidérable entre ces chaînes de montagnes & les grandes Alpes de la Suiffe & des Grifons, on croit que ces dernières maffes fe terminent dans cette contrée ; ce qui est fort vraifemblable.

Outre cela on a reconnu depuis longtems que les Alpes qui fe trouvent entre la France & le Piémont fe prolongeoient par une longue chaîne qui traverfe l'Italie dans toute fa longueur & la divife en deux parties jufqu'au détroit de Meffine : qu'il s'en détachoit, outre cela, dans ce trajet, un certain nombre de branches latérales dans l'état de Gènes, en Tofcane & aux environs de Rome.

2°. La feconde chaîne que nous décrit Varénius est celle des Andes ou des montagnes du Pérou. C'est la plus longue, la plus apparente & la mieux fuivie qu'il y ait dans le monde : elle parcourt fans interruption un efpace d'environ 800 milles d'Allemagne dont les 15 font un degré, traverfe l'Amérique méridionale depuis l'Equateur jufqu'au détroit de Magellan & fépare le royaume du Pérou des autres états ; ce font auffi les plus hautes montagnes de la terre, & quoique fous la ligne, elles font couvertes de neiges en été comme en hiver. On a vu plufieurs voyageurs périr de froid avec leurs bêtes de fomme, en voulant paffer de Nicaragua au Pérou.

On peut ajouter encore beaucoup d'autres chaînes de montagnes qui s'étendent dans l'Amérique méridionale, entre le Bréfil & le Pérou, jufqu'au détroit de Magellan, & dont le fommet eft toujours couvert de neiges, quoiqu'elles foient fituées vers le 52e degré de latitude.

4°. Varénius place au même rang les chaînes de montagnes du Mexique, de la Nouvelle Angleterre & du Canada, dont les fommets font également couverts d'une couche de neige perpétuelle.

5°. Le mont Taurus en Afie, étoit regardé par les anciens, comme la chaîne de montagne la plus confidérable qu'il y eût au monde : elle commence par fe montrer dans l'Afie mineure, & court d'Occident en Orient, à travers plufieurs pays jufqu'aux contrées de l'Inde. Par cette allure, elle divife l'Afie en deux parties, l'une méridionale, au-delà du Taurus, & l'autre feptentrionale, en-deça. Cette chaîne eft accompagnée des deux côtés par plufieurs autres dont les plus célèbres font le petit & le grand Taurus, qui féparent la grande Arménie de la petite. Le Taurus jette outre cela plufieurs branches latérales au Sud & au Nord.

6°. Le mont Imaüs s'étend vers tous les points principaux de l'horifon. La partie qui eft au Nord fe nomme *Alkaï*, elle fe prolonge au Midi, jufqu'aux frontières de l'Inde, & à la fource même du Gange. On lui donne environ 400 milles d'Allemagne de longueur ; il divife la Tartarie Afiatique en deux parties, appellées autrefois la Scithie en-deça & au-delà de l'Imaüs.

7°. A la fuite de ces chaînes principales, Varénius s'occupe du Caucafe, qui a environ 50 milles de largeur, & s'étend en longueur depuis les bords de la mer Cafpienne jufque vers la mer d'Azof : une de fes branches s'étend vers le mont Ararat, qui n'eft pas beaucoup éloigné non plus du mont Taurus.

8°. Il y a dans la Chine une longue fuite de montagnes qui ne font pas liées enfemble & qui laiffent entr'elles des paffages & des vallées plus ou moins confidérables. Les montagnes de Camboya femblent auffi en faire partie.

9°. Le mont Atlas commence à la côte occidentale de l'Afrique, d'où il fe continue jufqu'aux confins de l'Egypte. La plupart des rivières de cette partie feptentrionale de l'Afrique y ont leur origine : & quoique fitué dans une partie de la Zône-Torride, cette maffe montueufe eft fort froide & couverte en beaucoup d'endroits de glaces & de neiges.

10°. Les montagnes de la Lune, près du Monomotapa en Afrique, jettent plufieurs branches qui ceignent un grand nombre de petits royaumes. Quantité d'autres branches parcourent cette partie du monde ; mais elles font féparées les unes des autres par des gorges & des paffages affez fréquens.

11°. Les monts Riphées s'étendent depuis la mer Blanche jufqu'à l'embouchure du fleuve Oby. Varénius indique encore plufieurs autres chaînes de montagnes qui traverfent en différens fens l'empire de Ruffie ; mais j'en fupprimerai les détails parce qu'elles font décrites fous des dénominations très-peu affurées ; & avec d'autant plus de raifon que les voyages des ruffes nous en ont procuré des connoiffances plus exactes & plus précifes fous plufieurs rapports.

12°. Varénius nous cite enfin les montagnes qui féparent la Suède de la Norwège, ainfi que celles d'Hercynie qui, après avoir formé une ceinture autour de la Bohême, court entre la Hongrie & la Pologne, fous le nom de Crapath.

On voit par ces détails combien de faits intéreffans Varénius avoit recueilli fur les principales chaînes de montagnes de la terre ; ce qui nous refte à préfenter fur cet objet d'après lui nous en convaincra encore davantage.

Nous avons parlé des montagnes qui traverfoient par le milieu les ifles & furtout les prefqu'ifles qui tiennent à la terre ferme ; notre favant géographe en fait une énumération fort exacte : & il a foin de montrer en même-tems que chacune des parties de ces terreins féparées par ces fortes d'arrêtes, font affez fouvent foumifes à des faifons oppofées dans le même tems ; c'eft ainfi que le mont *Grampian* traverfe l'Ecoffe de l'Eft à l'Oueft, & la divife en deux contrées qui diffèrent l'une de l'autre, fur-tout par la nature du fol.

Pareillement dans les ifles de Sumatra, de Borneo, de Celebes, de Cuba, de Saint-Domingue, on trouve des chaînes de montagnes qui s'élèvent par dégrés depuis les rivages de la mer jufqu'au centre, & qui partagent ainfi ces ifles en deux pentes très-remarquables.

C'eft auffi fuivant le même fyftême dans la diftribution des montagnes, que les *Gates* qui fe détachent du mont Caucafe,

fe prolongent jufqu'au Cap-Comorin & divifent la prefqu'ifle de l'Inde du Nord au Sud en deux parties, de manière que le Malabar, l'une de ces parties, a de faifons entièrement oppofées à celles qui règnent dans l'autre partie qui eft la côte de Coromandel.

On trouve de pareilles chaînes dans les prefqu'ifles de Camboya, de la Californie, du Pégu & du royaume de Siam. Enfin, en revenant en Europe, il fuffit d'indiquer l'Apennin qui traverfe par le milieu la prefqu'ifle de l'Italie.

Varénius fait enfuite l'énumération des montagnes les plus renommées de fon tems par rapport à leur élévation. Nous ne rappellerons ici que les principales qui font, 1°. le pic de Ténérif ; 2°. le pic Saint-George, dans les Açores ; 3°. les montagnes des Andes ou les Cordillieres, au Pérou ; 4°. le pic d'Adam, dans l'ifle de Ceylan ; 5°. le mont Bructerus, en Allemagne ; 6°. le mont Caucafe, en Afie ; 7°. le mont Pelion, montagne de la Macédoine ; 8°. le mont Athos ; 9°. le mont Olympe, dans l'Afie mineure ; 10°. enfin, le mont Atlas, en Afrique. Je dois dire que tout ce que ces montagnes offrent d'ailleurs d'intéreffant, fe trouve préfenté à leur article : j'ajoute que la plupart ont beaucoup perdu de leur célébrité pendant que d'autres en ont acquis à jufte titre.

Si nous rapprochons maintenant les caractères différens les plus remarquables, d'après lefquels Varénius croit devoir claffer les montagnes, nous trouverons qu'il diftingue ; 1°. celles qui s'étendent beaucoup en longueur, qu'il oppofe à celles qui font circonfcrites dans des limites plus étroites ; 2°. celles qui courent dans le milieu des terres, qu'il oppofe de même à celles qui occupent les bords de la mer ou d'autres contrées intermédiaires & fans suite ; 3°. celles qui s'élèvent à une grande hauteur qu'il compare à celles d'une hauteur moyenne ou même inférieure à la moyenne.

De ces différences dans les formes & les positions, Varénius passe à la constitution intérieure des montagnes, à la nature des matériaux qui entrent dans leur composition. Il en trouve qui sont formées de sables, de pierres dures & de bancs solides, d'argille ou de craie ; quelques-unes renferment des métaux, comme l'or, l'argent, le plomb, le cuivre, le fer, pendant que le plus grand nombre n'offrent aucuns filons métalliques.

Mais je dois dire que depuis le tems où notre auteur arrangeoit méthodiquement ce qui étoit pour lors connu, cette partie de l'histoire naturelle de la terre a fait de grands progrès, & que nous sommes en état de classer les massifs montueux, d'après les matériaux qui les constituent, avec une précision infinie, & qui regarde également leur nature comme leur disposition intérieure.

Il y a aussi des montagnes remarquables par les eaux abondantes qu'elles fournissent & qui donnent naissance à des fleuves & à des rivières pendant que d'autres sont sèches & arides. On en voit aussi plusieurs dont les sommets sont couverts de bois, de forêts, ce qui contraste fortement avec d'autres qui n'offrent que des têtes nues & stériles ; enfin, quelques-unes jettent du feu & des flammes à leur sommet, tandis que d'autres voisines ne présentent aucuns de ces phénomènes. Dans cette dernière classe de montagnes brûlantes, Varénius place l'Ethna, l'Hecla & le Vésuve avec des détails intéressans. Ensuite il parcourt les volcans de l'Inde, du Pérou, qu'il fait connoître également : & il termine cette nomenclature raisonnée par la note des isles volcanisées où le feu

s'est éteint depuis long-tems, mais qui en ont conservé des produits & des vestiges frappans, comme Sainte-Hélène, l'Ascension, les Açores, &c.

Après cette énumération très savante & très-instructive, des différentes masses montueuses, Varénius s'occupe 1°. de celles qui s'avancent dans le bassin de la mer & forment ce qu'on nomme des promontoires. Les plus célèbres qu'il cite sont, le Cap de Bonne-Espérance, le Cap Victoire à l'extrémité du détroit de Magellan, le Cap-Verd qui est la pointe la plus occidentale de l'Afrique, le Cap Saint-Vincent en Espagne, le promontoire de l'Atlas, &c.

2°. Il parle des ouvertures & des passages qui se trouvent au milieu des chaînes de montagnes, & qu'on nommoit autrefois les portes des nations. Il cite à cette occasion les Thermopiles, en Thessalie ; les gorges Caspiennes ; le passage qui coupe la chaîne des Cordillières, au Pérou ; le passage qui sert de débouché aux marchandises qu'on transporte d'Abyssinie en Arabie ; enfin, les deux passages qui sont ouverts dans la chaîne du Caucase.

Varénius termine ce dénombrement méthodique de toutes les inégalités de la surface des continens secs, par l'indication succinte des mines, des bois, des grandes forêts & des déserts. Nous supprimerons ces détails qui ne renferment aucune vue importante.

ARTICLE TROISIÈME.

De l'Hydrographie du globe, & d'abord de l'Océan divisé par les parties correspondantes des terres.

Cette première exposition des objets que renferment les continens, étant achevée

&

& leurs formes bien décrites, Varénius passe à l'examen des bords de la mer qui environnent ces continens. Il trouve, d'après les mêmes principes qui l'ont guidé dans ce travail, trois différences remarquables dans les contours du bassin des mers qui baignent les terres. Il distingue d'abord les grandes mers qui portent la dénomination d'Océans, tels que l'Océan Atlantique, l'Océan Ethiopien, l'Océan Indien, &c. Puis il considère les golfes, parties de ce même bassin, qui s'enfoncent entre deux portions de la même terre ferme; ensuite les détroits, autres portions du même bassin qui sont ouvertes entre deux terres, lesquelles appartiennent ou bien à deux continens, ou au même continent, ou bien à un continent & à une isle, ou enfin à deux isles.

Les golfes sont de deux sortes, comme nous l'avons déja dit; les uns ont une large ouverture & un enfoncement peu considérable; les autres sont fort étroits & ont de grands enfoncemens. Ces derniers, sous le nom de Méditerranées, prennent différens noms, suivant les côtes que leur différentes parties vont baigner.

Les détroits d'un autre côté, sont de trois sortes, ou bien ils forment la jonction d'une grande mer avec une autre, ou bien d'une grande mer avec un golfe, ou bien celle de deux bayes ou golfes.

Les mers ou l'Océan principal se divisent en quatre grands bassins, qui répondent aux quatre grands continens ou grandes isles de la terre; tels sont, 1°. l'Océan Atlantique qui est situé entre les côtes occidentales de l'ancien continent & les côtes orientales du nouveau. 2°. L'Océan Pacifique, ou grande mer du Sud, qui occupe l'intervalle entre les côtes occidentales de l'Amérique & les côtes orientales de l'Asie. 3°. L'Océan Septentrional qui borde les terres arctiques. 4°. L'Océan

Méridional qui règne autour des parties méridionales de l'Asie, de l'Afrique, de l'Amérique, & dont l'Océan Indien fait une des principales parties.

Quant à ce qui concerne les golfes ou bayes dont on a indiqué les diverses formes ou situations, voici ceux que Varénius distingue & indique, & qu'il place parmi les golfes allongés & étroits. 1°. La Méditerranée. 2°. La mer Baltique. 3°. Le golfe Arabique ou la mer Rouge. 4°. La mer ou golfe de Californie. 5°. Le golfe de Nankin. Mais parmi les bayes larges & ouvertes, il range 1°. : le golfe du Mexique qui reçoit un grand nombre de rivières & qui renferme une suite d'isles très intéressante; 2°. le golfe du Bengal ou du Gange, qui reçoit, outre cette dernière rivière, beaucoup d'autres d'un volume d'eau considérable; 3°. la baye de Camboya ou de Siam, laquelle reçoit aussi un certain nombre de rivières; 4°. la mer Blanche ou le golfe de Russie, dans la mer Glaciale; 5°. les bayes d'Hudson & de Baffin; 6°. enfin, la vaste embouchure du fleuve Saint-Laurent.

Varénius compte ensuite plusieurs détroits; 1°. celui de Magellan qui ouvre un passage libre de l'Océan Atlantique ou Ethiopien, à la mer du Sud; 2°. un peu plus loin vers le Sud est le détroit de le Maire qui communique aux mêmes mers que le précédent; 3°. le détroit de Manille qui s'étend de l'Est à l'Ouest, & fait en partie la jonction de l'Océan Pacifique avec l'Océan Indien; 4°. il y a plusieurs autres détroits entre les isles de la mer des Indes & le continent, comme entre Ceylan & l'Inde, entre Sumatra & Malaye, entre Sumatra & Java; 5°. le détroit de Waigats, situé entre la côte de la mer Glaciale & la Nouvelle-Zemble; 6°. le détroit de Davis, entre l'Amérique septentrionale & le Groënland; 7°. le détroit de Forbisher qui ouvre une communication entre l'Océan Atlantique & la baye d'Hudfon ; 8°. le détroit d'Anian, fitué entre l'Amérique feptentrionale & occidentale & l'Afie feptentrionale. Varénius cite en indiquant ce détroit, tout ce qui, de fon tems, pouvoit en prouver la fituation & l'exiftence ; 9°. le détroit de Gibraltar, par où l'Océan Atlantique communique à la Méditerranée ; 10°. les trois détroits qui fervent de communication de la mer Baltique avec la mer d'Allemagne, qui font le Sund, le grand Belt, & le petit Belt ; 11°. le détroit de Babel-Mandel, à l'embouchure du golfe Arabique, auprès du port Aden ; 12°. l'Hellefpont, à travers duquel on paffe de l'Archipel dans la Propontide ; un peu plus loin eft un autre détroit appellé le bofphore de Thrace, qui joint la Propontide au Pont-Euxin ; 13°. le détroit de Meffine, entre l'Italie & la Sicile.

Telles font les différentes parties des baffins de l'Océan diftinguées par leurs différens rapports & correfpondances avec les terres. Ce travail eft, comme l'on voit, la contrepartie de ce que notre favant géographe a préfenté ci-devant, relativement aux différentes figures des côtes que les mers baignent. Enfin, ce travail fe trouve completté autant qu'il pouvoit l'être & d'une manière intéreffante, par un tracé général des côtes de la mer qui baignent les quatre continens & les autres grandes parties de terres détachées qui étoient connues du tems de Varénius. Je ne donnerai pas ici les détails de ce *périple*, qui eft imparfait, parce qu'il a été rédigé d'après les cartes géographiques que Varénius avoit fous les yeux en 1650. Je crois qu'il fuffira de renvoyer mes lecteurs à l'article *Périple*, du dictionnaire ou de l'Atlas. C'eft là que toute la configuration des côtes de l'Océan, fe trouvera décrite d'après des mappemondes perfectionnées par les dernières navigations des habiles marins qui ont tenté dans toutes les parties du monde les découvertes des contrées inconnues avec autant de courage que d'intelligence.

De la formation des golfes & des détroits; & de la falure des eaux de l'Océan.

Il feroit peut-être trop hardi de rechercher quelles peuvent être les caufes qui ont concouru à la formation des grands baffins de l'Océan, auffi Varénius n'a-t-il rien tenté à ce fujet. Il étoit réfervé à notre fiècle d'imaginer d'affez grandes révolutions pour remonter jufqu'à ces événemens extraordinaires ; mais Varénius a cru pouvoir fe dédommager en découvrant par quels agens & dans quelles circonftances les golfes & les détroits avoient été creufés & approfondis. Il eft porté à croire que c'eft le mouvement impétueux & l'élancement des vagues contre les côtes primitives de l'Océan, occafionnés par les vents & par l'action du flux qui en ont entamé & miné les bords, fur-tout, lorfqu'ils étoient fort efcarpés. Ces mêmes deftructions ont encore fait plus de progrès lorfque la côte étoit compofée d'une terre légère & peu compacte, fur laquelle l'eau agit facilement, parce qu'elle n'oppofe qu'une foible réfiftance : & c'eft alors que de grandes maffes d'eau font venues occuper la place de grandes étendues de terres.

Il n'y a pas de doute que plufieurs détroits, fur-tout ceux qui fe trouvent entre les ifles & les continens, comme celui de Meffine, qui fépare l'Italie de la Sicile, ont été ouverts par l'action foutenue des eaux de la mer ; mais ceux qui, comme les détroits de Magellan, de Gibraltar & du Sund fe trouvent placés entre l'Océan & un golfe, ou entre l'Océan & l'Océan, Varénius croiroit volontiers qu'ils font auffi anciens que la terre & l'Océan ; ce qui ne peut fatisfaire tous les naturaliftes.

Il penfe cependant que plufieurs de ces détroits ont été changés en golfes par l'obftruction qu'ils ont éprouvée vers l'une de leurs extrémités, comme certains golfes font devenus des détroits par l'enlevement & la destruction des digues qui formoient des cul-de-lacs à l'extrémité des bayes ; cependant notre auteur ne nous cite aucun exemple de ces deux faits, ni aucunes circonstances propres à nous déterminer à croire à ces suppositions.

Varénius discute ensuite fort longuement pour savoir si dans les bayes & dans les détroits l'eau de la mer se trouve au même niveau qu'à une certaine distance des côtes, & si toutes les différentes parties de l'Océan sont de niveau ; mais il s'en faut bien qu'il se croie autorisé à décider ces grandes questions, puisqu'il finit par proposer ces problêmes : 1°. si l'Océan Indien, Pacifique & Atlantique sont de même hauteur, ou si l'Atlantique n'est pas plus bas que les deux autres ; 2°. si l'Océan septentrional, dans le voisinage du pôle & sous la Zône-Glaciale est plus élevé que l'Atlantique ; 3°. si la mer Rouge est plus haute que la Méditerranée, ou la mer du Levant ; 4°. si la mer du Sud est plus haute que le golfe du Mexique ; 5°. si la mer Baltique est aussi haute que la mer d'Allemagne. On voit que dans toute cette discussion, Varénius n'apporte aucune raison solide pour résoudre toutes ces questions.

Il ne nous dit rien de plus assuré sur les prétendues sources de l'Océan qui définitivement paroît recevoir exactement, par les rivières & les fleuves, ce qu'il peut perdre par l'évaporation. Ainsi nous ne nous étendrons pas sur ce qui, dans la géographie générale, concerne la profondeur & les sources de l'Océan.

Si nous passons maintenant à la salure des eaux de la mer, & aux causes de cette salure, nous ne trouverons pas ici des raisons plus décisives que sur les autres questions précédentes ; ainsi nous ne nous arrêterons pas sur ces objets. Nous ferons remarquer seulement, que suivant des observations bien assurées les dégrés de salure des eaux de l'Océan sont fort variables d'une mer à l'autre ; que cette eau est d'autant moins salée, qu'on approche le plus des pôles, & que c'est sous l'Equateur qu'elle l'est davantage. Or, il paroît certain que c'est le degré de chaleur qu'éprouve l'eau de la mer, qui la rend propre à dissoudre une quantité plus ou moins grande de sel, & par conséquent à contracter une salure plus ou moins sensible. Au reste, plusieurs autres circonstances peuvent d'ailleurs faire varier cette salure, sur-tout la grande quantité de pluies ou de neiges qui tombent sur la surface de la mer, comme cela arrive dans les pays septentrionaux où le mélange d'eau douce modère la salure. De même sous la Zône-Torride l'Océan est moins salé auprès des côtes dans les saisons pluvieuses que dans les sèches. Ainsi l'on trouve différens parages aux Indes, sur la côte de Malabar, où l'eau de la mer est douce dans la saison pluvieuse, à cause de la grande quantité d'eau qui tombe des monts Gates & qui se précipite en torrens dans la mer. C'est par la même raison que l'eau de la mer se trouve, en tout tems, fort adoucie, surtout près des côtes, aux environs des embouchures des fleuves de la Plata & des Amazones, qui y déchargent une masse d'eau douce énorme.

Je ne ferai qu'indiquer quelques particularités de l'eau de la mer dont Varénius ne fait qu'une mention succinte, & qu'il suffit de rappeller pour en donner une connoissance suffisante.

L'eau salée étant plus pesante que l'eau douce, il n'est pas étonnant que l'eau de la mer ne soit plus pesante que l'eau des fleuves qui s'y déchargent.

L'eau de la mer ne gèle pas si facilement que l'eau douce ; il faut par conséquent un degré de froid plus considérable pour glacer l'eau de la mer que l'eau des fleuves.

L'Océan qui reçoit les eaux de tant de fleuves qui s'y déchargent continuellement, ne s'agrandit pas & reste par-tout dans les mêmes limites.

Il paroît donc qu'il s'opère sur la surface de l'Océan, par l'atmosphère, une évaporation égale à la quantité d'eau qui retourne dans la mer par les fleuves.

L'eau de la mer est lumineuse, parce qu'elle renferme un grand nombre de petits animaux phosphoriques, outre une certaine quantité de poissons qui ont la même propriété lumineuse lorsqu'ils sont dans certaines situations ou même lorsqu'ils pourrissent.

Article Quatrième.

Des mouvemens généraux & particuliers de l'Océan.

Varénius passe à l'exposition de tous les mouvemens auxquels les eaux de la mer sont exposées ; il en distingue de généraux & de particuliers, & même d'accidentels.

Il appelle mouvement général, celui qu'on observe dans toutes les parties de la mer & dans tous les tems, au lieu que les mouvemens particuliers n'affectent que quelques parties de l'Océan. Il y en a de deux sortes, l'un perpétuel, qui agite la mer sans interruption ; l'autre périodique, qui est inconstant & ne se remarque que dans certains mois & à certains jours de l'année.

Les mouvemens accidentels de la mer sont ceux qui surviennent de tems en tems, mais sans aucun ordre ni régularité ; il y en a une infinité de cette sorte ; c'est surtout aux vents que Varénius attribue ces mouvemens irréguliers.

Quant aux mouvemens généraux, il en

distingue de deux sortes, l'un constant qui se fait d'Orient en Occident ; l'autre composé de deux mouvemens contraires & appellés flux & reflux, par l'un desquels la mer court & s'élève vers les côtes à certaines heures, & par l'autre elle se retire & s'abaisse.

Varénius est celui de tous les géographes qui a le mieux parlé du mouvement qui porte les eaux de l'Océan de l'Est à l'Ouest, dont Buffon a voulu tirer un grand parti. C'est à Varénius que nous devons la connoissance raisonnée de ce mouvement, ainsi que l'exposition des preuves différentes que les navigateurs en avoient recueillies de son tems.

Il nous apprend d'abord que ce mouvement est sur-tout très-remarquable dans la Zône-Torride, & entre les Tropiques, parce qu'il y est plus fort & moins exposé à être contrarié par les autres mouvemens. C'est particulièrement dans le trajet de l'Inde à Madagascar & aux côtes d'Afrique qu'il a été reconnu par différens navigateurs.

Il en est de même dans les parties de la mer du Sud contenues entre la Nouvelle Espagne d'un côté & les côtes de la Chine & des Molucques de l'autre : comme dans l'Océan Ethiopique, entre les côtes de l'Afrique & celles du Brésil.

C'est aussi par une suite de ce même mouvement que des courans fort rapides portent les vaisseaux de l'Est à l'Ouest dans le détroit de Magellan, & avec une vitesse si grande, que le premier navigateur qui découvrit ce détroit, conjectura, d'après ces effets, qu'il devoit y avoir une communication de l'Océan Atlantique à la mer du Sud. De même les vaisseaux sont portés par des courans de l'Est à l'Ouest dans le détroit de Manille, & dans les passes qui se rencontrent entre les Maldives, &c.

Par une fuite du même mouvement la mer coule avec impétuofité dans le golfe du Mexique, entre Cuba & l'Yucatan, & dans le débouquement entre Cuba & la Floride. Il y a un courant fi impétueux qui porte les eaux dans le golfe de Paria, que le détroit en a reçu le nom de Bouche du Dragon. Ce mouvement eft auffi très-fort le long des côtes du Canada. De la mer de Tartarie ou Glaciale, l'eau fe porte en abondance à travers les détroits de Waigats & de la Nouvelle-Zemble, ce qui fe prouve non-feulement par la quantité d'eau qui s'y meut, mais encore par celle des glaçons qui s'accumulent autour de la Nouvelle-Zemble. On a reconnu également que le long des côtes feptentrionales & occidentales de l'Amérique, l'eau de la mer du Sud fe porte vers le détroit d'Anian. Du Japon il y a retour vers la Chine, au lieu que dans le détroit de Manille & dans celui de Madagafcar, la direction du courant eft de l'Eft à l'Oueft. Ainfi pendant que l'Océan Atlantique fe porte vers les côtes Orientales de l'Amérique, un mouvement en même fens a lieu dans la mer du Sud, car l'eau s'écarte des rivages Occidentaux, ce qui eft furtout très-remarquable au Cap *des Courans*, entre Lima & Panama.

Il réfulte de toutes ces circonflances du mouvement général de la mer de l'Eft à l'Oueft, que les vents, & fur-tout ceux que l'on nomme *Mouffons*, y apportent des changemens confidérables. Il eft vifible que ceux qui viennent du Nord, du Sud ou de quelques autres points du compas, doivent déranger la direction de ce mouvement & le faire tourner tantôt vers le Nord, vers le Nord-Oueft ou le Sud-Oueft. Les vents du Nord modifient furtout ce mouvement fur l'Océan feptentrional, où ces courans ne font pas forts, fi ce n'eft en quelques endroits particuliers.

Autant Varénius eft attentif à préfen-ter en détail les différens phénomènes du mouvement général de l'Eft à l'Oueft, autant il eft réfervé fur l'indication de leur caufe. Cependant il paroît porté à croire que la marche fucceffive du foleil eft la caufe principale du vent d'Eft & des autres vents conflans qui en font les dérivations. Il s'appuie fur les obfervations qu'on a faites en plufieurs endroits, & qui prouvent que ce vent eft plus fort avant le lever du foleil que dans tout autre tems. Or, on ne peut douter qu'il ne contribue à rendre le mouvement de l'Eft à l'Oueft conftant; on a reconnu effectivement que plus le vent d'Eft eft fort, plus ce mouvement eft rapide.

Après cette expofition des phénomènes que préfente cette marche générale des eaux de la mer, on pouvoit défirer de connoître la manière dont ce mouvement fe comportoit avec ceux du flux & du reflux; c'eft ce que Varénius expofe avec beaucoup de fagacité. Il obferve d'abord que tout l'Océan fe meut de l'Eft à l'Oueft dans le tems du flux comme dans celui du reflux, & que la feule différence qu'on y remarque, c'eft que dans le flux la mer fe meut avec plus de violence & plus abondamment, au lieu que dans le reflux elle femble couler en fens contraire, parce qu'il s'y meut une moindre quantité d'eau.

On voit que le mouvement général de la mer de l'Eft à l'Oueft fubfifte toujours avec le flux & le reflux, qu'on doit confidérer pour lors feulement comme une intumefcence & une détumefcence des eaux de la mer. Au refte, Varénius établit ces vérités en nous faifant remarquer, 1°. qu'en pleine mer, & entre les Tropiques, on n'apperçoit point d'autre mouvement que celui de l'Eft à l'Oueft; 2°. que dans les détroits qui courent fuivant la direction de l'Eft à l'Oueft, & qui fervent à la communication des grandes parties de l'Océan, comme ceux de Magellan, de

Manille, de Java & autres, la mer monte & defcend dans l'efpace de douze heures ; mais en redefcendant elle ne reflue pas en fe portant hors des détroits du côté de l'Eft, mais elle fe porte feulement par les autres débouchés ouverts du côté de l'Oueft ; ce qui prouve que dans ces circonftances l'intumefcence & la détumefcence ne font point des mouvemens à part, mais toujours des modifications du mouvement général, & qu'en particulier le reflux ne fe fait point près des côtes par un courant dirigé vers l'Orient.

Quand on dit que le mouvement dont nous venons de parler fe porte d'Orient en Occident, on ne penfe pas qu'il foit affujetti invariablement à ces deux points cardinaux. Ce mouvement éprouve, comme nous l'avons dit, toutes les modifications vers les points collatéraux, & même jufqu'au Nord d'un côté & jufqu'au Sud de l'autre ; mais dans ces deux cas ce mouvement vers les pôles eft très-foible.

La connoiffance du mouvement général de la mer de l'Eft à l'Oueft, telle qu'elle nous a été donnée par Varénius, peut recevoir de grands développemens par les nouvelles découvertes que les navigateurs inftruits ont faites depuis 1650 dans les différentes parties des côtes de la mer qu'ils ont fréquentées. On peut, en fuivant ces détails, completter le fyftême de ce mouvement ; on verra donc les forces actives & nombreufes des courans qui font diftribuées à côté des effets variés & étendus qu'elles ont produits pendant une longue fuite de fiècles, car on fait que le tems ne coûte rien à la nature.

Ainfi il n'y a point de golfes, point de bayes, point de détroits où l'on ne voie dans les eaux de la mer qui en baignent les côtes, un mouvement propre, non feulement à leur formation, mais encore à leur aggrandiffement. Il fuffit

d'étudier avec quelque attention & quelque fuite les mouvemens des eaux pour découvrir dans leur marche toute la force que la nature met en œuvre chaque jour pour donner aux baffins des mers la forme qu'ils ont & qu'ils doivent entièrement aux eaux qu'ils renferment.

Au refte, ce n'eft pas feulement le mouvement de l'Eft à l'Oueft qui doit être envifagé comme ayant influé fur les opérations de la nature, dont on vient de parler : il faut y joindre auffi comme une circonftance qui y a concouru très-fortement & très-régulièrement, les mouvemens du flux & reflux, qui bien loin de nuire au premier, lui donnent une plus grande énergie & en accélèrent les effets.

Enfin, une troifième circonftance qu'on doit réunir à ces agens, eft celle de la nature des terreins qui fervent de bords aux différentes parties du baffin de l'Océan. On voit de grandes étendues de côtes qui fe prêtent très-facilement à la deftruction à laquelle les efforts des flots travaillent fans relâche, & dès-lors la largeur des détroits acquiert des augmentations confidérables, le fol ayant cédé à tout ce qui pouvoit opérer les éboulemens fucceffifs dont on peut fuivre aifément les progrès. Il y a même des terreins fur lefquels l'action de la gelée fe combine d'une manière très-marquée avec celle des vagues ; & les réfultats de tout ce travail fe retrouvent dans la forme évafée des bords des détroits ainfi que dans l'accumulation des débris de ces bords.

Je dois au refte ajouter ici un dernier effet du mouvement général des eaux de la mer, qui complete toutes ces deftructions ; c'eft l'enlèvement des matériaux que produifent les éboulemens & qui font entraînés au milieu du canal des détroits, après avoir féjourné pendant quelque tems au pied des falaifes.

D'après toutes ces considérations, doit-on être étonné que les bayes, les golfes & les détroits s'aggrandissent chaque jour, & nous présentent les résultats d'un travail infatigable & perpétuel, comme celui de la mer ?

Du flux & reflux.

Les marées sont plus grandes dans les nouvelles & les pleines lunes que dans les quadratures. Les gens qui fréquentent la mer, assurent que dans la nouvelle & la pleine lune la face de l'Océan est toujours inégale & troublée, mais calme & tranquille dans les quadratures; cependant il y a des endroits où les marées sont plus hautes dans la pleine lune que dans la nouvelle.

Le flux & reflux varient aussi suivant les saisons de l'année ; ainsi, les marées les plus hautes arrivent vers les équinoxes, c'est-à-dire au printems & en automne, & les plus basses vers les solstices.

Il y a des parties de côtes de l'Océan, & sur-tout des bayes ou golfes, où les marées montent considérablement : d'autres parties de côtes éprouvent des marées fort foibles & peu sensibles. Ainsi dans les bayes longues & étroites, lorsque l'eau monte, elle s'élève à une grande hauteur : en pleine mer, où les vagues mues par le flux s'étalent librement, les marées s'élèvent très-peu.

A la ville de Daman, dans le voisinage de Suratte, la marée monte & baisse de quinze pieds, & la mer laisse à sec un demi mille d'Allemagne sur le rivage.

Dans la baye de Cambaye la marée monte de cinq brasses, & ce flux violent a occasionné la perte de plusieurs vaisseaux. Les marées sont aussi fort hautes aux environs de Malayé & dans les détroits de la Sonde.

Le flux est si grand dans le golfe Arabique ou dans la mer Rouge que le reflux y est aussi considérable.

A la baye de Button, proche le détroit d'Hudson, à la hauteur de 57 degrés de latitude Nord, le flot monte de 15 pieds, quoiqu'il ne monte que de deux pieds dans la baye d'Hudson & dans celle de Jame.

Il y a des marées très-hautes sur la côte orientale de la Chine, & vers les isles du Japon.

A Panama, ville de la côte occidentale d'Amérique, la mer du Sud s'élève fort haut & descend aussitôt ; l'agitation y est si grande à la pleine lune qu'elle chasse l'eau jusque dans les maisons de la ville. Tout le long de cette côte, les marées de la grande mer du Sud sont extrêmement hautes, de sorte que dans le reflux l'eau se retire à plus de deux milles du rivage.

La marée monte de quinze pieds sur la côte de Siam, & dans la baye de Bengale.

Mais dans la Méditerranée, qui court de l'Ouest à l'Est par le détroit de Gibraltar, la marée n'est point sensible, seulement elle s'élève un peu dans le golfe de Venise à cause de sa petite largeur de baye.

Dans la mer Baltique les marées sont peu sensibles, & fort petites dans plusieurs plages de l'Océan septentrional.

Le flux est causé par une forte impulsion qui porte les eaux vers les côtes, au lieu que le reflux est le mouvement naturel de l'eau qui se rétablit dans un parfait niveau.

Il y a des lieux où le tems est partagé

entre le flux & le reflux, d'autres où le
tems du flux est plus ou moins long que
celui du reflux.

Le flux dure, par exemple, sept heures
dans la Garonne, pendant que le reflux
n'en dure que cinq, & l'on a remarqué
que dans le port de Macao, sur la côte
de la Chine, la marée monte pendant
neuf heures, & n'emploie que trois heures
à descendre, & même moins encore quand
les vents d'Est soufflent.

Au contraire, à la rivière de Sénégal,
dans la terre des negres, la mer monte
en quatre heures & emploie huit heures
à descendre.

Les uns attribuent ces effets au courant
forcé & violent de certaines rivières, ou
même à leur cours ordinaire. Ainsi la
Garonne résiste au flux & le retarde par
la force de son courant; mais au contraire
elle aide le reflux & le favorise. C'est la
même raison qui fait que la mer ne monte
que quatre heures dans le fleuve du Sénégal; il faut remarquer que les lieux bas
paroissent avoir le flux plus long, & le
reflux plus court.

Dans tous les lieux les vents empêchent
ou favorisent souvent le cours des marées,
& ce ne sont pas seulement les vents qui
soufflent sur les côtes où les marées s'élèvent
le plus, mais encore ceux qui soufflent
à une certaine distance & élévation en
mer.

Des courans.

Un mouvement propre & particulier
à quelque partie de l'Océan, s'appelle un
courant. Les courans varient: & quant à
la direction, il y en a de constans & de
périodiques. Nous allons faire l'énumération des plus fameux courans de cette
classe.

1°. Le courant de mer le plus extraordinaire est celui par lequel une partie de
l'Océan Atlantique ou d'Afrique se meut
vers la côte de Guinée, depuis le Cap-
Verd jusqu'à l'enfoncement que forme
la baye d'Afrique, & qu'on appelle Fer-
nando Poo, c'est-à-dire, de l'Ouest à
l'Est; on voit par-là qu'il est contraire
au mouvement général de l'Est à l'Ouest.
Telle est la force de ce courant que
quand les vaisseaux approchent trop
près de la côte, il les pousse avec violence
vers la baye & trompe les marins dans
leur estime. D'où il arrive que les vaisseaux
qui vont en deux jours de navigation de
la côte de Mourée à Rio de Benin, ce
qui fait un éloignement de cent milles de
Hollande, sont quelquefois six à sept semaines à revenir de Benin à Mourée, à
moins qu'ils ne passent dans le grand Océan.
Ce courant a fait perdre bien des vaisseaux
avant que les marins le connussent bien,
car il les chassoit sur des rochers & des
bas-fonds & les faisoit périr par un naufrage; ou les retenoit dans la baye où
les équipages mouroient de faim.

Au reste, ce courant ne règne pas dans
tout l'Océan Éthiopique: ce n'est que
dans la partie qui est adjacente à la côte
de Guinée, à l'extrémité de la baye, &
à environ un degré de latitude Sud. On
remarque d'ailleurs qu'il ne s'étend pas à
plus de quinze milles de la côte; c'est
pourquoi les navigateurs ont bien soin
de ne pas tant approcher de terre quand
ils navigent le long de ces côtes; car il
les dérangeroit de leur course.

Il n'est pas aisé de rendre raison d'un
tel courant si voisin de la terre, quand la
grande mer se meut dans un sens contraire de l'Est à l'Ouest.

On peut dire cependant que l'Océan
étant repoussé par la côte de l'Amérique,
se meut lentement à l'Est; que ce mouvement ne s'apperçoit pas en pleine mer,

trois

parce que l'autre le contrarie & le rend moins sensible; mais dès qu'il est parvenu vers la côte de Fernando-Poo qui, s'avançant dans les terres, est plus propre à le recevoir: & enfin, que s'il ne se fait pas sentir dans d'autres parages, sur la côte de l'Afrique, par exemple, vers le Congo, c'est à cause de la rapidité des rivières qui le rompent, & le détruisent.

2°. Voici les détails qui concernent le second courant perpétuel.

L'Océan se meut avec vitesse du Sud au Nord depuis les environs de Sumatra, dans la baye de Bengale, de sorte qu'il est probable que cette baye a été formée par la rapidité du courant; c'est peut-être ce même courant qui a séparé la presqu'isle de Malaye d'avec l'Inde. On ne sait si l'on doit en attribuer la cause à quelques isles & au Cap Mabo, sur le continent du Sud, qui peuvent bien arrêter l'Océan dans son passage à l'Ouest & qui l'obligent à se tourner au Nord. Quoi qu'il en soit, il paroît que le courant ne se porte pas droit au Nord, mais plutôt au Nord-Ouest. Outre cela, ce même courant se fait sentir entre Java & le continent du Sud; c'est pour cela que les Hollandois, quand ils vont aux Indes, gagnent d'abord le continent du Sud, & dirigent ensuite leur course du Sud au Nord pour arriver à Java.

3°. Le troisième courant perpétuel dont nous ferons mention, est celui qui se trouve entre Madagascar & le Cap de Bonne-Espérance, ou plus particulièrement entre la terre de Natal & le Cap. C'est un courant violent qui court du Nord-Est au Sud-Ouest parallèlement à la côte, & dont le mouvement est si rapide & si extraordinaire que les vaisseaux ont bien de la peine à le franchir, même avec un vent favorable, ou à naviguer contre sa direction pour se rendre à Madagascar. Au

contraire, ceux qui sortent du canal, entre Madagascar & l'Afrique, vers le Cap de Bonne-Espérance, y sont portés sans le secours des vents & par la seule force de ce courant. Varénius croit qu'on peut en attribuer la cause à ce que l'Océan Indien étant poussé vers la côte d'Afrique & détourné de son cours ordinaire, doit couler naturellement vers le Cap de Bonne-Espérance où il trouve un passage; car en pleine mer ce mouvement n'éprouve pas ce détour, mais se trouve dirigé de l'Est à l'Ouest.

4°. Le quatrième courant perpétuel est dans l'Océan Pacifique, le long des côtes du Pérou, & du reste de l'Amérique, où la mer coule du Sud au Nord, ce qui vient sans doute des vents du Sud qui soufflent constamment sur ces côtes; car on ne remarque en pleine mer ni ces vents ni ces courans.

5°. Le cinquième courant perpétuel & constant se porte du Cap Saint-Augustin au Brésil, le long de la côte orientale d'Amérique. Parmi les Antilles, dans le golfe du Mexique, jusqu'aux côtes de la Floride, on voit que sa marche est du Sud au Nord; car la mer étant chassée par son mouvement général contre la côte du Brésil, s'y trouve portée vers le Nord, où son bassin est plus large & plus ouvert; c'est ce qui détermine la direction de ce courant.

On trouve un semblable mouvement de l'Océan vers le Nord le long des côtes orientales de l'Asie, à l'embouchure des détroits de Manille l'une des isles Philippines. C'est aussi dans de semblables circonstances que se trouve un courant violent qui court entre le Japon depuis le Port Xibuxia jusques vers Arimia.

6°. Le sixième courant perpétuel se rencontre dans le détroit de le Maire, où il fe porte à l'Eft, ce qui eft très-probable : il en eft de même de celui du détroit de Magellan qui fe porte de l'Océan Ethiopien dans la mer du Sud.

On peut mettre au nombre de ces courans perpétuels ceux que forment de grandes rivières, en déchargeant leurs eaux dans la mer.

Ainfi fur la côte de Loango, à dix ou douze milles loin de Congo, en Afrique, il y a un courant violent qui vient de terre & porte à l'Eft : il eft produit par un affez grand nombre de rivières dont le Zaïre eft la plus confidérable, lefquelles en fe précipitant dans la mer, en repouffent les flots vers l'Oueft, en quoi ces eaux courantes font aidées par le mouvement général de l'Eft à l'Oueft. Auffi faut il quelques jours aux vaiffeaux pour pouvoir arriver fur ces côtes, quoiqu'ils n'en foient éloignés que d'un ou de deux milles.

De même à l'ifle Lanton, voifine des côtes de la Chine, la mer fe meut de la terre vers l'Eft, contre fon mouvement général qui la porte de l'Eft vers les côtes de la Chine. Ce courant eft occafionné par la décharge rapide des eaux du grand fleuve *Thoncoan* ; on ne le remarque point en mer plus loin que les ifles *Bafchée*.

Voilà tout ce qu'on a recueilli d'obfervations fur les courans perpétuels. On ajoutera maintenant ce que l'on fait fur ceux qui font réglés & périodiques.

Des courans réglés & périodiques.

Il y a un grand nombre de courans qui ne font pas conftans, mais qui reviennent à certains tems. Ils dépendent la plupart des vents mouffons qui, fufflant dans un lieu, doivent produire un courant vers un autre.

Ainfi, à Java, dans le détroit de la Sonde, quand les mouffons foufflent de l'Oueft, favoir dans le mois de mai, les courans portent à l'Eft contre le mouvement général. On voit qu'ils portent précifément au même point que le vent réglé ou la mouffon.

Pareillement entre l'ifle de Célebes & Madure, quand les mouffons de l'Oueft règnent, c'eft-à-dire, en décembre, janvier & février, ou quand les vents foufflent du Nord-Oueft, ou entre le Nord & l'Oueft, les courans portent au Sud-Eft ou bien entre le Sud & l'Eft.

A Ceylan, depuis le mois de mars jufqu'au mois d'octobre, les courans portent au Sud, parce qu'alors les mouffons du Nord règnent, & dans le refte de l'année au Nord, parce que dans ce tems elles foufflent du Sud.

Entre la Cochinchine & Malaye, quand les mouffons de l'Oueft foufflent, c'eft-à-dire, depuis avril jufqu'en août, les courans vont à l'Eft contre le mouvement général ; mais le refte de l'année ils vont à l'Oueft, la mouffon confpirant pour lors avec le mouvement général. Ces courans font fi violens dans ces mers que les marins peu expérimentés croient que les vagues luttent contre les rochers.

Ainfi après le quinze février, les courans portent à l'Eft pendant quelques mois depuis les Maldives jufque vers l'Inde, contre le mouvement général.

Sur la côte de la Chine & de Camboye, les courans portent au Nord-Oueft dans les mois d'octobre, novembre & décembre, & depuis le mois de janvier ils portent au Sud-Oueft, & courent avec tant d'impétuofité fur les bas-fonds de Parcel, que leur mouvement fe compare à celui d'une flèche.

A Pulo-Condor, fur la côte de Cam-boge, quoique les mouffons changent, les courans portent-fortement à l'Eft.

Le long des côtes de la baye de Bén-gale jufqu'au Cap de Romanie, à l'extré-mité de la pointe de Malaye, le courant porte au Sud en novembre & décembre. Quand les mouffons foufflent de la Chine à Malaye, la mer court avec force de Pulo-Cambi à Pulo-Condor, fur la côte de Camboge.

Des tournans d'eau.

On diftingue trois fortes de ces tour-nans; il y en a quelques-uns où la mer ne fait que tourner en rond, dans d'autres l'eau paroît engloutie & rejettée enfuite; enfin les autres l'abforbent fans la rejetter Les navigateurs hollandois appellent ces gouffres *Maëlftroom*.

Entre Négrépont & la Grèce il y a un fameux tournant d'eau appelé l'Euripe. Scaliger tâche de l'expliquer ainfi : il n'y a pas grand inconvénient, dit-il, à fup-pofer que l'eau qui entre dans les gouffres en forte auffi fouvent qu'elle y entre ; mais cela ne fuffit pas pour rendre raifon des phénomènes. La fituation de ces gouf-fres peut contribuer au flux & reflux, mais on en ignore la principale caufe.

Le Maëlftroom de la côte de Norwege eft le tournant d'eau le plus rapide & le plus étendu que l'on connoiffe ; car on affure qu'il a treize milles de Hollande de tour ; il y a au milieu un rocher que les habitans des côtes voifines appellent le Mouske. Ce tournant d'eau engloutit pen-dant fix heures tout ce qui en approche ; non-feulement l'eau, mais les baleines, les vaiffeaux chargés, &c. & au bout de quelques heures il rejette le tout avec un bruit horrible, beaucoup de rapidité & un grand tournoiement d'eau. Varénius

avoue qu'il ignore la caufe de ces phé-nomènes. Au refte, comme depuis 1650 on les a mieux étudiés, je puis renvoyer au dictionnaire où l'on trouvera leur expo-fition plus raifonnée & plus propre à en faire connoître les caufes.

ARTICLE CINQUIÈME.

Suite de l'hydrologie à la furface des con-tinens fecs.

Des lacs, des étangs & des marais.

Varénius fuivant fon plan d'hydro-graphie du globe, paffe aux amas d'eau qu'on rencontre à la furface des continens, & fait l'application de fes divifions métho-diques, aux lacs, aux étangs, aux marais, puis enfin aux fources, aux rivières & aux fleuves.

Il diftingue d'abord quatre fortes de lacs, ceux qui ne reçoivent les eaux d'au-cune rivière & n'en verfent pas au-dehors : d'autres qui donnent naiffance à une rivière fans avoir reçu d'autres eaux courantes : les autres qui reçoivent un fleuve ou plu-fieurs rivières fans verfer rien au dehors ; ce font les égoûts de ces eaux courantes. Enfin, ceux de la quatrième claffe qui reçoivent des fleuves ou des rivières & dont le trop plein eft la continuation des mêmes fleuves ou rivières.

Cette claffification eft on ne peut pas plus inftructive, & plus propre à faire connoître les circonftances qui concourent à la formation des baffins de ces lacs, ainfi qu'à la collection des eaux qui s'y trouvent raffemblées. Le détail des exem-ples que Varénius joint à cette expofi-tion eft très-nombreux & très-curieux ; mais je me bornerai aux lacs principaux qui fe trouvent indiqués ou décrits dans chacune de ces claffes.

1°. Il y a beaucoup de lacs de cette espèce sur le haut des montagnes, comme sur le Mont-Cénis, le Mont Bructère; il y en a plusieurs autres aux pieds des montagnes, comme dans la Carniole, le lac Czirchnitz; le plus grand est le lac Parimé, situé dans l'Amérique méridionale, presque sous l'Equateur; il a trois cents cinq milles de longueur de l'Est à l'Ouest, & dans l'endroit le plus large cent milles environ; vraisemblablement il y a le long des bords de ce vaste bassin des sources qui restituent l'eau qui se perd chaque jour par l'évaporation. Au reste, on remarque beaucoup de ces lacs sur les bords de la mer en Finlande, &c.

2°. Il faut considérer ces sortes de lacs comme les sources des rivières un peu abondantes & dont les eaux se sont rassemblées dans un bassin propre à les recevoir. Il y a un grand nombre de ces lacs, comme on en voit à la tête du Volga, du Tanaïs. L'Ozero donne naissance à une rivière qui se jette dans le Volga. Le grand lac Chaamay, situé à 31 dégrés de latitude Nord, dans le voisinage des sources du Gange, fournit de l'eau à quatre grandes rivières qui arrosent & fertilisent les contrées des environs. Le lac Singhay, sur les limites orientales de la Chine, est l'origine d'une rivière considérable, laquelle après sa jonction avec une autre, entre dans la Chine & en parcourt plusieurs provinces. Le lac Titicaca, dans la province de *Los Chacas* de l'Amérique méridionale, a 80 lieues de circuit & donne naissance à une grande rivière qui va se terminer dans un autre petit lac. Le lac Nicaragua, en Amérique, dans la province de ce nom, n'est qu'à quelques milles d'Allemagne de la mer du Sud, & à plus de cent du golfe du Mexique, dans lequel il se décharge par une large embouchure. Le lac Iroquois, d'où sort le fleuve Saint-Laurent, &c.

3°. Le lac Titicaca produit une rivière qui va se perdre dans un autre petit lac.

Le lac Asphaltide, qu'on appelle aussi mer morte, reçoit les eaux du Jourdain; mais il n'a plus d'issue : sa longueur du Nord au Sud est de 70 milles d'Allemagne, & sa largeur de 5 milles. Le lac Soran, en Moscovie, reçoit deux petites rivières. Je dois terminer cette énumération par la mer Caspienne qui est le plus grand égout de la terre, & qui reçoit les eaux de plusieurs rivières considérables.

4°. Le nombre de ces lacs est très-considérable, presque tous ceux des Alpes doivent être rangés dans cette classe. Tels sont les lacs de Genève, de Constance, de Lucerne, de Zurich, de Neufchâtel, de Côme, Majeur, &c. Le lac Zaire, situé entre le deuxième & le neuvième degré de latitude-Sud, qui a cent cinq milles d'Allemagne en longueur, reçoit les eaux de quelques petites rivières & fournit les eaux à d'autres. Il en est de même du lac Zaflan, situé entre le troisième & le neuvième degré de latitude-Sud, à peu de distance du lac Zaire. Le lac Onéga, en Finlande, qui a environ 43 milles d'Allemagne en longueur, reçoit plusieurs rivières assez considérables, qui viennent d'autres petits lacs, & fournit la rivière Sueri au lac Ladoga; ce dernier lac a environ trente milles de longueur sur quinze de largeur; il reçoit la rivière dont nous venons de parler, & plusieurs autres rivières, & ensuite se décharge dans le golfe de Finlande, par la Néva, sur laquelle est construit Pétersbourg. Le lac Ula, en Finlande, a trente milles de longueur & quinze de largeur, il reçoit une rivière qui a traversé plusieurs lacs, & en verse une autre dans la baye de Bothnie. On voit à la Chine quatre lacs remarquables où se rendent plusieurs rivières, & qui en versent d'autres vers différens points de l'horison. Je pourrois ajouter à tous ces lacs, la mer Noire qui reçoit un si grand nombre de belles & grandes rivières, & qui se décharge par le détroit de Constantinople, que je considère comme une rivière, dans la mer de Marmara.

Varénius ne dit rien des étangs, & termine toute cette distribution des amas d'eau, par les marais qu'il distingue en deux classes. Les uns sont composés de terres inondées, de manière à ne pas pouvoir supporter le poids d'un homme qui y marcheroit ; les autres sont des étangs où les amas d'eau sont entremêlés çà & là de plusieurs petites isles formées de dépôts limoneux qui ne sont pas encore au-dessus des eaux. On en voit plusieurs des deux sortes en Westphalie ; il y en a aussi beaucoup en Finlande qui couvrent un grand espace de terrein : tels sont ceux qu'on appelle *Enare Tresk*, dans la Laponie ; ceux à travers lesquels passe l'Euphrate en Chaldée : enfin, dans le Brabant, il y a un grand marais qu'on appelle *Peel-Marsh*.

La plupart des marais sont d'anciens lacs qui sont envasés au moins le long de leurs bords & même assez près de leurs centres.

Il y a le long des rivières un grand nombre de marais à tourbes, leur envasement s'est fait successivement par l'accroissement & la destruction successive des roseaux & des autres plantes aquatiques qui y ont crû.

Nous ne nous occuperons pas des autres marais qui ne tiennent à aucune circonstance qui mérite attention ou qui annonce le concours de causes précises et déterminées.

Des eaux courantes à la surface de la terre seche ; des rivières & des fleuves.

La troisième partie de l'hydrologie qui a pour objet les eaux courantes à la surface des continens, comprend ce qui concerne les eaux des sources, celles des ruisseaux, des rivières & des fleuves.

Un fleuve, comme on sait, est une eau courante qui part d'un lieu élevé pour se rendre dans des lieux inférieurs, en suivant un lit ou canal qui renferme cette eau entre deux bords déterminés.

Un ruisseau est une eau courante d'un moindre volume qui coule dans un lit dont le trajet a moins de longueur & ordinairement plus de pente.

Un torrent est un écoulement d'eau rapide qui tombe d'une hauteur plus ou moins considérable, en suivant ordinairement une forte pente, & qui n'a lieu que dans certains tems à la suite des pluies, &c.

Une source est une ouverture par laquelle une eau vive & courante sort de terre.

Les torrens & certains ruisseaux intermittans, sont produits par l'abondance des pluies & des neiges fondues, après quoi tout écoulement cesse dans leurs lits.

La plus grande partie des rivières tirent leur origine des eaux de sources. Il est visible que les fleuves & les rivières en général ne sont pas alimentés par une seule source ou par un seul filet d'eau qui sort de la terre à leur origine. J'y trouve partout un grand nombre de ruisseaux qui se réunissent au tronc principal, & souvent ces rivières & ces sources sortent de lacs qui doivent être considérés comme la réunion & l'assemblage de plusieurs sources.

Il est évident que les sources de la plupart des rivières sont sur les montagnes, comme celles du Rhin, du Rhône, du Danube, du Pô. Plusieurs fleuves viennent des lacs, comme le Nil, le Wolga, le grand fleuve de Saint-Laurent.

Certaines rivières augmentent quelquefois beaucoup par les pluies & par la fonte des neiges , & ces augmentations dépendent alors des circonstances qui amènent les pluies ou les fontes de neiges.

Il y a dans le Pérou & dans le Chili quelques rivières si petites qu'elles ne coulent pas pendant la nuit, mais seulement le jour, parce qu'elles ne sont entretenues que par l'eau que produit la fonte des neiges, & qui tombe des andes, tant que dure l'ardeur du soleil. Il y a de même au Congo, à Angola, des rivières qui sont plus considérables le jour que la nuit. On en voit de semblables au Malabar & dans le Coromandel ; les rivières sont presque toutes à sec pendant l'été : mais elles se remplissent & débordent en hiver & dans les saisons des pluies. On peut indiquer aussi le Wolga dont le lit est rempli en mai & en juin jusqu'au point de couvrir ses bancs de sables & ses isles, & qui est si bas dans les autres tems de l'année qu'il est à peine navigable. Car les neiges étant fondues au retour de la chaleur sur les montagnes, elles forment plus de cent ruisseaux qui coulent dans le Wolga & causent cet état d'inondation que ce grand fleuve éprouve. Le Nil, le Gange, l'Indus, &c. sont si gonflés par les pluies, qu'ils éprouvent, comme on fait, des débordemens considérables & soutenus ; mais ces crues arrivent dans des tems différens de l'année, parce qu'elles sont produites par des eaux que diverses causes & divers lieux concourent à verser dans les canaux des fleuves. Ainsi certaines crues qui sont causées par les pluies, arrivent en hiver ; parce-que ces pluies sont plus abondantes alors que le reste de l'année ; mais si elles viennent des neiges qui se fondent en certains endroits au printems, & dans d'autres en été , les inondations qui en sont la suite, arrivent aussi au printems ou en été, où enfin dans le tems que la neige est fondue sur les bords des petits ruisseaux qui forment ces rivières.

D'ailleurs bien des rivières, & sur-tout les grandes, viennent d'endroits fort éloignés des contrées qu'elles parcourent, ensorte qu'on ne doit pas rapporter l'origine de leurs crues à telle ou telle saison, à moins qu'on ne connoisse celles qui règnent dans les contrées où ces rivières prennent la plus grande partie de leurs eaux.

Cependant on peut dire que la plus grande partie des rivières grossissent au printems, parce qu'alors la neige se fond presque par-tout, ou bien à la suite des saisons pluvieuses de la Torride, comme nous le ferons voir en décrivant un grand nombre de rivières sujettes à des débordemens annuels.

Des sources.

Je ne parlerai pas ici d'après Varénius des causes qui contribuent à fournir de l'eau, soit aux sources, soit aux fontaines. Quoiqu'il paroisse un peu pencher vers l'opinion de ceux qui considèrent les pluies & la fonte des neiges, comme servant à l'entretien des sources & des fontaines, cependant, il ne craint point de conclure d'une longue discussion ; que l'eau des sources provient en grande partie de la mer par des canaux souterrains, & en partie des pluies & des rosées qui humectent la terre. Il ajoute enfin, ce qui est évident, que l'eau des rivières vient autant des sources que des pluies & des neiges fondues. On voit que dans toute cette discussion Varénius a sacrifié encore au goût de son siècle pour les hypothèses merveilleuses d'Aristote & de Descartes, pendant que l'observation & le rapprochement des faits qu'il connoissoit auroient pu le déterminer à écarter toutes ces décisions hasardées.

Des rivières & des divers phénomènes de leur cours.

Nous allons passer maintenant aux différens phénomènes que l'étude & la distribution régulière de différens fleuves & rivières nous présenteront dans la géographie générale.

Il y a des rivières qui se perdent sous terre & qui reparoissent ensuite, après avoir parcouru dans un certain trajet des canaux souterrains.

Les plus renommées de ces rivières sont 1°. le Niger, fleuve d'Afrique, qui rencontrant les montagnes de Nubie, se perd dessous & ressort à l'Ouest de ces mêmes montagnes.

2°. Le Tigre, en Mésopotamie, se perd sous terre dans le mont Taurus, & sort de nouveau par l'autre côté de cette montagne.

3°. Ovide & Sénèque citent le Lycus & l'Erasinus, comme des fleuves qui se perdent.

4°. La Guadiana, riviere d'Espagne, se perd sous terre auprès de la ville de Médélin, & reparoît à environ huit milles d'Allemagne de cet endroit.

5°. Le Dan qui réuni avec le Jor, forme le Jourdain, se perd à quelques milles d'Allemagne de sa source, ensuite il reparoît.

Nous avons fait l'énumération de plusieurs autres rivières dans l'article de Sénèque, & nous avons expliqué les circonstances qui contribuent à cette disparution, ainsi nous y renvoyons. Voyez *Sénèque*.

« La plupart des petites rivières, quelques-unes de la moyenne grandeur, & toutes les grandes déchargent leurs eaux dans la mer ou dans des lacs, il y en a qui n'ont qu'une embouchure, d'autres en ont deux, trois, ou même davantage; plusieurs des moyennes & des petites rivières se déchargent dans de plus grandes. »

A l'égard des grandes rivières, comme le Rhin, l'Elbe, le Danube, le Wolga, il est évident qu'elles ont plusieurs embouchures. Quelques auteurs donnent au Wolga plus de 70 embouchures. Le Nil en a sept, & le Danube un très-grand nombre. Ce qui produit cette multiplicité de canaux dans cette circonstance, c'est la situation des bords de la mer; ce sont les écueils & les bancs de sables qui s'y forment & qui, par succession de tems, deviennent des isles; s'il ne s'en trouve qu'une, la riviere a deux embouchures; s'il y en a plus, le nombre des embouchures croît à proportion.

Les courans d'eau qu'on appelle proprement rivières, & qui ne se déchargent ni dans d'autres rivières, ni d'une manière apparente dans la mer, se perdent dans des amas de terre & de sable. Tels sont les courans d'eau qui sortent des montagnes du Pérou, de l'Inde & de l'Afrique, lesquels après un cours plus ou moins long, finissent par être absorbés dans des graviers abondans ou des amas de sables : il y a pareillement à Meten, village voisin du golfe Arabique, une petite riviere dont le lit est plein de gravier, sous lequel l'eau se cache l'été, & coule sans qu'on en découvre la marche. Si ces rivieres ne trouvent pas d'issues souterraines, elles finissent par former des lacs ou des étangs : mais il y en a qui coulent si lentement, sur-tout dans l'Arabie, que l'eau s'exhale en vapeurs presque à mesure qu'elle sort des sources. On en trouve aussi plusieurs de cette sorte en Moscovie : comme le Conitra, le Salle, le Maressa, le Jeleesa, & d'autres dont le cours est tracé sur des cartes particulieres de certaines provinces.

« Plus les lits des rivieres sont voisins des sources, plus ils sont élevés, ensorte

» cependant qu'aucune partie du lit n'est
» plus élevée que la source, ni aucune
» plus basse que l'embouchure ».

Il faut cependant excepter de cette pente
réguliere les bancs de sable & les dépôts
de vases qui augmentent la hauteur du canal
des rivieres; ce qui forme des amas d'eau
où le courant se trouve interrompu jusqu'à
ce que cette eau puisse franchir la hauteur
de ces obstacles.

Quand l'eau d'une riviere tombe par une
chûte précipitée, & sur une pente escarpée,
on appelle cette partie de son cours, une
cataracte; on trouve de ces cataractes dans
plusieurs grandes rivieres, sur-tout dans
le Nil qui en a deux fort extraordinaires,
où l'eau tombe entre des rochers avec
autant de rapidité que de bruit. Le Wo-
logda, petite riviere de Moscovie, a deux
cataractes auprès de Ladoga.

La riviere de Zaïre au Congo a une
cataracte considérable, à environ six milles
d'Allemagne de la mer.

Le Rhin en a une à Lauffen, où tout ce
fleuve tombe avec un grand bruit du haut
des rochers qui barrent son lit : cet escarpement ou barre a près de quatre-vingt
pieds de hauteur.

Il paroît que les lacs que les rivieres traversent sont formés & entretenus en grande
partie par elles. Le reste est fourni par des
sources & d'autres petites rivieres. Cependant, malgré l'évidence de ces assertions,
Varénius doute que le Rhône, qui entre
dans le lac de Genève & qui en sort, contribue ou à sa formation, ou à son entretien; il l'attribue à des sources & à d'autres
rivieres. Il est à croire que les sources &
les rivieres latérales qui se jettent dans son
bassin, fournissent à l'évaporation, & que
le Rhône sort à-peu-près du lac comme il
y est entré.

Plus les rivieres s'éloignent de leurs
sources, plus elles augmentent en largeur,
jusqu'à leur embouchure, qui est la partie
de leur canal la plus large. Il est évident que
plus il y a de rivieres qui se réunissent aux
principales, plus leur lit s'élargit. Ce qui
contribue aussi à l'élargissement considérable de leurs embouchures, c'est 1°. parce
que la pente du lit n'y étant pas aussi considérable qu'ailleurs, les dépôts s'y multiplient; 2°. parce que les brises de mer,
qui ont lieu fréquemment le long des
bords, font remonter l'eau dans les rivieres; 3°. parce que l'eau de mer entre
aussi dans les embouchures, favorisée par
le flux & les vents, & ces flots rendent ces
embouchures très-larges par une violente
agitation.

Les rivieres les plus remarquables, par
la largeur de leurs embouchures, sont la
riviere des Amazones, dans l'Amérique
méridionale; le fleuve Saint-Laurent, en
Canada; la riviere de Zaïre, en Afrique,
& Rio de la Plata, au Brésil. Ce dernier
fleuve, suivant quelques-uns, a quarante
lieues de largeur. Les voyageurs qui ont
pénétré dans le Congo, assurent que l'embouchure de la Zaïre a vingt-huit milles
d'Allemagne en largeur : ils ajoutent même
que ces sortes de rivieres versent dans
l'Océan une quantité d'eau si considérable
qu'elle détruit la salure de l'eau de la
mer, à quelque distance de la côte, &
dérange ses mouvemens à plus de douze
& seize milles d'Allemagne.

Des fleuves sujets aux inondations pério-
diques.

Plusieurs rivieres assez considérables &
même célèbres se débordent en certaines
saisons & inondent les campagnes voisines.

La première & la plus fameuse de ces
rivieres est le Nil qui se gonfle & déborde
au point de couvrir toute la basse Egypte.
Ce débordement commence vers le 17
juin

juin, augmente pendant quarante jours, & est autant de tems à décroître, de sorte qu'alors toutes les villes qui sont construites la plupart sur des hauteurs paroissent autant d'isles au milieu de cette inondation. Les anciens ont fort recherché la cause des débordemens de ce fleuve; mais aucuns ne sont parvenus à la connoître. Cette matière est maintenant bien éclaircie, & on en a trouvé la véritable cause depuis que les Portugais, les Anglois & les Hollandois commercent avec les nations voisines des sources du Nil, &c. On a su de ces navigateurs que les sources du Nil sont dans un grand lac, situé à la pointe d'Afrique, qui est entre la côte Orientale & l'Occidentale: il y a près de ce lac plusieurs chaînes de montagnes, particulièrement celles qu'on appelle les montagnes de la Lune, entre lesquelles est situé ce lac comme dans une vallée au milieu des montagnes. Ces lieux étant situés au midi de l'Equateur, le mouvement du soleil fait que l'hiver y règne dans le tems que nous avons l'été en Europe; comme ils sont peu distans de l'Equateur il n'y a que peu ou point de froid, mais seulement de la pluie qui tombe tous les jours deux heures avant & après midi dans le royaume de Congo. Les nuages qui ne laissent gueres appercevoir le soleil couvrent le sommet des montagnes, & causent des pluies continuelles dans les pays montueux: ces pluies tombent comme des torrens & se jettent dans le lac, d'où elles se déchargent dans les lits du Nil & des autres rivieres qui prennent leurs sources vers ces contrées; mais nulle de ces rivieres n'éprouve une inondation aussi grande que le Nil, parce que leur lit est plus profond, & qu'après un cours peu considérable, elles se jettent dans la mer. Ainsi l'inondation du Nil est causée par la quantité immense d'eau qu'il reçoit de ces pluies continuelles; mais la cause de ces pluies est vraisemblablement celle qui amene l'hiver dans ces contrées, & toutes les circonstances qui produisent les pluies & les neiges chez nous, &

qui occasionnent des débordemens dans nos rivières quand elles tombent abondamment.

Le tems où le Nil commence à déborder & celui où il rentre dans son lit, cadrent fort bien avec la saison des pluies sous l'Equateur; car l'hiver où la saison des pluies au Congo & dans les pays de l'Afrique couverts de montagnes & voisins de l'Equateur, commence avec nôtre printems vers le milieu de mars ou d'avril; mais les pluies n'y sont pas si violentes encore qu'aux mois de mai, de juin & de juillet, où elles sont dans leur plus grande force: elles deviennent plus modérées dans les mois d'août & septembre, & finissent vers le milieu de ce mois. Le débordement du Nil commence vers le 17 juin dans ce siècle; Hérodote dit que de son tems le Nil montoit pendant cent jours, & baissoit pendant cent jours, & conséquemment il commençoit à croître quelques semaines plutôt, c'est-à-dire en mai. Il falloit qu'alors il eût plu quelque tems sur les montagnes de la Lune, c'est-à-dire, depuis mars jusqu'en mai ou juin. Il est à croire que si le Nil ne commence pas à déborder sitôt à présent que du tems d'Hérodote, c'est parce que ce fleuve, à force de charier de la vase & du limon a élevé peu à peu le terrein qu'il couvre, & qu'ainsi son lit est devenu plus profond, d'où il faut conclure qu'étant bien creusé par un courant rapide, il peut contenir plus d'eau qu'autrefois, & que par ce moyen il ne déborde pas si promptement. Varénius prétend même que dans plusieurs siècles le Nil pourra ne point déborder, puisqu'en répandant continuellement de la vase sur les terres, elles s'élevent, que les rivages présentent des digues plus hautes, & qu'avec le tems il se formera dans la vallée du Nil un canal assez grand pour contenir toute l'eau de ce grand fleuve, même quand elle est dans sa plus grande crue.

Au reste, j'ajoute que tout ce que les

M m m m

derniers voyageurs nous difent de la plaine du Nil, ne nous met en état ni de contester les prédictions de Varénius fur le Nil, ni de les adopter.

La feconde rivière qui fe trouve placée dans la claffe de celles qui couvrent de leurs eaux les plaines voifines dans une certaine faifon de l'année, eft le Niger, rivière d'Afrique, dont le cours eft auffi long que celui du Nil fans que ce fleuve foit auffi célèbre. Il déborde dans le même tems que le Nil. Léon l'Africain dit que ce fleuve commence à croître vers le 15 juin, qu'il monte pendant 40 jours, & baiffe pendant 40 autres jours. Quand fa crue eft à fon plus haut point, les peuples voyagent en bateaux dans toute la Nigritie.

La troifieme rivière qui eft fujette à de pareils débordemens, eft le Zaïre du Congo, & les autres rivières du même royaume.

La quatrième eft Rio de la Plata, au Bréfil. Maffei obferve qu'il fubmerge les campagnes voifines dans le même tems que le Nil.

La cinquième eft le Gange dont les débordemens font fi étendus.

La fixième eft le fleuve Indus.

Ces deux rivières débordent dans la faifon pluvieufe, c'eft-à dire en juin, juillet & août, tems où les habitans tâchent de conferver leurs eaux dans des étangs, pour fervir au befoin dans les faifons de l'année où il ne pleut que rarement. Ces inondations d'ailleurs rendent les terres affez fertiles.

La feptième eft la rivière qui traverfe la prefqu'ifle de Siam & qui déborde en feptembre, octobre & novembre; alors les campagnes & les rues de la ville de Siam font tellement couvertes d'eau que les habitans font obligés de fe fervir de bateaux pour aller d'une maifon à une autre; ce débordement fert auffi aux rivières.

La huitième eft le Paraguay, qui fe jette dans Rio de la Plata, & qui éprouve fes débordemens en même-tems que ce dernier fleuve & le Nil.

Les neuvièmes font les rivières du pays de Coromandel dans l'Inde, qui débordent dans la faifon des pluies, & font fur-tout groffies par les pluies que fourniffent les monts Gates.

La dixième eft l'Euphrate qui fubmerge la Mefopotamie dans certains temps de l'année.

Beaucoup d'autres rivières font fujettes à des débordemens fans les éprouver dans des tems réglés; il y en a peu de grandes qui ne débordent foit dans une faifon, foit dans une autre, comme l'Elbe, le Rhin, le Wefer; & d'ailleurs fans la largeur & la profondeur de leurs lits toutes les rivières un peu confidérables éprouveroient annuellement des débordemens, car la plupart ont des crues dans le printems.

Au refte, la caufe de ces inondations & de ces débordemens, eft la quantité d'eau produite dans certaines parties du cours des fleuves par la fonte des neiges, & dans d'autres par des pluies fréquentes & abondantes.

Il y a des rivières célebres par leur long cours & par la largeur de leur lit.

Varénius en cite feize qu'il comprend dans celles qui ont un long cours, favoir: le Nil, l'Oby, le Jénifea, le Maragnon, Rio de la Plata, l'Orénoque, l'Omarana, le Gange, le Danube, le fleuve Saint-Laurent, le Niger en Afrique, la Nubia, le Wolga, la rivière Bleue & la rivière Jaune à la Chine.

Celles qui sont fameuses par leur largeur, sans avoir un long cours, sont au nombre de vingt, savoir : le Zaïre, l'Indus, le Cuama, l'Euphrate, le Tanaïs, la Petzora, le Maja, le Tobolsk & l'Irtisch en Sibérie, le fleuve du Saint-Esprit en Afrique, Amana dans la Castille Américaine, le fleuve de la Magdelaine, la Juliane à Chica, la rivière de Saint-Jacques au Pérou, le Rhin, l'Elbe, le Danube, le Borysthène, & Totontéac dans la nouvelle Albion.

Nous terminerons cette énumération des rivières par les détails que nous donne Varénius sur les dix plus considérables, tel qu'il les avoit de son tems. Nous tâcherons de rectifier par la suite ces descriptions dans les articles du dictionnaire.

Le Nil, le Niger & le Gange ont un cours presque en droite ligne, les autres ont beaucoup de détours fort grands.

1°. Le Nil prend sa source dans le lac Zaïre, vers les six degrés de latitude-Sud, & son embouchure est à 31 degrés de latitude-Nord ; il coule du Sud au Nord, & a beaucoup de largeur en certains endroits; mais dans d'autres son lit est étroit. Il a deux cataractes, son cours est d'environ 630 milles d'Allemagne : il déborde régulièrement tous les ans.

2°. Le Niger, rivière d'Afrique, qui prend aussi le nom de Sénégal, vient d'un lac qui est au cinquieme degré de latitude septentrionale. On a cru autrefois qu'il communiquoit avec le Nil, parce qu'il se déborde en même tems que le Nil, il a une de ses embouchures au onzième degré de latitude ; mais la plus éloignée

est à 15 degrés de distance de l'Equateur. Il coule de l'Est à l'Ouest, il se perd sous terre en un endroit, & reparoît ensuite. Tout son cours est d'environ 600 milles d'Allemagne.

3°. Le Gange est un fleuve d'Asie dont la source remonte fort près du désert de la Tartarie. Quelques-uns la placent sous le trente-cinquième degré de latitude septentrionale, & d'autres encore plus au Nord. Son embouchure est à vingt-deux degrés de latitude-Nord ; son cours qui est dirigé du Nord au Sud est d'environ 300 milles d'Allemagne : il déborde aussi tous les ans.

4°. Le Jeniséa est une autre rivière d'Asie ; elle a un cours plus étendu que celui de l'Oby dont elle est éloignée à l'Est vers la Tartarie. Il y a une chaîne de montagnes qui s'étend fort loin le long de sa rive orientale, & sa rive occidentale est habitée par les Tongusains. Tous les ans au printems ce fleuve se déborde, & couvre 700 milles d'Allemagne sur sa rive occidentale. Alors les habitans sont obligés de se retirer avec leurs troupeaux & leurs tentes sur les montagnes de sa rive orientale. Le Jeniséa a environ 3000 milles russes de cours. Vers son origine, on compte une trentaine de rivières qui se réunissent à la première tige qui le forme. On rencontre dans son cours deux lacs qui sont parsemés d'isles, lesquels se trouvent au-dessus de la confluence de deux rivières assez considérables, tant par la longueur de leur lit que par l'étendue du bassin dont elles rassemblent les eaux ; sur la fin de son cours, on trouve un golfe assez long dont la première partie est semée d'isles, & dont l'autre qui suit est libre, & se réunit à la mer Glaciale, au bout de 1,200 milles russes. La rivière de Tanguska ou Angara, qui traverse le grand lac de Baïkal, se jette dans le Jeniséa : cette rivière latérale a un cours fort étendu & occupe un grand bassin outre celui du lac qui eſt conſidérable ; c'eſt la nature en grand & pour les lacs & pour les rivières.

5°. L'Oby a environ 2000 milles ruſſes de cours juſqu'à ſa jonction avec l'Irtiyſz & la rivière de Tobolsk, qui ont à-peu-près un ſemblable cours. Vers ſon origine, l'Oby réunit les eaux d'un grand nombre de rivières, enſuite après ſa jonction avec l'Irtyſz, il coule par pluſieurs bras juſqu'à ce qu'il arrive par un ſeul à un grand golfe qui a plus de 500 milles ruſſes de longueur, & après ſa jonction avec l'Irtyſz, il a encore plus de 1000 milles ruſſes de cours.

6°. La Lena, dans un cours de 15 0 milles ruſſes, reçoit à ſa droite cinq grandes rivières qui raſſemblent les eaux de toute la partie de la ſurface de la terre qui domine le baſſin du lac Baikal : & le baſſin occupé par ces rivières paroît renfermer 1500 milles carrés. Enſuite la Léna reçoit deux rivieres latérales, l'une auſſi à droite qui eſt l'aldan, fort conſidérable, & l'autre à gauche, le Wiljui dont le cours eſt beaucoup moindre : puis la Léna coule par un canal aſſez droit vers la mer Glaciale, à laquelle ce fleuve ſe réunit par cinq embouchures qui aboutiſſent à deux golfes aſſez larges & étendus. Ce dernier cours peut avoir 1500 milles ruſſes de longueur ſans y comprendre les embouchures.

Ces détails ſur les trois fleuves précédens ont été pris ſur les dernieres cartes ruſſes.

7°. La rivière des Amazônes, en Amérique méridionale, eſt regardée comme un des plus grands fleuves du monde ; elle prend ſa ſource dans la province de Quito au Pérou, proche l'Equateur. Son embouchure eſt ſous le deuxieme dégré de latitude méridionale : ſon cours a 1500 lieues d'Eſpagne, à cauſe de ſes fréquens détours ; car elle n'en a pas plus de 700

en ligne droite. Elle tire moins ſes eaux des ſources que des pluies qui tombent ſur les montagnes du Pérou : auſſi dans les ſaiſons ſeches elle n'a pas beaucoup de largeur.

8°. Rio de la Plata au Bréſil, tire ſa ſource du lac Xarayes, & reçoit une branche du Potoſi dans cette province. Son embouchure eſt au trente-ſeptieme dégré de latitude méridionale, & on lui donne 20 lieues de largeur ; au reſte cette embouchure varie comme l'état du fleuve. Les habitans l'appellent Paranaguaſu, c'eſt-à-dire, riviere qui reſſemble à une mer.

9°. Le fleuve Saint-Laurent prend ſa ſource dans le lac des Iroquois, il parcourt tout le Canada en traverſant preſque tous les lacs de l'Amérique ſeptentrionale. Son cours n'eſt pas moindre de ſix cents milles d'Allemagne.

Tous ces détails au reſte ſur le cours de ces grands fleuves ſeront rectifiés & complettés dans les articles du dictionnaire.

Je ſupprime tout ce que Varénius nous dit ſur la manière d'aller à la découverte des ſources, de creuſer des puits, de conduire les eaux des fontaines, parce qu'il ne s'y trouve aucun principe de phyſique propre à diriger ces opérations. Il en eſt de même de tout ce qu'il expoſe ſur les eaux minérales, parce que depuis qu'il a rédigé cet ouvrage, l'analyſe de ces eaux s'eſt perfectionnée de maniere qu'il ne ſubſiſte plus aucune des diſtinctions que nous donne cet écrivain, quoiqu'il y ait mis beaucoup de ſagacité & toutes les connoiſſances chimiques de ſon tems. D'ailleurs la plupart des lieux où ſe trouvent les ſources de quelque nature quelles ſoient, y ſont ſouvent mal indiqués. Il nous a paru convenable de rectifier toutes ces indications, avant que de faire connoître la nature de ces eaux ainsi que leurs vertus.

ARTICLE SIXIÈME.

Des changemens de mers en terres & de terres en mers, ainsi que des lits des rivières & des baffins des lacs, en terres cultivables.

Varénius s'eſt attaché à nous donner une idée générale des changemens des mers en terres & des terres en mers. Il y joint auſſi la conſidération des amas d'eau qui ſe trouvent au milieu des continens, & qui font place à des terreins ſecs & ſuſceptibles d'une bonne culture.

Pour nous faire connoître en détail tous ces changemens, il commence par diſtinguer les ſept ſortes de baffins qui contiennent l'eau à la ſurface de la terre, & qui peuvent devenir des terreins ſecs : telles font les différentes parties de l'Océan, les golfes & les détroits : puis les baffins des lacs, des étangs, des marais, & enfin les lits des fleuves & même des rivières.

Personne ne doute que l'induſtrie humaine ne puiſſe deſſécher les marais par pluſieurs moyens. C'eſt à la ſuite de ces opérations qu'on voit des terres fertiles dans les pays où il n'y avoit que des marais : telles font les grandes plaines de la Weſtphalie, de la Gueldre, du Brabant, de la Hollande, du Holſtein, &c. Il en eſt de même des étangs & des autres parties de la terre inondées ; mais il eſt ici queſtion principalement des opérations de la nature & de ſes reſſources conſidérées ſeules, ſans que les travaux des hommes y ſoient intervenus. On voit que par ſucceſſion de tems, les marais, les étangs ſe ſont trouvés comblés, parce que des ſédimens continuels de vaſes & de limons ont été accumulés dans leurs baffins, & ont fait diſparoître petit à petit les eaux, ſoit entièrement, ſoit particulièrement le long des bords, vers les parties où l'eau chargée de terre s'eſt portée abondamment.

Les *rivières* de même laiſſent leurs rivages ou de grandes parties de leurs lits à ſec, ce qui rend à la culture de nouveaux terrains. Si ces eaux courantes ont entraîné beaucoup de terres, de ſables & de graviers des lieux élevés, il eſt viſible qu'elles ont dépoſé ces matières dans les endroits bas, & le long de leur canal : ce qui forme une liſiere plus ou moins large d'un terrein ſec & fertile.

Si une rivière prend un autre cours, elle laiſſe entièrement à ſec ſon premier lit. Les auteurs anciens font mention de pluſieurs rivières dont le lit eſt maintenant à ſec en tout ou en partie.

Ce ne font pas, il eſt vrai, de grandes rivières ; mais des eſpèces de torrens ou même des bras de grandes rivières. Varénius cite ici le bras du Rhin, qui paſſoit autrefois à Leyde & qui ſe déchargeoit dans la mer d'Allemagne. Il a quitté depuis deux ou trois ſiècles ſon lit, dont une grande partie eſt une terre deſſéchée & dont l'autre offre entre Leyde & Catvich de grands amas d'une eau ſtagnante.

On peut citer auſſi pluſieurs exemples de rivières qui ont laiſſé leurs rivages à ſec, en ſe creuſant un lit plus profond & plus étroit que celui qu'elles avoient auparavant. Au reſte, on ne ſauroit ſuppoſer que de grandes rivières ſe deſſéchent entièrement, car comme un grand nombre de petites y portent leurs eaux, qu'elles raſſemblent ſur pluſieurs pentes de montagnes qui reçoivent des pluies abondantes, il eſt néceſſaire que cette diſtribution des eaux ſe continue toujours : elles peuvent changer de lit, mais elles couleront toujours dans d'autres lieux, plus ou moins éloignés de l'ancien lit.

Je donnerai, plusieurs détails instructifs à ce sujet lorsque je décrirai la marche des eaux courantes dans l'approfondissement des vallées, & que je ferai voir qu'elles se portent d'un côté sur un terrein nouveau pendant qu'elles abandonnent l'autre bord opposé.

Les *lacs* peuvent de même se dessécher, & leurs bassins se changer en terre ferme. Il est certain que les lacs entretenus par des rivieres, peuvent se changer en marais d'abord, puis en grande partie en plaine solide, par le moyen des vases & des limons que les eaux des rivieres y entraînent & y déposent; c'est ainsi que par les additions successives des dépôts, leurs bassins se réduisent à de simples vallées. On peut citer les Palus-Méotides où les vases & les sables voiturés par les rivieres qui s'y déchargent, ont formé de si grands atterrissemens qu'on ne peut y introduire que des bâtimens beaucoup plus petits que ceux avec lesquels on y faisoit le commerce il y a cent ans. Enfin, il y a plusieurs exemples de petits lacs qui se sont entièrement desséchés, sur-tout en Hollande.

Les *détroits* se dessechent également, & se changent en isthmes ou bien en partie en terre ferme. Cet effet est produit par l'amas continuel des matieres terreuses qui avec le tems parviennent à former une entière obstruction dans un détroit & empêchent toute communication entre les parties de l'Océan. C'est-là sur-tout qu'on voit que la profondeur de la mer commence à diminuer, & que l'eau y devient plus-basse chaque jour qu'elle n'a coutume de l'être; marque certaine que ces détroits se dessécheront tôt ou tard, & seront changés en terre ferme. C'est ainsi que le golfe du Zuiderzée & le détroit du Texel ne peuvent plus recevoir comme autrefois des vaisseaux chargés du premier & du second rang. D'après ces faits, Varénius soupçonne qu'un jour le Texel &

le détroit d'Ulie se combleront entièrement ou se réduiront à la simple embouchure du Rhin.

Les *golfes* ou baies se comblent de même & se changent en terre ferme. Varénius pense que ce changement s'opère de deux manieres; 1°. si les détroits qui joignent les golfes à l'Océan, deviennent des isthmes & se trouvent bouchés par la vase & le sable; au moyen de quoi le golfe étant séparé de l'Océan, deviendra un lac qui se changera en marais & ensuite en terre ferme; il suffit pour cela que le golfe reçoive des eaux qui soient chargées de vases: & si la riviere se jette dans toute l'étendue de la baie, il se formera des atterrissemens qui s'éleveront insensiblement au-dessus du niveau de la mer, laquelle ne pourra plus y pénétrer. Il y a plusieurs parties des bords de la Méditerranée & de la Baltique qui ont déjà éprouvé ces changemens, & qui en annoncent d'autres semblables par la suite.

Enfin, *l'Océan* s'est éloigné de ses bords en certains endroits, de sorte qu'il y a de grandes parties de terre-ferme où étoit la pleine mer, & ces changemens s'operent dans les circonstances suivantes.

D'abord si l'action des vagues est détruite par des bas-fonds & des bancs de sables distribués çà & là sous l'eau, les vases & le limon dont elle est chargée formeront des dépôts qui s'aggrandiront successivement, & éloigneront la mer. Ce qui contribue sur-tout à l'augmentation en hauteur des bas-fonds & des bancs de sables, c'est lorsqu'ils sont formés de rochers solides ou de sables, car alors la mer venant s'y briser, n'en détache aucune partie en se retirant; au lieu que chaque fois qu'elle s'y porte, elle y laisse des sédimens qui les augmentent, & ces sédimens seront d'autant plus abondans que les rivages voisins seront de nature à fournir plus de matières aux vagues ou aux flots que le flux pousse vers les côtes.

Mais ce qui écarte plus souvent l'Océan de ses bords & les prolonge à des distances plus considérables, ce sont les embouchures des grandes rivières qui voiturent une quantité considérable de sables & de gravier à l'endroit où elles se déchargent dans la mer, & l'y étalent, soit parce que le lit des rivières est plus large & moins profond dans ces endroits, soit parce que la mer s'opposant au mouvement de l'eau favorise ses dépôts. C'est une observation que l'on fait particulièrement dans les pays où les rivières débordent tous les ans. Si les vents soufflent fréquemment de la mer vers les côtes, & que le fond de la côte soit formé de rocailles ou d'une terre dure, il se charge facilement de la vase que les fleuves y entraînent. D'ailleurs si la marée monte vîte & sans rencontrer d'obstacles, & qu'elle descende lentement, elle apporte beaucoup de matieres étrangeres sur le rivage, & n'en remporte point, sur-tout lorsque la pente du fond de mer y est douce & sur un plan continu qui reçoive la marée ascendante de maniere à en ralentir insensiblement la marche.

Varénius nous cite plusieurs contrées qu'il considere comme ayant été couvertes par les eaux de l'Océan : il pense qu'une grande partie de l'Egypte a été un fond de mer, & il s'en rapporte à ce sujet au témoignage des anciens. Le Nil venant des régions éloignées de l'Ethiopie, inonde quand il est débordé toute l'Egypte, & ensuite diminuant insensiblement, il dépose de la vase & du limon que le cours violent du fleuve a entraînés avec lui, au moyen de quoi l'Egypte devient de plus en plus élevée d'année en année. Avant que le Nil eût apporté cette quantité si prodigieuse de matieres, la mer qui maintenant est éloignée par la hauteur que l'Egypte a acquise, couvroit alors tout

le terrein de l'Egypte. Aristote est de cet avis, car il nous dit que toute l'Egypte a été formée par les dépôts du Nil, & semble acquérir tous les ans de la fermeté ; mais depuis que les habitans ont commencé à cultiver par degrés les marais qu'ils ont desséchés, tout a pris une nouvelle forme. Sénèque expose cette opinion d'une maniere plus claire & plus précise : l'Egypte, dit-il, n'a été formée d'abord que de vase, & si nous en croyons Homere, l'isle du Phare étoit si éloignée du continent, qu'un vaisseau voguant à toutes voiles n'y pouvoit aller qu'en une journée, au lieu qu'à présent elle est jointe au continent. Le Nil roulant des eaux troubles & chargées de limon, le dépose vers ses embouchures, ce qui fait que le continent se prolonge, & que les côtes de l'Egypte s'étendent tous les ans de plus en plus. C'est de-là que provient la graisse & la fertilité du terrein, aussi bien que sa solidité & son niveau ; car la vase s'affaisse & se durcit, & le sol s'affermit au moyen des nouvelles matieres qui se déposent à sa surface.

Le Gange & l'Inde produisent sur le sol qui environne leurs embouchures les mêmes effets que le Nil, à la suite des inondations périodiques auxquelles ces grands fleuves sont sujets. Il en est de même de Rio de la Plata, fleuve du Brésil.

Varénius conjecture que le terrein de la Chine a été formé de la même maniere, ou du moins considérablement étendu, parce que le fleuve Hoanho, sujet à des débordemens fréquens, quoique non annuels, transporte tant de sable & de gravier que ces matieres sont presque le tiers de ses eaux.

C'est par ces exemples que Varénius démontre la quatrieme cause des atterrissemens qui se forment sur plusieurs parties de nos continens, & qui sont produits par les rivières elles-mêmes, sur-tout aux environs de leurs embouchures dans la mer ; mais il eſt porté à croire, que dans pluſieurs contrées la mer elle-même produit ſeule ces envaſemens, parce qu'elle apporte & dépoſe ſur les rivages aſſez de matieres & de ſédimens pour augmenter la hauteur des côtes, de maniere qu'elle n'eſt plus en état de couvrir la terre de ſes eaux. Il croit que c'eſt ainſi que la Hollande, la Zélande & la Gueldre, ſont devenues terres fermes ; car la mer couvroit autrefois ces pays, comme il eſt démontré par la conſtitution phyſique du terrein.

On trouve dans les montagnes de la Gueldre, près de Nimegue, des coquillages de mer, & en creuſant la terre en Hollande, on a découvert à une grande profondeur des madrépores & des plantes aquatiques. Cependant comme la mer eſt plus haute que ces terres qui en ſeroient ſubmergées ſi on ne la retenoit par des digues & des éclufes, il avoue qu'on peut croire avec quelque vraiſemblance que la Hollande & la Zélande ſont le produit des ſédimens dépoſés par le Rhin & la Meuſe. Enfin, la Pruſſe & les pays voiſins paroiſſent s'être aggrandis viſiblement par les dépôts des fleuves, & c'eſt ainſi que la terre gagne de jour en jour ſur la mer.

Je dois faire remarquer ici que parmi les changemens de mers en terres que cite Varénius, il indique quelquefois, ſans aucune diſtinction, des dépôts ſoumarins qui appartiennent à deux époques bien différentes ; car les uns ont été faits ſous l'ancienne mer, ſous une mer bien antérieure à celle-ci, & dont le baſſin ni les productions n'ont par conſéquent rien de commun avec ceux de la mer actuelle, ni avec ce qui s'opere ſur ſes rivages. C'eſt ainſi, par exemple, que les coquilles marines qui ſe trouvent dans les montagnes voiſines de Nimègue, ne doivent pas être compriſes dans le même ordre

de choſes que les atterriſſemens produits par la mer & les fleuves actuels ſur les côtes de la Hollande. On doit admettre les mêmes diſtinctions ſur ce qui concerne le ſol primitif de l'Egypte & les dépôts du Nil, ainſi que ceux de la Méditerranée. Il eſt évident que ce ſol eſt formé par un aſſemblage de couches horifontales qui renferment un grand nombre de coquillages encore conſervés au milieu d'un detritus d'autres coquillages d'une ſtructure moins ſolide, & qui forme la *pierre Troyenne*, avec laquelle les pyramides ont été conſtruites. Voilà ce que les auteurs anciens qui ont parlé de la conſtitution phyſique de l'Egypte, n'ont pas connu ou indiqué. Ainſi lorſque Varénius invoque leur témoignage, qu'il n'a pas analyſé, il ne peut en tirer le moindre avantage pour établir ſon opinion.

Nous paſſons maintenant à l'origine & à la formation des bancs de ſables. Nous entendons par *bancs de ſable*, ces amas de graviers & de ſables qui ſe forment dans les lits des rivières, comme on en rencontre fréquemment dans l'Elbe, dans le Volga, à leurs embouchures ou près des côtes de la mer, ou enfin dans les golfes à une certaine diſtance des côtes. Varénius penſe que l'Océan, avant que d'abandonner quelque partie de ſon baſſin, forme quelques bancs de ſable dans le voiſinage de la côte, & ſe retire enſuite de maniere que ces dépôts terreux font partie du continent. La même choſe a lieu dans les lits des rivieres avant qu'ils reſtent à ſec, & que le courant les abandonne entièrement ; la cauſe la plus ordinaire de ces derniers effets, vient des neiges fondues & des pluies abondantes qui groſſiſſent les rivieres à tel point, que coulant avec impétuoſité dans les parties de leur lit qui ſont étroites, elles détachent du fond & des bords des graviers & de la vaſe qu'elles entraînent fort loin, juſqu'à ce que le courant parvenu à quelques endroits où le lit s'élargit, & où ſon mouvement se ralentit, il dépose ces matières étrangères & en forme un banc de sable. Ces dépôts rendent la navigation des rivières fort dangereuse, ainsi que celle des ports voisins de leurs embouchures : tels sont les bancs de sable de l'Elbe, du Texel, du passage d'Ulie à Amsterdam, ceux qui sont voisins des côtes de Flandre & de Frise.

Les bancs de sable les plus fameux par les naufrages sont ceux qui sont dispersés sur la côte du Brésil, sur une étendue de 70 milles ; ceux de Sainte-Anne, dans le voisinage de la côte de Guinée, en Afrique, à six dégrés de latitude septentrionale ; ces bancs de sable ne sont pas continus, mais séparés par des trajets de mer fort profonds. Ajoutez ceux qu'on rencontre entre Madagascar & les côtes d'Afrique & d'Arabie ; ce sont la plupart des rochers garnis de coraux & de madrépores & qui prennent des accroissemens considérables : enfin, ceux qui sont dans le voisinage des côtes orientales de la Chine.

Varénius ajoute à tous ces détails une considération importante sur une autre manière dont les bancs de sable se forment le long des côtes de la mer. Ces effets ont lieu lorsque la mer vient couvrir une partie des côtes où se trouvent déjà des amas de sable accumulés. Dès que ces amas sont couverts par les eaux, ils se comportent sous l'eau comme des bancs de sable. Il y en a plusieurs sous cette forme sur les côtes de la Gueldre & de la Hollande, & on les regarde comme des restes de dunes à travers lesquelles la mer s'est ouvert un passage & en a fait des bancs sous l'eau.

Nous avons déjà dit qu'on trouvoit des bancs de sable nombreux aux embouchures des rivières, & particulièrement dans les lieux où elles s'élargissent le plus ; car alors l'eau étant moins rapide

fait des dépôts abondans ; mais il s'y joint aussi souvent une circonstance qu'il est bon de rappeler ici, c'est que ce travail de l'eau des rivières est favorisé par les vagues de la mer qui repoussent & soutiennent l'eau des rivières & ralentissent son cours.

Varénius croit avec raison que les bancs de sable formés de la première manière, vu la réunion des circonstances favorables à leur accroissement, sont de nature à faire partie des continens, au lieu que dans le second cas, si les causes de destruction subsistent toujours, on ne peut pas croire que ces débris des dunes deviennent jamais de la terre ferme & se réunissent au continent.

De la considération des différens états des bancs de sable & de leur formation, Varénius passe à ce qui concerne la formation des isles, soit dans les rivières, soit dans la mer. Il envisage deux sortes de circonstances qui peuvent concourir à la formation des isles, d'abord par les dépôts & l'accumulation des matériaux, soit dans les rivières, soit dans le bassin de la mer ; ensuite par l'invasion de la mer au milieu des terres ou l'anticipation des eaux courantes contre les bords de leur canal. C'est de cette seconde manière dont il conçoit que se sont formées celles qui sont fort élevées au-dessus des flots, & particulièrement celles qui sont composées de pierres & de rochers ; il range dans cette classe les isles que la mer a détachées des continens, comme la Sicile qui a été séparée de l'Italie, parce que la mer a rompu la langue de terre qui les unissoit.

Mais il pense que les isles de Zélande, du Danemarck, du Japon & des Moluques, ont été formées de la première manière, c'est-à-dire, par des sédimens que la mer a déposés dans ces lieux, car on a observé qu'en creusant dans ces isles à une moyenne profondeur. Il y avoit une grande quantité de fable & de coquillages de mer.

Les habitans de Ceylan & de Sumatra prétendent que leurs ifles ont été détachées des côtes des continens voifins & qu'elles formoient des prefqu'ifles avant cette féparation. La tradition des Indiens de la côte de Malabar nous apprend que les Maldives faifoient partie de leur continent. Varénius ajoute à ces détails que les ifles orientales difperfées en très-grand nombre entre le continent de l'Afie & les terres Magellaniques, font la fuite des efforts continuels que la mer a faits pour s'ouvrir des paffages & des détroits dans les terres, d'où il eft réfulté qu'elle a pénétré dans l'Océan indien, en formant de cette manière beaucoup d'ifles fort voifines les unes des autres, comme Java, Célebes, Borneo, Maduré, Amboine, &c.

On peut en dire autant des ifles qui font dans le golfe du Mexique & au delà du détroit de Magellan.

Varénius nous fait part de fes doutes fur la formation des ifles de la mer Egée. Il ne croit pas qu'on puiffe affurer que ces portions de terres aient été féparées du continent par le concours des eaux du Pont-Euxin & de la Méditerranée lors de leur jonction; il n'ofe décider non plus fi elles ne feroient pas le réfultat des fédimens dépofés par le Pont-Euxin jufqu'à la Propontide. Au refte, il regarde la première conjecture comme la plus probable. Ces événemens pouvant avoir eu lieu du tems où arriva le fameux déluge de Deucalion. Enfin il croit que l'ifle d'Eubée ou Négrepont a été jointe à la Grèce; des auteurs célèbres le certifient; d'ailleurs le détroit qui les fépare eft fort refferré.

Varénius cite plufieurs ifles qu'il croit

primitivement formées par des bancs de fable: telles font celles de l'embouchure du Nil, celles qui font difperfées au milieu du golfe du fleuve Saint-Laurent dans l'Amérique feptentrionale, & celles des embouchures du Tanaïs, du Volga, de l'Oby. Le Volga groffit fi confidérablement dans les mois de mai & de juin qu'il couvre entièrement les ifles & les bancs de fable qui s'y trouvent. Enfin il cite celle de Loanda, formée par les deux rivières de Rengo & de Coanza, qui fe déchargent dans la mer en cet endroit de l'Afrique méridionale; car ces rivières ont entraîné des parties fupérieures de leur cours une grande quantité de vafe qu'elles ont dépofée à leur embouchure, & ont formé ainfi cette ifle qui n'étoit autrefois qu'un banc de fable & qui eft maintenant bien peuplée & bien cultivée.

Ce qui accélère le changement des bancs de fable en ifles, ce font les inondations des grandes rivières, à l'embouchure defquelles fe trouvent d'abord les bancs de fable qui, étant couverts à plufieurs reprifes, s'élèvent au-deffus des eaux ordinaires. Plufieurs ifles voifines des côtes du continent de l'Inde reffemblent à des bancs de fables dans les faifons pluvieufes, lorfque les rivières inondent les terres depuis le mois de mai jufqu'en feptembre: & c'eft alors qu'elles fe furchargent de terres. Les ouragans d'ailleurs troublent fi fort la mer que les fables & l'argille fe détachent du fond, & font pouffés & acumulés le long des côtes. C'eft ainfi que les embouchures des ports de Goa font tellement envafées par des amas de fable qu'à peine les petits vaiffeaux peuvent y pénétrer. Ce font de pareils amas de fable qui obftruent le port de Cochin & forment des *barres* à fon entrée.

Tels font les différens progrès de la formation des ifles, fuivant Varénius, & il faut avouer que les obfervations poftérieures non-feulement confirment cette théorie, mais encore lui donnent de plus grands développemens & une précision plus lumineuse & plus instructive dans les détails.

Nous ne suivrons pas Varénius dans ce qu'il nous dit des isles qui s'élèvent du fond de la mer; comme il ne cite aucun fait bien précis & que les observations lui manquent, il n'est pas étonnant qu'il ne dise que des choses vagues; les isles produites par des éruptions volcaniques sont des accidens qui sont aussi rares que peu connus, & ils ne méritent pas la moindre attention de la part des naturalistes qui veulent enrichir l'histoire de la terre. Je puis renvoyer aux articles du dictionnaire où je traiterai de ces sortes d'événemens: il en est de même des isles flottantes qui ne doivent pas être comptées parmi les opérations de la nature intéressantes parce qu'elles n'ont jamais été bien avérées.

Des changemens de terres en mers, ou en lieux couverts d'eau.

Après avoir traité des changemens de mers en terres, Varénius passe aux différentes anticipations des eaux courantes & de la mer sur la terre ferme.

Il est visible d'abord que les changemens de ce genre se sont opérés par les eaux courantes des fleuves & des rivières dont les canaux s'élargissent chaque jour par la destruction des bords, ou par les débordemens à la suite desquels il se forme des lacs & des étangs. *Voyez* l'article *Marsigly*, où l'on parle des marais & des étangs nombreux qui sont distribués le long de certaines parties du lit du Danube.

Toutes les fois que des rivières changent de lits, leurs eaux, par ces déplacemens, se portent sur de nouveaux terreins qu'elles recouvrent ou continuelle-ment, ou bien dans le tems des crues seulement.

Varénius nous indique de même des lacs dont les vagues fréquentes battent les bords & les rongent de manière que leurs bassins s'aggrandissent considérablement. Il cite à ce sujet le lac de Harlem qui, de son tems & dans l'espace environ d'une quarantaine d'années, avoit porté ses bords à plus d'un vingtième de mille de distance dans toute sa circonférence: & je puis dire que depuis Varénius ce lac s'est aggrandi considérablement, sur-tout du côté d'Amsterdam. Ces mêmes effets ont lieu sur-tout dans les lacs que traversent les rivières, parce qu'elles sont sujettes à des crues considérables pendant lesquelles elles y déchargent & des vases qui en élèvent le fond, & des eaux qui agissent violemment contre les bords. Plusieurs lacs sont dans ce cas, & sur-tout les lacs Zaire, Leman, Méotide, &c.

Plusieurs étangs & marais de la Finlande & de la Westphalie se sont aggrandis par les mêmes moyens.

Il est visible que les golfes & les détroits ont été creusés & aggrandis par l'irruption & l'action de l'Océan dans les terres: c'est ainsi que plusieurs grandes parties du bassin de la mer ont été ouvertes aux eaux qui les occupent. Nous avons vu ci-devant qu'un grand nombre d'isles ont été séparées des parties des continens dans le voisinage desquelles ces isles se trouvent dispersées: mais par une suite de ce travail, les parties de mer qui séparent ces isles étoient des terres de même nature que les continens & les isles, & qui ont été détruites par les eaux, soit des fleuves qui affluent dans ces contrées, soit de la mer qui se porte avec violence dans les embouchures des fleuves.

Si l'on parcourt les côtes de l'Océan, on voit que son bassin s'est aggrandi par plusieurs anticipations très-multipliées &

très-confidérables , & fur-tout par l'ouverture des détroits & des baies , comme nous l'avons dit. Varénius confidère comme les effets du travail de la mer , les Méditerranées , les baies de Bengale , le golfe Arabique , le golfe de Camboye , le détroit de Meffine , ceux entre Ceylan & l'Inde , les détroits de Magellan, de Manille, du Sund. Enfin il cite les changemens que les anciens prétendent être arrivés dans l'Océan Atlantique par la deftruction d'une grande ifle , fituée vis-à-vis le détroit de Gibraltar , ce qui auroit féparé l'Amérique de l'Europe. Mais il croit qu'il eft plus vraifemblable que cette mer s'eft aggrandie dans la partie feptentrionale , par l'ouverture de ces grands & larges golfes qui féparent la nouvelle France , la nouvelle Angleterre & le Canada de l'Irlande.

On peut prendre une idée des ravages fréquens & étendus que font encore les eaux de la mer , que de grands vents pouffent contre les côtes, par ceux qui ont eu lieu depuis peu de tems en Frife & dans le Holftein.

C'eft ainfi que la mer Baltique s'eft étendue dans la Poméranie, que la mer du Nord a détaché un grand nombre d'ifles d'une forme très-fingulière , du continent de la Norwège : & que la mer d'Allemagne s'eft étendue fur plufieurs parties de la Hollande.

Nous pouvons rappeller ici une obfervation qui nous offre plufieurs autres exemples du ravage des côtes, c'eft qu'on ne trouve de petites ifles en certain nombre, qu'auprès des grandes ifles ou des continens. C'eft par cette raifon que les ifles de la mer Égée font auprès des côtes de l'Europe & de l'Afie : que les ifles du Cap-Verd font voifines de la côte d'Afrique ; que les Maldives font voifines de la prefqu'ifle de l'Inde, que les autres ifles Indiennes font près des côtes méridionales & orientales de l'Afie. C'eft à la fuite de la violence des

flots de cette mer que vingt milles de terrein ont été minés dans la partie méridionale de Ceylan.

On conçoit aifément , par ce qui vient d'être dit , que la mer occupe maintenant des terreins fort étendus qui faifoient autrefois partie du continent : & que réciproquement ces parties du baffin de la mer pourront retourner à leur premier état par la fuite des révolutions dont nous avons fait mention , & qui peuvent fuccéder à l'état actuel. Nous ferons voir à l'article *Dollart*, du Dictionnaire , une preuve de ces révolutions alternatives affez fubites.

ARTICLE SEPTIEME.

De l'atmofphère, de fes régions, & des phénomènes finguliers qu'il offre dans différens pays.

Varénius diftingue trois régions dans l'atmofphère, dont la moyenne eft celle où fe forme la neige, la grêle & la pluie ; la première eft celle où nous vivons & s'étend jufqu'à la moyenne ; la troifieme commence au-deffus de la moyenne région jufqu'au haut de l'atmofphère où les nuages ne flottent plus , & au-deffus de la lifière fupérieure de la neige.

Au refte, ces régions doivent varier, & quant aux dégrés d'élévation, & quant à leur étendue : ainfi , plus une contrée eft voifine du pôle ou éloignée des lieux où le foleil eft vertical, plus la moyenne région, c'eft-à-dire, la zône de l'atmofphère où fe forment la neige, la grêle, la pluie , eft voifine de la terre ; plufieurs obfervateurs qui fe font occupés à mefurer la hauteur des nuages , les ont trouvés très-peu élevés. Cette hauteur varie effectivement beaucoup ; nous pouvons citer pour témoins les fommets de certaines montagnes ifolées & à portée des villes, qui fe trouvent toujours , à l'approche de la pluie, enveloppés d'un chapeau de nuages, & qui font entierement découverts & dégagés de ces chapeaux lors du beau tems. On en a déterminé affez conftamment la hauteur moyenne à un quart de mille d'Allemagne, & par conféquent celle de la moyenne région fe trouve fixée par ces obfervations à cette hauteur.

Il y a des contrées où l'air a des propriétés fingulieres.

Ainfi, il ne pleut jamais ou prefque jamais en Egypte; l'inondation du Nil & les rofées blanches du matin fuppléent au défaut de la pluie : de même il y a des cantons dans le Pérou où l'on n'a prefque jamais vu pleuvoir; mais au contraire dans d'autres contrées, fur-tout dans celles qui fe trouvent fituées fous l'Equateur, il pleut pendant fix mois entiers, & il y fait beau pendant les fix autres mois de l'année.

L'air eft fort mal fain à Sumatra, à caufe de plufieurs lacs & étangs d'eau dormante qui s'y trouvent difperfés; il en eft de même dans plufieurs autres lieux, tels que Malaye, le nouveau Mexique, la Louifiane, &c.

L'ifle de Saint-Thomas, qui eft fituée fous l'Equateur, eft de tous les pays maritimes celui où l'air eft le plus chargé de vapeurs & le plus mal fain.

Au contraire, l'air eft fi pur & fi beau dans le Chili que le fer n'y eft pas fujet à la rouille, quoiqu'il foit long-tems expofé à l'air.

Aux Açores l'air & les vents font fi chargés de vapeurs qu'elles rongent en peu de tems les plaques de fer & les tuiles qui couvrent les maifons, & les réduifent en poudre.

Ariftote nous dit qu'on ne fent fur le mont Olympe aucune haleine de vent ni aucun air d'une certaine force, & que ceux qui y montent ne peuvent y vivre; mais tous ces faits ont été démentis par les voyageurs, & par Busbeque en particulier, témoin oculaire, qui nous apprend que le mont Olympe eft tout couvert de neiges, même en été.

En Amérique, lorfque les Efpagnols paffierent de Nicaragua à la province du Pérou, plufieurs de ce convoi, en traverfant les Cordilieres avec leurs chevaux, perdirent la refpiration & périrent; ils furent tellement pris par le froid, qu'eux & leurs chevaux refterent debout dans l'état où ils furent ainfi faifis.

L'air eft fi chargé d'odeurs d'épices au voifinage des ifles à épices dans l'Océan Indien, que quand le vent porte fur les matelots, ils s'en apperçoivent à trois ou quatre milles de diftance, fur-tout lorfque les épices font en maturité.

L'air de mer eft plus mal fain que l'air de terre, & moins agréable à ceux qui n'y font pas accoutumés; la différence eft bien fenfible pour les marins quand ils approchent des côtes; car ils connoiffent par la qualité de l'air qu'ils refpirent qu'ils ne font qu'à un mille du rivage. C'eft ce fur quoi ne fe trompent point les matelots de Soffala, fur la côte orientale d'Afrique.

Je crois devoir terminer tous ces détails par les obfervations que David Frœlichius a faites fur les monts Crapacks en Hongrie; on y trouve plufieurs remarques intéreffantes fur la hauteur des diverfes régions de l'air. Le mont Crapack eft la principale montagne de Hongrie. Ce nom lui eft commun, avec toute la fuite des montagnes de Sarmatie, qui féparent celles de Hongrie des montagnes de Ruffie, de Pologne, de Moravie, de Silefie & de celles de la partie de l'Autriche qui est au-delà du Danube. Leurs sommets élevés & effrayans qui sont souvent au-dessus des nuages s'apperçoivent de fort loin. Les rochers de ces montagnes l'emportent sur ceux des Alpes d'Italie, de la Suisse & du Tirol, par les bouleversemens & les escarpemens qu'ils offrent de toutes parts. Ils sont presque impraticables, & il faut avoir l'amour de ces phénomènes pour franchir les obstacles que ces rochers opposent aux voyageurs.

Quand on est arrivé au saîte des premiers rochers, on en apperçoit au-dessus de soi d'autres aussi escarpés, & lorsqu'on est parvenu à franchir ceux-ci, on en trouve d'autres plus élevés qui se succèdent continuellement les uns aux autres. On trouve cette suite d'objets qui étonnent jusqu'à ce qu'on soit parvenu au sommet. Quand Frœlichius & ses compagnons jettèrent les yeux sur les vallées au-dessous d'eux, ils n'y apperçurent que le vague de l'air & une couleur de bleu céleste; mais à une certaine hauteur, ils se trouvèrent enveloppés de nuages épais qui circuloient autour d'eux & qui étoient tout blancs; ils apperçurent aussi dès qu'ils les eurent quittés, d'autres nuages qui flottoient sur les sommets des montagnes de Sépuse, les uns plus haut, les autres plus bas, & quelques autres enfin également éloignés de la surface des plaines; d'où ils conclurent trois choses.

1°. Qu'ils avoient passé le commencement de la moyenne région de l'air; 2°. que la distance des nuages à la terre varie en différens lieux, suivant l'état de l'atmosphère & les vapeurs qui s'y élèvent; 3°. que la hauteur des nuages les plus bas n'est pas aussi considérable que quelques physiciens allemands l'ont prétendu, mais seulement d'un demi-mille.

Quand ces voyageurs furent arrivés au sommet de ces monts, ils trouvèrent l'air si délié & si calme qu'il n'y avoit nulle part le moindre souffle & la moindre agitation, quoiqu'ils eussent senti un fort grand vent sur les hauteurs qui se trouvoient au-dessous: ils en conclurent que le sommet le plus haut du mont Crapack a un mille de hauteur depuis le pied le plus bas jusqu'à la plus haute région de l'air où ils croient que les vents ne s'élèvent jamais.

Ils tirèrent un coup de pistolet au sommet, qui d'abord ne fit pas plus de bruit que quand on casse un bâton; mais un moment après il se fit un long murmure qui se dispersa dans les vallées & les forêts inférieures. En descendant dans ces vallées à travers les neiges anciennes, le même pistolet ayant été tiré rendit un bruit considérable, & l'écho qui se dispersa dans les réduits de la montagne se fit entendre pendant long-tems.

Il grele & il neige fort souvent sur ces montagnes, même dans le cœur de l'été, c'est-à-dire, aussi souvent qu'il pleut dans les vallées voisines; il est aisé de distinguer les neiges des différentes années par leur couleur & la fermeté de leur surface.

Des vents, de leurs causes & de leurs différentes directions.

Le vent est un mouvement de l'air qui se transporte d'un lieu dans un autre. Il y a plusieurs causes qui contribuent à la naissance des vents; 1°. la cause générale & principale est le soleil lui-même qui, par ses rayons, raréfie & atténue l'air, sur-tout celui qui est exposé à son action. Comme l'air raréfié occupe plus de place que l'air condensé, il s'ensuit que cet air pousse en avant celui qui lui est contigu, & que le soleil ayant un cours circulaire de l'Est à l'Ouest, la pression se fait à l'Ouest, comme il paroît dans la plupart des lieux de la Zône-Torride, & par-tout aux environs où il règne continuellement fur mer un vent d'Eft. C'eft par toutes ces circonftances que l'air raréfié preffe vers l'Oueft en dedans des tropiques. Il y a effectivement une preffion tout autour du globe ; l'air n'agit pas également vers les autres points, parce que la preffion n'y eft pas auffi grande ni auffi forte que du côté de l'Oueft, attendu que le foleil fe porte continuellement de ce côté ; mais cela n'arrive le plus fouvent ainfi dans notre climat qu'avant & après le foleil levant, quand il n'y a pas d'autres vents qui foufflent plus fort & qui l'emportent. Dans quelques endroits qui font plus difpofés à recevoir la preffion latérale de l'air qui fe porte vers le Nord, on y éprouve pour lors des vents de Sud.

Il eft à remarquer que quand le vent fouffle vers quelques points entre les points cardinaux, alors le vent qui en réfulte paroît différent en différens lieux. Car, quoique le point foit unique par rapport au lieu où le foleil eft vertical, il a une direction bien différente par rapport aux lieux qui occupent le contour de l'horifon. C'eft ainfi qu'une feule & même caufe produit un vent qui a différentes dénominations en différens lieux ; fi cette caufe eft encore aidée par d'autres vents, il eft fort ; fi elle eft contrariée, il eft foible : fouvent il arrive qu'un autre vent fouffle, & fe trouve aidé par la caufe générale.

2°. La feconde caufe du vent font les exhalaifons abondantes qui s'élèvent de la terre & des mers, & qui ont une certaine force ; mais elles ne forment de vent & de courant d'air que quand elles commencent à fe raréfier.

3°. La raréfaction ou la diffolution des nuages plus ou moins complette, & occafionnée par le foleil, produit des vents locaux affez violents.

4°. La fonte des neiges & des glaces,

fur-tout de celles des montagnes qui ne fondent cependant jamais entierement.

5°. Le lever & la fituation différente de la lune.

6°. La condenfation des vapeurs par le froid & leur raréfaction par le chaud.

7°. La defcente des nuages qui, par ce moyen preffent l'air qui fe trouve au-deffous d'eux.

Le vent fouffle quelquefois perpendiculairement à l'horifon ; mais le plus fouvent latéralement. Ceci devient facile à comprendre, fi l'on fe rappelle la caufe du vent produite par l'action des rayons du foleil & par fa marche fucceffive ; il eft conftant que certains courans d'air fe précipitent de haut en bas, pendant que d'autres fe portent fur les côtés du lieu où le foleil eft vertical.

Les vents foufflent fouvent avec quelque interruption, il leur fuccède un calme pendant quelque tems, enfuite ils recommencent avec force & violence ; mais en général les vents de mer font plus conftants.

Il eft facile de fentir la raifon de ces phénomènes, car 1°. la caufe du vent n'eft pas toujours conftante, & il lui faut la réunion de certaines circonftances pour raffembler fes forces & vaincre certains obftacles qui s'oppofent à fa marche ; 2°. on comprend que fur mer l'élévation des vapeurs, & les courans d'air éprouvent moins d'obftacles qu'à la furface des continens & près des côtes.

Les vents d'Eft font plus durables & plus fréquens que ceux de l'Oueft.

On en voit la raifon dans ce que l'on a dit ci-deffus relativement à l'action du soleil, comme principale caufe du vent & comme raréfiant l'air fucceffivement de l'Eft à l'Oueft. Ce mouvement ne peut être contrarié à moins qu'il n'y ait une grande quantité d'exhalaifons ou de nuages dans la partie de l'Oueft.

Les vents du Nord & de l'Eft font plus violens & plus actifs que ceux du Sud & de l'Oueft, qui font plus foibles & plus doux dans notre zône.

La raifon en eft que l'air du Nord eft plus condenfé par le froid, & que l'air de la partie du Sud eft plus raréfié par le foleil dans notre Zône-Tempérée. Or, plus l'air eft raréfié, moins fon mouvement eft violent: cependant les vents du Sud font froids, fecs & violens fous la Zône-Tempérée oppofée, tout autant que les vents du Nord font pour nous : mais les vens d'Eft font plus forts & plus violens par une autre raifon : c'eft-à-dire par la raréfaction de l'air que produit le foleil qui fe porte continuellement de l'Eft à l'Oueft ; il eft vraifemblable auffi que d'autres caufes empêchent ou facilitent ce mouvement.

Les vents du Sud & de l'Oueft font beaucoup plus tempérés & même plus chauds que ceux de l'Eft & du Nord qui en général font fort froids.

On fent que cette queftion ne peut s'entendre que pour les lieux qui font fitués fous notre Zône: il eft vifible qu'on éprouve le contraire fous la Zône-Tempérée, audelà de l'Equateur, vers le midi, car les vents du Nord y font chauds & ceux du Sud fort froids, vu que la difpofition des lieux le veut ainfi. Ce qui rend notre vent du Sud plus chaud & celui du Nord plus froid, c'eft que le premier vient des lieux voifins de la Zône-Torride, & que les vents du Nord viennent immédiatement de la Zône-Glaciale. On voit aifément que le contraire arrive dans l'hémifphère auftral,

car les vents du Nord y viennent de la Zône-Torride, & ceux du Sud de la Zône-Glaciale. Mais on doit expliquer autrement ce qui concerne les vents d'Eft & d'Oueft ; car il ne faut pas avoir égard ici aux différentes pofitions des Zônes-Tempérées. Si les vents d'Oueft font moins fréquens & plus chauds que ceux du Nord & de l'Eft, c'eft qu'ils foufflent le plus fouvent après que le foleil a paffé au midi, & que l'air qui reflue vers nous eft plus chaud & moins froid que l'air même du lieu où nous fommes, attendu que le lieu où nous fommes eft plus loin du foleil couchant que le lieu qui fe trouve entre nous & le foleil. Il y a encore une autre circonftance qui explique la différence des vents du Nord à ceux de l'Oueft, c'eft que les vents de l'Oueft ne foufflent pas avec autant de force, car on fait que la bife eft d'autant plus froide qu'elle fouffle avec plus de force.

Les vents foufflent plus fort & plus fouvent dans le printems que dans les chaleurs de l'été, ou dans les froids de l'hiver.

La chofe arrive ainfi au printems, tant à caufe de la fonte des neiges, fur-tout dans es lieux élevés, qu'à caufe que la terre produit alors beaucoup de vapeurs & d'exhalaifons. Il ne règne guère de vent pendant un hiver rude, car il y a fort peu de vapeurs ou du moins elles ne font pas affez raréfiées pour occafionner du vent.

Des vents qui appartiennent à de certains lieux & à de certaines faifons de l'année.

Il y a des vents conftans, & d'autres variables ; les vents conftans font ceux qui foufflent du même point & pendant un tems confidérable ; les vents variables font ceux qui foufflent de différents points fucceffivement. Il eft vifible que ces derniers

niers vents dépendent de causes qui varient comme eux, au lieu que les premiers sont produits par des circonstances qui sont constamment les mêmes. Nous ne répéterons pas ici ce que nous avons dit de ces différentes espèces de causes.

Il y a des vents généraux & particuliers.

Les gens de mer considèrent comme vent général celui qui souffle en même-tems en plusieurs lieux & dans une grande étendue de pays, ou presque toute l'année.

Ce vent ne règne guère que dans le milieu de la mer, car il trouve des obstacles dans le voisinage des côtes ; il ne se trouve qu'entre les tropiques, il s'étend même jusqu'à six ou sept dégrés au-delà ; il vient toujours de l'Est ou des points collatéraux comme du Sud-Est au Nord-Est. Il ne souffle pas continuellement dans toute l'étendue de l'Océan avec la même force, parce qu'il rencontre en certains endroits des obstacles locaux. Il est surtout très-constant dans la mer Pacifique, particulièrement, comme on l'a dit, entre les Tropiques, de sorte que les vaisseaux qui partent d'Aquapulco, port de la Nouvelle-Espagne en Amérique, pour se rendre aux isles Philippines, naviguent souvent pendant trois mois, sans changer de voiles, parce qu'ils ont vent d'Est ou de Nord-Est qui les accompagne toujours : & l'on n'a pas appris qu'il ait jamais péri un vaisseau dans cette grande traversée de 550 lieues. Aussi les matelots ne prennent aucun soin des manœuvres tant qu'ils ont ce vent général qui les conduit droit au port qu'ils vont chercher aux Philippines.

Il en est de même quand on va du Cap de Bonne-Espérance au Brésil en Amérique. Au milieu de la route on rencontre l'isle de Sainte-Hélène où l'on relâche ordinairement en revenant de l'Inde

en Europe, & qui est à 117 lieues du Cap. Ce trajet se fait fort souvent en seize jours & quelquefois même en douze, selon que le vent général est plus ou moins fort.

Il y a donc deux mers sous la Zône-Torride où le vent général de l'Est & de ses points collatéraux, domine pendant presque toute l'année : savoir celle qui est entre l'Afrique méridionale & le Brésil, & celle qui se trouve entre l'Amérique & les isles dont les Philippines font partie. La troisième partie de l'Océan, comprise entre l'Afrique méridionale & les Indes Orientales, n'est pas non plus sans un vent général, quoiqu'il y éprouve assez souvent des interruptions à cause de la multiplicité d'isles qui se trouvent dans ce trajet, & beaucoup plus nombreuses dans certains endroits que dans d'autres. Ce vent règne le plus souvent entre Mosambique en Afrique & les Indes, pendant les mois de janvier, février, mars & avril. Ce vent général est le plus souvent interrompu dans les mers qui sont parmi les isles de l'Inde. Les vents d'Est commencent à souffler fortement, accompagnés de pluies au mois de mai ; à l'isle de Banda au mois de septembre ; à Malaye & ailleurs en d'autres tems.

Cependant ce vent général ne s'étend pas également dans tous les lieux voisins du Tropique ; car il règne jusqu'à la latitude de vingt dégrés dans certains lieux, pendant que dans d'autres, il n'atteint que celle de quinze, & enfin dans d'autres celle de douze dégrés seulement.

Ainsi, lorsque le vent d'Est ou de Sud-Est souffle au mois de janvier & de février dans l'Océan Indien, il n'est sensible aux navigateurs que lorsqu'ils atteignent le quinzième dégré de latitude.

De même, en allant de Goa au Cap de Bonne-Espérance, on ne rencontre le vent général que lorsque l'on a atteint le douzième dégré de latitude méridionale, & on le conserve jusqu'au soixante-huitième dégré de la même latitude.

Pareillement dans la mer qui est entre l'Afrique & l'Amérique, depuis le quatrième dégré de latitude septentrionale jusqu'au dixième ou onzième dégré, les navigateurs n'ont pas remarqué de vent général. Ainsi, après leur départ de Sainte-Hélène, ils ont ce vent jusqu'au quatrième dégré de latitude septentrionale, puis ils s'en sont vûs privés alors jusqu'au dixième de la même latitude, de-là jusqu'au trentième dégré ils ont retrouvé un vent constant & général de Nord-Est, quoiqu'à sept dégrés de la Zône-Torride; cependant au parallèle de six, de sept ou huit dégrés de latitude, il souffle en plusieurs lieux; mais au dixième il règne par-tout jusqu'au trentième.

De même au-delà du tropique du Capricorne, entre le Cap de Bonne-Espérance & le Brésil, le vent de Sud-Est souffle pendant toute l'année jusqu'au 30e degré. Quoique ce vent général ne soit pas bien sensible sur toutes les côtes, & beaucoup moins dans l'intérieur des terres, il y a cependant quelques endroits où il souffle d'une manière assez sensible. Ainsi sur les côtes du Brésil & sur celles du royaume de Loango en Afrique, les vents de Sud-Est règnent tous les jours, quoiqu'il y en ait d'autres qui se mêlent avec eux.

Telles sont les connoissances que Varénius avoit recueillies des marins. Depuis qu'il a rangé par ordre ces connoissances, le docteur Halley a fait avec plus d'exactitude & dans le plus grand détail l'histoire des vents périodiques & constants, qu'il a tirée, non seulement des journaux des navigateurs, mais encore de sa propre expérience. On peut voir à son article le précis de son travail à ce sujet; il est vrai qu'il s'est occupé seulement des vents qui règnent sur l'Océan, car il y a tant de variation & d'inconstance dans les vents de terre qu'on ne peut en tirer aucuns résultats généraux.

Varénius termine ce qu'il nous apprend sur le vent général, par nous assigner ce qu'il regarde comme la véritable cause de ce vent. Il pense avec les physiciens de son tems que le mouvement du soleil de l'Est à l'Ouest est cette cause, parce qu'il raréfie l'air par où ses rayons passent; & que cette raréfaction est assujettie à sa marche par laquelle toute la masse de l'atmosphère se trouve successivement poussée de l'Est à l'Ouest.

Des vents périodiques.

Varénius passe ensuite à l'exposition des phénomènes qu'il avoit recueillis sur les vents périodiques, auxquels il oppose ceux qui ne sont pas réglés, parce qu'ils soufflent dans des tems qu'on ne peut pas assigner.

Il appelle *vents fixes & périodiques* ceux qui soufflent dans certains tems de l'année, qui cessent à un tems marqué, & ensuite recommencent à souffler après un intervalle constant. Il y en a qui reparoissent tous les ans, d'autres commencent à souffler après avoir cessé pendant six mois; quelques autres reviennent tous les mois; enfin il y en a qui soufflent une fois par jour & à certaines heures.

Varénius nous présente encore d'autres subdivisions des vents réglés: les premiers sont ceux qui règnent pendant six mois; d'autres qu'il place ensuite règnent pendant quelques mois; ceux de la troisième classe ne durent qu'un mois dans l'année, & enfin les derniers ne sont sensibles que pendant quelques jours seulement.

De ces vents les principaux sont ceux qui ont été reconnus par les navigateurs régner conſtamment dans certaines parties de l'Océan. On les appelle *Mouſſons*, *Motiones*. On les rencontre principalement dans l'Océan Indien, depuis l'Afrique juſqu'aux iſles Philippines : ils s'étendent auſſi dans d'autres lieux. Il eſt important pour les navigateurs de connoître le tems où ces vents régnent, quand ils font route vers le même point ou vers un point latéral à celui où ils ſe dirigent. Il eſt clair que les marins qui ont profité de ces vents, ne peuvent retourner que dans le tems où ils ſoufflent en ſens contraire ; ce qu'ils peuvent faire après un certain tems ; car il faut remarquer que ces vents ne commencent pas à ſouffler en ſens contraire, immédiatement après avoir ſoufflé dans leur première direction ; mais au bout de quelques jours plus ou moins qu'il leur faut pour s'appaiſer & ſe calmer. Quelques-unes de ces *mouſſons* reviennent deux fois par an, mais pas toujours avec la même violence. Nous allons parcourir d'après Varénius tous les parages où ces vents régnent.

1°. Dans la partie de l'Océan Atlantique, ſituée ſous la Zône-Torride, ainſi que dans celle qui eſt ſous la Zône-Tempérée, le vent de Nord-Eſt régne fréquemmen aux mois d'Octobre, de Novembre & de Janvier : auſſi cette ſaiſon eſt la meilleure pour aller d'Europe dans l'Inde, parce qu'on peut arriver au-delà de l'Équateur, à l'aide de ces vents. On a trouvé que des vaiſſeaux qui étoient partis d'Europe au mois de mars, n'étoient pas arrivés plutôt ſur les côtes du Bréſil que ceux qui n'étoient partis qu'en octobre, & qu'ils étoient arrivés les uns & les autres en février, à l'aide des vents du Nord ; mais comme ce vent n'eſt pas trop conſtant, les gens de mer ne le mettent pas au rang des mouſſons.

Varénius eſt porté à croire que ce vent régne dans ces mois à cauſe de la grande quantité de vapeurs épaiſſes qui s'élèvent alors ſur l'Océan. Ceux qui ont paſſé l'hiver à la Nouvelle-Zemble, diſent qu'il y régne tout l'hiver un vent conſtant de Nord ; ce qui ne peut être conſidéré comme l'effet de la raréfaction de l'air, puiſqu'alors le ſoleil eſt ſous l'horiſon. Cependant il eſt à préſumer qu'en général la plupart des *mouſſons* viennent de la fonte des neiges ou de la rupture des nuages dans les parties méridionales & ſeptentrionales : ce qui peut aſſurer ces ſoupçons, c'eſt que ces vents ſoufflent le plus ſouvent du Nord ou du Sud & des points collatéraux ; car le ſoleil diſſout la neige & les nuages dans les parties ſeptentrionales, ſur-tout pendant les ſix mois qu'il emploie à parcourir la partie ſeptentrionale de l'écliptique, d'autant plus que les mouſſons viennent alors du Nord, & que dans les ſix autres mois elles viennent du Sud.

La cauſe qui fait outre cela que ces mouſſons viennent la plupart des points collatéraux, comme du Sud-Eſt & du Nord-Eſt, ou des points fort voiſins, ſemble être dûe à la ſituation différente des lieux où ſe trouvent la neige ou les nuages épais, ou bien même à la direction du vent général qui peut bien les faire décliner vers un autre point. Car ce vent ſoufflant à l'Oueſt & les mouſſons tendant au Nord & au Sud, ils doivent s'oppoſer des obſtacles mutuels & former des courans d'air moyens, entre l'Eſt & le Sud, ou entre le Nord & l'Eſt. Au reſte, les mouſſons de Sud-Oueſt & de Nord-Oueſt ſont rares & foibles & méritent à peine ce nom ; ſur-tout lorſque les vents de Nord & de Sud ſemblent quelquefois par haſard décliner à l'Oueſt, & ſont pour lors déterminés vers l'Eſt par le vent général. Pour rendre raiſon de la variété des mouſſons dans différens lieux, Varénius penſe qu'il faudroit avoir des obſervations plus exactes & ſuivies pendant pluſieurs années, en y comprenant la note des tems froids de l'hiver, des pluies, des neiges & des chaînes de montagnes dans les lieux d'où foufflent les vents réglés. Il faudroit auffi y joindre la connoiffance des mouvemens & des phafes de la lune, qui peuvent bien caufer quelques modifications dans ces vents.

2°. Au mois de juillet & dans les mois voifins, les vents de Sud règnent au Cap-Verd en Afrique, quand l'hiver y eft pluvieux; ce qui paroît venir de la même caufe qui produit les vents du Nord en hiver fous notre Zône.

3°. Le vent de Nord-Eft règne au Cap de Bonne-Efpérance dans le mois de feptembre.

4°. Dans le même mois il y a des pluies foutenues & un vent de Nord-Eft à Patanen, ville & royaume de l'Inde, au-delà des montagnes des Gates; mais dans les autres mois il y règne un vent d'Eft, & c'eft l'été dans ce pays.

5°. Aux environs de Sumatra le changement des mouffons arrive en novembre & décembre.

6°. A l'iffe de Mayo, l'une des ifles Açores, il règne à la fin d'août un vent de Sud violent avec beaucoup de pluies qui humectent la terre, laquelle eft naturellement feche dans cette ifle, & alors l'herbe commence à pouffer: on y engraiffe beaucoup de chevres vers la fin de feptembre.

7°. Au royaume de Congo en Afrique, depuis le milieu du mois de mars jufqu'en feptembre qui eft le temps de l'hiver, il règne des vents de Nord, d'Oueft & de Nord-Oueft, ou même d'autres vents collatéraux, qui raffemblent les nuages fur le fommet des montagnes, ce qui forme un horifon obfcur avec une pluie abondante; mais depuis le mois de feptembre jufqu'en mars, les vents foufflent dans des direc-

tions totalement oppofées & viennent du Sud, de l'Eft, du Sud-Eft & des autres points intermédiaires. Ces obfervations ont été tirées des journaux des navigateurs qui appellent ces vents mouffons, lorfqu'ils s'étendent au loin en mer. Il feroit à défirer qu'on pût indiquer les caufes de toutes ces modifications de vents; mais cela n'eft pas poffible, vu qu'on ignore la fituation des montagnes, la fonte des neiges & plufieurs autres circonftances femblables. Ajoutez à cela que les obfervations des marins ne font ni affez exactes, ni affez précifes pour conduire à une détermination affurée des caufes.

Les mouffons les plus fameufes font:

1°. Celles de l'Océan Indien entre l'Afrique & l'Inde: aux ifles Moluques elles commencent en janvier & foufflent à l'Oueft pendant fix mois, c'eft-à-dire, jufqu'au commencement de juin: elles tournent à l'Eft en feptembre & en octobre; mais en juin, juillet & août il y a changement de mouffons & des tempêtes furieufes, occafionnées par des vents de Nord. Quand nous parlons des vents d'Eft & d'Oueft, nous y comprenons en même-tems les points collatéraux.

2°. La mouffon de l'Eft varie beaucoup près des côtes, de forte que les navigateurs qui vont dans la Perfe, dans l'Arabie, à la Meque ou en Afrique, en partant des contrées de l'Inde qui font en-deçà de la côte de Malabar, ne partent que depuis le mois de janvier jufqu'à la fin de mars, ou bien au milieu de mai; car les tempêtes font fréquentes à la fin de mai, & comme nous l'avons dit ci-deffus, dans les mois de juin, de juillet & d'août, font accompagnées fouvent d'un vent de Nord ou d'un vent violent de Nord-Eft. Auffi les vaiffeaux ne reviennent pas de l'Inde en-deçà des Gates dans ces mois. Mais fur la côte de l'Inde au-delà des

Gates, ou à la côte orientale, & à celle de Coromandel on ne connoît point ces tempêtes.

Les vaisseaux partent de Ceylan, de Java & des autres isles voisines, au mois de septembre pour se rendre aux isles Molucques; car alors les moussons de l'Ouest commencent & font taire le vent général de l'Est. Cependant quand on s'écarte de l'Equateur jusqu'au 15.e degré de latitude Sud, on ne s'apperçoit pas de la mousson de l'Ouest dans l'Océan Indien, & le vent général de Sud-Est vient enfler les voiles.

3°. De Cochin à Malaye, c'est-à-dire, de l'Ouest à l'Est, on commence à faire voile en mars, car alors les moussons de l'Ouest commencent à s'y établir, ou plutôt il y souffle souvent un vent de Nord-Ouest.

4°. Au royaume de Guzarate, c'est-à-dire, dans l'Inde de ce côté des Gates, les vents de Nord-Ouest, règnent la moitié de l'année, depuis mai jusqu'en septembre, & pendant les six autres mois on y éprouve les vents de Sud, qui ne sont pas souvent interrompus ni troublés par d'autres vents.

5°. Les hollandois partent le plus souvent de Java au mois de janvier & de février pour retourner en Europe; ils mettent alors à la voile avec un vent d'Est jusqu'au dix-huitème degré de latitude méridionale. Ils trouvent dans ces parages un vent de Sud ou de Sud-Est qui les accompagne jusqu'à l'isle de Sainte-Hélène.

6°. Quoique dans l'Océan Indien les moussons soient à l'Est depuis janvier jusqu'en juin, & à l'Ouest depuis août jusqu'en janvier, il y a cependant des tems particuliers qu'on regarde comme plus ou moins favorables, pour aller d'un endroit dans un autre, parce qu'il règne dans ces tems-là plus ou moins de vents collatéraux, ou que les moussons se trouvent interrompues plus ou moins par d'autres vens, ou enfin parce que les moussons elles-mêmes sont plus ou moins violentes. C'est pourquoi on choisit une mousson pour se rendre de Cochin à Malaye, une autre pour se rendre de Malaye à Maccou, port de mer de la Chine, & enfin une autre quand on va de Maccou au Japon.

7°. Les vents d'Ouest cessent de souffler dans l'isle de Banda à la fin de mars: vers la fin d'avril les vents sont variables, & il y a en même-tems des calmes subits: mais au mois de mai des vents d'Est commencent à s'établir avec des pluies.

8°. Dans l'isle de Ceylan, près du Cap de Ponto-Gallo, il s'élève d'abord le 14 mars un vent d'Ouest, ensuite un vent de Sud-Ouest constant depuis la fin de mars jusqu'au premier d'octobre; puis le vent de Nord-Est commence & dure jusqu'au milieu de mars: mais les moussons arrivent quelquefois dix jours plutôt ou plus tard.

9°. Dans la route de Mozambique en Afrique, à Goa dans l'Inde, il y a des vents de Sud qui règnent tout le long du chemin jusqu'à l'Equateur pendant les mois de mai & de juin: mais depuis l'Equateur jusqu'à Goa les vents de Sud ou de Sud-Ouest dominent dans les mois de juillet, d'août & suivans.

10°. Au trente-cinquième degré d'élévation sur le méridien qui passe par l'isle Tristan de Conha, le vent d'Ouest règne avec violence au mois de mai, vers la nouvelle lune.

11°. A deux dégrés trente minutes de latitude-Nord, les vents de Sud règnent sur la mer à 70 milles de distance de la côte de Guinée ; mais non sur la côte même, depuis le 25 avril jusqu'au 5 de mai : & après le 5 mai, le même vent se fait sentir à 3 degrés, & même à 3 degrés & demi de latitude.

12°. Les vents de Nord & de Nord-Ouest règnent à Madagascar, depuis le 15 avril jusqu'à la fin de mai ; mais en février & mars les vents soufflent de l'Est & du Sud.

13°. Depuis Madagascar jusqu'au Cap de Bonne-Espérance, le vent de Nord & son collatéral à l'Est, soufflent continuellement sur la mer & sur la terre dans les mois de mars & d'avril ; de sorte qu'on regarderoit comme un miracle si les vents de Sud ou de Sud-Est souffloient alors deux jours de suite.

14°. Le vent de Sud est violent dans la baye de Bengal après le 20 avril ; mais avant cette époque les vents de Sud-Ouest & de Nord-Ouest soufflent fortement à leur tour.

15°. Les vents de Sud & de Sud-Ouest & souvent celui de Sud-Est sont utiles pour aller de Malaye à Maccou dans les mois de juillet, octobre, novembre & décembre. Mais en juin & au commencement du mois de juillet, les vents d'Ouest exercent leur violence autour de Malaye dans la mer de la Chine.

16°. Le vent avec lequel on fait voile de Java à la Chine, c'est-à-dire, le vent de l'Ouest à l'Est commence au mois de mai.

17°. Le vent avec lequel on va de la Chine au Japon, c'est-à-dire, le même vent d'Ouest dure pendant les mois de juin & de juillet ; souvent c'est un vent de Sud-Ouest, auquel il se joint aussi un

vent de Nord ou d'autres collatéraux à l'Est, particulièrement pendant le jour ; mais la nuit il s'y élève un vent de Sud-Est & de Sud quart à l'Est.

18°. Lorsqu'on fait route du Japon à Maccou, c'est-à-dire, de l'Est à l'Ouest en février & mars, on a dans ces mers un vent d'Est & de Nord-Est ; mais ces vents ne dominent en mer que sur les côtes de la Chine. C'est ce qu'ont reconnu ceux qui partent du Japon dans ces saisons.

19°. Quand on part des Philippines ou de la Chine pour Acapulco, port de la Nouvelle Espagne, on a un vent d'Ouest en juin, juillet & août, mais bien foible, excepté dans la pleine lune ; la plupart des vents qui soufflent dans ces parages sont Sud-Ouest. On évite la Zône-Torride, & on s'approche des côtes septentrionales de l'Amérique pour n'être pas contrarié par les vents d'Est, quoique foibles alors ; car on sait qu'ordinairement les vents d'Ouest sont moins forts que ceux de l'Est, parce que les premiers sont exposés à des interruptions, au lieu que les derniers sont fortifiés par le vent général.

20°. Dans les mers de la Chine, les moussons du Sud & du Sud-Ouest arrivent en juillet, août & octobre ; mais ces vents tournent à l'Est : ils ne se dirigent jamais exactement au Sud, car d'abord ils soufflent à l'Est pendant quelques jours, & ensuite ils se tournent au Sud. Cependant le vent de Nord-Est change tout d'un coup & se porte au Sud-Ouest, & quelquefois immédiatement du Nord au Sud : ceci a lieu assez communément.

Tels sont les vents annuels les plus constans que l'on rencontre en mer, tant ceux qui soufflent sur les côtes que dans les parages voisins des côtes.

Des vents continuels & particuliers à certaines contrées.

Il y a peu de pays où le même vent souffle toujours. Les principales contrées où l'on éprouve ces phénomènes, sont : 1°. les lieux situés sous la Zône-Torride, & sur-tout les parties de la mer du Sud & de l'Océan Ethiopien sur lesquelles règne un vent continuel qui vient de l'Est ou de quelque point collatéral, & qu'on appelle *vent général*. C'est plutôt un vent commun à plusieurs pays qu'un vent particulier, car ce n'est que par des circonstances particulières s'il ne s'étend pas partout : c'est-à-dire par l'influence de certains vents qui soufflent plus fort que lui.

2°. Sur les côtes du Pérou, d'une partie du Chili & des parages voisins, le vent est presque toujours au Sud ou souffle de quelque point collatéral à l'Ouest ; il commence par les 46 dégrés de latitude, & s'étend jusqu'à l'isthme de Panama ; mais ce vent ne règne point en pleine mer. Au reste, Varénius avoue qu'il n'en connoît pas la cause.

3°. Sur les côtes de la terre Magellanique ou *del Fuego*, vers le détroit de *le Maire*, on ressent presque toujours des vents d'Ouest violents, de sorte que les arbres y penchent tous vers l'Est. Il n'y a point de contrées où ces vents d'Ouest soufflent si fort ; mais de l'autre côté du détroit de *le Maire*, le vent du Sud règne sur les côtes du continent austral. L'auteur ne connoît pas plus les causes de ces vents que de ceux dont il est parlé dans le n°. précédent.

4°. Sur la côte de Malabar, dans les Indes orientales, les vents du Nord & du Nord-Ouest soufflent presque toute l'année ; ce que Varénius attribue à la fonte des neiges sur les montagnes de la Sarmatie comme sur celles de l'Imaüs, du Caucase,

ou bien aux nuages qui couvrent les autres montagnes de l'Asie & qui pressent la masse d'air inférieure.

5°. Le vent de Nord-Ouest souffle fréquemment sur la mer auprès des côtes de Guinée ; mais plus loin c'est le vent de Nord-Est.

6°. A moitié chemin, entre le Japon & Liampo, ville maritime de la Chine, on trouve les vents d'Est qui soufflent jusqu'au Japon pendant les mois de novembre & décembre.

7°. A l'isle de Guoton, dans le voisinage de celle des Cavallos, le vent de Sud règne souvent sur la mer de la Chine, tandis que c'est le vent du Nord qui souffle sur les mers voisines.

Vents périodiques & réglés.

Les vents qui soufflent quelques heures dans certains lieux ou bien tous les jours, ou pendant un certain temps de l'année, sont comptés parmi les vents périodiques & réglés.

On en trouve de deux sortes ; mais alors ils se font sentir seulement le long des côtes de la mer : les uns soufflent de l'intérieur des terres vers la mer : & les autres soufflent de la mer dans les terres ; les premiers se nomment vents de terre, les seconds vents de mer.

1°. Sur la côte de Malabar, pendant l'été, depuis septembre jusqu'en avril, il règne depuis minuit jusqu'à midi des vents de terre qui sont des vents d'Est, & qui ne sont sensibles qu'à dix milles en mer : depuis midi jusqu'à minuit le vent de mer souffle de l'Ouest, mais très-foiblement. Les vents d'Est viennent en partie du vent général, & en partie des nuages qui couvrent les montagnes des Gates. La cause des vents de terre eſt le ſoleil couchant qui diſſout les nuages que les vents d'Eſt y ont raſſemblés ; mais dans les autres mois le vent de Nord y règne, ainſi que ceux d'Eſt & de Nord-Eſt.

2°. A la ville de Maſulipatan ſur la côte de Coromandel, les vents de terre commencent à ſouffler le premier jour de juin, ils ne durent que 14 jours ; c'eſt à cette époque que les vaiſſeaux en partent : mais il paroît qu'on doit mettre ces vents dans la claſſe des *mouſſons* ; car les vents de mer ne leur ſuccèdent pas.

3°. A la côte de la Nouvelle-Eſpagne en Amérique, les vents de terre ſoufflent ſur la mer du Sud à minuit, & les vents de mer règnent pendant le jour.

4°. Au royaume de Congo & dans les provinces de *Lopo-Conſalvo*, les vents de terre ſoufflent du ſoir au matin ; enſuite les vents de mer commencent à ſouffler & tempèrent la chaleur du jour.

5°. Quant aux vents d'Eſt qui règnent vers le lever du ſoleil tous les jours, dans tous les lieux & ſur-tout en mer, lorſqu'il ne règne pas d'autres vents, & particulièrement au Breſil où ils ſoufflent le matin, la cauſe en eſt évidente ; car ou ils font partie du vent général, ou bien ils ſont produits par la raréfaction des particules groſſières d'air que la fraîcheur de la nuit avoit condenſées & ſur leſquelles le ſoleil agit,

6°. Les vents étéſiens des Grecs ou leurs vents chelidoniens ſont de la claſſe de ces vents journaliers.

7°. Sur la côte de Camboya, de Varella, à Pulo-Catte, le vent de terre & les biſes de mer ſe ſuccèdent chaque jour depuis le 28 juillet juſqu'au quatre août ; car alors les mouſſons ceſſent & occaſion-

nent des calmes. Les vents de terre viennent de l'Oueſt & du Nord-Oueſt ; mais les biſes de mer viennent de l'Eſt & des points collatéraux qui tournent au Nord & enſuite ſe portent au Sud ; alors il y a grand calme juſqu'à l'arrivée des vents frais de terre qui ne ſe font pas ſentir à plus de deux milles de la côte.

8°. Ces vents de terre et de mer ſe trouvent auſſi à la Havanne & dans pluſieurs autres iſles du même golfe.

Concluſion générale.

Il paroît par tout ce que nous avons dit qu'il y a quatre claſſes de vents différens.

1°. Les vents généraux qui ſoufflent partout & en tout temps, à moins qu'ils ne ſoient contrariés par d'autres. Tel eſt le vent général Eſt.

2°. Les vents locaux : ceux qui ſoufflent en tout tems, mais ſeulement dans certaines contrées déterminées.

3°. Ceux qui ſoufflent en pluſieurs endroits ; mais à certains tems & dans certaines ſaiſons, comme ſont les *mouſſons* ; les vents qui ſoufflent à certains tems de l'année & à certaines heures du jour.

4°. Ceux qui ne ſont aſſujettis ni à aucun tems ni à beaucoup d'endroits.

Des calmes fréquens en mer près des côtes de Guinée.

C'eſt un phénomène fort difficile à expliquer que dans la Guinée qui n'eſt qu'à deux dégrés de l'Équateur, & ſous l'Équateur même, il y ait un calme preſque continuel, ſurtout en avril, mars & juin, temps où il n'y a point de mouſſons ;

tandis

tandis que les mêmes calmes ne se rencontrent point dans les autres lieux correspondans situés sous l'Equateur. On y voit souvent, à la vérité, un vent violent assez fréquent, & dont les marins se servent pour passer au-delà de l'équateur; car quelquefois, en allant d'Europe dans l'Inde, ils sont arrêtés un mois entier sous l'Equateur; mais pour éviter ces inconvéniens, ils vont vers la côte du Brésil. Varénius ne donne pas la cause de ce phénomène, dont Halley a tenté assez heureusement l'explication, & nous renvoyons à son article.

Des tempêtes annuelles dans certains pays.

Varénius en cite des exemples; 1°. au Cap de Bonne-Espérance, en juin & juillet; 2°. à l'isle de Mayo, à la fin d'août; 3°. à Tercere, dans le mois d'août; 4°. au trente-cinquième dégré du méridien de l'isle de Tristan d'Acunha, dans la nouvelle lune du mois de mai, le vent d'Ouest règne avec violence, & coule à fond les vaisseaux; mais au trente-troisième dégré du même méridien, ce sont les vents de Nord & de Nord-Est; 5°. les vents d'Ouest soufflent avec force à Pulo-Timor, dans la mer de la Chine, en juin & juillet, & sont fort dangereux; 6°. on éprouve entre la Chine & le Japon plusieurs tempêtes, depuis la nouvelle lune en juillet jusqu'au douzième jour de la lune; 7°. si par hasard, dans le même lieu, d'autres vents que les *moussons* soufflent tantôt d'un point tantôt d'un autre, & enfin se terminent au Nord-Est, c'est un signe certain d'une tempête prochaine.

WHISTON. (Système de)

Quoique cet auteur ne renferme aucune vue, aucun principe, & le développement d'aucun fait propre à enrichir l'histoire naturelle de la terre, & la *Géographie-Physique*, cependant son ouvrage

Géographie-Physique. Tome I.

sur la théorie de la terre a eu une si grande réputation, que nous avons cru devoir en faire mention dans cette notice, afin de faire connoître quelle étoit la marche de ceux qui, au commencement de ce siècle, ont médité sur ce grand objet.

Whiston commence son traité de la théorie de la terre par une dissertation sur la création du monde, dans laquelle il se propose de prouver qu'on a mal entendu le texte de la Genèse, parce qu'on s'est trop attaché à la lettre & au sens qui se présente d'abord, sans faire attention à ce que la nature, la raison, la philosophie & même la décence exigeoient de l'écrivain sacré pour traiter dignement cette matière. En conséquence il prétend que les notions que les commentateurs ont prises & données de l'ouvrage des six jours, sont absolument fausses; que la suite des faits exposés par Moïse ne contient pas une narration exacte & générale de la création de l'univers entier & de l'origine de toutes choses, mais une indication historique des progrès de la formation du seul globe de la terre. La terre, selon lui, existoit auparavant dans le cahos, & elle a reçu, dans le temps mentionné par Moyse, la forme, la situation & la consistance nécessaires pour être habitée par le genre humain.

Partant de ces principes Whiston se livre à des suppositions auxquelles il a l'art de donner un certain air de vraisemblance. Il nous assure que l'ancien cahos, origine de notre terre, a été l'atmosphère d'une comète & que le mouvement annuel de la terre a commencé dans le temps qu'elle a pris une nouvelle forme; mais que son mouvement diurne n'a commencé qu'au tems de la chûte du premier homme : que le cercle de l'écliptique coupoit alors le tropique du cancer au point du paradis terrestre à la frontière d'Assyrie : qu'avant le déluge l'année commençoit à l'équinoxe d'automne; que les orbites originaires des planètes, & sur-tout l'orbite de la terre étoient avant le déluge des cercles parfaits : que le déluge a commencé le dix-huitième jour de novembre 2349 ans avant l'ère chrétienne ; que l'année solaire & l'année lunaire étoient les mêmes avant le déluge & qu'elles contenoient juste 360 jours ; qu'une comète descendant dans le plan de l'éclyptique vers son périhelie a passé tout auprès du globe de la terre le jour même que le déluge a commencé ; qu'il réside dans l'intérieur du globe terrestre un fond de chaleur qui se répand du centre à la circonférence : que les montagnes sont les parties les plus légères de la terre. C'est au déluge universel que Whiston attribue toutes les altérations & tous les changemens qui sont arrivés à la surface du globe, ainsi que dans son intérieur ; & pour faire l'application de tous les agens qu'il met en œuvre, il adopte entièrement l'hypothèse de Woodward, & se sert de toutes les observations de cet auteur au sujet de l'état actuel de la terre ; mais il y ajoute beaucoup lorsqu'il vient à s'occuper de son état futur. Selon lui, elle périra par le feu, & sa destruction sera précédée de météores effroyables. Le soleil & la lune auront un aspect hideux, les cieux paroîtront s'écrouler, l'incendie sera général sur la terre ; mais lorsque le feu aura dévoré ce qu'elle contient d'impur, lorsqu'elle sera vitrifiée & transparente comme le crystal, les saints & les bienheureux viendront en prendre possession pour l'habiter jusqu'au temps du jugement dernier.

L'auteur a manié avec tant d'adresse & réuni avec tant de force toutes ces hypothèses qu'elles cessent de paroître téméraires & chimériques, & prennent sous sa plume un air de vraisemblance. On le suit sans répugnance lorsqu'il nous parle du Tout-Puissant qui tire la terre du nombre des comètes pour en faire une planète, ou ce qui revient au même, lorsque d'un cahos informe, il en fait une habitation tranquille & un séjour agréable. On

fait en effet que les comètes sont sujetes à des vicissitudes terribles à cause de l'excentricité de leurs orbites ; tantôt il y fait une chaleur excessive, tantôt il y fait un froid violent ; elles ne peuvent donc être habitées par aucunes créatures qui ne sauroient endurer ces états extrêmes sans périr.

Les planètes, au contraire, sont des lieux de repos & d'une température assez égale & uniforme, attendu que la distance du soleil n'y varie pas beaucoup, & que sa chaleur bienfaisante favorise le développement, la durée & la multiplication des plantes & des animaux.

Reprenons maintenant le plan général de Whiston, il nous apprendra qu'au commencement Dieu créa l'univers ; mais que la terre confondue avec les autres astres errans n'étoit qu'une comète inhabitable souffrant alternativement l'excès du froid & du chaud, & dans laquelle les matières se liquéfiant, se vitrifiant, se glaçant tour-à-tour, formoient un cahos, un abîme enveloppé d'épaisses ténèbres. Ce cahos étoit l'atmosphère de la comète, qu'il faut se représenter comme un assemblage de matières hétérogenes, dont le centre étoit occupé par un noyau sphérique, solide & chaud, d'environ deux mille lieues de diamètre, autour duquel s'étendoit une très-grande circonférence d'un fluide épais mêlé d'une matière informe, confuse. Cette vaste atmosphère ne contenoit que fort peu de parties solides ou terreuses, encore moins de particules aqueuses ou aériennes mêlées ensemble.

Telle étoit la terre à la veille des six jours ; mais dès le lendemain, c'est-à-dire, dès le premier jour de la création, suivant le système de Whiston, lorsque l'orbite excentrique de la comète eut été changée en une éllipse presque circulaire, chaque chose prit sa place, & les corps qui composoient le cahos s'arrangèrent suivant la loi de leur gravité spécifique ; les parties les plus denfes defcendirent au plus bas & s'arrangèrent autour du noyau , les matières terreftres mêlées d'eau fuivirent & abandonnèrent la région fupérieure à l'eau, enfuite à l'air. Cette fphère d'un volume immenfe fe réduifit à un globe d'un volume médiocre, au centre duquel eft le noyau qui conferve encore aujourd'hui la chaleur que le foleil lui a autrefois communiquée lorfqu'il étoit noyau de comète. Cette chaleur peut bien durer depuis fix mille ans puifqu'il en faudroit cinquante mille à la comète de 1680 pour fe refroidir. Autour de ce noyau folide & brulant & qui occupe le centre de la terre, fe trouve le fluide denfe & péfant qui defcendit le premier ; c'eft ce fluide qui forme le grand abîme fur lequel la terre porte. Comme les parties terreftres étoient mêlées de beaucoup d'eau , elles ont en defcendant entraîné une partie de cette eau qui n'a pu remonter lorfque la croûte de la terre a été confolidée ; & cette eau forme une couche concentrique au fluide péfant qui enveloppe le noyau , de forte que le grand abîme eft compofé de deux orbes concentriques ; dans le plus bas eft un fluide péfant, & le fupérieur eft de l'eau. C'eft proprement cette couche d'eau qui fert de fondement à la terre, & c'eft de cet arrangement étonnant de l'atmofphère de la comète devenue terre que dépendent tous les points de la théorie de Whifton, & l'explication des principaux phénomènes.

D'abord on fent bien que quand l'atmofphère de la comète fut une fois débarraffée de toutes les matières folides & terreftres, il ne refta plus que la matière légère de l'air , à travers laquelle les rayons du foleil paffèrent librement ; ce qui, tout-à-coup produifit la lumière. En fecond lieu les différentes parties de l'orbe de la terre s'étant raffemblées avec précipitation , elles ont dû fe trouver de denfités différentes,& par conféquent les plus péfantes ont enfoncé davantage dans le fluide

fouterrain , tandis que les plus légères fe font enfoncées à une moindre profondeur, & c'eft ce qui a produit à la furface de la terre les vallées & les montagnes. Ces inégalités étoient avant le déluge diftribuées autrement qu'elles ne le font aujourd'hui ; au lieu de la vafte vallée qui contient l'Océan , il y avoit fur toute la furface du globe , plufieurs petites cavités féparées qui contenoient chacune une partie de l'eau qui avoit gagné la furface de la terre, ce qui faifoit autant de petites mers particulières.

Les montagnes étoient auffi plus divifées , & ne formoient pas des chaînes fuivies comme elles en forment aujourd'hui.

Dans cet état la terre étoit beaucoup plus peuplée, & par conféquent beaucoup plus fertile qu'elle ne l'eft aujourd'hui. La vie des hommes étoit dix fois plus longue , & tout cela parce que la chaleur intérieure de la terre qui provenoit du noyau central étoit alors dans toute fa force, & que ce plus grand dégré de chaleur faifoit éclore un plus grand nombre d'animaux , germer une plus grande quantité de plantes, & donnoit aux uns & aux autres le degré de vigueur néceffaire pour durer plus long-tems & multiplier plus abondamment. Mais cette même chaleur porta malheureufement à la tête des hommes & des animaux, elle augmenta les paffions ; tout , à l'exception des poiffons, qui vivent dans un élément froid, fe reffentit de cette chaleur du noyau ; enfin tout devint criminel & mérita la mort. Elle arriva cette punition un mercredi 28 novembre, par le moyen d'un déluge affreux de quarante jours & quarante nuits ; & ce grand événement fut caufé par la queue d'une autre comète qui rencontra la terre en revenant de fon périhélie.

La queue d'une comète eft, comme on

fait , la partie la plus légère de fon atmof-
phère ; c'eft un brouillard tranfparent , une vapeur fubtile que la grande chaleur
du foleil fait fortir du corps & de l'atmofphère de la comète. Cette vapeur compofée de parties aqueufes & aëriennes extrêmement raréfiées , fuit la comète ,
lorfqu'elle defcend à fon périhelie , & la précède lorfqu'elle remonte, enforte qu'elle
eft toujours fituée du côté oppofé au foleil.
La colonne que forme cette vapeur aqueufe
eft fouvent d'une longueur immenfe : & plus une comete approche du foleil, plus
la queue eft longue & étendue , de forte
qu'elle occupe fouvent des efpaces très-grands. Comme plufieurs comètes defcendent au-deffous de l'orbe annuel de la terre , il n'eft pas furprenant qu'elle fe
trouve quelquefois enveloppée de la vapeur de cette queue, & c'eft précifément ce qui eft arrivé dans le temps du déluge. Il n'a fallu à la terre que deux
heures de féjour dans cette queue de comète pour y faire tomber autant d'eau
qu'il y en a dans la mer ; enfin cette queue étoit les cataractes du ciel.

En effet , le globe terreftre ayant une fois rencontré la queue de la comète , il
a dû en y faifant fa route s'approprier une partie de la matière qu'elle contenoit. Tout ce qui s'eft trouvé dans la fphère d'attraction du globe eft tombé fur
la terre en forme de pluie , puifque cette queue étoit compofée de vapeurs
aqueufes

Voilà donc une pluie du ciel qu'on peut faire auffi abondante qu'on voudra , & un
déluge univerfel dont les eaux furpafferont aifément les plus hautes montagnes. Cependant notre auteur qui ne veut pas s'éloi-gner de la lettre du livre facré , ne donne
pas pour caufe unique du déluge, cette pluie qu'il s'eft procurée à fi grands frais.
Le grand abîme contient, comme nous avons vu , une grande quantité d'eau ; à
l'approche de la comète cette maffe d'eau

aura été agitée par la force de fon attrac-tion , & le mouvement de flux & reflux
qu'elle aura éprouvé , lui aura fait rompre en plufieurs endroits la croûte extérieure
qui la couvroit, & une partie des eaux de l'abîme fe répandant au-dehors , aura
accéléré l'inondation : *Et rupti funt fontes abyffi.*

Mais que faire de ces eaux fournies fi libéralement par la queue de la comète &
par le grand abîme. Notre auteur n'en eft point embarraffé. Dès que la terre en continuant fa route , fe fut éloignée de la comète, le mouvement de flux & de reflux
ceffa dans le grand abîme : & dès lors les eaux fupérieures s'y précipitèrent avec
violence par les mêmes voies qu'elles en étoient forties. Le grand abîme abforba
toutes les eaux fuperflues , & fe trouva d'une capacité fuffifante pour recevoir
non-feulement les eaux qu'il avoit déja contenues , mais encore toutes celles
que la queue de la comète avoit laiffées , parce que dans le temps de l'agitation des
eaux & de la rupture de la croûte, l'abîme s'étoit aggrandi. Ce fut dans ce temps que
la figure de la terre qui jufqu'alors avoit été fphérique devint elliptique , tant par
l'effet de la force centrifuge caufée par fon mouvement diurne que par l'action
de la comète. Pendant cette grande révolu-tion s'élevèrent les chaînes des montagnes:
il fe forma un enfoncement principal où fe raffembla toute l'eau qui reftoit à la furface du globe. Les petites mers dont cette furface étoit parfemée reftèrent à fec ; &
comme elles font aujourd'hui partie de nos continens , il n'eft pas étonnant que
nous y trouvions des coquilles ou d'autres corps marins.

Voilà donc l'hiftoire de la création, les principales circonftances du déluge expliquées naturellement, ainfi que la longueur de la vie des premiers hommes ; enfin
voilà l'indication des caufes de la figure de la terre & de fa forme extérieure, & tout

cela femble n'avoir rien coûté à Whifton; mais l'arche de Noë paroît l'inquiéter beaucoup. Comment imaginer en effet, qu'au milieu d'un défordre auffi affreux, au milieu de la confufion des effets produits par la queue de la comète & par le grand abîme, l'arche voguât tranquillement avec fa nombreufe cargaifon; il eft très-embaraffé pour donner une raifon phyfique de la confervation de l'arche. Il eft bien dur pour un homme qui a expliqué de fi grandes chofes, fans avoir recours à une puiffance furnaturelle ou au miracle, d'être arrêté par une petite circonftance particulière, & il aime mieux rifquer de laiffer périr l'arche que d'attribuer à la bonté immédiate du tout-puiffant la confervation de ce précieux vaiffeau.

Il y auroit plufieurs autres remarques à faire fur ce fyftême dont je viens de faire une expofition fidèle, d'après Buffon; mais ce qui paroît avoir multiplié davantage les fuppofitions les plus extraordinaires, c'eft la prétention de vouloir expliquer le déluge univerfel au lieu de le prendre fimplement pour ce que nous le donne l'Ecriture fainte, c'eft-à-dire, pour un événement qui ne tient point à l'ordre des opérations de la nature, & qui eft un acte extraordinaire de la volonté de Dieu.

WOODWARD.

Il faut bien diftinguer dans le travail de cet auteur, ce qui appartient à la cofmogonie, d'avec ce qui concerne l'hiftoire naturelle de la terre, & où je trouve des matériaux excellens pour la *Géographie-Phyfique*. Ainfi nous le laifferons dire fans vouloir ni le fuivre, ni le réfuter, que dans le temps du déluge, il s'eft fait une diffolution totale de la terre, par les eaux du grand abîme qui fe font répandues fur la furface de la terre, & qui ont délayé & réduit en pâte les pierres, les rochers, les marbres, les métaux : que l'abyme où

cette eau étoit renfermée, s'ouvrit tout d'un coup à la voix de Dieu, & répandit la quantité d'eau énorme, néceffaire pour couvrir la terre & furmonter de beaucoup les plus hautes montagnes. Il eft vifible qu'il ajoute au miracle du déluge d'autres miracles, ou tout au moins des impoffibilités phyfiques qui ne s'accordent ni avec la lettre de l'écriture, ni avec les principes de la philofophie naturelle. Mais comme *Woodward* a le mérite d'avoir raffemblé plufieurs obfervations importantes, nous nous bornerons ici à préfenter le précis des vérités qu'il a reconnues, en indiquant cependant la fauffeté de quelques unes de fes remarques.

Woodward nous dit avoir reconnu par fes yeux, que toutes les matières qui compofent la terre en Angleterre, depuis fa furface jufqu'aux endroits les plus profonds où il eft defcendu, étoient difpofées par couches, & que dans un grand nombre de ces couches il fe trouvoit des coquilles & d'autres productions marines. Il ajoute en même temps que par fes correfpondans & par fes amis, il s'eft affuré que dans tous les autres pays la terre eft compofée de la même maniere : qu'on y trouve des coquilles, non feulement dans les plaines, dans les carrieres les plus profondes, mais encore fur les plus hautes montagnes. Il a vu que ces couches étoient horifontales & pofées les unes fur les autres, comme le feroient & le doivent être des matières tranfportées par les eaux & dépofées en forme de fédimens. Ces remarques générales, quoique fufceptibles de certaines modifications, peuvent être confiderées comme très-vraies, & comme un grand fait bien précieux & très-utile à conftater en détail. Auffi *Woodward* s'eft-il attaché à faire voir, par des obfervations particulières, que les foffiles qu'on trouve incorporés dans les couches font de vraies coquilles & de vraies productions marines, & non pas, comme plufieurs l'avoient voulu faire croire, des corps finguliers, des jeux de la nature. A ces obſervations, quoiqu'en partie faites avant lui, mais qu'il a multipliées, raſſemblées, miſes dans un nouveau jour, & prouvées par de nouveaux détails, il en ajoute d'autres qui ſont moins exactes. Il aſſure, par exemple, que toutes les matières des différentes couches ſont poſées les unes ſur les autres, dans l'ordre de leur peſanteur ſpécifique, enſorte que les plus peſantes ſont au-deſſous, & les plus légères au-deſſus. Ce fait général n'eſt pas vrai : car nous voyons tous les jours au-deſſus des glaiſes, des marnes & des debris de coquilles, des ſables, des grès, des pierres calcaires dures, des marbres, qui ſont plus peſans ſpécifiquement que ces premières matières. En effet, ſi par toute la terre on trouvoit les matières placées dans l'ordre de leur gravité ſpécifique, & que la compoſition des couches eût été aſſujettie exactement & partout à la loi de la peſanteur, il y a apparence qu'elles ſe ſeroient toutes précipitées en même temps : & voila ce que Woodward aſſure, malgré l'évidence du contraire. Car ſans avoir l'habitude d'obſerver, il ſuffit de voir & de comparer les matières qui ſont entrées dans la compoſition des couches, pour être aſſuré que très-ſouvent des matières peſantes ſont établies ſur des matières legeres, & que par conſéquent ces ſédimens ne ſe ſont pas précipités en même temps ; mais qu'au contraire ils ont été amenés, & dépoſés ſucceſſivement, par les eaux. Comme c'eſt là le fondement du ſyſtême de Woodward & qu'il porte manifeſtement à faux, nous ne le ſuivrons plus loin que pour faire voir combien un principe erroñé peut produire de fauſſes combinaiſons & de mauvaiſes conſéquences.

Toutes les matières qui compoſent la terre depuis les ſommets des plus hautes montagnes, juſqu'aux plus grandes profondeurs des carrières & des mines, ſont, ſuivant notre auteur, diſpoſées par couches dans l'ordre de leur peſanteur ſpécifique ; d'où il conclut que toutes les matières qui compoſent le globe de la terre, ont été diſſoutes & précipitées en même temps. Mais dans quel fluide & dans quel temps ont-elles été diſſoutes? dans l'eau & dans le temps du déluge ? mais il n'y a pas aſſez d'eau ſur le globe pour que cela ſe puiſſe, puiſqu'il y a plus de terre que d'eau, & que le fond du baſſin de la mer eſt de terre. Woodward en trouve plus qu'il n'en faut au centre de la terre, il ne s'agit que de la faire monter & de lui donner tout enſemble la vertu d'un diſſolvant univerſel, & d'avoir un remède préſervatif pour les coquilles qui ſeules n'ont pas été diſſoutes, tandis que les marbres & les rochers l'ont été.

Mais nous pouvons arreter ici Woodward, en lui montrant que beaucoup d'autres materiaux que les coquilles ont été conſervés dans les couches de la terre où ſe trouvent les coquilles : tels ſont tous les cailloux roulés de granits, de jaſpe, de marbres, & d'autres ſubſtances dures qui ſont mêlées aux coquilles, & incorporées dans les mêmes couches. En général les corps que Stenon a conſidérés comme étant contenus dans d'autres corps nouvellement formés & qui ſont fort nombreux, contrediſent viſiblement cette diſſolution prétendue des matériaux de l'ancien monde. Il faut donc étendre le miracle à beaucoup d'autres corps qu'aux coquilles, & trouver à ces autres corps des caractères préſervatifs autres que la texture fibreuſe & différente de celle des pierres. Mais laiſſons là des hypothèſes qui ne ſont plus dangereuſes aujourd'hui, pour revenir aux faits qui ſeuls nous intereſſent. Woodward eſt un des premiers qui aient remarqué & publié après Bourguet que les coquilles foſſiles qu'on trouve dans les montagnes, ſont remplies de la même matière qui conſtitue une grande partie des bancs & des couches où elles ſont renfermées, enſorte que ces matières étoient réduites en poudre fine & impalpable, lorſqu'elles ont rempli l'intérieur des coquilles ſi pleinement & ſi absolument qu'elles n'y ont pas laissé le moindre vuide & qu'elles s'y sont moulées, & en ont pris une empreinte exacte & fidelle.

Woodward a fait l'examen le plus scrupuleux des coquilles fossiles relativement à tous les caractères de ressemblance qu'elles pouvoient avoir avec celles qu'on trouve sur le bord de la mer ; elles ont précisément la même figure & la même grandeur, elles sont de la même substance, & leur tissu est le même. La direction de leurs fibres & des lignes spirales est la même. On voit dans le même endroit les vestiges ou insertions des tendons par le moyen desquels l'animal étoit attaché & joint à sa coquille. On voit les mêmes tubercules, les mêmes stries, les mêmes cannelures : enfin tout est semblable soit au dedans soit au dehors de la coquille, dans sa cavité ou sur sa convexité. D'ailleurs ce même naturaliste a reconnu que les coquillages fossiles étoient sujets aux mêmes accidens ordinaires que les coquillages de la mer. Par exemple, les plus petits sont attachés aux plus gros ; ils ont des conduits vermiculaires : on y trouve des perles & autres choses semblables qui y ont été produites par l'animal lorsqu'il habitoit sa coquille : il y en a même qui ont été percées par la tariere du poisson à coquille appelé *pourpre* ; ce qui prouve qu'elles renfermoient des poissons vivans dont les poissons des pourpres s'étoient nourris.

Observations.

Les hypothèses que nous venons d'exposer, se raccordent dans les points principaux : leurs auteurs pretendent également que dans le temps du déluge la terre a changé de forme tant à l'extérieur que dans l'intérieur. Cependant ils auroient dû, ce semble, faire attention que la terre avant le déluge étant habitée par les mêmes espèces d'hommes & d'animaux, devoit n'avoir pas éprouvé de grands changemens. En effet les livres saints que ces écrivains paroissent avoir consultés & suivis dans leur marche & dans leurs spéculations, nous apprennent qu'avant le déluge, il y avoit sur la terre des fleuves, des mers, des montagnes, des vallées, des plantes, des forêts : que ces fleuves & ces montagnes étoient à peu près les mêmes, puisque le Tigre & l'Euphrate étoient les fleuves du paradis terrestre : que la montagne d'Arménie sur laquelle l'arche s'arrêta, étoit une des plus hautes montagnes du monde : que les mêmes plantes & les mêmes animaux qui existoient alors, existent aujourd'hui, puisqu'il y est question du serpent, du corbeau & de la colombe qui rapporta une branche d'olivier. C'est donc à tort & contre la lettre de l'écriture, que ces auteurs ont supposé que la terre avant le déluge étoit totalement différente de ce qu'elle est aujourd'hui. Cette contradiction de leur hypothèse avec le texte sacré pour eux, les met totalement à découvert lorsqu'ils se trouvent encore en opposition avec les vérités physiques.

Burnet qui a écrit le premier n'avoit, pour fonder son système, ni observations ni faits : *Woodward* n'a donné pour appuyer son hypothèse que deux observations générales : la premiere, que la terre est partout composée de matières qui ont été transportées par les eaux & déposées par couches horisontales : la seconde, qu'une infinié de productions marines se trouvent dans les couches horisontales : pour rendre raison de tous ces faits, il a recours au déluge universel, ou plutot il paraît ne les donner que comme preuves du déluge. Mais quoiqu'observateur, il tombe ainsi que Burnet dans des contradictions évidentes avec l'écriture sainte ; car il n'est pas permis de supposer avec eux qu'avant le déluge il n'y avoit point de montagnes, puisqu'il y est dit précisément & clairement que les eaux surpassèrent de 15 coudées les plus hautes montagnes : & que l'arche s'est arretée sur celle que les eaux ont laissée la premiere à découvert.

D'ailleurs comment pe -on imaginer

que pendant le peu de temps qu'a duré le déluge les eaux aient pu diffoudre les montagnes & toute la terre ? n'eft-ce-pas une abfurdité que de dire qu'en quarante jours l'eau a diffous les marbres, toutes les pierres, tous les minéraux ? n'eft-ce-pas une contradiction manifefte que d'admettre cette diffolution totale, & en même temps de prétendre que les coquilles & les productions marines ont été préfervées ; de forte qu'on les trouve aujourd'hui entières & les mêmes qu'elles étoient avant le déluge ? On voit qu'avec des obfervationns excellentes *Woodward* a fait un fort mauvais fyftême.

Whifton, qui eft venu le dernier, a beaucoup enchéri fur les deux autres ; mais en donnant une vafte carriere à fon imagination, au moins n'eft-il pas tombé en contradiction avec lui-même. Il nous annonce des chofes fort peu croyables, mais du moins elles ne font ni abfolulument ni évidement impoffibles. Comme on ignore ce qui fe trouve au centre & dans l'intérieur de la terre, il a cru pouvoir fuppofer que cet intérieur étoit occupé par un noyau folide, environné d'un fluide pefant, & enfuite d'eau fur laquelle la croûte extérieure du globe étoit foutenue, & dans laquelle les différentes parties de cette croûte fe font enfoncées plus ou moins, à proportion de leur pefanteur ou de leur légereté refpective : ce qui a produit les montagnes & les inégalités de la furface de la terre. Il faut avouer que la terre, dans cette hypothèfe, doit faire voûte de tous côtés, & que par conféquent elle ne peut être portée fur l'eau qu'elle contient, & encore moins y enfoncer. D'ailleurs on peut trouver de la difficulté à partager l'eau, en en faifant couler une partie dans l'abîme, & répandre l'autre à la furface de la terre. En général quoiqu'il n'y ait pas d'impoffibilité abfolue, il y a fi peu de probabilité à chaque chofe prife féparément, qu'il en réfulte une impoffibilité pour le tout pris enfemble. Enfin ces fyftêmes font fi éloignés de l'état de nos connoiffances actuelles qu'une plus longue difcuffion me paroît inutile. Quand cefferons-nous cependant de voir paroitre de nouvelles théories de la terre ? fera-ce quand la méthode d'obferver fera tellement perfectionnée, qu'elle fournira des faits généraux à la *Géographie-Phyfique*, & que cette fcience fe fera enrichie de plus en plus par de grands enfembles d'obfervations, difcutées, comparées, & qui prendront la place de ces fatras d'hypothèfes qu'on fait reparoître chaque jour avec un air fcientifique qui n'en impofe qu'aux ignorans ;

SUPPLÉMENT

AUX NOTICES QUI PRÉCÈDENT.

BERGMAN.

Notice de sa description physique du globe terrestre.

Ce savant Suédois est généralement connu par plusieurs ouvrages, qui ont pour objet la chimie : aussi a-t-il été célébré parmi nous sous ce rapport. Aujourd'hui je me propose de le faire connoître comme auteur d'une *description physique du globe terrestre.* Il y a environ 25 ans qu'une société de savans, établie à Upsal, desirant pouvoir mettre entre les mains des jeunes gens un ouvrage élémentaire sur la cosmographie, chargea trois de ses membres d'en composer un qui pût remplir ses vues. Frédéric Mallet se chargea de la partie astronomique, Etienne Insulin des détails sur les mœurs & les usages des différens peuples, enfin, Torbern Bergman de la description physique du globe terrestre. Les trois parties parurent entre 1769 & 1772. Quelques années après, Bergman donna une seconde édition de la partie physique du globe terrestre qui lui avoit été confiée ; en 1784 j'en ai fait traduire plusieurs chapitres, dont les sujets rentroient particuliérement dans le plan de travail que j'avois formé sur la géographie-physique : ce sont ceux-là qui figureront dans cette notice. On y verra quelle étoit la marche & la manière du savant Suédois dans l'exposition des principaux objets qu'il a traités. Mais avant de mettre ces chapitres sous les yeux des lecteurs, j'ai cru devoir leur présenter un précis rai-

sonné de la totalité de l'ouvrage, persuadé que cet ensemble seroit, on ne peut pas plus intéressant, parce qu'il comprendroit une suite de discussions savantes sur les articles de géographie-physique qui, dans les théories de la terre les plus nouvelles, sont remplacées par de fades hypothèses.

Bergman, dans un discours préliminaire servant d'introduction à tout l'ouvrage, expose des vues générales sur le globe de la terre, qu'il considère d'abord comme faisant partie du système planétaire, & participant à ses mouvemens autour du soleil. Il nous le montre ensuite comme environné de deux masses de fluides, l'air & l'eau, lesquelles sont en proie à des agitations générales & continuelles. Ces fluides sont, outre cela, nécessaires à la vie & à la propagation de deux grands ordres de corps organisés, les plantes & les animaux.

De ces êtres les uns vivent constamment sur la terre, mais seulement y varient leurs gîtes suivant l'exposition des lieux & leur température, croissent & prospèrent sur les montagnes ou dans les plaines, dans des climats chauds ou froids : d'autres, soumis à de semblables influences, vivent & existent dans l'eau ou dans l'air, & même passent à leur gré d'une masse fluide dans une autre.

La surface de la terre elle-même est assujettie à un très-grand nombre de changemens & d'altérations. Les rochers les plus durs tombent en éclats : les pierres se décomposent peu-à-peu, certaines parties du globe éprouvent des éboulemens & des affaissemens très-considérables ; les unes sont inondées, d'autres s'élèvent au-dessus des flots ; certaines vallées se creusent & s'approfondissent, d'autres se comblent ; des marais reçoivent des dépôts successifs : les embouchures des grands fleuves se peuplent d'îles qui servent à prolonger les bords de la terre & à reculer les rivages des mers.

Lorsqu'on examine la composition intérieure des continens, on y voit ici des suites de montagnes à couches horisontales régulières où se trouvent de nombreux amas de coquilles qui sont les dépouilles des animaux marins ; ces amas s'y montrent situés de manière, qu'il est aisé de reconnoître que les diverses substances dont elles sont formées & surtout les coquilles, ont été déposées sous les eaux de la mer & dans son bassin. Si l'on porte ses recherches plus loin, on rencontre des massifs qui renferment des filons métalliques, des crystaux de toutes sortes de formes et de nature, sans qu'on puisse trop savoir comment les filons s'y trouvent, & par quelle force active les molécules de certains corps se sont arrangées toujours sous des formes constantes & régulières.

Bergman commence ensuite sa *description physique du globe terrestre* par nous tracer un tableau de sa surface, d'après les connoissances géographiques qui, de son tems, étoient encore beaucoup plus imparfaites que du nôtre ; car les découvertes de Cook n'avoient pas fait disparoître les produits des spéculations hasardées de Buache. Il remonte même jusqu'aux hypothèses géographiques des anciens qui ne peuvent guères nous instruire sur les véritables limites des mers & des continens, &, ce qui en est une suite, sur le rapport de l'étendue de l'eau & de la terre-ferme. Dans toutes ces discussions, il flotte sur plusieurs points au milieu des incertitudes que les modernes & Cook ont fait cesser, & particuliérement au sujet du troisième continent dont B..... avoit hasardé de publier les cartes, & qu'il avoit placé sous le pôle antarctique. Nous ne le suivrons pas lorsqu'il parle des terres peu connues, & qu'il prétend fixer les bornes de l'Europe, de l'Asie, de l'Afrique & de l'Amérique : qu'il expose les différentes tentatives qu'on a faites pour découvrir un passage aux Indes Orientales par le nord-ouest ; qu'il décrit enfin les différentes navigations qui ont embrassé le tour du monde : on sait que c'est depuis l'époque où il a écrit qu'on a reconnu les côtes de la Mer Glaciale, l'étendue de la Sibérie à l'est, le détroit entre l'Amérique & l'Asie, une grande partie de la fausseté des prétendues découvertes de l'amiral de Fuentes, de la navigation de Fuca, de la mer de l'Ouest, du cap de la Circoncision, &c. ; ainsi nous ne pouvons le prendre pour guide sur tous ces points de géographie si importans ; car il prouve, comme bien d'autres savans, qu'en fait de découvertes géographiques, il faut attendre les déterminations précises des voyageurs & des astronomes, sans les prévenir par des conjectures, qui conduisent rarement à la vérité.

Bergman me paroît remplir, avec beaucoup plus d'avantage le plan de son travail, lorsqu'il traite des inégalités de la surface de la terre, & qu'il décrit les différentes chaînes de montagnes, distribuées sur la partie sèche du globe ; je suis cependant étonné que d'après l'hypothèse de Philippe Buache, il admette la continuation de ces chaînes sous les eaux, sans appuyer sur des preuves nouvelles & solides cette distribution hasardée. Il revient ensuite aux montagnes, & après nous avoir fait connoître leurs figures extérieures & la méthode la plus sûre & la plus expéditive d'en mesurer la hauteur, il nous donne le tableau des montagnes les plus élevées que l'on connoisse. Il continue de nous exposer des objets très-intéressans, lorsqu'il expose très-méthodiquement ce qui concerne la composition intérieure du globe de la terre ; qu'il nous décrit les *bancs*, les *assises*, les *couches* ; qu'il nous indique l'origine des lits de différens ordres, leur disposition soit horisontale, soit inclinée à l'horison ; en un mot, la constitution physique des montagnes & des collines. On le suit avec un égal intérêt, lorsqu'il nous parle de la direction, de l'inclinaison & de la puissance des *filons*, des gîtes de certains minéraux, & qu'il termine cette savante exposition par celle des signes visibles des bouleversemens du globe. Pour donner une idée de la manière claire & lumineuse avec laquelle le naturaliste Suédois discute des matières aussi importantes, j'ai cru devoir présenter ces articles en entier dans cette notice.

Ces discussions conduisent naturellement Bergman à traiter, dans les mêmes vûes, des pétrifications, c'est-à-dire, des dépouilles des animaux terrestres & marins, en indiquant les contrées où se rencontrent ces amas différens, les états variés où les naturalistes les ont observés, & les diverses substances qui les accompagnent le plus souvent. Et ce qui achève de nous donner une idée de ces dépôts étrangers, ce sont les restes des végétaux, les veines de charbon qu'il nous montre avec toutes les circonstances particulières que les mineurs ont observées & décrites.

Pour completter ce qui a pour objet l'intérieur de la terre, il convenoit de faire mention des grottes & des phénomènes que les diverses cavités souterraines ont offerts, & c'est ce qu'on trouve dans un chapitre particulier, au milieu d'un grand nombre de curieux détails.

Bergman ne pouvoit s'occuper de tous les objets qui précèdent, sans chercher à connoître par quelle suite d'agens & d'événemens la terre avoit pu acquérir sa forme actuelle ; & dès-lors on sent combien de questions il importoit d'exposer & de résoudre pour parvenir à la solution de ce grand problème.

C'est suivant toutes ces vûes que le savant Suédois passe à la considération d'un de ces agens. Il considère donc la circulation des eaux à la surface de la terre & ce qui en dépend d'une manière particulière ; il examine ce qui concerne les eaux pluviales, les vapeurs, les infiltrations, & enfin les grandes questions qui ont pour objet l'origine des sources. Après avoir suivi la marche variée des eaux courantes dans les rivières & les fleuves, il indique quelles sont leurs directions, la rapidité de leurs cours, les vicissitudes des débordemens qu'elles occasionnent, les substances dont ces eaux se chargent & qu'elles charient avant que d'en former des dépôts, enfin, les singularités que les rivières & les fleuves offrent, soit dans leurs lits en se perdant sous terre & reparoissant ensuite, soit à leurs embouchures, où leurs eaux contribuent, par de grands dépôts, à la formation de bancs de sables très-étendus, & qui deviennent des îles plus ou moins nombreuses.

Pour nous faire envisager l'hydrographie entière que nous présente le globe de la terre, il fallait décrire aussi & dans l'étendue convenable, les amas d'eau qui s'y trouvent dispersés. C'est dans ces vûes que Bergman distingue en trois classes les marais, les lacs, & les mers Méditerranées ; qu'il parcourt les phénomènes particuliers que les amas d'eau des deux premières classes ont offert aux géographes & aux naturalistes ; qu'il indique les lieux où ils sont placés, la nature de leurs eaux, la forme & la profondeur de leurs bassins.

On est étonné de trouver parmi les marais la mer Caspienne, l'Aral, la mer Morte, les Solfatares, qu'on a toujours considérés comme des lacs, & qui d'ailleurs diffèrent par des caractères bien frappans. Mais ce qui devient sous la plume de Bergman le plus intéressant de tous les objets qui figurent dans cette hydrographie, c'est l'Océan. Bergman expose savamment les principaux phénomènes que les mers nous offrent dans les diverses contrées de la terre: il traite d'abord des grands golfes, tels que la Méditerranée, la Baltique, la mer Rouge, le golfe Persique, & des autres golfes un peu étendus & profonds.

Les premiers objets qu'il discute ensuite sont la salure & l'amertume des eaux de ces mers & leurs causes; il décrit les différens procédés qui ont été imaginés en différens tems pour rendre l'eau de la mer potable, & il apprécie avec soin leurs avantages & leurs succès. De-là, il passe aux mouvemens généraux des eaux de ces grands bassins, dont les principaux sont le flux & le reflux. Il en détaille toutes les variations, qu'il compare très-exactement avec la cause qu'il trouve dans les mouvemens de la lune, combinés avec ceux du soleil. Toutes ces discussions se terminent par l'indication des courans de la mer, de leur origine, & surtout de la tendance qu'a la masse de ses eaux pour se porter, soit dans la direction de l'est à l'ouest, soit dans celle des pôles à l'équateur.

Dans la quatrième section, il est question de la constitution de l'atmosphère. Bergman traite d'abord de la pesanteur & de l'élasticité de l'air, comme d'un moyen de déterminer les hauteurs des montagnes par le baromètre; ensuite des substances étrangères qui y sont contenues; de l'acide aérien, de la vaporisation, de l'abondance & de l'hétérogénéité des vapeurs, de la couleur & de la transparence de l'air, enfin de la composition & de la hauteur de l'atmosphère.

Dans le deuxième chapitre il est question des eaux atmosphériques. Après avoir présenté des détails curieux & instructifs sur la rosée, les brouillards, les nuages, la pluie, les orages, la neige & la grêle, Bergman calcule en général la quantité d'eau produite par ces météores: il passe de-là, dans le chapitre suivant, aux météores lumineux, aux diverses couleurs accidentelles de l'air, à l'arc-en-ciel, à l'aurore, au crépuscule: on voit figurer ensuite parmi les feux aériens, l'électricité de l'atmosphère, les feux folets, les étoiles tombantes, le tonnerre, les éclairs & la foudre, les feux S. Elme, les globes de feu & les aurores boréales.

Le chapitre des vents renferme tout ce qui a rapport aux divers mouvemens de l'air, tels sont les vents d'est alisés, les moussons, les vents inconstans; on y traite en même tems de leur force, de leur rapidité, & ce qui en est une suite, des tempêtes & des ouragans. Ces détails sont terminés par une discussion savante sur les causes des vents.

Dans la cinquième section, on trouve un apperçu des changemens & des révolutions qui ont lieu sur le globe terrestre. Bergman en distingue de deux sortes. Les uns réguliers, assujettis à des périodes suivies & constantes; & les autres occasionnés par la rencontre fortuite d'agens accidentels, ou par les travaux des hommes.

Dans la première classe, il traite des saisons & des climats dépendans de la marche du soleil & des dispositions de la sphère; il y suit très-exactement les vicissitudes des températures qu'on éprouve à la surface des continens & des mers, soit entre les tropiques, soit dans l'étendue des cercles polaires.

Les changemens accidentels ne sont présentés ici que comme les effets des eaux courantes, soit pluviales, soit torrentielles,

qui ont produit le double effet ; d'abord
de creuser leurs lits en enlevant les matériaux mobiles qu'elles ont rencontrés dans
leur route, ensuite de combler les vallées
approfondies par les transports successifs
& réitérés des matériaux que ces mêmes
eaux y ont accumulés dans leurs intermit-
tences. On comprend parmi ces changemens accidentels les effets des feux souterrains & volcaniques, les émersions des
îles nouvelles, les tremblemens de terre,
enfin les variations survenues dans les rivages de la mer par les attérissemens de
toutes sortes.

Comme Bergman, lorsqu'il étoit occupé
de la description physique du globe terrestre, se trouvoit au milieu des savans de
l'université d'Upsal, qui ont savamment
discuté la question de la diminution des
eaux de la mer Baltique, il seroit surprenant qu'il n'en eût pas fait l'objet d'un
chapitre de cet ouvrage. Non-seulement il
a cru devoir embrasser la même opinion,
mais encore il paroît avoir envisagé cet
objet sous des points de vue plus étendus
& plus variés que ceux auxquels se sont
bornés les savans Suédois, en s'attachant
seulement à la détermination du niveau des
eaux de la mer Baltique : car il a considéré
en même tems ces diminutions particulières
des eaux comme une suite de la diminution générale absolue, qui a eu lieu sur les
continens, & qu'il regarde comme un
effet qui n'a rien d'absurde.

Après avoir exposé tous les phénomènes
dont nous venons de présenter le précis, &
dans l'ordre qu'il jugea le plus convenable,
le savant Suédois remonte dans le quatrième
chapitre aux premiers âges de notre globe,
c'est-à-dire qu'il reprend toutes les questions de cosmogonie, qu'il a trouvées
plutôt exposées que résolues, dans les systèmes de Burnet, de Woodward, de
Linné, de Whiston, de Descartes, de
Leibnitz, de Maillet, de Ray, de Hook &
de Buffon. Il revient à la constitution intérieure de la terre & à la diverse compo-

sition des montagnes : cet examen le conduit à l'énumération des corps inorganiques & organiques qui se trouvent à la
surface de la terre, tels que les sels & les
différentes natures de terres, les matières
combustibles qui résident dans son sein,
les métaux, les divers élémens des corps,
soit que comme les sels ils soient dissous
& suspendus dans les liquides, soit qu'ils
donnent des résultats qui se présentent sous
des formes régulières en conséquence de
précipitations successives.

En faisant la revue générale des principaux objets que lui offre le globe terrestre, Bergman forme des conjectures sur
ce qui peut constituer le noyau de la terre,
les montagnes qu'il nomme *primitives* &
les filons. Engagé dans l'examen de ces
diverses hypothèses, il se livre également
aux conjectures sur l'aspect de la terre,
lorsque les plantes & les animaux y prirent
naissance.

C'est à la suite de cette nouvelle création
que Bergman croit devoir s'occuper de ce
qui peut concerner la formation des montagnes à couches horisontales, lesquelles
renferment d'un côté des pétrifications de
toutes espèces, & d'un autre les dépôts
des matières métalliques. Ceci le conduit
aux massifs montueux composés de terres,
de pierres en fragmens anguleux ou roulés,
& enfin de différens systèmes de dépôts
dans des états qui annoncent les résultats
les plus récens des opérations de la nature,
lesquelles ont contribué à la construction
de grandes parties des continens. C'est au
milieu de ces massifs qu'il trouve des cavités
souterraines qui ont attiré son attention,
& dont il présente & discute les principales
formes, & les plus remarquables.

Dans la plupart de ces opérations, de
la nature dont Bergman montre les traces
& les vestiges si variés & si faciles à déterminer, il n'est pas possible de n'y pas
reconnoître le mouvement de l'eau, comme

du principal agent qui a concouru à la formation des parties superficielles de la terre qu'on a pu fonder. C'est en suivant la marche de cet agent, qu'il a cru pouvoir expliquer pourquoi les grandes chaînes de montagnes ont pour la plupart une direction marquée du nord au sud, ou de l'est à l'ouest.

Dans la sixième section, Bergman traite des corps organisés, dispersés à la surface de la terre. Ce sont les plantes & les animaux. Après l'exposition générale de ce qui constitue cette double organisation, il passe à l'examen des plantes dont il considère d'abord les parties extérieures : & après avoir fait envisager les grandes variétés de leurs formes, il s'occupe de leur structure intérieure ; ce qui le conduit à indiquer les mouvemens les plus remarquables qui en dépendent.

Ces considérations générales conduisent Bergman à faire connoître dans le second chapitre tout ce qui a rapport à la nutrition & à l'accroissement des plantes, par le jeu de la sève. Le troisième chapitre renferme tous les détails instructifs qui ont pour objet la propagation des végétaux, par les semences, les racines & les boutures ; on y développe en même tems l'influence des sexes. Enfin, ce traité succinct est terminé par l'histoire des maladies des plantes, & par l'exposition des différentes causes de leur dépérissement & de leur mort.

A cet ordre de corps organisés, succède dans le quatrième chapitre, celui des animaux. On y montre en quoi ils diffèrent des plantes. Tous les développemens que ces contrastes entraînent, tels que ceux des sens extérieurs, des mouvemens & des différentes manières de vivre, s'y trouvent exposés, comme il convient au plan de travail du savant Suédois ; ceci occasionne des discussions instructives sur la nutrition & l'accroissement des animaux, sur l'éla-boration de la nourriture dans ces corps organisés, sur leur réproduction par les œufs, qu'a fécondés la semence du mâle & par les petits vivans. Enfin, ces détails sont terminés par ce qui concerne le développement & la mort des animaux.

Je finirai par remarquer que la description physique du globe, sembloit exiger un apperçu de la distribution des plantes & des animaux à sa surface, relativement aux climats & aux températures des différentes hauteurs, ou suivant leur élévation au-dessus du niveau de la mer. Ces vues générales, du moins celles qui concernent *les animaux*, ayant été conçues & exposées en détail par Zimmerman, nous leur donnerons à l'article *animal*, tous les développemens qu'elles méritent.

En donnant comme bâse principale de la notice de Bergman, la table raisonnée de sa description physique du globe terrestre, j'ai pensé qu'elle présenteroit le double avantage d'un ensemble de géographie-physique, & de la méthode de distribution que le savant Suédois avoit adoptée pour les objets qui y figurent. C'est aussi dans ces vues que j'ai cru devoir m'attacher à montrer la liaison des objets correspondans & du même ordre, à mesure qu'ils sont décrits dans les chapitres de chaque section.

Pour achever de faire connoître le mérite du travail de Bergman, j'ai fait des extraits de quelques-uns des principaux chapitres, dont il a été fait mention dans la table, afin qu'on pût, d'après ces échantillons, prendre une idée de la manière dont Bergman a traité les sujets qui sont indiqués dans la notice, & juger du genre d'instruction qu'on peut en retirer.

Je commence par donner, dans le paragraphe Ier., la description de la surface du globe en général. Le savant Suédois y apprécie l'étendue & les dimensions des deux continens : il y difcute non-feulement les rapports qui peuvent fe trouver entre la furface de la terre apparente & celle de l'Océan, mais encore il s'y occupe de confidérations générales fur la température des différentes contrées de l'Amérique, comparée avec la température des parties correfpondantes de l'ancien continent.

Dans le §. II, on trouve un apperçu des côtes de chacun des grands continens, fuivant les différens états où elles fe préfentent aux navigateurs. On y défigne les côtes baffes, compofées d'amas de fables ou de terres, & celles qui font formées de rochers efcarpés. Cet état, rédigé fuivant l'ordre des découvertes, eft auffi exact qu'il pouvait l'être dans le tems où l'auteur écrivoit.

Le §. III. renferme ce que Bergman avoit raffemblé fur les lacs, & particuliérement fur ceux de la Suéde, qui font fort nombreux. L'on verra qu'il les avoit obfervés avec foin, par le grand nombre de détails très-curieux qu'il préfente fur la nature de leurs eaux, fur leurs baffins, &c.

Le §. IV. offre d'abord ce qui concerne deux mers intérieures, la Baltique & la Méditerranée : on y traite de la nature & de la difpofition du fond de leurs baffins & de certaines parties de l'Océan. On paffe enfuite à la falure des eaux de ces mers, & à l'expofition de toutes les circonftances qui la modifient. On y difcute très-favamment les différentes caufes qui peuvent concourir à cette falure, & l'on ne peut difconvenir qu'on n'y trouve des vues neuves, & préfentées d'une manière intéreffante.

L'auteur va chercher enfuite les eaux douces hors du baffin des mers ; il prouve qu'elles font entretenues par les eaux pluviales qui, après avoir circulé dans les premières couches de la terre, en fortent par les fources & les fontaines, & fourniffent à l'aliment des rivières & des fleuves qui les rendent à l'Océan. Cet enfemble eft préfenté avec autant de lumière que de précifion.

En rentrant dans le vafte baffin des mers, d'autres phénomènes l'occupent : il y traite de la couleur des eaux de la mer & de la lumière qu'elles répandent pendant la nuit en certains tems & en certains parages ; il en indique les caufes en préfentant les réfultats de ce que l'obfervation des voyageurs & furtout des navigateurs, nous ont appris de plus certain à ce fujet.

Dans les §. V. & VI. on trouve les plus beaux détails fur les bancs de la terre & fur les filons ; on ne peut rien de plus intéreffant & de plus inftructif fur les différentes formes que les différens matériaux qui conftituent la croûte du globe ont prifes. Ce font les réfultats des fouilles de nos carrières & des travaux des mineurs. On en tire des conféquences importantes & lumineufes fur les caufes qui ont pu concourir à cette efpèce d'organifation des parties de la terre voifines de la fuperficie.

Ce travail important eft terminé, §. VII par une expofition fuccincte des fignes & veftiges des bouleverfemens, qu'on prétend être arrivés dans certaines parties du globe. Les preuves que Bergman donne des événemens qu'il fuppofe, pouvoient être développées avec plus de foin & d'exactitude. Nous renvoyons, à ce fujet, au mot *bouleverfement* du dictionnaire.

On trouve dans le §. VIII. la table des produits de trois fouilles, relatifs aux objets qui font traités dans le §. V, où il eft queftion des bancs, des couches & des affifes.

§. Ier.

De la surface du globe en général.

Si la terre étoit unie & plate, & que toutes les lignes des méridiens fuſſent ſemblables à des ellipſes, dont les grands & petits diamètres fuſſent les uns aux autres dans le rapport de 200 à 199, la ſurface de la terre auroit alors 4 millions 45822 milles Suédois. Ce réſultat s'éleveroit bien plus haut, ſi l'on y comprenoit toutes les irrégularités formées par les montagnes & par les vallées; mais comme il eſt impoſſible de les évaluer toutes, faute de pouvoir ſe procurer la prodigieuſe quantité de nivellemens que cette opération exigeroit, nous nous en tiendrons à l'eſtimation que nous faiſons de la ſurface de la terre, conſidérée comme étant de niveau avec le grand Océan.

Le globe peut être conſidéré dans ſon entier comme une vaſte mer, dans laquelle il y a deux grandes îles & une multitude de petites. Les premières ſont connues ſous le nom d'ancien & de nouveau Monde; dénomination qui n'eſt fondée que ſur l'époque plus ou moins reculée de la connoiſſance que nous en avons faite. Ces deux grandes îles ont moins d'étendue ſous les pôles, que de l'eſt à l'oueſt; & chacune a été diviſée par la nature en deux parties, qui ne ſont réunies que par une étroite langue de terre. L'Europe & l'Aſie ne ſont ſéparées par aucune limite naturelle. Des conſidérations politiques ont ſeules déterminé la ligne de démarcation qui eſt entre ces deux parties du monde. Mais l'Afrique en eſt preſqu'entiérement détachée, car l'Iſthme de Suez qui la joint au continent a tout au plus dix milles de largeur. La langue de terre, près de la ville de Panama, qui réunit l'Amérique ſeptentrionale à l'Amérique méridionale eſt dans un endroit plus étroit de moitié que l'Iſthme de Suez, c'eſt-à-dire, qu'elle ne ſépare les deux

mers que par un eſpace de cinq milles. C'eſt ce qu'on appelle l'Iſthme de Darien.

Des îles moins vaſtes ſont répandues, en grand nombre, ſur la ſurface du globe. Les unes forment des éminences conſidérables, les autres s'élèvent à peine au niveau des mers qui les entourent; d'autres enfin reſtent cachées ſous les flots, & portent les noms de bas - fonds, d'écueils, de bancs de ſables.

L'ancien monde, compoſé des trois parties dont nous avons parlé, eſt entouré d'eau de tous côtés. Le Cap qui s'avance entre les fleuves de Piaſiga & de Taimina, en Sibérie, forme la partie la plus proche du pôle arctique, & s'étend juſqu'au 77e degré de latitude ſeptentrionale; de l'autre côté, le Cap de Bonne-Eſpérance en forme la partie la plus méridionale, & s'avance juſqu'au 34e degré de latitude ſud: ainſi cette grande partie du monde a, du nord au ſud 111 degrés; mais elle en a preſque le double de l'eſt à l'oueſt. Car le premier méridien, pris à l'Iſle-de-Fer, paſſe tout près du Cap-Vert, qui eſt la partie la plus occidentale de ce continent, & le Cap Tſchutſchi, ſitué à l'extrémité orientale eſt traverſé par le 207e méridien.

La ſuperficie de l'Europe a 89,000 milles quarrés d'étendue; l'Aſie en a 363,600, & l'Afrique 246,400; ainſi, toutes trois comprennent une étendue de 699,000 milles quarrés.

La ligne la plus longue que l'on puiſſe tirer de l'eſt à l'oueſt en traverſant l'ancien continent, commence ſous le 61e degré de latitude ſeptentrionale, près de l'embouchure du fleuve Pokaſcha en Sibérie, traverſe la ville de Nargun, le lac Aral & la partie méridionale de la mer Caſpienne, paſſe près du golfe Perſique & au nord du détroit de Babel-Mandel, traverſe l'Abiſſinie, le Monoëmugi, & ſe termine au Cap de Bonne-Eſpérance. Cette ligne a de longueur

gueur 148 degrés, 1554 milles, & forme à l'est un angle d'environ 65 degrés avec l'équateur (1).

La partie du continent, située à l'ouest de cette ligne, comprend 355,600 milles de superficie, & la partie située à l'est 343,400. On voit par-là que cette ligne partage le continent en deux moitiés à-peu-près égales, & qui le seroient encore plus, si l'on faisoit entrer dans le calcul les grandes îles qui se trouvent à l'est & au sud de l'Asie & de l'Afrique.

L'Europe & l'Asie sont placées dans l'hémisphère septentrional du globe, il en est de même de la plus grande partie de l'Afrique; ainsi, l'ancien continent occupe dans cet hémisphère un espace de 626,000 milles, & seulement de 73,000 dans l'hémisphère méridional.

Les côtes de l'Amérique vers le pôle arctique nous sont encore inconnues. Je suppose que le Groënland fait partie de ce continent à l'est, & la terre de Bering à l'ouest; parce que cette supposition justifie encore la comparaison que nous avons faite du nouveau Monde & de l'ancien.

La côte du Groënland est située sous le 79e degré de latitude; c'est la partie de l'Amérique la plus septentrionale que nous connoissions. La terre de Magellan est la plus voisine du pôle antarctique; elle n'en

est éloignée que de 36 degrés. La côte du Groënland est aussi, du moins, autant qu'il nous est possible de le savoir, la partie la plus avancée vers l'est; elle est sous le septième méridien. La terre de Bering est au contraire la dernière qu'on rencontre à l'ouest. Elle est au 232 degré de longitude; ainsi l'Amérique comprend 135 degrés de largeur, & 133 de longueur.

Son étendue est d'environ 300,000 milles quarrés, suivant les bornes que nous supposons à l'Amérique septentrionale. Si, d'après les mêmes bases, on cherche la ligne qui nous donne sa plus grande longueur, cette ligne commencera sous le 60e degré de latitude nord, & au 265 degré de longitude, & elle continuera par le lac Oinipigon, passera le long de la Floride, traversera Cuba, la Jamaïque, la Terre-Ferme, San-Paolo, & se terminera près de l'embouchure du fleuve de la Plata.

Cette ligne est longue de 105 degrés ou de 1102 milles, & fait un angle de 68 degrés à l'ouest avec l'équateur. La partie de l'Amérique, située à l'est de cette ligne, contient 150,500 milles, & celle de l'ouest en contient 143,500; différence qui devoit faire présumer, outre plusieurs autres raisons que nous développerons par la suite, que l'Amérique septentrionale a plus d'étendue à l'ouest, que nous n'avons osé le supposer, ou du moins qu'elle est séparée par quelque prolongement de la baie de Répulse.

L'Amérique ne s'étend que de 127,400 milles au sud de l'équateur, tandis qu'au nord de cette ligne elle occupe un espace au moins de 177,600 milles.

Ce qui distingue le plus l'Amérique des autres parties du monde, c'est la disposition particulière de l'air qui y règne & les lois auxquelles on y est soumis, quant à la distribution du froid & du chaud. On

---

(1) M. de Buffon, Histoire naturelle, tome I, tire cette ligne depuis le Cap Tschutschi jusqu'à celui de Bonne-Espérance: mais on sait à présent que la figure du Cap Tschutschi diffère de celle qu'il lui a donnée dans sa carte; de sorte que la ligne passeroit sur une partie de la mer Glaciale, & qu'elle traverseroit une moindre étendue de terre qu'en la faisant commencer à l'embouchure du Prokatscha. M. de Buffon dit aussi au même endroit, que les deux plus longues lignes du nouveau & de l'ancien continent forment un angle de 30 degrés avec l'équateur, pendant que cet angle est au moins double de celui qu'il nous assigne.

ne peut point raisonner par analogie de
ce qui se passe à cet égard sur notre hémisphère, pour déterminer ce qui devroit
avoir lieu dans celui-là. Là où le froid
règne, il s'étend dans toute sa force sur
la moitié du terrein qui, par sa position,
devroit être sous un climat tempéré. D'ailleurs, tous les climats froids de l'Amérique septentrionale sont de plusieurs degrés plus froids que ne le sont ceux qui
sont situés en Europe & en Asie sous une
égale latitude ; ainsi, par exemple, la Nouvelle-Angleterre, qui est presque sous la
même latitude que la Grande-Bretagne,
est pour un européen d'un froid insuppor-
table. Terre-Neuve, la baie du fleuve
Saint-Laurent & le Cap-Breton qui sont
situés au regard des côtes de France,
éprouvent un froid extraordinaire. Newport
& la Pensilvanie, souvent couverts de neige
& de glaces, sont sous les mêmes degrés
de latitude que l'Espagne & le Portugal.
En approchant même des parties de l'Amérique qui correspondent aux plus beaux
climats de l'Asie & de l'Afrique, on y
éprouve encore les rigueurs du froid ; il
a même une telle influence sur la partie
la plus chaude de cet hémisphère, qu'il
y tempère l'excès de la chaleur qu'on y
ressentiroit sans cela : & si l'on approche
des confins de la Terre-Ferme, on y
trouve des lacs glacés & des pays incultes
& inhabitables par l'excès du froid, bien
plutôt qu'on ne les rencontre dans le nord
de l'Asie.

Plusieurs causes concourent à établir
cette grande différence entre les climats
du nouveau Monde & ceux de l'ancien.
Les pays du premier s'étendent, autant
que nous pouvons le savoir, beaucoup
plus loin du côté du pôle arctique, que
ceux du dernier ; ils sont aussi beaucoup
plus allongés du côté de l'ouest. Une chaîne
prodigieuse de montagnes, toujours couvertes de neiges & de glaces, parcourt
tout le pays inhabité. Le vent, en passant
par-dessus ces glaces, acquiert un degré

de froid pénétrant, qu'il conserve même
lorsqu'il atteint les zônes tempérées ; on
peut assurer aussi qu'il ne se radoucit entiérement que lorsqu'il est parvenu aux
environs du golfe du Mexique. Dans toute
l'Amérique, le vent du nord-ouest est le
plus froid ; & il est ce que chez nous, en
Europe, sont les vents du nord & du nord-
est. Dans les tems les plus doux, dès que
le vent se tourne au nord-ouest, on est
transi de froid, & il se fait un changement
subit & funeste dans la température de
l'air.

Il y a d'autres causes qui diminuent la
chaleur sur les terres du continent de l'Amérique, situées entre les tropiques. Dans
ces contrées, le vent souffle invariablement
de l'est à l'ouest. Ce vent qui traverse l'ancien hémisphère, passe sur les terres qui se
trouvent le long de la côte occidentale
de l'Afrique, chargé de toute la chaleur
qu'il a ramassée dans les plaines de l'Asie
& dans les sables brûlans de l'Afrique. Mais
ce vent qui augmente si considérablement
la chaleur des terres, déjà exposées par
leur position à la plus grande ardeur du
soleil, traverse la mer Atlantique avant
d'atteindre les côtes de l'Amérique ; il perd
dans ce trajet de sa grande chaleur, de
telle sorte, qu'il procure quelque rafraî-
chissement sur les côtes du Brésil & de la
Guyane : & c'est, comme on voit, un
moyen dont la nature se sert pour rendre
les pays de l'Amérique, qui devroient être
les plus chauds, assez tempérés en comparaison de ceux de l'Afrique qui sont
situés sous la même latitude, & presque
à la même hauteur au-dessus du niveau de
la mer.

Ce même vent poursuivant sa course à
travers l'Amérique méridionale, passe par-
dessus des plaines inhabitées, couvertes de
forêts impénétrables, où l'on trouve des
rivières, des lacs & des marais considérables, & où il ne peut plus acquérir
aucun degré de chaleur ; il parvient enfin

aux Andes qui traverfent l'hémifphère en entier du nord au fud. En franchiffant dans cet état de température les fommets glacés de ces hautes montagnes, il fe refroidit au point, que les terres qui font fituées dans le voifinage des Andes, éprouvent une température très - douce en comparaifon de celle qu'elles devroient reffentir d'après leur fituation. Dans les autres pays de l'Amérique, fitués en Terre-Ferme, le long des côtes occidentales jufqu'au Mexique, la chaleur du climat fe tempère par leur fituation, élevée au-deffus de la mer : ailleurs, cet effet eft produit par leur humidité extraordinaire ; enfin, dans d'autres contrées, par les montagnes fort élevées qui y dominent. -

On ne parviendra pas à expliquer d'une manière auffi fatisfaifante, la caufe du froid qu'on reffent vers les limites méridionales de l'Amérique & les lacs qui s'y rencontrent. On croyoit autrefois qu'il y avoit un vafte pays fitué entre l'Amérique méridionale & le pôle antarctique, mais on en a été défabufé. Cependant on peut fe fervir des mêmes circonftances dont on a fait ufage pour expliquer pourquoi il règne un fi grand froid dans le nord de l'Amérique, pour rendre raifon des frimats qu'on rencontre aux environs du Cap-Horn ; mais comme on a cherché en vain cette Terre-Ferme, & qu'on a trouvé au contraire que la pleine mer occupoit l'efpace où on la plaçoit, on a été obligé de recourir à toutes fortes d'hypothèfes, dont nous ne donnerons pas ici les détails. Voyez les articles *Amérique*.

Cet immenfe pays eft divifé en deux parties par l'Ifthme de Darien. Cet Ifthme n'a pas foixante milles anglaifes de large, mais une chaîne de montagnes le traverfe dans toute fon étendue, & lui donne affez de maffe pour réfifter au choc des vagues qui l'attaquent des deux côtés. Ces montagnes font couvertes de forêts impénétrables.

L'Amérique feptentrionale peut fe partager en deux parties ; l'une qui eft fituée au fud, comprend le Mexique, dont les terres qui avoifinent les côtes font très-connues ; mais on n'a pas des notions exactes fur l'intérieur de ce pays. La partie de l'Amérique feptentrionale qui eft fituée au nord, n'eft connue que dans les contrées qui font habitées par les établiffemens des Européens. Mais la Californie, le nouveau Mexique, les terres fituées à l'embouchure du Miffiffipi, & quelques-unes de celles qui bordent l'Ohio n'ont point encore été décrites.

L'Amérique méridionale a des côtes qui ont été vifitées & décrites avec beaucoup d'exactitude, mais l'intérieur du pays jufqu'aux extrémités du détroit de Magellan, n'a point encore été décrit convenablement. Ainfi l'intérieur du Bréfil, du pays des Patagons, les contrées orientales du Chili & du Pérou, &c. font totalement inconnus, & mériteroient les vifites & l'examen des naturaliftes & des perfonnes inftruites, capables de nous donner une idée vraie de la nature de ces vaftes pays.

D'après ce que nous avons dit ci-deffus, l'ancien continent forme un fixième, & le nouveau Monde un treizième de la furface entière du globe ; des trois autres quarts qui reftent, la moitié nous eft tellement inconnue, que nous ignorons fi elle confifte en mers ou en terres. Nous ne favons prefque rien des pays qui environnent le cercle polaire arctique à la diftance de dix ou douze degrés. Les contrées Auftrales nous font encore moins connues. Depuis la terre de Feu jufqu'à la nouvelle Zélande d'un côté, & la terre de Diemen de l'autre, nous ne favons rien de tout ce qui fe trouve vers le fud, & même nous ne connoiffons qu'une partie des pays que je viens de nommer ; ainfi peut-être exifte-t-il un troifième continent que nous ignorons, quoiqu'il puiffe égaler en grandeur les deux autres enfemble. (Toute cette partie du globe eft connue depuis les voyages de Cook, & le troifième continent ne s'eft pas réalifé.)

Qu'on réfléchisse que les ⅞ de l'ancien Monde & au moins les ⅔ du nouveau sont au nord de l'équateur, que la mer est au moins plus légère que la terre dont une partie consiste en pierres dures, & l'on verra clairement que la moitié du globe, qui est vers le pôle arctique, seroit beaucoup plus pesante que l'autre moitié, s'il n'y avoit pas au sud de contrepoids suffisant pour maintenir l'équilibre.

Si l'on considère encore que les lignes, tirées au milieu des deux continens, pris dans leur plus grande longueur, s'inclinent vers l'équateur dans des directions opposées, & que dans leur prolongement elles s'écartent l'une de l'autre d'environ 180 degrés de longitude, tandis que leurs centres ne sont éloignés que de 127 degrés, on verra que le continent Austral doit être voisin de la Nouvelle-Zélande, ou du moins qu'il doit en être peu éloigné. (Malgré ces raisons, le contrepoids n'a pas été trouvé de nos jours tel qu'on le soupçonnoit, & surtout Buffon, de qui Bergman paroît avoir emprunté ces idées & ces raisonnemens.)

Nous ne pouvons connoître l'exacte proportion entre la surface de la terre apparente & celle de l'eau ; cependant il paroît certain que la mer couvre au moins la moitié du globe. A la vérité, on ne peut faire entrer dans ce calcul l'espace qu'y occupent le nombre des petites îles qui nous sont connues ; mais comme on en distrait aussi les amas d'eaux qu'on trouve dans l'intérieur des terres, tels que les lacs, les marais, les fleuves, &c., on voit que cette question ne peut être d'une grande importance.

Quant à la question, si la proportion d'étendue actuellement existante entre la terre & la mer a toujours été la même, ou si elle ne doit jamais changer par la suite, nous la discuterons d'une manière détaillée dans le chapitre de la diminution de l'eau.

§. I I.

Apperçu des côtes des continens.

Nous allons parler en peu de mots des pays qui forment les limites des continens actuellement connus, limites qui ont été déterminées peu-à-peu par les voyageurs. Un coup-d'œil jetté sur le globe terrestre, instruira mieux de leur situation ; mais c'est ici le lieu d'en faire remarquer la disposition particulière & les motifs qui ont donné lieu à leur fixation.

De toutes les cartes qui ont été publiées sur les côtes de la Norwege, celle du Cap-Vangenstein qui a paru en 1761, est jusqu'à présent la meilleure, quoiqu'elle ait encore besoin de différentes améliorations, particuliérement sur ce qui concerne la latitude des lieux. Les côtes de ce royaume sont, pour la plupart, hérissées de roches escarpées, & forment une multitude de courbures qui donnent lieu à beaucoup de petites baies. Ces roches sont hautes & exactement entrecoupées de plaines. Les côtes de la Suède & de tous les pays qui environnent la mer Baltique sont plus ou moins escarpées, & en particulier celles de Vestrobothnie, de la Finlande, de l'Estonie & de la Courlande.

Les côtes de l'Allemagne sont plates, & semblables à celles de la Scanie. Pour les côtes de Suède sur la Baltique, on peut consulter la carte générale de Suède, publiée en 1747 par le bureau royal d'arpentage, & une autre carte particulière pour la Scanie, la Sudermanie, le lac Meler, & le golfe de Finlande. Quant à l'Allemagne, la carte critique du professeur Meyers, publiée par Homan en 1750, est la plus exacte, quoique les nouvelles observations astronomiques rendent cette carte, comme la plupart des autres, susceptible de plusieurs changemens.

Les côtes du Danemarck, du Jutland, de la Hollande & de la France sont basses presque partout. Celles de Portugal & de la Galice en Espagne, sont très-élevées. Jean Meyer a fait une carte du Danemarck sous le règne de Christian IV, que les héritiers de Homan ont publiée avec des corrections ; mais celle de Pontoppidan est la meilleure de toutes celles qu'on connoisse. A l'égard des côtes de Hollande & des autres pays qui s'étendent le long de l'Océan occidental, on peut regarder comme une des plus exactes, celle qui en a été publiée par l'ordre du comte de Maurepas.

La France est, de tous les pays de l'Europe, celui qui a été le mieux décrit, avantage qu'elle doit aux travaux de son académie des sciences. C'est aussi la partie du monde dont on ait les cartes les plus parfaites. Quant à l'Espagne, outre celles dont j'ai déjà parlé, on peut se servir utilement des dernières cartes d'Homan ; & pour le Portugal, Rizzi Zannoni & Godin ont fait une nouvelle carte, conforme aux calculs géométriques, & augmentée de plusieurs observations astronomiques. Cette carte, en deux feuilles, a été gravée par Lattré, à Paris, en 1762.

Les côtes de la Méditerranée sont décrites sur la carte qui a été publiée à ce sujet en 1737, par les ordres du comte de Maurepas. Les côtes, au nord de cette mer, sont en général élevées, & particulièrement celles d'Italie qui, hérissées de roches calcaires & de pierres de différentes espèces, offrent de loin l'aspect de colonnes de marbre d'inégale grandeur.

Les côtes septentrionales de l'Afrique sont plus basses que les côtes de l'Europe qui en sont la suite. Presque toute la rade qui s'étend depuis le Cap-Monte jusqu'au fleuve de la Volta sur la côte de Guinée, offre d'abord une plaine qui s'étend l'espace de quelques milles ; plus loin on apperçoit des montagnes & des forêts ; on dit même que près d'Acra, on peut distinguer, lorsque le tems est clair, trois rangs de montagnes qui vont en s'élevant à mesure qu'elles s'éloignent de la côte. Depuis la Volta jusqu'au Cap de Bonne-Espérance, les côtes sont, pour la plupart, montueuses & escarpées.

Quant à la situation de ces côtes, les cartes de Danville & de Belin sont les plus exactes. On peut consulter, pour les côtes de Guinée, la carte de Romer, & celle du Cap de Bonne-Espérance faite d'après les observations astronomiques de M. de la Caille & de plusieurs autres.

Les géographes n'ont point été d'accord jusqu'à nos jours sur la question, si l'Amérique & l'Asie ne formoient pas un même continent. Cette question est décidée depuis plus de 120 ans, quoique la relation des voyages qui servoient à la déterminer n'ait été publiée qu'au commencement de ce siècle. On commença dès 1636 à cotoyer depuis la ville de Jakutzk la mer Glaciale, & par des progrès successifs on découvrit les rivières de Lena, d'Indigirka, d'Alaska & de Kolyma ; ces nouvelles connoissances engagèrent à de nouvelles recherches. On desiroit surtout de connoître la rivière Anadir, sur laquelle on n'avoit que des renseignemens confus, & même qu'on croyoit tomber dans la mer Glaciale. Malgré quelques tentatives qui manquèrent de succès, on ne perdit pas courage ; & un Cosaque, nommé Simon Teschneu, dépassa le Cap-Tschutkschi ; son vaisseau erra sur la mer jusqu'au mois d'octobre, & fut jetté sur une côte voisine de l'embouchure du fleuve Olutora, assez près vers le sud de l'embouchure du fleuve Anadir ; dès-lors il fut décidé que les deux hémisphères étoient séparés l'un de l'autre ; ce qui a été prouvé depuis par de nouveaux voyages.

En 1764 un vaisseau marchand Russe sortit de la rivière de Kolyma, cingla sous le 74e degré jusqu'au Cap-Tschucktschi, il parcourut de-là 10 degrés vers le sud, & il trouva dans ce trajet des îles habitées, nommées *Aleyut*.

Toutes les autres côtes de la mer Glaciale ont été reconnues également par ordre de la cour de Ruffie. Le lieutenant Murawiew partit en 1734 d'Archangel, mais dans quatre ans de navigation, il ne parvint qu'au golfe de l'Oby. Dans le même tems le lieutenant Ouzin effaya de parvenir de l'Oby au Jenifey, & refta de même quatre ans en route : du Jenifey au fleuve Lena on ne put tenir toujours la mer ; & le lieutenant Laptiew qui eut cette contrée en partage, fut obligé en 1738 de fuivre la côte par terre ; mais il fe rembarqua, & parvint du Lena à l'embouchure de l'Indigirka en 1739, & l'année d'après à celle de Kolima.

Dès l'année 1690, la renommée avoit fait connoître Kamtfchatka. Isbrand Ides en fait mention dans la relation de fes voyages en Chine, & il marque cette peninfule fur fes cartes. On y fit un premier voyage en 1697 pour foumettre ce pays ; & en 1706 les Ruffes parvinrent jufqu'au Cap, qu'on trouve à la pointe méridionale de cette terre.

Le fite des côtes de l'Afie eft très-varié, mais le plus fouvent elles font baffes, furtout autour de la Chine, des golfes de Siam, de Malaye, du Bengale & de Coromandel. L'atlas qui contient le recueil des cartes ruffes, contient la configuration de leurs côtes ; il faut y ajouter les corrections qu'on trouve dans la carte de Muller, publiée en 1758. Pour ce qui regarde la Chine, confultez Duhalde, qui s'eft vraifemblablement trompé quelquefois, mais, à ce qu'il paroît, moins que d'autres, parce qu'il a fait ufage du favoir de Danville. A l'egard des autres côtes, on peut confulter le même géographe.

Les côtes de l'Amérique font bien connues, quant à fa partie méridionale, mais il n'en eft pas entièrement de même de l'Amérique feptentrionale. La côte de l'eft la plus avancée vers le nord ou l'ancien Groënland eft la première partie qu'on ait découvert, mais on ne fait jufqu'où les terres de ce pays s'étendent au nord ; on les a connues jufqu'au 79e degré de latitude, mais encore très-imparfaitement. Les voyages qu'on y a entrepris depuis 1576 n'ont rien appris de bien pofitif fur ce pays ; & le miffionnaire danois Egede qui en revint en 1723, rapporta qu'il n'avoit pu parvernir au détroit de Forbisher, & que ce détroit avoit été mal indiqué, ou qu'il étoit depuis 1697 entiérement comblé de glaces.

Ce fut Jean Davis qui découvrit en 1585 la côte occidentale du nord de l'Amérique ou le nouveau Groënland : il la fuivit d'abord jufqu'au 64e degré de latitude ; & dans fon troifième voyage, il alla encore 8 degrés plus au nord. Le golfe dans lequel fe termine le détroit de Davis prit le nom de Baffin, qui le découvrit en 1515.

On prétend que la baie d'Hudfon fut d'abord trouvée par des navigateurs français, qui s'engagèrent en 1504 en ces parages, que dès-lors on appelloit la baie du Nord, ou la baie des Français : mais comme Hudfon la parcourut avec grande exactitude en 1610, & y périt malheureufement, elle a pris & confervé le nom de cet habile marin, ainfi que le détroit.

C'eft précifément dans ces contrées qu'on chercha avec tant d'ardeur & d'opiniâtreté, un paffage aux Indes orientales par le nordoueft. Je ne rappellerai pas les premières tentatives, je me bornerai à dire que le capitaine Middleton parcourut en 1742 toute la côte occidentale de la baie d'Hudfon, & découvrit les golfes de Wager & de Repûls, & le détroit d'Erozen ; & enfin tous ces parages furent reconnus plus exactement en 1746 & 1747.

On n'atteignit pas dans ces voyages le but qu'on fe propofoit, mais ils ne furent pas fans utilité pour la géographie ; j'ajouterai même que M. Ellis qui accompagna le capitaine Smith dans son dernier voyage, nous annonça à son retour qu'il ne désespéroit pas que le passage ne pût avoir lieu. Il se fondoit principalement sur ce que le flux est toujours plus fort dans la baie d'Hudson que dans le détroit de ce nom, & que cette force augmentoit à mesure qu'on se portoit vers le nord ; & dans des parties où le flux ne pouvoit venir de la mer Atlantique non-seulement il paroît venir du nord, mais encore il reçoit des augmentations considérables par le vent du nord. Ellis pense que ces courans, si violens, doivent être attribués à quelque mer voisine : il fait remarquer que le Welcome où cette partie de la baie d'Hudson, qui est au nord de l'île du Marbre, est sans glaces, tandis que celle qui est au sud en est couverte. Il ajoute même que, sans cette communication, il seroit impossible que le Welcome eût des eaux aussi salées & aussi limpides qu'on y en trouve.

Quelques-unes de ces raisons pourroient être considérées comme décisives, si d'autres navigateurs qui ont été du même voyage, ne nioient pas une partie des faits qu'Ellis allègue en faveur de sa prétention.

Les côtes orientales de la partie méridionale de l'Amérique ont été découvertes en différens tems ; mais tous ces voyages ne nous offrent rien d'instructif, relativement aux côtes & à leur disposition.

Les côtes occidentales de l'Amérique ont été, en grande partie, découvertes par terre. Vasco Nuguès apperçut le premier, le 25 septembre 1513, la mer Pacifique de dessus une montagne de la Darie. Fernand Cortez qui s'étoit emparé de la Nouvelle-Espagne, envoya deux vaisseaux qui découvrirent en 1534 Saint-Lucar ; & ce ne fut qu'un an après qu'on visita les autres côtes. On avoit d'abord pris la Californie pour une île, mais on reconnut depuis que la mer ne l'entouroit pas de toutes parts. Il y avoit des écrivains qui soupçonnoient que cette île avoit, vers le 31e degré, un grand Isthme qui étoit inondé à la haute marée ; mais depuis que les Jésuites ont voyagé dans ce pays, & par mer & par terre, il n'y a pas à douter de sa liaison avec la terre ferme.

Je ne suivrai pas plus loin les résultats des recherches de Bergman sur les autres côtes occidentales de l'Amérique septentrionale, attendu que depuis quelques années, les navigateurs Anglais, Français & Espagnols ont assuré, d'une manière aussi claire que lumineuse, la disposition de toutes ces côtes, avec plusieurs éclaircissemens sur les habitans, sur leur manière de vivre, &c.

Nous observerons cependant que dom George Juan & Ulloa ont fait des changemens dans les cartes anciennes ; & que le chevalier Narborough qui, en 1699, visita les côtes depuis le détroit jusqu'à la rivière de Baldivia, dit expressément qu'il va vers l'est avec une déviation de 5 degrés. D'ailleurs, d'après des observations astronomiques, on doit placer Aquapulco plus à l'ouest qu'on ne l'avoit fait précédemment.

La côte occidentale de l'Amérique n'est pas inégale partout. Elle est basse depuis la Californie jusqu'au haut pays de Guatimala dans le Mexique. Le Chili & le détroit de Magellan ont des côtes escarpées. Autour de la Guyane & de Surinam la côte est basse aussi, & l'ancrage est facile : Curaçao est élevé, mais vers Sainte-Marthe la côte est basse ; il en est de même des bords de la mer depuis Carthagène & Portobello, & le long des baies de Honduras & de Campêche. Les rivages dans la Pensilvanie sont bas & couverts de sables ; de-là les côtes commencent à s'élever de plus en plus vers le nord ; de manière que dans les baies d'Hudson & de Baffin elles sont à pic ; & l'on apperçoit aussi celles du Groënland de plusieurs milles en mer, comme une chaîne de montagnes. Les côtes de Norwege, sur lesquelles on ne voit point de bois, ressemblent assez à celles de Groënland. Il y a plusieurs anses profondes sur les côtes de la Norwege, & l'on trouve une grande quantité de petites îles à l'embouchure de ces anses.

Nous avons suivi, dans cette espece de Périple, les détails dans lesquels Bergman nous a entraînés, & nous nous sommes abandonnés à ce guide, quoique souvent il eut une marche incertaine, mais nous avons voulu donner une idée des objets qui l'ont occupé & des connoissances qu'il avoit recueillies de son tems : on sait que la géographie est une science mobile & sujette à des augmentations si rapides & si considérables, que ceux qui suivent ces divers progrès, méritent notre reconnoissance, quand même ils rassembleroient des matériaux où le vrai se trouveroit mêlé à quelques détails vagues & faux. Nous renvoyons à l'article *Périple* du dictionnaire.

§. III.

Des lacs.

Bergman définit les *lacs* des amas d'eau qui ont un écoulement visible, & c'est par-là qu'il les distingue des marais qui n'en ont point. Il ne dit rien sur leur position & sur leurs formes ; il remarque seulement que le plus grand nombre des lacs reçoit plus d'eau qu'ils n'en verse au-dehors. Ainsi le lac *Wetter* reçoit les eaux de quarante rivières, & n'a d'écoulement que par le seul fleuve Molala ; de même vingt-quatre rivières viennent tomber dans le lac *Vener*, & le seul fleuve de Gotha sert de débouché aux eaux de ce lac. On doit juger par-là de la forme du terrein dans ces contrées.

Bergman parcourt ensuite les lacs, & rapporte les diverses circonstances qui les rendent particuliérement remarquables.

La quantité d'eau qu'on voit dans le bassin des lacs, varie ordinairement selon leur situation & selon le volume qui s'y rassemble. Dans les lacs qui reçoivent leurs eaux d'endroits éloignés, elles s'élèvent quelquefois sans qu'on observe autour de leur bassin aucune crue d'eau extraordinaire. Pour expliquer ces phénomènes, il faut se rappeller que l'eau parcourt quelquefois cinquante ou cent milles pour se rendre dans un lac, & que le même tems qu'on éprouve sur ses bords, ne règne pas toujours dans les contrées d'où ses eaux tirent leur origine.

L'eau croît dans les lacs par deux causes, 1°. par une augmentation réelle ; 2°. par la diminution de l'évaporation ; car un tems humide & frais enlève infiniment moins d'eau qu'un tems chaud & serein.

Il ne faut pas trop croire aux auteurs qui ont traité de la crue périodique de certains lacs. On dit, par exemple, que le lac *Vener* s'élève & s'abaisse tous les sept ans. Mais ce fait n'est fondé sur aucune observation constante ; la hauteur de ses eaux varie considérablement ; souvent dans l'espace de quinze jours ou trois semaines, on les voit hausser & baisser de six à huit pieds : mais cette variation dans le niveau de ses eaux n'a rien de régulier. Comme ce lac reçoit ses eaux en grande partie de très-loin, il n'est pas étonnant que les variations qu'il éprouve ne dépendent pas du tems qu'il fait dans les pays voisins de ses bords.

D'autres lacs perdent toutes leurs eaux dans de certaines saisons, au point que leur bassin est entièrement à sec. De ce nombre est le singulier lac de *Zirknitz* dans la Carniole ; il a ⅔ de milles de long sur un tiers de mille de large, & environ quinze

quinze pieds de profondeur, plus ou moins, en raison de l'inégalité de son fond. Huit rivières y déchargent leurs eaux. Vers la fin de juillet ou le commencement d'août ſes eaux baiſſent de manière que dans vingt-cinq jours ſon baſſin eſt à ſec, du moins s'il ne tombe pas beaucoup de pluies dans cette ſaiſon. Trois ſemaines après, on fauche l'herbe qui a cru ſur ſon fond deſſéché, & cette herbe donne d'excellent foin; alors on le laboure, & l'on y ſème du millet qui vient à maturité, & qu'on récolte avant le retour des eaux. Elles reviennent par les mêmes endroits par leſquels elles ſe ſont écoulées, c'eſt-à-dire, par des ſentes dans les rochers, & par des veines pierreuſes dans le ſol. Mais le lac ſe remplit bien plus promptement qu'il ne ſe deſſèche; car dans vingt-quatre heures & même ſouvent dans huit heures, il eſt plein. Il faut remarquer que l'eau en revenant jaillit avec une très-grande impétuoſité, & qu'elle charie des poiſſons dans ſon cours. Au ſud-eſt de ce lac, on voit deux grandes cavernes dont l'ouverture peut avoir une braſſe de diamètre: elles ſont ſituées un peu au-deſſus du rivage. L'eau ſe précipite de ces cavernes avec un très-grand bruit, lorſqu'il s'élève un orage violent & que le tonnerre gronde, & ſurtout quand ces tempêtes arrivent en automne. Alors il ſort de ces cavernes une eſpèce ſingulière d'oiſeaux de couleur noire, qui ne ſont couverts que d'un duvet de plumes, & ſont encore privés de la vue; mais après un ſéjour de quelques ſemaines ſur les eaux du lac, leurs yeux s'ouvrent, leurs ailes croiſſent & ſe fortifient, & ils s'envolent.

Telle eſt la conſtitution la plus ordinaire de ce lac: quelquefois il éprouve ces variations deux ou trois fois par an; quelquefois il reſte une année entière ſans qu'elles aient lieu; mais il n'eſt pas entièrement à ſec pendant douze mois conſécutifs.

On peut expliquer les phénomènes ſin-

guliers qu'on vient de rapporter, en ſuppoſant qu'il ſe forme des amas d'eau ſouterrains dans les hautes montagnes qui entourent ce lac; mais qu'il perd ſes eaux par différentes iſſues, juſqu'à ce que les réſervoirs ſupérieurs à ſon baſſin lui fourniſſent des eaux.

Quant aux oiſeaux qui ſortent des cavernes, ils naiſſent vraiſemblablement dans les cavernes qui ſont diſtribuées autour du lac. La faibleſſe de leur vue quand ils en ſortent, démontre qu'ils ont commencé à exiſter dans un lieu obſcur: il en eſt de même du peu de développement qu'a leur plumage: mais il n'eſt pas étonnant que leur paſſage au grand air & leur ſéjour ſur l'eau, leur procurent un entier développement de toutes les facultés dont ils avoient le germe dans leurs ſouterrains.

On dit que, proche de Kanten en Pruſſe, il y a un lac qui, pendant trois ans eſt rempli d'eau & de poiſſons, &, qui, pendant trois autres années eſt tellement à ſec, qu'on y ſème du grain; après quoi il ſe remplit de nouveau. Au moyen de l'explication qui précède ſur le lac de Czirhnitz, on peut ſoupçonner les cauſes de pareils effets. Mais comme il y a divers moyens par leſquels la nature peut produire les mêmes réſultats, ce n'eſt que par là vue & l'examen des lieux qu'on peut parvenir à connoître les moyens particuliers qu'elle met en œuvre dans ces circonſtances.

Il y a des lacs dont les eaux s'élèvent & groſſiſſent beaucoup, tandis que l'atmoſphère eſt tranquille & ſerein: il paroit que ces mouvemens ſont occaſionnés par des vents qui ſe ſont jour par des conduits ſouterrains & des iſſues dans le fond des lacs avec plus ou moins de véhémence.

Près de Boleſlaw en Bohême, on voit ſortir d'un trou, dont on ne peut pas ſonder la profondeur, des vents ſi impétueux qu'ils jettent en l'air des morceaux de glace qui pèsent plus de cent livres, & les disperfent à certaine distance.

Le lac Wetter s'agite quelquefois extraordinairement en tems calme; la même chose a lieu dans le lac Lomond en Ecosse: on dit du lac Véja en Portugal, qu'avant l'orage, il s'agite avec tant de bruit qu'on l'entend à quelques milles.

On sait que dans quelques contrées, la terre est remplie de canaux & de gouffres souterrains où la nature semble avoir établi ses laboratoires : c'est-là que de nouveaux corps sont produits, tandis que d'anciens composés se détruisent de telle forte qu'il s'en détache des courans d'air d'une nature particulière : lorsque pareille opération a lieu dans des endroits souterrains qui correspondent à quelque ouverture placée sur le bord d'un lac ou de la mer, alors cet air s'élance avec force, tandis que l'atmosphère devient plus léger, & que la chaleur souterraine pousse l'air intérieur au-dehors, ce qui produit des mouvemens & des agitations sur tous les corps qui sont frappés par ces courans. C'est ainsi que certains golfes, certaines parties de lacs peuvent s'élever & mugir sans un mouvement violent dans l'atmosphère ; comme la nature emploie assez souvent ces moyens, il semble que nous sommes autorisés à les rappeller ici pour donner une explication des phénomènes que nous venons d'exposer.

Il y a de grandes variations dans les principes dont les eaux des lacs sont chargées. Quelques lacs ont les eaux extrêmement pures, si l'on en juge par leur limpidité & leur transparence : telles sont celles du lac Wetter où l'on apperçoit, à vingt brasses de profondeur, un denier au fond de l'eau. L'eau du lac de Genève n'est pas moins limpide, car on découvre le fond à une grande distance.

Il est incontestable que la nature des eaux des lacs a pour principe celle des sources qui servent à les alimenter ; outre cela, le sol même des bassins de ces lacs y contribue lorsqu'il renferme des matières qui peuvent se dissoudre facilement dans l'eau. C'est ainsi qu'on trouve en Sibérie & dans le pays des Cosaques, des lacs qui contiennent de grandes masses d'un sel amer, comme celui de Glauber.

L'eau du lac de Loug Neah en Irlande, a la vertu de pétrifier les corps qu'elle baigne. Cette eau pénètre le bois sans le détruire, elle le rend plus pesant & plus compact. On y trouve des morceaux de bouleau, de frêne & quelquefois de chêne, pétrifiés plus ou moins fortement ; quelquefois il y en a des parties qui ont éprouvé un grand changement, pendant que les autres ont conservé tout leur tissu sans aucune altération apparente. Quelques-uns de ces morceaux mis au feu donnent une flamme bleue & se changent en charbon ; d'autres rougissent dans le feu, ne se consument point, mais diminuent de poids, parce qu'apparemment quelques veines de bois non pétrifiés se brûlent ; ce qui s'annonce d'ailleurs, parce qu'il s'en élève quelquefois une flamme bleuâtre. Ce qui est pétrifié ne fait point effervescence avec l'acide vitriolique. La teinture en est d'un rouge foncé ; celle qu'on obtient au moyen de l'acide nitreux est d'un rouge vif. Il paroît par ces faits, que l'eau est chargée de principes ferrugineux, mais non pas généralement. Dans des hivers très-rudes, la superficie du lac se gêle, mais non pas entièrement ; on trouve d'intervalles à autres des trous ronds qui ne sont pas couverts de glace. C'est vraisemblablement dans ces endroits-là que la vertu pétrifiante réside le plus.

Quelques morceaux de bois conservent leur nature à la surface ; d'autres, au contraire, ne sont point pétrifiés dans leur centre. Peut-être la matière pétrifiante en se durcissant nuit-elle à ses propres effets;

peut-être auſſi y a-t-il des objets ſur leſquels elle n'a pas de priſe.

Il y a des lacs dont les eaux ſont ſalées,
quoique les eaux des ruiſſeaux qui y entrent
ſoient aiſément reconnues pour être douces.
Dans le lac Jamuſcha en Sibérie, on trouve
une eau chargée de ſel qui a une teinte rouge;
lorſque le ſoleil darde ſes rayons deſſus, le
fond de ſon baſſin eſt couvert de criſtaux ſalins en même tems que les bords
ſont garnis d'un ſel blanc comme la neige,
& d'une forme cubique. Ces lacs ſalés
ſont encore très-communs dans le gouvernement d'Orenbourg & le pays de Baskire.
On dit qu'un des lacs de ces contrées offre
de l'eau ſalée à une rive, pendant que
l'eau eſt très-douce à la rive oppoſée. Les
eaux du lac *Inderi* ſont tellement ſurchar-
gées de croûtes de ſel, que la navigation
ne peut pas s'y faire ſans danger. On ajoute
qu'il peut fournir plus de ſel qu'il n'en
faudroit pour la conſommation de l'Europe entière. Voyez ce que nous diſons
des lacs ſalés dans le dictionnaire, ſurtout
à l'article d'*Orenbourg* & à celui de *ſel*
marin.

Bergman place dans la claſſe des lacs la
mer Noire, dont il détermine la ſuperficie
à environ 4100 milles quarrés. Le Danube,
le Dnieſter, le Nieper & le Don ou Tanaïs
y verſent une grande maſſe d'eau du côté du
nord. La mer Noire communique par le détroit de Caffa avec la mer d'Azof, connue
anciennement ſous le nom de *Palus Méo-*
tides; d'un autre côté, elle eſt jointe à la
mer de Marmara par le détroit de Conſ-
tantinople ou le boſphore de Thrace;
enſuite la mer de Marmara communique
par l'Helleſpont à la mer Egée. Il n'y a
pas une ſeule île dans la mer Noire : les
tempêtes s'y font ſentir avec violence,
parce quelles trouvent une réſiſtance abſolue, tant de la part des Alpes qui viennent
ſe terminer ſur les rivages occidentaux,
que du côté où le Caucaſe offre une barrière très-élevée.

Je ſupprime ici tout ce que Bergman
ajoute ſur la mer Noire, & je crois devoir
renvoyer à la notice de Tournefort où ces
détails ſont préſentés d'une manière plus
nette & plus préciſe, & même à l'article
du dictionnaire où je traite de cette mer.
Bergman fait mention enſuite des deux lacs
de Mexico, dont un des deux eſt abreuvé
d'eau douce, pendant que l'autre eſt rempli
d'eau ſalée ; mais n'ayant pas eu connoiſſance des circonſtances qui ont préſidé à
l'aſſociation ſingulière de ces eaux de différente nature, il n'en a pas tenté l'explication. Voyez *Mexico*.

Ce que l'on nomme la *floraiſon* de l'eau
des lacs a, ſelon Bergman, pour principe, en partie les mouſſes d'eau très-fines
& chargées de chevelus, & en partie une
matière verdâtre, limoneuſe, glaireuſe &
terreuſe qui ſe développe & croît pendant
l'été dans les lacs ſalés & dans ceux d'eau
douce, & qui s'attache après un certain
tems au fond & aux parois des vaiſſeaux
dans leſquels on laiſſe croupir l'eau de
pluie. C'eſt un byſſus nommé *flos aquæ*
qui, dans les tems chauds, croît au fond
de l'eau, ſurnage enſuite, & lui donne une
teinture verte, qui ſe précipite au fond
du baſſin des lacs pendant la nuit. Ces fleurs
d'eau analyſées, ont donné les mêmes réſultats que les autres plantes ordinaires. En
les ſéchant elles deviennent infiniment légères, & leur couleur tire ſur le rouge ;
on reconnoît par-là que les matières glai-
reuſes ſe ſubliment dans la diſtillation, &
que l'eau de pluie qui ſe trouve chargée
ou de petits animaux inviſibles, ou de
plantes, n'acquiert pas un certain état de
pureté en paſſant même juſqu'à quarante
fois à l'alembic.

On voit près de Dantzick un petit lac
dans le milieu duquel, aux mois de juin,
de juillet & d'août, il croît annuellement
de cette matière verdâtre que les vents
chaſſent contre les rivages.

Il y a dans différentes contrées des lacs.

& des rivières qui ont quelque chofe de fingulier, quant à la manière dont ils fe gelent.

Le lac Neff en Ecoffe & la rivière qui en fort ne fe gelent jamais, fans qu'il en forte une très-forte vapeur; d'autres lacs fe gelent dans un tems connu: tel eft celui qui eft dans le Straherrick, & qui, quelque froid qu'il faffe, ne gele que par fes bords; ce n'eft que dans les mois de février qu'il gele en entier; ce qui a lieu dans une nuit, & après deux nuits, la glace a une force confidérable. Il en eft de même du lac Monar & du lac Wetter, excepté que celui-ci dégèle fouvent très-promptement.

On prétend qu'il y a des rivières en Chine qui font gelées pendant l'été, mais on n'en connoît point les circonftances. Grunerfée eft pendant toute l'année couvert de glace. Les lacs de glaces, dans plufieurs cantons de la Suiffe, fument même dans le plus fort de l'été. Ces effets finguliers peuvent avoir diverfes caufes; certains mélanges, plufieurs fources intérieures, un mouvement particulier fuffifent pour que les glaces ne s'établiffent pas dans les lacs: un fol falé peut contribuer à faire geler pendant l'été certaines rivières en Chine. L'ombre conftante empêche Grunerfée de degeler. Les lacs glacés de la Suiffe ne dégèlent pas, parce qu'ils font entourés de montagnes toujours couvertes de neige.

La profondeur des lacs eft très-variable. Dans le lac Wetter, en certaines parties, il n'y a pas de fond à 300 braffes des bords; dans le Neff, on n'en trouve point à 600 braffes. Le lac de Genève a 8 à 900 pieds de profondeur entre Laufanne & la Meillerie; ailleurs près du rivage, il en a 5 à 600. On prétend que dans le Jemteland, il y a des lacs à double fonds, dont l'un s'élève dans un certain tems marqué, & en recouvre toute la furface. Les îles flottantes prouvent la poffibilité de pareils

faits; mais en général, tous ces phénomènes mériteroient des développemens plus précis.

§. IV.

Des mers.

Les géographes nous apprennent les noms différens qu'on donne à l'Océan, fuivant les côtes qu'il baigne. Dans ce chapitre, Bergman ne parcourt pas ces nombreux parages; il s'occupe à nous faire connoître les fingularités naturelles des mers, & furtout celles que nous préfentent les golfes les plus confidérables.

Il n'eft pas étonnant qu'un Suédois commence cet examen par la Baltique. Ce golfe couvre de fes eaux une fuperficie de 3650 milles en quarré; mais fi l'on en croit plufieurs relations, fon étendue a été beaucoup plus confidérable (1). Cette mer a trois iffues avec la mer d'Al-

(1) Bergman fait, à cette occafion, mention d'une mappe-monde qu'on conferve dans le couvent de S. Michel de Murano à Venife, & qui a été faite par un des moines de ce monaftère, du nom de Mauro, par ordre d'Alphonfe V roi de Portugal. Cette carte dont l'original eft encore dans le cloître, repréfente la mer Baltique beaucoup plus étendue qu'elle n'eft aujourd'hui; & ce qui maintenant eft terre ferme, y eft figuré comme des écueils.

Cette mappe-monde n'a pas été faite d'imagination, comme on a ofé le dire. Outre les gentilshommes Vénitiens, Nils & Antonio Zeni qui, dans le quatorzième fiècle, parcoururent les mers du nord, on fait que P. Quirini qui étoit un homme très-inftruit, & qui, en 1431, fortit de la Méditerranée, vogua au-delà de Drontheim, & voyagea par terre jufque près de Stegeberg en Eftgothie, où demeuroit alors un gentilhomme Italien nommé Franco; il fe rendit enfuite à Lodefo où il s'embarqua. C'eft avec fes fecours que Mauro a travaillé. Le chancelier Ferner a examiné de près cette mappe-monde qui indique la terre & la mer comme elles étoient alors. Je l'ai vue auffi en 1767: & en 1797 je me fuis adreffé à l'inftitut pour en avoir une copie, croyant qu'on devoit refpecter & le dépôt & l'original.

lemagne : l'une par le Sund , & les deux
autres par le grand & le petit Belt. Des
navigateurs Anglais ont trouvé à quatre
ou cinq braffes de profondeur un courant
contraire à celui de la furface. Lorfqu'on
eut defcendu un boulet de canon dans un
fceau , l'efquif prit une marche contraire
à celle du courant fupérieur , & cette
marche s'accéléroit à mefure que le boulet
defcendoit davantage. Il y a des endroits
dans le haut de la Baltique où l'on ne
trouve pas le fond , tandis que près de ces
parages on le rencontre à dix braffes de
profondeur ; d'ailleurs , la profondeur
ordinaire va rarement à plus de 50 braffes.

Mer Méditerranée.

La mer Méditerranée eft ainfi nommée
d'après fa fituation entre trois des quatre
parties du monde. Elle renferme dans fon
enceinte plufieurs petits golfes , & toute
fa fuperficie comprend environ vingt milles
quarrés ; elle n'a point d'autre communication vifible avec l'Océan que par le détroit
de Gibraltar. La mer Atlantique coule
conftamment dans la Méditerranée par le
milieu du détroit ; mais le long de fes côtes
elle y entre & en fort deux fois par jour.
Comme la largeur du détroit eft d'environ
un demi-mille , & qu'on fixe la profondeur de l'eau à 200 pieds , & la vîteffe de
fon courant à un demi - mille par demi-
heure , il paroît certain qu'il entre dans
la Méditerranée 570 billions , & 648,000
millions de pieds cubiques d'eau, qui devroient faire hauffer de 22 pieds la furface
de la Méditerranée.

Le Pô voiture dans un jour 10,000
millions de pieds cubiques d'eau ; mais
huit autres rivières tombent dans cette
mer , parmi lefquelles on compte que le
Nil eft 70 fois plus confidérable que le
Pô ; mais quand on ne le fuppoferoit que
trente fois plus grand , il y introdui-
roit encore annuellement 109 billions &
500,000 millions de pieds cubiques d'eau,

ce qui feroit hauffer annuellement la furface du golfe entier de 4 pieds.

Mais fi l'on fuppofe que le courant du
détroit de Gibraltar & les eaux de toutes
les rivières qui tombent dans la Méditerranée la font hauffer annuellement de 30
pieds , il n'en feroit pas moins vrai que
quand même il refflueroit de cette maffe
d'eau dans l'Océan le long des bords du
détroit , & qu'on eftimeroit l'eau qui y
entre au plus bas , il refteroit encore dans
fon baffin une immenfe quantité d'eau. Au
refte, ce problême eft difficile à réfoudre ;
on admet le retour de cette eau dans
l'Océan , parce qu'on n'apperçoit aucun
changement dans la hauteur des eaux de
cette mer. On dira plus bas que l'évaporation enlève 10 à 12 pouces de plus qu'il
n'entre d'eau dans ce baffin ; mais d'un
autre côté , il eft impoffible que l'eau qui
entre dans la Méditerranée foit entièrement
enlevée par ce moyen , puifqu'il fuppofe
une évaporation vingt fois plus forte qu'elle
ne peut avoir lieu dans ce climat ; d'ailleurs fi toute l'eau furabondante fe diffipoit par l'évaporation , le baffin de cette
mer feroit depuis plufieurs fiècles rempli
de fel , puifque l'évaporation n'enlève point
de fel avec l'eau ; non-feulement ceci n'eft
point arrivé , mais on ne remarque pas
même que la falure de cette mer augmente.
Il faut donc que la nature ait procuré une
autre iffue à ces eaux , pour que leur fuperficie foit contenue toujours au même
niveau. Si l'on admet que l'eau dans le
fond de la mer reprend le chemin par
lequel elle eft venue , alors le problême
eft réfolu. Ce mouvement contraire eft
non-feulement poffible dans deux fluides
d'une nature différente & d'un poids différent , placés l'un au-deffus de l'autre , mais
auffi dans deux fluides d'une même nature,
lorfqu'ils fe diftribuent inégalement , ou
que des fubftances hétérogènes s'y trouvent
mêlées en proportions inégales. On eft
porté d'autant plus facilement à croire
que cela doit avoir lieu dans le détroit de

Gibraltar, que ci-devant on a donné des preuves que la même chose avoit été reconnue dans le bofphore de Thrace & dans le Sund.

Au reste, on prétend même qu'on en a fait l'expérience dans le détroit de Gibraltar, de manière qu'on ne raisonne plus sur la possibilité, mais sur son existence. L'année 1712, un navire Hollandois ayant coulé à fond dans le détroit, on trouva peu de jours après des tonneaux & d'autres débris à deux tiers de mille à l'ouest de l'endroit du naufrage. D'ailleurs en y réfléchissant de plus près, on trouvera même une espèce de nécessité de ces deux courans oppofés, parce que l'eau de la mer Atlantique n'étant pas aussi salée que celle de la Méditerranée, il suit que la première doit toujours surpasser en hauteur la seconde ; & comme la partie la plus pesante est poussée vers le fond, elle doit prendre un cours oppofé à la plus légère. Voyez dans le dictionnaire, l'article *courans oppofés*.

La Méditerranée n'est pas en général fort profonde : c'est vers les côtes de la France qu'on lui a trouvé le plus de profondeur, car elle y peut avoir environ 1500 pieds.

Je supprime ici ce que Bergman dit des golfes Arabique & Perfique, parce que ces détails ne renferment rien de physique & d'intéressant. Je renvoie aux articles du dictionnaire, où j'ai essayé de présenter ces *golfes* sous des points de vue intéressans.

La nature du fond de la mer est en général la même que celle de la terre ferme : il y a partout une succession de rochers, de collines ; on y trouve toutes sortes de couches de pierres & de terres de toutes espèces. On voit aussi plusieurs fources d'eau douce dans le fond de la mer, mais particuliérement le long des côtes.

Quant à la profondeur de la mer, on y remarque une différence confidérable ; cependant il paroît qu'il y a une correspondance affez régulière, en ce que cette profondeur fuit la difpofition & la nature des côtes, de telle forte que lorsque le rivage est escarpé, la mer a auffi dans ces endroits une grande profondeur, & *vice verfâ* ; les navigateurs se servent de ces connoiffances quand il est question de jetter l'ancre. S'il est vrai que la difpofition du fond de la mer est en raifon des formes de la terre ferme qui y correfpond, alors vers Chimborazo dans l'Amérique méridionale, la mer devroit être plus profonde que partout ailleurs, & après une vafte plaine, devenir parallèle avec la chaîne des Cordilières. On devroit s'en appercevoir dans la partie orientale de l'Afie. Dans la mer Atlantique il devroit y avoir des profondeurs qui répondiffent au pic de Ténérife, s'il ne doit pas fon origine à un volcan. La mer Méditerranée devroit être de niveau avec le vafte Atlas, & infiniment profonde dans un endroit qui répondroit au mont Maudit. Il n'y a que l'expérience qui puiffe apprendre fi cette correspondance peut avoir lieu. Au milieu de la mer d'Allemagne, entre la Norwege & les îles de Schetland, on trouve une profondeur qui a tout au plus 375 pieds, & le fond est un fable très-fin. Vers quelques portions du rivage de ce dernier pays, la profondeur est plus confidérable & le fable plus groffier, mais vers la Norwege la profondeur augmente, & le fond offre beaucoup de vafe & de limon.

L'eau de la mer est conftamment falée & amère : elle contient du fel de roche, un peu de felenite, du fel amer de glauber & de la magnéfie blanche diffoute par l'acide du fel. C'est de ces derniers mélanges que procède l'amertume des eaux de la mer. On y trouve auffi quelque principe terreux qui peut provenir des mêmes caufes : on y apperçoit un peu de *sal ammoniacum secretum*. En général, plus on s'éloigne des pôles, plus la salure de la mer augmente : elle est donc moindre en Islande que dans les parages méridionaux des côtes de la Norwege. Quelques navigateurs assurent aussi que vers la ligne le poids de l'eau de la mer diminue, & que la même chose a lieu, plus on s'éloigne du continent. Le degré de la salure de la mer n'a pas été fixé également ; ce qui vient de ce que l'on n'a pas dans cet examen, indiqué si l'on calculoit ce degré d'après la quantité d'eau ou d'après son poids ; quelle étoit la profondeur de l'eau ; si l'on a calculé tout le résidu ou seulement le sel marin. Aux environs de l'Islande, l'eau de la mer doit contenir d'$\frac{1}{10}$ à $\frac{1}{2}$ de sel en proportion de son poids ; proche les côtes de la Norwege d'$\frac{1}{10}$ à $\frac{1}{7}$; proche de Wallon sur les mêmes côtes d'$\frac{1}{18}$ à $\frac{1}{24}$; dans le golfe de Bothnie d'$\frac{1}{40}$ à $\frac{1}{30}$; sur les bords de la mer d'Allemagne, proche de Warberg $\frac{1}{16}$; proche de Cumberland $\frac{1}{40}$; proche de Northumberland & de Durham $\frac{1}{10}$; vers l'embouchure de la Tamise $\frac{1}{35}$; dans le canal $\frac{1}{10}$; sur les côtes de la Hollande $\frac{1}{22}$; sur celle de la France $\frac{1}{12}$; sur celles de l'Espagne $\frac{1}{16}$; proche de Castiglione $\frac{1}{17}$; à cinq milles au nord de Malte $\frac{1}{17}$, &c. D'après ces calculs, il est clair que l'eau de la mer est bien loin d'être saturée de sel, & qu'elle est bien plus douce que les sources salées dont on se sert pour en tirer du sel par l'ébullition. Il y a plusieurs causes au moyen desquelles on peut rendre raison de cette salure inégale. Voici les principales :

La distance inégale des terres produit une grande différence dans la nature des eaux de la mer, surtout quand il y tombe les eaux pures d'un fleuve. Proche de Halmstadt, de Gothenbourg, etc. l'eau de la mer est moins salée qu'aux environs de Warberg & ailleurs où elle ne reçoit pas d'eau douce. Là où le Rhône tombe dans la mer, l'eau à $\frac{1}{303}$ moins de sel qu'à une certaine distance de son embouchure.

On remarque même que la rivière de la Plata rend l'eau de la mer potable à plusieurs milles autour de l'endroit où elle y mêle ses eaux. La salure augmente au contraire là où la mer reçoit des rivières salées, comme cela a lieu aux environs d'Alger & de Tunis. Au Chili, l'eau de la rivière salée est tellement saturée de sel, que le bord de la mer & les chevaux qui paissent aux environs sont tout blancs. L'eau est ordinairement moins salée à sa superficie qu'au fond. Au détroit de Constantinople la proportion est de 72 à 62 ; dans la Méditerranée elle est comme 32 à 29. On a trouvé que dans l'Œresund, l'eau de la superficie étoit relativement à celle prise à 20 brasses de profondeur, & à l'eau de neige fondue dans la proportion de 10,047 à 10,060, & de 10,189 à 10,000. L'eau doit être plus épaisse & plus pesante à une certaine profondeur, puisqu'elle peut se comprimer au point qu'à une profondeur de 1800 brasses, elle doit être comprimée de $\frac{11}{1000}$ par son poids. L'eau de la mer éprouve aussi de très-grands changemens par l'agitation des flots & par la variation des saisons. Proche de Wallon en Norwege où il y a des salines, on a remarqué que l'eau de la mer, prise à sa superficie, contient $\frac{1}{14}$ de son poids de sel lorsque la glace se détache, laquelle occupe une profondeur de 30 pieds ; tandis que ce sel, dans tout autre cas, n'est qu'en raison d'$\frac{1}{40}$.

On éprouve sur les côtes du Cumberland une évaporation encore plus forte, puisqu'on a $\frac{1}{15}$ de sel, & après beaucoup de pluie $\frac{1}{40}$; & sur les côtes de Malabar l'eau de la mer devient souvent potable après de fortes pluies. On a trouvé ainsi sur les côtes de Landscroon que les vents d'est rendent l'eau de la mer d'$\frac{126}{10000}$ plus pesante que la neige fondue, tandis que les vents d'ouest la rendent à peine plus pesante de $\frac{47}{10000}$. On prétend que l'eau de la mer en Islande est plus salée pendant le flux que pendant le reflux ; ce qui est tout le contraire dans le golfe de Bothnie, au point que le peuple y connoît, par le degré de la falure de l'eau de la mer, fi le moment du flux approche.

Les faifons influent auffi beaucoup dans les mêmes parages fur l'état de l'eau de la mer à cet égard, au point que vers le tropique d'hiver elle contient $\frac{1}{24}$ de fel, vers l'équinoxe $\frac{1}{72}$, & que vers le tropique d'été elle n'en a qu' $\frac{1}{150}$; ajoutez encore à ces variétés celle qui naît de la différence des rivages. Les bords de la mer qui font peu couverts d'eau, font les plus échauffés par les rayons du foleil & les évaporations y font plus abondantes. Proche de Landfcroon, l'eau fur une grève, peu couverte d'eau, eft de huit degrés plus chaude que dans les endroits plus profonds. La même caufe produit une augmentation de poids dans l'eau de la mer, au voifinage de la terre, fur les côtes de la baie de Californie. Rarement la pèfanteur de l'eau puifée à la fuperficie de la mer excède-t-elle 1030.

L'amertume de l'eau de la mer doit être auffi plus grande à une certaine profondeur qu'à la fuperficie.

On ne fait pas bien encore d'où naît la falure de la mer, fi le fel y entroit avec les fleuves il devroit augmenter, tandis que l'eau douce s'évapore : mais cette augmentation femble contredite par l'expérience : il eft plus probable qu'il y a des montagnes de fel dans le fond de la mer qui fe diffolvent à mefure ; on objecte bien contre cette hypothèfe que dans ce cas, la mer devroit fe faturer de fel. Il ne paroît pas que cette objection foit de grand poids, car l'on trouve du fel dans bien des endroits de nos continens, qui font parfaitement femblables à ceux qu'on rencontre au fond de la mer. Pourquoi n'y auroit-il pas des bancs de fel ? L'eau qui les touche fe faturera, & n'en prendra pas plus, jufqu'à ce que quelque tempête la mêle à celle qui eft plus légère, ce qui

fe fait difficilement à une certaine profondeur. Quelques perfonnes ont prétendu que le fel fe formoit tous les jours dans la mer : cette opinion eft très-ancienne, mais elle n'eft fondée fur aucune preuve.

Lorfqu'on confidère tous les corps étrangers que la mer produit dans fon fein, & qui font le réfultat de cette immenfe quantité de plantes & d'animaux qui habitent ce vafte baffin, & qu'on ajoute à tout cela la grande quantité de débris des différentes fubftances que les fleuves y apportent journellement, on comprendra facilement que la mer doit avoir un goût particulier. On fait maintenant que l'amertume de l'eau de la mer eft produite par un fel amer & par la magnéfie blanche diffoute par l'acide du fel.

C'eft en examinant les différentes natures d'eau qui fortent du fein de la terre & circulent à fa furface, que l'on peut le mieux les comparer enfemble : il y a des fources qui donnent de l'eau pure ; mais on trouve fouvent que l'eau des rivières qu'elles contribuent à former eft plus ou moins douce, plus ou moins légère, & d'après ces divers états plus ou moins propre aux apprêts des mets, au blanchiffage, &c. Ces qualités dépendent ordinairement de la vîteffe du mouvement de ces eaux, du plus ou moins de tems qu'elles féjournent fur leur lit, & fuivant qu'elles en détachent des principes dont elles fe chargent. Les eaux qui filtrent lentement à travers les couches de la terre, comme les eaux de puits, font le plus fouvent très-dures. L'eau de fource la plus pure donne fur un pot deux ou trois grains de réfidu ; mais on regarde comme très-bonne celle qui n'en donne que dix à douze grains. Ce réfidu fe compofe de débris de gravier, de chaux & de magnéfie ou d'alkali minéral mêlés avec de l'acide aérien, ou quelque principe tiré du règne minéral. Les eaux les plus mauvaifes font celles qui font ftagnantes, qui font chargées d'infectes & fétides. Si l'on

prend

prend pour l'eau diftillée le nombre 1, alors on trouvera 1,001 pour la meilleure eau de fource, & quelquefois même elle va jufqu'à 1,005 ; on a 101 pour l'eau de rivière, 1,012 pour l'eau de la mer ; mais les eaux ftagnantes excèdent quelquefois de 102 ce nombre-là.

Toutes les eaux connues font potables ou peuvent être rendues potables, foit en les faifant bouillir, ou en y ajoutant quelque alkali. Mais celles qui contiennent de grands mélanges ou quelque principe métallique, ne font pas inutiles dans la pharmacie ou pour quelques autres objets particuliers, mais elles ne peuvent pas fervir à l'ufage ordinaire. C'eft là ce qu'éprouvent furtout les navigateurs qui ne peuvent pas faire toute leur provifion en partant ; cependant ils ne peuvent pas s'en paffer, & quand ils font obligés de fuppléer à celle qui leur manque par de la mauvaife, ils éprouvent de grands défagrémens ; voilà pourquoi on a cherché tous les moyens de rendre l'eau de la mer potable. Il ne fuffit pas de la faire bouillir & filtrer : on a effayé fouvent de la faire gâter, ou de la faire geler, mais cela ne peut pas toujours fe faire en grand : le moyen le plus propre eft la diftillation qui donne une eau tout-à-fait exempte d'amertume, autant cependant qu'il n'y a pas dans l'eau du *fal ammoniacum fecretum*, comme cela a lieu dans quelques parages ; mais il refte toujours un peu d'acide marin ; & lorfqu'il y eft en certaine quantité, il rend l'eau de la mer tout-à-fait impotable. La raifon en eft que la magnéfie, lorfqu'on pouffe le feu dans la diftillation, perd un peu de fon acide, ce qu'on peut cependant prévenir en ajoutant de la chaux ou de l'alkali, qui raffemble en un corps la matière qui fe diffiperoit d'ailleurs. Par ce moyen on peut, en jettant la liqueur qui a paffé la première, & qui a une mauvaife odeur, obtenir de l'eau potable fans y rien ajouter.

Bien des gens penfent que le Créateur a

mis cette quantité de fel dans la mer pour préferver fes eaux de la corruption. Mais l'expérience nous a appris que cette eau, quoique chargée de fel, n'en eft pas moins fufceptible de fe gâter. On fait que là où il y a $\frac{1}{33}$ de fel dans l'eau, à proportion de fon poids, ce mélange ne l'empêche pas de fe putréfier : de même que lorfqu'il y eft encore en plus petite quantité, n`on feulement il ne la préferve pas de la putréfaction, mais même qu'il y contribue. C'eft ainfi qu'un peu de fel aide à la digeftion des viandes, tandis qu'une grande quantité les conferve.

Dans un amas d'eau fi immenfe où la vie de tant de millions d'êtres eft journellement développée, entretenue & détruite, il faut, d'après les loix de la nature, qu'il y exifte quelque principe de corruption ; elle eft néceffaire à la deftruction des débris des animaux & des plantes. Auffi l'auteur de la Nature y a-t-il introduit ce mélange, précifément dans la mefure qu'il falloit pour obtenir le but qu'il fe propofoit. L'eau ne fe corrompt pas d'elle-même fans un mélange d'infectes invifibles, de plantes & d'autres matières fujettes à la putridité ; elles ne peuvent pas même en être féparées exactement au moyen de la diftillation, comme on en fait journellement l'expérience avec *l'aqua ftillat, fimp.* Il y a des fluides qui réfiftent pendant plufieurs années à la corruption ; d'autres fe gâtent dans le bois, qui fe confervent dans des vafes d'une autre matière, &c. ; d'où il réfulte qu'il eft plus que probable que l'eau n'eft pas corruptible par fa nature, à moins qu'elle n'y foit difpofée par des matières étrangères, qui appartiennent au règne animal ou végétal, & fufceptibles de fermentation ; foit que ces fubftances y aient été mêlées de manière à ne pouvoir être apperçues, foit qu'elles s'y foient formées.

La couleur des eaux de la mer varie

beaucoup ; souvent la même eau a une teinte différente suivant le changement des circonstances. Les eaux de la mer du Nord & de la mer Atlantique font bleuâtres. La partie supérieure de la mer Méditerranée est quelquefois d'une couleur pourprée : sur la côte occidentale de l'Afrique depuis le 20° degré de latitude nord jusqu'au 34° degré de latitude sud, & le long des côtes de la Floride la mer est blanche ; autour des Maldives, noire ; à 50 milles avant qu'on parvienne à la Martinique & à Saint-Domingue, l'eau de la mer a une couleur pâle. La mer Caspienne offre la plus grande variété dans les teintes de ses eaux. Vers l'embouchure du fleuve de la Plata & dans d'autres parages, on a vu la mer rouge dans une grande étendue : le golfe de la Californie a pris le nom de mer Vermeille de cette même couleur.

Outre ces phénomènes & d'autres encore, on apperçoit des vagues lumineuses : souvent, tandis que la mer éprouve une certaine tranquillité, comme s'il y avoit des millions d'étoiles répandues à sa superficie ; souvent aussi quand la mer est agitée & que les ondes se brisent, ou qu'elles vont donner contre quelque corps solide. Quelquefois la trace par laquelle un vaisseau passe paroît être un sillon de feu ; quelquefois aussi les poissons & tous les corps qu'on apperçoit dans les eaux font autant de foyers de lumière. Mais ce qui forme un spectacle plus étonnant, c'est lorsque tous ces corps lumineux paroissent être réunis, & ne former pour lors qu'un vaste champ de lumière, tandis que dans d'autres tems ces corps forment autant de centres lumineux séparés par taches ou par grands jets étincelans. L'éclat de ces feux est souvent si grand qu'on peut lire à la lueur qui en résulte.

Quand on considère le nombre considérable de corps que la mer renferme, on ne peut pas s'étonner de ce qu'elle offre des teintes de différentes couleurs :

elle paroît bleue par son fond, comme une montagne paroît bleue à son sommet, vu dans un certain lointain ; elle paroît verte par les plantes marines qu'elle renferme, blanche par son sol calcaire, noire à cause des veines de charbon qui s'y rencontrent, ou de son extrême profondeur, &c.

L'eau de la mer se gâte en beaucoup d'endroits, surtout là où elle manque d'un certain mouvement. Les grandes rivières qui s'y déchargent, y entraînent des corps qui se mêlant avec ses eaux, contribuent à ses couleurs variées : plusieurs autres circonstances occasionnent les mêmes effets.

Une immense quantité d'insectes contribuent aussi à donner à la mer cette couleur rouge qu'on a remarquée assez souvent dans ses eaux ; & ceux qui donnent une certaine lueur paroissent en avoir pris le principe dans la mer ; ainsi l'on ne connoîtra bien la cause de ces phénomènes, qu'autant qu'on connoîtra la nature de ces animaux. On peut aussi attribuer, avec fondement, ces phénomènes lumineux aux produits de la pourriture distribués à la surface de la mer ; mais on ne doit pas se borner à ce moyen, parce que plusieurs espèces d'animalcules ont été reconnus jetter de la lumière pendant la nuit.

§. V.

Des divers bancs de la terre.

Après avoir décrit la surface de la terre, & avoué qu'il ne la connoissoit que très-imparfaitement, Bergman passe à l'intérieur du globe, & se plaint de ce que nous le connoissons encore moins. Il observe que nos fouilles les plus considérables ne font qu'en effleurer l'écorce, & qu'elles ne passent pas la profondeur de 630 brasses, ce qui fait à peine la six millieme partie du demi-diamètre de la terre : il ajoute que les fouilles sembla-

bles font même en petit nombre, & que,
comme elles font toutes dans des pays de
montagnes, elles parviennent rarement
jufqu'au niveau de la mer; que fi quelques-unes, à la vérité moins profondes,
mais entreprifes dans des terreins plus bas,
defcendent au-deffous de ce niveau, ce
n'eft jamais qu'à une profondeur bien peu
confidérable relativement au centre de la
terre : en forte que, felon lui, ces naturaliftes font bien hardis dans leurs affertions, qui décident de quelles fubftances
notre globe eft compofé jufqu'à ce centre.

———————

Bergman ne s'occupe enfuite qu'à faire
connoître la fituation qu'affectent dans les
parties du fein de la terre qu'on a pu
fouiller, les différentes fubftances minérales. Il nous fait voir qu'elles font ordinairement difpofées par lits, rangés les
uns au deffus des autres; & c'eft à cette
difpofition qu'il donne en général le nom
de bancs. Pour éviter toute équivoque,
il partage les bancs en différentes claffes
relativement à leur fituation, & il appelle
couches ceux qui font à-peu-près horifontaux, ou qui du moins n'ont pas une inclinaifon bien fenfible. Sous cette claffe,
il comprend certains gîtes de minérai : fi
une de ces couches fe divife en d'autres
moins épaiffes, mais de même nature, il
donne à celles-ci le nom d'affifes.

Les fentes qui enfuite ont été remplies,
lui paroiffent être ce que les mineurs appellent filons ; il donne la même figni-
fication aux mots veines & venules ; & il
entend par le terme de filet (drum), une
fente plus petite, dont les parois vont en
fe rapprochant & fe retréciffant à mefure
qu'elle fe prolonge; enfin, il place au rang
des bancs les filons. Mais comme ils lui
femblent particuliérement affectés à des
fubftances d'une certaine nature, il a
cru convenable de les confidérer féparément.

Des couches d'ancienne formation.

Quelque part que l'on fouille la terre
jufqu'à une certaine profondeur, on trouve
que la partie la moins compacte de fon
écorce eft formée de différentes couches,
pofées les unes fur les autres. Bergman
confidère le fable & l'argile comme les
principales matières qui compofent ces
couches. Il entend ici fous le nom de fable,
les fragmens de pierres plus ou moins
gros, calcaires ou filiceux ; cependant il
donne plus communément ce nom aux
fragmens quartzeux.

Bergman nous fait remarquer que les
couches dont il est ici queftion non-feulement alternent entr'elles, mais encore
que les matières qui s'y trouvent y font
plus ou moins mélangées; que leur difpofition & leur épaiffeur varient fuivant les
lieux : que confidérée dans un efpace borné,
chaque couche eft à peu près également
épaiffe dans toute fa longueur, & s'étend
parallèlement à la couche fuperficielle.
Celle-ci lui a paru le plus fouvent compofée d'une terre noire très-divifée, plus
ou moins mêlée de corps étrangers, &
épaiffe de plufieurs pieds. Il obferve même
qu'affez fréquemment ce terreau fe rencontre par couches fuivies à une profondeur confidérable, & que dans d'autres
circonftances, la couche fuperficielle de
la terre eft formée principalement de débris de coquilles, comme dans l'Helfingie,
dans quelques endroits de la Finlande &
ailleurs. A cette occafion, l'auteur cite
pour exemple de la manière dont font
compofées les couches qui forment la
croûte du globe, les obfervations qui ont
été faites dans quelques fouilles entreprifes
en différens endroits. Telles font les fouilles
faites à Marly-la-Ville, à Amfterdam, à
Gravefend, à Bofcrup en Scanie, près de
Mulheim fur la Ruhr. Voyez ces articles
dans le dictionnaire.

Origine de ces couches.

Après avoir envisagé la croûte du globe terrestre comme formée, jusqu'à une profondeur considérable, mais qu'on n'a pas déterminée, de couches concentriques qui diffèrent entr'elles, quant à l'étendue, à l'épaisseur & à la matière qui les compose, l'auteur essaie de donner une idée de la manière dont ces couches se font organisées, en faisant observer ce qui se passe lorsqu'on mêle dans l'eau, à différentes reprises, des substances de diverse nature, & qu'on leur laisse le tems de se déposer. Il en conclut que si c'est ainsi qu'ont été formées les couches extérieures de notre globe, ce qui est très-probable, tout ce qui est maintenant à sec, a été autrefois couvert d'eau; que ce fluide n'a pas déposé en une seule fois les matières qu'il tenait en dissolution, parce que dans cette supposition, les plus pesantes se seroient précipitées les premières, & les autres successivement suivant la même loi: disposition qui n'a point lieu dans l'ensemble de ces couches, quoiqu'on la retrouve à un certain point dans chacune d'elles en particulier. Enfin, il soutient que l'eau ne s'est pas trouvée chargée partout des mêmes substances, puisqu'on rencontre souvent des couches d'une nature différente dans des limites très-rapprochées.

De ce qu'il est possible que la mer ait formé des couches semblables à celles qui composent la croûte du globe, Bergman ne croit pas qu'il s'ensuive que ces couches soient nécessairement un dépôt de la mer; cependant il lui paroît très-probable qu'elles lui doivent en effet leur origine, & que la probabilité se change en certitude lorsqu'on fait attention à la quantité de coquilles qui existent dans le sein de la terre, les unes entières, comme celles qu'on trouve près de Marly-la-Ville à 70 pieds, & près d'Amsterdam à 100 pieds au-dessous de la surface du sol; les autres en fragmens très-comminués qu'on rencontre dans les lieux les plus éloignés de la mer: les inégalités & les dépressions qu'on remarque dans quelques couches, lui paroissent démontrer évidemment qu'elles ne se sont pas déposées avec calme. Comme l'époque où elles se sont formées nous est inconnue, il est porté à les nommer en conséquence couches anciennes; mais il est bien éloigné de rapporter leur origine à une inondation ou à un déluge quelconque, puisqu'on les a reconnues jusqu'à 200 pieds au-dessous de la surface du sol, & qu'elles existent probablement à des profondeurs plus considérables encore. Cependant, quand il se trouve de la terre végétale ou du terreau à une certaine profondeur, comme nous l'avons déjà remarqué, Bergman pense qu'on ne peut méconnoître un terrein où la végétation étoit établie avant que l'eau de la mer vint s'en emparer.

Couches secondaires.

Outre ces couches anciennes, notre naturaliste Suédois en distingue d'autres qu'on trouve en quelques endroits, & qui portent des marques visibles d'une formation plus récente. Telles sont les couches qu'il conçoit, comme formées de matières qui, détachées des hauteurs par l'action des eaux, ont été déposées dans les vallées & en ont comblé la profondeur. Telles sont encore les élévations formées par des sables mouvans amoncelés, par des matières végétales ou animales & converties en limon. Il remarque seulement ici que ces couches sont rarement disposées dans le même ordre que les couches anciennes, & n'offrent point de débris de corps marins, à moins qu'ils n'aient été détachés des montagnes environnantes. Il se borne à en rapporter deux exemples: A Lange Saltza en Thuringe on trouve sous la terre végétale, en quelques endroits, un tuf calcaire & tubulé: ailleurs un sable blanc, fin mêlé de coquilles fluviatiles ; au-deſſous une couche de pierre dure, ſous laquelle eſt un banc de pierre tubulée ou de ſable, & quelquefois un eſpace vide. Plus bas encore on trouve un banc de pierre dure, puis de la pierre tendre ou du ſable ; enſuite de la tourbe formée d'un mélange de feuilles, d'écorces, de bois, de racines, de coquilles fluviatiles, &c. ; au-deſſous de cet amas, du ſable jaune : & enfin de la terre à foulon griſe, mêlée de corps marins. L'épaiſſeur des bancs de pierre varie depuis 6 juſqu'à 12 pieds : ils contiennent des coquilles fluviatiles, des os, des crânes d'animaux, des noyaux de prunes, des épis de bled, &c. Ces couches s'étendent ſous toute la ville, juſqu'aux bords de l'Unſtrutt près duquel on voit des bancs d'albâtre & de pierre à chaux, dont les dégradations ont probablement donné naiſſance à ces couches ſecondaires : il eſt à remarquer qu'on ne trouve de débris de corps marins, que lorſqu'on eſt parvenu à l'argile où commencent les couches anciennes.

Le ſecond exemple ſe tire de Modène. On a trouvé près de cette ville, dans une fouille, & à 23 pieds de profondeur, des ruines d'anciens bâtimens, de la terre dure, de la terre limoneuſe mêlée de joncs et à quarante cinq pieds, de la terre blanche & noire, mêlée de feuilles, de branchages & d'eau bourbeuſe, ce qui a forcé les travailleurs à ſoutenir les terres avec des murs de briques. Enſuite l'on a rencontré les couches ſuivantes : un lit de craie de 18 pieds rempli de coquilles marines ; une couche de limon de 3 pieds, mêlée de feuilles & de branchages ; des couches alternatives de craie & de limon ; & enfin à 303 pieds de profondeur un banc de cailloux roulés, épais de 8 pieds, mêlés de coquilles & de troncs d'arbres, &c. C'eſt au deſſous de tout ce ſyſtême de couches ſecondaires que ſe rencontre une nappe d'eau qui doit s'étendre au loin, car les environs ſont remplis de ſources que les plus grandes ſechereſſes

ne tariſſent point. Voyez *Ramazzini de fontium Mutinenſium a mirandâ ſcaturigine.*

C'eſt auſſi aux *couches ſecondaires* que Bergman rapporte celles qui doivent leur origine aux volcans. Dans le Pérou, il eſt facile d'obſerver la nature & la diſpoſition de ces couches : elles ſe montrent à découvert dans des ravines que les eaux ont creuſées, & qui ont plus de 200 braſſes d'étendue ſur 100 de profondeur. Leur couleur & leur épaiſſeur varient beaucoup. Elles ſont formées de matières ſcorifiées, de pierres ponces, de cendres, de ſable noir attirable à l'aimant, & d'autres ſubſtances altérées par le feu. Il y a au pied de Cotopaxi un lit de pierres brûlées de plus de 40 pieds d'épaiſſeur. Les volcans vomiſſent, comme on ſait, des torrens de matières fondues qui, en ſe refroidiſſant, durciſſent & prennent le nom de *laves*. Il arrive ſouvent de trouver de ces laves à une certaine profondeur, tandis que la ſurface du ſol offre d'autres ſubſtances & des forêts qui croiſſent dans ces terreins.

Compoſition intérieure des montagnes.

Bergman obſerve d'abord qu'il eſt difficile d'acquérir une connoiſſance parfaite de la compoſition intérieure des montagnes, la nature la dérobe à nos regards, & nous la découvre ſeulement dans un petit nombre de points, au moyen des fentes, des cavernes & des vallées. Quelques montagnes ſemblent n'être que des maſſes énormes & continues, du moins auſſi loin qu'on a pu le reconnoître, diviſées intérieurement en différentes aſſiſes, compoſées de ſubſtances toujours de la même nature. Notre naturaliſte attribue cette ſtructure aux montagnes granitiques ; il s'en rapporte aux différens obſervateurs qui ont vu les montagnes de Norwege, des Alpes, de l'Apennin, de la Table au Cap de Bonne-Eſpérance, & les plus hautes montagnes des Cordilières, pour croire qu'elles préſentent à-la-fois des aſſiſes

& des bancs variés. Ainfi, il cite Pontoppidan qui prétend qu'il eft évident par la feule infpection des montagnes de Norwege, que les matières dont elles font formées, ont été autrefois dans un état de molleffe & ont été dépofées les unes fur les autres, couches par couches, quoiqu'elles ne foient pas toujours difpofées de niveau, ni d'après leurs différens degrés de pefanteur : enfuite Cronftedt, comme ayant traverfé en 1771 les Alpes jufqu'à fept fois, & reconnu, d'après les obfervations les plus fcrupuleufes, qu'elles étoient formées de bancs & d'affifes : puis Kolbe qui dit que la montagne de la Table & celles qui en font voifines font entièrement formées de couches diftinctes & parallèles, & il confirme cette affertion par le témoignage de la Caille : enfin Bouguer qui affure que les montagnes du Pérou préfentent dans les chaînes les plus élevées, des couches difpofées fuivant l'inclinaifon de la montagne où elles fe trouvent ; & qui ajoute que les montagnes inférieures, fituées au pied de ces chaînes, font formées de couches parallèles & fouvent de différentes couleurs. En rapportant ces diverfes affertions, Bergman femble les adopter.

Mais il paffe enfuite à la confidération d'autres maffes montueufes qui lui paroiffent formées de diverfes matières, confufément mêlées & fans aucun ordre apparent. Ainfi au-delà du hameau de Quedlie en Norwege, fi l'on avance vers le nord en traverfant le Pertuis de Portfiallet jufqu'à Linnebothn, défilé qui fépare les montagnes de la Suède de celles de Norwege, on ne trouve que des maffes montueufes compofées de fragmens de pierres & de cailloux agglutinés. Les rochers efcarpés des environs de Quedlie ne préfentent, fur une hauteur de 30 à 40 braffes, que des cailloux de granit à gros grains, un peu micacés, enveloppés & liés enfemble par un ciment micacé gris. Mais ce qui paroît mériter le plus d'attention à

notre auteur, c'eft la figure de ces mêmes pierres : à une certaine profondeur elles font tellement plates, que celles du fond ont à peine un quart de pouce d'épaiffeur ; au contraire, celles qui leur font fuperpofées font plus rondes à proportion qu'elles font plus près de la furface. Il regarde ces différens états comme une preuve frappante que ces pierres fe font trouvées autrefois dans un état de molleffe, & qu'elles fe font ainfi plus ou moins applaties en raifon de la preffion plus ou moins forte qu'elles ont éprouvée. Les murs du défilé de Portfiallet font formés également de poudingues ; mais avec cette différence que dans ceux-ci les cailloux font de quartz blanc & grenu. La haute montagne de Moffevola près du lac Famund, fur les frontières de la Norwege & de la Suède, eft formée de même, en plus grande partie de pierres roulées, parmi lefquelles il s'en trouve quelquefois d'un tel volume, que l'homme le plus fort ne pourroit les foulever. Ces pierres font ordinairement de grès : cependant on en remarque auffi de roche de corne & de pierre calcaire ; le tout eft lié par un ciment fablonneux très-dur. On voit fur le flanc horifontal de la montagne & par-deffus ces poudingues, une protubérance de grès en couche qui, s'élevant d'abord fur un plan horifontal, finit par fe courber comme une matière molle qui fe feroit affaiffée.

Quelquefois on trouve les cailloux en bancs régulhers, comme dans la montagne de Vordkaas dans l'île de Herrn-ô, où l'on en compte, dit-on, vingt-quatre bancs parallèles.

Bergman conclut de tous ces détails, que la plupart des montagnes préfentent des bancs de différente nature : il ajoute enfuite qu'il peut s'en trouver qui foient entièrement compofées d'une même fubftance, comme de très-hautes montagnes de l'Afie qui ne font que des maffes immenfes de pierres calcaires, & qui malgré cela, n'en font pas moins compofées de plufieurs lits ou affifes.

Subftances qui fe trouvent en bancs dans les montagnes.

Les bancs qui compofent les montagnes offrent des différences remarquables relativement aux matières dont ils font formés, à leur épaiffeur, à leur difpofition & à leur inclinaifon. Ce font ces différens objets que nous allons expofer, chacun féparément, en fuivant les vues & les développemens de Bergman.

Parmi les fubftances minérales qui font diftribuées par bancs, il compte principalement les pierres calcaires compactes. Celles-ci fe trouvent toujours, felon lui, en couches & mêlées de débris de corps marins en plus ou moins grande quantité. Cette efpèce de pierre eft répandue avec profufion fur la furface du globe. La craie forme des bancs très confidérables en Angleterre, en France, &c. Le gypfe n'étant autre chofe que la terre calcaire unie à l'acide vitriolique, il n'eft pas étonnant qu'on le trouve difpofé de la même manière.

La pierre calcaire grenue fe trouve rarement en couches, & le plus fouvent elle eft exempte du mélange des corps marins : mais il ne paroît pas qu'elle fe refufe abfolument à l'un ou à l'autre de ces arrangemens. On en a des exemples à Rattvick en Dalecarlie.

Le fchifte alumineux & la houille ne fe trouvent jamais que par couches, lorfque leur fituation naturelle n'a pas été dérangée.

Différentes efpèces d'argile font en couches. Quelquefois dans une feule de ces couches on peut fuivre des yeux leur paffage à l'état de pierre. Sur la rive orientale de la Saverne en Angleterre, dans une

montagne qui eft fendue verticalement, on voit parmi d'autres fubftances des couches d'argile bleue & d'un rouge brun. Cette argile, en quelques endroits, conferve fa molleffe ordinaire : en d'autres, elle eft plus dure, mais encore friable; & ailleurs dans la même couche, elle eft entièrement convertie en pierre. En cet endroit, on trouve immédiatement audeffous de la terre végétale, les couches fuivantes : terre grife : grès d'un brun foncé : fable d'un gris clair : argile rouge : terre mêlée de fable : pierre d'un brun foncé : argile bleue : argile rouge. Toutes ces couches ont enfemble dix à douze aunes d'épaiffeur. Ferner a trouvé en Angleterre, à deux endroits différens, des exemples de cette lapidification graduelle. Il y a auffi des fables qui s'agglutinent, fe confolident & forment des pierres qui diffèrent, fuivant la nature des fables & celle de la matière qui leur fert de ciment. Bergman en cite un exemple dans la montagne de grès de Pirna en Saxe. Cette montagne a 400 pieds de hauteur fur les deux rives de l'Elbe, car cette rivière la fépare en deux parties, dont chacune préfente des couches correfpondantes à celles de l'autre : il eft vifible que cette féparation a été produite par l'action des eaux. La pierre du fommet de la montagne eft d'un grain fort gros; celle de la bafe eft d'un grain fin, & repofe en quelques endroits fur un lit de fable qui n'a pas encore de liaifon. On trouve dans un endroit de la montagne une argile blanche, tachetée de jaune, qui, fans doute, a fervi de ciment aux grains de fable, puifque les mêmes taches qu'elle préfente fe retrouvent partout dans la pierre de Pirna. Cependant le fable, lorfqu'il fe folidifie, ne forme pas toujours des couches régulières, il s'agglomère fouvent en boules ou en maffes folides informes plus ou moins confidérables.

On remarque dans les montagnes de Veftrogothie, fi dignes d'attention par les singularités qu'elles présentent, un banc d'une étendue considérable, entièrement formé de *trapp*. Dans ces mêmes montagnes, on trouve également par couches, la manganèse, l'ardoise, & diverses sortes de roches de corne, de même que le jaspe, le pétrosilex, le porphyre, le gestellstein, le feldspath, le murkstein, le granit & plusieurs variétés de roches composées. Quelques-unes de celles-ci sont en masses si considérables, qu'on n'a pas encore reconnu partout si elles alternent avec des bancs d'une autre nature, ou même si elles étoient divisées par assises distinctes.

Le sel gemme se trouve en plusieurs endroits & toujours par couches horisontales. Les mines de sel les plus célèbres sont celles de Wieliczka & de Bochnia en Pologne : elles sont toutes deux situées au pied des monts Crapacks & au nord de ces montagnes. Dans les mines de Wieliczka, l'argile se présente immédiatement au-dessous de la terre végétale : ensuite on trouve du sable, &, à une profondeur assez grande, une argile noire & compacte ; plus bas est une couche de sel en rognons, dont le volume varie depuis celui de la tête jusqu'aux dimensions de 50 aulnes cubes. Ces rognons sont dispersés dans l'argile, ou dans un mélange de sel, de sable, de terre & d'albâtre ; enfin, on arrive à des couches uniquement composées de sel, mais souvent traversées par des lits d'argile ou de grès feuilleté. Ceux-ci sont interrompus ou affaissés en quelques endroits, comme par l'effet d'une violente compression. Ce qui distingue particulièrement les mines de Bochnia, c'est que le sel se présente en couches dès le commencement, & non en forme de rognons. Aux environs de Wieliczka & de Bochnia, la plupart des montagnes sont argileuses ; & près de ce dernier endroit, on voit un peu d'albâtre qui se montre au jour.

Il y a aussi des mines de sel blanc, gris & rouge dans le pays de Wirtemberg ainsi que dans le Tyrol ; de gris & de blanc dans le canton de Berne & dans la Hongrie : de rouge & de bleu dans la Catalogne auprès de Cardonne ; & il en existe aussi dans les autres parties du monde, & particulièrement en Afrique & en Asie.

Variations dans l'epaisseur des bancs.

Il y a une grande inégalité dans l'épaisseur des différens bancs, même lorsqu'ils sont formés de substances semblables. Les fouilles anciennes & nouvelles, les mines, les coupes verticales des montagnes nous offrent quelquefois des bancs d'une épaisseur considérable ; mais souvent ces bancs sont séparés par des lits tellement minces, qu'ils semblent n'être que des joints, dont le vide a été rempli par des dépôts de substances étrangères. Bergman cite en même tems, comme ayant fait les mêmes observations, Marsigli qui a trouvé dans les montagnes & dans les mines de Hongrie, entre les bancs de pierres, des couches minces de terres ordinairement argileuses qui les réunissoient : & de même Raspe qui a remarqué de pareils intervalles dans les montagnes d'Allemagne.

Le banc de trapp qu'on trouve près de Halle, a, dans quelques endroits plus de 100 pieds d'épaisseur. Certaines couches de houille en ont environ 45 ; la couche de sel de Wieliczka 30 à 40. Le schiste alumineux, à quelques milles de Liége, 25 à 30. Un grand nombre d'autres contrées offrent des exemples semblables. Il n'est pas rare de trouver ces substances & d'autres encore en bancs de très peu d'épaisseur. Bergman pense que les bancs formés par les pierres calcaires blanches & noires, sont ordinairement plus épais que ceux qui renferment des pierres calcaires coloriées. Il nous dit que dans les carrières des environs de Paris, les couches de pierres calcaires sont en général assez minces ; & que, quoique celles de Bourgogne le soient beaucoup moins, cependant

dant on exploite dans cette même province, une espèce de pierre calcaire dure, qui a tout au plus un pouce d'épaisseur, & qu'on emploie à couvrir les maisons au lieu de tuiles. Voyez dans le dictionnaire l'article *lave* ou *lève*. Ces détails qu'on donne, d'après Buffon, font fort aventurés.

Le gypse strié se trouve en filets très-minces à Andrarum parmi le schiste alumineux ; en Canada, parmi le schiste calcaire : nous l'avons en France parmi les marnes argileuses aux environs de Cognac.

Quelquefois une seule couche a, dans toute son étendue, une égale épaisseur. Bergman cite à ce sujet un lit de marbre qui se trouve en France, & qui, suivant Buffon, a douze lieues de longueur ; mais il n'indique point sa position, non plus que le naturaliste Français.

En général, la pierre à chaux coquillière forme des bancs très-étendus : à l'égard des autres substances, elles varient souvent d'une manière remarquable relativement à l'épaisseur de leurs couches, tels sont la houille, l'argile, le sable de toute espèce, &c. Un exemple remarquable de cette inégalité que cite Bergman, se trouve dans les filons de cuivre près de Rôras, qui affectent une situation horisontale : partout où l'on apperçoit sur la terre une élévation, on rencontre dans le filon une dépression ; & au contraire, partout où il y a une vallée le filon se relève, comme si la substance qu'il renferme, ayant été autrefois dans un état de mollesse, s'étoit affaissée à proportion du poids plus ou moins considérable des couches supérieures.

Disposition relative des bancs.

Les bancs diffèrent encore par l'ordre & l'arrangement respectif des substances qui les forment : par exemple, à Kinnekulle le grès forme le banc le plus profond, au-dessus duquel on trouve, à mesure qu'on approche du jour, le schiste alu-

mineux, la pierre calcaire, le même schiste, & enfin à la surface du sol un trapp d'un gris foncé. Dans les montagnes, d'Osmund, en la Dalecarlie orientale, c'est la pierre calcaire qui forme le banc supérieur au-dessous duquel on trouve les couches suivantes : argile tenant argent : schiste brun : le même rempli de sphéroïdes calcaires plus ou moins gros & pénétrés de pétrole ; pierre calcaire brune : schiste brun : pierre calcaire d'un gris brun : schiste brun : pierre calcaire épaisse & brune : différentes couches de terre à foulon tant fine que grossière : schiste dur gris-brun : argile grise, grossière & onctueuse, mêlée de sable : schiste argileux : sable, gravier & cailloux roulés.

Bergman propose ensuite de rechercher s'il y a partout une correspondance entre les couches qui composent les montagnes : il nous assure que cette correspondance existe visiblement dans certains pays. Kinnekulle, Billing, les montagnes de Mosse, d'Olle, de Gisse, de Hunne, & de Halle en Westrogothie en sont des preuves frappantes. Cependant on ne sait si le grès forme la base de toutes ces montagnes, comme il forme celle de Kinnekulle. Ce qui est remarquable, au reste, c'est que les montagnes de Grenna, d'Omberg, de Kungsberg en Norwege, & plusieurs autres renferment aussi des couches calcaires correspondantes.

Souvent on rencontre aux deux côtes d'un vallon des couches de même nature, de même hauteur, & disposées de la même manière, comme si elles avoient été continues, & qu'une cause violente les eût désunies. Bergman semble ignorer cette cause : il va plus loin, il paroît désirer de savoir si toutes les terres qui sont maintenant séparées par les eaux, l'ont été dès le commencement, ou si l'on peut assigner une époque à leur séparation ; & il lui paroît que l'on répandroit un grand jour sur cette question, par des observations bien faites fur les couches fituées aux deux côtés du détroit du Sund.

Il croit de même que les différences qu'on remarque entre les montagnes relativement au plus ou moins d'efcarpement, & au plus ou moins de rapidité de leur pente, doivent être attribuées en grande partie à la nature de la roche qui recouvre les autres fubftances dont la montagne eft formée. Le trapp, en plufieurs endroits des montagnes de Veftrogothie, préfente des efpèces de murs perpendiculaires. Le pétrofilex & les différentes fortes de porphyre fe montrent fous forme de montagnes efcarpées, mais de peu d'étendue à Swucku & ailleurs. D'un autre côté, les montagnes ondulées que forme la roche de corne micacée font en pente douce, quoique fort hautes : telles font celles des environs de Rôras. La pierre ollaire en maffe affecte la fituation horifontale, mais elle eft remplie de fentes tranfverfales, comme par exemple au pertuis de Schordals. Les bancs verticaux des fchiftes cornés préfentent fouvent des efcarpemens à pic, mais qui font rarement d'une grande hauteur. Le fchifte à couches horifontales ne fe rencontre que dans des maffes peu élevées ; il offre fouvent des fentes qui coupent obliquement fes couches.

Bergman pourfuit ainfi ce qui concerne les formes des montagnes relativement aux matériaux qui les compofent. On ne voit point de hautes montagnes compofées de grès tendre. Le granit gris forme des éminences peu confidérables : celles du granit rouge le font ordinairement beaucoup plus ; cependant le *rapikivi* de Finlande qui appartient au même genre de pierre, ne s'élève pas au-deffus du niveau des plaines. Les pays calcaires ne préfentent point de pics ni de rochers efcarpés : leur furface eft feulement inégale, & fouvent les bancs de cette nature fortent de deffous les couches qui les recouvrent pour former de vaftes plateaux, particuliérement la pierre

calcaire rouge, que l'on débite en dalles, comme à Wefterplana près de Kinnekulle, dans les landes de Kefwa, à Nickelangarn & dans tout le plat pays aux environs des montagnes de Moffe & d'Olle.

L'Eftonie, l'Alfuar-d'Œland, le Canada même tout entier femble repofer fur un fchifte calcaire qui a l'odeur de la pierre de porc, s'effleurit à l'air libre, & fe réduit en une terre rougeâtre. Bergman, après ces affertions qui me paroiffent peu fondées, eft tenté de regarder cette couche dans ce dernier pays, comme un prolongement de la bâfe des Montagnes bleues. Cette queftion lui paroît devoir mériter un examen, dans la prétention que, fi l'on trouvoit toutes les montagnes ou du moins la plupart repofant fur les couches calcaires, cette découverte répandroit quelque jour fur la formation du globe.

Les montagnes de Norwege font fi riches en marbre, que Pontoppidan penfoit qu'elles pouvoient en fournir toute l'Europe. C'eft cette abondance de fubftance calcaire dans la nature, qui faifoit dire à Piine avec une forte d'admiration : *quoto loco non fuum marmor ?*

La pierre calcaire eft abondante en Italie : elle commence en Piémont, & on la trouve près de Turin depuis Montcallier jufqu'à Cafal & au-delà ; on la trouve auffi dans le voifinage de l'Apennin à Pife, à Livourne, à Villeti, à Sezza, à Terracine, & jufqu'à Salerne dans le royaume de Naples : il en eft de même de l'autre côté de cette chaîne, à Lorette, à Ancone, dans les environs de S. Marin, à Padoue, à Véronne, à Brefcia, &c. Près des hautes montagnes la pierre calcaire eft de la nature du marbre, comme dans les environs du lac de Côme, à Rôvérédo, à Trente, le long des montagnes du Tyrol, & au-delà de la mer Adriatique dans l'Iftrie, la Dalmatie & l'Albanie.

Dans les carrières de pierre noire feuilletée du canton de Glaris, la difpofition que cette fubftance affecte a quelque chofe de fingulier. On trouve alternativement un feuillet de pierre tendre & un de pierre dure. En exploitant ces carrières, on a grand foin de détacher enfemble ces deux fortes de feuillets, fans quoi on ne pourroit s'en fervir ni pour des deffus de tables, ni pour les autres ufages auxquels on les deftine. Ces deux feuillets font tellement adhérens, qu'on peut les confidérer comme une feule couche dont une partie eft dure & l'autre tendre.

Inclinaifon de ces bancs.

En confidérant les divers bancs dont il vient d'être queftion fous le rapport de leur inclinaifon, Bergman nous en montre les différences les plus marquées. Comme il fe propofe de difcuter ailleurs ce qui diftingue les montagnes à couches des montagnes à filons, il fe borne ici à faire voir feulement que le propre des premières eft d'avoir des bancs horifontaux. Cependant il remarque en même tems que les montagnes de la feconde claffe offrent quelquefois la même difpofition; en conféquence il cite pour exemple *Stora Gluke*, montagne qui eft formée d'un fchifte corné dont les feuillets font prefque plans : une langue de terre entre Quedlie & les eaux de Wafsdahs qui eft de fchifte corné, gris, difpofé horifontalement, dans lequel on trouve des grenats fins ; enfin, la montagne de Snafa, pareillement compofée d'une forte de pierre de corne en couches, & peut-être plufieurs des montagnes qui féparent le Jemtland de la Norwege. Il ajoute même le granit qu'il prétend fe montrer auffi fous cet afpect, quoiqu'il confidère ce cas comme étant fort rare ; enfin, il finit par regarder le granit comme fimplement divifé par affifes jufqu'à ce qu'on ait reconnu qu'il repofe réellement fur des fubftances d'une autre nature. Dans les montagnes d'Ofmund, les bancs vont en s'écartant de la ligne verticale depuis 15

jufqu'à 25 & 27 degrés. A Minorque, on voit un rocher efcarpé dans lequel les bancs font fenfiblement parallèles, & forment avec l'horifon un angle de 30 degrés. Le fchifte eft fouvent difpofé par couches ; mais en Suiffe ces couches s'inclinent prefque partout vers le fud : & à quelques milles de Liége le-long de la Meufe, on le trouve difpofé en bancs abfolument verticaux de 4 ou 5 braffes d'épaiffeur, qu'on a reconnus jufqu'à 30 braffes de profondeur fans en avoir trouvé la fin.

En quelques endroits la fuperficie des couches n'eft pas toute dans le même plan ; les bancs font en quelque forte brifés & fouvent en différens fens. Les lits de houille s'étendent quelquefois parallèlement à la furface de la terre, & décrivent les mêmes finuofités. On voit des exemples de prefque toutes les inclinaifons des couches près du lac des Quatre Cantons, dans une chaîne de montagnes qui s'étend l'efpace de plufieurs lieues. Il eft à remarquer que l'on ne trouve de couches horifontales que dans les plaines voifines, & que les bancs de la montagne fe rapprochent de la perpendiculaire ; mais à cela près, ces bancs offrent tous les genres d'inclinaifons & de courbures, tantôt en arc de voûte, tantôt ondulées, tantôt en zig-zag. Une de leurs courbures rentrantes, forme une vallée qui reçoit fon nom du village d'Ammon qui y eft fitué. Cependant, malgré leurs grandes inégalités dans ces endroits & ailleurs, les bancs y font toujours parallèles entr'eux.

Afin de raffembler dans un feul point de vue, tout ce qu'il vient de nous dire fur la compofition des montagnes, Bergman nous cite ici pour exemple les détails fur les Alpes & la chaîne de l'Apennin, que lui avoit communiqués par lettres le célèbre Cronftedt.

Les Alpes font partout en couches plus

ou moins inclinées de l'eſt à l'oueſt en déviant quelquefois au nord , & d'autres fois au ſud. En les abordant du côté de l'Italie on a en face la tête des bancs ; & l'on obſerve que les bancs inférieurs ſont ceux qui plongent le moins dans l'intérieur. Ils ſont compoſés d'un quartz gras & blanc , mêlé plus ou moins de mica de différentes couleurs ; ordinairement fiſſile , mais ſouvent d'un tiſſu noueux & à feuillets entrelacés. Ces bancs inférieurs renferment des venules & des filons de quartz plus ou moins épais , où l'on trouve des cryſtaux , des minerais , &c. ; plus on monte plus les couches s'inclinent ; le mica devient abondant , & on peut lui donner le nom de ſchiſte micacé. Quelques-unes des montagnes dont les ſommets ſont les plus élevés , tels que le mont Saint-Gothard , le Roſſo , le Viſo & autres , ſont formés de cette ſubſtance , & l'on trouve près de leurs ſommets des cryſtaux de roche du poids de pluſieurs quintaux. Plus loin le quartz eſt entiérement remplacé par du mica très-friable où l'on commence à voir des fragmens de ſpath calcaire. L'inclinaiſon diminue , le mica ſe mêle avec la terre calcaire , & acquiert par ce mélange une cohéſion plus forte. On trouve auſſi ces deux ſubſtances en couches ſéparées : elles renferment du ſpath calcaire qui eſt en venules dans la terre calcaire , & en fragmens arrondis dans le mica. Les bancs calcaires préſentent preſque toutes les couleurs ; mais chaque banc eſt de la même couleur dans toute ſon étendue , ou ſeulement traverſé de veines blanches ; peu-à-peu le mica diſparoît , & il eſt entiérement remplacé par des bancs calcaires gris , ou d'un gris jaunâtre avec des fentes innombrables : ces bancs ont depuis un pouce juſqu'à trois pieds d'épaiſſeur. Le ſpath calcaire en molécules fines en tapiſſe les interſtices. Le calcaire forme des ſommets eſcarpés , mais qui , dans quelques endroits , quoique placé ſur le ſchiſte ne s'élève pas plus haut que lui. L'inclinaiſon des bancs de ce ſchiſte calcaire eſt de 25

degrés au moins & de 50 au plus. On peut d'autant mieux compter ſur l'exactitude de ces obſervations , que la nudité des montagnes des Alpes & la profondeur de leurs vallées offrent les plus grandes facilités pour ces ſortes de recherches.

L'Apennin préſente dans le chemin qui conduit de Florence à Bologne des couches inclinées du ſud-eſt au nord-oueſt. On n'y voit aucune ſorte de ſchiſte , excepté vers le rivage de la mer où cette ſubſtance ſe montre au jour , & renferme des filons métalliques. Près de *Maſſa di Maremma* eſt une montagne de la même nature & dans la même ſituation. Au pied de l'Apennin , du côté de Florence , on trouve de petites montagnes , compoſées de pierres micacées en bancs épais , avec de gros nœuds de la même ſubſtance : de pierre bitumineuſe avec des fragmens arrondis en dalles , & de bancs entiers de marne plus ou moins mêlée de mica , tous ayant la même inclinaiſon. L'ordre dans lequel les ſubſtances ſont placées les unes ſur les autres eſt le même que dans les Alpes. On y obſerve un grand nombre de couches calcaires , mais qui ſont briſées & diſpoſées en forme de degrés ; c'eſt à cauſe de cette diſpoſition que ces montagnes n'offrent point de ſommets aſſez hauts pour que la neige les couvre toute l'année. Cependant leur pente eſt extrêmement rapide près de leur bâſe , mais elle s'adoucit inſenſiblement dans l'eſpace de quelques milles. Le ſol change à meſure qu'on avance dans cette chaîne. On voit d'abord aux deux côtés , des eſcarpemens de ſubſtances calcaires. Ce terrein diſparoît peu-à-peu ſous des couches minces de marne & de mica en maſſes & en feuillets , qui préſentent à l'extérieur une ſurface ondulée ; ces montagnes ſont terminées par des ſommets noirâtres , entaſſés confuſément. Ces ſommets ſont les points les plus élevés du pays , leur bâſe eſt recouverte de morceaux détachés de pierre noire & de pierre calcaire. Du côté de Bologne on trouve des bancs calcaires inclinés dans le fens de la pente de la montagne , tandis que du côté de Florence les maffes de marnes & de mica s'inclinent , à partir du pied de la montagne dans un fens oppofé à celui de tous les autres bancs. En defcendant vers Bologne , les bancs forment encore des efcarpemens plus confidérables. On y trouve fucceffivement de la pierre calcaire grife , rouge , brune , d'un vert bleuâtre & noire , recouverte par des lits formées d'un amas de fubftances calcaires , de granit , de quartz & de mica. Enfuite on rencontre encore des fubftances calcaires avec de l'argile , de la marne & du grès mêlés & agglutinés enfemble , formant un banc qui a une affez grande épaiffeur , mais moins d'inclinaifon. L'argile contient des coquilles de mer en grande quantité. Ces couches fe rapprochent par degrés de la ligne horifontale , & difparoiffent enfin fous des dépôts marins de formation plus récente, dont font compofées toutes les collines jufqu'à Bologne où la plaine commence. Une branche de l'Apennin s'étend vers Terracine , à moitié chemin de Rome à Naples ; les couches calcaires qu'on y trouve font horifontales. Une autre branche paffe à Tivoli non loin de Rome ; elle offre des couches peu inclinées qui , dans leur intérieur , paroiffent filiceufes , & quelquefois même font formées de véritable filex.

§. VI.

Des filons en général.

Bergman remarque d'abord que les filons varient beaucoup dans leur manière d'être ; & que les naturaliftes s'accordent jufqu'à préfent à les regarder comme des fentes ou fiffures furvenues dans les montagnes , & que d'autres fubftances ont remplies.

En fuivant pour les filons le même ordre que pour les autres bancs, Bergman traite fucceffivement des fubftances dont ils font formés , de leurs dimenfions , de leur difpofition relative & de leur inclinaifon.

Des fubftances dont les filons font compofés.

Outre le quartz, le mica & le fpath, Bergman place dans les filons l'asbefte, l'amianthe, la pierre calcaire , la roche de corne, le talc, le pétrofilex, l'agathe, le grès, le fpath fluor , le gypfe, la roche ferrugineufe , le trapp ; en un mot, non-feulement toutes les fortes de pierres qui compofent les montagnes , mais même prefque toutes les fubftances du règne minéral & particuliérement les métaux. Il en excepte le granit ; mais c'eft à tort, parce qu'on connoît des filons de cette nature en Allemagne , en France , en Corfe , & dans les Alpes.

Les filons dont s'occupe Bergman ne fe trouvent pas feulement par filets médiocres, mais auffi en grands amas encaiffés immédiatement dans les roches des montagnes , & formant quelquefois pour ainfi dire des montagnes entières, comme on en voit un exemple remarquable dans les deux montagnes de Kerunawara & de Loufowara dans la Laponie de Pitea , féparées uniquement par une petite vallée , & compofées dans toute leur étendue de minéral de fer. Ces amas font connus des mineurs, fous le nom allemand de *Stockwerck* , mais c'eft plus ordinairement dans les filons que fe rencontrent les métaux , & quelquefois même jouiffant des propriétés métalliques & exempts de tout mélange avec des matieres hétérogenes. Ils portent dans cet état le nom de métaux *vierges* ou *natifs*, pour les diftinguer des métaux *minéralifés*, c'eft-à-dire tellement mafqués par leur combinaifon avec le foufre, qu'ils n'en peuvent être feparés par les acides. Les métaux que l'on nomme *imparfaits* peuvent encore s'y préfenter à l'état de chaux métallique plus ou moins mélangés de fubftances étrangères.

L'or se trouve le plus souvent natif, en feuilles, en grains, en ramifications, en cryftaux rhomboïdaux, octaèdres ou pyramidaux : il eft ordinairement uni au quartz ; cependant on le trouve auffi dans la roche calcaire à Ædelfors, au puits nommé *Adolphe - Frédéric*, & dans la hornblende à Bafna, près de Ryddarhytte. En Europe, les mines d'or les plus riches font celles de Hongrie, & après elles celles de Saltzbourg. Cependant le Nord n'eft pas entiérement privé de ce précieux métal. Ædelfors en Smoland en a fourni depuis 1741 jufqu'en 1773 plus de 10,000 ducats, & il y en a auffi des indices en Norwege. Il fe rencontre plus fréquemment dans les pays chauds où il fe trouve furtout dépofé par les courans en paillettes mêlées à des fables plus ou moins fins : c'eft ce que l'on appelle *or de lavage* C'eft ainfi qu'on le trouve près d'Akim fur les côtes de Guinée, où une feule perfonne peut en recueillir dix onces par jour.

Souvent les eaux qui paffent fur des lieux qui recèlent de l'or, en détachent des parties qu'elles charient enfuite dans leurs lits. Sans parler des autres pays, la France feule a neuf rivières qui charient des paillettes d'or.

L'or exifte auffi dans la pyrite aurifère, dans le cinabre aurifère & dans la blende de Schemnitz. Il eft vrai que l'or & le foufre ne peuvent fe combiner feuls ; mais cette réunion s'effectue au moyen d'une fubftance qui ait une affinité confidérable avec l'un & l'autre. A Ædelfors c'eft le fer qui eft le moyen d'unior. Une preuve que dans cette mine l'or eft combiné & non pas fimplement mélangé avec le foufre, c'eft que l'eau regale même ne peut les féparer, & que les tourteaux qui proviennent de la fonte de ces fubftances, ne font pas plus riches dans la partie inférieure que dans la partie fupérieure. L'or

natif eft affez fouvent mêlé d'argent, de cuivre & quelquefois même de fer.

L'or blanc ou la platine eft un métal qui fe trouve dans l'Amérique méridionale, où il eft charié par les eaux du fleuve Pinto, en forme de petites écailles ou grains de mineraï, qui fouvent font attirables à l'aimant, à caufe du fer qui s'y trouve mêlé. Il eft remarquable par l'extrême difficulté avec laquelle il fe fond ; lorfqu'il eft purifié, il eft plus pefant que l'or.

L'argent eft répandu avec profufion dans l'Amérique méridionale. La fameufe mine du Potofi a donné depuis 1545 jufqu'en 1638 environ 395 millions 619 mille piaftres. Et dans les landes fablonneufes des bords de la mer, on a trouvé des maffes d'argent du poids de 150 marcs entiérement pures, à la réferve de quelques grains de fable qui étoient attachés à la furface.

La mine de Kungsberg en Norwege eft la plus riche que l'on connoiffe en Europe. On y a trouvé en 1666 une maffe d'argent natif pefant 560 marcs. Le plus grand produit de cette mine a été en 1708, il s'eft monté à environ 38,096 marcs ; & le total de ce qu'elle a donné de 1728 à 1788 paffe un million 150 mille marcs.

L'argent fe trouve dans le quartz, la pierre calcaire, la blende & quelquefois le pétrofilex ; il eft fouvent accompagné de pyrites & de différens métaux. Le plus pur contient ordinairement un peu d'or, & il eft affez rarement exempt d'arfenic. Il fe préfente auffi en maffes, en grains, en ramifications, en feuilles très-minces, en filets capillaires, en cryftaux octaèdres & en dendrites. C'eft fous cette dernière forme qu'il fe montre à Kungsberg & au Potofi. Dans ces dernières mines, il eft engagé entre des fragmens de pierre trèsduré, & ne reffemble pas mal à de petites branches de fapin extrêmement déliées. La combinaifon de l'argent avec le foufre produit de la mine d'argent vítreufe qui eft en cryftaux cubiques: s'il s'y joint l'arfenic, alors le mélange prend le nom d'argent rouge. C'eft la plus belle efpèce de mine que l'on connoiffe : elle eft fouvent d'un rouge de rubis, tranfparente &, en prifmes à fix pans avec des fommets obtus, compofés de fix triangles & de trois rhombes. L'argent corné eft la combinaifon de ce métal avec l'acide marin : il eft en feuillets d'un jaune grifâtre ou en cubes demi tranfparens.

Ce minéral eft très-rare. On rencontre auffi l'argent uni au fer, au cuivre, à l'antimoine; mais il n'y eft jamais en auffi grande quantité que dans les fubftances précédentes.

———

Le mercure fe trouve en fon état de fluidité dans le fchifte argileux près d'Ydria en Frioul, ainfi que dans quelques autres lieux. Minéralifé par le foufre, il occupe fous le nom de cinabre des filons réguliers. La gangue des filons d'Almaden en Efpagne eft calcaire. Ce métal fingulier exige fi peu de chaleur pour entrer en fufion, que l'atmofphère en conferve prefque toujours affez pour le maintenir à l'état fluide. Cependant vers la fin de 1772, il fit en Sybérie un froid d'une telle intenfité que le mercure fe congela en plein air, le thermomètre étant alors à 80 degrés au-deffous de zéro. On avait déjà obtenu le même réfultat en 1760 à l'aide d'un froid artificiel. Dans cet état le mercure eft au moins auffi malléable que l'étain, ce qui doit le faire ranger parmi les métaux & non parmi les demi métaux. Et comme fa chaux repaffe à l'état métallique fans l'entremife d'aucune fubftance étrangère, il fe rapproche même, fous ce rapport, des métaux les plus parfaits. Le cinabre forme fouvent des cryftaux d'un rouge vif, tranf-

parens, tantôt cubiques, tantôt en prifmes à trois pans, terminés par une pyramide triedre, tronquée; quelquefois les prifmes manquent entiérement.

La mine d'Ydria rend par an, deux à trois mille quintaux de mercure; celles d'Efpagne & d'Amérique font beaucoup plus riches. Dans le pays de Deux-Ponts la mine fe trouve fouvent dans une gangue de quartz, ce qui a lieu auffi en d'autres endroits.

———

Le minérai de plomb fe trouve en filons réguliers, quelquefois dans les roches filiceufes, quelquefois auffi dans la pierre calcaire. La galène contient ordinairement plus ou moins d'argent. On n'eft pas certain que le plomb natif fe trouve dans la nature; ce qu'on a donné comme tel paroît n'être qu'un produit de l'art, & provenoit fans doute d'anciens amas de fcories. Minéralifé avec le foufre, ce métal eft ordinairement en cubes & quelquefois en octaëdres. On ne fait pas encore quel mélange conftitue la mine de plomb verte, blanche & rouge. La première de ces efpèces fe préfente fous forme de prifmes exaëdres, tronqués, ou avec des fommets également exaëdres. L'autre efpèce offre auffi des prifmes exaëdres ou tetraëdres avec des fommets obtus. La troifième eft fpathique. Elle a été trouvée en Sybérie & en Allemagne.

———

Le cuivre accompagne fouvent la roche de corne & le mica : il y eft ordinairement plus abondant que dans la pierre calcaire, où on le trouve quelquefois difféminé en petite quantité. Il peut cependant être exploité quelquefois avec fuccès dans le calcaire, comme on le voit à Tunaberg où la gangue eft de cette nature, & où néanmoins le filon eft auffi riche dans la profondeur qu'à la fuperficie. Le quartz renferme ordinairement les minerais les plus riches : le fchifte en contient auffi quelquefois. Le cuivre se trouve natif soit en masse, soit disséminé, soit en grains. A l'état de chaux il est bleu, vert, ou rouge-brun. On donne à cette dernière sorte de chaux lorsqu'elle est en masse compacte le nom de *cuivre vitreux*. Le cuivre uni au soufre seul forme la mine de cuivre grise ; lorsqu'il s'y mêle un peu de fer, on a la sorte de mine que les Allemands nomment *sablertz*, & celle appellée *mine de cuivre azurée*. Une plus grande quantité de fer donne naissance aux pyrites cuivreuses, dont on trouve plusieurs variétés, entre autres à Rasvick en Dalie & dans un petit nombre d'autres endroits, en cristaux octaèdres oblongs. On connoît aussi les cristaux de cuivre aluminiforme rougeâtre, qui, s'ils étoient malléables, pourroient être considérés comme du cuivre pur. Les cristaux de cuivre bleus, prismatiques à pans rhomboïdaux, ressemblent beaucoup à ceux que l'art produit par la dissolution du cuivre dans l'alkali volatil. Cependant la couleur de ces derniers s'altère plus facilement, car ils deviennent verts en perdant l'alkali qui entroit dans leur composition. Ne seroit-ce pas à une décomposition semblable des cristaux bleus naturels qu'on pourroit attribuer la formation de ce qu'on appelle *minerai satiné* ? (Atlasertz).

Le fer, sous différentes formes, est répandu avec profusion dans la nature. Il semble servir presque partout à lier les autres substances minérales : il passe même dans les autres règnes. Il se présente soit en roche, soit en limon, comme dans les mines des lacs & des marais, soit en filons : quelquefois cristallisé en octaèdres ou en druses cellulaires ; enfin, il se mêle à toutes sortes de matières, & prend une multitude de formes différentes. On prétend même l'avoir trouvé natif près de Steinbach en Saxe & ailleurs. On dit qu'il existe en cet état sur les bords du fleuve Senegal en Afrique où les nègres en

font des vases & des chaudières. Une propriété particulière du fer paroît être d'avoir l'apparence métallique, quoique dans des états différens. Si l'on donne le nom de *fer natif* à tout minerai qui est attirable à l'aimant, il est sans doute très-répandu dans la nature. Mais si l'on ne veut entendre par-là que le fer semblable au fer forgé, c'est-à-dire malléable & dissoluble dans l'eau-forte, on ne trouvera guères de minérai de fer qui puisse soutenir ces épreuves, si ce n'est peut être celui qu'on a découvert en Sybérie dans ces derniers tems. C'est à l'état de chaux que le fer se présente ordinairement soit en poudre ou en grains, dans les mines terreuses & limoneuses, soit dans les hématites en rognons de couleur jaune, rouge ou noire. Ces dernières substances ont souvent l'apparence extérieure des stalagmites, mais elles offrent dans l'intérieur des rayons divergens autour d'un axe commun. Si l'on y ajoute un peu de soufre, elles sont attirables à l'aimant.

On trouve en plusieurs endroits de la chaux de fer en cristaux cubiques : celle en cristaux aluminiformes est ordinairement attirable à l'aimant ; & c'est sous cette forme que se présente celle de Falhun, qui est couverte de lames de talc très-minces. Le fer combiné avec le soufre prend le nom de pyrite. En cet état il forme des masses tétraèdres, cubiques, octaèdres, dodécaèdres ou irrégulières, dont l'intérieur forme une multitude de rayons divergens. Il paroît que les pyrites perdent avec le tems le soufre qu'elles contiennent, & que le fer, dégagé de ce principe, se trouve réduit à l'état de chaux. Le fer uni au calcaire forme la mine de fer spathique.

L'étain ne se trouve pas, comme le fer, dans tous les pays de l'Europe : mais il y en a des mines très-riches en Bohême, en Saxe, en Silésie, en Espagne, en Angleterre,

gleterre, & dans un petit nombre d'autres pays. Le pays de Cornouaille feul donne par an 1200. skepponds d'étain en blocs ou lingots ; le skeppond pefant 306 liv. poids de marc. Le minéral eft rarement en filons réguliers, mais plus fouvent en filets, en amas & mine de lavage, mêlés à des fubftances filiceufes. Il fe préfente auffi en couches horifontales. C'eft à Godolphinſhal qu'eft la plus confidérable des mines de Cornouailles. Elle eft fituée dans un terrein prefque plat entre deux montagnes, l'une au fud & l'autre au nord. Il y a cinq filons qui occupent un efpace de 50 à 60 braffes ; leur direction eft de l'eft à l'oueft, leur inclinaifon d'environ 70 degrés. Le plus grand de ces filons eft encore en exploitation. Il a depuis deux jufqu'à cinq pieds de puiffance. La roche eft de granit groffier. L'étain natif eft très-rare : le plus fouvent l'étain eft en cryftaux opaques, noirs ou bruns, qu'on nomme *mine d'étain en grains* : il eft auffi en cryftaux aluminiformes.

Le bifmuth ne fe préfente feul qu'en rognons ; mais le plus fouvent il accompagne le cobalt, quoique ces métaux ne fe mêlent pas par la fufion. On le trouve natif foit fuperficiel, foit compacte. D'autres fois il fe montre minéralifé avec le foufre, ou avec le foufre & le fer.

Le nickel fe trouve auffi parmi le cobalt, foit fous fa forme de chaux, foit uni au cobalt, au foufre, au fer & à l'arfenic.

L'arfenic domine quelquefois dans des filons particuliers ; de plus, il accompagne prefque toujours les autres métaux. Combiné avec le foufre, il forme l'orpiment ou le réalgar natif foit jaune, foit rouge. Il fe trouve uni avec la chaux d'étain dans la mine d'étain en grains ; avec le foufre

& l'argent dans la mine d'argent rouge : avec la chaux de plomb dans le plomb fpathique ; avec celle de cobalt, dans ce que l'on nomme *fleurs de cobalt* ; minéralifé avec le fer & le foufre, & le fer dans la pyrite blanche ; avec le fer feul dans le mifpikel, &c. La forme du minerai varie ; il eft en rayons, quand il eft à l'état de chaux blanche, ce qui arrive rarement ; il eft en cubes dans la pyrite : dans le réalgar en prifmes hexaèdres avec des fommets à deux côtes, formés par des pans pentagones. L'arfenic natif eft en feuillets ou en écailles.

Le cobalt fe trouve dans les mines de Suède en filons étroits qui tantôt s'élargiffant, & tantôt fe contractant, ont reçu de cette variation le nom de *chapelets*. Dans d'autres pays ces filons ont plus de puiffance. On ne l'a jamais trouvé natif. La chaux de ce métal forme des concretions friables, que l'on nomme proprement *minerai de cobalt*. On le trouve à Bafna près de Ryddarhyte, mêlé avec le foufre & le fer feuls ; mais le plus fouvent il contient auffi de l'arfenic. Cette dernière variété fe trouve à Tunaberg parmi le minerai de cuivre ; ce font des cubes qui, par leur troncature, repréfentent des folides à dix-huit côtés.

Le zinc, lorfqu'il eft en calamine, occupe des filons particuliers ; fouvent auffi il accompagne la mine de plomb qui porte le nom de *galène*. La blende va rarement fans le plomb : cependant cette circonftance a lieu quelquefois, par exemple, dans les mines de Danemora. La toutenague de la Chine eft un vrai régule de zinc. Il n'eft pas décidé fi ce demi-métal, le plus ductile de tous, peut fe trouver dans l'état natif. Il fe préfente minéralifé par le fer & par le foufre, foit avec l'apparence métallique, foit fous la forme de chaux.

L'antimoine se trouve en rognons ou en filets : il se rencontre aussi souvent dans les filons de galène & d'hématite. Il se présente dans l'état natif à Carlfort & dans la mine de Sala. Le plus ordinairement il est minéralisé par le soufre, quelquefois même il est uni à l'arsenic & à d'autres métaux.

Jusqu'ici Bergman a considéré chaque métal en particulier ; il est cependant fort ordinaire d'en trouver de plusieurs espèces, qui sont réunis dans des gîtes : il s'en rencontre plus souvent dans les roches de cornes, ainsi que dans les rochers calcaires, schisteux ou granitiques, dans les feldspaths, dans quelques sortes de jaspes, & dans le grès feuilleté. Le gypse même contient quelquefois, mais rarement du cuivre, du cobalt, de la galène. Bruchman parle aussi d'argent trouvé dans l'albâtre en Norwege, & Henckel d'étain trouvé dans la sélenite.

Quand les filons contiennent du minerai, on les appelle *productifs* : on les nomme *stériles* quand les substances qu'on y trouve ne sont point métalliques. Quelquefois ces substances sont de la même nature que les rochers dont les montagnes sont composées. Près de Geddeholm en Sudermanie, & à Blyhollen on observe dans un banc de feldspath rouge à grain grossier, un filon blanchâtre de même nature, parsemé de galène & de spath fluor violet.

Les cryftaux de différentes espèces se forment dans les fentes & les cavités des montagnes : on leur attribue une valeur plus ou moins grande suivant leur couleur, leur éclat & leur dureté. Dans la paroisse d'Offerdals en Jemtland, le rocher est de pierre ollaire dure & feuilletée, & l'on y trouve des veines & filets de quartz blanc & gras. Les plus considérables de ces veines offrent un grand nombre de

cavités, formées probablement par la retraite de la masse, & qui contiennent de très-beaux cryftaux de roche. Ce qu'il y a de remarquable, c'est que ces cryftaux semblent avoir été brisés, & qu'on les trouve entourés de tous côtés & pressés par une argile : circonstance qui indiqueroit un déplacement opéré par quelque effort violent. Ce qui rend cette hypothèse fort probable, c'est qu'on rencontre près de-là, sur le bord de la mer, beaucoup de ces mêmes cryftaux dont les angles sont émoussés. Les cryftaux de roche sont en général des prismes à six faces, dont chacune est un rectangle allongé ; ils sont terminés à une de leurs extrémités ou à toutes les deux par des pyramides à six côtés ; il y en a qui contiennent de l'eau. Les cryftaux varient pour la couleur : les uns sont violets, (l'amethyste), d'un jaune brun, (l'hyacinthe), jaunes (la topase de Bohême), enfumés (la topase enfumée), bleuâtres (le saphir d'eau), verts de mer (le faux béril) ; mais ils sont rarement rouges ou verts. Quelques-uns sont entièrement opaques ; on en trouve des morceaux qui pèsent plus de 800 livres. D'après les descriptions que nous avons des mines de diamant de Golconde, il paroît que ces précieux cryftaux s'y trouvent, comme nous trouvons en Europe les cryftaux ordinaires dans des fentes ou des cavités, & enveloppés de même dans l'argile.

Bergman regrette beaucoup qu'on n'ait pas de renseignemens suffisans sur la figure qu'affectent naturellement les pierres précieuses & sur les circonstances où on les trouve. Le diamant dans son état naturel est ordinairement un octaèdre. A l'égard de la couleur, les diamans sont tantôt limpides comme l'eau la plus claire, tantôt ils prennent les diverses teintes du rouge, du jaune, du brun, du vert, du bleu & du noir. Leur texture étant spathique & lamelleuse, il faut pour les diviser les attaquer suivant la

direction de leurs feuillets. La connoiſſance de cette propriété eſt une partie
eſſentielle de l'art du lapidaire. S'il ne la
poſſédoit pas à fond, il ne pourroit donner à ces pierres tout l'éclat dont elles
ſont ſuſceptibles. Quoique le diamant ſoit
la plus dure de toutes les ſubſtances, il
ſe volatiliſe cependant par l'action du feu,
& diſparoît alors entièrement, parce qu'il
ſe conſume.

A la fin du dix-ſeptième ſiècle, on
comptoit vingt mines de diamans exploitées dans le royaume de Golconde, &
quinze dans celui de Viſapour ; mais la
plupart de ces dernières, ont été abandonnées depuis. A préſent les diamans
de Paſteal ſont les plus recherchés. Cette
mine eſt ſituée au pied des montagnes de
Gate, à environ vingt milles de Golconde, & dix milles à l'oueſt de Maſulipatan, à l'endroit ou le Kiſſer tombe
dans le Krichna. On dit qu'il ſe trouve
des diamans dans le lit du fleuve Guel
au Bengale & dans celui du Syceadang,
rivière de l'île de Bornéo. La plupart des
mines de diamant qui s'exploitent en
Amérique, ſont ſituées dans le Bréſil,
près la rivière de Milhoverde, aſſez près
de *Villa nova do principe*, dans la province de *Serro do frio*. Ceux qu'on trouve
dans la terre ſont enveloppés d'une croute
ſemblable au ſpath par la couleur & la
dureté : ils ſont agglutinés dans le ſable
ou dans l'argile ; mais comme on ne peut
en ſavoir le prix, que lorſqu'ils ſont dépouillés de cette croute, il eſt rare qu'ils
ſoient envoyés en Europe dans cet état.
Le plus gros diamant que l'on connoiſſe
vient du Bréſil & pèſe environ vingt trois
loths, dont trente-deux ſont la livre.

Les rubis ſont ordinairement rouges,
blancs, & d'une couleur aſſez ſemblable
à celle de l'amethiſte. Ceux du Bréſil
ſont friables, blafards, en priſmes à ſix
faces ou plus, & ſurmontés de ſommets

à trois faces ou même à un plus grand
nombre. Ils ſont moins durs que le diamant. Cependant ils réſiſtent au feu &
ne s'y volatiliſent pas. Les mines de rubis
les plus célèbres ſont dans le Pégu, à
douze journées de Siriang, ville capitale
de ce royaume, dans les montagnes de
Capelang. On trouve auſſi de beaux rubis
dans les rivières de l'île de Ceylan,
mais ils ont été roulés & arrondis par
les eaux.

Le ſaphir eſt en parallélipipèdes ou en
priſmes à ſix pans, terminés par des
pyramides ſemblables. Bergman annonce
qu'il en a donné deux de cette dernière
forme au cabinet de minéralogie de l'a-
cadémie d'Upſal. L'un eſt d'un bleu foncé
à ſes extrémités, mais du reſte il eſt abſolument ſans couleur ; l'autre a ſon ſommet jaunâtre & ſa partie inférieure bleue :
ſa forme eſt un peu altérée, mais pourtant reconnoiſſable. Quoique les ſaphirs
ſoient le plus ſouvent bleus, il y en a
auſſi de blancs, de verts, de jaunes, de
couleur d'améthiſte. Quelquefois ils ont
comme l'opale des reflets différens, bleu
foncé lorſqu'ils réfléchiſſent la lumière,
& vert tendre ou orangé lorſqu'ils la re-
frangent. Quelquefois on trouve dans le
Bréſil des ſaphirs dont la texture eſt lamelleuſe. Les plus eſtimés viennent du
Pégu, où ils ſe trouvent aſſez ſouvent
parmi les rubis. Expoſés au feu du four-
neau de porcelaine, ils ne ſe fondent pas,
& perdent ſeulement leur couleur.

Les topaſes ſont tantôt en octaèdres à
deux ſommets tronqués, tantôt en priſmes à ſix faces, terminés à chacune ou
à une ſeule de leurs extrémités, par des
pyramides ſemblables. C'eſt cette dernière
figure qu'affecte la topaſe du Bréſil. On les
trouve auſſi en priſmes, à huit faces inégales
& avec des ſommets tronqués à ſix faces,
comme les topaſes de Schneckenſtein
en Allemagne. Leurs couleurs ſont le

jaune, le brun, le blanc, le rouge, le vert, &c.

Bergman place au rang des topafes, 1°. l'hyacinthe, dont la forme est un prifme à quatre côtes hexagônes, & à quatre rhombes aux fommets, & dont la couleur eft ordinairement le jaune-brun. On en trouve en Pologne, en Bohême, en Siléfie & en plufieurs autres endroits. 2°. La chryfolite, dont la forme eft un prifme à quatre faces hexagones & deux faces quadrangulaires. La topafe perd fa couleur au feu.

Les émeraudes font comptées auffi parmi les pierres précieufes. Leur forme eft fouvent celle d'un prifme à fix faces fans fommets. L'émeraude eft verte. Elle blanchit & fe fond à un feu violent. On tiroit autrefois ces pierres de la haute Egypte, où l'on remarque affez près d'Aïna, un efpace montagneux qui porte encore le nom de mines d'émeraudes. La vallée de Tómada, entre les montagnes du royaume de Grenade & du Popayan en Amérique, en produit une grande quantité qui font portées à Carthagène, & parmi lefquelles il y en a qui font d'une groffeur confidérable : mais il eft rare qu'elles foient parfaitement tranfparentes, & le plus fouvent elles font engagées dans le quartz.

Comme les pierres précieufes les plus eftimées nous viennent de l'Afie, on s'eft accoutumé à donner aux plus parfaites le nom de pierres Orientales, & celui de pierres Occidentales à celles qui font d'une qualité inférieure ; de forte que ces dénominations fervent aujourd'hui à faire connoître leur degré de beauté, plûtôt que le lieu de leur origine.

Les pierres appellées demi-précieufes, ne font que des cailloux filiceux, d'une pâte fort fine, tels que la calcédoine, l'opale, la cornaline, l'onyx & plufieurs

autres qui, tantôt fe trouvent dans les filons, tantôt en ont été détachés. Quelquefois même elles paroiffent s'être formées en maffes ifolées, comme on peut l'inférer des couches concentriques qu'on remarque dans leur ftructure intérieure, des grains de fable qu'on trouve fouvent adhérens à leur furface, ainfi que des cavités & afpérités qu'elles préfentent ; circonftances qui indiquent auffi que ces maffes ont été en un certain état de molleffe dans leur origine.

Les cailloux communs ou filex fe trouvent dans la craie, en rognons difféminés, fans ordre ou formant des bancs continus, horifontaux & de peu d'épaiffeur. Toutes les cavités qui fe trouvent dans l'intérieur des filex, font tapiffées de criftaux de roche. Le quartz lui-même paroît n'être que le produit d'une criftallifation qui a opéré fur des maffes extrêmement confidérables. On trouve dans la montagne de Nafa un bloc de quartz large de plufieurs centaines d'aunes, & long de plufieurs centaines de braffes.

Outre les fubftances que nous venons d'indiquer, on en trouve encore beaucoup d'autres dans les filons, les fentes & les cavités. Telles font la pierre calcaire grenue & fpathique, le fpath fluor, le gypfe, l'amianthe, le mica, le feldfpath, la zéolite, la manganèfe, &c. Les grenats & même les fchorls font fouvent enfermés dans d'autres fubftances. Des fchorls noirs criftallifés en prifmes à fix faces, fe trouvent renfermés dans du quartz où ils laiffent, lorfqu'on les en détache, une impreffion très-exacte de leur figure. La tourmaline fe trouve à Ceylan : toutes celles de cette île qu'on a vues jufqu'à préfent, font d'un jaune-brun & de couleur enfumée ; mais il y en a auffi dans le Bréfil, de vertes, de bleues & de plufieurs autres couleurs, qui affectent précifément la forme du fchorl.

Il arrive souvent enfin, que les filons renferment des substances de même nature que la roche où ils se trouvent, mais qui sont d'un grain plus fin ou mélangées dans des proportions différentes.

De la direction, de l'inclination & de la puissance des filons.

Les filons peuvent être considérés comme des parallélipipèdes, qui ont deux dimensions beaucoup plus grandes que la troisième. On appelle *direction*, leur étendue dans le sens horisontal; *inclinaison* ou *pente*, leur étendue dans le sens vertical & perpendiculaire à leur direction; & *puissance*, leur épaisseur marquée par une perpendiculaire à leur direction. La puissance subit des variations multipliées, non-seulement dans des filons différens, mais souvent dans un même filon, suivant la disposition de ses parois ou murs. Elle s'élève quelquefois jusqu'à plusieurs toises. Les filons minces & sans suite, s'appellent *vénules* ou *filets*, particulièrement lorsqu'ils sont dans le voisinage de quelque filon principal. Cependant la masse de minerai que les filons renferment, n'est pas toujours proportionnée à l'étendue ou à la largeur de ces mêmes filons: son augmentation ou sa diminution suivent des loix particulières. A l'égard des *murs*, ils sont quelquefois parallèles; d'autres fois, ils vont en s'écartant l'un de l'autre dans la profondeur: tantôt ils se rejoignent près du jour, tantôt au contraire ils s'en écartent de plus en plus à mesure qu'ils s'approchent de la surface de la terre. Lorsqu'ils sont verticaux, on les distingue par des noms pris de leur situation respective à l'Est ou à l'Ouest, au Sud ou au Nord; mais s'ils sont inclinés à l'horison, on appelle le mur supérieur, le *toît*, & l'inférieur, le *chevet*; lorsque ce dernier est presque horisontal, on l'appelle aussi *plancher*.

De la disposition des substances qui remplissent les filons.

Les substances qui remplissent les filons ne sont pas toujours disposées de la même manière. Souvent entre elles & le rocher dont la montagne est composée, il règne une lisière formée d'argile, d'amianthe, de talc, de mica en paillettes détachées ou de spath, c'est ce que les mineurs nomment *salbande*; lorsque ces lisières manquent, on dit que le filon est *adhérent*; & si au contraire il reste du vuide entre la roche & les substances qui remplissent le filon, on dit que celui-ci est *distinct*.

Il est rare que l'espace qui se trouve entre les salbandes soit rempli uniquement de minerai. Il est accompagné d'un grand nombre d'autres substances que Bergman nomme *pierres de gangue*, & qui sont de différentes natures, suivant celle du minerai qu'elles accompagnent. On appelle proprement *gangue*, la matrice dans laquelle le minerai se trouve renfermé; l'auteur en donne ces exemples. Dans celles des mines d'Hallefors, qu'on appelle *vieilles mines* ou *mines orientales*, la roche est une pierre calcaire blanche: on y trouve un filon presque vertical, incliné un peu vers le Nord, qui présente à sa partie supérieure de la galène renfermée dans une gangue calcaire; au-dessous du pétrosilex noir; & enfin, du minerai de fer.

A Barby en Ostrogothie (dans le district d'Atvidaberg, paroisse de Gréby), on trouve avec le cuivre un pétrosilex rouge qui ne contient jamais de parties métalliques, & qui est par conséquent, ce que Bergman nomme *pierre de gangue*. Dans les mines de Bonde, la roche est d'un granit rouge; & dans les mines de cuivre de Catherinaberg, la roche est un quartz micacé. Quelquefois le filon principal eſt coupé par des veines qui renferment des ſubſtances d'une nature entièrement différente. Dans la mine de fer de Normarks & dans celle de Brattfors, près de Philipſtadt, la roche eſt calcaire, mais les veines ont des ſalbandes de pierre ollaire mêlée à du minerai de fer, entre leſquelles on trouve une argile bleue tenant argent, & enſuite une argile griſe.

Quelquefois les diverſes ſubſtances s'étendent ſur des lignes tortueuſes, mais toujours parallèles les unes aux autres. On remarque une ſemblable particularité dans les mines de fer de Riſberg, près de Norberg, & ſur-tout dans le Klokſtreck; le minerai eſt une hématite micacée, d'un gris clair, qui forme des bancs irréguliers & ondulés, & repoſe ſur d'autres bancs de roche à grenats, de quartz grenu ou vitreux, & de pierres quartzeuſes & micacées mêlées de ſchorls. Toutes ces ſubſtances s'étendent ſur des plans dont les ſinuoſités infiniment variées, ſont cependant parallèles à celles de la couche du minerai.

En quelques endroits, le terrein tout entier paroît être compoſé de lits parallèles au filon principal. Dans les mines de fer d'Hogberg, (diſtrict de Grythitte, dans le gouvernement d'Œrebro) on ouvrit en 1760 une galerie qu'on prolongea juſqu'à la minière de Fors: on n'y trouva juſqu'à vingt-ſept braſſes de profondeur que de la terre végétale & des pierres, & enſuite huit braſſes de pierre ollaire mêlée de mica, un pouce de pierre ollaire pure, une braſſe de pierre calcaire grenue, trois braſſes de quartz micacé, quatre de pierre calcaire grenue, deux de pierre calcaire dure, verte & blanche; & enfin, de la pierre calcaire mêlée de ſchorl vert.

De l'inclinaiſon des filons.

L'inclinaiſon des filons varie depuis la ligne verticale, juſqu'à la ſituation à-peu-

près parallèle à l'horiſon. Les mineurs ne s'accordent pas ſur la quantité de dégrés d'inclinaiſon qu'un filon doit avoir pour ceſſer d'être regardé comme vertical, ou pour être claſſé parmi les filons obliques. Pour établir quelque règle dans l'uſage de ces dénominations, Bergman penſe qu'on pourroit nommer *verticaux*, ceux qui ſont à-peu-près perpendiculaires à l'horiſon, ou qui du moins ne s'éloignent pas de plus de 10 dégrés de cette ſituation: *planans* ou *raſans* ceux qui ne font pas un angle de plus de 10 dégrés avec l'horiſon; & enfin, filons *obliques* ceux qui tiennent le milieu entre ces deux extrémités. Il ajoute que ſi l'on jugeoit qu'il fallût diſtinguer auſſi par un nom particulier les filons dont l'inclination eſt moyenne entre la ſituation verticale & l'horiſontale, c'eſt-à-dire, qui font à-peu-près un angle de 45 dégrés, on pourroit leur donner le nom de filons *plats* (flake).

Conſidérés par rapport à leur direction, on diſtinguoit autrefois plus communément qu'on ne le fait à préſent, par les noms de *filons du matin*, ceux qui courent S. E-E. & N. O-O; *filons du ſoir*, ceux qui couroient O S. O & E-N. E; *filons du midi*, ceux qui vont du S-S. E. au N-N. E; & *filons de minuit*, ceux qui ſont dirigés du N-N. E au S-S. O.

La capacité & la diſpoſition des filons dépendent beaucoup de la diverſité des rochers. Dans les carrières de craie d'Angleterre, & dans celles de pierre de Tatternels, les fentes ſont tantôt horiſontales, & tantôt verticales; les filons paroiſſent être ordinairement à pic dans les montagnes en couches, & particulièrement dans celles de pierres calcaires ou de marbres, ainſi que dans les grandes chaînes de montagnes. Dans les pierres plus dures, ils ſont, à ce qu'on aſſure, moins nombreux, mais beaucoup plus larges.

Les filons ne forment pas toujours des

plans continus, souvent ils sont brisés & quelquefois contournés en différentes manières, comme on le voit dans les mines d'or d'Ædelfors. Quand leur inclinaison est inconstante, & que tantôt le mur devient le toît, & le toît le mur, on les nomme *contrarians*. Ordinairement ils varient davantage dans leur inclinaison, que dans leur direction. Quelquefois plusieurs filons se rencontrent, se réunissent ou se croisent sans se déranger; d'autres fois le filon est déplacé, & l'on n'en trouve plus la suite dans la même direction. C'est alors que le mineur a besoin de mettre en œuvre son expérience & son habileté pour en retrouver la continuation. Il existe souvent des *traînées* qui peuvent faciliter cette recherche. On nomme ainsi des traces de la matière même du filon qu'on retrouve dans la fente qui a occasionné son déplacement jusqu'à l'endroit où il reprend sa direction, quelquefois le long d'une des parois de la fente, quelquefois aussi le long des deux. C'est ce dont on voit des exemples plus ou moins sensibles à Ædelfors. Cet effet semble démontrer l'état de mollesse où a été le quartz qui remplit aujourd'hui ces filons. On observe aussi la même chose dans les couches de houille qui ont subi des déplacemens. Dans les montagnes des bords de la Saverne en Angleterre, dont on a déjà fait mention, on voit évidemment des solutions de continuité dans les bancs de pierre, parce qu'une partie de ces bancs a fléchi & s'est affaissée. Les fentes qui ont eu lieu lors de cette rupture, sont maintenant comblées par un mélange de toutes les substances dont ces montagnes sont composées. Par leur position & leur couleur tranchée, elles ressemblent à deux piliers énormes.

Les crans ou failles qui barrent les couches de houille, paroissent avoir la même origine que les fentes verticales dont on vient de parler.

Quelquefois un filon se divise en plu-

sieurs rameaux, qui finissent par se perdre tous entièrement : on dit alors que le filon *s'éparpille* ou se ramifie : souvent aussi un filon se grossit par la réunion de plusieurs venules, ce qu'on nomme, en termes de mineur, *faire un ventre*.

L'inclinaison des filons n'est pas moins sujette à varier, que leurs autres dimensions. Dans les mines de cuivre du Jemtland, les filons sont d'abord médiocrement inclinés, & deviennent ensuite presque horisontaux. A Ryddarhytte, une partie des filons s'élève & s'abaisse alternativement de 10 à 15 dégrés, tantôt vers le nord, tantôt vers le sud. En quelques endroits, plusieurs filons courent parallèlement les uns aux autres comme à Norberg & à Vestrasilsberg dans le Stolberg ; ailleurs, ils se rencontrent & forment des amas de minerai. On en voit un exemple à Falhun, où trois filons en se joignant, donnent naissance à un de ces amas.

Le minerai contenu dans le filon forme ce qu'on appelle la *mine*. On désigne proprement par là le minerai qui est l'objet spécial de l'exploitation ; car les métaux de moindre valeur, sont considérés comme la gangue des métaux plus précieux. A Ryddarhytte, par exemple, le fer sert de gangue au cuivre.

Ordinairement les veines qui traversent les filons y apportent du changement, soit en les ennoblissant, soit au contraire en les appauvrissant.

———————

Pour donner une idée plus claire, plus exacte & plus instructive des montagnes & des gîtes de minerai, Bergman place, à la suite des détails qui précèdent, quelques descriptions abrégées, où l'on trouvera réunis sous un même point de vue, les objets qu'il a jusqu'ici considérés séparément.

Mine d'or d'Ædelfors, en Suéde.

Les mines d'or de la province de Smoland, font fituées dans de hautes montagnes arrondies ; mais la plupart des
affleuremens, fe trouvent aux environs
d'une vallée qui s'étend du nord au fud.
A l'orient de cette vallée, on trouve fur
le penchant occidental de la montagne
d'Œffandahults, à préfent Kroneberg,
les mines dites *de la Couronne*, anciennes
& nouvelles. Le rocher eft en grande
partie une roche de corne feuilletée, en
bancs verticaux, noire, d'un brun foncé,
rouge ou verdâtre, tantôt plus ou moins
fendillée, tantôt parfemée d'afpérités,
quelquefois tendre comme la pierre ollaire, quelquefois auffi dure & anguleufe
& fouvent remplie de fentes. En général,
cette pierre eft réfractaire au feu, & femblable au fchifte aurifère des autres pays.
Les filons font principalement de quartz
d'une couleur obfcure ; les uns fe dirigent
de l'eft à l'oueft ; les autres, qui paroiffent être les plus productifs fe dirigent
du nord au fud, & fe contournent en divers fens. Leur pente va jufqu'à 30 dégrés, & leur puiffance varie depuis deux
pouces jufqu'à une aune & demie. L'or
fe trouve à l'état natif ou minéralifé ;
quelquefois il eft difféminé dans la roche
même, mais plus fouvent il eft renfermé
dans des filons : on l'y rencontre, foit en
feuilles ou en ramifications, foit, ce qui
eft plus ordinaire, dans des pyrites qui
en contiennent par quintal depuis une très-
petite quantité, jufqu'à une once $\frac{1}{2}$. Il fe
trouve encore dans tous les filons, de la
mine de cuivre jaune, qui rend 30
pour $\frac{0}{0}$, & un peu de cuivre natif & de
chaux de cuivre verte & bleue.

Indépendamment de ces métaux, ces
mines renferment auffi des vénules de
fpath calcaire blanc, avec des zéolites rouges, de la pierre calcaire à grains groffier, de petits filex verts ou rougeâtres,

de la galène, de la mine de fer en grains,
très-fufible & rendant 40 pour $\frac{0}{0}$, & plufieurs autres fubftances qui n'ont rien de
bien, conftant & parmi lefquelles, affez
fouvent, on démêle fenfiblement un peu
d'or. Quelquefois les filons fe cloifonnent
à la furface, ou dans la profondeur ; quelquefois ils font coupés par d'autres filons
ou par des fentes, & difparoiffent ; d'autres
fois, malgré cette interruption, leur puiffance fe maintient & même s'accroît ;
mais la partie noble du filon s'appauvrit
néanmoins, & fouvent même à tel point,
qu'elle ne mérite plus d'être exploitée.
Cependant les mines dites *de la Couronne*,
anciennes & nouvelles, font une exception : elles fe font montrées jufqu'ici
également riches, tant dans leur étendue
que dans leur profondeur ; leurs filons
tiennent en général, à l'exception des
endroits où ils font étranglés, quatre à
cinq onces d'or par braffes cubes. Les
travaux de la mine d'Adolphe-Frédéric
ont été pouffés jufqu'à 70 braffes de profondeur, & l'on a retrouvé la continuation du même filon qu'on avoit perdu,
dans la nouvelle mine *de la Couronne*.
On n'y peut travailler que par un tems
très-clair, car ni chandelles ni mêches
fouffrées, ne peuvent y brûler.

Après le fer, l'or eft le métal le plus
généralement répandu fur le globe ; mais
on ne le trouve ordinairement qu'en atômes prefque invifibles ; il eft même tellement difféminé dans le minerai le plus
riche, qu'en général, l'exploitation de ce
métal donne peu de bénéfice ; il eft rare
de le trouver en maffes affez confidérables
pour que leur poids s'élève jufqu'à une
once.

*Mines d'argent de Kungsberg, en
Norwège.*

Ces mines font diftinguées, d'après la
hauteur du terrain où elles font fituées,
en mine *fupérieure*, & en mine *inférieure*.
Dans

Dans ces deux arrondiſſemens, la roche eſt également formée de bancs verticaux & parallèles, qui s'étendent du nord au ſud; mais il règne entre le premier canton & le ſecond, un banc tranſverſal d'un quartz blanc à grain fin, marqué de raies de mica fin, d'un brun noirâtre. Ce banc a près d'un quart de mille d'épaiſſeur. On donne, dans ces mines, le nom de *bandes*, aux bancs qui ne contiennent pas ſenſiblement de fer; mais lorſqu'ils contiennent une certaine proportion de ce métal, on les appelle alors *fallarter*. Ces bancs s'inclinent tous vers l'eſt; mais cette inclinaiſon eſt de quatre à ſix dégrés dans la mine ſupérieure, & de 26 à 32, dans la mine inférieure. Chaque bande eſt en général par-tout de même nature, à moins qu'elle ne ſoit coupée par des fentes remplies de ſubſtances étrangères. On regarde comme pauvres celles qui ne contiennent que du mica mêlé de grenats, de terre calcaire ou de quartz: on a meilleure opinion de celles qui ſont formées de quartz d'un gris blanc, en paillettes très-fines, mêlé de mica fin, noirâtre, & d'un peu de ſubſtance calcaire, ou de pétroſilex rouge un peu calcaire; mais on réſerve le nom de *bandes* riches pour celles qui renferment ou du quartz blanc en paillettes fines mêlé de mica noirâtre, fin, & d'un peu de calcaire, ou du quartz & du mica diſpoſés par bancs alternatifs. Ces bancs ne contiennent pas eux-mêmes de minerai; on leur donne ſeulement les noms de *pauvres* & de *riches*, parce qu'on a obſervé que les filons qui les traverſent contiennent plus d'argent lorſqu'ils coupent quelques-uns de ces bancs, que lorſqu'ils en coupent d'autres d'une nature différente.

La puiſſance de ces bancs varie depuis un pouce juſqu'à trois toiſes; ils ne ſuivent pas toujours une direction conſtante, mais ils ſe contournent ſouvent; & quelquefois deux de ces bancs, en ſe réuniſſant font diſparoître un banc intermé-

diaire. Les bancs ferrugineux nommés *fallarter*, ont ſouvent dans la mine ſupérieure juſqu'à 30 pieds de puiſſance; mais ils n'en ont guère plus de 16 dans la mine inférieure. Ces bancs ſont coupés tranſverſalement par des filons dont la puiſſance varie depuis un demi-pouce, juſqu'à trois quarts d'aune; ils s'écartent d'environ 40 dégrés de la ligne verticale, & s'inclinent vers le ſud dans la mine ſupérieure, & vers le nord dans l'inférieure: leurs dimenſions d'ailleurs ſont ſujettes à varier. Quelques-uns des filons principaux ſe cloiſonnent en quelques endroits, mais ils ſe réuniſſent bientôt après. La gangue eſt calcaire, quelquefois grenue ou écailleuſe, mais le plus ſouvent d'une nature ſpathique. On y trouve çà & là du quartz mêlé avec du ſpath fluor blanc, bleu & violet, quelquefois du minerai bitumineux avec de la ſelenite & un peu de liège foſſile. Les ſubſtances dont la gangue eſt accompagnée, ſont des pyrites ſulphureuſes, un peu de mine de cuivre jaune & de la blende jaune, rouge, d'un brun noirâtre ou d'un jaune pâle. L'argent natif forme la plus grande partie du produit de ces mines: l'argent rouge y eſt rare; mais l'argent vitreux y eſt plus commun: on y trouve auſſi un peu de galène, mais en trop petite quantité pour ſuffire aux travaux métallurgiques. Les filons ſont preſque toujours adhérens au roc; ils s'étendent très-loin, tant à la ſurface que dans la profondeur. Dans les *bandes pauvres*, ils ſont déprimés ou du moins peu abondans; quand ils arrivent à des bandes d'une meilleure quaité, ils commencent à s'établir ou du moins à donner des eſpérances, parce qu'on eſt alors dans le voiſinage des bandes *nobles*, où l'exploitation eſt la plus avantageuſe; mais c'eſt ſur-tout dans les bandes ferrugineuſes ou *fallarter* que le produit eſt abondant & ſoutenu. Il ſe trouve rarement des filons de galène, & s'il y en a quelques-uns, cette ſubſtance eſt remplacée dans la profondeur par de la mine de fer. De même les filons de pyrites cuivreuses qu'on exploitoit autrefois pour en extraire le cuivre ont donné dans la profondeur, du minerai d'argent ordinaire, comme on le voit dans la mine de l'*Enfant perdu*, à un mille de Kungsberg.

Mine d'argent de Sala, en Suede.

La mine de Sala étant une des plus singulières que l'on connoisse, Bergman a cru devoir exposer le résultat des observations qu'il a faites sur les lieux. La paroisse de Sala est en général un pays plat; on y voit des amas de roches ordinairement d'une autre nature que les bancs de pierres sur lesquels ils reposent: on y trouve aussi des collines à pentes douces, les unes nues, les autres couvertes de bois. Sur les limites de la paroisse de Kila, la roche présente un mélange de mica & de cailloux en petits grains fortement agglutinés. A une moindre distance, aux environs du village de Tréfots, on rencontre pour la première fois une pierre calcaire, grenue, parsemée de grains de quartz. Entre la ville & la fonderie, le granit commence à se montrer. Du côté de Norberg, le terrain qui renferme les mines d'argent, confine au pétrosilex. La séparation est marquée par des fentes remplies de terre & de petits fragmens de stéatites, de pétrosilex, &c.

Les mines se trouvent dans un terrain calcaire, mais lorsque la pierre calcaire s'offre à grandes faces & sans mélanges, elle ne contient pas de minerai & se nomme *roche ignoble*; au contraire, elle est métallifère lorsque les faces sont minces, & qu'on y remarque un mélange de mica. Il y a dans cette roche une centaine de filons plus ou moins grands, dont la gangue est de stéatite, de talc, d'amianthe, d'asbeste ordinaire & d'asbeste pailleux, (*asbestus acerosus*), de pierre de corne, de pierre & de spath calcaire, &

plus rarement de pétrosilex ou de quartz. Lorsque les filons traversent la roche ignoble, on ne trouve de minerai ni dans leur intérieur, ni dans leur voisinage; mais dans la roche qu'on appelle *noble*, ils s'annoblissent eux-mêmes, ou du moins le minerai se trouve, soit tout auprès, soit à une distance peu considérable, qui ne va pas au-delà de dix toises. Ce filon touche d'un côté à la roche stérile, & de l'autre à la roche productive. Outre les filons, le minerai occupe des gîtes différens. Il s'y trouve dans une terre calcaire d'un grain plus fin que celui des roches riches, mêlées de mica & sur-tout de quartz en grains. Ces gîtes ont, comme les filons, leur direction & leur pente; mais ils sont sujets à être coupés par des fentes, des filons & des parties de la roche riche; c'est pourquoi ils ont peu de surface & peu de profondeur. Ils s'élargissent & se resserrent aussi comme les filons; quelques-uns sont accompagnés d'un petit filon ou fente, mais plus souvent ils sont adhérens au roc, & quelquefois même il est impossible de les en distinguer. On ne les trouve jamais dans les roches stériles, ils disparoissent dès qu'ils les rencontrent. Leur direction est du nord-ouest au sud-est. S'ils sont coupés par quelque filon, il arrive alors, où qu'ils l'enrichissent en l'accompagnant & en augmentant ainsi sa puissance & son produit, ou qu'ils disparoissent à son approche & ne se montrent qu'à une certaine distance. D'ailleurs, quoiqu'on puisse bien trouver des filons qui ne soient pas accompagnés de ces gîtes de minerai, on ne trouve jamais de ces derniers qui ne soient accompagnés de filons ordinairement inclinés de 60 à 70 dégrés environ. C'est une autre règle générale, que plus ces gîtes sont près du jour, plus ils sont riches en argent.

Le minerai est ou compacte, ou disséminé, ou en globules engagés dans la gangue; l'argent s'y trouve rarement natif. La galène eſt le veritable objet de l'exploitation : celle qui eſt en gros cubes eſt ordinairement la plus riche : elle tient quelquefois juſqu'à deux marcs d'argent fin par quintal. Vers le fin de 1760, on trouva dans les travaux de Friſendorf, dépendant de la grande mine, & à 70 toiſes de profondeur, une ſorte de mine d'un rouge brun, en petites paillettes ſuperficielles & en globules. On la prit pour de la mine d'argent rouge, à cauſe de ſa richeſſe ; mais ni la couleur, ni la manière dont elle ſe comportoit, étant traitée au chalumeau, ne s'accordent avec cette idée.

Mines de cuivre de Rœras, en Norwège.

Les mines de cuivre de Rœras ſont à quelques milles des frontières de Suéde, & à 16 ſud-eſt de Drontheim : elles occupent le penchant d'une grande chaîne de montagnes : quelques-unes ſont abandonnées, non qu'elles manquent de minerai, mais parce que l'on en a ouvert depuis qui ont rendu davantage. La mine du Roi eſt ſur le revers occidental d'une chaîne de montagne à pente douce, qui s'étend de l'eſt à l'oueſt. La roche eſt un ſchiſte corné, où dominent tantôt le quartz tantôt le mica. Le filon ſe dirige eſt & oueſt : il s'incline d'abord un peu vers le ſud : enſuite ſon inclinaiſon augmente ſucceſſivement au point qu'il devient preſque horiſontal ; après quoi il ſe relève & ſe rapproche de la verticale, & il finit par s'incliner vers le nord. Sa gangue eſt une roche de corne d'un grain ſi fin, qu'on ne peut diſtinguer dans ſa texture, ni le quartz, ni le mica. La puiſſance des filons varie depuis un demi-pied juſqu'à 6 aunes, mais ordinairement elle eſt entre 2 & 4 aunes.

La mine eſt homogène, très-dure, grenue, à petits points brillans, ordinairement d'un jaune pâle & quelquefois d'un brun hépatique. Souvent le minerai s'éparpille, ſe déprime ou ſe perd dans la gangue quartzeuſe. Ce filon a été intercepté par une fente, mais il a été retrouvé au-delà, en ſe dirigeant ſuivant ſon inclinaiſon. Ce filon n'a point de ces liſières argileuſes que les Allemands nomment *Beſtége*. Cette mine préſente une circonſtance remarquable : tant que les feuillets de la roche ſont continus & régulièrement inclinés, le filon eſt puiſſant : il ne s'éparpille ni ne ſe déprime ; mais dès que les feuillets deviennent ſinueux & dans une ſituation verticale, le filon eſt déplacé & coupé par la roche : il eſt traverſé auſſi, mais non interrompu, par de petites vénules de ſpath calcaire jaunâtre & demi-tranſparent.

La mine de *Storward* eſt ſituée dans la haute montagne de Rawala, qui s'étend du nord au ſud, & qui a ſa pente vers l'eſt. Le filon ſe dirige S-S-O. & N-N-E, & fait un angle de 10 à 12 dégrés avec l'horiſon. Son inclinaiſon eſt d'autant plus forte, que la montagne qui le recouvre, s'élève davantage. On remarque un endroit où il fait un ventre, & ſe trouve obſtrué par du quartz micacé d'un gris obſcur, mêlé de points brillans pyriteux. La roche eſt d'abord un gneis d'un gris clair, à feuillets minces, qui eſt remplacé peu-à-peu par une ſtéatité d'un gris noirâtre. Le minerai eſt en général homogène, quelquefois mêlé de pyrites, & quelquefois de blende rouge. Non loin de-là, on trouve les mines dites de *Chriſtian V* & *Hæſtklitt*, qu'on a exploitées aux deux côtés de la même montagne, ſur le même filon, & qui communiquent aujourd'hui l'une à l'autre. Dans la première, le filon s'incline à l'eſt, & dans la ſeconde à l'oueſt. Sa direction eſt du nord au ſud. Les filons des mines de Rœras n'ont point de ſalbandes, mais ordinairement ils ſont diſtingués de la roche par des feuillets : dans quelques-unes des mines abandonnées, les filons ſont verticaux.

Mine de fer de Taberg, en Suede.

On peut compter parmi les mines les plus singulières, celle de Taberg en Smoland. La hauteur où elle se trouve prise dans son entier, s'étend sur un espace de près d'un quart de mille, quoique la partie la plus élevée n'occupe pas la moitié de cette étendue. Elle se dirige du N-N-O au S-S-E, s'élève lentement du côté du nord jusqu'à une hauteur assez considérable, s'abaisse un peu, se relève de nouveau, forme enfin une crête très-haute, & se termine par un escarpement rapide vers la rivière de Mânsarpa, au-dessus de laquelle son sommet s'élève de 120 pieds au sud-est : on voit de l'autre côté de la rivière une hauteur correspondante. A l'est & au sud-ouest, il y a une suite d'éminences séparées de la montagne de Taberg, par une rivière qui coule dans une vallée d'un quart de mille d'étendue. Au - delà du lac Vetter, aux environs de Jonkoping & de Taberg, jusqu'au district d'Œsbo, le terrain est un sable mobile. Près de l'escarpement, sont des dépôts de minerai ferrugineux sans aucun mélange de pierres, & quelques - uns de ces dépôts ont plusieurs pieds d'épaisseur. Ils sont disposés en couches horisontales, séparées par des lits de terreau, & s'élèvent jusqu'aux trois quarts de la hauteur de cette partie de la montagne. La crête du Taberg & probablement la montagne entière, est remplie de filons étroits & parallèles, qui sont ordinairement verticaux & dirigés dans le même sens que la montagne. Les plus riches ont rarement plus d'un quart d'aune de puissance, & dans les environs, on leur donne le nom de *bancs de fer*. Ils renferment un minerai brun-noirâtre & luisant, qui donne 32 liv. ½ par quintal. Le minerai ordinaire a un aspect particulier : il paroît enfumé & n'a point d'éclat : il tient 31 pour cent. Celui qu'on appelle *minerai rubanné* ou *minerai pie*, a des couches de spath blanc entre ses

feuillets, & présente ainsi dans sa cassure des raies alternativement blanches & noires : il donne 21 pour cent. Les filons de cette dernière sorte se montrent à nud sur le penchant occidental de la montagne. Le spectacle que présente cette masse énorme de minerai, est bien fait pour exciter la curiosité & l'étonnement. Cependant ce n'est pas le seul exemple de cette espèce que la nature nous offre. On connoît à Tornéo en Laponie une montagne entièrement formée de minerai de fer : & à Luléo, dans le même pays, la montagne de Gellivare n'est qu'un bloc de riche minerai de fer d'un bleu noirâtre, qui s'étend comme un filon irrégulier pendant plus d'un mille sur 3 à 400 toises de puissance.

Montagnes des environs de Rattwick.

On peut mettre aussi au rang des montagnes en couches, les plus remarquables, celles qu'on voit dans la paroisse de Rattwick, aux environs de Boda - Cappell. Elles sont formées de pierre calcaire en couches, brune, grise et parsemée de taches vertes avec des corps marins pétrifiés. On y trouve plusieurs filons métalliques dans la mine de Silfberg, sur la pente occidentale de ces montagnes qui s'étend du nord au sud. Les différens filons N-N-E & S-S-O. ont une forte inclinaison à l'ouest : souvent aussi ils se détournent vers les autres points du ciel ; ils se terminent ordinairement à 5 ou 6 toises de profondeur par la réunion de leurs parois. Ils contiennent du zinc, de la calamine & de la galène. La fouille qu'on nomme la *mine grise*, qui a trois toises de profondeur, & qui est contiguë à la précédente, est traversée intérieurement par un filon de terre qui suit la même direction que ceux de la mine de Silfberg.

Du côté oriental de ce filon la pierre calcaire est coupée par une masse de quartz, de terre calcaire, de quartz, de feldspath

& de fchorl noir. Toutes ces fubftances font en grains & fortement agglutinées enfemble. On y trouve auffi de petites coquilles & de la galène remarquable par fon éclat, qui tient une once $\frac{3}{4}$ d'argent. On ne fait pas jufqu'à quelle diftance fe prolonge cette forte de pierre : mais la pierre calcaire fe remontre au jour à 60 ou 80 pas de-là vers l'eft.

La mine d'Hogfmyre dans une pierre calcaire brune, en couches avec des pétrifications, eft traverfée à l'intérieur par trois filons puiffans fur la même direction que ceux dont on vient de parler, & inclinés de 30 à 40 degrés à l'eft. Ils contiennent une grande quantité de galène, mêlée de fpath & de minerai de zinc.

La mine de Rodaberg eft dans une montagne élevée qui s'étend du nord au fud. La fubftance de la roche eft une pierre calcaire brune, en couches avec des corps marins. Ces couches fe dirigent du nord au fud, & s'inclinent à l'eft de 20 degrés. De ce même côté la montagne a de 15 à 18 toifes de hauteur perpendiculaire. On y voit le profil d'un filon dirigé du N-N-E. au S-S-O. avec une inclinaifon de 10 à 12 degrés vers le nord : fa puiffance eft d'un quart d'aune à la fuperficie, & de quatre dans la profondeur. La matière du filon eft une pierre calcaire dure d'un brun noirâtre, qui préfente vers le jour de la galène de plomb pure, en affez grande quantité : mais à une certaine profondeur, on n'y trouve plus que des pyrites fulphureufes ; on y remarque auffi des traces de minerai de zinc.

Le grès qu'on trouve près de Styggfors peut être regardé, avec fondement, comme la bâfe des couches de pierre calcaire de Silfberg, ainfi qu'on l'obferve dans les mines de Veftrogothie. Ce grès eft de diverfes couleurs ; rouge, jaune, bleu, gris & noir, fouvent parfemé de taches, qui donnent à cette pierre un afpect très-

agréable. On trouve enfuite des couches de marnes entaffées les unes fur les autres, & on arrive enfin à un quartz micacé. La montagne d'Ofmund eft la plus haute de ce canton ; elle eft à un demi-mille au nord de Capel ; elle eft couverte de bois, & fur le fommet il y a un village élevé d'environ 150 pieds au-deffus des champs qui en dépendent. Cette montagne s'étend du nord-eft au fud-oueft pendant un quart de mille : fa largeur peut être évaluée à un huitième de mille, & la longueur de la partie la plus élevée à un feizième de mille. Du côté du nord-oueft il y a une éminence efcarpée appellée *Skærback*, dont la pente eft de 50 à 55 degrés, & qui a 90 pieds de hauteur. On voit dans cette montagne plufieurs bancs de fchifte & de pierre calcaire qui s'étendent nord-nord-eft & fud-fud-oueft, dans l'intérieur defquels on a reconnu une pierre calcaire dure, d'un gris rougeâtre, coupée par des veines & des venules de pyrites noirâtres, compactes, où l'on trouve quelquefois un peu de pétrole. On y voit encore une lifière épaiffe de quelques lignes d'une argile fine & bleue qui borde les parties des veines où font ces pyrites. Cette argile contient environ $\frac{7}{8}$ d'once d'argent au quintal. On trouve enfuite dans ces mêmes veines, 1°. un fchifte brun friable, huileux, & décrépitant au feu, un demi-pied ;

2°. Terre calcaire dure & compacte, qui diftille du pétrole, lorfqu'on l'expofe à une forte chaleur, 6 pouces ;

3°. Deux pieds de fchifte tendre, gras, brun, finueux, décrépitant, lequel vers les parois du filon eft accompagné de groffes maffes oblongues de pierre calcaire d'un pied de diamètre, & de maffes fphériques plus petites de quelques pouces de diamètre : les premières formées de pierre calcaire dure & compacte, contiennent du pétrole en fi grande abondance, qu'on l'en voit couler lorfqu'on les brife : les dernières font rarement compactes, & le plus souvent elles font remplies de fpath calcaire ;

4°. Pierre calcaire, brune, dure & compacte, 1 pied ;

5°. Schifte tendre, brun, qui fe délite au feu, 1 pied ;

6°. Pierre calcaire gris-brun, dure, parfemée de points brillans, 1 pied $\frac{1}{2}$.

7°. Schifte tendre, brun & décrépitant au feu, un demi-pied ;

8°. Schifte dur, compacte, d'ailleurs entiérement femblable au précédent, un pied $\frac{1}{2}$.

Ce banc forme le toit dans la mine de pétrole, & le mur dans celle de terre à foulon qui eft un peu au-deffous de la première. Tous ces bancs s'écartent de la perpendiculaire de 23 à 27 degrés ; mais ceux qui fuivent ne s'en éloignent que de 15 degrés à l'oueft.

Voici l'ordre dans lequel ils font difpofés : le mur de la mine dite de *terre à foulon*, eft parfemé de pyrites en rognons.

Enfuite on trouve 3 pieds d'une terre à foulon graffe, grife & fendillée.

Même terre mêlée de fable, couleur de rouille & fendillée, 3 pieds.

Argile mêlée de fable, couleur de rouille, graffe, mais groffière ; un doigt terre à foulon fine & blanche, 1 pied.

Schifte gras, dur, gris-brun, d'un grain un peu plus fin que celui de la mine de pétrole, 1 pied.

Argile grife, groffière & graffe au toucher, mêlée de fable fin & de mica jaune, avec de petites couches ou écailles de fubftance calcaire, 4 pieds.

Schifte tendre, gras & bleuâtre, 12 pieds.

Enfin la fuperficie au niveau du fol eft formée de cailloux, de gravier, de fable & de terre végétale, 3 pieds.

Il ferait utile de favoir avec certitude fi le trapp qui forme les couches fupérieures des montagnes de Veftrogothie, ne fe trouveroit pas auffi en quelques endroits de la montagne de Silfberg.

§. V I I.

Signes vifibles des bouleverfemens du globe terreftre.

Outre ces variétés dans la compofition du globe de la terre, qui paroiffent démontrer plus ou moins évidemment des bouleverfemens & des révolutions arrivées fur la terre, il exifte encore d'autres circonftances du même genre que l'on peut expofer en détail.

Tels font les blocs ifolés de pierres de différente nature, mais furtout de granit, quelquefois plus gros que des maifons, qui fe trouvent en quantité dans plufieurs endroits. Dans les vallées & dans les plaines qui s'étendent au pied des hautes montagnes, on trouve les fragmens des matieres dont ces montagnes font compofées, difperfés fur un efpace plus ou moins confidérable, & fouvent à une grande diftance des montagnes où exiftent en maffes les pierres analogues à ces fragmens. Le fommet de la montagne de Swucku, l'une des plus hautes de la chaîne qui fépare la Suéde de la Norwege, eft formé d'un grès feuilleté compacte : il eft couvert de monceaux de pierres, dans lefquels on en trouve du côté de l'oueft d'une nature totalement différente de toutes les autres. Il offre partout les marques d'un bouleverfement confidérable. Au pied de cette montagne, dans l'endroit où elle s'incline vers le lac Fæmund, mais furtout vers l'oueft, il y a des ouvertures de deux à quatre toifes de large, & d'une égale profondeur fur une longueur de deux à trois cents aunes : une autre excavation femblable coupe celle-là à angle droit, en defcendant du fommet de la montagne, élevé de deux milles deux cent foixante-huit aunes.

Lorfque les pierres fe trouvent ainfi hors de leur emplacement naturel & primitif, on peut fouvent déterminer fi elles ont été entraînées d'un lieu voifin ou éloigné, fuivant que leurs angles font tranchans ou émouffés, & en examinant les circonftances locales.

Quelquefois il fe trouve de ces pierres ifolées en blocs d'une groffeur prodigieufe jufque fur les montagnes les plus élevées, dans des cantons où leur nature eft abfolument étrangere. On en voit une fur la montagne calcaire de Rœttwick, dont le fommet s'élève d'environ fix mille pieds au-deffus du niveau de la mer : & fur celle de Rodaberg, à quelques toifes de l'efcarpement que l'on a décrit ci-deffus, on remarque un bloc de feldfpath rougeâtre à gros grain, mêlé de quartz & de mica brun. Il y a également fur la montagne d'Ofmund des fragmens énormes de feldfpath tranfparent, mêlé de même avec le quartz & le mica, quoiqu'il faille aller jufqu'aux hautes montagnes de Norwege pour trouver des fommets plus élevés que celui de cette montagne.

On ne peut avoir que des données encore plus incertaines fur l'origine des crevaffes & fillons qu'on obferve en plufieurs endroits à la furface des montagnes, & qu'on diroit avoir été creufés dans ces matières dures, par l'action des eaux. Sur la rive orientale du Nil auprès d'Abusfode, il y a de hautes montagnes qui préfentent depuis leur fommet jufqu'à leur bâfe, un grand nombre de ces fillons parellèles à l'horifon.

On voit au Pérou, bien avant dans les terres, des rochers dont la furface offre des veftiges femblables à ceux que la mer laiffe fur fes rivages. On remarque de même à Brattefors près de Kinnekulle & en plufieurs autres endroits, des apparences qui femblent dues à l'abaiffement fucceffif des eaux : cependant des fubftances de diverfe nature, dépofées en couches horifontales, pourroient préfenter auffi des inégalités qui feroient attribuées mal-à-propos à de femblables révolutions.

Enfin Bergman parle des arbres de différentes efpèces & même des forêts entières, qu'on trouve enfevelies dans plufieurs contrées de la terre, & fouvent même les arbres font encore debout fur leurs racines, quoique toujours remplis & enveloppés de matières qui ont différens degrés de confiftance. Au refte, il fe borne à indiquer ces faits intéreffans.

§. V I I I.

Fouille près de Gravefend en Angleterre.

Dans une fouille de fable, fituée à un tiers de mille à l'oueft de *Gravefend*, on a extrait les matières fuivantes :

Pierres à fufil dans un fable couleur de brique. . . .	15 pouces.
Même fable dont la couche s'amincit fur les bords, & fait place à la couche fuivante.	10
Pierres à fufil ; mêlées de fable rouge : couche plus épaiffe fur les bords. . . .	20
Sable couleur de brique : couche amincie par les bords.	10
Même fable, mêlé de pierres à fufil.	30

Sable pur, divifé par lits. 20

Argile noirâtre, . . . 4

Craie en couche amincie, mêlée de pierre à fufil plates. 12

Gros fable couleur de brique, mêlé de pierres à fufil plates. 60

Craie mêlée de fable brillant, de petites pierres à fufil plates, & de débris de coquilles : couche d'épaiffeur inégale. 15

Sable fin d'un jaune clair. 40

Profondeur totale de la fouille. . . . . 23 pieds 6 p.

À une portée de fufil de cet endroit, eft une fouille de craie profonde de douze braffes, & qui, fe trouvant à un niveau inférieur à la colline dont on vient de préfenter les couches en détail, paroît devoir être confidérée comme fa bafe.

Fouille près de Mulheim fur la Ruhr.

Sable mêlé de pierres, recouvert d'une légère couche de marne. . . . . . 12 pieds.

Terre à foulon fine & douce au toucher. 36

Terre jaune très - divifée & mêlée d'ocre & d'argile. 24

Schifte brun. 48

Gros fable gris. 39

Lit de houille, divifé en plufieurs affifes diftinctes : il eft incliné à l'horifon d'environ fix degrés du fud-eft au nord-oueft, & épais de 3 à 8

À quelques toifes plus bas eft une autre couche de houille, mais peu épaiffe.

On peut comparer ces détails avec ceux que nous avons inférés dans la notice de Lehmann ; ils paroiffent appartenir au même pays.

Fouille proche Bofcrup en Scanie.

Terre végétale mêlée de fable, de cailloux & de pierres ferrugineufes. 12 à 14 pieds.

Grès plus gros & moins compacte à la furface de la couche. . . . . . . 16 à 18

Houille. 1

Argile ou marne en feuillets d'un bleu noirâtre, & qui fe réfoud en pouffière à l'air libre. 6

Grès fin tirant fur le bleu, & difpofé par couches diftinctes : une partie pourroit être employée en pierres à aiguifer. . . 10

Argile fine d'un bleu foncé, compacte, dure, contenant très - peu de fable, & devenant d'un jaune pâle lorfqu'elle eft expofée au feu : infufible au feu de forge le plus violent, mais s'y convertiffant en une pierre dure, qui donne des étincelles avec l'acier. . . . . . 14 à 16

Houille. 2

Subftance noire comme le charbon. . . . . . $\frac{1}{2}$

Argile blanche feuilletée & mêlée de fable. 6 à 8

Grès dur qui termine la fouille à une profondeur de . . . . 117 à 125

Les

Les couches de houille supérieures à ce grès dur s'inclinent à l'ouest, se relèvent en différens lieux, & varient d'épaisseur depuis 5 pouces jusqu'à un pied . . . . 5 pouc. à 1 p.

Je crois qu'il convient, pour faire un usage convenable des détails que renferment les lits de cette fouille, de les comparer, ainsi que ceux de la fouille précédente, avec les matières désignées dans la notice de Lehmann ; ils présentent le même intérêt.

HUTTON.

Notice de ses ouvrages sur la théorie de la terre & sur celle de la pluie.

QUOIQUE nous nous soyons bornés dans les notices précédentes à rendre compte des ouvrages des savans morts, nous avons cru devoir nous écarter de cette disposition relativement à ceux de ce savant Ecossais, parce qu'ils nous ont paru avoir fort occupé les naturalistes Anglais soit comme approbateurs, soit comme critiques. Effectivement, on n'a pu voir avec indifférence les vues nouvelles que le docteur Hutton y développe, & les nouvelles questions qu'il y discute, lesquelles ne peuvent qu'intéresser ceux qui, par leurs recherches, sont occupés à enrichir l'histoire naturelle du globe.

En 1785 le D. Hutton publia d'abord le précis de son mémoire sur la théorie de la terre, qu'il distribua à ses amis. Ce ne fut qu'en 1788 qu'il fit paroître dans les transactions philosophiques d'Edimbourg, le mémoire lui-même avec tous les développemens qu'il crut devoir donner à son hypothèse. On trouvera dans cette notice (§. Ier.) la traduction de ce précis, & l'on y verra que l'auteur, dans tout son travail, s'est proposé d'abord de nous faire comprendre par quelles suites d'opérations la nature a non-seulement construit les différentes parties de nos continens, mais encore a opéré la consolidation des bancs pierreux & leur émersion au-dessus des eaux de l'Océan, où il suppose, avec le plus grand nombre des naturalistes, que toutes ces masses ont été stratifiées : enfin, il finit par nous faire voir que soit la consolidation des pierres, soit leur émersion, ont été l'ouvrage des feux souterrains.

C'est à la suite de cette traduction que j'ai placé (§. II.) l'extrait du savant mémoire de Hutton sur la théorie de la terre, où je rends compte du plan général de cet écrit. Il est distribué en trois parties. Dans la première, l'auteur s'occupe de la constitution du globe & des bancs pierreux, destinés suivant les vues de la nature à une destruction continuelle, & dont les produits sont entraînés par les rivières & par les fleuves dans le bassin de l'Océan. C'est là que ses eaux les distribuent de nouveau par couches & par sédimens plus ou moins étendus. Enfin, il nous montre en même tems de semblables systêmes de bancs, composés de ces débris & des dépouilles des animaux marins plus ou moins comminués, lesquels se forment successivement au fond du même bassin.

Dans la seconde partie, Hutton s'occupe de la solidification des couches précédentes, à la formation desquelles il nous a fait assister. Il lui paroît que cette opération a été précédée d'un certain état de liquidité ou de mollesse qu'il attribue à une fusion par le feu. Enfin, il parcourt toutes les substances qui sont entrées dans la composition des bancs pierreux, soit pierres calcaires, soit marbres, soit bitumes, soit crystaux, soit métaux, où il croit voir les traces des feux souterrains. C'est alors qu'il discute plusieurs questions importantes sur différentes matières que l'Ecosse lui a offertes, & dans lesquelles il prétend avoir reconnu les effets d'un feu intérieur qu'il suppose avoir cuit, fondu & soulevé leurs masses, primitivement préparées ainsi sur le fond du bassin de l'Océan.

Dans la troisième partie, Hutton cherche à établir, comme un des principes fondamentaux de sa théorie, que les feux souterrains qu'il emploie comme agent principal, n'ont pu produire des éruptions à la manière des volcans, mais que leurs effets, après la fonte des différentes matières, ont été bornés au soulevement des bancs au-dessus du niveau des eaux de la mer. Dans cette partie, l'auteur décrit les masses de trapp, de whin-stone, de toadstone, de manière à nous en faire connoître la disposition & l'étendue. Mais quoiqu'il envisage toutes ces substances, comme durcies par l'action du feu, il est bien éloigné de les confondre avec les laves de nos volcans. Le principal motif de distinction qu'il nous propose entre ces deux ordres de substances, consiste en ce que les masses pierreuses fondues, suivant lui, dans les entrailles de la terre, ont été comprimées pendant l'action du feu : ce qui leur a donné une disposition & une structure totalement différente de celles que l'on peut suivre dans l'examen des laves autour des bouches des volcans éteints.

Il seroit peut-être très-facile de montrer que ces substances qui diffèrent des laves, & que Hutton prétend avoir été fondues par les feux intérieurs, dans un état de compression, n'ont éprouvé aucune sorte de fusion, vu qu'elles ne présentent ni dans leur disposition générale, ni dans leur tissu intérieur aucuns vestiges de cet état de fusion qui auroient dû subsister après leur refroidissement.

D'ailleurs le savant Ecossais paroît à ce sujet moins décidé sur le trapp, le whinstone & le toadstone que certains naturalistes Anglais, qui ont prétendu que ces roches étoient des résidus d'anciens volcans en Ecosse & dans le Derbishyre. Ces écrivains dont Hutton veut modifier les asser-

tions, me paroissent peu instruits sur les différens Etats où se trouvent les laves dans les pays volcanisés. Comme ils n'en ont pas étudié les principales circonstances, ils sont très-peu capables de retrouver les effets primitifs du feu dans les altérations que la suite des tems a pu y apporter... Mais en même tems que le D. Hutton conteste, avec fondement, à ces naturalistes l'opinion qu'ils ont mise en avant, en prétendant que les chaînes du whin-stone d'Ecosse sont les produits des feux souterrains en éruption, on peut lui contester pareillement qu'aucune de ces substances aient éprouvé une fusion, soit dans les parties de la terre voisines de la surface, soit dans ses entrailles à une certaine profondeur. Je renvoie à ce sujet à l'article *volcan* du dictionnaire, où j'expose tous les principes d'après lesquels on doit observer les produits des feux souterrains en éruption, pour en constater les opérations & les résidus.

A mesure que les naturalistes Anglais lisoient & méditoient les ouvrages dont nous venons de parler, & qu'ils discutoient les principaux points de cette théorie de la terre, ils ont proposé leurs doutes & leurs objections. Je dois distinguer parmi ces savans, le docteur Kirwan peut-être plus chimiste, que naturaliste observateur : en conséquence, il m'a paru convenable d'exposer dans le § III, les principales objections que ce chimiste a faites sur quelques-unes des questions dont Hutton n'a pas craint de risquer la solution, & qui sont un peu du ressort de la chimie. J'y discute en même tems les différens états primitifs des substances qui composent les bancs pierreux, ce qui concerne l'origine des pierres calcaires & leur stratification au fond de la mer ; enfin, j'y expose toutes les raisons qui me paroissent propres à détruire l'hypothèse de leur consolidation par l'action du feu.

Dans le § IV, je reviens à cette confolidation des pierres, & je montre qu'elle ne peut être que la fuite du travail de l'eau : & après avoir fait voir que les deftructions de nos continens, par les eaux courantes, ont eu lieu en même tems dans l'ancienne comme dans la nouvelle terre, j'en conclus que les deftructions fucceffives admifes par Hutton, ne peuvent s'opérer ainfi qu'il le prétend. Je trouve la même difficulté, à reconnoître dans les défordres des couches de la terre, les effets de leur fortie du baffin de la mer, par un foulevement général qu'auroient opéré les incendies intérieurs.

Le D. Hutton, ayant donné une nouvelle forme à fes ouvrages fur la théorie de la terre, y a joint des éclairciffemens où il répond aux remarques de Kirwan & des autres naturaliftes qui avoient adopté les idées de ce chimifte. Dans le Ve §, je rappelle tout ce que les éclairciffemens de Hutton m'ont fourni d'inftructif & de favorable à fon hypothèfe. J'y ajoute d'ailleurs ce que l'étude des principales contrées de nos continens, qu'on a pu parcourir dans ces derniers tems, nous ont appris de conforme ou de contraire à ce que le docteur Hutton nous annonce en dernière analyfe. On y verra qu'au milieu des idées fauffes ou rifquées du favant Ecoffais, j'ai fu diftinguer des confidérations neuves, propres à nous faire naître plufieurs vues de recherches très-importantes fur la conftitution actuelle du globe, & qui pourront un jour fervir finon à la théorie de la terre, du moins à la connoiffance de plufieurs points importans de fon hiftoire phyfique. Comme Hutton s'eft occupé de la formation fucceffive des divers maffifs & furtout de leur fuperpofition, j'ai cru qu'il convenoit de raffembler par ordre tout ce que les obfervations les plus foignées nous avoient appris à ce fujet. C'eft ce que j'ai tâché d'offrir à mes lecteurs, comme une fuite de notes qui fervoient naturellement de fupplément aux derniers écrits de Hutton. D'après toutes ces dif-

cuffions, il me femble qu'on pourra facilement diftinguer ce qu'il faut abandonner dans la théorie de la terre de Hutton, de ce qu'il importe de conferver, en s'attachant particuliérement à l'appuyer par de nouvelles recherches, & des obfervations analyfées avec le foin que ces objets méritent.

La théorie de la terre n'eft pas le feul objet que le D. Hutton ait traité, & qui appartienne à la géographie-phyfique. Comme il a médité également fur la pluie, fur les circonftances générales qui concourent à fa formation, & fur les caufes particulières & locales qui peuvent les modifier, ce travail a produit un ouvrage dont nous avons donné un extrait affez étendu, fans difcuter aucune des vues & des opinions du D. Hutton.

Ce mémoire eft divifé en deux parties.

La première renferme des recherches fur la loi de la nature, que l'auteur a confidérée comme le fondement de fa théorie.

Dans la feconde partie, Hutton applique aux phénomènes naturels, les principes développés & établis dans la première. Il y traite d'abord de la généralité de la pluie, ce qui devient très-intéreffant pour la géographie-phyfique des diverfes contrées de la terre. De-là l'auteur paffe à ce qui a pour objet les pluies régulières & périodiques : ce qui l'entraîne à l'eftimation comparative des climats, relativement à la quantité de pluie qui y tombe.

Toutes ces favantes difcuffions fe trouvent terminées par l'application de la théorie aux obfervations météorologiques d'une feule contrée de la terre ; telle que le royaume de la Grande-Bretagne. On y établit des principes très-propres à nous faire apprécier au jufte les décifions qu'on peut tirer relativement au tems de pluie & de féchereffe, des obfervations fur la direction des vents, fur le thermomètre & le baromètre ; & tous ces principes font toujours rapprochés de la loi fondamentale fur laquelle la théorie eft établie.

Cette loi confifte dans la combinaifon de deux courans d'air d'une température différente, & dans la condenfation des vapeurs dont ils peuvent être plus ou moins faturés, & qui réfultent de cette combinaifon : c'eft de-là que Hutton tire la formation des nuages comme une forte de précipité, lequel eft fouvent fuivi du grand précipité qui eft la pluie.

§. Iᵉʳ.

Précis d'une differtation, concernant la conftitution phyfique du globe de la terre, fa durée & fa ftabilité. 1785.

Le but de cette differtation eft de trouver une méthode pour eftimer le tems que le globe de la terre a exifté comme une maffe nourriffant des plantes & des animaux : de raifonner fur les changemens que la terre a éprouvés, & de découvrir par la confidération de ce qui eft arrivé, à quel point on peut prévoir la fin ou le terme de cet ordre de chofes.

Comme ce n'eft pas dans les monumens des nations, mais dans ceux de l'hiftoire naturelle que l'on doit fouiller pour avoir les moyens de s'affurer des événemens qui ont eu lieu, Hutton fe propofe d'examiner ici les phénomènes de la terre, afin de s'inftruire de ce qui s'eft paffé dans les tems reculés. C'eft ainfi que, d'après les principes de l'hiftoire naturelle, il fe flatte de pouvoir parvenir à la connoiffance de l'ordre & de l'économie de la nature dans la conftitution du globe, & former une opinion raifonnable relativement à fa marche ultérieure & aux événemens qui doivent arriver.

Les parties folides de la terre actuelle paroiffent à l'auteur avoir été formées en général des productions de la mer & des autres matériaux femblables à ceux que l'on trouve fur les bords de la mer ; d'où Hutton fe croit fondé à conclure :

1°. Que la terre fur laquelle nous fommes établis n'eft pas originelle ni fimple, mais qu'elle eft compofée, & qu'elle a été formée par l'opération d'agens fecondaires.

2°. Qu'avant la formation de la terre actuelle, il exiftait un globe compofé de terres & de mers, dans lefquelles il y avoit des courans & des marées agiffant fur le fond de la mer comme aujourd'hui.

3°. Enfin, que pendant la formation de la terre moderne au fond de l'Océan, la première terre nourriffoit des plantes & des animaux ; et qu'au furplus, la mer étoit peuplée d'animaux de toutes efpèces comme la mer actuelle.

De-là Hutton eft conduit à conclure que la plus grande partie de notre terre, finon la totalité a été produite par des opérations naturelles à ce globe : mais que, pour rendre cette terre une maffe permanente & capable de réfifter à l'action des eaux, deux chofes avoient été néceffaires ; 1°. la confolidation des maffes formées par la collection & l'amas des matériaux mobiles & incohérens. On entend ici par *confolidation*, le rapprochement des parties, en conféquence duquel les matières ont acquis une liaifon & une folidité plus ou moins confidérable. 2°. L'élévation & le foulevement de ces maffes confolidées depuis le fond de la mer jufqu'à la pofition où elles fe trouvent maintenant, relativement au niveau de la mer moderne.

Voilà donc deux changemens qui peuvent fervir mutuellement à jetter du jour l'un fur l'autre : car, comme les mêmes objets ont dû effuyer ces deux changemens, & que c'eft leur examen qui doit nous inftruire fur toutes ces opérations fucceffives, il est évident que la connoissance d'un événement peut nous aider à concevoir l'autre.

Le sujet qu'envisage le physicien Ecossais se trouve donc naturellement divisé en deux branches qui exigent une discussion séparée : il considère 1°. par quelles opérations les matières qui composent les couches, primitivement divisées & séparées entr'elles ont formé des masses solides ; 2°. par quelle puissance de la nature les lits consolidés au fond de la mer ont été transformés en terre sèche & en continens élevés au-dessus des eaux.

A l'égard de la première de ces branches, & qui a pour objet la consolidation des lits, il y a deux manières dont on peut concevoir que cette opération s'est exécutée, 1°. par la solution des corps dans l'eau, & la concrétion de ces substances dissoutes, qui a dû avoir lieu lorsqu'elles ont été dégagées de leur dissolvant ; 2°. par la fusion des corps soumis à l'action du feu & de la chaleur, & par le refroidissement de toutes ces substances.

Quant à ce qui concerne la dissolution par l'eau, l'auteur considère d'abord jusqu'où la puissance de ce dissolvant, agissant dans la situation primitive de ces lits, a été capable de produire le changement dont il est question, & il trouve que l'eau seule, dénuée d'aucun autre secours, n'a pu produire la solidité des lits dans la situation & dans l'état où ils s'offrent de toutes parts à nos regards. Tout ce qu'on peut supposer, selon lui, dans ce cas, & d'après l'examen des phénomènes naturels, c'est que l'eau n'auroit consolidé que les seules substances qu'elle auroit été capable de dissoudre. Et comme on trouve des lits de toutes sortes de substances solubles ou non dans l'eau, qui sont consolidés, il en conclut que les lits en général n'ont point été consolidés à la suite d'une solution aqueuse.

Quant aux autres moyens qui sont,

comme nous l'avons vu ci-dessus, l'action du feu & de la chaleur, Hutton trouve qu'ils sont parfaitement suffisans pour produire l'effet qu'il a en vue, attendu que toute sorte de substance peut être *ramollie* par le feu ou bien fondue, & que l'on rencontre aujourd'hui des lits consolidés, quoiqu'ils soient composés de toutes sortes de substances différentes.

Il entre alors dans une discussion particulière de ces objets, en considérant les substances consolidantes, comme distribuées en différentes classes, savoir les corps siliceux & sulphureux. Comme ce ne peut être au moyen d'une solution aqueuse que les lits de ces substances ont été consolidés, il en résulte nécessairement que leur consolidation s'est opérée par l'action de la chaleur & à la suite d'une fusion.

Il examine ensuite le sel gemme, & s'attache à montrer que, quoique cette substance soit parfaitement soluble dans l'eau, la situation où elle se trouve dans les couches de la terre, prouve qu'elle a été dans un état de fusion. Cet exemple lui semble aussi confirmé par l'état de l'alkali fossile, & enfin par celui de certaines cavités crystallines, qu'il considère comme organisées de manière à faire croire que ces différentes substances minérales ont été immédiatement crystallisées, & ont pris un certain état concret d'après une fusion.

Après avoir établi ainsi la fusion des substances avec lesquelles les couches de la terre ont été consolidées, en considérant séparément ces substances & en faisant voir que ces effets se sont opérés au moyen de ce que ces corps, en état de fusion, ont été introduits dans les fentes des couches, Hutton considère les lits eux-mêmes consolidés par le moyen de la fusion de leurs propres matériaux ; il tire ainsi de la considération des lits, les plus étendus du globe , savoir les siliceux & les calcaires, des preuves assorties à son opinion , que cette consolidation générale est un effet de la fusion.

Lorsque notre naturaliste est parvenu à cette conclusion qui embrasse la totalité de l'objet qui l'occupe, savoir que la fusion par le feu & la chaleur , & non la solution dans l'eau, ont précédé la consolidation des matériaux séparés, rassemblés au fond de la mer ; il examine ces masses consolidées en général , afin de découvrir d'autres phénomènes d'après lesquels sa doctrine pût être ou confirmée ou refutée. Il considère sous ce point de vue les changemens survenus dans les lits de la terre, depuis leur état naturel de continuité jusqu'à celui de division par veines & par fentes , & il voit dans ces nouveaux effets, qui méritent effectivement l'attention des observateurs, une preuve que ces lits ont été consolidés au moyen de la fusion , & non par une solution aqueuse. Non-seulement il considère les lits en général entrecoupés par des veines & des fentes, comme lui offrant des phénomènes incompatibles avec une consolidation uniquement opérée par une solution aqueuse ; mais encore il pense que les phénomènes correspondans des veines & des fentes sont en proportion de ce que les lits ont été plus ou moins consolidés par un effet de la fusion.

Si nous passons maintenant à la seconde branche de discussion, où l'on a pour objet de considérer par quel moyen les lits consolidés ont été transformés en continens & élevés au-dessus du niveau de la mer , nous verrons qu'on y suppose que la même puissance d'une extrême chaleur , par laquelle toute substance minérale a été amenée à un état de fusion plus ou moins complette, a été capable de produire une force expansive suffisante pour élever du fond de l'Océan, la terre consolidée jusqu'à la place qu'elle occupe actuellement au-dessus du niveau de la mer. Ici Hutton

croit devoir encore recourir à la nature , en examinant jusqu'à quel point les lits formés par les sédimens successifs de l'Océan & déposés au fond de son bassin , se trouvent dans l'état régulier que doit comporter leur formation originelle ; ou si au contraire ils ont actuellement éprouvé dans cette situation naturelle un changement notable qui nous les offre rompus , mêlés & confondus, comme on doit l'attendre de l'action d'une chaleur souterraine & d'une expansion violente. Et comme les lits de la terre consolidés offrent actuellement toutes sortes de degrés de fractures, d'inclinaisons & de désordres , ce qui paroît s'accorder avec la supposition de l'action du feu & non avec celle d'un autre agent , Hutton est porté à conclure que notre terre a été élevée au-dessus de la surface de l'eau pour devenir un monde habitable , & qu'elle a été consolidée en même tems au moyen de la même puissance de chaleur souterraine , de manière à rester au-dessus du niveau de la mer, & à résister aux différens efforts de l'Océan.

Hutton croit que cette théorie peut être confirmée par la considération des veines minérales , de ces grandes fentes de la terre qui renferment une matière entièrement étrangère aux lits qu'elle traverse : matière évidemment tirée du règne minéral , c'est-à-dire , d'un lieu où la puissance active du feu & la force expansive de la chaleur résidoient dans le sein de la terre.

Ceci étant considéré comme une des principales opérations du règne minéral , il convient de rechercher dans les phénomènes connus de la nature , la manifestation de cette puissance & de cette force, que l'on trouve dans la matière ignée des volcans répandus sur le globe. Les volcans étant considérés comme les vraies décharges d'une puissance superflue & surabondante , ne peuvent être placés dans la classe des accidens , mais comme des opérations utiles pour la sûreté des habitans de la terre, & comme offrant l'image d'une force qui a contribué si singuliérement à la constitution actuelle du globe de la terre.

L'auteur croit avoir trouvé des preuves de cette doctrine en nous faisant voir, au milieu des nombreux produits du feu des volcans, ce qu'il considère comme une abondance de laves souterrai nes non interrompues : il les trouve dans les rochers de Basalte, dans le trapp de Suéde, le toadstone du Derbyshyre, le rag-stone & le whin-stone d'Angleterre & d'Écosse, dont Hutton cite des exemples particuliers en décrivant deux différentes formes, sous lesquelles ces différentes substances se sont présentées à lui.

En faisant le dénombrement de ces laves souterraines, il a soin en même tems d'assigner les caractères qui peuvent servir à les distinguer des laves volcaniques ordinaires, & nous devons dire ici que ces caractères peuvent suffire aux yeux des naturalistes instruits pour leur faire douter que les laves souterraines de Hutton soient des produits du feu.

On voit que dans ce système les corps durs & solides doivent avoir été formés de corps mous & de matériaux séparés & incohérens, rassemblés au fond de la mer, & que ce fond doit avoir été chargé de matériaux, de manière à pouvoir éprouver un changement considérable dans sa position relativement au centre de la terre : & à prendre la forme d'un continent élevé au-dessus du niveau de la mer ; enfin à devenir une terre fertile & habitée, malgré un soulevement considérable par l'action des feux souterrains.

Hutton ayant établi un système, suivant lequel la terre actuelle a d'abord été formée au fond de l'Océan, & ensuite élevée au-dessus de la surface de la mer, il se présente une question par rapport au tems qui a été nécessaire pour accomplir ce grand ouvrage.

Pour asseoir un jugement à ce sujet, l'attention du naturaliste Écossais s'est tournée vers un objet important, je veux dire la nature de la terre qui a précédé celle sur laquelle nous sommes, sa durée, & sa ressemblance. Il paroît que quant à sa ressemblance, on peut en juger par l'abondance de toutes les productions végétales aussi-bien que par les dépouilles des animaux de plusieurs espèces qui se trouvent dans la terre actuelle. Enfin, quant à sa durée, Hutton croit qu'on peut en faire l'estimation, en considérant le dépérissement de la terre actuelle qui se passe continuellement sous nos yeux. Ce dépérissement est le layage graduel de nos sols par les eaux pluviales torrentielles, & par la destruction des rivages de la mer qui est due à l'agitation des flots.

Si nous pouvions mesurer le progrès de la destruction de la terre par les eaux courantes & par la mer, il semble que nous pourrions apprécier la vraie durée de l'ancienne terre qui a nourri les plantes & les animaux dont nous avons parlé, & qui a fourni à l'Océan les matériaux qui sont entrés dans la construction de la terre actuelle. Nous aurions, selon Hutton, la mesure d'un espace de tems correspondant, savoir de celui qui a été nécessaire pour produire la terre actuelle. Mais si au contraire on ne peut fixer de période pour la durée ou la destruction des deux sortes de terres, sur ces observations de la nature qui, quoiqu'elles ne soient pas susceptibles d'être mesurées, n'en sont pas moins indubitables, Hutton se croit autorisé à tirer les conclusions suivantes :

1°. Qu'il a fallu un tems indéfini pour la production de la terre qui existe maintenant.

2°. Qu'un espace égal a été employé à la construction de l'ancienne terre, d'où sont font venus les matériaux de la terre préfente.

3°. Et enfin, qu'il y a préfentement au fond de l'Océan le fondement d'une terre future qui doit paroître après un efpace de tems indéfini.

Comme les obfervations des hommes ne peuvent leur fournir des moyens propres à mefurer la perte graduelle de nos continens, il en réfulte que nous ne pouvons eftimer la durée de celui que nous voyons, ni calculer l'époque à laquelle il a commencé, de forte que, par rapport à nos obfervations, ce monde n'a ni commencement ni fin.

Nous n'entrerons pas dans les difcuffions qui ont plus pour objet les preuves morales que les preuves phyfiques. D'ailleurs, on verra dans l'extrait de la differtation qui va fuivre, la marche de l'auteur dans l'obfervation de la nature, & furtout dans l'emploi des faits bien difcutés.

§. I I.

Extrait du mémoire de Hutton fur la théorie de la terre, publié en 1788.

Ce mémoire eft diftribué en trois parties. Dans la première, Hutton nous fait envifager le globe terreftre comme compofé, 1°. d'une maffe folide ou noyau; 2°. de l'Océan; 3°. des terres habitables irrégulièrement élevées au-deffus du niveau de la mer; 4°. de l'atmofphère, où le mouvement eft produit par la gravitation, la lumière, la chaleur, l'électricité & le magnétifme.

Nous ne nous occuperons ici que des terres ou des continens, que la nature, fuivant Hutton, a deftinés à une deftruction continuelle. La partie folide a dû s'atténuer pour produire des végétaux. Les eaux en ont entraîné les débris dans

la mer par les rivières & les fleuves, & l'Océan les a diftribués fur fon fein par couches & par fédimens plus ou moins étendus.

Mais d'autres caufes ont contribué à la formation des nouvelles terres qui devoient devenir de nouveaux continens; l'étude de ce qui s'opère fur les bords de la mer, comme dans fon baffin, nous montre les fables & les graviers, ainfi que les cailloux roulés qui font dus à l'action des flots le long des côtes. Outre cela, les courans les mêlent aux marnes & aux argiles qui fe détachent de ces mêmes bords: enfin, de nouveaux fyftêmes de couches horifontales font formés chaque jour par les coquillages & les animaux marins détruits au fond de l'Océan.

Ce qui fe paffe actuellement s'eft opéré dans tous les fiècles avec la plus grande régularité, & cette fuite d'événemens eft d'ailleurs prouvée par une fuite d'obfervations qui nous ont fait connoître.

1°. Qu'il y a peu de couches calcaires à quelque élévation qu'elles fe trouvent placées, qui ne contiennent des dépouilles d'animaux marins.

2°. Que dans les couches évidemment marines, il fe trouve du fpath calcaire.

Hutton en conclut que les couches calcaires, au milieu defquelles ne réfident pas des corps marins ou leurs débris reconnoiffables, proviennent également des animaux marins, puifqu'on y rencontre plufieurs filons ou cryftaux de fpath calcaire: il en réfulte enfin que toute couche horifontale calcaire a été formée dans la mer. Le naturalifte d'Edimbourg, après ces confidérations, ne fe borne pas à expliquer comment toutes ces matières font forties de deffous les eaux au milieu defquelles la nature les a formées & organifées; il croit devoir examiner auparavant pourquoi elles ne font pas dans l'état où elles ont été dépofées,

& à quelle cause peut être due leur confolidation & la réunion des différens élémens qui les compofent. C'eft ce dont il
s'occupe dans la feconde partie de fon
mémoire, qui traite de la *folidification*
des couches de la terre.

SECONDE PARTIE.

La folidification des couches paroît à
Hutton avoir été précédée d'un certain
état de molleffe qui ne peut être attribué
1°. qu'à une folution dans *l'eau* ; 2°. ou
bien à une fufion par le *feu*.

Si l'on fuppofe que cet état de molleffe
ait été produit par la folution dans l'eau,
Hutton exige qu'on lui dife, comment l'eau
s'eft féparée de ces matières, & pourquoi
on ne la retrouve pas au moins dans les
cavités que nous offrent les couches : il
eft auffi curieux de favoir en même tems
d'où eft venue la fubftance qui remplit
très-exactement les interftices qui auroient
été pleins d'eau : comment l'eau tenant ces
matières en diffolution auroit pénétré dans
ces cavités déjà remplies de ce liquide ; &
enfin comment elle en feroit fortie après
y avoir dépofé ces matières.

Qu'on examine les matières confolidées ; ne femble t-il pas que fi elles n'ont
pris cette confiftance qu'à la fuite d'une
folution dans l'eau, leur fubftance doive
être néceffairement foluble dans ce liquide,
& qu'elles ont dû fe conferver dans l'état
où la féparation d'avec le diffolvant les
a laiffées ?

Le phyficien Ecoffais eft bien éloigné
de reconnoître dans le *fpath calcaire* un
état femblable à celui des *concrétions* produites par la terre calcaire diffoute dans l'eau.
Il nous fait confidérer les *fpaths-fluors*,
les felds-fpaths, les filex, les foufres, les
bitumes, les métaux, comme n'étant point
folubles dans l'eau, quoique ces fubftances
foient folidifiées dans prefque toutes les

couches. Il penfe donc que fi l'eau les y
avoit dépofées, il faudroit lui fuppofer
un pouvoir diffolvant univerfel.

2°. Hutton, en paffant à l'action du feu
pour donner la folution du problême dont
il eft queftion, eft fort tenté de croire
qu'il eft le feul agent qui puiffe jouir d'un
tel pouvoir ; les corps qu'il a ramollis ou
fondus deviennent folides par le refroidiffement &, par la retraite qui en eft la fuite :
il peut, felon lui, faire pénétrer dans les
interftices des couches toutes les fubftances
fous forme de liquide, de vapeurs ou
d'exhalaifons, & y introduire les mélanges
des matières dont nous trouvons ces bancs
compofés.

En fe bornant à confidérer les fubftances *filiceufes* & fulphureufes que l'on
rencontre l'une & l'autre dans toutes les
fortes de couches, il eft aifé de s'affurer fi
elles ont pu être diffoutes dans l'eau. On
voit d'abord que la matière *filiceufe* n'y
eft pas certainement foluble. Si elle paroît
l'être dans l'eau des *Giefers* en Iflande &
dans d'autres cas, Hutton eftime que c'eft
probablement à l'aide de quelque fubftance
alkaline : mais en général il paroît convaincu que ni le filex, ni le cryftal de
roche, n'ont pu être diffous dans l'eau ;
il a cru d'ailleurs reconnoître que dans les
cas nombreux où la matière filiceufe a
pénétré d'autres fubftances, les circonftances montrent que cette pénétration a
eu lieu fous les eaux de la mer, & qu'elle
a été l'effet de la fufion. Ainfi, felon lui,
les filex des pays de craies, les poudingues, les maffes de filex trouvées dans
les fables, comme celles qu'on obferve aux
environs de Bruxelles, peuvent être citées
comme des preuves de cette affertion.
Hutton ne doute pas que les bois agatifés
d'Angleterre, d'Allemagne & de *Loch-
neagh* en Irlande ne le montrent plus clairement encore, furtout lorfque ces bois
n'ont été pénétrés par l'infiltration de cette
matière que dans une partie de leur maffe,

& qu'une partie conserve encore la texture ligneuse, tandis qu'elle est détruite dans d'autres. Il croit au contraire ces faits inexplicables dans la supposition de ceux qui soutiennent que la pénétration s'est faite par l'eau.

Passant ensuite aux matières *sulphureuses*, il les considère comme insolubles dans l'eau, & les distingue en deux classes, les *métalliques* & les *bitumineuses*. Ainsi, suivant ses vues, *la minéralisation des métaux* s'est opérée par la fusion; car comment l'eau l'auroit-elle exécutée? comment auroit-elle formé une masse qui souvent présente un mélange d'un très-grand nombre de substances, toutes insolubles dans l'eau? Par exemple, le même échantillon contient 1°. *des pyrites*, c'est-à-dire, du soufre, du fer, du cuivre; 2°. de la *blende*, fer, soufre & zinc; 3°. de la *galène*, plomb & soufre; 4°. du spath pesant, terre pesante, & acide vitriolique; 5°. du spath fluor: terre calcaire, & acide particulier; 6°. du *spath calcaire*, terre calcaire, air fixe. Dans ces mélanges, les substances sont souvent tellement cristallisées les unes sur les autres, qu'il est impossible que la cause qui a rendu l'une d'elles fluide, ne soit pas celle qui a produit le même effet sur les autres; or, Hutton soutient que le feu est le seul agent qui ait pu le faire.

Il ajoute à cette prétention que les métaux qu'on ne trouve pas minéralisés par le soufre, sont ceux avec lesquels le feu ne peut l'unir, ou ne le fait que difficilement; enfin, que les métaux natifs portent des marques de son action. Témoin le fer natif de Pallas, & surtout la manganèse native de la Pérouse; *journal de Physique*, janvier 1786.

2°. Les matières bitumineuses, dépôts des substances végétales au fond de la mer, y ont subi divers degrés de chaleur, dont les effets ont été la volatilisation des parties huileuses plus ou moins abondantes, suivant les circonstances, sous une pression immense. Cette volatilisation n'a pu se faire, & les matières sont demeurées complettement inflammables. En d'autres cas, elles ont perdu plus ou moins de leur substance inflammable, & sont restées en conséquence plus ou moins dans l'état ou de charbon ou de cendres incombustibles. Or, les matières bitumineuses se trouvent dans tous ces états depuis celui de *caput mortuum* jusqu'à celui de vrai bitume distillé, coulant, & remplissant les cavités des autres substances minérales, tel que la pierre calcaire de Reith dans le comté de Fise dont les cavités, tapissées de spath calcaire & de pyrite, sont pleines de bitume fluide ou de gouttes dures & arrondies de cette substance. Si c'est l'eau qui a causé cette pénétration du bitume, est-ce elle qui auroit dissous le spath & les pyrites? comment auroit-elle formé les globules de bitume?

Les couches de sel gemme ne sont pas moins, suivant le même système, les effets du feu, que celles des matières insolubles dans l'eau. On conçoit la formation d'une masse de sel au fond d'une mer qui se feroit évaporée, comme par exemple, dans le fond de la Méditerranée, si le détroit de Gibraltar étoit fermé: mais les couches de ce sel n'auroient pas plus de consistance que des couches de sables, & il resteroit toujours de l'eau entre les cristaux: il faut donc recourir à la fusion par le feu, & il n'y a qu'elle qui pourroit expliquer la formation des masses de sel gemme du comté de *Chester*. Voyez cet article dans le dictionnaire.

« Le sel s'y trouve parmi des couches » de marne rougeâtre. Cette masse est » disposée par bancs horisontaux & d'une » épaisseur dont on ne connoît pas l'éten- » due. On y a creusé jusqu'à 30 & 40 » pieds: elle est parfaitement solide & en » divers endroits le sel est pur, sans cou-

» leur, tranfparent, fe débitant par cubes.
» Mais la plus grande partie eft colorée
» par la marne, depuis la plus foible nuance
» de rouge jufqu'à la plus parfaite opacité.
» Ainfi le tout paroît avoir été une maffe
» de fel liquide dans laquelle des particules
» de marne font inégalement difperfées ,
» mais partout fe féparant de la matière
» faline & tendant à fe dépofer.

» La féparation qu'on peut remarquer
» entre les maffes de fel pur & celles de
» fel coloré , offre une certaine régularité
» qui permet de reconnoître la ftructure de
» la maffe totale , lorfqu'on en regarde la
» coupe verticale à quelque diftance. Dans
» la partie la plus baffe on n'apperçoit
» d'abord qu'une fuite de couches régu-
» lières ; mais en jettant un coup-d'œil fur
» l'enfemble des bancs qui occupent la
» partie fupérieure , on trouve qu'il n'en
» étoit pas de même. On y remarque les
» figures de cryftaux les plus belles, les
» plus régulières, mais en même tems les
» plus éloignées de la forme de bancs ou
» de couches. Toute cette partie offre
» une fection d'une maffe formée de fphères
» concentriques , femblables à ce que
» l'agate préfente fi fouvent en petit. A
» 8 ou 10 pieds au-deffous de la furface
» fupérieure, les cercles concentriques de-
» venant plus larges fe trouvent con-
» fondus les uns dans les autres, & per-
» dent leur forme régulière; jufqu'à ce
» que parvenus à une certaine profondeur,
» ils n'offrent plus que les diftinctions
» de diverfes couches. »

D'après la defcription de cette mine de
fel intéreffante, Hutton fe croit autorifé
à croire que la fufion opérée par le feu
eft feule capable d'expliquer le mélange de
matières étrangères, leur féparation & la
ftructure variée de ces maffes de fel. Cela
lui femble encore confirmé par la maffe
de *l'alkali vraiment minéral*, décrit dans
les tranfactions philofophiques de 1771.
Il n'eft pas cryftalifé comme le même fel

quand on l'a fait diffoudre dans l'eau ; mais
il eft ftrié & radié comme la zéolite, &
mis fur le feu il ne bouillonne & ne fe
bourfouffle point, mais fe fond fur le
champ. Preuve, fuivant Hutton, qu'il ne
renferme point d'eau de cryftalifation, &
qu'il a été fondu avant de fe confolider
dans la terre.

Entr'autres exemples de l'action du feu,
Hutton cite la mine de fer en roche qui
fe trouve, & eft exploitée en divers lieux
d'Angleterre & d'Ecoffe. Elle forme quelquefois des couches dans l'argile ou dans
le fchifte , rend 40 à 50 pour cent de fer,
eft impénétrable à l'eau & même eft fufceptible de prendre le poli. Celle furtout
qui peut fervir d'exemple eft en marons
applatis, & fe fouille à Aberlady dans le
Lothian oriental : ces marons font de
toutes grandeurs, depuis un pouce jufqu'à
plus d'un pied de diamètre. Fendue dans
le fens du grand axe, elle offre dans l'intérieur de beaux compartimens qui donnent
lieu aux obfervations fuivantes :

« 1°. Que les fentes fe font formées par
» la retraite uniforme de la fubftance inté-
» rieure de la pierre. Comme le volume
» des parties du centre a diminué plus que
» celui des parties de la circonférence ,
» les fentes font moins larges à mefure
» qu'elles s'approchent de la circonfé-
» rence.

» 2°. Que les fentes ne peuvent s'être
» remplies plus ou moins par les cryftaux
» qu'elles contiennent que de deux ma-
» nières : ou par une matière qui s'y eft
» introduite, ou par celle qui s'eft féparée
» du corps de la pierre en même tems
» que la retraite a eu lieu. »

La première de ces deux dernières fuppofitions ne paroît pas pouvoir être admife
par le naturalifte d'Edimbourg: les raifons
qu'il en donne font que l'on ne voit rien
à l'extérieur, par où une matière étran-

gère ait pu être introduite dans les fentes ; & que ces fentes ne s'étendent pas jusqu'à la circonférence.

Il a donc recours à la seconde supposition, en prétendant que ces pierres se sont durcies par le refroidissement & non par un dessèchement, d'autant plus que les cryfalisations qui ont rempli les fentes sont tantôt du spath calcaire, & tantôt du fer cryftalisé ; d'ailleurs on voit ici des pyrites, là du fer spathique & même quelquefois du quartz.

Hutton tire les mêmes inductions des géodes cryftalines ou drufes, & surtout des agates à couches concentriques communes en Ecosse. Plusieurs de ces corps sont remplis de cryftaux quartzeux : d'autres offrent des cavités dont les parois sont tapissés de divers cryftaux. Outre cela, ces cavités sont exactement entourées de plusieurs enveloppes parfaitement solides, impénétrables à l'air & à l'eau, & recouvertes à l'extérieur d'une croûte de la plus grande dureté, qui ne peut laisser passer que la chaleur, & quelquefois la lumière.

On trouve dans ces géodes, 1°. les cryftaux qui en revêtent les parois, comme cela se remarque dans toutes les substances qui cryftalisent après avoir éprouvé une fusion ; 2°. assez ordinairement on remarque un autre systême de cryftalisation établi & plus ou moins inplanté dans la substance ; 3°. quelquefois une troisième cryftalisation se voit sur la seconde place, comme celle-ci l'est sur la première : voici sur ce travail de la nature quelques particularités remarquables.

Hutton possède un échantillon dans lequel les premiers cryftaux sont de quartz, les seconds de fer rouge, transparent, écailleux, formant de jolies figures de roses ; & la troisième cryftalisation offrant un drufen de petits cryftaux de quartz distribués sur la tranche des cryftaux écailleux.

Dans d'autres échantillons, la cavité est tapissée de cryftaux de roche blancs : ceux-ci en portent d'autres enfumés & mêlés d'améthistes, qui sont à leur tour couverts de globules ou demi-globules d'une mine de fer rouge, compacte, semblable à l'hématite.

Dans d'autres encore, les premiers cryftaux sont quartzeux & les seconds calcaires. Un certain échantillon de cette sorte renferme de beaux cryftaux de roche transparens sur les cryftaux calcaires, & sur ces cryftaux de roche sont des globules de mine de fer.

Enfin, Hutton nous cite une agate formée de très-belles couches rouges & blanches, dont la cavité centrale a été complettement remplie, d'abord de quartz blanc, ensuite de cryftaux de quartz enfumés, puis de spath calcaire blanc. Mais entre le spath & les cryftaux quartzeux, on voit des globules qui paroissent être de la mine de fer, qui sont à moitié engagés dans chacune de ces deux premières substances.

De tous ces faits curieux, Hutton se croit autorisé à tirer les conséquences suivantes :

1°. Que ces agates se sont durcies de la surface extérieure au centre. Il regarde cette marche comme une suite nécessaire de leur configuration, parce qu'il pense que la figure des couches extérieures détermine toujours celle des couches intérieures, & jamais au contraire : celles-ci n'affectant point les enveloppes qui les recouvrent.

2°. Que quand l'agate s'est formée, sa cavité contenoit tout ce qu'on y trouve aujourd'hui & rien de plus.

3°. Que pour pouvoir cryftaliser, les substances renfermées dans la cavité ont dû être fluides.

Enfin, que puisque, suivant son système, cette fluidité ne peut pas avoir été l'effet d'une dissolution dans un menstrue, il s'ensuit qu'elle a été l'effet du feu & d'une fusion.

D'autres observations sur les jaspes & les agates conduisent le naturaliste Écossais à la même conclusion, surtout après l'examen des petits noyaux de calton-hill qui offrent toutes les circonstances les plus variées. Hutton enfin finit par observer que les gouttes d'eau qu'on trouve dans certains cristaux ne peuvent être objectés contre le système qu'il soutient : les raisons qu'il en donne sont que l'on ne sauroit, il est vrai, renfermer de l'eau dans du verre fondu sous la seule pression de l'atmosphère, mais que cette impossibilité cessoit sous une très-grande pression, comme le prouve le digesteur de Papin.

Il me semble que Hutton pouvoit donner une preuve directe & positive en faveur de son hypothèse, en citant les agates creuses & pleines d'eau de Vicence qui se trouvent dans une terre cuite visiblement par l'action des feux souterrains. Je l'indique ici comme le seul fait qui me paroisse favoriser l'opinion du naturaliste d'Édimbourg : mais je suis éloigné de l'adopter pour les autres observations.

Nous avons exposé ici un assez grand nombre des faits que renferme la seconde partie du mémoire de Hutton, pour faire connoître sa méthode de raisonner sur la cause qu'il attribue au *durcissement* des matières qui font partie des couches de la terre : nous allons considérer maintenant la consolidation des couches elles-mêmes d'après le même physicien.

TROISIÈME PARTIE.

L'auteur cherche à établir dans la troisième partie de son mémoire, comme un des principes fondamentaux de sa théorie, que l'action des feux sousmarins n'a pas dû produire des éruptions à la manière des volcans, mais que son effet a dû être de soulever les couches & de les élever au-dessus du niveau de la mer, ensuite il ajoute :

« Si cette théorie est juste, on doit » s'attendre à trouver des matières fondues » ou fusibles, sous forme de lave, parmi » des couches où il n'y a aucune marque » visible de volcans. C'est un fait impor- » tant. Car s'il se trouve que des quantités » considérables de matières analogues aux » laves ont été comme *injectées* parmi des » couches originairement formées au fond » des eaux, & maintenant au-dessus de » leur surface, il en résultera que nous » avons découvert l'opération secrète par » laquelle la nature travaille & durcit de » nouveaux continens, & la manière dont » elle a préparé celui que nous habitons. » Laissant donc les raisonnemens, nous » allons montrer que tel est en effet l'état » des choses. »

Ceux mêmes qui n'adopteroient pas les conséquences que Hutton tire des observations qu'on a faites sur le whin-stone, trouveront les détails qu'il expose trop intéressans pour qu'ils ne me sachent pas quelque gré d'avoir transcrit le passage de son mémoire où il en traite. Les rapprochemens qu'il a faits des différentes contrées où se trouve cette substance & des dispositions variées où les couches de la terre la lui ont présentée, ne peuvent, dans tous les cas, que jetter du jour sur ce point d'histoire naturelle, qui doit plaire même à ceux qui n'y verroient pas les produits des feux souterrains. Ces sortes de matériaux que les auteurs des systèmes recueillent avec un grand zèle, n'en sont pas moins précieux, quoiqu'ils ne satisfassent pas à toutes leurs vues hypothétiques ; les faits liés, bien vus, quoique mal interprétés, doivent être revendiqués par les naturalistes les plus éloignés des systèmes, parce que la géographie-physique sait s'enrichir de tous ces débris.

» Il paroît par la minéralogie de
» Cronftedt que la roche appellée *trapp*,
» par les Suédois, *Amygdaloide* &
» *Schwartzftein*, par les Allemands,
» eft la même que nous nommons en
» Ecoffe *whin-ftone*, & auffi ce que
» confirment complettement des échan-
» tillons qui m'ont été envoyés de Suéde
» à mon ami le docteur Gahn; ainfi tout
» ce qu'on peut dire du *whin-ftone* doit
» s'appliquer également à la Norwège,
» à la Suéde, à l'Allemagne.

» Le *whin-ftone* eft pareillement la
» même chofe que le *toad-ftone* du
» Derbyshire, qui eft de l'efpèce des
» amygdaloïdes & que le *rag-ftone* du
» Midi du Stafford-shire, lequel eft notre
» fimple *whin-ftone*, ou un véritable
» trapp. Il faut donc renfermer l'An-
» gleterre dans le champ des opérations
» minéralogiques dont nous recherchons
» les caufes; & il faut y comprendre
» auffi l'Irlande, comme le prouvent la
» chauffée des géans & beaucoup d'autres
» indices.

» Le midi de l'Ecoffe eft traverfé par
» une chaîne de montagnes qui s'étend
» des côtes Occidentales du comté de
» Galloway, jufqu'au côtes Orientales de
» célui de Berwick, laquelle eft compo-
» fée de granits, de schiftes & de couches
» filiceufes. Plus au Nord les monts
» Grampiens forment une chaîne de
» même nature. Ce qu'il y a de remar-
» quable, c'eft qu'entre ces deux grandes
» maffes de couches brifées, renverfées
» & contournées, fe trouve un pays
» où elles font en général moins dures
» & moins folides, mais qui porte de
» grandes marques des effets & de l'action
» des feux fouterrains.

» Dans cet efpace, les couches font
» généralement de pierre de fable, de
» charbon de terre, de pierre calcaire,
» de mine de fer en pierre (*iron-ftone*),

» de marne & d'argile. D'autres ren-
» ferment des matières analogues, &
» quelques-unes font compofées de ces
» diverfes fubftances. Mais la circonf-
» tance qui fait, fur-tout à mon fujet,
» c'eft que par-tout on y trouve une
» immenfe quantité de *whin-ftone*, fubf-
» tance qu'il faut bien diftinguer de la
» lave dont elle diffère beaucoup; confi-
» dérons d'abord la manière dont elle eft
» difpofée.

» Souvent on la trouve en maffes ou en
» montagnes irrégulières. Cronftedt l'a-
» voit déjà obfervé; mais il ajoute auffi
» que cette difpofition n'eft pas géné-
» rale. *Affez fouvent*, dit-il, *elle forme*
» *dans des montagnes d'une autre nature,*
» *des veines qui font communément en zig-*
» *zag & dans une direction oblique, rela-*
» *tivement à celle de la Roche.*

» La caufe de cette difpofition du
» *trapp* ou *whin-ftone* eft manifefte, fi
» l'on confidère que ce corps folide a
» été dans un état de fluidité & introduit
» alors parmi des couches qui ont con-
» fervé leur forme naturelle: on voit
» que ces couches ont été brifées, &
» que le whin ftone a coulé dans la
» fracture.

» Il y a un bel exemple d'une de ces
» coulées à la rive droite de la rivière
» d'Earn, fur la route de Crieff, elle a
» 12 toifes (de 6 pieds anglois) de
» largeur, & s'élève verticalement de
» plufieurs pieds au-deffus du terrein.
» Elle court à l'eft & paroît être la même
» qui traverfe le Tay, formant la caf-
» cade de Campfy, (*Campfy-Lin*) au-
» deffus de Stanley, comme une autre
» coulée de même nature forme une
» feconde chûte au-deffus de cet en-
» droit. Je l'ai vue auffi à Lednoc, fur
» la rivière d'*Ammon*, où elle forme
» pareillement une cafcade à environ 5
» ou 6 milles à l'oueft de la cafcade de

» _Campſy_. Il paroît d'ailleurs que du Tay
» la coulée s'étend à l'eſt, dans la grande
» plaine de Strathmore, & qu'elle peut
» avoir une longueur de 20 à 30 milles
» de ce côté-là. Vers l'oueſt, il eſt fort
» facile de la ſuivre juſqu'au château de
» Drummond, (_Drummond-Caſtle_) &
» peut être beaucoup au-delà.

» On voit deux petites veines de la
» même nature de pierre qui n'ont guère
» que deux ou trois pieds de largeur,
» dans le lit de la rivière de _Leith_, où
» elles traverſent des couches horiſon-
» tales ; l'une au-deſſus, & l'autre im-
» médiatement au-deſſous de la _fontaine_
» _Saint - Bernard_, à un demi - mille à
» l'oueſt d'Edimbourg : mais c'eſt ſur-
» tout dans le comté d'Ayr au nord
» d'_Irvine_, que l'on peut voir de ces
» bandes de whin - ſtone : on y en
» compte plus de 20 ou 30 dans un
» eſpace d'environ 20 milles le long de
» la côte, entre _Irvine_ & _Scarmorly_ :
» quelques-unes ſont fort larges; & dans
» certains endroits on en remarque une
» plus petite, coupant les principales à
» angle droit & joignant enſemble deux
» de celles-ci, qui courent parallèlement
» l'une à l'autre.

» L'Ecoſſe & le comté de Derby pré-
» ſentent une autre diſpoſition régulière
» de cette pierre, & dont Cronſtedt n'a
» point parlé. Dans ces deux contrées
» ce n'eſt pas au milieu des fractures
» que les couches ont éprouvées que le
» whin-ſtone a coulé. Les couches ayant
» été écartées ou ſéparées les unes des
» autres, la matière a été injectée en-
» tr'elles, formant elle-même une couche
» qui a différens degrés d'épaiſſeur ré-
» gulière. J'ai vu au midi de la ville
» d'Edimbourg, dans une eſpace d'un
» peu plus d'un millé de l'eſt à l'oueſt,
» neuf ou dix lits de _whin-ſtone_ inter-
» poſés entre les couches. Ces lits ou
» maſſes ont depuis trois ou quatre pieds

» juſqu'à cent d'épaiſſeur. Elles courent
» parallèlement ſur un plan incliné à
» l'horiſon, avec lequel ces lits forment
» un angle de 20 à 30 dégrés, comme
» on peut le voir à _Salisbury craggs_,
» (montagne aux portes d'Edimbourg).»

Après avoir ainſi décrit les maſſes qu'il
imagine avoir coulé par l'action du feu
parmi les couches formées des dépôts
de la mer, Hutton paſſe à l'examen de
la différence qu'il croit avoir remarquée
entre ces prétendues _laves ſouterraines_,
comme il les appelle, & les ſubſtances
qu'il conſidère comme analogues, & qui
ſont de vraies laves vomies par un volcan : & il les diſtingue particuliérement
en ce que la zéolite & le ſpath calcaire
ſe rencontrent dans les premières, &
qu'on n'a jamais trouvé ces ſubſtances
dans les autres.

Hutton, perſuadé que ces deux ſortes
de laves ont eu la même origine, ne
doute pas qu'elles ne ſoient compoſées
des mêmes principes. Mais les différentes circonſtances qui ont accompagné leur production, établiſſent entr'elles
une différence de caractères qui les rend
parfaitement diſtinctes. L'une a été expoſée à l'atmoſphère dans ſon état de fluidité ; l'autre ne l'a été qu'après un très-
long-tems : après avoir pris une conſiſtance ſolide ſous la preſſion d'une maſſe
énorme : & après que certains agens particuliers à la région des minéraux ont
exercé leur puiſſance ſur ſa ſubſtance déjà
ſolide. Telles ſont les cauſes de la différence que l'auteur trouve entre les laves
des volcans, & celles qu'il appelle _ſouter-_
raines, & qui portent les noms de _whin-_
ſtone, de _toad-ſtone_ & de _trapp_. Enſuite
il paſſe à l'examen des effets reconnoiſſa-
bles de ces différentes opérations.

« Dans la lave jettée par les volcans, les
» ſubſtances calcinables ou vitrifiables par
» le feu de nos fourneaux, ſe calcinent
ou

» ou fe vitrifient dès qu'elles font déchar
» gées de la compreffion qui les rendoit
» fixes, malgré l'extrême intenfité de la
» chaleur. Ainfi, lorfqu'une lave qui con-
» tient beaucoup de matière calcaire eft
» expofée à l'atmofphère, & débarraffée
» de la force qui la comprimoit, elle entre
» en effervefcence par le dégagement fubit
» de l'air fixe, & en même tems la terre
» calcaire fe vitrifie avec les autres fubf-
» tances. De-là les violentes ébullitions
» des volcans & les abondantes éjections
» de pierres ponces & de cendres qui font
» de même nature.

» Dans le whin-ftone, au contraire,
» on ne voit aucune marque de calcina-
» tion ni de vitrification : on y trouve
» fouvent en abondance le fpath calcaire
» ou la terre calcaire aérée qui, ayant été
» dans un état de fufion, s'eft cryftalifée
» en fpath par le refroidiffement. C'eft le
» cas de la pierre amygdaloïde & de plu-
» fieurs des roches de whin-ftone qui
» renferment des noyaux cryftalifés & di-
» verfement figurés, tant calcaires que
» filiceux, ou formés d'un mélange où les
» deux fubftances occupent chacune une
» place à part. Les échantillons de cette
» forte de whin-ftone ou porphyre de
» la montagne de Calton-Hill (dans la
» ville d'Edimbourg) préfentent tous les
» réfultats de toutes les opérations miné-
» rales par lefquelles le jafpe, les agathes
» figurées & le marbre peuvent paffer, &
» qui prouvent que ces corps l'ont été
» par le feu & la fufion, fuivant mon
» opinion.

» Je ne prétends pas que ce foit là une
» démonftration directe : elle n'eft que
» conditionnelle, & repofe fur la fuppo-
» fition que la roche bafaltique ou por-
» phyrique de laquelle ces échantillons
» ont été détachés, a été dans un état de
» fufion. Mais c'eft une fuppofition dont
» on pourroit fournir une abondance de
» preuves, s'il étoit néceffaire, & fi les

» naturaliftes n'étoient pas aujourd'hui
» portés à l'admettre. Je trouve même
» (c'eft Hutton qui exprime fon opinion),
» je trouve même qu'ils en tirent des con-
» féquences qui ne me femblent pas fuffi-
» famment autorifées, en concluant de ce
» que nos roches de whin-ftone pôrtent
» les caractères de l'action du feu, qu'il y
» a eu autrefois des volcans dans les lieux
» qu'elles occupent. Malgré l'examen le
» plus attentif, je n'en ai jamais vu aucun
» veftige. Qu'il y ait, en d'autres pays,
» des marques évidentes de volcans éteints
» depuis long-tems, c'eft un fait incon-
» teftable ; mais les naturaliftes attribuent
» fouvent à des volcans, des effets qui
» n'indiquent autre chofe que l'action d'une
» force qui auroit pu effectivement être la
» caufe d'un volcan. »

§. III.

Réflexions fur les différens états primitifs
des fubftances pierreufes : fur l'origine
des pierres calcaires : fur la ftratification
& la confolidation des bancs pierreux.

Les naturaliftes qui ont médité fur l'état
primitif du globe, s'accordent à dire que
les matières pierreufes & dures ont dû
exifter à une époque plus ou moins reculée dans un certain état de fluidité ou
molleffe. Mais comme nous connoiffons
deux fortes de fluidités, celle produite par
l'action immédiate du feu, telle eft celle
des laves & des produits des volcans, &
celle qu'opèrent les diffolvans liquides.

L'état de fluidité des maffes pierreufes
fut-elle due à la fufion ou à leur folution
dans un liquide ? Telle eft la queftion
qui a divifé depuis long-tems les naturaliftes.

Leibnitz & Buffon croyoient à la fufion
de certaines parties de la terre : elle eft
une conféquence de leurs hypothèfes fur
le premier état du globe.

Le docteur Hutton a embrassé à-peu-près la même supposition ; mais la fusion par le feu qu'il a cru devoir admettre se trouve avoir eu lieu dans des circonstances différentes ; nous avons déjà fait connoître dans les extraits de sa théorie de la terre quelles sont ces circonstances.

Ce savant prétend d'abord que toute matière pulvérulente que nous foulons au pied, sous le nom générique de terre, procède du détritus ou de la décomposition des pierres primitives : en cela il est opposé à l'opinion de ceux qui croient, au contraire, que les matières terreuses, incohérentes, ont existé de tout tems dans le même état, & qu'ensuite elles ont été partiellement réunies sous la forme de pierres compactes, tandis qu'une autre partie est restée terreuse & incohérente. Mais il s'en faut bien que ces assertions aient été présentées jusqu'à présent avec les nuances d'effets que l'observation suivie & raisonnée nous a démontré avoir eu lieu dans toutes les circonstances.

Ainsi je suis porté à croire qu'il ne faut avoir égard à aucune des deux suppositions, qui sont trop générales pour nous donner le dénouement & l'explication des phénomènes.

Voici encore un autre objet de contestation que nous ne devons pas omettre. Si, d'un côté quelques-uns des plus habiles professeurs, ont insisté sur l'influence de l'animalisation pour modifier les élémens de la matière ; s'ils ont considéré les dépouilles des testacées & les os des animaux, comme les bases des terres & des pierres calcaires : s'ils nous ont fait voir dans ces masses énormes qui composent les couches de la terre, une accumulation de coquillages marins passés à l'état de pierre à chaux : enfin, s'ils en ont conclu que ces amas de substances calcaires étoient les produits de la vie animale ; que les blocs de pierres, dans lesquels l'organisation a été tellement

altérée qu'elle a disparu entièrement, avoient été travaillés au sein des mers, ensorte que des corps primitivement organisés n'avoient définitivement offert que des masses brutes & inorganiques.

De l'autre, des chimistes, du fond de leur laboratoire, se sont imaginés que la pierre calcaire étoit une terre primitive comme les autres, & que les testacées qui en forment leurs enveloppes, la prennent dans l'immense réservoir de la nature déjà formée, se l'assimilent, mais ne la modifient pas.

Comment prendre un parti au milieu de ces prétentions ? Cependant on peut dire que les plantes qui se nourrissent seulement d'air & d'eau donnent, par leur décomposition, de la terre qui est due au seul travail de la végétation. Qui osera décider maintenant jusqu'où peut s'étendre la puissance de la vie animale ? En vain quelques chimistes modernes s'hasarderoient de l'estimer, j'avoue que je tiens encore aux vues des anciens & de Rouelle en particulier.

Le grand phénomène de la *stratification* ou de la disposition des matieres par lits ou par couches superposées les unes sur les autres, a occupé le docteur Hutton, qui reconnoît avec tous les bons observateurs, que toutes les matières ainsi stratifiées ont été ainsi déposées au fond de l'Océan. Ses antagonistes ont opposé à cela l'observation qui a fait connoître que des massifs bien évidemment stratifiés n'offroient aucun indice de corps marins, d'où ils ont voulu conclure que rien n'indiquoit l'origine sous-marine des couches. Cependant l'existence des dépouilles des corps marins dans les couches calcaires, n'a pas été jugée nécessaire par les bons observateurs, pour décider que la stratification des bancs calcaires fût l'ouvrage de l'Océan ; ainsi l'on doit considérer l'objection dont nous venons de parler comme une mauvaise difficulté.

Hutton a cru auffi qu'aucune des matières dépofées par les eaux n'avoit pu fe *confolider* fous l'eau, & qu'il falloit une force quelconque qui chaffât ce fluide des molécules des fubftances dépofées, pour qu'elles priffent la confiftance & la dureté des pierres, & il trouve cette force dans les feux fouterrains. Mais il eft vifible que le travail de la pétrification fe continue fous nos yeux, & par les concrétions qui ont eu lieu dans la plûpart des cas où l'affinité mutuelle des parties a fervi très-efficacement à exclure l'eau furabondante : c'eft ce que nous montrent les cryftalifations ordinaires. Nous citerons encore en preuve de cette confolidation, certaines pierres qui, encore tendres au fortir de la carrière, acquièrent une affez grande dureté à mefure qu'elles fe trouvent plus long-tems expofées à l'air ; & enfin, tous les mortiers qui fe durciffent hors de l'eau & même fous l'eau, fans avoir befoin de l'action du feu : ce qui détruit les prétentions de Hutton.

Outre ces raifons, l'imagination s'effraie à la vue de toutes les circonftances dont la fufion générale des matières pierreufes exige néceffairement la réunion. Quelle collection immenfe de matières inflammables ne faudroit-il pas admettre dans les entrailles de la terre, pour produire ces merveilleux effets, & dans l'étendue que leur donne Hutton ? Comment les fubftances calcaires auraient-elles réfifté à cette action des feux fouterrains ? Peut-on admettre que la preffion des maffes furincumbantes auroit fuffi pour contenir toutes les matières des couches inférieures dans l'état où nous les voyons ? Car les matières pures, telles que les fpaths & les marbres falins & grenus ne paroiffent pas avoir été expofés au feu. Les ftéatites & les ferpentines fe feroient durcies au feu & même y auroient pris un commencement de fufion. Pour peu d'ailleurs que les ardoifes, les trapps & les bafaltes euffent éprouvé l'action des feux fouter-

rains, ils fe feroient réduits en fcories. Enfin les quartz auroient réfifté à l'action du feu. Comment pourroit-on expliquer la parfaite fufion que fa cryftalifation, fous forme régulière de cryftal de roche, exigeroit dans l'hypothèfe de Hutton ? Comment ces mêmes incendies fouterrains, répandus uniformément de toutes parts, auroient-ils pu contribuer à la formation des filex au milieu des craies & des pierres calcaires ?

Si l'on réuniffoit au quartz quelques fubftances qui auroient fait l'office de fondant, alors l'action du feu auroit produit un verre de ces matières. Mais on ne peut avoir recours à cette reffource ; car on trouve affez fouvent des cryftaux de quartz mêlés avec des matières fufibles, & qui ne montrent aucun indice de fufion : fans parler de ce qu'on trouve dans le filex de femblables mélanges propres à en faciliter également une fonte qui l'auroit dénaturé.

Le géologue Ecoffais eft particuliérement malheureux dans l'explication qu'il donne de la formation du granite par l'action des feux fouterrains. Comment concevoir que cette forte de pierre, compofée de principes très-différens, n'eût pas perdu en fe fondant, la texture de chacun de ces principes que nous y obfervons maintenant, & ne fût pas devenue une maffe informe comme nos laves ? Peut-on fuppofer qu'après fa fufion, cette maffe fe fût cryftalifée de nouveau fous forme de grains. Car nous favons, par expérience, que le granit fe fond en un verre brut & très-différent du fchorl lamelleux. Enfin, on peut citer des granits de nouvelle formation, & l'on reconnoît aifément qu'ils ont reçu cette difpofition de leurs parties par le travail de l'eau ; car ce font d'anciens débris reliés enfemble par une infiltration qui a confolidé ce nouvel affemblage.

Je dois finir cette difcuffion par une ré-

Bbbbb 2

flexion fur laquelle je ne puis trop infifter, c'eft que le travail de Hutton annonce des réfultats d'obfervations qui, indépendamment de l'interprétation qu'il en a faite, peuvent fervir dans tous les cas à enrichir l'hiftoire naturelle de la terre & la géographie-phyfique de l'Ecoffe, où les objets obfervés fe trouvent. C'eft-là que fes contradicteurs auroient dû fe transporter pour rectifier ces réfultats, en y fubftituant une analyfe mieux raifonnée.

On verra dans l'extrait du mémoire de Hutton qui précède (§ II.) un paffage où fe trouvent les réfultats des obfervations de ce favant, & qui m'ont paru affez intéreffans pour être préfentés dans le plus grand détail.

§. I V.

Réflexions fur la confolidation des pierres par l'eau : fur la deftruction du globe dans les parties de l'ancienne & de la nouvelle terre : fur le foulevement des couches & leur fortie du baffin de la mer.

Quels font les matériaux qui ont concouru à la compofition des couches de la terre ? quels font les moyens que la nature a pris pour leur donner la confolidation que nous leur trouvons maintenant ? telles font les queftions que nous nous propofons de difcuter & d'éclaircir à la fuite des deux extraits fur la théorie de la terre du docteur Hutton.

Les couches de la terre font les réfultats de l'affociation de plufieurs fubftances, d'abord peu liées enfemble. Telles font d'abord les bancs calcaires qui font formés des débris des dépouilles d'animaux marins, & qui ont pris une grande folidité, comme les pierres à bâtir des environs de Paris, ou même comme certains marbres coquilliers, fufceptibles du plus beau poli.

Il eft évident que cette forme de couches n'a pu être communiquée à tous ces matériaux que par une diftribution dans le baffin de la mer, & par une folution dans cette eau, & une concrétion fubféquente des fubftances diffoutes qui, après avoir été féparées de leur diffolvant, ont reçu enfuite une infiltration lente qui en a complétté la confolidation, telle que nous l'obfervons actuellement.

La double opération de l'eau eft aifée à fuivre & à prouver. On voit d'abord que la puiffance de ce diffolvant, agiffant dans la première formation des lits fous la mer, a pu fuffire pour unir toutes les fubftances & en faire une pâte uniforme. Enfuite après la retraite de la mer & à la fuite de la deffication qui a dû avoir lieu, une infiltration fimple & foutenue, a produit cette folidité des lits, & leur pétrification telle que nous la voyons.

La comminution des corps organifés qui appartenoient aux animaux marins, me paroît avoir été différente fuivant l'organifation primitive de ces animaux & fuivant la difpofition de ces débris dans le baffin de la mer, & leur mélange avec certaines fubftances hétérogènes. On ne peut donc pas confidérer ces effets comme une folution par le feu, telle que la fuppofe le docteur Hutton.

Car, 1°. il y a des coquilles qui font entières ; 2°. d'autres font en gros fragmens : ailleurs ce font de petits débris ; enfin, plus loin on ne trouve que des atômes réduits en poudre fine, & qui, lorfqu'ils ont été pénétrés par l'eau, ont formé une pâte : enfuite un plus long féjour dans le baffin de la mer a lié ces différens débris, ces produits de la décompofition, fans influer fur cette décompofition, autrement que ne comportoit l'organifation primitive des coquillages.

A une couche il en a fuccédé une autre,

lorfque les matériaux qui ont été diftribués dans le baffin de la mer ont été accumulés avec une interpofition de fubftances hétérogènes.

Il paroît que la defficcation s'eft opérée quelque tems avant que l'infiltration ait été établie. A mefure que l'infiltration s'exécutoit, toutes les parties des couches primitivement incohérentes, & qui s'étoient rapprochées à un certain point par la defficcation, ont été liées enfemble, furtout par l'introduction de la matière de l'infiltration dans les fentes : ainfi, l'infiltration a confolidé les couches de la terre non-feulement en pénétrant les élémens de ces couches, mais encore les vides opérés par la defficcation. D'après cette théorie de la confolidation des bancs pierreux, il s'enfuit qu'il y a eu dans les couches, par la defficcation, une retraite égale à l'efpace qu'ont occupé les élémens de l'infiltration ; & par conféquent à la fuite de ce travail, les couches n'ont pas dû augmenter de dimenfions, ni en conféquence s'élever au-deffus du niveau des eaux de la mer.

Si l'eau & fon travail foit dans le baffin de la mer, foit hors du baffin, peuvent fatisfaire, comme on vient de le faire voir, à tous les phénomènes de la confolidation des couches, je fuis étonné que le docteur Hutton ait eu recours à l'action d'un feu intérieur qui n'a pu y fatisfaire également. Car le feu, de quelque manière qu'on en fuppofe l'action fur les couches de la terre, ne formera jamais, par exemple, d'une pâte calcaire un marbre compofé de débris de coquilles liés enfemble, par une infiltration fi abondante, qu'elle rend ces réfultats fufceptibles de prendre le poli.

Les autres pierres brutes calcaires auroient de même perdu toute liaifon par l'action du feu, bien loin de prendre un certain degré d'induration.

D'ailleurs les intervalles des couches pierreufes, formés fouvent d'argile ou de marne argileufe, auroient éprouvé un certain degré de cuiffon par l'effet du même agent. Ils ne feroient donc pas reftés dans l'état où nous les obfervons maintenant. Il eft vifible qu'ils ont confervé leur molleffe & leur ductilité, parce que ces fubftances ont reçu & rendu l'eau furabondante à l'infiltration, & n'ont acquis que par hafard & très-rarement, une confolidation approchant de celle des couches pierreufes.

Je ne puis pas concevoir d'ailleurs comment l'action des feux fouterrains que le docteur Hutton fuppofe réfider au fond du baffin de l'Océan auroit été capable, en deffféchant & confolidant les couches de la terre, d'y produire un foulevement & une élévation au-deffus du niveau où elles ont été formées ; élévation & foulevement qui auroient été de 100 à 150 toifes au-deffus de ce niveau. De quelque manière qu'on dirige l'action de ce prétendu feu fouterrain, il n'eft pas poffible d'y trouver le dénoûment & l'explication des deux claffes de phénomènes qu'a diftinguées le docteur Hutton. Outre que la force expanfive, communiquée aux matières par le feu, auroit été infuffifante pour élever les couches du fond de l'Océan jufqu'à la hauteur qu'elles occupent maintenant, la déformation de ces couches auroit été fi confidérable qu'à peine pourroit-on les reconnoître par les moindres veftiges de leur état primitif & régulier. Ces lits auroient tellement changé leur fituation naturelle par l'expanfion violente de la chaleur, qu'on n'y démêleroit plus que de vaftes ruptures, au milieu de la confufion & du défordre des matières qui auroient été livrées à de pareilles cataftrophes.

Or, fi nous examinons tous les phénomènes que nous offrent les bancs pierreux, nous verrons qu'ils ne peuvent s'accorder avec toutes ces suppositions. S'il y a quelque confusion, quelque désordre, ils ne sont que locaux & assujettis à certaines exceptions, telles qu'on ne peut y reconnoître l'action des feux souterrains. Au contraire, les caractères des opérations de l'eau s'annoncent d'une manière frappante dans les couches de différens ordres ; c'est-là que je retrouve toutes les nuances du travail de l'eau, dont il a été question lorsque j'ai expliqué la consolidation des bancs pierreux : c'est-là que les fentes sont remplies si exactement, que tous les fragmens des destructions de nouvelle date sont soudés ensemble & forment les brèches & les poudingues de différente nature.

Si nous comparons ensuite les produits du feu des volcans avec les bancs pierreux où le docteur Hutton veut nous faire reconnoître les effets des feux souterrains, on voit une grande différence entre l'état des matériaux que le feu a touchés, & celui des couches où je n'admets que le travail de l'eau pour principe de leur induration : c'est à la suite de cette méprise que le savant Ecossais cite, comme produits du feu, le *trapp* de Suéde, le *toadstone* du Derbishyre, le *rag-stone* & le *whinstone*.

Le docteur Hutton se trompe également en estimant le tems nécessaire pour former la terre actuelle, d'après celui que la nature lui a paru avoir employé à sa destruction : car 1°. la terre actuelle n'est pas seulement composée des matériaux de l'ancienne terre ; car une grande quantité des substances qui ont concouru à former les couches, sont les dépouilles des animaux marins.

D'ailleurs la destruction de la terre actuelle est dépendante de la dureté des matières qui se décomposent & de leur arrangement primitif : on ne peut donc rien déterminer sur le tems que la nature a employé à cette destruction, soit que l'eau ait agi sur la

nouvelle terre ou exercé ses ravages sur l'ancienne. C'est pourtant dans la connoissance & l'appréciation des circonstances qui ont été plus ou moins favorables à l'agent destructeur, qu'on peut tirer des conséquences sur la durée de la destruction des deux sortes de terres : comme il paroît que l'une & l'autre terre n'ont pu se détruire que par les parties superficielles, on est bien éloigné de nous faire connoître jusqu'où les destructions ont pu s'étendre en profondeur. D'ailleurs, quoiqu'en général l'ancienne terre soit en grande partie recouverte par la nouvelle, il en est resté de grandes portions à découvert, où l'on ne peut douter qu'elle ne continue à éprouver des destructions considérables, au moyen desquelles elle fournit une grande masse de matériaux aux nouvelles couches qui se forment actuellement dans le bassin de la mer.

D'un autre côté, la nouvelle terre composée de matériaux plus mobiles & plus exposés à l'action des eaux courantes, se détruit par des progrès assez rapides. Elle fournit donc aussi des matériaux à la terre qui se forme sous l'Océan.

On voit par-là que, quoique ces deux ordres de terres aient été construites dans des tems différens, elles sont cependant exposées en même tems à cette destruction qui contribue à la construction d'un troisième ordre. Ce n'est donc pas par une succession graduelle que ces mondes se renouvellent, & il doit résulter de cette disposition des choses une certaine confusion de matériaux, dont Hutton est fort éloigné d'avoir suivi & démêlé la reconnoissance & l'existence ancienne & primitive. Au reste, nous entrerons à ce sujet dans un plus grand détail par la suite au § V.

Cependant, nous reviendrons à ce qui concerne la *consolidation* des matériaux des différens ordres de couches à ce mot du dictionnaire, & nous y rapprocherons toutes les vues que nous avons expofées fur une opération de la nature qui mérite d'être discutée avec foin ; mais nous pouvons dire ici que cette discussion ne nous conduira pas à un réfultat qui foit favorable à la théorie du docteur Hutton.

§. V.

Objections contre le fyftême du géologue Hutton.

Le docteur Hutton a non - feulement rédigé avec grand foin une théorie de la terre , mais encore il a cru devoir défendre cette théorie contre quelques objections, en donnant de nouvelles preuves en fa faveur : tout cet affemblage fciemifique fe trouve appuyé fur les fept propofitions fuivantes :

1°. Nos continens font compofés de couches qui ont été formées dans le baffin de la mer.

2°. Ces couches ont été produites par l'accumulation de fubftances provenant de continens anciens qui , par l'action de l'atmofphère & les eaux courantes que les pluies alimentent, ont été graduellement détruits. Les matériaux de ces anciens continens font réputés femblables à ceux que l'on trouve fur les rivages de la mer.

3°. A mefure que les débris des continens en état de deftruction ont été entraînés vers les mers, les vagues, les marées, les courans les ont repris & les ont difféminés fur le lit entier de la mer.

4°. Il règne fous les eaux de l'Océan une chaleur exceffive , par laquelle les matériaux détachés qui arrivent fucceffivement des rivages, font fondus à mefure, & employés à la formation de nouvelles couches pierreufes.

5°. A l'époque où un certain ordre de continens eft à-peu-près détruit fur notre globe, les matériaux d'un âge plus ancien arrivés depuis long-tems dans le baffin de la mer fe font trouvés confolidés en couches pierreufes: pour lors la même chaleur qui les a ainfi préparés à former de nouveaux continens , les foulève au-deffus des flots & leur donne le caractère de continens fecs.

6°. Ces opérations alternatives de continens , détruits par l'action des eaux courantes & de continens nouveaux, fortant de la mer par l'action de la chaleur intérieure, ont déjà été répétées un nombre infini de fois fur notre globe, à des intervalles féparés par des millions d'années.

7°. Nos continens font les derniers dans cette férie d'opérations que produifent alternativement la terre & la mer dans une même partie du globe. Ces continens font dans un état de décroiffement ; leurs matériaux font fucceffivement difféminés , d'abord fur les terres baffes où ils forment un terreau, puis fur le lit de l'Océan où ils vont préparer , par leur fufion , les continens à venir. Cette opération en particulier a déjà duré des millions de fiècles.

Tel eft l'abrégé de la théorie de l'auteur: nous ne la rappellerons pas ici plus en détail, & comme elle a été expofée ci-devant : nous la fuppofons bien connue & de manière qu'on entende la force des objections & la folidité des réponfes.

A la première propofition conçue en ces termes : nos continens font compofés de couches qui ont été formées dans la mer : voici ce qu'on oppofe :

Les dépouilles des animaux marins qu'on trouve dans une grande partie de la maffe folide de nos continens , ont fuggéré très-naturellement l'idée que leurs couches avoient été formées dans la mer : mais il ne s'enfuit pas que la maffe entière de ces continens ait eu la même origine ; car au-deffus des bancs pierreux qui renferment des dépouilles d'animaux, on trouve des lits de fubftances étrangères ; on rencontre même au-deffous de ces couches calcaires d'autres lits qui ne renferment aucun débris de ces animaux. D'après la fuperpofition & les autres difpofitions de ces diverfes fubftances, les meilleurs obfervateurs ont inféré que ces lits avoient été formés dans le baffin de la mer : c'étoit là le fens de la première propofition, telle qu'elle avoit été avancée par le docteur Hutton ; mais depuis nous favons qu'il l'a reftreinte à cette partie intermédiaire qui renferme les dépouilles des animaux marins ftratifiées par bancs, mêlées dans certains endroits avec les dépouilles des animaux & des végétaux, tirés des parties des continens qui fervoient de bords à la mer. C'eft ainfi que d'une propofition, reconnue comme générale, il en a formé une particulière, reftreinte dans des bornes fort étroites : voici maintenant ce qu'il fubftitue à cette généralité.

« Les couches de nos continens ont été
» produites par l'accumulation de fubf-
» tances provenant d'autres continens qui,
» par l'action de l'atmofphère & les courans
» d'eau de pluie, ont été graduellement dé-
» truits : les matériaux de ces continens
» étoient femblables à ceux que nous
» trouvons fur nos rivages. »

Ainfi l'on voit qu'en réfumant ces deux propofitions, le docteur Hutton veut nous faire croire que toutes les couches terreftres font compofées ou des dépouilles calcaires d'animaux marins & terreftres, ou du raffemblement de matériaux femblables à ceux que nous trouvons fur nos rivages.

Telle eft la bâfe fondamentale du fyftême que nous difcutons maintenant : fi donc la maffe de nos continens n'eft pas totalement

compofée des dépouilles calcaires d'animaux marins ou de matériaux femblables à ceux que nous trouvons fur nos rivages, la théorie qui n'a en vue que d'expliquer le mode de renouvellement de ces matériaux en de nouveaux continens, ne paroît pas applicable à toute la maffe du globe terreftre.

Des naturaliftes qui ont étudié de plus près cette maffe de nos continens dont le D. Hutton paroît s'être occupé dans fes méditations, y ont reconnu quatre claffes générales de couches différentes : deux d'entr'elles compofées d'efpèces diverfes, fouvent agglomérées, ont été défignées par eux, pour abréger, fous les noms de granits & de fchiftes quartzeux, de ftructure feuilletée, plans ou ondulés : les deux autres font, 1°. les claffes de bancs calcaires ; 2°. ceux de pierre fableufe, granulee, communément peu dure, qu'on défigne par le nom générique de grès ; ces quatre claffes de fubftances ftratifiées, jointes aux autres couches ou amas fuperficiels, mais qu'on n'examine pas aujourd'hui, conftituent la partie qui nous eft connue dans la maffe entière de nos continens.

La première de ces claffes renferme, outre différentes fortes de granits, d'autres couches de diverfes natures de pierre : des porphyres, des quartz écailleux & granulés : des marbres cryftalins ou ftatuaires, des ftéatites, des gneiff & d'autres pierres moins remarquables & d'un moindre volume qui ont précédé, quant au tems de leur formation, celui des fchiftes quartzeux.

La feconde claffe, outre les fchiftes proprement dits, renferme des pierres de corne, & ce que les minéralogiftes Allemands nomment *wacke* ou roc gris.

Ces deux premières claffes de couches font nommées *primitives*, comme ayant été

été formées dans un tems où il ne paroît pas qu'il exiſtât ſur le globe des êtres organiſés. Mais il faut obſerver que cette dénomination de *primitives* s'applique maintenant aux *couches* ſeules, quelle que ſoit leur poſition, & non, comme on l'avoit fait, aux montagnes : erreur que le doſteur Hutton prend beaucoup de peine à refuter contre l'opinion de quelques naturaliſtes qui ont commis cette équivoque, faute de logique & de cet eſprit d'analyſe ſi néceſſaire pour aſſurer les progrès de l'hiſtoire de la terre.

Les couches de la troiſième claſſe qui ont ſuivi dans leur formation celles des ſchiſtes quartzeux, ſont les bancs calcaires. Cette claſſe eſt immenſe ; elle appartient toute entière à un même genre, mais elle renferme différentes variétés : on voit dans les grandes chaînes de montagnes qu'elle fut homogène dans les premiers tems de ſa production, & c'eſt-là qu'on commence à remarquer des dépouilles d'animaux marins. Les eſpèces calcaires ont changé ſucceſſivement dans d'autres périodes en alternant quelquefois avec d'autres ſortes de couches, telles que certaines ardoiſes, des marnes tendres, des glaiſes, & une ſorte particulière de pierre à chaux, le tout mêlé d'un grand nombre de dépouilles d'animaux marins.

Enfin, la quatrième claſſe forme une grande maſſe très-diſtincte de grès ou pierres de ſable ſtratifiées.

On voit clairement la ſucceſſion qui a eu lieu dans la formation de ces quatre claſſes, conſidérées dans leur enſemble ; & les caractères de leur ſucceſſion ſe remarquent lorſque leur maſſe commune préſente des ſolutions de continuité. Car partout où l'on découvre deux ou trois de ces claſſes réunies avec leurs intermédiaires, la claſſe des ſchiſtes paroît toujours repoſer deſſus ou s'appuyer contre celle des granits : d'un autre côté les bancs calcaires ſe trouvent appuyés de même ſur

les ſchiſtes : enfin, les pierres de ſables repoſent ſur les bancs calcaires ou s'appuient contre eux. Il y a cependant dans ces ſuperpoſitions quelques irrégularités, que des obſervateurs attentifs ont fait découvrir dans les grandes chaînes de montagnes. Quant à la partie baſſe des continens, le déſordre y eſt ſi grand qu'il faut, pour le débrouiller, que l'eſprit ait été amené, par les grands phénomènes, à ſaiſir les traits principaux de leur enſemble.

Tels ſont les faits qui ont conduit les obſervateurs les plus attentifs à ſuppoſer que la maſſe entière de nos continens avoit été formée par des opérations ſucceſſives, par des ſortes de précipitations dont les cauſes exiſtoient anciennement dans les mers, mais ne s'y trouvent plus. Peut-on ſuppoſer que toutes ces couches ont été formées de matériaux des anciens continens, entaſſés pêle-mêle avec les dépouilles des animaux marins ? C'eſt ce que nous allons diſcuter par la ſuite.

Par quelles opérations de la nature peut-on concevoir que tous ces matériaux aient été mis à part au fond de la mer à meſure qu'ils y arrivoient, qu'ils aient été conſervés dans cet état pendant des ſiècles, juſqu'à ce qu'enfin à l'époque où le globe a eu beſoin de nouveaux continens, les diverſes natures de ſubſtances qui compoſent les claſſes dont nous avons parlé, ſe placerent les unes au deſſus des autres, & partout dans le même ordre pour former la maſſe entière des continens telle qu'on l'obſerve.

Le docteur Hutton, embarraſſé ſans doute par les phénomènes, avoit, dans ſon premier ouvrage, mis de côté l'une des claſſes que nous avons diſtinguées. « Il y a, » diſoit-il, une partie de la terre ſolide » que nous pouvons négliger, non que » nous ſoyons perſuadés que cette partie » ne puiſſe s'accommoder au mode de formation des autres, mais parce que nous la » conſidérons comme de nulle impor-

» tance dans la formation d'une règle gé-
» rale : cette partie, dont nous faisons
» abstraction, ce sont *certaines montagnes*
» & masses de granit. »

Mais depuis la première édition de son
ouvrage, où il avoit annoncé l'omission
de ces massifs, qu'il avoit ainsi spécifiés,
l'auteur a reconnu que ces *certaines montagnes*, qui étoient en très-petit nombre, que
les granits faisoient partie des plus hautes
montagnes, & qu'on trouvoit en plusieurs
endroits de la surface du globe des blocs
de granit détachés. Ces faits l'ont convaincu que cette portion considérable de
nos substances minérales, ne pouvoit être
soumise à sa *règle générale* de formation :
mais au lieu de soupçonner la règle d'être
sujette à erreur, il a préféré d'exclure le
granit & les schistes quartzeux de la masse
de nos continens & de l'ordre des substances stratifiées dont il a suivi & expliqué
l'origine. Quelques naturalistes des Alpes
ont décrit le granit qui occupe la partie
centrale de ces montagnes, comme une
substance stratifiée ; ils ont même déterminé la direction & les inclinaisons de ses
couches. Le docteur Hutton soutient, au
contraire, que nous devons supposer ces
granits, comme n'ayant aucune structure
ou organisation déterminée, à l'exception
des veines & des fissures formées par la
contraction de la masse solide à l'époque
de son refroidissement. Il veut nous préparer par-là à une hypothèse nouvelle,
dans laquelle il considère le granit comme
une substance minérale qui, dans l'état de
fusion, a pénétré les couches de bas en
haut en les rompant & se répandant au-
dessus à la manière des laves.

Lorsque le docteur Hutton publia, pour
la première fois sa théorie, il ne pensoit
pas à faire une exception pour la classe
des schistes, mais ayant probablement
trouvé de même, depuis ce tems, que
cette classe étoit aussi contraire que la
première à son opinion sur l'origine des
couches, il a été réduit à imaginer aussi
une hypothèse pour nous rendre raison de
ces grands massifs.

De certains cas particuliers dans lesquels
on voit des bancs de schistes ou fort inclinés ou même verticaux, sous des couches calcaires moins inclinées ou presque
horisontales, le docteur Hutton conclut
généralement que la classe des schistes quartzeux étoit formée des restes d'anciens continens qui, lorsqu'ils ont été presque détruits par le laps du tems, se sont enfoncés
à-la-fois en grand désordre & ont été couverts par la mer, où ils ont servi de base
à ce qu'il appelle les couches *propres* de
nos continens.

C'est ainsi que l'auteur nous représente
l'origine de la situation d'une des masses
les plus importantes qu'on observe dans
une grande partie de nos continens. Le
docteur Hutton cite seulement le cas des
bancs calcaires reposant sur des schistes
bouleversés. Il devoit savoir qu'on trouve
des bancs de certaines sortes calcaires reposant sur des couches bouleversées, mais
composées de substances calcaires. On voit
aussi des bancs calcaires fracturés sous des
couches de grès. Les houilles & leurs
couches contiguës, déplacées d'elles-
mêmes, se trouvent souvent sous des
couches plus anciennes de pierres calcaires ou de grès qui ont été évidemment
tourmentées. Enfin, on voit dans plusieurs
endroits de nos continens des couches incohérentes, contenant des dépouilles marines, couvrir les débris de couches
pierreuses en différens états : il faudroit
que le docteur Hutton nous fixât la limite
qu'il met entre les restes des anciens continens & les couches *propres* de ceux qui
existent actuellement.

Les observations faites dans les grandes
montagnes, nous ont appris qu'indépendamment des ruptures successives & partielles des couches qui ont eu lieu pendant

le tems employé à leur formation, elles ont éprouvé de plus grandes catastrophes, à la suite desquelles les fractures ont pénétré à-la-fois plusieurs classes de couches qui ont été déplacées en même tems, & ont pris le système d'inclinaison qu'elles nous présentent actuellement. Le docteur Hutton croit trouver dans ces faits les preuves décisives en faveur de son hypothèse: mais il oublie qu'il n'admet point le granit & le schiste quartzeux au nombre des couches propres de nos continens.

Le célèbre chimiste Kirvan avoit relevé de son côté, dans les transactions philosophiques de la société d'Irlande, l'assertion de notre auteur, par laquelle il prétend que toutes les couches de la terre sont composées ou des dépouilles calcaires d'animaux marins, ou du rassemblement de matériaux semblables à ceux qu'on trouve sur nos rivages.

Le docteur Hutton, dans sa réponse, le taxe de s'être trompé, parce qu'il n'a observé que des parties de la terre peu étendues: nous avons développé les objections de Kirvan dans le § III, mais nous y revenons encore ici en discutant ce qui concerne les graviers. On distingue ordinairement deux sortes de graviers, soit à la surface de nos continens, soit sur leurs rivages. L'une de ces sortes, assez commune dans plusieurs parties de nos continens, est formée de cailloux ou de silex, dont l'un des caractères est de se trouver toujours en petites masses isolées, & ordinairement dans des bancs de craie ou d'autres substances calcaires, & de ne jamais former des couches solides & continues: l'autre sorte de gravier offre autant de variétés qu'il y a de couches solides; car elle est composée de fragmens & de débris de ces couches plus ou moins arrondis par le frottement. On retrouve ces deux sortes de gravier dans des substances qui ont été primitivement dans un état de mollesse, & sont maintenant solidifiées sous forme

pierreuse. Mais il y a déjà dans ce cas une circonstance à observer, & dont la théorie du docteur Hutton ne peut nous fournir l'explication: c'est que les masses consolidées qui contiennent des silex ne sont que superficielles; tandis que celles qui contiennent des fragmens de couches pierreuses se rencontrent à de grandes profondeurs dans la masse solide de nos continens. Or, l'une ou l'autre sorte de gravier se trouve sur nos rivages. Si donc nos couches étoient formées des mêmes matériaux qu'on rencontre au bord des mers, ne trouveroit-on pas ces deux sortes de gravier dans nos continens à toutes profondeurs?

Si l'on examine d'ailleurs cette classe particulière de pierres qui renferment les fragmens des couches, on verra d'abord qu'elles offrent des fragmens de couches pierreuses de différentes sortes, & c'est, pour cette raison, que certains naturalistes les ont nommées *brèches*.

Les bancs de brèches, bien loin d'être entièrement composés de fragmens arrondis, contiennent le plus souvent, dans les parties intérieures de nos continens, des fragmens qui n'ont pas même perdu leur forme anguleuse. Ne peut-on pas conclure de ce phénomène, que quelle que soit la cause qui ait seulement, par intervalles, garni le fond de la mer de fragmens pierreux pendant la formation de nos couches, ces fragmens ne proviennent pas d'un continent d'où ils ont été précipités dans la mer en roulant. Mais peut-être pourroit-on découvrir la cause de ce phénomène en le considérant de plus près.

On trouve des bancs de brèches dans les parties de la masse de nos continens où il existe un passage entre une classe ou un certain ordre de couches que nous avons distingué, & un autre. Au surplus, on a remarqué, à cette occasion, toutes ces circonstances qui paroiſſent eſſentielles, 1°. que les fragmens dont elles ſont compoſées n'appartiennent pas aux couches poſtérieures, mais aux couches antérieures; 2°. qu'on ne trouve aucuns fragmens dans les différentes natures de bancs qui exiſtent entre les paſſages; 3°. enfin, qu'on obſerve un grand déſordre dans les couches auxquelles ces fragmens ont appartenu. Ainſi, l'on trouve des brèches à fragmens entre les granits & les ſchiſtes; mais là les granits ſont bouleverſés, & tous les fragmens de la brèche appartiennent à cette claſſe. Viennent enſuite les ſchiſtes, parmi leſquels on ne rencontre point de fragmens, excepté en quelques endroits de la maſſe qui ont été bouleverſés avant qu'elle fût complette. On trouve auſſi des bancs de brèches entre les ſchiſtes & les pierres à chaux, & leurs fragmens ſont encore du genre des ſchiſtes, mêlés quelquefois avec des granits: mais il paroît que les ſchiſtes avoient été bouleverſés avant que la pierre calcaire fût produite. Dans la claſſe même des pierres calcaires, lorſqu'il y a paſſage d'une ſorte à l'autre, on trouve quelquefois des bancs de brèches qui renferment des fragmens calcaires, & toujours ils appartiennent à la plus ancienne des deux ſortes entre leſquelles on obſerve le paſſage. On remarque auſſi qu'il y a eu un grand dérangement dans cette plus ancienne couche ou maſſe, lorſque dans les paſſages ou tranſitions des pierres calcaires aux grès, on voit les couches des premières ſubſtances en déſordre; là il y a auſſi des bancs de brèches dont les fragmens ſont ſurtout calcaires, mêlés quelquefois de genres plus anciens, mais jamais de grès, ni de ſilex qui, comme nous l'avons dit ci-devant, eſt un *gravier* de la ſuperficie.

Les obſervateurs attentifs, à qui nous devons ces faits, en ont déduit cette conſéquence évidente: c'eſt que tandis que les couches ſe formoient dans la mer (quelle que fût la cauſe de cette formation), elles ont été ſouvent rompues &

bouleverſées, & que leurs fragmens diſperſés par le mouvement des eaux, ont été par la ſuite enveloppés dans les ſubſtances qui leur ſuccédoient immédiatement, & qui continuoient alors à former une maſſe de bancs homogènes, juſqu'à ce qu'une nouvelle révolution arrivât au fond de la mer. C'eſt dans ces tems de cataſtrophes que tous les anciens bancs en y comprenant ceux de brèches, étoient de nouveau renverſés: quelquefois une grande partie de leur maſſe s'eſt enfoncée, & a été recouverte de bancs de ſubſtances de nature différente.

Il ſuit donc des phénomènes que nous venons d'expoſer & d'une infinité d'autres, que la plus grande partie des graviers qu'on trouve ſur nos rivages & ſur toute la ſurface des continens, provient de la même cauſe qui a produit les bancs de brèches: ces graviers ſe voient dans l'intérieur & à la ſurface; ce qui indique des ſucceſſions de révolutions ſous les eaux de la mer. Je dois dire que toute cette ſuite de faits dont le détail précède, quoique non renfermée dans la théorie de Hutton, ne la contrarie pas entiérement. J'ajoute même qu'elle a pu inſpirer aux naturaliſtes qui l'ont diſcutée de bonne foi, les recherches qui ont jetté du jour ſur certains événemens des révolutions les plus remarquables, & ſurtout ſur la ſucceſſion de la formation des claſſes de couches que nous avons diſtinguées.

Il eſt vrai que ſi l'on ſe borne à cette partie de nos continens, que le docteur Hutton nous annonce comme étant immédiatement compoſée des dépouilles d'animaux marins, ou de matériaux, tels que ceux qu'on voit ſur nos rivages, on négligeroit beaucoup d'autres parties qui ſont entrées dans la maſſe ſolide de nos continens; car on ne s'attacheroit pour lors qu'à certaines couches ſuperficielles qui ſe trouvent au deſſus des ſchiſtes.

Pour faire enviſager ces objets importans

qu'on négligeroit , il faut remonter aux grandes chaînes de montagnes & à ces énormes fractures. Ces traits principaux de nos continens nous apprennent, que sur les schistes repose immédiatement une masse énorme de couches calcaires successivement dans des états différens, lesquelles dans leur état actuel de subversion non-seulement composent les bords extérieurs de ces chaînes, mais un grand nombre de chaînes plus éloignées ; qu'aux couches calcaires ont succédé immédiatement, dans beaucoup d'endroits de l'Océan, des couches de grès ou pierres de sables en masses considérables : après quoi & à la suite de quelques révolutions, diverses couches particulières homogènes, chacune dans leur nature en y comprenant les houilles & leurs bancs contigus, furent produites sur les débris des couches antérieures. Il faut dire ici que c'est le docteur Hutton qui, par le besoin de sa théorie, nous a fait penser à rechercher dans quelle partie des continens ou de la mer étoient en réserve les sables, les graviers, les argiles, &c. tandis que les dépouilles des animaux marins formoient, immédiatement sur les schistes, les masses prodigieuses des couches calcaires : & où résidoient les débris des coquillages marins & les graviers, tandis que les bancs de grès se formoient immédiatement sur certaines couches calcaires ? C'est surtout le docteur Hutton qui nous a fait sentir le besoin de faire entrer toutes ces considérations dans nos recherches, quoiqu'il n'ait pas cependant résolu, à beaucoup près, ces difficultés.

Au reste, on doit dire que l'on trouve en plusieurs endroits des pierres calcaires fort récentes à côté des masses considérables de grès, & même sur les charbons de terre & sur les couches qui les accompagnent.

Quoique tous ces faits ne soient pas expliqués dans la théorie du D. Hutton, comme nous l'avons dit, cependant nous devons remarquer ici qu'il nous a fait envisager les successions nécessaires de certains ordres de couches ; & que s'il s'est borné à nous indiquer seulement les matériaux des derniers ordres & les plus récens, parce que ses recherches, très-resserrées, ne lui ont suggéré que les opérations de la nature qui avoient pour objet ces matériaux, cependant nous devons dire que dans ses vues générales il nous a conduit plus loin, & montré lui même ce qui manquoit à ses indications des matériaux qu'on rencontre sur nos rivages, lesquels ne peuvent nous représenter tous ceux qui y ont résidé autrefois.

Suite des assertions de Hutton avec leur discussion analytique.

Nous allons suivre quelques assertions du docteur Hutton, parce que ce travail nous fournit l'occasion de parcourir des faits principaux relatifs à l'histoire de la terre, ce qui peut avoir quelque avantage à raison des progrès que la géologie fait tous les jours.

Le docteur Hutton avance dans sa PROPOSITION III, que « les vagues, les marées & les courans saisissent & disséminent » sur le lit entier de l'Océan, les fragmens » des continens en destruction, à mesure » que les eaux courantes les entraînent » dans ce bassin. »

L'observation la plus commune nous apprend que dans la partie voisine des rivages de la mer où le mouvement des vagues peut atteindre jusqu'au fond, leur action est précisément contraire à celle qui est annoncée ici ; c'est-à-dire qu'elles poussent les débris des côtes vers le rivage ; & la théorie auroit pu indiquer cet effet ; car la vague venant de la haute mer, se trouve pressée par une masse d'eau plus considérable que la vague en retour. Nous voyons en effet que partout où la mer est peu profonde, le rivage gagne sur elle ; &

qué là où les bords font efcarpés ; la mer ronge effectivement, mais jufqu'à ce qu'un plan incliné foit établi dans la région battue par les vagues & pas plus loin ; car on fait que les courans n'ont pas lieu à de très-grandes profondeurs, & que leur effet fur les côtes fe borne à détruire quelques promontoires & à remplir quelques baies. Au refte, des effets auffi bornés ne peuvent fervir de bâfe à aucun fyftême où les opérations de la nature font généralifées : on voit par-là que la prétendue démolition des continens, fi elle avoit lieu ne feroit qu'accroître l'étendue des continens déjà exiftans, & n'en formeroit jamais un nouveau *dans les profondeurs de l'Océan*, ainfi que l'auteur l'imagine.

PROPOSITION IV. « Il règne fous les » eaux de l'Océan une chaleur exceffive, » par laquelle les matériaux détachés qui » arrivent fucceffivement des rivages font » fondus & changés en de nouvelles cou- » ches pierreufes. »

La fuppofition fondamentale de cette propofition eft fi peu probable, qu'il ne femble pas qu'on doive en difcuter férieufement les conféquences. Cependant l'auteur, appuyant fon fyftême de minéralogie prefqu'entier fur l'idée d'une fufion qui auroit eu lieu dans les fubftances minérales, fufion qui, fuivant fon aveu, eft d'un genre fingulier, car elle les auroit laiffées chacune à leur place & avec leurs formes primitives ; il faut donc la difcuter ici en peu de mots.

L'auteur attribue à la preffion énorme des eaux de l'Océan fur les fubftances fondues au-deffous, la permanence de celles-ci dans leurs formes & fituations refpectives, malgré l'action du feu qui les liquéfioit. Il croit que l'eau fortement comprimée peut fupporter une chaleur rouge fans changer d'état & fe réduire en vapeurs, & nous n'avons cependant aucune connaiffance de ce qui peut fe paffer à cet égard fous les eaux de l'Océan.

Quand même on accorderoit à la compreffion tout l'effet que Hutton lui attribue, il ne paroît pas qu'il foit plus fondé pour admettre l'exiftence de ce grand feu fous la mer : car peut-on croire que fi le fond du baffin de l'Océan étoit une fournaife ardente, il n'arrivât pas quelque chaleur au couvercle, & qu'on n'en découvrît pas au moins quelques fymptômes en fondant ? Ce qui n'arrive pas.

PROPOSITION V. « A l'époque où un » certain ordre de continens eft à-peu-près » détruit fur notre globe, les matériaux » d'un ordre plus ancien, arrivés dès long- » tems à la mer font confolidés en couches » pierreufes, & alors la même chaleur qui » les a ainfi préparés à former de nouveaux » continens, les foulève & leur donne ce » caractère. »

Quand même on accorderoit pour un moment la préparation des matériaux par la fufion *foufmarine*, on n'en eft pas moins en droit de demander quelle eft la caufe qui a pu donner tout-à-coup à ce feu, fi profondément enfeveli, l'énergie fuffifante pour foulever la maffe énorme qui le comprimoit & pour en faire un continent ? & pourquoi ce feu n'auroit exifté que fous les continens à former & non pas fous les continens à détruire ? L'auteur ne touche pas à ces queftions : mais il donne carrière à fon imagination pour décrire les réfultats de cette explofion & pour montrer qu'elle a dû produire des faillies irrégulières, tourmentées, en un mot, des phénomènes analogues aux faits obfervés dans les différentes montagnes. Mais pour arriver à ces réfultats, il femble que l'auteur a conftruit un échafaudage nullement fondé fur des principes phyfiques.

Pour nous prouver la poffibilité des effets qu'il attribue aux explofions des feux foumarins, Hutton nous cite l'apparition d'une île nouvelle près de Santorin dans l'Archipel, à la fuite d'une éruption vol-

canique. Suivant ses prétentions, l'île devroit offrir un système de couches formées
au fond de la mer, mais diversement inclinées & bouleversées par l'effet du soulevement. Cependant nous savons, par
des témoins oculaires, que cette île nouvelle ne parût au-dessus des flots que comme
un amas informe de pierres ponces & de
scories vomies par la bouche du volcan :
ainsi l'exemple choisi par l'auteur prouve
le contraire de son assertion.

D'ailleurs, comme je l'ai déjà observé
dans la notice de Lazzaro-Moro, comment
ce fond de mer soulevé peut il se maintenir
en cet état sur de grands vides ? comment
ne retombe-t-il pas après que les fluides
élastiques qui l'ont soulevé se sont fait jour
au-dehors ? L'auteur qui s'est fait ces ob-
jedions, n'a pas cru devoir y répondre :
nous ne nous en occuperons pas davantage. Les motifs de sécurité qu'on voudrait
tirer des pays volcaniques ne peuvent être
mis en avant, parce qu'on ne connoît point
ce qui se passe dans leurs souterrains.

PROPOSITION VI. «Les opérations alter-
» natives, de continens détruits par l'action
» des eaux courantes & de continens nou-
» veaux sortis de la mer, ont été déja
» répétées un nombre innombrable de fois
» sur notre globe, à des intervalles séparés
» par des millions de siècles. »

L'auteur de cette proposition semble
vouloir l'appuyer en soutenant qu'il y a
un système dans la nature qui produit nécessairement une succession de mondes ou
de continens : qu'en conséquence il y a
régularité & constance dans les révolutions
géologiques comme dans les révolutions
des planètes ; ce qu'il est bien éloigné de
pouvoir prouver. Nous ne rappellerons
pas non plus ce qu'on lui a opposé contre
l'extrême durée de ces révolutions : ce
n'est qu'en suivant les opérations de la
nature bien averées & non hypothétiques,
qu'on pourra prendre & donner des idées

claires & précises sur la durée de nos continens. Il paroît que, si d'un côté il y a
de l'exagération, de l'autre on ne peut se
dissimuler qu'il n'y ait beaucoup de vues
bornées & retrécies.

PROPOSITION VII. «Nos continens sont
» les derniers dans cette série d'opérations
» qui produisent alternativement la mer &
» la terre dans une même partie du globe :
» ces continens sont dans un état de dé-
» croissement ; leurs matériaux sont suc-
» cessivement disséminés, d'abord sur les
» terres basses où ils forment un terreau ;
» puis sur le lit de l'Océan où ils vont
» préparer, par leur fusion, les continens
» à venir. Cette opération, en particulier,
» a déjà duré des millions de siècles. »

L'auteur ajoute que la supposition la
plus raisonnable qu'on pourroit faire à ce
sujet, seroit celle qui admettroit que la
masse de laquelle le mont *Breven* & toutes
les autres montagnes ont été formées, étoient
au moins aussi hautes que le sommet du
Mont-Blanc. Dans cette station élevée, la
masse a souffert la plus grande destruction
par les différens agens que la nature emploie chaque jour à composer la terre
végétale pour les plantes & les moyens de
fertilité pour les animaux. Ce sont des
vérités dont on peut recueillir des preuves
frappantes presque partout.

On remarque d'ailleurs que l'action & le
frottement de toutes les matières dures qui
ont roulé pendant des siècles entre ces
hautes montagnes, ont dû creuser la masse
solide qui remplissoit jadis leur intervalle
actuel. Comment imaginer que cette vallée
de Chamouny ait été originairement formée
dans l'état où elle est ?

En même tems que Hutton cite en
preuve de l'action qui a soulevé les continens, le désordre actuel & les grandes
fentes & découpures de leur surface ; il
veut d'autre part faire envisager cette masse
soulevée comme ayant été continuée entre

le *Breven* & le Mont-Blanc, à l'exception de quelques crevasses dues au refroidissement, puis, la faire ensuite sillonner tranquillement pendant des millions de siècles par les eaux pluviales, afin de conclure de cette action lente, l'antiquité indéfinie du globe. Au reste, dans quelque supposition qu'on se renferme, on ne peut guères douter que l'approfondissement n'ait demandé un tems dont envain on tenteroit de déterminer les limites.

Le sol de nos continens présente un fait d'une grande importance : le voici dans les propres termes de l'auteur. « J'ai trouvé, » dit-il, sur les bords de la Tamise des » coquilles marines dans le sol, à une » hauteur considérable au-dessus du niveau » de la mer. Il y a dans la partie basse de » Suffolk des masses considérables de ces » mêmes débris qu'on trouve aussi dans le » sol. Les fermiers les emploient comme » un engrais très-avantageux : il paroît » que ces derniers bancs sont à une cen- » taine de pieds au-dessus du niveau de la » mer. ».

Voilà donc un sol composé de débris propres à la végétation, & qui est visible- ment un dépôt formé par la mer avant qu'elle eût abandonné cette partie des îles Britanniques. On trouve des bancs sem- blables en beaucoup d'autres endroits, mais c'est surtout dans leurs coupures, ou dans les côtes escarpées que les bancs offrent tous ces objets instructifs. On y voit aussi clairement que dans les mon- tagnes, la véritable forme du désordre qui règne dans les couches minérales, & on en conclut avec fondement qu'elles ont subi plusieurs révolutions. Ce sont des monumens de grandes opérations, faites depuis que la mer est descendue au niveau actuel. On trouve d'ailleurs des indices précieux dans ces bancs composés de débris : on y voit des couches épaisses de terreau préparé pour la végétation, immédiatement après la dessiccation des

continens : les lits de coquillages sont entremêlés de couches de sables & de graviers. On trouve sous ces dernières des bancs d'argile fine, qui contiennent aussi des coquillages marins, mais d'une époque fort antérieure, car *quelques-uns*, tels que *les cornes d'Ammon* paroissent n'avoir plus d'analogues vivans ; & d'autres, tels que la nantile à perles ne vivent plus dans nos latitudes.

Tous ces phénomènes ne sont pas par- ticuliers à l'Angleterre : car ils sont dans leurs caractères essentiels, communs à tous les continens ; on y trouve fréquemment des débris d'animaux marins, mêlés avec de la terre ; & on peut en conclure, avec fondement, que la plus grande partie de leur surface s'est ainsi préparée pour leur végétation, depuis que les mers se sont retirées : & l'on ne peut contester à notre auteur les millions de siècles qu'il emploie pour la production de la terre végétale, par l'action lente des pluies & des météores. D'ailleurs, la parfaite conservation d'une quantité de coquillages qu'on trouve dans des lits voisins de la surface de la terre est une preuve évidente, parmi bien d'autres, que la retraite de la mer dans son lit actuel, est un événement, dont il n'est pas facile de déterminer l'époque, attendu que les inégalités de la surface des continens sont des produits des agens de la nature qui n'ont pu opérer que depuis cette retraite de la mer.

Si nous résumons les principales ques- tions qui ont été discutées dans ce §, nous trouvons que les faits observés par les naturalistes instruits tendent à prouver ;

1°. Que lorsque les continens furent abandonnés par les eaux, leur surface n'étoit pas sillonnée par des éminences qui formassent des chaînes de montagnes, ni par des vallons entre les collines, com- posées de bancs assez régulièrement hori- sontaux : ce sont ces collines qui offrent

tous

tous les caractères de dépôts soumarins formés dans des bassins, dont les bords & les limites sont tracés par des chaînes de montagnes qui, s'étendant dans cette enceinte, formoient ou des promontoires, ou des îles autour des côtes.

2°. Que les collines & les plaines de ces continens étoient, en grande partie, couvertes de matériaux propres à former des terres végétales plus ou moins profondes, ou des bancs de débris produits de diverses manières par l'action des vagues.

3°. Enfin, que lorsque la *pluie* commença à tomber sur les continens ainsi constitués, les eaux durent suivre les pentes déjà établies à la surface de ces continens : elles formerent non des lacs, comme l'ont prétendu des naturalistes ignorans, mais les vallées primitives de la terre formées par la retraite des eaux, qui étoit facilitée par l'inégalité des dépôts soumarins. Je puis renvoyer pour ces détails à la notice de Targioni, qui nous fait connoître ces différentes dispositions de la surface de la terre, dans le sens que nous venons de l'exposer.

On a donc connu tous les points principaux de comparaison qui nous intéressent entre l'état primitif du globe & celui que nous observons maintenant. De savans naturalistes ont étudié avec attention, d'une part les effets réels non-seulement des eaux pluviales, mais des météores ; & il est aisé de suivre des décompositions sur des lits formés de débris mal unis & mal soudés ensemble, & qui, dans cet état, constituent un monde habitable.

D'autre part, ils ont examiné les effets que pouvoit produire l'accumulation des sédimens des rivières, soit dans les vallées, soit dans la mer, & les changemens produits par les vagues dans ses rivages : &, d'après la comparaison établie entre les effets déjà produits par ces diverses causes,

avec ceux que d'autres causes ont produits dans de grands intervalles de tems, on ne peut se dissimuler que nos continens ne remontent à une antiquité très-reculée, soit qu'on s'attache à l'examen des derniers ordres de massifs, soit qu'on porte ses recherches jusque sur les ordres anciens, recouverts par ces ordres plus modernes. Mais on doit dire que, pour établir une comparaison entre ces massifs, il faut discuter les résultats d'un grand nombre d'opérations de la nature qui y ont laissé chacune l'empreinte de leurs époques.

§. VI.

Théorie de la pluie, contenant des recherches sur les lois de la nature dans la formation de ce météore, & leur application aux phénomènes connus.

Ce traité de James Hutton est divisé en deux parties : La première contient la recherche des loix de la nature sur lesquelles il a cru devoir établir sa théorie. La seconde renferme une application de ces loix aux phénomènes naturels. Nous allons donner une idée précise de tout ce travail, en nous resserrant dans les limites que nous prescrit la notice dont nous nous occupons.

PREMIÈRE PARTIE.

Il se passe quelque chose dans l'atmosphère que les loix connues du chaud & du froid n'expliquent pas. L'haleine des animaux devient visible lorsqu'elle est expirée dans une atmosphère froide ou humide, & la vapeur qui n'est pas sensible à l'œil, se transforme en une sorte de brouillard lorsqu'elle se trouve dispersée dans une masse d'air qui est d'une température plus froide. Les physiciens ont considéré ces faits importans comme étant expliqués par la loi générale, en vertu de laquelle le chaud & le froid se transmettent à des corps contigus ; autrement, ils auroient tâché de découvrir cette loi particulière qui semble s'éloigner d'une règle plus générale, ou qui ne suit pas le cours naturel des choses, qui s'observe dans d'autres occasions.

On voit par ces détails que le sujet de ce traité est de rechercher avec soin une règle certaine, que l'on puisse assigner comme dirigeant l'action du chaud & du froid, dans le cas dont nous venons de parler, & propre à servir de base à une théorie de la pluie : cette règle se bornera bien précisément à ce qui concerne l'évaporation & la condensation de l'eau.

On peut considérer l'air inspiré par un animal comme un menstrue dissolvant l'eau sur la surface humide & chaude des poulmons, & s'en saturant suivant ce degré de chaleur. Lorsque la masse dissoute est refroidie, d'après les loix connues de la condensation, l'eau doit être séparée de son menstrue, & devient visible en réfléchissant la lumière. La chaleur seule peut donc rendre l'eau un fluide élastique invisible : mais dès que ce fluide sera refroidi, il se condensera de manière à devenir visible ; ceci est incontestable. Mais dans le plan de travail actuel, il s'agit de montrer que lorsque l'haleine ou la vapeur deviennent visibles en se mêlant à l'atmosphère, cet effet n'est pas produit par l'action connue du chaud & du froid : & que pour son explication, il est nécessaire d'avoir recours à une loi particulière, & de faire voir que les effets du chaud & du froid, quant à l'air & à la vaporisation, ne procèdent pas toujours par des rapports d'augmentation & de diminution égaux.

Afin de déterminer le rapport actuel de l'action dissolvante de l'air sur l'eau dans différens degrés de chaleur, ou le rapport, suivant lequel l'action de la chaleur convertit l'eau fluide en vapeur élastique, il faut considérer les divers progrès de ces opérations de la nature. Car, si parmi toutes les manières concevables suivant lesquelles ces agens opèrent, il n'y en avait qu'une qui correspondît avec les phénomènes bien analysés, il seroit raisonnable de conclure que cette manière est la loi particulière de la nature, d'après laquelle les faits de ce genre doivent être expliqués.

L'action dissolvante de l'air quant à l'eau, peut être supposée diminuer suivant que la chaleur augmente. Mais cette supposition seroit contradictoire avec les faits apparens de la nature pris en général : il seroit donc inutile, quant à présent, de la mettre en avant. On pourroit aussi concevoir cette action comme n'étant pas affectée par l'augmentation du degré de chaleur, & cette supposition s'accorderoit avec la solution du sel marin dans l'eau ; mais comme il n'en est pas certainement de même de l'air par rapport à l'eau & à la vapeur, on ne peut admettre ni l'une ni l'autre de ces suppositions. Ainsi, la loi générale en vertu de laquelle les corps sont dissous & évaporés, est que l'action de l'air augmente avec la chaleur. Il faut donc admettre maintenant cette loi, quant à l'eau qui s'évapore dans l'air, ou lorsqu'au moyen de la chaleur seule elle est convertie en vapeur ; & c'est la raison & la mesure seule de cette opération, qui sera le sujet de l'examen de Hutton.

On conçoit que cette action de la chaleur sur l'eau peut agir dans trois rapports différens.

1°. La solution peut varier dans la même raison que la chaleur, de sorte que des accroissemens égaux de chaleur soient toujours suivis d'accroissemens égaux de vapeur dissoute.

2°. Elle peut varier dans une plus grande proportion : de sorte que tandis que la chaleur augmente par des différences égales, la quantité des vapeurs diffoutes augmente par des différences qui iront toujours en croiffant.

3°. Elle peut varier dans une moindre proportion que la chaleur. Ainfi pour lors, tandis que la chaleur augmente par des différences égales, la quantité des vapeurs diffoutes augmentera par des différences qui iront toujours en diminuant.

Si la folution de l'eau dans l'air augmente avec la chaleur dans une proportion croiffante, la combinaifon de deux portions faturées dans différens degrés de chaleur produira une condenfation d'humidité, comme étant faturée en plus dans la température moyenne de la chaleur.

Cette hypothèfe, à laquelle nous nous bornons en excluant toutes les autres, s'applique avec juftefle aux phénomènes de l'haleine & de la vapeur qui ont été rendues vifibles à la fuite de leur combinaifon avec un air plus froid qu'elles ; & elle explique les différens phénomènes que peuvent préfenter plufieurs portions d'air plus ou moins faturées d'eau, & dans des températures différentes de chaud & de froid.

En effet, toute combinaifon du fluide atmofphérique dans différentes températures, ne doit pas, fuivant la théorie, former une condenfation vifible : cet effet pour être produit exige un degré fuffifant de faturation d'humidité. Il n'eft pas néceffaire non plus que les deux portions combinées foient chacune pleinement faturées jufqu'à la température dans laquelle elles fe trouvent. Il fuffit que la différence dans les températures de ces portions combinées, compenfe plus que le défaut de faturation ; mais fi l'on combine deux portions de l'atmofphère, toutes deux pleinement faturées d'humidité, alors quelque petite que puiffe être la différence de leurs températures, il y a

lieu de croire qu'il fe fera une condenfation proportionnée à cette différence. Après avoir expliqué le phénomène de la vapeur vifible dans l'atmofphère produit par la combinaifon de fes portions invifibles, Hutton montre que le principe de condenfation eft celui de la théorie de la pluie.

La pluie, felon lui, eft la diftillation de l'eau qui avoit été diffoute dans l'atmofphère, & qui eft condenfée en fortant de cet état de vapeur & de diffolution. C'eft l'explication de cette condenfation qui doit former la théorie de la pluie. Ainfi, dès que la condenfation de la vapeur aqueufe a été bien expliquée, & que l'évaporation de l'eau de la furface de la terre eft bien conçue, nous pouvons nous flatter d'avoir une théorie du phénomène général de la pluie.

Il eft vrai que l'eau eft condenfée en nuages comme en pluie, & néanmoins il peut y avoir des nuages fans pluie. Mais il eft évident qu'il ne peut y avoir de pluie, fans la condenfation de la vapeur aqueufe dans l'atmofphère, & que la condenfation de l'eau eft proprement la caufe de la pluie, quoique différentes caufes puiffent agir fur l'eau condenfée dans l'atmofphère & opérer différemment, foit en la retenant plus long-tems fufpendue, ou en procurant fa chûte & fa précipitation plus promptement. Au refte, c'eft d'après l'examen des phénomènes naturels que le D. Hutton tâche d'appuyer cette théorie de la pluie.

L'expérience la plus convaincante pour confirmer cette théorie, feroit celle par laquelle on auroit produit de la pluie ou de la neige, par une combinaifon de portions d'atmofphère dans un état propre à la condenfation de la vapeur qu'elles contiendroient ; or, nous avons cette expérience. M. de Maupertuis dans fon difcours fur la mefure de la terre, dit, qu'à Tornéo, à l'ouverture d'une porte, l'air extérieur convertit aussi-tôt la vapeur chaude de la chambre, en neige, qui parut alors en gros tourbillons blancs. Un pareil phénomène s'est montré à Saint-Pétersbourg, en l'année 1773 ; une compagnie nombreuse fort resserrée dans une chambre, souffrant de la chaleur, quelqu'un brisa une fenêtre pour la soulager, & l'air froid entrant avec violence dans la chambre, y forma un tourbillon sensible d'une espèce de neige.

Si la loi concernant l'évaporation aqueuse dans l'atmosphère avoit été établie sur une économie différente de celle dont l'on vient de faire voir l'existence par les effets, la chaleur de l'été, qui est le principe de la végétation, n'auroit jamais été accompagnée de pluies rafraîchissantes. Par la circulation du fluide atmosphérique, la chaleur des régions torrides se trouve dissipée, & le froid des régions polaires se transporte pour tempérer l'excessive chaleur, produite à la surface de la terre dans le solstice d'été. Mais s'il ne pouvoit se produire de condensation d'humidité dans l'atmosphère par la combinaison de ses parties, quoique saturées de vapeurs aqueuses, & dans différens degrés de chaleur, alors le froid naturel des régions polaires, & le froid résultant des neiges accumulées pendant l'hiver sur les pays plus élevés, quoique transporté dans des pays plus chauds, seroit absolument sans effet pour condenser les nuages & former la pluie.

Le système actuel est tellement calculé, que toute combinaison de différentes portions de l'atmosphère, inégales dans leurs degrés de chaleur & saturées d'humidité, doit produire une condensation d'eau : ainsi ce système de l'atmosphère avec la loi particulière relative à la chaleur & au froid, est calculé pour produire la pluie par la combinaison continuelle de ses parties, qui sont dans des températures différentes.

Nous verrons dans ce système que les régions froides des cercles polaires ne sont pas inutiles & sans action dans les opérations de la nature les plus intéressantes. De la même manière, les régions glacées des Alpes du continent servent à une fin dans la constitution de ces parties du Monde, en conservant dans les neiges accumulées une sorte de provision de froid pour l'été, & en préparant ainsi des portions froides d'atmosphère pour être combinées avec des portions plus chaudes saturées d'humidité, & prêtes à produire de la pluie.

L'atmosphère étant ainsi tempérée par le transport du froid & du chaud des pays éloignés, les régions de la terre les plus distantes de la mer, peuvent être suffisamment abreuvées de pluie dans chaque saison de l'année, & dans toute saison, suivant le concours de ces courans de l'atmosphère, qui sont dans l'état propre à produire par leur combinaison un degré moyen de chaleur & une saturation en plus, ou une condensation de vapeurs aqueuses. Ce système si sage n'auroit pu avoir lieu sans cette loi particulière de la nature de la condensation aqueuse ; car si la combinaison des vapeurs atmosphériques ne produisoit point de condensation, l'hémisphère du globe, affecté à l'été, auroit été brûlé de sécheresse, & l'hémisphère affecté à l'hiver, inondé de pluie.

Pour s'en convaincre, considérons l'hémisphère d'été du globe échauffé par l'action du soleil qui monte, il paroîtra d'après les loix de l'hydrostatique, qu'il se formeroit dans cette hypothèse deux courans opposés dans l'atmosphère au-dessus de cette moitié du globe : l'un se mouvant le long de la surface de la terre, de la région polaire vers l'équateur ; l'autre par-dessus, dans une direction contraire. Cette circulation supposée, voyons ce qui en résulte suivant la constitution actuelle des choses. D'un côté l'évaporation de l'humidité de l'hiver, de la surface de la terre échauffée par le soleil d'été, doit tendre à saturer d'humidité l'atmosphère polaire, attendu que d'après sa chaleur croissante, elle acquiert une force d'évaporation ; d'un autre côté, le progrès du courant supérieur depuis le tropique jusqu'au pôle, éprouvant une diminution de chaleur par la cause générale refroidissante, amenera naturellement la masse à un degré de saturation avec la vapeur aqueuse qu'elle aura reçue. Dans cet état des choses, les deux courans opposés de l'atmosphère pourroient passer, tandis qu'ils sont séparés, sans condenser l'humidité suffisamment pour produire de la pluie. Mais du moment que des portions suffisantes de ces courans saturées se combineront, il se produira, non-seulement des nuages, mais encore des pluies ; parce que la formation subite d'un degré moyen de chaleur, par la combinaison de deux portions de l'atmosphère dans des températures différentes, doit condenser une quantité suffisante de vapeurs pour former la pluie.

Lorsqu'il aura plu dans un lieu en conséquence de la combinaison qui auroit eu lieu dans l'atmosphère supérieure, il s'ensuivra naturellement que le ciel s'éclaircira & que le soleil paroîtra, ce qui est nécessaire pour échauffer la surface de la terre, & pour donner de la vigueur & de la force aux végétaux qui ont reçu la pluie.

Mais sans une loi particulière à la recherche de laquelle nous sommes occupés, laquelle concerne l'évaporation & la condensation de la vapeur, il ne tomberoit ni pluie ni rosée sur l'hémisphère du globe affecté à l'été, ni peut-être jamais dans les latitudes voisines des Tropiques. L'évaporation auroit bien lieu par-tout plus ou moins ; la tendance générale de saturer d'eau l'atmosphère ou de la remplir de vapeur dans sa plus grande chaleur s'établiroit par-tout, & la combinaison des différentes parties de l'atmosphère auroit borné ses effets à tempérer la saturation sans produire aucune condensation de vapeurs dans les degrés moyens de chaleur : mais lorsqu'en conséquence de la déclinaison du soleil, l'influence de la cause générale qui refroidit, prévaudrait, l'atmosphère deviendroit par degrés chargée de nuages & seroit obscurcie : ce tems nébuleux augmenteroit jusqu'à la distillation générale de la vapeur condensée ; & cette distillation seroit continuée uniformément, jusqu'à ce que le retour de l'été changeât l'état de condensation & celui d'évaporation.

Un système tel que celui qui nous auroit donné six mois de pluie & six mois de sécheresse, ne nous auroit pas offert toute cette admirable variété d'objets que nous avons sous les yeux ; & il ne paroîtroit pas, comme la constitution actuelle de notre atmosphère, calculé avec toute la sagesse de dessein que nous pouvons observer. Car un tel excès uniforme de nuages & de condensation d'un côté, d'action du soleil & d'évaporation de l'autre, ne sembleroit pas devoir pourvoir autant qu'il seroit possible à la subsistance & à l'agrément de tout être vivant. Au contraire dans le système actuel dont nous suivons l'économie, les extrêmes de la chaleur & de l'humidité sont sagement évités ; la sécheresse & l'humidité se trouvent par-tout bien ménagées : les pluies & les effets du soleil bienfaisant à toute l'économie de la nature, sont tellement distribués par-tout, que la multitude de tous les êtres différens y trouve les conditions nécessaires pour leur vie, pour leur accroissement & leur maturité, & enfin, pour la perpétuité des races.

SECONDE PARTIE.

Théorie de la pluie appliquée aux phénomènes connus de la nature.

Après avoir formé une théorie de la

pluie fondée fur une loi générale de la condenfation de la vapeur aqueufe contenue dans l'air ; Hutton fe propofe dans cette feconde partie d'en faire l'application aux phénomènes connus & analyfés par les obfervations météorologiques ; & de renfermer également dans cette explication, les faits dont le dénoûment n'a pas jufqu'à préfent été donné par les phyficiens, & ceux qui frappent par leur évidence & la liaifon qu'ils ont avec les principes de la théorie développés précédemment.

D'abord il eft néceffaire de mettre beaucoup d'ordre dans la variété des faits que les obfervations particulières pourront préfenter ; & de tirer des conféquences générales de tous les phénomènes qui feront comparés avec la théorie, d'où l'on déduira facilement des principes phyfiques très-lumineux.

1°. On peut demander qu'on affigne les caufes en conféquence defquelles fur toute la furface de la terre prife en général, il y a toujours des faifons de pluie, foit régulières, foit irrégulières. Cette détermination fe rapportera effentiellement à la généralité de la pluie.

2°. On confidérera les pluies périodiques régulières qui règnent dans certaines contrées, avec les circonftances qui les accompagnent, comme pouvant fervir d'épreuve à la théorie, ou lui donner un nouveau jour. Dans cette difcuffion, on envifagera feulement ici la régularité de la pluie & non fa généralité.

3°. On examinera les exceptions apparentes à la doctrine fondée fur la théorie, ou bien les apparences d'irrégularité dans la nature, lefquelles ne fortent pas de la théorie, qui peuvent y être foumifes, & enfin, qu'on pourroit expliquer fi l'on connoiffoit les circonftances particulières des faits. Ici la difcuffion roulera fur l'ex-

ception apparente à la généralité de la pluie.

4°. On confidérera les quantités proportionnelles de pluie qui tombent dans les différentes contrées de la terre, afin non-feulement d'éclairer la théorie, mais encore d'expliquer les faits. Ce fera le cas de comparer les climats relativement à la pluie.

5°. Enfin, après avoir confidéré les phénomènes que nous préfente le globe en général, autant que nos connoiffances imparfaites nous le permettent, il fera fort utile de fuivre l'examen d'une contrée particulière très-connue, relativement aux différens phénomènes de la pluie. Ici l'objet de l'examen de Hutton fe portera fur les obfervations météorologiques du climat d'Angleterre, dans la vue de confirmer la théorie & de former des règles générales qui puiffent avoir des applications utiles.

1°. *De la généralité de la pluie.*

Suppofons que la furface de la terre foit couverte d'eau en entier, & que le foleil foit ftationnaire & vertical conftamment fur un même lieu. Dans ce cas, fuivant les loix de la chaleur & de la raréfaction, il fe formeroit une circulation dans l'atmofphère, qui auroit lieu de l'hémifphère froid, & plongé dans l'obfcurité vers la partie échauffée & éclairée, & qui auroit un retour enfuite par-deffus la partie échauffée vers les lieux où règne le plus grand froid.

Comme il exifteroit une caufe de froid conftante pour l'atmofphère de la terre, ce fluide ne parviendroit qu'à un certain degré de chaleur, & ce degré diminueroit régulièrement depuis le centre de la partie éclairée & échauffée par le foleil, jufqu'au point oppofé & le plus éloigné de la lumière & de la chaleur. Entre ces deux régions de chaud & de froid extrêmes, on éprouveroit dans chaque lieu deux courans d'air dans des directions opposées. Maintenant si l'on suppose ces deux courans suffisamment saturés d'humidité, comme ils sont de températures différentes, il s'y formera une condensation continuelle de vapeur aqueuse dans les régions moyennes de l'atmosphère, à la suite de la combinaison des différentes parties de ces courans opposés.

D'après ces considérations, on peut croire que dans cette hypothèse il se formera, sur la surface du globe, trois régions différentes, la torride, la tempérée & la froide : ces trois régions auront des limites constantes, & les opérations de la nature, une marche continuelle. Dans la région torride, il n'y aura que chaleur & évaporation, & il ne s'y formera aucun nuage, parce que l'eau condensée sera évaporée de nouveau par la chaleur. Mais cette puissance du soleil aura un terme, & c'est à ce terme que commencera la région de la chaleur tempérée & de la pluie continuelle ; il n'est pas probable que cette région tempérée s'étende fort au-delà de la région éclairée ; au lieu que dans l'hémisphère obscur, on trouvera une région d'un froid extrême & d'une parfaite sécheresse.

Supposons maintenant que la terre tourne sur son axe dans la situation équinoxiale, la région torride sera ainsi changée en une zône dans laquelle il fera successivement nuit & jour ; conséquemment, la chaleur qui y régnera, comparée avec celle de la région torride que nous venons de considérer, sera fort tempérée, & il s'y formera périodiquement une condensation & une évaporation d'humidité correspondantes aux saisons de la nuit & du jour. Comme une température moyenne seroit introduite ainsi dans l'extrémité torride, l'effet de ce changement seroit senti de même partout le globe ; dont

chaque partie seroit alors éclairée & par conséquent échauffée à un certain degré. Nous aurions dans cette nouvelle disposition une ligne de grande chaleur & d'évaporation abondante, qui se termineroit par degrés de chaque côté à une ligne de congélation & de grand froid. Entre ces deux extrêmes de froid & de chaud, on trouveroit dans chaque hémisphère une région très-tempérée relativement à la chaleur, dont l'atmosphère seroit fort chargée d'humidité, & seroit sujette à la pluie en conséquence d'une condensation continuelle.

Il est clair que la supposition que nous venons de discuter seroit très-peu propre à faire de ce globe un monde habitable dans toutes ses parties. Mais après avoir vu l'effet de la nuit & du jour, qui se succèdent pour tempérer la chaleur & le froid extrême dans tous les lieux, nous nous trouvons préparés aux effets d'une autre disposition, c'est-à-dire, de celle où le globe a un mouvement de rotation autour du soleil, avec une certaine inclinaison de son axe. Par ce moyen, le globe inhabitable se trouvera partagé en deux hémisphères, dont chacun sera pourvu d'une saison d'été & d'une saison d'hiver. Mais, nous devons nous borner maintenant à considérer l'évaporation & la condensation de l'humidité. Et avec ce nouveau moyen des saisons, il est clair qu'il doit y avoir une cause fort puissante pour opérer ces deux effets alternatifs dans tous les lieux. Car, puisque le lieu où le soleil est vertical est mû successivement d'un tropique à l'autre, la chaleur & le froid, causes premières de l'évaporation & de la condensation, doivent avoir lieu sur toute la surface du globe, y produire ou des saisons annuelles de pluie ou des saisons diurnes de condensation & d'évaporation, ou bien ces deux saisons plus ou moins, c'est-à-dire, à certains degrés.

La cause primitive du mouvement de

770

l'atmofphère, eft l'action du foleil échauffant la furface de la terre expofée à fes rayons. Nous avons fuppofé que cette furface étoit d'une forme régulière & d'une fubftance femblable, d'où il eft réfulté que le progrès annuel du foleil, peut-être auffi le progrès diurne, produiroient une condenfation régulière de pluie dans certaines régions, & l'évaporation de l'humidité dans d'autres; & que ceci auroit un progrès régulier dans certaines faifons qui ne varieroient pas. Mais il n'y a rien de plus éloigné de cet arrangement, que la conftitution naturelle de la terre.

Le globe de la terre eft en effet compofé de terres & de mers, dont les formes ne font aucunement régulières : la fuperficie même des continens eft même fort irrégulière, offrant des élévations & des enfoncemens dont les effets font fort variés en raifon de l'humidité & de la féchereffe, fur-tout relativement à l'action de la chaleur qui produit l'évaporation : de-là, une infinité de mouvemens dans l'atmofphère qui reçoit les effets de chaque portion particulière de la bâfe avec laquelle elle eft en contact : de-là, une tendance des vapeurs aqueufes pour faturer chaque partie de l'atmofphère fuivant que des circonftances naturelles favorifent cette opération : de-là enfin, une fource de combinaifons irrégulières de différentes parties de ce fluide élaftique faturé ou non de vapeur aqueufe.

Selon la théorie, il ne faut rien de plus pour produire la pluie, que la combinaifon de portions de l'atmofphère fuffifamment faturées d'humidité & dans différens degrés de chaleur. En conféquence, la pluie & l'évaporation plus ou moins abondantes, devroient avoir lieu fur toute la furface de la terre par le jeu de ces circonftances : on devroit auffi remarquer dans tous les lieux ces viciffitudes, avec cette tendance à cet état régulier ; ce

qui néanmoins peut être tellement dérangé, qu'à peine on puiffe en plufieurs occafions, diftinguer cette régularité. On devroit rencontrer des vents & des pluies variables, fuivant que chaque lieu eft dans une fituation plus ou moins irrégulièrement formée de terre & d'eau ; tandis qu'on obferveroit les vents réguliers en proportion de la furface, ainfi que des pluies régulières fuivant les changemens réguliers de ces vents par le moyen defquels la combinaifon de l'atmofphère néceffaire pour la pluie peut être produite. Mais comme on reconnoîtra qu'il en eft ainfi fur toute la terre où la pluie eft obfervée fuivant les conditions qui viennent d'être préfentées en détail, la théorie fe trouve ainfi conforme à la nature, & les phénomènes naturels font expliqués par la théorie.

2°. Des pluies régulières.

Les pluies & les chûtes de neiges variables qui tombent irrégulièrement dans la plupart des lieux, ayant été expliquées d'après la conftitution naturelle du globe, d'après la difpofition de fes parties folides & fluides, & d'après l'influence périodique de la chaleur & du froid occafionnée par le mouvement de ce globe, & fa pofition relativement au foleil, il nous fera maintenant facile de concevoir les caufes des phénomènes périodiques & plus réguliers qui ont lieu dans quelques contrées de la terre.

Lorfqu'on cherche une caufe périodique & régulière pour la combinaifon de portions de l'atmofphère dans différens degrés de chaleur & fuffifamment faturées d'eau, rien ne paroît devoir produire un effet plus certain que les vents alifés dans la mer des Indes, foufflant la moitié de l'année dans une direction, & pendant l'autre moitié, dans une direction contraire. Car comme ces courans d'air font bornés, ils doivent produire quelque part

une

une combinaison de différentes portions de cette masse fluide ; & en trouvant que la pluie est la conséquence de ces événemens réglés, ou l'effet correspondant à ces causes probables, nous aurons raison de conclure que ces portions combinées de l'atmosphère ont été suffisamment saturées d'eau, & dans des températures différentes, relativement à la chaleur ; mais c'est ce qui a lieu réellement dans ces circonstances. Nous trouvons dans cette partie du globe que nous avons indiquée ci-dessus des phénomènes réguliers par rapport à la pluie, & qui correspondent aux causes régulières qu'on vient d'assigner pour la combinaison des parties de l'atmosphère. Ainsi, cette correspondance confirme sensiblement la théorie en donnant l'explication des phénomènes.

Les îles placées sous la ligne au milieu de l'Océan Indien, semblent former pour elles les conditions nécessaires pour produire une condensation périodique qui corresponde à l'influence diurne du soleil, & aux mouvemens de l'atmosphère qui ont lieu pendant la nuit. On ne prétend pas expliquer ici à *priori*, comment il y auroit dans ces lieux des périodes journalières de pluies, soit constantes, soit assujetties à certaines saisons : c'est assez de trouver que tels sont les faits, & qu'ils ne peuvent être expliqués que par cette théorie, dans laquelle nous admettons une cause diurne de combinaisons de différentes parties de l'atmosphère ; car il est aisé de voir que non-seulement les montagnes & les autres parties de la surface de la terre sont échauffées par la grande chaleur du soleil, mais encore que quelques parties de l'atmosphère s'y trouvent raréfiées, & éprouvent par cette même action, des commotions sensibles dans la masse qui environne les îles.

Il ne faut pas considérer ces commotions périodiques qu'éprouve l'atmosphère des îles situées entre les tropiques comme

un effet douteux & incertain dans sa nature. Il est bien aisé de s'en assurer en observant les brises de mer & de terre qui soufflent régulièrement tous les jours dans ces directions opposées. Il résulte provisionnellement de la théorie, que la pluie devroit accompagner ces commotions, au cas que l'on rencontrât dans l'atmosphère ainsi combiné, les conditions nécessaires pour condenser les vapeurs. Or, par-tout où l'on rencontre des brises, on ne trouve pas toujours ces conditions. Mais dans les îles dont nous examinons les phénomènes, qui sont situées sous la ligne & au milieu d'une mer qui doit être plus chaude qu'aucune autre sur le globe : mer, qui est constamment bornée entre les tropiques, ou constamment alimentée par la région tropique de l'Océan pacifique, il n'est pas déraisonnable de supposer qu'on puisse trouver dans l'atmosphère une saturation suffisante de vapeurs aqueuses, ni que dans les commotions diurnes de ce fluide, il ne puisse y en avoir des portions combinées dans différens degrés de chaleur.

On doit expliquer de la même manière les pluies périodiques qui arrivent régulièrement sur les différentes côtes de la péninsule de l'Inde. Les moussons régulieres, dans ces mers, occasionnent le transport de l'air saturé de vapeurs aqueuses : cet air d'ailleurs a passé sur la surface de la mer, pour être ensuite enlevé & combiné avec ces portions qui, ayant perdu leur chaleur jusqu'à un degré suffisant, sont dans la condition propre à produire par leur combinaison une condensation d'eau sur la terre. Rien ne peut mieux appuyer cette explication, que les grandes pluies annuelles & périodiques qui arrivent sur ce continent, & qui se présentent si en grand, qu'il est presqu'impossible de leur donner une autre explication. Examinons donc ces circonstances sur lesquelles nous ne pouvons être abusés, & qui suffisent pour décider cette importante question.

Depuis l'est jusqu'à l'ouest de ce grand continent des tropiques, tant dans l'Asie que dans l'Afrique, les rivières nous apprennent qu'il pleut dans la saison du solstice d'été, & qu'au contraire le beau tems y est amené par la cessation des causes de la chaleur. Nous ne pouvons supposer que la chaleur soit la cause immédiate de la condensation de la vapeur aqueuse : nous ne pouvons pas supposer non plus que cet effet ne soit pas produit par le froid ; car cette hypothèse ne tendroit à rien moins qu'à admettre dans la nature une contradiction qu'on n'a jamais vue encore. Ainsi, dans cette situation du continent, l'effet des rayons du soleil d'été doit être d'élever l'air, de l'échauffer, & de le remplacer par celui qui vient des mers voisines chargé de vapeurs aqueuses. Dès qu'il est parvenu sur ce continent échauffé, cet air humide doit être porté dans des régions plus élevées de l'atmosphère, & transporté de à vers les régions polaires pour être condensé par dégré, suivant que la cause du refroidissement a lieu : ou bien il doit tomber sur ce continent en pluie en trouvant une cause de condensation. Dans la première hypothèse, on n'y trouverait point de pluie pendant l'été ; ou bien, ce qui revient au même, les rivières de ces contrées par lesquelles nous devons juger du fait, seroient au plus bas après cette saison. Mais puisque l'événement est précisément contraire, les rivières étant alors très-enflées, il suit nécessairement que les masses d'air chargées d'eau transportées de dessus la mer, doivent éprouver la condensation de leur eau sur ce continent échauffé pendant le solstice d'été : & l'on ne connoît à présent aucune autre cause qui puisse produire un tel effet, ou aucune autre théorie par laquelle on puisse expliquer ces phénomènes naturels de pluies périodiques.

Le solstice d'été qui est une cause de pluie dans certaines regions voisines de mers, qui, en raison de la chaleur qu'elles éprouvent, fournissent les produits d'une grande évaporation, est au contraire une cause de sécheresse dans d'autres régions dans lesquelles l'évaporation est en beaucoup moindre quantité ou très-éloignée. Un continent d'hiver échauffé, exhaussé par l'élévation du soleil d'été, devroit être plutôt sec que pluvieux durant le période de sa chaleur, à moins que quelques courans d'atmosphère dans les conditions que l'on a supposées nécessaires, ne parviennent dans cette partie & ne se rencontrent de manière à se combiner comme on l'a jugé convenable. Il en résulteroit ainsi quelques averses très-importantes pour les végétaux de cette contrée, mais on ne pourroit les considérer comme une saison générale de pluies.

La thèse change, lors de la déclinaison du soleil d'été. L'atmosphère sur ce continent doit alors, soit saturé jusqu'à son dégré de chaleur, soit refroidi jusqu'à son dégré de saturation, être disposé à donner de la pluie au moyen des combinaisons de tout ce qui se trouve dans des températures différentes : c'est de-là qu'on peut donner l'explication des pluies d'automne & des neiges d'hiver, qui peuvent dans ces circonstances avoir lieu tout aussi régulièrement que les pluies des tropiques. Nous sommes également instruits de ces événemens par les neiges éternelles qui couvrent régulièrement les régions septentrionales ; événemens qui ont lieu très-constamment, & qu'on peut considérer comme les effets d'une pluie périodique régulière.

Ayant ainsi fait voir que la pluie est occasionnée par l'effet de deux principes opposés : celui d'un soleil vertical ou fort élevé & celui de son éloignement, on ne devroit trouver aucun lieu sur la surface de la terre où il ne pleuve pas plus ou moins par l'effet de ces deux circonstances. Mais cependant il y a des contrées où il ne pleut jamais. Il est donc question maintenant de montrer jusqu'où ces phénomènes peuvent s'accorder avec la théorie de la pluie générale, qui vient d'être exposée.

3°. *Des exceptions apparentes à la généralité de la pluie.*

La théorie qui a été développée sur la généralité de la pluie a été établie sur ces deux principes, 1°. que les portions combinées de l'atmosphère sont, en conséquence d'une certaine loi de la nature, propres à donner de la pluie; 2°. qu'il existe dans la constitution du globe terrestre des causes favorables à la combinaison des différentes parties de l'atmosphère, particulièrement pendant l'été, par l'influence du soleil. Si la loi établie par la nature pour l'évaporation de l'eau & la condensation de la vapeur avoit suivi une autre règle que celle que nous avons démontrée dans notre théorie, aucune combinaison des parties de l'atmosphère n'auroit produit ni pluie, ni brouillard, & les régions de condensation auroient été limitées aux régions du froid, ou, très-probablement il y auroit eu une pluie continuelle, sans autre variation peut-être qu'un léger changement dans les régions de condensation : chacune de ces régions augmentant ou diminuant alternativement avec les saisons de l'hiver ou de l'été.

Dans le système actuel du globe, la disposition des choses est différente, & les causes de la pluie sont toujours fortement agissantes. Mais dans la théorie qui a été donnée relativement à certaines parties de ce système, il faut, pour que la pluie tombe, le concours de circonstances & de conditions qui ne découlent pas immédiatement des causes du chaud & du froid, lesquelles exercent leur action sur le globe. Si donc on n'observe pas ces conditions dans certaines contrées, il ne

doit pas y avoir de pluie malgré la similitude dans la nature & la disposition de ces contrées avec celles où l'on rencontre des pluies abondantes. Mais s'il est raisonnable de conclure que dans quelques situations de contrées particulières, on n'y trouveroit pas les conditions propres à combiner différentes portions d'atmosphère suffisamment saturées d'eau, & dans des dégrés différens de chaleur, ou que ces conditions ne se présenteroient que rarement : alors en trouvant sur toute la terre précisément un ou deux espaces bornés dans lesquels il ne pleut point ou très-rarement, on pourroit consentir à supposer avec nous que ces espaces manquent des conditions que nous avons décidé être nécessaires pour la pluie, & de le conclure d'après les effets lorsqu'il n'est pas possible de discuter plus profondément les causes.

La Basse-Egypte & un terrain étroit sur la côte du Pérou, sont les seuls exemples que nous ayons de cette singulière circonstance. Il auroit été impossible qu'on pût conclure à *priori*, que de tous les lieux situés sur la terre, ces deux contrées devoient être celles dans lesquelles il n'y eût pas de pluie : les connoissances de l'homme, en traçant les effets à venir d'après des causes connues, seront toujours trop imparfaites pour une pareille entreprise. Néanmoins comme nous savons que ces deux contrées sont les seules où il ne tombe pas de pluie, on doit nous passer la conséquence que tel est l'état naturel des vents dans ces lieux, qu'ils sont un obstacle aux conditions nécessaires pour produire de la pluie.

Au reste, les observations d'Ulloa sur le vent, appuient assez fortement cette conséquence. Ce vent semble souffler si constamment sur la côte du Pérou, qu'on pourroit croire ou qu'il devroit pleuvoir constamment sur cette côte, ou ne pas pleuvoir du tout. Dans ce dernier cas, nous aurions raifon de conclure que les vapeurs de la mer font tranfportées pour être condenfées en fe combinant avec d'autres courans de l'atmofphère froid des régions montagneufes des Cordilières, où il pleut fi abondamment pendant la plus grande partie de l'année.

Si l'on fuppofe d'un côté que le vent fouffle continuellement de la mer fans fe mêler avec un courant d'air propre à condenfer l'humidité, il doit paffer fur cette côte échauffée, fans laiffer tomber une goutte de pluie. Si d'un autre côté nous fuppofons que le vent régulier qui paffe fur l'Océan atlantique, fe prolonge à l'oueft par-deffus la chaîne des Cordilières : alors, après avoir dépofé tant de pluie dans cette région montagneufe, il n'y auroit pas de raifon de fuppofer que ce courant de l'atmofphère dût trouver en paffant fur cette côte échauffée, les conditions propres à condenfer l'eau dont elle peut être chargée.

Or, il y a, comme nous avons dit, deux petits efpaces fur la terre où il ne pleut jamais, & pour ramener ces exceptions à la théorie, il fuffit de faire voir qu'il ne fe trouve pas dans ces lieux le concours des conditions néceffaires pour produire la pluie. Il feroit certainement contradictoire avec la théorie, qu'on dût trouver la plus grande partie de la terre fans pluie. Mais qu'une contrée ou deux qui n'ont ni diverfité de climat ou de pays, foient trouvées fans pluie, au lieu d'altérer la conclufion de la généralité de la pluie, elles confirmeront la théorie en faifant connoître que le concours de certaines circonftances ou conditions n'y a pas lieu. Effectivement, la caufe de la pluie ne fera pas toujours fuffifante pour produire l'effet dans fon entier : car une médiocre condenfation de vapeurs aqueufes ne fe refoudra pas toujours en pluie, mais reftera fufpendue fous une forme vifible, & pro-

duira de cette forte du brouillard à la furface de la terre & des nuages dans l'atmofphère. Il y a de même quelques fituations dans lefquelles l'effet des rayons du foleil d'été fe trouve diminué confidérablement par l'interpofition de ces nuages.

Nous trouverons donc une variété indéfinie de phénomènes naturels qui peut être produite par le feul principe de condenfation aqueufe. Car, en paffant de l'un des extrêmes de l'atmofphère net & tranfparent, à l'autre extrême qui offre les nuages les plus denfes, & des brouillards légers ou de la rofée la plus douce, à la pluie, à la grêle ou à la neige la plus abondante, on aura une variété indéfinie de faits qui partent tous du même principe.

4°. *Eftimation comparative des climats par rapport à la pluie.*

Il vient d'être obfervé que les pays dans lefquels il ne pleut que rarement ou jamais, ne devroient être confidérés fur le globe que comme des points où la pluie, fi variable dans fa quantité, vient s'évanouir : & de-là, il eft vifible que jufqu'à la plus grande quantité poffible, il y a une échelle confidérable & une gradation indéfinie. On fent donc qu'il fera néceffaire d'étendre ces obfervations particulières à quelques-unes générales, & d'avoir quelques faits auxquels on puiffe appliquer la théorie. Dans chaque lieu, la quantité générale de la pluie dépend de deux principes, qui peuvent être différemment compofés. Le premier principe dont dépend la formation de la pluie fuivant la théorie, étant la combinaifon de différens courans de l'atmofphère, la quantité de pluie doit dépendre des circonftances favorables à cette combinaifon ou à la rencontre de vents différens.

Nous avons vu d'ailleurs que cette rencontre de deux courans d'air ne fuffifoit pas pour produire de la pluie, & qu'il falloit encore que ces courans d'air fuffent dans des dégrés de température qui différaffent fuffifamment pour produire une condenfation convenable. Mais chaque contrée du globe pouvant être envifagée comme fituée entre deux différentes régions, l'une plus chaude, l'autre plus froide qu'elle, tous les lieux dans lefquels on trouve des circonftances favorables à la combinaifon de deux vents, peuvent être confidérés comme ayant cette condition favorable à la condenfation de l'eau : ainfi dans le premier principe de la formation de la pluie, font comprifes ces deux conditions, la combinaifon de deux vents & la différente température de ces vents.

Le fecond principe que nous avons maintenant à examiner, eft la quantité d'humidité contenue dans les courans d'air combinés pour produire la pluie. Ce principe diffère entièrement du premier ; & fuivant la théorie, la quantité de pluie dans quelque lieu de la terre que ce foit, dépendra néceffairement de ce principe, toutes chofes égales d'ailleurs. Il ne faut donc pas perdre de vue les principes, fi l'on veut déterminer la quantité de pluie, parce qu'on concevra l'effet compofé des deux caufes, fi l'on a bien reconnu en quoi chacune y contribue.

Si la furface de la terre étoit parfaitement fphérique, foit qu'elle fût terre ou mer, il n'y auroit que des courans d'air réguliers, parce qu'ils feroient feulement produits par l'action du foleil & le mouvement de la terre. Mais la furface du globe eft compofée de terres & de mers, & cette diverfité eft variée & irrégulière. Or, cette difpofition des chofes eft une fource de vents variables ou de différents courans d'air qui peuvent fe combiner pour produire de la pluie. La fur-

face de la terre eft encore diverfifiée en plaines & en montagnes, en bois & en déferts fecs & arides. Et ce font encore autant de fources de variations, 1°. pour la manière dont cette furface peut être échauffée ; 2°. pour produire & combiner différents courants d'air ; 3°. enfin, pour amener les différentes quantités de pluies dans chaque lieu.

Les montagnes en général, par exemple, peuvent être confidérées comme contribuant beaucoup à la combinaifon des différens courans d'air. Car, en arrêtant les vapeurs ou courans plus généraux de l'atmofphère, elles réfléchiffent ces courans dans leur courfe & deviennent un principe de combinaifon des courans qui viennent des différentes contrées qui avoifinent ces maffes élevées. Les montagnes font donc plus favorables à la pluie, que les plaines ou les pays bas : or, ici l'expérience vérifie la théorie.

Suivant ce principe, il devroit pleuvoir beaucoup plus fur terre que fur mer : car, la mer étant plane, elle n'a pas le pouvoir de produire des courans d'air & de les combiner : auffi trouve-t-on ces effets d'accord avec l'expérience : il y a moins de pluie en général fur mer que fur terre. Il y a très-peu de pluie dans les vents alifés réguliers : mais dans les vents variables qui fe joignent aux vents alifés, la pluie tombe en abondance. D'ailleurs, les gens de mer les plus expérimentés nous apprennent qu'en pleine mer, l'apparence d'un nuage leur annonce infailliblement une île.

Quant au fecond principe de la pluie dépendant des différens dégrés de l'humidité dont l'atmofphère eft chargé, on trouvera auffi de grandes fources de variations. Nous les trouvons dans ces deux propofitions, 1°. que les lieux où il tombe une grande quantité de pluie, doivent fe trouver fur les terres voifines d'une grande mer située entre les tropiques.

2º. Que les lieux où il doit tomber la moindre quantité de pluie, est la partie la plus intérieure du continent d'Europe & d'Asie, dans une latitude tempérée.

Au moyen d'un exemple qui serve à confirmer chacune de ces propositions, on pourra également appuyer la théorie. Le premier de ces exemples se tirera de la grande quantité de pluie qui tombe aux Indes Orientales, lesquels pays correspondent aux circonstances de la première proposition. Car on a trouvé qu'il étoit tombé dans une contrée pendant une saison 104 pouces d'eau, ce qui est au moins trois fois la quantité qui tombe généralement dans les régions soumises à nos observations.

5º. *La théorie appliquée aux observations météorologiques.*

Après avoir comparé, avec les principes de la théorie, ce qui a lieu sur le globe relativement à la formation & à la chûte de la pluie, & avoir fait connoître la correspondance de ces principes avec les effets physiques, il me paroît convenable d'examiner les phénomènes généraux que nous offre une étendue particulière d'une contrée de la terre, telle que la Grande-Bretagne; phénomènes qui peuvent être connus & constatés au moyen des observations météorologiques.

Dans une île, telle que la Grande-Bretagne, où règnent des suites de vents variables & d'une chaleur tempérée, recevant plus ou moins d'un côté l'influence du plus grand continent de la terre, & de l'autre celle de l'Océan Atlantique, il semble qu'on soit autorisé à conclure des principes de la théorie qu'il y pleuvera souvent, sans qu'il y tombe des quantités de pluies con-

sidérables à chaque fois; & que le climat de ce pays, considéré relativement à la sécheresse ou à l'humidité, doit être plus humide que sec. C'est effectivement ce que l'on observe en comparant l'Angleterre avec les régions du continent qui sont plus sèches. Mais ce qui est maintenant le plus intéressant, c'est de déterminer quelles sont les circonstances qui accompagnent les pluies fréquentes de ce climat variable: car nous avons ici la meilleure occasion de confirmer notre doctrine, si nous y découvrons les conditions nécessaires, suivant la théorie, pour la formation de la pluie.

En examinant les observations météorologiques de ce pays dans la vue d'éclairer & de confirmer la théorie, il se présente trois objets, qui demandent chacun une attention particulière. Le premier est le mouvement & la direction des vents; le second, les degrés de chaleur indiqués par le thermomètre placé dans l'atmosphère; le troisième est le changement du poids de l'atmosphère déterminé par le baromètre. Il faut donc considérer ces trois choses variables, relativement à la pluie ou à la sécheresse qui peuvent avoir lieu à la suite d'une ou de plusieurs de ces circonstances. C'est le seul moyen de découvrir quelle est celle de ces causes qui doit être censée influer le plus dans l'effet qu'on remarque; & quelles sont celles qui ne doivent être considérées que comme des accompagnemens de la première.

Rien ne nous paroît aussi remarquable que le mouvement & la direction des vents. Mais aussi rien ne peut plus nous égarer que de raisonner d'après ces apparences, si nous les considérons comme la cause dominante dans les changemens qu'éprouve l'atmosphère, & comme servant à expliquer les effets de ces changemens. En faisant nos observations sur les vents, nous sommes bornés à un lieu très-peu étendu, qui peut être considéré comme un point dans la ligne de la direction du vent ; & d'après nos observations faites dans ce lieu, nous sommes portés à juger des opérations de la nature qui embrassent une grande étendue de pays.

Quand, par exemple, le vent souffle de l'ouest, d'après notre observation, nous disons qu'il est venu de l'Océan Atlantique ; & quand il souffle de l'est, nous en concluons qu'il a traversé le continent. Cependant, à moins que nous ne supposions que le vent a conservé dans sa marche la ligne droite, il est évident que, par des circonstances très-faciles à admettre, il est possible que le vent dans ces deux cas, au lieu de venir, comme nous l'imaginons, de l'est ou de l'ouest, peut véritablement être venu du nord ou du midi. Or, quiconque considère la nature des mouvemens dans l'atmosphère, doit reconnoître que la ligne droite est celle qu'il y a le moins de raison de supposer dans les vents variables du globe ; & ce sont maintenant les seuls vents qui nous intéressent.

Il est aisé de voir d'ailleurs combien est grande la différence qu'il y a quant aux effets entre un vent d'est ou d'ouest, ou bien entre un vent du midi d'un côté, & un vent du nord de l'autre. On sent quelle confusion dans nos observations, il peut résulter de celle d'un vent pris pour un autre. Hutton prétend, à cette occasion, qu'il faut corriger les incertitudes sur la direction des vents par les degrés de chaleur ou de froid qui sont marqués par le thermomètre, attendu que cette indication du thermomètre est d'une certitude plus grande que celle de la direction du vent.

Ayant appris à faire état de la variation diurne du thermomètre, il convient d'examiner la température de l'atmosphère qui en résulte & qui varie à proportion, ainsi que les causes de ces changemens. Mais il est évident que rien dans la nature, ne peut tant contribuer à changer la température

de l'atmosphère, qu'un changement dans la direction du vent, en supposant que dans nos observations, il ne donne pas de fausse indication. Il est impossible, par exemple, que l'atmosphère méridional soit transporté sur la Grande-Bretagne sans produire une chaleur au-dessus de la température moyenne de la saison dans laquelle est faite l'observation, ou que le vent vienne du nord sans produire un effet opposé. Par conséquent, on peut, d'après cette considération, établir ce principe, que chaque fois qu'on éprouve un degré de chaleur au-dessus ou de froid au-dessous de la température moyenne, ou de celle qui est propre à la saison où l'on observe, il faut l'attribuer au mouvement de l'atmosphère soit du midi, soit du nord, quoique notre observation puisse avoir donné une autre indication du vent.

Il n'y a rien de bien décidé par rapport aux vents d'est ou d'ouest qui contribuent aux transports & aux mouvemens de l'atmosphère : Hutton pense qu'il faut faire plus d'attention à la chaleur & au froid de ce fluide, comparés avec la température moyenne de la saison, qu'à la direction suivant laquelle le courant passe au-dessus de nous.

Les physiciens en observant la correspondance des changemens qu'éprouve le baromètre quant à la hauteur, avec la disposition de l'atmosphère à la pluie, ont jugé que l'un de ces faits étoit dans un rapport avec l'autre, comme la cause à l'effet.

Les grands changemens dans l'atmosphère qui occasionnent les montées & les descentes remarquables du baromètre, ne sont pas bornées à un petit espace autour du lieu de l'observation ; mais ils sont d'une grande étendue. La comparaison de plusieurs registres prouve ce fait. Car, à la distance de 400 milles & peut-être de beaucoup plus, deux baromètres ont presque la même marche, montant & descendant dans la même proportion. Mais dans cette superficie, il arrive souvent qu'il pleut dans un lieu, tandis qu'il fait beau tems dans un autre. Conséquemment, soit que nous supposions que c'est la densité de l'atmosphère ou sa rareté qui occasionnent la pluie ; nous tomberions dans l'absurdité en alléguant une cause qui auroit des effets contraires, ou une cause qui n'auroit pas un effet qui lui fût propre.

Au lieu de supposer que la compression altérée de l'atmosphère est une cause immédiate de pluie, supposons que ce changement soit la suite de quelque grand mouvement produit dans ce fluide : dans ce cas, comme différentes parties de l'atmosphère sont naturellement combinées, nous aurions très-probablement quelque part, suivant la théorie, une cause immédiate pour la condensation des vapeurs, ou la production de la pluie. Or, on ne peut pas dire que ce fût plutôt la chûte du mercure dans le baromètre, que son ascension qui indiquât la pluie : on voit qu'on ne peut pas établir en principe que la descente du baromètre seroit plutôt une indication nécessaire de la pluie, que l'ascension subite du mercure dans cet instrument.

Dans les régions tempérées de la terre, le baromètre éprouve de grandes variations ; en comparant sa marche avec celle qu'il a dans la zône torride entre les tropiques, où il n'y a que de très-petits changemens. C'est ce qui doit arriver suivant la nature des choses. La région torride, quoique fort affectée par l'influence du soleil, cette région d'été perpétuel ayant de chaque côté une région tempérée, ne peut jamais jouir de la tranquillité de son atmosphère, troublée par une raréfaction ou une condensation extrême, comme la zône tempérée qui se trouve bornée d'un côté par cette région torride, & de l'autre par une région qui éprouve une vicissitude

si considérable dans sa température. Les changemens de l'été à l'hiver, & ceux de l'hiver à l'été, produisent nécessairement de grands mouvemens dans l'atmosphère ; mais ce n'est que dans l'atmosphère des régions tempérées que l'effet de ces mouvemens est senti sur le baromètre.

La tranquillité du baromètre dans la région équinoxiale, ne provient pas du défaut d'une cause en action dans l'atmosphère de cette région. Car le soleil y est puissant dans tous les tems : mais cette tranquillité provient de l'union & du balancement de toutes les causes qui y agissent en même tems ; cette cause y est plus égale qu'elle ne l'est ailleurs, excepté peut-être aux pôles. D'ailleurs elle est presque toujours développée dans la même direction par le mouvement général de l'est à l'ouest. Lorsque quelque changement accidentel interrompt la marche égale de l'atmosphère, il doit en résulter les effets les plus violens ; mais dans des lieux bornés & pour un court espace de tems, sans que la masse générale de l'atmosphère en soit beaucoup changée : comme c'est cette masse qui détermine la station du mercure dans le baromètre, il est évident qu'il doit être très-peu agité par ces mouvemens dans la zône torride.

De cette discussion, nous pouvons conclure que le baromètre est un instrument nécessairement dépendant dans ses variations des mouvemens de l'atmosphère, mais qu'il n'est pas également affecté de tous ces mouvemens : il est visible qu'il est affecté de ces mouvemens qui produisent des accumulations ou soustractions de l'air, dans des régions d'une étendue suffisante pour changer la pression de l'atmosphère à la surface de la terre : & pour peu qu'il en résulte de commotion dans l'atmosphère, il est nécessaire que cet état amène la pluie.

Nous revenons maintenant à certaines opérations dans l'atmosphère qui sont liées
plus

plus immédiatement avec les caufes de la pluie dans la région tempérée de l'Angleterre, que nous examinons d'après les obfervations générales.

On trouve que la variation du baromètre dans la région des tropiques a très-peu d'étendue, en comparaifon de celle qui a lieu dans les zônes tempérées, quoiqu'il tombe plus de pluie dans la première région que dans les fecondes. Mais fi le pouvoir d'évaporer l'eau & de condenfer la vapeur augmente dans une plus grande proportion entre les tropiques que dans les zônes tempérées, conféquemment il faudra moins de combinaifons de différentes températures dans les premières régions pour produire une certaine quantité de pluie, que dans les régions tempérées où les courans d'air ne font pas également faturés de vapeurs : il faudra donc de plus grandes accumulations ou fouftractions locales & momentanées dans ces régions. De-là il en réfulte une afcenfion ou une chûte plus étendue du baromètre qui accompagne les changemens de tems, relativement à la pluie ou à la féchereffe, dans les régions tempérées que dans les pays entre les tropiques.

Ainfi, dans la théorie préfente qui demande la combinaifon de plufieurs portions d'atmofphère dans des températures différentes de chaleur, nous trouvons une explication aifée de certains phénomènes naturels qui font abfolument contradictoires avec le principe que la légéreté de l'atmofphère foit la caufe immédiate de la pluie. Nous pouvons maintenant examiner les phénomènes naturels qui l'accompagnent généralement en Angleterre, dans la vue de prouver que les combinaifons qu'admet notre théorie y ont lieu.

1°. Si la combinaifon de différens courans de l'atmofphère eft la caufe de la pluie, le calme ou des brifes conftantes devroient avoir lieu avec le beau tems : mais s'il en eft ainfi en général, le contraire eft vrai

auffi, car il n'y a jamais de pluies partielles fans vent. Les gens qui raifonnent d'après l'obfervation feule, attribuent le vent à la pluie comme en étant l'effet, tandis qu'on peut le confidérer avec plus de fondement comme en étant la caufe.

2°. Lorfqu'il commence à pleuvoir dans un tems calme, on eft fondé à croire que cette pluie fera fuivie de vent ; & réciproquement fi la pluie commence au milieu d'un tems venteux, on peut encore attendre que le vent fe calmera avec la pluie après un certain tems. Ce font là certainement des phénomènes généraux, & ils font fondés fur ce principe, que le vent eft la caufe de la pluie.

3°. Il ne pleut jamais avec un ciel calme & clair ; mais on voit des pluies fubites avec des raffales de vent dans un tems calme. Le ciel eft couvert de nuages entiérement avant que la pluie ne commence, & la pluie devient générale & égale. Mais la pluie eft irrégulière lorfqu'elle eft accompagnée de vent. Tantôt l'efpace qui nous environne eft couvert de nuages très-épais, lefquels donnent une forte pluie ; tantôt il eft fous le ciel le plus clair ; & ces alternatives dans l'état de l'atmofphère qui fe charge & s'éclaircit, continuent tant qu'il fait des raffales.

4°. Ces faits fuppofent néceffairement la combinaifon de courans d'air chauds & froids, & par conféquent propres à la production de la pluie. Quelquefois cette opération elle-même eft vifible. Car, lorfqu'au moyen de la marche des nuages, on apperçoit l'atmofphère mu en fens contraire, il eft évident qu'il ne faut rien de plus pour la combinaifon des courans & la condenfation des vapeurs qui amènent la pluie. Les marins obfervent fouvent que l'oppofition dans les vents ou la marche des nuages contre le vent font pour eux une annonce d'une forte pluie.

5°. Si les changemens dans la température de notre atmosphère accompagnent les alternatives de pluie & de beau tems, il eſt évident que ces changemens n'arrivent qu'en conſéquence des changemens dans les courans de vent. Si le vent a ſoufflé des régions méridionales plus chaudes & ſaturées d'humidité, il amène un tems beau, & qui peut reſter en cet état : mais lorſque la pluie ſuccède, on trouve généralement qu'un changement de vent ſuit la pluie, & que l'air alors devient plus froid. S'il ſouffle un vent de nord froid, le tems peut reſter beau ; mais lorſqu'il ſurvient de la pluie, il y a communément un changement dans le vent & dans la température de l'atmoſphère : & en général, autant il y a de changemens dans les vents & dans les courans de l'atmoſphère froids ou chauds, autant on éprouve d'accès de pluies.

Sur la côte de la baie d'Hudſon, lorſque le thermomètre de Farenheyt eſt au 90° degré, que le tems eſt calme & le ciel ſerein, il arrive ſouvent un coup de vent du nord-oueſt, & dans ce coup de vent il neige & il grele. Cette révolution ne dure qu'un eſpace de tems très-court : car le tems devient aſſez ſubitement calme & ſerein comme auparavant ; mais la température de l'air change ſouvent, le thermomètre tombant du 90° degré au 50° : ceci ne ſubſiſte que peu de tems, puiſqu'il remonte enſuite au degré de température ordinaire.

6°. La pluie a lieu dans le tems le plus chaud, comme à tout degré de température juſqu'à celui de la glace : il faut donc beaucoup d'attention pour obſerver les changemens de température dans l'atmoſphère qui accompagnent communément la pluie, dans toute cette graduation du thermomètre de Farenheyt depuis 80 juſqu'à 32 degrés. Mais vers le point de la glace les effets de la chaleur & du froid ſont ſi manifeſtes, qu'on ne peut manquer de faire les obſervations qui tendront à confirmer la théorie.

Lorſqu'après une gelée établie, il commence à neiger, on trouve toujours que le froid diminue, & que le thermomètre remonte au point de la congélation, quelque bas qu'il ait été auparavant. Mais après la neige, ſi le ciel devient clair, le froid augmente juſqu'à ce qu'il reprenne ſa première intenſité, ou même qu'il monte à un plus grand degré. La théorie explique aiſément ces phénomènes ; et quiconque eſt en état d'obſerver, peut les vérifier fréquemment.

7°. Le caractère du climat de la Grande-Bretagne eſt d'une douceur extrême : nos hivers & nos étés ne diffèrent que très-peu dans leurs températures moyennes. Il n'y a dans cette ile que très-peu de détermination conſtante pour le vent, qui, en général, eſt extrêmement variable. Si donc la combinaiſon des différens courans de l'atmoſphère tempère la chaleur & le froid, cette opération devroit être accompagnée d'une condenſation proportionnée de vapeur aqueuſe. C'eſt ici que l'obſervation ſert à faire l'épreuve de la théorie. Mais avant de décider le point en queſtion, il faut entendre ce qui, dans l'obſervation, devroit être conſidéré comme un fait déciſif en faveur de la théorie.

Ce n'eſt pas la quantité de pluie qui tombe pendant l'année ni dans aucune ſaiſon, qui fournit un principe propre à décider la queſtion préſente : car, c'eſt la continuité de la pluie & non la quantité qui fait l'objet de notre recherche. Le nombre des jours & des heures de toute une année pendant leſquels il pleut, eſt ſans doute un ſujet qu'il faut obſerver pour former une eſtimation ſur le point en queſtion ; mais il n'eſt pas ce point en queſtion. Ce point qu'il s'agit de déterminer, eſt la condenſation de la vapeur aqueuſe dans l'atmoſphère : & quoiqu'il ne tombe pas de pluie ſans condenſation de vapeur aqueuſe, il peut y avoir beaucoup de condenſation ſans pluie. Ainſi,

nous fommes conduits par cette confidération à diriger nos obfervations fur d'autres
phénomènes que fur la pluie, parce qu'ils
peuvent être également concluans fur le
point à décider, que la pluie : or, ces phénomènes dans lefquels la condenfation de
la vapeur aqueufe eft auffi bien démontrée
que dans la pluie, font les tems fombres
de l'atmofphère de la Grande-Bretagne.

La queftion fur la théorie étant réduite
à ce fait d'obfervation, on peut demander
de décider quelle eft la proportion des
tems fereins & des tems couverts de nuages
qui appartiennent au climat de l'Angleterre. Et cette queftion ne demande pas
une exactitude extrême pour fa folution.
Je crois qu'il n'y a perfonne qui, fe
rappellant en gros les tems dont il a été
témoin, ne convienne que pour un jour
ou une heure de ciel ferein, il y en a
deux ou trois de ciel couvert de nuages;
& ce reffouvenir général fuffit pour déterminer la queftion, fi la condenfation de
la vapeur aqueufe prévaut ou non dans le
climat d'Angleterre.

8°. Les nuages dans le ciel étant décidés,
les effets de condenfation le font de même
que la pluie. Nous pouvons examiner
maintenant ces phénomènes par rapport à
la température de l'air, relative à la chaleur ou au froid qui fe font fentir communément dans cette circonftance. Si
nous commençons par l'été, & que nous
suppofions le tems chaud, c'eft-à-dire,
dans la température naturelle de la faifon,
on ne mettra pas ici en queftion l'effet d'un
ciel clair ou d'un foleil conftant. La chaleur
eft certainement l'effet de la clarté du
foleil, & cette chaleur eft accumulée dans
la terre, toutes chofes égales d'ailleurs,
en proportion de l'intenfité de la lumière
& de la durée de la clarté. La queftion que
nous avons à examiner eft donc celle-ci :
quelle devrait être la condenfation de la
vapeur aqueufe dans l'atmofphère pendant
l'été, & dans cette température d'été l'aug-

mentation de chaleur ou fa diminution
font-ils les conféquences de cette condenfation ?

La réponfe à cette queftion eft très-
facile ; nous fuppofons l'atmofphère dans
la température moyenne de la faifon d'été :
nous fuppofons auffi que les condenfations
de vapeur aqueufe font produites par la
combinaifon d'un courant d'air d'une température différente ; or, comme cet effet
peut être le réfultat d'un mélange d'un
air plus chaud ou plus froid que la maffe
de l'atmofphère qui eft fuppofée parfaitement fereine, il en doit réfulter un changement de température en plus ou en
moins que la température moyenne, fuivant que le courant d'air qui furvient &
qui produit des nuages dans le ciel eft plus
chaud que celui dont nous étions environnés quelque tems auparavant.

Nous pouvons maintenant tirer de cette
conféquence une remarque pratique qui
peut être de quelque avantage pour s'affurer
de la théorie, & pour expliquer les faits.
Si la chaleur de l'atmofphère eft dans ce
tems au-deffus de fa température moyenne
pour la faifon, & qu'il furvienne un changement de ciel clair en ciel couvert de
nuages, nous avons droit d'attendre que
l'extrême chaleur fera tempérée & la maffe
de l'atmofphère rafraîchie : mais fi la température de notre atmofphère eft au-deffous
de fa chaleur moyenne pour la faifon,
alors du changement de tems clair en tems
nébuleux, nous ferons fondés à attendre
un changement du froid au chaud.

Ceci nous donne auffi une explication
fatisfaifante d'un phénomène général, relatif à l'état du ciel ferein dans tous les
climats & dans les faifons oppofées de
l'été & de l'hiver ; car le ciel ferein & l'atmofphère claire s'accordent parfaitement
avec les deux extrêmes de la température,
c'eft-à-dire, avec celui de la chaleur d'un
côté & avec celui du froid de l'autre ; il n'y

a que la combinaifon de ces deux extrêmes de l'atmofphère chaude & froide qui produife en même tems des nuages à la vue. C'eft ainfi qu'on explique une obfervation commune par rapport au tems de ce pays, que l'air eft toujours froid au-deffous de fa température moyenne pour la faifon. Lorfque le ciel eft clair, les gens de la campagne difent qu'il gèle alors, même au milieu de l'été. Ils trouvent probablement de bonne heure le matin des gelées blanches, furtout dans les parties les plus élevées du pays; & fûrement la glace qui fe forme dans le Bengale juftifie cette obfervation.

9°. La formation de la grêle dépend des mêmes circonftances que celle de la neige; ainfi l'un & l'autre météore fe trouvent expliqués par la même théorie. Il y a cependant des circonftances particulières dans la formation de la grêle qui n'ont pas lieu dans celle de la neige. Mais ces circonftances nous font peut-être inconnues; & comme dans le phénomène de la grêle il n'y a rien qui foit, fous aucun rapport, incompatible avec la théorie,

la non diftinction de la neige & de la grêle n'apporte aucune erreur dans notre fyftême. La grêle eft évidemment formée de molécules d'eau réduites en glace, & qui, en dernière analyfe, font de même nature que celles de la neige, & c'eft probablement à la fuite de quelque mouvement électrique, que plufieurs de ces molécules fe réuniffent pour former les grains de grêle, de quelque groffeur qu'ils foient.

10°. Il y a un phénomène de plus qui a lieu fouvent pendant la pluie qui donne la grêle, & qu'il faudroit confidérer: c'eft le tonnerre qui accompagne fi fréquemment une pluie violente & foudaine; mais comme nous ignorons le principe d'après lequel l'électricité condenfe les vapeurs aqueufes dans l'atmofphère, ce n'eft pas ici le lieu de difcuter cette matière. Tout ce que nous pourrions dire fe réduiroit à des conjectures qui ne contribueroient en aucune manière à jetter du jour fur l'objet principal qui nous occupe. Nous nous bornerons donc à l'examen que nous en avons fait.

LAVOISIER.

Notice fur un mémoire concernant les couches modernes horifontales & leurs dispositions.

UNE partie des matières qui fe préfentent à la furface de certaines contrées du globe terreftre jufqu'à la profondeur où il nous eft permis de pénétrer, font difpofées par couches horifontales, où l'on rencontre des amas confidérables de corps marins de plufieurs efpèces ; en forte qu'on ne peut douter que la mer n'ait recouvert, à des époques très-reculées, tous ces *tractus* formés ainfi de dépôts.

Mais fi, à ce premier coup-d'œil, on fait fuccéder un examen plus approfondi de l'arrangement des bancs & des matières qui les compofent, on y trouve ici beaucoup d'ordre & d'uniformité, pendant que plus loin on remarque du défordre & de la confufion. Parmi les amas de coquilles on en voit de minces & de fragiles qui font entières, précifément dans l'état où l'animal les a laiffées en perdant la vie. Toutes celles qui font d'une figure allongée font couchées horifontalement fur le plat. Les circonftances qu'elles offrent dans leur pofition atteftent une grande tranquillité dans le baffin de la mer où elles ont vécu & où elles ont laiffé leurs dépouilles.

Quelques pieds au-deffus ou au-deffous du lieu où l'on peut faire ces obfervations, il fe préfente un fpectacle tout oppofé. On n'y voit aucune trace d'êtres vivans & animés. On trouve à la place des cailloux arrondis, dont les angles n'ont pu être ufés que par un balottement fort vif & long-tems continué : on y voit les réfidus du travail d'une mer dont les flots viennent fe brifer contre les rivages, & qui roule

avec fracas des amas confidérables de galets. Comment des effets fi différens peuvent-ils appartenir à une même caufe ? comment le même agent qui a ufé le quartz, les filex, les pierres les plus dures, qui en a arrondi les angles, a-t-il refpecté les coquilles fragiles & légères dont nous venons de parler ?

L'examen des couches horifontales offre encore une autre fingularité très-remarquable : le fable & les matières calcaires ne fe trouvent pas communément mêlés enfemble : il y a des bancs formés de fables & d'autres bancs compofés de pierres calcaires où l'on diftingue les débris des coquilles marines.

Ce contrafte, dans l'arrangement & la nature des matériaux des couches horifontales, a frappé Lavoifier, & il a cru être en état, d'après la combinaifon des faits, d'en donner l'explication.

Il commence par confidérer les différens états où fe trouvent les eaux de la mer qui font tantôt tranquilles, tantôt agitées par les vents plus ou moins violens, & enfin toujours livrées au mouvement du flux & reflux. D'abord, on fait que l'action du vent à la mer ne s'étend pas au-delà de dix à douze pieds de profondeur. Ainfi, en confidérant l'étendue de l'ofcillation de la maffe des eaux de la mer en conféquence du flux & reflux, on connoîtra de même qu'il n'y a de mouvement fenfible le long de fes bords qu'à dix ou douze pieds au-deffous de la baffe mer. Ainfi en fuppofant la différence de la haute à la baffe mer de 20 pieds, ce ne fera que dans une couche de 30 à 32 pieds que les flots produiront des effets contre les côtes où pourront rouler les cailloux qui fe rencontrent à la côte; encore faut-il, pour qu'il fe forme du galet, que la pente du rivage foit affez rapide pour que le galet roule & retombe de lui-même, après que l'impulfion de la vague l'a forcé de remonter. Il eft vifible que ce n'eft que par ce mouvement d'afcenfion & de defcenfion, répété pendant une longue fuite d'années, que les angles des cailloux fe trouvent ufés & atténués; qu'ils prennent une figure arrondie, qu'ils diminuent peu-à-peu de groffeur, & qu'ils finiffent par n'être plus qu'un fable plus ou moins fin.

Mais fi les caufes qui peuvent agir feules fur les eaux de la mer ne l'agitent ainfi qu'à la furface: s'il ne peut régner fur fon fond que des courans d'une vîteffe très-modérée. Tout ce qui a vécu, tout ce qui a végété au fond de la mer & à une certaine diftance des côtes, toutes les couches qui s'y font formées doivent préfenter l'image du calme & de la tranquillité: des coquilles même très-fragiles doivent s'y trouver fans altération.

Il n'en eft pas de même du voifinage des bords de la mer: l'effet du flux & du reflux augmente par la réfiftance que les côtes lui oppofent: l'action des vents tantôt favorables, tantôt contraires à fa direction, doivent donner aux eaux une grande vîteffe, en conféquence de laquelle elles viennent fe brifer contre le rivage. C'eft, comme nous l'avons dit, par ce mouvement fi violent que les cailloux roulés font polis & arrondis.

De ces réflexions, Lavoifier conclut qu'il doit exifter dans le règne minéral deux fortes de bancs très-diftincts, les uns formés en pleine mer à une très-grande profondeur, & qu'il nomme, d'après Rouelle, *bancs pélagiens;* les autres formés à la côte, qu'il appelle *bancs littoraux:* que ces deux fortes de bancs ont des caractères diftinctifs: car les premiers préfentent des amas de matières calcaires, des débris d'animaux marins, de coquilles, accumulés lentement & paifiblement pendant une fucceffion immenfe d'années: pendant que les autres font compofés de matériaux fournis par la deftruction des côtes, au milieu d'une grande agitation dans les eaux. D'ailleurs les bancs formés en pleine mer ou *pélagiens* font compofés de matière calcaire prefque pure, de la matière des coquillages accumulés fans mélanges; au lieu que les bancs littoraux font formés de matériaux d'une infinité d'efpèces fuivant la nature des côtes; cependant ces fubftances ne font pas confufément mélangées, étant difpofées & arrangées fuivant certaines lois que l'auteur indique ainfi. Le mouvement des eaux de la mer allant continuellement en décroiffant de la furface au fond jufqu'à une certaine profondeur de 40 à 50 pieds, il doit s'opérer fur les bords de la mer, & même dans une étendue d'autant plus grande que la pente de la côte eft moins rapide, un véritable *lavage* analogue à celui qu'on opère dans le traitement des mines. Les matières les plus groffières, telles que les galets doivent occuper la partie la plus élevée, & former la limite de la haute mer: plus bas doivent fe ranger les fables groffiers qui ne font eux-mêmes que des galets plus atténués: au-deffous, dans les parties où la mer eft moins tumultueufe & les mouvemens moins violens, doivent fe dépofer les fables fins; enfin, les matières les plus légères, les plus divifées, telles que l'argile, la terre filiceufe elle-même dans un état de porphyrifation doivent demeurer long-tems fufpendues; elles ne peuvent fe dépofer qu'à une diftance affez grande de la côte & à une profondeur telle que le mouvement des eaux de la mer y foit prefque nul.

Le talus que prennent toutes ces matières n'est pas même une chose arbitraire ; il dépend de la pesanteur spécifique de l'eau de la mer, de son mouvement à différentes profondeurs, du degré plus ou moins grand de division des molécules chariées par l'eau, de leur pesanteur spécifique. On voit, d'après plusieurs considérations, que l'inclinaison de la côte avec l'horison doit approcher de 45 degrés ; qu'elle doit aller en diminuant jusqu'au lieu où l'eau de la mer est à-peu-près dans un repos absolu, & qu'alors son fond doit tendre à devenir horisontal.

Dans notre atlas, nous donnerons une idée de ce qui se passe sur les bords de la mer, tant dans la haute Normandie que sur les côtes correspondantes de l'Angleterre.

Dans plusieurs endroits de la Normandie, les cailloux devenus galets, accumulés au bas de la falaise y forment une espèce de rempart qui la défend : mais ce rempart diminueroit chaque année, parce que les galets s'usent & s'atténuent si les météores ne contribuoient à la destruction de la falaise & à la multiplication des silex qui servent de base aux galets. Sans cela, il arriveroit un tems où la falaise, n'ayant plus rien qui la défende, seroit minée par le pied fort irrégulièrement : au lieu qu'il se forme chaque année des éboulemens qui fournissent matière à de nouveaux lavages ; & de nouveaux cailloux sont arrondis & forment de nouveaux galets qui sont détruits & remplacés par une suite de noyaux : voyez *falaise* dans le dictionnaire.

Lavoisier pense que les opérations de la nature seroient arrivées à un point d'équilibre, & que les talus naturels se seroient établis à la longue, de manière à pouvoir résister à la mer & à défendre la côte, si les eaux avoient toujours été renfermées dans les mêmes bornes ; si le niveau de la mer avoit été toujours constant : si par

une cause quelconque elle n'avoit pas eu, dans des tems très-reculés, des mouvemens progressifs ou rétrogrades.

En parlant de cette supposition des mouvemens progressifs & rétrogrades, Lavoisier demande la permission d'examiner quels en doivent être les résultats & les conséquences, relativement à la formation des couches horisontales récentes, se réservant de montrer que cette supposition est une réalité, si elle cadroit avec les phénomènes observés. Ce ne sont donc plus les effets d'une mer sédentaire qu'il examine, mais ceux d'une mer qui sort de son lit pour y rentrer, qui se déplace suivant certaines loix, & surtout en vertu d'un mouvement très-lent.

On a déjà fait observer qu'il ne pouvoit exister de coquilles et de corps marins en général dans les endroits voisins des côtes, qui sont garnis de galets. Ils seroient bientôt fracassés et détruits par le mouvement des vagues et des galets. On conçoit aussi que les animaux marins, surtout ceux qui portent une enveloppe fragile ne doivent point se plaire dans le voisinage des côtes, et qu'on n'y doit trouver que les espèces qui ont la faculté de s'attacher aux rochers, ou bien des fragmens et des débris de coquilles dont les dépouilles sont brisées, réduites en poudre et jetées à la côte.

Mais, à mesure que la mer a changé de niveau, à mesure qu'elle a anticipé sur les terres, ces mêmes bancs *littoraux* qui s'étoient formés à la côte au milieu d'une mer agitée, ont été recouverts d'une épaisseur d'eau de plus en plus grande, ils se sont trouvés dans une région plus tranquille : c'est alors que les animaux qui sont revêtus d'enveloppes fragiles, & qui craignent l'agitation & le mouvement ont commencé à y établir leur domicile. Mais les animaux qui se sont placés à cette limite précise, ont dû être incommodés quelquefois dans les grands mouvemens de la mer, & l'impreſſion a dû ſe faire ſentir juſque dans les profondeurs qu'ils habitoient. Quelquefois auſſi des portions de ſable fin ont pu demeurer aſſez long-tems ſuſpendues dans l'eau pour parvenir juſqu'à eux. Ces premières coquilles doivent donc ſe trouver encore aujourd'hui mêlées d'une portion de ſable de la même nature que celui ſur lequel elles repoſent. Et en effet, c'eſt une obſervation conſtante que toutes les fois qu'un banc de coquilles repoſe ſur un banc de ſable, il y a mélange dans le voiſinage des deux bancs. Les premières couches de ſable contiennent des coquilles, & les dernières couches de coquilles ſont mêlées de ſable.

Lorſqu'enſuite par le mouvement progreſſif de la mer, la côte a été reportée beaucoup plus loin, les corps marins qui ont ſuccédé aux premiers, ſe ſont trouvés dans une ſituation de plus en plus calme, & enfin dans un état de tranquillité abſolue. Les générations de coquilles ſe ſont alors paiſiblement ſuccédées les unes aux autres, & il s'eſt formé des bancs entièrement compoſés de matières calcaires, qui, par une longue ſucceſſion de ſiècles, ont dû acquérir une grande épaiſſeur.

Tandis que les maſſes de coquilles s'élevoient ainſi lentement dans le baſſin de la mer, par la ſucceſſion d'une infinité de générations, la mer, dans la ſuppoſition d'un mouvement progreſſif, a dû atteindre le flanc des hautes montagnes, & a exercé ſon action contre elles : elle en a détaché des maſſes de quartz & de pierres ſiliceuſes qu'elle a briſées, roulées, dont elle a formé des galets, & dont l'uſure a donné naiſſance à des ſables de différens degrés de ténuité. Les plus groſ-ſiers ſe ſont rangés le plus près de la côte ; les plus fins à un niveau inférieur : enfin, les molécules les plus diviſées ſe ſont dé-poſées au loin & ont formé des dépôts reſſemblans par leur ténuité à l'argile.

Je renvoie à notre atlas ce qui peut donner une idée de la ſituation de la mer au pied des montagnes de l'ancienne terre, des bancs littoraux compoſés de cailloux roulés, de ſable, de marne, &c. & formés par le *detritus* des falaiſes à marée montante ; des bancs calcaires horiſontaux *pélagiens* qui ſe ſont formés par-deſſus, à meſure que la limite de la mer s'eſt éloignée : voyez n°. IV, *de l'atlas.*

Voilà donc à-peu-près l'expoſition des événemens qui ont dû avoir lieu dans la ſuppoſition de la mer aſcendante. Lorſqu'après une longue ſuite de ſiècles, la mer, après avoir atteint ſa plus grande élévation, & après avoir été quelque tems ſtationnaire, eſt devenue rétrograde ; que ſon niveau a baiſſé, & qu'elle a commencé à reperdre le terrein qu'elle avoit envahi, Lavoiſier penſe qu'elle a dû faire encore, en ſe retirant, un véritable lavage des matières qu'elle avoit accumulées au pied des montagnes. Les quartz roulés ou galets, comme plus lourds, & les ſables groſſiers qui s'y trouvoient mêlés ont dû reſter les premiers à découvert : ils n'ont point été entraînés par les eaux. Les matières légères, au contraire, & très-diviſées, telles que les ſables fins, la glaiſe & l'argile ont ſuivi dans leur retraite les eaux dans leſquelles elles étoient ſuſceptibles de demeurer quelque tems ſuſpendues. En ſorte que la mer en ſe retirant a dû répandre ſur les bancs pélagiens une nappe de matières ſableuſes & argileuſes. Mais comme elle laiſſoit en arrière quelques portions des ſubſtances qu'elle avoit en-traînées d'abord, l'épaiſſeur de ces couches a dû aller continuellement en diminuant, à meſure qu'elles s'éloignoient des grandes montagnes : & il a dû néceſſairement ſe trouver un terme auquel ces bancs ont été tellement atténués & amincis qu'ils ont diſparu entièrement.

L'auteur déſigne cette dernière eſpèce de bancs, ſous le nom de *bancs littoraux formés*

formés à la mer descendante, pour les distinguer de ceux également formés à la côte, mais *à la mer montante*. Voyez les n°s. V & VI. Il est toujours facile de distinguer dans les observations ces deux espèces de bancs : à mesure qu'on s'approche de la pleine mer, les supérieurs étant toujours composés du détritus des matières que fournissent l'ancienne terre ou les grandes montagnes, & les inférieurs du détritus des bancs pélagiens horisontaux.

Tant que la surface de la mer a été plus élevée que les bancs calcaires horisontaux du n°. V : tant que ces bancs ont été défendus par les couches sablonneuses qui les recouvroient, ils n'ont point été entamés ; mais par les progrès de l'abaissement des eaux, ils ont dû être attaqués à leur tour. Lors, par exemple, que la surface de la mer a été redescendue (n°. VI), il a dû se former des falaises au milieu des bancs ; enfin, quand après un laps de tems plus ou moins long, la mer est parvenue au-dessous du niveau des *bancs pélagiens calcaires*, elle a dû agir sur les *bancs littoraux* qu'elle avoit formés en montant, & qui servoient de base aux bancs pélagiens calcaires. Mais comme ces bancs, en raison de leur qualité sableuse, argileuse ou marneuse, & du peu de liaison de leurs parties, ont offert peu de résistance à l'action de l'eau, ils ont dû être détruits promptement : les bancs pélagiens calcaires qu'ils soutenoient ont aussi dû être culbutés. La mer même, quoique perdant toujours de son niveau, a pu quelquefois regagner du terrein sur les côtes, & la falaise a pu se former à une distance plus ou moins grande, dépendante de beaucoup de circonstances qu'il est inutile de détailler.

Il a dû résulter de-là que les bancs littoraux & pélagiens qui recouvrent la craie ont été emportés en beaucoup d'endroits, principalement dans les approches de la limite de la mer actuelle : que la craie ou

Géographie-Physique. Tome I.

en général le banc inférieur a dû rester seul, & c'est ce qu'on remarque en effet assez généralement en Normandie, en Picardie & dans une partie de l'Angleterre.

Par les détails dans lesquels nous venons d'entrer, Lavoisier a pour objet de prouver qu'en supposant que la mer a eu un mouvement d'oscillation très-lent, qui se soit exécuté dans une période de plusieurs centaines de milliers d'années, & qui se soit répété déjà un certain nombre de fois, il doit en résulter qu'en faisant une coupe de bancs horisontaux entre la mer & les hautes montagnes, cette coupe doit présenter une alternative de bancs littoraux & de bancs pélagiens ; que ces bancs qui sont très-reconnoissables, parce qu'ils sont composés de matières très-différentes, doivent être mélangés dans les environs des points de contacts ; mais qu'ils doivent être exempts de mélanges à peu de distance de ces mêmes points ; que si l'on pouvoit prolonger cette coupe jusqu'à une profondeur assez grande pour atteindre l'ancienne terre, on pourroit juger par le nombre des couches du nombre d'excursions que la mer a faites : enfin, que lorsque les bancs supérieurs ont été posés sur des matières faciles à diviser, comme de l'argile & du sable, ils doivent avoir été souvent détruits par l'action de la mer descendante ; en sorte que les bancs inférieurs ont dû seuls rester.

L'auteur du mémoire, après s'être livré à toutes ces considérations que lui avoit inspirées sa théorie, finit par observer que la masse des matières abandonnées par la mer a été disposée par bancs alternatifs, dont les uns ont été évidemment formés en pleine mer, & les autres formés à la côte ; d'où il conclut que l'observation, confirmant la théorie, tout ce qu'il a cru devoir présenter comme une supposition, sont des vérités conformes à la marche de la nature. En conséquence, il croit devoir apporter en preuves les détails de quelques coupes principales, obfervées en France, & qu'on pourra vérifier facilement.

La première coupe (n°. VII), repréfente les montagnes des environs de Villers-Coterets : on y remarque dans la partie fupérieure ;

1°. 260 pieds de fable qui contient fouvent des galets ou cailloux roulés, & dans lequel il s'eft formé des rognons de grès. On n'y trouve aucuns débris de corps marins, mais quelquefois dans le haut des empreintes d'une efpèce de buccins d'eau douce & de cornets, de S. Hubert fur des cailloux ou filex argileux blancs : c'eft ce banc que Lavoifier regarde comme formé à la côte pendant la mer defcendante, ci .. .. 260 pieds.

2°. Des bancs de pierre calcaire de différente épaiffeur, évidemment formés en pleine mer, & uniquement compofés de débris de coquilles & de noyaux de corps marins. On y trouve fréquemment de grandes viffes dont la longueur eft de deux pieds, & qui font toutes couchées horifontalement fur le plat .. .. .. 75.

3°. Une maffe de fable, mêlé dans le haut de coquilles, de quelques cailloux roulés, & qui contient affez fréquemment du bois pétrifié. Ce banc a été formé à la côte pendant que la mer montoit : & l'on a dit pourquoi il conte-

noit dans fa partie fupérieure des coquilles & du bois pétrifié. On peut évaluer fon épaiffeur à environ . . 60 pieds.

4°. La maffe de craie fur laquelle ces différens bancs font pofés. Mais comme la furface fupérieure de la craie en général n'eft point horifontale, & qu'elle ne fe trouve qu'à une affez grande profondeur dans les environs de Villers-Cotterets, on ne la voit nulle part à découvert dans ce canton. Elle ne commence à fe montrer qu'à quelques lieues de là au nord ou au nord-oueft, dans la forêt de Compiegne. Elle continue enfuite dans toute la Picardie, dans la Normandie, & le long des côtes d'Angleterre : elle n'a nulle part moins de 3 à 4 cent pieds d'épaiffeur, ci. 350

TOTAL. . . .. . 745 pieds.

Si l'on compare cette coupe avec celle du n°. VI, on trouvera, fuivant Lavoifier, une conformité parfaite dans les réfultats, & on reconnoîtra que les bancs des collines des environs de Villers-Cotterets font abfolument dans l'ordre qui eft repréfenté par les autres coupes.

Il retrouve la même conformité dans l'arrangement des bancs aux environs de Meudon près Paris, principalement en defcendant à la verrerie de Seves. On trouve dans le haut du parc, fous la terre végétale :

1°. Un fable argileux contenant de la pierre meulière 25 pieds.

2°. Du fable & du grès 180.

3°. Des bancs de pierres calcaires, entiérement composés de débris de coquilles 66

4°. De l'argile jaune . 18

5°. De la craie . . . 116

TOTAL jusqu'au niveau de la Seine . . . . 404 pieds.

Cette coupe se trouve de même, n°. VII de notre atlas. L'auteur donne ce second résultat, comme absolument conforme aux coupes hypothétiques des numéros précédens, avec cette différence seulement que le banc qui sépare la pierre calcaire & la craie, est de glaise au lieu d'être de sable, & qu'il est moins épais que dans les montagnes des environs de Villers-Cotterets.

Nous trouvons, même numéro, pour troisième exemple, la coupe des montagnes des environs de la Fere du côté de Saint-Gobin. On observe dans les bois de Saint-Gobin & de Prémontré :

1°. Sous la terre végétale, sable & grès . . 76 pieds 6 p.

2°. Un banc de sable glaiseux qui retient l'eau . 1

3°. Un banc de pierre calcaire, composé de débris de coquilles & de corps marins . . . 79

4°. Glaise bleue . . . 1

5°. Sable & cailloux roulés 120

6°. Glaise 3

7°. Suite du banc de sable & cailloux roulés 139

8°. Masse de craie dans laquelle on a creusé très-profondément avec une tarière 224

TOTAL . . . 643 pieds 6 p.

Le bas de cette fouille est de 200 pieds au-dessous du niveau de la rivière d'Oise à la Fere.

Lavoisier indique encore la conformité des coupes 1, 2, 3, 4 & 5, n°. VI. On y trouve le banc supérieur de sable & de grès 1, formé à la côte, la mer descendante : le banc 2 de pierres calcaires formé en pleine mer : le banc 3 de sable formé à la côte, la mer montante : enfin la masse de craie 4, qu'on suppose encore formée en pleine mer.

Lavoisier ayant indiqué ce qui se rencontre au-dessous de la craie comme l'ancienne terre, s'explique un peu plus sur l'emploi qu'il a fait de cette expression, en avouant qu'il l'a empruntée de M. Rouelle. Mais cependant il s'en faut bien, qu'il conserve à sa terre hypothétique ancienne les caractères que Rouelle donnoit à la sienne, & que nous avons exposés dans sa *notice*. Car il présume que son ancienne terre, dont il ne peut nous offrir d'échantillon, est encore un composé de bancs littoraux beaucoup plus anciennement formés, que ceux dont il a embrassé & suivi la composition & l'arrangement dans son mémoire.

Ce qui est très-remarquable dans ces exemples, c'est que la craie est ordinairement le dernier des bancs qui contiennent des coquilles, des corps marins & des vestiges d'animaux qui ont eu vie. Les bancs de schistes qui se trouvent communément au-dessous, contiennent souvent des vestiges de corps flottans, des bois, des végétaux enfouis, & qui ont été jettés à la côte, quelques empreintes même de poissons ; mais on n'y trouve point de coquilles : on n'en trouve pas davantage dans les bancs qui paroissent avoir été formés à cette époque. Lavoisier est porté à croire que l'existence des végétaux a précédé de beaucoup l'existence des animaux, ou au moins que la

Ggggg 2

terre a été couverte d'arbres & de plantes avant que les mers fuffent peuplées de coquillages : mais il remet la difcuffion de cette opinion à un autre tems, & en attendant il expofe les obfervations fur lefquelles il la croit fondée.

D'abord il ne peut fe refufer à conclure des faits précédens, tels qu'ils les a interprétés, que le mouvement progreffif & rétrograde de la mer, n'eft point une fuppofition, mais une chofe réelle. Je puis ajouter ici que j'en donnerai des preuves pofitives dans le dictionnaire, à l'article *retraite de la mer :* ce font d'autres faits que j'expofe, & il eft difficile de contefter les conféquences que j'en tire.

Lavoifier finit par obferver que les bancs des nos III, IV, V & VI formés à la côte par la mer montante, font toujours compofés de fable & de cailloux ; qu'ils repofent toujours fur une maffe de craie, comme on l'obferve fur les côtes d'Angleterre & de Normandie ; & que cette craie eft toujours parfemée de cailloux. Il en réfulte qu'alors le détritus des falaifes que la mer forme aux dépens du banc de craie doit être compofé de galets, de greve arrondie & de fable. Mais comme il n'eft pas rare de trouver des craies fans cailloux, on fent qu'alors la mer ne forme plus de fable à la côte : elle y dépofe cependant une argile jaune, dont la craie contient une petite portion. Souvent auffi le dernier des bancs calcaire n'eft pas compofé de craie pure, mais de terre calcaire plus ou moins mêlée d'argile ou de fable ; enfin les matières qui forment les côtes de la mer font quelquefois de fchifte, &c. Il eft clair que les bancs formés à la côte par la mer montante doivent prendre, dans toutes ces circonftances, autant de caractères différens. Ce n'eft qu'en examinant féparément ces différens cas, en les difcutant & en les expliquant les uns par les autres, qu'il fera poffible de faifir tout l'enfemble des phé-

nomènes, & qu'on pourra fe convaincre que la variété prodigieufe des réfultats ne dépend cependant que d'une caufe fimple & unique.

Il fera donc néceffaire, fuivant ce plan de travail, de traiter en particulier & en détail des bancs formés à la côte, des circonftances qui les caractérifent, des variétés qu'ils préfentent, fuivant les circonftances locales, & furtout fuivant la nature des bancs primitifs, aux dépens defquels ils ont été formés. Il faut auffi montrer que c'eft dans ces bancs qu'on trouve des corps flottans, tels que le bois, l'ambre jaune, les débris de végétaux, &c. ; que c'eft également à la côte que fe font formées la plus grande partie des mines de tranfport, parce qu'au moment où les eaux qui charioient des métaux fe font mêlées avec l'eau de la mer, il s'eft fait des précipitations, pendant lefquelles les métaux ont été dépofés en état de chaux.

Il conviendroit de difcuter également, dans un ouvrage particulier, ce qui peut concerner les bancs formés en pleine mer, les efpèces de corps marins & de coquilles qu'on doit y rencontrer, la profondeur & l'éloignement des côtes néceffaires à l'exiftence de chaque individu ; enfin, une infinité d'autres circonftances que l'obfervation peut faire connoître.

Ce double travail ne pourroit s'exécuter que par un naturalifte infatigable, qui fe livreroit à toutes les obfervations néceffaires pour conftater l'état, l'étendue, la continuité régulière des différens bancs littoraux & pélagiens. Il femble qu'il conviendroit qu'il embraffât dans fes recherches toutes les contrées où la mer la plus moderne a pu laiffer les traces de fes opérations. Il faudroit auffi, ce femble, qu'il y comprît la note fuivie de toutes les altérations, que d'autres agens que l'Océan y ont pu produire. Car, je ne puis diffimuler ici que tous ces examens restent encore à faire pour discuter convenablement toutes les questions que comporte la solution entière de ce grand problême. J'ajoute même qu'il faudroit joindre une grande sagacité pour combiner tous les faits qu'on recueilleroit par ces moyens, & les disposer sur des cartes dans un ordre qui pût servir à manifester, d'une manière incontestable, la vérité & toutes les démarches de la nature. Mais malheureusement, Lavoisier qui auroit rempli si avantageusement ces vues, nous manque. Les mêmes malheurs qui l'ont enlevé à la chimie, occasionnent également nos plus vifs regrets dans une question importante où la physique & l'histoire naturelle devoient également concourir. Je n'ose pres-

que citer, pour l'éclaircissement de quelques parties de cette même question ;

1°. Ce que j'expose à l'article *golfes anciens* du dictionnaire ;

2°. Ensuite ce que je dis à l'article *Paris*, sur les altérations survenues dans les substances qui composent quelques-uns des bancs qu'on rencontre au milieu des coupes des environs de cette ville.

3°. Les faits que je présente à l'article *Morvan*, relativement à la limite de l'ancienne & de la nouvelle terre.

4°. Enfin les discussions dans lesquelles j'entrerai à l'occasion des différentes coupes des bancs *pélagiens* & *littoraux* qui figureront dans l'atlas, aux numéros indiqués.

CONSIDÉRATIONS

GÉNÉRALES ET PARTICULIÈRES

SUR

LA GÉOGRAPHIE-PHYSIQUE.

Par la lecture des notices de tous les ouvrages des naturalistes & des géographes qui ont traité de l'histoire physique de la terre, & qui précèdent, on a pu prendre une connoissance raisonnée des principaux objets dont doit s'occuper la géographie-physique : car je me suis attaché à développer ces objets lorsqu'ils se sont rencontrés dans les discussions que je me suis permises sur les différentes hypothèses. A en juger par les derniers ouvrages qui ont paru sur cette science, il paraît qu'on en a parlé sans en connoître le véritable but : à plus forte raison a-t on méconnu les moyens d'en assurer les progrès. C'est pour satisfaire à cette double vue que je vais traiter ici de la géographie-physique. J'exposerai d'abord les principes d'après lesquels on doit recueillir les faits qui peuvent servir à éclairer les différens points de cette science, sur lesquels il importe de fixer nos idées. Ensuite j'exposerai, par ordre, la suite des objets qu'elle embrasse, en indiquant la méthode qui convient à chacun d'eux.

La géographie-physique s'occupe de tous les phénomènes de l'histoire physique du globe qui peuvent être comparés ensemble, ensuite généralisés par l'observation, & enfin figurés & constatés sur des cartes. On sent par-là de quel avantage peut être cette science, en rapprochant ainsi sous le même point de vue tous les lieux où les phénomènes du même ordre se sont montrés aux divers observateurs. Il est aisé de voir d'après cette considération quelle peut être l'étendue de cette partie de nos connoissances, & combien elle est propre à perfectionner l'observation, en mettant ses principaux résultats dans la place qui leur convient, & que la nature leur assigne à la surface du globe.

A mesure que la géographie & l'histoire naturelle se sont perfectionnées, on a senti de quelle importance il étoit de rapprocher les faits que celle-ci nous a fournis, des positions nettes & précises que nous a données celle-là. En conséquence de cette heureuse association, on a vu quelques parties de notre propre séjour, qui ne nous avoient présenté d'autre image que celle d'un amas de débris & d'un monde en ruines, qu'irrégularités à leur surface, que désordres apparens dans leur intérieur, s'offrir à nos yeux éclairés avec des dehors où l'ordre & l'uniformité se firent remarquer, où les rapports généraux se découvrirent fous nos pas. On ne s'occupa pas feulement de cette nomenclature ennuyeufe de mots bizarres, qui atteftent les limites que les conquérans ont mifes dans les établiffemens que les fociétés différentes ont formés à la furface de la terre. Quelques naturaliftes formèrent le projet de ne diftinguer les pays & même les contrées que par les phénomènes qu'ils offrirent à leurs recherches : phénomènes finguliers ou uniformes, tout ce qui porta l'empreinte des agens de la nature fut recueilli par eux avec foin, fut difcuté avec exactitude. Ils examinèrent la forme, la difpofition & les rapports des différens objets. Ils effayerent même d'apprécier l'étendue des effets, de fixer leurs limites : enfin, ils furent curieux de parvenir jufqu'aux principes généraux conftans & réguliers. A mefure que toutes ces idées fe développèrent, ces naturaliftes guidèrent les pas des géographes qui prirent pour bafe de leurs travaux topographiques l'hiftoire de la furface du globe : en forte qu'on diftribua par pays & par contrées, ce que l'obfervateur avait décrit & rangé par claffes & par ordre de collection. Je ne parle ici que de quelques naturaliftes; car combien d'obfervateurs ont fuivi une marche différente, & n'ont publié que des faits incomplets & confus, parce qu'ils opéroient fans analyfe & fans principes.

En préfentant, comme je viens de le faire, le précis des premiers progrès de la géographie-phyfique, j'ai fait voir qu'elle les devoit à la réunion combinée des fecours que plufieurs parties des fciences ont concouru à lui fournir. On ne peut effectivement trop raffembler de reffources lorfqu'on embraffe, dans fes difcuffions, des objets auffi vaftes & auffi étendus : lorfqu'on fe propofe d'examiner la conftitution extérieure & intérieure de la terre ; de faifir les réfultats généraux des obfervations que l'on a faites & recueillies fur les éminences, les profondeurs, les inégalités des bords du baffin de la mer : fur les mouvemens & les balancemens de cette

maffe d'eau immenfe qui couvre la plus grande partie du globe : fur les fubftances qui compofent les premières couches de nos continens qu'on a pu fonder : fur leurs difpofitions par lits : fur la direction des chaînes de montagnes. Lorfqu'on afpire à l'intelligence des principales opérations de la nature ; qu'on difcute leur influence fur les phénomènes particuliers & fubalternes, & que par plufieurs enchaînemens de faits & de raifonnemens fuivis, on fe forme un plan d'explication ou bien l'on fe borne fagement à établir des analogies & des rapports partiels.

D'après ces confidérations qui nous donnent une idée des différens objets de la géographie - phyfique, nous croyons devoir nous attacher d'abord à deux points importans : 1°. à développer les principes les plus propres à guider les obfervateurs qui pourront, par la fuite, s'occuper à en étendre les limites, & ceux qui voudront apprécier leurs découvertes ; 2°. à préfenter fuccinctement les réfultats généraux & avérés qui peuvent former le corps de cette fcience, afin d'en conftater l'état actuel.

PREMIERE PARTIE.

On peut réduire à trois claffes générales les principes propres à cette fcience. La première comprendra ceux qui concernent l'obfervation des faits ; la féconde, ceux qui ont pour objet leur combinaifon ; la troifième enfin, ceux qui ont rapport à la généralifation des réfultats & à l'établiffement de ces principes féconds, qui deviennent entre les mains d'un obfervateur, des inftrumens qu'il applique avec avantage à la découverte de nouveaux faits & de nouveaux rapports.

Principes qui concernent l'obfervation des faits.

Il n'eft pas auffi important de montrer

la néceffité de l'obfervation pour augmenter nos véritables connoiffances en géographie-phyfique, que d'en développer l'ufage & la bonne méthode. On eft affez convaincu maintenant des inconvéniens qu'entraîne après elle cette préfomption oifive qui nous porte à vouloir deviner la nature fans la confulter ; bien loin que la fagacité & la méditation puiffent fuppléer aux réponfes folides & lumineufes que nous rend la nature lorfque nous l'interrogeons, elles les fuppofent au contraire comme un objet préalable vers lequel fe porte leur véritable effort : ne nous diffimulons jamais ces principes. Héraclite fe plaignoit de ce que les philofophes de fon tems cherchoient leurs connoiffances dans de petits mondes que bâtiffoit leur imagination, & non dans le grand qui étoit expofé à leurs regards. Si nous nous expofions à mériter le même reproche, fi nous perdions de vue ces confeils fi fages, nous méconnoîtrions autant nos propres intérêts que ceux de la vérité. Qu'eft-il refté de ces belles rêveries des anciens ? Il n'y a que le vrai & le folide qui brave la deftruction des tems & les ténèbres de l'oubli. Des abftractions générales fur la nature peuvent-elles entrer en comparaifon d'utilité avec un feul phénomène bien vu & bien difcuté ? Nous voulons donc des faits & des obfervateurs en état de les faifir & de les recueillir avec fuccès.

On comprend aifément que la première qualité d'un obfervateur, eft d'avoir acquis par l'étude & dans un développement fuffifant, les notions préliminaires capables de l'éclairer fur le prix de ce qu'il rencontre ; de forte qu'il ne lui échappe aucune circonftance effentielle dans l'examen des faits, & qu'il réuniffe en quelque façon toutes les vûes poffibles dans leur difcuffion ; qu'il ne les apperçoive pas rapidement, imparfaitement, fans choix, fans difcernement, & avec cette ftupide ignorance qui admet tout & ne diftingue rien. On puife dans l'obfervation habituelle de la nature l'heureux fecret d'admirer fans être ébloui : mais la lecture réfléchie & attentive forme de folides préventions qui diffipent aifément le preftige du premier coup-d'œil.

Il faut avouer que plufieurs obftacles nous privent de ces avantages. Les perfonnes en état de mettre à profit leurs connoiffances voyagent peu, ou pour des objets étrangers aux progrès de la géographie-phyfique. Ceux qui fe trouvent fur les lieux à portée, par exemple, d'une fontaine fingulière, périodique ou minérale, d'un amas de coquillages & de pétrifications, négligent ces objets ou par ignorance, ou par diftraction, ou enfin parce qu'ils ont perdu à leurs yeux ce piquant de fingularité & d'importance qui fixent toujours nos recherches. Les étrangers & les voyageurs, même habiles les rencontrent par hafard, ou les vifitent à deffein ; mais ils ne peuvent d'une vue rapide en acquérir une connoiffance détaillée & approfondie. Des obfervations fuperficielles faites à la hâte, ne préfentent les objets que d'une manière bien imparfaite ; on ne les a pas vus avec ce fang froid, cette tranquillité de difcuffion, avec ces détails de correfpondance fi néceffaires aux combinaifons lumineufes. On fupplée par des oui-dires, par des rapports exagérés, à ce que la nature nous montreroit avec précifion fi nous la confultions à loifir. Il réfulte de cette précipitation que les obfervateurs les plus éclairés, frappés naturellement des premiers coups du merveilleux, font fouvent dupes de leur furprife : ils n'ont pu fe placer d'abord au point de vue favorable ; ils défigurent la vérité parce qu'ils l'ont mal vue, & rendant trop facilement de fauffes impreffions, ils mêlent à leurs récits des circonftances qui les ont plus féduits qu'éclairés. Si l'on eft fujet à l'erreur, même quand on eft maître de la nature, & qu'on la force à fe déceler par des expériences, à combien plus de méprifes & d'inattentions ne fera-t-on pas expofé, lorfqu'on

fera

fera obligé de parcourir la vafte étendue des continens & des mers, pour la chercher elle-même où elle fe trouve, & où elle ne nous laiffe appercevoir qu'une très-petite partie d'elle-même, & fouvent fous des afpects capables de faire illufion.

Un obfervateur qui s'eft confacré à cette étude par goût, ou parce qu'il eft, & s'eft mis à portée de voir, doit commencer par voir beaucoup, envifager fous différentes faces, fe familiarifer avec les objets pour les reconnoître aifément par la fuite, & les comparer avec avantage; tenir un compte exact de tout ce qui le frappe & de tout ce qui mérite de le frapper; recueillir fes obfervations avec ordre, fans trop fe hâter de tirer des conféquences prématurées des faits qu'il découvre, ou de raifonner fur les phénomènes qu'il apperçoit. Cette précipitation qui féduit notre amour-propre, eft la fource de toutes les fauffes combinaifons, de toutes les inductions imparfaites, de toutes les idées vagues dont l'on furcharge des objets que l'on n'a encore envifagés qu'imparfaitement; en forte que les parties les moins éclaircies font par cette raifon celles qui ont plus prêté à cette démangeaifon de difcourir.

Outre cette expérience des mauvais fuccès qu'ont eus les réflexions précipitées, nous avons d'autres motifs pour nous en abftenir. Comme l'infpection attentive & réfléchie de notre globe nous promet une multitude infinie de lumières & de connoiffances abfolument neuves, un obfervateur qui commence à donner un enfemble fyftématique à la petite portion de faits qu'il a recueillis, femble regarder comme inutiles toutes les découvertes qu'on a lieu de fe promettre de ceux qui partageront fon travail, ou fe flatter d'avoir affez de pénétration pour fe paffer des éclairciffemens qu'ils pourroient lui offrir.

Nous croyons auffi qu'un obfervateur

doit être en garde contre toute prévention, toutes vues fixes & dépendantes d'un fyftême déjà concerté; car dans ce cas on interprête les faits fuivant ce plan; on gliffe fur les circonftances qui font peu compatibles avec les principes favoris, & l'on étend au contraire celles qui paroiffent y convenir.

Nous ne prétendons pas cependant qu'on obferve fans deffein & fans vues. Il n'eft pas poffible que le fpectacle de la nature ne faffe naître une infinité de réflexions très-folides à un obfervateur qui a de la fagacité, & qui s'eft inftruit avec exactitude des découvertes de ceux qui l'ont précédé, même de leurs idées les plus bizarres. Nous convenons que l'on peut avoir un projet déterminé dans fes recherches, mais avec une fincère difpofition de l'abandonner, dès que la nature fe déclarera contre le parti qu'on avoit embraffé provifoirement. Ainfi on ne fe bornera pas à un phénomène ifolé, mais on en recherchera toutes les circonftances; on les détaillera avec ce zèle de difcuffion qu'infpire le défir de trouver la correfpondance que ce phénomène peut avoir avec d'autres. Quoique nous condamnions cette indifcrette précipitation de bâtir en obfervant, nous ne voulons pas que l'on oublie que les matériaux qu'on raffemble doivent naturellement entrer dans un édifice.

Telles font les vues par lefquelles on peut fe guider dans l'examen réfléchi des faits; mais que doit-on voir dans les dehors de notre globe? A quoi doit-on s'attacher d'abord? Je réponds qu'il faut s'attacher aux configurations extérieures, aux formes apparentes; ainfi l'on faifira d'abord la forme des continens, des baffins des mers, des chaînes de montagnes, des croupes, & enfin des vallées; & à mefure qu'on parcourra un plus grand nombre de ces objets, ces formes venant à s'offrir plus ou moins fréquemment à nos regards, elles produiront dans notre esprit des impressions durables, des caractères reconnoissables qui ne nous échapperont plus, & qui nous donneront les premières idées de la régularité de toutes ces choses. Nous tiendrons un compte exact des circonstances & des lieux où elles s'annonceront; & enfin nous ferons, par une suite de la même attention, en état de remarquer les variétés & toutes leurs dépendances.

L'examen de ces variétés réitéré & porté sur une multitude d'objets que nous trouverons sous nos pas lorsque nous saurons voir, nous fera aisément distinguer le caractère propre d'une configuration, d'avec les circonstances accessoires. Nous discuterons avec bien plus d'avantage l'étendue des effets & même la combinaison des causes, lorsque nous pourrons décider ce qu'elles admettent constamment, ce qu'elles négligent quelquefois & ce qu'elles excluent toujours.

Les irrégularités sont des sources de lumière, parce qu'elles nous dévoilent des effets qu'une uniformité trop constante nous cachoit ou nous rendoit imperceptibles. La nature se décèle souvent par un écart qui montre son secret au grand jour : mais on ne tire avantage de ces irrégularités qu'autant qu'on est au fait de ce qui, dans telle ou telle circonstance, est la marche ordinaire de la nature, & qu'on peut démêler si ces écarts affectent ou l'essentiel ou l'accessoire.

Pour avoir des idées nettes sur les objets qu'on observe, on s'attache aussi à renfermer, dans des limites plus ou moins précises, les mêmes effets soit réguliers, soit irréguliers. On appréciera, par des mesures exactes jusqu'où s'étend tel contour, telle avance angulaire dans une montagne, telle profondeur dans les vallons, dont on suivra les bords soit inclinés, soit surtout escarpés; on prendra les dimensions des fentes perpendiculaires, & de l'épaisseur des couches, suivant leurs positions respectives.

Dans l'appréciation des limites assignées aux effets, il est très-utile de passer de la considération d'une extrémité à la considération de l'autre extrémité opposée : comme de la hauteur des montagnes aux plus profonds abîmes, ou des continens ou des mers; de la plus belle conservation d'un fossile au dernier degré de sa calcination & destruction.

Un observateur intelligent ne se bornera pas tellement dans ses savantes discussions, aux formes extérieures & à la structure d'un objet, qu'il ne prenne une connoissance exacte des matières elles-mêmes, qui, par leurs divers assemblages ont concouru à le produire; il liera même exactement une idée avec l'autre. Telle matière, dira-t-il, affecte telle forme; il concluera l'une de l'autre, & réciproquement. Il se formera des distinctions générales des substances terrestres; il les partagera en matières vitrescibles & calcaires; il les reconnoîtra à l'eau-forte ou par des réductions chimiques. Il aura lieu de remarquer que les grès sont par blocs & par masses dans leurs carrières; que les pierres calcaires sont par lits & par couches; que les schistes affectent la forme trapezoïdale; que certaines crystalisations sont assujetties à la figure piramidale ou parallélipipède; que dans d'autres les lames crystalisées s'assemblent & s'adaptent sur une base vers laquelle elles ont une direction, comme vers un centre commun, &c. Toutes ces dépendances jettent dans des détails qui, en multipliant les attentions de l'observateur, lui présentent les objets sous un nouveau jour, & donnent du poids à ses découvertes.

Il portera la plus scrupuleuse attention sur les circonstances uniformes & régulières qui accompagnent certains effets; elles ne peuvent lui échapper, lorsqu'il sera prévenu quelle influence leur examen peut avoir par rapport à l'appréciation des phénomènes ; cette considération entre même plus directement que toute autre dans l'objet de *la Géographie-Physique*. Ainsi, suivant ces vues, il contemplera les ouvrages de la nature, tantôt dans le détail de leur structure, tantôt dans le rapport des pièces. Un coup-d'œil général & rapide n'apprend rien que de vague ; un mince détail épuise souvent sans présenter rien de suivi ; il faut donc soutenir une observation par l'autre ; & c'est en les faisant succéder alternativement, que les vues s'affermissent, même en s'étendant. « Cette étude suppose, dit Buffon, » les grandes vues d'un génie ardent qui « embrasse tout d'un coup-d'œil, & les » petites attentions d'un instinct laborieux » qui ne s'attache qu'à un seul point. » Hist. nat., 1er vol. La place qu'occupe un tel corps ou un tel assemblage de corps dans l'économie générale, sera déterminée relativement à la nature de ces corps. On subordonnera, en un mot, les détails qui concernent les substances & leurs formes à ceux qui tiennent à la disposition relative. On remarquera exactement que certaines couches de pierres calcaires ou autres, sont d'une égale épaisseur dans toute leur longueur ; mais que celles de gravier amassées dans des vallons n'annoncent pas la même régularité ; que dans les premières, les coquilles & les autres corps marins pétrifiés sont à plat ; que dans les secondes elles sont disposées irrégulièrement ; que les fentes perpendiculaires sont plus larges dans les substances molles que dans les matières les plus compactes, &c. Quelle que soit la multiplicité des agens que fasse mouvoir la nature, & la variété des formes qu'elle donne à ses effets, tout tend à former un ensemble. Un corps étranger qui se trouve placé au milieu des matières calcaires ; des blocs de grès au milieu des marnes ; des sables au milieu des glaises : toutes ces observations sont très-essentielles pour connoître la distribution générale ou les révolutions.

Comme un seul homme ne peut pas tout voir par soi-même, & que c'est la condition de nos connoissances de devoir leurs progrès aux découvertes & aux recherches combinées de plusieurs observateurs ; il est nécessaire de s'en rapporter au témoignage des autres. Mais parmi ces descriptions étrangères, il y a beaucoup de choix ; & dans ce discernement, il faut employer une critique sérieuse & une discussion sévère. L'expérience & la raison nous autorisent à nous défier généralement de tous les faits de cette nature dont les anciens seuls sont les garans. Nous ne nous y attacherons, nous n'y ferons attention que pour les vérifier, ou qu'autant qu'on l'aura fait & qu'ils seront dégagés de ce merveilleux que ces écrivains leur prêtent ordinairement ; ou enfin lorsque leurs détails rentrent dans des circonstances avérées & indubitables d'ailleurs. Mais nous croyons qu'on doit proscrire nommément tous ces fameux mensonges qui, par une négligence blâmable ou par une imbécille crédulité, ont été transmis de siècles en siècles, & qui tiennent la place de la vérité. On peut juger par l'emploi fréquent que s'en permettent les compilateurs, du tort qu'ils font aux sciences. Cependant pour les proscrire sans retour, il faut être en état de leur substituer le vrai, qui souvent n'est qu'altéré par les idées les plus bizarres ; on est entièrement détrompé d'une illusion, lorsqu'on connoît les prétextes qui l'ont fait naître.

Quant à ce qui concerne les auteurs qui ont écrit avant le renouvellement des sciences, ils ne doivent être consultés qu'avec réserve ; privés de connoissances capables de les éclairer & de les guider dans la discussion des faits, ils ne les ont observés qu'imparfaitement ou sous un point de vue qui se rapporte toujours à leurs préjugés. Kircher décrit, dessine, présente les coupes des réservoirs qui fervent, félon lui, à la diftribution des eaux de la mer par les fources ; il nous débite de la meilleure foi du monde des détails merveilleux fur les gouffres abforbans de la mer Cafpienne, fur le feu central, fur les cavernes fouterraines, comme s'il eût eu des obfervations fuivies par rapport à tous ces objets, qui ne font autorifés parmi nous que d'après les écrits hafardés d'écrivains auffi judicieux.

En général les obfervateurs ignorans, ou prévenus, ou peu attentifs, qui voient les objets rapidement, fans deffein, & fans difcuffion, ne méritent que très-peu de croyance : je veux trouver dans l'auteur même, dans les détails qu'il me préfente, cette bonne foi, cette fimplicité, cette abondance de vues qui m'infpirent de la confiance pour fon génie d'obfervation, & pour l'exactitude de fes récits.

Souvent l'obfervation nous abandonne dans certains fujets compliqués ; elle n'eft pas affez précife ; elle ne montre qu'une partie des effets, ou les montre trop en grand pour qu'on puiffe atteindre à quelque affertion qui mette de l'ordre dans nos idées. Alors l'expérience eft indifpenfable ; il faut fe réfoudre à fuivre les opérations de la nature avec une conftance & une opiniâtreté que rien ne décourage, furtout lorfqu'on eft affuré qu'on eft fur la voie. Sans cette reffource, on ne peut être fondé à raifonner fur les faits avec connoiffance de caufe : tous les détails de l'obfervation ne pourront fe réunir avec cette précifion fi défirable dans les fciences, & ne porteront que fur des conféquences vagues, fur des fuppofitions gratuites, qui préfentent plutôt nos décifions que celles de la nature. Telle eft, par exemple, comme nous l'avons remarqué à l'article *fontaine*, l'appréciation de la quantité de pluie qui tombe fur les différentes parties de la terre, & fa comparaifon avec la maffe des eaux qui circulent dans la même étendue : de-là dépend le dénoûment de tout ce qui

concerne l'origine des *fontaines*, la diftribution des vapeurs fur la furface des continens & les eaux courantes. On aura raffemblé tous les faits, recueilli toutes les obfervations les plus curieufes ; on ne pourra, fans les réfultats précis des expériences, rien prononcer de décifif fur ces objets importans. (*Voyez* la notice de Hutton & fa théorie fur la pluie.)

Principes fur la combinaifon des faits.

Comme les faits feuls & ifolés n'annoncent rien que de vague, il faut les interpréter en les rapprochant & en les combinant enfemble.

On fent plus que jamais aujourd'hui, qu'il eft prefqu'auffi important de mettre de l'ordre dans les découvertes, que d'en faire. Les traits épars qui repréfentent la nature, nous échapperoient fans cette reffource. Prefque tous les phénomènes, furtout ceux que nous avons en vue, n'ont d'utilité que dans la relation qu'ils peuvent avoir avec d'autres ; comme les lettres de l'alphabet qui font infignifiantes en elles-mêmes, forment par leur réunion les mots & les langues. La nature d'ailleurs ne fe montre pas toute entière dans un feul fait ou même dans plufieurs : un phénomène folitaire ne peut être mis en réferve, que dans l'efpoir qu'il fe réunira quelque jour à d'autres de même efpèce : & comme dans le plan de la nature un tel fait eft impoffible, un obfervateur intelligent en trouvera peu de cette nature ; un fait ifolé, en un mot, n'eft pas un fait phyfique ; & la vraie philofophie confifte à découvrir les rapports cachés aux vues courtes & aux efprits inattentifs ; un exemple frappant fera fentir la juftesse de ces principes. Le P. Feuillé avoit obfervé « que les coupes des rochers près de » Coquimbo dans le Pérou, étoient per- » pendiculaires au niveau de l'horifon, que » les unes allant de l'eft à l'oueft & les autres » du nord au fud, fe coupoient à angles

» droits : que les premières coupes étoient
» parallèles à l'équateur, & les autres au
» méridien ». Si ce savant eût été conduit
par les vues que nous indiquons ici, bien
loin de remarquer, comme il le fait, que
la nature avait ainsi configuré les montagnes, pour rendre cette partie du monde
déjà si riche par ses mines, plus parfaite
que les autres, il auroit conçu le dessein
de se procurer des observations correspondantes dans les autres continens, &
ne se seroit pas borné à la considération
infructueuse des causes finales. V. *causes
finales*. Cette idée bien combinée depuis,
valut à M. Bourguet la découverte des angles correspondants, dont on a depuis
abusé, faute d'analyse.

Maintenant qu'on sent la nécessité de
combiner les faits, nous devons dire que
cette opération délicate s'exécute sur deux
plans différens. Il y a une combinaison
d'ordre & de collection ; il y a une combinaison d'analogie.

A mesure que l'on amasse des faits &
des observations, on en seroit plutôt acca-
blé qu'éclairé, si l'on n'avoit soin de les
réduire à certaines classes déterminées plutôt
par le sujet que par leur enchaînement
naturel : car les recherches n'étant pas assez
multipliées, on n'a que des chaînons épars,
& qui n'annoncent pas encore la correspondance mutuelle, qui pourra quelque
jour en former une suite non interrompue.
Cependant, comme on a toujours besoin
d'une certaine apparence d'ordre, on les
arrange même dans des partitions inexactes ;
la vérité se fera jour plutôt à travers de
cette petite méprise, qu'à travers de la
confusion : le tems & les recherches rectifieront l'une au lieu qu'ils augmenteroient
l'autre.

Il faut même avouer que ces partitions
générales, quoiqu'imparfaites, seroient
plus convenables à notre travail présent,
qui est de recueillir pour l'usage de la

postérité, & plus assorties à nos connoissances bornées & imparfaites sur certains
sujets compliqués qui n'ont encore reçu
que la première ébauche, que ces vues
tronquées auxquelles l'imagination donne
la forme & l'apparence d'une *théorie*. Ces
tables seroient comme les archives des
découvertes, & le dépôt de nos connoissances acquises, ouvert à tous ceux qui se
sentiroient du zèle & des talens pour
l'enrichir de nouveau. Les observateurs
y parcourroient d'un seul coup - d'œil &
sous une précision lumineuse, ce que nous
délayons quelquefois dans une confusion
d'idées étranges & bizarres, au milieu
desquelles la plus grande sagacité les démêle avec peine.

Cette première opération offriroit de
très-grandes facilités à la seconde : en con-
templant les faits simplifiés, classifiés avec
un certain ordre, on est plus en état de
saisir leurs correspondances mutuelles, &
ce qui peut les unir dans la nature ; cette
distribution n'auroit pas lieu seulement
pour les observations que nous aurions
empruntées des autres ; mais aussi pour
celles que nous aurions faites par nous-
mêmes.

Ainsi nous tirerions de très-grands avantages de cette classification des phénomènes pour saisir leurs raports : mais il
faut convenir que lorsque nous nous serions
familiarisés avec les objets eux-mêmes, et
que nous aurions acquis l'habitude de
les voir avec intelligence, ils formeroient
dans notre esprit de ces impressions durables, & s'annonceroient à nous avec ces
caractères de correspondances qui sont le
fondement de l'analogie. Nous nous élé-
verions insensiblement à des vues plus
générales, par lesquelles nous embrasserions
à la fois plusieurs objets ; nous saisirions
l'ordre naturel des faits ; nous lierions les
phénomènes ; et nous embrasserions d'un
seul coup d'œil une suite d'observations
analogues, dont l'enchaînement se perpé-
tueroit sans effort.

Mais une première condition pour parvenir à ce point de vue, seroit d'avoir scrupuleusement observé chaque objet comparé, autrement on ne pourroit bien saisir les justes limites des rapports qui peuvent les unir. Si nous avions été exacts à démêler ce qui pouvoit rapprocher un fait d'un autre, & à découvrir ce qui, dans les phénomènes, annonçoit une tendance marquée à la correspondance d'organisation, dès-lors les analogies se présenteroient à notre esprit d'elles-mêmes.

On se laisse souvent séduire dans le cours de ses observations, ou bien par négligence, ou bien par une prévention de système; en conséquence, on a la présomption de voir au-delà de ce que la nature nous montre, ou l'on craint d'appercevoir tout ce qu'elle peut nous découvrir. D'après cette illusion on imagine de la ressemblance entre les objets les plus dissemblables, de la régularité & de l'ordre au milieu de la confusion.

Dans toutes ces opérations, le grand art n'est pas de suppléer aux faits, mais d'en combiner les détails connus; d'imaginer des circonstances, mais de savoir les découvrir. En effet, à mesure qu'on étudie de plus en plus la nature, son mécanisme, son art, ses ressources, la multiplicité de ses moyens dans l'exécution, ses désordres mêmes apparens, tout nous étonne, tout nous surprend, tout enfin nous inspire cette défiance & cette circonspection qui modèrent ce penchant indiscret de nous livrer à nos premières vues, ou de suivre nos premières impressions.

Afin de ne rien brusquer, il sera donc très-prudent de ne nous attacher qu'aux rapports les plus immédiats, & de nous servir de ceux qui ont été apperçus & vérifiés exactement, pour nous élever à d'autres. Pour cela, nous rangerons par ordre nos observations, & nous en ferons de nouvelles lorsque les rapports intermédiaires nous manqueront. Nous aurons donc l'attention de ne pas lier des faits sans avoir parcouru tous ceux qui occuperont l'intervalle, par une induction dont la nature elle-même aura conduit la chaîne. Bien loin de surcharger de circonstances merveilleuses ou étrangères les objets compliqués, nous les décomposerons par une espèce d'analyse, afin de nous borner à la comparaison des parties; & à mesure que nous avancerons dans ce travail, nous récomposerons de nouveau toutes les parties & leurs rapports, pour jouir de l'effet du tout ensemble.

Ainsi nous nous attacherons d'abord aux analogies des formes extérieures, ensuite à celles des masses ou des configurations intérieures; enfin, nous discuterons celles des circonstances. Je suppose qu'on ait suivi les contours de deux montagnes qui courent parallèlement; qu'on ait remarqué la correspondance de leurs angles saillans & rentrans, qu'on ait pénétré dans leur masse, & qu'on ait découvert avec surprise que les couches qui, par leur superfétation, forment la solidité de ces avances angulaires, sont assujetties à la même régularité que les couches extérieures; on en conclut la même analogie de régularité par rapport aux directions extérieures & mutuelles des chaînes, & par rapport à l'organisation correspondante des masses. Je vais plus loin, je dis que la forme extérieure des montagnes prise absolument, a un rapport marqué de dépendance avec la disposition des lits qui entrent dans leur structure intérieure. J'étends même l'analogie sur la nature des substances, leurs hauteurs correspondantes, & j'observe, comme une circonstance très-remarquable, que les angles sont plus fréquens & plus aigus dans les vallons profonds & resserrés, que dans les vallées larges, &c.

Un point important sur lequel j'insisterai, sera de ne point perdre de vue ni de diffimuler les différences les plus remarquables, ou les exceptions les plus légères qui s'offriront à mes regards dans le cours des rapports que j'aurai lieu de saisir & d'indiquer. En conséquence de cette attention, ces rapports seront moins vagues ; & d'après ce plan, je serai même en état d'établir de nouveaux rapports & des combinaisons lumineuses entre ces variétés, lorsqu'elles s'annonceront avec les caractères décisifs d'une ressemblance marquée. Par ce moyen, je ne me permettrai aucune espèce de supposition ; & bien loin d'être tenté d'étendre des rapports au-delà de ce que les faits me présentent, dans le cas où une exception me paroîtroit figurer mal, l'espoir que j'aurai de l'employer un jour avec succès, me déterminera à ne las pas dissimuler ou négliger, comme j'aurois été tenté de le faire, si je l'eusse regardée comme inutile. Cette exception me donnant lieu d'en former une nouvelle classe de variétés assujetties à des effets réguliers, mon observation n'aura-t-elle pas été plus avantageuse pour le progrès de la *géographie-physique*, que si j'eusse, à l'aide d'une illusion assez facile, supposé des régularités uniformes ?

Ce n'est qu'avec ces précautions qu'on pourra recueillir une suite bien liée de faits analogues, & qu'on en formera un ensemble dans lequel l'esprit contemplera sans peine un ordre méthodique d'idées claires & de rapports féconds.

Principes sur la généralisation des rapports.

C'est alors que les principaux faits, bien déterminés, décrits avec exactitude, combinés avec sagacité, sont pour les observateurs une source de lumière qui les guide dans l'examen des autres faits, & qui leur en prépare une suite bien liée. A force d'appercevoir des effets particuliers, de les étudier & de les comparer, nous tirons de leurs rapports, mis dans un nouveau jour, des idées fécondes qui étendent nos vues ; nous nous élevons

insensiblement à des objets plus vastes ; & c'est dans ces circonstances délicates que l'on a besoin de méthode pour conduire son esprit. Quand il faut suivre & démêler d'un coup-d'œil ferme & assuré les démarches de la nature en grand, & mesurer en quelque façon la capacité de ses vues avec la vaste étendue de l'Univers, ne doit-on pas avoir échaffaudé long-tems pour s'élever à un point de vue favorable ? Aussi avons-nous insisté sur les opérations préliminaires à cette grande opération.

La généralisation consiste donc dans l'établissement de certains phénomènes étendus, qui se tirent du caractère commun & distinctif de tous les rapports apperçus entre les faits de la même espèce.

On envisage surtout les rapports les plus féconds, les plus lumineux, les mieux décidés, ceux, en un mot, dont la nature nous présente le plus souvent les termes de comparaison ; tels sont les objets de la généralisation. Par rapport à ses procédés, elle les dirige sur la marche de la nature elle-même, qui est toujours tracée par une progression non interrompue de faits & d'observations, rédigés dans un ordre dépendant des combinaisons déjà apperçues & déterminées. Ainsi les faits se trouvent (par les précautions indiquées dans les deux articles précédens), disposés dans certaines classes générales, avec ce caractère qui les unit, qui leur sert de lien commun ; caractère qu'on a saisi en détail, & qu'on contemple pour lors d'une seule vue ; caractère enfin qui rend palpable l'ensemble des faits, de manière que le plan de leur explication s'annonce par ces dispositions naturelles. Dans ce point de vue, l'observateur jouit de toutes ses recherches ; il apperçoit avec satisfaction ce concert admirable, cette union, ce plan naturel, cet enchaînement méthodique qui semble multiplier un phénomène par sa correspondance avec ceux qui se trouvent dans des circonstances semblables.

De cette généralisation on tire avec avantage des principes constans, qu'on peut regarder comme le suc extrait d'un riche fonds d'observations qui leur tiennent lieu de preuves justificatives. On part de ces principes comme d'un point lumineux, pour éclaircir de nouveau certains sujets par l'analogie; & en conséquence de la régularité des opérations de la nature, on en voit naître de nouveaux faits qui se rangent eux-mêmes par ordre de système. Ces principes sont pour nous les lois de la nature, sous l'empire desquelles nous soumettons les phénomènes subalternes; étant comme le mot de l'énigme, ils offrent dans une précision lumineuse plus de jeu & de facilité à l'esprit observateur, pour étendre ses connoissances. Enfin, ils ont cet avantage très-important, de nous détromper sur une infinité de faits défigurés ou absolument faux; ces faits disparoîtront ou se rectifieront à leur lumière, comme il est facile de suppléer une faute d'impression, lorsqu'on a le sens de la chose.

Mais pour établir ces principes généraux, qui ne sont proprement que des effets généraux apperçus réguliérement dans la discussion des faits combinés, il est nécessaire que la généralisation ait été exacte & sévère; qu'elle ait eu pour fondement une suite nombreuse & variée de faits liés étroitement, & continuée sans interruption. Sans cette précaution, au lieu de principes formés sur des faits & des réalités, vous aurez des abstractions générales d'où vous ne pourrez tirer aucun fait qui se trouve dans la nature. De quel usage peuvent être des principes qui ne sont pas le germe des découvertes? Et comment veut-on qu'une idée étrangère à la nature, en présente le dénoûment? Ce n'est seulement que de ce que vous tirez du fonds de la nature, & de ce qu'elle vous a laissé voir, que vous pouvez vous servir comme d'un instrument sûr pour dévoiler ce qu'elle vous cache,

Si l'induction par laquelle vous avez généralisé, n'a pas été éclairée par un grand nombre d'observations, le résultat général aura trop d'étendue: il ne comprendra pas tous les faits qu'on voudra lui soumettre; & cet inconvénient a pour principe cette précipitation blâmable qui, au lieu de craindre les exceptions où les faits manquent, & où leur lumière nous abandonne, se laisse entraîner sur les simples soupçons gratuits d'une régularité constante.

On voit aisément que cette méprise n'a lieu que parce que dans la discussion des faits, on n'a pas distingué l'essentiel de l'accessoire, & que dans l'énumération & la combinaison des phénomènes, on a formé l'enchaînement sans y comprendre les exceptions; il falloit en tenir un compte aussi exact, que des convenances qui ont servi aux analogies.

D'un autre côté, je remarque que les observations vagues & indéterminées ne peuvent servir à l'établissement d'aucun principe. Toutes nos recherches doivent avoir pour but de vérifier, d'apprécier tous les faits, & de donner surtout une forme de précision aux résultats: sans cette attention, point de connoissance certaine, point de généralisation, point de résultats généraux.

Les principes ont souvent trop d'étendue, parce qu'ils ont été rédigés sur des vues ambitieuses, dictées par une hypothèse favorite, car alors, dans tout le cours de ses observations on a éludé, par dissimulation ou par des distinctions subtiles, les exceptions fréquentes; on les a négligées comme inutiles, & l'on a toujours poursuivi, au milieu de ces obstacles, la généralisation des résultats. Si dans la suite on trouve des faits contraires, on les ajuste comme s'ils étoient obligés de se prêter à une règle trop générale.

D'autres résultats se présentent souvent
avec

avec une infinité de modifications & de reftrictions qui font craindre qu'ils ne foient encore fubordonnés à d'autres. Cette timidité avec laquelle l'on eft obligé de mettre au jour fes principes, vient d'un défaut d'obfervations ; il n'y a d'autre parti à prendre pour leur affurer cette folidité, cette étendue, cette précifion qu'ils méritent peut-être d'acquérir, que de confulter la nature ; fans cela les principes dont la généralifation n'eft pas pleine & entière, & dont l'application n'eft pas fixe & determinée feront continuellement une fource de méprifes ou d'illufions.

Ce n'eft qu'en s'appuyant fur des faits, difcutés avec foin, liés avec fagacité, généralifés avec difcernement, que l'on pourra fe flatter de tranfmettre à la poftérité des *vérités* folides, des *réfultats* généraux inconteftables, enfin des *principes* féconds & lumineux.

Des cartes propres à la Géographie-Phyfique.

Après avoir expofé les différens principes de la méthode la plus propre à diriger les recherches des obfervateurs qui s'occuperont par la fuite à raffembler les faits dont peut s'enrichir la géographie-phyfique, il convient de paffer maintenant à la difcuffion d'un moyen auffi fécond pour affurer les progrès de cette fcience : ce font les cartes géographiques. Nous allons montrer les avantages qu'elles nous offrent, avec d'autant plus de foin que cette grande reffource a été jufqu'à préfent négligée par les naturaliftes.

Nous ferons remarquer d'abord que les différentes dimenfions qu'on donne aux cartes, doivent toujours être afforties à la maffe & au genre d'obfervations dont on fe propofe de faire ufage. L'on aura donc l'attention de les varier, & quant à l'échelle & quant au deffin, de manière à préfenter tous les objets qui y figureront avec autant de netteté que de précifion.

Nous commencerons d'abord par indiquer les circonftances qui exigeront des cartes générales : l'on doit fentir aifément qu'il y a telles collections d'obfervations formées d'après les voyageurs qui, pour être embraffées dans toute leur étendue, exigent de ces cartes. Telles font les recherches qui concernent les variétés de l'efpèce humaine, difperfées fur toute la furface du globe. Telles font auffi celles qui ont pour objet les différentes efpèces d'animaux quadrupèdes, attachées à l'ancien ou au nouveau continent, ainfi qu'aux latitudes & climats de ces grandes bandes de terre, &c. Il eft vifible que la mappemonde eft le champ naturel de ces confidérations. C'eft par les développemens qu'elle nous offre que l'on pourra fuivre la comparaifon des diverfes pofitions de ces êtres avec la température des contrées qu'ils habitent & la nature des denrées qui leur fervent de nourriture. C'eft par de tels fecours qu'on rendra ces enfembles & plus faciles à faifir & plus inftructifs. Je fuis même porté à croire que nulle méthode de claffification de ces animaux ne peut être mife en parallèle avec leur diftribution fur des cartes générales, fi l'on réfléchit à la grandeur & à l'intérêt du fpectacle.

Si nous paffons enfuite à l'examen des parties du globe, dont les phénomènes ne peuvent être ni envifagés ni préfentés que fous des points de vue très-étendus qui nous montrent les réfultats des opérations de la nature en grand, il eft évident que tous ces objets doivent être figurés fur des cartes des dimenfions les plus fortes après la mappemonde. Telles font la marche & la circulation des eaux courantes dans les rivières & les fleuves ; telle eft la direction des différentes chaînes de montagnes qui fervent à déterminer les points de partage de ces eaux & l'origine des pentes qu'elles fuivent.

Lorfque nous nous occuperons de l'étude des contrées où figureront dans des limites plus refferrées d'autres phénomènes qui fuppofent certaines formes de terrein particulières, il conviendra de faire ufage de la topographie, dont les détails inftructifs feront affortis aux obfervations qu'on fe propofera d'employer, & aux vues qu'on defirera remplir dans le rapprochement de ces obfervations. On fent bien auffi que l'échelle de ces cartes fera proportionnée à la nature & à la multiplicité des objets qu'elles repréfenteront. Ce fera le feul moyen d'éviter le défordre & la confufion qui règnent dans des cartes topographiques où l'on n'a pas obfervé des difpofitions & des arrangemens auffi raifonnables. C'eft fur ces cartes topographiques qu'on fera figurer les baffins des grandes rivières, ou qu'on fe borniera à la defcription de la vallée d'une feule, tracée plus en grand : c'eft avec ces moyens qu'on pourra faire connoître auffi les différentes formes de terrein qui appartiennent aux confluences des rivières, & qu'on a lieu d'obférver fur les bords de chacune des vallées qui s'y réuniffent ; j'ajoute que les ouvertures des angles d'incidence de chacune de ces vallées y feront indiquées avec le plus grand foin & l'exactitude la plus fcrupuleufe. Enfin, on comprendra dans le même ordre de chofes la configuration des bords correfpondans des vallées dans les parties où les rivières de différens ordres éprouvent de grandes ofcillations.

Dans tous ces travaux géographiques, la forme & le nombre des objets tracés fur les cartes dépendront des opérations de la nature, qu'on aura entrepris de faire connoître. C'eft ainfi qu'après avoir confidéré de grands enfembles, on en faifira certaines parties dont on difcutera tellement les détails, qu'on pourra leur donner une forme élémentaire & les confacrer à l'inftruction publique.

D'après ces principes, on n'entreprendra la rédaction de chacune de ces cartes, qu'après avoir recueilli par une fuite d'obfervations raifonnées, les matériaux qui doivent y figurer. Ainfi l'on ne fe hafardera pas à tracer des arrêtes élevées fur les différentes parties des continens, fi l'on n'a pas reconnu par des recherches exactes que ces formes de terrein exiftent. Il en fera de même de ces continuités non-interrompues de fommets montueux, qu'on ne nous offrira pas à moins qu'elles n'aient été conftatées par des obfervations, où l'on aura réuni l'examen de la nature des matières qui font entrées dans leur compofition, à la détermination de leurs hauteurs. Au moyen de ces attentions, on ne fera pas tenté d'établir le fyftême de la *charpente du globe* fur des hypothèfes illufoires que la nature n'avoue pas, & que la moindre obfervation peut détruire. Ce font cependant toutes ces fuppofitions erronées dont on a fait un corps de doctrine fous le titre de Géographie Phyfique, & qui, dans ce fiècle éclairé, ont été adoptées fans difcuffion par des géographes ignorans. Cependant il auroit été facile de reconnoître que ces travaux géographiques, rédigés fur des hypothèfes illufoires, péchoient par deux parties effentielles, l'hiftoire naturelle & l'exactitude des pofitions & des formes du terrein.

Je ne puis diffimuler en même tems un autre abus qui s'eft introduit dans plufieurs productions géographiques, qui avoient pour but de rendre ufuelle l'*oryctologie* : non-feulement on a négligé d'y faire ufage des formes topographiques, mais encore on a cru qu'il fuffifoit d'y faire connoître la diftribution des fubftances minérales par des fignes qui n'indiquoient cependant ni la bâfe des fols ni le volume de matières particulières qui s'y trouvoient difperfées, ni leur niveau. *Voyez* à ce fujet les notices de *Buache*, de *Guettard*, & l'*Atlas*.

L'on peut fentir, par les détails qui précèdent, quels fecours l'étude de l'hiftoire de la terre peut tirer des cartes, foit générales, soit particulières, soit plates, soit topographiques, surtout si elles sont rédigées suivant ces principes : on voit aussi les ressources qu'elles nous fournissent pour écarter toutes les erreurs qui s'opposent aux progrès de nos connoissances dans cette partie. Pour peu qu'on ait réfléchi sur ces moyens d'instruction, & qu'on ait tenté d'en faire usage, comme je l'ai entrepris depuis plusieurs années, on est bientôt convaincu qu'ils ne suffisent pas dans beaucoup d'occasions pour satisfaire aux vues que la géographie-physique peut remplir.

On ne peut se dispenser de joindre aux cartes, des coupes qui comprennent non-seulement toutes les couches de la terre à découvert, depuis les sommets les plus élevés jusqu'au fond des vallées : mais encore celles qui se rencontrent depuis certaines hauteurs moins élevées jusqu'au même niveau ; au moyen de ces diverses coupes il sera facile de déterminer l'étendue des destructions qui ont eu lieu sur les bords des vallées d'où certaines suites de bancs ont disparu.

Il suit de cette considération qu'on ne peut raisonner sur l'état ancien des différentes contrées du globe, qu'autant qu'on aura rassemblé dans des coupes correspondantes les séries de tous les bancs qui constitueront les sols physiques, en commençant par les couches superficielles les plus élevées; car il est évident que c'est par leur correspondance qu'on peut remonter à l'état primitif, & estimer ensuite les changemens qui y sont survenus. Souvent cette correspondance se trouve sur une grande étendue de terrein. Tel est par exemple le banc des pierres meulières qui commence à quelques lieues à l'ouest de Paris, & s'étend ensuite vers l'est jusqu'à la limite orientale du massif de la craie en la ci-devant Champagne. C'est surtout à la reconnoissance de ces couches les plus élevées à la surface de la terre qu'il convient de s'attacher, quand on entreprend l'étude des contrées de la nouvelle terre. On comprend aisément, quand on a contracté l'habitude d'observer, que c'est sous ce point de vue qu'on doit faire envisager les inégalités de la surface de la terre, & les apprécier en suivant les différens progrès des destructions qui se sont opérées, & qui s'opèrent chaque jour par les eaux courantes.

D'un autre côté, les cartes qui correspondront aux coupes seront d'un grand secours pour montrer la distribution des différens systêmes de massifs ou de couches qui règnent à la surface des diverses contrées, dont on aura entrepris l'examen & la description. On sent aisément combien de vérités nouvelles résulteroient de cette double construction de coupes & de cartes. Ce travail feroit disparoître le désordre & la confusion qui subsistent encore dans nos idées sur l'histoire naturelle des contrées qui n'ont pas été étudiées avec cette analyse sévère : dans les coupes, telles que je les conçois & telles que l'atlas en contiendra plusieurs modèles, les substances minérales qui sont à découvert figureront à la place que la nature leur a départie. Et d'ailleurs leurs dispositions relatives y seront marquées avec autant de netteté que de précision, d'un côté sur les cartes topographiques pour le plan horisontal, & de l'autre sur les coupes pour le plan vertical.

J'ai reconnu, par expérience, qu'il conviendroit de donner à ces coupes une certaine étendue en largeur, où l'on pût indiquer non-seulement la distinction des lits, mais encore la nature & la disposition physique des substances qui les composent. Mais pour réussir dans ce travail, il faut y rassembler les résultats d'une étude approfondie de chaque *tractus*. Car il est aisé de voir qu'en exigeant des naturalistes les coupes des terreins & les cartes correspondantes, j'exige en même tems des

recherches qui perfectionneront l'obfervation, en écartant tout ce qu'elle a pu laiffer
jufqu'à préfent de vague dans l'hiftoire de
la terre.

Voici encore un avantage que nous
tirerons des coupes, rédigées fuivant ces
principes. On a cité, dans plufieurs ouvrages fur l'hiftoire de la terre, les détails
des fouillés où fondes qu'on a faites en
quelques pays pour creufer des puits, &
l'on a prétendu fouvent en tirer quelques
conféquences relatives furtout au travail
de la mer dans la formation de nos continens. Mais on n'a pas eu égard au niveau
des couches qui fe trouvoient à la furface
des terreins qu'on a fouillés. Cependant
il eft inconteftable qu'il convenoit de déterminer ce niveau au moyen de coupes
qui auroient préfenté l'ordre des couches,
en commençant par le banc dominant à la
furface des parties les plus élevées de la
contrée. On voit pour lors qu'en y ajoutant les lits compris dans les tableaux des
fouilles, on auroit pu en déduire plufieurs
vérités importantes fur la conftitution phyfique des terreins qu'on auroit eu occafion
de fonder. Car ce que les coupes auroient
fait connoître, auroit dû être ajouté comme
faifant partie de l'état primitif.

A l'aide de l'enfemble qu'on fe feroit
procuré par cette méthode, on auroit pu
reconnoître dans toutes les circonftances,
l'ordre de la formation des terreins fouillés,
& furtout les produits des opérations de
la nature poftérieures à la retraite de la
mer, & qui n'auroient pas appartenu au
fyftême de fes dépôts. C'eft cette diftinction
qu'il falloit faire avec le plus grand foin,
& qu'on a toujours négligé d'établir par
les moyens que j'indique. Je puis citer à
cette occafion les fouilles de Marly-la-
Ville & d'Amfterdam, fur les produits
defquelles on a raifonné comme fur des
réfultats invariables, quoiqu'on n'eût pas
pris toutes les précautions que je viens
d'indiquer, pour les placer dans l'ordre
relatif à l'état primitif.

Enfin, je propofe de faire ufage des
coupes, pour eftimer l'étendue des déplacemens qu'ont éprouvés les pierres ifolées
que je nomme *pierres perdues*. Car les
coupes offriront la réunion de toutes les
circonftances curieufes & intéreffantes qui
ont accompagné ces événemens & qui y
ont concouru : elles peuvent nous offrir
auffi les détails de beaucoup d'autres révolutions femblables. Voyez *Marly-la-
Ville*, *Amfterdam*, *fouilles*, *pierres perdues*
& *coupes* dans l'*atlas*.

Il ne me refte plus qu'à parler des cartes
en relief, dont la géographie-phyfique
peut faire ufage avec un certain avantage.
Je remarque d'abord qu'on évitera les inconvéniens que pourroient avoir ces cartes,
fi l'on prend les moyens d'en fimplifier le
travail & la compofition, & de les employer
à la configuration d'un feul objet, qu'il
fuffit de montrer & d'étudier fur une feule
face. Ainfi, l'on pourra faire figurer en
relief, fuivant ces vues, certaines parties
des croupes d'une grande vallée, en préfentant fucceffivement les bords efcarpés
& les plans inclinés. Ces reliefs, exécutés
avec foin & intelligence, pourroient fervir
de modèles pour les leçons de géographie-
phyfique qui auroient pour objet l'approfondiffement des vallées, furtout celles au
milieu defquelles coulent les rivières fujettes à de grandes ofcillations.

On pourroit entreprendre le même
travail fur les confluences des rivières de
différens ordres; & ces formes de terrein,
figurées ainfi en relief, offriroient les progrès les plus remarquables du travail de
l'eau dans l'excavation des vallons & de
fes dépôts en retour. On connoîtroit par
ces moyens tout ce qui concerne cette
belle opération de la nature, méconnue
entièrement par nos géologues modernes
les plus diftingués.

Je puis citer, à cette occafion, de petits
reliefs, compofés dans les mêmes vues,

& par lefquels font repréfentées les îles
modernes de quelques-uns des golfes voifins
de nos côtes, ainfi que leurs bords dégradés & arrondis par les vagues. D'habiles
marins qui les ont fait exécuter d'après
mes vues, ont bien voulu m'en rendre
dépofitaire. De ce nombre font encore de
femblables reliefs qui rendent très-exactement les fyftêmes des lignes parallèles,
tracées autour des bancs de fables & des
bords de la mer pour en rendre fenfibles
les différentes profondeurs & élévations.

Lorfque je dis qu'on peut obtenir ces
avantages des cartes en relief, je ne prétends pas qu'on y emploie des gens peu
inftruits des formes naturelles des terreins
qu'on doit repréfenter ainfi. Car il faut
dans tous les cas étudier la nature pour la
copier. J'ajoute que, pour exécuter ces
reliefs, il n'eft pas néceffaire d'adopter
une grande échelle, comme l'ont fuppofé
les détracteurs de cette méthode. Au contraire même, l'effet du relief fera d'autant
plus frappant & plus inftructif, qu'on aura
rapproché à un certain point les différentes
parties des formes du terrein qu'on exprime
ainfi. Je vais plus loin encore, je crois
qu'on peut changer les dimenfions correfpondantes des terreins en fe refferrant
fur celles du plan horifontal, pour al-
longer celles des plans verticaux : une fois
cette licence adoptée, on ne peut plus
défapprouver les motifs qui détermine-
roient la configuration des reliefs fur de
fort petites échelles.

Réfumé fur le caractère propre, le but & les moyens de la géographie-phyfique.

Après l'expofition précédente des deux
bâfes de la géographie-phyfique, il eft aifé
de fe convaincre qu'elle confifte principalement dans l'affociation raifonnée de l'hiftoire naturelle de la terre avec la géographie. Tous les travaux qui peuvent concourir à fes progrès, confifteront donc à
faire figurer fur des cartes exactes, les
réfultats des obfervations rapprochées &

liées enfemble par une analyfe févère ;
ainfi la géographie-phyfique, telle que je
me propofe d'en donner les développemens
les plus étendus dans le dictionnaire, fera
l'hiftoire phyfique du globe de la terre
traduite en cartes, autant que nos connoiffances actuelles en fourniront les
moyens. D'après cette confidération générale, on voit qu'aucune obfervation ne
peut appartenir à la géographie-phyfique
qu'autant qu'elle fera de nature à être préfentée fur des cartes, & réciproquement
qu'aucunes cartes ne doivent être rangées
parmi les collections de cette partie de
nos connoiffances, qu'autant que les détails
qu'elles offriront feront rédigés d'après une
fuite de recherches dirigées vers un but
précis.

Les cartes qui n'ont aucune de ces
conditions, quoique publiées fous le titre
emphatique de géographie-phyfique ne
méritent donc aucune forte de confiance.
C'eft cependant d'après des travaux
géographiques auffi défectueux que plufieurs favans ont donné, & pris le
caractère de cette fcience : c'eft d'après
une idée auffi incomplette qu'ils ont méconnu fon but & négligé de faire ufage
de fes moyens : on verra que pour la rétablir
dans fon intégrité j'ai entrepris avec le plus
grand foin le développement des deux
bâfes fur lefquelles elle eft fondée.

Comment a-t-on pu s'imaginer que des
cartes conftruites dans le fond d'un cabinet,
d'après le fimple apperçu de la diftribution
des eaux courantes fur la fuperficie du
globe, aient pu procurer une connoiffance
pofitive de fa conftitution intérieure, fur-
tout dans les points de partage de ces eaux,
& autorifer un géographe à y tracer des
arrêtes fuivies, fans que l'obfervation ait
fait connoître la nature particulière du
fol chargé de ces *arrêtes*. C'eft aux feuls
obfervateurs naturaliftes à fixer les limites
& déterminer l'étendue des maffifs de la
terre, & de les préfenter au géographe pour

en faire l'ufage que ces obfervateurs defi-
rent, en affujettiffant ces faits aux vues
d'après lefquelles ils ont été raffemblés.

Cette forme qu'on doit donner aux
réfultats des obfervations fur les cartes de
géographie-phyfique, indique aux naturaliftes la manière de les recueillir & de
les rédiger fous des points de vue affortis
à leur emploi ultérieur. Je fuis convaincu,
par expérience, que fans l'emploi qu'on
fe propofe d'en faire, on ne fe feroit pas
fouvent occupé de certaines vues de généralifation & de rapprochement qui, fouvent, fervent à fimplifier les opérations du
géographe. Cette affociation de travaux
fait que le naturalifte adopte, dans fes
études, une manière particulière de voir
& d'analyfer les faits. Non-feulement il les
voit mieux, mais encore il les voit à
différentes reprifes & fous tous les rapports
inftructifs : il fe feroit borné à des déterminations vagues, qui font fur beaucoup
d'objets toute notre fcience, au lieu que
ce qu'il étudiera dans ce plan de recherches fera favamment décrit & préfenté dans
un développement inftructif & même élémentaire.

Je dois infifter principalement fur ces
rédactions élémentaires, parce que j'y
trouve deux avantages ineftimables. Une
étude févère des objets d'hiftoire naturelle,
& la defcription exacte de toutes les maffes
& de leurs formes.

Je le répète, cet emploi qu'on doit faire
des obfervations fur les cartes, force les
naturaliftes à diriger leur marche vers un
but précis, à lier les faits analogues, à préfenter chaque objet d'après les caractères
diftinctifs qui leur conviennent. Cette
marche eft, fans contredit, plus philo-
fophique que celle de certains géographes
& de plufieurs écrivains qui ont fervilement
adopté leurs décifions. Ils fe font bornés à
de fimples conjectures, fans fentir l'imper-

fection d'un pareil travail & fans être frappés
des motifs qui pouvoient infpirer les moyens
de le perfectionner en le rédigeant fur le
plan que je viens d'expofer.

Je dois faire remarquer ici qu'on fent
aifément ce qui manque aux obfervations,
dès qu'on tente d'en faire ufage fur des
cartes. Effectivement, on rencontre les
plus grands obftacles dans leur emploi, fi les
faits ont été recueillis fans un but précis,
fans liaifon entr'eux, & fi le naturalifte
n'eft pas en état de préfenter un enfemble
bien complet & vu fous toutes fes faces :
le vague, la confufion & le défordre s'annoncent par des vides qui détruifent cet
enfemble fi néceffaire pour établir les
conféquences qu'on peut tirer d'un travail
que la géographie-phyfique peut avouer.

Ce font ces inconvéniens que j'ai vus
avec regret dans certaines cartes minéralogiques qui étoient deftinées à préfenter
le tableau de l'hiftoire naturelle des diverfes
contrées de la France. Ces cartes font rédigées fans aucune figure du terrein. Les
objets y font préfentés par des caractères
ifolés, fans aucune détermination relative
à leur niveau, à leur volume, à leurs
limites, & au fol dans lequel ils peuvent
être contenus. Les mémoires deftinés
à les faire connoître offrent le même défordre & la même confufion, foit
dans l'arrangement des corps naturels,
foit par rapport à la détermination de leur
niveau. Il ne paroît pas enfin qu'on s'y
foit occupé à diftinguer s'ils font dans
leur giffement primitif ou naturel, ou s'ils
doivent leur déplacement à quelque changement ou révolution. *Voyez* la notice
de *Guettard*.

Il convient maintenant de donner à ces
principes des développemens fuffifans pour
en faire fentir tous les avantages, en faifant
l'application des moyens de la géographie-
phyfique à plufieurs points importans de
l'hiftoire du globe.

§ Ier.

Géographie du globe.

Le premier objet sur lequel je montrerai l'application des moyens que j'ai exposés ci-dessus, comme appartenant à la géographie-physique est la *géographie du globe*, considérée dans ses formes générales & dans ses différentes modifications.

Lorsqu'on jette un premier coup-d'œil sur nos mappemondes, la division la plus générale qui se présente est celle par laquelle on conçoit la surface de notre globe comme partagée en grands *tractus* de terres fermes qu'on nomme *continens*, & en grands bassins couverts d'eau qu'on appelle *mers*. Comme dans les parties couvertes d'eau on observe plusieurs pointes de terre qui s'élèvent au-dessus des flots, & qu'on nomme *îles ;* de même on remarque en parcourant les continens des espaces couverts d'eau. Si elle est tranquille & sédentaire, ce sont des *lacs* & des *étangs ;* si elle coule, ce sont des rivières & des fleuves.

Les grandes parties de terres fermes & les grands bassins couverts d'eau, s'étendent réciproquement les uns dans les autres. On observe d'ailleurs que dans les configurations relatives des limites qui circonscrivent ces deux portions de la surface du globe, la mer, sans aucune interruption, environne de tous côtés les terres fermes qui, en conséquence, sont entièrement séparées les unes des autres. Si la mer pénètre dans l'intérieur des terres fermes ou continens, ce sont des *Méditerranées*, des *golfes*, des *baies*, des *anses*. D'un autre côté, si les continens forment des avances plus ou moins étendues dans les bassins de la mer, ce sont des *caps*, des *promontoires*, des *peninsules*.

Les canaux resserrés par lesquels la mer coule entre deux terres pour former des méditerranées, des golfes, ou des baies se nomment *détroits*. On en distingue trois sortes, en tant que l'on considère les terres qui forment les bords du canal ; ou ces deux masses de terre appartiennent au même continent ou elles font partie d'un continent & d'une île, ou enfin ce sont les rivages opposés de deux îles, ou de deux continens. Les *détroits* sous un autre rapport peuvent être considérés comme formant une communication d'un grand bassin de la mer à un autre grand & large bassin comme le détroit de Magellan, ou d'une mer à une Méditerranée comme le détroit de Gibraltar & celui du Sund ; ou enfin d'une baie à une baie comme le détroit des Dardanelles.

Il y a des *golfes* qui s'étendent en longueur : d'autres qui s'arrondissent à leurs extrémités & présentent une vaste ouverture, sans d'autres détroits que ceux qui sont formés entre des îles & les bords des terres fermes ou bien entre deux îles. Enfin, quelques-uns de ces golfes, d'après un ou plusieurs détroits qui servent de communication avec la grande mer, se prolongent & se ramifient en plusieurs branches, comme la Baltique.

Une bande de terre, resserrée entre deux mers, se nomme *isthme*. Il est visible que les *isthmes* réunissent de grandes portions de continens à d'autres ou des presqu'îles aux continens.

Quant aux îles & aux lacs qui sont deux objets opposés, on peut dire qu'ils occupent des positions qui méritent d'être suivies, soit dans les bassins des mers pour les îles, soit sur les continens pour les lacs & les étangs.

Je reprends maintenant toutes ces formes modifiées, soit des parties du bassin de la mer, soit des terres fermes, & j'oppose les continens aux mers, les îles aux lacs, les golfes allongés aux presqu'îles, & les isthmes aux détroits ; ce sont des configurations que j'examine dans leur correspondance comme dans leur opposition, parce que sous ces deux points de vue, il est plus facile d'en saisir la distinction comme le raccordement.

Si nous soumettons maintenant toutes ces formes de la géographie générale & particulière du globe aux différens moyens d'instruction dont peut faire usage la géographie-physique pour nous faire connoître chacune d'elles, ces examens nous offriront des ensembles intéressans & des détails instructifs pour l'histoire naturelle de la terre. C'est d'après ces vues que les grands continens & les principaux bassins des mers seront figurés avec exactitude & décrits sur les récits des voyageurs les plus éclairés, en indiquant cependant ce qui reste à déterminer par de nouvelles recherches. Les méditerranées & leurs révolutions, les golfes, les baies & les anses seront représentées sur des cartes particulières, de manière à faire connoître les circonstances qui ont pu concourir à l'approfondissement de leurs bassins, soit que ces causes aient eu le principe de leur action dans les mouvemens de l'Océan, soit que l'origine de ces inondations locales ait été primitivement établie dans l'intérieur des continens par les eaux courantes. Il en sera de même des détroits & des isthmes, des îles & des lacs : tout ce qui concerne les opérations de la nature auxquelles ces différentes formes de terrein peuvent appartenir, doit être discuté d'après les observations les plus exactes, & constaté par les cartes, autant que les faits pourront nous autoriser à ces configurations & à ces développemens.

Il ne suffit pas d'exposer ici la marche sévère que la géographie-physique exigera de nous dans le cours de nos recherches d'histoire naturelle ; pour en prouver l'importance & les avantages ; nous croyons devoir montrer les grands inconvéniens, que des écrivains célèbres ont rencontrés dans leurs discussions en s'écartant de ces principes.

Je citerai d'abord, à cette occasion, l'article VI des preuves de la théorie de la terre de Buffon, & qui est relatif à la *géographie du globe*. Ce célèbre naturaliste considère d'abord la surface de la terre, comme étant divisée d'un pôle à l'autre en deux bandes de terre & deux bandes de mer. La première & principale bande est l'ancien continent de 3600 lieues de longueur, depuis le cap oriental de la Tartarie septentrionale jusqu'au cap de Bonne-Espérance. Si l'on mesure cette surface par une ligne parallèle aux méridiens, on ne trouvera que 2500 lieues depuis le cap Nord de la Laponie jusqu'au cap de Bonne-Espérance. Cet ancien continent a environ 4,940,780 lieues carrées : ce qui ne fait pas la cinquième partie de la surface totale du globe.

A l'égard du nouveau continent, Buffon observe qu'il forme une bande de terre, dont la plus grande longueur doit être prise depuis l'embouchure du fleuve de la Plata jusqu'à cette contrée qui s'étend au-delà du lac des Assiniboils. Cette partie peut avoir environ 2,140,213 lieues carrées de superficie : ce qui ne fait pas la moitié de l'ancien continent. Toutes ces terres réunies ensemble tant de l'ancien que du nouveau continent font environ, suivant les approximations précédentes 7,080,993 lieues carrées : ce qui n'est pas, à beaucoup près, le tiers de la surface totale du globe qui en contient vingt-cinq millions.

Buffon remarque, outre cela, que les deux continens font des avances opposées & qui se regardent, savoir les côtes d'Afrique depuis les îles Canaries jusqu'aux côtes de Guinée ; & celles de l'Amérique depuis la Guyane jusqu'à l'embouchure de Rio-Janeiro.

Enfin,

Enfin , il ajoute à ces obfervations deux faits qui font affez remarquables. C'eft que l'ancien & le nouveau continents font prefque oppofés l'un à l'autre : l'ancien eft plus étendu au nord de l'équateur qu'au fud , & au contraire le nouveau l'eft plus au fud qu'au nord de l'équateur. De même le centre de l'ancien continent eft à 16 ou 18 degrés de latitude-nord , & le centre du nouveau à 16 ou 18 degrés de latitude-fud : enforte que ces terres fermes & sèches femblent devoir fe contrebalancer à un certain point.

Buffon ne s'en tient pas à ces confidérations qui me paroiffent affez fondées fur l'état connu des chofes, il s'engage par la fuite dans des hypothèfes qu'il n'auroit pas ofé hafarder s'il eût fenti la néceffité de l'une des deux bâfes de la géographie-phyfique, *l'obfervation.* Il fuppofe donc que les pays les plus anciens du globe doivent être les plus voifins des deux lignes qu'il a tracées au milieu des continens terreftres , & qui les divifent à-peu-près en deux parties égales. Il *croit* de plus que les terres les plus nouvelles doivent être les plus éloignées de ces lignes, en même tems qu'elles font les plus baffes.

Ainfi dans l'Amérique , fuivant cette prétention, la terre Magellanique, la partie orientale du Bréfil, du pays des Amazones, de la Guyane & du Canada font des pays nouveaux : une des preuves qu'il nous en donne, c'eft qu'en jettant les yeux fur les cartes de ces contrées, on remarque que les eaux y font répandues de tous côtés, qu'il y a un grand nombre de lacs & de très-grands fleuves. Au contraire , il regarde le Tucuman, le Pérou & le Mexique , comme des pays beaucoup plus anciens que ceux dont on vient de parler, parce qu'ils font très-élevés & furtout fort voifins de la ligne qui partage le continent de l'Amérique.

De même il confidère comme terres

anciennes de l'Afrique celles qui s'étendent depuis le cap de Bonne-Efpérance jufqu'à la mer Rouge & l'Egypte fur une largeur d'environ 500 lieues ; au lieu que , felon lui, l'Egypte, la Barbarie, les côtes occidentales depuis la Guinée jufqu'au détroit de Gibraltar font de nouvelles terres.

L'Afie paroît à Buffon une terre ancienne & peut-être la plus ancienne de toutes. Si l'on fuit la ligne qu'il a tracée au milieu de l'ancien continent, les terres les plus anciennes feront l'Arabie Heureufe & déferte, la Perfe, la Georgie, la Turcomanie, une partie de la Tartarie indépendante, la Circaffie & une partie de la Mofcovie ; mais les contrées de la furface de la terre dans cette vafte partie du monde, demandent beaucoup d'autres caractères que celui de terres baffes, pour pouvoir être rangées parmi les terres nouvelles , & féparées des anciennes.

En général, peut-on dire, fuivant la fuppofition du célèbre écrivain dont nous analyfons les idées, que l'Europe eft un pays nouveau , parce que cette partie du monde eft éloignée de fa ligne , & que d'ailleurs elle offre des terres baffes remplies de marais & couvertes de forêts ?

Voilà quelle étoit la manière de philofopher de Buffon & de raifonner lorfqu'il s'agiffoit de prendre une décifion fur les points les plus importans de l'hiftoire de la terre. Oppofons à cet échafaudage vague & fans principes, la lumière que les découvertes de Rouelle nous ont offerte depuis long-tems fur la diftinction de l'ancienne & de la nouvelle terre, & fur la méthode qu'il convient de fuivre pour les reconnoître à des caractères invariables & très-apparens.

Pour peu que nous réuniffions quelques-unes des obfervations faites par des naturaliftes éclairés, nous verrons qu'un grand nombre de pays fitués dans le voifinage

Géographie-Phyfique. Tome I.
Kkkkk

des lignes tracées par Buffon, n'ont aucuns des caractères qui puissent nous déterminer à les ranger parmi les pays appartenans à l'ancienne terre de Rouelle dans aucune des parties du monde. Car ces mêmes observations prouvent en particulier que dans le Tucuman, le Pérou & le Mexique, il y a des contrées qui appartiennent à la nouvelle terre, quoiqu'elles soient assez élevées & voisines de la ligne qui partage le continent de l'Amérique en deux parties égales suivant le cadre imaginé par Buffon. Nous savons, par des récits exacts, que le pays des Amazones, la Guyane & le Canada qu'il place parmi les terres nouvelles, renferment des contrées dont les unes appartiennent à l'ancienne terre, & les autres à la nouvelle.

Les mêmes caractères distinctifs erronés se trouvent aussi appliqués à l'Afrique; car le sol de l'Egypte, de la Barbarie & des côtes occidentales de cette partie du monde jusqu'au Sénégal, que Buffon regarde comme des terres nouvelles, sont en très-grande partie de l'ancienne terre, & surtout ce grand massif situé à la droite du Nil, entièrement composé du plus beau granit rosacé que l'on connoisse, avec des veines de schorl noir ou de gabbro. Au contraire, les deux bords de la basse vallée du Nil qui approchent du canton des Pyramides & du Caire sont certainement partie de la nouvelle terre, parce qu'ils offrent des couches horisontales d'une pierre calcaire, farcie de coquilles & d'un grain fort gros. Nous parlons à ceux qui ont lu avec attention les voyageurs, & aux naturalistes qui ont visité ces contrées.

Si nous passons en Asie, dirigés par Buffon, il nous dira que l'Arabie, la Perse & la Tartarie sont des terres anciennes: cependant, bien éclairés par Rouelle & instruits par les voyageurs, nous y trouverons de grandes contrées appartenantes à la nouvelle terre dans les deux Arabies comme dans la Perse.

Pallas & beaucoup d'autres voyageurs nous ont appris sur cette partie du monde, des détails si précis sur la nature des terreins & des sols, qu'ils démontrent la fausseté des assertions de Buffon: & même d'après les résultats de ces observations, nous pourrons un jour, suivant la méthode de Rouelle, circonscrire les limites de l'ancienne & de la nouvelle terre en Asie. Car ces deux sortes de massifs s'y trouvent l'un & l'autre, & certainement dans une position bien indépendante de la ligne du cadre de Buffon. Il manque, il est vrai, aux observations de Pallas & de ses collègues, des cartes qui fixent les limites des massifs qui peuvent nous intéresser; ce sont ces omissions qui ont laissé tant d'incertitude dans les travaux des voyageurs Russes; tant de vague dans les résultats qu'ils ont voulu nous en donner, tant de difficulté de les assujettir à des cartes exactes & détaillées.

Je trouve les mêmes inconvéniens dans les observations d'un professeur qui nous auroit rendu de grands services & à l'histoire naturelle de la terre, s'il eût fait rédiger sous ses yeux une carte raisonnée de la Suisse ou de la partie des Alpes qui avoisine l'Etat de Genève. Je le répète, ce double travail des observations & des cartes auroit plus avancé la science naturelle que le système sur la théorie de la terre dont ce professeur nous menace.

Quoique Buffon soit plus réservé dans ses décisions sur la constitution physique de l'Europe, il regarde cependant, en général, cette partie du monde comme une terre nouvelle: mais nous trouvons en Europe que nous connoissons mieux que les autres parties du monde, de grands massifs qui appartiennent à l'ancienne terre; en même tems que nous pouvons parcourir autour de cette vieille charpente, de vastes contrées qui sont visiblement du département de la nouvelle terre.

C'est ainsi que, d'après des observations

dont la marche peut être dirigée fur les principes de Rouelle, les échafaudages & les fauffes fuppofitions de Buffon difparoiffent entiérement. Je conclus encore de cette difcuffion, que c'eft en s'attachant à la double bâfe que j'ai tâché d'établir ci-devant, qu'on pourra éviter de pareilles méprifes, & qu'on écartera toutes les hypothèfes hafardées & répandues avec profufion dans les ouvrages qui traitent de l'hiftoire naturelle de la terre, & qui ont groffi le volume de la fcience fans en avancer les progrès.

Pour établir la néceffité de s'attacher aux deux bâfes, d'après lefquelles on doit traiter toutes les queftions que peut éclaircir la géographie-phyfique, je puis encore citer les fauffes prédictions de Buffon & de Philippe Buache fur le prétendu continent auftral, lefquelles ont été démenties dans toutes leurs parties par les obfervations de Cook. Tout cet échafaudage géographique a difparu entiérement à côté des relations de cet habile navigateur. Les hypothèfes de Philippe Buache & de Buffon n'étoient ni affez bien raifonnées ni affez folidement établies, pour qu'ils fe hafardaffent, ainfi qu'ils l'ont fait, à deviner la nature.

Buffon, par exemple, foutenoit que ce qui reftoit de terres fermes à connoître du côté du pôle auftral étoit fi confidérable, qu'on pouvoit, fans fe tromper, l'évaluer à plus du quart de la fuperficie du globe; en forte qu'il y avoit dans ces climats un continent auffi grand que l'Europe, l'Afie & l'Afrique prifes toutes trois enfemble : il ajoutoit enfin que ce continent auftral étoit néceffaire pour maintenir l'équilibre entre les deux hémifphères. Quelque plaufible que lui ait paru cette conjecture, l'obfervation a démontré qu'elle étoit fauffe. Depuis le fecond voyage du capitaine Cook, on connoît parfaitement l'hémifphère auftral, & l'on peut prononcer avec certitude que

l'équilibre néceffaire dans les différentes parties du globe eft très-bien établi, quoique les mers parcourues par ce navigateur, auffi courageux qu'éclairé, ne laiffent pas à découvert tout l'efpace terreftre que Buffon avoit imaginé, pour qu'aux environs du pôle-fud la maffe correfpondante de ces terres pût faire équilibre avec celles de l'hémifphère feptentrional.

Depuis que ces fuppofitions hafardées ont été détruites par l'obfervation, voici, ce me femble, ce qu'on étoit fondé à mettre à la place. J'avoue qu'après le calcul des différentes parties des terres à découvert, on ne peut fe diffimuler qu'il n'y ait de plus grandes portions de continens fecs fituées dans l'hémifphère feptentrional que dans l'hémifphère auftral. C'eft donc mal-à-propos qu'on a décidé que cette répartition inégale ne pouvoit exifter, fous prétexte que le globe perdroit fon équilibre, faute d'un contre-poids fuffifant au pôle méridional : il eft vrai qu'un pied cube d'eau falée ne pefe pas autant qu'un pied cube de terre ou de pierre. Mais foutiendra-t-on qu'il ne puiffe pas fe trouver fous l'eau des couches de matières affez variées pour former toutes les compenfations néceffaires. D'ailleurs, n'eft-il pas évident qu'une mer verfée fur une grande furface & qui a peu de profondeur, contrebalancera les continens élevés au-deffus des eaux & entourés de mers d'une moindre étendue, mais proportionnellement plus profondes. Enfin les grands maffifs de glaces doivent ils être comptés pour rien dans l'étendue qu'ils occupent autour du pole auftral.

Autres fuppofitions bizarres. Philippe Buache, d'après la feule confidération des glaces qu'on avoit vues dans le voifinage du pôle antarctique, avoit imaginé d'abord qu'il exiftoit dans le prétendu continent auftral une fuite de hautes montagnes & de grands fleuves qui y avoient leurs fources, & qui, répandus dans des plaines voisines d'un grand golfe s'y geloient, & au moyen d'une température plus douce dans l'été de ces contrées, y éprouvoient des débacles pendant lesquelles ces fleuves charioient ces glaçons dans une mer intérieure. Le bassin de cette mer qui se trouve tracé dans des cartes de géographie-physique, a une décharge & un débouquement dans la mer des Indes, & les hautes montagnes s'y trouvent de même figurées pour qu'on ne pût pas douter de cet ensemble admirable. Ces montagnes, au reste, ces fleuves, ces glaçons, ces mers intérieures ou grands golfes ont été imaginés d'après la fausse hypothèse que les glaçons qui flottent dans les mers, sont nécessairement formés à l'extrémité du lit des fleuves, & voiturés dans le bassin des mers par les fleuves. Mais comme plusieurs observateurs nous ont appris qu'un grand nombre de ces glaçons flottans, viennent des côtes, & se forment sur ces côtes, où l'on a trouvé des glaciers fort élevés & fort étendus, dont les glaces glissent dans les mers voisines en blocs très-gros & très-épais ; on n'a pas besoin de tout cet échafaudage géographique de Buache pour rendre raison des petits faits que Bouvet avoit rapportés d'une expédition un peu aventurée. Voyez *glaces des mers*, *Spitzberg*. On sent bien maintenant que l'observation & les connoissances géographiques, bien constatées, devoient précéder les assertions de Buache, & les décisions de sa prétendue géographie-physique. Je pourrois citer encore plusieurs autres assertions erronées semblables, produites de même par le mépris des observations d'histoire naturelle & par la confiance accordée, sans discussion, à des navigations aventurées : & enfin par l'engouement pour un système qui n'étoit fondé sur aucune base ni sur aucun principe solide & raisonné.

§. I I.

Des différens massifs de la surface du globe.

Il est nécessaire de mettre un certain ordre dans l'exposition des objets que j'indiquerai dans cet article. Je placerai à la tête, les massifs qui appartiennent à l'ancienne terre : j'en distinguerai de trois sortes, ceux du granit à principes uniformément distribués : ceux du granit rayé ou gneiss & ceux du talcite. Pour peu qu'on les ait observés en détail, on sent qu'il importe beaucoup d'en circonscrire les limites avec une grande exactitude, & qu'à la suite de ces circonscriptions on reconnoisse les phénomènes de l'intérieur qui sont les inégalités du terrein, les vallées et singuliérement les eaux courantes dans les vallées : à quoi on peut joindre les filons des mines ordinairement renfermés dans les deux derniers massifs : tous ces objets seront observés & décrits de manière à être figurés dans des cartes.

Je passerai de ces objets à ceux que nous offriront les limites extérieures de l'ancienne terre, & que j'ai toujours considérés comme des dépôts littoraux. Ils sont de deux ordres : ou bien ils appartiennent à la moyenne terre, ou ils sont seulement intermédiaires entre l'ancienne & la nouvelle ; ce travail intermédiaire de la nature n'est pas encore aussi bien connu qu'il conviendroit. Ce sont des mélanges de substances qui ont appartenu à l'ancienne & à la moyenne terre, & qu'on peut reconnoître & circonscrire de même. Car comme ces associations de matières calcaires et vitrifiables sont assez bizarres, & que leur élaboration ne l'est pas moins, elles se distinguent singuliérement par ces qualités & ces contrastes.

Maintenant si nous passons à la moyenne terre purement calcaire, & que nous nous y bornions, nous pourrons l'étudier sans aucun embarras en suivant les couches inclinées & le grain fin, & fortement élaboré des pierres : on sent bien qu'il convient de figurer sur des cartes, les inégalités du terrein qui sont plus compliquées que dans les autres massifs, & sur-tout au milieu des couches inclinées : il est également utile de faire connoître la marche des eaux qui circulent à travers un sol aussi tourmenté : enfin de couronner ce travail par des *coupes*.

C'est ici qu'il nous convient de reprendre les dépôts littoraux, au milieu desquels j'ai depuis long-tems reconnu & distingué les charbons de terre qui se trouvent placés sur les limites de l'ancienne terre, & qui font partie du travail intermédiaire comme je l'ai exposé en détail dans les notices de *Lehmann* & de *Rouelle*; & j'y renvoie. Aux environs des mines de charbon & sur les limites de l'ancienne & de la moyenne terre prises en général, je trouve la nouvelle terre, qui présente d'abord dans sa correspondance avec l'ancienne & la moyenne des dépôts littoraux particuliers qu'elle a ensevelis dessous des amas de terre considérables, mais stratifiés par couches. J'y ai trouvé des arbres résineux, fossiles, & même des veines de charbon de terre encombrées par des dépôts modernes, aussi par couches horisontales.

Après avoir éclairci comme il convient tout ce qui concerne ces dépôts, & avoir tracé les limites des trois sortes de massifs, limites qui ne sont pas toujours réduites à des lignes précises, puisque l'ancienne & la moyenne terre s'enfoncent d'une manière assez sensible & à une profondeur plus ou moins considérable dessous la nouvelle terre; j'entreprends l'examen de l'intérieur de ce dernier massif. Je trouve d'abord proche la bordure, certaines contrées couvertes de mines de fer, sous des formes plus ou moins variées, mais surtout en grain, ou bien quelques mines de cuivre de transport par bancs horisontaux. Plus loin vers le centre, on rencontre des amas de coquilles distribuées par familles, au milieu des bancs de pierres à la composition desquels les débris de ces dépouilles d'animaux marins ont con-

tribué en tout ou en partie. On remarque un phénomène qui se présente à la suite de ces premières observations; c'est que le grain des pierres calcaires change & varie, comme les débris des familles de coquilles changent.

Si j'ai distingué ces amas de coquilles marines en premier lieu dans la nouvelle terre, c'est parce que ces sortes de fossiles y sont plus abondans & plus apparens que dans la moyenne terre calcaire. Cependant je puis annoncer que certaines familles de coquillages dont les analogues sont très-rares, se trouvent au milieu des bancs de pierres de certaines contrées de la moyenne terre, & qu'il conviendra de les noter également avec les autres objets qu'on figurera, comme nous l'avons dit, sur les cartes topographiques, c'est-à-dire par amas comme dans la nouvelle terre.

Par un examen suivi & ultérieur de la nouvelle terre, nous y rencontrerons aussi des plâtres, des argiles, des craies qui sont par couches, & qu'on doit circonscrire par masses. J'ajouterai de même que les plâtres se trouvent aussi dans la moyenne terre, mais organisés bien différemment que dans la nouvelle. Dans la moyenne, ils m'ont paru distribués par grands tas sous forme d'albâtre & sans aucune distinction de couches, du moins bien apparentes.

On doit bien sentir qu'il convient de décrire par voie d'observation, & de figurer topographiquement les formes de terrein qui s'offrent partout dans la nouvelle terre comme étant le travail des eaux courantes, dont on fera connoître en même tems la marche & la circulation. Ceci ne peut manquer de présenter un grand nombre d'objets curieux & instructifs.

J'ai différé jusqu'à présent à parler des volcans, quoique j'eusse pu les placer dans les contrées qui paroissent affectées aux mines de charbon de terre. Au reste j'ajouterai ici qu'à la suite de l'étude des opérations du feu & de la reconnoissance de ses produits dans certaines contrées où sont les volcans éteints, il est aussi facile de décrire les pays volcanisés que d'en tracer les limites sur des cartes.

§. I I I.

De l'hydrographie des continens.

Jusqu'à présent on a publié, sous le titre d'*hydrographie*, les cartes où sont figurées particulièrement les grands bassins des mers, & qui sont destinées à servir aux navigateurs. Cependant, comme on s'est occupé depuis quelque tems de la circulation des eaux courantes à la surface des continens, par les ruisseaux, les rivières & les fleuves, j'ai cru qu'on pouvoit étendre cette dénomination au travail où l'on nous présenteroit les détails & l'ensemble de tous ces objets, qui me paroissent mériter la plus grande attention de la part des naturalistes, surtout relativement à la géographie - physique. J'ai senti, d'après cette considération, la nécessité de distinguer l'*hydrographie* des continens de celle des mers. C'est aussi d'après ces vues que, dans les articles du dictionnaire qui contiennent des descriptions assez étendues de certaines contrées, je me suis occupé à faire connoître leur hydrographie. Cette matière étoit trop importante pour l'avoir négligée, ou, ce qui seroit la même chose, pour l'avoir traitée d'une manière vague & succincte, comme on l'a fait jusqu'à présent, en se bornant à une simple indication des rivières & des fleuves.

Il s'en faut bien qu'on ait décrit & figuré avec soin les vallées qui traversent & abreuvent les contrées dont on veut faire connoître la géographie-physique : qu'on ait indiqué les confluences des ruisseaux &

des rivières, les angles d'incidences des vallons latéraux dans les vallées principales : ce que l'on peut savoir des formes correspondantes de leurs bords ; les dépôts qui se trouvent dans les plaines fluviales : en un mot, qu'on ait rassemblé, comme je l'ai fait, autant qu'il m'a été possible, toutes les circonstances qui pouvoient nous éclairer sur l'ancien travail des eaux courantes dans l'approfondissement des vallées & sur leurs divers mouvemens à l'époque actuelle.

Dans les notes sur les hydrographies locales, je me suis aussi appliqué à décrire ce qui concernoit les bassins des lacs qui se trouvent placés surtout au milieu du lit des grandes rivières : c'est-là qu'au sortir des gorges de montagnes élevées, on rencontre des digues qui retiennent les eaux de ces rivières à une certaine hauteur dans leurs vallées.

Je termine enfin ces hydrographies par l'examen & la description des embouchures des fleuves, d'abord dans les lacs, ensuite dans la mer. C'est là où leurs lits encombrés de vases offrent des *étangs* voisins des côtes de la mer, des *plages*, des *graux* ; en un mot tout ce qui s'est opéré par l'action des eaux courantes des fleuves d'un côté, & par le refoulement des eaux de la mer de l'autre. Je puis renvoyer à ce sujet aux articles *embouchures*, *étangs*, *graux*, *plages*, *lacs*, *confluences*, *bassins des rivières*.

La plupart des descriptions hydrographiques que j'ai faites sur ce plan, sont fondées sur les formes du terrain prises d'une vue générale, & fournies par les cartes de France qu'une observation sévère a vérifiées. Ainsi, toutes les inexactitudes qui pouvoient se trouver dans ces formes ont été écartées soigneusement. Elles ne doivent donc pas être objectées contre les conséquences que j'en ai tirées, & que je considère comme des principes déduits des faits analogues, raſſemblés d'après l'examen de pluſieurs cartes. Dans les cas où il étoit néceſſaire d'avoir ces formes du terrein avec une grande préciſion, j'ai toujours eu recours à l'obſervation ſur les lieux, & les réſultats du travail des ingénieurs rédigé ſous mes yeux, ſe trouveront dans l'atlas du dictionnaire.

§. I V.

De l'hydrographie des baſſins des fleuves & des rivières.

En ſuivant la circulation des eaux courantes dans le baſſin de la Garonne, j'y trouve le Tarn qui m'annonce, par ſa direction & ſurtout par ſon origine, un ſyſtême de pentes qui appartiennent à des maſſifs bien différens de ceux qui, par leurs revers, fourniſſent l'eau des Gaves & de la Garonne.

Quelques lieues au-deſſous, je trouve le Lot qui raſſemble les eaux d'une chaîne de montagnes d'une conſtitution phyſique bien différente des Cevennes du Tarn, & encore plus des Pyrénées de la Garonne.

Aſſez loin de-là & fort près de l'embouchure de la Garonne dans la mer, on trouve la Dordogne, forte rivière, qui prend ſon origine dans un maſſif d'une conſtitution phyſique, étrangère à celle des trois maſſifs précédens; par conſéquent on doit conſidérer ces quatre pentes, comme autant de pentes particulières.

Cette dernière conſidération me porte à croire que l'on a tort de réunir, dans un même baſſin, toutes les rivières qui verſent leurs eaux à la mer par une même embouchure, quoiqu'elles les tirent originellement de diverſes chaînes de montagnes, comme les rivières que je viens d'indiquer ci-deſſus. Il s'enſuit donc que la méthode de diſtribution des eaux courantes par baſſins, tels qu'on les a enviſagés juſqu'à préſent, eſt fondée ſur une conſidération fauſſe, car on y néglige la diſtinction des maſſifs qui, par leurs pentes, fourniſſent leurs eaux à des rivières particulières contenues dans cette forme de baſſins.

Suppoſons, par exemple, que l'Océan Atlantique dans ſa retraite ſoit reſté à une certaine élévation le long des deux vallées particulières de la Dordogne & de la Garonne, il en réſulteroit qu'il ſe formeroit un certain nombre d'embouchures, & par conſéquent de baſſins de rivières diſtincts & ſéparés qu'on confond dans l'état actuel des choſes. Ainſi l'on auroit 1°. le baſſin de l'Iſle; 2°. celui de la Dordogne; 3°. celui du Lot; 4°. celui du Tarn; 5°. enfin celui de la Garonne qui ſe trouveroit le dernier dans le golfe que je ſuppoſe & qui a pu exiſter autrefois.

Pour terminer cette diſcuſſion on pourroit joindre une autre conſidération à celle qui précède, & elle acheveroit de faire ſentir le beſoin de changer les plans de diſtribution des eaux courantes par baſſins, que déterminent les embouchures communes à la mer, ſoit que les rivières compriſes dans ce prétendu baſſin priſſent leur origine ſur les revers des mêmes chaînes de montagnes, ſoit que leurs ſources ſe trouvaſſent dans des maſſifs éloignés les uns des autres. On a vu par quelles raiſons j'ai combattu le ſyſtême imaginé par les géographes, qui ne ſentoient pas pour lors de quelle importance il étoit de connoître la nature des différentes chaînes qui influoient ſur la diſtribution des eaux, & les caractères par leſquels les naturaliſtes obſervateurs pouvoient les diſtinguer.

Voici maintenant cette autre conſidération, également oppoſée au ſyſtême de la diſpoſition des baſſins actuels: je ſuppoſe que l'Océan éprouve une retraite d'une certaine étendue, il eſt viſible que beaucoup de baſſins qui ſont ſéparés ſe trouveroient réunis, parce que deux ou trois embouchures n'en formeroient plus qu'une par le prolongement des canaux & des vallées des fleuves qui ont une certaine tendance à se réunir.

On voit par-là combien il est absurde que les bassins des eaux courantes se distinguent seulement par leurs embouchures dans la mer : combien il seroit plus raisonnable de les distinguer par la seule considération des systêmes de pentes, que peuvent offrir aux eaux pluviales ou même aux eaux des sources, les différens massifs ou les chaînes de montagnes qui se trouvent vers leurs origines, & qui continuent à former l'enceinte de ces eaux courantes à travers certaines parties des continens.

On peut donc dire définitivement que des embouchures différentes peuvent servir de débouchés aux eaux versées par les mêmes massifs, sous des aspects différens, de même que des massifs différens versent des eaux qui se rendent dans les mêmes embouchures. Si donc on détermine les bassins des rivières ou des fleuves par leurs embouchures, comme on l'a fait jusqu'à présent, on comprendra dans leurs enceintes des massifs infiniment variés, & quant à leur situation & quant à leur nature. Si, au contraire, on se borne d'après les vues que nous avons exposées ci-dessus, à comprendre dans un bassin quelconque les eaux courantes que verse le même systême de revers, on parviendra par cette nouvelle distribution à distinguer des circonstances vraiment intéressantes, & qui sont confondues dans l'hypothèse actuelle.

J'ajouterai que souvent les mêmes massifs offrent des pentes semblables, qui fournissent l'eau à des rivières, qu'il faudra distinguer sous un certain rapport, comme coulant au fond de vallées parallèles & particulières ; & rapprocher, comme parcourant des pays correspondans, & quant

au niveau & quant à la constitution physique. Telles sont la Marne, l'Aube & la Seine, on verra dans leurs articles le développement de ces diverses considérations.

On voit par-là que la circonscription des différens massifs, d'où il est résulté des revers & des pentes à la surface des continens, doit fixer principalement l'attention des naturalistes observateurs dans la distinction des bassins des rivières & des fleuves, en se bornant à une seule embouchure : ainsi d'un seul bassin il en sera formé plusieurs autres, tous fort intéressans, parce que leur énumération contribuera à nous faire connoître les différentes constitutions physiques des enceintes & du sol de chacun d'eux : ainsi du grand & vaste bassin de la Garonne, nous verrons naître ceux de la Garonne, du Lot, du Tarn, de la Dordogne, de la Vezère, de l'Isle, &c.

Je le répète, l'on ne doit envisager, comme bassins des rivières, que les vallées d'un certain ordre qui renferment une rivière principale & des rivières latérales, dont le cours est concentré dans un même systême de pentes & dans la même enceinte. Ainsi, je considérerai comme bassins particuliers de rivières les vallées de la Marne, de l'Aube, de l'Yonne, de l'Oise jusqu'à leurs embouchures dans la Seine : & dans l'examen du bassin de la Seine, je ne comprendrai plus, après ces retranchemens, que les rivières du second & du troisième ordre, qui ne sont point renfermées dans ces bassins que j'ai retranchés.

J'ai bientôt reconnu, d'après ce nouveau plan de distribution des bassins des rivières, que la connoissance du travail des eaux courantes à la surface de nos continens se simplifioit & se raccordoit très-facilement avec la constitution physique des diverses contrées où leurs vallées se trouvent creusées.

§. V.

§. V.

De l'hydrographie des rivières latérales :
des vallons & des plateaux unis entre ces
vallons.

La plupart des rivières latérales font le
produit de deux ou trois embranchemens,
dont un feul conferve fon nom fans qu'il
foit fait mention des autres : cependant il
peut être intéreffant de rappeller les noms
des branches qui fe trouvent omis dans la
dénomination du tronc ; car alors on donneroit une idée de l'étendue du terrein qui
fournit fes eaux à la rivière latérale. Un
moyen fort facile de fatisfaire à cette vue
de perfection dans la nomenclature de la
géographie, feroit de former la dénomination du tronc de la réunion des deux
ou trois embranchemens. Ceci nous donneroit pour lors un moyen d'avoir une
connoiffance détaillée de la diftribution des
eaux & de la multiplicité des pentes dans
les intervalles des rivières principales. Je
formerai fur ce plan plufieurs articles d'hydrographie dans différentes contrées de la
France, & je ne doute pas qu'on n'y
trouve un fyftême de nomenclature inftructive.

Je ne comprendrai pas dans cette nomenclature les fimples ruiffeaux, qui peuvent
concourir à la formation & à l'entretien
des embranchemens, feulement j'en indiquerai le nombre. Tout ce plan de dénombrement étant arrêté, on y joindra
1°. la note du plus grand éloignement des
fources qui verfent les eaux dont peuvent
être abreuvés les embranchemens; 2°. celle
de la longueur des vallons fecs qui s'étendent au-deffus de la partie abreuvée ;
3°. enfin, on indiquera la fuperficie des
plateaux qui diftribuent les eaux torrentielles dans les vallons fecs & abreuvés.

Il eft vifible qu'il réfultera de cet
examen hydrographique, une divifion de

la furface des terreins en trois parties fort
diftinctes. La première comprendra l'origine des eaux torrentielles qui circulent à
la furface des plateaux unis & dans les
vallons fecs : & j'ai reconnu que l'étendue
de cette partie varioit beaucoup fuivant la
pente & la nature des fols : la feconde
partie comprendra les embranchemens
de vallons abreuvés par les fources, & en
tems de pluies par les plateaux & les vallons fecs : & enfin la dernière partie ren-
fermera l'étendue du tronc de la rivière
latérale qui verfe dans la rivière principale.

On doit joindre à ce détail la confidération des petits vallons fecs & abreuvés
fecondaires, qui fe réuniffent immédiatement aux embranchemens abreuvés & aux
troncs ; il faut bien les diftinguer des
vallons fecs & abreuvés qui font diftribués
vers la partie fupérieure des embranchemens : ces derniers vallons occupent fouvent la plus grande partie des intervalles
des embranchemens, & même des troncs
des rivières latérales.

Je dois faire obferver que toutes ces
diftinctions entre les vallons fecs & abreuvés
par les fources dépendent des différens
degrés de leurs approfondiffemens : les
vallons reftent fecs tant qu'ils ne font pas
creufés jufqu'au niveau de la couche de
terre qui verfe l'eau des fources. Ce que
je viens d'expofer relativement aux rivières
latérales, doit avoir naturellement fon
application à chacune de ces rivières,
examinées & décrites féparément. Mais il
eft des confidérations générales qui embraffent des contrées tout entières, auf-
quelles il convient d'appliquer les mêmes
principes relativement à leur hydrographie.

Ainfi, je crois qu'on perfectionneroit
la géographie-phyfique de grandes contrées
de la terre, en comparant d'une vue générale l'étendue de la fuperficie du terrein,
qui n'offre que des plateaux unis avec celle
qui fe trouve fillonnée en vallons.

Je ne doute pas que ce premier examen ne donnât des élémens infiniment variés, relativement à la nature du fol qui abforbe l'eau plus ou moins, & qui en facilite la circulation à une profondeur plus ou moins confidérable. Les différentes obfervations que j'ai faites dans ces vues, m'ont fourni de fréquentes occafions de connoître une partie des circonftances qui, dans la nature des divers fols & dans la difpofition des matériaux qui les conftituent à la fuperficie de la terre, favorifent le travail des eaux ou s'oppofent à ce travail. Je pourrois y joindre la quantité d'eau qui tombe fur cette furface, & lui imprime fon action : il me femble avoir déjà remarqué que l'approfondiffement des vallons étoit en raifon de cette quantité d'eau que recevoient les différentes contrées.

Une troifième confidération générale, aura pour objet la comparaifon des parties de vallons qui font fecs, aux parties de vallons qui font abreuvés. On fent aifément combien il importe de déterminer comment ces différens fyftêmes de vallons fe trouvent diftribués entr'eux, foit dans une même contrée, foit dans le paffage d'une contrée à une autre.

Il y a, par exemple, des contrées où les vallons fecs font entremêlés avec les vallons abreuvés, & où l'on découvre aifément, dans le même fol, les caufes frappantes de cette diftribution & du rapport des uns aux autres. Ces circonftances varient encore plus fenfiblement, fi l'on paffe d'une contrée à une autre ; car elles font telles, que fouvent on ne trouve que des vallons fecs dans certaines contrées affez étendues, pendant qu'ils font tous ou prefque tous abreuvés dans d'autres. Je dois dire que dans les confidérations qui précèdent, il n'eft queftion que des vallons qui s'obfervent à la furface de la nouvelle terre : car fi je paffois aux vallons de l'ancienne terre, ce feroit un autre ordre de chofes, & les changemens que

j'y ai rencontrés m'ont tellement frappé, que l'état des vallons m'y a paru pouvoir être donné comme un caractère diftinctif de l'ancienne terre d'avec la nouvelle.

D'abord dans l'ancienne terre il y a très-peu de terrein qui foit refté en plateaux unis, fi on le compare à celui qui eft fillonné en vallons : en fecond lieu, l'eau circule fans interruption dans tous les vallons & dans toutes les parties des vallons, à quelque degré de hauteur que ces vallons foient fitués.

Dans la nouvelle terre, au contraire, les parties les plus élevées & les moins approfondies dans les vallons font conftamment à fec. Comme dans l'ancienne terre l'eau circule à tous les niveaux, les vallons y font creufés affez également partout.

Au refte, je renvoie à l'article *vallon* du dictionnaire où tous ces phénomènes feront développés avec des détails qui autoriferont les conféquences que j'en déduirai : j'ajoute ici que dans l'Atlas les cartes des contrées où figurent tous ces phénomènes, feront raffemblées avec foin & deffinées avec exactitude.

§. VI.

Des lacs & de leurs emplacemens.

Tous les lacs dont les rivières ou les fleuves tirent leur origine, tous ceux qui fe trouvent dans leur cours ou qui en font voifins & qui y verfent leurs eaux, font abreuvés d'eaux douces. Prefque tous ceux au contraire qui reçoivent des fleuves, fans qu'il en forte d'autres fleuves, font falés ; ce qui femble favorifer l'opinion du docteur Halley fur les caufes de la falure de la mer. Ce favant penfoit qu'elle étoit produite par l'accumulation des principes falins que les eaux des fleuves détachent des terres, & qu'elles tranfportent continuellement à la mer. C'eft ainfi que la mer Cafpienne, la mer Noire, le lac

'Aral, la mer Morte font devenus des amas d'eaux falées.

A l'égard des lacs qui ne reçoivent aucun fleuve & defquels il n'en fort aucun, ils font doux ou falés, fuivant leur origine primitive. Car ceux qui font voifins de la mer & qui ont pu être abreuvés de fes eaux font ordinairement falés; ceux au contraire qui en font éloignés & dont les baffins font fort élevés au-deffus de fon niveau, font d'eau douce : on fent aifément que les uns ont été formés par les inondations de la mer, & que les autres font entiérement alimentés par des fources qui s'y déchargent immédiatement.

En nous réfumant, nous pouvons diftinguer trois fortes de lacs : 1°. ceux qui ne reçoivent aucune rivière, & defquels il n'en fort aucune; 2°. ceux qui reçoivent des fleuves & donnent naiffance à des fleuves; 3°. ceux qui reçoivent des fleuves fans donner naiffance à d'autres, en forte qu'ils font les égoûts d'une ou de plufieurs rivières. Il y en a un certain nombre de cette dernière forte : ceux de la première claffe font bien plus nombreux, quoiqu'en général leurs baffins aient très-peu d'étendue : mais les lacs de la feconde claffe fe trouvent affez communément au pied des montagnes, & leurs baffins font partie des grandes vallées que parcourent les rivières & les fleuves qui ont leur origine dans ces hauts fommets; auffi font-ils très-confidérables. Comme, en conféquence de ces circonftances, ils ont été obfervés avec le plus d'attention, ils ont été décrits & figurés fur les cartes avec la plus grande exactitude : auffi la géographie-phyfique fera-t-elle connoître avec foin quelles font les différentes caufes qui ont concouru à leur formation; il en eft de même de ce qui concerne les deux autres fortes de lacs, dont les pofitions peuvent intéreffer également l'hiftoire de la terre.

§. V I I.

Des mines de charbon de terre & de leurs emplacemens.

Depuis qu'il a été reconnu ,,ainfi que je l'ai expofé dans la notice de Rouelle, que les mines de charbon de terre étoient des dépôts de l'ancienne mer, formés le long des côtes de l'ancienne terre, je les ai confidérés comme un des objets les plus curieux & les plus intéreffans dont la géographie-phyfique puiffe s'occuper. Il n'eft pas poffible que dans le tracé des limites de l'ancienne terre, exécuté fuivant les principes que j'ai fait connoître ci-devant, on ne rencontre les diverfes couches de ces mines, & qu'elles ne fe préfentent de manière à être figurées fur les cartes de cette ancienne terre & même fur celles de la moyenne. Il n'y a pas de doute que ces mêmes maffifs de combuftibles ne fe rencontrent furtout dans les baies, dans les détroits, en un mot, dans les vallées anciennes & modernes qui ont pris la place des anciens golfes : on pourra même indiquer la direction des filons, & l'on fera voir qu'ils font perpendiculaires aux côtes de l'ancienne terre qui ont fourni les matières végétales & les terres qui les ont recouvertes. L'on démontrera de même que des maffifs de charbon de terre, placés fur les deux bords correfpondans de l'ancienne terre plus ou moins éloignés les uns des autres, & dans l'intervalle defquels il y a un dépôt confidérable appartenant à la nouvelle terre, n'ont pas néceffairement la même direction & la même allure. Quoique ces mines tiennent au même ordre de chofes & qu'elles appartiennent à la même époque, cependant ce font des dépôts particuliers & qui doivent leur formation à des circonftances qui leur font propres, & dont l'influence paroît bornée à chacune d'elles. Quoique tout ce qui s'eft trouvé peupler certaines contrées de l'ancienne terre en forêts, ait été favorable à la formation des amas de combustibles : que les eaux courantes aient pu facilement faire les transports des substances végétales & des matières brutes, au milieu desquelles ces substances sont ensevelies, on peut dire que tous les agens que la nature a mis en œuvre ont été concentrés plus ou moins dans les lieux où les mines de charbon s'observent & s'exploitent de nos jours.

C'est en notant avec soin les mines de charbon & en les indiquant, avec toutes les relations qu'elles peuvent avoir aux autres massifs de différentes époques, qu'on pourra en déterminer avec précision l'emplacement, & de manière à nous éclairer sur leur formation & sur la recherche que l'on pourroit en faire par la suite. C'est d'après la réunion de ces circonstances qu'on sera en état de présenter les mines de charbon sur des cartes où seront figurées les limites de l'ancienne, de la moyenne & de la nouvelle terre. Voyez la *notice de Rouelle* où tous les détails instructifs sur ce que nous connoissons des mines de charbon de terre, relativement à leur formation & à leur emplacement se trouvent développés d'après mes propres observations : voyez aussi l'article *charbon de terre* du dictionnaire, & enfin les cartes de notre Atlas où la constitution physique des différens amas de combustibles fossiles est figurée, avec le soin que mérite cet ensemble dans certaines contrées de la France.

§. V I I I.

Des volcans, de leurs emplacemens & de leurs époques.

Les montagnes ardentes que l'on nomme *volcans*, renferment dans leurs entrailles les matières qui peuvent servir d'alimens aux feux souterrains : outre les volcans enflammés qui sont au nombre de trois en Europe, savoir l'Ethna en Sicile, le Vésuve dans le voisinage de Naple, &

l'Hécla en Islande, dont on a suivi les éruptions, & étudié les produits ; on en a reconnu plusieurs autres qui sont éteints. C'est parce que les observations des volcans enflammés, m'ont éclairé sur les volcans éteints, que j'ai pu remonter vers les temps anciens, retrouver les centres d'éruption un peu oblitérés & les courans de laves ; & que j'ai déterminé les emplacemens & l'étendue de tous ces produits du feu sur des cartes où tout se trouve figuré, de manière à faire envisager les opérations du feu, comme une partie de l'histoire naturelle, propre à enrichir la géographie - physique, surtout depuis que, par la distinction des époques des volcans éteints, je suis parvenu à les désigner par des caractères précis, en assignant sur les cartes leurs divers départemens. Ce travail jettera sans doute quelque jour, sur la nature & la circonscription des contrées, qui ont été & qui peuvent être sujettes aux ravages des feux souterrains. Cette étude des volcans, dirigée dans les vues de former des atlas volcaniques, a contribué singuliérement à perfectionner la géographie - physique, non-seulement en soignant la figure du terrein, mais encore en rassemblant les matériaux altérés par le feu, sous un point de vue plus méthodique & plus propre à faire distinguer ce qui peut être l'ouvrage du feu de celui des eaux courantes. D'après ce même plan de travail, la géographie-physique peut aussi indiquer sur ces cartes les matières intactes & primitives, au milieu desquelles le feu s'est fait jour & dont il a recouvert de grandes parties par des courans de laves, qui ont pris naissance au pied des montagnes qui sont les centres d'éruption.

Tout ce que l'Europe nous offrira dans ce genre de phénomènes étant bien connu & présenté d'après ces principes, il en résultera une somme de faits très-instructive qui pourra completter cette partie de l'histoire naturelle de la terre. Il sera pour lors facile aux voyageurs instruits d'ajouter à ces connoissances tout ce que renferment les pays étrangers, après avoir pris des instructions dans les contrées volcaniques sur lesquelles le double travail de la géographie-physique s'est exercé, c'est-à-dire, l'observation & la description méthodique des produits du feu d'un côté, avec la figure du terrein de l'autre sur des cartes topographiques.

Il sera donc nécessaire que ces voyageurs fassent une ennumération exacte des différents centres d'éruption qu'ils rencontreront, en assignant en même tems la disposition & l'étendue de toutes les matières fondues ou altérées suivant qu'elles auront été distribuées autour des bouches ouvertes, ou bien autour des centres d'éruption détruits ou oblitérés.

Ce ne sont pas ici de petits faits merveilleux & extraordinaires qu'il est question de recueillir : je demande des examens sévères & raisonnés, au lieu de ces rapports vagues sur toutes les contrées de nos continens, ou bien la distinction des archipels volcaniques dont je donnerai le détail à l'article *volcan* du dictionnaire. Je ne fais cas que des massifs observés, comme je viens de le dire, & circonscrits de même. C'est par ce travail qu'on distinguera facilement les matières fondues, quelle que soit leur distance des cheminées d'où elles sont sorties, des matières qui ont pour origine les sédimens formés dans le bassin de l'Océan. Outre que ces premières couches ne contiennent que des substances évidemment calcinées, vitrifiées ou fondues, elles n'occupent d'ailleurs que des parties de la superficie de la terre inférieures à la bouche du foyer : & enfin elles sont toujours placées, soit sur des lits composés de dépôts sousmarins, soit sur de plus anciens massifs de schistes ou de granit.

La surface de nos continens nous offre en mille endroits les vestiges des volcans éteints, où toutes les opérations du feu

peuvent se reconnoître bien facilement. Outre cela, ces anciens volcans se trouvent placés dans les limites de l'ancienne terre & le long des bords de la mer qui environnoit ce dernier massif. C'est là où se trouvent les mines de charbon de terre, les seuls amas propres à fournir aux feux souterrains l'aliment qui puisse suffire à leurs éruptions & à l'entretien des différens accès qu'ils éprouvent pendant une longue suite de siècles. Voyez cet article dans le dictionnaire & les cartes dans l'atlas.

§. IX.

Des différens amas d'argilles & de schistes argilleux.

Je ne m'occupe ici que des emplacemens & de l'étendue des dépôts d'argilles qui sont à la surface de la terre : il y en a de deux sortes bien remarquables : les premiers sont ceux des schistes qui accompagnent l'ancienne terre, & qui se prolongent même pour former les ardoisières & les enveloppes des charbons de terre : ce sont ces divers massifs qu'il importe de figurer par des cartes particulières, rédigées suivant les principes de la géographie-physique. Il ne conviendroit de désigner ainsi que les schistes qui forment des ceintures considérable autour de l'ancienne terre. Il est visible que ces dépôts d'argilles ont été formés sur la roche primitive du globe, ou bien adossés à cette roche. Il n'est pas question ici de bancs d'argilles qui sont antérieurs aux couches de pierres calcaires d'un grain fin & serré, & qui leur servant de base ont donné lieu à la plupart des couches inclinées : on ne les indiquera que dans des coupes assez larges & assez multipliées pour en faire connoître l'étendue dans la moyenne terre calcaire.

Si nous passons maintenant sur la nouvelle terre, nous y trouverons différens *tridus* d'argilles très-remarquables à la superficie de la terre, & qu'il conviendra de circonscrire sur des cartes. Telles sont les collines argilleufes que nous avons décrites dans la notice de Targioni, comme difperfées dans certaines contrées de la Tofcane. J'indiquerai de même la lifière d'argile qui règne à découvert le long d'une très-grande étendue de la bordure du maffif de la craie dans la ci-devant province de Champagne ; ces couches d'argiles ont jufqu'à cent & deux cents pieds d'épaiffeur , & renferment un grand nombre de cornes d'ammon, de belemnites , de nautilites, d'huitres de plufieurs efpèces , & beaucoup d'autres coquilles qui compofent cet *amas*. On fent combien de circonftances curieufes & inftructives la défignation de ces maffifs d'argiles renfermeroit , outre les avantages de faire connoître des fubftances fi utiles à la fociété & aux arts.

Voici encore une dernière circonftance que nous ne pouvons nous difpenfer de mettre en évidence par des coupes. C'eft l'emploi que la nature a fait de l'argile & des marnes argilleufes dans un état de molleffe pour la diftinction & la féparation des couches , & enfin pour le raffemblement & la circulation intérieure des eaux pluviales au milieu des lits voifins de la fuperficie de la terre.

On voit par-là quels fecours la géographie-phyfique offre dans l'étude du globe, non-feulement relativement à fa compofition , mais encore quant à fa conftitution phyfique : & de quelle importance il eft de s'attacher aux moyens qu'elle nous fournit.

§. X.

Des mines de tranfport.

Après la reconnoiffance des filons & des veines contenant diverfes fubftances minérales & la détermination de leurs allures à travers les contrées de l'ancienne terre, il refte la defcription des mines de tranfport qui fe réduifent à celles de zinc, de cuivre & furtout de fer. Ces fortes de mines fe trouvent dans le voifinage des limites de l'ancienne & de la nouvelle terre, & toujours fur la nouvelle. C'eft furtout en circonfcrivant les amas de certaines mines de fer en grains fi faciles à déterminer , qu'on peut donner une idée de ces mines de tranfport.

Il paroît que les centres de ces fortes de dépôts font les différentes îles de l'ancienne terre qui , contenant ces fubftances minérales dans l'état primitif , les ont verfées au-dehors , dans le tems que l'ancienne mer occupoit la nouvelle terre , & qu'une grande partie de cette nouvelle terre étoit déjà organifée : ces matières font venues par alluvion remplir les fentes & les autres intervalles que les maffes calcaires ou même d'autres lits marneux laiffoient entre eux. Auffi trouve-t-on plufieurs fentes & cavités dans les collines calcaires voifines de l'ancienne ou de la moyenne terre remplies de mines de fer en grains. Ces facs ou nids de mines ne s'étendent pas toujours horifontalement , mais defcendent par des routes perpendiculaires ou obliques. Toutes ces mines font en grains affez menus , & plus ou moins mélangés de fables vitrefcibles & de petits cailloux. Les cavités ont depuis 50 jufqu'à 180 pieds de profondeur. Il eft vifible que ces mines de fer qui font en grains plus ou moins gros n'ont pu fe former dans la nouvelle terre , ni comme elles font, au milieu des matières calcaires ; par conféquent elles y ont été amenées de loin par le mouvement des eaux. Les facs de mines font furmontés ou latéralement accompagnés d'une forte de terre limonneufe rougeâtre plus fine que l'argile commune.

Ce qui prouve que ces mines de fer en grains ont été toutes amenées par le mouvement des eaux , c'eft que dans les mêmes cantons, il y a une grande étendue de terrein formant une plaine à un niveau au-deffus des collines calcaires , & qu'on trouve dans ce terrein une grande quantité de mine de fer en grain, différemment mélangée & autrement placée. Car au lieu d'occuper les fentes perpendiculaires & les cavités intérieures des rochers calcaires, cette mine de fer est au contraire déposée en *nappe*, c'est-à-dire par couches horisontales, comme tous les autres sédimens des eaux. Au lieu de s'étendre en profondeur comme les premières mines, elle s'étend presque à la surface du terrein, sur une épaisseur de quelques pieds, & elle est mêlée partout de graviers & de sables calcaires.

Elle présente au surplus un phénomène fort remarquable; c'est un nombre prodigieux de cornes d'ammon & d'autres coquillages, ainsi que des madrepores dont la plus grande partie de la mine a pris la forme à mesure qu'elle a été déposée par les eaux sur les débris des coquilles.

On trouve ces différentes sortes de mines à une certaine distance de l'ancienne & de la moyenne terre; cette distance varie depuis 3 jusqu'à 10 lieues : & elles sont dispersées & exploitées sur la nouvelle dans cette lisière. On sent d'après ces détails, quelle facilité la géographie-physique peut avoir de faire connoître l'étendue & les emplacemens de ces mines.

§. X I.

Du bassin des mers & des courans.

On peut distinguer les côtes de la mer en trois classes; 1°. les côtes composées de matières dures, coupées ordinairement à pic sur une hauteur considérable, & qui s'élèvent quelquefois à 7 ou 800 pieds. 2°. Les basses côtes dont les unes sont unies & presque de niveau avec la surface de la mer, & dont les autres ont une élévation médiocre & sont bordées de rochers à fleur d'eau. 3°. Les côtes bordées de dunes : ce sont des côtes primitivement fort basses & qui offrent un sol argilleux, lequel s'étend en pente douce sous les flots; c'est à l'extrémité de cette pente & du côté du continent que les sables voiturés par les fleuves dans la mer s'accumulent en forme de monticules suivis, étant poussés par les vagues & par les vents. Nous avons des exemples de ces différentes formes de côtes le long des bords de la mer, depuis la Hollande jusqu'au détroit de Gibraltar. Aussi je crois qu'on doit figurer ces côtes dans les cartes marines, suivant ces différentes formes, & non pas comme elles le sont platement dans la plupart des cartes hydrographiques.

La profondeur de la mer le long de ces côtes est ordinairement d'autant plus grande, que ces côtes sont plus élevées & d'autant moindre qu'elles sont plus basses & plus plates. L'on peut assurer en général que les inégalités du fond de la mer le long des rivages correspondent assez régulièrement aux inégalités de la surface du terrein voisin de ces rivages. Ainsi tel est le sol qui paroit au-dessus de l'eau, tel est le fond que l'eau couvre; à partir des côtes basses, la sonde donne autant de brasses d'eau qu'il y a de distance de ces côtes. En conséquence de cette disposition du fond de la mer, constatée par les observations que les navigateurs ont faites avec la sonde, on ne peut pas douter qu'il n'y ait de grandes inégalités dans son bassin, des hauteurs & des profondeurs considérables. On a trouvé d'ailleurs que non-seulement les profondeurs augmentoient ou diminuoient d'une manière uniforme dans les grandes mers, à mesure qu'on s'éloignoit ou qu'on s'approchoit des continens : mais encore que ces dispositions étoient applicables aux fonds de la mer qui sont autour des îles, comme autour des rochers à fleur d'eau ou des *abrolhos*.

Le fond de la mer est composé d'ailleurs des mêmes matériaux que nous offrent les côtes qui bordent l'Océan; car on tire de ce fond les mêmes substances qu'on extrait de la surface des continens. En sorte, qu'à tous égards, les parties découvertes du globe resssemblent assez souvent à celles qui sont couvertes par les eaux, tant par la composition que par le mélange des matières : cependant elles en diffèrent assez constamment relativement à l'organisation & aux inégalités de la surface.

C'est à ces inégalités du fond de la mer qu'on doit attribuer l'origine des courans. Une preuve certaine que la plupart des courans sont produits par le flux & reflux, & dirigés par les inégalités du fond de la mer, c'est qu'ils paroissent assujettis aux marées, & qu'ils changent de direction à chaque flux & reflux.

Les principaux courans de l'Océan, sont ceux qu'on a observés dans l'Océan Atlantique près les côtes de Guinée : ils s'étendent depuis le Cap-Verd jusqu'à la baie de Fernandopo : leur mouvement est d'occident en orient, & par conséquent il est contraire au mouvement général de la mer, qui se fait d'orient en occident : ils sont très-violens : en sorte que les vaisseaux peuvent aller de Moura à Rio de Benin, c'est-à-dire, parcourir un trajet de 150 lieues en deux jours, tandis qu'il leur faut six ou sept semaines pour y retourner. Ces courans ne s'étendent guères qu'à 20 lieues de distance des côtes.

Auprès de Sumatra il y a des courans rapides qui coulent du midi au nord, & qui probablement ont formé & élargi le golfe qui est entre Malaie & l'Inde : il y a aussi de très-grands courans entre le Cap de Bonne-Espérance & l'Isle de Madagascar & surtout près de la côte d'Afrique, entre la terre de Natale & le Cap. On observe que la mer se meut du midi au nord, le long des côtes du Brésil, depuis le Cap Saint-Augustin, jusqu'aux îles Antilles.

Il y a des courans très-violens dans la mer où se trouvent dispersées les îles Maldives ; & entre ces îles, les courans coulent constamment pendant six mois d'orient en occident, & pendant six autres mois d'occident en orient : on voit par là qu'ils suivent la direction des vents moussons, & il est très-probable qu'ils sont produits par ces vents qui, comme l'on sait, soufflent dans cette mer, six mois de l'est à l'ouest, & six mois en sens contraire. *Voyez* dans notre Atlas les cartes où sont indiqués ces courans, & l'article *courans* dans le dictionnaire.

Pour donner un idée juste de la distribution des courans, nous dirons qu'il y en a dans toutes les mers : que les uns sont plus rapides, & les autres plus lents : qu'un assez grand nombre sont étendus tant en longueur qu'en largeur, pendant que d'autres occupent un très-petit espace dans toutes leurs dimensions : que les mêmes causes, soit les vents, soit les marées qui produisent ces courans, leur communiquent des vitesses & des directions souvent opposées. Ainsi, lorsqu'un vent contraire succède, comme cela arrive souvent dans toutes les mers, & régulièrement dans l'Océan Indien, tous ces courans prennent une direction opposée à la première. Ils conservent malgré cela la même étendue en longueur & en largeur, & leur cours, au milieu des autres eaux de la mer, se fait à quelques différences près cependant, comme il se feroit sur la terre, entre deux rivages opposés & voisins.

Cette différence, à laquelle quelques physiciens n'ont pas fait attention, vient de ce que les courans sous-marins sont une masse d'eau qui remplit exactement leur lit, au lieu que les fleuves qui coulent sur la terre ne remplissent qu'une certaine partie du fond des vallées. Il en résulte que la marche de ces deux sortes d'eaux courantes diffère essentiellement ; on ne peut donc être autorisé à comparer leurs effets comme quelques naturalistes l'ont fait. Je renvoie, au reste, la suite de cette discussion cuffion aux articles *courans* & *vallées* du dictionnaire, ainfi qu'aux cartes où ils font figurés.

§. XII.

Des animaux terreftres.

Il y a deux fortes de fyftémes à fuivre dans l'indication des contrées de la terre où fe trouvent les différentes efpèces d'animaux terreftres, & furtout les efpèces les plus fortes. Le premier eft de s'attacher aux dépouilles de ces animaux qu'on rencontre dans certains pays voifins des pôles, pour en conclure qu'ils les ont peuplés autrefois, c'eft-à-dire, qu'ils y ont vécu, produit & multiplié, comme ils vivent & multiplient dans les pays voifins de l'équateur. Il faudra donc conftater, par des cartes auffi précifes que détaillées, les lieux où l'on a fait & où l'on pourra faire les découvertes de ces dépouilles. Mais dans ce travail il convient furtout de diftinguer les dépouilles des animaux. Les os foffiles qui font renfermés à une certaine profondeur dans les couches de la terre où fe trouvent auffi les productions marines différent des fquelettes qu'on rencontre à la furface de la terre. Car ce n'eft, pour ainfi dire, qu'à cette furface, & à quelques pieds de profondeur, qu'on a découvert les fquelettes des éléphans, des rhinocéros, & les autres dépouilles des animaux terreftres qui ont changé de climats. Il eft moins queftion ici de donner l'explication des faits, que d'en conftater toutes les circonftances par les deux moyens de la géographie-phyfique.

Dans le fecond fyftême de travail fur les animaux, il fuffit de s'attacher à l'état actuel de leur diftribution dans les différens pays & climats du globe. L'obfervation & les cartes mettront en évidence ces grands faits dont le docteur Zimmerman a commencé à nous donner une première énumération fort inf-

tructive, & que les voyageurs perfectionnent tous les jours. Je préfenterai à l'article *animal* tous ces détails fur la diftribution des différentes claffes d'animaux dont nous connoiffons les mœurs, ainfi que les habitations. J'ajouterai à cela la notice des circonftances qui ont concouru à les y fixer, foit relativement à leurs befoins, foit relativement à ceux des peuples qui ont pu les apprivoifer. *Voyez* dans l'Atlas la carte générale de cette diftribution des animaux fur le globe d'après Zimmerman.

Des animaux marins.

Les baleines, les gibbarts, molars, cachalots, narwals & autres grands cétacées appartiennent aux mers polaires, feptentrionales & auftrales, tandis que l'on ne trouve dans les mers tempérées & méridionales, que les lamantins, les dugons, les marfouins. On voit que les plus grands animaux terreftres fe trouvent dans les contrées du midi, tandis que les plus grands animaux marins n'habitent que les régions de notre pôle. A l'exception de quelques cachalots qui viennent affez fouvent autour des Açores, & quelquefois échouer fur nos côtes, toutes les autres efpèces font demeurées, & ont encore leur féjour conftant dans les mers boréales. Nous favons qu'en général, les cétacées ne fe tiennent pas au-delà du 78 ou 79e. degré de latitude, & qu'en hiver ils defcendent à quelques degrés au-deffous, mais il ne viennent jamais en certain nombre dans les mers tempérées ou chaudes. Il y a auffi de gros animaux qui, comme les vaches marines, affectent de fe repofer fur les côtes & les glaces du nord.

Le féjour de ces grands animaux dans les mers boréales ne paroît pas troublé par la température qui y règne. Car par la nature de leur organifation, ils paroiffent plutôt munis contre le froid que contre la grande chaleur. L'énorme quantité

M m m m m

de lard & d'huile qui recouvre leur corps en les privant du fentiment vif qu'ont les autres animaux, les defend en même tems contre toutes les impreffions extérieures. D'ailleurs il eft très-probable que ces cachalots, que nous voyons de de tems en tems arriver fur nos côtes, ne fe décident pas à faire ces voyages pour jouir d'une température plus douce, mais qu'ils y font déterminés par les colonnes de harengs, de maquereaux, & des autres petits poiffons qu'ils fuivent & qu'ils avalent par milliers. On doit croire d'ailleurs que la facilité de trouver une nourriture abondante dans les mers boréales y retient tous les autres cétacées & les animaux qui vivent dans l'eau comme les amphibies, &c; car la diftribution des animaux de toutes efpèces, eft définitivement affujettie à ce grand mobile de tous les êtres vivans, leur nouriture.

Ce ne font pas feulement les animaux marins d'une grande force & d'un grand volume dont il faut que s'occupe la géographie-phyfique. Il y en a beaucoup d'autres dont les hommes tirent de grands fecours & qui par leur nombre méritent la même attention : il conviendra de faire connoître leur marche & leurs évolutions, pour ainfi dire; tels font les harengs, les maquereaux, les faumons & les morues : il faudra donc fixer fur des cartes les parages & les côtes où ils fe montrent, les golfes où leurs colonies s'infinuent, les fleuves qu'ils remontent en grand nombre. Tous ces détails font très-curieux, parce qu'ils nous font connoître non-feulement la grande fécondité de la nature dans la production des poiffons; mais encore les reffources dont ces poiffons peuvent être aux habitans des côtes de la mer, pour fuppléer aux autres productions de la nature & à leur induftrie : on ne peut omettre non plus les fecours dont ils font aux habitans de l'intérieur des terres.

§. XIII.

Affections générales du globe.

On a pu juger, par l'expofition des différens objets fur lefquels j'ai indiqué l'application des moyens qui font propres à la géographie-phyfique, quels font les avantages de cette fcience. Nous allons terminer ce travail par l'expofition des affections générales du globe fur ce plan. En préfentant les réfultats des diverfes obfervations, nous nous attacherons, 1°. à celles qui ont un rapport direct à la forme extérieure des continens & des mers; 2°. à celles qui concernent l'organifation intérieure de la terre; 3°. nous nous occuperons des phénomènes qui paroiffent indiquer des changemens remarquables dans les états primitifs de ces deux claffes d'effets; 4°. enfin, nous traiterons des affections relatives qui font dépendantes de l'atmofphère & des différens afpects du globe, par rapport au foleil & à la lune.

Affections générales du globe, relatives aux formes extérieures des continens & des mers.

Je fupprimerai les premiers détails qui ont pour objet les formes extérieures des continens & des mers, parce que je les ai expofées au §. Ier, où il eft queftion de la géographie du globe. J'ajouterai feulement ici que les continens ont cela de remarquable, en ce qu'ils paroiffent partagés en deux parties qui feroient toutes quatre environnées d'eau & formeroient des continens à part, fans deux petits ifthmes ou étranglemens de terre, celui de Suez & celui de Panama. Le premier eft produit en partie par la mer Rouge, qui femble l'appendice & le prolongement d'une grande anfe avancée dans les terres, & en partie par la Méditerranée; l'autre eft de même produit par le golfe du Mexique, qui préfente une large ouverture de l'eft à l'oueft.

On a obfervé que ce n'eft pas fans quelque raifon que les deux continens s'élargiffent beaucoup vers le nord, fe rétréciffent vers le milieu, & allongent une pointe affez aiguë du côté du midi. On peut même ajouter que les pointes de toutes les grandes prefqu'îles formées par les avances des continens regardent le midi; que quelques-unes même font coupées par des détroits dont le canal eft dirigé de l'eft à l'oueft.

Si nous voyageons maintenant fur la partie sèche du globe, nous y remarquerons d'abord différentes inégalités à fa furface, de longues chaînes de montagnes, des collines, des vallons, des plaines. Nous appercevrons que les diverfes portions des continens affectent des pentes affez régulières depuis leur centre, ou depuis les fommets élevés des chaînes qui les traverfent, jufqué fur les côtes de la mer, où le terrein s'abaiffe fous l'eau pour former la profondeur de fon baffin : réciproquement, en remontant des rivages de la mer vers le centre des continens, nous trouverons que le terrein s'élève jufqu'à certains points qui dominent de tous côtés fur les terres qui les environnent.

Ofons fonder la profondeur des mers, nous trouverons qu'elle augmente à mefure que nous nous éloignons davantage des côtes, & qu'elle diminue au contraire à mefure que nous en approchons davantage; en forte que le fond de la mer gagne par une élévation infenfible les terres fermes qui s'élèvent au-deffus des flots. Dans le même examen nous découvrirons que la vafte étendue du baffin de la mer nous offre des inégalités correfpondantes à celles des continens; les roches à fleur d'eau, les ifles, ne font que les fommets les plus élevés des chaînes montueufes qui fillonnent, par diverfes ramifications, la partie du globe que la mer recouvre.

Je remarque que les eaux de la mer,

en fe répandant dans de grandes vallées où le terrein eft affujetti à des pentes plus rapides, ont formé les golfes, les méditerranées; & que réciproquement les terres éprouvant une irrégularité dans leur abaiffement vers les côtes de la mer, & fe prêtant moins à la courbure des terreins qui fe plongent fous les flots, s'avancent au milieu des eaux, & forment des caps, des promontoires, des prefqu'îles.

Entrons maintenant dans un plus grand détail, & examinons de plus près chaque objet dont les différentes particularités nous échappoient dans le lointain où ils ont été préfentés.

Nous reconnoiffons d'abord que les montagnes forment différentes chaînes principales qui fe lient & s'uniffent dans certaines parties, & embraffent, tant par leurs troncs principaux que par leurs ramifications latérales, la furface des continens. Les montagnes, qui font proprement les tiges principales, préfentent des maffes très-confidérables & par leur hauteur & par leur volume; elles occupent & traverfent ordinairement le centre des continens. Celles de moindre hauteur naiffent de ces chaînes; elles diminuent infenfiblement à mefure qu'elles s'éloignent de leur tige, & vont mourir ou fur les côtes de la mer ou dans les plaines; d'autres fe foutiennent encore le long des rivages de la mer, ou à une certaine diftance de ces rivages.

Une maffe de montagne prife dans une partie déterminée d'un continent, offre toujours un point d'élévation extrême d'où les fommets latéraux éprouvent une dégradation fenfible, & dans la direction du prolongement de la chaîne de part & d'autre jufqu'à une certaine diftance, & fuivant les parties latérales.

Les plus hautes montagnes font entre les tropiques & dans le milieu des zônes tempérées ; les plus baffes avoifinent les pôles. Entre les tropiques on rencontre les Cordelières au Pérou , les montagnes de la Lune , le grand & le petit Atlas , les monts Taurus & Imaüs ; &c. Les Cordelières ont prefque le double de la hauteur des Alpes, fi l'on en excepte le Mont-Blanc & le Mont-Rofe. L'ancien continent eft traverfé depuis l'Efpagne jufqu'à la Chine par des chaînes parallèles à l'équateur ; mais outre qu'elles font interrompues , elles jettent des branches qui , fe dirigeant au midi , traverfent & forment différentes prefqu'îles , comme l'Italie , Malaie , &c. Le grand & le petit Atlas font de même parallèles à l'équateur ; mais il ne paroît pas qu'ils fe lient aux autres chaînes qui vont fe diriger auffi vers le midi , pour former la pointe du Cap de Bonne-Efpérance. Dans l'Amérique le giffement des montagnes eft du nord au fud affez généralement.

Les pentes des montagnes varient beaucoup , foit dans la direction de leurs chaînes , foit par rapport à leurs adoffemens latéraux : il y en a qui font beaucoup plus rapides du côté du midi que du côté du nord , & beaucoup plus grandes vers l'eft que vers l'oueft ; les précipices fuivent les pentes , de même que les plaines qui féparent un grand nombre de ces fommets.

Si l'on examine en particulier la configuration de ces différentes montagnes , que nous venons d'indiquer en grand , on obfervera des phénomènes très-curieux.

Les côtés de ces chaînes préfentent des adoffemens confidérables de terre , ou des avances angulaires dont les pointes font angle droit avec l'allongement de la chaîne montueufe : ainfi la chaîne ayant fa direction du nord au fud , les avances angulaires s'étendront d'un côté vers l'orient & de l'autre vers l'occident.

Lorfque deux chaînes giffent & cou-

rent parallelement l'une à l'autre , elles forment dans l'entre-deux des gorges allongées , des vallons figurés , quelquefois comme les bords d'un canal creufé par les eaux courantes ; en forte que l'angle faillant de l'une fe trouve opppofé à l'angle rentrant de l'autre , mais ceci n'a lieu que lorfque les eaux ont ofcillé dans leurs vallées.

Les avances angulaires ou adoffemens font plus fréquens dans les gorges ou vallons profonds & étroits , & leurs pointes angulaires plus aiguës : mais lorfque la pente eft plus douce , l'adoffement s'appuyant alors fur une bâfe plus large , les angles font plus obtus ; ils font auffi plus éloignés les uns des autres : c'eft ce qui a lieu dans les vallées qui aboutiffent à de larges plaines.

En général on diftingue plufieurs parties dans une maffe montueufe ; les parties les plus élevées font des efpèces de pics ou de cônes dégarnis ordinairement de terre ; à leur pied on trouve des plaines ou des vallons plus ou moins étendus , & qui font proprement les fommets applatis d'autres montagnes , lefquelles préfentent fur leurs croupes différens enfoncemens , & ont pour adoffemens des collines dont les avancés angulaires vont enfin fe perdre dans de larges plaines. Ainfi nous voyons qu'il y a deux fortes de plaines : des plaines en pays bas , & des plaines en montagnes.

Au refte nous devons dire que toutes les formes de terreins que nous venons d'indiquer , ne feront bien connues qu'autant qu'on les aura conftatées par des obfervations fuivies & figurées fur des cartes ; c'eft une grande tâche pour la géographie-phyfique , & qui enrichira beaucoup l'hiftoire naturelle de la terre.

Si une chaîne de montagnes après avoir couru dans un continent , fe dirige en fe soutenant encore à une moyenne hauteur vers une certaine mer, elle s'y continue sous les flots, & va rejoindre & former par ses pointes les plus élevées, les isles qui sont ordinairement dans la suite de sa première direction. Les parties de la continuation de ces chaînes marines forment des bas-fonds, des écueils & des rochers à fleur d'eau : en sorte que ces terres proéminentes nous tracent sensiblement la route que suivent les chaînes montueuses sous les flots : mais il faut croire qu'il y a des interruptions plus ou moins considérables.

En conséquence, les détroits ne sont que l'abaissement naturel ou bien la rupture forcée des montagnes, qui forment les promontoires : aussi leur prolongement se retrouve-t-il dans les îles séparées par les détroits ; & leurs appendices sont constamment assujetties à l'alignement des chaînes qui traversent les continens. Par une suite de la même disposition, les détroits sont les endroits où la mer a le moins de profondeur ; on y trouve une éminence continuée d'un bord à l'autre ; & les deux bassins que ce détroit réunit, augmentent en profondeur par une progression constante ; ce qu'on peut voir dans le Pas-de-Calais & dans nos cartes de la Manche.

Cette correspondance des montagnes se remarque bien sensiblement dans les îles d'une certaine étendue & voisines des continens ; elles sont séparées en deux parties par une éminence très-marquée, qui les traverse dans la direction des autres îles ou des continens, & qui, en diminuant de hauteur depuis le centre jusqu'à leurs extrémités de part & d'autre, s'abaisse insensiblement sous les eaux : il en est de même de tous les promontoires & des presqu'îles ; les chaînes des montagnes les traversent dans leur plus grande longueur & par le milieu : telles sont l'Italie, la presqu'île de Malaie, &c.

Ce qui sépare deux mers & forme les isthmes, est assujetti à la même régularité. Les isthmes ne sont proprement que le prolongement des chaînes de montagnes soutenues à une certaine hauteur avec leurs avances angulaires ou adossemens latéraux, mais moins considérables que les masses étendues où les continens s'élargissent & écartent les flots en s'arrondissant davantage : l'isthme de Panama est ainsi formé par l'abaissement & le rétrécissement de la chaîne des Cordelières, qui va se continuer du Pérou dans le Mexique.

C'est par une suite de la dépendance des configurations du bassin de la mer avec le prolongement & le gissement des montagnes, que sa profondeur à la côte est proportionnée à la hauteur de cette même côte ; & que si la plage est basse & le terrein plat, la profondeur est petite ; il est aisé d'en sentir les raisons. Un promontoire élevé s'abaisse sous les flots par un escarpement remarquable.

On distingue trois formes de côtes ; 1°. les côtes élevées qui sont ou de pierres dures coupées ordinairement à pic sur une hauteur considérable ; 2°. les basses côtes dont les unes sont unies & d'une pente insensible, les autres sont d'une médiocre élévation, & bordées de rochers à fleur d'eau ; 3°. les dunes formées par des sables que la mer accumule.

C'est encore par une suite de la structure extérieure du globe hérissé de montagnes, qu'il se trouve entre les tropiques beaucoup plus d'îles que partout ailleurs : nous avons de même remarqué sur les continens les plus hautes montagnes dans cette partie du globe ; en sorte que les plus grandes irrégularités se trouvent en effet dans le voisinage de l'équateur.

Ces grands amas d'îles qui présentent une multitude de pointes peu éloignées les unes des autres, sont voisins des continens, & furtout dans de grandes anfes formées par la mer. Les îles folitaires font au milieu de l'Océan.

Si nous examinons ce que l'Océan nous offre encore, nous y découvrirons différens mouvemens réguliers & conftans qui agitent la maffe de fes eaux.

Le principal mouvement eft celui du flux & reflux, qui, dans 24 heures, élève deux fois les eaux vers les côtes, & les abaiffe par un balancement alternatif; il a un rapport avec le cours de la lune. L'intumefcence des eaux eft plus marquée entre les tropiques que dans les zônes tempérées, & plus fenfible dans les golfes ouverts de l'eft à l'oueft, étroits & longs, que dans les plages larges & baffes; elle fe modifie enfin fuivant le giffement des terres & la hauteur des côtes.

A ce premier mouvement, nous ajouterons la tendance continuelle & générale de toute la maffe des eaux de l'Océan de l'eft à l'oueft; ce mouvement fe fait fentir non-feulement entre les tropiques, mais encore dans toute l'étendue des zônes tempérées & froides où l'on a navigué.

On remarque des mouvemens particuliers & accidentels dans certains parages, & qui femblent fe combiner avec le mouvement général du flux & reflux; ce font les courans: les uns font conftans & étendus tant en longueur qu'en largeur, & fe dirigent en ligne droite. Souvent ils éprouvent plufieurs finuofités & plufieurs directions; les uns font rapides, d'autres lents. Ils produifent des efpèces de tournoiemens d'eau ou de gouffres, tels que le *maëlftroom*, près des côtes de Norwège: cet effet eft la fuite de l'influence de deux courans qui fe rencontrent obliquement. Lorfque plufieurs courans affluent, il en réfulte ces grands calmes, ces tornados où l'eau ne paroît affujettie à aucun mouvement.

Une dernière obfervation que nous préfente l'Océan, eft celle de fa falure; toute l'eau de la mer eft falée & chargée d'autres principes étrangers au fel marin. La quantité de fel dont elle eft chargée varie confidérablement, furtout dans les golfes, qui reçoivent beaucoup d'eau douce que les fleuves y verfent des continens.

Cette obfervation nous conduit naturellement à examiner ce qui concerne les eaux qui féjournent, & celles qui circulent fur la furface des continens, pour en faifir les phénomènes les plus généraux.

Je remarque d'abord que les principales fources des fleuves, & l'origine des canaux qui verfent l'eau des continens dans la mer, fe trouvent placées ou dans le corps des chaînes principales qui traverfent les continens, ou près de leurs ramifications latérales. J'apperçois dans différentes parties des continens des contrées élevées, qui font comme des points de partage pour la diftribution des eaux qui fe précipitent en fuivant différentes directions dans la mer, ou dans les lacs: j'en vois deux principaux en Europe, la Suiffe & la Mofcovie; en Afie, le pays des Tartares-Chinois; & en Amérique, la province de Quitto: outre ces points principaux, il en eft d'autres affujettis toujours aux montagnes latérales. Enfin, certaines rivières prennent leurs fources au pied & dans les cul-de-facs des montagnes qui s'étendent le long des côtes de la mer.

Les fources ou fontaines peuvent fe diftinguer par les phénomènes que préfente leur écoulement, & par les propriétés des eaux qu'elles verfent. Par rapport à leur écoulement, on en diftingue de trois fortes; 1°. de continuelles, qui n'éprouvent aucune interruption ni diminution rapide; 2°. de périodiques intercalaires, qui font affujetties à des diminutions régulières fans interruption; 3°. de périodiques intermittentes, qui ont des interruptions plus ou moins longues. Voyez *Fontaine*.

Par rapport à la nature de leurs eaux, il y en a de minérales, chargées de particules métalliques, de bitumineuses; il y en a d'autres qui sont chargées de particules terreuses, de claires & de troubles, de froides & de chaudes : d'autres enfin ont une odeur & une saveur particulières. Voyez *Hydrologie*.

Lorsque plusieurs sources ne trouvent pas une pente favorable pour former un canal, leurs eaux s'amassent dans un bassin sans issue, & il en résulte un *lac*. Cette eau franchit quelquefois les bords du bassin, & se répand au-dehors. Ou bien une rivière dans son cours ne trouvant pas de pente jusqu'à la mer, l'eau qu'elle fournit recouvre un espace plus ou moins étendu suivant son abondance, & forme un *lac*. D'après ces considérations, nous distinguons quatre sortes de lacs; 1°. ceux qui ne reçoivent sensiblement leurs eaux d'aucun canal, & qui ne les versent point au-dehors; 2°. ceux qui ne reçoivent point l'eau d'aucun canal & qui fournissent des eaux à des rivières, à des fleuves; 3°. ceux qui reçoivent des fleuves sans interrompre leur cours; 4°. ceux qui reçoivent les eaux des rivières & les rassemblent sans les verser au-dehors : tels sont la mer Caspienne, la mer Morte, le lac Morago en Perse, Titacaca en Amérique, & plusieurs lacs de l'Afrique qui reçoivent les rivières d'une assez grande étendue de pays; ces terreins forment une exception à la pente assez générale des continens vers la mer.

Les lacs qui se trouvent dans le cours des fleuves ou ceux qui en sont voisins, qui versent leurs eaux au-dehors, ne sont point salés; ceux au contraire qui reçoivent les fleuves sans qu'il en sorte d'autres, sont salés; les fleuves qui se jettent dans ces lacs y ont amené successivement tous les sels qu'ils ont détachés des terres. Ceux qui ne reçoivent aucun fleuve & qui ne versent point leurs eaux au-dehors, sont ordinairement salés s'ils sont voisins de la mer; ils sont d'eau douce s'ils en sont éloignés.

La plupart des lacs semblent aussi dispersés en plus grand nombre près de ces espèces de points de partage que nous avons observés sur les continens : en Suisse, j'en trouve jusqu'à 38; il en est de même dans le point de partage de Russie, & dans celui du Thibet, &c.

Mais j'observe généralement que les lacs des montagnes sont tous surmontés par des terres beaucoup plus élevées, où sont au pied des pics & sur la cîme des montagnes inférieures.

Les eaux se portant toujours des lieux élevés vers les lieux bas, & des croupes de montagnes ou principales ou latérales vers les côtes de la mer ou dans des lacs; c'est une conséquence naturelle que la direction des sommets & des chaînes allongées soit marquée par cette suite de points où tous les canaux des eaux courantes prennent leurs sources, & par cet espace qu'ils laissent vide entr'eux en se distribuant vers différentes mers.

Ainsi les crêtes des chaînes principales, des ramifications latérales, des collines même de moyenne grandeur, servent à former ces partages des eaux que nous avions découverts & indiqués en général; c'est ainsi que les Cordelières distribuent les eaux vers la mer du Sud & dans les vastes plaines orientales de l'Amérique méridionale. Les Alpes de même distribuent leurs eaux vers diverses mers par quatre canaux principaux, le Rhin, le Rhône, le Pô & le Danube.

On voit sensiblement, d'après ces observations générales, que les rivières & les fleuves font des canaux qui épuifent l'eau répandue fur les continens. J'obferve qu'au-lieu de fe ramifier en plufieurs branches, ils réuniffent au contraire leurs eaux, & les vont porter en maffe dans la mer ou dans les lacs. Je ne vois qu'une exception à cette difpofition générale, c'eft la communication de l'Orénoque avec une rivière qui fe jette dans le fleuve des Amazones : les hommes ont fenti l'avantage de cette efpèce d'anaftomofe, en liant les lits des rivières par des canaux.

La direction des fleuves dans tout leur cours eft affujettie aux configurations des montagnes & des vallons où ils coulent; de forte qu'une des montagnes qui borde un vallon ayant une pente moins rapide que l'autre qui lui eft oppofée, la rivière prend fon cours plus près de celle qui a une croupe plus roide & plus efcarpée, & ne garde point le milieu du vallon : elle n'occupe le milieu que lorfque les pentes font égales. Les fleuves ne fuivent les montagnes principales, d'où ils tirent leur origine, que lorfqu'ils font refferrés entre deux chaînes; mais dès qu'ils fe répandent dans les plaines latérales, ils coulent perpendiculairement à la direction des chaînes, en fuivant les montagnes du fecond ou troifième ordre, où ils trouvent différentes rivières qui les enrichiffent de leurs eaux. En conféquence de la plus grande pente que les fleuves trouvent en s'échappant des plaines montueufes qu'ils rencontrent dans l'intérieur des terres, la direction de leur canal eft ordinairement droite fur une certaine longueur. On remarque que les grands fleuves coulent perpendiculairement à la côte où ils fe jettent dans la mer, & qu'ils reçoivent de part & d'autre des rivières qui s'y rendent, en indiquant une pente marquée des deux côtés. Dans l'arrondiffement de certains golfes, vous obfervez un femblable arrondiffement pour les rivières qui s'y jettent en s'y portant comme vers un centre commun, leurs canaux s'épanouiffent dans tout le con-tour ; ils indiquent les vallons qui ont formé le golfe. Cette difpofition eft fenfible dans les rivières qui fe jettent à l'ex-trémité du golfe de Bothnie.

Un phénomène régulier & conftant, eft cet accroiffement périodique qu'éprouvent un grand nombre de fleuves, & fur-tout ceux qui ont leurs fources entre les tropiques ; ils couvrent de leurs eaux les plaines voifines à une très-grande diftance. Les autres n'éprouvent que de ces crues irrégulières & brufquées, qui font la fuite de la fonte des neiges ou des pluies abon-dantes. Les uns font rapides, d'autres roulent plus tranquillement leurs eaux ; & cela paroît, toutes chofes égales d'ailleurs, dépendant de la diftance de leur fource à leur embouchure ; en forte que de deux fleuves qui partent du même point de partage, & qui vont à la mer par différentes routes, celui-là eft le plus rapide dont le cours eft le moins étendu. Quel-ques-uns fe perdent dans les fables, ou difparoiffent dans des fouterrains ; enfin, je remarque aux embouchures des grands fleuves, quelques îles & quelques amas de fables qui divifent leurs lits en plufieurs bras.

Nous renvoyons, quant à ce qui concerne les *fources*, les *lacs* & les *fleuves*, non feulement aux articles du dictionnaire où l'on trouve de plus grands éclairciffe-mens, mais encore à notre Atlas pour les phénomènes qui feront conftatés fur les cartes.

Affections générales de la ftruchure intérieure & régulière du globe.

Ce qui me frappe d'abord en creufant dans la terre, c'eft que dans une grande partie de fa fuperficie la maffe eft compofée de lits & de couches, dont l'épaiffeur, la direction, &c. font affujetties à des difpo-fitions régulières & conftantes. Ces cou-ches ont des épaiffeurs différentes, qui varient depuis une ligne jufqu'à 30 ou 40 pieds.

pieds. Ces bancs, ces lits recouvrent auſſi une très-grande étendue de terrein en tout ſens; excepté la couche de terre végétale, toutes ces couches ſont poſées parallelement les unes ſur les autres; & chaque banc a le plus ſouvent une même épaiſſeur dans toute ſon étendue.

Les lits de ſubſtances terreſtres qui ſont parallèles à l'horiſon dans les plaines, ſe trouvent auſſi au pied des croupes de montagnes qu'elles forment; on y trouve de même des couches inclinées à l'horiſon. Si la pente de la montagne eſt douce, l'inclinaiſon des couches eſt très-grande : ſi la croupe de la montagne eſt eſcarpée, ou bien les couches ſont coupées à pic & interrompues par des éboulemens; ou bien elles s'abaiſſent ſuivant la pente, & gagnent ainſi les plaines.

Lorſqu'au ſommet d'une montagne les couches ſont horiſontales, toutes les autres qui compoſent ſa maſſe ſont auſſi parallèles à l'horiſon; mais les lits du ſommet penchent-ils, les autres couches de la montagne ſuivent la même inclinaiſon.

Dans certains vallons étroits formés par des montagnes eſcarpées, les couches que l'on y apperçoit coupées à pic & tranchées, ſe correſpondent par rapport à la hauteur, à l'épaiſſeur, à la diſpoſition, à la nature des matières qui les compoſent, comme ſi la montagne eût été ſéparée par le milieu.

Dans les maſſes des montagnes, les lits intérieurs des angles ſaillans ou rentrans éprouvent la même diſpoſition que les contours extérieurs : ainſi les phénomènes de la ſurface paroiſſent liés avec ceux de la configuration intérieure & nous la découvrent.

La même régularité a lieu par rapport à deux collines qui ſe ſuivent parallelement; les mêmes couches s'y continuent

de l'une à l'autre en bon ordre. Nous devons obſerver que le niveau n'a lieu pour la hauteur des couches correſpondantes, que dans le cas où les deux collines ont une même hauteur; ce qui eſt aſſez commun.

Il faut cependant remarquer que cette organiſation ne ſe trouve pas partout ainſi. Les montagnes les plus élevées, ſoit dans les continens, ſoit dans les îles, ne ſont proprement que des maſſes qui s'annoncent par des pics ou ſommets coniques, compoſés de granits, de rocs vifs ou d'autres matières vitrifiables; celles dont les ſommets ſont plats contiennent des marbres, des pierres à chaux. Les collines dont la maſſe eſt de grès en couches inclinées, préſentent partout des pointes irrégulières qui indiquent des couches peu ſuivies & un amas de décombres : celles qui ſont compoſées de ſubſtances calcaires, de marbres, de pierres à chaux, de marnes, &c. ont une forme plus arrondie & plus régulière.

D'après les différentes obſervations dont nous venons d'indiquer les réſultats, on peut diſtinguer huit ſituations & formes différentes dans les couches terreſtres; 1°. de parallèles à l'horiſon; 2°. de perpendiculaires; 3°. de diverſement inclinées; 4°. de courbées en arc-concave; 5°. de courbées en arc convexe; 6°. d'ondoyantes; 7°. d'arrondies; 8°. d'angulaires. Voyez les coupes de l'Atlas où tous les réſultats des obſervations précédentes ſont repréſentés en détail.

Ces différentes formes paroiſſent dépendantes des baſes ſur leſquelles les lits ou aſſiſes ſont poſés. En ſuivant l'arrangement des couches, on n'a point trouvé que les ſubſtances qui les forment ſoient diſpoſées ſuivant leur peſanteur ſpécifique. Les couches de matières plus peſantes ſe trouvent ſur des couches de matières plus légères; des rochers maſſifs portent ſur des ſables, ou ſur des glaiſes.

Sous la mer, dans les détroits & dans les îles, on retrouve les substances terrestres disposées par couches ainsi que dans les continens. Dans certains détroits, on a découvert que le fond de la mer est de la même nature de terre que les couches qui servent de bâse aux côtes élevées, lesquelles forment leur canal. On apperçoit des deux côtés du détroit les mêmes couches & les mêmes substances, comme dans les deux croupes escarpées de deux montagnes qui forment un vallon.

On divise ordinairement les matières qui composent les parties superficielles du globe en deux classes générales : la première comprend les substances vitrifiables ; la seconde comprend les substances calcaires. Soit seules, soit par leur mélange, ces matières composent les terres, les pierres, qui renferment les métaux, les minéraux de toute espèce : il n'est pas de notre objet de les détailler. Nous ne nous attachons à ces diverses substances, qu'autant que nous nous occupons de leurs dispositions relatives par rapport à la structure intérieure du globe.

Les argiles, les sables, les schistes, les charbons de terre, les rocs vifs, les grès, les marnes, les pierres à chaux sont posés par lits & par bancs ; mais les granits, les grès en petites masses, les cristaux, les métaux, les minéraux, les pyrites, les soufres, les stalactites, les incrustations se trouvent par amas, par filons, par veines disposés irréguliérement, mais cependant assujettis à quelques formes, surtout les cristallisations & les sels. *Voyez* ci-devant les paragraphes où il est question des *massifs* du globe, des charbons de terre, &c.

Mais ce qui a singuliérement attiré l'attention des observateurs, parmi les substances qui composent les couches terrestres, est cette multitude considérable de fossiles en nature ou pétrifiés. On trouve des coquilles de différentes espèces,

des squelettes de poissons de mer qui sont parfaitement semblables aux coquilles, aux poissons actuellement vivans dans la mer. Ces fossiles par leur poli, leurs couleurs, leur émail naturel, présentent des dépouilles reconnoissables. Quelques-unes de ces coquilles sont entières ; tout y est semblable, soit au-dedans, soit au-dehors, dans leur cavité, dans leur convexité, dans leur substance, à celles qu'on tire des mers. Les détails de la configuration, les plus petites articulations y sont dessinées ; de même outre cela on trouve les coquillages de la même espèce par grouppes, de petits & de jeunes attachés aux gros ; & tous sont dans leurs tas & dans les lits posés sur le plat & horisontalement. Certaines coquilles paroissent avoir éprouvé une espèce de calcination plus ou moins grande, & une déconposition qui en altère la forme en grande partie ; elles sont imparfaites, mutilées, par fragmens reconnoissables au milieu des bancs.

Les bancs qu'on a trouvés en différens endroits ont une étendue très-considérable ; il y en a une masse de plus de cent trente millions de toises cubiques en Touraine. Dans la plupart des carrières de pierre, cette substance lie les autres & y domine. Quant aux pétrifications qui ne présentent que les empreintes ou en relief ou en creux, d'animaux & de végétaux, elles sont composées d'une substance pierreuse ou métallique, & diversement colorée : les unes présentent une forme parfaite, d'autres sont mutilées, courbées, applaties, allongées.

On trouve enfin une multitude étonnante de fossiles ou conservés, ou altérés, ou pétrifiés, dans les couches des montagnes, comme sous les plaines ; au milieu des continens, comme dans les îles ; dans les premiers lits, comme dans les plus profonds ; depuis le sommet de certaines montagnes adossés au noyau des Alpes, jusqu'à cent pieds sous terre dans le terrein d'Amſterdam; dans toute la chaîne qui traverſe l'ancien continent depuis le Portugal juſqu'à la Chine; dans les matières les plus légères, comme dans les ſubſtances les plus dures & les plus compactes. Ces foſſiles y ſont incorporés, pétrifiés, & remplis conſtamment de la ſubſtance même qui les environne. On trouve enfin des coquilles légères & peſantes dans les mêmes matières; dans un ſeul endroit, les eſpèces les plus diſparates; dans les endroits les plus éloignés, les eſpèces les plus reſſemblantes, & dont les analogues, ſoit végétaux, ſoit animaux, ſont ou dans des mers éloignées, ou dans les parages voiſins, ou ne ſont pas encore connus.

Il faut remarquer qu'il y a des coquilles & des pétrifications dans les matières calcaires, dans les marnes, dans les argiles, & nullement dans les matières vitrifiables: on en trouve de diſperſées dans les ſables. On n'a point encore vu de coquilles dans le roc vif en petites maſſes; enfin, on n'a pu découvrir de coquilles au Pérou dans les montagnes des Cordelières & dans les pays de granits.

La diſpoſition de toutes ces couches dont nous venons d'examiner les formes & les ſubſtances, ſert à recueillir & à diſtribuer régulièrement les eaux de pluie, à les contenir en différens endroits, à les verſer par les ſources, qui ne ſont proprement que l'interruption & l'extrémité d'un aqueduc naturel, formé par deux lits de matières propres à voiturer l'eau; car les eaux tombant ſur ces couches, ſe filtrent par les iſſues & par les fréquentes interruptions qu'elles éprouvent: elles ſe chargent ſouvent des molécules de ſubſtances ou terreſtres ou métalliques qu'elles peuvent diſſoudre, & acquièrent par cette opération les différentes qualités que nous avons remarquées ci-devant. Les couches de glaiſe, qui règnent dans une grande étendue du globe, contiennent les eaux; la pente des couches leur procure un écoulement, & ſuivant la profondeur de ces couches, les eaux ſéjournent auprès de la ſurface de la terre, ou bien à de grandes profondeurs. Un lac ne ſera préciſément que la réunion des eaux qui coulent entre les couches qui viennent ſe terminer à ſon baſſin, & le former par leurs interruptions.

Phénomènes qui indiquent un travail poſtérieur au premier, & qui tend à changer la face du globe.

Les couches du globe, même les plus ſolides, ſont interrompues par des fentes de différente largeur, depuis un demi-pouce juſqu'à quelques toiſes; elles ſont perpendiculaires à l'horiſon dans les matières calcaires, obliques & irrégulièrement poſées: dans les carrières de grès & de roc vif. On les trouve aſſez éloignées les unes des autres, & plus étroites dans les ſubſtances molles & dans les lits les plus profonds: plus fréquentes & plus larges dans les matières compactes, comme dans les marbres ou dans les autres pierres dures & au milieu des premières couches; ſouvent elles deſcendent depuis le ſommet des maſſes juſqu'à la bâſe, d'autres fois elles pénètrent juſqu'aux lits inférieurs: les unes vont en diminuant de largeur; d'autres ont une même largeur dans toute leur étendue.

C'eſt dans ces fentes que ſe trouvent les métaux, les minéraux, les criſtaux, les ſoufres: elles ſont intérieurement garnies dans les grès & les matières vitrifiables, de criſtaux, & de minéraux de toute eſpèce. Dans les carrières de marbre ou de pierres à chaux, elles ſont remplies de ſpaths, de lames gypſeuſes, de gravier & d'un ſable terreux. Dans les argiles, dans les craies, dans les marnes, on trouve ces fentes ou vides ou remplies de matières dépoſées par les eaux de pluie.

On peut ajouter à ces fentes d'autres

dégradations confidérables qu'offrent les rochers & les longues chaînes de montagnes ; telles font ces coupures énormes, ces larges ouvertures produites par des éboulemens ou par des affaiffemens qui rempliffent les plaines de débris énormes de montagnes dont les bâfes manquent ; & ces débris offrent des grès irréguliérement femés à la furface des terres éboulées, ou bien de longues couches de terre bouleverfées fans ordre. C'eft de cette forte que fe préfentent aux yeux des obfervateurs, les portes qu'on trouve dans les chaînes des montagnes & dans les ouvertures de certains détroits ; comme les Thermopyles, les portes du Caucafe, des Cordelières, du détroit de Gibraltar, entre les monts Calpé & Abyla, la porte de l'Hellefpont, les détroits de Calais, de Palerme, &c.

Lorfque ces affaiffemens n'ont agi que fur les couches intérieures, ou que les eaux feules ayant miné profondément les terres, ont entraîné dans l'intérieur des montagnes, les fables & les autres matières de peu de confiftance, & n'ont laiffé que les voûtes formées par les rochers & les bancs de pierres, il réfulte de toutes ces dégradations, des cavernes : c'eft dans ces conduits fouterrains que certains fleuves difparoiffent, comme le Niger, l'Euphrate, le Rhône. C'eft dans ces cavernes formées au fein des montagnes, que font les réfervoirs des fources abondantes ; & lorfque les voûtes dans ces cavernes s'affaiffent & les comblent, les eaux qu'elles contiennent fe répandent au-dehors & produifent des inondations fubites & imprévues.

Les eaux de pluie produifent auffi à la furface extérieure de grands changemens. Les montagnes diminuent de hauteur, & les plaines fe rempliffent par les produits journaliers de ces deftructions ; les cîmes des montagnes fe dégarniffent de terre, & il ne refte que les pics. Les terres entraî-

nées par les torrens & par les fleuves dans les plaines, y ont formé des couches irrégulières de gravier & de fable ; on en trouve de larges amas le long des rivières & dans les vallées qu'elles traverfent. Ces couches ont cela de particulier, qu'elles éprouvent des interruptions, qu'elles n'annoncent aucun parallélifme ni la même épaiffeur ; & dans l'examen des amas de gravier, on reconnoît qu'ils ont été lavés, arrondis & dépofés irréguliérement par les tournans d'eau, &c. Parmi ces fables & ces graviers, on trouve fans ordre, fans difpofition régulière, des coquilles fluviatiles, des coquilles marines brifées et ifolées, des débris de cailloux, des pierres dures, des craies arrondies, des os d'animaux terreftres, des inftrumens de fer, des morceaux de bois, des feuilles & des impreffions de mouffes ; & les différentes parties de cet affemblage fe lient quelquefois avec un ciment naturel produit par la décompofition de certains graviers ou par des mines de fer.

Aux environs des étangs, des lacs & des mers, le long des rivières ou près des torrens, on trouve des endroits bas, marécageux, dont le fond eft un mélange de végétaux imbibés de bitume ; des arbres entiers y font renverfés fuivant une même direction. Certaines couches limoneufes durcies fe font moulées fur les rofeaux des marais qu'elles ont recouverts ; fouvent ces couches de végétaux ou en nature, ou en empreintes dans la pierre, ou dans la terre durcie, font recouvertes par des amas de matière qui forment une épaiffeur de cinquante, foixante, cent pieds ; ces additions & ces terres accumulées font confidérables, furtout au pied des hautes plaines ou des montagnes, & paroiffent être des adoffemens qui s'appuient & s'étendent vers les montagnes les plus élevées.

Les rivages de la mer annoncent de même des dégradations produites par les eaux. A l'embouchure des fleuves nous trouvons des îles, des amas de fable, où des dépôts de terre dont les eaux des rivières fe chargent, & qu'elles dépofent lorfque leur cours eft rallenti. Quelques obfervateurs ont prétendu que certains fleuves charrioient le tiers de terre, ce qui eft exagéré ; mais il fuffit de faire envifager cette caufe avec toutes les réductions qu'on jugera convenables, pour conclure l'étendue de ces effets. Certaines côtes font minées par les flots de la mer : elle en recouvre d'autres de fable : elle abandonne certains rivages, fe jette & fait des invafions fur d'autres, ou petit à petit, ou par des inondations violentes & locales.

Un autre principe étendu de deftruction eft le feu ; certaines montagnes brûlent continuellement : elles éprouvent par reprifes des accès violens ; des éruptions dans lefquelles elles lancent au loin des tourbillons de flammes, de fumées, de cendres, de pierres calcinées ; & dans la fureur de leur embrafement, les laves ou matières fondues fe font jour à travers les flancs de la montagne entr'ouverts par l'expanfion des vapeurs qui redoublent la fureur du feu. Je trouve tous les volcans dans des montagnes, leur foyer eft peu profond, & leur bouche eft au fommet & dans le plan de l'horifon. Certains volcans font éteints, & on les reconnoît alors aux précipices énormes que des montagnes offrent à leurs fommets, qui font comme des cônes tronqués, ouverts en forme de cratères, & aux laves ou matières fondues, qui font difperfées fur les croupes & dans les plaines voifines.

Le fond de la mer n'eft pas exempt de ces tourmentes violentes ; il y a auffi de ces volcans dans les montagnes dont le fommet eft fous les flots. Ils s'anoncent près des îles dont ils font la continuation & les appendices. Ces volcans fous-marins élèvent quelquefois des maffes de terre énormes qui paroiffent au-deffus des flots, & vont figurer parmi les îles ; ou bien ces matières enflammées, ne trouvant pas dans leurs explofions des maffes contre lefquelles elles puiffent agir, élèvent les flots, & forment des jets immenfes, des typhons ou trombes affreufes. La mer eft alors dans une grande ébullition, couverte de pierres calcinées & légères qui y flottent fur un efpace très-étendu, & l'air eft rempli d'exhalaifons fulphureufes.

Tous ces effets font ordinairement accompagnés de *tremblement* de terre, phénomène qui porte au loin la défolation ou les alarmes. On peut en diftinguer de deux fortes ; des tremblemens locaux, & des tremblemens étendus ; les tremblemens locaux circonfcrivent leurs commotions, s'étendent en tous fens autour d'un volcan ou de fon foyer. Les autres fuivent certaines bandes de terrein, & furtout celles qui font parfemées de montagnes, ou compofées de matières folides ; ils s'étendent beaucoup plus en longueur qu'en largeur. Ces convulfions défaftreufes s'annoncent par différens mouvemens. Les uns s'exécutent par un *foulevement* de haut en bas ; les autres par une *inclinaifon* telle que l'éprouveroit un plan, foulevé par la partie la plus haute & fixé par le bas ; enfin, d'autres par un balancement qui porte les objets agités vers les différens points de l'horifon & par des reprifes marquées. De ces différentes agitations réfultent les commotions meurtrières, irrégulières, brufquées, fuivies de grands défaftres, & ces fecouffes tranquilles qui balancent les objets fans les détruire. On peut mettre parmi les effets des tremblemens de terre, les affaiffemens & les éboulemens de certaines montagnes, les fentes, les précipices & les abîmes.

Les fecouffes fe propageant par les montagnes & par les chaînes qui fe ramifent dans le fond de la mer, se rendent sensibles aux navigateurs, & produisent par voie de retentissement des commotions violentes aux vaisseaux sur la surface de la mer unie & paisible : souvent la mer se déborde dans les terres, après que les côtes ont éprouvé des convulsions violentes. Enfin les côtes de la mer sont bien plus exposées aux tremblemens de terre que les centres des continens.

Phénomènes dépendans de l'atmosphère & de l'aspect du soleil.

Cette division nous offre beaucoup de faits & peu de résultats généraux; on peut réduire à trois points principaux ce qui nous reste à y discuter. Le premier comprend la considération de la diverse température qui règne dans les différentes parties du globe ; le second les agitations de l'atmosphère & leurs effets, le troisième la circulation & les modifications des vapeurs & des exhalaisons qui flottent dans l'atmosphère.

La température qu'éprouvent les différentes portions de la terre, peut se représenter avec assez de régularité par les zônes comprises entre les degrés de latitude : cependant il faut y ajouter la considération du sol, du séjour plus ou moins long du soleil sur l'horison, & les vents. Toutes ces circonstances modifient beaucoup l'effet de la direction plus ou moins inclinée des rayons du soleil dans les différens pays.

L'intervalle qui se trouve entre les limites du plus grand chaud & du plus grand froid dans chaque contrée, croît à mesure qu'on s'éloigne de l'équateur, avec quelques exceptions toujours dépendantes du sol, & surtout du voisinage de la mer : un pays habité, cultivé, desséché, est moins froid : un pays maritime est moins froid à même latitude, & peut-être aussi moins chaud.

A mesure qu'on s'élève au-dessus des plaines dans les hautes montagnes, la chaleur diminue & le froid même se fait sentir. Sur les montagnes des Cordelières, la neige qui recouvre le sommet de quelques-unes, ne fond pas à la hauteur de 2440 toises au-dessus du niveau de la mer, & la chaleur respecte cette limite dans toute l'étendue de la Cordelière. Dans les zônes tempérées, les pays montagneux ont aussi des sommets couverts de neige, & même des amas monstrueux de glace que la chaleur des étés ne fond point entièrement ; seulement la ligne qui sert de limite à la neige qui ne fond point, est moins élevée dans ces zônes, que sous l'équateur.

Mais le froid ne se répand jamais dans les plaines des zônes torrides, comme il fait ressentir ses effets dans l'étendue des zônes tempérées & glaciales. Les fleuves gelent à la surface des continens, ainsi que les lacs dans une partie des zônes tempérées & dans toute l'étendue des zônes glaciales; ce n'est que vers les côtes, dans les parages tranquilles, dans les golfes ou détroits des zônes glaciales, que la mer gèle, & les glaces ne s'étendent pas à une vingtaine de lieues des côtes. La mer gèle surtout dans les endroits vers lesquels les fleuves versent une grande quantité d'eau douce, ou charient de gros glaçons qui, s'accumulant à leur embouchure, contribuent à la formation de ces énormes montagnes de glace, qui voyagent ensuite dans les mers plus méridionales ; en sorte que les glaces qu'on trouve dans les pleines mers, indiquent de grands fleuves qui ont leurs embouchures près de ces parages. Mais outre cela, les glaciers qui sont assez nombreux & fort étendus le long des côtes, fournissent des blocs de glaces fort gros & fort épais. Dans les mers glaciales, par rapport à la température des souterrains & de la mer à différentes profondeurs, nous ne pouvons offrir aucuns résultats bien déterminés.

Les principales agitations de l'air que nous confidérons ici font les vents ; en général , les courans d'air font fort irréguliers & très-variables : cependant le vent d'eft fouffle continuellement dans la même direction , en conféquence de la raréfaction que le foleil produit fucceffivement dans les différentes parties de l'atmofphère. Comme le courant d'air qui eft la fuite de cette dilatation doit fuivre le foleil, il fournit un vent conftant & général d'orient en occident , qui contribue par fon action au mouvement général de la mer d'orient en occident , & qui règne à 25 ou 30 degrés de chaque côté de l'équateur.

Les vents folaires foufflent auffi affez conftamment dans les zônes glaciales ; dans les zônes tempérées , il n'y a aucune uniformité reconnue. Le mouvement de l'air eft un compofé des vents qui règnent dans les zônes latérales , c'eft-à-dire , des vents du fud & du nord. A combien de modifications ces courans ne doivent-ils pas être affujettis , fuivant que les vents d'eft ou de nord diminuent ? Le vent d'oueft paroît être même un reflux du vent d'eft modifié par quelques côtes.

Sur la mer ou fur les côtes les vents font plus réguliers que fur la terre : ils foufflent auffi avec plus de force & plus de continuité. Sur les continens , les montagnes , les forêts , les différentes bâfes de terreins changent & altèrent la direction des vents. Les vents réfléchis par les montagnes , fe font fentir dans toutes les provinces voifines ; ils font très-irréguliers, parce que leur direction dépend de celle du premier courant qui les produit , ainfi que des contours , de la fituation & de l'ouverture même des montagnes. Enfin, les vents de terre foufflent par reprifes & par boutades.

Au printems & en automne les vents font plus violens qu'en hiver & en été , tant fur mer que fur terre ; ils font auffi plus violens à mefure qu'on s'élève au-deffus de la région des nuages.

Il y a des vents périodiques qui font affujettis à certaines faifons , à certains jours, à certaines heures , à certains lieux ; il y en a de réglés produits par la fonte des neiges , par le flux & reflux. Quelquefois les vents viennent de la terre pendant la nuit , & de la mer pendant le jour. Nous n'avons point encore affez d'obfervations pour connoître s'il y a quelque rapport entre les viciffitudes de l'air dans chaque pays. Nous favons feulement , par les obfervations du baromètre, qu'il y a plus de variations dans les zônes tempérées , que dans les zônes torrides & glaciales ; qu'il y en a moins dans la région élevée de l'atmofphère , que dans celle où nous vivons.

En vertu de la chaleur du foleil l'air ayant une certaine température, diffout l'eau & s'en charge ; c'eft ce qui produit cette abondante évaporation des eaux de deffus les mers & les continens. Ces vapeurs une fois condenfées forment les nuages que les vents font circuler dans une certaine région de l'air dépendante de leur denfité & de la fienne ; ils les tranfportent dans tous les climats ; les nuages ainfi voiturés , ou s'élèvent en fe dilatant , ou s'abaiffent en fe condenfant fuivant la température de la bâfe de l'atmofphère qui les foutient ; lorfqu'ils rencontrent dans leur courfe l'air plus froid des montagnes , ou bien ils y tombent en flocons de neige, en brouillards , en rofées, fuivant leur état de denfité & d'élévation, ou bien ils s'y fixent & s'y réfolvent en pluie. Le vent d'eft les difperfe furtout entre les tropiques ; ce qui caufe & les pluies abondantes de la zône torride, & les inondations périodiques des fleuves qui ont leurs fources dans ces contrées.

Quelquefois les nuages condenfés au fommet des montagnes, s'en trouvent éloignés par des vents réfléchis ou autres qui les dispersent dans les plaines voisines. *Voyez* la notice sur Hutton.

Les montagnes contribuent tellement à cette distribution des eaux, qu'une seule chaîne de montagnes décide de l'été & de l'hiver entre deux parties d'une presqu'île qu'elle traverse. On conçoit aussi que le sol du terrein contribuant à l'état de l'atmosphère, il y aura des pays où il ne tombera aucune pluie, parce que les nuages s'éleveront au-dessus de ces contrées en se dilatant.

Enfin nous concevons maintenant pourquoi nous avons trouvé certains points de partage pour la distribution des eaux qui circulent sur la surface des continens : ces points de partages sont des endroits hérissés de montagnes & de pics qui racrochent, condensent, fixent & résolvent les nuages en pluies, &c.

Lorsque des vents contraires soufflent contre une certaine masse de nuages condensés & près à se résoudre en pluie, ils produisent des espèces de cylindres d'eau continués depuis les nuages d'où ils tombent jusques sur la mer ou la terre : ces vents donnent à l'eau la forme cylindrique en la resserrant & la comprimant par des actions contraires. On nomme ces cylindres d'eau *trombes*, qu'il ne faut pas confondre avec le *typhon* ou la trombe de mer. On peut rapporter à ces effets ceux que des vents violents & contraires produisent lorsqu'ils élèvent des tourbillons de sable & de terre, & qu'ils enveloppent dans ces tourbillons, les maisons, les arbres, les animaux de certaines contrées de l'Afrique.

Telle est l'idée générale des objets dont s'occupe la géographie-physique, & qui seront développés dans les différens articles du dictionnaire & de l'Atlas. Il est aisé de voir, par cet exposé, qu'un système de géographie-physique n'est autre chose qu'un plan méthodique où l'on présente des faits avérés & constans, & où l'on les rapproche pour tirer de leur combinaison des résultats généraux, opérations auxquelles préside cette sagesse, cette bonne foi qui laisse entrevoir les intervalles où la continuation de l'enchaînement est interrompue ; qui ne se contente pas tellement des observations déjà faites, qu'elle ne montre le besoin de nouveaux faits. Dans les théories de la terre, on suit d'autres vues. Tous les faits, toutes les observations sont rappellées à de certains agens principaux, pour remonter & s'élever de l'état présent & bien discuté à l'état qui a précédé, en un mot, des effets aux causes. L'objet des théories de la terre est grand, élevé & pique davantage la curiosité ; mais elles ne doivent être que les conséquences générales d'un plan de géographie-physique bien complet : aussi nous sommes encore bien éloignés de l'époque où les théories de la terre pourront se montrer avec avantage aux yeux des gens instruits.

Ce seroit ici l'occasion de parler de la géologie comme d'une science nouvelle : mais ne connoissant pas les principes de cette science, ni les observations qu'elle a pu diriger, je ne puis en faire mention de manière à comparer sa marche & ses moyens avec ceux de la géographie-physique. Quoi qu'il en soit, la géologie ne peut offrir tout au plus qu'un plan d'observations & d'analyse, différent de celui que la géographie-physique adopte ; & cette concurrence, si elle est raisonnée, ne pourroit qu'accélérer les progrès de l'histoire de la terre. Mais il est bien important, en tous cas, que la géologie ne soit livrée ni à la dispute ni aux assertions vagues & systématiques.

Fin du Tome premier.

TABLE

DES notices des ouvrages qui ont trait à la Géographie-Physique, avec les articles des différents sujets traités dans chacune de ces notices.

TABLE

849

TABLE

851

HUTTON.

Fin de la Table des Matières du Tome premier.

N O T E.

Comme j'ai fuivi dans la diftribution des notices précédentes l'ordre alphabétique, j'ai cru devoir placer ici les favans qui y figurent fuivant la fuite des
années où leurs ouvrages ont paru : ce qui nous montre d'une manière plus naturelle, les progrès de nos connoiffances dans l'hiftoire de la terre, dont s'occupe la
géographie-phyfique.

1580. Paliffy.	1745. Ferner.
1664. Varénius.	1746. Guettard.
1669. Sténon.	1749. Buffon.
1681. Burnet.	1750. Rouelle.
1683. Léibnitz.	1752. Targioni.
1717. Tournefort.	1753. Holback.
1722. Whifton.	1754. Grouner.
1723. Woodward.	1759. Lehmann.
1725. Henckel.	1759. Arduino.
1726. Marfigly.	1760. Bowles.
1729. Bourguet.	1769. Bergman.
1732. Pluche.	1770. Paw.
1740. Scheuchzer.	1776. Ferber.
1740. Lazzaro-Moro.	1778. Wallérius.
1740. Téliamed (de Maillet).	1779. Pallas.
1744. Linnéus.	1781. Romé de l'Ifle.
1745. Buache.	1788. Hutton.
1745. Boulanger.	1789. Lavoifier
1745. Lulofs.